Produzido pelo Consórcio baseado em Harvard, com auxílio financeiro do National Science Foundation

Deborah Hughes-Hallett
Harvard University

Andrew M. Gleason
Harvard University

William G. McCallum
University of Arizona

Douglas Quinney
University of Keele

Patti Frazer Lock
St. Lawrence University

Brad G. Osgood
Stanford University

Daniel E. Flath
University of South Alabama

Andrew Pasquale
Chelmsford High School

Sheldon P. Gordon
Suffolk County Community College
SUNY Farmingdale

David O. Lomen
University of Arizona

Jeff Tecosky-Feldman
Haverford College

Joe B. Thrash
University of Southern Mississippi

David Lovelock
University of Arizona

Karen R. Thrash
University of Southern Mississippi

Thomas W. Tucker
Colgate University

com a colaboração de

Otto K. Bretscher
Harvard University

Eric Connally
Wellesley College

Richard D. Porter
Northeastern University

APPLIED CALCULUS
A edição em língua inglesa foi publicada por
JOHN WILEY & SONS, INC.

Cálculo e aplicações

8ª reimpressão - 2020

Blucher

Rua Pedroso Alvarenga, 1245, 4º andar
04531-934 - São Paulo - SP - Brasil
Tel.: 55 11 3078-5366
contato@blucher.com.br
www.blucher.com.br

FICHA CATALOGRÁFICA

Cálculo e aplicações / Deborah Hughes-Hallett ... [et al.]; tradução Elza F. Gomide. - São Paulo: Blucher, 1999.

Título original: Applied calculus

Bibliografia
ISBN 978-85-212-0178-6

1. Cálculo I. Hughes-Hallett, Deborah.

06-2114 CDD-515

Índices para catálogo sistemático:
1. Cálculo: Matemática 515

CÁLCULO E APLICAÇÕES

Blucher

APRESENTAÇÃO

Texto do Consórcio, baseado em Harvard, criado pela National Science Foundation para revitalizar os currículos de Cálculo, segue a linha que o grupo se impôs no trabalho com os conceitos de sua disciplina.

Não é só "mais um texto de Cálculo", mas é diverso do usual nos seus princípios, ênfase e modos de apresentação, grande riqueza de aplicações para além das usuais, uso abundante e adequado da tecnologia disponível. Justifica sua existência.

E. Gomide

PREFÁCIO DA TRADUTORA

Este é mais um texto de Cálculo de uma equipe que tem se dedicado a essa área tão importante da Matemática, com uma linha própria. Aceitando plenamente que os métodos e o escopo das aplicações do Cálculo podem ser enormemente ampliados pelo uso dos recursos de hoje, estimula o uso das calculadoras e computadores. Não se trata de gostar ou não das máquinas, que muitos chamam de infernais. Elas estão aí, e para os que as reconhecem, oferecem férteis possibilidades de uso.

A gama das aplicações possíveis é tão vasta que, com todo o esforço feito pela equipe de autores, ela é apenas indicada neste texto. E para apresentá-la, os autores usam tabelas que não estão ao alcance de outros. Isto impede, em muitos casos, a usual tradução das medidas de distância, etc., para o sistema decimal, pois isto falsificaria estatísticas sérias apresentadas. Optou-se por manter, muitas vezes, as unidades empregadas e oferecer uma tabela de conversão. Porém a unidade de dinheiro em geral importa pouco e $ indicará, indiferentemente, dólar, real, euro ou o que se queira.

Uma palavra aos professores. Este texto pode ser de grande utilidade para muitos. Pressupõe uso de computadores ou calculadoras com recursos (ver o prefácio dos autores). Não estando disponíveis tais recursos, em quantidade suficiente, o professor poderá suprir sua falta preparando gráficos e outros materiais que se façam necessários para a resolução dos problemas. É necessário que os estudantes resolvam alguma seleção destes, se querem retirar todo o proveito possível de um texto muito bem elaborado.

E. Gomide

TABELA

Nome em português	Nome em inglês	Abreviação	Conversão em sistema decimal
Polegada	inch	in	2,54 cm
Pé	foot	ft	30,48 cm
Jarda	yard	yd	91,4 cm
Milha	mile	mil	1.609 km
Libra	pound	lb	453,6 g
Tonelada	ton	ton	1.016 kg
Galão	gallon	gl	3,785 l

PREFÁCIO

O Cálculo Diferencial e Integral é uma das grandes realizações do intelecto humano. Inspirados por problemas de astronomia, Newton e Leibniz desenvolveram as idéias do Cálculo, há 300 anos. Desde então, cada século vem demonstrando o poder do Cálculo, ao iluminar questões da matemática, das ciências físicas, engenharia e ciências sociais e biológicas.

O Cálculo tem sido tão bem sucedido por causa de seu extraordinário poder de reduzir problemas complicados a regras e procedimentos simples. É aí que reside o perigo, no ensino do Cálculo: é possível ensiná-lo como nada mais que regras e procedimentos — assim perdendo de vista tanto a matemática quanto seu valor prático. Esta edição do Cálculo e Aplicações continua nosso esforço para repor o foco do ensino do Cálculo sobre conceitos, assim como procedimentos.

Uma visão focalizada: entendimento conceitual

Nosso objetivo é proporcionar aos estudantes um entendimento claro das idéias do Cálculo como fundamento sólido para cursos subseqüentes. Começamos o trabalho sobre este livro conversando com professores de administração, economia, biologia e um largo espectro de outros campos, assim como com muitos matemáticos que ensinam aplicações do cálculo. Como resultado dessas discussões incluímos alguns tópicos novos e omitimos alguns tópicos tradicionais, cuja inclusão não podíamos justificar. No processo, também modificamos o foco de certos tópicos.

A primeira edição: escolhas expandidas

A primeira edição tem a mesma visão que a preliminar e fornece, aos que ensinam, escolhas adicionais através das seções Foco Na. Cada um pode escolher um foco para seu curso que reflita seus interesses e as necessidades de seus estudantes. Em particular:

- Todas as seções *Foco Na* são opcionais.
- O Capítulo 3 (integral definida) pode ser tratado imediatamente antes do Capítulo 6 (que usa a integral).
- Para um início mais rápido do Cálculo, os Capítulo 2 e 3 podem ser cobertos depois da Seção 1.6.
- Nos Capítulos 5 e 6, os professores podem escolher as seções relevantes para seus estudantes.
- Os Capítulos 7 (Cálculo de várias variáveis) e 8 (equações diferenciais) podem ser abordados nas duas ordens, indiferentemente.

Porque diferentes usuários freqüentemente escolhem tópicos muito diferentes para cobrir em um curso semestral, planejamos este livro seja para um semestre (com muita flexibilidade na escolha de tópicos), seja para dois semestres.

Princípios diretores: problemas variados e a regra de quatro

Como os estudantes em geral aprendem mais quando são mais ativos, achamos que os exercícios são de importância central num texto. Além disso, achamos que representações múltiplas encorajam os estudantes à reflexão sobre o significado do material. Em conseqüência, fomos guiados pelos seguintes princípios:

Nossos problemas são variados. Alguns são muito diretos e alguns são desafiadores. A maior parte exige que os estudantes entendam os conceitos e não podem ser feitos seguindo um modelo no texto.

A regra de quatro: onde seja apropriado, os tópicos devem ser apresentados sob as formas geométrica, numérica, analítica e verbal.

Que preparo se espera dos estudantes?

Este livro deve servir a estudantes em várias áreas, inclusive economia, biologia e ciências sociais. Verificamos que o material é estimulante para estudantes bem preparados, embora seja acessível para estudantes com pouco preparo em álgebra. As abordagens numérica e gráfica, além da algébrica, dão aos estudantes modos variados de dominar o material. Esta abordagem encoraja a persistência, diminuindo assim as taxas de fracasso.

Tecnologia

Aproveitamos do uso de computadores e calculadoras gráficas, para ajudar os estudantes a aprender a pensar matematicamente. Por exemplo, usar uma calculadora gráfica para um "zoom" sobre funções, é um excelente modo de perceber a linearidade local. A capacidade de usar eficazmente a tecnologia como instrumento é importante. Espera-se que os estudantes usem seu próprio julgamento para determinar onde é útil a tecnologia.

Mas este livro não exige nenhum software específico, ou tecnologia. O material tem sido usado em cursos com calculadoras gráficas, software gráfico e sistemas algébricos em computadores. Qualquer tecnologia com a capacidade de fazer gráficos de funções e executar integração numérica será suficiente.

Conteúdo

Este conteúdo representa nossa visão de como se pode ensinar Cálculo e aplicações. É suficientemente flexível para se ajustar a necessidades e exigências individuais de cursos. Tópicos podem ser facilmente incluídos ou deixados de lado, ou a ordem mudada.

Capítulo 1: Funções e variação

O Capítulo 1 introduz o conceito de função e a idéia de variação, inclusive a distinção entre variação total e taxa de variação. Todas as funções elementares são introduzidas aqui. Embora provavelmente as funções sejam familiares, a abordagem a elas, gráfica, numérica, verbal e por modelagem deverá ser novidade. Introduzimos funções exponenciais cedo, pois são fundamentais para o entendimento de processos do mundo real.

Foco na Modelagem: A primeira seção mostra ao estudante como ajustar fórmulas a dados e a segunda seção fornece mais discussão de juros compostos e a definição do número *e*.

Capítulo 2: Taxa de variação: Derivada

O Capítulo 2 apresenta o conceito chave de derivada de acordo com a regra de Quatro. O objetivo deste capítulo é dar ao estudante um entendimento prático do significado de derivada e sua interpretação como taxa de variação instantânea. Acabado este capítulo, um estudante será capaz de achar derivadas numericamente (tomando quocientes de diferenças arbitrariamente finas), visualizar derivadas graficamente como inclinação de um gráfico e interpretar o significado da primeira e da segunda derivada em várias aplicações. O estudante entenderá também o conceito de marginalidade e reconhecerá a derivada como função de direito próprio.

Foco na Teoria: Esta seção discute limites e continuidade e apresenta a definição simbólica de derivada.

Capítulo 3: Variação acumulada. A integral definida

O Capítulo 3 apresenta o conceito chave de integral definida, na mesma orientação que a do Capítulo 2. O capítulo 3 pode ser adiado sem dificuldade até depois do Capítulo 5.

O objetivo deste capítulo é dar ao estudante um entendimento prático da integral definida como limite de somas de Riemann e destacar a conexão entre a derivada e a integral definida no Teorema Fundamental do Cálculo. Usamos o mesmo método que no Capítulo 2, introduzindo o conceito fundamental em profundidade, sem entrar em técnicas. O estudante terminará o capítulo com uma boa apreensão da integral definida como um limite de somas de Riemann, com a capacidade de aproximar numericamente uma integral definida e um bom entendimento de como interpretar a integral definida em vários contextos.

Foco na Teoria: Esta seção apresenta o Segundo Teorema Fundamental do Cálculo e as propriedades da integral definida.

Capítulo 4: Atalhos para a diferenciação

São introduzidas as derivadas de todas as funções no Capítulo 1, bem como as regras de derivação de produtos, quocientes e funções compostas.

Foco na Teoria: Esta seção usa a definição de derivada para obter todas as regras de derivação.

Foco na Prática: Esta seção fornece uma coleção de problemas de derivação, afim de construir a habilidade prática.

Capítulo 5: Uso da derivada

O objetivo deste capítulo é capacitar o estudante a usar a derivada na resolução de problemas, inclusive de otimização e gráficos. Não é necessário cobrir todas as seções.

Capítulo 6: Uso da integral

Este capítulo apresenta aplicações da integral definida. Não pretende ser abrangente e não é necessário cobrir todas as seções. Este capítulo inclui primitivas e uma discussão de probabilidades.

Foco na Prática: Esta seção fornece uma coleção de problemas de integração, para construir a capacidade prática.

Capítulo 7: Funções de várias variáveis

O Capítulo 7 introduz funções de duas variáveis de vários pontos de vista, usando diagramas de contorno, fórmulas e tabelas. Dá aos estudantes a capacidade de ler diagramas de contornos e de pensar graficamente, ler tabelas e pensar numericamente, e aplicar essas habilidades, juntamente com a capacidade algébrica, à modelagem. A idéia da derivada parcial é introduzida de pontos de vistas gráfico, numérico e analítico. Derivadas parciais são então aplicadas a problemas de otimização, terminando com uma discussão de multiplicadores de Lagrange.

Foco na Teoria: Esta seção usa a otimização para deduzir a fórmula para a reta de regressão.

Capítulo 8: Equações diferenciais

Este capítulo introduz equações diferenciais. A ênfase é

em soluções qualitativas, modelagem e interpretação. Inclui aplicações de sistemas de equações diferenciais a modelos de população, disseminação de doenças e interações predador-presa.

Agradecimentos

Antes de tudo queremos expressar nossa apreciação à National Science Foundation por sua fé em nossa capacidade de produzir um currículo revitalizado para o cálculo e em particular a Louise Raphael, John Kenelly, John Bradley, Bill Haver, e James Lightbourne. Também queremos agradecer aos membros de nosso Advisory Board, Benita Albert, Lida Barrett, Bob Davis, Lovenia DeConge-Watson, John Dossey, Ron Douglas, Don Lewis, Seymour Parter, John Prados, e Steve Rodi.

Além disso, queremos agradecer a todos, por todo o país, que nos encorajaram a escrever este livro e que ofereceram tantos comentários valiosos. Queremos agradecer às seguintes pessoas, por tudo o que fizeram para ajudar no sucesso de nosso projeto: Wayne Anderson, Leonid Andreev, David Arias, Ruth Baruth, Jeffery Bergen, Ted Bick, Graeme Bird, Kelly Brooks, J. Curtis Chipman, Dipa Choudhury, Bob Condon, Larry Crone, Gene Crossley, Jane Devoe, Gail Ferrell, Joe Fiedler, Holland Filgo, Sally Fischbeck, Hermann Flaschka, David Flath, Ron Frazer, Lynn Garner, David Graser, Ole Hald, Jenny Harrison, John Hennessey, Yvette Hester, David Hornung, Richard Iltis, Adrian Iovita, Mary Johenk, Ann Joseph, Jerry Johnson, Thomas Judson, Bonnie Kelly, Donna Krawczyk, Theodore Laetsch, T.-Y. Lam, Sylvain Laroche, Kurt Lemmert, Suzanne Lenhart, Janny Leung, Thomas Lucas, Alfred Manaster, Peter McClure, Georgia Kamvosoulis Mederer, Kurt Mederer, David Meredith, Mohammad Moazzam, Saadat Moussavi, Patricia Oakley, Mary Ellen O'Leary, Jim Osterburg, Mary Parker, Ruth Parsons, Peter Penner, Greg Peters, Laura Piscitelli, Kim Presser (e 122 instrutores de matemática da USC-Columbia), Janice Rand-Vaughn, Harry Row, Haplip Saifi, Alfred Schipke, Barbara Shabell, Virginia Stallings, Brian Stanley, Marian Stas, Mary Jane Sterling, Virginia Stover, Robert Styer, "Suds" Sudholz, Thomas Timchek, Jake Thomas, John S. Thomas, Praja Trivedi, J. Jerry Uhl, Nicola Viegi, Tilaka Vijithakumara, Alan Weinstein, Hung-Hsi Wu.

Mais de tudo, ao notável grupo que trabalhou noite e dia para pôr o texto no computador (e fora outra vez), para ter escritas as soluções e as figuras etiquetadas e apreciamos grandemente seu engenho, energia e dedicação. Agradecimentos a: Ebo Bentil, John Cho, David Chua, Srdjan Divac, Mike Esposito, David Grenda, David Harris, Alex Kasman, Misha Kazhdan, Alex Mallozzi, Elliot Marks, Mike Mladineo, Jean Morris, Kyle Niedzwiecki, Mary Prisco, Ted Pyne, Rebecca Rapoport, Dave Richards, Ann Ryu, David Ryu, Christian Taubman, Noah Syroid, Ping Yuan, e Xianbao Xu.

Deborah Hughes-Hallett
Douglas Quinney
David Lovelock
Patti Frazer Lock
David O. Lomen
Andrew M. Gleason
Jeff Tecosky-Feldman
William G. McCallum
Joe B. Thrash
Brad G. Osgood
Sheldon P. Gordon
Thomas W. Tucker
Daniel E. Flath
Karen R. Thrash
Andrew Pasquale

Para os estudantes: Como aprender deste livro

Este livro pode ser diferente de outros textos de matemática que você tenha usado, por isso talvez seja útil saber algo sobre algumas das diferenças antecipadamente. A cada estágio, este livro dá ênfase aos significados (em termos práticos, gráficos ou numéricos) dos símbolos que você está usando. Há muito menos ênfase em uso de fórmulas e rotinas, muito mais na interpretação dessas fórmulas do que você talvez espere. Freqüentemente será pedido que você explique suas idéias em palavras ou que explique uma resposta usando gráficos.

O livro contém as idéias principais do cálculo em linguagem comum. O sucesso no uso deste livro dependerá de você ler, questionar e pensar bastante nas idéias apresentadas. Será útil ler o texto em detalhes, não somente os exemplos trabalhados.

Há poucos exemplos no texto que sejam exatamente como os problemas para trabalho de casa, de modo que estes não podem ser resolvidos procurando exemplos "feitos" de aparência semelhante. Sucesso com o trabalho de casa virá com enfrentar a luta com as idéias do Cálculo.

Muitos dos problemas no livro são abertos. Isto significa que há mais de uma abordagem correta e mais de uma solução correta. Às vezes a resolução de um problema depende de idéias de senso comum que não são explicitadas no problema, mas que você conhece da vida de todo dia.

Este livro assume que você tem acesso a uma calculadora ou computador que possa fazer gráficos de funções, achar (aproximadamente) raízes de equações e calcular numericamente integrais. Há muitas situações em que você talvez não possa achar uma solução exata de um problema, mas pode usar uma calculadora ou computador para obter uma aproximação razoável. Uma resposta obtida desta maneira geralmente é tão útil quanto uma resposta exata. Porém, nem sempre é dito no problema que é necessária uma calculadora, use pois seu melhor juízo.

Se você desconfia da tecnologia, ouça este estudante que começou do mesmo modo:

"Usar computadores é estranho, mas surpreendentemente benéfico, e, na minha opinião é o que leva ao sucesso nesta classe. Tenho dificuldade para visualizar gráficos na minha cabeça e isto sempre me levou à queda, no Cálculo. Com a ajuda de computadores, esta tensão já não era mais um fator e eu pude me concentrar nos conceitos por trás das formas dos gráficos, e, como estes gradualmente ficaram mais claros, eu fiquei cada vez mais capaz de visualizar como deveriam ser os gráficos. É a velha história de não poder arranjar um emprego sem experiência prévia. Mas não poder adquirir experiência sem um emprego. Dependendo do computador para me ajudar a não ter que fazer gráficos, fui tapeado e acabei focalizando o significado dos gráficos em vez de como fazê-los direito, e o que gráficos simbolizam é a base fundamental deste curso. Por poder ver o que eu estava tentando descrever e aprender, pude entender muito mais sobre os conceitos, porque eu podia mudar as condições e ver os resultados. Pela primeira vez, pude ver como tudo funciona junto."

Estas foram as palavras de uma estudante da Universidade do Arizona que tomou o curso de Cálculo no Outono 1990, que foi quando pela primeira vez usamos alguma coisa do material neste texto. Ela tinha pavor do Cálculo, teve *C* na primeira prova mas acabou com um A para o curso.

O livro tenta dar peso igual aos três métodos para descrever uma função: gráfico (uma figura), numérico (tabela de valores) e algébrico (uma fórmula). Às vezes é mais fácil traduzir a outra forma em um problema dado numa forma. Por exemplo, você pode substituir o gráfico de uma parábola por sua equação, ou marcar num plano uma tabela de valores para ver seu comportamento. É importante ser flexível quanto à sua abordagem: se um modo de olhar para um problema não funcionar, tente outro.

Estudantes que usam este livro têm achado útil discutí-lo em pequenos grupos. Há muitos problemas que não são imediatamente claros; atacá-los de outros pontos de vista que seus colegas forneçam pode ajudar. Se não for factível o trabalho de grupo, veja se seu professor pode organizar uma sessão de discussão em que problemas adicionais possam ser trabalhados.

Provavelmente você está se perguntando o que você tirará do livro. A resposta é, se você puser um esforço sólido, você obterá uma verdadeira compreensão de uma das mais importantes realizações do milênio — o Cálculo — bem como um real sentimento quanto ao poder da matemática na idade da tecnologia.

Deborah Hughes-Hallett
David O. Lomen
Douglas Quinney
Andrew M. Gleason
David Lovelock
Jeff Tecosky-Feldman
Patti Frazer Lock
William G. McCallum
Joe B. Thrash
Daniel E. Flath
Brad G. Osgood
Karen R. Thrash
Sheldon P. Gordon
Andrew Pasquale
Thomas W. Tucker

CONTEÚDO

Prefácio – V

1. FUNÇÕES E VARIAÇÃO
 1.1 Como medimos variação? 1
 1.2 Que é uma função? 5
 1.3 Funções lineares 9
 1.4 Aplicações de funções à economia 16
 1.5 Proporcionalidade e funções potência 25
 1.6 Funções exponenciais 31
 1.7 Crescimento contínuo e o número *e* 38
 1.8 O logaritmo natural 41
 1.9 Crescimento e decaimento exponenciais 46
 1.10 Funções novas a partir de velhas 50
 1.11 Polinômios 54
 1.12 Funções periódicas 57
 Problemas de revisão 62
 Projetos 68
 FOCO NA MODELAGEM
 Ajuste de fórmulas a dados 69
 Juros compostos e o número *e* 74

2. TAXA DE VARIAÇÃO: A DERIVADA
 2.1 Taxa de variação instantânea 79
 2.2 A derivada num ponto 84
 2.3 A função derivada 88
 2.4 Interpretações da derivada 92
 2.5 A segunda derivada 97
 2.6 Custo e receita marginais 100
 Problemas de revisão 105
 Projetos 107
 FOCO NA TEORIA
 Limites, continuidade e a definição de derivada 109

3. VARIAÇÃO ACUMULADA: A INTEGRAL DEFINIDA
 3.1 Variação acumulada 115
 3.2 A integral definida 119
 3.3 A integral definida como área 124
 3.4 As interpretações da integral definida 128
 3.5 O Teorema Fundamental do Cálculo 133
 Problemas de revisão 136
 Projetos 138
 FOCO NA TEORIA
 Teoremas sobre integrais definidas 140

4. ATALHOS PARA A DIFERENCIAÇÃO
 4.1 Fórmulas de derivação para potências e polinômios 143
 4.2 Funções exponencial e logarítmica 148
 4.3 A regra da cadeia 151
 4.4 As regras de produto e quociente 153
 4.5 Derivadas de funções periódicas 155
 Problemas de revisão 157
 Projetos 159
 FOCO NA TEORIA
 Estabelecer as regras de derivação 159
 FOCO NA PRÁTICA
 Derivação 161

5. USO DA DERIVADA
 5.1 Máximos e mínimos locais 163
 5.2 Pontos de inflexão 167
 5.3 Otimização: lucro e receita 171
 5.4 Custo médio 176
 5.5 Elasticidade da demanda 180
 5.6 Crescimento logístico 183
 5.7 A função impulso e a concentração de drogas 190
 Problemas de revisão 195
 Projetos 199

6. USO DA INTEGRAL
 6.1 Valor médio 201
 6.2 Excedente para consumidor e produtor 204
 6.3 Valores presente e futuro 208

6.4 Crescimento populacional 210
6.5 Antiderivadas 215
6.6 Uso das antiderivadas para achar integrais definidas 215
6.7 Uso da integral definida para analisar antiderivadas 220
6.8 Funções densidade 223
6.9 Funções de distribuição cumulativa e probabilidade 226
6.10 A mediana e a média 232
Problemas de revisão 234
Projetos 237
FOCO NA PRÁTICA
Integração 238

7. FUNÇÕES DE VÁRIAS VARIÁVEIS
7.1 Compreender funções de duas variáveis 239
7.2 Diagramas de contorno 243
7.3 Derivadas parciais 252
7.4 Cálcular de derivadas parciais algebricamente257
7.5 Pontos críticos e otimização 262
7.6 Otimização condicionada 265
Problemas de revisão 270
Projetos 273
FOCO NA TEORIA
Derivar uma fórmula para uma reta de regressão 273

8. EQUAÇÕES DIFERENCIAIS
8.1 O que é uma equação diferencial? 277
8.2 Campos de direções 280
8.3 Crescimento e decaimento exponenciais 285
8.4 Aplicações e modelagem 289
8.5 Modelo para a interação de duas populações 296
8.6 Modelo para a disseminação de uma doença 300
Problemas de revisão 302
Projetos 305

APÊNDICE
PROJETOS COM FOLHAS DE ANÁLISE
1. Malthus: a população supera a oferta de alimento 307
2. Débito no cartão de crédito 308
3. Escolha de um empréstimo bancário 309
4. Comparação de hipotecas sobre casa 310
5. Valor presente de ganhos na loteria 310
6. Comparação de investimentos 311
7. Investimento para o futuro: pagamento de anuidades de escola superior 311
8. Verhulst: o modelo logístico 311
9. A disseminação de informação: Uma comparação entre dois modelos 312

RESPOSTAS A PROBLEMAS DE NÚMERO ÍMPAR 313

ÍNDICE 327

1

FUNÇÕES E VARIAÇÃO

O Cálculo nos permite estudar variações. Neste capítulo, investigamos variação total e taxa média de variação, e usamos funções para representar como uma quantidade depende de outra.

Funções são verdadeiramente fundamentais na matemática. Na linguagem diária dizemos, "A performance da Bolsa é uma função da confiança do consumidor" ou "A pressão do paciente é uma função dos remédios receitados." Em cada caso, a palavra *função* exprime a idéia de que o conhecimento de um fato nos revela outro. Na matemática, as funções mais importantes são aquelas em que o conhecimento de um número nos faz saber outro número. Se conhecermos o comprimento do lado de um quadrado, sua área estará determinada. Se o comprimento de um círculo for conhecido, seu raio estará determinado.

O Cálculo começa com o estudo de funções. Este capítulo coloca a base para o Cálculo pela observação do comportamento de algumas funções comuns. Vemos também modos de tratar os gráficos, tabelas e fórmulas que representam tais funções.

1.1 COMO MEDIMOS VARIAÇÃO?

Variações nos cercam de todos os lados. A temperatura exterior, a população de uma cidade, o preço de uma ação, o tamanho de um tumor e a velocidade de uma bola de futebol, todos variam.

Variação e taxa de variação

Kari está crescendo; sua altura em seu dia de aniversário é dada na Tabela 1.1. Qual é a variação da altura de Kari durante os quatro primeiros anos de sua vida? Vemos que

Variação de altura entre o nascimento e 4 anos $= 98 \text{ cm} - 48 \text{ cm} = 50 \text{ cm}$

Qual a variação de sua altura entre as idades de 4 e 14 anos?

Variação de altura entre os 4 e os 14 anos $= 158 \text{ cm} - 98 \text{ cm} = 60 \text{ cm}$

Kari estava crescendo mais depressa durante seus primeiros quatro anos de vida ou nos dez anos seguintes? Ela cresceu 50 cm durante o primeiro período de 4 anos e 60 cm nos 10 anos seguintes. Porém os números 50 e 60 não dizem quando ela estava crescendo mais depressa. Para responder à questão usamos uma *taxa de variação*. Calculamos

Taxa média de variação de altura entre nascimento e 4 anos

$$= \frac{\text{Variação de altura}}{\text{Variação de idade}} = \frac{98-48}{4-0} = \frac{50}{4} = 12{,}5 \text{ cm por ano}$$

Taxa média de variação de altura entre 4 e 14 anos

$$= \frac{\text{Variação de altura}}{\text{Variação de idade}} = \frac{158-98}{14-4} = \frac{60}{10} = 6 \text{ cm por ano}$$

Como Kari cresceu em média 12,5 cm por ano até a idade de 4 anos e 6 cm por ano entre os 4 e os 14 anos, Kari cresceu mais depressa durante os seus 4 primeiros anos de vida.

Notação delta

Se escrevermos y para indicar a altura de Kari, escrevemos Δy para indicar a variação no valor de y. (O símbolo Δ é a

TABELA 1.1 *Altura de Kari em cm*

Idade (anos)	Nasc.	1	2	3	4	5	6	7	8	9	10	11	12	13	14
Altura (cm)	48	70	83	90	98	105	110	118	123	128	135	140	148	153	158

letra grega delta.) Analogamente, Δt representa a variação do valor de t. Escrevemos

> **Variação** de uma quantidade y entre o tempo a e o tempo b =
>
> $$\text{Valor da quantidade no tempo } b - \text{Valor da quantidade no tempo } a = \Delta y$$
>
> **Taxa média de variação** da quantidade y entre os tempos a e b =
>
> $$= \frac{\text{Variação da quantidade}}{\text{Variação do tempo}} = \frac{\Delta y}{\Delta t}$$

As unidades de Δy são as unidades de y; as unidades de $\Delta y/\Delta t$ são as unidades de y divididas pelas unidades de t. A quantidade $\Delta y/\Delta t$ chama-se um *quociente de diferenças*.

Exemplo1 A Figura 1.1 mostra o número de fazendas[1] (em milhões) nos Estados Unidos, entre 1940 e 1990. Avalie a taxa média de variação do número de fazendas entre 1950 e 1970.

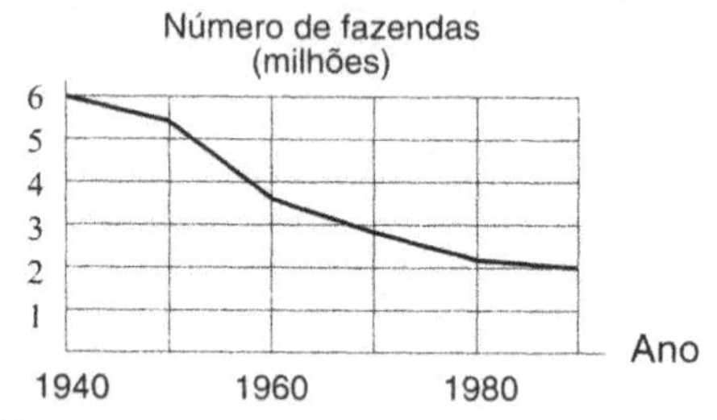

***Figura 1.1** — Número de fazendas nos EUA*

Solução A Figura 1.1 mostra que o número, N, de fazendas nos Estados Unidos era aproximadamente 5,4 milhões em 1950 e aproximadamente 2,8 milhões em 1970. Se o tempo t está em anos, temos

Taxa média de variação

$$= \frac{\Delta N}{\Delta t} = \frac{2,8-5,4}{1970-1950} = -0,13 \text{ milhões de fazendas por ano}$$

A taxa média de variação é negativa porque o número de fazendas está diminuindo. Durante esse período, o número de fazendas diminuiu a uma taxa média de 0,13 milhões, ou 130.000 fazendas por ano.

Olhamos como variam com o tempo a altura de uma criança e o número de fazendas nos Estados Unidos. No próximo exemplo, olhamos uma quantidade que está variando com relação a uma quantidade que não é o tempo.

Exemplo 2 Altos níveis de PCB (policlorinado bifenil, um poluente industrial) no ambiente afetam pelicanos. A Tabela 1.2 mostra que quando aumenta a concentração de PCB em cascas de ovo, a espessura da casca de ovo decresce, tornando mais provável a quebra de ovos.[2]

TABELA 1.2 — *Espessura da casca de ovos de pelicanos e a concentração de PCB nas cascas de ovo*

Concentração, c, em partes por milhão (ppm)	87	147	204	289	356	452
Espessura h, em milímetros (mm)	0,44	0,39	0,28	0,23	0,22	0,14

Ache a taxa média de variação na espessura da casca quando a concentração de PCB varia de 87 ppm a 452 ppm. Dê unidades para sua resposta. O que o fato de sua resposta ser negativa lhe diz sobre PCB e ovos de pelicano?

Solução Como estamos procurando a taxa média de variação da espessura em relação à variação de concentração de PCB e não variação no tempo, temos

Taxa média de variação de espessura =

$$\frac{\Delta h}{\Delta c} = \frac{\text{Variação de espessura}}{\text{Variação de nível de PCB}}$$

$$= \frac{0,14-0,44}{452-87}$$

$$= \frac{-0,30}{365}$$

$$= -0,00082 \frac{\text{mm}}{\text{ppm}}$$

As unidades são unidades de espessura (mm) sobre unidades de concentração de PCB (ppm), ou milímetros sobre partes por milhão. A taxa média de variação é negativa porque a espessura da casca de ovo decresce quando a concentração de PCB cresce. A espessura da casca dos ovos de pelicano decresce por uma média de 0,00082 mm para cada parte por milhão adicional de PCB na casca.

Distância e velocidade

Considere o movimento de uma laranja jogada para cima. A altura da laranja acima do chão cresce e decresce. (Veja a Figura 1.2.) A Tabela 1.3 dá a altura y da laranja acima do solo t segundos depois de ser lançada.

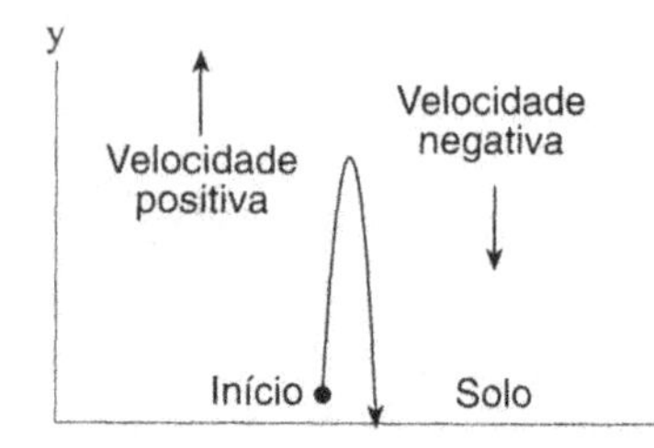

***Figura 1.2** — O caminho da laranja é reto para cima e para baixo*

[1] *The World Almanac* (New Jersey; Funk and Wagnalls, 1995), p. 135.

[2] Risebrough, R.W., "Effects of environmental pollutants upon animals other than man." *Proceedings of the 6th Berkeley Symposium on Mathematics and Statistics, VI*, p. 443-463. (Berkeley, University of California Press, 1972).

TABELA 1.3 — *Altura da laranja acima do solo*

t (seg)	0	1	2	3	4	5	6
y (m)	2	30	47	53	50	35	10

Exemplo 3 Ache a variação e a taxa média de variação da altura da laranja durante os primeiros 3 segundos. Dê unidades e interprete suas respostas.

Solução A variação da altura durante os três primeiros segundos é $\Delta y = 53 - 2 = 51$ m. Isto significa que a laranja sobe um total de 51 m durante os primeiros 3 segundos. A taxa média de variação durante este intervalo de 3 segundos é $51/3 = 17$ m/seg. Durante os três primeiros segundos a laranja sobe a uma taxa de 17 m/seg.

Observe que a taxa média de variação da altura com relação ao tempo é a *velocidade*. Você pode reconhecer as unidades (metros por segundo) como unidades de velocidade.

Velocidade média =

$$\frac{\text{Variação na distância}}{\text{Variação no tempo}} = \frac{\text{Taxa média da variação da}}{\text{distância em relação ao tempo}}$$

Velocidade e velocidade escalar

Há uma distinção entre velocidade e velocidade escalar (ou magnitude da velocidade). Suponha que um objeto se move ao longo de uma reta. Se escolhermos uma direção como sendo positiva, a velocidade será positiva se o objeto se mover nessa direção, negativa se ele se mover na direção oposta. Para a laranja para cima é positiva e para baixo negativa. (Veja a Figura 1.2.) A magnitude da velocidade é a rapidez ou velocidade escalar, e assim é sempre positiva ou zero.

Exemplo 4 Calcule a velocidade média da laranja no intervalo de $t = 4$ a $t = 6$. Qual o significado do sinal de sua resposta?

Solução Como a altura é $y = 50$ m em $t = 4$ e $y = 10$ m em $t = 6$ temos

$$\text{Velocidade média} = \frac{\text{Variação na distância}}{\text{Variação no tempo}} = \frac{\Delta y}{\Delta t} = \frac{10-50}{6-4} = -20 \text{ m/seg.}$$

O sinal negativo significa que a altura está decrescendo e a laranja se move para baixo.

Problemas para a Seção 1.1

1. A pesca marinha[3] total no mundo em toneladas de peixe foi de 17 milhões em 1950 e 91 milhões em 1995. Qual foi a taxa de variação média na quantidade de pesca marinha? Dê unidades e interprete sua resposta.

[3] *Time magazine*, 11 agosto 1997, p. 67

2. A Tabela 1.4 dá a produção mundial de bicicletas[4] para anos escolhidos entre 1950 e 1993.

   (a) Ache a variação na produção de bicicletas entre 1950 e 1990. Dê unidades.

   (b) Ache a taxa média de variação na produção de bicicletas entre 1950 e 1990. Dê unidades e interprete sua resposta em termos da produção de bicicletas.

TABELA 1.4 — *Produção mundial de bicicletas.*

Ano	1950	1960	1970	1980	1990	1993
Produção mundial de bicicletas (milhões)	11	20	36	62	90	108

3. A Pepsico Inc. opera dois grandes negócios de refrigerantes e de salgadinhos. A tabela seguinte dá as vendas[5] em milhões de dólares de 1991 a 1997.

   (a) Ache a variação em vendas entre 1991 a 1993.

   (b) Ache a taxa média de variação nas vendas entre 1991 a 1994. Dê unidades e interprete sua resposta.

Ano	1991	1992	1993	1994	1995	1996	1997
Vendas (milhões)	19.608	21.970	25.021	28.472	30.421	31.645	21.000

4. A Gap Inc. opera cerca de 2.000 lojas de roupas. A tabela seguinte dá o lucro líquido[6] em milhões de dólares de 1990 e 1997.

Ano	1990	1991	1992	1993	1994	1995	1996	1997
Lucro líquido (milhões)	144,5	229,9	210,7	258,4	350,2	354,0	452,9	530,0

   (a) Ache a variação de lucro líquido entre 1993 e 1996.

   (b) Ache a taxa média de variação em lucro líquido entre 1993 e 1996. Dê unidades e interprete sua resposta.

   (c) De 1990 a 1997, houve intervalos de um ano em que a taxa média de variação foi negativa? Se sim, quando?

Os Problemas 5–6 usam a Tabela 1.5 que dá a dívida pública[7] dos EUA para os anos de 1980 a 1993.

[4] *Lester R. Brown, et al.,*Vital Signos 1994, p.87, (New York: W.W.Norton, 1994)

[5] De *Value Line Investment Survey*, Novembro 14, 1997 (New York: Value Line Publishing, Inc.) p. 1547

[6] De *Value Line Investment Survey*, Novembro 21, 1997 (New York: Value Line Publishing, Inc.) p. 1700

[7] *The World Almanac* (New Jersey: Funk and Wagnalls, 1995), p. 109

TABELA 1.5 *Dívida pública dos EUA (bilhões de dólares)*

Ano	Dívida ($ bilhão)	Ano	Dívida ($ bilhão)
1980	907,7	1987	2.350,3
1981	997,9	1988	2.602,3
1982	1.142,0	1989	2.857,4
1983	1.377,2	1990	3.233,3
1984	1.572,3	1991	3.665,3
1985	1.823,1	1992	4.064,6
1986	2.125,3	1993	4.351,2

5. (a) Ache a variação da dívida pública entre 1980 e 1993.
   (c) Ache a taxa média de variação da dívida pública entre 1980 e 1993. Dê unidades e interprete sua resposta.
6. Ache a taxa média de variação da dívida pública dos EUA entre 1980 e 1985 e entre 1985 e 1993.
7. A Figura 1.3 mostra o valor total das exportações no mundo[8] (mercadorias negociadas internacionalmente), em bilhões de dólares.
   (a) O valor das exportações é maior em 1990 ou em 1960? Aproximadamente, quanto maior?
   (b) Avalie a taxa média de variação entre 1960 e 1990. Dê unidades e interprete sua resposta em termos do valor das exportações mundiais.

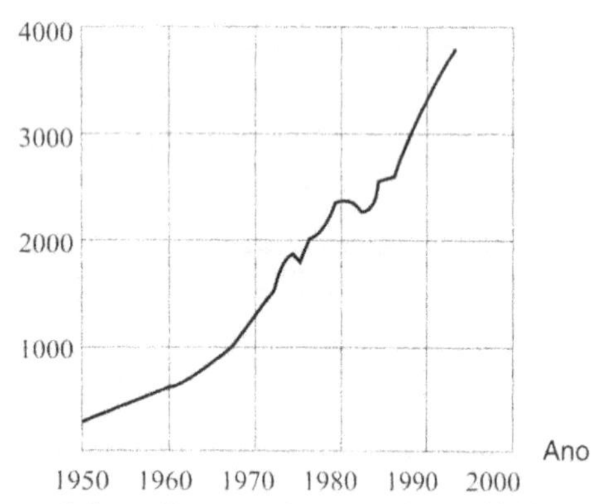

Figura 1.3 — Exportações mundiais, 1950—1993

8. A Tabela 1.6 mostra o número de jogos de basquete na Divisão I, masculina, da NCAA.[9]
   (a) Ache a taxa média de variação no número de jogos de 1983 a 1989. Dê unidades.
   (b) Ache o crescimento anual para o número de jogos para cada ano de 1983 a 1989. (Sua resposta deve conter seis números.)
   (c) Mostre que a taxa média de variação achada na parte (a) é a média das seis variações anuais, encontradas na parte (b).

TABELA 1.6 — *Basquete, Divisão I NCAA, 1983-1989*

Ano	1983	1984	1985	1986	1987	1988	1989
Número de jogos	7.957	8.029	8.269	8.360	8.580	8.587	8.677

9. Você esperaria que a taxa média de variação (em unidades por ano), em cada um dos casos seguintes, fosse positiva ou negativa? Explique seu raciocínio em cada caso.
   (a) Número de acres de floresta de chuva no mundo.
   (b) População do mundo.
   (c) Número de casos de polio a cada ano nos EUA, desde 1950.
   (d) Altura de uma duna de areia que está em erosão.
   (e) Custo de vida nos EUA.
10. A tabela 1.7 mostra a quantia total (em bilhões de dólares) gasta em produtos de tabaco nos EUA.
    (a) Qual é a taxa média de variação na quantia gasta em produtos de tabaco entre 1987 e 1993? Dê unidades e interprete sua resposta em termos de dinheiro gasto em produtos de tabaco.
    (b) Durante este período de seis anos, há algum intervalo durante o qual a taxa média de variação foi negativa? Se sim, quando?

TABELA 1.7 *Despesas com tabaco, 1987—1993*

Ano	1987	1988	1989	1990	1991	1992	1993
Despesas com tabaco	35,6	36,2	40,5	43,4	45,4	50,9	50,5

11. A Tabela 1.8 mostra a força de trabalho total[10] (em milhares de trabalhadores) nos EUA. Ache a taxa de variação média entre 1930 e 1990, entre 1930 e 1950, entre 1950 e 1970. Dê unidades e interprete suas respostas em termos da força de trabalho.

TABELA 1.8 *Força de trabalho, 1930—1990*

Ano	1930	1940	1950	1960	1970	1980	1990
Trabalhadores (milhares)	29.424	32.376	45.222	54.234	70.920	90.564	103.905

12. A Intel Corporation é importante produtora de circuitos integrados. A tabela seguinte dá as vendas[11] em milhões de dólares de 1990 a 1997.
    (a) Ache a variação de vendas entre 1991 e 1995.
    (b) Ache a taxa média de variação de vendas entre 1991 e 1995. Dê unidades e interprete sua resposta.
    (c) Se a taxa média de variação fica constante entre 1995

[8] Lester Brown, et al., *Vital Signs* 1994, p. 77 (New York, W.W. Norton, 1994).
[9] *The World Almanac and Book of Facts* 1992, p. 863, (New York: Pharos Books, 1991).
[10] *The World Almanac and Book of Facts* 1995, p. 154 (New Jersey: Funk & Wagnalls Corporation, 1994).
[11] de *Value Line Investment Survey*, 23 de janeiro de 1998. (New York Value Line Publishing, Inc.) p. 1060

e 1997, em que ano as vendas atingirão 40.000 milhões de dólares?

Ano	Vendas ($ milhões)	Ano	Vendas ($ milhões)
1990	3.921,3	1994	11.521,0
1991	4.778,6	1995	16.202,0
1992	5.844,0	1996	20.847,0
1993	8.782,0	1997	25.070,0

13. Alguns cientistas suspeitam que certos produtos químicos sintéticos estão interferindo com o sistema hormonal humano.[12] Um estudo controverso feito na Dinamarca em 1992 relatou que a contagem média de esperma masculino humano tinha decrescido de 113 milhões por mililitro em 1940 a 66 milhões por mililitro em 1990.
    (a) Ache a taxa média de variação da contagem de esperma.
    (b) A fertilidade de um homem é afetada se sua contagem de esperma cai abaixo de cerca de 20 milhões por mililitro. Se a taxa média de variação continuar igual à encontrada no estudo dinamarquês, em que ano a contagem média de esperma masculino cairá abaixo de 20 milhões por mililitro?
14. A General Motors é a maior produtora de carros do mundo. A tabela seguinte dá os lucros[13] em milhões de 1987 a 1997.
    (a) Ache a variação dos lucros entre 1989 e 1997.
    (b) Ache a taxa média de variação dos lucros entre 1989 e 1997. Dê unidades e interprete sua resposta.
    (c) De 1987 a 1997, houve intervalos de um ano durante os quais a taxa média de variação foi negativa? Se sim, quando?

Ano	Receita ($ m)	Ano	Receita ($ m)
1987	101.782	1993	138.220
1988	120.388	1994	154.951
1989	123.212	1995	168.829
1990	122.021	1996	164.069
1991	123.056	1997	172.000
1992	132.429		

1.2 QUE É UMA FUNÇÃO?

Na Seção 1.1 olhamos como uma quantidade variava em relação a outra. Para representar o modo pelo qual uma quantidade depende de outra usamos uma função.

Olhemos um exemplo. No verão de 1990 as temperaturas no Arizona chegaram a um nível nunca alcançado antes (tão alto, que algumas linhas aéreas decidiram que poderia ser arriscado para seus aviões aterrissar ali). As temperaturas máximas em Phoenix para 19–29 de junho são dadas na Tabela 1.9.

TABELA 1.9 — *Temperatura máxima de Phoenix, Arizona, 19-29 de junho, 1990*

Data (t, junho1990)	Temperatura (H, °C)	Data (t, junho1990)	Temperatura (H, °C)
19	43	25	49
20	45	26	50
21	46	27	48
22	45	28	48
23	45	29	43
24	45		

Embora você possa não ter pensado em algo tão imprevisível quanto a temperatura como sendo uma função, a temperatura máxima é uma função da data, porque cada dia dá origem a uma e uma só temperatura máxima. Não há fórmula para a temperatura (senão, seria desnecessária a central do tempo), no entanto a temperatura satisfaz à definição de função: Cada data de entrada, t, tem uma única saída que é a temperatura máxima, H, associada a ela.

Definimos uma função como segue:

> Uma **função** é uma regra que toma certos números como entrada e atribui, a cada um, um número de saída definido. O conjunto de todos os números de entrada é chamado o **domínio** da função e o conjunto de todos os resultantes números de saída chama-se o **conjunto de valores** ou **contradomínio** da função.

A entrada chama-se a *variável independente* e a saída chama-se a *variável dependente*. No exemplo da temperatura, o domínio é o conjunto de datas $t = \{19, 20, 21, 22, 23, 24, 25, 26, 27, 28, 29\}$ e o contradomínio é o conjunto de temperaturas $H = \{43, 45, 46, 49, 50, 48, 43\}$. Escrevemos $H = f(t)$, onde f é o nome da função.

Algumas quantidades, como a data, t, são *discretas*, isto é, só tomam certos valores isolados (datas devem ser números inteiros). Outras quantidades, tais como comprimento, são *contínuas* pois podem ser qualquer número. Para uma variável contínua, domínios e conjuntos de valores são freqüentemente escritos usando a notação de intervalo:

$a \leq t \leq b$ é escrito $[a, b]$

$a < t < b$ é escrito (a, b).

Representação de funções: tabelas, gráficos, fórmulas e palavras

Funções podem ser representadas por tabelas, gráficos, fórmulas e descrições com palavras. Por exemplo, a função que dá as temperaturas máximas diárias em Phoenix, Arizona com função do tempo pode ser representada por qualquer dos gráficos na Figura 1.4, bem como pela Tabela 1.9.

Outras funções se apresentam naturalmente com gráficos. A Figura 1.5 contém eletrocardiogramas (EKG) mostrando o batimento cardíaco de dois pacientes, um normal e outro não.

[12] Adaptado de "Investigating the next 'Silent Spring'." *US News & World Report*, p. 50-52. (11 de março, 1996).

[13] De *Value Line Investment Survey*, 12 de dezembro, 1997. (New York: Value Line Publishing, Inc.) p. 105.

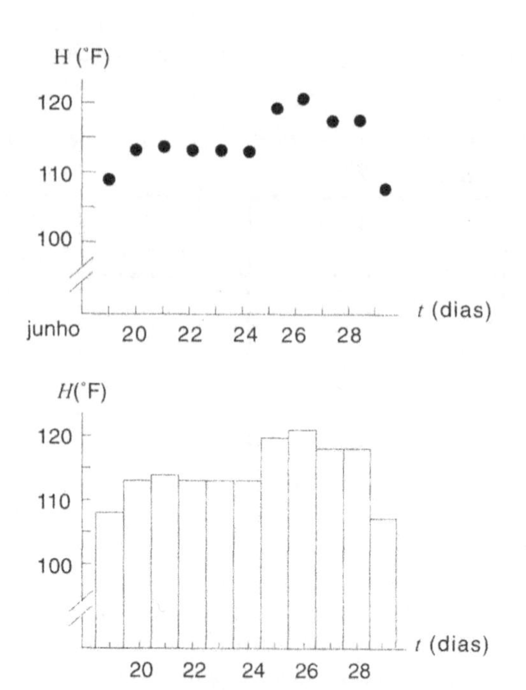

***Figura 1.4** — Temperaturas máximas em Phoenix, junho de 1990*

Embora seja possível construir uma fórmula para representar aproximadamente uma função EKG, isto raramente é feito. O que um médico precisa saber é o esquema de repetições, e é muito mais fácil vê-lo num gráfico que numa fórmula. Mas cada EKG representa uma função que dá a atividade elétrica como função do tempo.

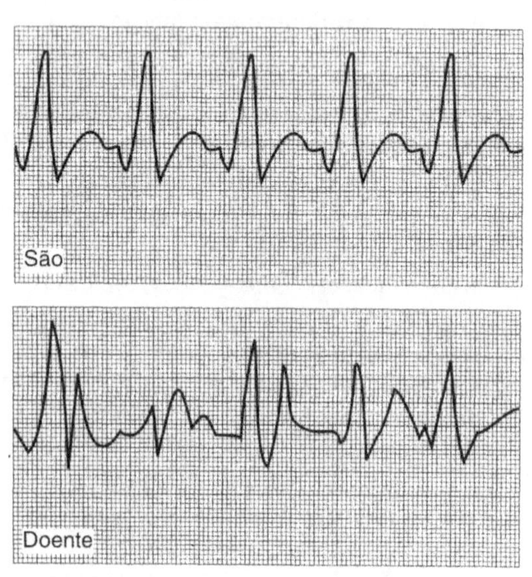

***Figura 1.5** — EKG de dois pacientes*

Como outro exemplo de função, considere o grilo de árvore. Surpreendentemente, todos tais grilos soam essencialmente à mesma taxa se estiverem à mesma temperatura. Em outras palavras, sabendo a temperatura podemos determinar a taxa do som. Ainda mais surpreendentemente, a taxa C de sons por minuto cresce constantemente com a temperatura e, se T é dada em graus Fahrenheit, pode ser calculada pela fórmula

$$C = 4T - 160$$

com bastante precisão. Escrevemos $C = f(T)$ para exprimir o fato de pensarmos em C como uma função de T. O gráfico desta função está na Figura 1.6.

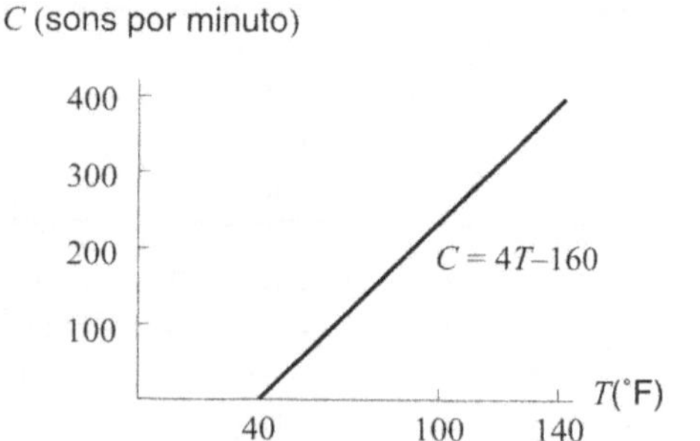

***Figura 1.6** — Taxa de sons do grilo contra temperatura*

Notação funcional e taxa de variação

A notação $y = f(t)$ nos diz que y é uma função de t. A variável independente é t, a variável dependente é y, e f é o nome da função. O exemplo seguinte mostra como é usada a notação funcional.

Exemplo 1 Nas montanhas dos Andes, no Peru, o número de espécies de morcegos decresce quando a elevação aumenta. (Veja a Figura 1.7). Zoólogos relatam que o número N de espécies de morcegos a uma dada elevação é uma função da elevação h, em metros, de modo que $N = f(h)$.

(a) Interprete a afirmação $f(150) = 100$ em termos do número de espécies de morcegos.

(b) Quais são os significados do valor k no intercepto vertical e c no horizontal, na Figura 1.7?

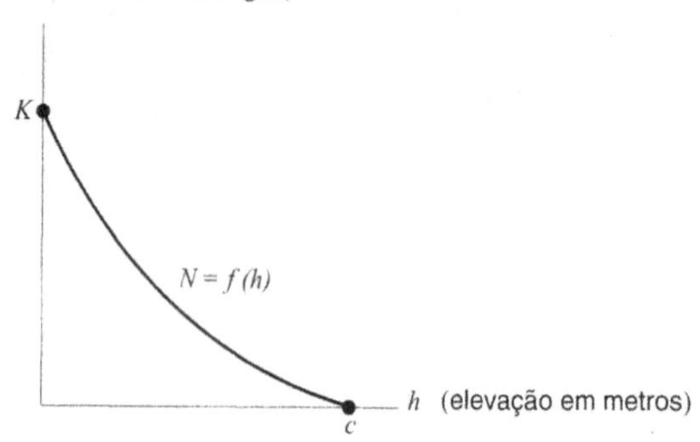

***Figura 1.7** — Número de espécies de morcegos nas montanhas dos Andes, no Perú*

Solução (a) Como $N = f(h)$, a afirmação $f(150) = 100$ significa que se $h = 150$, então $N = 100$. Isto nos diz que a uma elevação de 150 pés acima do nível do mar há 100 espécies de morcegos.

(b) O intercepto k está no eixo-N, portanto representa o valor de N quando $h = 0$. O intercepto k é o número de espécies de morcegos ao nível do mar.

(c) O intercepto c representa o valor de h quando $N = 0$. c é a menor elevação acima da qual não se encontram morcegos.

Na Seção 1.1 calculamos variação e taxa média de variação. Agora vamos representá-las em notação funcional.

> Se y é uma função de t, de modo que $y = f(t)$, então
>
> **Variação** de y entre $t = a$ e $t = b$ $= \Delta y = f(b) - f(a)$.
>
> As unidades de variação de uma função são as de y.
>
> **Taxa média de variação** de y entre $t = a$ e $t = b$ $= \dfrac{\Delta y}{\Delta t} = \dfrac{f(b) - f(a)}{b - a}$
>
> As unidades da taxa média de variação de uma função são as unidades de y por unidades de t.

A quantidade $(f(b) - f(a))/(b - a)$ é um quociente de diferenças escrito usando notação funcional.

Exemplo 2 Use a Tabela 1.9 para achar a variação e a taxa média de variação de temperatura máxima entre 20 de junho e 26 de junho, 1990. Dê unidades com suas respostas.

Solução A temperatura máxima, H, é uma função da data, t, de modo que H é a variável dependente e t a independente. Entre 20 e 26 de junho.

Variação da temperatura máxima $= \Delta H = 50 - 45 = 5°\text{C}$.

A temperatura máxima subiu 5°C durante este período.

Taxa média de variação

$$= \frac{\Delta H}{\Delta t} = \frac{f(26) - f(20)}{26 - 20} = \frac{50 - 45}{26 - 20} = \frac{5}{6} = 0{,}8°\text{C por dia}$$

A temperatura máxima subiu 0,8°C por dia, em média.

Exemplo 3 O número C de sons por minuto de um grilo de árvore é dado como função da temperatura, T, por $C = f(T) = 4T - 160$.
Ache a taxa média de variação de sons por minuto entre as temperaturas de 60°F e 70°F.

Solução Como $f(60) = 4(60) - 160 = 80$ e $f(70) = 4(70) - 160 = 120$, temos
Taxa média de variação =

$$= \frac{\Delta C}{\Delta T} = \frac{f(70) - f(60)}{70 - 60} = \frac{120 - 80}{70 - 60} = \frac{40}{10} = 4 \frac{\text{sons / minuto}}{°\text{F}}$$

A taxa de sons cresce, em média, por 4 sons por minuto para cada aumento de 1°F na temperatura.

Exemplo 4 A Figura 1.8 mostra [14] a taxa de natalidade, B, (número de nascimentos por ano para 1.000 da população) em países desenvolvidos como função do ano, t, de modo que $B = f(t)$.
(a) Descreva como mudou a taxa de natalidade desde 1775.
(b) Aproximadamente, quanto vale $f(1900)$? Que informação isto lhe dá?
(c) Avalie e interprete a taxa média de variação da taxa de natalidade entre 1875 e 1975.

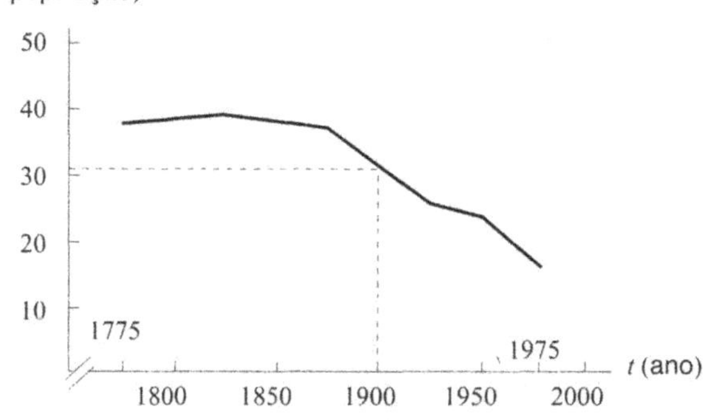

Figura 1.8 — *Taxa de natalidade em países desenvolvidos para 1775—1977*

Solução (a) A Figura 1.8 mostra que o valor de B ficou aproximadamente o mesmo até 1875, e então começou a diminuir. Em outras palavras, a taxa de natalidade ficou constante de 1775 até 1875, e tem decrescido desde 1875.
(b) O gráfico mostra que $f(1900) \approx 32$. Isto significa que em 1900 havia aproximadamente 32 nascimentos por ano para cada 1000 pessoas.
(a) A Figura 1.8 mostra que a taxa de natalidade em 1875 era aproximadamente 38 e em 1975 era cerca de 16. Nesse intervalo de tempo, temos

Taxa média de variação de taxa de natalidade =

$$= \frac{\Delta B}{\Delta t} = \frac{f(1975) - f(1875)}{1975 - 1875} \approx \frac{16 - 38}{100} = -0{,}22$$

A taxa média de variação é negativa porque a taxa de natalidade estava decrescendo. O valor – 0,22 nos diz que a taxa de natalidade decresceu a uma taxa média de 0,22 nascimentos por mil por ano entre 1875 e 1975.

Problemas para a Seção 1.2

1. Qual dos gráficos na Figura 1.9 combina melhor com as três histórias seguintes?[15] Escreva uma história para o gráfico restante.
   (a) Eu tinha acabado de sair de casa quando percebi que tinha esquecido meus livros, então voltei para trás para pegá-los.
   (b) As coisas correram muito bem até eu ter um pneu furado.
   (c) Parti devagar mas acelerei quando percebi que ia chegar atrasado.

[14] Elaine Murphy, "Food and Population: A Global Concern", p. 2, (Washington DC: Population Reference Bureau Inc., 1984).

[15] Adaptado de Jan Terwal, "Real math in Cooperative Groups in Secondary Education." *Cooperative Learning in Mathematics*, ed. Neal Davidson, p. 234, (Reaging: Addison Wesley, 1990).

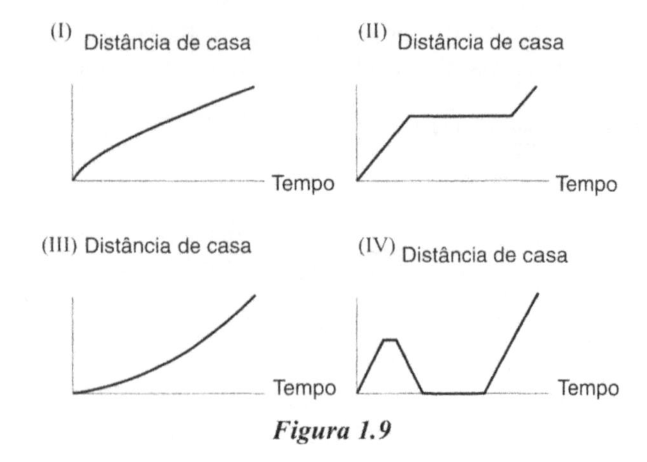

Figura 1.9

2. O número de vendas por mês, S, de um item em promoção num restaurante é função da quantia a gasta em propaganda nesse mês, assim $S = f(a)$.
   (a) Interprete a declaração $f(1\ 000) = 3\ 500$.
   (b) Qual dos gráficos na Figura 1.10 mais provavelmente representará essa função?
   (c) O que significa o intercepto vertical no gráfico dessa função, em termos de vendas e propaganda?

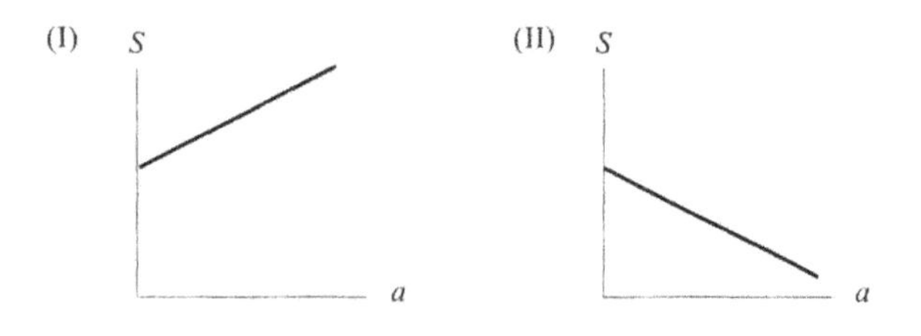

Figura 1.10

3. A temperatura subiu durante toda a manhã, e então subitamente ficou muito mais frio perto do meio dia, quando sobreveio uma tempestade. Depois da tempestade, a temperatura subiu antes de cair ao pôr do sol. Esboce um possível gráfico da temperatura deste dia como função do tempo.
4. Logo depois que uma certa droga é administrada a um paciente com batimento cardíaco rápido, a taxa de batimento cai dramaticamente, depois sobe outra vez devagar quando o efeito da droga vai desaparecendo. Esboce um possível gráfico do batimento cardíaco contra o tempo, a partir do momento que a droga é administrada.
5. De modo geral, quanto mais fertilizante se usa melhor é o rendimento da colheita. Mas se for aplicado fertilizante demais a colheita fica envenenada e o rendimento cai rapidamente. Esboce um possível gráfico mostrando o rendimento da colheita como função da quantidade de fertilizante aplicada.
6. Descreva o que lhe diz a Figura 1.11 sobre uma linha de montagem cuja produtividade é representada como função do número de operários na linha.

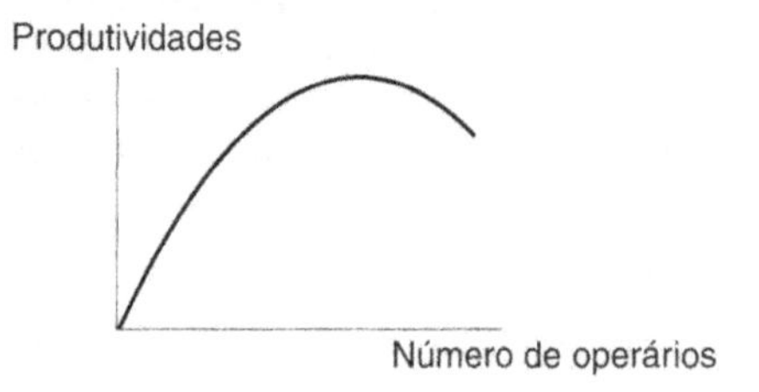

Figura 1.11

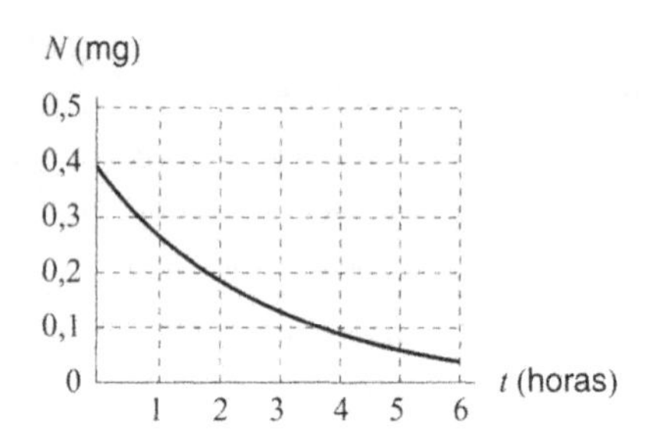

Figura 1.12

7. A Figura 1.12 mostra a quantidade de nicotina, $N = f(t)$, em mg, na corrente sanguínea de uma pessoa como função do tempo t, em horas, depois que a pessoa acabou de fumar um cigarro.
   (a) Avalie $f(3)$ e interprete em termos de nível de nicotina.
   (b) Quantas horas, aproximadamente, terão passado antes que o nível de nicotina caia a 0,1 mg?
   (c) O que é o valor do intercepto vertical? O que representa em termos de nicotina?
   (d) Se houvesse um intercepto horizontal, o que representaria?
   (e) Ache a taxa média de variação nos níveis de nicotina entre $t = 0$ e $t = 3$. Dê unidades com sua resposta e interprete-a em termos de nível de nicotina.
   (f) A taxa de variação média de nicotina é positiva ou negativa? Explique.
8. Um vôo do Aeroporto Dulles em Washington, D.C. até o Aeroporto La Guardia em Nova York tem que dar varias voltas sobre La Guardia antes de ter permissão para aterrissar. Faça um gráfico da distância do avião a partir de Washington, contra o tempo, do momento da partida até a aterrissagem.
9. Em seu *Guide to Excruciantingly Correct Behavior* (Guia do Comportamento Correto de Doer), Miss Manners diz que

> Há três partes possíveis num encontro em que ao menos duas devem ser oferecidas: diversão, comida e afeto. É costume começar uma série de encontros com muita diversão, quantidade moderada de comida e mera sugestão de afeto. À medida que cresce a quantidade de afeto, a diversão pode ser reduzida proporcionalmente. Quando o afeto tiver substituído a diversão, já não falamos em encontros. Em hipótese alguma a comida pode ser suprimida.

Com base nesta declaração, esboce um gráfico mostrando a diversão como função do afeto, supondo constante a quantidade de comida. Marque o ponto no gráfico em que o relacionamento começa, bem como o ponto em que deixa de chamar-se encontro.

10. Segue-se cinco funções diferentes, algumas dadas por fórmulas, outras por tabelas de valores e algumas por gráfico. Em cada caso, ache $f(5)$.

(a) $f(x) = 2x + 3$ (b) $f(x) = 10x - x^2$

(c)

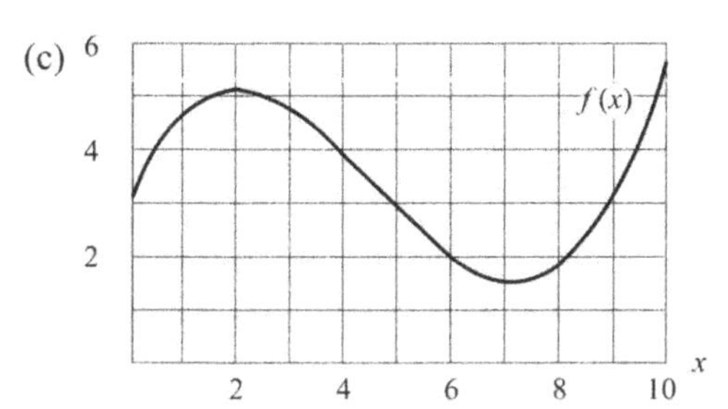

(d)

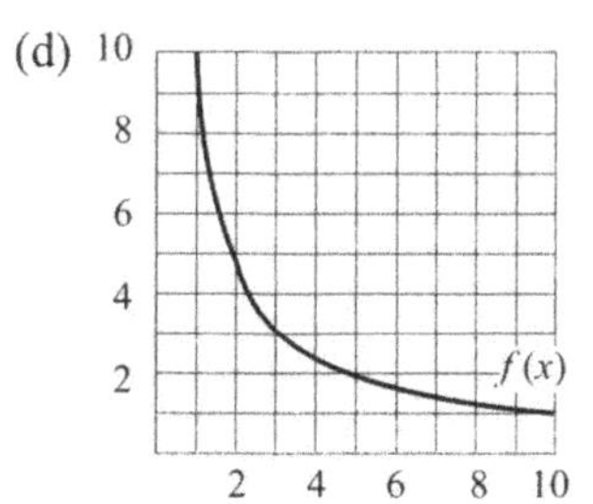

(e)

x	1	2	3	4	5	6	7	8
$f(x)$	2,3	2,8	3,2	3,7	4,1	4,9	5,6	6,2

11. O gráfico de $r = f(p)$ é dado na Figura 1.13.
   (a) Qual é o valor de r quando p é zero? Quando p é três?
   (b) Quanto é $f(2)$?

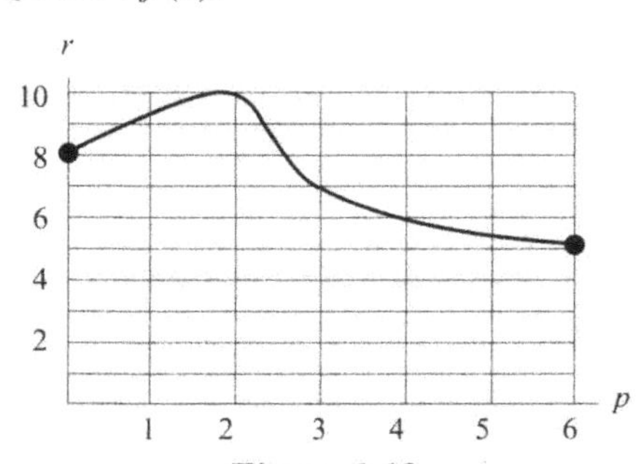

Figura 1.13

12. Seja $y = f(x) = x^2 + 2$.
   (a) Ache o valor de y quando x é zero.
   (b) Quanto é $f(3)$?
   (c) Quais valores de x dão a y o valor 11?
   (d) Existem valores de x que dêm a y o valor 1?

13. Seja $y = f(x) = 3x - 5$.
   (a) Quanto é $f(1)$?
   (b) Ache o valor de y quando x é 5.
   (c) Ache o valor de x quando y é 4.
   (d) Ache a taxa média de variação de f entre $x = 2$ e $x = 4$.

14. O valor de um carro, $V = f(a)$ em milhares, é uma função da idade a do carro, em anos desde que foi comprado.
   (a) Interprete a afirmação $f(5) = 6$.
   (b) Esboce um possível gráfico de V contra a.
   (c) Explique o significado dos valores de intercepto vertical e horizontal em termos do valor do carro.

15. A posição, $d = s(t)$, de um carro é dada na Tabela 1.10. Dê unidades em cada resposta.
   (a) Ache a velocidade média do carro entre $t = 0$ e $t = 15$ e entre $t = 10$ e $t = 30$.
   (b) Ache a distância percorrida pelo carro entre $t = 10$ e $t = 30$.

TABELA 1.10

t(seg)	0	5	10	15	20	25	30
$s(t)$ (m)	0	30	55	105	180	260	410

16. Ache a taxa média de variação, entre $x = 2$ e $x = 10$, da função $f(x)$ cujo gráfico é dado na parte (d) do problema 10. Sua resposta será positiva ou negativa?

17. Ache a taxa média de variação de $f(x) = 2x^2$ entre $x = 1$ e $x = 3$.

1.3 FUNÇÕES LINEARES

Provavelmente as funções mais comumente usadas são as funções lineares. Estas são funções que têm taxa constante de crescimento ou decrescimento. Uma função é linear se sua inclinação, ou taxa de variação, é a mesma em toda parte. Para uma função não linear, a taxa de variação varia.

O salto olímpico com vara

Durante os primeiros anos das Olimpíadas, a altura do salto com vara vencedor aumentou aproximadamente 8 polegadas a cada quatro anos. A tabela 1.11 mostra que a altura começou em 130 polegadas em 1900 e cresceu o equivalente de 2 polegadas a cada ano. Assim, a altura foi uma função linear do tempo de 1900 até 1912. Se y é a altura vencedora em polegadas e t é o número de anos desde 1900, podemos escrever

$$y = f(t) = 130 + 2t.$$

Como $y = f(t)$ cresce com t, dizemos que f é uma *função crescente*. O coeficiente 2 nos diz, em polegadas por ano, a taxa à qual a altura cresce. A taxa é a inclinação da reta $f(t) = 130 + 2t$.

TABELA 1.11 — *Recordes olímpicos de salto com vara (aproximados)*

Ano	1900	1904	1908	1912
Altura (polegadas)	130	138	146	154

Podemos visualizar a inclinação na Figura 1.14 como a razão

$$\text{Inclinação} = \frac{\text{subida}}{\text{percurso}} = \frac{138-130}{1904-1900} = \frac{8}{4} = 2 \text{ polegadas/ano}$$

O cálculo da inclinação (subida/período) em quaisquer outros dois pontos da reta dará o mesmo resultado.

E a constante 130? Ela representa a altura inicial em 1900, quando $t = 0$. Geometricamente, 130 é o valor do *intercepto vertical*.

Talvez você se pergunte se essa tendência linear continua para além de 1912. Não exatamente, o que não é surpreendente. A fórmula $y = 130 + 2t$ prediz que a altura nas Olimpíadas de 1996 seria de 322 polegadas, consideravelmente mais que o valor real de 233,25 polegadas. Há claramente um perigo em *extrapolar* para muito longe dos dados conhecidos. Você deve observar também que os dados na Tabela 1.11 são *discretos*, porque são dados apenas em pontos específicos (a cada 4 anos); porém, tratamos a variável t como se fosse *contínua*, porque a função $y = 130 + 2t$ faz sentido para todos os valores de t. O gráfico na Figura 1.14 é da função contínua, porque é uma linha sólida, não quatro pontos separados representando os anos em que houve Olimpíada.

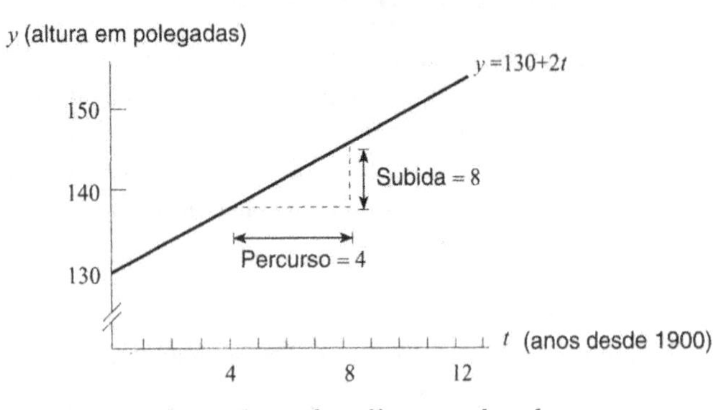

Figura 1.14 — *Recordes olímpicos de salto com vara*

Funções lineares em geral

Uma **função linear** tem a forma

$$y = f(x) = b + mx.$$

Seu gráfico é uma reta tal que

- m é a **inclinação**, ou taxa de variação de y com relação a x.
- b é o **intercepto vertical**, ou valor de y quando x é zero.

Observe que se a inclinação m for zero, teremos $y = b$, uma reta horizontal. Para uma reta de inclinação m passando pelo ponto (x_0, y_0), podemos escrever a equação da reta de outra forma usando que

$$\text{Inclinação} = m = \frac{y - y_0}{x - x_0}$$

Temos pois o seguinte resultado:

> A equação da reta de inclinação m passando pelo ponto (x_0, y_0) é
>
> $$y - y_0 = m(x - x_0).$$

A inclinação de uma função linear é o mesmo que a taxa média de variação da Seção 1.1. A inclinação de $y = f(x)$ pode ser calculada com valores da função em dois pontos, a e c, usando a fórmula

$$\text{Inclinação} = \frac{\text{Subida}}{\text{Percurso}} = \frac{\Delta y}{\Delta x} = \frac{f(c) - f(a)}{c - a}$$

$$= \text{Taxa média de variação de } f(x) \text{ entre } a \text{ e } c.$$

(Ver a Figura 1.15.) É o fato de a inclinação de uma função linear ser a mesma em toda parte que faz de seu gráfico uma reta.

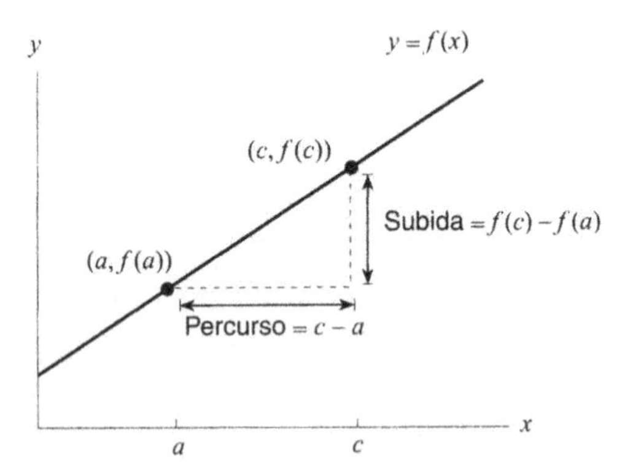

Figura 1.15 — Inclinação $= \dfrac{f(c) - f(a)}{c - a}$

Sucesso de equipes de busca e salvamento

Considere o problema de equipes de "busca e salvamento" trabalhando para achar excursionistas perdidos em áreas remotas. Para procurar um indivíduo, membros da equipe se separam e caminham paralelamente uns aos outros através da área a ser investigada. A experiência mostrou que a chance da equipe de achar um indivíduo perdido está relacionada com a distância, d, que separa membros da equipe. Para um particular tipo de terreno, a porcentagem de achados[16] para várias separações está registrada na Tabela 1.12.

[16] De *An Experimental Analysis of Grid Sweep Searching*, por J. Wartes (Explorer Search and Rescue, Western Region, 1974).

TABELA 1.12 — *Taxa de sucesso contra separação dos buscadores*

Distância de separação d(pés)	Porcentagem de achados aproximadamente P
20	90
40	80
60	70
80	60
100	50

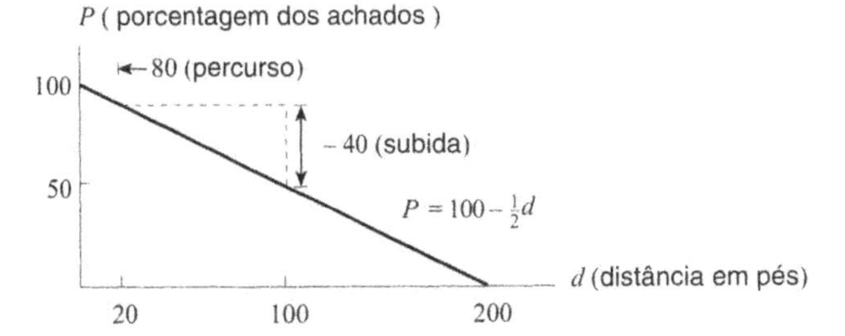

Figura 1.16 — *Taxa de sucesso contra separação entre buscadores*

Como seria de esperar, os dados na tabela indicam que quando a distância de separação aumenta, uma porcentagem menor dos excursionistas perdidos é achada. Como $P = f(d)$ decresce quando d cresce, dizemos que P é *função decrescente* de d. Além disso, os dados mostram que para cada aumento de 20 pés na distância, a porcentagem cai por 10. Isto indica que o gráfico de P contra d é uma reta. (veja a Figura 1.16.) Observe que a inclinação é $-40/80 = -1/2$. O sinal negativo mostra que P decresce quando d cresce. A magnitude da inclinação é a taxa pela qual P decresce quando d cresce.

E o que diz o intercepto vertical? Se $d = 0$, os buscadores estão caminhando ombro a ombro e esperaríamos que todos fossem achados, assim $P = 100$. Isto é exatamente o que acontece se a reta for prolongada até o eixo vertical (um decréscimo de 20 em d causa um acréscimo de 10 em P). Portanto, a equação da reta é

$$P = f(d) = 100 - \frac{1}{2}d$$

E o intercepto horizontal? Quando $P = 0$, ou $0 = 100 - {}^1/_2 d$, então $d = 200$. O valor $d = 200$ dá a distância de separação para a qual, de acordo com o modelo, ninguém é achado. Isto não é razoável, porque mesmo quando os buscadores estão muito separados, às vezes a busca terá sucesso. Isto sugere que, em algum ponto, deixa de valer a relação linear. Como no exemplo do salto com vara, a extrapolação longe de mais dos dados conhecidos pode não dar respostas precisas.

Construção e identificação de funções lineares

Exemplo 1 O lixo sólido gerado a cada ano nas cidades dos Estados Unidos cresce com o tempo. O lixo gerado,[17] em milhões de toneladas, foi de 82,3 em 1960 e 139,1 em 1980.

(a) Supondo que a quantidade de lixo gerada por cidades dos EUA é uma função linear do tempo, encontre um fórmula para esta função, achando a equação da reta entre esses dois pontos.

(b) Use esta fórmula para predizer a quantidade de lixo a ser gerada em cidades dos EUA, em milhões de toneladas, no ano 2020.

Solução (a) Estamos olhando a quantidade, W, de lixo como função do ano, t, e os dois pontos são (1960, 82,3) e (1980, 139,1). A inclinação da reta é

$$m = \frac{\Delta W}{\Delta t} = \frac{139{,}1 - 82{,}3}{1980 - 1960} = \frac{56{,}8}{20} = 2{,}84 \text{ milhões ton/ano}$$

Para achar a equação da reta, devemos achar o intercepto vertical. Substituímos o ponto (1960, 82,3) e a inclinação $m = 2{,}84$ na equação para W:

$$W = b + mt$$
$$82{,}3 = b + (2{,}84)(1960)$$
$$82{,}3 = b + 5566{,}4$$
$$-5484{,}1 = b.$$

A equação da reta é $W = -5484{,}1 + 2{,}84t$.

(b) Que quantidade de lixo prevê este modelo no ano 2020?

Pomos $t = 2020$ na equação da reta e calculamos W:

$$W = -5484{,}1 + 2{,}84t$$
$$W = 5484{,}1 + (2{,}84)(2020)$$
$$W = 252{,}7$$

A fórmula prevê que serão geradas 252,7 milhões de toneladas de lixo sólido no ano 2020.

> Para ver que uma tabela de valores de x e y provém de uma função linear $y = b + mx$, veja diferenças em valores y que sejam constantes para diferenças iguais em x.

Exemplo 2 Quais destas tabelas poderiam representar uma função linear?

x	0	1	2	3
$f(x)$	25	30	35	40
x	0	2	4	6
$g(x)$	10	16	26	40
t	20	30	40	50
$h(t)$	2,4	2,2	2,0	1,8

Solução Como $f(x)$ cresce de 5 para cada acréscimo de 1 em x, os valores de $f(x)$ poderiam vir de uma função linear com inclinação = 5/1 = 5.

Entre $x = 0$ e $x = 2$, o valor de $g(x)$ cresce de 6 quando x cresce de 2. Entre $x = 2$ e $x = 4$, o valor de y cresceu de 10 enquanto x cresceu de 2. Como a inclinação não é constante, $g(x)$ não pode ser uma função linear.

[17] *Statistical Abstracts of the US* (Lanham"Bernham Press, 1988), p. 193, Tabela 333

Como $h(x)$ decresce de 0,2 para cada crescimento de 10 em t, os valores de $h(t)$ poderiam provir de uma função linear com inclinação = – 0,2/10 = – 0,02.

Exemplo 3 Os dados da tabela seguinte estão sobre uma reta. Ache fórmulas para cada uma das funções seguintes:

(a) q como função de p
(b) p como função de q

p(\$)	5	10	15	20
q(toneladas)	100	90	80	70

Solução (a) Se pensarmos em q como função linear de p, então q será a variável dependente, p a independente, e a inclinação $m = \Delta q/\Delta p$. Podemos usar dois pontos quaisquer para achar a inclinação. Usando os dois primeiros vem

$$\text{Inclinação} = m = \frac{\Delta q}{\Delta p} = \frac{90-100}{10-5} = \frac{-10}{5} = -2$$

As unidades são unidades de q sobre unidades de p, ou toneladas por real.

Para escrever q como função linear de p, temos que achar o intercepto vertical, b. Como q é uma função linear de p, temos $q = b + mp$. Sabemos que $m = -2$ e podemos usar qualquer dos pontos na tabela, como por exemplo $p = 10$, $q = 90$, para achar b. Substituindo vem

$$\begin{aligned} q &= b + mp \\ 90 &= b + (-2)(10) \\ 90 &= b - 20 \\ 110 &= b. \end{aligned}$$

Portanto o intercepto vertical é 110 e a equação da reta é

$$q = 110 - 2p.$$

(b) Se agora olharmos p como função linear de q, teremos

$$\text{Inclinação} = m = \frac{\Delta p}{\Delta q} = \frac{5-10}{100-90} = \frac{-5}{10} = -\frac{1}{2} = -0,5$$

As unidades da inclinação são reais por ton. Desde que p é uma função linear de q, teremos $p = b + mq$, com $m = -0,5$. Para achar b, pomos qualquer ponto da tabela, tal como $p = 10$, $q = 90$, na equação:

$$\begin{aligned} p &= b + mq \\ 10 &= b + (-0,5)(90) \\ 10 &= b - 45 \\ 55 &= b \end{aligned}$$

A equação da reta é

$$p = 55 - 0,5q.$$

Alternativamente, observe que poderíamos tomar nossa resposta na parte (a), ou seja $q = 110 - 2p$, e resolver para p.

Famílias de funções lineares

Dizemos que fórmulas como $f(x) = b + mx$, em que as constantes b e m podem assumir diferentes valores, definem uma *família de funções*. Todas as funções numa família compartilham de certas propriedades — neste caso, todos os gráficos são retas. Cada uma das funções nesta seção pertence à família linear $f(x) = b + mx$. As constantes m e b são chamadas *parâmetros*; seu significado é mostrado nas Figuras 1.17 e 1.18. Observe que quanto maior a magnitude de m, mais íngreme é a reta.

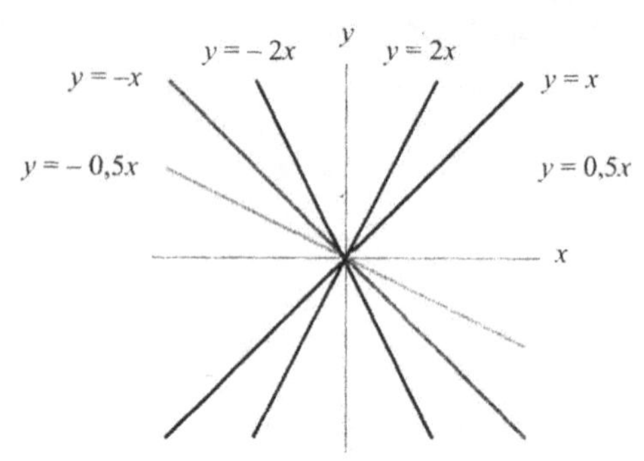

***Figura 1.17** — A família* y = mx *(com* b = 0*)*

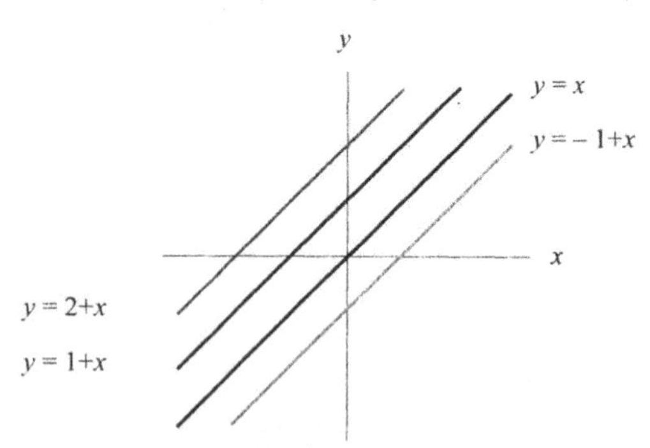

***Figura 1.18** — A família* y = b + x *(com* m = 1*)*

Visualização da variação e da taxa de variação

Para toda função $f(x)$, a variação da função entre $x = a$ e $x = c$ é $\Delta y = f(c) - f(a)$. Para representar Δy num gráfico, observe que é uma diferença entre dois valores de y, que é representada por uma distância vertical. Veja a Figura 1.19

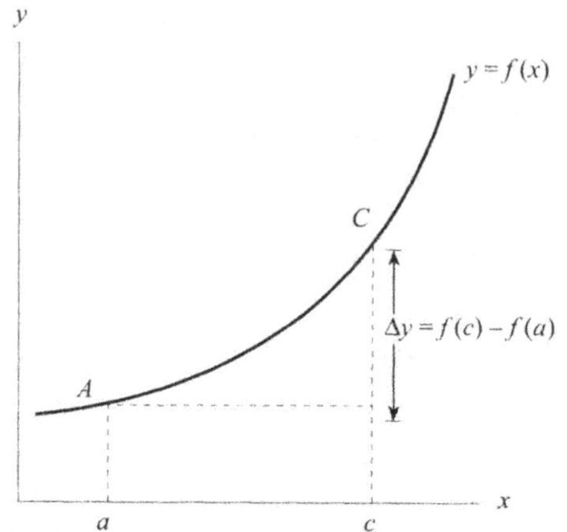

***Figura 1.19** — A variação de uma função é representada por distância vertical*

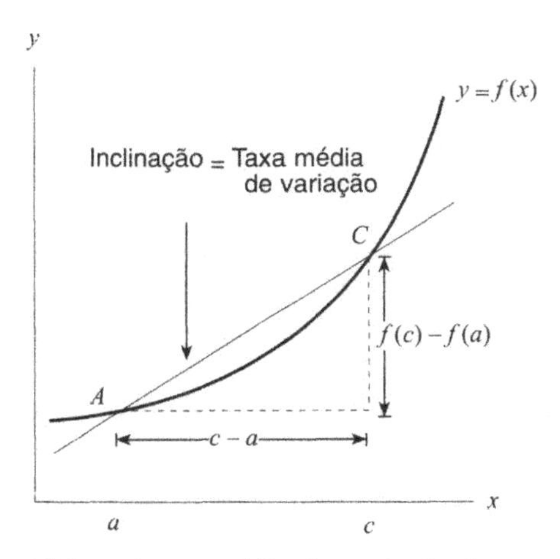

***Figura 1.20** — A taxa média de variação é representada pela inclinação da reta*

A taxa média de variação de f entre $t = a$ e $t = c$ é representada pela inclinação da reta unindo os pontos $(a, f(a))$ e $(c, f(c))$. Veja a Figura 1.20.

Exemplo 4 (a) Ache a taxa de variação média de $f(x) = 7x - x^2$ entre $x = 1$ e $x = 4$.

(b) Esboce o gráfico de $f(x)$ e represente esta taxa de variação média como inclinação de uma reta.

Solução (a) Como $f(1) = 7 \cdot 1 - 1^2 = 6$ e $f(4) = 7 \cdot 4 - 4^2 = 12$, entre $x = 1$ e $x = 4$ temos

Taxa de variação média =

$$\frac{\Delta f}{\Delta x} = \frac{f(4) - f(1)}{4 - 1} = \frac{12 - 6}{3} = 2.$$

(b) Um gráfico de $f(x) = 7x - x^2$ é dado na Figura 1.21. A taxa de variação média de f entre 1 e 4 é a inclinação da reta secante entre $x = 1$ e $x = 4$.

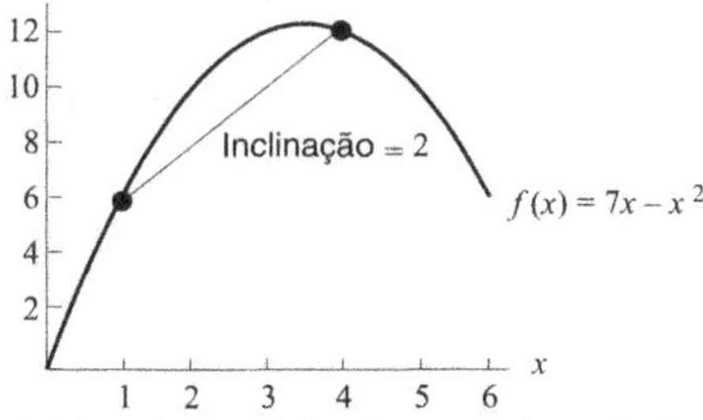

***Figura 1.21** — Taxa média de variação = Inclinação da reta secante*

Exemplo 5 Um carro se afasta de casa por uma estrada reta. Sua distância de casa no tempo t é dada na Figura 1.22. A velocidade média do carro é maior durante a primeira hora ou durante a segunda hora?

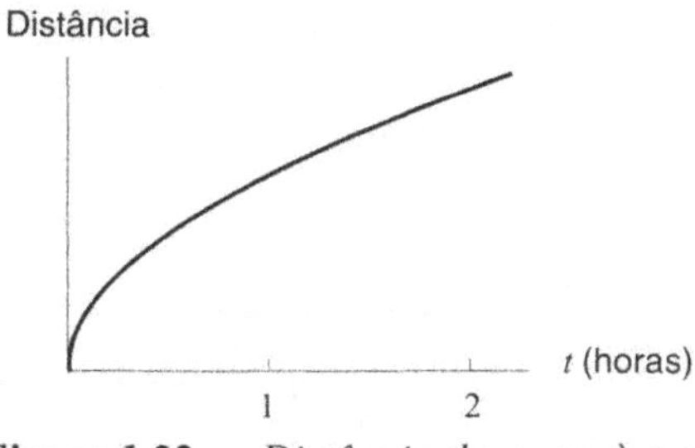

***Figura 1.22** — Distância do carro à casa*

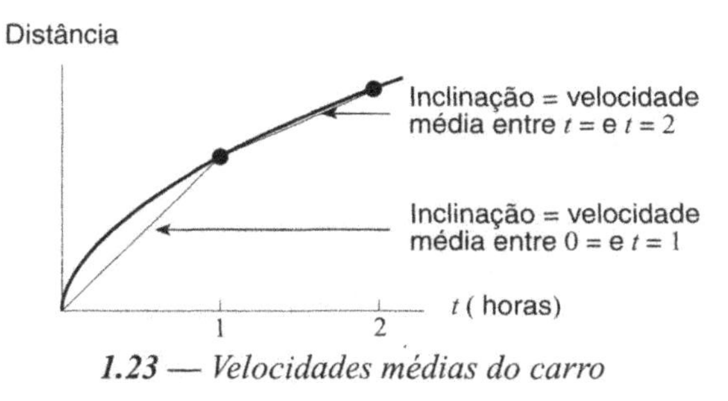

***1.23** — Velocidades médias do carro*

Solução A velocidade média é representada pela inclinação de uma reta secante. A Figura 1.23 mostra que a secante entre $t = 0$ e $t = 1$ é mais íngreme que a secante entre $t = 1$ e $t = 2$. Assim, a velocidade média é maior na primeira hora.

Funções crescentes versus funções decrescentes

Os termos crescente e decrescente podem ser aplicados a outras funções, não apenas às lineares. Veja a Figura 1.24. Em geral,

> Uma função f é **crescente** se os valores de $f(x)$ crescem quando x cresce.
>
> Uma função f é **decrescente** se os valores de $f(x)$ decrescem quando x cresce.
>
> O gráfico de uma função *crescente* sobe quando nos movemos da esquerda para a direita.
>
> O gráfico de uma função *decrescente* desce quando nos movemos da esquerda para a direita.

***Figura 1.24** — Funções crescente e decrescente*

Problemas para a Seção 1.3

1. Combine os gráficos na Figura 1.25 com as equações abaixo. (Note que as escalas para x e y podem ser diferentes.)

(a) $y = x - 5$ (c) $5 = y$ (e) $y = x + 6$

(b) $-3x + 4 = y$ (d) $y = -4x - 5$ (f) $y = x/2$

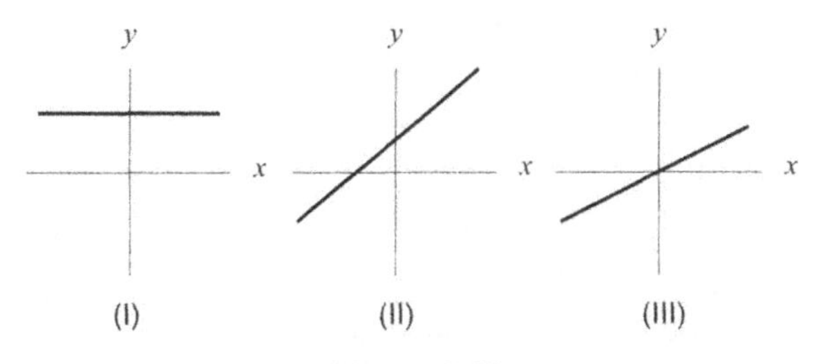

Figura 1.25

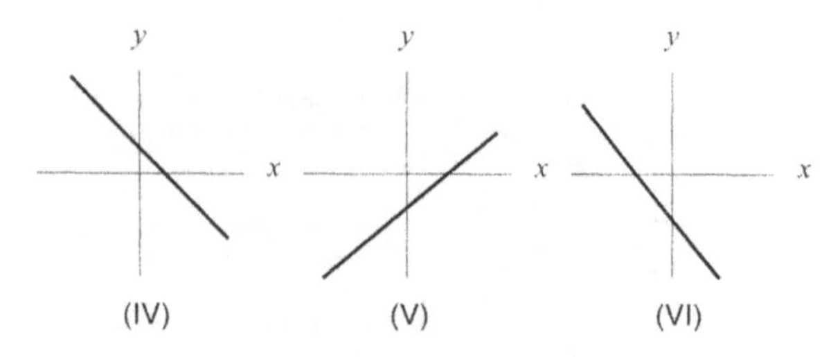

Figura 1.25 — continuação

2. Combine os gráficos na Figura 1.26 com as equações abaixo. (Note que as escalas para x e y podem ser diferentes.)

(a) $y = -2{,}72x$ (b) $y = 0{,}01 + 0{,}001x$
(c) $y = 27{,}9 - 0{,}1x$ (d) $y = 0{,}1x - 27{,}9$
(e) $y = -5{,}7 - 200x$ (f) $y = x/3{,}14$

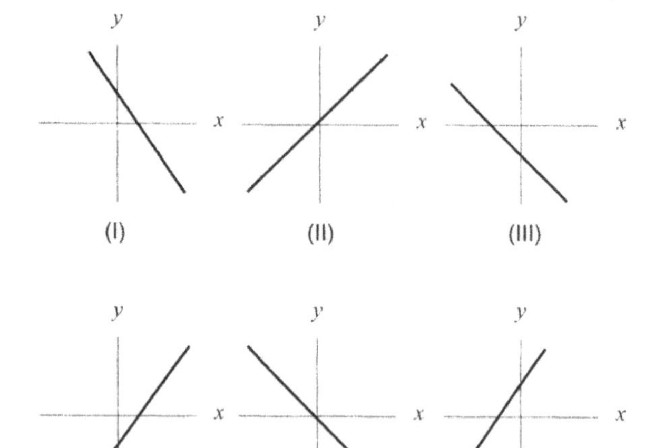

Figura 1.26

3. Ache a inclinação e o intercepto vertical da reta cuja equação é $2y + 5x - 8 = 0$.
4. Ache a equação da reta pelos pontos $(-1, 0)$ e $(2, 6)$.
5. Ache a equação da reta com inclinação m pelo ponto (a, c).
6. O gráfico de uma equação linear é dado na Figura 1.27. Avalie $f(0)$, $f(1)$ e $f(3)$.

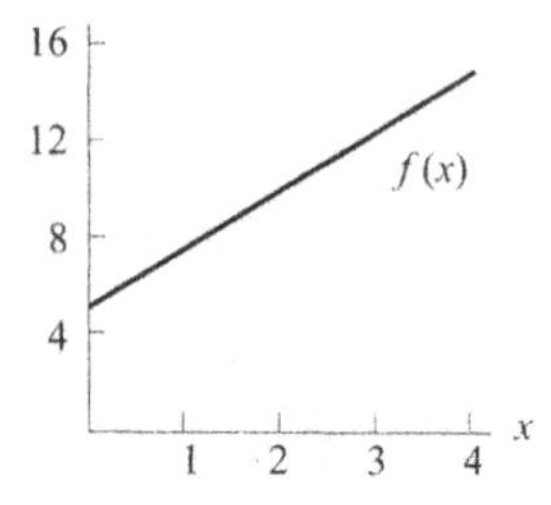

Figura 1.27

7. Avalie a inclinação da reta mostrada na Figura 1.28 e use a inclinação para achar uma equação para essa reta. (Note que as escalas para x e y são diferentes.)

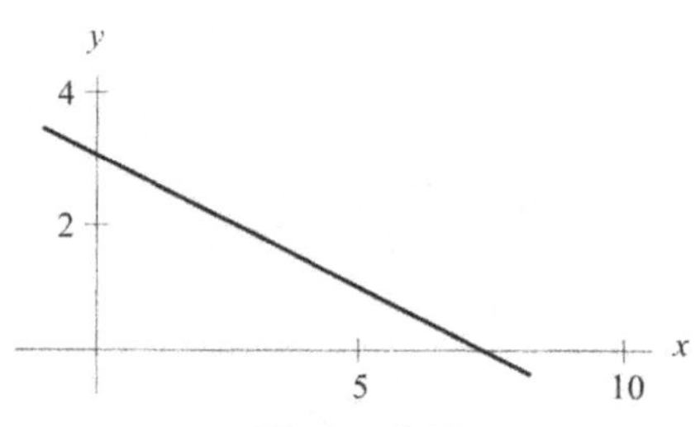

Figura 1.28

8. Quais das seguintes tabelas de valores poderiam corresponder a funções lineares?

(a)

x	0	1	2	3
y	27	25	23	21

(b)

t	15	20	25	30
s	62	72	82	92

(c)

u	1	2	3	4
w	5	10	18	28

9. Para cada uma das tabelas no Problema 8 que poderiam corresponder a uma função linear, ache uma fórmula para essa função.
10. Valores correspondentes de p e q são dados na Tabela 1.13. Ache
   (a) q como função linear de p
   (b) p como função linear de q.

TABELA 1.13

p	1	2	3	4
q	950	900	850	800

TABELA 1.14

x	5,2	5,3	5,4	5,5	5,6
y	27,8	29,2	30,6	32,0	33,4

11. Uma equação linear foi usada para gerar os valores da Tabela 1.14. Ache essa equação.
12. Uma equação de uma reta é $3x + 4y = -12$.
   (a) Ache os interceptos x e y.
   (b) Ache o comprimento do segmento de reta entre essas interseções.
13. A tabela de preços de uma companhia é planejada para encorajar grandes encomendas. A Tabela 1.15 mostra os preços por dúzia, p, de um certo item contra o tamanho da ordem em grosas, q. (Uma grosa são 12 dúzias.) Ache uma fórmula para:
   (a) q como função linear de p.
   (*b*) p como função linear de q.

TABELA 1.15

q	3	4	5	6
p	15	12	9	6

TABELA 1.16

t	0	1	2	3	4
$f(t)$	19,72	18,48	17,24	16,00	14,76

14. Uma equação linear foi usada para gerar a Tabela 1.16.
    (a) Ache a equação. (b) Esboce o gráfico de $f(t)$.

15. A reserva de ouro Q do Canadá, em milhões de onças troy, é dada para os anos de 1986 até 1990 na tabela seguinte.[18] Ache uma fórmula linear que aproxime estes dados razoavelmente bem e dê a reserva de ouro como função do tempo, medido a partir de 1986.

Ano	1986	1987	1988	1989	1990
Q	19,72	18,52	17,14	16,10	14,76

16. Um estudo[19] de 1979 sobre *Figuras e Pressão Sanguínea*[19], pela Sociedade de Atuários, dá o peso médio, w, em libras, de homens americanos de 60 a 70 anos para várias alturas, h, em polegadas. Veja a tabela seguinte. Ache uma função linear que dê uma aproximação linear razoável do peso médio como função da altura para homens nessa faixa etária. Qual é a inclinação de sua reta? Quais são as unidades para essa inclinação? Interprete a inclinação em termos de altura e peso.

Altura, h (polegadas)	68	69	70	71	72	73	74	75
Peso, w (libras)	167	172	176	181	186	191	196	200

17. O gráfico da função k é dado na Figura 1.29.
    (a) Entre qual par de pontos consecutivos a taxa média de variação de k é máxima? Mais perto de zero?
    (b) Entre quais dois pares de pontos consecutivos as taxas médias de variação de k são mais próximas?

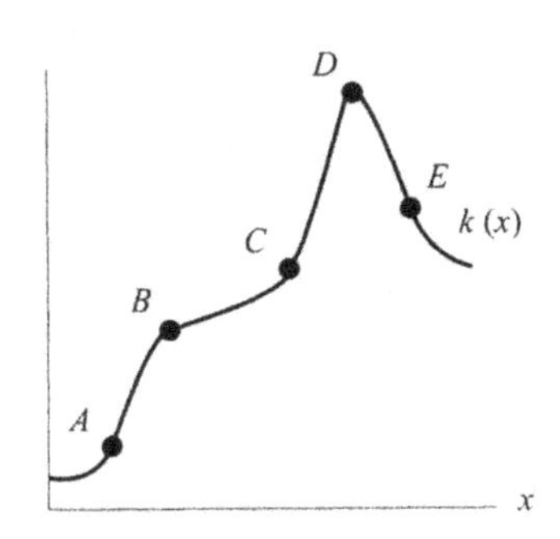

Figura 1.29

18. A Figura 1.30 mostra a posição de um objeto no instante t.
    (a) Sobre uma cópia da Figura 1.30 trace uma reta cuja inclinação represente a velocidade média entre $t = 2$ e $t = 8$.
    (b) A velocidade média é maior entre $t = 0$ e $t = 3$ ou entre $t = 3$ e $t = 6$?
    (c) A velocidade média é positiva ou negativa entre $t = 6$ e $t = 9$?

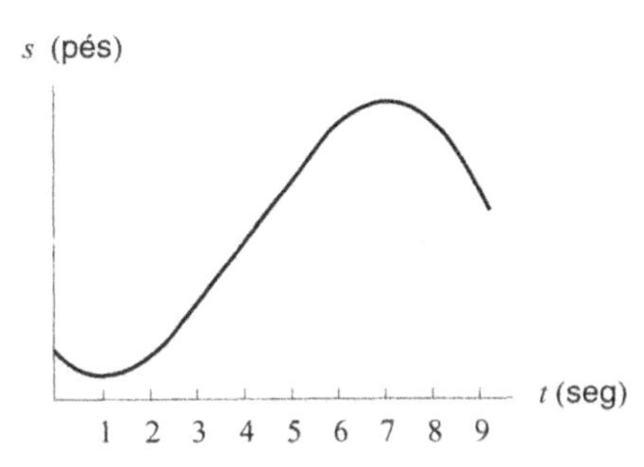

Figura 1.30

19. Trace um gráfico da distância em relação ao tempo com as seguintes propriedades: a velocidade média é sempre positiva e a velocidade média na primeira metade do percurso é menor que a velocidade média na segunda metade.

20. As vendas semanais de uma companhia são mostradas na Figura 1.31.
    (a) A taxa média de variação semanal das vendas é positiva ou negativa nos intervalos seguintes?
    (i) $t = 0$ e $t = 5$ (ii) $t = 0$ e $t = 10$
    (iii) $t = 0$ e $t = 15$ (iv) $t = 0$ e $t = 20$
    (b) Durante qual dos seguintes intervalos de tempo a taxa média de variação foi maior?
    (i) $0 \leq t \leq 5$ ou $0 \leq t \leq 10$
    (ii) $0 \leq t \leq 10$ ou $0 \leq t \leq 20$
    (c) Avalie a taxa média de variação entre $t = 0$ e $t = 10$. Interprete sua resposta em termos das vendas.

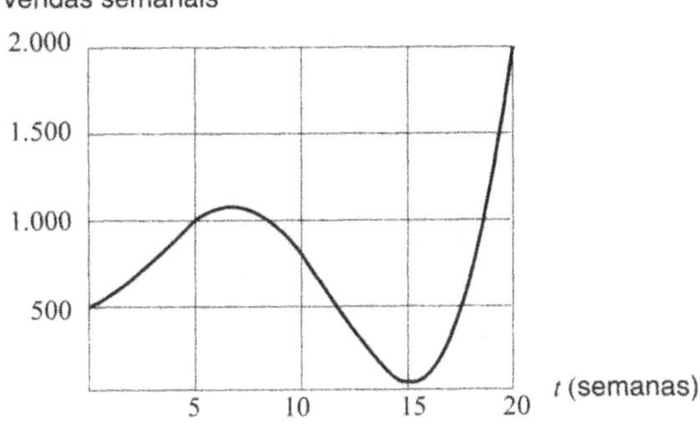

Figura 1.31

21. Ache a taxa média de variação de $f(x) = 3x^2 + 4$, de $x = -2$ a $x = 1$. Ilustre graficamente sua resposta.

22. Uma companhia de aluguel de carros oferece carros a \$40 por dia e 10 centavos por km. Os carros de seu competidor custam \$ 50 por dia e 6 centavos por km.
    (a) Para cada companhia, escreva um fórmula dando o

[18] "Gold Reserves of Central Banks and Governments," *The World Almanac* (New Jersey: Funk and Wagnalls, 1992), p. 158.
[19] "Average Weight of Americans by Height and Age," *The World Almanac* (New Jersey"Funk and Wagnalls, 1992), p. 956.

custo do aluguel de carro por um dia como função da distância percorrida.

(b) Sobre os mesmo eixos, esboce os gráficos de ambas as funções.

(c) Como você decidirá qual companhia é mais barata?

23. O gráfico da temperatura Fahrenheit, °F, como função da temperatura em Celsius, °C, é uma reta. Você sabe que 212°F e 100°C representam ambos a temperatura a que a água ferve. Analogamente, 32°F e 0°C representam ambos o ponto de congelamento da água.

(a) Qual é a inclinação do gráfico?

(b) Qual é a equação da reta?

(c) Use a equação para achar qual temperatura Fahrenheit corresponde a 20°C.

(d) Qual temperatura é o mesmo número de graus, em Celsius como em Fahrenheit?

24. Suponha que você está dirigindo, a velocidade constante, de Chicago a Detroit, uma distância de 440 km. A cerca de 190 km de Chicago você passa por Kalamazoo, Michigan. Esboce um gráfico de sua distância de Kalamazoo como função do tempo.

1.4 APLICAÇÕES DE FUNÇÕES À ECONOMIA

Decisões de gerência, dentro de uma firma ou indústria, em geral envolvem mais de uma variável. Nesta seção olhamos algumas das funções que dão relações entre essas variáveis.

A função custo

A **função custo**, $C(q)$, dá o custo total para produzir uma quantidade q de algum bem.

Que espécie de função você espera que seja C? Quanto mais bens são produzidos, maior o custo, de modo que C é uma função crescente. Para a maior parte dos bens, tais como carros ou caixas de soda, q só pode ser um inteiro, portanto o gráfico de C poderia ser como o da Figura 1.32. Mas os economistas em geral imaginam o gráfico de C como sendo curva lisa passando por esses pontos, como na Figura 1.33. Isto equivale a supor que C está definida para todos os valores não negativos de q, não só para inteiros.

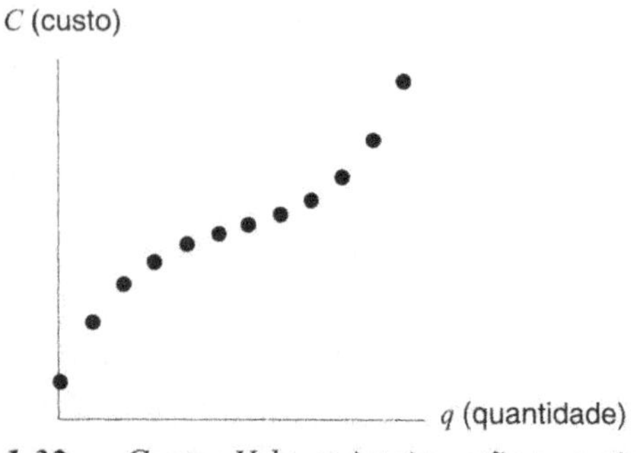

Figura 1.32 — *Custo: Valores inteiros não negativos de* q

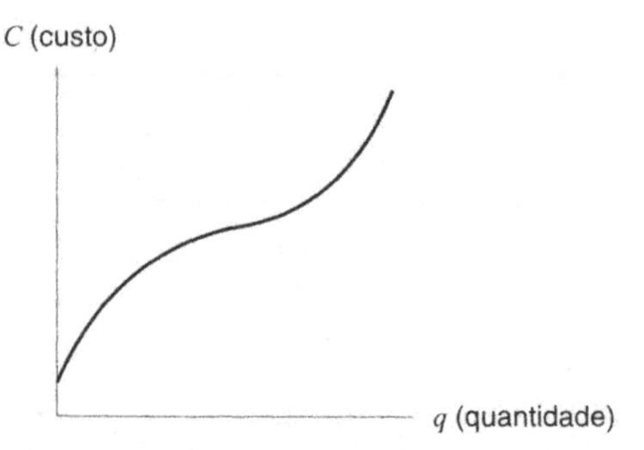

Figura 1.33 — *Custo: Todos os valores não negativos de* q

Custos de produção podem ser divididos em duas partes: *custos fixos*, que existem ainda que nada seja produzido, e *custo variável*, que varia dependendo de quantas unidades são produzidas.

Um exemplo: custos de manufatura

Consideremos uma companhia que fabrica bolas de futebol. A fábrica e o maquinário necessários para começar a produção são custos fixos, pois tais custos existem ainda que nenhuma bola de futebol seja produzida. Os custos de trabalho e matéria-prima são variáveis pois tais quantias dependem de quantas bolas são feitas. Suponha que os custos fixos para esta companhia sejam de $24.000 e os custos variáveis de $7 por bola de futebol. Então

Custo total para a companhia
= Custo fixo + Custo variável
= 24.000 + 7 (número de bolas),

assim, se q é o número de bolas de futebol produzidas,

$$C(q) = 24.000 + 7q.$$

Esta é a equação de uma reta com inclinação 7 e intercepto vertical 24.000.

Exemplo 1 Esboce o gráfico da função custo $C(q) = 24.000 + 7q$. Sobre o gráfico, marque o custo fixo e o custo variável por unidade.

Solução O gráfico da função custo é a reta na Figura 1.34. O custo variável por unidade é representado pela inclinação 7, que é a variação de custo correspondendo à variação de uma unidade na produção.

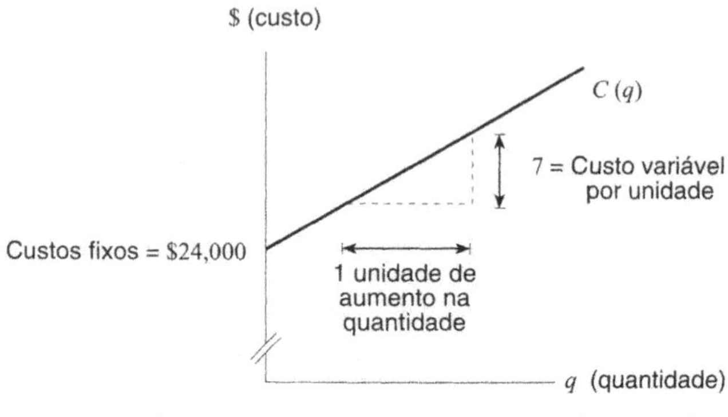

Figura 1.34 — *Função custo para a companhia de bolas de futebol*

> Se $C(q)$ é uma função de custo linear
>
> • Os custos fixos são representados pelo intercepto vertical
>
> • Os custos variáveis por unidade são representados pela inclinação.

Exemplo 2 Em cada caso, trace, um gráfico de um função de custo linear satisfazendo às condições dadas:
(a) os custos fixos são grandes mas o custo variável por unidade é pequeno.
(b) Não há custos fixos mas o custo variável por unidade é alto.

Solução (a) O gráfico é uma reta com intercepto vertical grande mas inclinação pequena. Veja a Figura 1.35.
(b) O gráfico é uma reta com intercepto vertical zero (de modo que a reta passa pela origem) e grande inclinação positiva. Veja a Figura 1.36.
As Figuras 1.35 e 1.36 têm a mesma escala nos dois eixos.

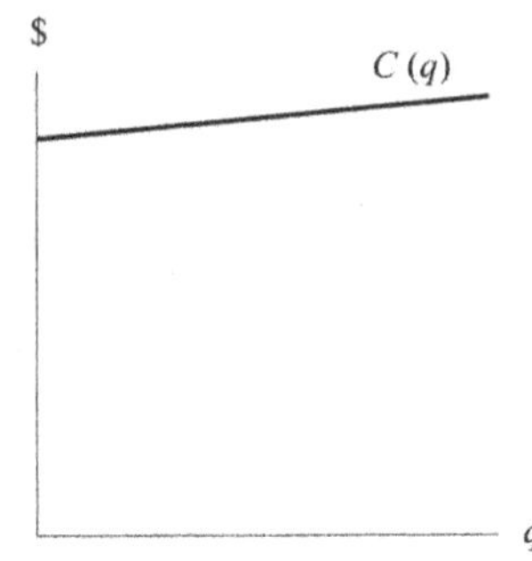

Figura 1.35 *— Grandes custos fixos, pequeno custo por unidade*

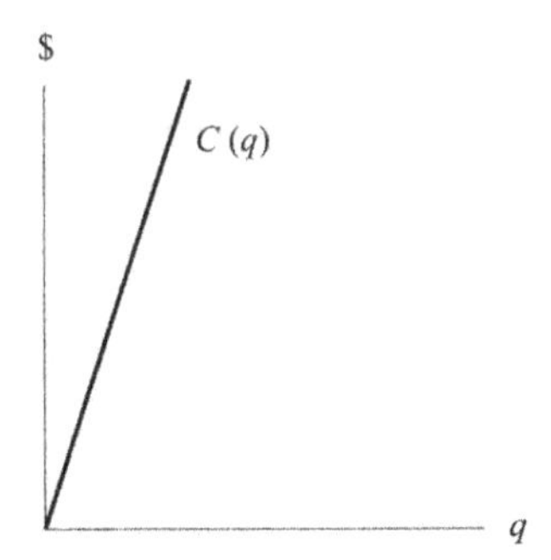

Figura 1.36 *— Nenhum custo fixo, alto custo por unidade*

A função receita

A **função receita**, $R(q)$ dá a receita total recebida por uma firma pela venda de uma quantidade, q, de algum bem.

Se a companhia de bolas de futebol vende bolas a $15 cada, a receita por 10 bolas é $15×10 = 150. Se o preço é p e a quantidade vendida é q, então

Receita = Preço × Quantidade, assim $R = pq$.

Se o preço não depender da quantidade vendida, o gráfico da receita como função de q é uma reta pela origem, cuja inclinação é igual ao preço p.

Exemplo 3 Se bolas de futebol forem vendidas por $15 cada, esboce o gráfico da função receita da companhia. Represente o preço de uma bola no gráfico.

Solução Como $R(q) = pq = 15q$, o gráfico do rendimento é uma reta pela origem com uma inclinação de 15. Ver a Figura 1.37. O preço é a inclinação da reta.

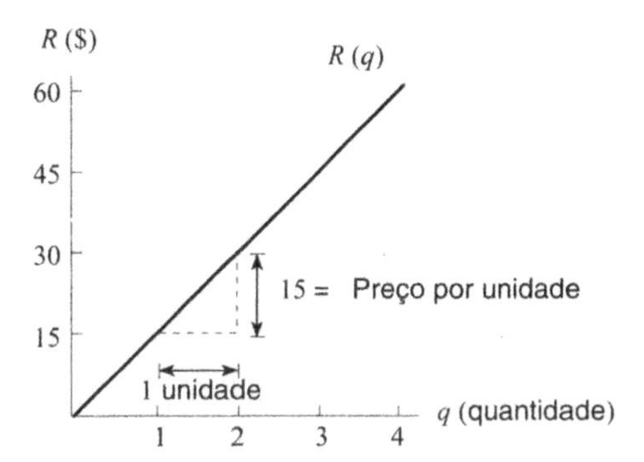

Figura 1.37 *— Função receita para a companhia de bolas de futebol*

Exemplo 4 Esboce gráficos para a função custo $C(q) = 24.000 + 7q$ e a função receita $R(q) = 15q$ sobre os mesmos eixos. Para quais valores de q a firma ganha dinheiro? Explique sua resposta graficamente.

Solução A firma ganha dinheiro sempre que a receita é maior que os custos, de modo que queremos achar os valores de q para os quais o gráfico de $R(q)$ está acima do gráfico para $C(q)$. Veja a Figura 1.38. O gráfico de $R(q)$ está acima do gráfico de $C(q)$ para todos os valores de q maiores que o valor q_0, onde os gráficos de $R(q)$ e $C(q)$ se cruzam. No ponto q_0, a receita e o custo são iguais. Assim, achamos q_0 como segue:

$$\begin{aligned} \text{Receita} &= \text{Custo} \\ 15q &= 24.000 + 7q \\ 8q &= 24.000 \\ q &= 3.000 \end{aligned}$$

Assim, a companhia tem lucro se produzir e vender mais que 3.000 bolas de futebol. A companhia perde dinheiro se produzir e vender menos que 3.000 bolas de futebol.

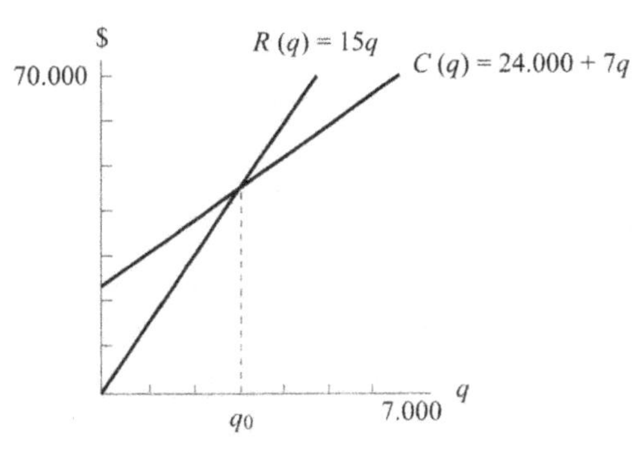

Figura 1.38 *— As funções custo e receita para a companhia de bolas de futebol: Quais valores de* q *geram lucros?*

A função lucro

Decisões freqüentemente são tomadas considerando o lucro, em geral escrito[20] como π. Temos

$$\text{Lucro} = \text{Receita} - \text{Custo, assim } \pi = R - C.$$

O *ponto crítico* para uma companhia é o ponto em que o lucro é zero e a receita é igual ao custo. O Exemplo 4 mostra que esse ponto para a companhia de bolas de futebol é $q_0 = 3.000$.

Exemplo 5 Ache uma fórmula para a função lucro da companhia de bolas de futebol. Faça o gráfico, marcando o ponto crítico.

Solução Como $R(q) = 15q$ e $C(q) = 24.000 + 7q$, temos

$$\pi(q) = 15q - (24.000 + 7q) = -24.000 + 8q.$$

Observe que seu intercepto vertical é o negativo do custo fixo e o ponto crítico é o intercepto horizontal. Veja a Figura 1.39.

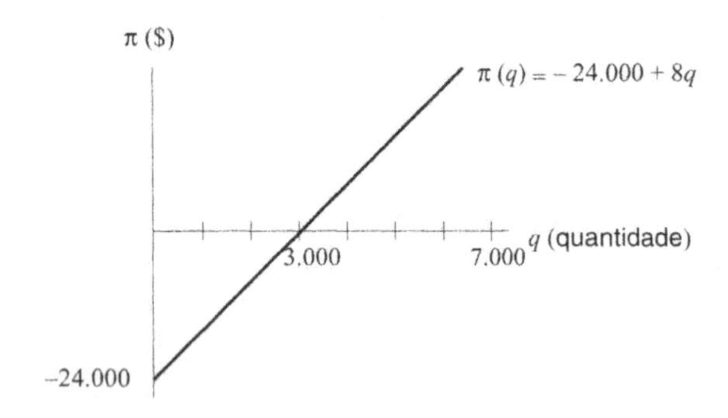

***Figura 1.39** — Lucro para a companhia de bolas de futebol*

Exemplo 6 A Tabela 1.17 mostra as estimativas de uma companhia para seus custos e receitas para diferentes quantidades de um produto.

(a) Avalie o ponto crítico para a companhia.

(b) Ache o lucro da companhia se forem produzidas 1.000 unidades.

(c) Que preço está a companhia pedindo para seu produto?

TABELA 1.17 — *Funções custo e receita*

q	500	600	700	800	900	1.000	1.100
$C(q)$	5.000	5.500	6.000	6.500	7.000	7.500	8.000
$R(q)$	4.000	4.800	5.600	6.400	7.200	8.000	8.800

Solução (a) O ponto crítico é o valor de q para o qual a receita é igual ao custo. Como a receita está abaixo do custo para $q = 800$ e a receita é maior que o custo em $q = 900$, o ponto crítico está entre 800 e 900. Os valores na tabela sugerem que está mais próximo de 800, pois a receita e o custo estão mais próximos aí.

(b) Se a companhia produzir 1.000 unidades, o custo será \$7.500 e a receita será \$8.000, assim o lucro será \$8.000 – \$7.500 = \$500.

(c) Como $R(q) = 8q$, a companhia está vendendo o produto a \$8 a unidade.

[20] Este π nada tem a ver com a área de um círculo, apenas é o equivalente grego da letra "p".

Custo marginal, receita marginal e lucro marginal

Em economia e negócios, as expressões custo marginal, receita marginal e lucro marginal são usados para a taxa de variação do custo, receita e lucro, respectivamente. O termo *marginal* é usado para acentuar a taxa de variação como indicador de como variam o custo, receita e lucro em resposta a uma variação de uma unidade (isto é, marginal) na variável independente. Por exemplo, para as funções custo, receita e lucro no Exemplo 5, o custo marginal é 7 \$/item (o custo adicional para produzir um item a mais é \$7), a receita marginal é 15 \$/item (a receita adicional pela venda de um item a mais é \$15) e o lucro marginal é 8 \$/item (o lucro adicional pela venda de um item a mais é \$8). No Exemplo 6, a receita marginal é 8 \$/item e o custo marginal é 5 \$/item.

A função de depreciação

Suponha que a companhia de bolas de futebol tem uma máquina que custa \$20.000. Os gerentes da companhia planejam conservar a máquina por dez anos e então vendê-la por \$3.000. Dizemos que o valor se máquina se *deprecia* de \$20.000 hoje a um valor de revenda de \$3.000 em dez anos. A fórmula de depreciação dá o valor, $V(t)$, da máquina como função do número de anos, t, desde que a máquina foi comprada. Supomos que o valor da máquina se deprecia linearmente.

O valor da máquina quando nova ($t = 0$) é \$20.000, de modo que $V(0) = 20.000$. O valor de revenda ao tempo $t = 10$ é \$3.000, de modo que $V(10) = 3.000$. Temos

$$\text{Inclinação} = m = \frac{3.000 - 20.000}{10 - 0} = \frac{-17.000}{10} = -1.700$$

A inclinação nos diz que o valor da máquina é decrescente, a uma taxa de \$1.700 por ano. Como $V(0) = 20.000$, o intercepto vertical é 20.000, portanto

$$V(t) = 20.000 - 1.700t.$$

Curvas de oferta e demanda

A quantidade q de um item que é manufaturado e vendido, depende de seu preço, p. Usualmente, se assume que quando o preço sobe, os produtores têm disposição para fornecer mais do produto, e a demanda do consumidor cai. Como produtores e consumidores têm reações diferentes à variação do preço, há duas curvas ligando p e q.

A **curva de oferta** para um dado item representa como a quantidade, q, do item, que produtores estão dispostos a fazer por unidade de tempo, depende do preço, p, pelo qual o item pode ser vendido. A **curva de demanda** representa como a quantidade q, de um item em demanda pelos consumidores, por unidade de tempo, depende do preço, p, do item.

Economistas pensam nas quantidades oferecidas e em demanda como funções do preço. Mas, por razões históricas, os economistas põem o preço (a variável independente) no eixo vertical e a quantidade (a variável dependente) no eixo horizontal. (A razão para este estado de coisas é que os economistas originalmente tomavam o preço como sendo a variável dependente e o colocavam no eixo vertical. Infelizmente, quando mudou o ponto de vista, os eixos não mudaram.) Assim, tipicamente, as curvas de oferta e demanda têm o aspecto mostrado na Figura 1.40.

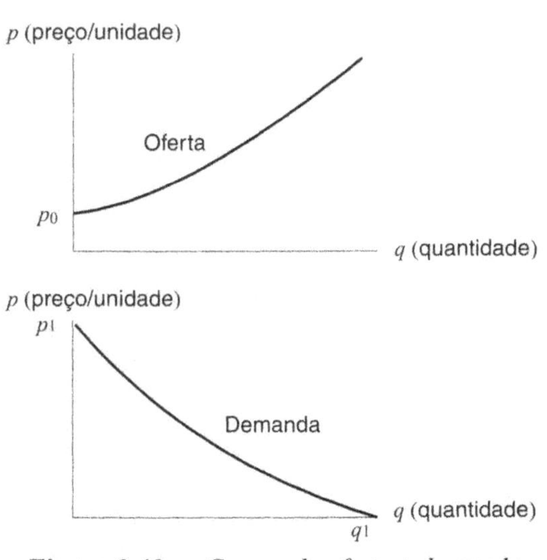

***Figura 1.40** — Curvas de oferta e demanda*

Exemplo 7 Qual é o significado econômico dos preços p_0 e p_1 e da quantidade q_1 na Figura 1.40?

Solução O eixo vertical corresponde a uma quantidade zero. Como o preço p_0 é o intercepto vertical na curva de suprimento, p_0 é o preço ao qual a quantidade fornecida é zero. Em outras palavras, a menos que o preço esteja acima de p_0, os fornecedores não produzem nada. O preço p_1 é o intercepto vertical na curva de demanda, de modo que corresponde ao preço pela qual a quantidade demandada é zero. Em outras palavras, a menos que o preço esteja abaixo de p_1, os consumidores não comprarão o produto.

O eixo horizontal corresponde ao preço zero, de modo que a quantidade q_1 na curva de demanda é a quantidade que seria procurada se o preço fosse zero — ou a quantidade que poderia ser dada de graça.

Preço de equilíbrio e quantidade

Se traçarmos curvas de oferta e demanda nos mesmos eixos, como mostra a Figura 1.41, há um ponto em que os gráficos se cortam. Esse ponto (q^*, p^*) é chamado o *ponto de equilíbrio*. Os valores p^* e q^* nesse ponto são chamados o *preço de equilíbrio* e a *quantidade de equilíbrio*, respectivamente. Supõe-se que o mercado naturalmente chegará a este ponto de equilíbrio. (Ver o Problema 25.)

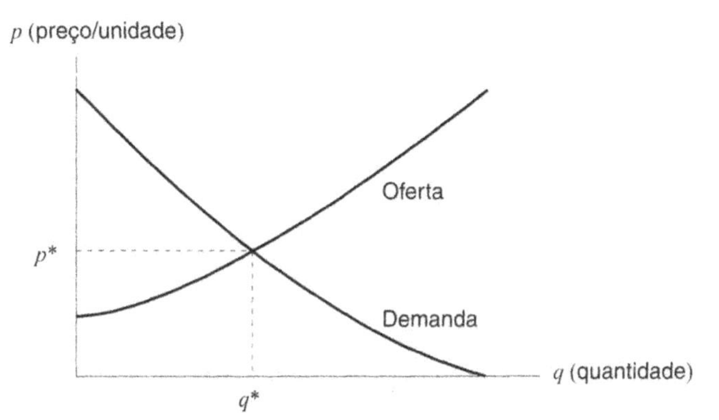

***Figura 1.41** — Quantidade e preço de equilíbrio*

Exemplo 8 Se as curvas de oferta e demanda são dadas pelas equações seguintes, ache o preço e a quantidade de equilíbrio.

$$S(p) = 3p - 50 \text{ e } D(p) = 100 - 2p.$$

Solução para achar o preço e a quantidade de equilíbrio, achamos o ponto em que a oferta é igual à demanda:

$$\begin{aligned} \text{Oferta} &= \text{Demanda} \\ 3p - 50 &= 100 - 2p \\ 5 &= 150 \\ p &= 30. \end{aligned}$$

O preço de equilíbrio é \$30. Para achar a quantidade de equilíbrio, usamos ou a curva de demanda ou a de oferta. Ao preço de \$30, a quantidade produzida é $100 - 2(30) = 100 - 60 = 40$ itens. A quantidade de equilíbrio é 40 itens.

Se colocarmos as curvas de oferta e demanda nos mesmos eixos, veremos que se cortam ao preço de \$30 e quantidade de 40 itens.

O efeito dos impostos sobre o equilíbrio

Suponha que as curvas de demanda e oferta para um produto são

$$D(p) = 100 - 2p \quad \text{e} \quad S(p) = 3p - 50.$$

Que efeito têm impostos sobre o preço e a quantidade para este produto? E quem (o produtor ou o consumidor) acaba pagando pelo imposto? Consideramos dois tipos de imposto.[21] Um imposto *específico* é uma quantia fixa por unidade do produto vendida, independente do preço de venda. Um imposto específico usualmente é imposto sobre o produtor. Um *imposto de venda* é uma porcentagem fixa do preço de venda. Um imposto de vendas é usualmente pago pelo consumidor. Consideramos agora um imposto específico. Um imposto de vendas é considerado nos Problemas 31 e 32.

Suponha que um imposto específico de \$5 por unidade é cobrado dos fornecedores. Isto significa que um preço de venda de p não traz a mesma quantidade fornecida, pois os fornecedores só recebem $p-5$. A quantidade fornecida depende de $p-5$, ao passo que a demanda ainda depende de p, o preço pago pelo consumidor. Temos

$$\begin{aligned}\text{Quantidade em demanda} &= D(p) = 100 - 2p \\ \text{Quantidade oferecida} &= S(p-5) = 3(p-5) - 50 \\ &= 3p - 15 - 50 \\ &= 3p - 65\end{aligned}$$

Quais são o preço e quantidade de equilíbrio nesta situação? No preço equilíbrio temos

$$\begin{aligned}\text{Demanda} &= \text{Oferta} \\ 100 - 2p &= 3p - 65 \\ 165 &= 5p \\ p &= 33.\end{aligned}$$

O preço de equilíbrio é agora \$33. Vimos no Exemplo 8 que o preço de equilíbrio num mercado puramente competitivo é de \$30, assim o preço de equilíbrio é aumentado de \$3 como conseqüência do imposto. Observe que isto é menos que o valor do imposto. O consumidor acaba pagando \$3 mais que se não existisse o imposto. Mas o governo recebe \$5 por item. Assim o produtor paga os outros \$2 do imposto, ficando com \$28 da quantia paga por item. Observe que, embora o imposto fosse sobre o produtor, parte é repassada ao consumidor em termos de preços mais altos. O custo efetivo do imposto é dividido entre o consumidor e o produtor.

A quantidade de equilíbrio é agora 34 unidades, pois a quantidade exigida é $D(33) = 34$. Não surpreendentemente, o imposto reduziu o número de itens vendidos. Ver a Figura 1.42.

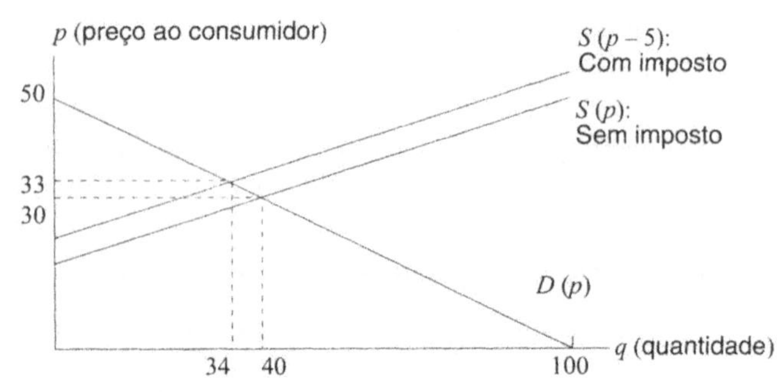

***Figura 1.42** — O imposto específico desloca a curva de oferta, alterando preço e quantidade de equilíbrio*

Um vínculo orçamentário

Um debate constante envolve a alocação de dinheiro entre defesa e programas sociais. Em geral, quanto mais é gasto com a defesa, menos fica disponível para programas sociais e vice-versa. Simplifiquemos o exemplo para armas e manteiga. Assumindo um orçamento constante, mostraremos que a relação entre o número de armas e a quantidade de manteiga é linear. Suponha que existem \$12.000 para serem gastos e que devem ser divididos entre armas, custando \$400 cada, e manteiga, custando \$2.000 a tonelada. Suponha também que o número de armas comprado é g, e que o número de toneladas de manteiga é b. Então a quantia gasta com armas é \$400g, a quantia gasta com manteiga é \$2.000b. Supondo que todo o dinheiro é gasto,

$$\begin{matrix}\text{Quantia gasta} \\ \text{com armas}\end{matrix} + \begin{matrix}\text{Quantia gasta} \\ \text{com manteiga}\end{matrix} = \$12.000$$

g (número de armas)
30
$g + 5b = 30$
6
b (toneladas de manteiga)

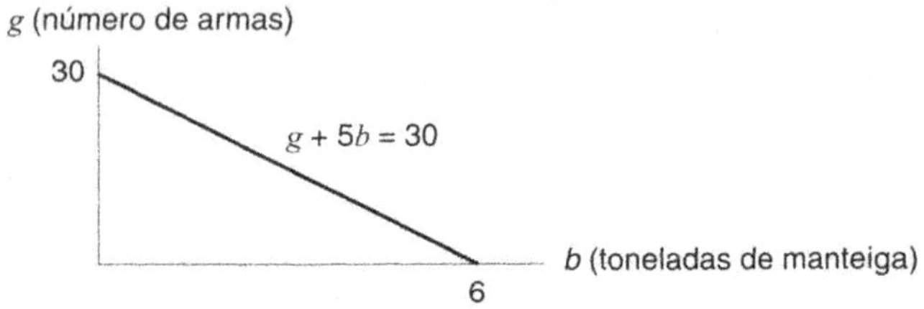

***Figura 1.43** — Vínculo orçamentário*

ou

$$400g + 2.000b = 12.000.$$

Assim,

$$g + 5b = 30.$$

A equação é o vínculo orçamentário. Seu gráfico é a reta mostrada na Figura 1.43, que pode ser achada marcando pontos. Calculamos os pontos em que o gráfico corta os eixos. Se $b = 0$, então

$$g + 5(0) = 30 \text{ de modo que } g = 30$$

Se $g = 0$, então

$$0 + 5b = 30 \text{ de modo que } b = 6.$$

Como o número de armas compradas determina a quantidade de manteiga comprada (porque todo o dinheiro não gasto com armas vai para manteiga), b é função de g. analogamente, a quantidade de manteiga comprada determina o número de armas, de modo que g é função de b. O vínculo orçamentário representa uma função *definida implicitamente,* porque nenhuma das quantidade é dada explicitamente em termos da outra. Se resolvermos para g, obteremos

$$g = 30 - 5b,$$

que é uma fórmula explícita para g em termos de b. Do mesmo modo,

$$b = \frac{30 - g}{5} \quad \text{ou} \quad b = 6 - 0{,}2g$$

que dá b como função explícita de g. Como as funções

$$g = 30 - 5b \quad \text{e} \quad b = 6 - 0{,}2b$$

são lineares, o gráfico do vínculo orçamentário deve ser uma reta, como já vimos.

[21]Adaptado de Barry Bressler, *A Unified Approach to Mathematical Economics*, p. 81-88. (New York:Harper & Row, 1975.)

Problemas para a Seção 1.4

1. Um parque de diversões cobra \$7 de entrada, além de \$1,50 para cada diversão.
   (a) Ache a receita total $R(n)$, como função do número n de diversões.
   (b) Ache $R(2)$ e $R(8)$ e interprete suas respostas em termos dos preços do parque.
2. Uma companhia tem função de custo $C(q) = 4.000 + 2q$ e função receita $R(q) = 10q$.
   (a) Qual é o custo fixo da companhia?
   (b) Qual é o custo variável por unidade?
   (c) Que preço a companhia está pedindo para seu produto?
   (d) Faça os gráficos de $C(q)$ e $R(q)$ nos mesmos eixos e chame de q_0 o ponto crítico. Explique como você sabe que a companhia terá lucro se a quantidade produzida for maior que q_0.
   (e) Ache o ponto crítico q_0.
3. Valores de uma função de custo linear estão na Tabela 1.18. Qual é o custo fixo e o custo variável por unidade? (Isto é, qual é o custo fixo e qual o custo marginal?) Ache uma fórmula para a função custo.

TABELA 1.18

q	0	5	10	15	20
$C(q)$	5.000	5.020	5.040	5.060	5.080

TABELA 1.19

p(reais)	16	18	20	22	24
q(toneladas)	500	460	420	380	340

4. A Tabela 1.19 dá os dados para a curva de demanda de um certo produto, onde p é o preço do produto e q é a quantidade vendida cada mês a esse preço. Suponha que a curva de demanda é uma reta. Ache fórmulas para cada uma das funções seguintes. Interprete cada inclinação em termos da demanda.
   (a) q como função de p (b) p como função de q.
5. Uma companhia tem funções custo e receita dados por $C(q) = 6.000 + 10q$ e $R(q) = 12q$.
   (a) Ache a receita e o custo se a companhia produzir 500 unidades. A companhia tem lucro? E com 5.000 unidades?
   (b) Ache o ponto crítico e ilustre-o graficamente.
6. Uma companhia que produz quebra-cabeças tem custo fixo de \$6.000 e custo variável de \$2 por jogo. A companhia vende os jogos a \$5 cada.
   (a) Ache fórmulas para o função custo, para a função receita e para a função lucro.
   (b) Esboce os gráficos de $R(q)$ e $C(q)$ sobre os mesmos eixos. Qual é o ponto crítico q_0 para a companhia?
7. Uma companhia que faz cadeiras tem custo fixos de \$5.000 e custo variável de \$30 por cadeira. A companhia vende as cadeiras a \$50 cada.
   (a) Ache fórmulas para a função custo e função receita.
   (b) Ache o custo marginal e a receita marginal
   (c) Faça os gráficos das funções custo e receita sobre os mesmos eixos.
   (d) Ache o ponto crítico.
8. A companhia Comida Rápida quer fornecer a estudantes uma alternativa ao plano de serviço de alimentação da escola. Comida Rápida tem custo fixo de \$350.000 por semestre e custos variáveis de \$400 por estudante. Comida Rápida cobra \$800 por estudante. Quantos estudantes devem inscrever-se com Comida Rápida para que a companhia tenha lucro?
9. Uma companhia fabrica e vende sapatos de corrida. Custos de produção consistem em uma parte fixa de \$650.000 mais uma parte variável de \$20 de custo por par de sapatos. Cada par é vendido por \$70.
   (a) Ache o custo total, $C(q)$, a receita total, $R(q)$, e o lucro total, $\pi(q)$, como funções do número de pares produzido, q.
   (b) Ache custo, receita e lucro marginais.
   (c) Quantos pares de sapatos devem ser produzidos e vendidos para que a companhia tenha lucro?
10. Um gráfico de uma função custo é mostrado na Figura 1.44.
   (a) Avalie o custo fixo e o custo variável (custo marginal) por unidade.
   (b) Avalie $C(10)$ e interprete em termos de custo:

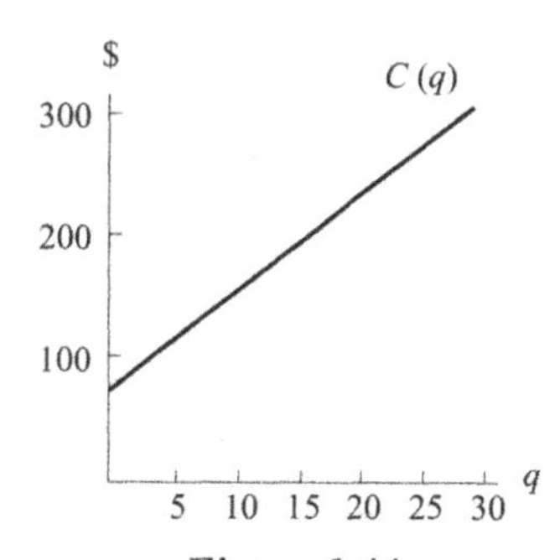

Figura 1.44

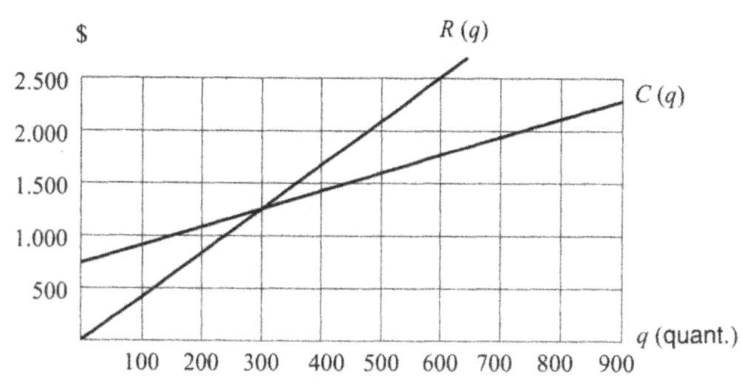

Figura 1.45

11. Gráficos das funções custo e receita para uma companhia são dados na Figura 1.45.
    (a) Aproximadamente, que quantidade a companhia deve produzir para ter algum lucro?
    (b) Avalie o lucro se a companhia produzir 600 unidades.
12. O gráfico de uma função custo é mostrado na Figura 1.46.
    (a) Quais são o custo fixo e o custo variável por unidade?
    (b) A Figura 1.46 mostra que $C(100) = 2.500$. Explique em palavras o que isto lhe diz sobre custos.

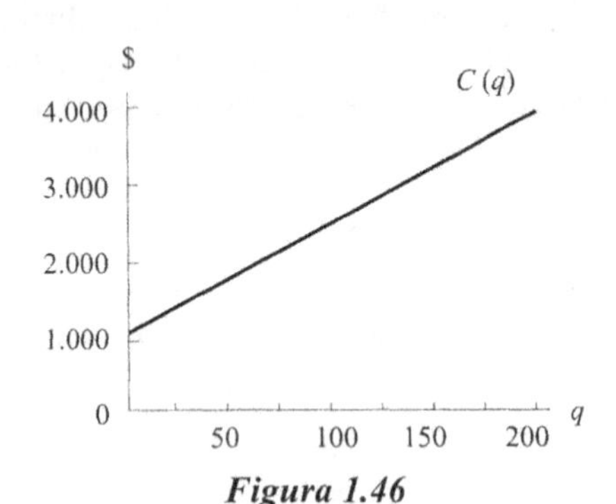

Figura 1.46

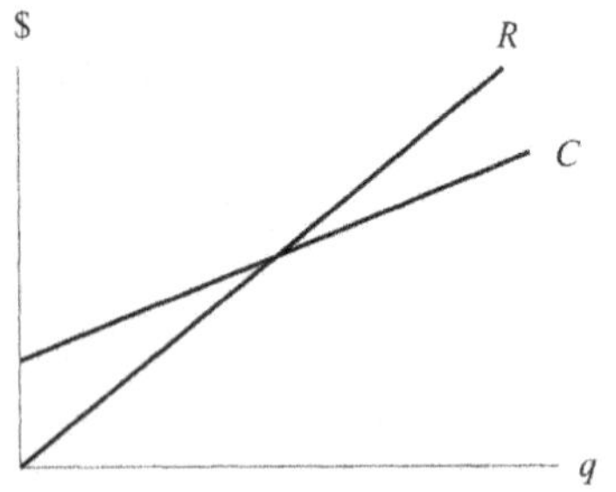

Figura 1.47

13. Num gráfico semelhante ao da Figura 1.47, que mostra as funções custo e receita para um produto, marque cada um dos seguintes:
    (a) Custo fixo
    (b) Quantidade crítica
    (c) Quantidades às quais a companhia: (i) Tem lucro (i) Perde dinheiro.
14. (a) Dê exemplo de uma possível companhia em que o custo fixo é zero (ou muito pequeno).
    (c) Dê exemplo de uma possível companhia em que o custo variável por unidade é zero (ou muito pequeno).
15. Uma companhia de fotocópias tem duas listas de preços diferentes. A primeira lista de preços é de \$100 mais 3 centavos por cópia; a segunda é de \$200 mais 2 centavos por cópia.
    (a) Para cada lista, ache o custo total como função do número de cópias requerido.
    (b) Determine qual lista é mais barata se você precisa de 5.000 cópias.
    (c) Para qual número de cópias as duas listas dão o mesmo preço?
16. Um robô de \$15.000 se deprecia linearmente até um valor zero em 10 anos.
    (a) Ache uma fórmula para seu valor como função do tempo.
    (b) Quanto vale o robô três anos depois de ser comprado?
17. Um trator de \$50.000 tem um valor de revenda de \$10.000 vinte anos depois de comprado. Suponha que o valor do trator se deprecia linearmente desde o momento da compra.
    (a) Ache uma fórmula para o valor do trator como função do tempo, desde que foi comprado.
    (b) Esboce o gráfico do valor do trator contra o tempo.
    (c) Ache os interceptos vertical e horizontal, dê unidades para eles, e interprete-os.
18. Suponha que você tem um orçamento de \$1.000 para o ano escolar, para cobrir despesas com livros e ocasiões sociais. Os livros custam (em média) \$40 cada e as ocasiões sociais custam (em média) \$10 cada. Seja b o número de livros comprados por ano e s denote o número de ocasiões sociais num ano.
    (a) Qual é a equação do vínculo de orçamento?
    (b) Faça o gráfico do vínculo de orçamento. (Não importa qual variável você põe em qual eixo.)
    (c) Ache os interceptos vertical e horizontal, e dê uma interpretação financeira a cada um.
19. Um companhia tem um orçamento total de \$500.000 e gasta esse orçamento em matéria-prima e pessoal. A companhia usa m unidades de matéria-prima, ao custo de \$100 por unidade, e tem r empregados, ao custo de \$25.000 cada.
    (a) Qual é a equação do vínculo orçamentário da companhia?
    (b) Resolva para m, a quantidade de matéria-prima que a companhia pode comprar, como função de r, o número de empregados.
    (c) Resolva para r, o número de empregados que a companhia pode empregar, como função de m, a quantidade de matéria-prima usada.
20. Um dos gráficos na Figura 1.48 é uma curva de oferta, e o outro uma curva de demanda. Qual é qual? Explique como você decide, usando o que você sabe sobre o efeito do preço sobre oferta e demanda.

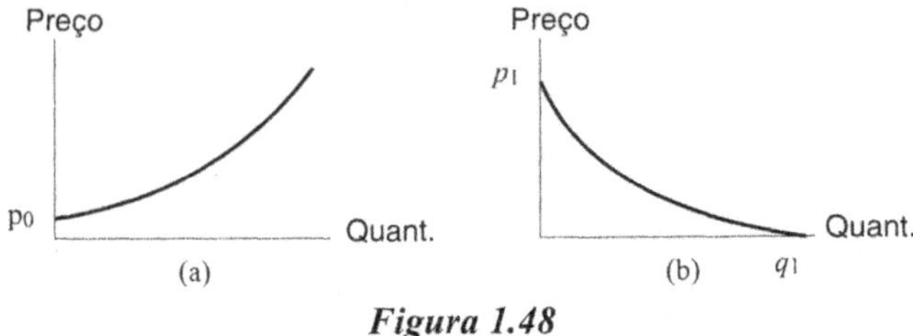

Figura 1.48

21. Examine a curva de demanda na Figura 1.49.
    (a) Quantos itens os consumidores compram se o preço for \$17 por item? \$8 por item?

(b) A qual preço os consumidores compram 30 itens? 10 itens?

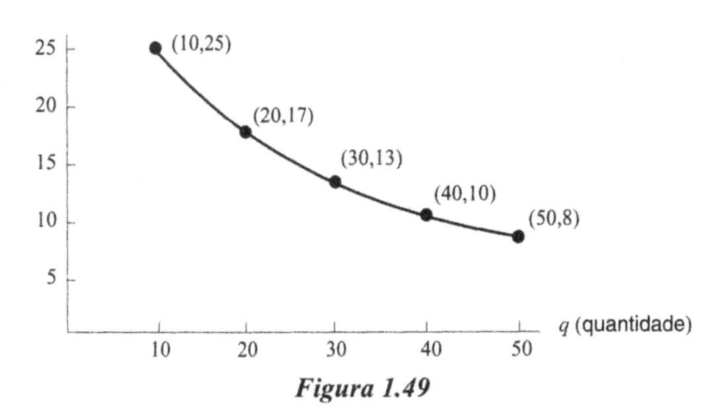

Figura 1.49

22. Examine a curva de oferta na Figura 1.50.
    (a) Quantos itens os produtores fornecem se o preço for \$49 por item? \$77 por item?
    (b) A que preço os produtores estão dispostos a fornecer 20 itens? 50 itens?

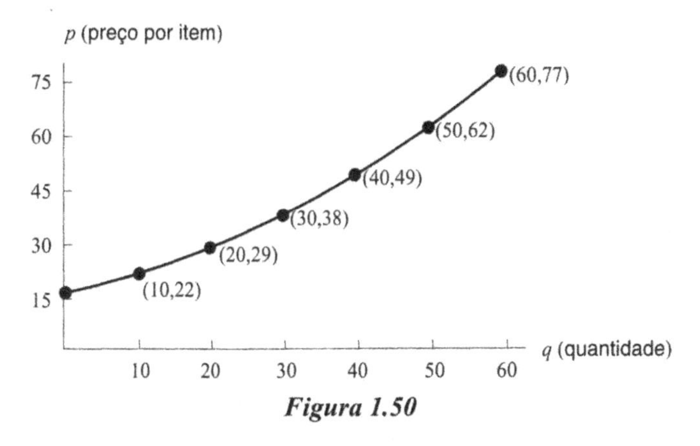

Figura 1.50

23. Uma das Tabelas 1.20 e 1.21 representa uma curva de oferta e a outra uma curva de demanda.
    (a) Qual tabela representa qual curva? Por que?
    (b) Ao preço de \$155, aproximadamente quantos itens comprariam os consumidores?
    (c) Ao preço de \$155, aproximadamente quantos itens os produtores forneceriam?
    (d) O mercado empurrará o preço para cima ou para baixo de \$ 155?
    (e) Qual teria de ser o preço se você quisesse que os consumidores comprassem ao menos 20 itens?
    (f) Qual teria de ser o preço se você quisesse que os produtores fornecessem ao menos 20 itens?

TABELA 1.20

p (preço/ unidade)	182	167	153	143	133	125	118
q (quanti- dade)	5	10	15	20	25	30	35

TABELA 1.21

p (preço/ unidade)	6	35	66	110	166	235	316
q (quanti- dade)	5	10	15	20	25	30	35

24. A produção de cobre dos EUA, Q, em toneladas, e o valor, P em milhares de dólares por tonelada são dados[22] para os anos de 1984 até 1989 na Tabela 1.22. Marque num gráfico estes pontos de dados, com Q no eixo horizontal e P no vertical. Esboce uma possível curva de oferta.

TABELA 1.22

Ano	1984	1985	1986	1987	1988	1989
Q	1.103	1.105	1.144	1.244	1.417	1.497
P	1.473	1.476	1.456	1.818	2.656	2.888

25. A Figura 1.51 mostra as curvas de oferta e demanda para um dado produto.
    (a) Qual é o preço de equilíbrio para esse produto? A este preço, que quantidade será produzida?
    (b) Escolha um preço acima do preço de equilíbrio — por exemplo, $p = 12$. A este preço, quantos itens os fornecedores estarão dispostos a produzir? Quantos itens os consumidores quererão comprar? Use suas respostas a estas perguntas para explicar porque, se os preços estiverem acima do preço de equilíbrio, o mercado tende a empurrar os preços para baixo (em direção ao equilíbrio).
    (c) Agora escolha um preço abaixo do preço de equilíbrio — por exemplo, $p = 8$. A este preço, quantos itens os fornecedores estarão dispostos a fornecer? Quantos itens os consumidores quererão comprar? Use suas respostas a estas questões para explicar porque, se os preços estiverem abaixo do preço de equilíbrio, o mercado tende a empurrar os preços para cima (em direção ao equilíbrio).

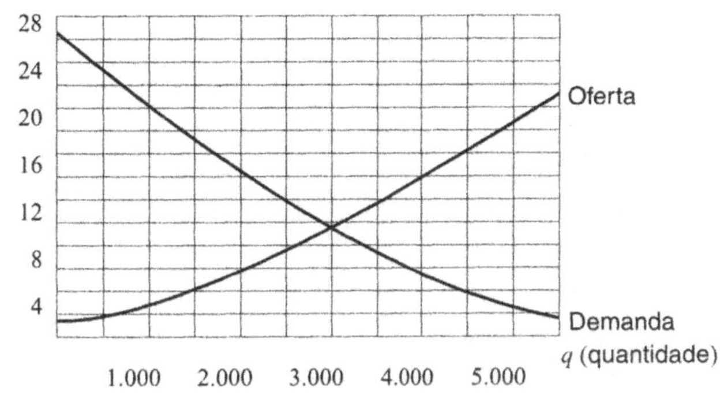

Figura 1.51

[22] "US Copper, Lead, and Zinc Production." *The World Almanac 1992*, p. 688.

26. Uma curva de demanda é dada por $75p + 50q = 300$, onde p é o preço do produto e q é a quantidade da demanda a esse preço. Ache os p- e q-interceptos e interprete-os em termos de demanda do consumidor.

27. Um operador de barco de turismo percebeu que quando o preço pedido para uma viagem era de \$25, o número médio de fregueses por semana era de 500. Quando o preço era reduzido a \$20, o número médio de fregueses por semana subia a 650. Ache a fórmula para a curva de demanda, supondo que seja linear.

28. Pimentas ardidas foram classificadas segundo unidades Scoville, com o nível máximo de tolerância humana a 14.000 Scovilles por prato. O West Coast Restaurant, conhecido por pratos apimentados, promete um especial diário para satisfazer aos mais ávidos fans de pimenta. O restaurante importa pimentas da Índia com nível 1.200 Scovilles cada e mexicanas com nível Scoville de 900 cada.
    (a) Determine a equação de vínculo Scoville, ligando o número máximo de pimentas indianas e mexicanas que o restaurante deveria usar para o prato especial.
    (b) Resolva a equação da parte (a) para mostrar explicitamente o número de pimentas indianas necessárias nos pratos mais quentes como função do número de pimentas mexicanas.

29. Você tem um orçamento fixo de $\$k$ para gastar em refrigerante e bronzeador, que custam $\$p_1$ por litro e $\$p_2$ por litro respectivamente.
    (a) Escreva uma equação exprimindo a relação entre o número de litros de refrigerante e o número de litros de bronzeador que você pode comprar se você esgotar seu orçamento. Este é seu *vínculo orçamentário.*
    (b) Faça o gráfico do vínculo orçamentário, supondo que você pode comprar frações de litro. Marque os valores dos interceptos.
    (c) Suponha que de repente seu orçamento é dobrado. Faça o gráfico do novo vínculo orçamentário sobre os mesmos eixos.
    (d) Com um orçamento de $\$k$, o preço do bronzeador dobra de repente. Faça o gráfico do novo vínculo orçamentário sobre os mesmos eixos.

30. As curvas de demanda e oferta para um certo produto são dadas em termos do preço, p, por

    $D(p) = 2500 - 20p$ e $S(p) = 10p - 500$.

    (a) Ache preço e quantidade de equilíbrio. Represente suas respostas num gráfico.
    (b) Se houver um imposto específico de \$6 por unidade, sobre os fornecedores, ache os novos preço e quantidade de equilíbrio. Represente suas respostas no gráfico.
    (c) Quanto do imposto de \$6 é pago pelo consumidor e quanto pelos produtores?
    (d) Qual é a receita total de imposto para o governo?

31. No Exemplo 8, as curvas de oferta e demanda são dadas por $D(p) = 100 - 2p$ e $S(p) = 3p - 50$, o preço de equilíbrio é \$30 e a quantidade de equilíbrio é 40 unidades. Suponha que se põe um imposto de venda de 5% sobe o consumidor, de modo que o consumidor paga $p + 0{,}05\,p$, ao passo que o preço do fornecedor é p.
    (a) Ache os novos preço e quantidade de equilíbrio.
    (b) Quanto é pago em impostos sobre cada unidade? Quanto é pago pelo consumidor e quanto pelo produtor?

32. Suponha que o imposto de vendas no Problema 31 seja cobrado do fornecedor, em vez do consumidor, de modo que o preço para o fornecedor é $p - 0{,}05p$, ao passo que é p para o consumidor. Responda às perguntas do Problema 31 sob essas circunstâncias, compare suas respostas com as do Problema 31.

33. Um escritório de corporação fornece a curva de demanda na Figura 1.52 às suas franquias de sorvete. A um preço de \$1,00 por bola, podem ser vendidas 240 bolas por dia.
    (a) Calcule quantas deveriam ser vendida por dia numa venda especial à metade do preço, isto é, quando o preço é 50 centavos. Explique.
    (b) O proprietário está pensando em aumentar o preço da bola depois da venda pela metade do preço; calcule quantas bolas por dia poderiam ser vendidas ao preço de \$1,50 por bola. Explique.

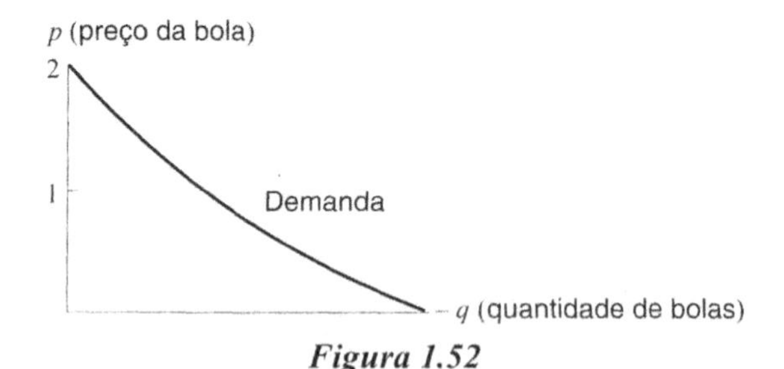

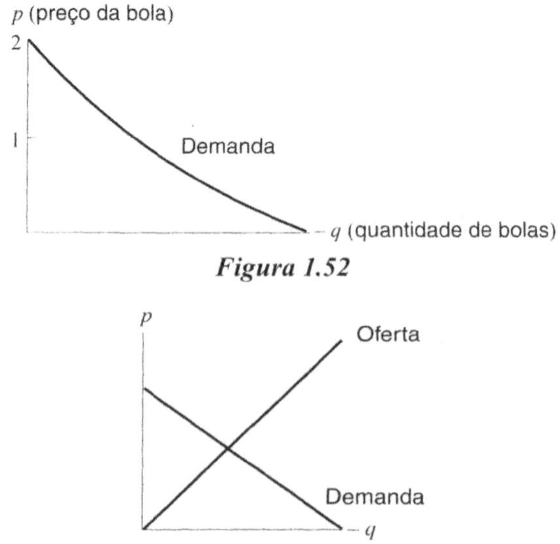

Figura 1.52

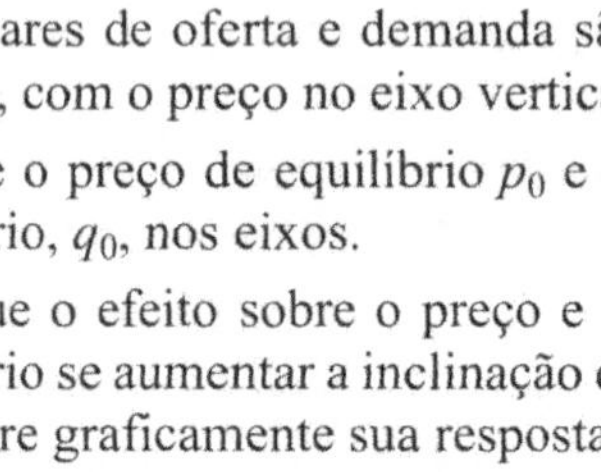

Figura 1.53

34. Curvas lineares de oferta e demanda são mostradas na Figura 1.53, com o preço no eixo vertical.
    (a) Marque o preço de equilíbrio p_0 e a quantidade de equilíbrio, q_0, nos eixos.
    (b) Explique o efeito sobre o preço e a quantidade de equilíbrio se aumentar a inclinação da curva de oferta. Ilustre graficamente sua resposta.
    (c) Explique o efeito sobre o preço e a quantidade de equilíbrio, se a inclinação da curva de demanda tornar-se mais negativa. Ilustre graficamente sua resposta.

1.5 PROPORCIONALIDADE E FUNÇÕES POTÊNCIA

Proporcionalidade

Uma relação funcional comum ocorre quando uma quantidade é proporcional a outra. Por exemplo, se maçãs custam 60 centavos o quilo, dizemos que o preço que você paga, $\$p$, é proporcional ao peso que você compra, w quilos, porque

$$p = f(w) = 60w.$$

Como outro exemplo, a área, A, de um círculo é proporcional ao quadrado do raio, r:

$$A = f(r) = \pi r^2.$$

Dizemos que y é (diretamente) **proporcional** a x se existe uma constante k tal que

$$y = kx.$$

Este k chama-se constante de proporcionalidade.

Dizemos também que um quantidade é *inversamente proporcional* a outra se uma é proporcional ao recíproco da outra. Por exemplo, a velocidade, v, à qual você faz uma viagem de 50 km é inversamente proporcional ao tempo levado, t, porque v é proporcional a $1/t$:

$$v = 50\left(\frac{1}{t}\right) = \frac{50}{t}$$

Observe que se y é diretamente proporcional a x, então a magnitude de uma variável cresce (decresce) quando a da outra cresce (decresce). Mas se y for inversamente proporcional a x, então a magnitude de uma variável cresce quando a da outra decresce.

Exemplo 1 A massa do coração de um mamífero é proporcional à massa de seu corpo.[23]

(a) Escreva uma fórmula para a massa do coração, H, como função da massa do corpo, B.

(b) Um humano com massa de corpo de 70 quilos tem massa de coração de 0,42 quilo. Use esta informação para achar a constante de proporcionalidade.

(c) Avalie a massa do coração de um cavalo, com massa de corpo de 650 kg.

Solução (a) Como H é proporcional a B, temos, para alguma constante k,

$$H = kB.$$

(b) Usamos que $H = 0{,}42$ quando $B = 70$ para resolver para k:

$$H = kB$$
$$0{,}42 = k(70)$$
$$k = \frac{0{,}42}{70} = 0{,}006.$$

(c) Como $k = 0{,}006$, temos $H = 0{,}006B$, de modo que a massa do coração do cavalo é dada por

$$H = 0{,}006(650) = 3{,}9 \text{ kg}.$$

[23] K. Schmidt-Nielson: *Scaling-Why is Animal Size So Important?* (Cambridge: CUP, 1984).

Exemplo 2 O período T de um pêndulo é o tempo necessário para que o pêndulo complete uma oscilação. Para pequenas oscilações, T é aproximadamente proporcional à raiz quadrada de l, o comprimento do pêndulo. Assim

$$T = k\sqrt{l} \quad \text{onde } k \text{ é uma constante.}$$

Observe que T não é diretamente proporcional a l, mas sim a $\sqrt{l}$.

Exemplo 3 O peso de um objeto, w, é inversamente proporcional ao quadrado de sua distância, r, do centro da Terra. Assim, para alguma constante k,

$$w = \frac{k}{r^2}$$

Aqui, w não é inversamente proporcional a r, mas a r^2.

Funções potência

Em cada um dos exemplos anteriores, a quantidade é proporcional a uma potência da outra. Pomos a seguinte definição:

Dizemos que $Q(x)$ é uma **função potência** de x se $Q(x)$ é proporcional a uma potência constante de x. Se k é a constante de proporcionalidade e se p é o expoente, então

$$Q(x) = k \cdot x^p.$$

Note que as funções que vimos, definidas por proporcionalidade direta ou inversa, são exemplos de funções potência. A função $H = 0{,}006B$ é uma função potência com $p = 1$. A função $T = k\sqrt{l} = kl^{1/2}$ é uma função potência com $p = 1/2$, e a função $w = k/r^2 = kr^{-2}$ é uma função potência com $p = -2$.

Exemplo 4 Quais das seguintes são funções potência? Para as que são, escreva a função na forma $y = kx^p$ e dê a constante k e o expoente p.

(a) $y = \dfrac{5}{x^3}$ (b) $y = \dfrac{2}{3x}$

(c) $y = \dfrac{5x^2}{2}$ (d) $y = 5 \cdot 2^x$

(e) $y = 3\sqrt{x}$ (f) $y = (3x^2)^3$

Solução (a) Como $y = 5x^{-3}$, esta é uma função potência com $k = 5$ e $p = -3$.

(b) Como $y = (2/3)x^{-1}$, esta é uma função potência, com $k = 2/3$ e $p = -1$.

(c) Como $y = (5/2)x^{2}$, esta é uma função potência, com $k = 5/2 = 2{,}5$ e $p = 2$.

(d) Esta não é um função potência.

(e) Como $y = 3x^{1/2}$, esta é uma função potência, com $k = 3$ e $p = 1/2$.

(f) Como $y = 3^3 \cdot (x^2)^3 = 27x^6$, esta é uma função potência com $k = 27$ e $p = 6$.

Gráficos de funções potência inteira positivas: $y = x$, $y = x^2$, $y = x^3$, ...

O gráfico de $y = x^2$ é mostrado na Figura 1.54. É decrescente para x negativo e crescente para x positivo. Observe que é curvado para cima, ou é *côncavo para cima*, para todo x. O gráfico de $y = x^3$ é mostrado na Figura 1.55. Observe que é curvado para baixo, ou é *côncavo para baixo* para x negativo e curvado para cima, ou é *côncavo para cima* para x positivo.

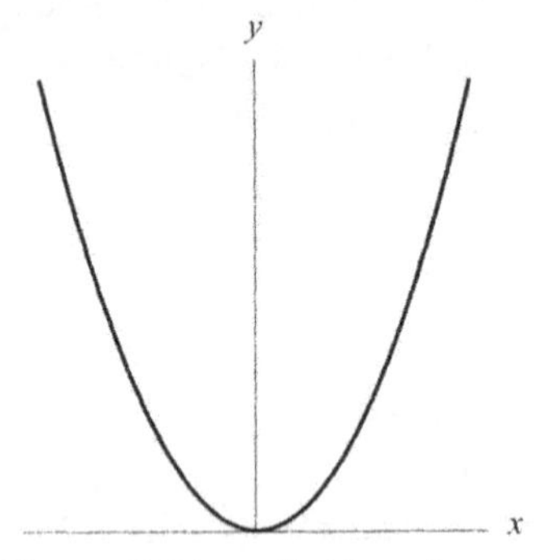

Figura 1.54 — *Gráfico de* $y = x^2$

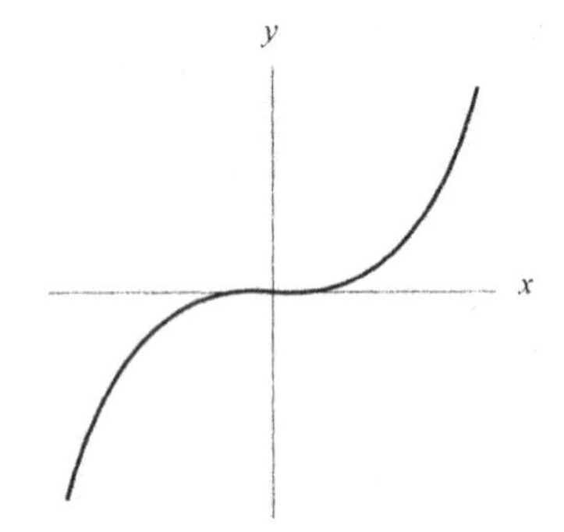

Figura 1.55 — *Gráfico de* $y = x^3$

Os gráficos de todas as funções $y = x^n$ com n um inteiro positivo têm uma dessas duas formas. Todas as potências ímpares (x, x^3, x^5, ... e assim por diante) são sempre crescentes e, se $n > 1$, têm um "assento" na origem. (Veja a Figura 1.56.) As potências pares, de outro lado, primeiro decrescem e depois crescem, o que lhes dá forma de U. (Veja a Figura 1.57.)

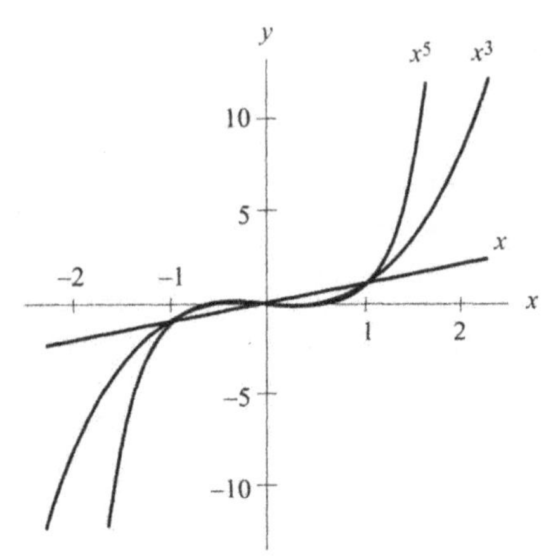

Figura 1.56 — *Potências ímpares de* x: *Forma "assento" para* n > 1

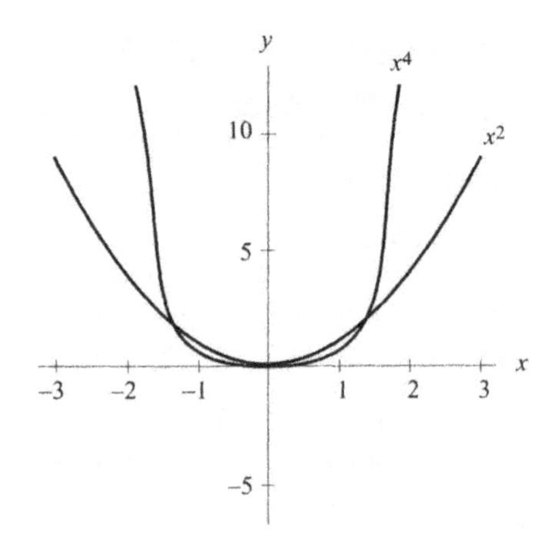

Figura 1.57 — *Potências pares de* x: *forma de* ∪

Que efeito têm coeficientes?

Como se compara o gráfico de $y = kx^n$ com o de $y = x^n$? O coeficiente k afeta a rapidez com que a função cresce, mas não afeta a forma geral do gráfico. Os gráficos de $y = 2x^3$ e $y = 50x^2$, mostrados na Figura 1.58, têm a mesma forma que os de $y = x^3$ e $y = x^2$, respectivamente. Um coeficiente negativo efetua uma reflexão em torno do eixo-x, como vemos na Figura 1.59.

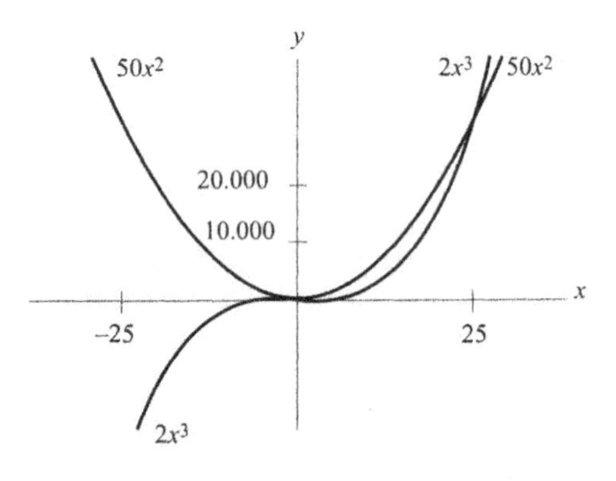

Figura 1.58 — *Coeficiente positivo: Não muda a forma do gráfico*

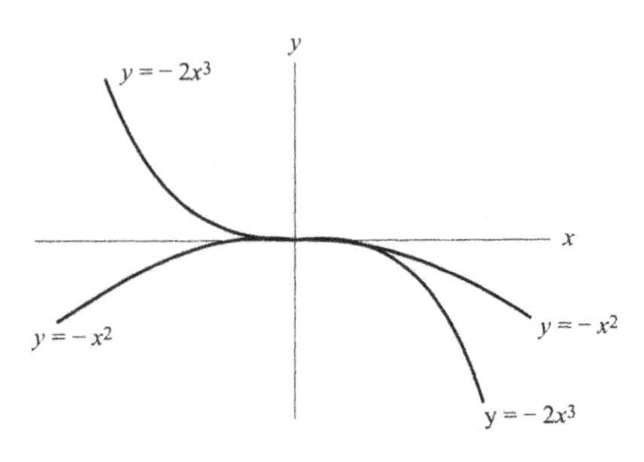

Figura 1.59 — *Coeficiente negativo: Reflete o gráfico sobre o eixo-*x

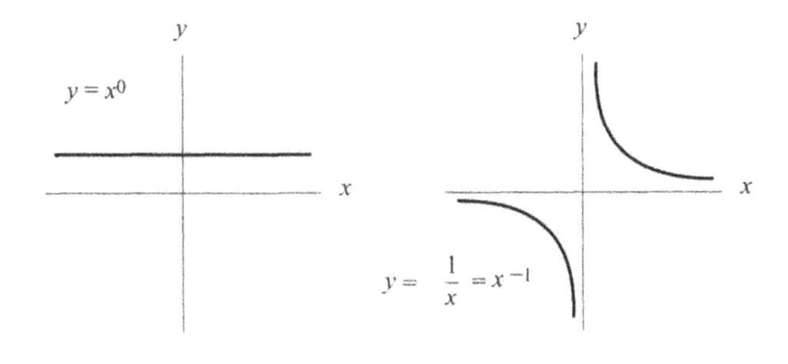

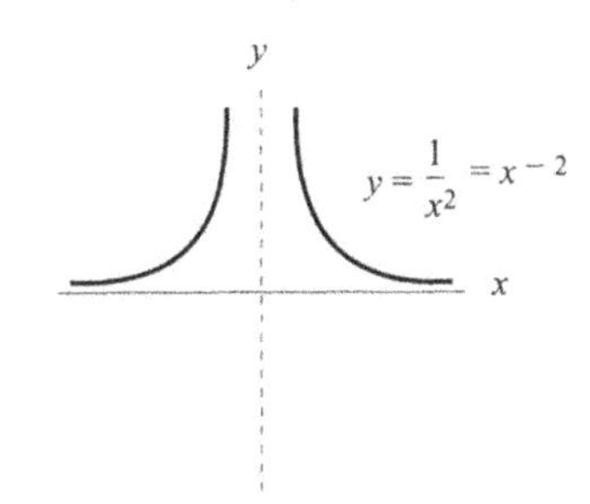

Figura 1.60 — Comparação de potências zero e negativas de x

Potências zero e inteiros negativos: $y = x^0$, $y = x^{-1}$, $y = x^{-2}$, ...

A função $y = x^0 = 1$ tem um gráfico que é uma reta horizontal. Para potências negativas, reescrevendo

$$y = x^{-1} = \frac{1}{x} \quad \text{e} \quad y = x^{-2} = \frac{1}{x^2}$$

fica claro que, quando $x > 0$ cresce, os denominadores crescem e as funções decrescem. Os gráficos de $y = x^{-1}$ e $y = x^{-2}$ têm, ambos, os eixos-x e $-y$ como assíntotas. (Ver a Figura 1.60.)

Exemplo 5 Psicólogos testam a memória apresentando a uma pessoa uma lista de sílabas sem sentido (como mab, nuv, mip) para memorizar.[24] Depois de removida a lista, o psicólogo espera algum tempo e depois pergunta ao observado quantas das sílabas lembra. Experimentos mostraram que o número de sílabas sem sentido, N, que a pessoa lembra é uma função decrescente do tempo, t, decorrido desde que a lista foi removida. Modelamos isto assumindo que N é inversamente proporcional a t. Escreva uma fórmula para N como função de t e descreva em palavras o gráfico de N contra t.

Solução Como N é inversamente proporcional a t, temos, para alguma constante positiva, k:

$$N = k\frac{1}{t}$$

Como esperávamos, quando t é pequeno, N é grande, e quando t é grande, N é pequeno. Passando mais tempo entre a memorização e a lembrança, as pessoas lembram menos e menos das sílabas sem sentido. Para todo k positivo, o gráfico tem a mesma forma que o gráfico de $y = 1/x$.

Potências fracionárias positivas: $y = x^{1/2}$, $y = x^{1/3}$, $y = x^{3/2}$, ...

O gráfico de $y = \sqrt{x} = x^{1/2}$ aparece na Figura 1.61. Observe que o gráfico é crescente, e côncavo para baixo. Os gráficos de todas as funções potência $y = x^n$ com $0 < n < 1$ têm esta forma geral para $x \geq 0$.

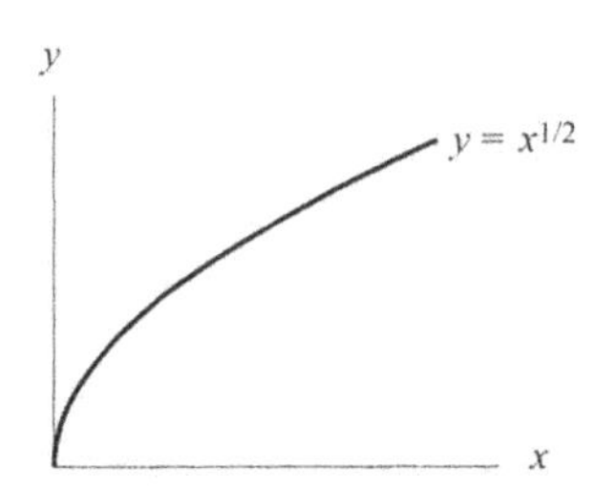

Figura 1.61 — Gráfico de potências fracionarias de x *para* x > 0 *(aqui,* $y = x^{1/2}$)

Exemplo 6 Se N é o número médio de espécies encontradas numa ilha e A é a área da ilha, observações mostraram[25] que N é aproximadamente proporcional à raiz cúbica de A. Escreva uma fórmula para N como função de A e descreva a forma do gráfico desta função.

Solução Para algum constante positiva k, temos

$$N = k\sqrt[3]{A} = kA^{1/3}$$

Verifica-se que o valor de k depende da região do mundo em que se acha a ilha. O gráfico de N contra A (para $A > 0$) tem forma semelhante ao da Figura 1.61: é crescente, e côncavo para baixo. Assim, ilhas maiores têm mais espécies (como se esperaria), mas a taxa de variação fica menor à medida que a ilha vai crescendo.

Comparando funções potência

Quando x fica grande, como se comparam as diferentes funções potência? Para potências positivas, a Figura 1.62 mostra que quanto maior o expoente de x, mais depressa a função sobe. Para valores grandes de x (na verdade para todo $x > 1$), $y = x^5$ está acima de $y = x^4$, que está acima de $y = x^3$, e assim por diante. Não só as potências mais altas são maiores, elas são *muito* maiores. Isto porque se $x = 100$, por exemplo, 100^5 é cem vezes 100^4 que é cem vezes 100^3. Quando x fica maior (escreve-se $x \to \infty$), qualquer potência positiva de x engole complemente todas as potências menores de x. Dizemos que quando $x \to \infty$, as potências mais altas de x *dominam* as mais baixas.

[24] ª Searleman e D. Herrmann, *Memory from a Broader Perspective*, (New York"McGraw-Hill, 1994).

[25] *Scientific American*, p. 112, (September, 1989).

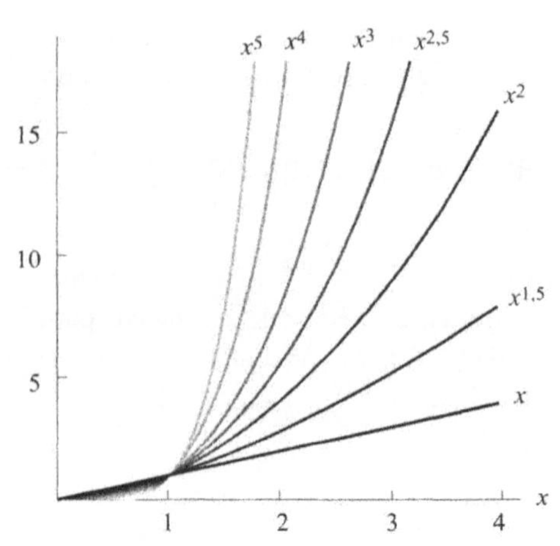

***Figura 1.62** — Potências de* x: *Qual é a maior para valores grandes de* x?

Limites no infinito

Quando consideramos os valores de uma função $f(x)$ para $x \to \infty$, estamos procurando o *limite* quando $x \to \infty$. Isto se abrevia como

$$\lim_{x \to \infty} f(x)$$

A notação $\lim_{x \to \infty} f(x) = L$ significa que os valores da função $f(x)$ se avizinham de L quando os valores de x ficam maiores e maiores. Temos $f(x) \to L$ quando $x \to \infty$. O comportamento de uma função quando $x \to \infty$ e quando $x \to -\infty$ chama-se o *comportamento final* da função.

Concavidade

Já usamos as expressões côncava para cima e côncava para baixo para descrever os gráficos desta seção

O gráfico de uma função qualquer é côncavo para cima se ele se curva para cima quando nos movemos da esquerda para a direita: é côncavo para baixo se ele se curva para baixo. (Veja a Figura 1.63.) Uma reta não é côncava nem para cima nem para baixo.

***Figura 1.63** — Concavidade de um gráfico*

Exemplo 7 Considere o gráfico de $f(x)$ na Figura 1.64. Sobre quais intervalos a função é:
(a) Crescente? Decrescente?
(b) Côncava para cima? Côncava para baixo?

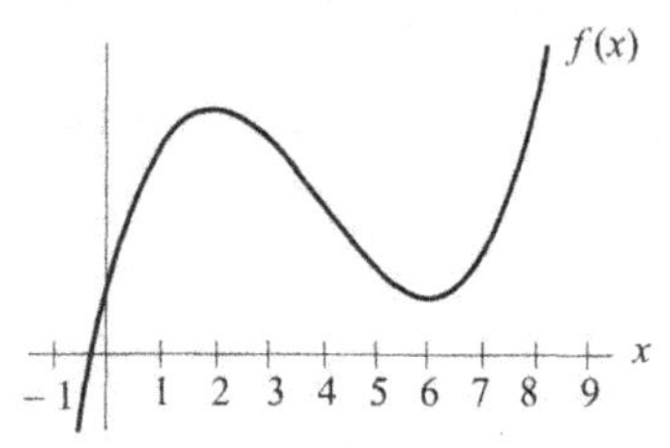

***Figura 1.64** — Indentifique intervalos em que a concavidade não muda*

Solução (a) O gráfico sugere que a função é crescente para $x < 2$ e para $x > 6$. É decrescente para $2 < x < 6$.
(b) O gráfico é côncavo para baixo à esquerda e para cima na direita. É difícil dizer exatamente onde o gráfico muda a concavidade, embora pareça ser perto de $x = 4$. Aproximadamente, o gráfico é côncavo para baixo para $x < 4$ e para cima para $x > 4$.

Exemplo 8 Valores da função $f(t)$ são dados na tabela seguinte. $f(t)$ parece ser crescente ou decrescente? Seu gráfico é côncavo para cima ou para baixo?

t	0	5	10	15	20	25	30
$f(t)$	12,6	13,1	14,1	16,2	20,0	29,6	42,7

Solução Quando t cresce, $f(t)$ está crescendo, de modo que f parece ser uma função crescente de t. Lendo da esquerda para direita, a variação de $f(t)$ quando t cresce começa pequena e se torna maior, de modo que o gráfico sobe mais e mais depressa. O gráfico parece ser côncavo para cima. (Outro modo de ver isto é marcar os pontos num plano e observar que a curva por esses pontos se curva para cima.)

Revisão: definição e propriedades dos expoentes

Resumimos as definições e propriedades que são usadas na manipulação de expoentes.

Definição de expoentes zero, negativos e fracionários

$$a^0 = 1, \quad a^{-1} = \frac{1}{a}, \quad \text{e, de modo geral,} \quad a^{-x} = \frac{1}{a^x}$$

$$a^{1/2} = \sqrt{a}, \quad a^{1/3} = \sqrt[3]{a}, \quad \text{e, de modo geral,} \quad a^{1/n} = \sqrt[n]{a}$$

$$\text{também,} \quad a^{m/n} = \sqrt[n]{a^m} = \left(\sqrt[n]{a}\right)^m.$$

Propriedades dos expoentes

1. $a^x \cdot a^t = a^{x+t}$ Por exemplo, $2^4 \cdot 2^3 = (2\cdot2\cdot2\cdot2)\cdot(2\cdot2\cdot2) = 2^7$.
2. $\dfrac{a^x}{a^t} = a^{x-t}$ Por exemplo, $\dfrac{2^4}{2^3} = \dfrac{2\cdot2\cdot2\cdot2}{2\cdot2\cdot2} = 2^1$.
3. $(a^x)^t = a^{xt}$ Por exemplo, $(2^3)^2 = 2^3 \cdot 2^3 = 2^6$.

Problemas para a Seção 1.5

1. Trace o gráfico de uma função $y = f(x)$ crescente em toda parte, côncava para cima para x negativo e para baixo para x positivo.
2. A tabela seguinte dá valores para uma função $p = f(t)$. p poderia ser proporcional a t?

t	0	10	20	30	40	50
p	0	25	60	100	140	200

Nos Problemas 3–6 escreva uma fórmula representando a função descrita.

3. A energia cinética, K, é proporcional ao quadrado da velocidade, v.
4. A força gravitacional, F, entre dois corpos é inversamente proporcional ao quadrado da distância, d, entre eles.
5. A velocidade média, v, para uma viagem sobre uma distância fixada é inversamente proporcional ao tempo de viagem.
6. O volume de uma esfera é proporcional ao cubo do seu raio r.
7. Simplifique cada uma das seguintes:
   (a) $8^{2/3}$ (b) $9^{-3/2}$

Nos Problemas 8–19, decida se a função é ou não uma função potência. Se for, escreva-a na forma $y = kx^p$ e dê os valores do coeficiente k e do expoente p.

8. $y = \dfrac{3}{x^2}$ 9. $y = 5\sqrt{x}$ 10. $y = \dfrac{3}{8x}$

11. $y = 2^x$ 12. $y = \dfrac{5}{2\sqrt{x}}$ 13. $y = (3x^5)^2$

14. $y = \dfrac{2x^2}{10}$ 15. $y = 3 \cdot 5^x$ 16. $y = (5x)^3$

17. $y = \dfrac{8}{x}$ 18. $y = \dfrac{x}{5}$ 19. $y = 3x^2 + 4$

20. Esboce gráficos de $y = x^{1/2}$ e $y = x^{2/3}$ para $x \geq 0$, nos mesmos eixos. Qual função tem valores maiores quando $x \to \infty$?
21. Que acontece com o valor de $y = x^4$ quando $x \to \infty$? Quando $x \to -\infty$?
22. O que acontece com o valor de $y = -x^7$ quando $x \to \infty$? Quando $x \to -\infty$?
23. A mão, esboce gráficos globais de $f(x) = x^3$ e $g(x) = 20x^2$, nos mesmos eixos. Qual função tem valores maiores quando $x \to \infty$?
24. A mão, esboce gráficos de $f(x) = x^5$, $g(x) = -x^3$ e $h(x) = 5x^2$, nos mesmos eixos. Qual função tem os maiores valores positivos quando $x \to \infty$? Quando $x \to -\infty$?
25. Ache a taxa de variação média entre $x = 0$ e $x = 10$, para cada uma das funções seguintes: $y = x$, $y = x^2$, $y = x^3$ e $y = x^4$. Qual tem a maior taxa de variação média? Esboce gráficos das quatro funções, e trace retas cujas inclinações representem essas taxas de variações médias.
26. A área da superfície de um mamífero, S, satisfaz à equação $S = kM^{2/3}$, onde M é a massa do corpo, e a constante de proporcionalidade, k, depende da forma do corpo do mamífero. Um humano de massa de corpo 70 quilos tem área de superfície 18.600 cm^2. Ache a constante de proporcionalidade para humanos. Ache a área de superfície de um humano com massa de 60 quilos.
27. Biólogos estimam que o número de espécies de animais com um certo comprimento de corpo é inversamente proporcional ao quadrado do comprimento do corpo.[26] Escreva uma fórmula para o número de espécies de animais, N, de um certo comprimento, como função do comprimento, L. Há mais espécies com grande comprimento ou com pequeno comprimento? Explique.
28. O tempo de circulação de um mamífero (isto é, o tempo médio que leva todo o sangue no corpo para circular uma vez e voltar ao coração) é proporcional à raiz quarta da massa do corpo do mamífero.
    (a) Escreva uma fórmula para o tempo de circulação, T, em termos da massa do corpo, B.
    (b) Se um elefante de massa de 5.230 quilos tem um tempo de circulação de 148 segundos, ache a constante de proporcionalidade.
    (c) Qual é o tempo de circulação de um humano com massa de corpo de 70 quilos?
29. A massa de sangue de um mamífero é proporcional à massa do corpo. Um rinoceronte com massa de corpo de 3.000 quilos tem massa de sangue de 150 quilos. Ache uma fórmula para a massa de sangue de um mamífero como função de massa de corpo e avalie a massa de sangue de um humano com massa de corpo de 70 quilos.
30. O período, T, de um pêndulo é proporcional à raiz quadrada do seu comprimento, l.
    (a) O pêndulo de um relógio de armário tem 3 pés de comprimento e um período de 1,924 segundos. Ache a constante de proporcionalidade, e escreva T como função de l.
    (b) O pêndulo de Foucault, construído em 1851 no Pantheon de Paris tinha 197,0 pés de comprimento. Qual era seu período?
31. Alometria é o estudo do tamanho relativo de diferentes partes do corpo como conseqüência do crescimento.[27] Neste problema você verificará a precisão da equação alométrica: o peso de um peixe é proporcional ao cubo de seu comprimento. A Tabela 1.23 relaciona o peso,[28] y, de um tipo de peixe chamado *plaice* com seu comprimento, x. Estes dados suportam a hipótese de que (aproximadamente) $y = kx^3$? Se sim, avalie a constante de proporcionalidade, k. Justifique suas respostas.
32. Quando Galileu estava formulando as leis do movimento, ele considerou o movimento de um corpo partindo do repouso e caindo sob a ação da gravidade. Originalmente ele pensava que a velocidade de um tal corpo caindo era proporcional à distância da queda. O que dizem os dados experimentais na Tabela 1.24 sobre a hipótese de Galileu? Que hipótese alternativa é sugerida pelos dois conjuntos de dados na Tabela 1.24 e Tabela 1.25?

---

[26] *US News & World Report*, August 18,1997, p. 79
[27] *Problems of Relative Growth*, J. S. Huxley: (Dover, 1972).
[28] Adaptado de "On the Dynamics of Exploited Fish Populations" por R.J. Beverton and S.J. Holt, *Fischery Investigations*, Series II, 19, 1957.

TABELA 1.23

Comprimento (cm)	Peso (g)	Comprimento (cm)	Peso (g)
33,5	332	39,5	538
34,5	363	40,5	574
35,5	391	41,5	623
36,5	419	42,5	674
37,5	455	43,5	724
38,5	500		

TABELA 1.24

Distância (pés)	0	1	2	3	4
Velocidade (pés/seg)	0	8	11,3	13,9	16

TABELA 1.25

Tempo(seg)	0	1	2	3	4
Velocidade (pés/seg)	0	32	64	96	128

33. De acordo com a National Association of Realtors,[29] o rendimento bruto anual mínimo, m, em milhares de dólares, necessário para obter um empréstimo hipotecário de 30 anos para A milhares de dólares a 9% é dado na Tabela 1.26. Note que quanto maior o empréstimo, maior o rendimento bruto anual mínimo de que precisa o tomador do empréstimo.

TABELA 1.26

A	50	75	100	150	200
m	17.242	25.863	34.484	51.726	68.968

TABELA 1.27

r	8	9	10	11	12
m	31.447	34.484	37.611	40.814	44.084

É claro que nem toda hipoteca é financiada a 9%. Na verdade, a menos de pequena variação, taxas de juros de hipotecas são determinadas, não por bancos individuais mas pela economia como um todo. O rendimento bruto anual mínimo, m, em milhares de dólares, necessário para um empréstimo hipotecário de 100.000 a várias taxas de juros, r, é dado na Tabela 1.27. Note que a obtenção de um empréstimo num momento em que os juros são altos exige um rendimento anual bruto mínimo maior.

(a) O tamanho, A, do empréstimo é proporcional ao rendimento bruto anual mínimo, m?

(b) A taxa de porcentagem de juros, r, é proporcional ao rendimento bruto anual mínimo, m?

34. Em fisiologia, a fórmula de DuBois relaciona a área da superfície de um pessoa, s, em m^2, ao peso, w, em kg, e à altura, h, em cm, por

$$S = 0{,}01 w^{0,25} h^{0,75}.$$

(a) Qual é a área de superfície de uma pessoa que pesa 65 kg e tem 160 cm de altura?

(b) Qual é o peso de uma pessoa cuja altura é 180 cm e que tem uma área de superfície de 1,5 m^2?

(c) Para pessoas de peso fixo 70 kg, resolva para h como função de s. Simplifique sua resposta.

35. De acordo com o número de abril de 1991 de *Car and Driver*, um Alfa Romeo a 70 mph precisa de 177 pés para parar. Supondo que a distância de parada seja proporcional ao quadrado da velocidade, ache as distâncias de parada exigidas por um Alfa Romeo indo a 35 mph e a 140 mph (sua velocidade máxima).

36. A Tabela 1.28 mostra a eficiência média para combustível (número de milhas por galão, mpg) de todos os automóveis dos EUA.[30] Se modelarmos estes dados com uma curva lisa, descreva a forma da curva. Qual das seguintes cinco funções se parece mais com a forma da curva: uma função linear ou uma das seguintes funções potência, x^2, $-x^2$, x^3, ou $-x^3$?

TABELA 1.28

Ano	1940	1950	1960	1970	1980	1986
mpg	14,8	13,9	13,4	13,5	15,5	18,3

37. A curva de custo para uma companhia dá o custo, C, para produzir uma certa quantidade, q. Uma curva de custo é crescente (pois custa mais produzir mais itens) mas a maior parte das curvas não é perfeitamente linear. Usualmente, custos sobem com inclinação grande, para pequenas quantidades, e depois tendem ao nivelamento, para grandes quantidade. Mas a quantidades muito grandes, o custo novamente sobe rapidamente. Esboce o gráfico de uma curva de custos com essas propriedades. Com qual das seguintes seis funções a forma de seu gráfico se parece mais: uma função linear ou uma das quatro seguintes funções, potência, x^2, $-x^2$, x^3, $-x^3$?

38. Suponha que a curva de demanda para um produto mostre que a quantidade demanda é inversamente proporcional ao preço do produto.

(a) Esboce um gráfico dessa curva de demanda.

(b) Não deve haver intercepto vertical para seu gráfico. O que isto lhe diz sobre a relação entre preço e quantidade?

(c) Não deve haver intercepto horizontal em seu gráfico. O que isto lhe diz sobre a relação entre preço e quantidade?

39. A Tabela 1.29 dá alguns valores de uma função $w = f(t)$. Esta função é crescente ou decrescente? O gráfico da função é côncavo para cima ou para baixo?

[29] "Income needed to get a Mortgage," *The World Almanac1992*, p. 720

[30] C. Schaufele and N. Zumoff, *Earth Algebra, Preliminary Version*, p. 91, (New York: Harper Collins, 1993).

TABELA 1.29

t	0	4	8	12	16	20	24
w	100	58	32	24	20	18	17

40. Cada uma das funções na Tabela 1.30 é crescente, mas cada uma cresce de modo diferente. Qual dos gráficos na Figura 1.65 melhor se ajusta a cada função?

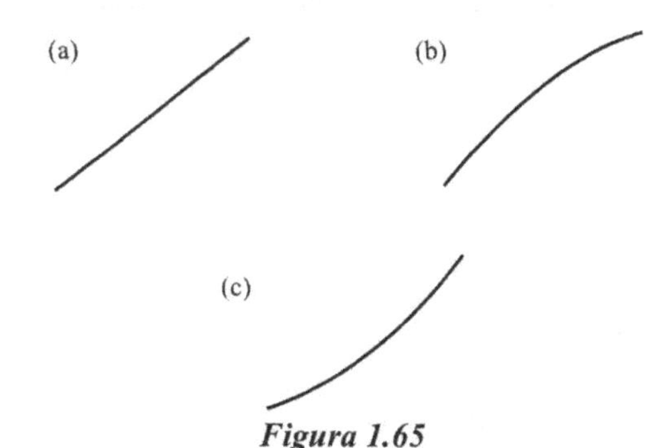

Figura 1.65

TABELA 1.30

t	$g(t)$	$h(t)$	$k(t)$
1	23	10	2,2
2	24	20	2,5
3	26	29	2,8
4	29	37	3,1
5	33	44	3,4
6	38	50	3,7

41. Avalie $\lim_{x\to\infty} \frac{1}{x}$. Explique seu raciocínio.

42. Se $f(x) = -x^2$, qual é o $\lim_{x\to\infty} f(x)$? Qual é o $\lim_{x\to-\infty} f(x)$?

43. Para cada um dos casos seguintes, trace um possível gráfico de $f(x)$.

(a) $\lim_{x\to\infty} f(x) = -\infty$ e $\lim_{x\to-\infty} f(x) = -\infty$

(b) $\lim_{x\to\infty} f(x) = -\infty$ e $\lim_{x\to-\infty} f(x) = +\infty$

(c) $\lim_{x\to\infty} f(x) = 1$ e $\lim_{x\to-\infty} f(x) = +\infty$

1.6 FUNÇÕES EXPONENCIAIS

As funções potência na Seção 1.5 são funções da forma $f(x) = k \cdot x^p$ com um expoente constante p. Funções da forma $f(x) = 2^x$, em que o expoente é variável, chama-se *funções exponenciais*. O número 2 é chamado de base. Funções exponenciais da forma $f(x) = a^x$, onde a é uma constante positiva, são usadas para representar muitos fenômenos nas ciências naturais e sociais.

Crescimento populacional

Considere os dados para a população do México no começo da década de 1980-90, na Tabela 1.31. Para ver como cresce a população, poderíamos olhar o crescimento da população de um ano para o outro, como se vê na terceira coluna. Se a população estivesse crescendo linearmente, todos os números na terceira coluna seriam iguais. Mas populações usualmente crescem mais depressa quando ficam maiores, porque há mais pessoas para terem filhos. Assim, não deveríamos ficar surpresos ao ver crescer os números na terceira coluna.

TABELA 1.31 — *População do México (estimada), 1980—1986*

Ano	População (milhões)	Variação da população (milhões)
1980	67,38	
		1,75
1981	69,13	
		1,80
1982	70,93	
		1,84
1983	72,77	
		1,89
1984	74,66	
		1,94
1985	76,60	
		1,99
1986	78,59	

Suponha que dividimos a população de cada ano pela do ano anterior. Obtemos aproximadamente

$$\frac{\text{População em 1981}}{\text{População em 1980}} = \frac{69,13 \text{ milhões}}{67,38 \text{ milhões}} = 1.026$$

$$\frac{\text{População em 1982}}{\text{População em 1981}} = \frac{70,93 \text{ milhões}}{69,13 \text{ milhões}} = 1.026$$

O fato de ambos os cálculos darem 1,026 mostra que a população cresceu em cerca de 2,6% entre 1980 e 1981 e entre 1981 e 1982. Fazendo cálculos semelhantes para outros anos, verificamos que a população cresceu por um fator de cerca de 1,026, ou 2,6%, a cada ano. Sempre que temos um fator constante de crescimento (aqui 1,026), temos *crescimento exponencial*. Se t é o número de anos desde 1980.

Quando $t = 0$, população $= 67,38 = 67,38(1,026)^0$
Quando $t = 1$, população $= 69,13 = 67,38(1,026)^1$
Quando $t = 2$, população $= 70,93 = 69,13(1,026) = 67,38(1,026)^2$
Quando $t = 3$, população $= 72,77 = 70,93(1,026) = 67,38(1,026)^3$

De modo que, em geral, t anos depois de 1980 a população é dada por

$$P = 67,38(1,026)^t.$$

Esta é uma *função exponencial* com base 1,026. É chamada exponencial porque a variável independente t está no expoente. A base representa o fator pelo qual a população cresce a cada ano. Se supusermos que a mesma fórmula valerá pelos próximos 50 anos, o gráfico da população terá a forma mostrada na Figura 1.66. Como a população está aumentando, a função é crescente. Observe também que a população cresce mais e mais depressa com o passar do tempo. Este comportamento é típico de uma função exponencial. Compare isto com o comportamento de uma função linear, que sobe à mesma taxa em toda parte e assim tem por gráfico uma reta. Porque o gráfico da função exponencial se curva para cima, dizemos que é *côncava para cima*. Mesmo funções exponenciais que sobem devagar no começo, tais como esta, eventualmente sobem extremamente depressa. É por isso que o crescimento exponencial de populações é considerado por alguns como sendo uma tal ameaça para o mundo.

Mesmo que represente dados confiáveis, o gráfico liso na Figura 1.66 na verdade é apenas uma aproximação do verdadeiro gráfico do crescimento da população do México. Como não podemos ter frações de pessoas, o gráfico na verdade deveria ser fragmentado, pulando para cima ou para baixo por uma unidade de cada vez que alguém morre ou cresce. Mas, com uma população nos milhões, os saltos são tão pequenos que são invisíveis, na escala que estamos usando. Por isso, o gráfico liso é uma aproximação extremamente boa.

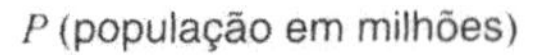

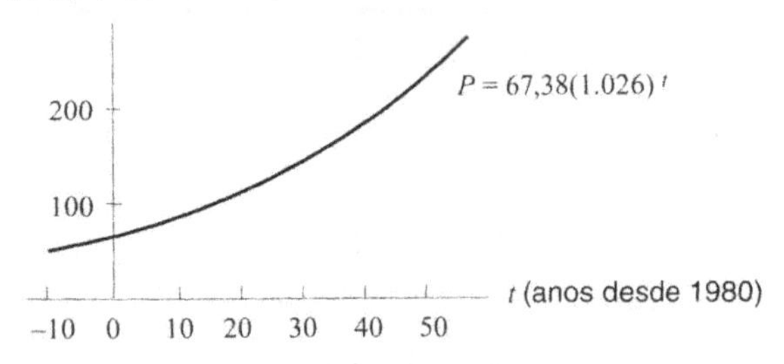

***Figura 1.66** — População do México (estimada). Crescimento exponencial*

Pelo gráfico, vemos que a população dobra, a aproximadamente 134,76 milhões, em cerca de 27 anos; este é o chamado *tempo de duplicação*. Ver a Seção 1.9 para mais discussão.

Altura de notas musicais

A altura de um nota musical é determinada pela freqüência da vibração que a causa. O Lá acima do Dó médio no piano, por exemplo, corresponde a uma vibração de 440 hertz (ciclos por segundo). Uma nota uma oitava acima deste Lá vibra a 880 hertz, e uma nota duas oitavas acima deste Lá vibra a 1760 hertz. (Veja a tabela 1.32)

TABELA 1.32 — *Altura de notas acima do Lá acima do Dó médio*

Número, n, de oitavas acima deste Lá	Número de hertz $V = f(n)$
0	440
1	880
2	1.760
3	3.520
4	7.040

TABELA 1.33 — *Altura de notas abaixo do Lá acima do Dó médio*

n	$V = 440 \cdot 2^n$
−3	$440 \cdot 2^{-3} = 440(1/2^3) = 55$
−2	$440 \cdot 2^{-2} = 440(1/2^2) = 110$
−1	$440 \cdot 2^{-1} = 440(1/2) = 220$
0	$440 \cdot 2^0 = 440$

Observe que as razões entre os valores sucessivos de V são

$$\frac{880}{440} = 2 \quad \text{e} \quad \frac{1.760}{880} = 2 \quad \text{e} \quad \frac{3.520}{1.760} = 2$$

e assim por diante. Em outras palavras, cada valor de V é duas vezes o valor anterior, assim

$$f(1) = 880 = 440 \cdot 2 = 440 \cdot 2^1$$
$$f(2) = 1.760 = 880 \cdot 2 = 440 \cdot 2^2$$
$$f(3) = 3.520 = 1.760 \cdot 2 = 440 \cdot 2^3$$

De modo geral

$$V = f(n) = 440 \cdot 2^n$$

onde n é o número de oitavas acima de Lá acima do Dó médio. A base 2 representa o fato que, quando subimos uma oitava, a freqüência de vibrações dobra. Na verdade, nossos ouvidos percebem uma nota como estando uma oitava acima de outra exatamente porque vibra duas vezes mais depressa. Para valores negativos de n na Tabela 1.33, esta função representa as oitavas abaixo do Lá acima do Dó médio. As notas num piano são representadas por valores de n entre − 3 e 4, e o ouvido humano tem como audíveis valores de n entre − 4 e 7.

Embora $V = f(n) = 440 \cdot 2^n$ faça sentido em termos musicais somente para certos valores de n, valores da função $f(x) = 440 \cdot 2^x$ podem ser calculados para todos os x reais. O gráfico de $f(x)$ tem a típica forma exponencial, como pode ser vista na Figura 1.67. É crescente e côncava para cima, subindo cada vez mais depressa quando x cresce.

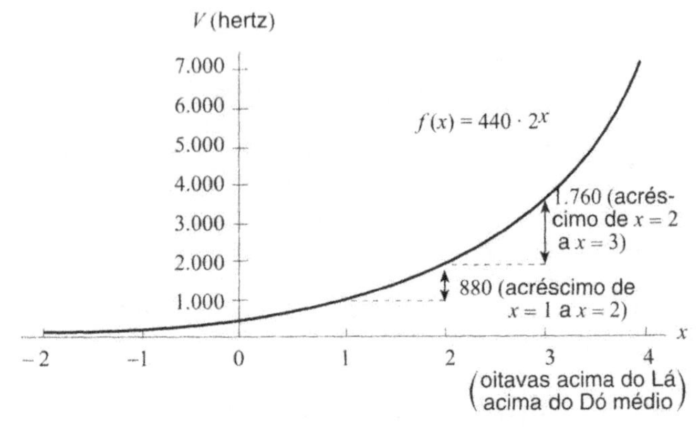

***Figura.1.67** — Altura como função do número de oitavas acima do lá acima do dó médio*

Eliminação de uma droga pelo corpo

Agora olhamos uma quantidade que é decrescente em vez de crescente. Quando se dá um medicamento a um paciente, a droga entra na corrente sanguínea. Ao passar pelo fígado e rins, é metabolizada e eliminada a uma taxa que depende da particular droga. Para o antibiótico ampicilina, aproximadamente 40% da droga é eliminado a cada hora. Um dose típica de ampicilina é de 250mg. Seja $Q = f(t)$, onde Q é a quantidade de ampilicina, em mg, na corrente sanguínea, ao tempo t horas desde que a droga foi dada. Em $t = 0$ temos $Q = 250$. Como a cada hora a quantidade que resta é 60% da quantidade anterior, temos

$$f(0) = 250$$
$$f(1) = 250(0,6)$$
$$f(2) = (250(0,6))(0,6) = 250(0,6)^2$$
$$f(3) = (250(0,6)^2)(0,6) = 250(0,6)^3,$$

e assim, após t horas

$$Q = f(t) = 250(0,6)^t$$

Esta função é decrescente e é uma função de *decaimento exponencial*. Alguns valores da função estão na Tabela 1.34; seu gráfico está na Figura 1.68.

Observe como decresce a função da Figura 1.68. A cada hora adicional, é removida uma quantidade de droga menor que na hora precedente. Isto porque, com o passar do tempo, há menos da droga para ser removida do corpo. Compare isto com o crescimento exponencial nas Figuras 1.66 e 1.67, onde cada passo para cima é maior que o anterior. Observe, porém, que os três gráficos são côncavos para cima.

Pelo gráfico, podemos ver que Q se reduz à metade da quantidade original, ou 125mg, depois de cerca de 1,4 horas. Dizemos que a *meia-vida* da ampicilina no corpo é de cerca de 1,4 horas. Meias-vidas são discutidas em mais detalhes na Seção 1.9.

TABELA 1.34 — *Valor da função de decaimento*

t (horas)	Q (mg)
0	250
1	150
2	90
3	54
4	32,4
5	19,4

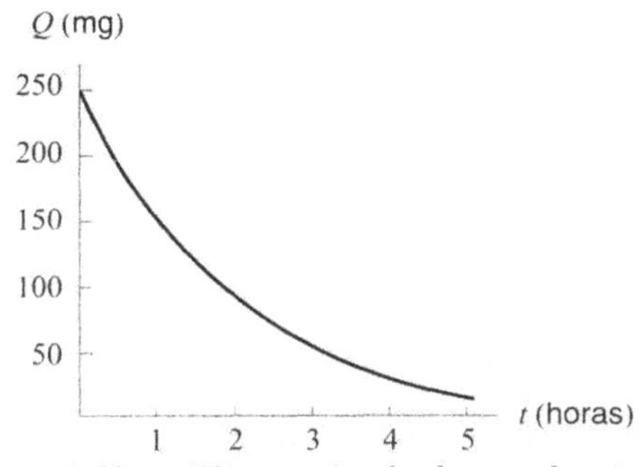

Figura 1.68 — *Eliminação da droga: decaimento exponencial*

Função exponencial geral

Dizemos que P é uma **função exponencial** de t com base a se

$$P = P_0 a^t$$

onde P_0 é a quantidade inicial (quando $t = 0$) e a é o fator pelo qual P varia quando t aumenta de 1. Se $a > 1$ temos **crescimento exponencial**; se $0 < a < 1$, temos um **decaimento exponencial.**

O maior domínio possível para a função exponencial é todos os números reais,[31] desde que $a > 0$.

Exemplo 1 O valor das vendas[32] nas lojas Borders Books and Music aumentou de \$78 milhões em 1991 para \$412 milhões em 1994. Supondo que as vendas tenham crescimento exponencial, ache uma equação na forma $P = P_0 a^t$, onde P dá as vendas da Borders em milhões e t é o número de anos desde 1991.

Solução Sabemos que $P = 78$ quando $t = 0$, de modo que $P_0 = 78$. Para achar a, usamos o fato que $P = 412$ quando $t = 3$. Substituindo, vem

$$P = P_0 a^t$$
$$412 = 78a^3$$

Dividindo ambos os lados por 78, temos

$$\frac{412}{78} = a^3$$
$$5,282 = a^3$$

Tomando a raiz cúbica de ambos os membros

$$a = (5,282)^{1/3} = 1,74.$$

Como $a = 1,74$, a equação para as vendas de Borders como função do número de anos desde 1991

$$P = 78(1,74)^t.$$

Para reconhecer que uma tabela de valores de t e P provém de uma função exponencial $P = P_0 a^t$, procure razões constantes de valores de P para valores igualmente espaçados de t.

Exemplo 2 Quais das seguintes tabelas de valores corresponderiam a uma função exponencial, uma função linear ou nenhuma dessas coisas? Para as que corresponderiam a uma função exponencial ou uma função linear, ache uma fórmula para a função.

[31] A razão pela qual não queremos $a \leq 0$ é que, por exemplo, não podemos definir a $1^{1/2}$ se $a < 0$. Também, em geral não temos $a = 1$, pois $P = P_0 a^t = P_0 1^t = P_0$ é então uma função constante.

32 "How Borders Reads the Book Market" US News & World Report, Outubro 1995, p.59-60

(a)

x	$f(x)$
0	16
1	24
2	36
3	54
4	81

(b)

x	$g(x)$
0	14
1	20
2	24
3	29
4	35

(c)

x	$h(x)$
0	5,3
1	6,5
2	7,7
3	8,9
4	10,1

Solução (a) Vimos que $f(x)$ não pode ser uma função linear, pois $f(x)$ cresce por quantidades diferentes ($24 - 16 = 8$ e $36 - 24 = 12$) para x crescendo de um. Poderia $f(x)$ ser uma função exponencial? Olhamos as razões entre valores de $f(x)$:

$$\frac{24}{16} = 1{,}5 \quad \frac{36}{24} = 1{,}5 \quad \frac{54}{36} = 1{,}5 \quad \frac{81}{54} = 1{,}5$$

Como as razões são todas iguais a 1,5, esta tabela de valores poderia corresponder a uma função exponencial com uma base de 1,5. Como $f(0) = 16$, a fórmula para $f(x)$ é

$$F(x) = 16(1{,}5)^x.$$

Verifique isto pondo $x = 0, 1, 2, 3, 4$ nesta fórmula; você deve obter os valores mostrados para $f(x)$.

(b) Agora olhe os valores de $g(x)$. Quando x aumenta de 1, g aumenta de 6 (de 14 para 20), depois 4 (de 20 para 24) e portanto $g(x)$ não é linear. Verifiquemos se $g(x)$ poderia ser exponencial: $20/14 = 1{,}43$ e $24/20 = 1{,}2$. Como estas razões (1,43 e 1,2) são diferentes, $g(x)$ não é exponencial também.

(c) Para $h(x)$, observe que quando x cresce de um, o valor de $h(x)$ cresce de 1,2 a cada vez. Assim, $h(x)$ poderia ser uma função linear, com inclinação 1,2. Como $h(0) = 5{,}3$, a fórmula para $h(x)$ é

$$h(x) = 5{,}3 + 1{,}2x$$

Família de funções exponenciais

A fórmula $P = P_0 a^t$ dá uma família de funções exponenciais com parâmetros P_0 (a quantidade inicial e o intercepto vertical) e a (a base, ou fator de crescimento/decaimento). A base nos diz se a função é crescente ($a > 1$) ou decrescente ($0 < a < 1$) Como a é o fator pelo qual P varia quando t aumenta de 1, valores grandes de a significam crescimento rápido; valores de a próximos de 0 significam decaimento rápido. (Veja as Figuras 1.69 e 1.70.) Todos os membros da família $P = P_0 a^t$ são côncavos para cima se $P_0 > 0$.

Fórmula alternativa para a função exponencial

O crescimento exponencial freqüentemente é descrito em termos de taxas de crescimento em porcentagens. Por exemplo, a população do México cresce a 2,6% ao ano; em outras palavras, o fator de crescimento é $a = 1 + 0{,}026 = 1{,}026$. Analogamente, 40% da ampicilina é removida a cada hora, assim o fator de decaimento é $a = 1 - 0{,}40 = 0{,}6$. De modo geral, aplicam-se as seguintes fórmulas.

> Se r é a *taxa de crescimento*, então $a = 1 + r$ é o fator de crescimento e
>
> $$P = P_0 a^t = P_0(1+r)^t.$$
>
> Se r é a *taxa de decaimento*, então $a = 1 - r$ é o fator de decaimento e
>
> $$P = P_0 a^t = P_0(1 - r)^t.$$
>
> A quantidade r é às vezes chamada a taxa de crescimento *relativo*, ou *percentual*. Note, por exemplo, que $r = 0{,}05$ quando a taxa de crescimento é 5%.

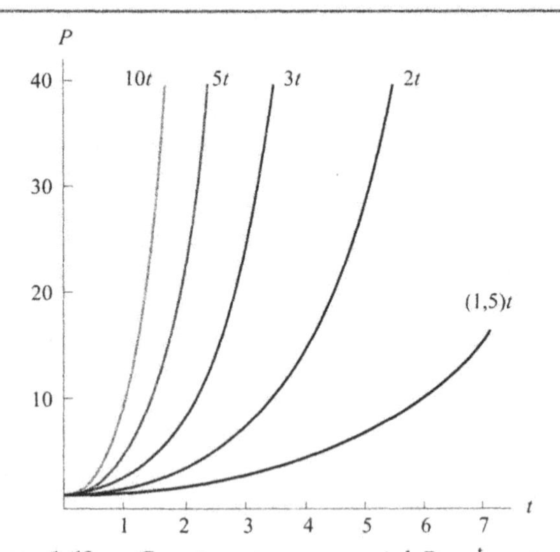

***Figura 1.69** — Crescimento exponencial:* $P = a^t$ *para* $a > 1$

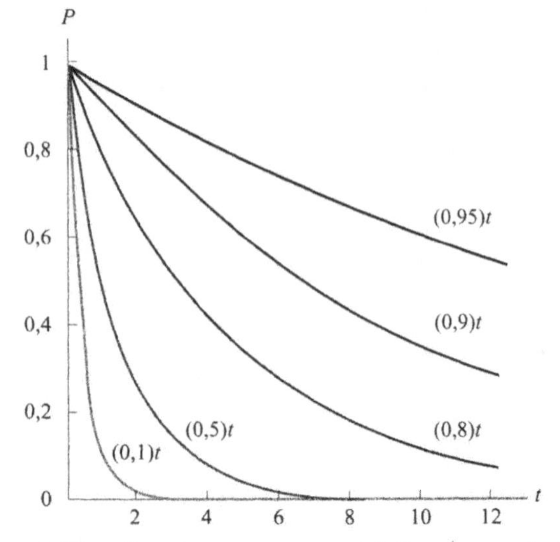

***Figura 1.70** —Decaimento exponencial:* $P = a^t$, *para* $0 < a < 1$

Funções exponenciais e funções potência: quais dominam?

Como se compara o crescimento de funções potência com o de funções exponenciais, quando x fica grande? Em linguagem de todo dia, a palavra exponencial freqüentemente é usada para implicar crescimento muito rápido. Mas funções exponenciais sempre crescem mais depressa que funções potência? Para ver o que acontece "a longo prazo", freqüentemente queremos saber quais funções dominam quando $x \to \infty$.

Consideremos $y = 2^x$ e $y = x^3$. A vista em *close-up* na Figura 1.71 (a) mostra que entre $x = 2$ e $x = 4$, o gráfico de $y = 2^x$ está abaixo do gráfico de $y = x^3$. Mas a vista de longe na Figura 1.71 (b) mostra que a função exponencial $y = 2^x$ eventualmente supera $y = x^3$. E a Figura 1.71 (c), que dá uma visão muito ao longe, mostra que, para x grande, x^3 é insignificante comparada com 2^x. Na verdade, 2^x parece quase vertical em comparação com a subida mais descansada de x^3. Toda função de crescimento exponencial eventualmente domina toda função potência.

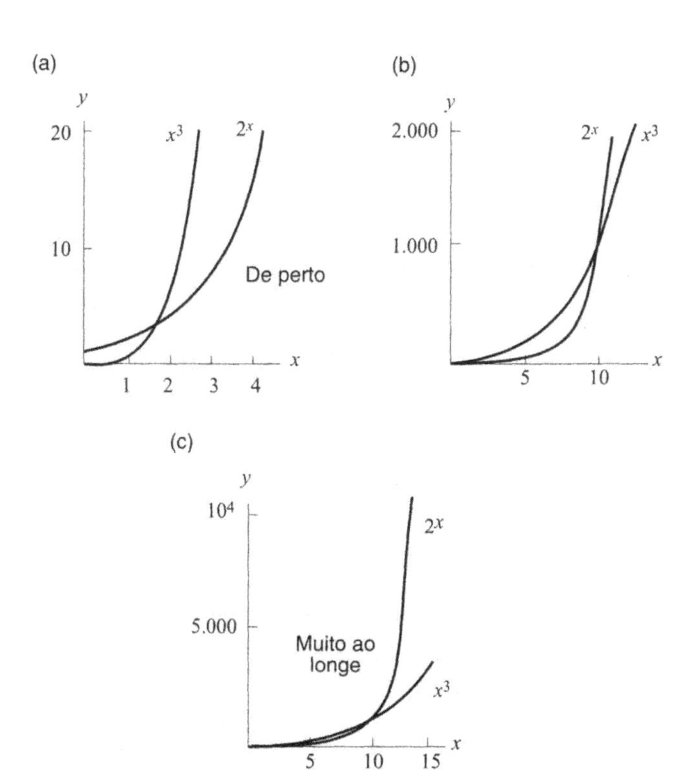

Figura 1.71 — Comparação entre $y = 2^x$ *e* $y = x^3$. *Observe que* $y = 2^x$ *eventualmente domina* $y = x^3$

Problemas para a Seção 1.6

1. Cada uma das funções seguintes dá a quantidade de uma substância no tempo t. Em cada caso, dê a quantidade presente inicialmente ($t = 0$), diga se a função representa crescimento ou decaimento exponencial, e dê a taxa percentual de crescimento ou decaimento.

   (a) $A = 100(1{,}07)^t$ (b) $A = 5{,}3(1{,}054)^t$

   (c) $A = 3.500(0{,}93)^t$ (d) $A = 12(0{,}88)^t$

2. As seguintes funções dão as populações de quatro cidades, com o tempo t em anos.

   (i) $P = 600(1{,}12)^t$ (ii) $P = 1.000(1{,}03)^t$

   (iii) $P = 200(1{,}08)^t$ (iv) $P = 900(0{,}90)^t$

   (a) Qual cidade tem maior taxa percentual de crescimento? Qual é a taxa percentual de crescimento?
   (b) Qual cidade tem a maior população inicial? Qual é essa população inicial?
   (c) Alguma das cidades está diminuindo de tamanho? Se sim, qual(is)?

3. O número de células cancerosas num tumor cresce devagar a princípio mas depois cresce com rapidez crescente. Trace um possível gráfico do número de células cancerosas contra o tempo.

4. A cada ano, cresce o consumo anual de eletricidade no mundo. Além disso, cresce também o aumento do consumo mundial. Esboce um possível gráfico do consumo mundial anual de eletricidade como função do tempo.

5. Uma droga é injetada na corrente sanguínea de um paciente num intervalo de cinco minutos. Durante este tempo, a quantidade no sangue cresce linearmente. Depois de cinco minutos, a injeção pára e a quantidade então decresce exponencialmente. Esboce um gráfico da quantidade contra o tempo.

6. Quando não há outros hormônios esteróides (por exemplo, estrogênio) numa célula, a taxa à qual hormônios esteróides se difundem para dentro da célula é rápida. A taxa se torna mais lenta à medida que cresce a quantidade na célula. Esboce um possível gráfico da quantidade de hormônio esteróide na célula contra o tempo, supondo que inicialmente não há hormônios esteróides na célula.

7. Cada uma das funções na Tabela 1.35 decresce, mas cada uma decresce de modo diferente. Qual dos gráficos na Figura 1.72 melhor se ajusta a cada função?

8. Olhando as formas de seus gráficos, combine as funções seguintes com os fenômenos a seguir.

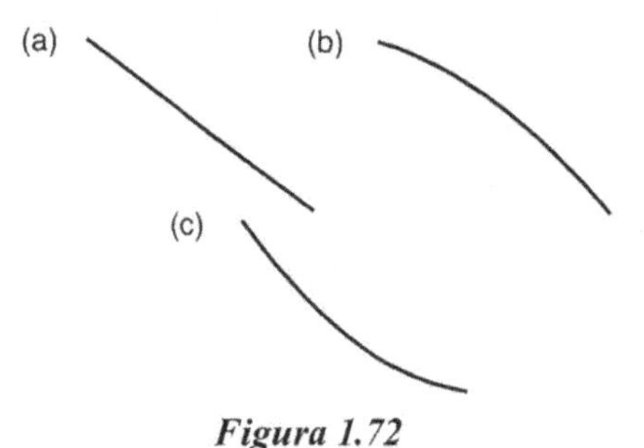

Figura 1.72

TABELA 1.35

x	$f(x)$	$g(x)$	$h(x)$
1	100	22,0	9,3
2	90	21,4	9,1
3	81	20,8	8,8
4	73	20,2	8,4
5	66	19,6	7,9
6	60	19,0	7,3

$f(t) = 2^t \qquad g(t) = 1 - 2^{-t} \qquad h(t) = (0,84)^t$

(a) A quantidade de droga, dada por via intravenal, no corpo de um paciente, com t em horas.

(b) A fração de carbono – 14 radioativo que resta ao tempo t, em milhares de anos.

(c) Uma população de bactérias em milhões, crescendo sem limites, com t em dias.

9. Use o fato de $2^{-x} = 1/2^x$ para explicar a relação entre os gráficos de $y = 2^x$ e $y = 2^{-x}$ na Figura 1.73

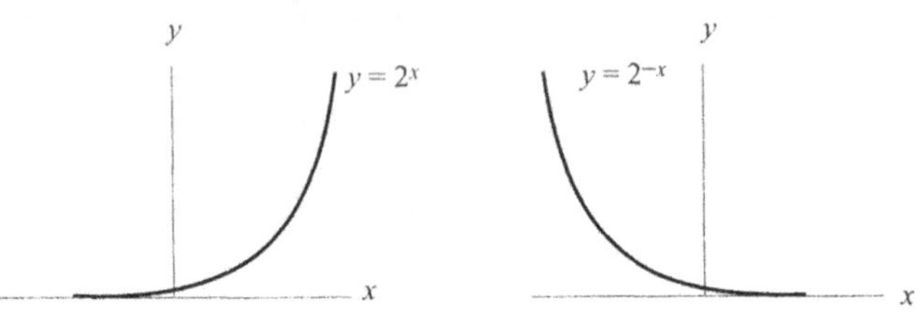

Figura 1.73

10. Associe as funções $h(s), f(s), g(s)$, cujos valores estão na Tabela 1.36, com as fórmulas

$y = a(1,1)^s, \qquad y = b(1,05)^s, \qquad y = c(1,03)^s$

supondo que a, b e c são constantes. Note que os valores das funções foram arredondados a duas casas decimais.

TABELA 1.36

s	$h(s)$	s	$f(s)$	s	$g(s)$
2	1,06	1	2,20	3	3,47
3	1,09	2	2,42	4	3,65
4	1,13	3	2,66	5	3,83
5	1,16	4	2,93	6	4,02
6	119	5	3,22	7	4,22

Para os Problemas 11–12, ache uma possível fórmula para a função representada pelos dados.

11.

x	0	1	2	3
$f(x)$	4,30	6,02	8,43	11,80

12.

t	0	1	2	3
$g(t)$	5,50	4,40	3,52	2,82

13. Decida se cada uma das seguintes tabelas de valores poderia corresponder a uma função linear, uma função exponencial, ou nenhuma dessas coisas. Para cada tabela de valores que poderia corresponder a uma função linear ou exponencial, ache uma fórmula para a função.

(a)

x	$f(x)$
0	10,5
1	12,7
2	18,9
3	36,7

(b)

t	$s(t)$
–1	50,2
0	30,12
1	18,072
2	10,8432

(c)

u	$g(u)$
0	27
2	24
4	21
6	18

14. A Tabela 1.37 contém despesas totais com saúde per capita[33] nos EUA entre 1970 e 1982.

(a) Explique como fazer verificação, quanto a ser o aumento das despesas com saúde aproximadamente exponencial. Mostre seu trabalho.

(b) Avalie o tempo de duplicação nas despesas per capita com saúde nos EUA.

TABELA 1.37

Ano	1970	1972	1974	1976	1978	1980	1982
Despesas com saúde ($ per capita)	349	428	521	665	822	1.055	1.348

15. Uma população atualmente é de 200 e cresce a 5% ao ano.

(a) Escreva uma fórmula para a população, P, como função do tempo, t, em anos.

(b) Esboce um gráfico de P contra t.

(c) Avalie a população daqui a dez anos.

(d) Avalie o tempo de duplicação da população.

16. A meia-vida da nicotina no sangue é de cerca de duas horas. Uma pessoa absorve cerca de 0,4mg de nicotina em sua corrente sanguínea ao fumar um cigarro típico. Preencha a tabela seguinte com a quantidade de nicotina que ficou no sangue depois de t horas. Avalie o intervalo de tempo até que a quantidade de nicotina se reduza a 0,04mg.

t (horas)	0	2	4	6	8	10
Nicotina (mg)	0,4					

17. Um dos contaminantes principais de um acidente nuclear, tal como o de Chernobyl, é o estrôncio-90, que decai exponencialmente a uma taxa de aproximadamente 2,5% ao ano.

(a) Escreva a porcentagem de estrôncio-90 restante, P, como função dos anos, t, desde o acidente nuclear. [Sugestão: Ao tempo $t = 0$, há 100% do contaminante presente.]

(b) Esboce o gráfico de P contra t.

(c) Avalie a meia-vida do estrôncio-90.

(d) Estimativas preliminares depois do desastre de Chernobyl sugeriam que se passariam 100 anos antes que a região ficasse novamente segura para habitação humana. Avalie a porcentagem do estrôncio-90 original restante a esse tempo.

18. A Figura 11.74 mostra gráficos das populações de várias cidades contra o tempo. Associe cada uma das descrições seguintes a um gráfico e escreva uma descrição que se associe a cada um dos gráficos restantes.

(a) A população da cidade cresceu a 5% ao ano.

[33] *Statistical Abstracts of the US 1988*, p. 86, Table 129.

(b) A população da cidade cresceu a 8% ao ano.

(c) A população da cidade cresceu a 5.000 pessoas ao ano.

(d) A população da cidade ficou estável.

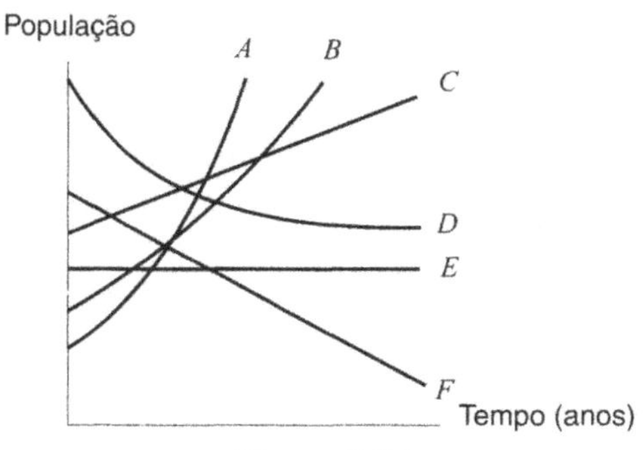

Figura 1.74

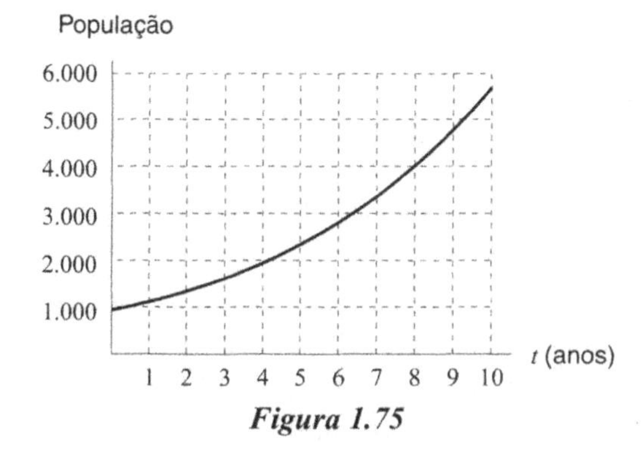

Figura 1.75

19. A Figura 1.75 mostra uma função de crescimento exponencial.
    (a) Começando em $t = 0$, avalie o tempo para que a população dobre. Explique seu raciocínio.
    (b) Repita a parte (a), mas desta vez comece em $t = 3$.
    (c) Escolha qualquer outro valor de t como ponto de partida e observe que o tempo de duplicação é o mesmo, não importa de onde você comece.
20. Uma certa região tem uma população de 10.000.000 e uma taxa de crescimento anual de 2%. Avalie o tempo de duplicação, por adivinhação e verificação.
21. Suponha que o preço mediano, P, de uma casa subiu de \$50.000 em 1970 a \$100.000 em 1990. Seja t o número de anos a partir de 1970.
    (a) Suponha que o aumento do preço das casas tenha sido linear. Dê uma equação para a reta representando o preço, P, como função de t. Use a equação para completar a coluna (a) da Tabela 1.38. Trabalhe como o preço em unidades de \$1.000.
    (b) Se em vez disso os preços estiverem subindo exponencialmente, determine uma equação da forma $P = P_0a^t$ que represente a variação de preços de casas de 1970-1990, e complete a coluna (b) da Tabela 1.38.
    (c) Sobre o mesmos eixos, esboce as funções representadas na coluna (a) e na coluna (b) da tabela 1.38.
    (d) Qual modelo para o crescimento de preços você acha mais realístico?

TABELA 1.38

t	(a) Crescimento linear preço em unidades de \$ 1.000	(b) Crescimento exponencial preço em unidades de \$ 1.000
0	50	50
10		
20	100	100
30		
40		

22. Graças a tipos de sementes aperfeiçoados e novas técnicas agrícolas, a produção de grãos de um região tem crescido. Num período de 20 anos, a produção anual (em milhões de toneladas) foi como segue:

1975	1980	1985	1990	1995
5,35	5,90	6,49	7,05	7,64

Ao mesmo tempo, a população (em milhões) era:

1975	1980	1985	1990	1995
53,2	56,9	60,9	65,2	69,7

    (a) Dê uma função linear ou exponencial que se ajuste aproximadamente a cada conjunto de dados. (Escolha o tipo de função que melhor se ajusta.)
    (b) Se esta região se auto-sustentava neste grão em 1975, seria ainda auto-sustentada entre 1975 e 1995? (Ser auto-sustentada significa que cada pessoa tem quantidade suficiente de grãos.) Como se compara a quantidade de grãos para cada pessoa nos anos mais à frente?
    (c) Se estas tendências se mantiverem, qual será sua previsão para o futuro?
23. Representações globais das três funções $y = x^5$, $y = 100x^2$ e $y = 3^x$ estão na Figura 1.76. Qual função corresponde a qual curva?

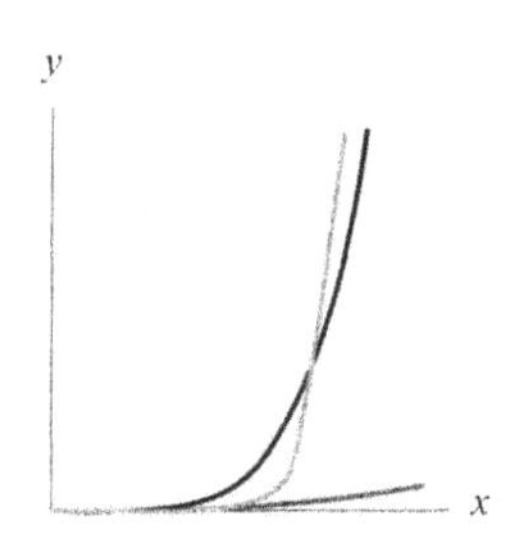

Figura 1.76

24. Use uma calculadora gráfica ou um computador para fazer o gráfico de $y = x^4$ e $y = 3^x$. Determine aproximadamente domínios e conjuntos de valores que dão cada um dos gráficos na Figura 1.77.

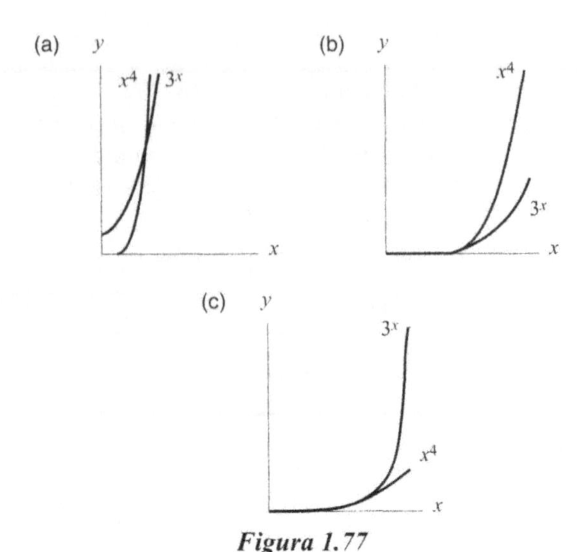

Figura 1.77

25. Em 1994, a população do mundo era de 5,6 bilhões e estava crescendo a uma taxa de cerca de 1,2% ao ano.
    (a) Escreva uma fórmula para a população do mundo como função do tempo, t, nos anos desde 1994.
    (b) Ache a taxa média de variação prevista na população do mundo entre 1994 e 2000. Dê unidades com sua resposta.
    (c) Ache a taxa média de variação prevista na população do mundo entre 2010 e 2020. Dê unidades com sua resposta.

1.7 CRESCIMENTO CONTÍNUO E O NÚMERO *e*

A seção anterior introduziu funções exponenciais da forma $P = P_0a^t$,onde a é a base. Na prática, a base mais comumente usada é o número $e = 2{,}71828...$ Esta base é usada tão freqüentemente que é chamada a base natural. O fato de a maior parte das calculadoras terem um botão e^x é uma indicação de quão importante é e. À primeira vista, isto é um tanto misterioso: o que pode ser natural no uso de 2,71828... como base? A resposta completa a esta questão deve esperar até o Capítulo 4, onde você verá que muitas fórmulas do cálculo ficam mais elegantes quando se usa e como base.

O gráfico de $y = e^x$ é mostrado na Figura 1.78. Como e fica entre 2 e 3, não é surpreendente que o gráfico de $y = e^x$ fique entre os gráficos de $y = 2^x$ e $y = 3^x$. Observe que e^x cresce muito depressa quando x cresce.

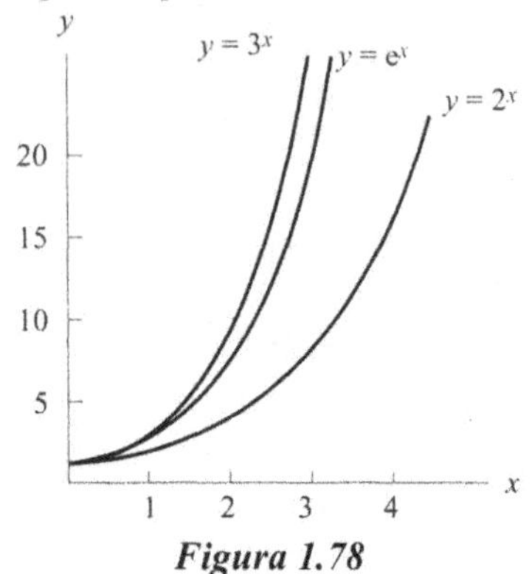

Figura 1.78

Funções exponenciais de base *e*

Na seção 1.6, vimos a família de funções exponenciais

$$P = P_0a^t$$

onde P_0 é o valor inicial de P e a é o fator de crescimento. O caso $a > 1$ representa crescimento exponencial; $0 < a < 1$ representa decaimento exponencial. Para qualquer número positivo a, podemos escrever $a = e^k$ para algum k. Se $a > 1$, então k é positivo, e se $0 < a < 1$, então k é negativo. Assim, a função que representa uma população crescendo exponencialmente pode ser reescrita como

$$P = P_0a^t = P_0(e^k)^t = P_0e^{kt}$$

com k positivo. No caso em que $0 < a < 1$, podemos usar outra constante positiva, k, e escrever

$$a = e^{-k}.$$

Se Q for uma quantidade de decai exponencialmente e Q_0 a quantidade inicial, ao tempo t temos

$$Q = Q_0a^t = Q_0(e^{-k})^t = Q_0e^{-kt} = \frac{Q_0}{e^{kt}}.$$

Como e^{kt} está agora no denominador, Q decresce quando o tempo avança, como esperaríamos se Q está decaindo.

> Toda função de **crescimento exponencial** pode ser escrita em qualquer uma das duas formas
>
> $$P = P_0a^t \quad \text{ou} \quad P = P_0e^{kt}$$
>
> e toda função de **decaimento exponencial** pode ser escrita em qualquer uma das formas
>
> $$Q = Q_0b^t \quad \text{ou} \quad Q = Q_0e^{-kt}.$$
>
> Onde P_0 e Q_0 são as quantidade iniciais, $a > 1$ e $0 < b < 1$ e k é uma constante positiva. Dizemos que P e Q estão crescendo ou decaindo a uma taxa *contínua* k. (Por exemplo, $k = 0{,}02$ corresponde a uma taxa contínua de 2%.)

Exemplo 1 Esboce o gráfico de $P = e^{0,5t}$ e $Q = e^{-0,2t}$

Solução

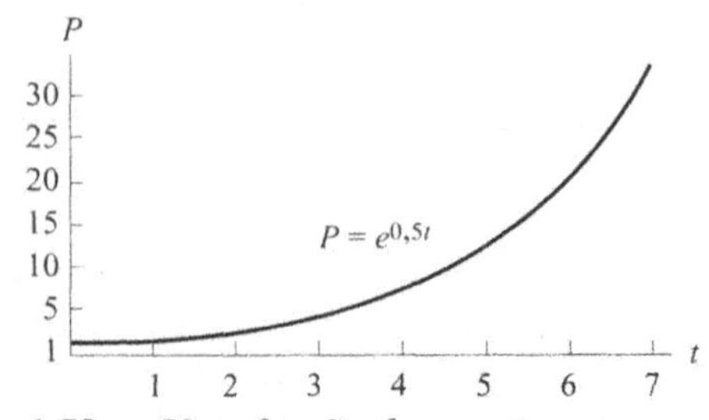

***Figura 1.79** — Uma função de crescimento exponencial*

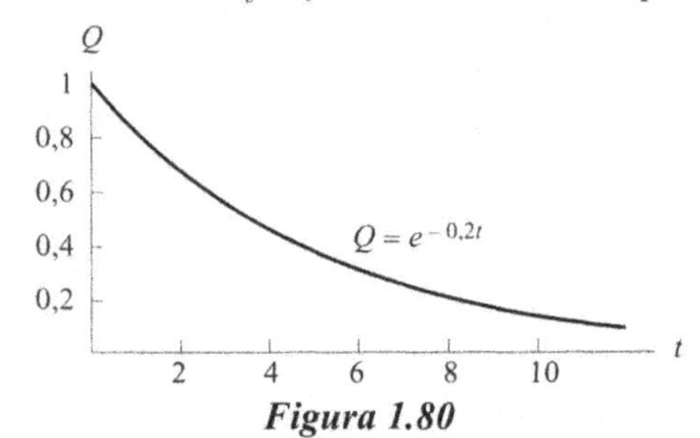

Figura 1.80

O gráfico de $P = e^{0,5t}$ está na Figura 1.79. Observe que o gráfico tem a mesma forma que as curvas de crescimento exponencial anteriores: crescente e côncava para cima. O gráfico de $Q = e^{-0,2t}$ está na Figura 1.80; tem a mesma forma que outras funções de decaimento exponencial.

Exemplo 2 A população de uma cidade é de 50.000 em 1999 e cresce a uma taxa anual contínua de 4,5%.

(a) Dê a população da cidade como função do número de anos desce 1999. Esboce um gráfico da população contra o tempo.

(b) Qual será a população da cidade no ano 2009?

(c) Calcule ao tempo para que a população da cidade chegue a 100.000. É o que se chama o tempo de duplicação da população.

Solução (a) Usamos a fórmula $P = P_0e^{kt}$, e temos

$$P = 50.000e^{0,045t},$$

onde t é o número de anos desde 1999. Veja a Figura 1.81.

(b) O ano 2009 é quando $t = 10$, portanto

$$P = 50.000e^{0,045(10)} \approx 78.416.$$

Podemos prever que a população será de cerca de 78.400 no ano 2009.

(c) Vemos na Figura 1.81 que $P = 100.000$ ocorre aproximadamente quando $t = 15$, assim o tempo de duplicação será de cerca de 15 anos, se a população continuar a crescer à mesma taxa.

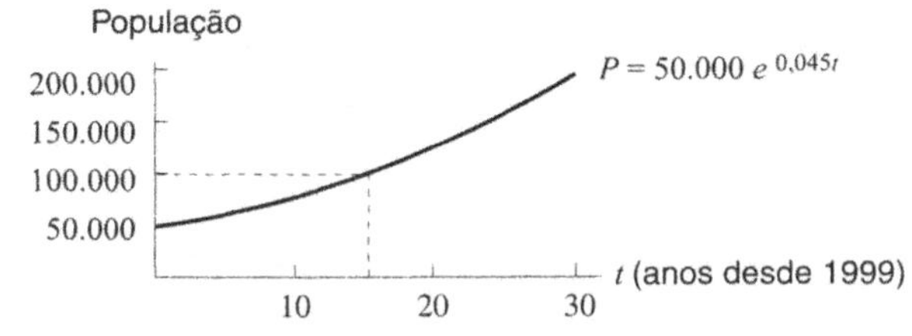

***Figura 1.81** — O tempo de duplicação é de aproximadamente 15 anos*

Exemplo 3 A Agencia de Proteção Ambiental investigou recentemente um vazamento de iodo radioativo. Medidas iniciais mostraram que o nível de radiação ambiente no local era de cerca de 2,4 milirems/hora (quatro vezes o limite máximo aceitável de 0,6milirems/hora), assim a Agencia ordenou uma evacuação da área circundante. O nível de radiação de uma fonte de iodo decai a uma taxa contínua horária de $k = -0,004$.

(a) Qual é o nível de radiação após 24 horas?

(b) Avalie o número de horas até que o nível de radiação atinja o limite máximo aceitável, de modo que os habitantes possam retornar.

Solução (a) O nível de radiação, R, em milirems/hora, ao tempo t, em horas, desde a medida inicial, é dado por

$$R = 2,4e^{-0,004t},$$

de modo que o nível de radiação após 24 horas é

$$R = 2,4e^{(-0,004)(24)} = 2,18 \text{ milirems por hora}$$

(b) Um gráfico de $R = 2,4e^{-0,004t}$ está na Figura 1.82. O valor máximo aceitável para R é 0,6 milirems/hora, o que ocorre aproximadamente a $t = 350$. Os habitantes não poderão retornar por cerca de 350 horas (ou cerca de 15 dias).

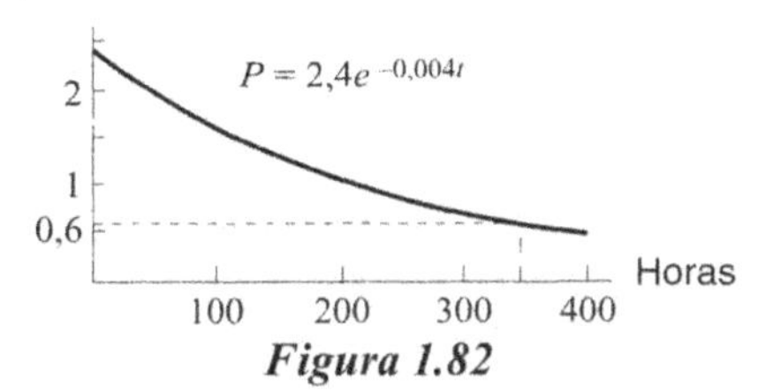

Figura 1.82

Aplicações financeiras: juros compostos

Suponha que depositamos \$100 num banco que paga juros à taxa de 8% ao ano. Quanto há na conta ao fim de um ano? Isto depende da freqüência de *composição* de juros. Se os juros são depositados na conta anualmente, isto é, somente ao fim do ano, então a conta terá \$108. Mas se os juros forem pagos duas vezes por ano, então 4% são pagos ao fim dos primeiros 6 meses e 4% no fim do ano. Um pouco mais de dinheiro é ganho desta forma, pois o juro pago antes ganhará juros durante o resto do ano. Este efeito chama-se *composição*.

De modo geral, quanto mais freqüentemente for feita a composição de juros mais será ganho (embora o aumento possa não ser muito grande). O que você acha que acontecerá se juros forem compostos ainda mais freqüentemente, digamos, a cada minuto ou cada segundo? Os benefícios do aumento da freqüência de composição se tornam desprezíveis a partir de certo ponto. Atingindo este ponto, dizemos que os juros são *compostos continuamente*. Para saber o crédito na conta ao fim do ano, quando os juros são compostos continuamente, usamos o número e. Se depositarmos \$100 numa conta pagando 8% de juros compostos continuamente, ao fim de uma ano haverá $100e^{0,08}$ = \$108,33 na conta. A composição é discutida ainda na seção Foco sobre Modelagem. De modo geral

> Suponha que $\$P_0$ é a quantia inicial depositada numa conta que paga uma taxa de juros anual de r e que P é a quantia na conta depois de t anos, então
>
> Se juros são compostos anualmente: $P = P_0(1+r)^t$.
>
> Se juros são compostos continuamente: $P = P_0e^{rt}$, onde $e = 2,71828\ldots$

Escrevemos P_0 para indicar o depósito inicial, pois é o valor de P quando $t = 0$.

Exemplo 4 Se \$ 1.000 são depositados numa conta bancária pagando 5% de juros anuais compostos continuamente, quanto haverá na conta ao fim de 10 anos?

Solução Usamos a fórmula $P = P_0e^{rt}$. A taxa anual é 5% de modo que $r = 0{,}05$, o período de tempo é $t = 10$, e o depósito inicial é $P_0 = 1.000$. Temos

$$P = P_0e^{rt} = 1.000e^{(0,05)(10)} = 1.000e^{0,5} = 1648{,}72.$$

A quantia na conta após 10 será $1.648,72

Exemplo 5 Suponha que um banco anuncia uma taxa de 8% de juros ao ano. Se você depositar $5.000, quanto haverá na conta 3 anos depois se os juros forem compostos (a) Anualmente? (b) Continuamente?

Solução (a) Para composição anual, $P = P_0(1+r)^t = 5.000(1{,}08)^3 = \$6.298{,}56$.

(b) Para composição contínua, $P = P_0e^{rt} = 5.000e^{(0,08)(3)} = \$6.356{,}25$. Como seria de esperar, a quantia na conta 3 anos depois é maior se os juros forem compostos continuamente ($6.356,25) do que se forem compostos anualmente ($6.298,56).

Exemplo 6 Você quer investir dinheiro para os estudos de seu filho num certificado de depósito (CD). Você quer que valha $12.000 em 10 anos. Quanto você deve investir se o CD paga juros a 9% ao ano compostos (a) Anualmente? (b) Continuamente?

Solução (a) Se o CD paga 9% de juros por um período de 10 anos, então $r = 0{,}09$ e $t = 10$. Temos que achar a quantidade inicial P_0 se a quantia ao fim de 10 anos deve ser $P = \$12.000$. Como a composição é anual, usamos

$$P = p_0(1+r)^t$$
$$12.000 = P_0(1{,}09)^{10},$$

e resolvemos para P_0:

$$P_0 = \frac{12.000}{(1{,}09)^{10}} \approx \frac{12.000}{2{,}36736} = 5.068{,}93$$

O depósito inicial deve ser de $5.068,93, se os juros forem compostos anualmente.

(b) De outro lado, se os juros do CD forem compostos continuamente, teremos

$$P = P_0e^{rt}$$
$$12.000 = P_0e^{(0,09)(10)}.$$

Resolvendo para P_0 vem

$$P_0 = \frac{12.000}{e^{(0,09)(10)}} = \frac{12.000}{e^{0,9}} \approx \frac{12.000}{2{,}45960} = 4.878{,}84$$

O depósito inicial deve ser de $4.878,84, se juros forem compostos continuamente. Observe que para conseguir o mesmo resultado, a composição contínua requer um investimento inicial menor que a composição anual. Isto era de se esperar, pois a composição contínua fornece mais dinheiro.

Relação entre taxas de crescimento percentuais contínuas e anuais

Se $P = P_0(1+r)^t$ com t em anos, dizemos que r é a taxa *anual* de crescimento, ao passo que se $P = P_0e^{kt}$, dizemos que k é a taxa de crescimento *contínua* ou *instantânea*.

No Exemplo 4, a taxa de juros contínua de 5%, a quantia no ano t é $P = P_0e^{0,05t}$. Ao fim de um ano é $P_0e^{0,05}$. Nesse ano, a quantia variou de P_0 a $P_0e^{0,05}$ e cresceu por um fator de $e^{0,05} = 1{,}0513$. Assim a taxa de crescimento anual é de 5,13% É isto que o banco quer dizer quando diz "5% composto continuamente, para um rendimento anual efetivo de 5,13%." Como $P_0e^{0,05t} = P_0(1{,}0513)^t$, estamos falando de duas maneiras diferentes de representar a mesma função.

Para sermos honestos, o crescimento é medido mais freqüentemente sobre intervalos de tempo discretos e assim uma taxa de crescimento contínuo é um conceito idealizado. Um demógrafo que diz que a população de algum país está crescendo à taxa de 2% ao ano em geral quer dizer exatamente o que você pensa: após um ano a população terá crescido por um fator de 1,02; e depois de t anos a população será dada por $P = P_0(1{,}02)^t$. Para achar a taxa de crescimento contínuo k para a população, supomos que a população é expressa com $P = P_0e^{kt}$. Ao fim de um ano, $P = P_0e^k$. Para obter 2% de crescimento num ano precisamos que $e^k = 1{,}02$, o que é verdade para $k \approx 0{,}0198$. A taxa de crescimento contínua $k = 1{,}98\%$ é próxima da taxa de crescimento anual de 2%, mas não é a mesma. De novo, temos duas representações diferentes para a mesma função: $P_0(1{,}02)^t = P_0e^{0,0198t}$.

Problemas para a Seção 1.7

1. Escreva as funções exponenciais $P = e^{0,08t}$ e $Q = e^{-0,3t}$ na forma $P = a^t$ e $Q = b^t$.
2. A população de uma cidade é 1.000 e ela cresce à taxa de 5% ao ano.
   (a) Ache uma fórmula para a população da cidade ao tempo t anos de agora, supondo que os 5% ao ano são (i) Taxa anual (ii) Taxa anual contínua.
   (b) Em cada caso na parte (a), avalie a população da cidade em 10 anos.
3. As fórmulas seguintes dão as populações de quatro cidades diferentes, A, B, C, D, com t o número de anos a partir de agora.

   $P_A = 600e^{0,08t}$ $\quad P_B = 1.000e^{-0,02t}$
   $P_C = 1.200e^{0,03t}$ $\quad P_D = 900e^{0,12t}$

   (a) Qual cidade está crescendo mais depressa (isto é, tem a maior taxa de porcentagem de crescimento?
   (b) Qual cidade é maior agora?
   (c) Alguma das cidades está diminuindo de tamanho? Se sim, qual(is)?
4. Se você depositar $10.000 em uma conta que paga juros a uma taxa anual composta continuamente de 8%, quanto haverá na conta dentro de cinco anos?

5. Suponha que \$1.000 são investidos numa conta que paga juros a uma taxa de 5,5% ao ano. Quanto haverá na conta, se os juros são compostos (a) Anualmente (b) Continuamente?
6. Suponha que \$1.000 são investidos a juros anuais de 6% compostos continuamente. Use tentativa e erro, ou um gráfico, para determinar quanto tempo levará até que a quantia dobre.
7. Cada uma das curvas na Figura 1.83 representa a quantia numa conta bancária em que um único depósito foi feito ao tempo zero. Supondo que os juros são compostos continuamente, ache
   (a) A curva que representa o maior depósito inicial
   (b) A curva representando a maior taxa de juros
   (c) Duas curvas representando o mesmo depósito inicial
   (d) Duas curvas representando a mesma taxa de juros

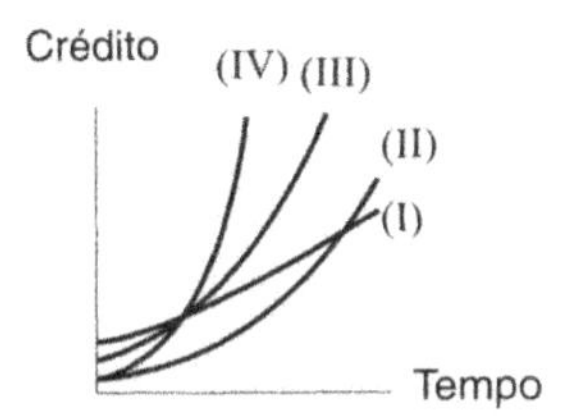

Figura 1.83

8. Se você precisa ter \$10.000 em sua conta daqui a três anos e se a taxa de juros anual sobre sua conta é de 8% compostos continuamente, quanto você deve depositar agora?
9. A Figura 1.84 mostra as quantias em duas contas bancárias em função do tempo; ambas pagam a mesma taxa nominal de juros, mas uma compõe continuamente e a outra anualmente. Qual curva corresponde a qual método de composição? Em cada caso, qual é o depósito inicial?

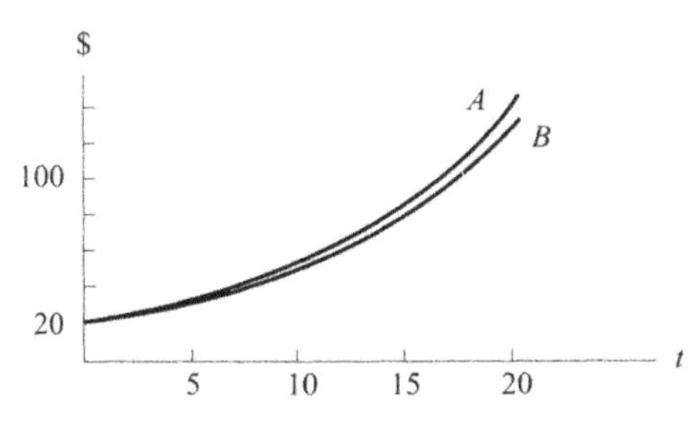

Figura 1.84

10. A pressão do ar, P, decresce exponencialmente com a altura acima da superfície da terra, h:

$$P = P_0 e^{-0,00012h}$$

onde P_0 é a pressão ao nível do mar e h é dada em metros.
   (a) Se você for ao topo do Monte McKinley, altura 6.198 metros, qual é a pressão do ar, como porcentagem da pressão ao nível do mar?
   (b) A altura máxima de cruzeiro de um jato comercial comum é de cerca de 12.000 metros. A essa altura, qual é a pressão do ar, como porcentagem do valor ao nível do mar?
11. Quando você aluga um apartamento, freqüentemente o proprietário exige um depósito de segurança que lhe é devolvido se você deixar o apartamento sem ter causado danos. Em Massachusetts o proprietário deve pagar ao inquilino juros sobre o depósito uma vez por ano, a uma taxa anual de 5%, composta anualmente. O proprietário, porém, pode investir o dinheiro a uma taxa de juros mais alta (ou mais baixa). Suponha que o proprietário invista um depósito de \$1.000 a uma taxa anual de
   (a) 6%, composta continuamente
   (b) 4%, composta continuamente

   Em cada caso, determine o ganho ou perda líquido pelo proprietário ao fim do primeiro ano. (Dê sua resposta aproximada aos centavos.)
12. Esboce o gráfico de $f(x) = e^{-x^2}$ usando uma janela que inclua valores de x positivos e negativos.
   (a) Para quais valores de x f é crescente? Para quais é decrescente?
   (b) O gráfico de f é côncavo para cima ou para baixo em $x = 0$?
   (c) Quando $x \to \infty$, o que acontece ao valor de $f(x)$? e quando $x \to -\infty$?
13. Sob certas circunstâncias, a velocidade, V, de uma gota de chuva em queda é dada por $V = V_0(1 - e^{-t})$, onde t é o tempo e V_0 é uma constante positiva.
   (a) Esboce um gráfico tosco de V contra t, para $t \geq 0$.
   (b) O que representa V_0?

1.8 O LOGARITMO NATURAL

Na Seção 1.6 definimos uma função que aproxima a população do México (em milhões) como

$$P = f(t) = 67,38(1,026)^t,$$

onde t é o número de anos desde 1980. Ao escrever assim a função, mostramos que estamos pensando na população como função do tempo, que a população era de 67,38 milhões em 1980, e que cresce de 2,6% cada ano.

Suponha que em vez de calcular a população, queremos achar quando se espera que a população chegue a 200 milhões. Isto significa que queremos achar o valor de t para o qual

$$200 = f(t) = 67,38(1,026)^t.$$

Como a função exponencial é sempre crescente e eventualmente será maior que 200, há exatamente um valor de t que torna $P = 200$. Como o acharíamos? Um modo razoável de começar é por tentativa e erro. Tomando $t = 40$ e $t = 50$ obtemos

$$P = f(40) = 67,38(1,026)^{40} = 188,115...$$
(assim $t = 40$ é pequeno demais).
$$P = f(50) = 67,38(1,026)^{50} = 243,163 ...$$
(assim $t = 50$ é grande demais)

Mais algumas tentativas levam a

$$P = f(42) = 67{,}38(1{,}026)^{42} \approx 198{,}0$$
$$P = f(43) = 67{,}38(1{,}026)^{43} \approx 203{,}2$$

de modo que t está entre 42 e 43. Em outras palavras, projeta-se que a população chegue a 200 milhões em algum momento durante o ano 2022.

Embora seja sempre possível aproximar t por tentativa e erro desta forma, seria claramente melhor ter uma fórmula que desse t em termos de P. A função logaritmo nos permitirá fazer isto.

Definição e propriedades do logaritmo natural

Definimos o logaritmo natural de x, escrito $\ln x$, como segue:

> O **logaritmo natural** de x, escrito $\ln x$, é a potência de e necessária para se obter x. Em outras palavras,
> $$\ln x = c \quad \text{significa} \quad e^c = x.$$
> O logaritmo natural é escrito às vezes $\log_e x$.

Por exemplo, $\ln e^3 = 3$, pois 3 é o expoente de e necessário para dar e^3. Analogamente, $\ln(1/e) = \ln e^{-1} = -1$. Uma calculadora dá $\ln 5 \approx 1{,}6094$, porque $e^{1{,}6094} \approx 5$. Mas se quisermos achar $\ln(-7)$ numa calculadora teremos uma mensagem de erro porque e a qualquer potência nunca é negativo ou zero. De modo geral

> $\ln x$ não é definido se x for negativo ou zero.

Para trabalhar com logaritmos, precisamos lembrar das propriedades seguintes:

> **Propriedades do logaritmo natural**
> 1. $\ln(AB) = \ln A + \ln B$
> 2. $\ln\left(\dfrac{A}{B}\right) = \ln A - \ln B$
> 3. $\ln(A^p) = p \ln A$
> 4. $\ln e^x = x$
> 5. $e^{\ln x} = x$
>
> Além disso, $\ln 1 = 0$ porque $e^0 = 1$.

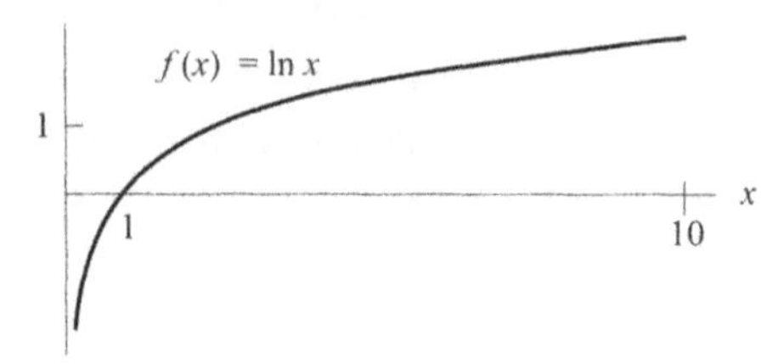

***Figura 1.85** — A função logaritmo natural sobe muito devagar*

Usando o botão LN numa calculadora para traçar um gráfico de $f(x) = \ln x$ para $0 < x \leq 10$, obtemos a Figura 1.85. Observe que o gráfico de $y = \ln x$ sobe muito devagar quando x cresce. Note também que a interseção com o eixo-x é $x = 1$, pois $\ln 1 = 0$.

Resolver equações usando logaritmos

Logs naturais podem ser usados para resolver expoentes desconhecidos.

Exemplo 1 Ache t tal que $3^t = 10$.

Solução Primeiro observe que esperamos que t esteja entre 2 e 3, porque $3^2 = 9$ e $3^3 = 27$. Para achar t exatamente podemos tomar o logaritmo natural de ambos os lados e depois usar as regras para logaritmos para resolver para t:

$$\ln(3^t) = \ln 10$$

Usando a terceira regra para logs, temos

$$t \ln 3 = \ln 10$$
$$t = \frac{\ln 10}{\ln 3}$$

Usando calculadora para achar logs naturais temos

$$t = \frac{2{,}3026}{1{,}0986} \approx 2{,}096$$

Exemplo 2 Ache t tal que $12 = 5e^{3t}$.

Solução Como t está no expoente, resolvemos para t usando logaritmos. É mais fácil começar isolando a exponencial, por isso dividimos ambos os lados da equação por 5:

$$2{,}4 = e^{3t}.$$

Agora tomemos o logaritmo natural de ambos os lados:

$$\ln 2{,}4 = \ln(e^{3t}).$$

Usando a quarta regra para logaritmos

$$\ln 2{,}4 = 3t,$$

assim,

$$t = \frac{\ln 2{,}4}{3}$$

Usando uma calculadora, obtemos $t \approx 0{,}8755/3 \approx 0{,}2918$.

Exemplo 3 Voltamos à questão de quando a população do México chegará a 200 milhões. Para ter uma resposta, resolvemos $200 = 67{,}38(1{,}026)^t$ para t, usando logs.

Solução Dividindo ambos os membros da equação por 67,38, obtemos

$$\frac{200}{67{,}38} = (1{,}026)^t$$

Agora, tomamos o logaritmo natural de ambos os lados:

$$\ln\left(\frac{200}{67{,}38}\right) = \ln(1{,}026^t)$$

Usando o fato que $\ln(A^t) = t \ln A$, vem

$$\ln\left(\frac{200}{67,38}\right) = t \ln(1,026)$$

Resolvendo a equação, com uso da calculadora para achar os logs, vem

$$t = \frac{\ln(200/63,78)}{\ln(1,026)} \approx 42,4 \text{ anos}$$

que está entre $t = 42$ e $t = 43$, como achamos no começo desta seção. Este valor de t corresponde ao ano 2022.

Exemplo 4 Se \$10.000 são depositados numa conta que paga juros anuais de 5%, compostos continuamente, quanto tempo é necessário até que a quantia na conta chegue a \$15.000?

Solução Como os juros são compostos continuamente, usamos a fórmula $P = P_0e^{rt}$, onde a taxa de juros é $r = 0,05$ e a quantia inicial é $P_0 = 10.000$. Queremos achar o valor de t para o qual $P = 15.000$. A equação é

$$15.000 = 10.000e^{0,05t}.$$

Como queremos resolver para o expoente, t, usamos logaritmos. Primeiro, dividimos ambos os membros da equação por 10.000 para isolar a exponencial, depois tomamos o logaritmo natural de ambos os membros e resolvemos para t.

$$15.000 = 10.000e^{0,05t}$$
$$1,5 = e^{0,05t}$$
$$\ln(1,5) = \ln(e^{0,05t})$$
$$\ln(1,5) = 0,05t$$
$$t = \frac{\ln(1,5)}{0,05} \approx 8,1093$$

Serão necessários cerca de 8,1 anos para que a quantia na conta chegue a \$15.000.

Exemplo 5 Suponha que \$5.000 são depositados numa conta que paga 8% de juros anuais. Quanto tempo é necessário para dobrar o dinheiro se o juro for composto (a) Anualmente? (b) Continuamente?

Solução (a) usamos a fórmula $P = P_0(1 + r)^t$, onde t é o número de anos desde o depósito. Temos $P = 5.000(1,08)^t$, e queremos achar o valor de t para o qual $P = 10.000$. Temos

$$10.000 = 5.000(1,08)^t$$

Dividindo ambos os lados por 5.000 vem

$$2 = (1,08)^t.$$

Tomando o log natural, obtemos

$$\ln 2 = \ln(1,08^t)$$

Usando a terceira regra para log

$$\ln 2 = t \ln 1,08,$$

e

$$t = \frac{\ln 2}{\ln 1,08}$$

Usando uma calculadora

$$t \approx \frac{0,6931}{0,07696} \approx 9,006$$

Assim, se os juros são compostos anualmente, são necessários cerca de 9 anos para dobrar a quantia. (b) Como os juros são composto continuamente, usamos a fórmula

$$P = P_0e^{rt}$$

Temos

$$P = 5000e^{0,08t}.$$

Queremos o valor de t para o qual $P = 10.000$. Escrevemos

$$10.000 = 5.000e^{0,08t}.$$

Dividindo ambos os lados por 5.000 vem

$$2 = e^{0,08t}.$$

Tomando o logaritmo natural

$$\ln 2 = \ln(e^{0,08t})$$

Usando a quarta regra para log

$$\ln 2 = 0,08t$$

e

$$t = \frac{\ln 2}{0,08}$$

Usando calculadora

$$t \approx \frac{0,6931}{0,08} \approx 8,664$$

Portanto, se os juros são compostos continuamente, cerca de oito anos e oito meses são necessários para dobrar a quantia. Como esperaríamos, a quantia é dobrada mais depressa quando os juros são compostos continuamente.

Nos exemplos anteriores, a taxa foi dada. Mas, em muitas situações em que esperamos achar crescimento ou decaimento exponencial, a taxa não é dada. Para achá-la, precisamos conhecer a quantidade em dois tempos diferentes e depois resolver para a taxa de crescimento ou decaimento, como no próximo exemplo.

Exemplo 6 A população do Quênia era de 19,5 milhões em 1984 e 21,2 milhões em 1986. Supondo que a população cresce exponencialmente, ache uma fórmula para a população do Quênia como função do tempo.

Solução Se medirmos a população, P, em milhões e o tempo t em anos desde 1984, podemos dizer que

$$P = P_0e^{kt} = 19,5e^{kt}$$

onde $P_0 = 19{,}5$ é o valor inicial de P. Achamos k usando o fato de ser $P = 21{,}2$ quando $t = 2$, de modo que

$$21{,}2 = 19{,}5e^{k2}.$$

Para achar k, dividimos ambos os lados por 19,5, o que dá

$$\frac{21{,}2}{10{,}5} = 1{,}087 = e^{2k}$$

Agora, tomando logs naturais

$$\ln(1{,}087) = \ln(e^{2k}).$$

Usando uma calculadora e o fato que $\ln(e^{2k}) = 2k$, isto dá

$$0{,}0834 = 2k.$$

Assim

$$k \approx 0{,}042$$

e portanto

$$P = 19{,}5e^{0{,}042t}.$$

Como $k = 0{,}042 = 4{,}2\%$, dizemos que a população do Quênia crescia a uma taxa contínua de 4,2% por ano.

No Exemplo 6 escolhemos usar e como base da função exponencial representando a população de Quênia, deixando claro que a taxa de crescimento contínuo era de 4,2% ao ano. Mas se tivéssemos querido enfatizar a taxa de crescimento anual, poderíamos expressar a função exponencial na forma

$$P = P_0a^t$$

Mostramos agora no Exemplo 7 que a taxa de crescimento anual é de cerca de 4,3, que é um pouco maior que a taxa de crescimento contínuo de 4,2% que achamos no Exemplo 6.

Exemplo 7 Expresse a população do Quênia na forma

$$P = P_0a^t.$$

Solução Como a população cresceu de 19,5 a 21,2 milhões em 2 anos, sabemos que

$$21{,}2 = 19{,}5a^2,$$

de modo que

$$a = \left(\frac{21{,}2}{19{,}5}\right)^{1/2} \approx 1{,}043$$

Isto dá

$$P = 19{,}5(1{,}043)^t.$$

Relação entre a^t e e^{kt}

Uma função exponencial da forma P_0e^{kt} pode sempre ser escrita na forma P_0a^t. A razão é que

$$P_0e^{kt} = P_0(e^k)^t$$

o que sugere tomar

$$a = e^k, \text{ de modo que } k = \ln a.$$

As duas fórmulas diferentes, $P = P_0e^{kt}$ e $P = P_0a^t$ têm o mesmo gráfico e representam a mesma função.

> Crescimento ou decaimento exponenciais sempre podem ser escritos de dois modos,
>
> $$P = P_0a^t \quad \text{ou} \quad P = P_0e^{kt}.$$
>
> Aqui a é o fator de crescimento por unidade de tempo, $a - 1$ é a *taxa de crescimento por unidade de tempo* e k é a *taxa de crescimento contínuo*. Então
>
> $$a = e^k, \text{ de modo que } k = \ln a.$$
>
> Note que $k > 0$ dá crescimento exponencial; $k < 0$ dá decaimento.

Se a provém de uma taxa de crescimento percentual r, isto é, $a = 1 + r$, então a taxa de crescimento contínuo $k = \ln(1 + r)$ será um pouco menor que, mas muito próximo de, r, desde que r seja pequeno. O próximo exemplo ilustra isto.

Exemplo 8 (a) Converta a função $P = 1.000e^{0{,}05t}$ à forma $P = P_0a^t$. (b) Converta a função $P = 500(1{,}06)^t$ 'forma $P = P_0e^{kt}$.

Solução (a) Como $P = 1.000e^{0{,}05t}$, temos $P_0 = 1.000$. Queremos achar a tal que

$$1.000a^t = 1.000e^{0{,}05t} = 1.000(e^{0{,}05})^t$$

Pomos $a = e^{0{,}05} = 1{,}0513$, de modo que as duas funções seguintes dão os mesmos valores:

$$P = 1.000e^{0{,}05t} \text{ e } P = 1.000(1{,}0513)^t$$

Assim, uma taxa de crescimento contínuo de 5% é equivalente à taxa de crescimento anual de 5,13%.

(b)Temos $P_0 = 500$ e queremos achar k com

$$500(1{,}06)^t = 500(e^k)^t,$$

então tomamos

$$1{,}06 = e^k$$
$$k = \ln(1{,}06) = 0{,}0583.$$

As duas funções seguintes dão os mesmos valores:

$$P = 500(1{,}06)^t \quad \text{e} \quad P = 500e^{0{,}0583t}$$

Assim, um taxa de crescimento anual de 6% equivale a uma taxa de crescimento contínuo de 5,83%.

Problemas para a Seção 1.8

Para os problemas 1–2, marque um gráfico da função dada numa calculadora ou computador. Descreva e explique o que você vê .

1. $y = \ln e^x$ 2. $y = e^{\ln x}$

Para os problemas 3–17 use logaritmos naturais na resolução.

3. $5^t = 7$
4. $130 = 10^t$
5. $2 = (1{,}02)^t$
6. $10 = 2^t$
7. $100 = 25(1{,}5)^t$
8. $50 = 10(3^t)$
9. $a = b^t$
10. $10 = e^t$
11. $5 = 2e^t$
12. $e^{3t} = 100$
13. $10 = 6e^{0{,}5t}$
14. $B = Pe^{rt}$
15. $2P = Pe^{0{,}3t}$
16. $7(3^t) = 5(2^t)$
17. $5e^{3t} = 8e^{2t}$

Converta as funções nos problemas 18–24 à forma $P = P_0a^t$. Quais representam crescimento exponencial e quais decaimento exponencial?

18. $P = P_0e^{0{,}2t}$
19. $P = 10e^{0{,}917t}$
20. $P = P_0e^{-0{,}73t}$
21. $P = 79e^{-2{,}5t}$
22. $P = 7e^{-\pi t}$
23. $P = 2{,}91e^{0{,}55t}$
24. $P = (5 \cdot 10^{-3})e^{-1{,}9 \cdot 10^{-2}t}$

Converta as funções nos Problemas 25 – 28 à forma $P = P_0e^{kt}$.

25. $P = P_02^t$
26. $P = 10(1{,}7)^t$
27. $P = 174(0{,}9)^t$
28. $P = 5{,}23(0{,}2)^t$
29. No Exemplo 2 da página 39 a equação $100.000 = 50.000e^{0{,}045t}$ foi resolvida graficamente. Agora resolva-a usando logs.
30. No Exemplo 3 da página 39 , a equação $0{,}6 = 2{,}4e^{-0{,}004t}$ foi resolvida graficamente. Agora resolva-a usando logs.
31. Uma peixaria estoca em um laguinho 1.000 trutas jovens. O número das trutas originais que permanecem vivas depois de t anos é dado por $P(t) = 1000e^{-0{,}5t}$.
    (a) Quantas trutas restam depois de 6 meses? Um ano?
    (b) Ache $P(3)$ e interprete em termos de trutas.
    (c) Quando restarão 100 das trutas originais?
    (d) Esboce um gráfico do número de trutas contra o tempo, e descreva como está variando a população. O que poderia estar causando isto?
32. A população, P, em milhões, na Nicarágua era de 3,6 em 1990 e estava crescendo à taxa anual de 3,4%. Seja t o tempo em anos desde 1990.
    (a) Expresse P como função na forma $P = P_0a^t$.
    (b) Expresse P como função exponencial usando base e.
    (c) Compare as taxas de crescimento anual e contínua.
33. Se \$12.000 forem depositados numa conta que paga 8% de juros ao ano, compostos continuamente, quanto tempo será necessário até que a conta chegue a \$20.000?
34. Se um investimento de \$5.000 crescer a \$8.080 em quatro anos, qual terá sido a taxa anual de retorno sobre o investimento? (Assuma composição contínua.)
35. Em 1994, a população do mundo era de 5,6 bilhões, e projetava-se que a população atingiria 8,5 bilhões por volta do ano de 2030. Qual taxa anual de crescimento é suposta nessa previsão?
36. Você investe \$5.000 numa conta que paga juros compostos continuamente.
    (a) Quanto dinheiro estará na conta após 8 anos, se a taxa de juros é de 4%?
    (b) Se você quiser que a conta tenha \$8.000 após 8 anos, qual será a taxa de juros anual necessária?
37. Devido a um inovativo programa rural de saúde pública, a mortalidade infantil no Senegal, África ocidental, está sendo reduzida a uma taxa de 10% ao ano. Quanto tempo levará para que a mortalidade infantil seja reduzida de 50%?
38. Em 1980, existiam cerca de 170 milhões de veículos (carros e caminhões) e cerca de 227 milhões de pessoas nos EUA. Se o número de veículos vem crescendo a 4% ao ano, enquanto que a população tem crescido a 1% ao ano, em que ano haverá, em média, um veículo por pessoa?
39. A ilha de Manhattan foi vendida por \$24 em 1626. Suponha que o dinheiro tivesse sido investido numa conta compondo juros continuamente.
    (a) Quanto dinheiro haveria na conta no ano 2000 se a taxa anual de juros fosse (i) 5%? (ii) 7%?
    (b) Se a taxa de juros anual fosse de 6%, em que ano a conta teria um milhão de dólares?
40. Em 1923, dezoito ursos coala foram introduzidos em Kangaroo Island, junto à costa da Austrália. Os ursos coala se deram tão bem na ilha que a população era de cerca de 5.000 em 1993. Supondo que a população vem crescendo exponencialmente, ache a taxa (contínua) de crescimento da população durante o período. Ache um fórmula para o tamanho da população durante o período. Ache uma fórmula para o tamanho da população como função do número de anos desde 1923, e avalie a população no ano 2010 se nada for feito para reduzir a taxa de crescimento.
41. A quantidade total mundial de peixes pescados no mar em 1950 foi de 17 milhões de toneladas e em 1995 foi de 91 milhões de toneladas[34]. Se a quantidade de pesca estiver crescendo exponencialmente, ache a taxa (contínua) de crescimento e use-a para predizer a quantidade total a ser pescada no ano 2000.
42. O lixo sólido gerado em cidades dos EUA foi de 82,3 milhões de toneladas em 1960 e 139,1 milhões de toneladas em 1980. No Exemplo 1 da página 42 vimos a equação de uma reta passando por esses dois pontos. Neste problema, supomos que o lixo está crescendo exponencialmente, em vez de linearmente.
    (a) Usando a informação sobre o lixo sólido municipal nos anos 1960 e 1980, ache a equação de uma da curva de crescimento exponencial entre os dois pontos.
    (b) Use sua resposta à parte (a) para predizer a quantidade no ano 2000. Compare sua predição com a de 195,9 milhões de toneladas, feita supondo crescimento linear.
43. O ar numa fábrica está sendo filtrado, de modo que a

[34] J. Madeleine Nash, "The Fish Crisis," *Time*, August 11, 1997, p. 67.

quantidade, P, de poluentes (medida em mg/litro) está decrescendo de acordo com a equação $P = P_0e^{-kt}$, onde t representa o tempo em horas. Se 10% da poluição são removidos nas primeiras cinco horas.

(a) Qual porcentagem da poluição resta depois de 10 horas?

(b) Quanto tempo vai levar até que a poluição seja reduzida por 50%?

(c) Marque um gráfico da poluição contra o tempo. Mostre o resultado de seus cálculos no gráfico.

(d) Explique porque a quantidade de poluição poderia decrescer desta forma.

44. Esboce um gráfico de $f(x) = \ln(x^2 + 1)$ usando uma janela que inclua valores positivos e negativos de x.

(a) Para quais valores de x f é crescente? Para quais é decrescente?

(b) f é côncava para cima ou para baixo em $x = 0$?

(c) Quando $x \to \infty$, o que acontece com o valor de $f(x)$? E quando $x \to -\infty$?

1.9 CRESCIMENTO E DECAIMENTO EXPONENCIAIS

Tempo de duplicação e meia vida

Na seção 1.6 vimos que a população, P, do México como função do tempo, t, em anos desde 1980, é modelada por

$$P = 67{,}38(1{,}026)^t.$$

O próximo exemplo ilustra uma propriedade de todas as funções exponenciais.

Exemplo 1 Prediga a população do México no ano
(a) 2007 (quando $t = 27$)
(b) 2034 (quando $t = 54$)
(c) 2061 (quando $t = 81$).

Solução O modelo que estamos usando faz as previsões seguintes:
(a) $P = 67{,}38(1{,}026)^{27} \approx 67{,}38(2) = 134{,}76$ milhões
(b) $P = 67{,}38(1{,}026)^{54} \approx 67{,}38(4) = 269{,}52$ milhões
(c) $P = 67{,}38(1{,}026)^{81} \approx 67{,}38(8) = 539{,}04$ milhões

Das respostas ao Exemplo 1, vemos que a população dobrou após 27 anos; após outros 27 anos (em $t = 54$), dobrou outra vez. Dentro de mais 27 anos (quando $t = 81$), terá dobrado outra vez. Em conseqüência, dizemos que o *tempo de duplicação* da população do México é de 27 anos. O Exemplo 3 ao lado mostra porque cada função exponencial tem um tempo de duplicação fixo.

Decaimento radioativo

Substâncias radioativas, tais como o urânio, decaem por uma certa porcentagem de sua massa numa dada unidade de tempo. O modo mais comum de expressar esta taxa de decaimento é dando o período de tempo que é preciso para que decaia metade da massa. Este período de tempo chama-se a *meia-vida* da substância.

Uma das mais conhecidas substâncias radioativas é o carbono-14, que é usado para datar objetos orgânicos. Quando um objeto, como um pedaço de madeira ou osso, era parte de um organismo vivo, ele acumulava pequenas quantidades de carbono radioativo 14. Uma vez que o organismo morre, já não recolhe carbono-14 por interação com seu ambiente (por exemplo, pela respiração). Medindo a proporção de carbono-14 no objeto, e comparando com a proporção em matéria viva, podemos avaliar quanto do carbono-14 original decaiu. Resumindo, usamos as seguintes definições:

O **tempo de duplicação** de uma quantidade que cresce exponencialmente é o tempo necessário para que a quantidade dobre.

A **meia-vida** de uma quantidade que decai exponencialmente é o tempo necessário para que a quantidade se reduza por um fator de um meio.

Exemplo 2 A meia vida do carbono-14 é de cerca de 5.730 anos. Quanto resta depois de duas meias-vidas (11.460 anos)? Depois de três meias-vidas (17.190 anos)? Esboce um gráfico da porcentagem de carbono-14 restante ao tempo t, em anos desde que o organismo morreu.

Solução Ao tempo $t = 0$, o organismo tem 100% do carbono-14 original. Ao tempo $t = 5.730$ (a meia-vida), a quantidade se reduziu à metade, de modo que restam 50%. Depois de mais meia-vida (a $t = 11.460$), a quantidade novamente se reduziu à metade, restam pois 25%. (Ver a Figura 1.86).

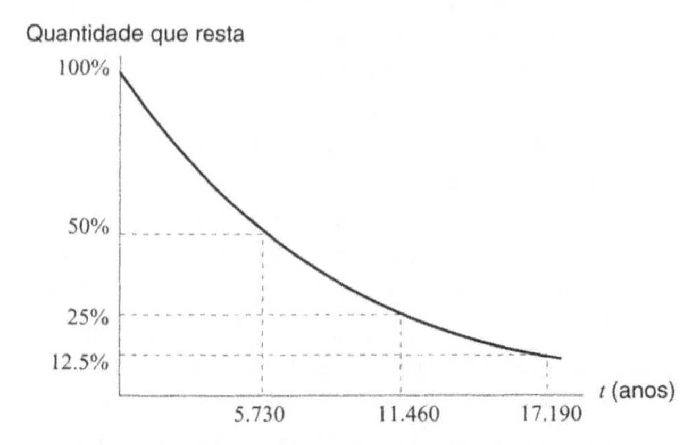

***Figura 1.86** — Decomposição do carbono-14*

Exemplo 3 Por que toda função que cresce exponencialmente tem um tempo de duplicação fixo?

Solução Considere a função $P = P_0a^t$. Para toda base a com $a > 1$, existe um número positivo d tal que $a^d = 2$. Mostraremos que d é o tempo de duplicação. Se a população é P ao tempo t, então, ao tempo $t + d$, a população será dada por

$$P_0a^{t+d} = P_0a^ta^d = (P_0a^t)(2) = 2P.$$

Assim, não importa qual seja a quantidade inicial, o tamanho da população dobra d unidades de tempo depois.

Exemplo 4 Uma xícara de café contém cerca de 100mg de cafeína. A meia-vida da cafeína no corpo é de cerca de 4 horas, o que significa que a cafeína decai a uma taxa de cerca de 16% por hora.

(a) Escreva uma fórmula para a quantidade de cafeína P no corpo como função do número de horas, t, desde que o café foi tomado.

(b) Quanta cafeína permanece no corpo depois de 2 horas?

(c) Quanto tempo levará até que o nível de cafeína no corpo atinja 20mg?

(d) Confirme que a meia-vida de uma substância que decai a uma taxa de 16% por hora é de cerca de 4 horas.

Solução (a) A quantidade de cafeína está decaindo exponencialmente, assim usamos a fórmula $P = P_0a^t$ como $a < 1$. A quantidade inicial, p_0, é 100 e a taxa de decaimento é 0,16, portanto, ao fim de uma hora, resta uma fração de $1 - 0{,}16 = 0{,}84$. Ao fim de t horas, a quantidade restante é

$$P = P_0(a^t) = 100(0{,}84)^t.$$

(b) Usamos a fórmula $P = 100(0{,}84)^t$ para achar o valor de P quando $t = 2$:

$$P = 100(0{,}84)^2 = 70{,}6\text{mg de cafeína}$$

A Figura 1.87 mostra que $P \approx 70{,}6$mg quando $t = 2$ horas.

(c) Queremos resolver para o valor de t quando $P = 20$. Como

$$100(0{,}84)^t = 20,$$

dividir por 100 dá

$$(0{,}84)^t = \frac{20}{100} = 0{,}2$$

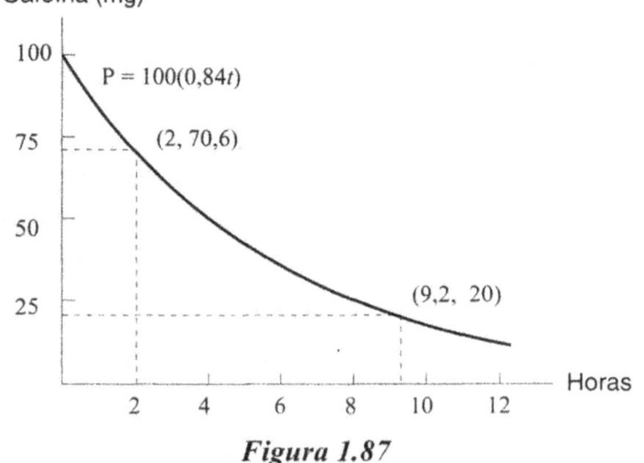

Figura 1.87

Tomando logs naturais e usando a terceira regra de logs, obtemos

$$\ln(0{,}84^t) = \ln(0{,}2)$$
$$t\ln(0{,}84) = \ln(0{,}2)$$
$$t = \frac{\ln(0{,}2)}{\ln(0{,}84)} \approx 9{,}2 \text{ horas}$$

A Figura 1.87 mostra que quando $P = 20$, temos $t \approx 9{,}2$. São necessárias 9,2 horas para que o nível de cafeína no corpo caia a 20mg.

(d) Uma substância que está decaindo à taxa de 16% é representada por uma equação da forma

$$P = P_0(0{,}84)^t$$

Quando $t = 4$

$$P = P_0(0{,}84)^4 = P_0(0{,}50).$$

Como a cafeína foi reduzida pela metade após 4 horas, sua meia-vida é de 4 horas.

Exemplo 5 A liberação de clorofluorcarbonos usados em aparelhos de ar condicionado e, em menor escala, em sprays domésticos (para cabelo, creme de barbear, etc.) destrói o ozônio na atmosfera superior. Atualmente, a quantidade, Q, de ozônio está decaindo exponencialmente a uma taxa contínua de 0,25% ao ano. Qual é a vida média do ozônio? Em outras palavras, a esta taxa, quanto tempo levará para que metade do ozônio desapareça?

Solução Se Q_0 é a quantidade inicial de ozônio e t é dado em anos, então

$$Q = Q_0e^{-0{,}0025t}.$$

Queremos encontrar o valor de t para a qual $Q = Q_0/2$, assim

$$\frac{Q_0}{2} = Q_0e^{-0{,}0025t}$$

Dividindo ambos os lados por Q_0 e tomando logs naturais tem-se

$$-0{,}0025t = \ln\left(\frac{1}{2}\right) \approx -0{,}6931$$

logo

$$t \approx \frac{0{,}6931}{0{,}0025} \approx 277 \text{ anos}$$

Metade do ozônio atmosférico atual terá desaparecido em 277 anos.

Exemplo 6 (a) Calcule o tempo de duplicação , D, para taxas de crescimento de 2%, 3%, 4% e 5% ao ano, compostos anualmente.

(b) Como D decresce quando cresce a taxa de crescimento, poderíamos imaginar que D é inversamente proporcional à taxa de crescimento. Use suas respostas à parte (a) para verificar que uma taxa de crescimento de i% dá um tempo de duplicação que, para pequenos valores de i, é aproximado por

$$D \approx \frac{70}{i} \text{ anos}$$

Esta é a "Regra dos 70" usada por banqueiros. Para calcular o tempo de duplicação aproximado de um investimento, divida 70 pela taxa anual de juros.

Solução (a) Começamos por encontrar o tempo de duplicação para uma taxa de crescimento de 2% ao ano, composta anualmente. Usamos a fórmula $P = P_0(1{,}02)^t$, com t em anos. Queremos achar o valor de t para o qual $P = 2P_0$, então resolvemos

$$2P_0 = P_0(1{,}02)^t$$
$$2 = (1{,}02)^t$$
$$\ln 2 = \ln(1{,}02)^t$$
$$\ln 2 = t \ln(1{,}02)$$ (usando uma propriedade dos logaritmos)

$$t = \frac{\ln 2}{\ln 1{,}02} \approx 35{,}003 \text{ anos}$$

Com uma taxa anual de juros de 2%, são necessários cerca de 35 anos para que o investimento dobre de valor. Analogamente, achamos os tempos de duplicação para 3%, 4% e 5%, dados na Tabela 1.39.

TABELA 1.39 — *Tempo de duplicação como função da taxa de juros*

i (% taxa de crescimento anual)	2	3	4	5
D (tempo de duplicação em anos)	35,003	23,450	17,673	14,207

(b) Calculamos $(70/i)$ para i = 2, 3, 4, 5. Os resultados são mostrados na Tabela 1.40

TABELA 1.40 — *Tempo de duplicação aproximado com função da taxa de juros: Regra do 70*

i (% taxa de crescimento anual)	2	3	4	5
$(70/i)$ (Tempo de duplicação aproximado, em anos	35,000	23,333	17,500	14,000

Comparando os valores nas Tabelas 1.39 e 1.40, vemos que a quantidade $(70/i)$ dá uma aproximação razoavelmente boa para o tempo de duplicação D, para as taxas de juros consideradas.

Valor presente e futuro

Muitos negócios envolvem pagamentos no futuro. Por exemplo, quando um carro é comprado a crédito, são feitos pagamentos durante um certo período de tempo. Se vamos aceitar pagamento no futuro em tal negócio, evidentemente temos que saber quanto nos devem pagar. Ser pago \$100 no futuro claramente é pior que ser pago \$100 hoje, por muitas razões. Se nos dão o dinheiro hoje, podemos fazer alguma outra coisa com ele — por exemplo, pôr no banco, investir em algum lugar, ou gastá-lo. Assim, mesmo sem considerar a inflação, se formos aceitar pagamento no futuro, esperaríamos receber mais, para compensar esta falta de ganhos. A questão que vamos considerar agora é, quanto mais?

Para simplificar, consideramos somente o que perderíamos por não receber juros: não consideraremos o efeito da inflação. Olhemos alguns números específicos. Suponha que depositamos \$100 numa conta que ganha 7% de juros compostos anualmente, de modo que dentro de um ano temos \$107. Assim, \$100 hoje valerão \$107 dentro de uma ano. Dizemos que \$107 é o *valor futuro* dos \$100, e que \$100 é o *valor presente* dos \$107. De modo geral, dizemos o seguinte:

- O **valor futuro**, \$$B$, de um pagamento \$$P$, é a quantia à qual \$$P$ teria crescido se depositada hoje numa conta bancária que renda juros.
- O **valor presente**, \$$P$, de um pagamento futuro, \$$B$, é a quantia que deveria ser depositada, hoje, numa conta bancária para produzir exatamente \$$B$ na conta no momento relevante no futuro.

Devido ao juro ganho, o valor futuro é maior que o valor presente. A relação entre os valores presente e futuro depende da taxa de juros, do seguinte modo:

> Se o juro é composto anualmente por t anos à taxa r, e se \$$B$ é o *valor futuro* de \$$P$ depois de t anos e \$$P$ é o *valor presente* de \$$B$, então
>
> $B = P(1 + r)^t$, ou equivalentemente, $P = \dfrac{B}{(1+r)^t}$
>
> Para composição contínua $B = Pe^{rt}$, ou equivalentemente, $P = \dfrac{B}{e^{rt}} = Be^{-rt}$

Note que para taxa de juros de 7%, $r = 0{,}07$. O valor presente freqüentemente é denotado por VP, ao passo que o valor futuro é denotado por VF.

Exemplo 7 Você ganha na loteria e lhe oferecem a escolha entre \$1 milhão em prestações de quatro pagamentos anuais de \$ 250.000 cada um, começando agora, e um pagamento total \$920.000 agora. Assumindo uma taxa de juros de 6%, composta continuamente, e ignorando impostos, o que você deve escolher?

Solução Resolveremos este problema de dois modos. Primeiro, assumimos que você escolhe a opção com o maior valor presente. O primeiro dos quatro pagamentos de \$250.000 é feito agora, assim

Valor presente do primeiro pagamento = \$250.000.

O segundo pagamento é feito dentro de um ano e assim

Valor presente do segundo pagamento = $\$250.000e^{-0{,}06(1)}$

Calculando de modo semelhante o valor presente

dos terceiro e quarto pagamentos, achamos:

$$\begin{aligned}\text{Valor presente total} &= \$250.000 + \$250.000e^{-0,06(1)} \\ &+ \$250.000e^{-0,06(2)} + \$250.000e^{-0,06(3)} \\ &\approx 250.000 + 235.441 + 221.730 + 208.818 \\ &\approx 915.989\end{aligned}$$

Como o valor presente dos quatro pagamentos é menor que \$920.000, é melhor para você tomar os \$920.000 já.

Alternativamente, podemos resolver o problema comparando os valores futuros dos dois esquemas de pagamento. Calculamos o valor futuro de ambos os esquemas daqui a três anos, na data do último pagamento de \$250.000. Então,

$$\text{Valor futuro do pagamento de uma só vez} = \$920.000e^{0,06(3)} \approx \$1.101.440.$$

Agora calculamos o valor futuro do primeiro pagamento de \$250.000:

$$\text{Valor futuro do primeiro pagamento} = \$250.000e^{0,06(3)}$$

Calculando de modo análogo o valor futuro dos outros pagamentos, achamos

$$\begin{aligned}\text{Valor futuro total} &= \$250.000e^{0,06(3)} + \\ &+ \$250.000e^{0,06(2)} + \$250.000e^{0,06(1)} + \\ &+ \$250.000 \\ &\approx \$299.304 + \$281.874 + \$265.459 + \\ &+ \$250.000 \\ &= \$1.096.637\end{aligned}$$

O valor futuro do pagamento de \$920.000 é maior, portanto é melhor para você pegar os \$920.000 já. Naturalmente, como o valor presente do pagamento de \$920.000 é maior que o dos quatro pagamentos parcelados, você esperaria que o valor futuro do pagamento de \$920.000 fosse maior que o dos quatro pagamentos separados, como de fato é. (Nota: se você olhar as letras miúdas, você verá que muitas loterias não pagam imediatamente, mas freqüentemente parcelam o pagamento, às vezes para bem longe no futuro. Isto é feito para reduzir o valor presente dos pagamentos feitos, de modo que o valor do prêmio é muito menor do que poderia parecer!)

Problemas para a seção 1.9

1. Ache o tempo de duplicação de uma quantidade que está crescendo a 7% ao ano.
2. Se a quantidade de um determinada substância decresce por 4% em 10 horas, ache a meia-vida da substância.
3. A meia-vida de uma certa substância radioativa é 12 dias. Se há 10,32 gramas inicialmente
   (a) Escreva a equação para determinar a quantidade, A, da substância como função do tempo.
   (b) Quando a substância se reduzirá a 1 grama?
4. (a) Use a "regra de 70" para prever o tempo de duplicação de um investimento que está ganhando 8% de juros ao ano.
   (b) Ache o tempo de duplicação exatamente, e compare com sua resposta à parte (a).
5. Qual é o tempo de duplicação de preços que sobem por 5% ao ano?
6. A população de uma região está crescendo exponencialmente. Se existiam 40.000.000 de pessoas em 1980 ($t = 0$) e 56.000.000 em 1990, ache uma expressão para a população a qualquer tempo t, em anos. Qual seria sua previsão para o ano 2000? Qual é o tempo de duplicação?
7. Uma população animal é de 500 ao tempo $t = 0$; dois anos depois, é de 1.500. Assumindo crescimento exponencial, ache uma fórmula para o tamanho da população em t e ache esse tamanho para $t = 5$.
8. Uma cultura de bactérias dobra de tamanho em 2 horas. Quanto tempo levará para triplicar a partir do tamanho original? (Assuma crescimento exponencial.)
9. Ache a meia-vida de uma substância radioativa que se reduz de 30% em 20 horas.
10. Uma substância radioativa tem uma meia-vida de 8 anos. Se 200 gramas estão presentes inicialmente, quanto restará ao fim de 12 anos? Quanto tempo deve passar, antes que restem somente 10% da quantidade original?
11. O antidepressante fluoxetine (conhecido sob o nome comercial de Prozac) tem uma meia-vida de cerca de 3 dias. Qual porcentagem de uma dose restará no corpo depois de um dia? Depois de uma semana?
12. Uma xícara padrão de café contém cerca de 100 mg de cafeína. A meia-vida da cafeína no corpo é de cerca de quatro horas. Quanto tempo depois de você tomar uma xícara de café o nível de cafeína em seu corpo estará reduzido a 5 mg?
13. A quantidade, Q, de carbono-14 radioativo que permanece no organismo t anos depois da morte é dada pela fórmula
   $$Q = Q_0e^{-0,000121t},$$
   onde Q_0 é a quantidade inicial.
   (a) Um crânio descoberto numa escavação arqueológica tem 15% da quantidade original de carbono-14 presente. Avalie sua idade.
   (b) Mostre como você pode calcular a meia-vida do carbono-14 a partir desta equação.
14. Um quadro, supostamente pintado por Vermeer (1632–1675) contém 99,5% de seu carbono-14 (meia-vida 5.730 anos.) A partir desta informação decida se o quadro é falsificado. Explique seu raciocínio.
15. Um sócio em negócios, que lhe deve \$3.000, oferece pagar \$2.800 agora, ou então pagar-lhe em três prestações anuais de \$1.000 cada uma, a primeira paga agora. Se você usar apenas razões financeiras para tomar sua decisão, qual opção escolheria? Justifique sua resposta, supondo um juro de mercado de 6%, composto continuamente.

16. Big Tree McGee está negociando um contrato de principiante com um time profissional de basquete. Eles concordaram com um negócio por três anos, que pagará a Big Tree uma quantia fixa ao fim de cada um dos três anos, mais um bônus pela assinatura no começo do primeiro ano. Estão ainda barganhando sobre as quantias e Big Tree deve decidir entre um bônus grande na assinatura e pagamentos fixos por ano, ou um bônus menor com pagamentos crescendo a cada ano. As duas opções estão resumidas na tabela. Todos os valores são pagamentos em milhões de dólares.

	Bônus na assinatura	Ano1	Ano 2	Ano 3
Opção # 1	6,0	2,0	2,0	2,0
Opção # 2	1,0	2,0	4,0	6,0

   (a) Big Tree decide investir todo o pagamento em ações que ele espera que cresçam à taxa de 10% ao ano, compostos continuamente. Ele gostaria de escolher a opção de contrato que lhe desse o maior valor futuro ao fim dos três anos, quando é feito o último pagamento. Qual opção deve escolher? Justifique sua resposta.
   (b) O jornal local está publicando uma história sobre o contrato de Big Tree. Querem publicar o valor presente de cada oferta de contrato. Calcule os valores presentes.
17. Suponha juros compostos anualmente. Considere as seguintes opções:

   Opção 1: Pagamentos de \$2.000 agora, \$3.000 dentro de um ano e \$4.000 dentro de dois anos.

   Opção 2: Três pagamentos anuais de \$3.000, começando agora.

   (a) Se a taxa de juros sobre economias fosse de 5% ao ano, qual você preferiria?
   (b) Existe alguma taxa de juros que pudesse levá-lo a fazer uma escolha diferente? Explique.
18. Suponha juros compostos anualmente. Considere as seguintes opções:

   Opção 1: \$1.500 agora e \$3.000 dentro de um ano.

   Opção 2: \$ 1.900 agora e \$2.500 dentro de um ano.

   (a) Se a taxa de juros sobre as economias fosse de 5% ao ano, qual você escolheria?
   (b) Existe alguma taxa de juros que o levasse a tomar decisão diferente? Explique.
19. Uma companhia está considerando a compra de uma nova máquina. A nova máquina, completamente instalada, custará \$97.000. O fluxo anual de caixa esperado (ajustado para impostos e depreciação) que seria gerado pela nova máquina é dado na tabela seguinte:

Ano	1	2	3	4
Fluxo de caixa	\$50.000	\$40.000	\$25.000	\$20.000

   (a) Ache o valor presente total dos fluxos de caixa. Trate o fluxo de cada ano como uma soma única ao fim do ano e use uma taxa de juros de 7,5% ao ano, compostos anualmente.
   (b) Baseando-se numa comparação entre o custo da máquina e o valor presente dos fluxos de caixa, você recomendaria a aquisição da máquina?
20. Você está comprando um carro que vem com garantia de um ano e está considerando se deve comprar uma garantia estendida. A garantia estendida cobre dois anos, imediatamente após a expiração da garantia de um ano. O custo da extensão é de \$375. Você avalia que as despesas anuais que seriam cobertas pela garantia estendida seriam de \$150 no primeiro ano da extensão e \$250 no segundo ano. A taxa de juros é de 5% ao ano, compostos anualmente. Deve você adquirir a garantia estendida? Explique.
21. Você tem a opção de renovar o contrato de serviço de sua máquina de lavar, que tem três anos. O novo contrato de serviço é por três anos, a um preço de \$200. A taxa de juros é de 7,25% ao ano, compostos anualmente, e você calcula que os custos de consertos se você não pagar o contrato de serviços serão de \$50 no primeiro ano, \$100 no segundo e \$150 no terceiro. Deve você comprar o contrato de serviços? Explique.

1.10 FUNÇÕES NOVAS A PARTIR DE VELHAS

Estudamos funções potência, exponenciais e a função logaritmo. Nesta seção aprenderemos como criar novas funções deslocando, esticando e somando funções que já conhecemos.

Deslocamentos

Considere a função $y = x^2 + 4$. As coordenadas-y para esta função são exatamente 4 unidades maiores que as coordenadas-y correspondentes da função $y = x^2$. Assim, o gráfico de $y = x^2 + 4$ é obtido do gráfico de $y = x^2$ somando 4 à coordenada-y de cada ponto; isto é, movendo o gráfico de $y = x^2$ de 4 unidades para cima. (Ver a Figura 1.88.)

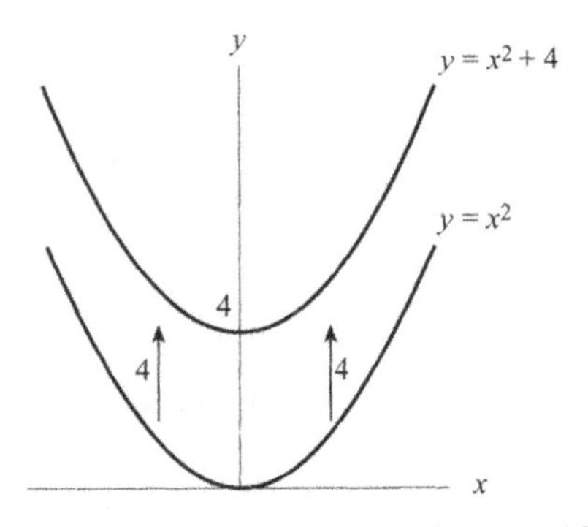

***Figura 1.88** — Deslocamento vertical: Os gráficos de* $y = x^2$ *e* $y = x^2 + 4$

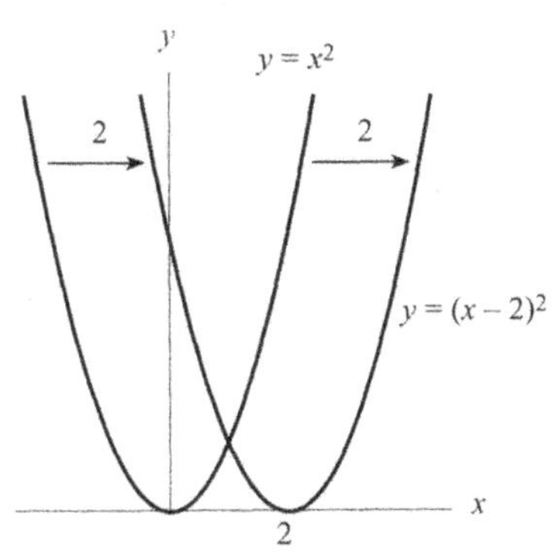

Figura 1.89 — Deslocamento horizontal: Gráficos de $y = x^2$ *e* $y = (x - 2)^2$

Um gráfico pode ser também deslocado para a esquerda ou para a direita. Na Figura 1.89, vemos que o gráfico de $y = (x-2)^2$ é o de $y = x^2$ deslocado de 2 unidades para a direita. De modo geral:

- O gráfico de $y = f(x) + k$ é o gráfico de $y = f(x)$ deslocado de k unidades para cima (para baixo, se k for negativo).
- O gráfico de $y = f(x - k)$ é o gráfico de $y = f(x)$ deslocado de k unidades para a direita (para a esquerda se k for negativo).

Exemplo 1 Use o gráfico de uma função mais simples para esboçar cada uma das funções seguintes:

(a) $y = x^3 + 1$ (*b*) $y = e^x - 3$
(c) $y = (x + 2)^6$ (d) $y = (x - 2)^2 - 1$

Solução (a) O gráfico de $y = x^3 + 1$ é o de $y = x^3$ deslocado para cima de 1 unidade. Ver a Figura 1.90 (a).
(b) O gráfico de $y = e^x - 3$ é o de $y = e^x$ deslocado de 3 unidades para baixo. Ver a Figura 1.90 (b).
(c) O gráfico de $y = (x + 2)^6$ é o de $y = x^6$ deslocado para a esquerda de 2 unidades. Ver a Figura 1.90(c).
(d) O gráfico de $y = (x - 2)^2 - 1$ é o de $y = x^2$ deslocado de 2 unidades para a direita e de 1 unidade para baixo. Ver a Figura 1.90(d).

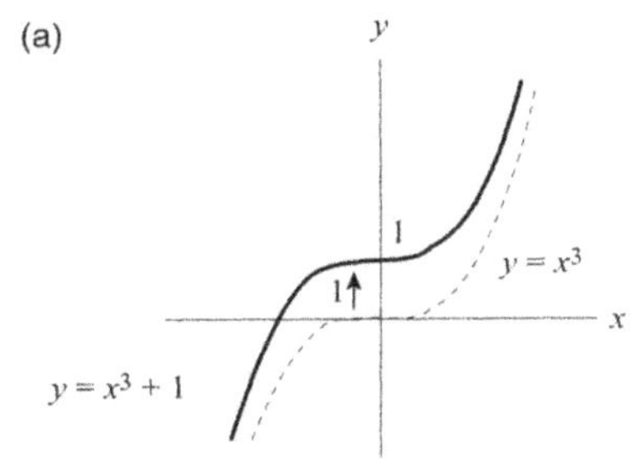

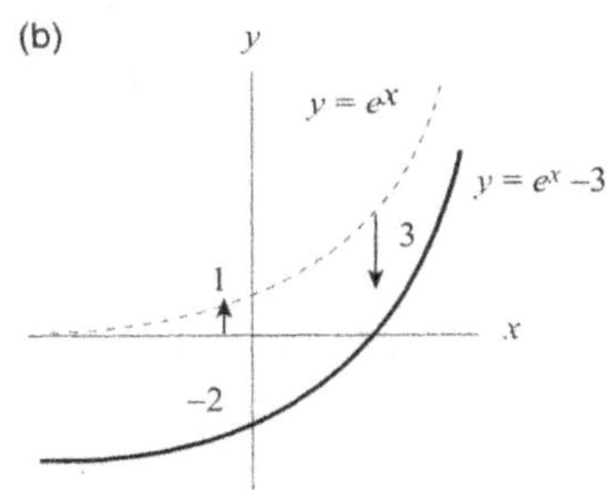

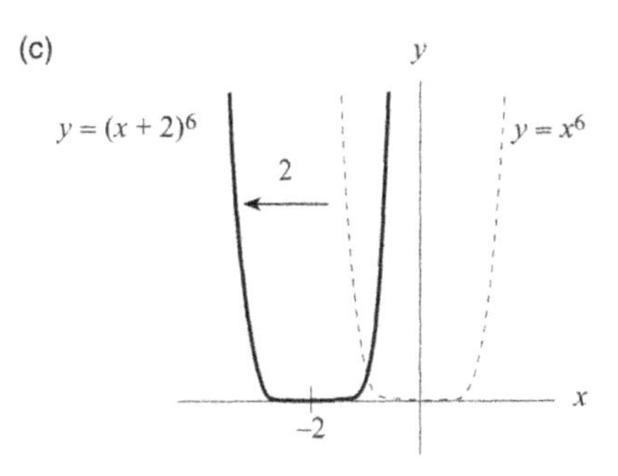

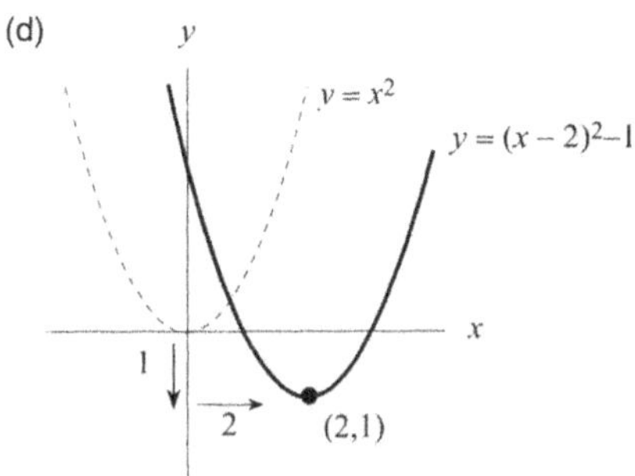

Figura 1.90 — Gráficos (linhas cheias) obtidos deslocando gráficos de funções mais simples (pontilhados), horizontal ou verticalmente

Exemplo 2 (a) Um função de custo, $C(q)$, para uma companhia é mostrada na Figura 1.91. Se aumentar o custo fixo por $1.000, esboce o gráfico da nova função de custo.
(b) Uma curva de oferta, S, para um produto é dada na Figura 1.92. Uma nova fábrica é aberta e produz 100 unidades do produto, não importa a qual preço. Esboce um gráfico da nova curva de oferta.

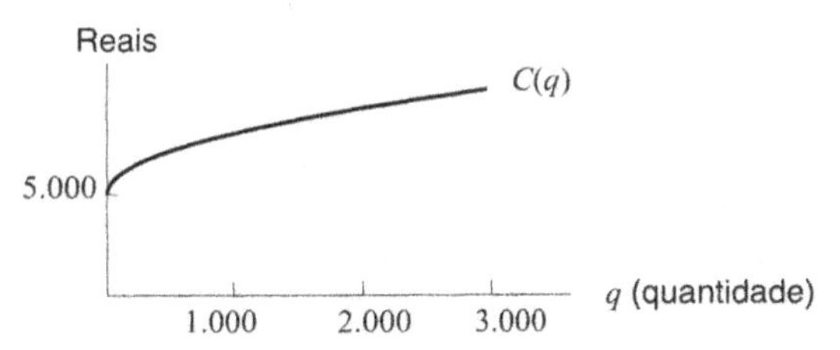

Figura 1.91 — Uma função custo

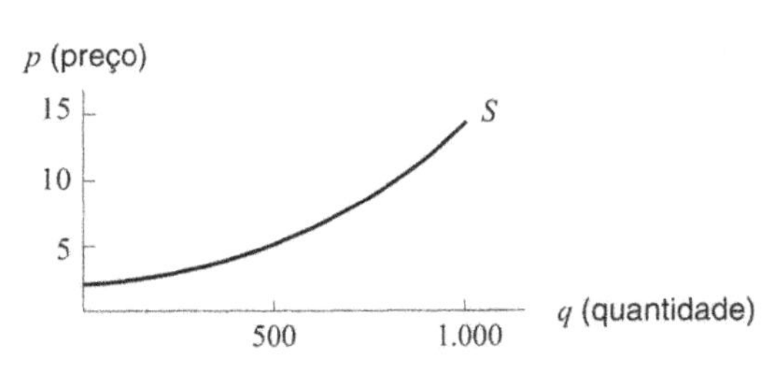

Figura 1.92 — Uma curva de oferta

Solução (a) Para qualquer quantidade dada, o novo custo é $1.000 maior que o antigo. A nova função de custo é $C(q) + 1.000$, cujo gráfico é o gráfico de $C(q)$ deslocado verticalmente para cima de 1.000 unidades. (Veja a Figura 1.93.)
(b) Para ver o efeito da nova fábrica, olhe um

exemplo. A um preço de 10, são produzidas cerca de 800 unidades atualmente. Quando a nova fábrica for aberta, esta quantidade aumentará de 100 unidades, assim a nova quantidade produzida é de 900 unidades. A qualquer preço, a quantidade produzida aumenta de 100, assim a nova curva de suprimento é S deslocada horizontalmente para a direita por 100 unidades. (Ver a Figura 1.94.)

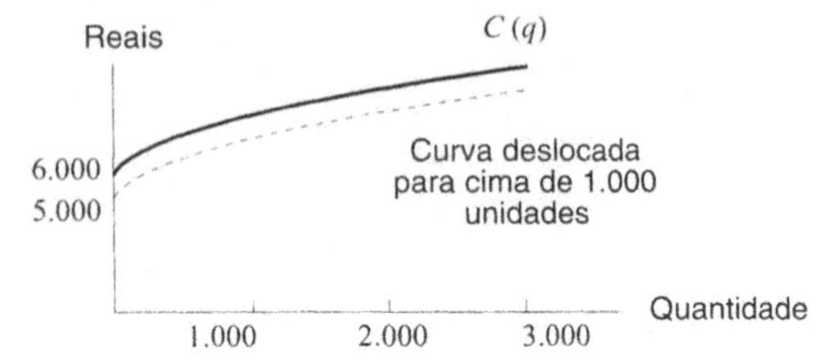

Figura 1.93 — *Uma função de custo (linha original pontilhada)*

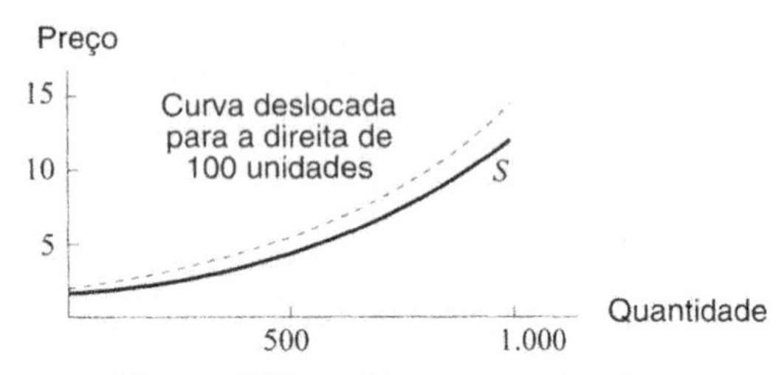

Figura 1.94 — *Uma curva de oferta (curva original pontilhada)*

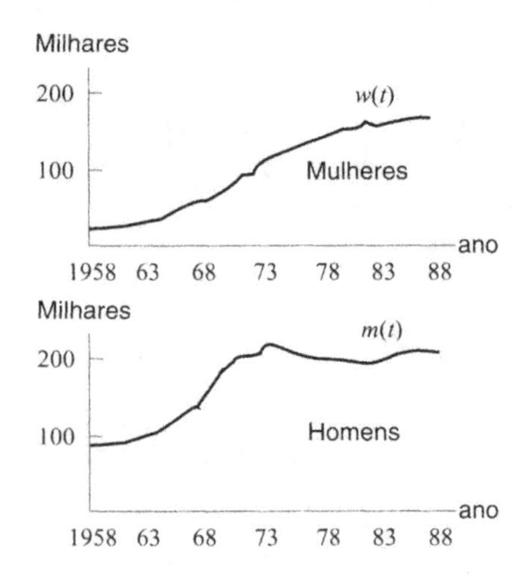

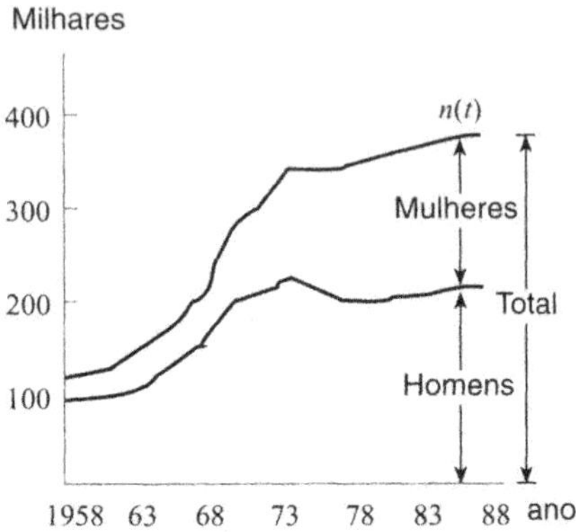

Figura 1.95 — *Números de estudantes americanos graduando-se em ciência e engenharia (1958—1988)*

Somas de funções

O gráfico à direita na Figura 1.95 mostra o número de estudantes americanos graduando-se em ciência e engenharia, com separação de homens e mulheres.[35] A curva de cima representa o total e a inferior o número de homens. Na verdade, é a representação de três funções: o número de homens que se graduam em ciência e engenharia, $m(t)$, o número de mulheres que se graduam em ciência e engenharia, $w(t)$, e o número total de estudantes, n(t), graduando-se em ciência e engenharia, t sendo o ano. Na esquerda, são mostrados separadamente os gráficos para homens e mulheres.

Agora,

Total de estudantes =
= número de homens + número de mulheres

isto é, em notação funcional,

$$n(t) = m(\mathrm{t}) + w(t).$$

A Figura 1.95 mostra o gráfico da função soma que é obtido empilhando os outros gráficos, um sobre o outro.

Funções compostas

Uma função é composta é uma "função de uma função", tal como

$$f(t) = (t+1)^4$$

em que há uma *função de dentro* e uma *função de fora*. Para achar $f(2)$, primeiro temos que somar 1 $(2+1=3)$ e depois elevar a soma à quarta potência $(3^4 = 81)$. Temos

$$f(2) = (2+1)^4 \underset{\substack{\uparrow \\ \text{Primeiro} \\ \text{cálculo}}}{=} 3^4 \underset{\substack{\uparrow \\ \text{Segundo} \\ \text{cálculo}}}{=} 81$$

A função de dentro é $t + 1$ e a de fora é a elevação do argumento à quarta potência. De modo geral, a função de dentro representa o cálculo que é efetuado primeiro e a de fora representa o cálculo feito em segundo lugar.

Exemplo 3 Se $f(t) = t^2$ e $g(t) = t + 2$, ache
(a) $f(t+1)$ (b) $f(t) + 3$
(c) $f(t+h)$ (d) $f(g(t))$
(e) $g(f(t))$

Solução (a) Como $t + 1$ é a função de dentro, $f(t+1) = (t+1)^2$.
(b) Aqui 3 é somado a $f(t)$, assim $f(t) + 3 = t^2 + 3$.
(c) Como $t + h$ é a função de dentro, $f(t+h) = (t+h)^2$.
(d) $f(g(t)) = (t+2)^2$ (e) $g(f(t)) = t^2 + 2$.

Podemos escrever uma função composta usando uma nova variável, u, para representar o valor da função de dentro. Por exemplo.

$y = (t+1)^4$ é o mesmo que $y = u^4$ com $u = t + 1$

Outras expressões para u, tais como $u = (t+1)^2$, com $y = u^2$, são também possíveis.

[35] Dados da National Science Foundation, Washington DC.

Exemplo 4 Use uma nova variável u para a função de dentro para expressar cada uma das seguintes funções como composta:

(a) $y = \ln(3t)$ (b) $w = 5(er + 3)^2$

(c) $P = e^{-0,03t}$

Solução (a) Tomamos a função de dentro como sendo $3t$, assim $y = \ln u$ com $u = 3t$.

(b) Tomamos a função de dentro como sendo $2r + 3$, assim $w = 5u^3$, com $u = 2r + 3$.

(c) Tomamos a função de dentro como sendo $-0,03t$, assim $P = e^u$, com $u = -0,03t$.

Problemas para a seção 1.10

Para cada uma das funções $y = f(x)$ dadas nos Problemas 1–4, esboce os gráficos de

(a) $y = f(x) + 2$ (b) $y = f(x - 1)$

(c) $y = 3f(x)$ (d) $y = -f(x)$

1.
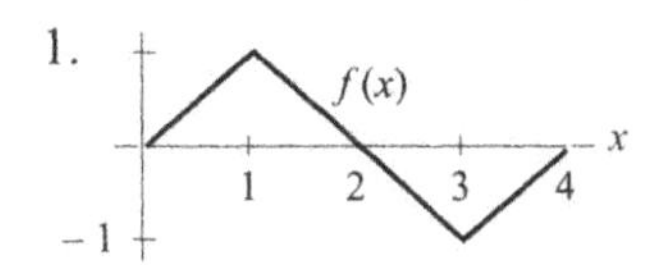

2.
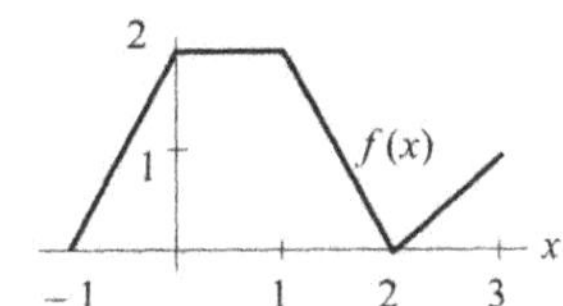

3.
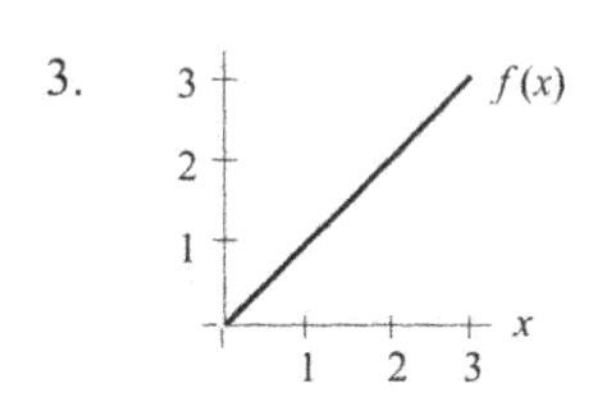

4.
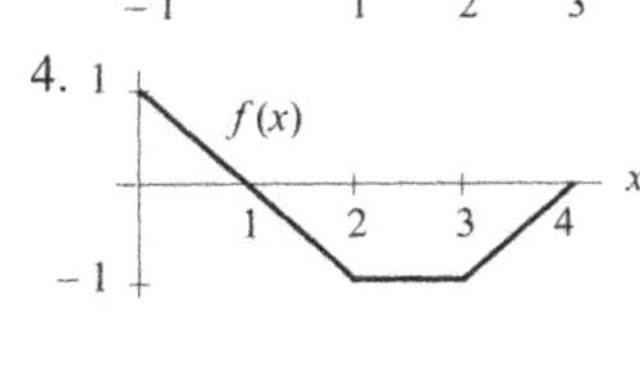

5. (a) Escreva uma equação para o gráfico obtido esticando verticalmente o gráfico de $y = x^2$ por um fator de 2, em seguida deslocando verticalmente para cima de 1 unidade. Esboce o gráfico.

(b) Qual é a equação se for invertida a ordem das transformações (esticar e deslocar) na parte (a)?

(c) os dois gráficos são iguais? Explique o efeito de inverter a ordem das transformações.

6. Faça uma tabela de valores para cada uma das funções seguintes, usando as Tabelas 1.41 e 1.42.

(a) $y = f(x) + 3$ (b) $y = f(x - 2)$

(c) $y = 5g(x)$ (d) $y = -f'(x) + 2$

(e) $y = g(x - 3)$ (f) $y = f(x) + g(x)$

TABELA 1.41

x	0	1	2	3	4	5
$y = f(x)$	10	6	3	4	7	11

TABELA 1.42

x	0	1	2	3	4	5
$y = g(x)$	2	3	5	8	12	15

Para os Problemas 7–12, use o gráfico de $y = f(x)$ na Figura 1.96, para esboçar o gráfico indicado:

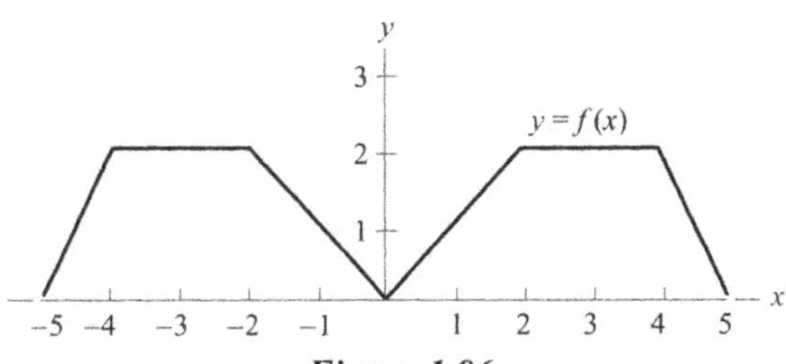

Figura 1.96

7. $y = 2f(x)$ 8. $y = f(x) + 2$

9. $y = -3f(x)$ 10. $y = f(x - 1)$

11. $y = 2 - f(x)$ 12. $y = 2f(x) - 1$

Para os Problemas 13–15, suponha que f e g são dadas pelo gráficos da Figura 1.97

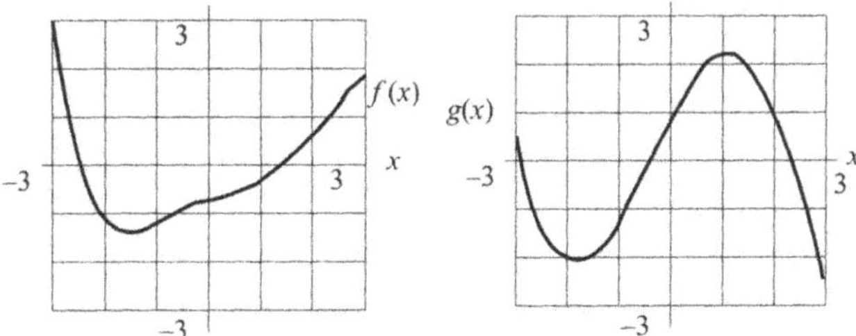

Figura 1.97

13. Avalie $f(g(1))$ 14. Avalie $g(f(2))$

15. Avalie $f(f(1))$

16. (a) Esboce uma possível curva de demanda, com preços no eixo vertical e quantidades no eixo horizontal.

(b) Se um imposto fixo é acrescentado ao preço do produto, a curva de demanda muda. Se o imposto for de \$2, o consumidor paga \$12 quando o preço e \$10. Suponha que a demanda com o imposto, a um preço (pré-imposto) de \$10 é a mesma que a demanda sem imposto ao preço de \$12. Trace a nova curva de demanda, com o imposto, nos mesmos eixos que sua resposta à parte (a). A nova curva de demanda representa um deslocamento vertical, um deslocamento horizontal ou um esticamento da antiga curva de demanda?

17. A função degrau de Heaviside, H, tem seu gráfico dado na Figura 1.98. Esboce gráficos das seguintes funções:

(a) $2H(x)$

(b) $H(x) + 1$

(c) $H(x + 1)$

(d) $-H(x)$

(e) $H(-x)$

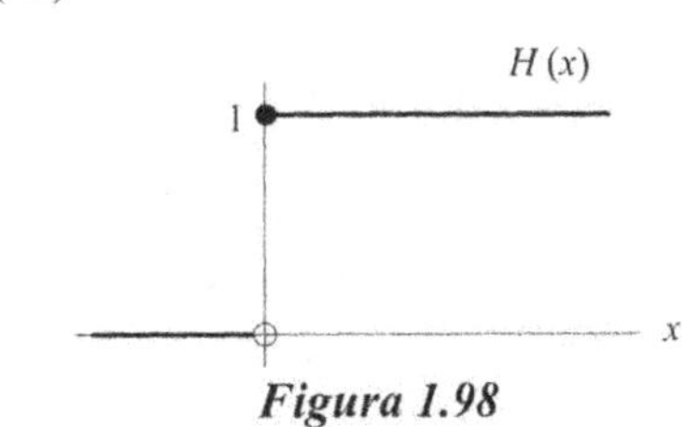

Figura 1.98

18. Use a variável u para a função de dentro para expressar cada uma das seguintes funções como compostas:
   (a) $y = (5t^2 - 2)^6$ (b) $P = 12e^{-0,6t}$
   (c) $C = 12\ \ln(q^3 + 1)$
19. Use a variável u para a função de dentro para expressar cada uma das seguintes como função composta:
   (a) $y = 2^{3x-1}$ (b) $P = \sqrt{5t^2 + 10}$
   (c) $w = 2\ \ln(3r+4)$
20. Sejam $f(x) = 2x^2$ e $g(x) = x + 3$. Ache as seguintes:
   (a) $f(g(x))$ (b) $g(f(x))$
   (c) $f(f(x))$
21. Sejam $f(x) = x^2$ e $g(x) = 3x - 1$. Ache as seguintes:
   (a) $f(2) + g(2)$ (b) $f(2) \cdot g(2)$
   (c) $f(g(2))$ (d) $g(f(2))$
22. Se $h(x) = x^3 + 1$ e $g(x) = \sqrt{x}$, ache
   (a) $g(h(x))$ (b) $h(g(x))$
   (c) $h(h(x))$ (d) $g(x) + 1$
   (e) $g(x + 1)$
23. Se $f(t) = (t + 7)^2$ e $g(t) = 1/(t + 1)$, ache
   (a) $f(g(t))$ (b) $g(f(t))$
   (c) $f(t^2)$ (d) $g(t - 1)$
24. Sejam $f(x) = 2x + 3$ e $g(x) = \ln\ x$. Ache fórmulas para cada uma das funções seguintes:
   (a) $g(f(x))$ (b) $f(g(x))$
   (c) $f(f(x))$
25. Qual é a diferença (se existe alguma) entre $\ln[\ln(x)]$ e $\ln^2(x)$ [$= (\ln x)^2$]?
26. Use deslocamentos de gráficos conhecidos para achar uma possível fórmula para associar a cada um dos gráficos mostrados:

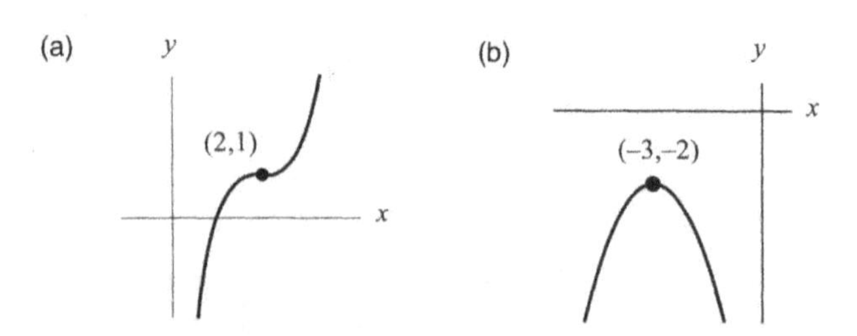

1.11 POLINÔMIOS

Somas, estiramentos e deslocamentos de funções potência produzem polinômios. Algumas das funções mais conhecidas são polinômios:

$$y = p(x) = a_n x^n + a_{n-1}x^{n-1} + \cdots + a_1 x + a_0,$$

onde n é um inteiro positivo, chamado o *grau* do polinômio, e a_n é um número não nulo chamado o *coeficiente principal*. Chamamos $a_n x^n$ *o* termo principal. Se $n = 2$, então o polinômio tem a forma $ax^2 + bx + c$ e é freqüentemente chamado polinômio quadrático. Se $n = 3$, o polinômio tem a forma $ax^3 + bx^2 + cx + d$ e freqüentemente é chamado polinômio cúbico.

Gráfico de polinômios

A forma do gráfico de um polinômio depende de seu grau. Veja a Figura 1.99. O gráfico de um polinômio quadrático é uma parábola. Abre-se (como se vê na Figura 1.99) para cima se o coeficiente principal for positivo e para baixo se o coeficiente principal for negativo. Um polinômio cúbico pode ter a forma do gráfico de $y = x^3$, ou a forma mostrada na Figura 1.99, ou ser reflexão de um destes sobre o eixo-x.

Observe na Figura 1.99 que o gráfico do quadrático "se revira" uma vez, a cúbica duas vezes e a quártica (grau quatro) "se revira" três vezes. Um polinômio de grau n "se revira" no máximo n-1 vezes (n um inteiro positivo), mas pode haver número menor de viradas.

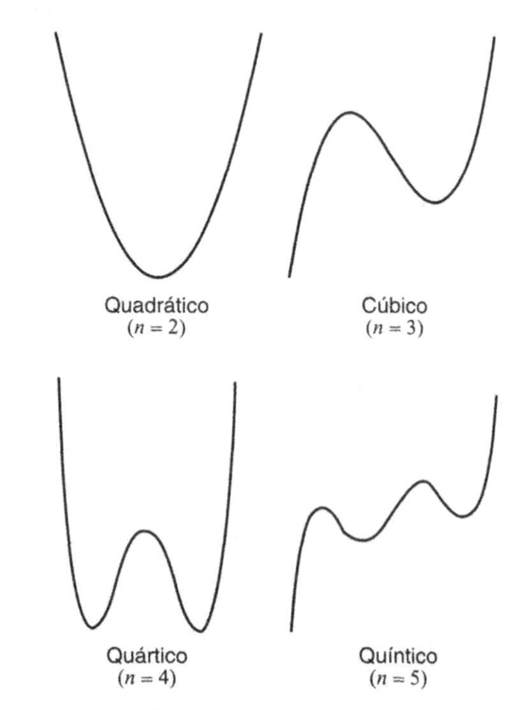

***Figura 1.99** — Gráficos de polinômios típicos de grau* n

Exemplo 1 Use uma calculadora ou computador para esboçar os gráficos de $y = x^4$ e $y = x^4 - 15x^2 - 15x$ para $-4 \leq x \leq 4$ e para $-20 \leq x \leq 20$. Ponha o campo de valores de y a $-100 \leq y \leq 100$ para o primeiro domínio, e a $-100 \leq y \leq 200.000$ para o segundo. O que você observa?

Solução Dos gráficos da Figura 1.100 vemos que, de perto, (para $-4 \leq x \leq 4$) os gráficos parecem diferentes: mas vistos ao longe são quase indistinguíveis. A razão é que o termo principal de cada polinômio (o que contém a maior potência de x) é o mesmo, ou seja, x^4, e para grandes valores de x o termo principal domina os demais.

Olhando numericamente, na Tabela 1.43, as diferenças nos valores das duas funções quando $x = \pm\ 20$, embora grandes, são minúsculas comparadas com a escala vertical (de -100 a 200.000) e por isso não podem ser vistas no gráfico.

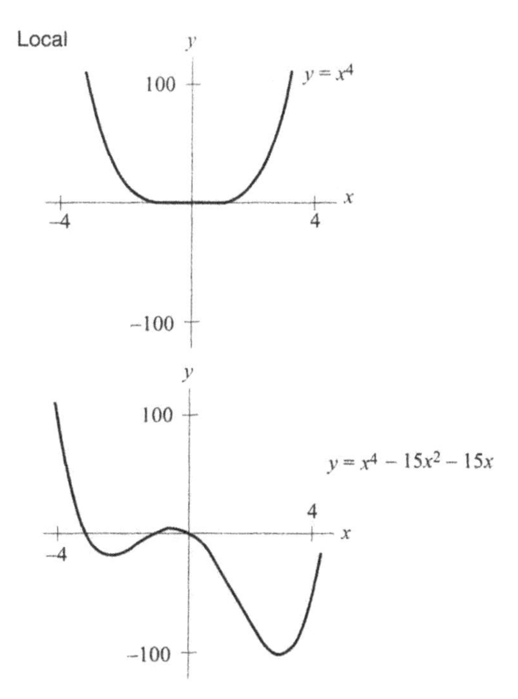

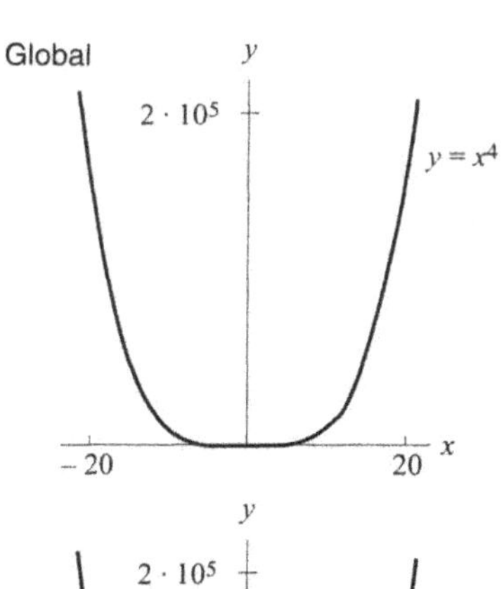

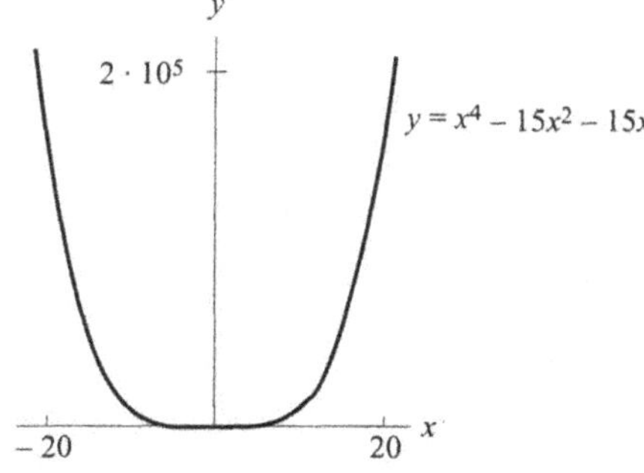

Figura 1.100 — *Vistas locais e globais de* $y = x^4$ *e* $y = x^4 - 15x^2 - 15x$

TABELA 1.43 — *Valores númericos de* $y = x^4$ *e* $y = x^4 - 15x^3 - 15x$

x	$y = x^4$	$y\, x^4 - 15x^2 - 15x$	Diferença
−20	160.000	154.300	5.700
−15	50.625	47.475	3.150
15	50.625	47.025	3.600
20	160.000	153.700	6.300

No Exemplo 1 vimos que, à distância, o polinômio $y = x^4 - 15x^2 - 15x$ se parece com a função potência $y = x^4$. De modo geral

> Se o gráfico de um polinômio de grau n
> $$y = a_n x^n + a_{n-1}x^{n-1} + \cdots + a_1 x + a_0$$
> for olhado numa janela suficientemente grande, ele terá aproximadamente a mesma forma que o gráfico da função potência dada pelo termo principal
> $$y = a_n x^n$$

Exemplo 2 Esboce à mão a forma do gráfico de $f(x) = -4x^3 + 2x^2 - 12$ como aparece numa janela grande. O que acontece ao valor de $f(x)$ quando $x \to \infty$ e $x \to -\infty$?

Solução O termo principal de $f(x)$ é $-4x^3$, portanto numa janela grande, este polinômio tem a forma de $y = -4x^3$, que tem a forma de $y = x^3$ estirando verticalmente e refletido sobre o eixo-x. Ver a Figura 1.101. Quando $x \to \infty$ (para longe à direita), $f(x) \to -\infty$. Quando $x \to -\infty$ (para longe, à esquerda). $f(x) \to +\infty$.

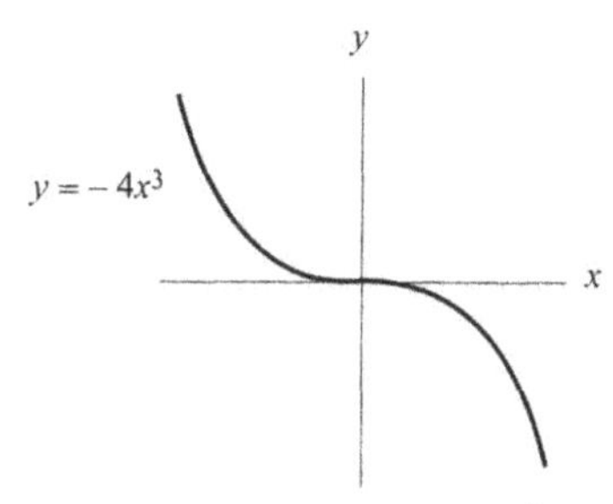

Figura 1.101 — *Um gráfico de* $y = -4x^3$, *que aproxima o gráfico de* $f(x) = -4x^3 + 2x^2 - 12$ *numa janela grande*

Uso de polinômios

Exemplo 3 Uma companhia descobre que o número médio de passageiros para um cruzeiro de jantar é 75 se o preço for de \$50 por pessoa. Ao preço de \$35, o número médio de passageiros é 120.

(a) Suponha que a curva de demanda seja uma reta. Escreva a demanda, q, como função do preço, p.

(b) Use sua resposta à parte (a) para escrever a receita, R, como função do preço, p.

(c) Use o gráfico da função receita para decidir qual preço deveria ser pedido para obter a maior receita.

Solução (a) Dois pontos da reta são $(p, q) = (50, 75)$ e $(p, q) = (35, 120)$. A inclinação da reta é

$$m = \frac{120 - 75}{35 - 50} = \frac{45}{-15} = -3 \text{ passageiros/real}$$

Para achar o intercepto vertical da reta, usamos a inclinação e um dos pontos:

$$75 = b + (-3)(50)$$
$$225 = b$$

A função demanda é $q = 225 - 3p$.

(b) Como $R = pq$ e $q = 225 - 3p$, vemos que $R = p(225 - 3p) = 225p - 3p^2$.

(c) O gráfico da função receita é dado na Figura 1.102. vemos que a receita máxima é obtida aproximadamente quando $p = 37{,}5$. Para maximizar a receita, a companhia deveria cobrar cerca de \$37,50

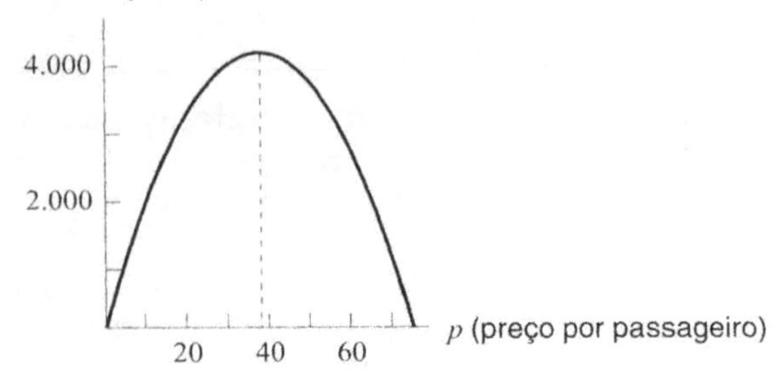

Figura 1.102 — Função receita para companhia de cruzeiro de jantar

Note que o melhor preço que a companhia deve cobrar para ter máximo lucro não pode ser determinado sem informação adicional sobre custos.

Problemas para a Seção 1.11

1. Assuma que cada um dos gráficos na Figura 1.103 é de um polinômio. Para cada gráfico:
   (a) Qual é o menor grau possível do polinômio?
   (b) O *coeficiente principal* é positivo ou negativo? (Você pode assumir que os gráficos estão em janelas suficientemente grandes para mostrar o comportamento global.)

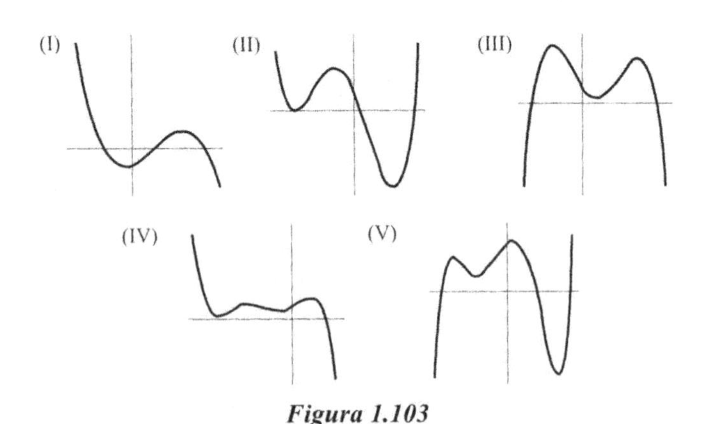

Figura 1.103

Para cada uma das funções $f(x)$ dadas nos Problemas 2–9, responda às questões seguintes:

(a) Qual é o grau do polinômio? O coeficiente principal é positivo ou negativo?

(b) Qual função potência aproxima $f(x)$ para x grande? Sem usar calculadora ou computador, esboce o gráfico da função numa janela grande.

(c) Usando sua resposta à parte (b), explique o que ocorre com $f(x)$ quando $x \to \infty$ e quando $x \to -\infty$

(d) Usando uma calculadora ou computador, esboce um gráfico da função. Quantos pontos de virada tem a função? Como se comparam o número de pontos de virada e o grau do polinômio?

2. $f(x) = x^2 + 10x - 5$
3. $f(x) = 5x^3 - 17x^2 + 9x + 50$
4. $f(x) = 8x - 3x^2$
5. $f(x) = 17 + 8x - 2x^3$
6. $f(x) = -9x^5 + 82x^3 + 12x^2$
7. $f(x) = 0{,}01x^4 + 2{,}3x^2 - 7$
8. $f(x) = 100 + 5x - 12x^2 - 3x^3 - x^4$
9. $f(x) = 0{,}2x^7 + 1{,}5x^4 - 3x^3 + 9x - 15$
10. Use uma calculadora ou computador para fazer o gráfico dos seguintes polinômios cúbicos. Quais gráficos se parecem com o da Figura 1.99, ou reflexão dele? Quais têm a mesma forma geral que o de $y = x^3$, ou uma reflexão deste?
    (a) $y = x^3 - x^2 - 2x + 2$
    (b) $y = x^3 - 3x^2 + 3x + 2$
    (c) $y = -x^3 - x^2 - 2x + 2$
11. Uma companhia de ração para cachorro verifica que seu lucro (em reais) é dado como uma função de p, o preço (por quilo) da ração (em centavos), por
    $$\pi(p) = -p^2 + 130p - 225.$$
    (a) Esboce um gráfico da função lucro.
    (b) Aproximadamente que preço deve ser pedido para maximizar o lucro? Qual o lucro a esse preço?
    (c) Para quais preços a função lucro é positiva?
12. Um atacadista de produtos para esporte verifica que quando o preço de um produto é \$25, a companhia vende 500 unidades por semana. Quando o preço é \$30, o número vendido por semana decresce a 460 unidades.
    (a) Ache a demanda, q, como função do preço, p, assumindo que a curva de demanda é linear.
    (b) Use sua resposta à parte (a) para escrever a receita como função do preço.
    (c) Esboce um gráfico da função receita achada na parte (b). Ache o preço que maximiza o rendimento. Qual é a receita e esse preço?
13. Um clube de saúde particular tem funções de custo e receita dados por $C = 10.000 + 35q$ e $R = pq$, onde q é o número de membros anuais do clube e p é o preço da anuidade. A função de demanda para o clube é $q = 3000 - 20p$.
    (a) Use a função de demanda para escrever custo e receita como funções de p.
    (b) Esboce gráficos de custo e rendimento em função de p, sobre os mesmos eixos. (Para obter uma boa visão dos gráficos, você pode usar o fato que o preço não passa de \$170 e que o custo anual de manter o clube chega a \$120.000.)
    (c) Explique porque o gráfico da função receita tem a forma que tem.

(d) Para quais preços o clube tem lucro?

(e) Avalie a anuidade que maximiza o lucro. Marque esse ponto no seu gráfico.

14. (a) Considere as funções cujos gráficos estão na Figura 1.104 (a). Ache as coordenadas de C.

(b) Considere as funções na Figura 1.104 (b) Ache as coordenadas de C em termos de b.

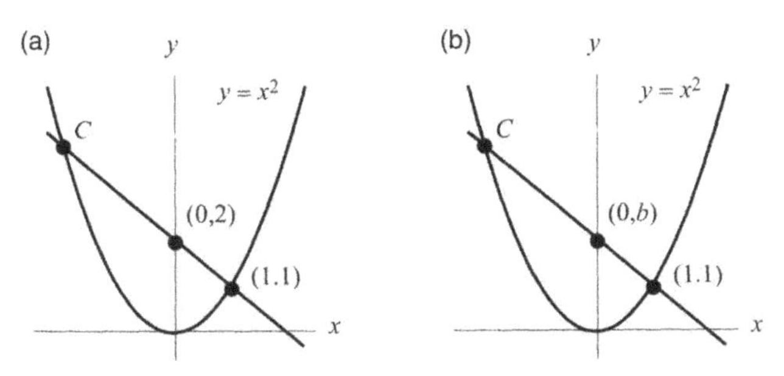

Figura 1.104

15. A taxa, R, à qual cresce uma população num espaço confinado é proporcional ao produto da população corrente, P, pela diferença entre a *capacidade de sustentação*, L, e a população corrente. (A capacidade de sustentação é a população máxima que o ambiente pode sustentar.)

(a) Escreva R como função de P.

(b) Esboce R como função de P.

1.12 FUNÇÕES PERIÓDICAS

O que são funções periódicas

Muitas funções têm gráficos que sobem e descem, como uma onda. A Figura 1.105 mostra o número de começos de construções de casas nos EUA, 1977–1979, onde t é o tempo em trimestres. Observe que poucas casas novas são começadas no primeiro trimestre do ano (janeiro, fevereiro, março) ao passo que muitas têm a construção iniciada no segundo trimestre (abril, maio, junho). Presumivelmente, se continuássemos pelo ano corrente, este esquema de oscilação para cima e para baixo continuaria

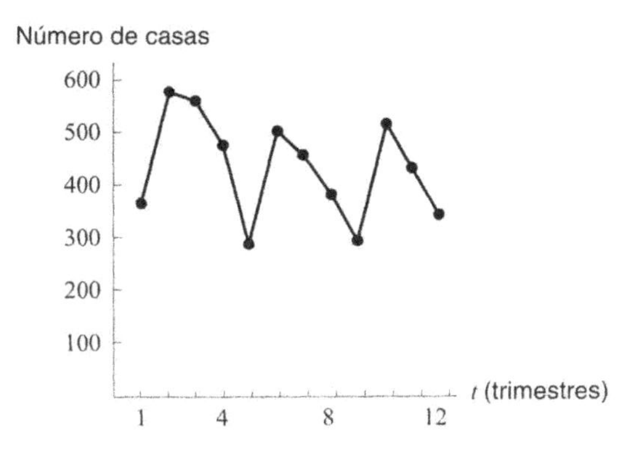

Figura 1.105 — Começos de casas novas, 1977—1979

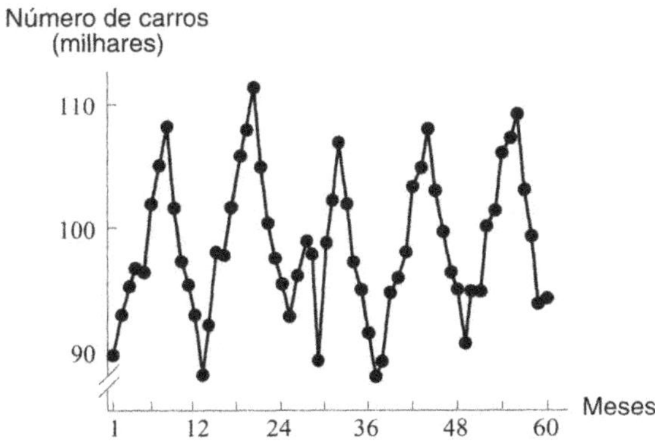

Figura 1.106 — Tráfego na ponte Golden Gate, 1976–1980

Olhemos outro exemplo. A Figura 1.106 é o gráfico do número de carros (em milhares) atravessando a ponte Golden Gate por mês, de 1976 – 1980. Observe que o tráfego está no mínimo em janeiro de cada ano (exceto 1978) e atinge o máximo em agosto de cada ano. Novamente, o gráfico se assemelha a uma onda.

Funções cujos valores se repetem a intervalos regulares são ditas *periódicas*. Muitos processos, tais como o número de começos de casas ou número de carros que atravessam a ponte, são aproximadamente periódicos. O nível da água numa bacia de maré, a pressão do sangue num coração, vendas no varejo e a posição de moléculas de ar transmitindo uma nota musical são também funções periódicas do tempo.

Amplitude e período

Funções periódicas repetem exatamente o mesmo ciclo, para sempre. Se conhecermos um ciclo do gráfico, conheceremos o gráfico todo.

Para toda função periódica do tempo:

- A **amplitude** é metade da diferença entre seus valores máximo e mínimo.
- O **período** é o tempo para que a função execute um ciclo completo

Exemplo 1 Avalie a amplitude e o período da função que dá os inícios de construções de novas casas, mostradas na Figura 1.105.

Solução A Figura 1.105 não é exatamente periódica, pois o máximo e o mínimo não são os mesmos para cada ciclo. No entanto, o mínimo é cerca de 300, e o máximo cerca de 550. A diferença é 250, portanto a amplitude é cerca de $^1/_2$ (250) = 125. A onda completa um ciclo entre $t = 1$ e $t = 5$, de modo que o período é $t = 4$ trimestres, ou um ano. O ciclo de negócios para construção de casas novas é de um ano.

Exemplo 2 A Figura 1.107 mostra a temperatura num congelador que não é aberto. Avalie a temperatura no congelador às 12h30 e às 2h45,

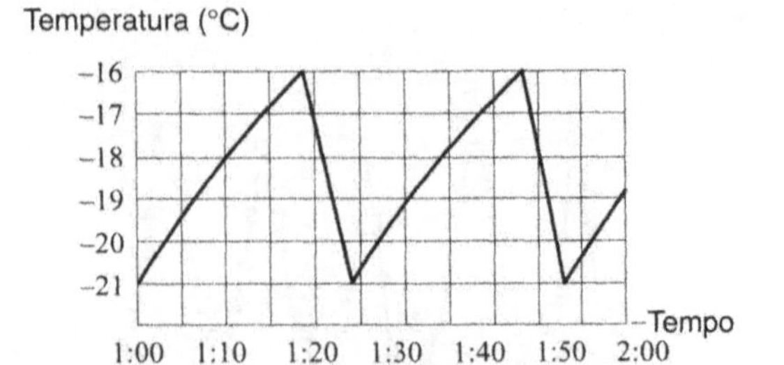

***Figura 1.107** — Temperatura oscilante de congelador. Avalie a temperatura às 12:30 e às 2:45*

Solução Os valores máximo e mínimo ocorrem cada um a cada 25 minutos, de modo que o período é de 25 minutos. A temperatura às 12:30 deveria ser a mesma que às 12:55 e às 1:20, ou seja, −16°C. Analogamente, a temperatura às 2,45 deve ser a mesma que às 2:20 e 1:55, ou seja, cerca de − 19,5°C.

Seno e cosseno

Muitas funções periódicas são representadas usando as funções seno e cosseno. Você achará botões para seno e cosseno na sua calculadora, em geral assinalados como **sen** e **cos**.

Aviso: Sua calculadora pode estar ou no modo "grau" ou "radiano". Para este livro, sempre use o "radiano".

Gráficos do seno e cosseno

Os gráficos das funções seno e cosseno são periódicos: ver as Figuras 1.108 e 1.109. Observe que o gráfico da função cosseno é o gráfico da função seno, deslocado de $\pi/2$ para a esquerda. Vamos dar atenção primariamente à função seno.

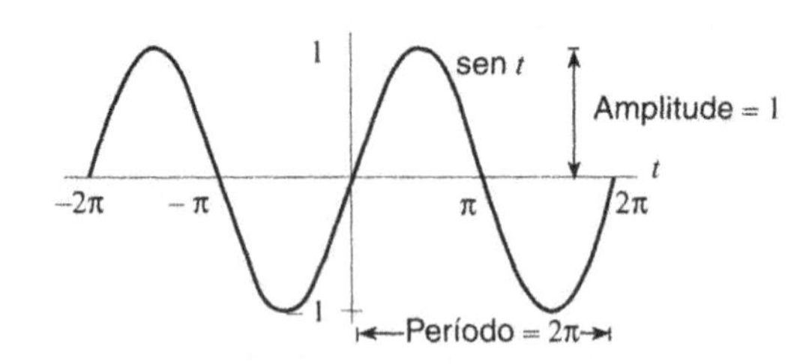

***Figura 1.108** — Gráfico de sen* t

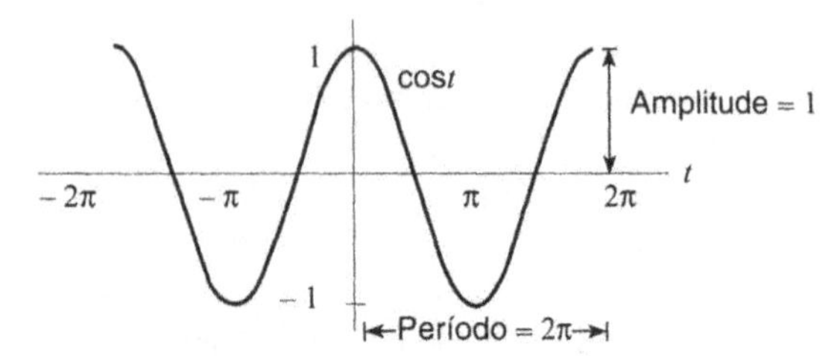

***Figura 1.109** — Gráfico de cos* t

Os valores máximo e mínimo de sen t são + 1 e −1, assim sua amplitude é 1. O gráfico de y = sen t percorre um ciclo completo entre $t = 0$ e $t = 2\pi$: todo o resto de gráfico é só uma repetição desta porção. O período da função seno é 2π.

Exemplo 3 Esboce um gráfico de y = 3 sen $2t$ e use-o para determinar a amplitude e o período.

Solução Na Figura 1.110, as ondas têm um máximo de + 3 e um mínimo de −3, assim a amplitude é 3. O gráfico completa um ciclo entre $t = 0$ e $t = \pi$, de modo que o período é π.

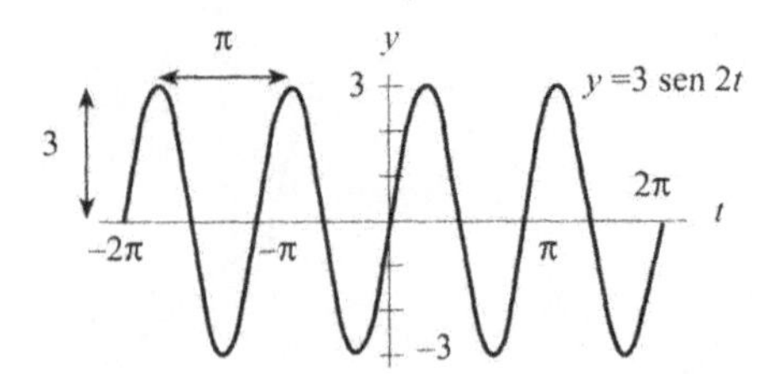

***Figura 1.110** — A amplitude é 3 e o período é π*

Exemplo 4 Use deslocamentos e estiramentos para explicar como os gráficos das funções seguintes diferem do gráfico de y = sen t.

(a) y = 6 sen t

(b) y = 5 + sen t

(c) $y = \text{sen}(t + \pi/2)$

Solução (a) O gráfico de y = 6 sen t está na Figura 1.111. Os valores máximo e mínimo são + 6 e − 6, assim a amplitude é 6. Trata-se do gráfico de y = sen t, estirado verticalmente por 6 unidades.

(b) O gráfico de y = 5 + sen t é mostrado na Figura 1.112. Os valores máximo e mínimo desta função são 6 e 4, assim a amplitude é $(6 - 4)/2 = 1$. A amplitude (ou tamanho) da onde é a mesma que para y = sen t, pois este gráfico é o de y = sen t, deslocado para cima de 5 unidades.

(c) O gráfico de $y = \text{sen}(t + \pi/2)$ é mostrado na Figura 1.113. Tem a mesma amplitude (1) e período (2π) que o gráfico de y = sen t. É o gráfico de y = sen t deslocado de $\pi/2$ unidades para a esquerda. (Na verdade, é o gráfico de y = cos t.)

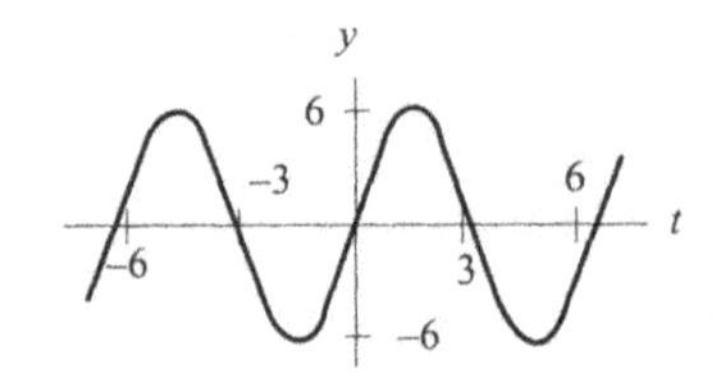

***Figura 1.111** — Gráfico de* y = 6 sen t

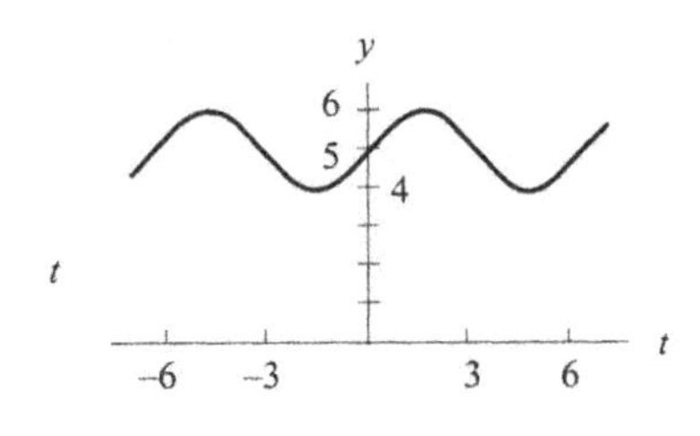

***Figura 1.112** — Gráfico de* y = 5 + sen t

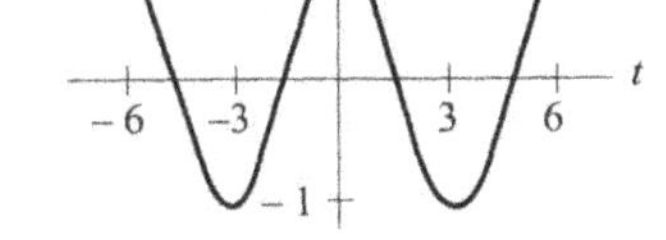

Figura 1.113 — *Gráfico de* y = sen (t + $^{\pi}/_{2}$)

Famílias de curvas: O gráfico de $y = A$ sen Bt

As constantes A e B na expressão $y = A$ sen Bt chamam-se *parâmetros*. Podemos estudar famílias de curvas variando um dos parâmetros de cada vez e estudar o resultado.

Exemplo 5 (a) Faça o gráfico de $y = A$ sen t para diferentes valores de A. Descreva o efeito de A sobre o gráfico.

(b) Faça o gráfico de $y =$ sen Bt para diferentes valores de B. Descreva o efeito de B sobre o gráfico.

Solução (a) Gráficos de $y = A$ sen t para $A = 1, 2, 3$ são mostrados na Figura 1.114. Para A positivo, vemos que A é a amplitude.

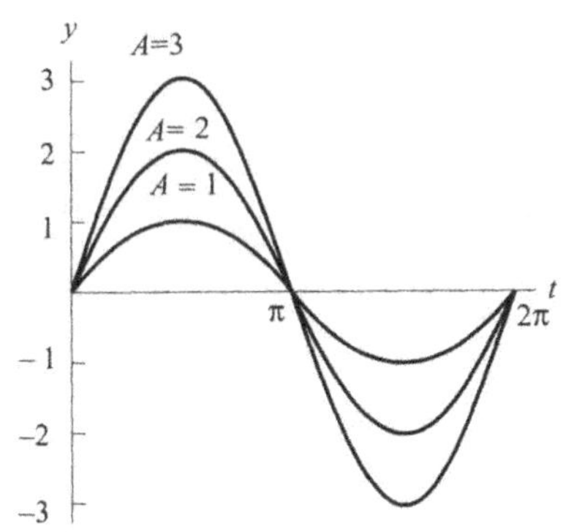

Figura 1.114 — *Gráficos de* y = A sen t, *com* A = 1, 2, 3

(b) Os gráficos de $y =$ sen Bt para $B = {}^{1}/_{2}$, $B = 2$ são mostrados na Figura 1.115. Quando $B = 1$, o período é 2π; quando $B = 2$, o período é π, quando $B = {}^{1}/_{2}$, o período é 4π. O parâmetro B afeta o período da função. Os gráficos sugerem que quanto maior for B, "mais depressa" a onda se repete e mais curto é o período.

No Exemplo 5, a amplitude de $y = A$ sen Bt foi determinada pelo parâmetro A e o período foi determinado pelo parâmetro B. Para achar o período observe que a função seno começa a se repetir quando o argumento é 2π; isto é, quando $Bt = 2\pi$, e então $t = 2\pi/B$. Temos

> As funções $y = A$ sen$(Bt) + C$ e $y = A \cos(Bt) + C$ são periódicas com
>
> $$\text{Amplitude} = |A|, \quad \text{Período} = \frac{2\pi}{|B|},$$
> $$\text{Deslocamento vertical} = C$$

Exemplo 6 A 10 de fevereiro de 1990, a maré alta em Boston foi à meia noite. A altura de água no porto é uma

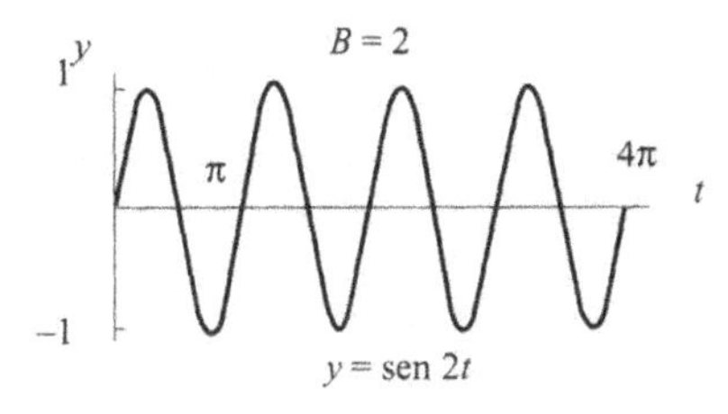

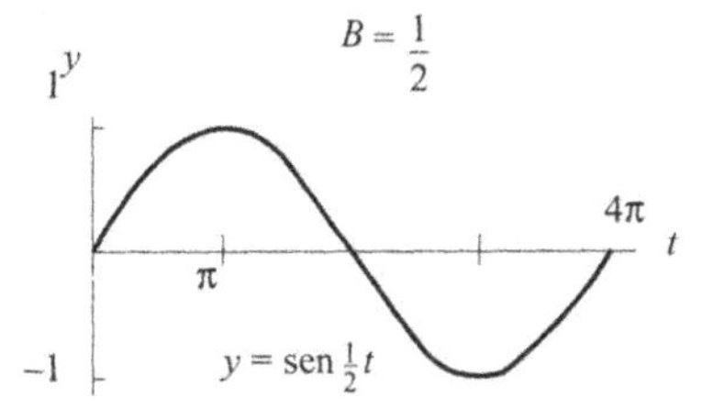

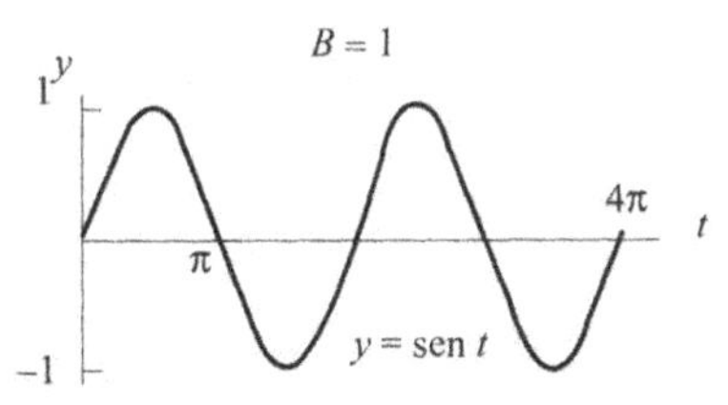

Figura 1.115 — *Gráficos de* y = sen Bt, *com* B = $^{1}/_{2}$, 1, 2

função periódica, pois oscila regularmente entre maré alta e baixa. A altura (em pés) é aproximada pela fórmula

$$y = 5 + 4{,}9 \cos\left(\frac{\pi}{6} t\right),$$

onde t é o tempo em horas desde a meia noite de 10 de fevereiro, 1990.

(a) Esboce um gráfico desta função em 10 de fevereiro de 1990 (de $t = 0$ a $t = 24$).

(b) Qual era a altura da água à maré alta?

(c) Quando foi a maré baixa e qual era a altura a água nesse momento?

(d) Qual é o período desta função e o que ele representa em termos das marés?

(e) Qual é a amplitude desta função e o que ela representa em termos das marés?

Solução (a) Veja a Figura 1.116, (ver intercepto-y no gráfico).

(b) O nível da água na maré alta era de 9,9 pés

(c) A maré baixa ocorre a $t = 6$ e $t = 18$. O nível da água a esta hora é de 0,1 pés

(d) O período é de 12 horas e representa o intervalo entre marés altas sucessivas ou marés baixas sucessivas. Naturalmente, há algo de errado com a hipótese no modelo de que o período é de 12 horas. Se fosse, a maré alta seria sempre ao meio dia ou meia noite, em vez de avançar lentamente pelo dia, como de fato acontece. O intervalo entre marés altas consecutivas, na verdade, em média é de cerca de 12 horas e 24 minutos, o que poderia ser levado em conta num modelo matemático mais preciso.

(e) O máximo é 9,9 e o mínimo 0,1, assim a amplitude é (9,9 – 0,1)/2 o que dá 4,9 pés. Isto representa metade da diferença entre as profundidades à maré alta e à maré baixa.

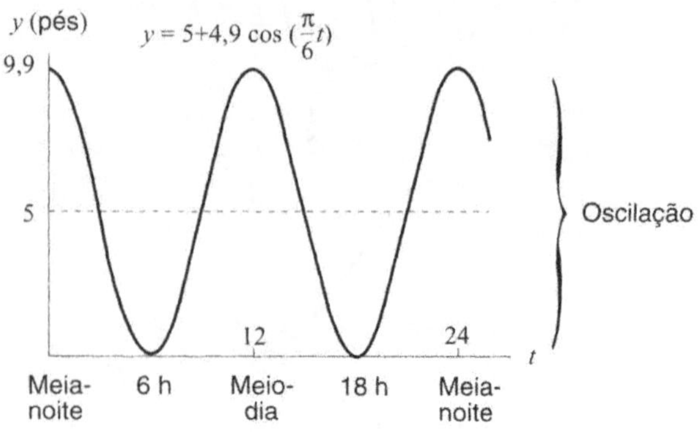

Figura 1.116 — Gráfico da função que aproxima a profundidade da água em Boston, em 10 de fevereiro de 1990

Problemas para a Seção 1.12

1. Esboce um possível gráfico de vendas de toldos solares no nordeste dos EUA, num período de 3 anos, como função dos meses a partir de 1º de janeiro do primeiro ano. Explique porque seu gráfico deve ser periódico. Qual é o período?

2. A Figura 1.117 mostra os níveis dos hormônios estrógeno e progesterona durante os ciclos mensais ovarianos.[36] O nível de ambos os hormônios é periódico? Qual o período em cada caso? Aproximadamente, quando num ciclo mensal a progesterona está no pico?

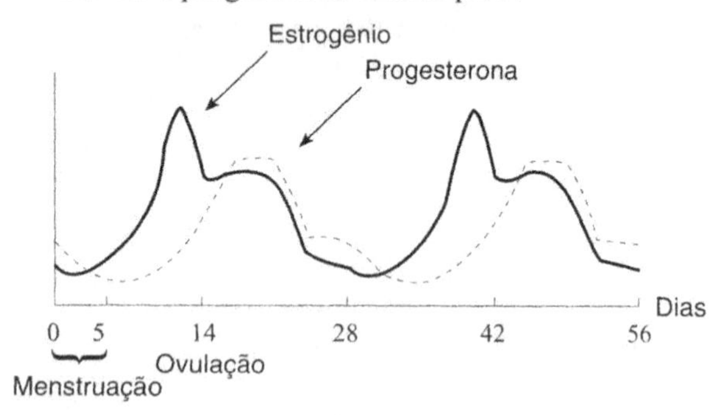

Figura 1.117

3. A Figura 1.118 mostra o número de casos de caxumba relatados[37] por mês, nos EUA, para 1972-73.
   (a) Ache o período e amplitude desta função, e interprete cada um em termos de caxumba.
   (b) Prediga o número de casos de caxumba 30 meses e 45 meses depois de 1º de janeiro de 1972. Explique seu raciocínio.

4. Dê a amplitude e período da função $y = \cos t$.

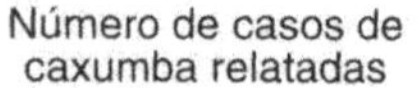

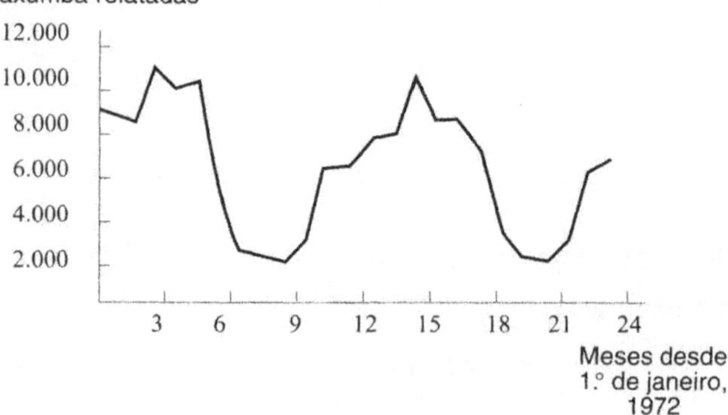

Figura 1.118

Para os Problemas 5–10, esboce os gráficos das funções. Quais são suas amplitudes e períodos?

5. $y = 3 \operatorname{sen} x$
6. $y = 3 \operatorname{sen} 2x$
7. $y = -3 \operatorname{sen} 2\theta$
8. $y = 4 \cos 2x$
9. $y = 4 \cos (^1/_2\, t)$
10. $y = 5 - \operatorname{sen} 2t$

Para os Problemas 11–19, ache uma possível fórmula para cada gráfico.

11.

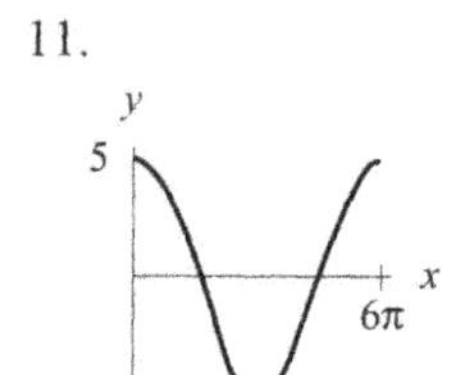

12.

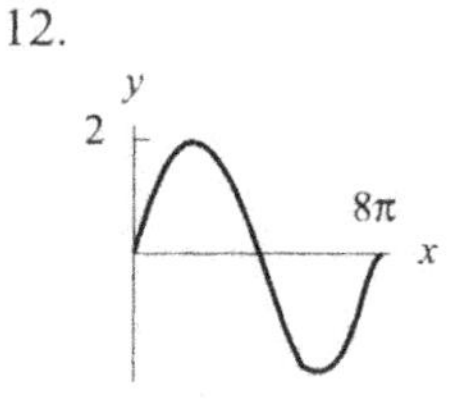

13.

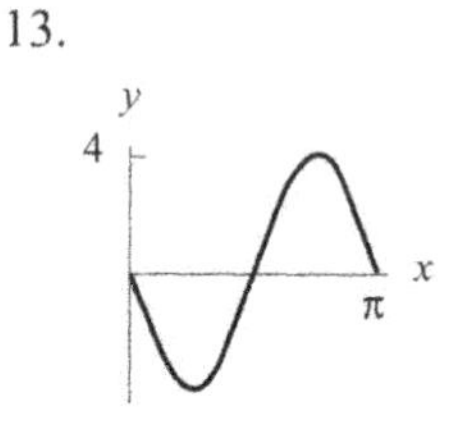

14.

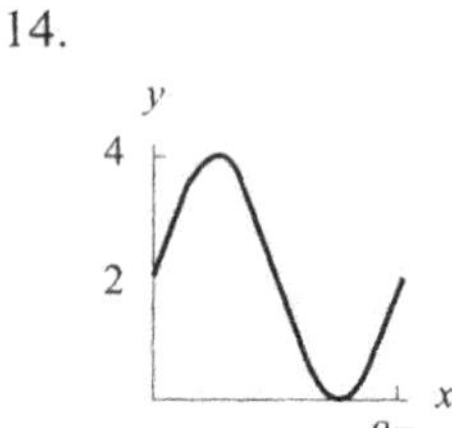

15.

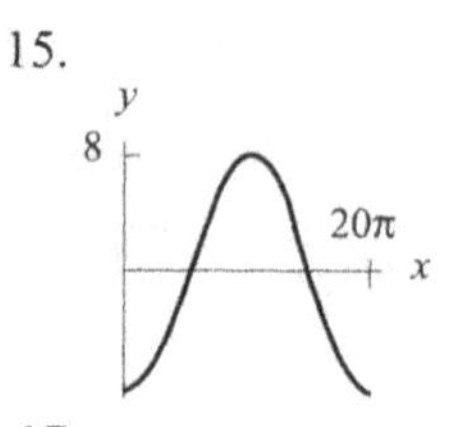

16.

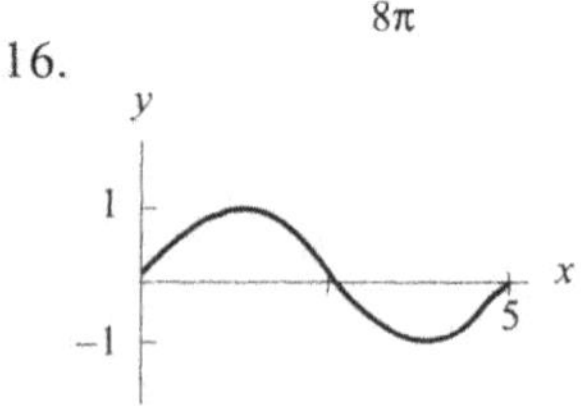

17.

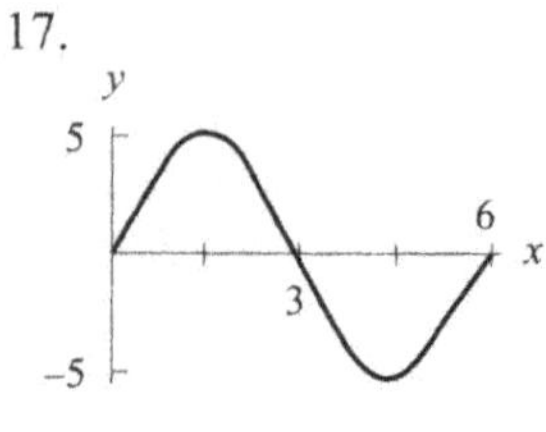

18.

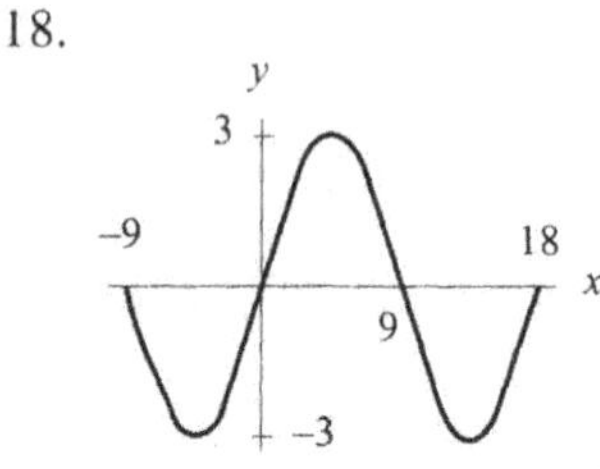

19.

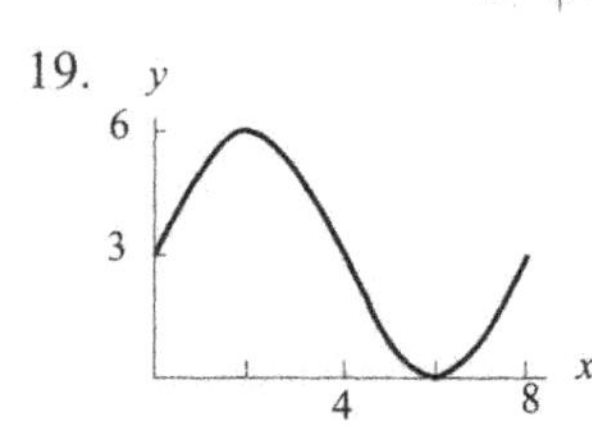

[36] Robert M. Julien, *A Primer of Drug Action*, Sétima edição, p. 360. (W.H.Freeman and Co., New York: 1995).
[37] Center for Disease Control, 1974, *Reported Morbidity and Mortality in the United States 1973*, Vol. 22, No. 53.

20. Use a solução do Exemplo 6 na página 59 para avaliar o nível da água no porto de Boston às 3 horas da manhã, 4 horas da manhã e 17 horas, a 10 de fevereiro de 1990.

21. Uma população de animais varia periodicamente entre um mínimo de 700 em 1º de janeiro e um máximo de 900 em 1º de julho. Faça o gráfico da população contra o tempo.

22. Use uma calculadora gráfica ou computador para achar o período de $y = 2 \text{ sen } 3t + 3 \cos t$.

23. Sejam $f(x) = 5 \text{ sen } x$ e $g(x) = 2x + 1$. Ache as seguintes:

(a) $f(g(x))$ (b) $g(f(x))$ (c) $g(g(x))$

24. Valores de uma função são dados na Tabela 1.44. Explique porque esta função parece ser periódica. Aproximadamente, quais são período e amplitude para a função? Supondo que a função seja periódica, avalie seu valor em $t = 15$, $t = 75$ e $t = 135$.

TABELA 1.44

t	20	25	30	35	40	45	50	55	60
$f(t)$	1,8	1,4	1,7	2,3	2,0	1,8	1,4	1,7	2,3

25. A tabela seguinte mostra os valores de um função periódica $f(x)$. O valor máximo atingido pela função é 5.

(a) Qual é a amplitude desta função?

(b) Qual é seu período?

(c) Ache uma fórmula para essa função periódica.

x	0	2	4	6	8	10	12
$f(x)$	5	0	–5	0	5	0	–5

26. Uma pessoa inspira e expira a cada três segundos. O volume de ar nos pulmões da pessoa varia entre um mínimo de 2 litros e um máximo de 4 litros. Qual das seguintes é a melhor fórmula para o volume de ar, nos pulmões da pessoa, como função do tempo?

(a) $y = 2 + 2 \text{ sen}\left(\frac{\pi}{3}t\right)$ (b) $y = 3 + \text{sen}\left(\frac{2\pi}{3}t\right)$

(c) $y = 2 + 2 \text{ sen}\left(\frac{2\pi}{3}t\right)$ (d) $y = 3 + \text{sen}\left(\frac{\pi}{3}t\right)$

27. A Baía de Fundy no Canadá tem a reputação de ter as maiores marés no mundo. A diferença entre os níveis da maré alta e da baixa é de 15 metros. Suponha que, em um ponto particular da Baia de Fundy, a profundidade da água, y metros, seja dada com função do tempo, t, em horas desde a meia-noite de 1º de janeiro 1997, por

$$y = D + A \cos(B(t - C)).$$

(a) Qual é o significado físico de D?

(b) Qual é o valor de A?

(c) Qual é o valor de B? Suponha que o período entre duas altas consecutivas é de 12,4 horas.

(d) Qual é o significado físico de C?

28. (a) Associe as funções f, g, h, k cujos valores estão na tabela, com as funções com fórmulas:

(i) $\omega = 1,5 + \text{sen } t$ (ii) $\omega = 0,5 + \text{sen } t$

(iii) $\omega = -0,5 + \text{sen } t$ (iv) $\omega = -1,5 + \text{sen } t$.

t	$\omega = f(t)$	t	$\omega = g(t)$
6,0	–0,78	3,0	1,64
6,5	–0,28	3,5	1,15
7,0	0,16	4,0	0,74
7,5	0,44	4,5	0,52
8,0	0,49	5,0	0,54

t	$\omega = h(t)$	t	$\omega = k(t)$
5,0	–2,46	3,0	0,64
5,1	–2,43	3,5	0,15
5,2	–2,38	4,0	–0,26
5,3	–2,33	4,5	–0,48
5,4	–2,27	5,0	–0,46

(b) Com base na tabela, qual é a relação entre os valores de $g(t)$ e $k(t)$? Explique essa relação usando as fórmulas que você escolheu para g e k.

(c) Usando as fórmulas que você escolheu para g e h, explique porque todos os valores de g são positivos, ao passo que todos os valores de h são negativos.

29. A Figura 1.119 mostra gráficos de produção trimestral de cerveja (em milhões de barris) durante o período de 1990 a 1993. O trimestre 1 dá a produção nos três primeiros meses do ano, etc. (tudo num país do hemisfério norte)

(a) Explique porque se deve usar uma função periódica para modelar estes dados.

(b) Quando, aproximadamente, ocorre o máximo? O mínimo? Por que isto faz sentido?

(c) Qual o período para estes dados? Qual a amplitude?

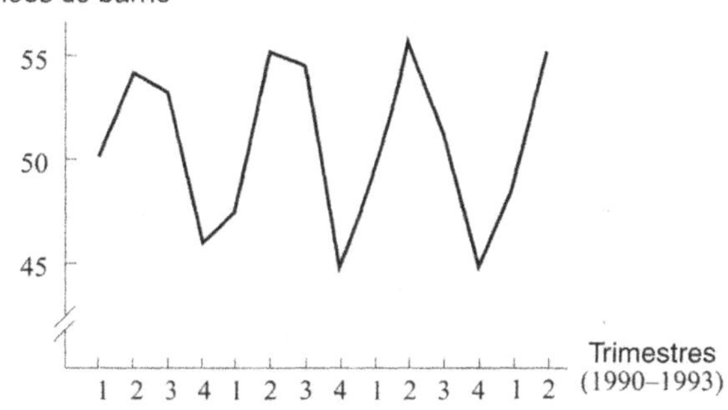

Figura 1.119

30. Durante o verão de 1988, um dos mais quentes registrados no meio-oeste, um estudante de pós graduação em ciência ambiental estudou as flutuações de temperatura de um rio. A Figura 1.120 mostra o gráfico da temperatura do rio (em °C) tomadas de hora em hora, 0 sendo a meia noite do primeiro dia.

(a) Explique porque se deve usar uma função periódica para modelar estes dados.

(b) Aproximadamente quando ocorre o máximo? O mínimo? Por que isto faz sentido?

(c) Qual é o período para estes dados? Qual a amplitude?

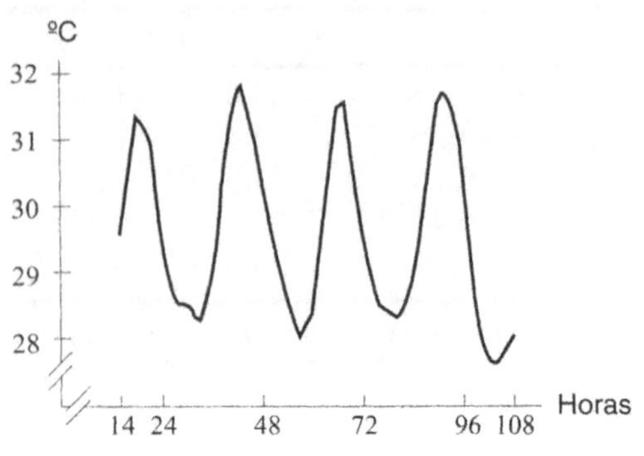

Figura 1.120

SUMÁRIO DO CAPÍTULO

- **Variação e taxa média de variação**
- **Terminologia de funções**

  Domínio/campo de valores, crescente/decrescente, concavidade, zeros (raízes), interceptos, comportamento final.
- **Funções lineares**

  Inclinação, intercepto-y. Crescimento por quantidades iguais em tempos iguais.
- **Aplicações à economia**

  Custos, funções receita e lucro. Curvas de oferta e demanda, ponto de equilíbrio. Função de depreciação. Vínculo de orçamento.
- **Funções potência e proporcionalidade**
- **Função exponencial**

  Crescimento e decaimento exponencial, taxa de crescimento, e, taxa de crescimento contínuo, tempo de duplicação, meia-vida. Crescimento por porcentagens iguais em tempo iguais.
- **A função logaritmo natural**
- **Novas funções a partir de velhas**

  Composição de funções, deslocamento, estiramento, encolhimento,
- **Polinômios**
- **Funções periódicas**

  Seno, cosseno, amplitude, período

Problemas de revisão para o Capítulo Um

1. Suponha que $q = f(p)$ é a curva de demanda para um produto, onde p é o preço de venda e q a quantidade vendida a esse preço.

(a) O que a afirmação $f(12) = 60$ lhe diz sobre a demanda para esse produto?

(b) Você espera que a função seja crescente ou decrescente? Por quê?

2. Um carro parte devagar, depois vai cada vez mais depressa até que estoura um pneu. Esboce um possível gráfico da distância percorrida pelo carro como função do tempo.

3. Tendo saído de casa com pressa, tinha percorrido só uma pequena distância quando percebi que não tinha desligado a máquina de lavar, então voltei para fazer isso. Tornei a partir imediatamente. Esboce minha distância de casa como função do tempo.

4. O gráfico na Figura 1.121 mostra como o uso de gás doméstico, p.ex., para cozinhar, varia com a hora do dia em Ankara, capital da Turquia. Dê uma possível explicação para a forma do gráfico.

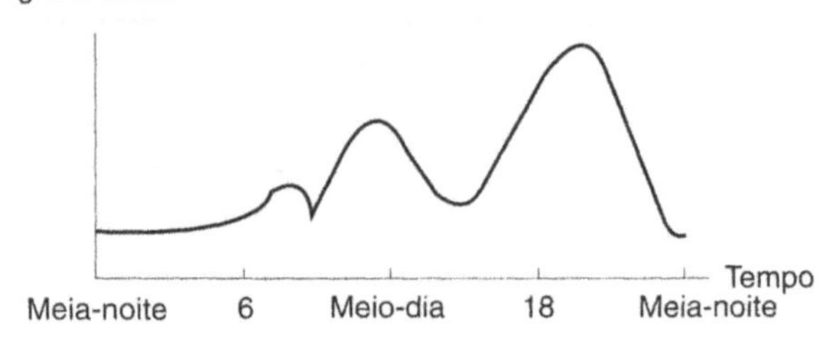

Figura 1.121

5. Uma função contínua satisfaz à condição $\lim_{x\to\infty} f(x) = 3$.

(a) Explique em palavras o que isto significa.

(b) Esboce o gráfico de uma função $f(x)$ que satisfaça a esta condição e tal que $f(x)$ seja

(i) Crescente	(ii) Decrescente
(iii) Côncava para cima	(iv) Oscilante

6. Uma função continua satisfaz à condição $\lim_{x\to-\infty} g(x) = 3$.

(a) Explique em palavras o que isto significa.

(b) Esboce o gráfico de uma função $g(x)$ satisfazendo a esta condição e tal que $g(x)$ seja

(i) Crescente	(ii) Decrescente
(iii) Côncava para cima	(iv) Oscilante

7. Esboce um possível gráfico para uma função sempre decrescente, côncava para cima para x negativo e côncava para baixo para x positivo.

8. Considere o gráfico na Figura 1.122

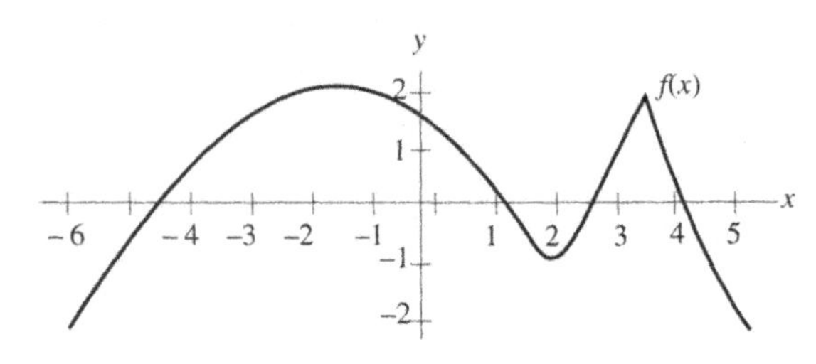

Figura 1.122

(a) Quantos zeros tem essa função? Aproximadamente, onde estão eles?

(b) Dê valores aproximados para $f(2)$ e $f(4)$.

(c) A função é crescente ou decrescente perto de $x = -1$? E perto de $x = 3$?

(d) O gráfico é côncavo para cima ou para baixo perto de $x = 2$? E perto de $x = -4$?

(e) Liste todos os intervalos(aproximadamente) em que a função é crescente.

9. A Tabela 1.45 dá a temperatura média em Washington, Connecticut, para os dez primeiros dias de março.

(a) Sobre quais intervalos a temperatura média foi crescente? Decrescente?

(b) Ache um par de intervalos consecutivos sobre os quais a temperatura média era crescente a uma taxa decrescente. Ache outro par de intervalos consecutivos sobre os quais a temperatura média era crescente a uma taxa crescente.

TABELA 1.45

Data em março	1	2	3	4	5	6	7	8	9	10
Temperatura média (°F)	42°	42°	34°	25°	22°	34°	38°	40°	49°	49°

10. Para fins de impostos, você poder ter que relatar o valor de seus bens, tais como carros ou geladeiras. O valor que você comunica deprecia, ou cai, com o tempo. A idéia é que um carro pelo qual originalmente você pagou \$10.000 pode valer só \$5.000 alguns anos depois. O meio mais simples de calcular o valor de seu bem é usando "depreciação em linha reta", que supõe que o valor seja uma função linear do tempo. Se uma geladeira de \$950 se deprecia completamente em sete anos, ache uma fórmula para seu valor como função do tempo.

11. Um aeroplano usa uma quantidade fixa de combustível para a partida, uma quantidade fixa (diferente) para a aterrissagem, e uma terceira quantidade fixa por quilômetro quando está no ar. Como a quantidade total de combustível necessária depende do comprimento da viagem? Escreva uma fórmula para a função envolvida. Explique o significado das constantes em sua fórmula.

12. Um cinema tem custos fixos de \$5.000 por dia, e custos variáveis de, em média, \$2 por freqüentador. O cinema cobra \$7 por bilhete.

(a) De quantos freqüentadores necessita o cinema para ter lucro?

(b) Ache as funções de custo e rendimento e faça seus gráficos sobre os mesmos eixos. Marque o ponto crítico sobre o gráfico.

13. Valores das funções $F(t)$, $G(t)$ e $H(t)$ estão listados na tabela seguinte. Determine qual é côncava para cima, qual é côncava para baixo e qual é linear.

t	$F(t)$	$G(t)$	$H(t)$
10	15	15	15
20	22	18	17
30	28	21	20
40	33	24	24
50	37	27	29
60	40	30	35

14. Esboce gráficos razoáveis para as seguintes funções. Preste atenção particular à concavidade dos gráficos e explique seu raciocínio.

(a) Rendimento total gerado por um negócio de aluguel de carros, contra a quantia gasta em propaganda.

(b) A temperatura de uma xícara de café quente largada numa sala, como função do tempo.

15. Os seis gráficos na Figura 1.123 mostram configurações freqüentemente observadas de taxas de incidência de câncer específicas de idade, em número de casos por 1.000 pessoas, como função da idade.[38] As escalas nos eixos verticais são iguais.

(a) Para cada um dos seis gráficos, escreva uma frase explicando o efeito da idade sobre a taxa de câncer.

(b) Qual gráfico mostra uma taxa de incidência relativamente alta em crianças?

(c) Qual gráfico mostra um breve decréscimo na taxa de incidência por volta dos 50 anos? Sugira um tipo de câncer que poderia ter esse comportamento.

(d) Qual gráfico poderia representar um câncer causado por toxinas que se acumulam no corpo com o tempo? (Por exemplo, câncer dos pulmões.) Explique.

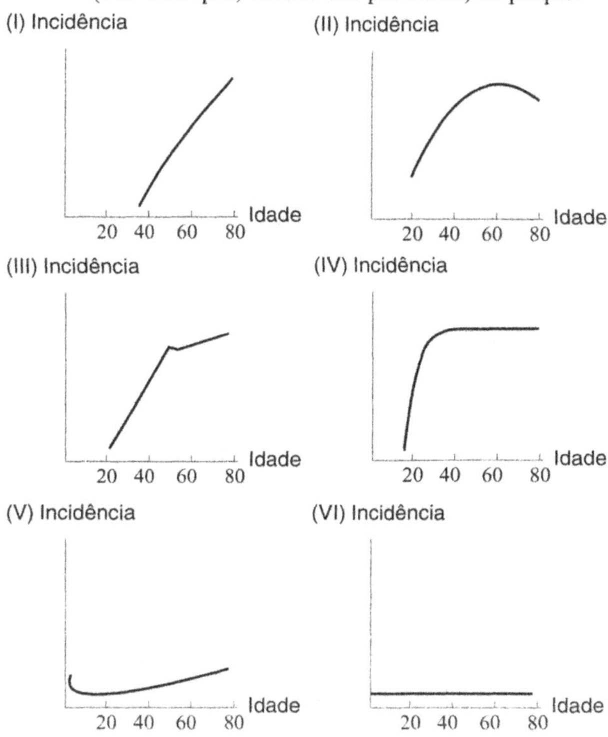

Figura 1.123

[38] Abraham M. Lilienfeld, *Foundations of Epidemiology*, p. 155.(New York: Oxford University Press, 1976).

16. Esboce o gráfico de uma função definida para $x \geq 0$ com todas as propriedades seguintes. (Há muitas respostas possíveis.)

$f(0) = 2$

$f(x)$ é crescente para $0 \leq x < 1$

$f(x)$ é decrescente para $1 < x < 3$.

$f(x)$ é crescente para $x > 3$.

$f(x) \to 5$ quando $x \to \infty$.

17. Quando um novo produto é anunciado, mais e mais pessoas o experimentam. Mas a taxa à qual novas pessoas o experimentam se reduz com o passar do tempo.

(a) Esboce um gráfico do número total de pessoas que experimentarem o produto contra o tempo.

(b) O que você sabe da concavidade do gráfico?

18. A Figura 1.124 mostra taxas de mortalidade ajustadas à idade[39] (em mortes por 100.000) de diferentes tipos de câncer entre homens no EUA entre 1930 e 1967.

(a) Discuta como variou a taxa de mortalidade para os diferentes tipos de câncer.

(b) Para qual tipo de câncer foi maior a taxa de variação média? Avalie a taxa de variação média para este tipo. Interprete sua resposta.

(c) Para qual tipo de câncer a taxa de variação média entre 1930 e 1967 foi mais negativa? Avalie a taxa de variação média para esse tipo. Interprete sua resposta.

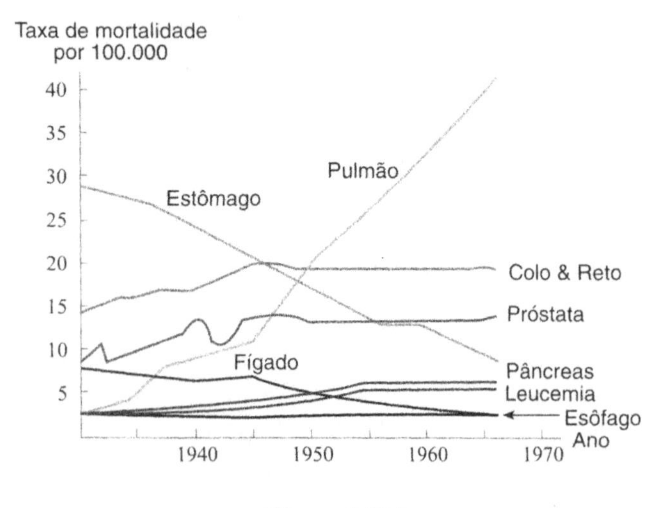

Figura 1.124

19. Cada uma das funções descritas pelos dados na Tabela 1.46 é crescente, em seu domínio, mas cada uma cresce de modo diferente. Qual dos gráficos na Figura 1.125 melhor se ajusta a cada função?

[39] Abraham M. Lilienfeld, *Foundations of Epidemiology*, p. 67.(New York: Oxford University Press, 1976).

TABELA 1.46

x	$f(x)$	x	$g(x)$	x	$h(x)$
1	1	3,0	1	10	1
2	2	3,2	2	20	2
4	3	3,4	3	28	3
7	4	3,6	4	34	4
11	5	3,8	5	39	5
16	6	4,0	6	43	6
22	7	4,2	7	46,5	7
29	8	4,4	8	49	8
37	9	4,6	9	51	9
47	10	4,8	10	52	10

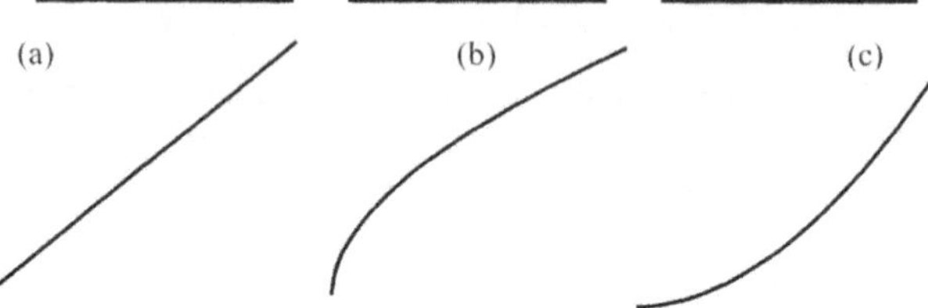

Figura 1.125

20. Uma pessoa foi exposta a um tom padrão de 20.000 dynes/cm^2 (alto como uma banda de rock aproximadamente) e foi-lhe dito que atribuísse ao tom o valor 10. A pessoa então ouviu outros sons, tais como um sussurro, conversação normal, trovão, subida de um jato e assim por diante. Em cada caso, pediu-se à pessoa que julgasse quanto alto era o som e lhe atribuísse um número em relação com 10, o valor do tom padrão. Este é um exemplo de experimento de "julgamento de magnitude." Verificou-se que a lei de potência $J = al^{0,3}$ modelava bem a situação, onde l é a verdadeira altura (medida em dynes/cm^2) e J é a altura julgada.

(a) Qual é o valor de a?

(b) Qual foi a altura julgada se a real altura era de 0,2 dynes/cm^2 (conversação normal)?

(c) Qual é a real altura, se a julgada foi de 20?

21. Calibres de espingardas são às vezes medidos em gauges, o que leva a expressões como "uma espingarda de gauge 12." A Tabela 1.47 mostra a relação entre o gauge, G, e o diâmetro, b, do cano em mms.[40] Diz-se que estes dados podem ser modelados pela função $b = aG^{-1/3}$, onde a é uma constante. Comente esta afirmação e avalie a.

TABELA 1.47

Diâmetro	23,34	19,67	18,52	17,60	16,81
Gauge	6	10	12	14	16

22. Mulheres grávidas metabolizam algumas drogas a uma taxa menor que o resto da população. A meia vida da cafeína é de cerca de 4 horas para a maioria das pessoas. Em mulheres grávidas, é de 10 horas.[41] (Isto é importante

[40] Dados de The World Almanac and Book of Facts: 1996", editado por R. Famighetti, Funk and Wagnalls, New Hersey, 1995.

[41] De Robert M. Julien, *A Primer of Drug Action*, 7ª ed. (New York" W. H. Freeman and Co., 1995) p. 159

porque a cafeína, como todas as drogas psicoativas, cruza a placenta para o feto.) Se uma mulher grávida e seu marido tomam cada um uma xícara de café contendo 100mg de cafeína às 8 horas da manhã, quanta cafeína restará no corpo de cada um às 22 horas?

23. Para quais valores de x vale $3^x > x^3$? (Nota: Você vai precisar pensar em como lidar com o fato de ficarem os gráficos de 3^x e x^3 relativamente próximos para valores de x próximos de 3.)

24. A Figura 1.126 mostra as curvas de oferta e demanda para um particular produto.

(a) Qual é o preço de equilíbrio para este produto? A esse preço, que quantidade será produzida?

(b) Escolha um preço de equilíbrio — por exemplo, $p = 300$. A este preço, quantos itens os fornecedores estarão dispostos a produzir? Quantos itens os consumidores quererão comprar? Use suas respostas a essas perguntas para explicar porque, se os preços estiverem abaixo do preço de equilíbrio, o mercado tende a empurrar os preços para cima (em direção ao equilíbrio).

(c) Agora escolha um preço abaixo do preço de equilíbrio — por exemplo, $p = 200$. A este preço, quantos itens os fornecedores estarão dispostos a produzir? Quantos itens os consumidores estarão dispostos a comprar? Use suas respostas a estas perguntas para explicar porque, se os preços estiverem abaixo do preço de equilíbrio, o mercado tende a empurrá-los para cima (em direção ao equilíbrio).

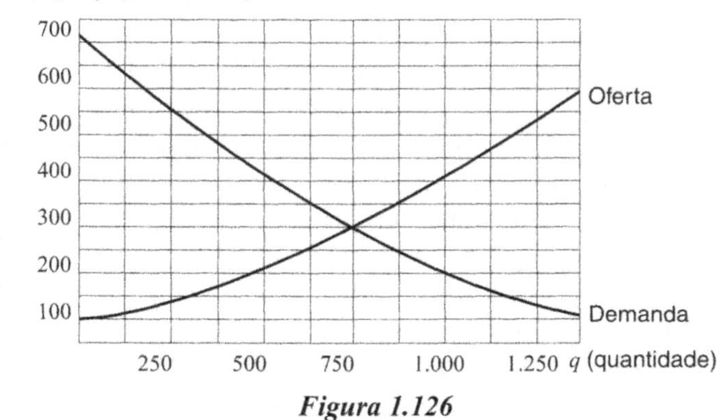

Figura 1.126

25. Acreditam alguns que a população da Terra não pode exceder 40 bilhões de pessoas. Se isto for verdade, então a população P, em bilhões, t anos depois de 1990, poderia ser modelada pela função

$$P = \frac{40}{1 + 11e^{-0,08t}}$$

(a) Esboce o gráfico de P contra t.

(b) Segundo este modelo, quando a população da Terra atingirá 20 bilhões? 39,9 bilhões?

(c) Segundo este modelo, de quanto aumentará a população da Terra entre 1990 e 2000?

26. Sabe-se que uma população está crescendo exponencialmente. Avalie o tempo de duplicação da população mostrada no gráfico na Figura 1.127, e verifique graficamente que o tempo de duplicação independe de onde você parte no gráfico. Mostre algebricamente que se $P = P_0a^t$ dobra entre o tempo t e $t + d$, então d é o mesmo número, não importa quanto seja t.

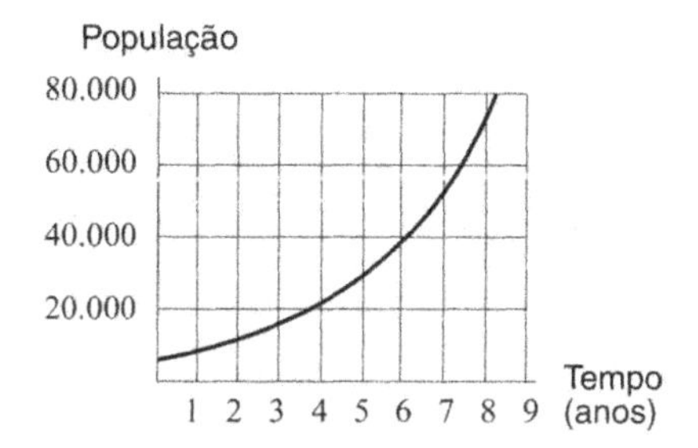

Figura 1.127

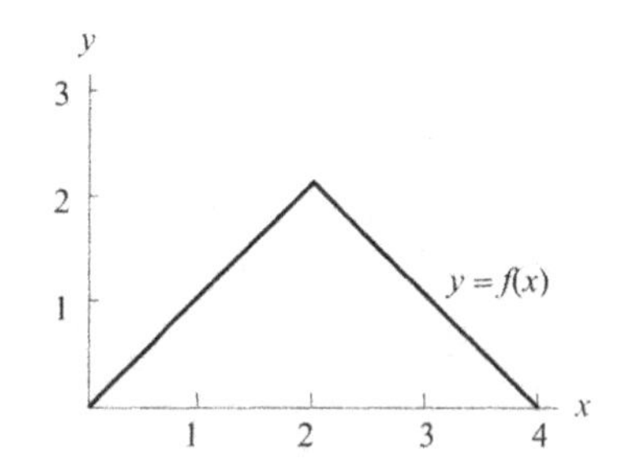

Figura 1.128

27. O gráfico de $f(x)$ é mostrado na Figura 1.128. Trace gráficos de cada uma das funções seguintes:

(a) $y = f(x) - 2$ (b) $y = 3f(x)$

(c) $y = -f(x)$ (d) $y = f(x + 1)$

(e) $y = 4 - f(x)$ (f) $y = 1 + f(x - 2)$

28. Um banco paga 8% de juros, compostos continuamente. Se \$10.000 forem depositados agora, quanto haverá na conta em 5 anos,? Em 10 anos?

29. Se um banco paga 6% de juros, compostos continuamente, quanto tempo levará a quantia numa conta para dobrar?

30. Uma taxa de decaimento exponencial contínuo para uma quantidade é dada como sendo – 0,02, exata até 2 casa decimais, com tempo medido em anos.

(a) Se a verdadeira taxa de decaimento for de –0,015, ache a meia vida da substância.

(b) Se a verdadeira taxa de decaimento for de –0,024, ache a meia vida da substância.

(c) Discuta o efeito do erro de arredondamento no cálculo de crescimento ou decaimento exponencial.

31. Suponha que y_1, y_2 e y_3 são funções de x tais que uma delas é proporcional a x, uma é proporcional a $1/x$ e a outra é proporcional a x^2. Usando a tabela seguinte, escreva y_1, y_2 e y_3 como funções de x e ache as constantes de proporcionalidade.

x	y_1	y_2	y_3
5	600	50	1,25
10	300	200	2,50
15	200	450	3,75
20	150	800	5,00
25	120	1250	6,25

32. A tabela seguinte dá a população do mundo para três anos diferentes. Se a população do mundo cresceu exponencialmente de 1950 e 1980 e se continuasse a crescer de acordo com esse molde entre 1980 e 1991, qual seria a população do mundo em 1991? Como se compara isto com os dados reais e quais conclusões podem ser tiradas, se for possível tirar alguma?

Ano	1950	1980	1991
População (em bilhões)	2,564	4,478	5,423

33. A função de lucro para uma companhia de pranchas de skate é dada por $\pi(p) = -p^2 + 70p - 125$, onde p é o preço pedido por uma prancha.

(a) Esboce um gráfico desta função e ache o preço que maximizará o lucro.

(b) Para quais preços a companhia terá lucro?

34. Uma companhia produz e vende camisas. Os custos fixos são de \$7.000 e os custos variáveis são de \$5 por camisa.

(a) Suponha que a companhia vende as camisas a \$12 cada uma. Ache as funções de custo e rendimento, como funções da quantidade q de camisas.

(b) A companhia está considerando mudar o preço de venda das camisas. Suponha que a equação de demanda seja $q = 2.000 - 40p$, onde p é o preço cobrado pela companhia por uma camisa e q é o número de camisas vendidas a esse preço. Que quantidade é vendida ao preço corrente de \$12? Qual o lucro realizado a este preço?

(c) Use a equação de demanda para escrever custos e receita como funções do preço p. Depois escreva o lucro como função do preço.

(d) Faça o gráfico do lucro contra preço. Ache o preço que maximiza os lucros. De quanto é esse lucro?

35. Uma cidade tem uma população de 1.000 pessoas ao tempo $t = 0$. Em cada um dos casos seguintes, escreva uma fórmula para a população, P, da cidade como função do ano t.

(a) A população aumenta de 50 por ano.

(b) A população aumenta de 5% ao ano.

36. (a) Use os dados da Tabela 1.48 para determinar uma expressão da forma

$$Q = Q_0 e^{rt}$$

que daria o número Q de coelhos ao tempo t (em meses).

(b) Qual é, aproximadamente, o tempo de duplicação para esta população de coelhos?

(c) Use sua equação para prever quando a população de coelhos chegará a 1.000.

TABELA 1.48

t	0	1	2	3	4	5
Q	25	43	75	130	226	391

37. Se você precisa ter \$20.000 em sua conta bancária dentro de 6 anos quanto precisa ser depositado agora? Suponha que a taxa de juros é de 10%. Compostos continuamente.

38. Espécies diferentes do mesmo elemento (chamados *isótopos* diferentes) podem ter meias-vidas diferentes. O decaimento do plutônio-240 é descrito pela fórmula

$$Q = Q_0 e^{-0,00011t},$$

ao passo que o do plutônio-242 é descrito por

$$Q = Q_0 e^{-0,0000018t}.$$

Ache a meia-vida de cada um.

39. Um crânio de animal tem ainda 20% do carbono-14 que estava presente quando o animal morreu. A meia-vida do carbono-14 é de 5.730 anos. Ache a idade aproximada do crânio.

40. Suponha que preços estão subindo por 0,1% ao dia.

(a) Por qual porcentagem eles crescem ao ano?

(b) Olhando sua resposta à parte (a), adivinhe o tempo de duplicação aproximado de preços subindo a esta taxa. Verifique seu palpite.

41. Você ganha \$38.000 na loteria, a serem pagos em duas prestações - \$19.000 agora e \$19.000 dentro de uma ano. Um amigo lhe oferece \$36.000 em troca de seus dois pagamentos da loteria.

Suponha que, em vez de aceitar o oferecimento de seu amigo, você toma um empréstimo por um ano, a uma taxa de juros de 8,25% ao ano, compostos anualmente. O empréstimo será pago com um único pagamento de \$19.000 (seu segundo cheque da loteria) no fim do ano. Qual é melhor, o oferecimento de seu amigo ou o empréstimo?

42. Você está pensando se compra ou aluga uma máquina, cujo preço de compra é \$12.000. Impostos sobre a máquina serão de \$580, dentro de uma ano, \$464 dentro de dois anos e \$290 em três anos. Se você comprar a máquina, você conta poder vendê-la, depois de três anos, por \$5.000. Se você alugar por três anos, você fará um pagamento inicial de \$2.650 e depois três pagamentos de \$2.650 ao fim de cada um dos três próximos anos. A companhia que aluga pagará os impostos. A taxa de juros é de 7,75% por ano, compostos anualmente. É melhor comprar ou alugar a máquina? Explique.

43. Uma laranja é jogada do nível do chão direto para cima ao tempo $t = 0$ com velocidade de 21 metros por segundo. Sua altura ao tempo t é $f(t) = -5t^2 + 21t$. Ache o tempo que leva para cair de volta ao chão e o instante em que

atinge seu ponto mais alto. Qual é a altura máxima?

44. Há evidências de ligação entre a diminuição do ozônio na atmosfera e clorofluorcarbonos (CFCs). A produção global de CFC cresceu de 42 mil toneladas em 1950 a 1.260 mil toneladas em 1988. Esforços internacionais para proteger o ozônio estratosférico começaram em outubro de 1987, com o protocolo de Montreal. Este documento recomendava cortar a produção de CTC à metade em 10 anos. Na verdade, este objetivo foi atingido em 1992.

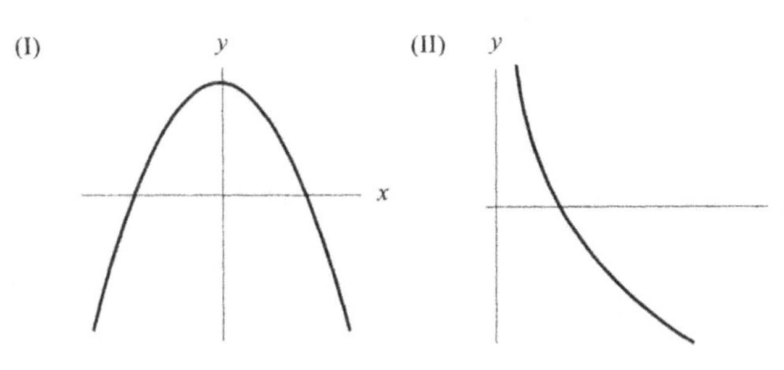

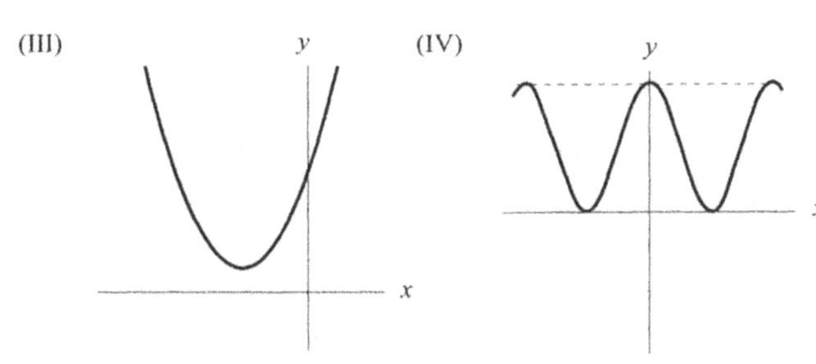

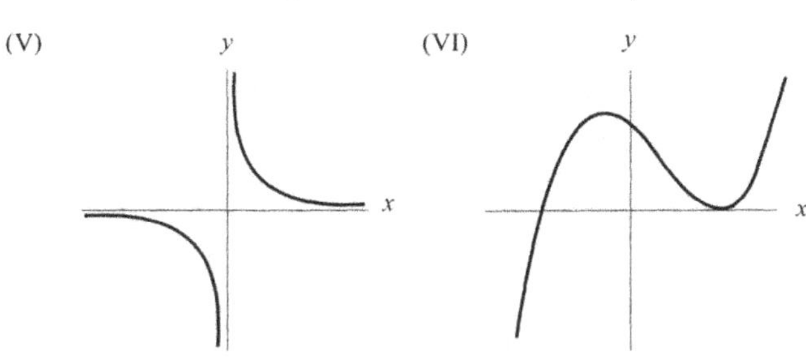

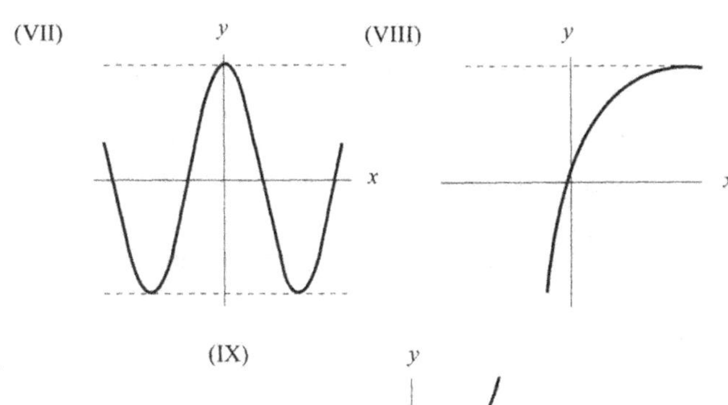

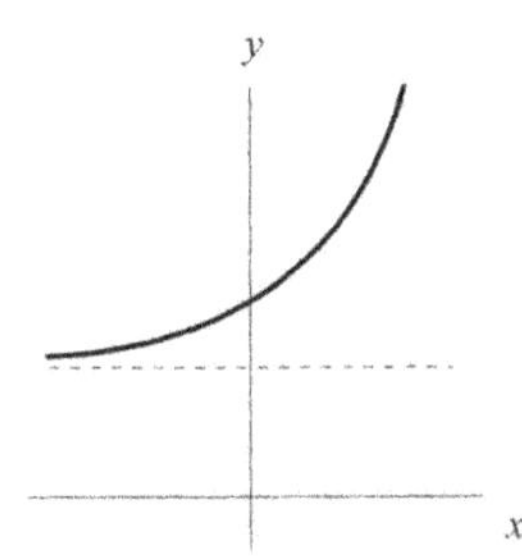

Figura 1.129

(a) Faça um gráfico da produção mundial de CFC (em milhares de toneladas) como função do ano, a partir de 1950. Inclua escalas para os dois eixos.

(b) Que família de funções poderia ser usada para modelar a produção de CFC desde 1988? Supondo que a produção continue a cair à metade a cada 4 anos, ache uma fórmula para essa função.

45. (a) Que efeito tem a transformação

de $y = p(x)$ para $y = p(1 + x)$

sobre o gráfico de $p(x)$?

(b) Se p é um polinômio de grau ≤ 2 tal que para todo x

$p(x) = p(x + 1)$

o que você pode dizer sobre p?

46. Associe as fórmulas seguintes aos gráficos na Figura 1.129.

(a) $y = 1 - 2^{-x}$ (b) $y = x^2 + 4x + 5$

(c) $y = 2 \cos x$ (d) $y = 1 - x^2$

(e) $y = 2 + e^x$ (f) $y = x^3 - x^2 - x + 1$

47. Para cada uma das duas condições seguintes, ache todos os polinômios, p, de grau ≤ 2, que satisfazem à condição para todo x.

(a) $p(x) = p(-x)$ (b) $p(2x) = 2\,p(x)$

48. Um catalisador numa reação química *é uma substância que não muda mas acelera a reação.* Se o produto de uma reação for, ele próprio, um catalisador, dizemos que a reação é *autocatalítica*. Suponha que a taxa, r, de uma particular reação autocatalítica seja proporcional à quantidade do material original restante vezes a quantidade do produto, p, produzido. Se a quantidade inicial do material original é A e a quantidade restante A-p:

(a) Expresse r como função de p.

(b) Qual é o valor de p quando a reação se estiver processando à maior velocidade?

49. Glicose é introduzida por injeção intravenosa a uma taxa constante, k, na corrente sanguínea de um paciente. Uma vez aí, a glicose é removida a uma taxa proporcional à quantidade de glicose presente. Se R é a taxa líquida à qual a quantidade, G, de glicose cresce:

(a) Escreva uma fórmula dando R como função de G

(b) Esboce um gráfico de R contra G.

50. No começo da década de 1920 — 30, a Alemanha tinha inflação tremendamente alta, chamada hiperinflação. Fotografias da época mostram pessoas indo às lojas com um carrinho de mão cheio de dinheiro. Se um pão custa $^1/_4$ RM em 1919 e 2.400.000 RM em 1922, qual foi a taxa média de inflação entre 1919 e 1922?

51. Uma população de peixes se reproduz a uma taxa anual igual a 5% da população corrente, P. Enquanto isso, peixes estão sendo capturados por pescadores a uma taxa constante, Y (medida em peixe por ano).

(a) Escreva uma fórmula para a taxa, R, à qual a população de peixes cresce como função de P.

(b) Esboce um gráfico de R contra P.

52. Use uma calculadora gráfica ou computador para achar o período de $2 \text{ sen } 4x + 3 \cos 2x$.

Ache uma possível fórmula para as funções cujos gráficos são dados nos Problemas 53–54.

53.

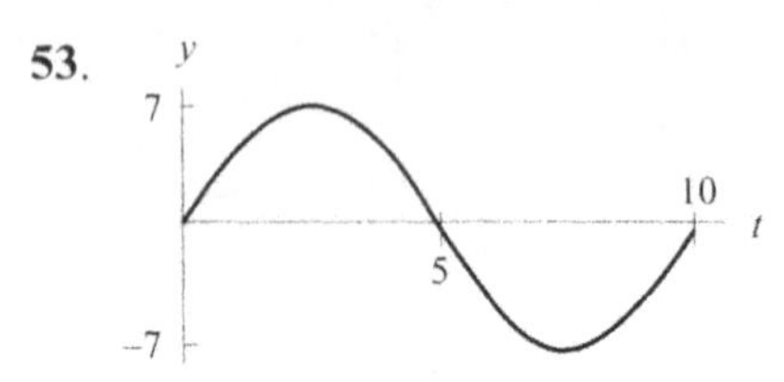

54.

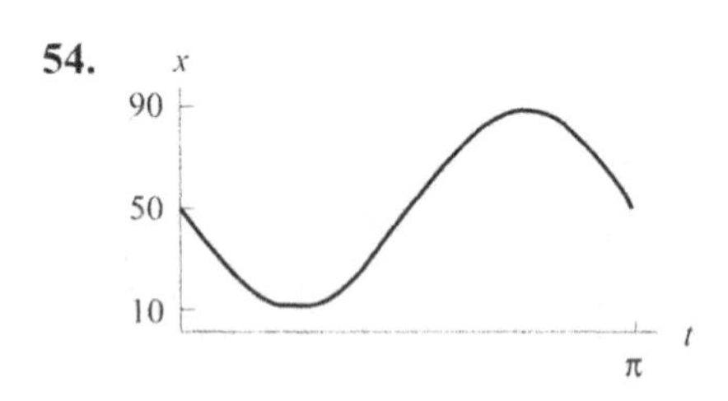

55. A profundidade da água num tanque oscila uma vez a cada 6 horas. Se a menor profundidade é 2,5m e a maior 3,5m, ache uma fórmula para a profundidade em termos do tempo, medido em horas. (Há muitas respostas possíveis.)

56. A Tabela 1.49 dá valores para $g(t)$, uma função periódica.

(a) Avalie o período e amplitude para essa função. Explique seu raciocínio.

(b) Avalie $g(34)$ e $g(60)$. Explique seu raciocínio.

TABELA 1.49

t	$g(x)$	t	$g(x)$	t	$g(x)$
0	14	10	11	20	13
2	19	12	14	22	11
4	17	14	19	24	14
6	15	16	17	26	19
8	13	18	15	28	17

PROJETOS

1. **Juros compostos**

O artigo de jornal abaixo é do *New York Times, 27 de maio, 1990*. Preencha os três espaços vazios. (Para o primeiro, suponha que composição diária é essencialmente o mesmo que contínua. Para o último, suponha que os juros têm sido compostos anualmente e dê sua resposta em dólares. Ignore a ocorrência de bissextos.)

213 ANOS DEPOIS DO EMPRÉSTIMO, TIO SAM É COBRADO JUDICIALMENTE

por Lisa Belkin

Especial para o New York Times

San Antonio, 26 de maio — Há mais de 200 anos, um rico negociante da Pennsylvania chamado Jacob DeHaven emprestou $450.000 ao Congresso Continental para socorrer as tropas em Valley Forge. Aparentemente, o empréstimo nunca foi pago.

Assim, os descendentes de Jacob DeHaven estão levando o Governo dos EUA ao tribunais para receber o que crêem lhes ser devido. O total: _ em dólares de hoje se os juros forem compostos diariamente a 6 por cento, a taxa corrente na época. Se compostos anualmente, a conta é só _.

A Família é Flexível

Os descendentes dizem que estão dispostos a serem flexíveis sobre a quantia do reembolso e poderiam até aceitar um obrigado de coração ou talvez uma estátua a DeHaven. Mas notam também que os juros se acumulam a_ por segundo.

2. **Centro da população dos EUA**

Desde a abertura do Oeste, a população dos EUA tem se movido nesta direção. Para observar isto, olhamos o "centro da população" dos EUA, que é o ponto em que se equilibraria o país se fosse um placa plana sem peso e cada pessoa tivesse o mesmo peso. Em 1790 o centro da população estava a leste de Baltimore, Maryland. Vem se deslocando para oeste desde então e em 1990 atravessou o rio Mississipi para Steelville, Missouri (sudoeste de St. Louis). Durante a segunda metade deste século, o centro se tem deslocado de cerca de 50 milhas para oeste a cada 10 anos.

(a) Vamos medir posições para oeste de Steelville sobre a reta por Baltimore. Expresse a posição aproximada do centro da população como função do tempo, medido em anos a partir de 1990.

(b) A distância de Baltimore a Steelville é de pouco mais de 700 milhas. O centro de população poderia ter-se movido aproximadamente à mesma taxa durante os dois últimos séculos?

(c) A função na parte (a) poderia continuar a se aplicar pelos próximos três séculos? Por que ou por que não? [Sugestão: Você pode querer olhar um mapa. Note que as distâncias são em milhas aéreas e não distâncias para carros.]

FOCO SOBRE MODELAGEM

AJUSTE DE FÓRMULAS A DADOS

Nesta seção veremos como podem ser desenvolvidas as fórmulas que são usadas num modelo matemático. Algumas das fórmulas que usamos são exatas. Por exemplo, se você deposita \$1.000 no Banco, que ganham 5% de juros a cada ano, continuamente compostos, então a quantia no Banco ao tempo t é dada exatamente por $P(t) = 1.000e^{0,05t}$. Mas muitas fórmulas que usamos são aproximações, muitas vezes construídas a partir de tabelas de dados.

Ajustando uma função linear a dados

Uma companhia quer entender a relação entre a quantia gasta em propaganda, a, e as vendas totais, S. Os dados que coletam poderiam ser como os da tabela 1.50.

TABELA 1.50 — *Propaganda e vendas: relação linear*

a (propaganda em \$1.000s)	3	4	5	6
S (vendas em \$1.000s)	100	120	140	160

Os dados na Tabela 1.50 são lineares, de modo que é fácil achar uma fórmula para se ajustar a ela. A inclinação da reta é 20 e podemos determinar que o intercepto vertical é 40, e assim a reta é

$$S = 40 + 20a.$$

Suponhamos agora que os dados coletados pela companhia sejam os mostrados na Tabela 1.51. Agora, os dados não são lineares. Em geral, é difícil achar uma fórmula que se ajuste exatamente aos dados. Devemos nos satisfazer com uma fórmula que dê uma boa aproximação.

TABELA 1.51 — *Propaganda e venda: Relação não linear*

a (propaganda em 1.000s)	3	4	5	6
S (vendas em 1.000s)	105	117	141	152

Os dados na Tabela 1.51 foram marcados na Figura 1.130. A relação não é linear, pois nem todos os dados caem numa reta. Mas é quase linear e é bem aproximada pela reta

$$S = 40 + 20a.$$

A Figura 1.131 mostra essa reta e os dados.

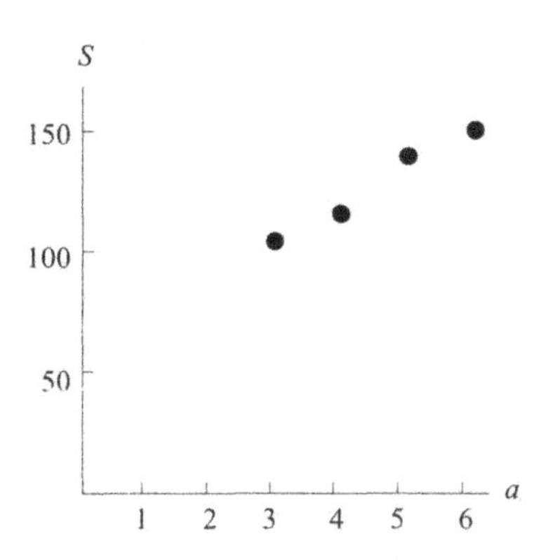

Figura 1.130 — *Os dados de vendas da Tabela 1.51*

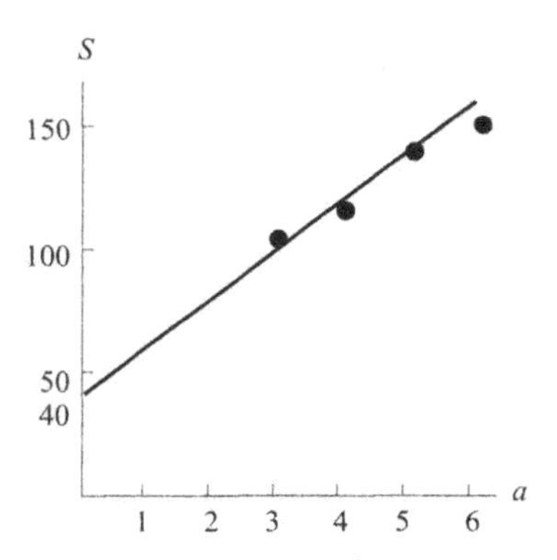

Figura 1.131 — *A reta* S = 40 + 20a *e os dados da Tabela 1.51*

A reta de regressão

Existe uma reta que se ajuste a dados melhor que a da Figura 1.131? Se sim, como achá-la? O processo de ajustar uma reta a um conjunto de dados chama-se *regressão linear* e a reta de melhor ajuste chama-se a *reta de regressão*. (Ver a página 70 para uma digressão sobre o significado de "melhor ajuste".) Muitas calculadoras e programas de computador calculam a reta de regressão a partir de pontos dados.

Alternativamente, a reta de regressão pode ser avaliada marcando os pontos sobre papel e ajustando "a olho" uma reta. Para os dados na Tabela 1.51 a reta de regressão é

$$S = 54{,}5 + 16{,}5a.$$

Esta reta é traçada e os dados marcados na Figura 1.132.

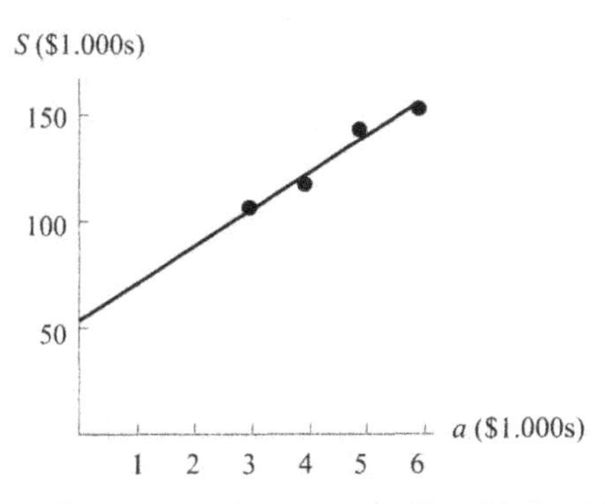

Figura 1.132 — *A reta de regressão* S = 54,5 + 16,5a *e os dados da Tabela 1.51*

Uso da reta de regressão para fazer previsões

Agora que temos uma fórmula para vendas, podemos usá-la para fazer previsões. Por exemplo, para prever as vendas totais se forem gastos \$3.500 em propaganda, ponha $a = 3{,}5$ na reta de regressão:

$$S = 54{,}5 + 16{,}5(3{,}5) = 112{,}25$$

A reta de regressão prediz vendas de \$112.250. Para ver que isto é razoável, compare com as entradas na Tabela 1.51. Quando $a = 3$, temos $S = 105$ e quando $a = 4$, temos $S = 117$. Vendas previstas de $S = 112{,}25$ quando $a = 3{,}5$ fazem sentido, porque caem entre 105 e 117. Veja a Figura 1.133. É claro que se gastássemos \$3.500 em propaganda, provavelmente as vendas não seriam exatamente de \$112.250. A equação de regressão nos permite fazer previsões, mas não fornece resultados exatos.

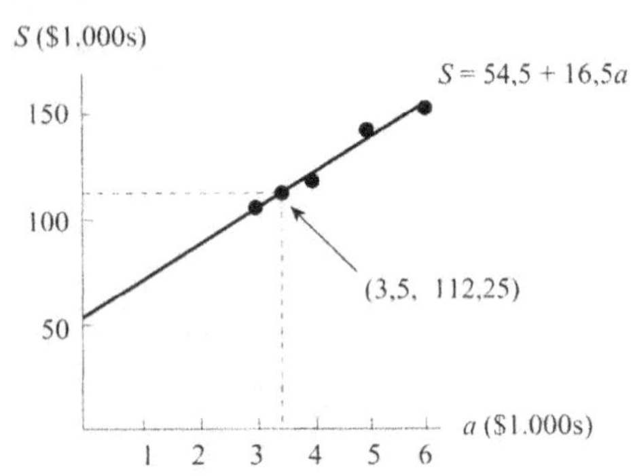

Figura 1.133 — *Predizendo vendas quando \$3.500 são gastos em propaganda*

Exemplo 1 Preveja as vendas totais com despesas de propaganda de \$4.800 e \$10.000.

Solução Quando \$4.800 são gastos em propaganda, $a = 4{,}8$ e então

$$S = 54{,}5 + 16{,}5(4{,}8) = 133{,}7$$

A previsão de vendas é de 133.700. Se \$10.000 forem gastos, $a = 10$ e assim

$$S = 54{,}5 + 16{,}5(10) = 219{,}5$$

As vendas previstas são de \$219.500

Considere as duas previsões feitas no exemplo 1 com $a = 4{,}8$ e $a = 10$. Temos mais confiança na exatidão da predição para $a = 4{,}8$, porque estamos *interpolando* dentro de um intervalo sobre o qual já sabemos alguma coisa. A predição para $a = 10$ é menos confiável, porque estamos *extrapolando*, fora do intervalo definido pelos valores de dados na Tabela 1.51. De modo geral, a interpolação é mais segura que a extrapolação.

Interpretação da inclinação da reta de regressão

A inclinação de uma função linear é a variação da variável dependente dividida pela variação da variável independente. Para a reta de regressão de vendas e propaganda, a inclinação é 16,5. Isto nos diz que S cresce de cerca de 16,5 sempre que a aumenta de 1. Se as despesas de propaganda aumentarem de \$1.000, as vendas crescerão de cerca de \$16.500. De modo geral, a inclinação nos diz qual a variação a esperar na variável dependente para uma variação de uma unidade na variável independente.

Exemplo 2 Uma companhia coletou os dados na Tabela 1.52, sobre o custo da produção de seu produto. Ache a reta de regressão e interprete a inclinação dessa reta.

TABELA 1.52 — *Custo para produzir várias quantidades do produto.*

q(quantidade em unidades)	25	50	75	100	125
C (custo em reais)	500	625	689	742	893

Solução Uma calculadora ou computador dá a reta de regressão como

$$C = 418{,}9 + 3{,}612q$$

A reta de regressão se ajusta bem aos dados; veja a Figura 1.134. A inclinação da reta é 3,612, o que significa que o custo cresce de \$3,612 para cada unidade adicional produzida; isto é, o custo marginal é de \$3,612.

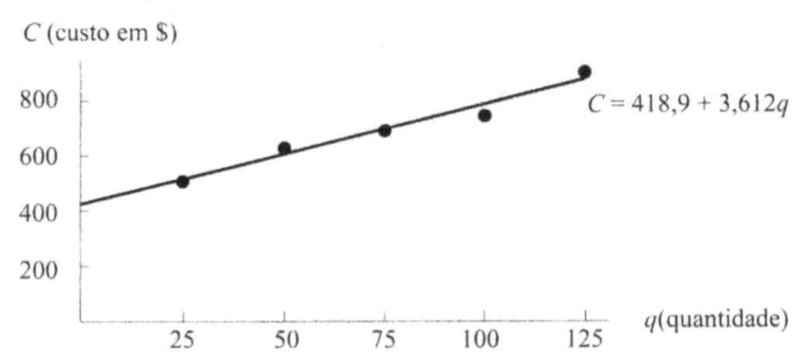

Figura 1.134 — *A reta de regressão para os dados na Tabela 1.52*

Como funciona a regressão: o que significa "melhor ajuste"

Freqüentemente o modo mais fácil de ajustar uma reta a um conjunto de dados é marcar os pontos dos dados e depois ajustar a reta "a olho." Mas é mais exato que uma calculadora ou computador forneça a reta de melhor ajuste. Como é que uma calculadora (ou computador) determina qual reta é melhor?

A Figura 1.135 ilustra como fazem. Note que estamos assumindo que o valor de y tem alguma relação com o valor de x, embora outros fatores possam também influir sobre y. Assim, assumimos que podemos tomar o valor de x exatamente, mas que o valor de y pode ser determinado apenas parcialmente por esse valor de x.

Uma calculadora ou computador acha a reta que minimiza a soma dos quadrados das distâncias verticais entre os pontos dados e a reta. Uma tal reta é mostrada na Figura 1.135 e se chama *reta dos quadrados mínimos*. Existem técnicas diretas para calcular a inclinação m e b, o intercepto-y, da reta dos mínimos quadrados para um determinado conjunto de dados. A reta dos mínimos quadrados também é chamada a *reta do melhor ajuste*.

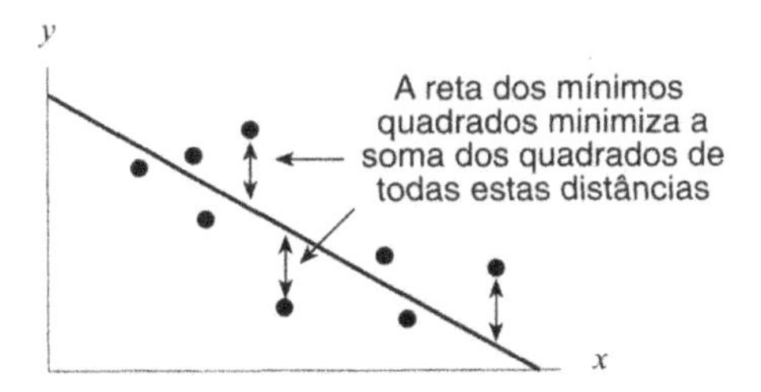

***Figura 1.135** — Um determinado conjunto de dados e a correspondente reta de regressão dos mínimos quadrados*

Regressão quando a relação não é linear

A Tabela 1.53 mostra a população dos EUA (em milhões) de 1790 a 1860. Estes pontos estão marcados na Figura 1.136. Os dados parecem lineares? Não, na verdade. Parece fazer mais sentido ajustar uma função exponencial que uma linear a esses dados. Achar a função exponencial de melhor ajuste chama-se *regressão exponencial*. Muitas calculadoras e pacotes de software calculam a função exponencial de regressão a partir dos dados. A melhor função exponencial para ajuste aos dados da tabela 1.53 é, aproximadamente,

$$P = 3{,}9(1{,}03)^t$$

onde P é a população dos EUA em milhões e t em anos desde 1790. Um gráfico dos dados e desta função exponencial se acham na Figura 1.137.

TABELA 1.53 — *População dos EUA em milhões, 1790–1860*

Ano	1790	1800	1810	1820	1830	1840	1850	1860
População	3,9	5,3	7,2	9,6	12,9	17,1	23,2	31.4

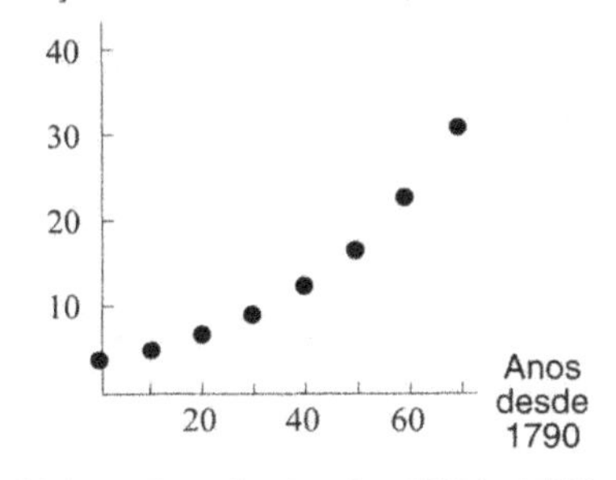

***Figura 1.136** — População dos EUA, 1790–1860*

Como a base desta função exponencial é 1,03, a população dos EUA estava crescendo à taxa de 3% ao ano entre 1790 e 1860. É razoável esperar que a população continue a crescer a esta taxa? Verifica-se que este modelo exponencial não se ajusta à população dos EUA muito além de 1860. Na Seção 5.6 vemos outra função usada para modelar essa população.

Calculadoras e computadores podem fazer regressão linear, regressão exponencial, regressão logarítmica e regressão quadrática. Para achar a melhor fórmula para um conjunto de dados, o primeiro passo é pôr os dados num gráfico e identificar a família de funções adequada.

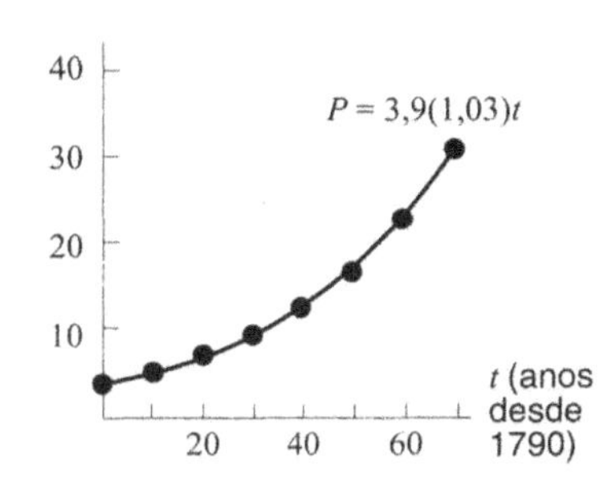

***Figura 1.137** — População dos EUA e função de regressão exponencial de melhor ajuste*

Exemplo 3 A eficiência média para combustível (milhas por galão de gasolina) de carros americanos declinou até a década de 60–70 e então começou a subir, quando a indústria começou a fazer carros de maior eficiência para combustível.[42] Veja Tabela 1.54

(a) Marque os dados. Qual família de funções deveria ser usada para modelar esses dados: linear, exponencial, logarítmica, função potência, ou polinômio? Se um polinômio, diga qual o grau e se o coeficiente principal é positivo ou negativo.

(b) Use regressão quadrática para ajustar aos dados o melhor polinômio quadrático; faça seu gráfico junto com os dados.

TABELA 1.54 — *Qual função se ajusta a estes dados?*

Ano	1940	1950	1960	1970	1980	1986
Média de milhas por galão	14,8	13,9	13,4	13,5	15,5	18,3

Solução (a) Os dados são mostrados na Figura 1.138, como o tempo t em anos desde 1940. As milhas por galão decrescem e depois crescem, assim uma boa função para modelar os dados é um polinômio quadrático (grau 2). Como a parábola se abre para cima, o coeficiente principal é positivo.

(b) Se $f(t)$ é a média de milhas por galão, a regressão quadrática nos diz que o melhor polinômio quadrático é

$$f(t) = 0{,}00617t^2 - 0{,}225t + 15{,}10.$$

Na Figura 1.139, vemos que se ajusta razoavelmente bem aos dados.

[42] C. Schaufele e N. Zumoff, *Earth Algebra, Preliminary Version*, p. 91 (New York, Harper Collins, 1993).

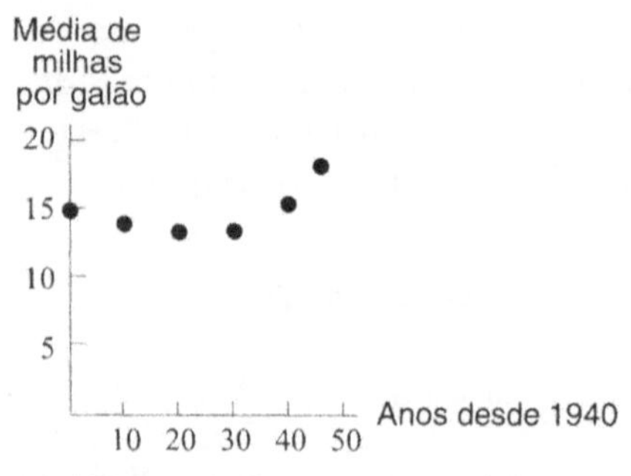

***Figura 1.138** — Dados mostrando eficiência para combustível de carros americanos contra o tempo*

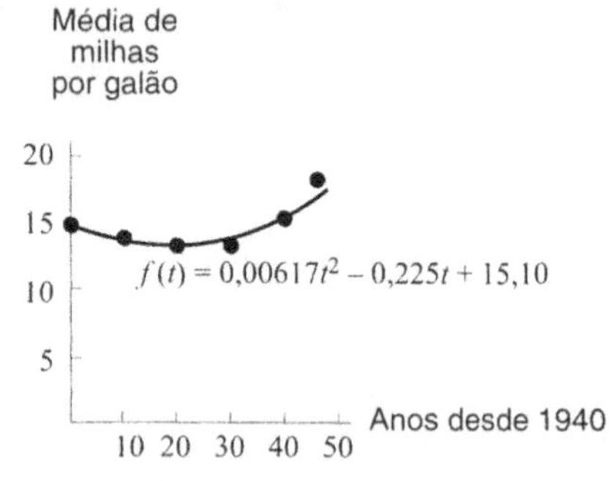

***Figura 1.139** — Dados e melhor polinômio quadrático, achado usando regressão*

Problemas sobre ajuste de fórmulas a dados

1. A Tabela 1.55 mostra o Produto Nacional Bruto dos EUA (PNB) em dólares constante de 1982.
   (a) Marque esses dados, com o PNB no eixo vertical. Uma reta se ajusta razoavelmente bem a esses dados?
   (b) Ache a reta de regressão para estes dados e faça seu gráfico junto com os dados.
   (c) Use a reta de regressão para avaliar o PNB em 1985 e em 2020. Em qual estimativa você tem mais confiança? Por quê?

TABELA 1.55

Ano	1960	1970	1980	1989
PNB (em bilhões)	1.665	2.416	3.187	4.118

2. A acidez de uma solução é medida por seu pH, valores mais baixos de pH indicando mais acidez. Um estudo de chuva ácida foi feito no Colorado entre 1975 e 1978; nele a acidez da chuva foi medida em 150 semanas consecutivas. Os dados seguiram um esquema geralmente linear e determinou-se que a reta de regressão era

$$P = 5{,}43 - 0{,}0053t,$$

onde P é o pH da chuva e t é o número de semanas dentro do período do estudo.[43]

   (a) O nível de pH está crescendo ou decrescendo durante o período do estudo? O que isto lhe diz sobre o nível de acidez da chuva?
   (b) Segundo a reta, qual era o nível de pH no começo do estudo? No fim do estudo ($t = 150$)?
   (c) Qual é a inclinação da reta de regressão? Explique o que lhe diz essa inclinação quanto à variação do pH com o tempo.

3. Num estudo em 1977[44] de 21 das melhores corredoras americanas, pesquisadores mediram a taxa média de passo, S, a diferentes velocidades, v. Os dados estão na Tabela 1.56
   (a) Ache a reta de regressão para esses dados, usando taxa de passo como variável depende.
   (b) Marque a reta de regressão e os dados sobre os mesmos eixos. A reta parece ajustar-se bem aos dados?
   (c) Use a reta de regressão para prever a taxa de passo quando a velocidade é 18 pés/seg. Use a reta de regressão para prever a taxa de passo quando a velocidade é 10 pés/seg. Qual predição lhe deve merecer mais confiança? Por quê?

TABELA 1.56

Velocidade, v(pés/seg)	15,86	16,88	17,50	18,62	19,97	21,06	22,11
Taxa de passo, S (passos/seg)	3,05	3,12	3,17	3,25	3,36	3,46	3,55

4. A Tabela 1.57 mostra a concentração de dióxido de carbono CO_2, na atmosfera,[45] (em partes por milhões, ppm) no Observatório de Mauna Loa no Hawai, entre 1960 (o primeiro ano em que foi medida) e 1990.
   (a) Ache a taxa de variação média da concentração de dióxido de carbono entre 1960 e 1990. Dê unidades para sua resposta e interprete-a, em termos do dióxido de carbono.
   (b) Marque os dados e ache a reta de regressão para a concentração de dióxido de carbono contra ano. Use a reta de regressão para prever a concentração de dióxido de carbono na atmosfera no ano 2000.

TABELA 1.57

Ano	1960	1965	1970	1975	1980	1985	1990
Dióxido de carbono (ppm)	316,8	319,9	325,3	331,0	338,5	345,7	354,0

[43] William M. Lewis and Michel C. Grant, "Acid Precipitation in the Western United States,"*Science* 207 (1980), pp.176-177

[44] R.C. Nelson, C. M. Brooks and N. L. Pike, "Biochemical Comparison of Male and Female Distance Runners." *The Marathon: Physiological, Medical, Epistemological and Psychological Studies*, ed. P. Milvy, (New York: New York Academy of Sciences, 1977) pp. 793-807.

[45] Lester R. Brown, et al., *Vital Signs 1994*, p. 67. (New York: W. W. Norton and Company, 1994).

5. No Problema 4, o crescimento da concentração de dióxido de carbono foi modelada como função linear do tempo. Porém, se incluirmos dados para a concentração de dióxido de carbono muito mais longe no passado, desde 1900, os dados parecem ser mais exponenciais que lineares. (Pareciam lineares no Problema 4 porque estávamos olhando só uma pequena porção do gráfico.) Uma função de regressão exponencial que modela a concentração de CO_2 desde 1900 é

$$C = 272{,}27(1{,}0026)^t$$

onde C é a concentração em ppm e t é em anos desde 1900.

(a) Qual é a taxa percentual anual de crescimento durante esse período? Interprete essa taxa em termos do aumento da concentração de CO_2.

(b) Qual concentração é dada pelo modelo para 1900? Para 1980? Compare a estimativa para 1980 com o valor real dado na Tabela 1.57.

6. Custos crescentes de tratamento de saúde são uma preocupação contínua. A Tabela 1.58 mostra as despesas médias por pessoa por ano, para vários anos. Parece-lhe que um modelo linear ou exponencial se ajusta melhor aos dados? Ache uma fórmula para a função de regressão que você decidir que é melhor. Faça o gráfico dessa função junto com os dados e avalie quão bem se ajusta aos dados.

TABELA 1.58

Ano	1970	1975	1980	1985	1990
Despesas com saúde ($ per capita)	349	591	1.055	1.596	2.714

7. A Tabela 1.59 mostra o número, N, de carros de passageiro [46] nos EUA (em milhões), onde t é em anos desde 1940.

(a) Marque os dados, com número de carros de passageiros como variável dependente.

(b) Qual modelo lhe parece ajustar-se melhor aos dados, linear ou exponencial?

(c) Use primeiro um modelo linear: ache a reta de regressão para esses dados. Faça seu gráfico junto com os dados. Use a reta de regressão para predizer o número de carros no ano 2000 ($t = 60$).

(d) Interprete a inclinação da reta de regressão encontrada na parte (c) em termos de carros.

(e) Agora use um modelo exponencial: ache a função de regressão exponencial para esses dados. Faça seu gráfico junto com os dados. Use a função exponencial para predizer o número de carros de passageiro no ano 2000 ($t = 60$). Compare sua predição com a obtida com o modelo linear.

(f) Qual taxa anual de porcentagem de crescimento no número de carros de passageiro nos EUA mostra seu modelo exponencial?

[46] *Statistical Abstracts of the United States*

TABELA 1.59

t (anos desde 1940)	0	10	20	30	40	46
N(milhões de carros)	27,5	40,3	61,7	89,3	121,6	135,4

8. A Tabela 1.60 dá a população do mundo, em bilhões, nos anos desde 1950.

(a) Marque esse dados. Qual modelo lhe parece ajustar-se melhor aos dados, linear ou exponencial?

(b) Ache a função exponencial de regressão.

(c) Que taxa anual porcentual de crescimento mostra a função exponencial?

(d) Prediga a população do mundo no ano 2000 e no ano 2050. Comente a confiança relativa que você tem nessa duas estimativas.

TABELA 1.60

Ano (desde 1950)	0	10	20	30	40	44
População do mundo (em bilhões)	2,6	3,1	3,7	4,5	5,4	5,6

9. Em 1969, todas as tentativas e sucessos de gol foram analisados na Liga Nacional de Futebol. As porcentagens de sucesso são mostradas na Tabela 1.61. (Os dados foram resumidos: todas as tentativas entre 10 e 19 jardas de gol estão listadas a 14,5 jardas de distância, etc.)

TABELA 1.61

Distância (em jardas) à trave do gol, x	14,5	24,5	34,5	44,5	52,0
Fração de tentativas bem sucedidas, y	0,90	0,75	0,54	0,29	0,15

(a) Faça um gráfico dos dados, considerando a taxa de sucesso das tentativas de gol como variável dependente. Discuta qual modelo se ajusta melhor, o linear ou o exponencial.

(b) Ache a função de regressão linear; faça seu gráfico junto com os dados. Interprete a inclinação da reta de regressão em termos de futebol.

(c) Ache a função de regressão exponencial; faça seu gráfico, junto com os dados. Que taxa de sucesso a função prediz, para uma distância de 50 jardas?

(d) Agora que você olhou os gráficos nas partes (b) e (c), qual modelo lhe parece ajustar-se melhor aos dados?

10. A Tabela 1.62 mostra o número de carros[47] importados pelo EUA do Japão entre 1964 e 1971.

(a) Marque o número de carros importados do Japão contra o número de anos desde 1964.

(b) Os dados lhe parecem mais lineares ou exponenciais?

[47] *The World Almanac, 1995.*

(c) Ajuste um função exponencial aos dados e faça seu gráfico junto com os dados.

(d) Qual taxa de porcentagem anual de crescimento mostra o modelo exponencial?

(e) Você espera que esse modelo dê previsões exatas além de 1971? Explique.

TABELA 1.62

Ano desde 1964	Número de carros
0	16.023
1	23.538
2	56.050
3	70.304
4	169.849
5	260.005
6	381.338
7	703.672

11. A Figura 1.140 mostra a produção de petróleo no Oriente Médio, em milhões de toneladas, como função do ano.[48] Se você fosse modelar essa função com um polinômio, que grau você escolheria? O coeficiente principal seria positivo ou negativo?

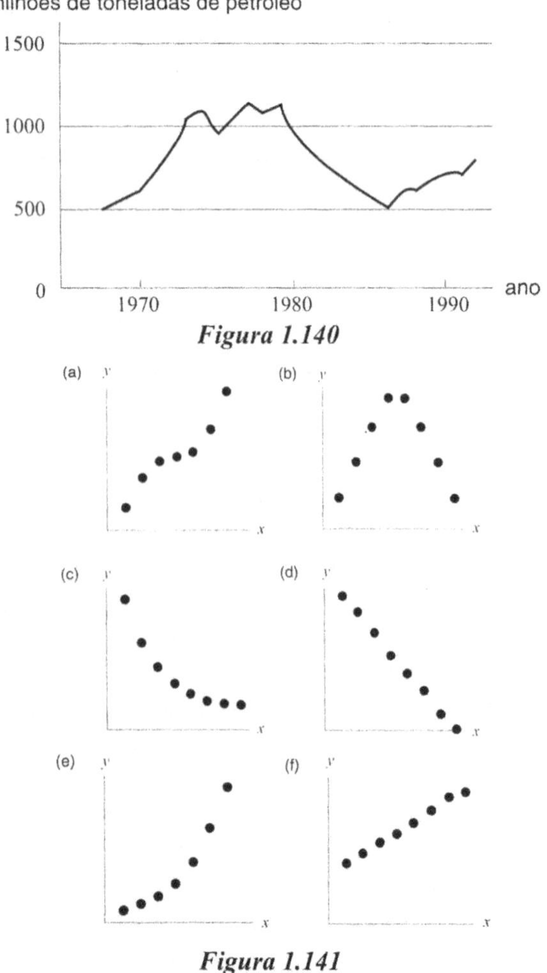

Figura 1.140

Figura 1.141

12. Gráficos de vários dados são mostrados na Figura 1.141. Em cada caso, indique se a melhor função para os dados parece ser uma função linear, uma função exponencial ou um polinômio.

13. A Tabela 1.63 dá a área de floresta de chuva destruída para agricultura e desenvolvimento.[49]

(a) Marque esses dados.

(b) Os dados são crescentes ou decrescentes? Côncavos para cima ou para baixo? Em cada caso, interprete sua resposta em termos da área de floresta e chuva destruída.

(c) Use calculadora ou computador para ajustar uma função logarítmica a esses dados.

(d) Use a curva que você achou na parte (c) para predizer quanta floresta de chuva será destruída no ano 2000 para agricultura e desenvolvimento.

TABELA 1.63

Ano	1960	1970	1980	1988
Hectares(milhões)	2,21	3,79	4,92	5,77

JUROS COMPOSTOS E O NÚMERO *e*

Se você tem algum dinheiro, você pode decidir investi-lo para ganhar juros. Os juros podem ser pagos de muito modos diferentes — por exemplo, uma vez por ano ou muitas vezes por ano. Se os juros forem pagos mais freqüentemente que uma vez por ano e os juros não forem retirados, há uma benefício para o investidor, pois os juros ganham juros. Este efeito chama-se *composição*. Você pode ter observado bancos oferecendo contas que diferem tanto nas taxas de juros quanto nos métodos de composição. Alguns oferecem juros compostos anualmente, alguns trimestralmente e outros diariamente. Alguns oferecem até composição contínua.

Qual é a diferença entre uma conta bancária que anuncia 8% compostos anualmente (uma vez por ano) e uma que oferece 8% compostos trimestralmente (quatro vezes por ano)? Em ambos os casos, 8% é uma taxa de juros anual. A expressão 8% compostos anualmente significa que ao fim de cada ano, 8% da quantia na conta serão somados. Isto equivale a multiplicar a quantia por 1,08. Assim, se \$100 forem depositados, o crédito, B, será

$$B = 100(1{,}08), \quad \text{depois de um ano}$$
$$B = 100(1{,}08)^2, \quad \text{depois de 2 anos}$$
$$B = 100(1{,}08)^t, \quad \text{depois de } t \text{ anos}$$

A expressão 8% compostos trimestralmente significa que juros são acrescentados quatro vezes ao ano (a cada trimestre) e que $^8/_4 = 2\%$ do crédito corrente são acrescentados de cada vez. Assim, se \$100 forem depositados, ao fim de um ano

[48] Lester R. Brown, et al., *Vital Signs*, p. 49. (New York, W. W. Norton and Co., 1994).

[49] C. Schaufele and N. Zumoff, *Earth Algebra. Preliminary Version*, p. 131. (New York: Harper Collins, 1993).

terão tido lugar quatro composições e a conta conterá $\$100(1,02)^4$. O crédito será

$B = 100(1,02)^4$ depois de um ano
$B = 100(1,02)^8$ depois de 2 anos
$B = 100(1,02)^{4t}$ depois de t anos

Note que 8% não é taxa usada para cada período de três meses; a taxa anual é dividida por quatro pagamentos de 2%. O cálculo do total depois de uma ano, por cada um dos métodos, mostra que

Composição anual: $B = 100(1,08) = 108,00$
Composição trimestral $B = 100(1,02)^4 = 108,24$.

Assim, mais dinheiro é ganho pela composição trimestral, porque os juros ganham juros durante o ano. De modo geral, quanto maior a freqüência de composição, mais dinheiro será ganho (embora o acréscimo possa não ser muito grande).

Podemos medir o efeito da composição introduzindo a noção de *rendimento anual efetivo*. Como $100 investidos a 8% compostos trimestralmente crescem a $108,24 pelo fim do ano, dizemos que o *rendimento anual efetivo* neste caso é 8,24%. Temos agora duas taxas de juros que descrevem o mesmo investimento: os 8% compostos trimestralmente e os 8,24% de rendimento anual efetivo. Os bancos chamam os 8% de taxa de porcentagem anual, ou TPA. Podemos também chamar os 8% de *taxa nominal* (nominal quer dizer, só no nome). Porem, é o rendimento efetivo que lhe diz exatamente quanto de juros paga de fato o investimento. Assim, para comparar duas contas bancárias, compare simplesmente os rendimentos anuais efetivos. Da próxima vez que você passar por um banco, olhe os anúncios, que (por lei) incluem tanto a taxa nominal quanto o rendimento efetivo anual. Freqüentemente abreviamos *taxa de porcentagem anual* para *taxa anual*.

Uso do rendimento anual efetivo

Exemplo 4 O que é melhor: O Banco X pagando 7% de taxa anual composta mensalmente ou o Banco Y oferecendo 6,9% de taxa anual, composta diariamente?

Solução Procuramos o rendimento anual efetivo para cada banco.

Banco X : Há 12 pagamentos de juros ao ano, cada pagamento sendo de $0,07/12 = 0,005833$ vezes o crédito corrente. Se o depósito inicial fosse de $100, então o crédito B seria

$B = 100(1,005833)$ depois de um mês
$B = 100(1,005833)^2$ depois de 2 meses
$B = 100(1,005833)^t$ depois de t meses.

Para achar o rendimento efetivo, olhamos um ano, ou 12 meses, o que dá $B = 100(1,005833)^{12} = 100(1,072286)$, de modo que o rendimento anual efetivo é $\approx 7,23\%$.

Banco Y: Há 365 pagamentos de juros em um ano (supondo que não é ano bissexto), cada um sendo de $0,069/365 = 0,000189$ vezes o crédito corrente. Então o crédito é

$B = 100(1,000189)$ depois de um dia
$B = 100(1,000189)^2$ depois de dois dias
$B = 100(1,000189)^t$ depois de t dias,

assim no fim de um ano teremos multiplicado o depósito inicial por

$$(1,000189)^{365} = 1,071413$$

e o rendimento anual efetivo para o banco Y é $\approx 7,14\%$.

Comparando os rendimentos anuais efetivos, vemos que o banco X está oferecendo um negócio melhor, por pequena margem.

Exemplo 5 Se $1.000 forem investidos em cada banco do exemplo 4, escreva uma expressão para o crédito em cada banco depois de t anos.

Solução Para o banco X, o rendimento anual efetivo $\approx 7,23\%$ de modo que ao fim t anos crédito será

$$B = 100\left(1+\frac{0,07}{12}\right)^{12t} = 1.000(1,005833)^{12t} = 1.000(1,0723)^t$$

Para o banco Y o rendimento anual efetivo é $\approx 7,14\%$, de modo que após t anos o crédito será

$$B = 100\left(1+\frac{0,069}{365}\right)^{365t} = 1.000(1,0714)^t$$

(De novo, ignoramos bissextos.)

Se juros a uma taxa anual de r forem compostos n vezes ao ano, então r/n vezes o crédito corrente são somados n vezes ao ano. Portanto, com um depósito inicial de $\$P$, o crédito t anos depois é

$$B = P\left(1+\frac{r}{n}\right)^{nt}$$

Note que r é a taxa nominal, por exemplo, $r = 0,05$ se a taxa anual for de 5%.

Aumento da freqüência de composição: composição contínua

Exemplo 6 Ache o rendimento efetivo anual para uma taxa anual de 7% composta
(a) 1.000 vezes ao ano (b) 10.000 vezes ao ano

Solução (a)

$$\left(1+\frac{0,07}{1000}\right)^{1000} \approx 1,0725056$$

dado um rendimento anual efetivo de cerca de 7,25056%

(b)

$$\left(1+\frac{0,07}{10.000}\right)^{10.000} \approx 1,0725079$$

dando um rendimento anual efetivo de cerca de 7,25079%

Você pode ver que não há grande diferença entre compor 1.000 vezes ao ano (cerca de três vezes por dia) e 10.000 vezes por ano (cerca de 30 vezes por dia). O que acontece se compusermos ainda mais freqüentemente? A cada minuto? A cada segundo? Você pode ficar surpreso por saber que o rendimento efetivo anual não cresce indefinidamente, mas tende a um valor finito. O benefício de aumentar a freqüência de composição se torna desprezível a partir de um certo ponto.

Por exemplo, se você calculasse o rendimento anual efetivo sobre um investimento a 7% composto n vezes por dia para valores de n maiores que 100.000, você veria que

$$\left(1+\frac{0,07}{n}\right)^{n} \approx 1,0725082$$

Assim o rendimento anual efetivo é de cerca de 7,25082. Mesmo que você tome $n = 1.000.000$ ou $n = 10^{10}$, o rendimento efetivo anual não mudará significativamente. O valor 7,25082% é uma limitação superior que é avizinhada quando cresce a freqüência de composição.

Quando o rendimento anual efetivo está nessa limitação superior dizemos que os juros estão *compostos continuamente*. (A palavra *continuamente* é usada porque a limitação superior é avizinhada por composição mais e mais freqüente.) Assim, quando uma taxa anual nominal de 7% é composta tão freqüentemente que seu rendimento anual efetivo é de 7,25082%, dizemos que 7% é composto *continuamente*. Isto representa o máximo que se pode obter de uma taxa nominal de 7%.

Onde aparece o número e?

Acontece que e está intimamente ligado à composição contínua. Para ver isto, use sua calculadora para verificar que $e^{0,07} \approx 1,0725082$, que é o mesmo número que obtivemos quando compusemos 7% um número grande de vezes. Assim, você descobriu que para n muito grande

$$\left(1+\frac{0,07}{n}\right)^{n} \approx e^{0,07}$$

Quando n cresce, a aproximação fica cada vez melhor e escrevemos

$$\lim_{n\to\infty}\left(1+\frac{0,07}{n}\right)^{n} = e^{0,07}$$

o que significa que quando n cresce o valor de $(1+0,07/n)^n$ se avizinha de $e^{0,07}$.

Se $\$P$ forem depositados a uma taxa anual de 7% composta continuamente, o crédito, $\$B$, será dado por

$B = P(1,0725082) = Pe^{0,07}$ depois de um ano,

$B = P(1,0725082)^2 = P(e^{0,07})^2 = Pe^{(0,07)2}$ depois de dois anos,

$B = P(1,0725082)^t = P(e^{0,07})^t = Pe^{0,07t}$ depois de t anos.

> Se juros sobre um depósito inicial de $\$P$ forem compostos continuamente a uma taxa anual r, o crédito ao fim de t anos pode ser calculado usando a fórmula
>
> $$B = Pe^{rt}$$
>
> De novo, r é a taxa nominal, e, por exemplo, $r = 0,05$ quando a taxa anual é 5%.

Ao resolver um problema envolvendo juros compostos, é importante ter clareza quanto a ser a taxa de juros a taxa nominal ou rendimento efetivo, bem como quanto a ser a composição contínua ou não.

Exemplo 7 Ache o rendimento anual efetivo para uma taxa anual de 6% composta continuamente.

Solução Em um ano, um investimento de P fica $Pe^{0,06}$. Usando uma calculadora, vemos que

$$Pe^{0,06} = P(1,0618365).$$

Portanto o rendimento anual efetivo é de cerca de 6,18%.

Exemplo 8 Suponha que você quer investir dinheiro em um certificado de depósito (CD) para a educação de seu filho. Você precisa que valha \$120.000 em 10 anos. Quanto você deve investir se o CD paga juros a uma taxa anual de 9% composta trimestralmente? Continuamente?

Solução Suponha que você invista \$P inicialmente. Uma taxa anual de 9% composta trimestralmente tem um rendimento anual efetivo dado por $(1+0,09/4)^4 = 1,0930833$ ou 9,30833%. Assim, depois de 10 anos você terá

$$P(1,0930833)^{10} = 120.000$$

Portanto você deve investir

$$P = \frac{120.000}{(1,09308330^{10}} = \frac{120.000}{2,4351885} = 49.277,50$$

De outro lado, se o CD paga 9% compostos continuamente, depois de 10 anos você terá

$$Pe^{(0,09)10} = 120.000$$

Você teria pois que investir

$$P = \frac{120.000}{e^{(0,09)10}} = \frac{120.000}{2,4596031} = 48.788,36$$

Observe que para conseguir o mesmo resultado, a composição contínua exige um investimento inicial menor do que a composição trimestral. Isto era de se esperar pois o rendimento anual efetivo é maior para composição contínua que para composição trimestral.

Problemas sobre juros compostos e o número e

1. Use um gráfico de $y = (1+0{,}07/x)^x$ para estimar o número do qual $(1+0{,}07/x)^x$ se avizinha quando $x \to \infty$ Confirme que o valor que você obtém é $e^{0,07}$.
2. Ache o rendimento anual efetivo de uma taxa anual de 6%, composta continuamente.
3. Qual taxa nominal anual de juros tem um rendimento anual efetivo de 5%, sob composição contínua?
4. 4. Qual é o rendimento anual efetivo, sob composição contínua, para uma taxa anual nominal de juros de 8%?
5. (a) Ache o rendimento anual efetivo para uma taxa de juros anual de 5%, composto
   (i) 1.000 vezes/ano (ii) 10.000 vezes/ano
   (iii) 100.000 vezes/ano
   (b) Olhe a seqüência de respostas na parte (a) e prediga o rendimento anual efetivo para uma taxa anual de 5%, composta continuamente.
   (c) Calcule $e^{0,05}$. Como isto confirma sua resposta à parte (b)?
6. (a) Ache $(1+0{,}04/n)^n$ para n = 10.000, e 100.000, e 1.000.000. Use o resultado para predizer o rendimento anual efetivo de uma taxa anual de 4%, composta continuamente.
   (b) Confirme sua resposta calculando $e^{0,04}$.
7. Uma conta bancária ganha juros de 6% ao ano, compostos continuamente.
   (a) De quantos porcento o crédito na conta aumentou em um ano? (Este é o rendimentos anual efetivo.)
   (b) Quanto tempo leva para que o crédito dobre?
   (c) Supondo agora que a taxa de juros é r, ache uma fórmula para o tempo de duplicação em termos da taxa de juros.
8. (a) O Banque Nationale du Zaire paga juros nominais de 100% sobre depósitos, compostos mensalmente. Você investe 1 milhão de zaires. (O zaire é a unidade de moeda da República do Zaire.) Quanto dinheiro você tem ao fim de um ano?
   (b) Quanto dinheiro você tem depois de um ano se você investir 1 milhão de zaires com juros compostos diariamente? A cada hora? A cada minuto?
   (c) A quantia aumenta sem limites quando os juros são compostos mais e mais freqüentemente ou se estabiliza? Se estabiliza, forneça uma estimativa "superior" para o total após uma ano.
9. Explique com você associa às taxas de juros (a)—(e) os rendimentos anuais efetivos (I)-(V) sem fazer cálculos.
   (a) 5,5% de taxa anual, composta continuamente
   (I) 5%
   (b) 5,5% de taxa anual, composta trimestralmente
   (II) 5,06%
   (c) 5,5% de taxa anual, composta semanalmente
   (III) 5,61%
   (d) 5% de taxa anual, composta anualmente
   (IV) 5,651%
   (e) 5% de taxa anual, composta duas vezes ao anos
   (V) 5,654%

Países com taxas de inflação muito altas freqüentemente publicam dados sobre a inflação mensalmente, em vez de anualmente, porque números mensais são menos alarmantes. Os Problemas 10–11 envolvem tais altas taxas, chamadas *hiperinflação.*

10. Em 1989, a inflação nos EUA foi de 4,6% no ano. Em 1989 a Argentina teve uma taxa de inflação de cerca de 33% ao mês.
    (a) Qual é o equivalente anual da taxa mensal da Argentina?
    (b) Qual é o equivalente mensal da taxa anual dos EUA?
11. Entre dezembro de 1988 e dezembro de 1989, a taxa de inflação no Brasil foi de 1.290% ao ano. (Isto significa que entre 1988 e 1989, os preços aumentaram por um fator de 1+12,90 = 13,90.)
    (a) Quanto custaria em 1989 um item que custasse 1.000 cruzados (a unidade de moeda no Brasil então) em 1987?
    (b) Qual foi a taxa de inflação mensal no Brasil nesse período?

2

TAXA DE VARIAÇÃO: A DERIVADA

O Capítulo 1 introduziu a taxa de variação média de uma função num intervalo. Neste capítulo, investigamos a taxa de variação *instantânea* de uma função num ponto. A noção de taxa de variação num dado instante nos leva ao conceito de *derivada*.

A derivada pode ser interpretada geometricamente como a inclinação de uma curva e fisicamente como taxa de variação. Derivadas podem ser usadas para representar tudo, de flutuações em taxas de juros, à taxa segundo a qual peixes estão morrendo, à taxa de crescimento de um tumor.

2. 1 TAXA DE VARIAÇÃO INSTANTÂNEA

No Capítulo 1, consideramos a taxa de variação média de uma função sobre um intervalo. Neste capítulo, consideramos a taxa de variação de uma função só em um ponto. Vimos no Capítulo 1 que quando um objeto se move sobre uma reta, a variação média de posição com relação ao tempo é a velocidade média. Se a posição for expressa como $y = f(t)$, onde t é o tempo, então

Variação média de posição entre $t = a$ e $t = b$:

$$\frac{\Delta y}{\Delta t} = \frac{f(b) - f(a)}{b - a}$$

Se você percorrer 300 quilômetros em 4 horas, então sua velocidade média será de 300/4 = 75 km por hora. Naturalmente, isto não significa que você viaja exatamente a 75 km/h durante a viagem toda. Sua velocidade, num dado instante durante a viagem, é mostrada no velocímetro, e é esta quantidade que investigaremos agora.

Velocidade instantânea

Jogamos uma laranja direto para cima, para o ar. A Tabela 2.1 dá sua altura, y, ao tempo t. Qual é a velocidade da laranja exatamente em $t = 1$? Usamos velocidades médias para estimar esta quantidade.

TABELA 2.1 — *Altura da laranja acima do solo*

t(seg)	0	1	2	3	4	5	6
$y = s(t)$(m)	2	30	47	54	50	35	10

A velocidade média no intervalo $0 \leq t \leq 1$ é de 28 m/seg. e a velocidade média no intervalo $1 \leq t \leq 2$ é de 17 m/seg. Observe que a velocidade média antes de $t = 1$ é maior que a velocidade média depois de $t = 1$ pois a laranja está indo mais devagar. Esperamos que a velocidade a $t = 1$ esteja entre essas duas velocidades médias. Como podemos achar a velocidades exatamente a $t = 1$? Olhamos o que acontece perto de $t = 1$ com mais detalhes. Suponha que achamos as velocidade médias de cada lado de $t = 1$ sobre intervalos cada vez menores, como na Figura 2.1. Então, por exemplo,

Velocidade média entre $t = 1$ e $t = 1{,}01$=

$$\frac{\Delta y}{\Delta t} = \frac{s(1{,}01) - s(1)}{1{,}01 - 1} = \frac{30{,}226 - 30}{0{,}01} = 22{,}6 \text{ m/seg.}$$

Esperamos que a velocidade instantânea em $t = 1$ esteja entre as velocidades médias de cada lado de $t = 1$. Vemos na figura 2.1 que, ao passo que o tamanho dos intervalos encolhe, os valores da velocidade antes de $t = 1$ e depois de $t = 1$ ficam cada vez mais próximos. Para o menor intervalo na Figura 2.1, ambas as velocidades são de 22,6 m/seg (a uma casa decimal), assim, a velocidade em $t = 1$ é 22,6 m/seg (a uma casa decimal).

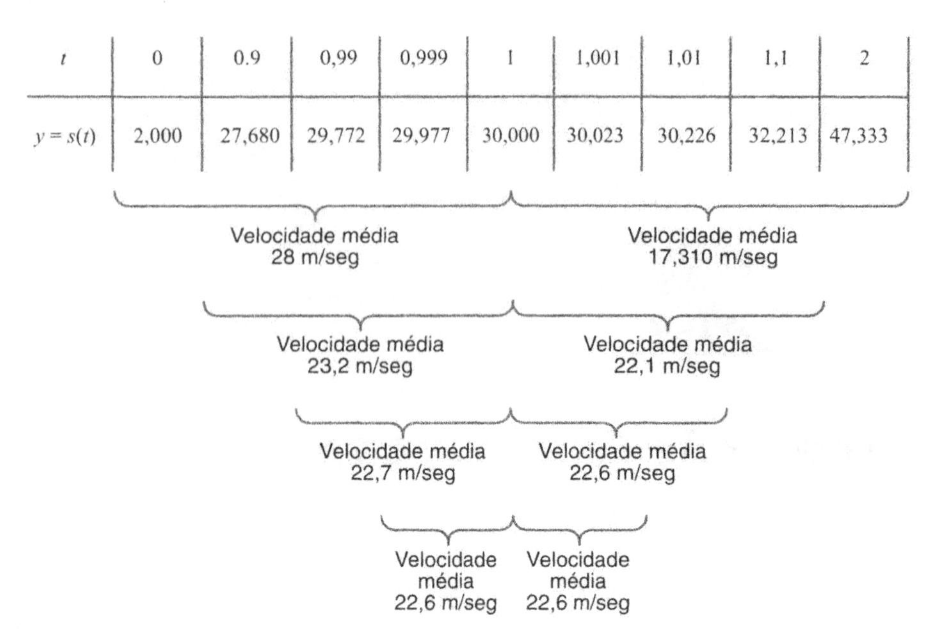

t	0	0.9	0,99	0,999	1	1,001	1,01	1,1	2
$y = s(t)$	2,000	27,680	29,772	29,977	30,000	30,023	30,226	32,213	47,333

***Figura 2.1** — Velocidades médias de cada lado de* t = 1, *mostrando intervalos sucessivamente menores*

Naturalmente, se mostrássemos mais uma casa decimal, as velocidade médias antes e depois de $t = 1$ já não concordariam, mesmo no menor intervalo. Para calcular a velocidade em $t = 1$ com mais casas decimais, teríamos que tomar intervalos menores de cada lado de $t = 1$, até que as velocidades concordassem até o número de casas decimais requerido. A velocidade em $t = 1$ é então definida como sendo essa velocidade média comum.

Definir velocidade instantânea usando a idéia de limite

Quando tomamos intervalos menores perto de $t = 1$, verificamos que as velocidades médias para a laranja estão sempre logo acima ou logo abaixo de 22,6 m/seg. Por nossa definição, a velocidade no instante $t = 1$ é de 22,6 m/seg. É o que se chama *velocidade instantânea* nesse ponto. Sua definição depende de estarmos convencidos de que intervalos sempre menores fornecem velocidades médias que chegam arbitrariamente perto de 22,6. Este processo chama-se tomar o limite.

A **velocidade instantânea** de um objeto ao tempo t é definida como sendo o limite da velocidade média do objeto sobre intervalos de tempo cada vez menores, contendo t.

Observe que a velocidade instantânea parece ser exatamente 22,6, mas e se fosse 22,60001? Como podemos ter certeza de termos tomado intervalos suficientemente pequenos? Mostrar que o limite é exatamente 22,6 exige conhecimento mais preciso sobre como as velocidade foram calculadas e sobre o processo de tomar limites; ver a seção Foco sobre Teoria na página 109.

Taxa instantânea de variação

Podemos definir a taxa instantânea de variação de qualquer função $y = f(t)$ num ponto $t = a$. Imitamos o que fizemos para velocidade e olhamos a taxa média de variação sobre intervalos cada vez menores.

A **taxa de variação instantânea** de f em a, também chamada a **taxa de variação** de f em a, é definida como sendo o limite das taxas médias de variação de f sobre intervalos cada vez menores em torno de a.

Como a taxa média de variação é um quociente de diferenças da forma $\Delta y/\Delta x$, a taxa de variação instantânea é um limite de quociente de diferenças. Na prática, freqüentemente aproximamos uma taxa de variação por um desses quocientes de diferenças.

Exemplo 1 A quantidade (em mg) de uma droga no sangue ao tempo t (em minutos) é dada por

$$Q = 25(0,8)^t.$$

Avalie a taxa de variação da quantidade em $t = 3$ e interprete sua resposta.

Solução Avaliamos a taxa de variação em $t = 3$ calculando a taxa média de variação sobre intervalos perto de $t = 3$. Usando os intervalos $2 \le t \le 3$ e $3 \le t \le 4$, temos

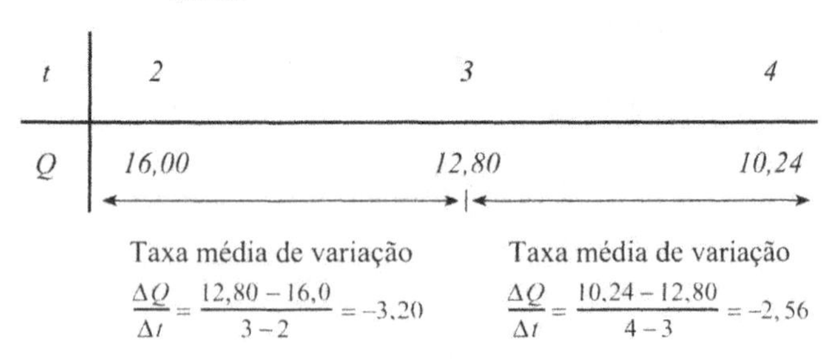

t	2	3	4
Q	16,00	12,80	10,24

Estimamos que a taxa de variação em $t = 3$ está entre $-3,20$ e $-2,56$. Podemos ter estimativas tão precisas quanto quisermos, escolhendo intervalos suficientemente pequenos. Olhemos a taxa de variação média sobre os intervalos $2,99 \le t \le 3$ e $3 \le t \le 3,01$:

t	2,99	3,00	3,01
$Q(t)$	12,8286	12,80	12,7715

Taxa média de variação
$$\frac{\Delta Q}{\Delta t} = \frac{12,80 - 12,8286}{3,00 - 2,99} = -2,86$$

Taxa média de variação
$$\frac{\Delta Q}{\Delta t} = \frac{12,7715 - 12,80}{3,01 - 3,00} = -2,85$$

Uma estimativa razoável para a taxa de variação da quantidade em $t = 3$ é $(-2,86 - 2,85)/2 = -2,855$. Como Q é em mg e t em minutos, as unidades de $\Delta Q/\Delta t$ são mg/minuto. Como a taxa de variação é negativa, a quantidade de droga está decrescendo. Em $t = 3$, a quantidade de droga no sangue está variando a uma taxa de cerca de $-2,855$ mg/minuto.

Visualização da taxa de variação: inclinação da curva

Vimos no Capítulo 1 que a taxa média de variação de uma função num intervalo é representada como inclinação da reta secante ao seu gráfico sobre o intervalo. (Ver a Figura 2.2.)

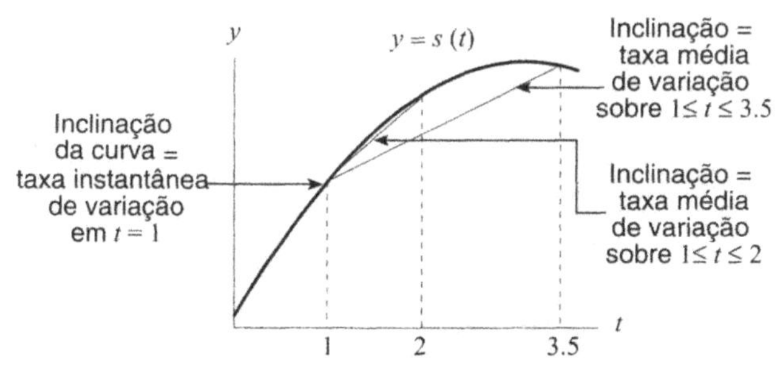

***Figura 2.2** — Taxas médias de variação sobre pequenos intervalos*

A questão seguinte é, como visualizar a taxa de variação num ponto, digamos $t = 1$. O ponto central da idéia é o fato de, em uma escala muito pequena, os gráficos da maioria das funções parecerem-se a retas. Olhe o gráfico de uma função em torno de um ponto e faça um "zoom" para ter uma visão em *close-up*. (Veja a Figura 2.3.) Quanto mais de perto façamos zoom, mais reto parecerá o gráfico. Chamamos a inclinação desta reta a *inclinação da curva no ponto.* Suponha agora que tomamos taxas médias de variação sobre intervalos menores e menores começando no ponto $t = 1$. À medida que encolhe o comprimento do intervalo, a inclinação da secante fica mais próxima da inclinação do gráfico em $t = 1$. Portanto, a inclinação da reta aumentada é a taxa de variação instantânea:

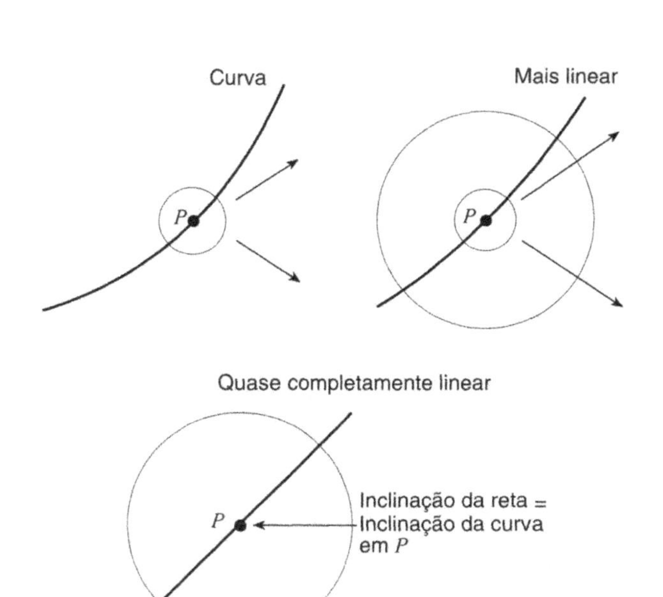

***Figura 2.3** — Achar a inclinação de uma curva num ponto por meio de "zoom"*

> A **taxa de variação instantânea** de uma função num ponto é a inclinação do gráfico nesse ponto.

Exemplo 2 Consideremos a laranja jogada para o ar mais uma vez. A Figura 2.4 mostra a altura da laranja contra o tempo. (Note que isto não é uma representação do caminho da laranja, que é direto para cima e para baixo.) Em quais dos pontos A, B, C, D a velocidade é positiva e em quais pontos é negativa?

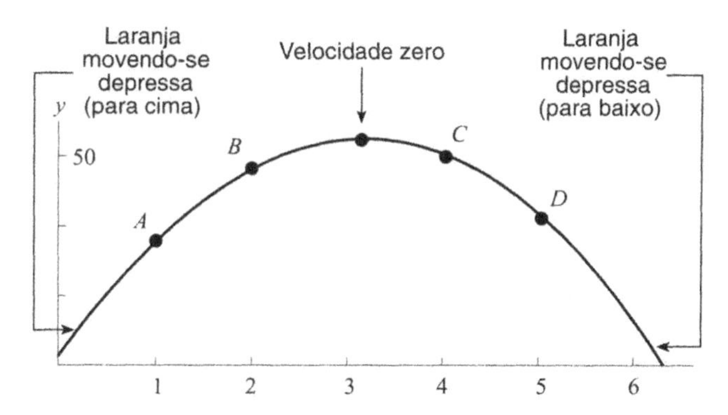

***Figura 2.4** — A altura, y, da laranja ao tempo t*

Solução A velocidade é dada pela inclinação da curva na Figura 2.4. A inclinação é positiva nos pontos A e B, negativa nos pontos C e D. É horizontal quando a velocidade é zero.

No topo de seu caminho a laranja muda de sentido — de mover-se para cima a mover-se para baixo — e, nesse momento, a velocidade instantânea da laranja é zero.

Exemplo 3 Um carro se desloca por uma estrada reta. Parte devagar e depois vai cada vez mais depressa. Esboce um gráfico da distância percorrida pelo carro como função do tempo.

Solução A distância percorrida pelo carro é função crescente do tempo. A velocidade do carro dá a inclinação do gráfico da distância. Portanto, a inclinação do gráfico é sempre positiva, primeiro pequena e depois crescendo. O gráfico é côncavo para cima. Um gráfico possível é mostrado na Figura 2.5.

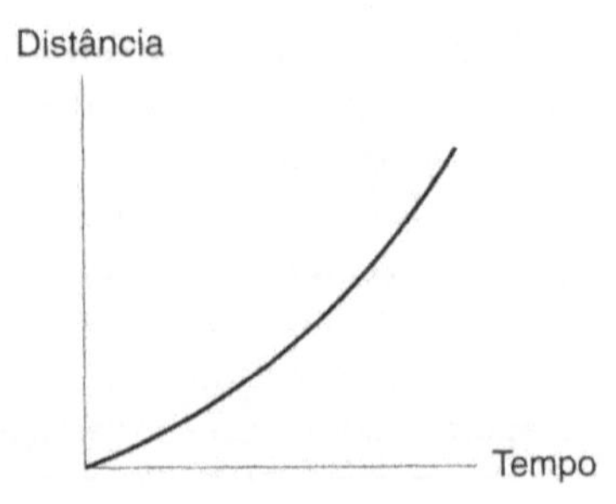

***Figura 2.5** — Distância percorrida por um carro cuja velocidade aumenta*

Avaliar a taxa instantânea de variação a partir de uma tabela de valores

A taxa instantânea de variação de uma função num ponto é aproximada pela taxa média de variação sobre intervalos cada vez menores. Mas se a função é dada por uma tabela de valores, não é possível olhar intervalos sempre menores. Nesse caso, só podemos achar valor aproximado da taxa de variação num ponto.

Exemplo 4 Avalie a taxa de variação da função cujos valores são dados na Tabela 2.2 no ponto $t = 4$.

TABELA 2.2 — *Avalie a taxa de variação de y no ponto t = 4*

t	0	2	4	6	8
y	54	75	90	102	110

Solução Olhamos a taxa média de variação perto de $t = 4$ no menor intervalo possível. Temos três opções: poderíamos usar o intervalo à direita do ponto (de $t = 4$ a $t = 6$), ou o intervalo à esquerda do ponto (de $t = 2$ a $t = 4$), ou poderíamos computar a taxa média de variação sobre ambos estes intervalos e depois tomar a média das duas respostas. Neste texto, usualmente calculamos a taxa média de variação para o intervalo à direita do ponto em que estamos interessados. Porém, se mais precisão for exigida, tomaremos a média dos resultados para os dois intervalos. Para a função na Tabela 2.2, avaliamos

Taxa instantânea de variação em $t = 4$

$$\approx \frac{\Delta y}{\Delta t} = \frac{102-90}{6-4} = \frac{12}{2} = 6$$

Exemplo 5 No mundo em geral, a quantidade de terra por pessoa que é usada para o plantio está decrescendo.[1] Veja a Tabela 2.3.

TABELA 2.3 — *Quantidade de terra para cultivo por pessoa*

Ano	1800	1900	1950	1970
Terra para cultivo (acres/pessoa)	3,51	2,03	1,24	0,84

[1] De *An Introduction to Population, Environment,* Society por Lawrence Schaefer, p. 30. (Hamden, CT: E-P Education Services, 1972).

(a) Qual foi a taxa média de variação em terra para cultivo por pessoa entre 1800 e 1970?

(b) Avalie, em acres por pessoa por ano, a taxa à qual a terra para cultivo estava diminuindo em 1950.

Solução (a) Entre 1800 e 1970

Taxa média de variação =

$$\frac{0,84-3,51}{1970-1800} = \frac{-2,67}{170} = -0,0157 \text{ acres por}$$

pessoa por ano

Entre 1800 e 1970, a quantidade de terra cultivada por pessoa estava decrescendo a uma taxa média de 0,0157 por pessoa por ano.

(b) Usaremos o intervalo de 1950 e 1970 para avaliar a taxa instantânea de variação em 1950:

Taxa de variação em 1950 ≈

$$\frac{0,84-1,24}{1970-1950} = \frac{-0,4}{20} = -0,02 \text{ acres por pessoa}$$

por ano

Em 1950, a quantidade de terra para cultivo por pessoa estava decrescendo a uma taxa de aproximadamente 0,02 acres por pessoa por ano.

Problemas para a Seção 2.1

1. Um carro é dirigido a velocidade constante. Esboce um gráfico da distância percorrida como função do tempo.
2. Um carro é dirigido a velocidade crescente. Esboce um gráfico da distância como função do tempo.
3. Um carro parte a alta velocidade e então sua velocidade decresce lentamente. Esboce um gráfico da distância percorrida pelo carro como função do tempo.
4. Uma ciclista pedala a uma taxa bastante constante, com intervalos regularmente espaçados sem pedalar. Esboce um gráfico da distância que ela percorreu, em função do tempo.
5. A distância (em metros) de um objeto a um ponto é dada por $s(t) = t^2$, onde o tempo t é em segundos.
   (a) Qual é a velocidade média do objeto entre $t = 3$ e $t = 5$?
   (b) Usando intervalos cada vez menores em torno de 3, avalie a velocidade instantânea ao tempo $t = 3$.
6. O tamanho, S, de um tumor maligno (em milímetros cúbicos) é dado por $S = 2^t$, onde t é o número de meses desde que o tumor foi descoberto. Dê unidades para suas respostas às perguntas seguintes:
   (a) Qual é a variação total do tamanho do tumor nos primeiros seis meses?
   (b) Qual é a taxa média de variação do tamanho durante os primeiros seis meses?
   (c) Avalie a taxa de crescimento a $t = 6$. (Use intervalos cada vez menores.)
7. Associe os pontos marcados na curva da Figura 2.6 com as inclinações dadas.

Inclinação	−3	−1	0	1/2	1	2
Ponto						

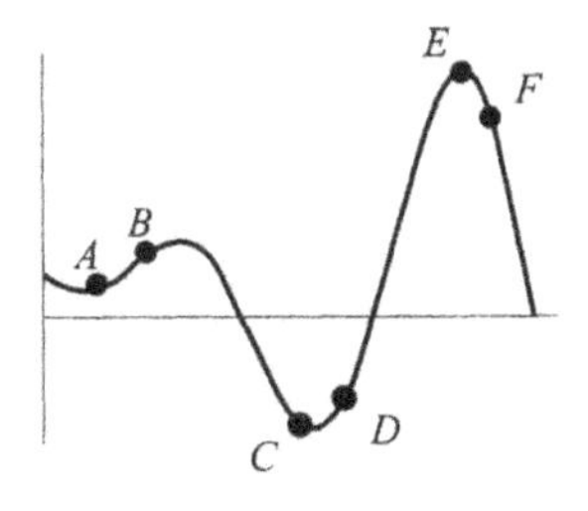

Figura 2.6

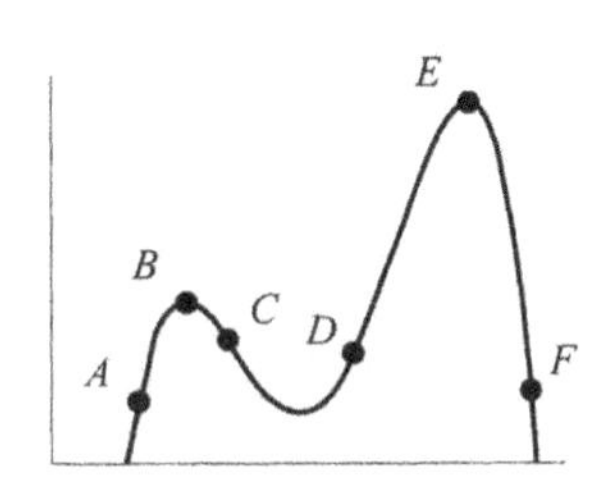

Figura 2.7

8. Para a função mostrada na Figura 2.7, em quais dos pontos marcados a inclinação do gráfico é positiva? Negativa? Em qual ponto marcado o gráfico tem a maior (isto é, a mais positiva) inclinação? A menor (isto é, negativa e com a maior magnitude)?

9. Ache a velocidade média no intervalo $0 \leq t \leq 0{,}8$ e estime a velocidade em $t = 0{,}2$, de um carro cuja posição, s, é dada na tabela seguinte:

t(seg)	0	0,2	0,4	0,6	0,8	1,0
s (m)	0	0,5	0,6	1,3	2,2	3,2

10. A Figura 2.8 mostra o custo, $y = f(x)$, para manufaturar x quilos de um produto químico.
   (a) A taxa de variação média do custo de produzir x quilos é maior entre $x = 0$ e $x = 3$, ou entre $x = 3$ e $x = 5$? Explique graficamente sua resposta.
   (b) A taxa de variação instantânea do custo de produzir x quilos é maior em $x = 1$ ou em $x = 4$? Explique graficamente sua resposta.
   (c) Quais são as unidades dessas taxas de variação?

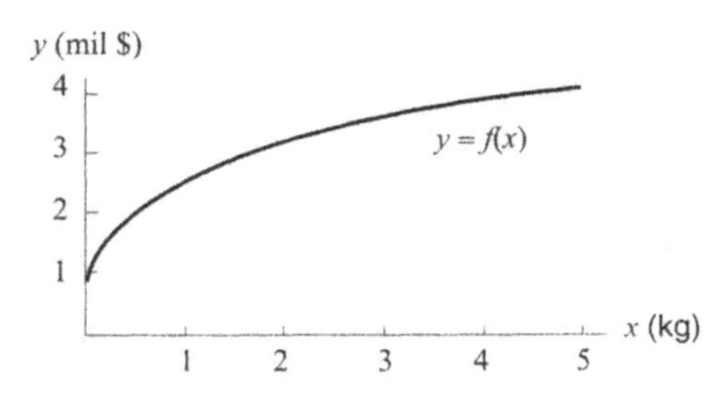

Figura 2.8

11. A população, P, da China, em bilhões, pode ser aproximada pela função
$$P = 1{,}15(1{,}014)^t$$
onde t é o número de anos desde o início de 1993. Segundo este modelo, quão depressa a população está crescendo no início de 1993 e no início de 1995? Dê sua resposta em milhões de pessoas por ano.

12. A tabela seguinte dá a porcentagem da população dos EUA morando em área urbana como função do ano.[2]

Ano	Porcentagem urbana
1800	6
1830	9
1860	20
1890	35
1920	51
1950	64
1960	69,9
1970	73,5
1980	73,7

   (a) Ache a taxa de variação média da porcentagem da população dos EUA vivendo em áreas urbanas entre 1860 e 1960.
   (b) Avalie a taxa à qual esta porcentagem está subindo no ano de 1960.
   (c) Avalie a taxa de variação desta função para o ano de 1830 e explique o que ela está lhe dizendo.
   (d) Esta função é crescente ou decrescente?

13. Uma bola é jogada ao ar de uma ponte, e sua altura, y (em pés) acima do solo, t segundos depois de ser lançada, é dada por
$$y = f(t) = -16t^2 + 50t + 36.$$
   (a) Qual é a altura da ponte acima do solo?
   (b) Qual é a velocidade média da bola no primeiro segundo?
   (c) Aproxime a velocidade da bola ao segundo $t = 1$.
   (d) Faça o gráfico da função f e estime a máxima altura que a bola vai atingir. Qual é a velocidade da bola no momento em que está no seu pico?
   (e) Use o gráfico para decidir em que momento, t, a bola atinge sua altura máxima.

14. Para o gráfico $y = f(x)$ mostrado na Figura 2.9, coloque os números seguintes em ordem crescente (isto é, do menor ao maior).
   - A inclinação do gráfico em A.
   - A inclinação de gráfico em B.
   - A inclinação do gráfico em C.
   - A inclinação do reta AB.
   - O número 0
   - O número 1

[2] *Statistical Abstracts of the US, 1985*, US Department of Commerce, Bureau of the Census, p. 22.

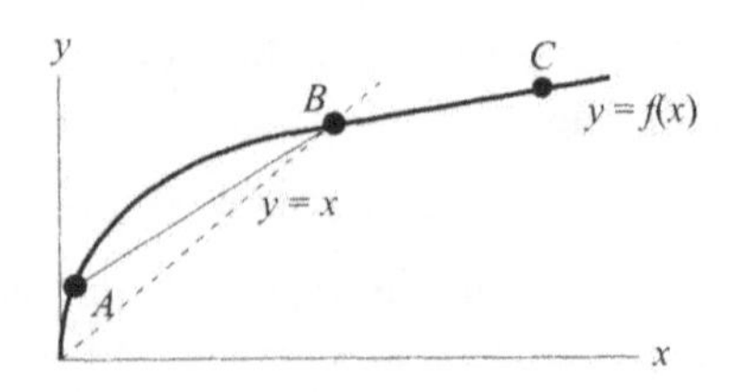

Figura 2.9

15. Suponha que uma partícula se move com velocidade variável ao longo de uma reta e que $s = f(t)$ representa a distância da partícula a um ponto como função do tempo t. Esboce um possível gráfico para f se a velocidade média da partícula entre $t = 2$ e $t = 6$ é a mesma que a velocidade instantânea em $t = 5$.

2.2 A DERIVADA NUM PONTO

A taxa de variação instantânea de uma função f num ponto a é tão importante que lhe é dado um nome, a *derivada de f em a*, denotada por $f'(a)$(ler "f linha de a"). Se quisermos enfatizar que $f'(a)$ é a taxa de variação de $f(x)$ quando a variável x cresce, chamamos $f'(a)$ a derivada de *f com relação a x em x = a*. Observe que derivada é apenas um novo nome para a taxa de variação de uma função.

A **derivada de *f* em *a***, escrita $f'(a)$, é definida como sendo a taxa instantânea de variação de f no ponto a.

A definição da derivada usando uma fórmula é dada na seção Foco em Teoria na página 109.

Exemplo 1 Avalie $f'(2)$ se $f(x) = x^3$.

Solução Como $f'(2)$ é a derivada, ou taxa de variação, de $f(x) = x^3$ em 2, olhamos a taxa média de variação sobre intervalos perto de 2. Usando o intervalo $2 \leq x \leq 2{,}001$, vemos que

Taxa de variação média sobre $2 \leq x \leq 2{,}001$

$$\frac{(2{,}001)^3 - 2^3}{2{,}001 - 2} = \frac{8{,}012 - 8}{0{,}001} = 12{,}0$$

A taxa de variação de $f(x)$ em $x = 2$ parece ser aproximadamente 12, então estimamos que $f'(2) = 12$.

Visualizar a derivada: inclinação do gráfico e inclinação da reta tangente

Já vimos que a taxa de variação (a derivada) de uma função num ponto é a inclinação do gráfico nesse ponto. A derivada é achada tomando a taxa média de variação sobre intervalos cada vez menores. A taxa média de variação é representada pela inclinação da reta secante na Figura 2.10. Quando o ponto B se move para o ponto A na Figura 2.11, a reta secante se torna a reta tangente no ponto A. Portanto, podemos também pensar na derivada como inclinação da reta tangente ao gráfico nesse ponto.

A derivada de uma função no ponto A é igual
- À inclinação do gráfico da função em A
- À inclinação da reta tangente ao gráfico em A.

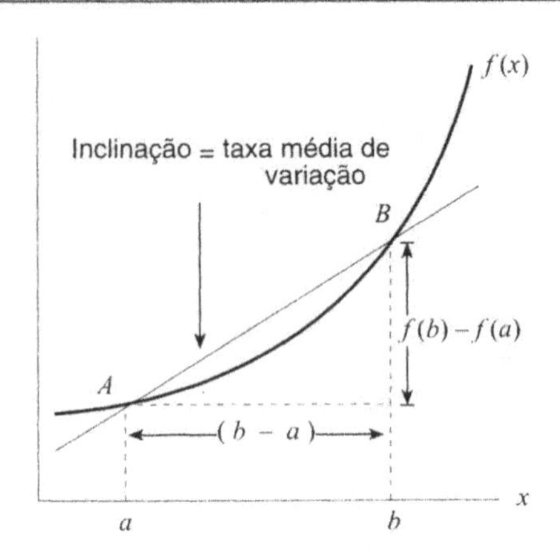

Figura 2.10

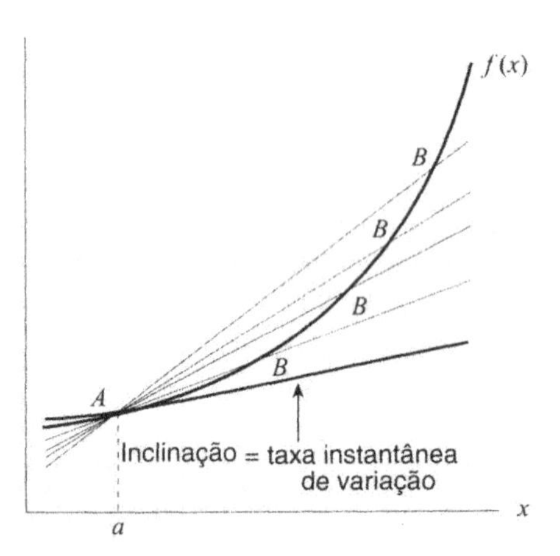

Figura 2.11

A interpretação como inclinação é freqüentemente útil para se ter alguma informação sobre a derivada, como mostra o exemplo seguinte:

Exemplo 2 Use o gráfico de $f(x) = x^2$ para determinar se cada uma das quantidades seguintes é positiva, negativa ou zero:

(a) $f'(1)$ (b) $f'(-1)$
(c) $f'(2)$ (d) $f'(0)$

Solução A Figura 2.12 mostra segmentos de reta tangente ao gráfico de $f(x) = x^2$ nos pontos $x = 1$, $x = -1$, $x = 2$ e $x = 0$. (Note que as retas tangentes em $x = 0$ e $x = 2$ são difíceis de ver, porque estão tão perto do gráfico de x^2.) Como a derivada é igual à inclinação da reta tangente no ponto, vemos que

(a) $f'(1)$ é positiva
(b) $f'(-1)$ é negativa
(c) $f'(2)$ é positiva (e maior que $f'(1)$)
(d) $f'(0) = 0$ pois o gráfico tem tangente horizontal em $x = 0$.

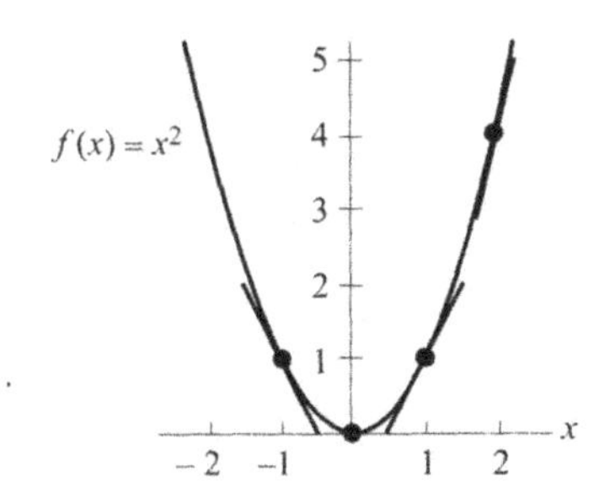

***Figura 2.12** — Retas tangentes mostrando sinal da derivada de* f (x) = x^2

Exemplo 3 Avalie a derivada de $f(x) = 2^x$ em $x = 0$, gráfica e numericamente.

Solução Graficamente: Se traçarmos a reta tangente em $x = 0$ à curva exponencial da Figura 2.13, veremos que tem inclinação positiva. Como a inclinação da reta BA é $(2^0 - 2^{-1})/(0-(-1)) = 1/2$, e a inclinação da reta AC é $(2^1 - 2^0)/(1 - 0) = 1$, sabemos que a derivada está entre 1/2 e 1.

Numericamente: Para estimar a derivada em $x = 0$, calculamos a taxa média de variação num intervalo em torno de 0.

Taxa média de variação sobre $0 \le x \le 0{,}0001$=

$$\frac{2^{0{,}0001} - 2^0}{0{,}0001 - 0} = \frac{1{,}000069317 - 1}{0{,}0001} = 0{,}69317$$

Como usar intervalos menores dá aproximadamente os mesmos valores, vê-se que a derivada vale aproximadamente 0,69317, isto é, $f'(0) \approx 0{,}693$.

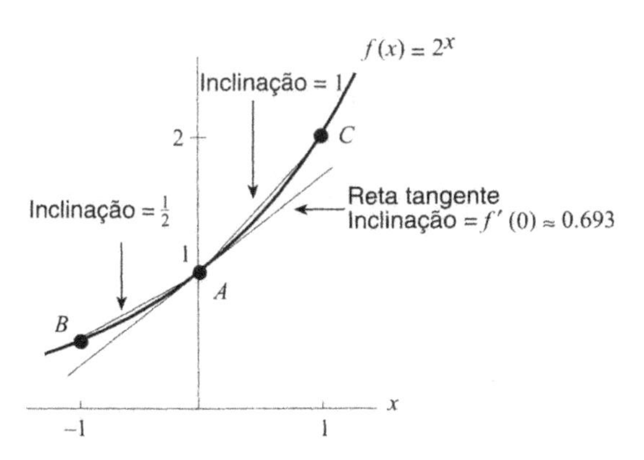

***Figura 2.13** — Gráfico de* f(x) = 2^x *mostrando a derivada em* x = 0

Exemplo 4 Ache uma equação aproximada para a reta tangente ao gráfico de $f(x) = 2^x$ em $x = 0$.

Solução Do exemplo anterior, sabemos que a inclinação da reta tangente é cerca de 0,693. Como a reta passa pelo ponto $(0,2^0) = (0,1)$, sabemos que a reta tem intercepto-y igual a 1. Sua equação é aproximadamente

$$y = 0{,}693x + 1.$$

Exemplo 5 O gráfico de uma função $y = f(x)$ é mostrado na Figura 2.14. Indique se cada uma das quantidades seguintes é positiva ou negativa e ilustre graficamente sua resposta.

(a) $f'(1)$ (b) $\frac{f(3) - f(1)}{3 - 1}$ (c) $f(4) - f(2)$

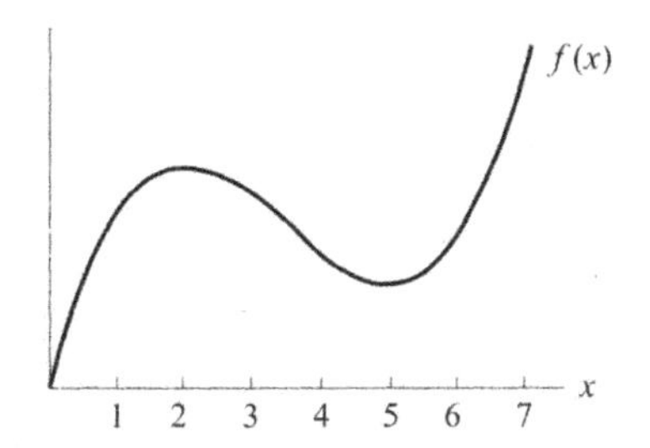

Figura 2.14

Solução (a) Como $f'(1)$ é a inclinação do gráfico em $x = 1$, vemos pela Figura 2.15 que $f'(1)$ é positiva.

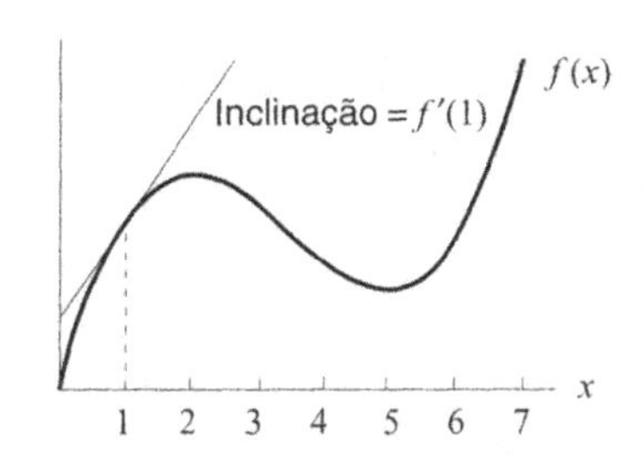

Figura 2.15

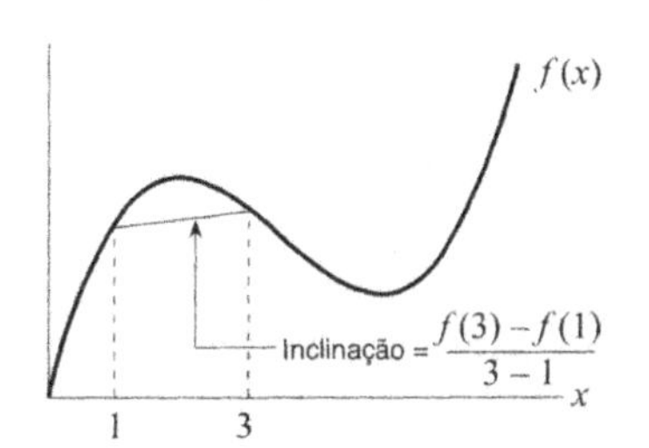

Figura 2.16

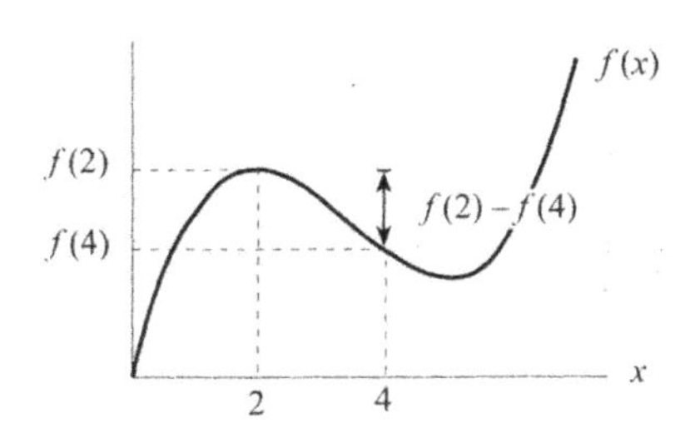

Figura 2.17

(b) O quociente de diferenças $(f(3)-f(1))/(3-1)$ é a inclinação da reta secante entre $x = 1$ e $x = 3$. Vemos pela Figura 2.16 que a inclinação é positiva.

(c) Como $f(4)$ é o valor da função em $x = 4$ e $f(2)$ é o valor da função em $x = 2$, a expressão $f(4) - f(2)$ é a variação da função entre $x = 2$ e $x = 4$. Como $f(4)$ está abaixo de $f(2)$, esta variação é negativa. Veja a Figura 2.17.

Avaliação da derivada de uma função dada numericamente

Se nos for dada uma tabela de valores para uma função, podemos estimar valores de sua derivada. Para isto, temos que assumir que os pontos na tabela são suficientemente próximos uns dos outros para que a função não varie demais entre eles.

Exemplo 6 A Tabela 2.4 dá valores de uma função $P = f(t)$.
(a) $f'(5)$ parece ser positiva ou negativa? E $f'(20)$?
(b) Avalie $f'(10)$.

TABELA 2.4

t	0	5	10	15	20	25
P	50	42	38	35	46	64

Solução (a) Como os valores de P decrescem quando t varia de 0 a 5 a 10, estimamos que $f'(5)$ é negativa. Os valores de P crescem quando t vai de 15 a 20 a 25, assim espera-se que $f'(20)$ seja positiva.
(b) Estimamos $f'(10)$ usando o quociente de diferenças para o intervalo à direita de $t = 10$.

$$f'(10) \approx \frac{\Delta P}{\Delta t} = \frac{35-38}{15-10} = -0,6$$

Avaliar derivadas usando "zooming"

Quando fazemos "zoom" numa curva perto de um ponto, a curva parece uma reta. A derivada no ponto é a inclinação desta reta.

Exemplo 7 Usando "zooming" no gráfico de $f(x) = x^3 - x$, avalie a derivada desta função em $x = 0$.

Solução A Figura 2.18 mostra gráficos sucessivos de $f(x) = x^3 - x$ perto de $x = 0$ em janelas cada vez menores. No intervalo $-0,1 \le x \le 0,1$, o gráfico parece uma reta de inclinação -1. Assim, a derivada de $f(x)$ em $x = 0$ é cerca de -1; isto é, $f'(0) \approx -1$.

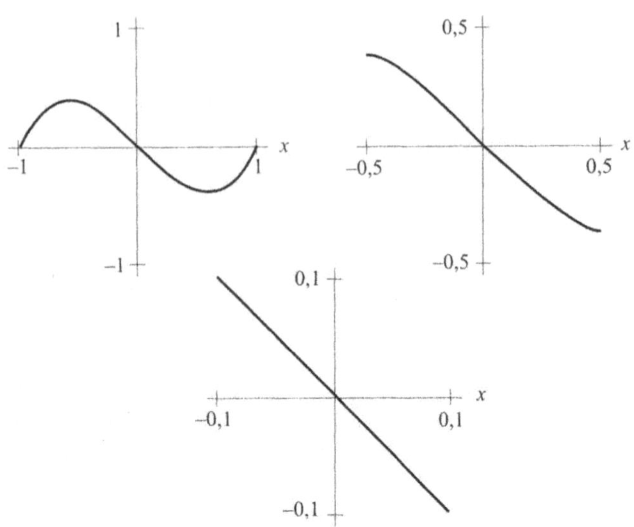

***Figura 2.18** — Zooming no gráfico de f(x) = x³ –x perto de x = 0*

O que a derivada significa, gráfica e numericamente

Considere a função $f(x) = x^2$. Quanto é $f'(1)$? Vimos vários modos de responder a esta pergunta. Se olharmos o gráfico de $f(x) = x^2$ e examinarmos sua inclinação em $x = 1$, veremos de $f'(1)$ é positiva e maior que 1. Podemos obter uma resposta mais precisa "zooming" neste ponto. Ou podemos usar a fórmula $f(x) = x^2$ e um pequeno intervalo junto de $x = 1$ (tal como $1 \le x \le 1,001$) para avaliar $f'(1)$ por meio de um quociente de diferenças:

$$f'(1) \approx \frac{f(1,001) - f(1)}{1,001 - 1} = \frac{(1,001)^2 - (1)^2}{0,001} = \frac{1,002001 - 1}{0,001} \approx 2$$

O que significa dizer que a derivada de $f(x) = x^2$ no ponto $x = 1$ é aproximadamente 2? Como a derivada é a taxa de variação, significa que para pequenas variações em x, perto de $x = 1$, a variação de $f(x) = x^2$ é cerca de duas vezes a variação de x. Por exemplo, se x variar por 0,1 de 1 a 1,1, então $f(x)$ mudará por cerca de 0,2. (Veja a Figura 2.19.)

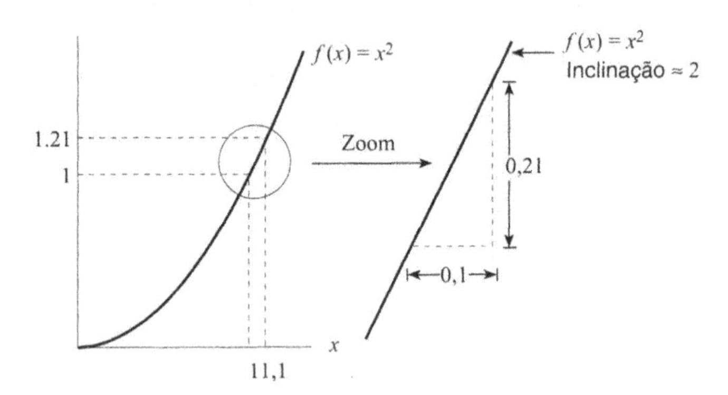

***Figura 2.19** — Gráfico de f (x) = x² perto de x = 1: tem inclinação ≈ 2*

TABELA 2.5 — *Valores de $f(x) = x^2$ perto de $x = 1$*

x	x^2	Diferenças entre valores sucessivos de x^2
0,998	0,996004	0,001997
0,999	0,998001	0,001999
1,000	1,000000	0,002001
1,001	1,002001	0,002003
1,002	1,004004	
↑ Acréscimos de x 0,001		↑ Todas aproximadamente 0,002

A Tabela 2.5 mostra a derivada de $f(x) = x^2$ numericamente. Observe que perto de $x = 1$, de cada vez que o valor de x aumenta de 0,001, o valor de x^2 aumenta de aproximadamente 0,002. Assim, perto de $x = 1$ o gráfico é aproximadamente linear com inclinação $0,002/0,001 = 2$.

Problemas para a Seção 2.2

1. Use o gráfico de $y = f(x)$ na Figura 2.14 para decidir qual das seguintes quantidades é positiva, negativa ou zero. Ilustre suas respostas graficamente.
   (a) A taxa de variação média de $f(x)$ entre $x = 3$ e $x = 7$.
   (b) A taxa de variação instantânea de $f(x)$ em $x = 3$.
2. (a) Use um gráfico de $f(x) = 2 - x^3$ para decidir se $f'(1)$ é positiva ou negativa. Dê razões.
   (b) Use um intervalo pequeno para estimar $f'(1)$.
3. Avalie $P'(0)$, se $P(t) = 200(1{,}05)^t$. Explique como você obteve sua resposta.
4. (a) Use um gráfico de $f(x) = x + 2^x + 2^{-x}$ para decidir se a derivada de $f(x)$ é positiva, negativa ou zero nos pontos $x = -1$, $x = 0$ e $x = 1$.
   (b) Por "zooming" no gráfico de $f(x)$, avalie $f'(0)$.
5. Avalie $f'(2)$ usando um pequeno intervalo, se $f(x) = x^3 - 2x$.
6. (a) Seja $g(t) = (0{,}8)^t$. Use um gráfico para determinar se $g'(2)$ é positiva, negativa ou zero.
   (b) Use um pequeno intervalo para avaliar $g'(2)$.
7. A Tabela 2.6 dá $P = f(t)$, a porcentagem de casas nos EUA com forno microondas[3] como função do tempo, t, em anos desde 1978.
   (a) $f'(6)$ parece ser positiva ou negativa? O que isto lhe diz sobre a porcentagem de casas com fornos microondas?
   (b) Avalie $f'(2)$. Avalie $f'(9)$. Explique o que cada uma está lhe dizendo, em termos de fornos microondas.

TABELA 2.6

t(anos desde 1978)	0	2	4	6	9	12
P (% com microondas)	8	14	21	34	61	79

8. A Figura 2.20 mostra $N = f(t)$, o número de fazendas nos EUA[4], em milhões, entre 1930 e 1992 como função do ano, t.
   (a) $f'(1950)$ é positiva ou negativa? O que lhe diz sobre o número de fazendas?
   (b) Qual é mais negativa: $f'(1960)$ ou $f'(1980)$? Explique
9. (a) Diga se a derivada da função dada na Figura 2.21 é positiva, negativa ou zero, em cada um dos pontos marcados.
   (b) Em qual dos pontos marcados a derivada é maior (isto é, mais positiva)? Em qual ponto a derivada é menor (isto é, mais negativa)?
10. Mostre como você pode representar o que segue, numa cópia da Figura 2.22.
    (a) $f(4)$ (b) $f(4) - f(2)$
    (c) $\dfrac{f(5) - f(2)}{5 - 2}$ (d) $f'(3)$

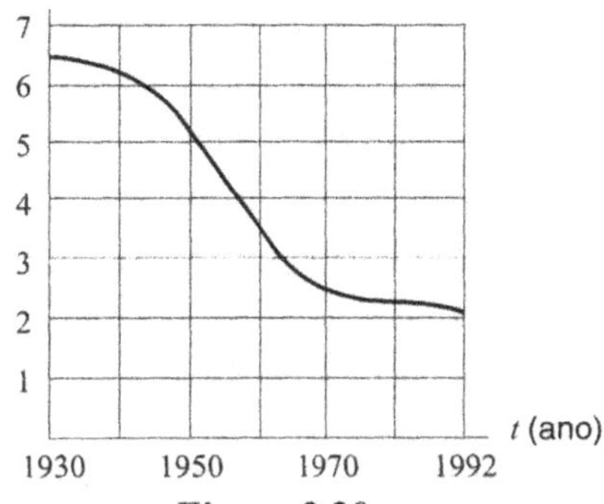

Figura 2.20

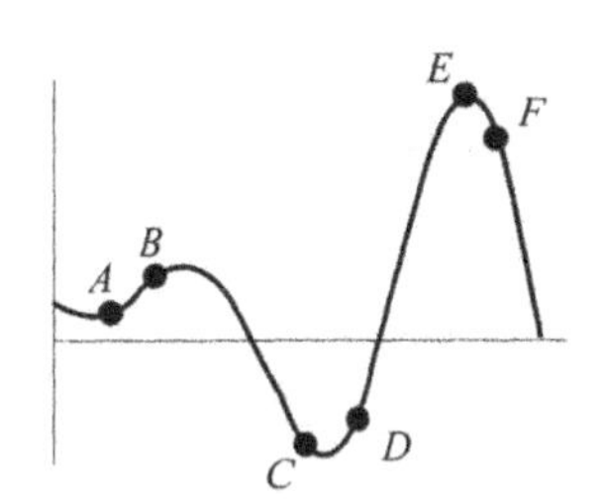

Figura 2.21

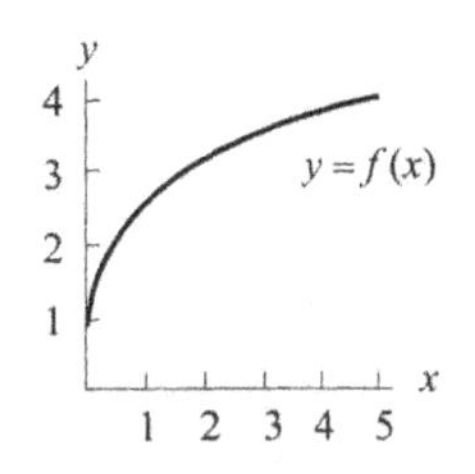

Figura 2.22

11. Considere a função $y = f(x)$ mostrada na Figura 2.22. Para cada um dos seguintes pares de números, decida qual é maior. Explique sua resposta.
    (a) $f(3)$ ou $f(4)$?
    (b) $f(3) - f(2)$ ou $f(2) - f(1)$?
    (c) $\dfrac{f(2) - f(1)}{2 - 1}$ ou $\dfrac{f(3) - f(1)}{3 - 1}$?
    (d) $f'(1)$ ou $f'(4)$?
12. Com a função f dada na Figura 2.22, disponha as quantidades seguintes em ordem crescente:

$$0,\ 1,\ f'(2),\ f'(3),\ f(3) - f(2)$$

13. (a) Esboce os gráficos das funções $f(x) = x^2$ e $g(x) = x^2 + 3$ no mesmo conjunto de eixos. O que você pode dizer da inclinação das retas tangente aos dois gráficos no ponto $x = 0$? $x = 1$? $x = 2$? $x = a$, onde a é qualquer valor?
    (b) Explique porque somar uma constante a qualquer função não muda o valor da derivada em qualquer ponto.

---

[3] *The World Almanac*, p. 152. (New Jersey: Funk & Wagnalls, 1994).
[4] *The World Almanac*, p. 122. (New Jersey: Funk & Wagnalls, 1994).

14. Se $f(x) = x^3 + 4x$, avalie $f'(3)$ usando uma tabela semelhante à tabela 2.5.

15. Para $g(x) = x^5$, use tabelas semelhantes à tabela 2.5 para avaliar $g'(2)$ e $g'(-2)$. Qual relação você nota entre $g'(2)$ e $g'(-2)$? Explique geometricamente porque isto tem que ocorrer.

16. Seja $f(x) = 5^x$. Use um pequeno intervalo para avaliar $f'(2)$. Agora melhore a precisão, estimando de novo $f'(2)$, usando um intervalo ainda menor.

17. Seja $f(x) = \ln x$. Avalie $f'(2)$ por dois métodos diferentes:
 (a) Usando um gráfico.
 (b) Usando quocientes de diferenças para intervalos cada vez menores em torno de 2. Dê resposta exata a uma casa decimal.

18. A tabela seguinte mostra horas semanais, $f(t)$, ganhos por hora, $g(t)$, ganhos por semana, $h(t)$, de trabalhadores de produção[5] como funções do ano.[6]
 (a) Indique se cada uma das derivadas seguintes é positiva ou negativa:
 $f'(t)$, $g'(t)$, $h'(t)$. Interprete cada resposta em termos de horas ou ganhos.
 (b) Avalie cada uma das derivadas seguintes e interprete suas respostas.
 (i) $f'(1965)$ e $f'(1985)$
 (ii) $g'(1965)$ e $g'(1985)$
 (iii) $h'(1965)$ e $h'(1985)$

Ano, t	1965	1970	1975	1980	1985	1990
Horas semanais, $f(t)$	38,8	37,1	36,1	35,3	34,9	34,5
Ganhos por hora, $g(t)$	2,46	3,23	4,53	6,66	8,57	10,01
Ganhos semanais, $h(t)$	95,45	119,83	163,53	235,10	299,09	345,35

2.3 A FUNÇÃO DERIVADA

Na Seção 2.2 olhamos a derivada de uma função num ponto fixo. Agora vemos que, em geral, a derivada toma valores diferentes em pontos diferentes e é ela própria uma função. Primeiro, lembre que a derivada de uma função num ponto nos diz a taxa à qual o valor da função está variando naquele ponto. Geometricamente, se fizermos um "zoom" num ponto de um gráfico, até que o gráfico pareça uma reta, a inclinação dessa reta é a derivada no ponto. Equivalentemente, podemos pensar na derivada como inclinação da reta tangente ao gráfico no ponto, porque à medida que fazemos o "zoom", o gráfico e a reta tangente se tornam indistinguíveis.

Exemplo 1 Avalie a derivada da função $f(x)$ cujo gráfico está na Figura 2.23 em $x = -2, -1, 0, 1, 2, 3, 4, 5$.

[5] Empregados de produção incluem trabalhadores não supervisores em mineração, manufatura, construção, transporte, utilidades públicas, negócios de atacado e varejo, finanças, seguros, imobiliários e serviços.

[6] Bureau of Labor Statistics, US Departamente of Labor, *The World Alamanac*, p. 150. Funk & Wagnalls, 1995).

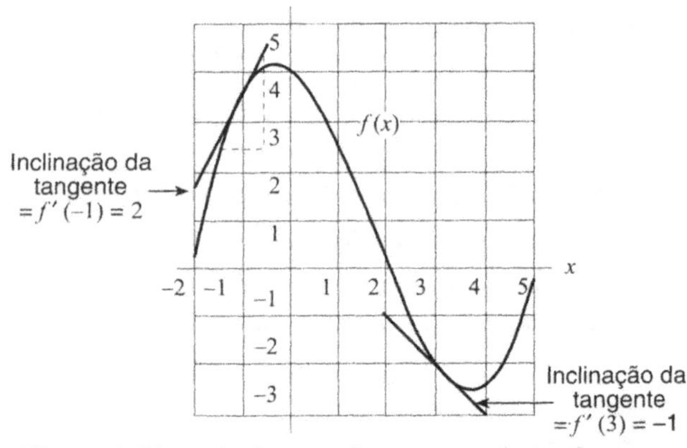

***Figura 2.23** — Avaliar graficamente a derivada, como inclinação da reta tangente*

Solução Pelo gráfico, avaliamos a derivada em cada ponto colocando uma régua de modo que forme a reta tangente nesse ponto, depois usamos o quadriculado para avaliar a inclinação da reta tangente. (Por exemplo, a tangente em $x = -1$ está traçada na Figura 2.23 e tem uma inclinação de cerca de 2, assim, $f'(-1) \approx 2$.) Observe que a inclinação em $x = -2$ é positiva e bastante grande; a inclinação em $x = -1$ é positiva mas menor. Em $x = 0$ a inclinação é negativa, em $x = 1$ tornou-se mais negativa, e assim por diante. Algumas estimativas da derivada estão na Tabela 2.7. Você deve verificar, você mesmo, esses valores. Eles são razoáveis? A derivada é positiva onde você espera? Negativa?

TABELA 2.7 — *Valores estimados da derivada da função na Figura 2.23*

x	−2	−1	0	1	2	3	4	5
Derivada em x	6	2	−1	−2	−2	−1	1	4

O ponto importante a ser observado é que para cada valor de x há um valor correspondente da derivada. A derivada é pois uma função de x.

Para uma função f, definimos a **função derivada,** f', por $f'(x) =$ taxa de variação de f em x.

Achar graficamente a derivada de uma função

Exemplo 2 Esboce o gráfico da derivada da função dada pelo gráfico na Figura 2.23.

Solução O gráfico de $f(x)$ na Figura 2.23, que mostra os intervalos em que a função esta crescendo ou decrescendo, está repetido na Figura 2.24. A Tabela 2.7 dá alguns valores da derivada, $f'(x)$, que estão marcados na Figura 2.25. Porém, é uma boa idéia identificar alguns dos aspectos essenciais do gráfico da derivada, com base no gráfico da função original. Por exemplo, quando a derivado é zero?

Como a inclinação é zero quando o gráfico tem uma tangente horizontal, vemos que a derivada é zero aproximadamente em $x = -0,5$ e $x = 3,7$. Estes são os interceptos-x do gráfico da derivada. A derivada é positiva (seu gráfico está acima do eixo-x) onde f é crescente e a derivada é negativa (seu gráfico está abaixo do eixo-x) onde f é decrescente. Verifique você mesmo que este gráfico de f' faz sentido. Observe que nos pontos em que f tem inclinação para cima grande, tais como $x = -2$, o gráfico da derivada está bem acima do eixo-x, como deveria estar, pois o valor da derivada deve ser grande aí. De outro lado, em pontos em que a inclinação é suave, o gráfico de f' fica perto do eixo-x, pois a derivada é pequena.

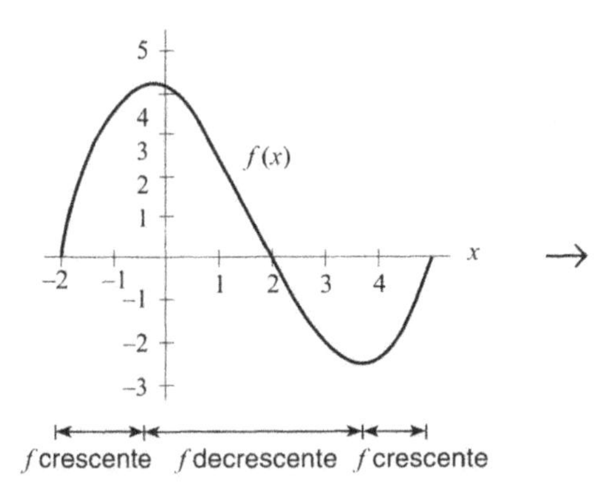

***Figura 2.24** — A função* f(x) *do Exemplo 2*

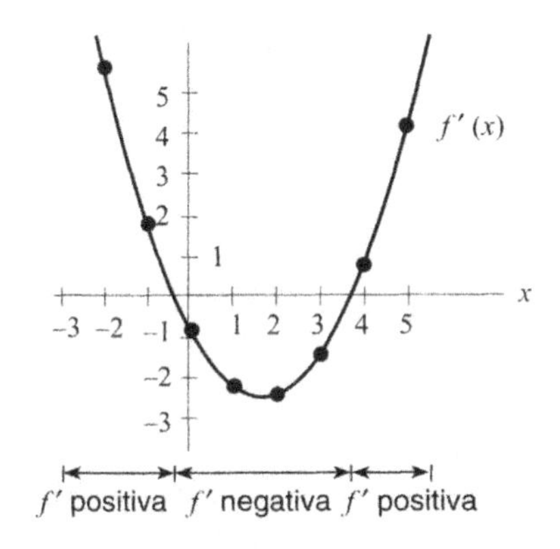

***Figura 2.25** — A derivada da* f(x) *do Exemplo 2*

O que a derivada nos diz, graficamente?

Onde a derivada, f', de uma função é positiva, a tangente ao gráfico de f está inclinada para cima; onde a derivada é negativa, a tangente se inclina para baixo. Se $f' = 0$ em toda parte, então a tangente é horizontal em toda parte e f é constante. O sinal da derivada f' nos diz se a função f é crescente ou decrescente.

> Se $f' > 0$ num intervalo, então f é crescente nesse intervalo
> Se $f' < 0$ num intervalo, então f é decrescente nesse intervalo
> Se $f' = 0$ num intervalo, então f é constante nesse intervalo

A magnitude da derivada nos dá a magnitude da taxa de variação de f. Se f' é grande (positiva ou negativa), então o gráfico de f é íngreme (para cima ou para baixo); de outro lado, se f' é pequeno, o gráfico de f se inclina suavemente.

Avaliar a derivada de uma função dada numericamente

Se nos é dada uma tabela de valores de função, em vez de um gráfico, podemos avaliar valores da derivada.

Exemplo 3 A Tabela 2.8 dá valores de $c(t)$, a concentração (mg/cc) de uma droga na corrente sanguínea ao tempo t(min). Construa uma tabela de valores estimados para $c'(t)$, a taxa de variação de $c(t)$ com relação a t.

TABELA 2.8 — *Concentração de uma droga como função do tempo*

t(min)	$c(t)$(mg/cc)	t(min)	$c(t)$(mg/cc)
0	0,84	0,6	0,97
0,1	0,89	0,7	0,90
0,2	0,94	0,8	0,79
0,3	0,98	0,9	0,63
0,4	1,00	1,0	0,41
0,5	1,00		

Solução Queremos avaliar a derivada de c usando os valores da tabela. Para fazer isto, temos que assumir que os pontos dados são suficientemente vizinhos uns dos outros para que a concentração não varie exageradamente entre eles. Pela tabela, vemos que a concentração cresce entre $t = 0$ e $t = 0,4$, portanto esperamos uma derivada positiva aí. Mas o crescimento é bastante lento, de modo que esperamos que a derivada seja pequena. A concentração não varia entre 0,4 e 0,5, então esperamos que a derivada seja 0 aí. De $t = 0,5$ a $t = 1,0$ a concentração começa a decrescer, e a taxa de decaimento fica cada vez maior, então esperamos que a derivada seja negativa e de magnitude cada vez maior.

Usando os dados na Tabela, estimamos a derivada para cada valor de t por um quociente de diferenças. Por exemplo,

$$c'(0) \approx \frac{c(0,1)-c(0)}{0,1-0} = \frac{0,89-0,84}{0,1} = 0,5 \text{ mg/cc/min.}$$

Assim, estimamos que $c'(0) \approx 0,5$. Geometricamente, $c'(0)$ é aproximada pela inclinação mostrada na Figura 2.26. Analogamente, obtemos as estimativas

$$c'(0,1) \approx \frac{c(0,2)-c(0,1)}{0,2-0,1} = \frac{0,94-0,89}{0,1} = 0,5$$

$$c'(0,2) \approx \frac{c(0,3)-c(0,2)}{0,3-0,2} = \frac{0,98-0,94}{0,1} = 0,4$$

$$c'(0,3) \approx \frac{c(0,4)-c(0,3)}{0,4-0,3} = \frac{1,00-0,98}{0,1} = 0,2$$

$$c'(0,4) \approx \frac{c(0,5)-c(0,4)}{0,5-0,4} = \frac{1,00-1,00}{0,1} = 0,0$$

TABELA 2.9 — *Derivada da concentração*

t	$c'(t)$	t	$c'(t)$
0	0,5	0,5	–0,3
0,1	0,5	0,6	–0,7
0,2	0,4	0,7	–1,1
0,3	0,2	0,8	–1,6
0,4	0,0	0,9	–2,2

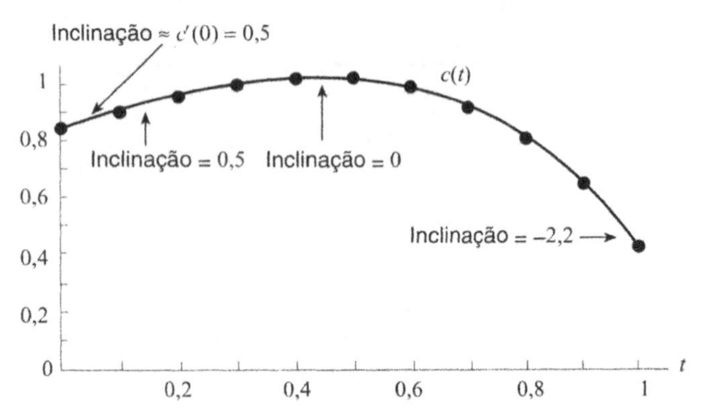

Figura 2.26 — *Gráfico da concentração como função do tempo*

E assim por diante. Estes valores estão tabulados na Tabela 2.9. Observe que a derivada tem pequenos valores positivos até $t = 0,4$, mais adiante fica cada vez mais negativa, como esperávamos. As inclinações são mostradas no gráfico de $c(t)$, na Figura 2.26.

Melhorar estimativas numéricas para a derivada

No exemplo anterior, nossa estimativa para a derivada de $c(t)$ no ponto $t = 0,2$ usou o ponto à direita. Achamos a taxa de variação média entre 0,2 e 0,3. Porém, poderíamos igualmente bem ter olhado para a esquerda e usado a taxa de variação entre $t = 0,1$ e $t = 0,2$ para aproximar a derivada em 0,2. Para um resultado mais preciso, poderíamos tomar a média desses resultados, obtendo a aproximação.

$$c'(0,2) \approx \frac{1}{2}\left(\begin{matrix}\text{Inclinação à}\\ \text{esquerda de } 0,2\end{matrix} + \begin{matrix}\text{Inclinação à}\\ \text{direita de } 0,2\end{matrix}\right) = \frac{0,5+0,4}{2} = 0,45$$

Cada um destes métodos de aproximação dá uma resposta razoável. Usualmente, avaliaremos a derivada olhando para a direita.

Achar a derivada de uma função dada por uma fórmula

Se nos for dada uma fórmula para um função f, podemos encontrar uma fórmula para f'? Freqüentemente podemos, usando a definição de derivada. Muito do poder do cálculo, na verdade, depende de nossa habilidade para encontrar fórmulas para as derivadas de todas as funções familiares. Isto é explicado em detalhes no Capítulo 4. No próximo exemplo, vemos como adivinhar uma fórmula para a derivada.

Exemplo 4 Adivinhe uma fórmula para a derivada de $f(x) = x^2$.

Solução Buscamos um esquema regular para os valores de $f'(x)$. A Tabela 2.10 contém valores de $f(x) = x^2$ (arrendondados a três casas decimais), que podemos usar para estimar os valores de $f'(1)$, $f'(2)$ e $f'(3)$.

TABELA 2.10 — *Valores de $f(x) = x^2$ perto de $x = 1$, $x = 2$ e $x = 3$ (arrendondados a três casas decimais)*

x	x^2(aprox)	x	x^2(aprox)
0,999	0,998	2,001	4,004
1,000	1,000	2,002	4,008
1,001	1,002	2,999	8,994
1,002	1,004	3,000	9,000
1,999	3,996	3,001	9,006
2,000	4,000	3,002	9,012

Perto de $x = 1$, vemos que x^2 cresce por cerca de 0,002 de cada vez que x cresce de 0,001, assim

$$f'(1) \approx \frac{0,002}{0,001} = 2$$

Analogamente,

$$f'(2) \approx \frac{0,004}{0,001} = 4$$

$$f'(3) \approx \frac{0,006}{0,001} = 6$$

Saber o valor de f' em pontos específicos nunca pode nos dizer a fórmula para f', mas certamente pode ser sugestivo: saber que $f'(1) \approx 2$, $f'(2) \approx 4$, $f'(3) \approx 6$ sugere que $f(x) = 2x$. No Capítulo 4 mostraremos que isto é verdade.

Problemas para a Seção 2.3

Para o Problemas 1–6 esboce um gráfico da função derivada de cada uma das funções dadas.

1.

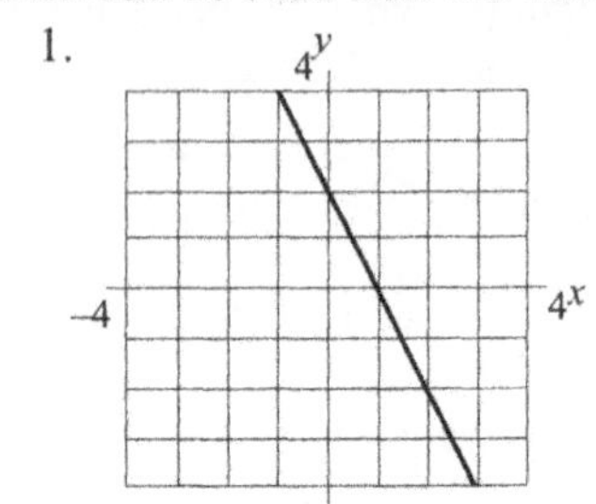

2.

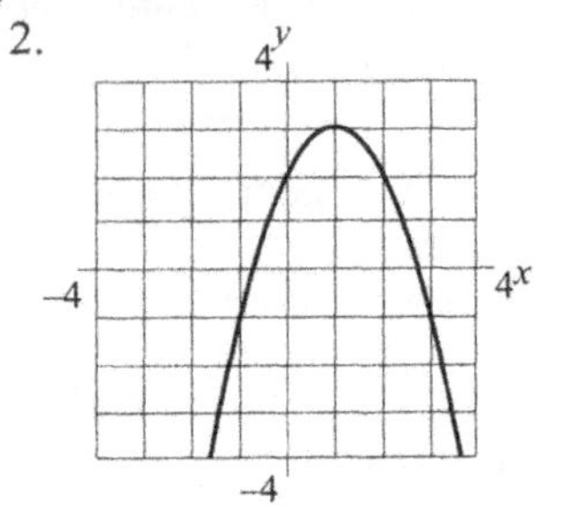

3. 4.

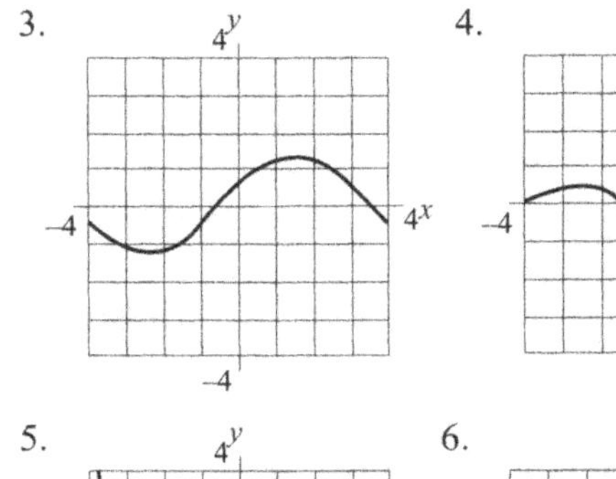

5. 6.

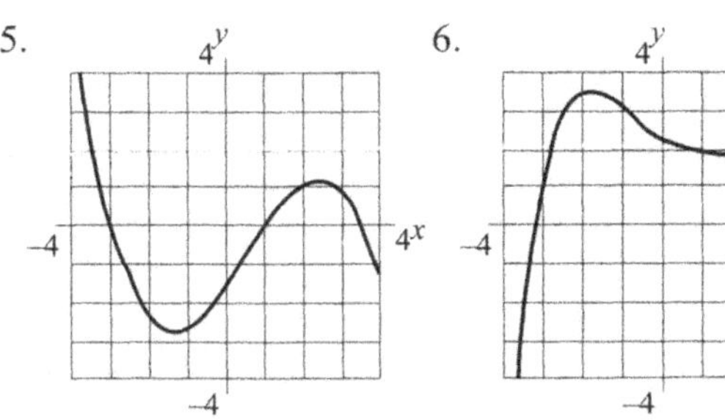

7. Considere a função em degrau $f(t)$ cujo gráfico é dado na Figura 2.27. Esboce um gráfico da derivada $f'(t)$.

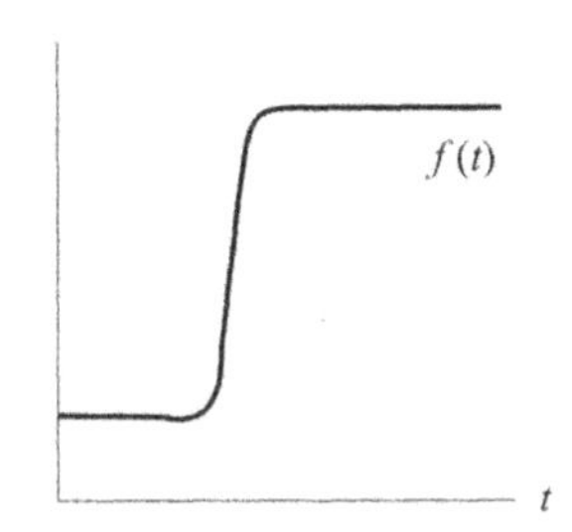

Figura 2.27

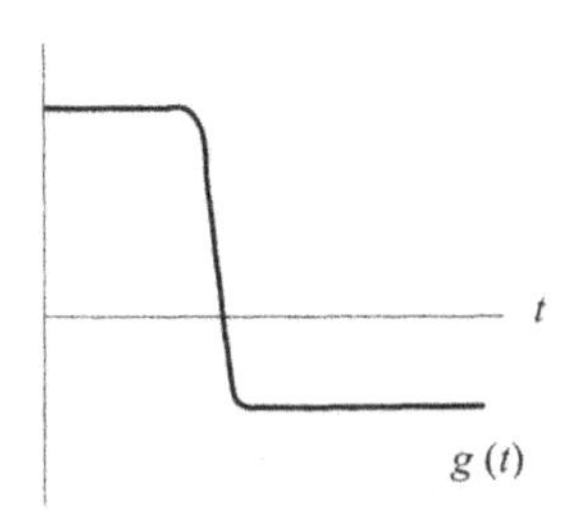

Figura 2.28

8. Esboce o gráfico da derivada, $g'(t)$, da função degrau para baixo $g(t)$ na Figura 2.28.
9. (a) Esboce uma curva lisa, cuja inclinação é sempre positiva e crescente gradualmente.
   (b) Esboce uma curva lisa cuja inclinação é sempre positiva e decrescente gradualmente.
   (c) Esboce uma curva lisa cuja inclinação é sempre negativa e crescente gradualmente (isto é, torna-se cada vez menos negativa).
   (d) Esboce uma curva lisa cuja inclinação é sempre negativa e decrescente gradualmente (isto é, torna-se cada vez mais negativa).
10. Ache valores aproximados para $f'(x)$ em cada um dos valores de x dados. Onde a taxa de variação de $f(x)$ é positiva? Onde é negativa? Onde a taxa de variação de $f(x)$ parece ser a maior?

x	0	1	2	3	4	5	6	7	8
$f(x)$	18	13	10	9	9	11	15	21	30

11. Seja $f(x) = x^3$. Avalie as derivadas $f'(1)$, $f'(3)$ e $f'(5)$. Então adivinhe uma fórmula geral para $f'(x)$.
12. (a) Seja $f(x) = \ln x$. Use pequenos intervalos para avaliar $f'(1), f'(2), f'(3), f'(4)$ e $f'(5)$.
    (b) Use suas respostas à parte (a) para adivinhar uma fórmula para a derivada de $f(x) = \ln x$.
13. Suponha que $f(x = {}^1/_3\, x^3$. Avalie $f'(2), f'(3)$ e $f'(4)$. O que você observa? Você pode adivinhar uma fórmula para $f'(x)$?
14. Se $g(t) = t^2 + t$, avalie $g'(1)$, $g'(2)$ e $g'(3)$. Use para adivinhar uma fórmula para $g'(t)$.
15. Trace um possível gráfico de $y = f(x)$, com as seguintes informações sobre sua derivada.
    - $f'(x) > 0$ sobre $1 < x < 3$
    - $f'(x) < 0$ sobre $x < 1$ e $x > 3$
    - $f'(x) = 0$ em $x = 1$ e $x = 3$
16. Trace um possível gráfico de $y = f(x)$ dadas as seguintes informações sobre sua derivada:
    - $f'(x) > 0$ para $x < -1$
    - $f'(x) < 0$ para $x > -1$
    - $f'(x) = 0$ para $x = -1$
17. No gráfico de f na Figura 2.29, em qual dos valores marcados para x
    (a) $f(x)$ é maior? (b) $f(x)$ é menor?
    (c) $f'(x)$ é maior? (d) $f'(x)$ é menor?

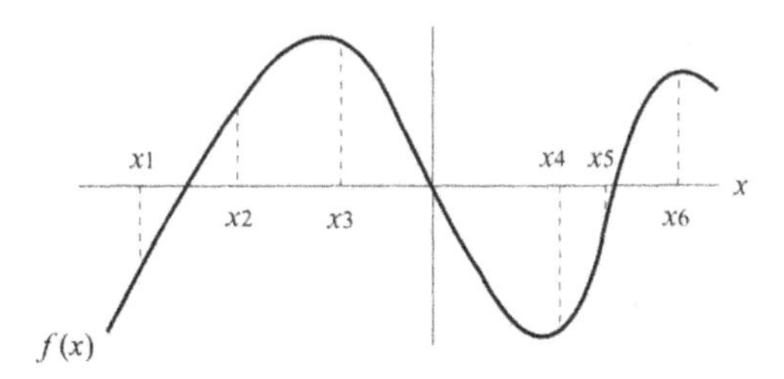

Figura 2.29

18. O lixo sólido gerado cada ano pelas cidades nos EUA vem crescendo. Valores para o lixo (em milhões de toneladas) como função do ano são dados[7] na Tabela 2.11
    (a) Avalie a derivada dessa função nos anos 1960, 1965, 1970, 1975 e 1980.
    (b) Interprete essas derivadas em termos da quantidade de lixo sólido sendo gerado.

TABELA 2.11

Ano	1960	1965	1970	1975	1980	1984
Lixo(milhões de toneladas)	82,3	98,3	118,3	122,7	139,1	148,1

[7] *Statistical Abstracts of the US*, 1988, Tabela 333.

19. (a) Ache a taxa de variação média de $f(x) = 5x + 2$ entre $x = 2$ e $x = 5$; entre $x = 2$ e $x = 3$; e entre $x = 2$ e $x = 2{,}1$.
    (b) Quanto é $f'(2)$? Justifique sua resposta de dois modos: primeiro, usando suas resposta à parte (a), segundo, usando um gráfico de $f(x)$
    (c) Seja $g(x) = mx + b$ qualquer reta. Quanto vale $g'(a)$ para qualquer a?

Para os Problemas 20-25, esboce o gráfico de $f(x)$ e use este gráfico para esboçar o gráfico de $f'(x)$.

20. $f(x) = x(x - 1)$
21. $f(x) = 5x$
22. $f(x) = x^3$
23. $f(x) = 4 + 2x - x^2$
24. $f(x) = x^3 + 3$
25. $f(x) = 2 - x^4$

Para os Problemas 26-31, esboce o gráfico de $y = f'(x)$ para a função dada.

26.

27.
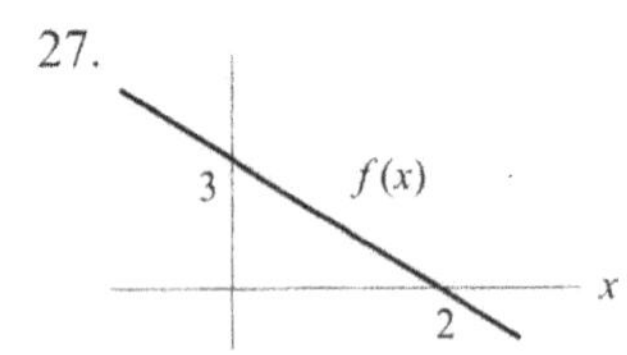

28.
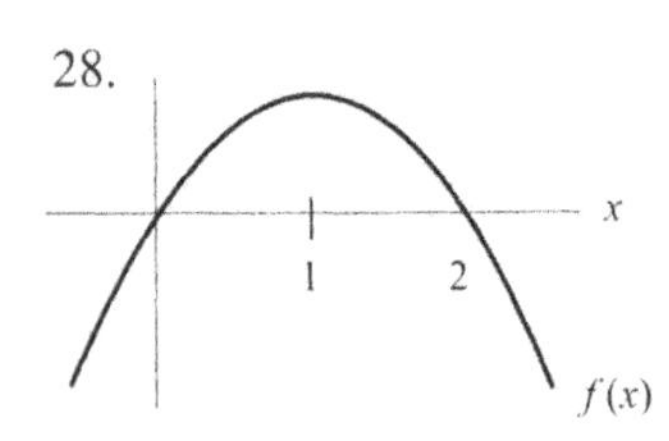

29.
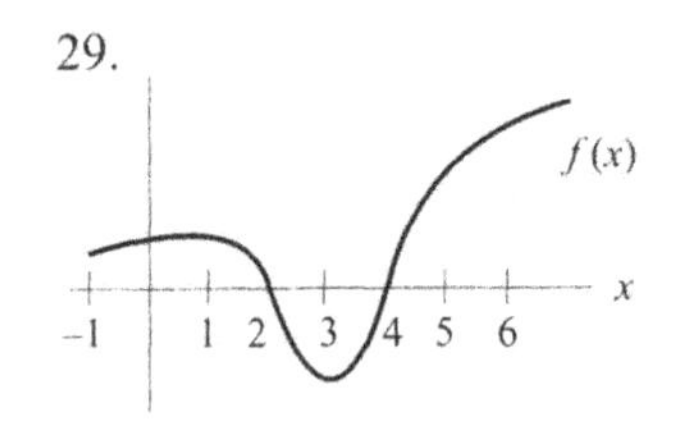

30.
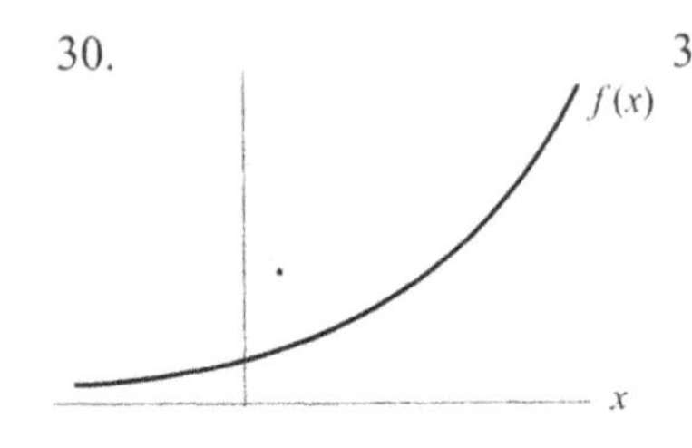

31.
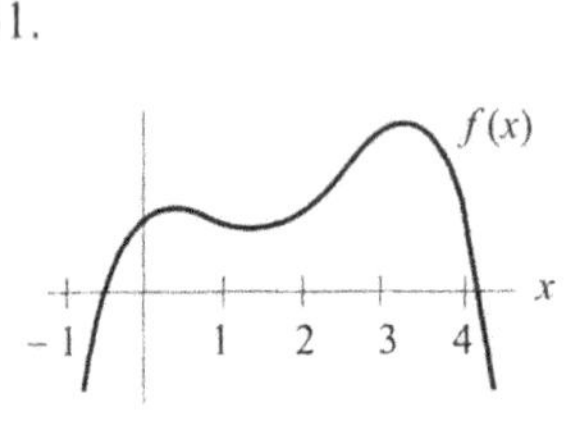

32 A população de bactérias em um centímetro cúbico no sangue de um doente pode ser modelada por

$$f(t) = 100t(0{,}8)^t$$

onde t é em dias desde que a pessoa ficou doente.

(a) Como a população de bactérias varia com o tempo? Esboce um gráfico de $f(t)$ desde o tempo em que a pessoa ficou doente até três semanas depois.
(b) Use o gráfico para decidir quando a população de bactérias é máxima. Qual é esse máximo?
(c) Use o gráfico para decidir quando a população está crescendo mais depressa. Quando está decrescendo mais depressa?
(d) Avalie, sem precisão, quão depressa a população está variando uma semana depois do início da doença.

33. Para dar lentamente a um paciente uma droga antibiótica, a droga é injetada no músculo. (Por exemplo, penicilina para doenças venéreas é administrada assim.) A quantidade da droga na corrente sanguínea começa em zero, cresce a um máximo e depois decresce a zero outra vez.
    (a) Esboce um possível gráfico da quantidade de droga na corrente sanguínea como função do tempo. Chame t_1 o tempo em que a droga está no máximo.
    (b) Descreva em palavras como a taxa à qual a droga está entrando ou deixando o sangue varia com o tempo. Esboce um gráfico desta taxa contra o tempo, marcando t_1 no eixo do tempo.

2.4 INTERPRETAÇÕES DA DERIVADA

Vimos interpretação da derivada como uma inclinação e uma taxa de variação. Nesta seção vemos outras interpretações. O objetivo destes exemplos não é fazer um catálogo de interpretações mas ilustrar o processo para obtê-las. Há outra notação para a derivada que muitas vezes ajuda.

Uma notação alternativa para derivada

Até agora usamos a notação f' para denotar a derivada da função f. Uma notação alternativa para derivadas foi introduzida pelo matemático alemão Gottfried Wilhelm Leibniz (1646–1716) quando o cálculo começava a ser desenvolvido. Sabemos que $f'(x)$ é aproximada pela taxa de variação média sobre um pequeno intervalo. Se $y = f(x)$, então a taxa de variação média é dada por $\Delta y/\Delta x$. Para Δx pequeno, temos

$$f'(x) \approx \frac{\Delta y}{\Delta x}$$

A notação de Leibniz para a derivada, dy/dx, deve nos lembrar disto. Se $y = f(x)$, então escrevemos

$$f'(x) = \frac{dy}{dx}$$

A notação de Leibniz é bastante sugestiva, especialmente se pensarmos na letra d em dy/dx como representado "pequena diferença em ... " A notação dy/dx nos lembra que a derivada é um limite de razões da forma

$$\frac{\text{Diferença em valores} — y}{\text{Diferença em valores} — x}$$

A notação dy/dx é útil na determinação de unidades para a derivada: as unidades de dy/dx são as unidades de y divididas pelas unidades de x (ou apenas "pelas de").

As entidades separadas dy e dx oficialmente não têm significados independentes: são partes de um notação. Na verdade, um bom modo formal de olhar a notação dy/dx é pensar em d/dx como um único símbolo significando "a derivada com relação a x ...". Assim, dy/dx poderia ser vista como

$$\frac{d}{dx}(y), \text{ significando "a derivada com relação a } x \text{ de } y\text{"}$$

De outro lado, muitos cientistas e matemáticos realmente pensam em dy e dx como entidades separadas, significando diferenças "infinitesimalmente" pequenas em y e x, embora seja difícil dizer exatamente quão pequeno é "infinitesimal." Pode não ser formalmente correto, mas ajuda muito, intuitivamente, pensar em dy/dx como em uma variação muito pequena de y dividida por uma variação muito pequena de x.

Por exemplo, lembre que se $s = f(t)$ é a posição de um objeto móvel ao tempo t, então $v = f'(t)$ é a velocidade do objeto ao tempo t. Escrevendo

$$v = \frac{ds}{dt}$$

nos lembramos que v é uma velocidade pois a notação sugere uma distância, ds, sobre um tempo, dt, e sabemos que distância sobre tempo é uma velocidade. Da mesma forma, reconhecemos

$$\frac{dy}{dx} = f'(x)$$

como inclinação de gráfico de $y = f(x)$, lembrando que a inclinação é a elevação vertical, dy, sobre o percurso horizontal, dx.

A desvantagem da notação de Leibniz é que é incômodo especificar o valor de x em que a derivada é calculada. Para especificar $f'(2)$, por exemplo, temos que escrever

$$\left.\frac{dy}{dx}\right|_{x=2}$$

Uso de unidade para interpretar a derivada

Suponha que $s = f(t)$ dá a posição, em metros, de um corpo em relação a um ponto fixo como função do tempo, t, em segundos. Então, saber que

$$\frac{ds}{dt} = f'(2) = 10 \text{ metros/segundo}$$

nos diz que quando $t = 2$ seg, o corpo se move a uma velocidade de 10 metros/seg. Se o corpo continuasse a se mover com esta velocidade durante um segundo inteiro (de $t = 2$ a $t = 3$), ele se teria movido mais 10 metros. De modo geral:

- As unidades da derivada de uma função são as unidades da variável dependente divididas pela unidades da variável independente.
- Se a derivada de uma função não está mudando rapidamente perto de um ponto, então a derivada é aproximadamente igual à variação da função quando a variável independente aumenta de 1 unidade.

Definimos a derivada da velocidade, dv/dt, como *aceleração.*

Exemplo 1 Se a velocidade de um corpo ao tempo t segundos for medida em metros/seg, quais são as unidades da aceleração?

Solução As unidades da aceleração, ou dv/dt, são metros/seg/seg, que escrevemos como metros/seg^2.

Os exemplos seguintes ilustram como unidades podem ser úteis, sugerindo interpretações da derivada.

Exemplo 2 O custo C para construir uma casa de área A metros quadrados é dado pela função $C = f(A)$. Qual é a interpretação prática da função $f'(A)$?

Solução Na notação de Leibniz,

$$f'(A) = \frac{dC}{dA}$$

É um custo dividido por uma área, logo é medido em reais por metro quadrado. Você pode pensar em dC como custo extra para construir dA metros quadrados a mais. Assim, dC/dA é o custo adicional por metro quadrado. Isto é, se você planeja construir uma casa de mais ou menos A metros quadrados de área, $f'(A)$ é o custo por metro quadrado de área extra, envolvida na construção de uma casa um pouco maior, e chama-se o *custo marginal*. O custo marginal não é necessariamente o mesmo que o custo médio por metro quadrado para a casa toda, pois, uma vez que você tenha decidido construir uma casa grande, o custo para acrescentar uns poucos metros quadrados poderia ser relativamente pequeno.

Exemplo 3 O custo para extrair T toneladas de minério de uma mina de cobre é $C = f(T)$ dólares. O que significa dizer que $f'(2000) = 100$?

Solução Na notação de Leibniz,

$$f'(2.000) = \left.\frac{dC}{dT}\right|_{T=2.000}$$

Como C é medido em dólares e T em toneladas, dC/dT deve ser medido em dólares por tonelada. Assim a declaração

$$\left.\frac{dC}{dT}\right|_{T=2.000} = 100$$

diz que quando 2.000 toneladas de minério tiverem sido extraídas da mina, o custo de extrair a tonelada seguinte é aproximadamente \$ 100. Outro modo de dizer o mesmo, é que custa cerca de \$100 extrair a tonelada número 2.000 ou 2.001. Note que isto pode bem ser diferente do custo para extrair a décima tonelada, que provavelmente será mais acessível.

Exemplo 4 Se $q = f(p)$ dá número de quilos de açúcar produzidas quando o preço por quilo é p reais, então quais são as unidades e o significado de

$$\left.\frac{dq}{dp}\right|_{p=3} = 50?$$

Solução As unidade de dq/dp são as unidades de q sobre as de p, ou quilos por reais, então quais são as unidades e o significado de

$$\left.\frac{dq}{dp}\right|_{p=3} = f'(3) = 50 \text{ quilos/real}$$

nos diz que a taxa de variação de q com relação a p é 50 quando $p = 3$.

Isto significa que quando o preço é \$3, a quantidade produzida aumentaria de 50 quilos para cada aumento de um real no preço. Esta é uma taxa de variação instantânea, significando que se a taxa permanecesse a 50 quilos/real e se o preço aumentasse de um real, a quantidade produzida aumentaria por 50 quilos.

Exemplo 5 O período de tempo, L, em horas, de permanência de uma droga no sistema de uma pessoa é uma função da quantidade administrada, q, em mg; assim, $L = f(q)$.

(a) Interprete a afirmação $f(10) = 6$. Dê unidades para os números 10 e 6.

(b) Escreva a derivada da função $L = f(q)$ na notação de Leibniz. Se $f'(10) = 0{,}5$, quais são as unidades de 0,5?

(c) Interprete a afirmação $f'(10) = 0{,}5$ em termos de dose e duração.

Solução (a) Sabemos que $f(q) = L$. Na declaração $f(10) = 6$, temos $q = 10$ e $L = 6$, assim as unidades são 10 mg e 6 horas. A afirmação $f(10) = 6$ nos diz que uma dose de 10 mg dura 6 horas.

(b) Como $L = f(q)$, vemos que L depende de q. A derivada desta função é dL/dq. Como $f'(10) = 0{,}5$, a derivada é 0,5 e as unidades são horas por mg.

(c) A afirmação $f'(10) = 0{,}5$ nos diz que, a uma dose de 10 mg, a taxa de variação da duração é de 0,5 hora por mg. Em outras palavras, se aumentarmos a dose por 1 mg, a droga permanecerá no corpo aproximadamente por 30 minutos mais.

Exemplo 6 Dizem-lhe que água está correndo através de um cano à taxa de 0,4 metros cúbicos por segundo. Interprete essa taxa como derivada de alguma função.

Solução Você poderia pensar, a princípio, que a afirmação tem algo a ver com a velocidade da água, mas, na verdade, uma taxa de fluxo de 10 pés cúbicos por segundo poderia ser obtida ou com água correndo muito devagar por um cano muito grande, ou por água movendo-se muito rapidamente através de um cano estreito. Se olharmos as unidades — metros cúbicos por segundo — perceberemos que nos está sendo dado a taxa de variação de uma quantidade medida em metros cúbicos. Mas um metro cúbico é uma medida de volume, portanto estamos sendo informados sobre a taxa de variação de um volume. Se você imaginar toda a água que está fluindo indo parar num tanque em algum lugar e chamar de $V(t)$ o volume no tanque ao tempo t, então estamos sendo informados que a taxa de variação de V é 0,4, ou que

$$V'(t) = \frac{dV}{dt} = 0{,}4.$$

Uso da derivada para estimar valores de uma função

Como a derivada nos diz quão depressa estão variando os valores de uma função, podemos usar a derivada num ponto para estimar valores da função em pontos próximos.

Exemplo 7 O número de novas assinaturas de um jornal, y, em um mês é função da quantia, x, em reais, gasta em propaganda nesse mês, assim, $y = f(x)$.

(a) Interprete as afirmações $f(250) = 180$ e $f'(250) = 2$.

(b) Use as afirmações dadas na parte (a) para avaliar $f(251)$ e $f(260)$. Qual avaliação é mais confiável?

Solução (a) A afirmação $f(250) = 180$ nos diz que $y = 180$ quando $x = 250$. Isto significa que se \$250 forem gastos por mês em propaganda, resultarão 180 novas assinaturas num mês. Como a derivada é dy/dx, a afirmação $f'(250) = 2$ nos diz que

$$\frac{dy}{dx} = 2 \text{ quando } x = 250$$

Isto significa que se a quantia gasta em propaganda for \$250 e aumentar de \$1, o número de assinaturas novas aumentará de cerca de 2.

(b) A afirmação $f(250) = 180$ diz que, quando são gastos \$250 em propaganda há 180 novas assinaturas. A afirmação $f'(250) = 2$ diz que o número de novas assinaturas aumenta a uma taxa de 2 assinaturas por real adicional gasto em propaganda. Se um real a mais for gasto em propaganda (e então $x = 251$), esperamos 2 novas assinaturas além das 180, portanto

$$f(251) \approx 180 + 2 = 182$$

Analogamente, se 10 reais a mais forem gastos em propaganda (e assim $x = 260$), esperaremos cerca de $10(2) = 20$ novas assinaturas e

$$f(260) \approx 180 + 10(2) = 200$$

Note que para avaliar $f(260)$ temos que assumir que a taxa de 2 novas assinaturas para cada real adicional continua para todo o percurso de $x = 250$ a $x = 260$. Isto significa que a estimativa para $f(251)$ é mais confiável.

No Exemplo 7, representando a variação em y por Δy e a variação em x por Δx, nós usamos o seguinte resultado:

Aproximação linear local

$$\Delta y \approx f'(x)\,\Delta x$$

Exemplo 8 Custos ascendentes por tratamento de saúde têm sido uma fonte de preocupação há algum tempo. Use os dados[8] na Tabela 2.12 para avaliar despesas médias per capita em 1991 e 2010.

[8] Dados adaptados de informação do Departament of Health and Human Services.

TABELA 2.12 — *Média anual de custos de tratamento de saúde per capita em vários anos desde 1970*

Anos	1970	1975	1980	1985	1990
Gastos per capita ($)	349	591	1.055	1.596	2.718

Solução Gastos com cuidados de saúde cresceram durante todo o período mostrado. Entre 1985 e 1990 cresceram (2714 - 1596)/5 = $223,60 por ano. Para fazer estimativas para além de 1990 assumimos que os custos continuam a crescer à mesma taxa. Portanto

$$\text{Custos em } 1991 = \text{Custos em } 1990 + \text{Variação de custos}$$
$$\approx \$\,2.714 + \$223{,}60 = \$\,2.937{,}60.$$

Como 2010 são 20 anos além de 1990,

$$\text{Custos em } 2000 \approx \$2.714 + \$223{,}60(20) = \$7.186.$$

Você deve entender que a estimativa para 1991 no exemplo precedente tem muito mais probabilidade de estar próxima do valor verdadeiro que a avaliação para 2010. Quanto mais para longe extrapolarmos a partir dos dados conhecidos, mais nossa probabilidade de sermos precisos cairá. É improvável que a taxa de variação dos custos de tratamentos de saúde permaneça a $223,60/ano até 2010.

Graficamente, o que fizemos foi estender a reta ligando os pontos para 1985 e 1990, para fazer projeções para o futuro. Veja a Figura 2.30. Você poderia se preocupar com o fato de só usarmos os dois últimos dados para fazer a estimativa. Não há informação valiosa a ser extraída dos demais dados? Sim, de fato — embora não haja um procedimento fixo para levar em conta essa informação. Você poderia olhar a taxa de variação para os anos anteriores a 1985 e tomar uma média, ou você podería usar regressão linear ou exponencial.

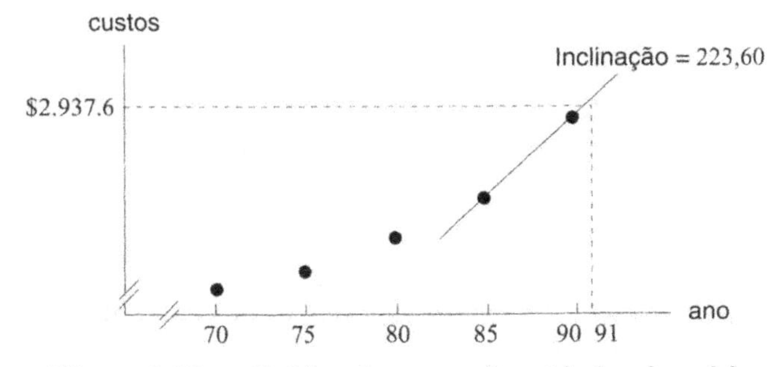

Figura 2.30 — *Gráfico de custos de cuidados de saúde*

Problemas para a Seção 2.4

1. A temperatura, T, em graus centígrados, de uma batata doce fria colocada num forno quente é dada por $T = f(t)$, onde t é o tempo em minutos desde que a batata foi colocada no forno.
   (a) Qual é o sinal de $f'(t)$? Por que?
   (b) Quais são as unidades de $f'(20)$? Qual o significado prático da declaração $f'(20) = 2$?
2. A espessura, P, em mm, de cascas de ovo de pelicanos depende da concentração, c, de PCBs na casca de ovo, medida em ppm (partes por milhão), isto é, $P = f(c)$.
   (a) A derivada $f'(c)$ é negativa. O que isto lhe diz?
   (b) Interprete as afirmações $f(200) = 0{,}28$ e $f'(200) = -0{,}0005$ em termos de PCBs e ovos de pelicano. Dê unidades.
3. Seja $f(x)$ a elevação em pés do rio Mississipi a x milhas da sua fonte. Quais são as unidades de $f'(x)$? O que você pode dizer sobre o sinal de $f'(x)$?
4. Seja $g(t)$ a altura, em centímetros, de Amelia Earhart (uma das primeiras mulheres piloto de aviões) t anos depois de seu nascimento. Quais são as unidades de $g'(t)$? O que você pode dizer dos sinais de $g'(10)$ e $g'(30)$? (Suponha que $0 \le t \le 39$, a idade de Amelia Earhart quando seu avião desapareceu.)
5. Suponha que $C(r)$ é o custo total para liquidar um empréstimo sobre carro tomado a uma taxa de juros anual de r %. Quais são as unidades de $C'(r)$? Qual o significado prático de $C'(r)$? Qual é seu sinal?
6. Suponha que $P(t)$ seja o pagamento mensal, em reais, sobre uma hipoteca que levará t anos para ser paga. Quais são as unidades de $P'(t)$? Qual o significado prático de $P'(t)$? Qual é seu sinal?
7. Depois de investir $1.000 a uma taxa de juros anual de 7%, compostos continuamente, por t anos, seu crédito é $\$B$, onde $B = f(t)$. Quais são as unidades de dB/dt? Qual a interpretação financeira de dB/dt?
8. Um economista está interessado em como o preço de uma certa mercadoria afeta suas vendas. Suponha que, a um preço de $\$p$, é vendida uma quantidade q da mercadoria. Se $q = f(p)$, explique em termos econômicos o significado das afirmações $f(10) = 240.000$ e $f'(10) = -29.000$.
9. Investir $1.000 a uma taxa de juros anual de r %, compostos continuamente, por 10 anos, lhe dá um crédito de $\$B$, onde $B = g(r)$. Dê uma interpretação financeira das afirmações:
   (a) $g(5) \approx 1.649$
   (b) $g'(5) \approx 165$. Quais são as unidade de $g'(5)$?
10. O peso, W, em quilos, de uma criança é função de sua idade, a, em anos, de modo que $W = f(a)$.
    (a) Você espera que $f'(a)$ seja positiva ou negativa? Por que?
    (b) O que lhe diz $f(8) = 22$? Dê unidades para os números 8 e 22.
    (c) Quais são as unidades de $f'(a)$? Explique o que lhe diz $f'(a)$ em termos de idade e peso.
    (d) O que $f'(8) = 2$ lhe diz sobre idade e peso?
    (e) À medida que a cresce, você espera que $f'(a)$ cresça ou decresça? Explique.
11. A quantidade, Q mg, de nicotina no corpo t minutos depois de fumado um cigarro é dada por $Q = f(t)$.

(a) Interprete as declarações $f(20) = 0{,}36$ e $f'(20) = -0{,}002$, em termos de nicotina. Quais são as unidades dos números 20, 0,36 e – 0,002?

(b) Use a informação dada na parte (a) para avaliar $f(21)$ e $f(30)$. Justifique suas respostas.

12. Suponha que $f(t)$ é uma função com $f(25) = 3{,}6$ e $f'(25) = -0{,}2$. Use essa informação para avaliar $f(26)$ e $f(30)$. Explique seu raciocínio.

13. Um fundo mútuo correntemente está avaliado a $80 por ação e seu valor por ação está crescendo à taxa de $0,50 ao dia. Seja $V = f(t)$ o valor da ação t dias a partir de agora.

(a) Expresse a informação dada sobre o fundo mútuo em termos de f e f'.

(b) Supondo que a taxa de crescimento fique constante, avalie e interprete $f(10)$.

14. A Tabela 2.13 mostra a dívida pública dos EUA entre 1980 e 1993 como função do ano.[9]

(a) Avalie a derivada desta função em 1993. Dê unidades para sua resposta e interprete-a.

(b) Use sua resposta à parte (a) para avaliar a dívida pública em 1994 e em 2010. Em qual resposta você deve ter mais confiança e por quê?

TABELA 2.13

Ano	Divida($ bilhão)	Ano	Divida($ bilhão)
1980	907.7	1987	2,350.3
1981	997.9	1988	2,602.3
1982	1,142.0	1989	2,857.4
1983	1,377.2	1990	3,233.3
1984	1,572.3	1991	3,665.3
1985	1,823.1	1992	4,064.6
1986	2,125.3	1993	4,351.2

15. Se $g(v)$ é a eficiência em combustível, em quilômetros por litro, de um carro indo a v quilômetros por hora, quais são as unidades de $g'(90)$? Qual o significado prático de $g'(90) = -0{,}25$?

16. Seja P o reservatório total de petróleo no mundo no ano t. (Em outras palavras, P representa a quantidade total de petróleo, incluindo a não descoberta ainda, no mundo, no tempo t.) Suponha que não está sendo feito novo petróleo e que P é medido em barris. Quais são as unidades de dP/dt? Qual é o significado de dP/dt? Qual é seu sinal? Como você procederia para avaliar esta derivada na prática? O que você precisaria saber para fazer tal avaliação?

17. O rendimento C de uma companhia, pela venda de carros, (medido em milhares de reais) é uma função da despesa com propaganda, a, também medida em milhares de reais. Seja $C = f(a)$.

(a) O que a companhia espera que seja verdade, quanto ao sinal de f'?

(b) O que significa, em termos práticos, a afirmação $f'(100) = 2$? E $f'(100) = 0{,}5$?

(c) Suponha que a companhia esteja planejando gastar cerca de $100.000 em propaganda. Se $f'(100) = 2$, a companhia deveria gastar mais ou menos que $ 100.000 em propaganda? E se $f'(100) = 0{,}5$?

18. (a) Se você saltar de um aeroplano sem pára-quedas, você cairá cada vez mais depressa até que a resistência do vento faça com que você se avizinhe de uma velocidade constante, dita velocidade *terminal*. Esboce um gráfico de sua velocidade contra o tempo.

(b) Explique a concavidade de seu gráfico.

(c) Supondo que a resistência do vento seja desprezível em $t = 0$, qual fenômeno natural é representado pela inclinação do gráfico em $t = 0$?

19. Seja $P(x)$ o número de pessoas nos EUA de altura $\leq x$ polegadas. Qual o significado de $P'(66)$? Quais são suas unidades? Avalie $P'(66)$ (usando senso comum). $P'(x)$ é negativa em algum ponto? [Sugestão; Você pode querer aproximar $P'(66)$ usando um quociente de diferenças, usando $h = 1$. Você pode também assumir que a população dos EUA é de cerca de 250 milhões e note que 66 polegadas = 5 pés e 6 polegadas.]

TABELA 2.14 — *População dos EUA (em milhões) (1790 —1990)*

Ano	População	Ano	População
1790	3,9	1900	76,0
1800	5,3	1910	92,0
1810	7,2	1920	105,7
1820	9,6	1930	122,8
1830	12,9	1940	131,7
1840	17,1	1950	150,7
1850	23,1	1960	179,9
1860	31,4	1970	205,0
1870	38,6	1980	226,5
1880	50,2	1990	248,7
1890	62,9		

20. A Tabela 2.14 dá os números da população dos EUA entre 1790 e 1990.

(a) Avalie a taxa de variação da população para os anos 1900, 1945 e 1990.

(b) Quando, aproximadamente, foi máxima a taxa de variação da população?

(c) Avalie a população dos EUA em 1956.

(d) Baseado nos dados da tabela, o que você prediria para o censo no ano 2000?

21. (a) No Problema 20, pensamos na população dos EUA como uma função lisa do tempo. Até que ponto isto é justificado? O que acontece se fizermos um "zoom" num ponto do gráfico? O que dizer de eventos como a compra da Louisiana? Ou o momento de seu nascimento?

[9] *The World Almanac*, 1995

(b) O que realmente queremos dizer com taxa de variação da população em um momento determinado t?

(c) Dê outro exemplo de função do mundo real que não é lisa mas é em geral tratada como tal.

2.5 A SEGUNDA DERIVADA

Como a derivada é, ela própria, uma função, podemos calcular sua derivada. Para uma função f, a derivada de sua derivada é chamada a *segunda derivada*, escrita como f'' (ler "f duas linhas"). Se $y = f(x)$, a segunda derivada pode também ser escrita como $\frac{d^2y}{dx^2}$, o que significa $\frac{d}{dx}\left(\frac{dy}{dx}\right)$, a derivada de $\frac{dy}{dx}$.

O que nos diz a segunda derivada?

Lembre que a derivada de uma função lhe diz se a função é crescente ou decrescente:

Se $f' > 0$ sobre um intervalo, então f é crescente sobre o intervalo

Se $f' < 0$ sobre um intervalo, então f é decrescente sobre o intervalo

Como f'' é a derivada de f', temos

Se $f'' > 0$ sobre um intervalo, então f' é crescente sobre o intervalo

Se $f'' < 0$ sobre um intervalo, então f' é decrescente sobre o intervalo.

Então, a questão fica sendo: O que significa que f' seja crescente ou decrescente? O caso em que f' é crescente é mostrado na Figura 2.31, em que o gráfico de f está se curvando para cima, ou é *côncavo para cima*. No caso em que f' é decrescente, mostrado na Figura 2.32, o gráfico está se curvando para baixo, ou é *côncavo para baixo*.

> $f'' > 0$ sobre um intervalo significa que f' é crescente, então o gráfico de f é côncavo para cima aí.
>
> $f'' < 0$ sobre um intervalo significa que f' é decrescente, então o gráfico de f é côncavo para baixo aí.

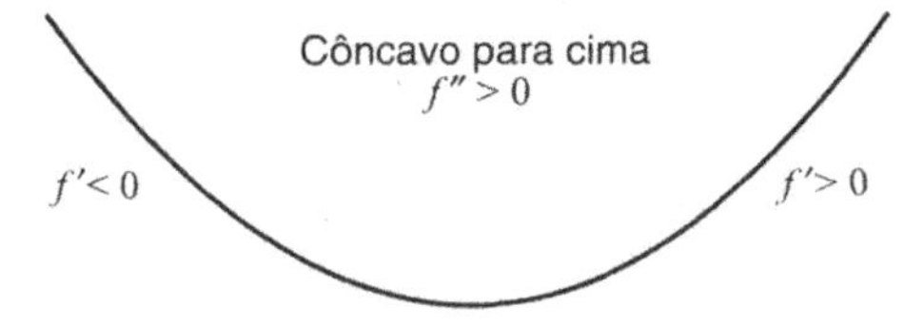

***Figura 2.31** — Significado de f'': a inclinação cresce, de negativa a positiva quando você se move da esquerda para a direita, assim f' é positiva e f côncava para cima*

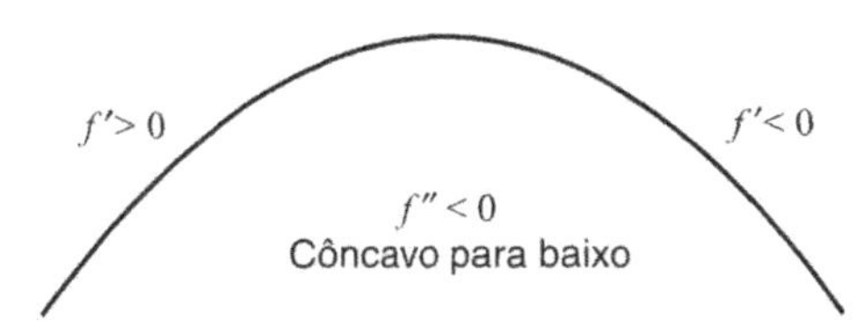

***Figura 2.32** — Significado de f'': a inclinação decresce de positiva a negativa quando você se move da esquerda para a direita, assim f'' é negativa e f côncava para baixo*

Exemplo 1 Para as funções cujos gráficos dão dados na Figura 2.33, decida onde suas derivadas segundas são positivas e onde são negativas.

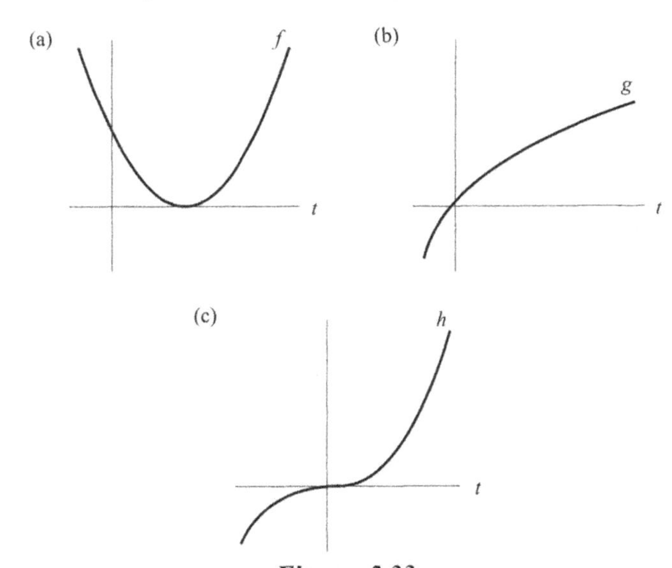

Figuras 2.33

Solução Dos gráficos se percebe que

(a) $f'' > 0$ em toda parte, porque o gráfico de f é côncavo para cima em toda parte.

(b) $g'' < 0$ em toda parte, porque o gráfico de f é côncavo para baixo em toda parte.

(c) $h'' > 0$ para $t > 0$, porque o gráfico de h é côncavo para cima aí; $h'' < 0$ para $t < 0$, porque o gráfico de h é côncavo para baixo aí.

Interpretação da segunda derivada como taxa de variação

Se pensarmos na derivada como taxa de variação, então a segunda derivada será a taxa de variação de uma taxa de variação. Se a segunda derivada for positiva, a taxa de variação está crescendo; se for negativa, a taxa de variação estará decrescendo.

Freqüentemente a segunda derivada tem importância prática. Em 1985, uma manchete de jornal dizia que o Secretário da Defesa tinha dito que Congresso e Senado tinham cortado o orçamento de defesa. Como observaram seus oponentes, porém, o Congresso tinha apenas cortado a taxa à qual o orçamento de defesa estava crescendo.[10] Em outras

[10] No *Boston Globe*, 13 de março de 1985. O Congressista William Gray (D-Pa) teria dito, segundo o relato: "Causa confusão ao povo americano implicar que o Congresso ameaça a segurança nacional com reduções , quando na verdade você está falando em redução do aumento".

palavras, a derivada do orçamento da defesa ainda era positiva (o orçamento estava crescendo), mas a segunda derivada era negativa (a taxa de crescimento do orçamento tinha ficado mais lenta).

Exemplo 2 Uma população, P, crescendo num ambiente confinado, muitas vezes segue uma curva de crescimento *logística*, como o gráfico mostrado na Figura 2.34. Descreva como a taxa à qual a população está crescendo varia com o tempo. Qual é o sinal da segunda derivada d^2P/dt^2? Qual é a interpretação prática de t^* e L?

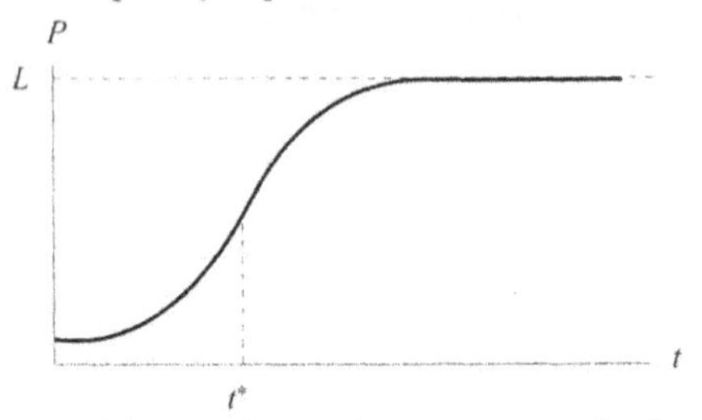

***Figura 2.34** — Curva de crescimento logístico*

Solução Inicialmente, a população está crescendo e a uma taxa crescente. Assim, inicialmente dP/dt está crescendo e $d^2P/dt^2 > 0$. Em t^*, a taxa à qual a população está crescendo é um máximo; aí, a população está no crescimento mais rápido. Para além de t^*, a taxa à qual a população cresce está decrescendo, assim $d^2P/dt^2 < 0$. Em t^*, o gráfico muda, de côncavo para cima a côncavo para baixo, e $d^2P/dt^2 = 0$.

A quantidade L representa o valor limitante da população, que é avizinhado quando t tende a infinito; L chama-se a *capacidade de sustentação* do ambiente e representa a população máxima que o ambiente pode suportar.

Exemplo 3 A Tabela 2.15 mostra o número de abortos por ano, A, executados nos EUA no ano t (tal como comunicado ao Centro de Controle e Prevenção).

TABELA 2.15 — *Abortos comunicados nos EUA (1972—1985)*

Ano, t	1972	1976	1980	1985
Número de abortos relatados, A	586.760	988.267	1.297.606	1.328.570

(a) Avalie dA/dt para os intervalos de tempo mostrados, entre 1972 e 1985.

(b) O que você pode dizer sobre o sinal de d^2A/dt^2 durante o período 1972-198

Solução (a) Para cada intervalo de tempo podemos calcular a taxa média de variação do número de abortos por ano nesse intervalo. Por exemplo, entre 1972 e 1976

$$\frac{dA}{dt} \approx \frac{\text{Taxa média}}{\text{variação}} = \frac{\Delta A}{\Delta t} = \frac{988.267 - 586.760}{1976 - 1972} \approx 100.377$$

Valores aproximados de dA/dt estão listados na Tabela 2.16.

TABELA 2.16 — *Taxa de variação do número de abortos comunicados*

Tempo	1972-1976	1976-1980	1980-1985
Taxa de variação média, $\Delta A/\Delta t$	100.377	77.335	6.193

(b) Assumimos que os dados jazem sobre a curva lisa na Figura 2.35. Como os valores de $\Delta A/\Delta t$ estão decrescendo dramaticamente em 1976-985, podemos ter bastante certeza de que dA/dt também decresce, de modo que d^2A/dt^2 é negativa neste período. Para 1972-1976, o sinal de d^2A/dt^2 é menos claro; dados sobre aborto para 1968 ajudariam. A Figura 2.35 confirma isto: o gráfico parece ser côncavo para baixo para 1976-1985. O fato de d^2A/dt^2 ser negativo para 1976-1985 nos diz que a taxa de crescimento se tornou mais lenta nesse período.

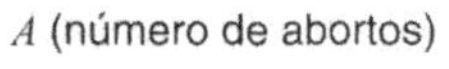

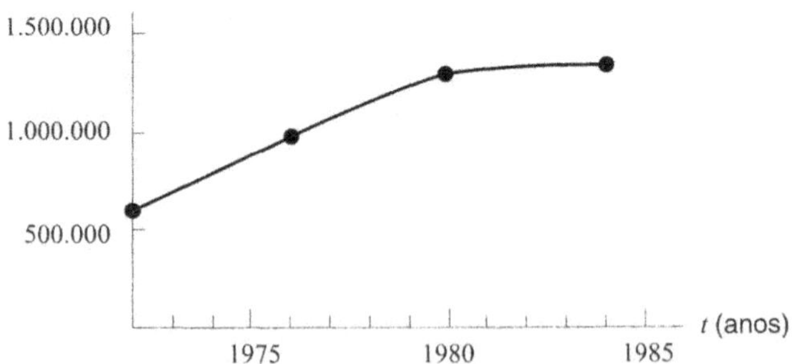

***Figura 2.35** — Como está mudando com o tempo o número de abortos comunicados nos EUA*

Problemas para a seção 2.5

1. Preencha os espaços em branco:
   (a) Se f'' é positiva sobre um intervalo, então f' é_____ sobre esse intervalo, e f é_________________.
   (b) Se f'' é negativa sobre um intervalo, então f' é_____ sobre esse intervalo, e f é_________________.
2. (a) Esboce o gráfico de uma função cujas primeira e segunda derivadas são positivas em toda parte.
   (b) Esboce o gráfico de uma função cuja derivada segunda é negativa em toda parte mas cuja derivada primeira é sempre positiva.
   (c) Esboce o gráfico de uma função cuja derivada segunda é positiva em toda parte mas cuja derivada primeira é negativa em toda parte..
   (d) Esboce o gráfico de uma função cujas primeira e segunda derivadas são negativas em toda parte.
3. (a) Esboce uma curva lisa cuja inclinação é, a princípio, positiva e crescente mas mais adiante é positiva e decrescente.

(b) Esboce o gráfico da primeira derivada da função cujo gráfico é a curva da parte (a).

(c) Esboce o gráfico da segunda derivada da função cujo gráfico é a curva da parte (a).

Nos Problemas 4–5, use o gráfico dado para cada função.

(a) Avalie os intervalos em que a derivada é positiva e os intervalos em que é negativa.

(b) Avalie os intervalos em que a segunda derivada é positiva e os intervalos em que a segunda derivada é negativa.

4. 5.

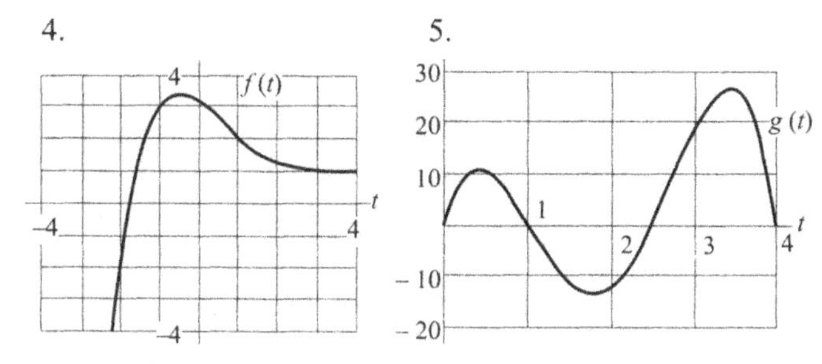

Nos Problemas 6–7, use os valores dados para cada função.

(a) A derivada da função parece ser positiva ou negativa? Explique.

(b) A derivada segunda da função parece ser positiva ou negativa? Explique.

6.

t	0	1	2	3	4	5
$s(t)$	12	14	17	20	31	55

7.

t	100	110	120	130	140
$w(t)$	10,7	6,3	4,2	3,5	3,3

8. Esboce um gráfico de uma função contínua f com as seguintes propriedades:

$f'(x) > 0$ para todo x

$f''(x) < 0$ para $x < 2$ e $f''(x) > 0$ $x > 2$.

9. "Ganhar a guerra contra a pobreza" foi descrito cinicamente como sendo tornar mais lenta a taxa à qual pessoas estão caindo abaixo da linha de pobreza. Supondo que isto está acontecendo:

(a) Esboce um gráfico do número total de pessoas na pobreza contra o tempo.

(b) Se N é o número de pessoas abaixo da linha de pobreza ao tempo t, quais são os sinais de dN/dt e d^2N/dt^2? Explique.

10. Em economia, *utilidade total* se refere à satisfação total dada pelo consumo de algum bem. De acordo com o economista Samuelson:[11]

Ao passo que você consome mais do mesmo bem, a utilidade (psicológica) total cresce. Porém, ... com sucessivas novas unidades do bem, sua utilidade total crescerá a uma taxa mais e mais lenta por causa de uma tendência fundamental, de tornar-se menos intensa sua capacidade psicológica de apreciar mais e mais do bem.

(a) Esboce a utilidade total como função do número de unidades consumidas.

(b) Em termos de derivadas, o que Samuelson está nos dizendo?

11. Suponha que $P(t)$ representa o preço de uma ação de uma corporação ao tempo t. O que cada uma das declarações a seguir nos diz quanto aos sinais da primeira e da segunda derivadas de $P(t)$?

(a) "O preço da ação está subindo mais e mais depressa."

(b) "O preço da ação está perto de parar de cair."

12. A IBM Peru usa derivadas segundas para avaliar o sucesso relativo de várias campanhas de propaganda. Eles assumem que todas as campanhas produzem algum aumento das vendas. Se um gráfico de vendas contra o tempo mostra uma derivada segunda positiva durante uma nova campanha de propaganda, o que isto sugere à gerência da IBM? Por que? O que sugere uma derivada segunda negativa durante uma nova campanha?

13. Considerando os dados seguintes:

x	0	0,2	0,4	0,6	0,8	1,0
$f(x)$	3,7	3,5	3,5	3,9	4,0	3,9

(a) Avalie $f'(0,6)$ e $f'(0,5)$

(b) Avalie f' (0,6).

(c) Onde você supõe que ocorrem os valores máximo e mínimo de f no intervalo $0 \le x \le 1$?

14. Uma indústria está sendo acusada pela Agência de Proteção Ambiental (APA) de despejar poluentes num lago, em níveis inaceitáveis. Num período de vários meses, uma firma de engenharia faz medições diárias da taxa à qual estão sendo despejados poluentes no lago.

Suponha que os engenheiros produzam um gráfico semelhante ou à Figura 2.36(a) ou à Figura 2.36(b). Em cada caso, dê uma idéia do argumento que a APA poderia apresentar contra a indústria num tribunal e da defesa da indústria.

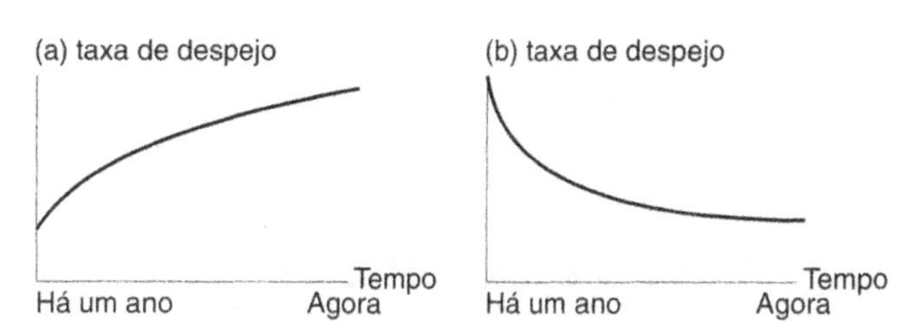

***Figura 2.36** — Despejo de poluentes*

15. Um diretor de colégio está preocupado com a queda na porcentagem de estudantes que se formam na escola, mostrada na tabela seguinte:

[11] De Paul A. Samuelson, *Economics*, 11ª. edição (New York"McGraw-Hill, 1981)

Ano de entrada no colégio, t	1986	1989	1992	1995	1998
Porcentagem de graduados, P	62,4	54,1	48,0	43,5	41,8

(a) Avalie dP/dt para cada um dos intervalos de três anos entre 1986 e 1998.

(b) d^2P/dt^2 parece ser positiva ou negativa entre 1986 e 1998?

(c) Explique porque os valores de P e dP/dt são preocupantes para o diretor.

(d) Explique porque o sinal de d^2P/dt^2 e a magnitude de dP/dt no ano de 1995 podem dar ao diretor alguma razão para otimismo.

16. O gráfico de f' (não de f) é dado na Figura 2.37. A quais valores marcados de x.

(a) $f(x)$ tem o maior valor?

(b) $f(x)$ tem o menor valor?

(c) $f'(x)$ tem o maior valor?

(d) $f'(x)$ tem o menor valor?

(e) $f''(x)$ tem o maior valor?

(f) $f''(x)$ tem o menor valor?

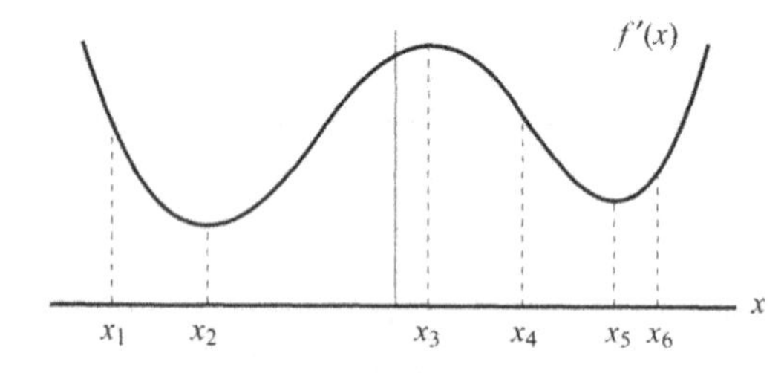

Figura 2.37 — Note que este é o gráfico de f' contra x

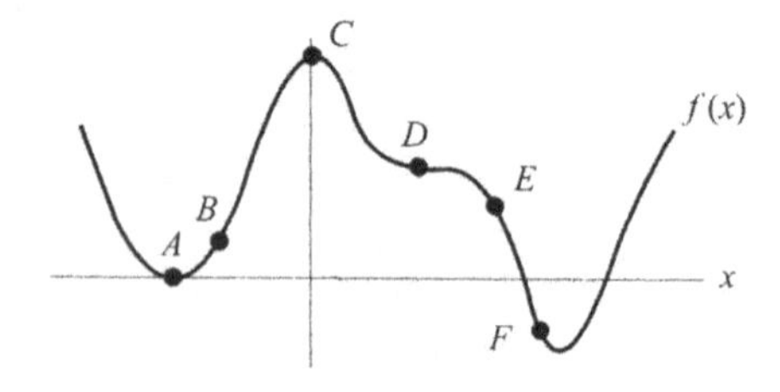

Figura 2.38

17. Quais dos pontos marcados por letras no gráfico de f na Figura 2.38 têm

(a) f' e f'' não nulos e de mesmo sinal?

(b) Ao menos dois entre f, f' e f'' iguais a zero?

2.6 CUSTO E RECEITA MARGINAIS

Decisões de gerência dentro de uma particular firma ou indústria dependem em geral dos custos e rendimentos envolvidos. Nesta seção olharemos as funções custo e receita.

Gráficos das funções custo e receita

O gráfico de uma função custo pode ser linear, como na Figura 2.39, ou pode ter a forma mostrada na Figura 2.40. O intercepto sobre o eixo-C representa os custos fixos, que existem mesmo que nada seja produzido. (Isto inclui, por exemplo, o custo da maquinaria necessária para iniciar a produção) Na Figura 2.40, a função custo cresce rapidamente a princípio e depois mais devagar porque a produção de grandes quantidades de um bem usualmente é mais eficiente que a produção de pequenas quantidades — chama-se a isto *economia de escala*. A níveis de produção ainda maiores, a função custo começa a crescer mais depressa outra vez, à medida que recursos se tornam insuficientes, e fortes aumentos podem ocorrer quando novas fábricas têm que ser construídas. Assim, o gráfico de uma função custo C pode começar côncavo para baixo e mais tarde tornar-se côncavo para cima.

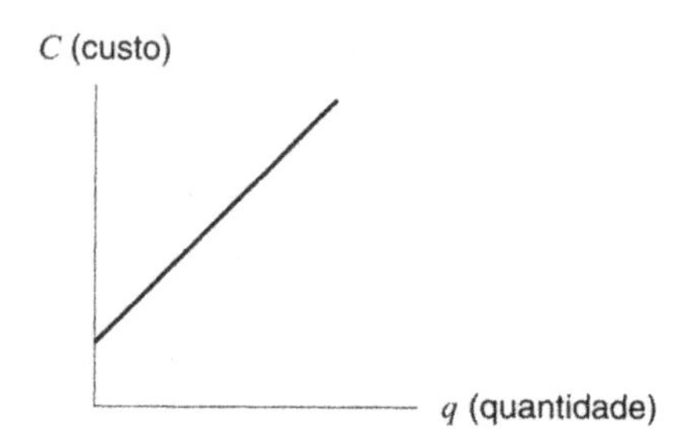

Figura 2.39 — Uma função custo linear

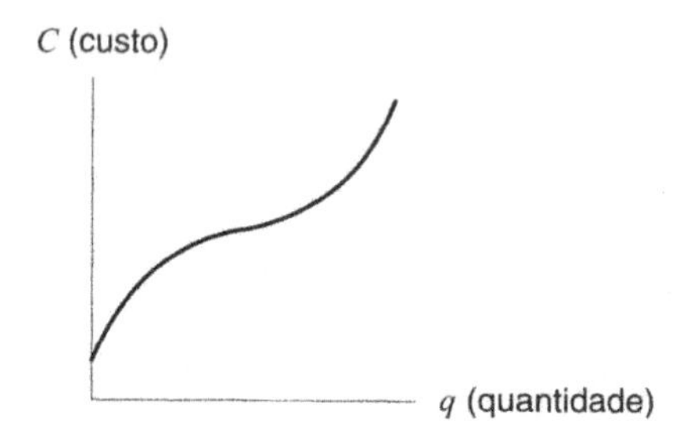

Figura 2.40 — Uma função custo não linear

A função receita é $R = pq$, onde p é preço e q é quantidade. Se o preço, p, for constante, o gráfico de R contra q será uma reta pela origem, com inclinação igual ao preço. (Veja a Figura 2.41.) Na prática, para valores grandes de q, o mercado pode ficar saturado, fazendo com que o preço caia e dando a R a forma da Figura 2.42.

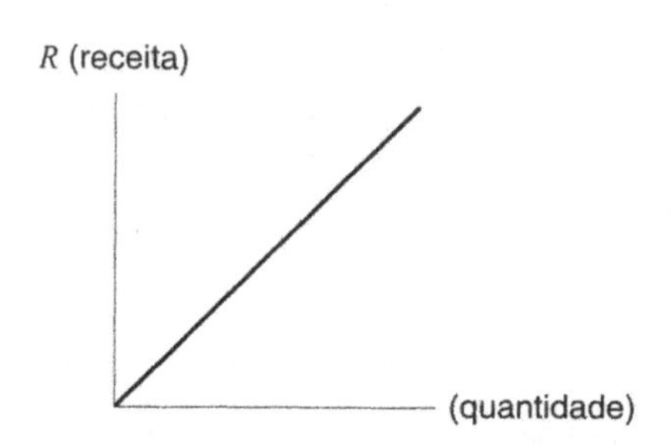

Figura 2.41 — Receita: preço constante

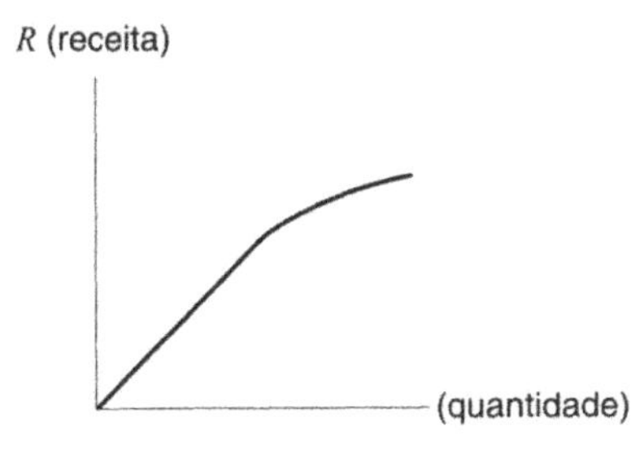

Figura 2.42 — Receita: preço decrescendo

Exemplo 1 Se o custo, C, e o rendimento, R, são dados no gráfico na Figura 2.43, para quais quantidades de produção a firma tem lucro?

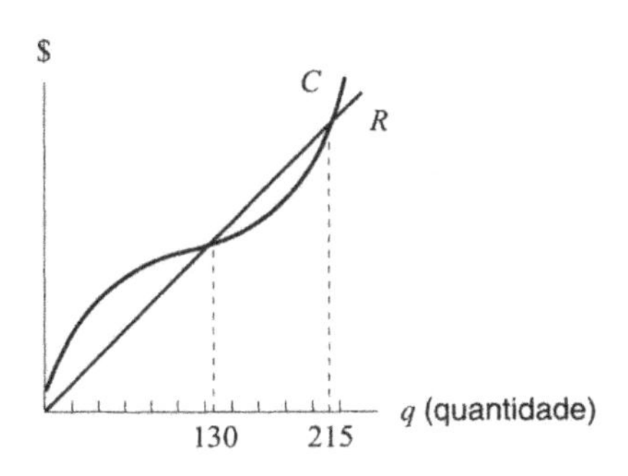

Figura 2.43 — Custo e receita para o Exemplo 1

Solução A firma tem lucro sempre que as receitas são maiores que os custos, isto é, quando $R > C$. O gráfico de R está acima do gráfico de C aproximadamente quando $130 < q < 215$. Produção entre 130 unidades e 215 unidades gerará lucro.

Análise marginal

Muitas decisões econômicas são baseadas em análise de custos e receitas "à margem." Olhemos a idéia por meio de um exemplo.

Suponha que você esta dirigindo uma companhia aérea e está decidindo se deve oferecer um vôo adicional. Como você deveria decidir? Suporemos que a decisão deva ser feita exclusivamente por razões financeiras; se o vôo for fazer dinheiro para a companhia, então ele deveria ser acrescentado. Evidentemente, você precisa considerar os custos e receitas envolvidos. Como a escolha é entre acrescentar um vôo e deixar as coisas como estão, a questão crucial é a de serem os custos adicionais resultantes maiores ou menores que as receitas adicionais gerados pelo vôo. Estes custos e receitas adicionais são chamados *custos marginais* e *receitas marginais*.

Seja $C(q)$ a função que dá o custo de manter os vôos. Se a linha aérea tinha originalmente planejado manter 100 vôos, seus custos seriam $C(100)$. Com o vôo adicional, os custos seriam $C(101)$. Portanto

$$\text{Custo marginal} = C(101) - C(100).$$

Mas

$$C(101 - C(100) = \frac{C(101) - C(100)}{101 - 100}$$

e esta quantidade é a taxa média de variação do custo entre 100 e 101 vôos. Na Figura 2.44 a taxa média de variação é a inclinação da reta secante. Se o gráfico da função de custo não se estiver curvando depressa demais perto do ponto, a inclinação da secante é próxima à inclinação da tangente ali. Portanto, a taxa média de variação fica próxima da taxa instantânea. Como essas taxas não diferem muito, muitos economistas escolhem definir o custo marginal, CM, como sendo a taxa de variação instantânea do custo com relação à quantidade:

$$\text{Custo marginal} = CM = C'(q).$$

O custo marginal é representado pela inclinação da curva de custos.

Analogamente, se a receita gerada por q vôos é $R(q)$, então a receita adicional gerada por aumento do número de vôos de 100 a 101 é

$$\text{Receita marginal} = R(101) - R(100).$$

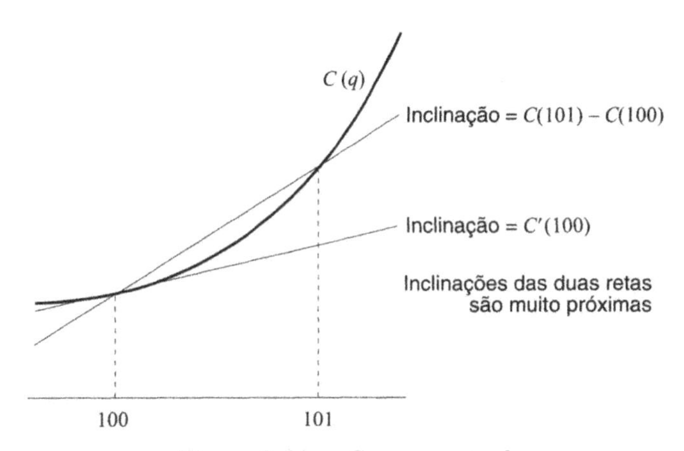

Figura 2.44 — Custo marginal: Inclinação de uma destas retas

Agora, $R(101) - R(100)$ é a taxa de variação média da receita entre 100 e 101 vôos. Como antes, a taxa média de variação é aproximadamente igual à taxa instantânea de variação, assim freqüentemente economistas definem

$$\text{Receita marginal} = RM = R'(q).$$

A receita marginal é representado pela inclinação da curva de receita.

Exemplo 2 Se $C(q)$ e $R(q)$ para a linha aérea forem dados na Figura 2.45, deveria a companhia acrescentar o centésimo primeiro vôo?

Solução A receita marginal é a inclinação da curva de receita. O custo marginal é a inclinação do gráfico de C no ponto 100. A Figura 2.45 sugere que a inclinação no ponto A é menor que a inclinação em B, assim $MC < MR$ para $q = 100$. Isto significa que a linha aérea terá receita extra maior do que o que gastará em custo a extra, se mantiver outro vôo, portanto deveria ir em frente e ter o centésimo primeiro vôo.

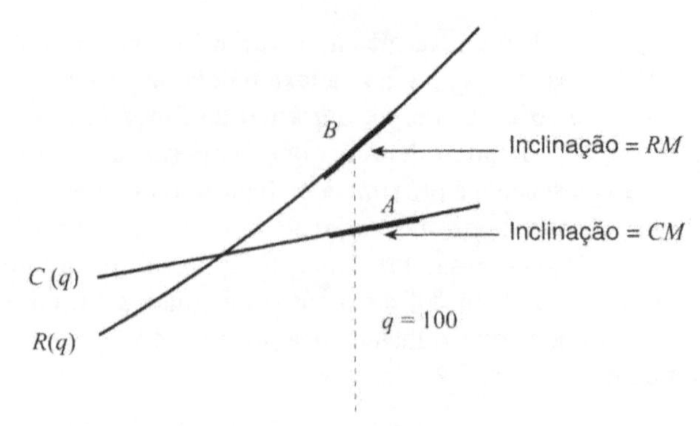

Figura 2.45 — *Custo e receita para Exemplo 2*

Exemplo 3 O gráfico de uma função custo é dado na Figura 2.46. Custa mais produzir o 500ésimo item ou o 2.000ésimo? Custa mais produzir o 3.000ésimo item ou o 4.000ésimo? Aproximadamente, a qual nível de produção o custo marginal é mínimo? Qual é o custo total, a este nível de produção?

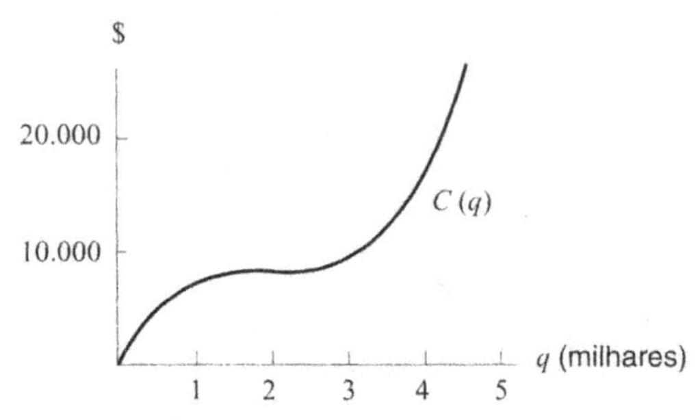

Figura 2.46 — *Avaliação do custo marginal. Onde é ele mínimo?*

Solução O custo para produzir um item adicional é o custo marginal, que é representado pela inclinação da curva de custos. Como a inclinação da função de custo na Figura 2.46 é maior em $q = 0{,}5$ (quando a quantidade produzida é 0,5 mil ou 500) do que em $q = 2$, custa mais produzir o 500ésimo item do que o 2.000ésimo. Como a inclinação é maior em $q = 4$ do que em $q = 3$, custa mais produzir o 4.000ésimo item que o 300ésimo.

A inclinação da função de custo é aproximadamente zero em $q = 2$, e é positiva em todas as outras partes, de modo que a inclinação é mínima em $q = 2$. O custo marginal é o menor a um nível de produção de 2.000 unidades. Como $C(2) \approx 8$, o custo total para produzir 2.000 unidades é de cerca de \$8.000.

Exemplo 4 Se as funções receita e custo, R e C, forem dadas pelos gráficos na Figura 2.47, esboce gráficos das funções receita marginal e custo marginal, RM e CM.

Solução O gráfico de receita é uma reta pela origem, de equação

$$R = pq$$

onde p representa o preço, constante; assim a inclinação é p e

$$RM = R'(q) = p.$$

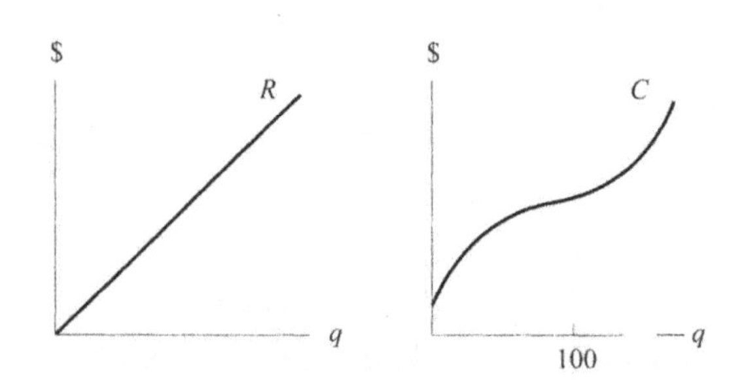

Figura 2.47 — *Receita e custo totais para o Exemplo 4*

O custo total é crescente, de modo que o custo marginal é sempre positivo. Para pequenos valores de q, o gráfico da função custo é côncavo para baixo e o custo marginal é decrescente. Para q maior, digamos $q > 100$, o gráfico da função custo é côncavo para cima e o custo marginal é crescente. Assim, o custo marginal tem um mínimo perto de $q = 100$. (Veja a Figura 2.48.)

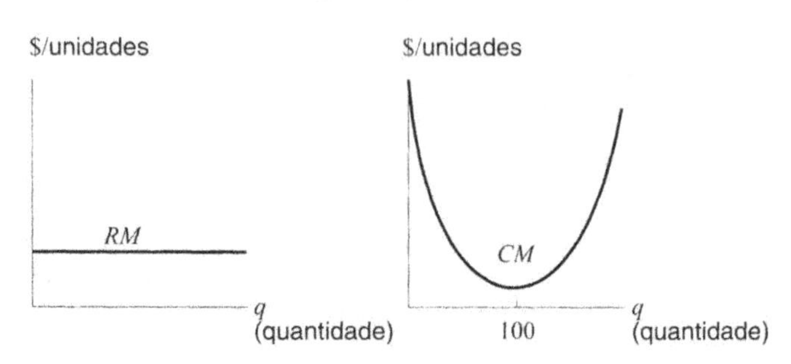

Figura 2.48 — *Receita e custo marginais para o Exemplo 4*

Maximizar o lucro

Olhemos agora a questão de como maximizar o lucro total, dadas funções para receita e custo. O exemplo seguinte sugere um critério para identificação do nível ótimo de produção.

Exemplo 5 Estime o lucro máximo se receita e custo forem dados pelas curvas R e C, respectivamente, na Figura 2.49.

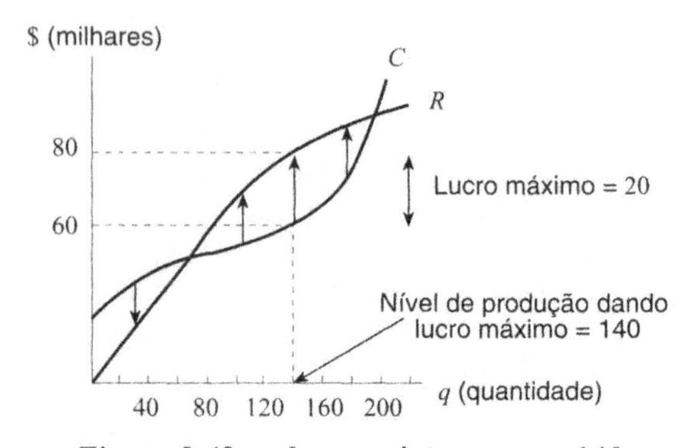

Figura 2.49 — *Lucro máximo em* q = 140

Solução O lucro é representado pela diferença vertical entre as curvas e é assinalado pelas flechas verticais sobre o gráfico. Quando a receita está abaixo do custo, a companhia está tendo perda; quando a receita está acima do custo, a companhia está tendo lucro. O lucro máximo deve ocorrer entre cerca de $q = 70$ e $q = 200$, o intervalo em que a companhia está tendo lucro. O lucro é máximo quando a distância vertical entre as curvas é máxima (e a receita está acima do custo). Isto ocorre aproximadamente em $q = 140$.

Como o lucro é a receita menos o custo, o lucro é a distância vertical entre as duas curvas. Em $q = 140$, o lucro máximo é = \$80.000 – \$60.000 = \$20.000.

O lucro máximo pode ocorrer quando *RM = CM*

Para as funções custo e rendimento dadas na Figura 2.49, o lucro é máximo num nível de produção de $q = 140$. "Zooming" nas funções de custo e receita perto de $q = 140$ dá o gráfico da Figura 2.50.

A qualquer nível de produção q_1 à esquerda de 140, a Figura 2.50 mostra que o custo marginal é menor que a receita marginal. A companhia faria mais dinheiro produzindo mais unidades, portanto a produção deveria ser aumentada (na direção de um nível de produção de 140). A qualquer nível de produção q_2 à direita de 140 o custo marginal é maior que a receita marginal. A companhia perderia dinheiro produzindo mais unidades (e faria mais dinheiro produzindo menos unidades). A produção deveria ser ajustada para baixo, novamente conduzindo a produção ao nível $q = 140$.

E o que dizer da receita e do custo marginais em $q = 140$? Como $CM < RM$ à esquerda de $q = 140$, e $CM > RM$ à direita de 140, esperamos que $RM = CM$ em $q = 140$. Neste exemplo, o máximo do lucro ocorre num ponto em que as inclinações dos gráficos de custo e receita são iguais; isto é, onde

$$\text{Custo marginal} = \text{receita marginal}.$$

A Seção 5.3 contém mais discussão sobre como o lucro é maximizado.

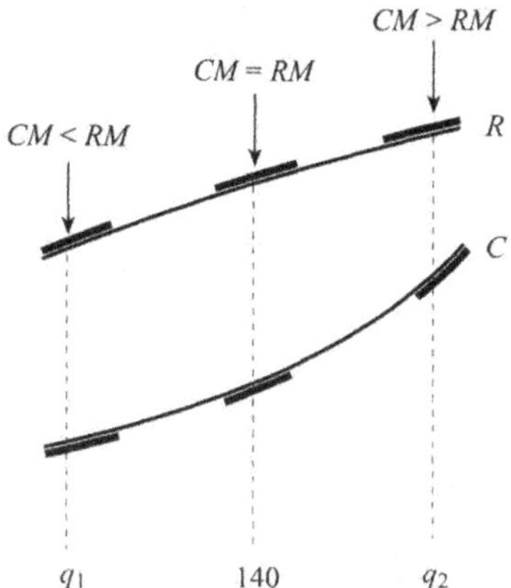

***Figura 2.50** — Exemplo 5: Lucro máximo ocorre onde CM = RM*

Problemas para a seção 2.6

1. Num nível de produção de 1.000 itens, o custo total é \$5.000 e o custo marginal é \$25. Use esta informação para avaliar os custos de produzir 1.001 itens, de produzir 999 itens, e de produzir 1.100 itens. Explique seu raciocínio.
2. Seja $C(q)$ o custo para produzir q itens. Então $C'(q)$ dá o custo marginal em reais por item. Suponha que uma companhia determina que $C(15) = 2.300$ e $C'(15) = 108$. Avalie o custo total para produzir: (a) 16 itens (b) 14 itens
3. Na Figura 2.51, avalie o custo marginal quando o nível de produção é de 10.000 unidades e interprete-o.

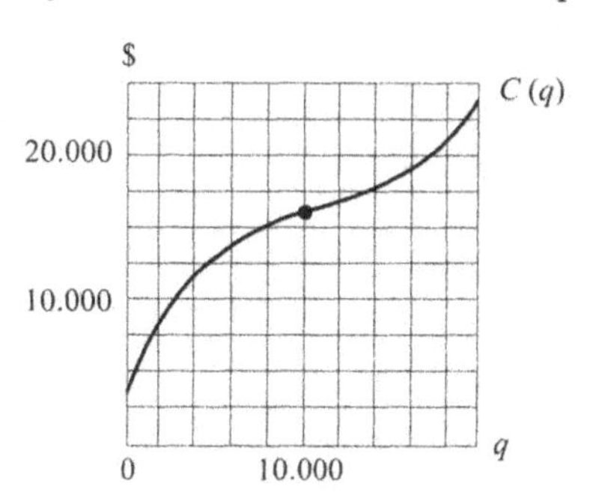

Figura 2.51

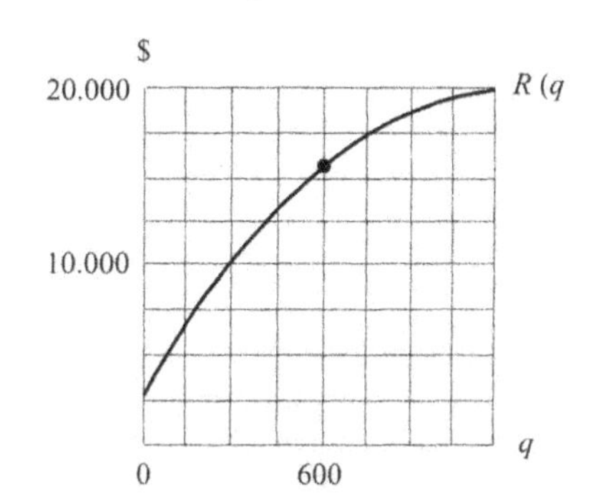

Figura 2.52

4. Na Figura 2.52, avalie a receita marginal quando o nível de produção é de 600 unidades e interprete-o.
5. Na Figura 2.53, o custo marginal é maior em $q = 5$ ou em $q = 30$? Em $q = 20$ ou em $q = 40$? Explique.

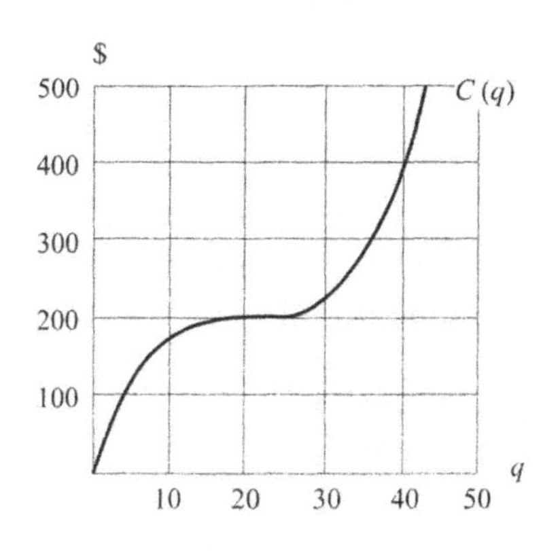

Figura 2.53

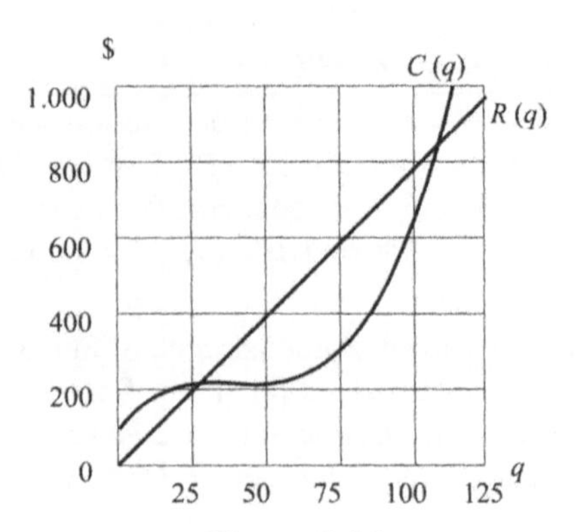

Figura 2.54

6. As funções de custo e receita para uma companhia de locação de ônibus são mostrados na Figura 2.54. A companhia deveria acrescentar um 50ésimo ônibus? E um 100ésimo? Explique suas respostas usando rendimento e custo marginais.

7. Um industrial apresenta as funções de custo e receita da Figura 2.55. Esboce gráficos, como função da quantidade, de (a) Lucro total (b) Custo marginal (c) Receita marginal

   Denomine as partes q_1 e q_2 em seus gráficos.

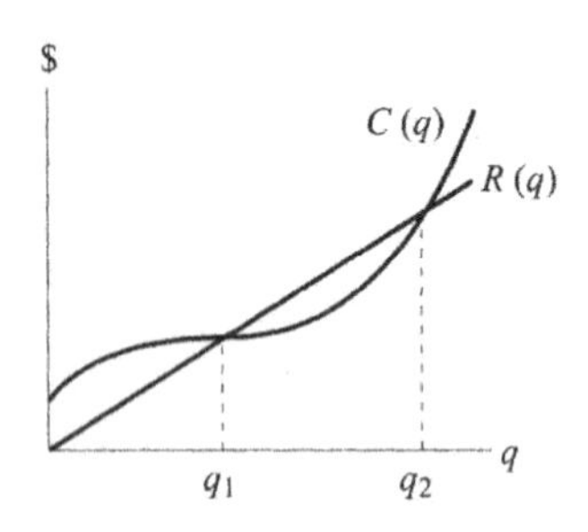

Figura 2.55

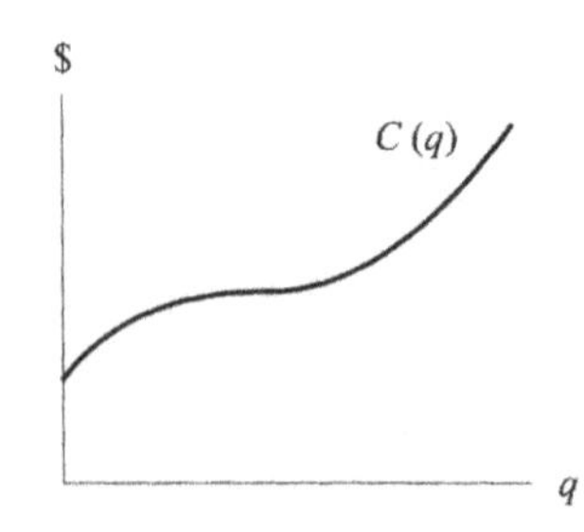

Figura 2.56

8. Seja $C(q)$ o custo total para produzir uma quantidade q de um certo bem. (Veja a Figura 2.56.)
   (a) Qual é o significado de $C(0)$?
   (b) Descreva em palavras como o custo marginal varia quando aumenta a quantidade produzida.
   (c) Explique a concavidade do gráfico (em termos econômicos).
   (d) Explique o significado econômico (em termos de custo marginal) do ponto em que a concavidade muda.
   (e) Você espera que o gráfico de $C(q)$ tenha esse aspecto para todos os tipos de bens?

9. A tabela seguinte dá custo e receita, em reais, para diferentes níveis de produção, q.
   (a) Aproximadamente, a qual nível de produção o lucro é máximo?
   (b) Qual preço é cobrado para a unidade deste produto?
   (c) Quais são os custos fixos de produção?

q	0	100	200	300	400	500
$R(q)$	0	500	1.000	1.500	2.000	2.500
$C(q)$	700	900	1.000	1.100	1.300	1.900

10. A função de custo de uma indústria de reciclagem de papel é dada na tabela seguinte. Avalie o custo marginal em $q = 2.000$. Dê unidades para a sua resposta e interprete-a em termos de custo. A aproximadamente qual nível de produção o custo marginal parece ser o menor?

q(toneladas de papel reciclado)	1.000	1.500	2.000	2.500	3.000	3.500
$C(q)$(reais)	2.500	3.200	3.640	3.825	3.900	4.400

11 Os gráficos de funções custo e receita para uma companhia são dados na Figura 2.57. Aproximadamente que quantidade deveria ser produzida para maximizar lucros? Explique sua resposta.

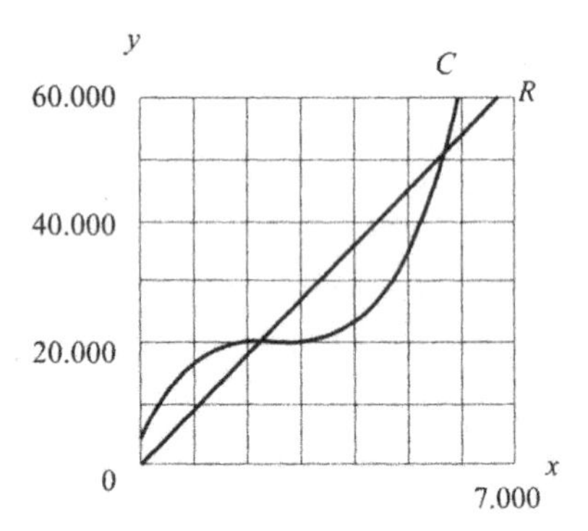

Figura 2.57

12. Funções de custo e receita são dadas na Figura 2.57.
    (a) A um nível de produção de $q = 3.000$, qual é maior, o custo marginal ou a receita marginal? Explique o que isto lhe diz quanto a ser preferível para a companhia aumentar ou diminuir a produção.
    (b) Responda às mesmas perguntas para um nível de produção de $q = 5.000$.

13. Sejam $C(q)$ o custo, $R(q)$ a receita e $\pi(q)$ o lucro total para produzir q itens.
    (a) Se $C'(50) = 75$ e $R'(50) = 84$, aproximadamente qual é o lucro dado pelo 51.º item?
    (b) Se $C'(90) = 71$ e $R'(90) = 68$, aproximadamente qual é o lucro dado pelo 91.º item?
    (c) Se $\pi(q)$ é máximo quando $q = 78$, como você acha que se comparam $C'(78)$ e $R'(78)$? Explique.

SUMÁRIO DO CAPÍTULO

- **Taxa de variação**
  Média, instantânea
- **Definição de derivada**
  Quociente de diferenças
  Estimativa é cálculo de derivadas
  Estimar derivadas a partir de gráfico, tabela de valores ou fórmula
- **Interpretação de derivadas**
  Taxa de variação, inclinação, usando unidades, velocidade instantânea
- **Marginalidade**
  Custo marginal e receita marginal
  Segunda derivada
  Concavidade
  Derivadas e gráficos
  Relação entre sinal de f' e f ser crescente ou decrescente. Esboçar gráfico de f' a partir do gráfico de f.
  Análise marginal.

Problemas de revisão para o Capítulo Dois

1. Para $-3 \leq x \leq 7$, use calculadora gráfica ou computador para fazer o gráfico de

$$f(x) = (x^3 - 6x^2 + 8x)(2 - 3^x).$$

(a) Quantos zeros tem f nesse intervalo?

(b) f é crescente ou decrescente em $x = 0$? Em $x = 2$? Em $x = 4$?

(c) Em qual intervalo a taxa de variação média de f é maior: $-1 \leq x \leq 0$ ou $2 \leq x \leq 3$?

(d) A taxa de variação instantânea de f é maior em $x = 0$ ou em $x = 2$?

2. Para a função $f(x) = x^3$, avalie $f'(1)$. Pelo gráfico de $f(x)$, você esperaria que sua estimativa fosse maior ou menor que $f'(1)$?

Para os problemas 3–4, esboce um gráfico da função derivada das funções dadas.

3.

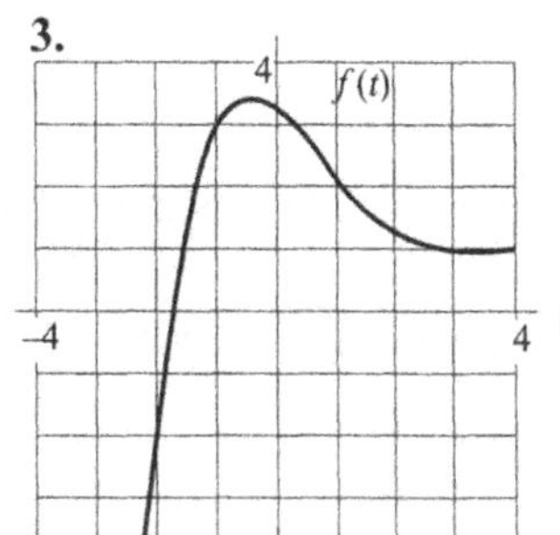

4.

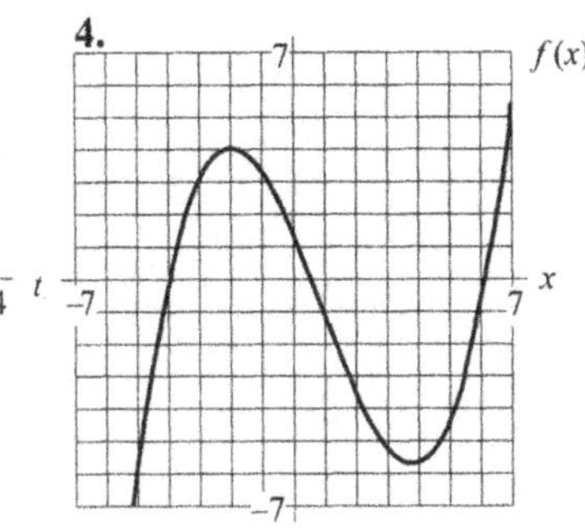

Esboce os gráficos das derivadas das funções mostradas nos Problemas 5–10. Confira se seus esboços são consistentes com os aspectos importantes dos gráficos das funções originais.

5.

6.

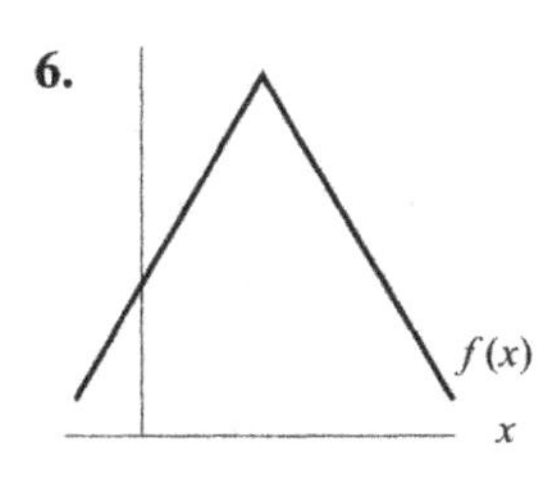

7.

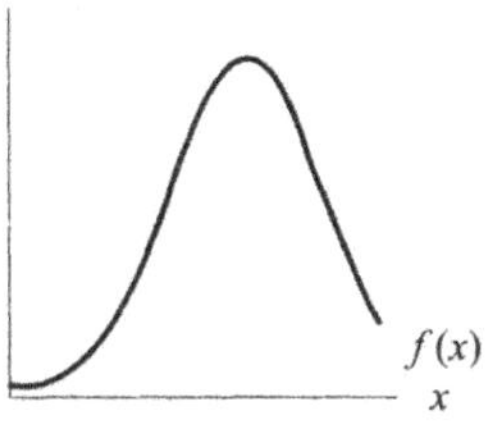

8.

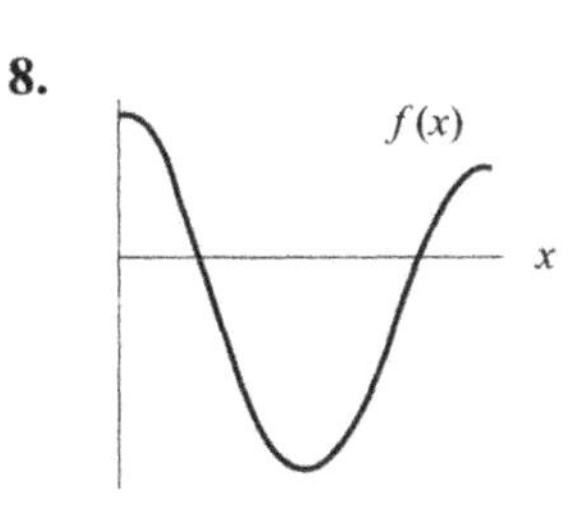

9.

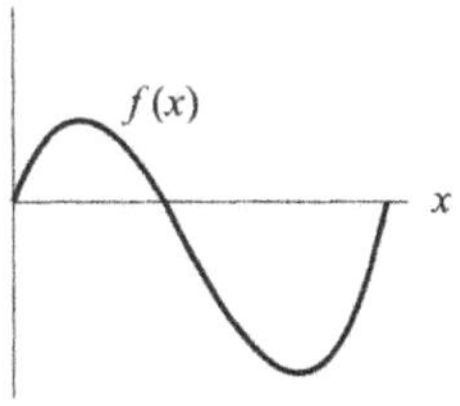

10.

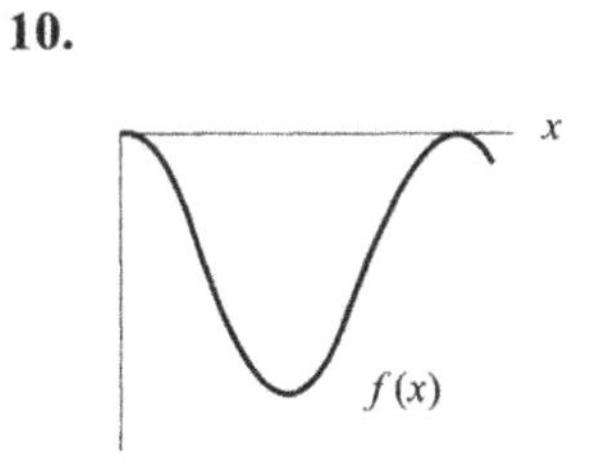

11. Trace um gráfico possível de $y = f(x)$, dada a seguinte informação sobre sua derivada:

- Para $x < -2$, $f'(x) > 0$ e a derivada é crescente.
- Para $-2 < x < 1$, $f'(x) > 0$ e a derivada é decrescente.
- Em $x = 1$, $f'(x) = 0$.
- Para $x > 1$, $f'(x) < 0$ e a derivada é decrescente (torna-se cada vez mais negativa).

12. (a) A função f é dada na Figura 2.58. Em qual dos pontos marcados $f'(x)$ é positiva? Negativa? Zero?

(b) Em qual dos pontos marcados f' é maior? Em qual é mais negativa?

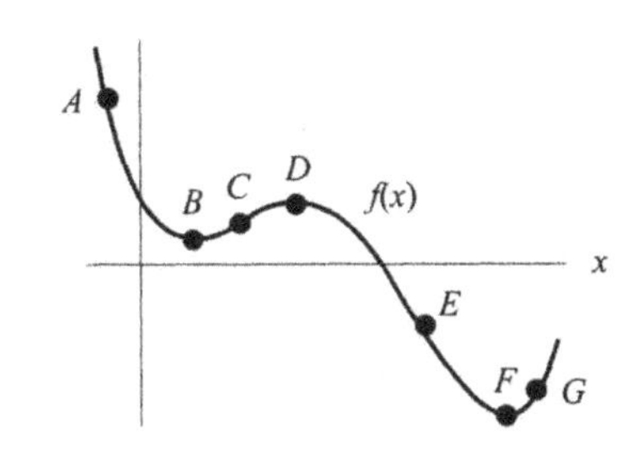

Figura 2.58

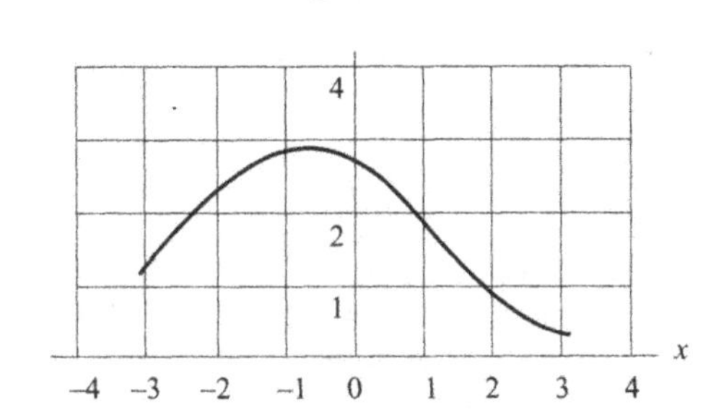

Figura 2.59

13. O gráfico de $f(x)$ é dado na Figura 2.59. Trace retas tangentes ao gráfico em $x = -2$, $x = -1$, $x = 0$ e $x = 2$. Avalie $f'(-2)$, $f'(-1)$, $f'(0)$ e $f'(2)$.

14. Para a função $f(x)$, sabemos que $f(20) = 68$ e $f'(20) = -3$. Avalie $f(21)$, $f(19)$ e $f(25)$. Explique seu raciocínio.

15. O custo em reais $C = f(w)$, de compra de um produto químico é função do peso w comprado, em quilos.

(a) Na afirmação $f(12) = 5$, quais são as unidades do 12? Quais as do 5? Explique o que isto diz sobre o custo de compra do produto.

(b) Você espera que a derivada f' seja positiva ou negativa? Por quê?

(c) Na afirmação $f'(12) = 0,4$, quais são as unidades do 12? e do 0,4? Explique o que isto está dizendo sobre o custo de compra do produto.

16. A porcentagem, P, de casas nos EUA com um computador pessoal é função do número de anos, t, desde 1982 (quando a porcentagem era essencialmente zero), assim $P = f(t)$. Interprete as afirmações $f(12) = 37$ e $f'(12) = 2$.

17. Valores para uma função f são dados na tabela seguinte.

(a) A função parece ter derivada primeira positiva ou negativa? Derivada segunda? Explique.

(b) Avalie $f'(2)$ e $f'(8)$.

t	0	2	4	6	8	10
$f(t)$	150	145	137	122	98	56

18. Dada a seguinte tabela de valores:

x	0	0,2	0,4	0,6	0,8	1,0
$f(x)$	3,7	3,5	3,5	3,9	4,0	3,9

(a) Avalie $f'(0,6)$.

(b) Avalie uma equação para a reta tangente a $y = f(x)$ em $x = 0,6$.

(c) Usando a equação da reta tangente, avalie $f(0,7)$, $f(1,2)$ e $f(1,4)$. Em qual destas estimativas você tem mais confiança? Por que?

19. Conhecidos os seguintes dados sobre uma função f:

x	6,5	7,0	7,5	8,0	8,5	9,0
$f(x)$	10,3	8,2	6,5	5,2	4,1	3,2

(a) Avalie $f'(7,0)$, $f'(8,5)$ e $f'(6,75)$.

(b) Avalie a taxa de variação de f' em $x = 7$.

(c) Ache, aproximadamente, a equação da reta tangente ao gráfico de f em $x = 7$.

(d) Avalie $f(6,8)$.

20. A população, em milhões, do México durante a década de 1980-90 era dada por $P(t) = 68,4(1,026)^t$, com t medido em anos depois de 1980. Ache a taxa de crescimento, em pessoas por ano, em 1986.

21. Os gráficos das funções de custo e rendimento para uma companhia são dados na Figura 2.60.

(a) Avalie o custo marginal em $q = 400$.

(b) A companhia deveria produzir o 500ésimo item? Explique.

(c) Avalie a quantidade que maximiza o lucro.

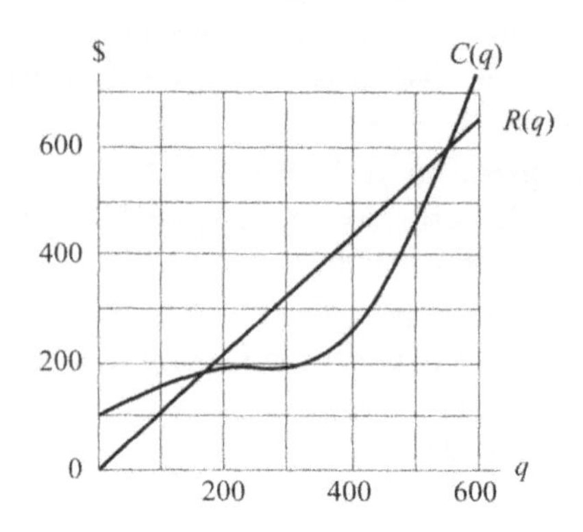

Figura 2.60

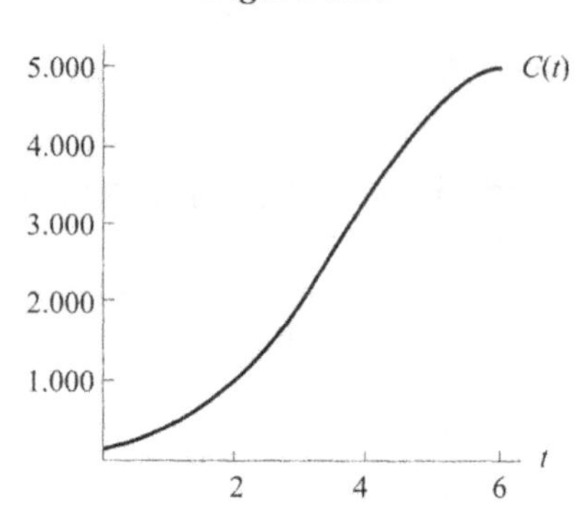

Figura 2.61

22. Para estudar o fluxo de tráfico, uma cidade instala um equipamento na rua principal às 4:00. O equipamento conta os carros que passam e registra $C(t)$, o número total de carros que passaram depois de t horas. O gráfico de $C(t)$ está na Figura 2.61.

(a) Quando o fluxo de tráfico é maior?

(b) Avalie $C'(2)$.

(c) O que significa $C'(2)$ em termos práticos?

23. Uma firma de software acredita que se investirem x milhões de dólares cada ano em pesquisa e desenvolvimento, então podem esperar um lucro, $\pi(x)$, dado em milhares de dólares pela fórmula

$$\pi(x) = -0,01x^4 + 0,33x^3 + 2,69x^2 + 4,35x - 500.$$

(a) Use uma calculadora gráfica ou computador para esboçar o gráfico de $\pi(x)$.

(b) Para quais valores de x a companhia vai ter lucro?

(c) Para quais valores de x $\pi(x)$ é crescente e para quais é decrescente?

(d) Para quais valores de x $\pi'(x)$ é crescente e para quais é decrescente?

(e) Usando o fato que $\pi'(x) = -0,04x^3 + 0,99x^2 + 5,38x + 4,35$, faça o gráfico de $\pi'(x)$ e verifique sua resposta à parte (d)

(f) Avalie o valor de x que maximiza a taxa de variação de $\pi(x)$ com relação a x.

24. Estudantes deveriam avaliar $f'(4)$ a partir da tabela seguinte, que mostra valores da função f:

x	1	2	3	4	5	6
$f(x)$	4,2	4,1	4,2	4,5	5,0	5,7

- O estudante A avaliou a derivada como

$$f'(4) \approx \frac{f(5)-f(4)}{5-4} = 0,5$$

- O estudante B avaliou a derivada como

$$f'(4) \approx \frac{f(4)-f(3)}{4-3} = 0,3$$

- O estudante C sugeriu que deveriam repartir a diferença e avaliar a média desse dois resultados, isto é, $f'(4) \approx {}^1/_2\,(0,5 + 0,3) = 0,4$.

(a) Esboce o gráfico de f e indique como as três estimativas são representadas no gráfico.

(b) Explique qual resposta provavelmente é a melhor.

25. Sejam $g(x) = \sqrt{x}$ e $f(x) = kx^2$, onde k é uma constante.

(a) Ache a inclinação da reta tangente ao gráfico de g no ponto (4, 2).

(b) Ache a equação desta reta tangente.

(c) Se o gráfico de f contém o ponto (4, 2), ache k.

(d) Onde, além do ponto (4, 2), o gráfico de f corta a reta tangente achada na parte (b)?

26. Um círculo com centro na origem e raio de comprimento 5 tem equação $x^2 + y^2 = 25$. Faça o gráfico do círculo.

(a) Só de olhar o círculo, o que você pode dizer sobre a inclinação da tangente ao círculo no ponto (0, 5)? E sobre a inclinação em (5, 0)?

(b) Avalie a inclinação da tangente ao círculo no ponto (3, –4), para isso traçando cuidadosamente a tangente.

(c) Use o resultado da parte (b) e a simetria do círculo para achar as inclinações das tangentes ao círculo pelo pontos (–3, 4), (–3, –4) e (3, 4).

27. Uma pessoa que tenha certa doença do fígado exibe concentrações cada vez maiores no sangue de certas enzimas (chamadas SGOTe SGPT). Com o progresso da doença, a concentração destas enzimas cai, primeiro ao nível anterior à doença e eventualmente a zero (quando quase todas as células do fígado morreram). A monitoração dos níveis destas enzimas permite aos médicos acompanhar o progresso de um paciente com essa doença. Se $C = f(t)$ é a concentração das enzimas no sangue como função do tempo,

(a) Esboce um possível gráfico de $C = f(t)$.

(b) Marque no gráfico os intervalos em que $f' > 0$ e em que $f' < 0$.

(c) O que $f'(t)$ representa, em termos práticos?

28. Uma função definida para todo x cujo gráfico é uma curva sem interrupções tem as seguintes propriedades:

- f é crescente
- f é côncava para baixo
- $f(5) = 2$
- $f'(5) = {}^1/_2$.

(a) Esboce um possível gráfico para f.

(b) Quantos zeros tem f?

(c) O que você pode dizer sobre a localização dos zeros?

(d) O que acontece com $f(x)$ quando os valores de x ficam cada vez mais negativos?

(e) É possível que $f'(1) = 1$?

(f) É possível que $f'(1) = {}^1/_4$?

29. A quantidade vendida, q, de um certo produto é uma função do preço, assim, $q = f(p)$. Interprete cada uma das seguintes afirmações em termos da demanda pelo produto.:

(a) $f(15) = 200$ (b) $f'(15) = -25$.

30. O número de horas, H, de luz solar em Madrid é uma função de t, o número de dias desde o início do ano. A Figura 2.62 mostra uma porção de um mês do gráfico de H.

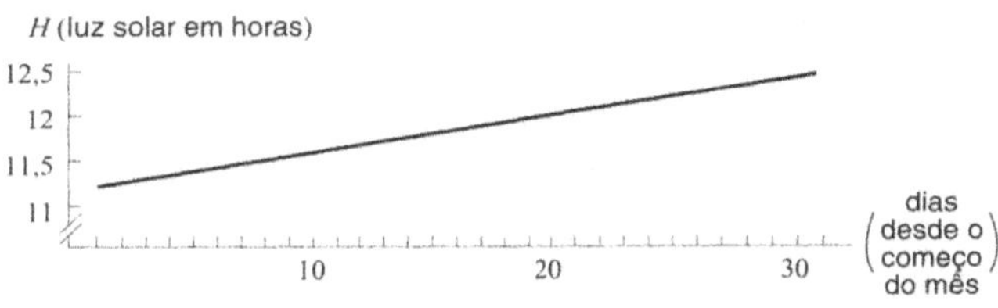

Figura 2.62

(a) Comente a forma do gráfico. Por que parece uma reta?

(b) Qual mês mostra este gráfico? Como você sabe?

(c) Qual é a inclinação aproximada desta reta? O que a inclinação representa, em termos práticos?

PROJETOS

1. Avaliar a temperatura de uma batata doce

Suponha que você ponha uma batata doce num forno quente, mantido a uma temperatura constante de 200°C. Ao passo que a batata pegue calor do forno, sua temperatura sobe.[12]

(a) Trace um possível gráfico da temperatura T da batata contra o tempo t (minutos) desde que foi posta no forno. Explique quaisquer aspectos interessantes do gráfico, em particular explique sua concavidade.

(b) Suponha que, a $t = 30$, a temperatura da batata seja de 120° e esteja crescendo à taxa (instantânea) de 2°/min. Usando esta informação, mais o que você sabe sobre a forma do gráfico de T, avalie a temperatura ao tempo $t = 40$.

(c) Suponha, a mais, que lhe dizem que a $t = 60$, a temperatura da batata é 165°. Você pode melhorar sua estimativa para a temperatura a $t = 40$?

[12] De Peter D. Taylor, *Calculus: The Analysis of Functions* (Toronto: Wall & Emerson, Inc. 1992).

(d) Assumindo todos os dados informados até agora, avalie o tempo ao qual a temperatura da batata é 150°.

2. **Temperatura e iluminação**

Sozinho, em seu quarto mal iluminado, não aquecido, você acende uma única vela, em vez de amaldiçoar a escuridão. Deprimido com a situação, você caminha, afastando-se da vela, suspirando. A temperatura (em graus Centígrados) e a iluminação (em % de poder de uma vela) decrescem à medida que sua distância (em metros) da vela aumenta. Na verdade, você tem tabelas mostrando esta informação:

Distância (metros)	Temperatura (°C)
0	13
0,3	12,5
0,6	12
0,9	11
1,3	10
1,6	8,3
2	6,4

Distância (metros)	Iluminação (%)
0	100
0,3	85
0,6	75
0,9	67
1,3	60
1,6	56
2	53

Você sente frio quando a temperatura está abaixo de 4,5°. Você está no escuro quando a iluminação é no máximo 50% do poder de uma vela.

(a) Dois gráficos são mostrados nas Figuras 2.63 e 2.64. Um dá a temperatura como função da distância, o outro é iluminação como função da distância. Qual é qual? Explique.

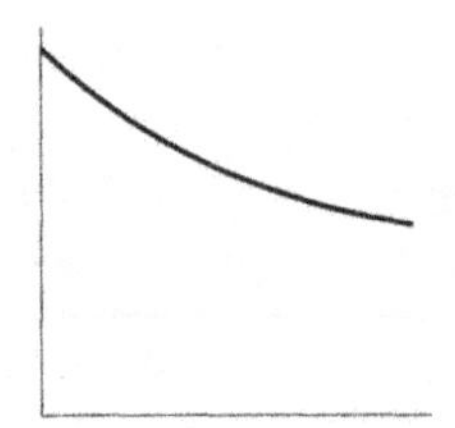

Figura 2.63

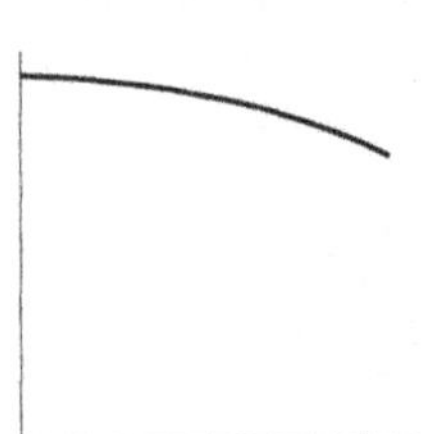

Figura 2.64

(b) Qual é a taxa média à qual a temperatura está variando quando a iluminação cai de 75% a 56%?

(c) Você pode ainda ver as horas no seu relógio quando a iluminação está a 65%. Você pode ainda ver as hora a 1,2 metro? Explique.

(d) Suponha que você sabe que a 2 metros a taxa instantânea de variação da temperatura é –7,5°/m e a taxa instantânea de variação da iluminação é –3% poder de vela/metro. Avalie a temperatura e a iluminação a 2,3 metros.

(e) Você está no escuro antes de sentir frio ou vice versa?

FOCO NA TEORIA

LIMITES, CONTINUIDADE E A DEFINIÇÃO DE DERIVADA

A velocidade em um único instante no tempo é surpreendentemente difícil de definir com precisão. Considere a declaração: "No instante em que cruzou a reta de chegada, o cavalo estava correndo a 42 milhas por hora." Como se pode validar tal afirmação? Uma fotografia tomada no instante mostrará o cavalo imóvel — não ajuda nada. Há algum paradoxo em tentar quantificar a propriedade do movimento num particular instante no tempo, pois ao focalizar um único instante, nós detemos o movimento!

Uma dificuldade semelhante surge sempre que tentamos medir a taxa de variação de qualquer coisa — por exemplo, óleo vazando de um petroleiro danificado. A declaração "Uma hora depois da ruptura do casco do navio, óleo estava vazando a uma taxa de 200 barris por segundo" não parece fazer sentido. Poderíamos argüir que em cada instante dado nenhum óleo está vazando.

Problemas de movimento eram de importância central para Zeno e outros filósofos desde o quinto século A.C. A abordagem que tomamos, tornada famosa pelo Cálculo de Newton, é a de parar de procurar uma definição simples de velocidade num instante, e em vez disso olhar a velocidade ao longo de pequenos intervalos contendo o instante. Este método evita os problemas filosóficos mencionados acima, porém carrega os seus próprios.

Definição de derivada usando taxas médias

Na página 207 da Seção 2.2, definimos a derivada como sendo a taxa instantânea de variação de uma função. Podemos avaliar a derivada calculando as taxas médias de variação sobre intervalos sempre menores. Usamos esta idéia para dar uma definição simbólica da derivada. Representando por h o tamanho do intervalo, temos

Taxa média de variação entre a e $a + h$

$$= \frac{f(a+h)-f(a)}{(a+h)-a} = \frac{f(a+h)-f(a)}{h}$$

Para achar a derivada, ou taxa instantânea de variação, usamos intervalos cada vez menores. Para achar exatamente a derivada, tomamos o limite quando h, o tamanho do intervalo, diminui a zero. Assim dizemos

Derivada = Limite, quando h tende a zero, de

$$\frac{f(a+h)-f(a)}{h}$$

Finalmente, em vez de escrever a frase "o limite quando h tende a 0", usamos a notação $\lim_{h\to 0}$. Isto leva à seguinte definição simbólica:

Para qualquer função f, definimos a **função derivada** f' por

$$f'(a) = \lim_{h\to 0} \frac{f(a+h)-f(a)}{h}$$

desde que este limite exista. Dizemos que a função é **diferenciável** ou **derivável**, em qualquer ponto a em que a função derivada exista.

Observe que substituímos a dificuldade original de computar velocidade num ponto por um argumento de que as taxas médias de variação se avizinham de um número quando os intervalos de tempo se encolhem a um ponto. Num certo sentido, trocamos uma questão difícil por outra, pois ainda não temos idéia alguma sobre como ter certeza de qual número as velocidades médias se estão avizinhando.

A taxa média de variação, cujo valor é o quociente de diferenças $\frac{f(a+h)-f(a)}{h}$, pode ser visualizada como inclinação da reta na Figura 2.65. A derivada, $f'(a)$, pode ser visualizada como inclinação da tangente na Figura 2.66.

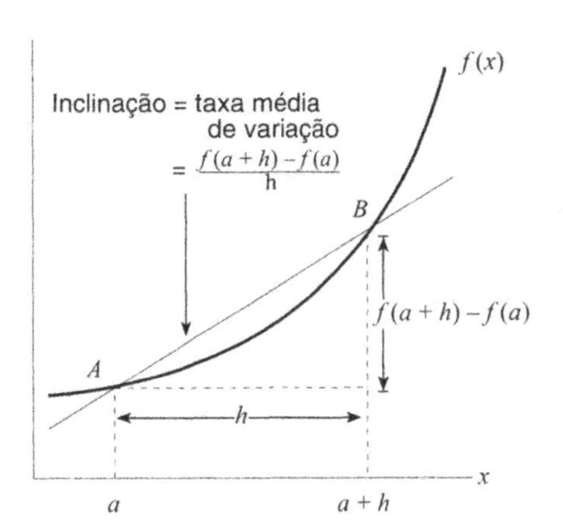

Figura 2.65

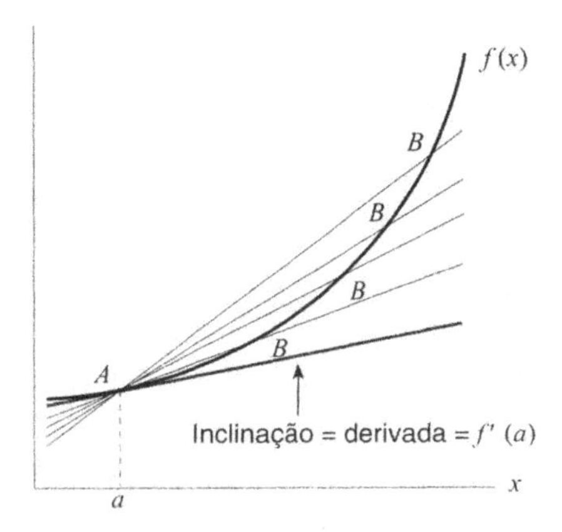

Figura 2.66

A idéia de limite

No processo de definir a velocidade instantânea, observamos velocidades médias quando intervalos de tempo se encolhiam em torno de um ponto e introduzimos a notação de limite. Agora olhamos um pouco mais a idéia de *limite* da função no ponto c. Desde que o limite exista:

> Escrevemos $\lim_{x \to c} f(x)$ para representar o número L do qual $f(x)$ se avizinha quando x tende a c.

Exemplo 1 Investigue o $\lim_{x \to 2} x^2$.

Solução Observe que podemos tornar x^2 tão próximo de 4 quanto quisermos, tomando x suficientemente próximo de 2. (Olhe os valores de $1{,}9^2$, $1{,}99^2$. $1{,}999^2$, e $2{,}1^2$, $2{,}01^2$, $2{,}001^2$; parecem estar se avizinhando de 4 na Tabela 2.17.) Escrevemos

$$\lim_{x \to 2} x^2 = 4$$

que se lê "O limite de x^2 quando x tende a 2, é 4." Observe que este limite não pergunta o que acontece em $x = 2$, portanto não basta substituir x por 2 para achar a resposta. O limite descreve o comportamento de uma função *perto* de um ponto, não *no* ponto.

TABELA 2.17 — *Valores de x^2 perto de $x = 2$*

x	1,9	1,99	1,999	2,001	2,01	2,1
x^2	3,61	3,96	3,996	4,004	4,04	4,41

Exemplo 2 Use um gráfico para avaliar $\lim_{x \to 0} \dfrac{2^x - 1}{x}$

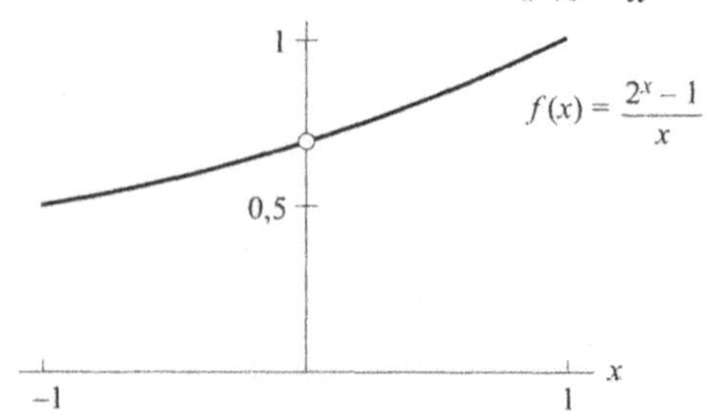

Figura 2.67 — *Ache o limite quando x → 0 de* $\dfrac{2^x - 1}{x}$

Solução Observe que a expressão $\dfrac{2^x - 1}{x}$ não está definida para $x = 0$.

Para descobrir o que acontece quando x tende a 0, olhemos o gráfico de $f(x) = \dfrac{2^x - 1}{x}$.

A Figura 2.67 mostra que quando x se avizinha de zero por qualquer lado, o valor de $\dfrac{2^x - 1}{x}$ parece aproximar-se de 0,7. Com "zooming" no gráfico perto de $x = 0$ podemos avaliar o limite com maior precisão, dando

$$\lim_{x \to 0} \frac{2^x - 1}{x} \approx 0{,}693$$

Exemplo 3 Avalie $\lim_{h \to 0} \dfrac{(3+h)^2 - 9}{h}$ numericamente.

Solução O limite é o valor de que se avizinha esta expressão quando h se avizinha de 0. Os valores na Tabela 2.18 parecem estar convergindo a 6 quando $h \to 0$. Assim, é razoável pensar que

$$\lim_{h \to 0} \frac{(3+h)^2 - 9}{h} = 6$$

Porém, não podemos ter certeza de que o limite é *exatamente* 6 olhando a tabela. O cálculo exato de limite exige álgebra.

TABELA 2.18 — *Valores de $((3+h)^2 - 9)/h$*

h	–0,1	–0,01	–0,001	0,001	0,01	0,1
$((3+h)^2 - 9)/h$	5,9	5,99	5,999	6,001	6,01	6,1

Exemplo 4 Use álgebra para achar $\lim_{h \to 0} \dfrac{(3+h)^2 - 9}{h}$

Solução Expandindo o numerador tem-se

$$\frac{(3+h)^2 - 9}{h} = \frac{9 + 6h + h^2 - 9}{h} = \frac{6h + h^2}{h}$$

Como tomar o limite quando $h \to 0$ significa olhar a valores de h perto de, mas não iguais a, 0, podemos cancelar h, o que dá

$$\lim_{h \to 0} \frac{(3+h)^2 - 9}{h} = \lim_{h \to 0} \frac{6h + h^2}{h} = \lim_{h \to 0} (6 + h)$$

Quando h se avizinha de 0, os valores de $(6 + h)$ se avizinham de 6, e

$$\lim_{h \to 0} \frac{(3+h)^2 - 9}{h} = \lim_{h \to 0} (6 + h) = 6$$

Continuidade

Falando informalmente, dizemos que uma função é *contínua* num intervalo se seu gráfico não tem quebras, saltos ou buracos nesse intervalo. Uma função contínua tem um gráfico que pode ser traçado sem levantar o lápis do papel.

Exemplo: A função $f(x) = 3x^2 - x^2 + 2x + 1$ é contínua em qualquer intervalo. (Veja a Figura 2.68.)

Exemplo: A função $f(x) = 1/x$ não é definida em $x = 0$. É contínua em qualquer intervalo que não contenha a origem. (Veja a Figura 2.69.)

Exemplo: Seja $p(x)$ o preço para postar uma carta pesando x onças. Custa 32 c por 1 onça ou menos, 55 c entre a primeira e a segunda onça, e assim por diante. Assim, o gráfico (na Figura 2.70) é uma série de degraus. A função não é contínua em intervalos como [0,2] porque o gráfico tem um salto em $x = 1$.

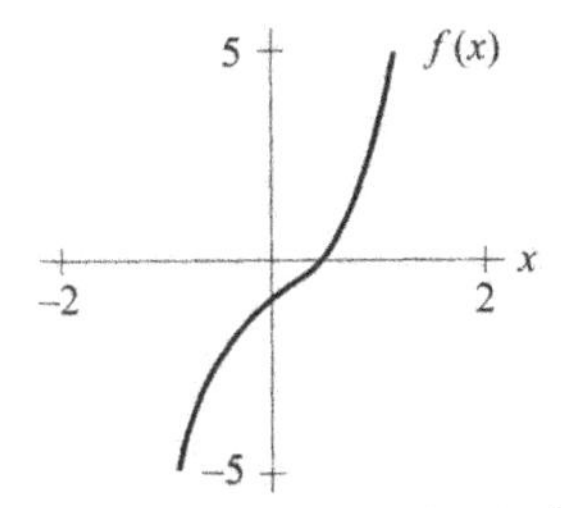

***Figura 2.68** — O gráfico de* $f(x) = 3x^3 - x^2 + 2x - 1$

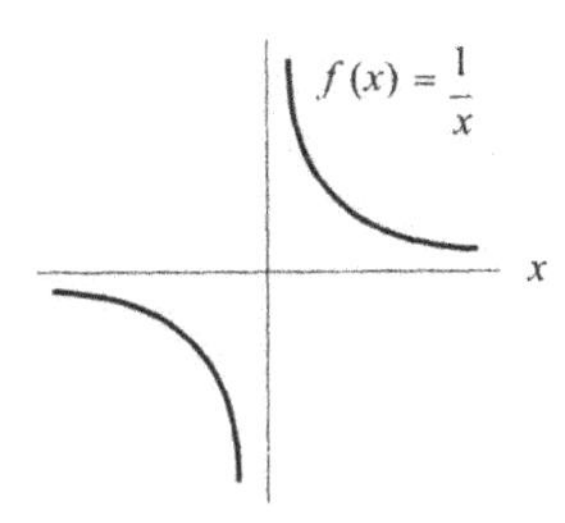

***Figura 2.69** — Gráfico de* $f(x) = 1/x$: *não definido em 0*

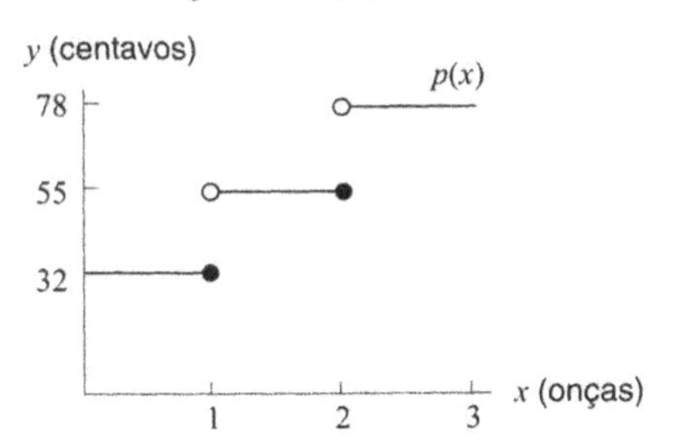

***Figura 2.70** — Custo de postagem de uma carta*

O que significa, numericamente, a continuidade?

A continuidade é importante em trabalho prático porque significa que pequenos erros na variável independente levam a pequenos erros no valor da função.

Exemplo: Suponha que $f(x) = x^2$ e queremos calcular $f(\pi)$. Saber que f é contínua nos diz que se tomarmos $x = 3{,}14$ deveremos ter uma boa aproximação para $f(\pi)$, e que podemos ter melhor aproximação a $f(\pi)$ usando mais decimais para π.

Exemplo: Se $p(x)$ é o custo para postar uma carta pesando x onças, então $p(0{,}99) = p(1) = 32c$, ao passo que $p(1{,}01) = 55¢$, porque, assim que passamos acima de 1 onça, o preço salta para 55¢. Assim, uma pequena diferença no peso de uma carta pode levar a um diferença significativa em sua postagem. Portanto, p não é contínua.

Definição de continuidade

Agora definimos continuidade usando limites. A idéia de continuidade proíbe quebras, saltos ou buracos, ao exigir que o comportamento de uma função perto de um ponto seja consistente com seu comportamento no ponto:

A função f é **contínua** em $x = c$ se f for definida em $x = c$ e

$$\lim_{x \to c} f(x) = f(c)$$

A função é **contínua num intervalo** $[a, b]$ se for contínua em cada ponto do intervalo.

Quais funções são contínuas?

Exigir que uma função seja contínua num intervalo não é pedir muito, já que qualquer função cujo gráfico seja uma curva sem quebras sobre o intervalo é contínua. Por exemplo, funções exponenciais, polinômios, seno e cosseno são contínuas em qualquer intervalo. Funções criadas por adição, multiplicação ou composição de funções contínuas são também contínuas.

Uso da definição para calcular derivadas

Calculando a derivada da função $f(x) = x^2$ em vários pontos, adivinhamos no Exemplo 4 da seção 2.3 que a derivada de x^2 é $f'(x) = 2x$. Para mostrar que isto é verdade temos que usar a definição simbólica da derivada dada na página 109.

Ao avaliar a expressão

$$\lim_{x \to 0} \frac{f(x+h) - f(x)}{h}$$

primeiro simplificamos o quociente de diferença e depois tomamos o limite quando h tende a zero.

Exemplo 5 Mostre que a derivada de $f(x) = x^2$ é $f'(x) = 2x$.

Solução Usando a definição da derivada, com $f(x) = x^2$, temos

$$f'(x) = \lim_{h \to 0} \frac{f(x+h) - f(x)}{h} = \lim_{h \to 0} \frac{(x+h)^2 - x^2}{h}$$
$$= \lim_{h \to 0} \frac{x^2 + 2xh + h^2 - x^2}{h} = \lim_{h \to 0} \frac{2xh + h^2}{h}$$
$$= \lim_{h \to 0} \frac{h(2x+h)}{h}$$

Para tomar o limite, olhe o que acontece quando h está perto de 0, mas não faça $h = 0$. Como $h \neq 0$, divida por h e diga

$$f'(x) = \lim_{h \to 0} \frac{h(2x+h)}{h} = \lim_{h \to 0} (2x+h) = 2x$$

porque, quando h está perto de zero, $2x + h$ está perto de $2x$. Assim,

$$f'(x) = \frac{d}{dx}(x^2) = 2x$$

Exemplo 6 Mostre que se $f(x) = 3x - 2$, então $f'(x) = 3$.

Solução Como a inclinação da função linear $f(x) = 3x - 2$ é 3 e a derivada é a inclinação, vemos que $f'(x) = 3$. Podemos também usar a definição para chegar a este resultado:

$$f'(x) = \lim_{h\to 0} \frac{f(x+h) - f(x)}{h} = \lim_{h\to 0} \frac{(3(x+h)-2)-(3x-2)}{h}$$
$$= \lim_{h\to 0} \frac{3x+3h-2-3x+2}{h} = \lim_{h\to 0} \frac{3h}{h}$$

Para achar o limite, olhe o que acontece quando h está perto de, mas não igual a, 0. Dividindo por h temos.

$$f'(x) = \lim_{h\to 0} \frac{3h}{h} = \lim_{h\to 0} 3 = 3$$

Problemas sobre limites e definição de derivada

1 Num esboço de $y = f(x)$ semelhante ao da Figura 2.71, marque comprimentos que representem as quantidades nas partes (a)—(e). (Escolha qualquer a conveniente e assuma $h > 0$.)

(a) $a + h$ (b) h
(c) $f(a)$ (d) $f(a+h)$
(e) $f(a+h) - f(a)$
(f) Usando suas respostas às partes (a)—(e), mostre como a quantidade $\dfrac{f(a+h)-f(a)}{h}$ pode ser representada como inclinação de uma reta no gráfico.

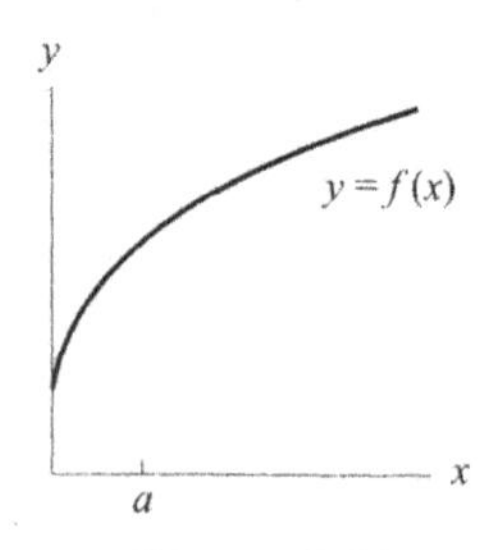

Figura 2.71

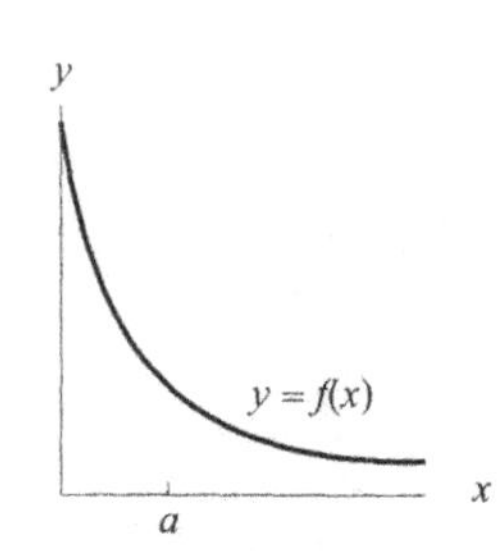

Figura 2.72

2. Num esboço de $y = f(x)$ semelhante ao da Figura 2.72, marque comprimentos que representem as quantidades nas partes (a)—(e). (Escolha qualquer a conveniente e suponha $h > 0$.)

(a) $a + h$ (b) h
(c) $f(a)$ (d) $f(a+h)$
(e) $f(a+h) - f(a)$
(f) Usando suas respostas nas partes (a)—(e), represente a quantidade $\dfrac{f(a+h)-f(a)}{h}$ como inclinação de uma reta no gráfico.

Use um gráfico para avaliar os limites nos Problemas 3-4

3. $\lim_{h\to 0} \dfrac{\text{sen}\, x}{x}$ (com x em radianos)

4. $\lim_{x\to 0} \dfrac{5^x - 1}{x}$

Avalie os limites nos Problemas 5-8 tomando valores cada vez menores de h. Dê suas respostas a uma casa decimal.

5. $\lim_{h\to 0} \dfrac{(3+h)^3 - 27}{x}$ 6. $\lim_{h\to 0} \dfrac{7^h - 1}{h}$

7. $\lim_{h\to 0} \dfrac{e^{1+h} - e}{h}$ 8. $\lim_{h\to 0} \dfrac{\cos h - 1}{h}$

Nos Problemas 9-12, a função $f(x)$ parece ser contínua nos intervalos dados?

9.
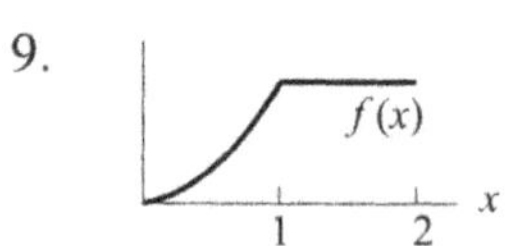

10.
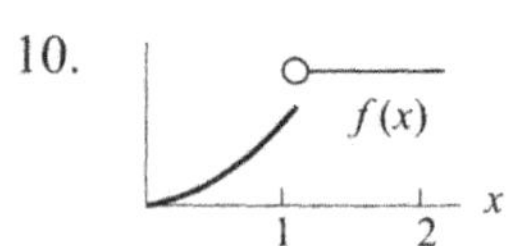

11.
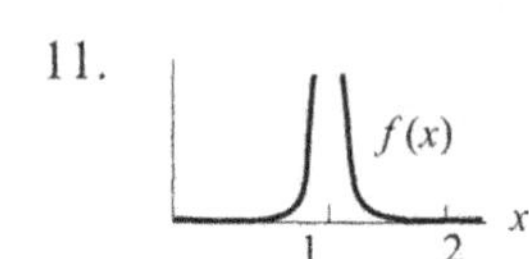

12.
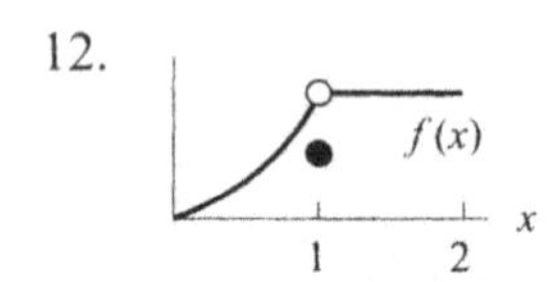

As funções nos Problemas 13–18 são contínuas nos intervalos dados?

13. $f(x) = x + 2$ em $-3 \le x \le 3$
14. $f(x) = 2^x$ em $0 \le x \le 10$
15. $f(x) = x^2 + 2$ em $0 \le x \le 5$
16. $f(x) = \dfrac{1}{x-1}$ em $2 \le x \le 3$
17. $f(x) = \dfrac{1}{x-1}$ em $0 \le x \le 2$
18. $f(x) = \dfrac{1}{x^2+1}$ em $0 \le x \le 2$

Quais das funções descritas nos Problemas 19–23 são contínuas?

19. O número de pessoas numa aldeia como função do tempo.
20. O peso de um bebê como função do tempo durante o segundo mês da vida do bebê.
21. O número de pares de calças como função do número de metros de tecido de que são feitos. Cada par exige 3 metros.

22. A distância percorrida por um carro em tráfego pára—anda como função do tempo.
23. Você parte da North Carolina e vai para o oeste pela Interstate 40 em direção à California. Considere a função que dá a hora local como função da distância de seu ponto de partida.

Use a definição de derivada para obter as fórmulas nos Problemas 24-25. Explique seu raciocínio.

24. Se $f(x) = 5x$, então $f'(x) = 5$.
25. Se $f(x) = 3x^2$, então $f'(x) = 6x$.

3

VARIAÇÃO ACUMULADA: A INTEGRAL DEFINIDA

O Capítulo 2 discutiu a taxa de variação de uma função, o que nos conduziu à derivada. Agora, consideraremos o processo inverso: obter informação sobre a função original a partir de sua taxa de variação. Isto nos conduzirá à *integral definida*, que pode também ser usada para calcular a área sob uma curva.

A ligação entre a derivada e a integral definida é dada pelo Teorema Fundamental do Cálculo. Este mostra que calcular derivadas e calcular integrais definidas são, num certo sentido, processos inversos.

3.1 VARIAÇÃO ACUMULADA

No capítulo 2 aprendemos como usar a derivada para achar a taxa de variação de uma função. Se conhecermos a taxa de variação, poderemos encontrar a função original? Começamos por considerar como achar a distância percorrida conhecendo a função velocidade.

Como medimos a distância percorrida?

A taxa de variação da distância com relação ao tempo é a velocidade. Se nos for dada a velocidade, poderemos achar a distância percorrida? Suponha que a velocidade é de 80 quilômetros por hora durante uma viagem de quatro horas. Qual é a distância total percorrida? Como

$$\text{Distância} = \text{Velocidade} \times \text{Tempo}$$

temos

$$\text{Distância percorrida} = (80\text{km/hora}) \times (4 \text{ horas})$$
$$= 320 \text{ quilômetros.}$$

Observe que, se fizermos o gráfico da velocidade contra o tempo, obteremos o segmento horizontal da Figura 3.1. A distância percorrida é então representada pela área sombreada sob o gráfico.

Agora vejamos o que acontece se a velocidade não for constante.

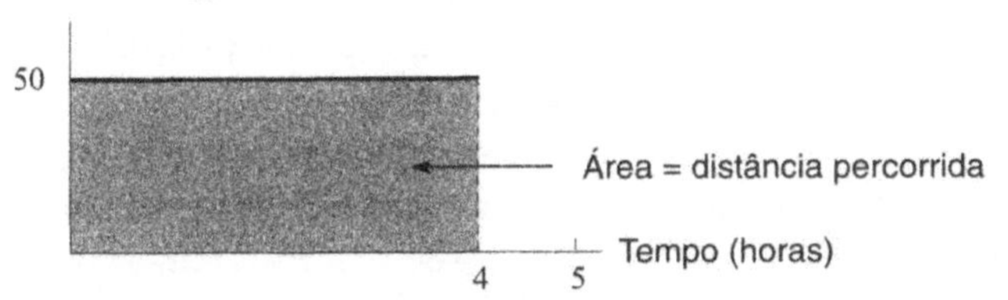

Figura 3.1 *— Área sombreada representa a distância percorrida em 4 horas a 80km/h*

Exemplo 1 Suponha que você viajou a 48 km/hora durante 2 horas, depois a 64 km/hora por $^1/_2$ hora, depois a 32 km/hora por 4 horas. Que distância você percorreu?

Solução Calculamos as distâncias percorridas para cada um dos três pedaços e somamos, para achar a distância total:

Distância = 48 km/hora)(2 horas) + (64 km/hora)(1/2 hora) + 32 km/hora)(4 horas)
= 96 km + 32 km + 128 km = 256 km

Você viajou 256 quilômetros nesta viagem

Uma experiência de pensamento: Que distância percorreu o carro?

No Exemplo 1, a velocidade era constante sobre intervalos. Naturalmente, nem sempre isto acontece. Agora olhamos um exemplo em que a velocidade está sempre variando.

Dados sobre velocidade a cada 2 segundos

Suponha que um carro se move com velocidade crescente e suponha que a velocidade é medida a cada 2 segundos, resultando nos dados da Tabela 3.1:

Tabela 3.1 — *Velocidade do carro a cada dois segundos*

Tempo (seg)	0	2	4	6	8	10
Velocidade (m/seg)	6	10	13	15	16	17

Que distância percorreu o carro? Como não sabemos a velocidade do carro a cada momento, não podemos calcular exatamente a distância, mas podemos fazer uma estimativa. A velocidade está crescendo, portanto o carro está viajando a pelo menos 20 m/seg nos primeiros dois segundos. Como distância = Velocidade × Tempo, o carro fez pelo menos (6)(2) = 12 metros durante os primeiros dois segundos. Da mesma forma, andou pelo menos (10)(2) = 20 metros durante os dois segundos seguintes, e assim por diante. Durante o período de dez segundos, ele percorreu ao menos

$$(6)(2)+(10)(2)+(13)(2)+(15)(2)+(16)(2) = 120 \text{ metros.}$$

Assim, 120 metros é uma avaliação por baixo da distância total percorrida durante dez segundos.

Para obter uma avaliação por cima, podemos raciocinar de modo semelhante: durante os dois primeiros segundos, a velocidade do carro é no máximo de 10 metros/seg, de modo que percorreu no máximo (10)(2) = 20 m. Nos dois segundos seguintes, fez no máximo (13)(2) = 26 m, e assim por diante. Portanto, nos dez segundos percorreu no máximo

$$(10)(2)+(13)(2)+(15)(2)+(16)(2)+(17)(2) = 142 \text{ m.}$$

Portanto,

$$120 \text{ m} \leq \text{Distância total} \leq 142\text{m.}$$

Há uma diferença de 22 m entre a estimativa superior e a inferior.

Dados sobre a velocidade a cada segundo

E se quisermos uma avaliação mais precisa? Poderíamos fazer medidas mais freqüentes da velocidade, digamos, a cada segundo. Os dados estão na Tabela 3.2.

Como antes, obtemos uma estimativa inferior para cada segundo usando a velocidade no começo desse segundo. Durante o primeiro segundo a velocidade é, pelo menos, de 6 m/seg, e o carro percorre ao menos (6)(1) = 6 m. Durante o segundo seguinte, o carro percorre ao menos 9 m, e assim por diante. Então agora podemos dizer

Nova avaliação inferior =

$$(6)(1)+(9)(1)+(10)(1)+(12)(1)+(13)(1)+(14)(1)+ \\ +(15)(1)+(15{,}5)(1)+(16)(1)+(16{,}5)(1) = 127 \text{ m.}$$

Observe que esta avaliação é maior que a antiga, de 120 metros.

Obtemos uma nova avaliação superior considerando a velocidade ao fim de cada segundo. Durante o primeiro segundo a velocidade é no máximo de 9 m/seg, assim o carro se move no máximo (9)(1) = 9 m; no segundo seguinte, no máximo 10 m, e assim por diante.

Nova avaliação superior =

$$(9)(1)+(10)(1)+(12)(1)+(13)(1)+(14)(1)+(15)(1)+(15{,}5)(1)+ \\ +(16)(1)+(16{,}5)(1)+(17)(1) = 138 \text{ m.}$$

É menor que a avaliação superior antiga, de 142 m. Agora sabemos que

$$127 \text{ m} \leq \text{distância total percorrida} \leq 138 \text{ m.}$$

Observe que a diferença entre as novas avaliações, superior e inferior, é agora de 11 m, a metade do que era antes. Dividindo ao meio o intervalo de medida, dividimos ao meio a diferença entre as avaliações superior e inferior.

TABELA 3.2 — *Velocidade do carro a cada segundo*

Tempo (seg)	Velocidade (m/seg)	Tempo (seg)	Velocidade (m/seg)
0	7	6	15
1	9	7	15,5
2	10	8	16
3	12	9	16,5
4	13	10	17
5	14		

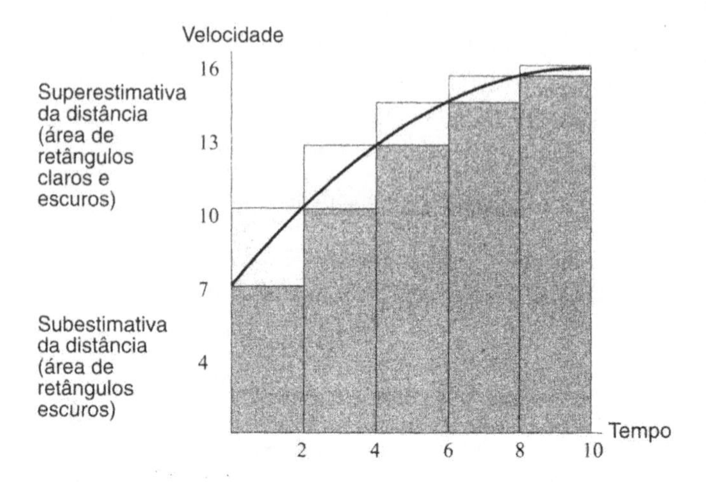

Figura 3.2 — *Área sombreada avalia a distância percorrida. Velocidade medida a cada 2 segundos*

Visualizar a distância no gráfico da velocidade

Primeiro consideramos os dados de dois segundos na Tabela 3.1. Podemos representar tanto a estimativa inferior quanto a superior num gráfico da velocidade contra o tempo. O gráfico da velocidade pode ser feito marcando esses dados e traçando uma curva lisa pelos pontos marcados. (Veja a Figura 3.2.)

Usamos o fato de, para um retângulo, Área = Altura × Largura. A área do primeiro retângulo escuro é (20)(2) = 40, a estimativa inferior da distância percorrida nos primeiros dois segundos. A área total dos retângulos escuros representa a estimativa inferior para a distância total percorrida durante os dez segundos.

Se considerarmos juntamente os retângulos escuros e os claros, a primeira área é (30)(2) = 60, a estimativa superior para a distância percorrida nos primeiros dois segundos. A segunda área é (38)(2) = 76, a avaliação superior para os dois segundos seguintes. Continuando com tais cálculos vem a sugestão de ser a soma das áreas dos retângulos escuros e claros a estimativa superior para a distância total. Portanto, a área dos retângulos claros representa a diferença entre as duas estimativas.

A Figura 3.3 mostra um gráfico dos dados a um segundo. Novamente, a área dos retângulos escuros representa a estimativa inferior, a área dos retângulos escuros e claros, juntos, representa a estimativa superior. A área total dos retângulos claros é menor na Figura 3.3 que na Figura 3.2, de modo que a avaliação por cima e a avaliação por baixo estão mais próximas uma da outra para os dados a um segundo que para os dados a dois segundos.

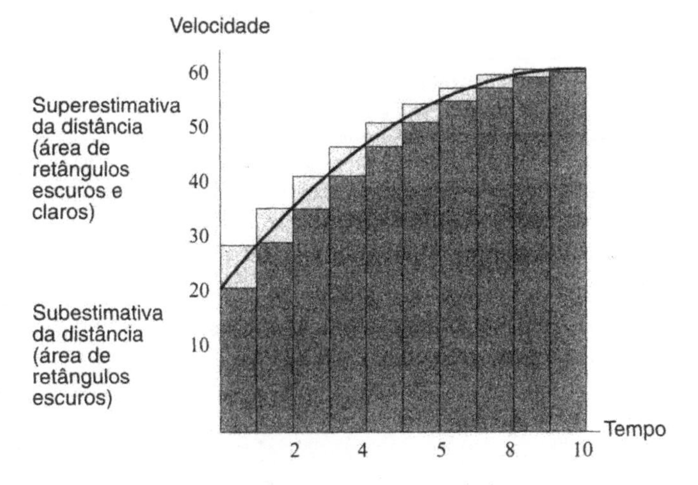

Figura 3.3 — *A área sombreada dá avaliação da distância percorrida. Velocidade medida a cada segundo*

Aproximação da variação total da taxa de variação

Vimos como usar a taxa de variação da distância (a velocidade) para calcular a distância total percorrida. Podemos usar o mesmo método para achar variação total de outras quantidades, a partir da taxa de variação.

Exemplo 2 A população de uma cidade cresce à taxa de 5.000 pessoas/ano por 3 anos e depois cresce à taxa de 3.000 pessoas/ano pelo 4 anos seguintes. Qual é a variação total da população da cidade durante esse período de sete anos?

Solução As unidades pessoas/ano nos fazem lembrar que nos é dada uma taxa de variação da população (pessoas) com relação ao tempo (anos). Se a taxa de variação é constante, sabemos que

Variação total da população
= Taxa de variação por ano × Número de anos.

Assim, a variação desta população é

Variação total
= (5.000 pessoas/ano)(3anos) + (3.000 pessoas/ano)(4anos)
= 15.000 pessoas + 12.000 pessoas
= 27.000 pessoas

A variação na população foi de 27.000 pessoas. Observe que isto não nos diz qual a população da cidade ao fim dos 7 anos; diz qual é a variação total. Por exemplo, se a população era de 100.000 inicialmente, seria de 127.000 ao fim dos 7 anos.

Exemplo 3 A taxa de vendas (em jogos por semana) de um novo videogame é mostrada na Tabela 3.3. Assumindo que a taxa de vendas cresceu durante todo o período de 20 semanas, avalie o número total de jogos vendidos durante esse período.

TABELA 3.3 — *Vendas semanais de um videogame*

Tempo (semanas)	0	5	10	15	20
Taxa de vendas (jogos por semana)	0	585	892	1.875	2.350

Solução Usamos o fato de, se a taxa de vendas for constante,

Vendas totais =
Taxa de vendas por semana × Número de semanas

Quantos games foram vendidos durante as cinco primeiras semanas? Durante este período, as vendas foram de zero por semana a 585 jogos por semana. Se assumirmos que 585 jogos foram vendidos em cada semana durante as cinco primeiras semanas, obteremos uma avaliação por cima para essas 5 semanas, que é (585 jogos/semana)(5 semanas) = 2.925 jogos. Avaliações por cima semelhantes para cada um dos períodos de cinco semanas nos dão uma avaliação por cima para todo o período de 20 semanas:

Avaliação por cima para vendas totais =
(585)(5)+(892)(5)+(1875)(5)+(2350)(5) =
28.510 jogos.

Avaliamos por baixo as vendas totais tomando o valor menor para a taxa de vendas durante cada um dos períodos de 5 semanas:

Avaliação por baixo das vendas totais = (0)(5)+(585)(5)+(892)(5)+(1875)(5) = 16.760 jogos.

Assim, as vendas totais do jogo durante o período de 20 semanas estão entre 16.760 e 28.510 jogos. Uma boa avaliação única para as vendas totais é a média destes dois números:

$$\text{Vendas totais} = \frac{16.760 + 28.510}{2} = 22.635 \text{ jogos.}$$

Problemas para a seção 3.1

1. (a) Esboce um gráfico da função velocidade para a viagem descrita no Exemplo 1.
   (b) Represente neste gráfico a distância total percorrida.
2. Trace um gráfico da taxa de vendas contra o tempo para os dados de videogames do exemplo 3. Represente graficamente a avaliação por cima e a avaliação por baixo calculadas neste exemplo.
3. Um carro começa a mover-se ao tempo $t = 0$ e vai cada vez mais depressa. Sua velocidade é mostrada na tabela seguinte. Avalie a distância que o carro percorre durante os 12 segundos.

t (segundos)	0	3	6	9	12
Velocidade (m/seg)	0	3	8	15	25

4. Um carro pára seis segundos depois que o motorista aplica os freios. Enquanto os freios estão engajados, são registradas as seguintes velocidade:

Tempo desde que os freios foram aplicados (seg)	0	2	4	6
Velocidade (m/seg)	29	15	5	0

   (a) Dê estimativas por baixo e por cima para a distância percorrida pelo carro depois que foram aplicados os freios.
   (b) Num esboço da velocidade contra o tempo, mostre as avaliações por baixo e por cima da parte (a).
5. Roger decide correr numa maratona. Seu amigo Jeff vai atrás dele numa bicicleta e registra sua velocidade a cada 15 minutos. Roger começa forte, mais depois de uma hora e meia está tão exausto que tem que parar. Os dados que Jeff coletou estão resumidos abaixo

Tempo gasto correndo (min)	0	15	30	45	60	75	90
Velocidade (kmh)	19	18	16	16	13	11	0

   (a) Supondo que a velocidade de Roger nunca é crescente, dê estimativas por cima e por baixo para a distância que Roger correu durante a primeira meia hora.
   (b) Dê estimativas por cima e por baixo para a distância que Roger correu no total, durante toda a hora e meia.
6. Gás de carvão é produzido numa companhia de gás. Poluentes no gás são removidos por esfregões, que se tornam cada vez menos eficientes à medida que passa o tempo. As seguintes medidas, feitas no início de cada mês, mostram a taxa à qual poluentes estão escapando no gás:

Tempo (meses)	0	1	2	3	4	5	6
Taxa à qual estão escapando poluentes (ton/mês)	5	7	8	10	13	16	20

   (a) Faça estimativas superior e inferior da quantidade total de poluentes que escaparam durante o primeiro mês.
   (b) Faça estimativa superior e inferior da quantidade total de poluentes que escaparam durante os seis meses,
7. A taxa de variação da população do mundo é dada na tabela seguinte, para anos escolhidos entre 1950 e 1990.
   (a) Use estes dados para avaliar a variação total na população do mundo entre 1950 e 1990. Explique como chegou à esta resposta.
   (b) A população do mundo era de 2.555 milhões de pessoas em 1950 e 5.295 milhões de pessoas em 1990. Calcule o verdadeiro valor da variação total da população. Como se compara com sua estimativa na parte (a)?

Ano	1950	1960	1970	1980	1990
Taxa de variação (milhões de pessoas por ano)	37	41	78	77	86

8. Sua velocidade é dada por $v(t) = t^2 + 1$ em m/seg, com t em segundos. Avalie a distância, s, percorrida entre $t = 0$ e $t = 5$. Explique como você chegou à sua avaliação.
9. A Figura 3.4 mostra o gráfico da velocidade, v, de um objeto (em metros/segundos). Avalie a distância total que o objeto percorreu entre $t = 0$ e $t = 6$.

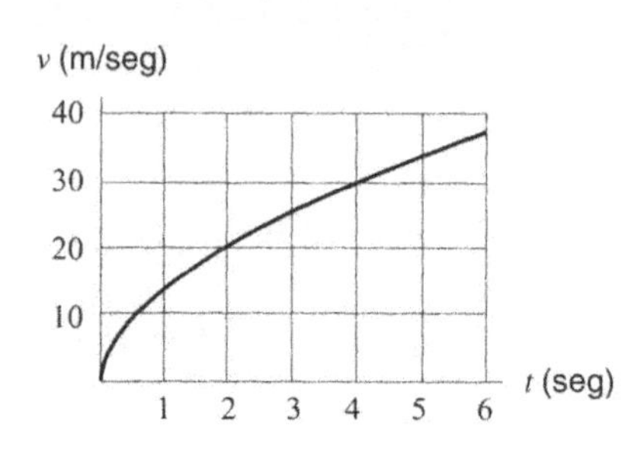

Figura 3.4

Figura 3.5

10. À medida que os depósitos de carvão, relativamente ricos, dos EUA são esgotados, uma fração maior do carvão do país virá de mineração aberta, e se tornará necessário fazer isto em áreas cada vez maiores para cada tonelada de carvão. O gráfico na Figura 3.5 mostra uma avaliação do número de acres de terra por milhões de toneladas de carvão, que serão devastadas durante a mineração, como função do número de milhões de toneladas removidas, começando agora.
    (a) Avalie o número total de acres devastados na extração dos próximos 4 milhões de toneladas de carvão (medidos a partir de agora). Desenhe 4 retângulos sob a curva e calcule sua área.
    (b) Reavalie o número de acres devastados usando retângulos acima da curva.
    (c) Use suas respostas às partes (a) e (b) para obter uma estimativa melhor para o verdadeiro número de acres atingidos.
11. Filtros numa usina de tratamento de água se tornam menos eficazes com o tempo. A taxa à qual poluição passa través dos filtros num lago próximo é medida a cada 6 dias e dada na tabela seguinte.
    (a) Avalie a quantidade total de poluição que entra no lago durante o período de 30 dias.
    (b) Sua resposta à parte (a) é só uma estimativa. Dê limitações (avaliações superior e inferior) entre as quais a verdadeira quantidade de poluição tem que estar. (Suponha que a taxa de poluição é sempre crescente.)

Dia	0	6	12	18	24	30
Taxa de poluição passando por filtro (kg/dia)	7	8	10	13	18	35

3.2 A INTEGRAL DEFINIDA

Na seção 3.1 vimos como aproximar a variação total, dada a taxa de variação. Veremos agora como tornar mais precisa a aproximação

Melhor a aproximação: n e Δt

Para aproximar a variação total, construímos uma soma. Usamos a notação Δt para o tamanho dos t-intervalos usados. Usamos n para representar o número de subintervalos de comprimento Δt. No exemplo seguinte vemos como diminuir Δt (e aumentar n) melhora a precisão da aproximação

Exemplo 1 Durante um período de 20 horas, uma população de bactérias aumenta a uma taxa dada por

$$f(t) = 3 + 0{,}1\,t^2 \text{ milhões de bactérias por hora,}$$

onde t está em horas desde o início do período. Faça uma estimativa inferior para a variação total no número de bactérias usando

(a) $\Delta t = 4$ horas (b) $\Delta t = 2$ horas
(c) $\Delta t = 1$ hora

Solução (a) A taxa de variação é $f(t) = 3 + 0{,}1\,t^2$. Se usarmos $\Delta t = 4$, mediremos a taxa a cada 4 horas e $n = 20/4 = 5$. Veja a Tabela 3.4. Uma estimativa inferior para a variação de população durante as primeiras 4 horas é (3,0 milhões/hora)(4 horas) = 12 milhões. Combinando as contribuições de todos os subintervalos tem-se a estimativa por baixo

Variação total ≈
$$(3{,}0)(4)+(4{,}6)(4)+(9{,}4)(4)+(17{,}4)(4)+(28{,}6)(4) = 252 \text{ milhões de bactérias}$$

O gráfico da taxa de variação está na Figura 3.6 (a); a área dos retângulos sombreados representa esta subavaliação. Observe que $n = 5$ é o número de retângulos no gráfico.

TABELA 3.4 — *Taxa de variação com $\Delta t = 4$ usando $f(t) = 3 + 0{,}1\,t^2$*

t (horas	0	4	8	12	16	20
$f(t)$ (milhões de bactérias/hora)	3,0	4,6	9,4	17,4	28,6	43,0

(b) Se usarmos $\Delta t = 2$, mediremos $f(t)$ a cada 2 horas e $n = 20/2 = 10$. Veja a Tabela 3.5. A subavaliação é

Variação total ≈
$$(3{,}0)(2)+(3{,}4)(2)+(4{,}6)(2)+\cdots+(35{,}4)(2) = 288{,}0 \text{ milhões de bactérias.}$$

A Figura 3.6 (b) sugere que esta avaliação é mais precisa que a feita na parte (a).

TABELA 3.5 — *Taxa de variação com $\Delta t = 2$, usando $f(t) = 3 + 0{,}1t^2$ bilhões de bactérias/hora*

t(horas)	$f(t)$	t(horas)	$f(t)$
0	3,0	12	17,4
2	3,4	14	22,6
4	4,6	16	28,6
6	6,6	18	35,4
8	9,4	20	43,0
10	13,0		

(c) Se usarmos $\Delta t = 1$, então $n = 20$ e um cálculo semelhante mostra que

Variação total ≈ 307 milhões de bactérias.

A área sombreada na Figura 3.6 (c) representa esta estimativa; é a mais precisa das três.

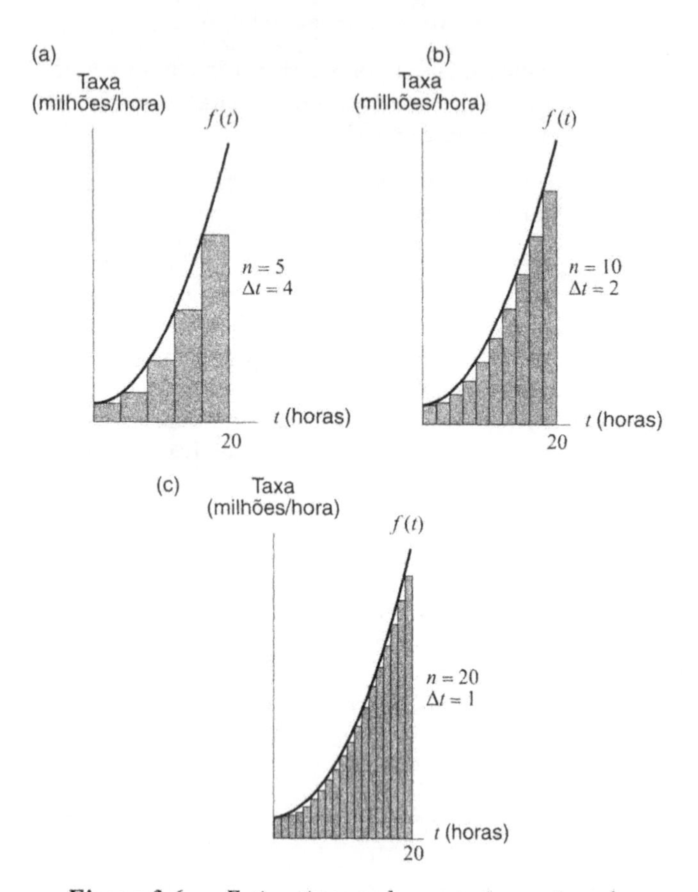

***Figura 3.6** — Estimativas cada vez mais precisas da variação total a partir da taxa de variação. Em cada caso,* f(t) *é a variação, e a área sombreada aproxima a variação total. O maior* n *e menor* Δt *dão a melhor aproximação*

Observe que quando n cresce, a estimativa melhora e a área dos retângulos sombreados se aproxima da área sob a curva. Se deixarmos n ficar arbitrariamente grande, acharemos a variação total exatamente, e o limite da área dos retângulos é exatamente a área sob a curva.

Achar exatamente a variação total

No Exemplo 1 vimos como a variação total pode ser aproximada por somas e como a aproximação pode ser melhorada. Agora mostramos como a aproximação pode tornar-se exata tomando o limite.

Suponha que temos uma função $f(t)$ que é contínua para $a \le t \le b$. Dividimos o intervalo de a e b em n subintervalos iguais, cada um de comprimento Δt, onde

$$\Delta t = \frac{b-a}{n}$$

Sejam $t_0, t_1, t_2, \ldots, t_n$ as extremidades dos subintervalos, como nas Figuras 3.7 e 3.8. Construímos duas somas, semelhantes às avaliações por cima e por baixo da Seção 3.1. Para uma *soma à esquerda*, tomamos os valores da função na extremidade esquerda do intervalo. Para uma soma à direita, tomamos os valores da função nas extremidades à direita dos intervalos. Tem os

$$\text{Soma à esquerda} = f(t_0)\,\Delta t + f(t_1)\,\Delta t + \cdots + f(t_{n-1})\,\Delta t$$

e

$$\text{Soma à direita} = f(t_1)\,\Delta t + f(t_2)\,\Delta t + \cdots + f(t_n)\,\Delta t$$

As somas representam as áreas sombreadas nas Figuras 3.7 e 3.8, desde que $f(t) \ge 0$. Na Figura 3.7, o primeiro retângulo tem largura Δt e altura $f(t_0)$, pois o topo de seu lado esquerdo toca a curva, e tem área $f(t_0)\,\Delta t$. O segundo retângulo tem largura Δt e altura $f(t_1)$ e portanto tem área $f(t_1)\,\Delta t$, e assim por diante. A soma de todas estas áreas é a soma pela esquerda. A soma pela direita, mostrada na Figura 3.8, é construída de modo semelhante, só que cada retângulo toca a curva pelo seu lado direito, em vez do esquerdo.

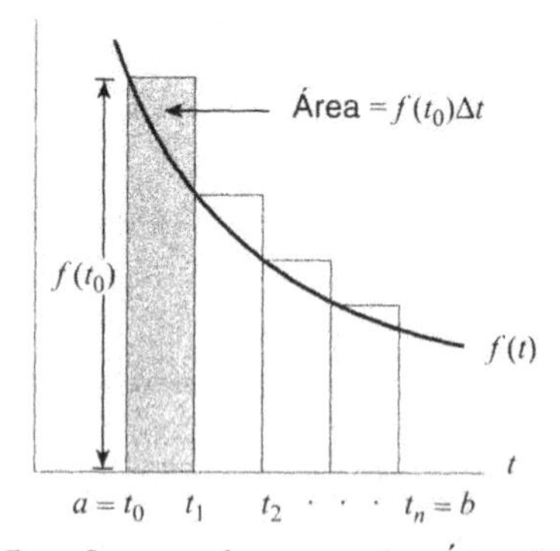

***Figura 3.7** — Soma pela esquerda: Área de retângulos*

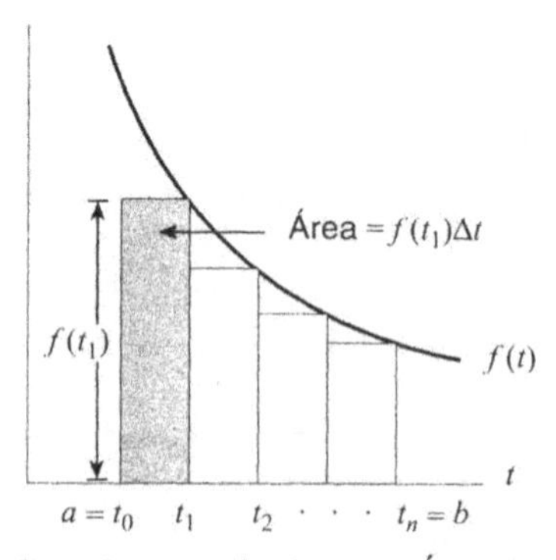

***Figura 3.8** — Soma pela direita: Área de retângulos*

Escrever as somas pela esquerda e pela direita, usando notação sigma

Tanto a soma à esquerda quanto a soma à direita podem ser escritas de modo mais compacto usando *sigma*, ou a notação somatória. O símbolo Σ é um sigma maiúsculo, isto é, a letra "S" grega. Escrevemos

Soma à direita

$$= \sum_{i=1}^{n} f(t_i)\Delta t = f(t_1)\Delta t + f(t_2)\Delta t + \cdots + f(t_n)\Delta t$$

O Σ nos diz que devemos somar termos da forma $f(t_i)\,\Delta t$. O $i = 1$ na base do sinal de sigma nos diz que devemos começar com $i = 1$, e o "n" no topo nos diz que devemos para em $i = n$.

Na soma à esquerda começamos com $i = 0$ e paramos em $i = n-1$, portanto escrevemos

Soma à esquerda =

$$= \sum_{i=0}^{n-1} f(t_i)\Delta t = f(t_0)\Delta t + f(t_1)\Delta t + \cdots + f(t_{n-1})\Delta t$$

Tomar limite para obter a integral definida

Se f é a taxa de variação de alguma quantidade, então a soma à esquerda e a soma à direita aproximam a variação total da quantidade. Para a maior parte das funções f, a aproximação melhora se aumentarmos o valor de n. Para achar exatamente a variação total, tomamos n cada vez maior e olhamos os valores a que se aproximam as somas à direita e à esquerda. Chama-se a isto tomar o *limite* destas somas quando n vai a infinito, e se escreve $\lim\limits_{n\to\infty}$. Se f for contínua para $a \le t \le b$, os limites da somas á esquerda e à direita existem e são iguais. A integral definida é o limite comum desta somas.

Suponha que f é contínua para $a \le t \le b$. A **integral definida** de f entre a e b, escrita

$$\int_a^b f(t)\,dt$$

é o limite da soma à esquerda ou da soma à direita, com n subdivisões de $[a, b]$, quando n se torna arbitrariamente grande. Em outras palavras, se $t_0, t_1, \ldots, t_n$ são as extremidades dos subintervalos

$$\int_a^b f(t)\,dt = \lim_{n\to\infty} (\text{soma à esquerda}) = \lim_{n\to\infty}\left(\sum_{i=0}^{n-1} f(t_i)\Delta t\right)$$

e

$$\int_a^b f(t)\,dt = \lim_{n\to\infty} (\text{soma à direita}) = \lim_{n\to\infty}\left(\sum_{i=1}^{n} f(t_i)\Delta t\right)$$

Cada uma destas somas chama-se uma *soma de Riemann*, f se chama o *integrando*, a e b chamam-se os *limites de integração.*

A notação "$\int$" vem de um "S" antigo, que está significando "soma" assim como Σ. O "dt" na integral vem do fator Δt. Observe que os limites do símbolo Σ são 0 e $n-1$ para a soma à esquerda e são 1 e n para a soma à direita, ao passo que os limites do sinal $\int$ são a e b.

Quando f(t) é positiva, as somas à esquerda e à direita são representadas pelas somas de áreas de retângulos e assim, a integral definida é representada graficamente por uma área.

Cálculo de uma integral definida

Na prática, freqüentemente aproximamos numericamente integrais definidas, usando uma calculadora ou computador. Eles computam somas para valores cada vez maiores de n, e eventualmente dão um valor para a integral. Diferentes calculadoras e computadores podem dar avaliações ligeiramente diferentes, devido ao arredondamento do erro e ao fato de poderem usar métodos de aproximação diferentes.

No próximo exemplo veremos como funcionam tais métodos de aproximação numérica. Para cada valor de n são calculadas uma aproximação por cima e uma por baixo para a integral. Crescendo o valor de n as duas aproximações ficam cada vez mais próximas uma da outra, cercando o valor da integral entre elas. Aumentando suficientemente o valor de n, a integral pode ser calculada com qualquer precisão desejada.

Exemplo 2 Calcule as somas à esquerda e à direita com $n = 2$ e $n = 10$ para $\int_1^2 \frac{1}{t}\,dt$. Como se comparam estas somas com o valor exato da integral?

Solução Aqui, $a = 1$ e $b = 2$, de modo que para $n = 2$, $\Delta t = (2-1)/2 = 0{,}5$. Portanto, $t_0 = 1$, $t_1 = 1{,}5$ e $t_2 = 2$. (Veja a Figura 3.9) Temos

$$\text{Soma à esquerda } = f(1)\,\Delta t + f(1{,}5)\,\Delta t = 1(0{,}5) + \frac{1}{1{,}5}(0{,}5) \approx 0{,}8333,$$

$$\text{Soma à direita } = f(1{,}5)\,\Delta t + f(2)\,\Delta t = \frac{1}{1{,}5}(0{,}5) + \frac{1}{2}(0{,}5) \approx 0{,}5833$$

Da Figura 3.9 vemos que a soma da esquerda é maior que a área sob a curva e a da direita é menor. Assim, a área sob a curva $f(t) = 1/t$ de $t = 1$ a $t = 2$ está entre 0,5833 e 0,8333, e temos

$$0{,}5833 < \int_1^2 \frac{1}{t}\,dt < 0{,}8333$$

Na Figura 3.10 temos $n = 10$ e $\Delta t = (2-1)/10 = 0{,}1$, portanto

Soma à esquerda

$$= f(1)\,\Delta t + f(1{,}1)\,\Delta t + \cdots + f(1{,}9)\,\Delta t = \left(1 + \frac{1}{1{,}1} + \frac{1}{1{,}2} + \cdots + \frac{1}{1{,}9}\right)0{,}1 \approx 0{,}7188,$$

Soma à direita

$$= f(1{,}1)\,\Delta t + f(1{,}2)\,\Delta t + \cdots + f(2)\,\Delta t = \left(\frac{1}{1{,}1} + \frac{1}{1{,}2} + \cdots + \frac{1}{2}\right)0{,}1 \approx 0{,}6688$$

Da Figura 3.10 você pode ver que a da esquerda é maior que a área sob a curva e a da direita é menor; portanto

$$0{,}6688 < \int_1^2 \frac{1}{t}\,dt < 0{,}7188$$

Observe que as somas da direita e da esquerda cercam o valor exato da integral entre elas. À medida que as subdivisões ficam mais finas, a diferença entre as somas à esquerda e à direita fica menor,

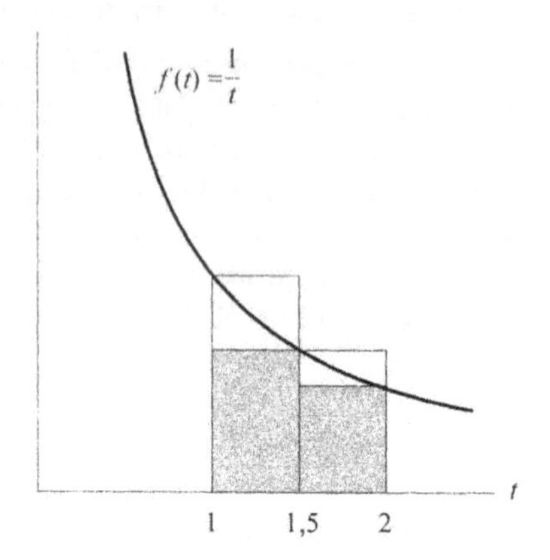

Figura 3.9 — *Aproximação de* $\int_1^2 \frac{1}{t}\,dt$ *com* n = 2

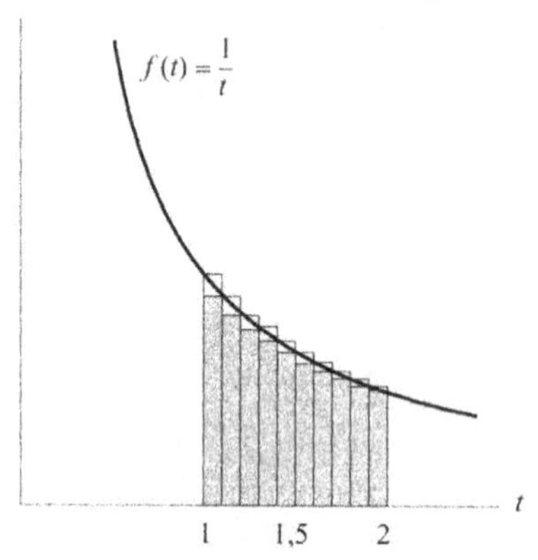

Figura 3.10 — *Aproximação de* $\int_1^2 \frac{1}{t}\,dt$ *com* n = 10

Exemplo 3 Para $n = 250$, as somas direita e esquerda para $\int_1^2 \frac{1}{t}\,dt$ são 0,6921 e 0,6941, respectivamente. Use estes valores para avaliar o valor da integral.

Solução Para $f(t) = 1/t$ a soma esquerda é maior que a integral e a direita é menor, assim

$$0,6921 < \int_1^2 \frac{1}{t}\,dt < 0,6941.$$

Portanto, podemos dizer que, a duas casas decimais,

$$\int_1^2 \frac{1}{t}\,dt \approx 0,69.$$

Na verdade, sabe-se que o valor exato é $\int_1^2 \frac{1}{t}\,dt = \ln 2 = 0,693147\ldots$.

Exemplo 4 Calcule $\int_1^3 t^2\,dt$ e represente esta integral como área.

Solução Usando uma calculadora, achamos

$$\int_1^3 t^2\,dt \approx 8,667$$

A integral representa a área entre $t = 1$ e $t = 3$, sob a curva $f(t) = t^2$. Veja a Figura 3.11.

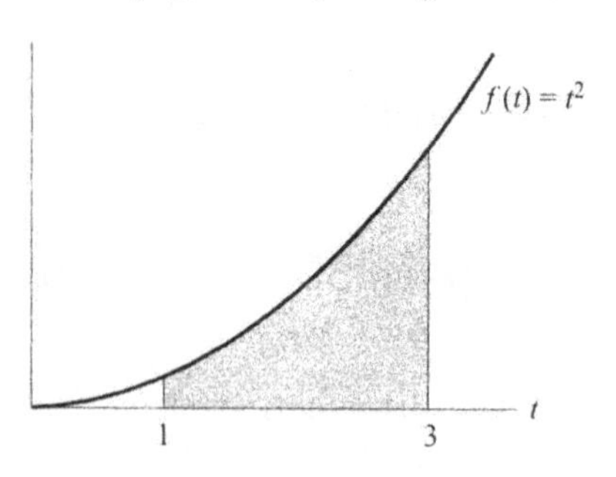

Figura 3.11 — *Área sombreada* = $\int_1^3 t^2\,dt$

Avaliar uma integral definida a partir da tabela ou gráfico

Se tivermos uma fórmula para o integrando, $f(x)$, poderemos calcular a $\int_a^b f(x)dx$ usando uma calculadora ou computador. Mas se tivermos apenas uma tabela de valores ou um gráfico para $f(x)$, ainda assim poderemos avaliar a integral.

Exemplo 5 Valores para a função $f(x)$ estão na tabela seguinte.

Avalie $\int_{20}^{30} f(t)\,dt$

t	20	22	24	26	28	30
$f(t)$	5	7	11	18	29	45

Solução Como temos somente uma tabela de valores, usamos só as à esquerda e à direita para aproximar a integral. Os valores de $f(t)$ são tomados com espaços de 2 unidades, assim $\Delta t = 2$ e $n = (30 - 20)/2 = 5$. O cálculo das somas à esquerda e à direita dá

Soma à esquerda =
$= f(20)2 + f(22)2 + f(24)2 + f(26)2 + f(28)2$
$= 5 \cdot 2 + 7 \cdot 2 + 11 \cdot 2 + 18 \cdot 2 + 29 \cdot 2$
$= 10 + 14 + 22 + 36 + 58$
$= 140.$

Soma à direita =
$= f(22)2 + f(24)2 + f(26)2 + f(28)2 + f(30)2$
$= 7 \cdot 2 + 11 \cdot 2 + 18 \cdot 2 + 29 \cdot 2 + 45 \cdot 2$
$= 14 + 22 + 36 + 58 + 90$
$= 220$

As duas somas são aproximações da integral. Em geral tomamos uma estimativa melhor, a média das duas:

$$\int_{20}^{30} f(t)\,dt \approx \frac{140 + 220}{2} = 180$$

Exemplo 6 O gráfico da função $f(x)$ é dado na Figura 3.12.

Avalie $\int_0^6 f(x)\,dx$.

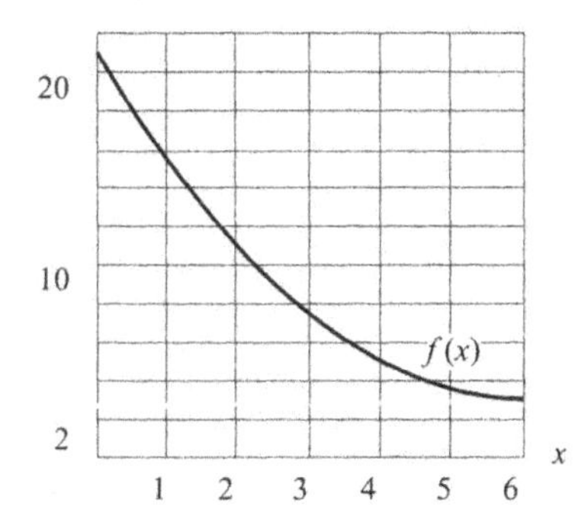

***Figura 3.12** — Avalie $\int_0^6 f(x)\,dx$*

Solução A integral é igual à área sob a curva entre $x = 0$ e $x = 6$. Usamos somas à esquerda e à direita para avaliar esta integral. Podemos tornar n tão grande quanto quisermos, dependendo da precisão que desejamos ter para avaliação. Suponha que escolhemos $n = 3$, assim $\Delta x = 2$. Calculamos primeiro a soma à esquerda. a Figura 3.13 mostra os três retângulos. A altura do primeiro retângulo é $f(0) = 21$ e a largura é 2, assim a área do primeiro retângulo é $(21)(2) = 42$. Continuando, temos

$$\begin{aligned}\text{Soma à esquerda} &= (f(0))(2) + (f(2))(2) + (f(4))(2)\\ &= (21)(2) + (11)(2) + (5)(2)\\ &= 42 + 22 + 10\\ &= 74.\end{aligned}$$

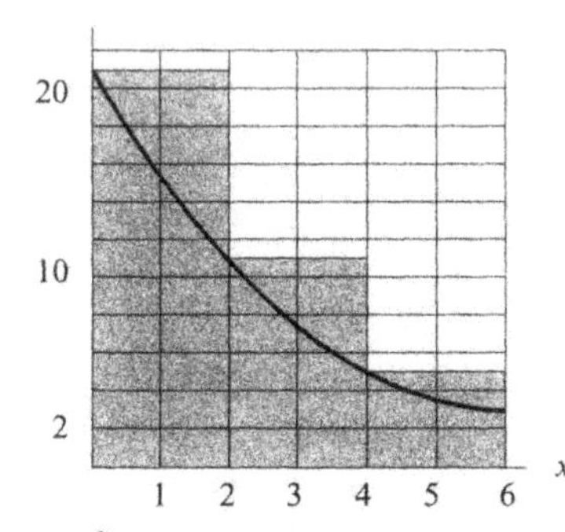

***Figura 3.13** — Área da região sombreada é a avaliação à esquerda de $\int_0^6 f(x)\,dx$, com n = 3*

Analogamente, calculamos a soma à direita. (Ver a Figura 3.14)

$$\begin{aligned}\text{Soma à direita} &= (f(2))(2) + (f(4))(2) + (f(6))(2)\\ &= (11)(2) + (5)(2) + (3)(2)\\ &= 22 + 10 + 6\\ &= 38.\end{aligned}$$

Avaliamos a integral tomando a média:

$$\int_0^6 f(x)\,dx \approx \frac{74+38}{2} = 56$$

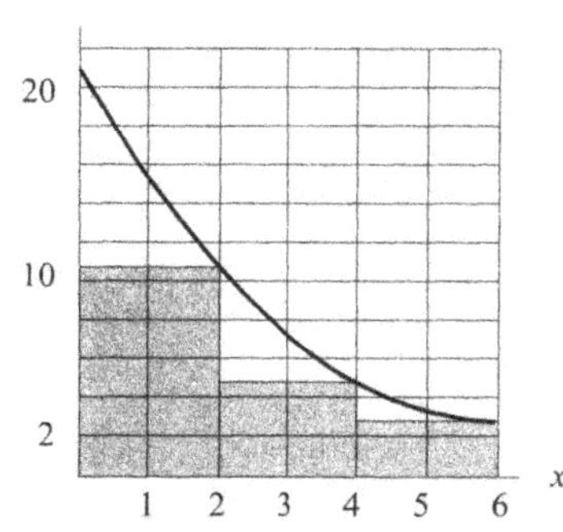

***Figura 3.14** — Área da região sombreada é estimativa à direita de $\int_0^6 f(x)\,dx$, com n = 3*

Podemos melhorar a precisão tomando número maior de retângulos.

Problemas para a Seção 3.2

1. A taxa de variação de uma quantidade é dada por $f(t) = t^2 + 1$. Faça uma subavaliação e uma superavaliação da variação total da quantidade entre $t = 0$ e $t = 8$ usando
   (a) $\Delta t = 4$ (b) $\Delta t = 2$ (c) $\Delta t = 1$
   Quanto é n em cada caso? Faça o gráfico de $f(t)$ e sombreie retângulos para representar cada uma de suas seis respostas.
2. A Figura 3.12 mostra o gráfico de $f(x)$. No Exemplo 6, avaliamos o valor da integral definida $\int_0^6 f(x)\,dx$ usando somas à esquerda e à direita com $n = 3$. Ache uma aproximação melhor calculando somas à esquerda e à direita com $n = 6$.

Para os Problemas 3–4 avalie à mão o valor da integral calculando somas à esquerda e à direita com $n = 2$ e $n = 4$. Faça um gráfico do integrando $f(x)$ em cada caso e faça uma ilustração para cada aproximação (usando retângulos). Cada aproximação é uma subavaliação ou um superavaliação?

3. $\int_0^2 (x^2+1)\,dx$ 4. $\int_1^5 \left(\frac{2}{x}\right) dx$

Para os Problemas 5–8

(a) Use um gráfico do integrando para fazer uma avaliação grosseira da integral. Explique seu raciocínio.

(b) Use um computador ou calculadora para achar o valor da integral definida

5. $\int_0^1 x^3\,dx$ 6. $\int_0^3 \sqrt{x}\,dx$

7. $\int_0^1 3^t\,dt$ 8. $\int_1^2 x^x\,dx$

Nos Problemas 9–17, use uma calculadora ou computador para calcular as integrais definidas.

9. $\int_0^5 x^2\,dx$ 10. $\int_1^4 \frac{1}{\sqrt{1+x^2}}\,dx$

11. $\int_1^5 (3x+1)^2\,dx$ 12. $\int_{1,1}^{1,7} 10(0,85)^t\,dt$

13. $\int_1^2 2^x \, dx$

14. $\int_1^2 (1{,}03)^t \, dt$

15. $\int_1^3 \ln x \, dx$

16. $\int_{1,1}^{1,7} e^t \ln t \, dt$

17. $\int_{-3}^{3} e^{-t^2} \, dt$

18. Você se move com velocidade $v(t) = 10 + 8t - t^2$ e quer calcular a distância percorrida entre $t = 0$ e $t = 5$. Faça o gráfico da função velocidade e mostre no gráfico avaliações à esquerda e à direita para a distância, com $n = 5$. Ache as avaliações à esquerda e à direita.

19. Valores da função $W(t)$ são dados na tabela seguinte. Avalie $\int_3^4 W(t)dt$. O que são n e Δt?

t	3,0	3,2	3,4	3,6	3,8	4,0
$W(t)$	25	23	20	15	9	2

TABELA 3.6

x	0	3	6	9	12	15
$f(x)$	50	48	44	36	24	8

TABELA 3.7

x	10	14	18	22	26
$f(x)$	100	88	72	50	28

20. A Tabela 3.6 contém valores de $f(x)$. Avalie $\int_0^{15} f(x)dx$.

21. Valores da função $f(x)$ são dados na Tabela 3.7. Avalie $\int_0^{26} f(x)\,dx$.

22. Considere a integral $\int_1^2 \ln x \, dx$.

(a) Sobre um esboço de $y = \ln x$, represente a soma de Riemann à esquerda com $n = 2$. Escreva os termos da soma mas não a calcule.

(b) Sobre outro esboço, represente a soma de Riemann à direita com $n = 2$. Escreva os termos na soma mas não a calcule.

(c) Qual soma é avaliação por cima? Qual soma é avaliação por baixo?

23. Esboce o gráfico de uma função f (não precisa dar uma fórmula para f) num intervalo $a \le x \le b$ com a propriedade que com $n = 2$ subdivisões,

$$\int_a^b f(x)\,dx < \text{Soma à esquerda} < \text{Soma à direita}.$$

3.3 A INTEGRAL DEFINIDA COMO ÁREA: QUANDO $f(x)$ É POSITIVA

Se $f(x)$ for contínua e positiva, cada termo $f(x_0)\Delta x$, $f(x_1)\Delta x$, ..., na soma às direita ou à esquerda representa a área de um retângulo. Veja a Figura 3.15. À medida que a largura Δx dos retângulos se avizinha de zero, os retângulos se ajustam exatamente à curva do gráfico, e a soma de suas áreas se aproxima cada vez mais da área sob a curva, sombreada na Figura 3.16. Em outras palavras.

> Quando $f(x)$ é positiva e $a < b$
>
> Área sob o gráfico de f entre a e b=
>
> $$\int_a^b f(x)\,dx$$

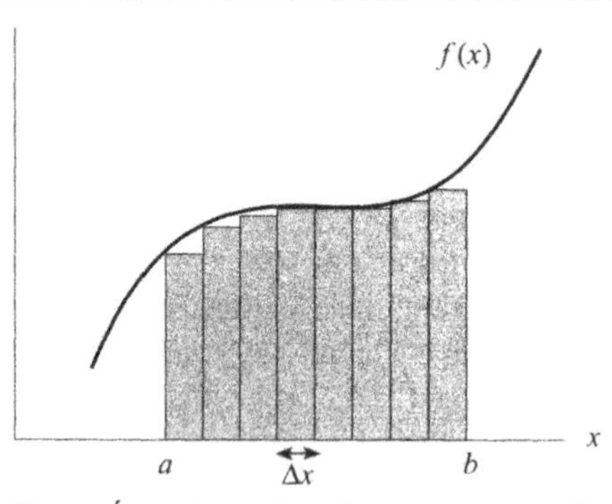

***Figura 3.15** — Área de retângulos aproximando a área sob a curva*

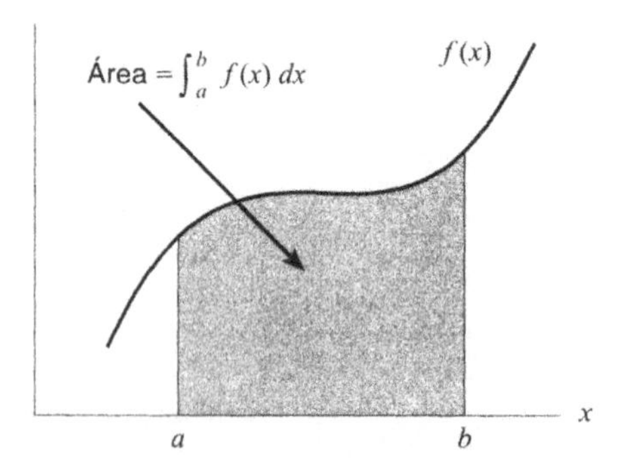

***Figura 3.16** — Área sombreada é a integral definida* $\int_a^b f(x)\,dx$

Exemplo 1 Um gráfico de $f(x)$ é mostrado na Figura 3.17. Avalie $\int_0^3 f(x)\,dx$.

Solução Como $\int_0^3 f(x)\,dx$ é a área sombreada na Figura 3.18, avaliamos esta área. A área inclui aproximadamente 11,5 caixas, cada uma de área 1, e

$$\int_0^3 f(x)\,dx \approx 11{,}5$$

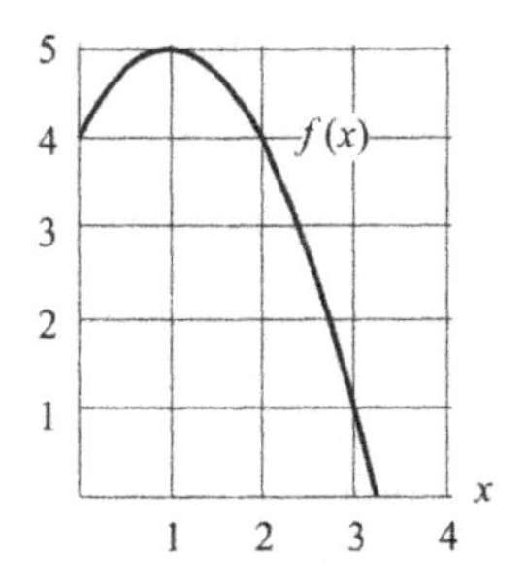

***Figura 3.17** — Avalie* $\int_0^3 f(x)\,dx$

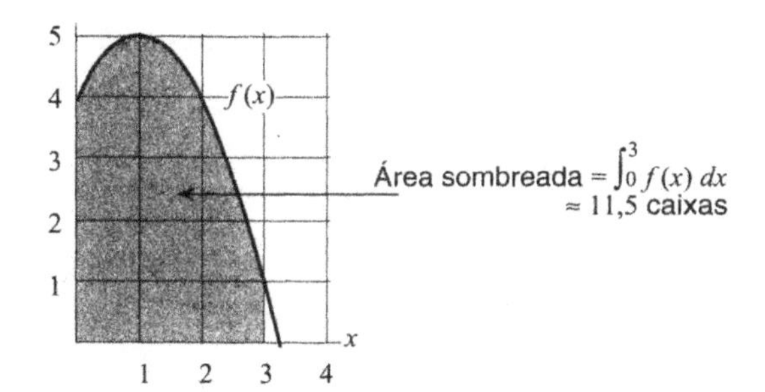

***Figura 3.18** — Área sombreada =* $\int_0^3 f(x)\,dx$

Exemplo 2 Ache a área sob o gráfico de $y = 10\,x(3^{-x})$ entre $x = 0$ e $x = 3$.

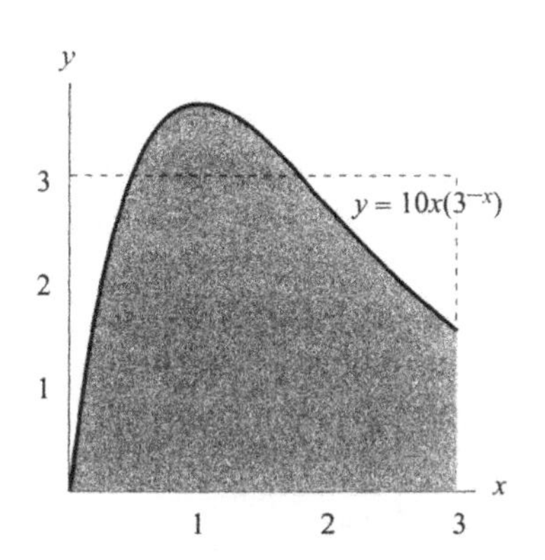

***Figura 3.19** — Área sombreada =* $\int_0^3 10x(3^{-x})\,dx$

Solução A área que buscamos está sombreada na Figura 3.19. Uma estimativa imprecisa desta área é 9, pois ela tem mais ou menos a mesma área que um retângulo de largura 3 e altura 3. Para achar mais precisamente, dizemos

$$\text{Área sombreada} = \int_0^3 10x(3^{-x})\,dx$$

Usando uma calculadora ou computador para avaliar a integral, obtemos

$$\text{Área sombreada} = \int_0^3 10x(3^{-x})\,dx \approx 6{,}967 \approx$$
$$\approx 7 \text{ quadrados unidades}$$

Relação entre integral definida e área: quando $f(x)$ não é positiva

Nós assumimos ao traçar a Figura 3.16, que o gráfico de $f(x)$ jaz acima do eixo-x. Se o gráfico estiver abaixo do eixo-x, então cada valor de f é negativo, assim cada $f(x)\Delta x$ é negativo e a área acaba contada negativamente. Neste caso, a integral definida é o negativo da área entre o gráfico e o eixo-x.

Exemplo 3 Qual é a relação entre a integral definida $\int_{-1}^{1}(x^2 - 1)\,dx$ e a área entre a parábola $y = x^2 - 1$ e o eixo-x?

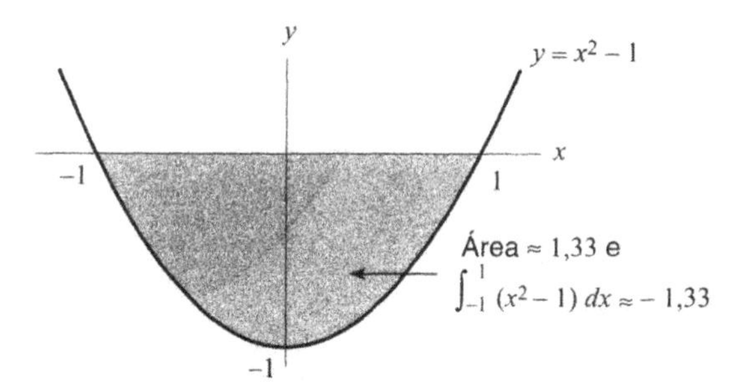

***Figura 3.20** — A integral* $\int_{-1}^{1}(x^2 - 1)\,dx$ *é negativo da área sombreada*

Solução Entre $x = -1$ e $x = 1$ a parábola fica abaixo do eixo-x. (Ver a Figura 3.20). Assim

$$\int_{-1}^{1}(x^2 - 1)\,dx = -\text{ Área} \approx -1{,}33$$

Resumindo, supondo que $f(x)$ é contínua, temos

> Quando $f(x)$ é positiva para alguns valores de x e negativa para outros, e $a < b$
>
> $\int_a^b f(x)\,dx$ é a soma das áreas acima do eixo-x, contadas positivamente, e das áreas abaixo do eixo-x, contadas negativamente.

No exemplo seguinte, decompomos a integral. As propriedades que nos permitem fazer isto estão listadas nas páginas 140 e 141.

Exemplo 4 Interprete a integral definida $\int_0^4 (x^3 - 7x^2 + 11x)\,dx$, em termos de áreas.

Solução A Figura 3.21 mostra o gráfico de $f(x) = x^3 - 7x^2 + 11x$ passando para baixo do eixo-x aproximadamente em $x = 2{,}38$. A integral é a área acima do eixo-x, A_1, menos a área abaixo do eixo-x, A_2. Calculando a integral com uma calculadora ou computador tem-se

$$\int_0^4 (x^3 - 7x^2 + 11x)\,dx \approx 2{,}67$$

Decompondo a integral em duas partes e calculando cada uma separadamente dá

$$\int_0^{2,38} (x^3 - 7x^2 + 11x)\,dx \approx 7,72 \quad \text{e}$$

$$\int_{2,38}^{4} (x^3 - 7x^2 + 11x)\,dx \approx -5,05$$

Assim $A_1 \approx 7,72$ e $A_2 \approx 5,05$. Então, como seria de esperar,

$$\int_0^4 (x^3 - 7x^2 + 11x)\,dx = A_1 - A_2 \approx 7,72 - 5,05 = 2,67.$$

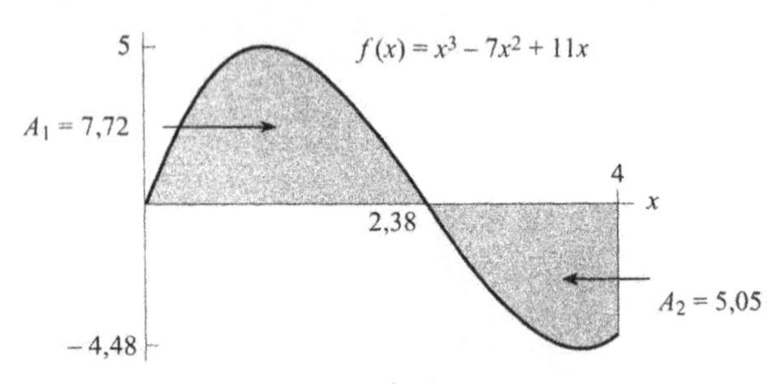

Figura 3.21 *— A integral* $\int_0^4 (x^3 - 7x^2 + 11x)\,dx = A_1 - A_2$

Exemplo 5 Ache a área total das regiões sombreadas na Figura 3.21.

Solução Vimos no exemplo 4 que $A_1 \approx 7,72$ e $A_2 \approx 5,05$. Portanto temos

Área total sombreada $= A_1 + A_1 \approx 7,72 + 5,05 = 12,77$.

Exemplo 6 Para cada uma das funções cujos gráficos estão na Figura 3.22, decida se $\int_0^5 f(x)dx$ é positiva, negativa ou aproximadamente zero.

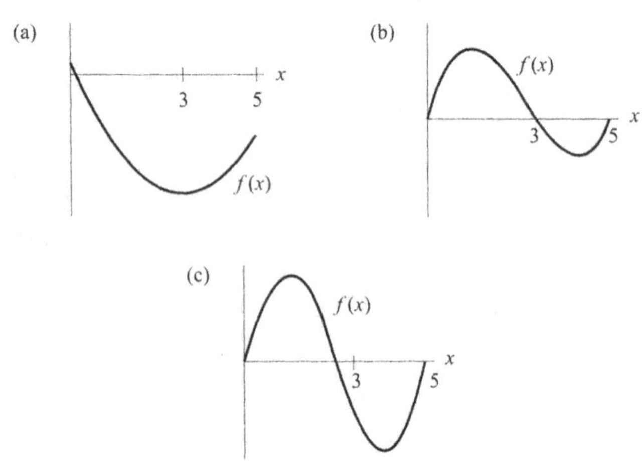

Figura 3.22 *—* $\int_0^5 f\,(x)\,dx$ *é positiva, negativa ou zero?*

Solução (a) O gráfico está quase inteiramente abaixo do eixo-*x*, logo a integral é negativa.

(b) O gráfico está parte acima, parte abaixo do eixo-*x*. Mas a área acima do eixo-*x* é maior que a área abaixo, de modo que a integral é positiva.

(c) O gráfico está parte acima e parte abaixo do eixo-*x*. Como as áreas acima e abaixo do eixo parecem ser aproximadamente iguais, a integral é aproximadamente zero.

Área entre duas curvas

Podemos usar retângulos para aproximar a área entre duas curvas. Se $g(x) \le f(x)$, como na Figura 3.23, a altura de um retângulo é $f(x) - g(x)$. A área do retângulo é $(f(x) - g(x))\Delta x$ e temos o seguinte resultado:

> Se $g(x) \le f(x)$ para $a \le x \le b$:
>
> Área entre os gráficos de $f(x)$ e $g(x)$, entre a e b =
>
> $$= \int_a^b (f(x) - g(x))\,dx$$

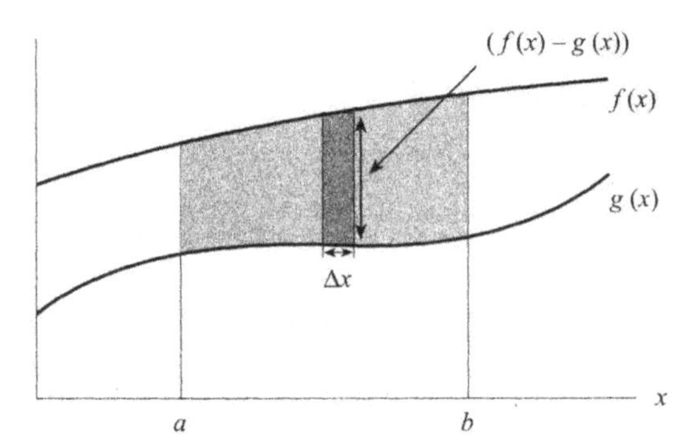

Figura 3.23 *— Área entre duas curvas =* $= \int_a^b (f(x) - g(x))\,dx$

Exemplo 7 Gráficos de $f(x) = 4x - x^2$ e $g(x) = {}^1/_2\,x^{3/2}$ para $x \ge 0$ estão na Figura 3.24. Use a definição de integral para estimar a área entre os gráficos destas duas funções.

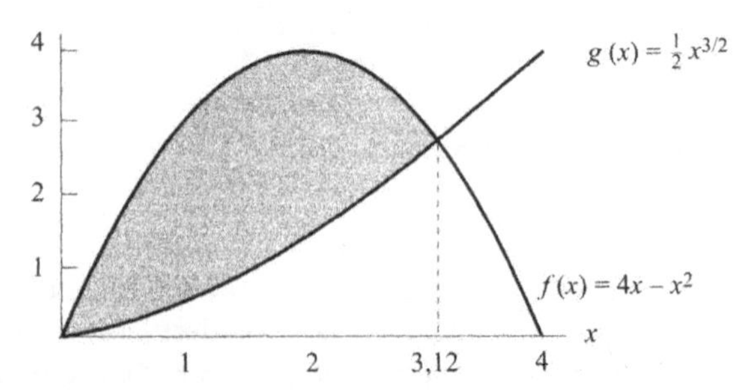

Figura 3.24 *— Ache a área entre* f(x) = 4x–x *e* g(x) = $^1/_2\,$x$^{3/2}$

Solução A região entre os gráficos das duas funções está sombreada na Figura 3.24. Os dois gráficos se cruzam em $x = 0$ e $x \approx 3,12$. Entre esses valores, o gráfico de $f(x) = 4x - x^2$ está acima do gráfico de $g(x) = {}^1/_2\,x^{3/2}$. Usando uma calculadora ou computador para avaliar a integral, temos

Área entre os gráficos =

$$= \int_0^{3,12} \left((4x - x^2) - \left(\tfrac{1}{2}x^{3/2}\right) \right) dx = 5.906$$

Problemas para a Seção 3.3

1. Na Figura 3.25, use a rede para avaliar a área da região limitada pela curva, o eixo horizontal e as retas verticais $x = 3$ e $x = -3$. Explique sua resposta.

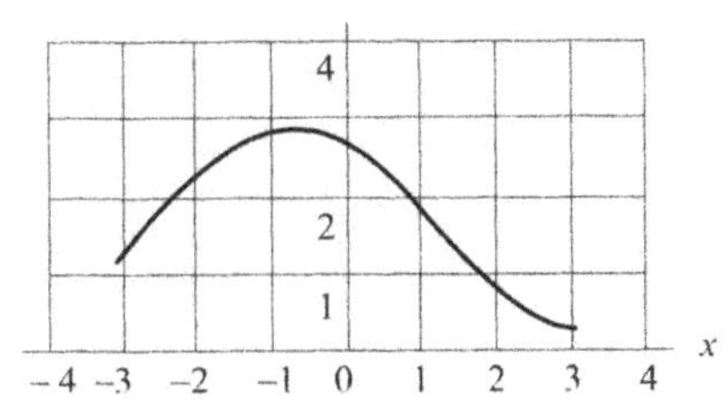

Figura 3.25

2. Se o gráfico de f é o da Figura 3.26, qual é o valor da $\int_1^6 f(x)\,dx$?

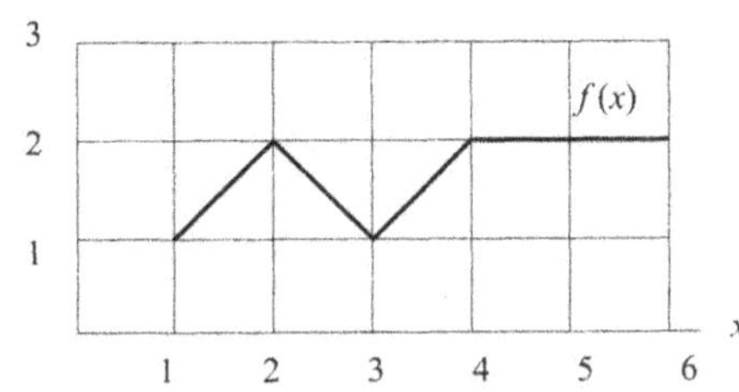

Figura 3.26

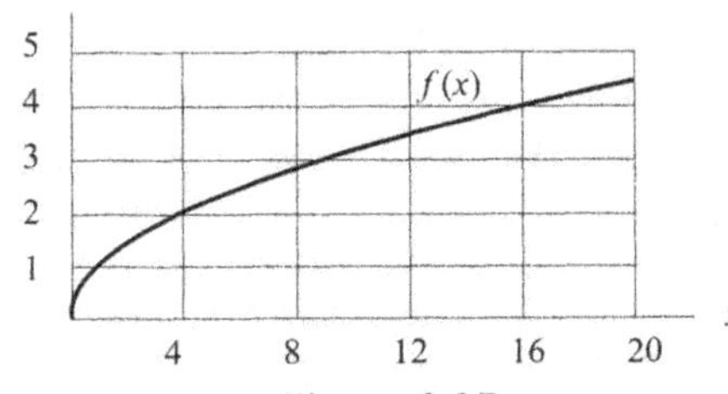

Figura 3.27

3. Um gráfico de $f(x)$ é dado na Figura 3.27. Avalie $\int_0^{20} f(x)\,dx$

Um gráfico de $f(x)$ é dado nos Problemas 4-5. Avalie $\int_0^3 f(x)\,dx$

4.

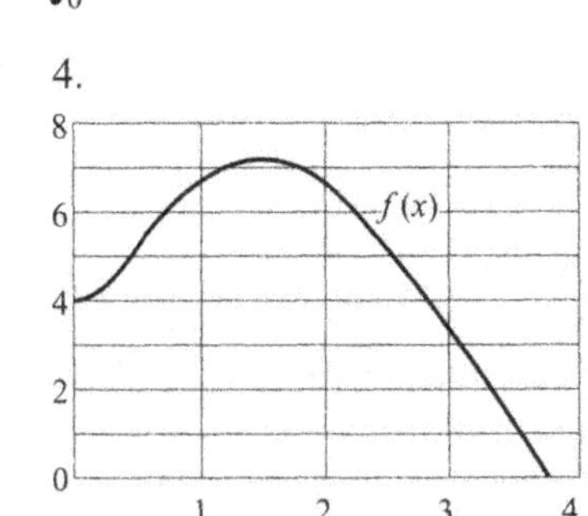

5.

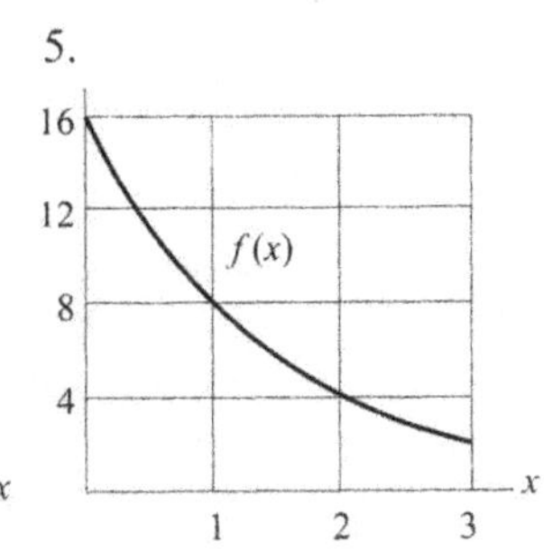

6. Ache a área sob $y = x^3 + 2$ entre $x = 0$ e $x = 2$. Esboce a área que isto representa.
7. Ache a área sob $P = 100(0,6)^t$ entre $t = 0$ e $t = 8$.
8. Ache a área sob o gráfico de $f(x) = x^2 + 2$ entre $x = 0$ e $x = 6$.
9. (a) Avalie, contando quadrados, a área total sombreada na Figura 3.28.
   (b) Para a função f cujo gráfico é dado na Figura 3.28, avalie $\int_0^8 f(x)\,dx$
   (c) Por que suas respostas nas partes (a) e (b) são diferentes?

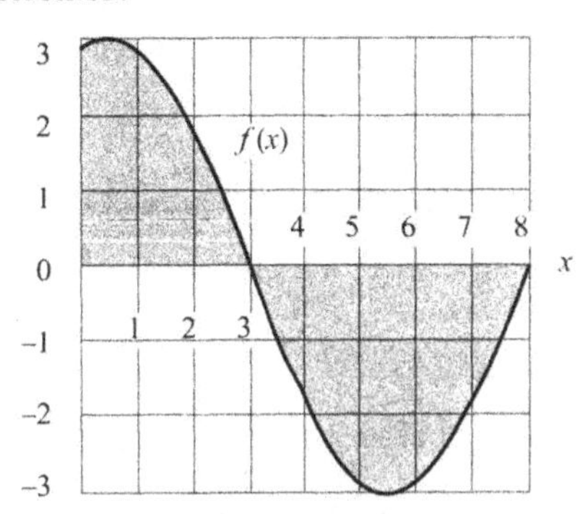

Figura 3.28

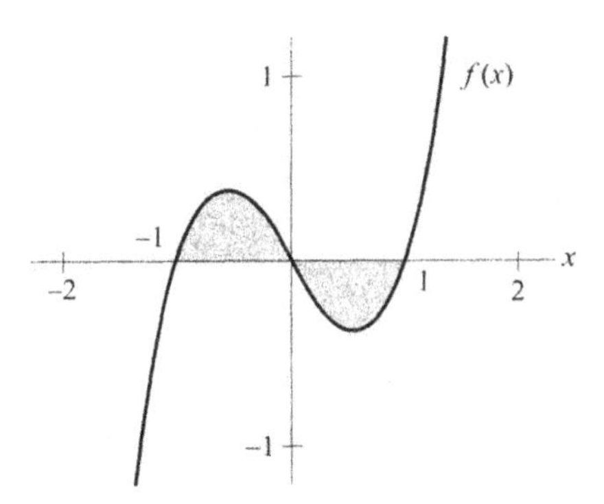

Figura 3.29

10. O gráfico de $f(x)$ é mostrado na Figura 3.29. Se $\int_{-1}^0 f(x)\,dx = 0,25$, avalie:
    (a) $\int_0^1 f(x)\,dx$ (b) $\int_{-1}^1 f(x)\,dx$
    (c) A área total das regiões sombreadas

Sem calcular as integrais nos Problemas 11–14, decida de cada uma se é positiva ou negativa e explique sua decisão. [Sugestão: Esboce um gráfico. Compare áreas acima e abaixo do eixo-x.]

11. $\int_0^2 (x^2 - x)\,dx$
12. $\int_0^4 (2 - x)3^x\,dx$
13. $\int_2^5 \frac{4 - x}{x}\,dx$
14. $\int_0^3 (x^3 - 4x^2 + 2)\,dx$

Nos Problemas 15-18, ache as áreas sob as curvas dadas.

15. $y = 4 - x^2$ e o eixo-x
16. $y = x^2 - 9$ e o eixo-x
17. $y = 3x$ e $y = x^2$
18. $y = x$ e $y = \sqrt{x}$
19. (a) Esboce um gráfico de $f(x) = x(x + 2)(x - 1)$.
    (b) Ache a área total entre o gráfico e o eixo-x, entre $x = -2$, e $x = 1$.
    (c) Ache $\int_{-2}^1 f(x)\,dx$ e interprete em termos de área.

20. Ache a área entre o gráfico de $y = x^2 - 2$ e o eixo-x, entre $x = 0$ e $x = 3$.

Para os Problemas 21–22, calcule a integral definida e interprete o resultado em termos de áreas.

21. $\int_1^4 \frac{x^2 - 3}{x}\,dx$ 22. $\int_1^4 (x - 3\ln x)\,dx$

23. Use um gráfico de $y = 2^{-x^2}$ para explicar porque $\int_{-1}^{1} 2^{-x^2}\,dx$ deve estar entre 0 e 2.

24. (a) $\int_{-1}^{1} e^{x^2}\,dx$ é positiva, negativa ou zero? Explique. [Sugestão: Esboce um gráfico de e^{x^2}],
 (b) Explique por que $0 < \int_0^1 e^{x^2}\,dx < 3$.

25. Sem fazer os cálculos, ache os valores de
 (a) $\int_{-2}^{2} \operatorname{sen} x\,dx$ (b) $\int_{-\pi}^{\pi} x^{113}\,dx$.

26. (a) esboce um gráfico de $x^3 - 5x^2 + 4x$ e marque nele os pontos em que $x = 1, 2, 3, 4, 5$.
 (b) Use seu gráfico e a interpretação da integral definida como área para decidir qual dos cinco números

$$I_n = \int_0^n (x^3 - 5x^2 + 4x)\,dx \quad \text{para} \quad n = 1, 2, 3, 4, 5.$$

 é maior. Qual é o menor? Quantos são positivos? (Você não precisa calcular essas integrais.)

27. O gráfico de $y = f(x)$ é dado na Figura 3.30.
 (a) O que é $\int_{-3}^{0} f(x)\,dx$?
 (b) Seja A a área da região sombreada, avalie $\int_{-3}^{4} f(x)\,dx$

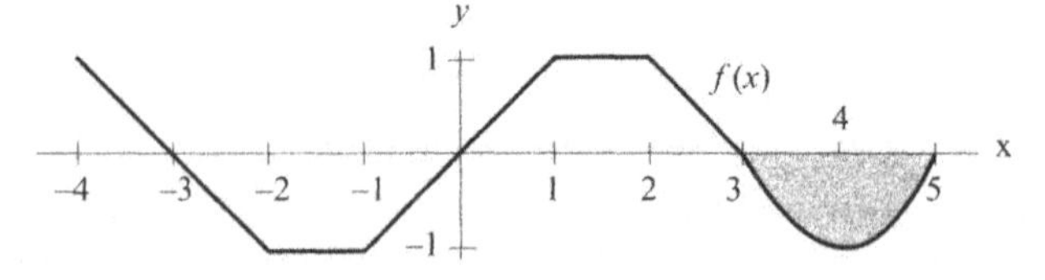

Figura 3.30

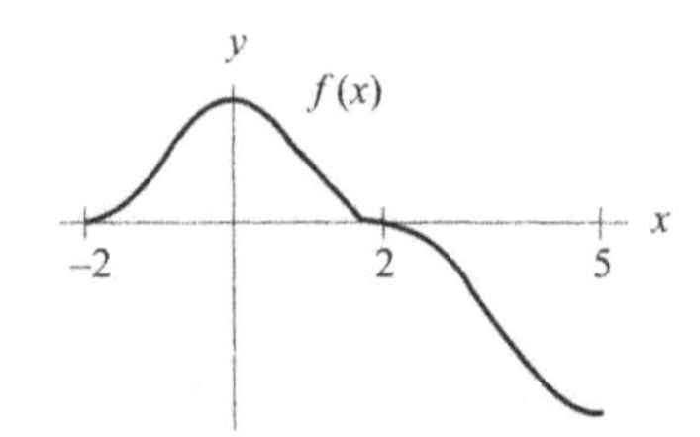

Figura 3.31

28. Suponha que a função f é simétrica em relação ao eixo-y. Uma porção do gráfico desta função está na Figura 3.31.
 (a) Suponha que você conhece $\int_0^2 f(x)\,dx$. Quanto vale $\int_{-2}^{2} f(x)\,dx$?
 (b) Suponha que você conhece $\int_0^5 f(x)\,dx$ e $\int_2^5 f(x)\,dx$. O que é $\int_0^2 f(x)\,dx$?
 (c) Suponha que você conhece $\int_{-2}^{5} f(x)\,dx$ e $\int_{-2}^{2} f(x)\,dx$. O que é $\int_0^5 f(x)\,dx$?

29. Suponha que a função f é simétrica em relação ao eixo-y. Uma porção de seu gráfico é mostrada na Figura 3.31.
 (a) Suponha que você conhece $\int_{-2}^{2} f(x)\,dx$ e $\int_0^5 f(x)\,dx$. O que é $\int_2^5 f(x)\,dx$?
 (b) Suponha que você conhece $\int_{-2}^{5} f(x)\,dx$ e $\int_{-2}^{0} f(x)\,dx$. O que é $\int_2^5 f(x)\,dx$?
 (c) Suponha que você conhece $\int_2^5 f(x)\,dx$ e $\int_{-2}^{5} f(x)\,dx$. O que é $\int_0^2 f(x)\,dx$?

3.4 INTERPRETAÇÕES DA INTEGRAL DEFINIDA

Notação e unidades para a integral definida

Assim como a notação de Leibniz dy/dx para a derivada nos faz lembrar que a derivada é o limite de uma razão de diferenças, a notação para integral definida

$$\int_a^b f(x)\,dx$$

nos lembra que a integral é um limite de uma soma. O sinal de integral é um S deformado. Como os termos sendo somados são produtos da forma "$f(x)$ vezes uma diferença em x", temos o seguinte resultado:

> A unidade de medida para $\int_a^b f(x)\,dx$ é o produto das unidades para $f(x)$ pelas unidades para x.

Por exemplo, se fizermos um gráfico de $y = f(x)$ com as mesmas unidades de comprimento nos eixos x e y, então $f(x)$ e x serão medidos nas mesmas unidades e a integral em unidades ao quadrado, digamos cm × cm = cm². É o que esperaríamos, pois a integral representa uma área.

Analogamente, se $f(t)$ for velocidade em metros/seg e t tempo em segundos, então a integral

$$\int_a^b f(t)\,dt$$

tem unidades (metros/seg) × (seg) = metros, o que esperaríamos pois a integral representa variação de posição. Vimos na Seção 3.1 que a variação total poderia ser aproximada por uma soma de Riemann formada usando a taxa de variação. No limite, temos

Se $f(t)$ é a taxa de variação de uma quantidade, então

Variação total na quantidade entre $t = a$ e $t = b$

$$= \int_a^b f(t)\,dt$$

As unidades se correspondem: se $f(t)$ é uma taxa de variação, com unidades de quantidade/tempo, então $f(t)\Delta t$ e a integral definida têm unidades de (quantidade/tempo) × tempo = quantidade.

Exemplo 1 Uma colônia de bactérias tem uma população de 14 milhões de bactérias ao tempo $t = 0$. Suponha que a população de bactérias cresça à taxa de $f(t) = 2^t$ milhões de bactérias por hora.

(a) Dê uma integral definida que represente a variação total na população de bactérias durante as duas horas de $t - 0$ a $t = 2$.

(a) Ache a população ao tempo $t = 2$.

Solução (a) Como $f(t) = 2^t$ dá a taxa de variação da população, temos

Variação da população entre $t = 0$ e $t = 2$

$$= \int_0^2 2^t\,dt$$

(b) Usando uma calculadora, achamos

$\int_0^2 2^t\,dt = 4{,}328$. A população de bactérias era de 14 milhões ao tempo $t = 0$ e cresceu por 4,328 milhões entre $t = 0$ e $t = 2$. Portanto, ao tempo $t = 2$,

População = 14 + 4,328 = 18,328 milhões de bactérias

Exemplo 2 Suponha que $f(t)$ represente o custo por dia para aquecer sua casa, medido em dólares por dia, onde t e o tempo medido em dias e $t = 0$ corresponde a 1º de janeiro de 1999. Interprete $\int_0^{90} f(t)\,dt$.

Solução As unidades para a integral $\int_0^{90} f(t)\,dt$ são (dólares/dia) × (dias) = dólares. A integral representa o custo total em dólares para aquecer sua casa pelos 90 primeiros dias de 1999, ou seja, pelos meses de janeiro, fevereiro e março.

Exemplo 3 Um homem parte a 80 km de sua casa e viaja em seu carro. Ele se desloca em linha reta e sua casa está nessa reta. Sua velocidade é dada na Figura 3.32.

(a) Quando o homem está mais perto de casa? A que distância, aproximadamente, ele está então?

(b) Quando ele está mais longe de casa? A que distância ele está então?

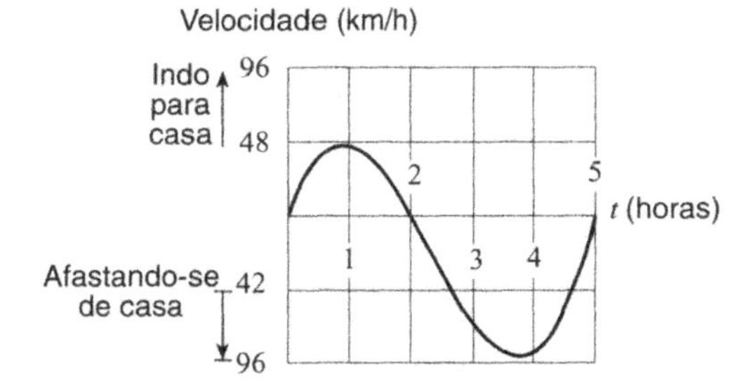

Figura 3.32 *— Velocidade da viagem, partindo a 80 km de casa*

Solução O que acontece nessa viagem? A função velocidade é positiva durante as primeiras duas horas e negativa entre $t = 2$ e $t = 5$. Portanto o homem se desloca em direção à sua casa durante as duas primeiras horas, depois, em $t = 2$, vira e se desloca para longe de sua casa. A distância que ele percorre é representada pela área entre o gráfico da velocidade e o eixo-t; como a área abaixo do eixo-t é maior que a área acima, vemos que ele acaba mais longe de casa que quando partiu. Assim, ele está mais perto de casa em $t= 2$ e mais longe em $t = 5$. Podemos avaliar a distância que ele percorreu em cada direção avaliando áreas.

(a) O homem começa a 80 km de casa. A distância que ele percorre durante as duas primeiras horas é a área sob a curva, entre $t = 0$ e $t = 2$. Esta área corresponde a cerca de uma caixa. Como a área de cada caixa é (48 km/hora)(1 hora) = 48 km, o homem viaja por cerca de 48 km em direção à sua casa. Está mais perto de sua casa ao fim de 2 horas, e então está a cerca de 36 km de distância.

(b) Entre $t = 2$ e $t = 5$, ele se afasta de casa. Como esta área é de cerca de 3,5 caixas, o que significa (3,5)(48) = 168 km, ele se deslocou 168 km para longe de casa. Estava já a 36 km, portanto em $t = 5$ estará a cerca de 198 km de casa. Está mais longe de casa em $t = 5$.

(c) Observe que o homem percorreu uma distância total de 48 + 168 = 216 km. Porém, ele viajou em direção à sua casa por 48 km, e para longe por 168 km. A variação líquida de posição é de 120 km.

Exemplo 4 As taxas de crescimento de duas espécies de plantas (medidas em plantas novas por ano) são mostradas na Figura 3.33. Suponha que as populações das duas espécies sejam iguais em $t = 0$.

(a) Qual população é maior ao fim de um ano? Depois de dois anos?

(b) De quanto cresce a população da espécie 1 durante os dois primeiros anos?

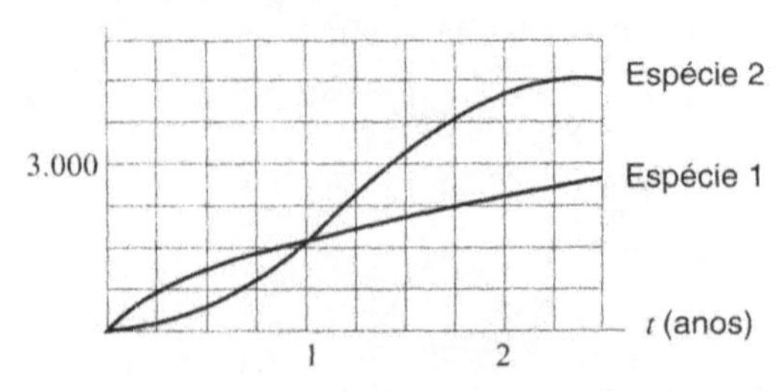

***Figura 3.33** — Taxas de crescimento de população para duas espécies de plantas*

Solução (a) Durante todo o primeiro ano, a taxa de crescimento da população da espécie 1 é maior que a da espécie 2, assim a população da espécie 1 será maior depois de 1 ano. Depois de dois anos, a situação é menos clara, pois a população da espécie 1 cresceu mais depressa durante o primeiro ano e a da espécie 2 durante o segundo. Porém, podemos usar o fato de, se $r(t)$ indicar a taxa de crescimento de uma população

$$\text{Variação total da população durante os dois primeiros anos} = \int_0^2 r(t)\,dt$$

Esta integral é a área sob o gráfico de $r(t)$. Para t de $t = 0$ a $t = 2$, a área sob o gráfico da espécie 1 na Figura 3.33 é menor que a área sob o gráfico para a espécie 2, portanto a população da espécie 2 será maior ao cabo de 2 anos.

(b) A variação de população para a espécie 1 é igual à área sob o gráfico de $r(t)$ entre $t = 0$ e $t = 2$ na Figura 3.33. A região consiste em aproximadamente 16,5 caixas, cada uma com área (750 plantas/ano)(0,25 ano) = 187,5 plantas, dando um total de (16,5)(187,5) = 3.093,75 plantas. A população da espécie 1 cresce de cerca de 3.100 plantas durante os dois anos.

Biodisponibilidade de drogas

Em farmacologia, usa-se a integral definida para medir biodisponibilidade; isto é, a presença genérica de uma droga na corrente sanguínea durante um tratamento. Biodisponibilidade unitária significa 1 unidade de concentração da droga na corrente sanguínea por uma hora. Por exemplo, uma concentração de $3\mu g/cm^3$ no sangue por 2 horas tem biodisponibilidade de $(3)(2) = 6(\mu g/cm^3)$-horas.

Em geral, a concentração de uma droga no sangue não é constante. Tipicamente, a concentração cresce à medida que a droga é absorvida na corrente sanguínea, e depois decresce a zero à medida que a droga é decomposta e excretada.[1] (Veja a Figura 3.34.)

Suponha que queremos calcular a biodisponibilidade de uma droga que está no sangue com concentração $C(t)\mu g/cm^3$ ao tempo t para o período de tempo $0 \le t \le T$. Sobre um pequeno intervalo Δt, avaliamos

$$\text{Biodisponibilidade} \approx \text{concentração} \times \text{tempo} = C(t)\Delta t$$

Somando-se sobre todos subintervalos, dá

$$\text{Biodisponibilidade total} \approx \sum C(t)\Delta t.$$

No limite quando $n \to \infty$, onde n é o número de intervalos de largura Δt, a soma se torna uma integral. Assim, para 0 $t \le T$ temos

$$\text{Biodisponibilidade} = \int_0^T C(t)dt.$$

Isto é, a biodisponibilidade total de uma droga é igual à área sob a curva de concentração da droga.

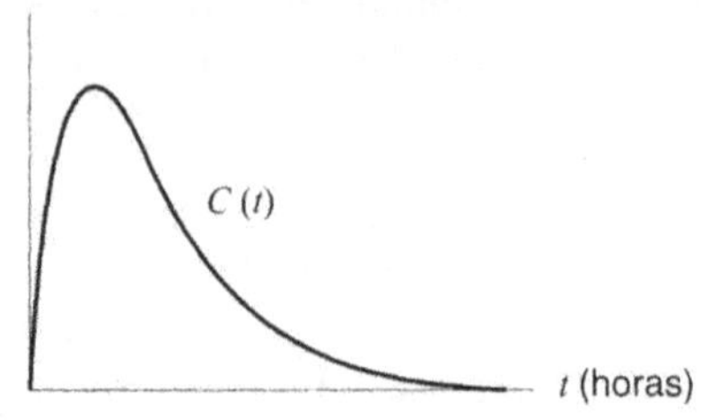

***Figura 3.34** — Curva mostrando a concentração da droga como função do tempo*

Exemplo 5 Curvas[2] de concentração no sangue de duas drogas são mostradas na Figura 3.35. Descreva as diferenças e semelhanças entre as duas drogas em termos de pico de concentração, velocidade de absorção na corrente sanguínea e biodisponibilidade total

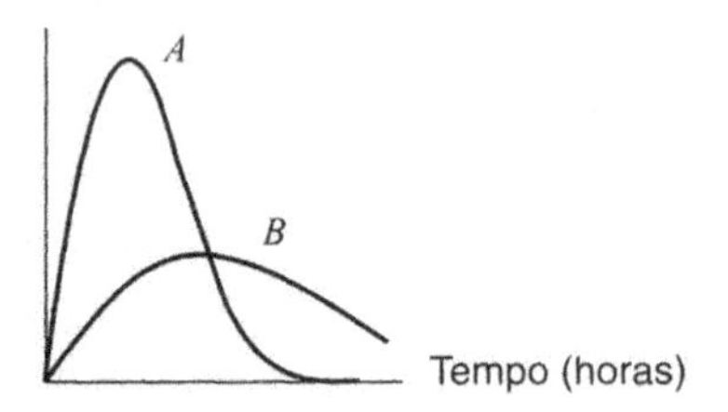

***Figura 3.35** — Curvas de concentração de duas drogas*

Solução A droga A tem um pico de concentração mais de duas vezes mais alto que o da droga B. Porque a droga A chega ao pico de concentração mais depressa que a droga B, vê-se que a droga A é absorvida mais depressa na corrente sanguínea que a droga B. Finalmente, a droga A tem biodisponibilidade total maior, pois a área sob o gráfico da concentração para a droga A é maior que a área sob o gráfico para a droga B.

Problemas para a Seção 3.4

1. Se $f(t)$ é medida em quilômetros por hora e t medido em horas, quais são as unidade para $\int_a^b f(t)\,dt$?
2. Se $f(t)$ é medida em metros por segundo[2] e t medido em

[1] *Drug Treatment*, Graeme S. Avery (Ed.), (Sydney: Adis Press, 1976).
[2] *Drug Treatment*, Graeme S. Avery (Ed.), Adis Press, 1976.

segundos, quais são as unidades de $\int_c^b f(t)\,dt$?

3. Se $f(t)$ é medida em reais por ano e t medido em anos, quais são as unidades de $\int_a^b f(t)\,dt$?

4. Óleo está vazando de um petroleiro a uma taxa de $r = f(t)$ litros por minuto, onde t é medido em minutos. Escreva uma integral definida exprimindo a quantidade total de petróleo que vaza na primeira hora.

5. Um noticiário de rádio no começo de 1993 disse que o rendimento anual do americano médio está variando a uma taxa $r(t) = 40(1{,}002)^t$ dólares por mês, onde t está medido em meses desde janeiro de 1993. Qual foi a variação do rendimento do americano médio durante 1993?

6. A taxa à qual o petróleo do mundo está sendo consumido cresce continuamente. Suponha que a taxa (em bilhões de barris por ano) seja dada pela função $r = f(t)$, onde t é medido em anos e $t = 0$ no início de 1990.
   (a) Escreva uma integral definida que represente a quantidade total usada entre o início de 1990 e o início de 1995.
   (b) Suponha que $r = 32(1{,}05)^t$. Usando uma soma à esquerda com cinco subdivisões, ache um valor aproximado para a quantidade total de petróleo consumida entre o início de 1990 e o início de 1995.
   (c) Interprete cada uma das cinco parcelas na soma da parte (b) em termos de consumo.

7. O número de vendas por mês feitas por dois novos vendedores é mostrado na Figura 3.36. Qual tem maior venda total ao fim de 6 meses? Ao fim do primeiro ano? Aproximadamente, a qual tempo (se existe) eles terão vendido, aproximadamente, a mesma quantidade? Aproximadamente, qual o total de vendas de cada um, ao fim do primeiro ano?

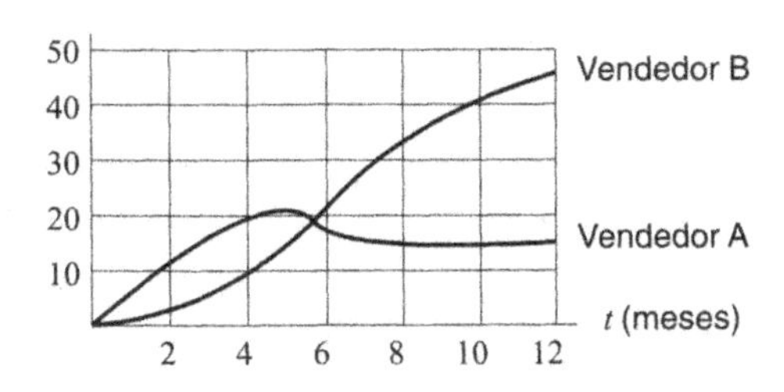

Figura 3.36

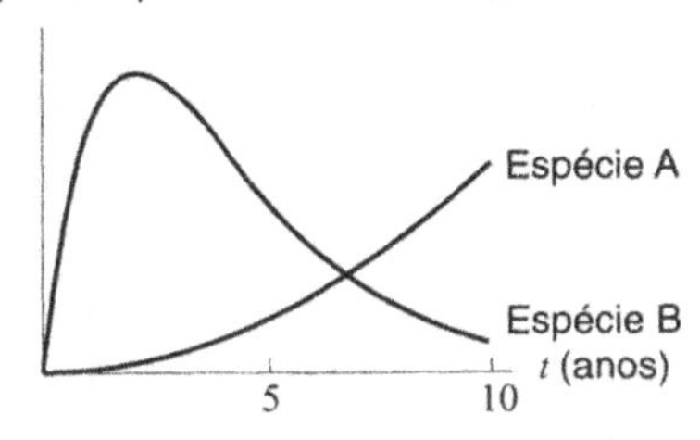

Figura 3.37

8. As populações de duas espécies de plantas têm taxas de crescimento mostradas na Figura 3.37. As populações das duas espécies são iguais no tempo $t = 0$.
   (a) Qual espécie tem população maior ao fim de 5 anos? Ao fim de 10 anos?
   (b) Qual espécie você acha que terá população maior ao fim de 20 anos? Explique.

9. A velocidade de um carro (em quilômetros por hora) é dada por $v(t) = 40t - 10t^2$, onde t está em horas.
   (a) Escreva uma integral definida para a distância que o carro percorre nas três primeiras horas.
   (b) Esboce o gráfico da velocidade contra o tempo e represente a distância percorrida durante as três primeiras horas como uma área no seu gráfico.
   (c) Use um computador ou calculadora para achar essa distância.

10. Depois que uma substância estranha é introduzida no sangue, a taxa à qual anticorpos são produzidos é dada por

$$r(t) = \frac{t}{t^2+1} \text{ milhares de anticorpos por minuto,}$$

onde o tempo t é medido em minutos e $0 \le t \le 4$. Supondo que não existam anticorpos presentes ao tempo $t = 0$, ache a quantidade total de anticorpos no sangue ao fim de 4 minutos.

11. Um dos primeiros problemas de poluição trazidos à atenção da Agência de Proteção ao Meio Ambiente (EPA) foi o caso do Lago Sioux, no leste de South Dakota. Durante anos uma pequena indústria de papel localizada ali perto vinha descarregando detritos contendo tetracloreto de carbono (CCl_4) nas águas do lago. Quando a EPA soube da situação, o produto químico estava entrando à taxa de 16 jardas cúbicas/ano.

A agencia imediatamente ordenou a instalação de filtros, projetados para reduzir (e eventualmente deter) o fluxo de CCl_4 da fábrica. A implementação deste programa levou exatamente três anos, durante os quais o fluxo de poluentes ficou constante, a 16 jardas cúbicas/ano. Uma vez instalados os filtros, o fluxo declinou. Desde o tempo de instalação dos filtros até o tempo em que o fluxo parou, a taxa de fluxo foi bem aproximada por

$$\text{Taxa (em jardas cúbicas/ano)} = t^2 - 14t + 49,$$

onde t é o tempo medido em anos desde que a EPA soube da situação (assim, $t \ge 3$).
   (a) Trace um gráfico mostrando a taxa de fluxo de CCl_4 para o lago como função do tempo, começando quando a EPA ficou sabendo da situação.
   (b) Quantos anos se passaram entre o momento em que a EPA soube da situação e aquele em que o fluxo parou completamente?
   (c) Quanto CCl_4 entrou na água durante o tempo mostrado no gráfico na parte (a)?

12. A Figura 3.38 representa sua velocidade, v, num passeio de bicicleta o longo de uma estrada reta. Suponha que você comece a 10 quilômetros de sua casa, que velocidades positivas o levem na direção de casa e velocidades negativas o afastem. Escreva uma parágrafo descrevendo seu passeio: Você começa indo na direção de sua casa ou na direção oposta? Quanto tempo você continua nessa direção e a que distância de sua casa você está quando muda de direção? Quantas vezes você muda de direção? Você chega à sua casa em algum momento? Onde está você, ao fim de quatro horas andando de bicicleta?

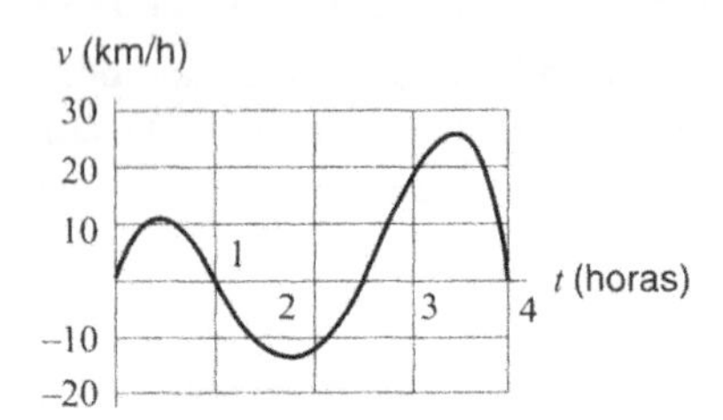

Figura 3.38

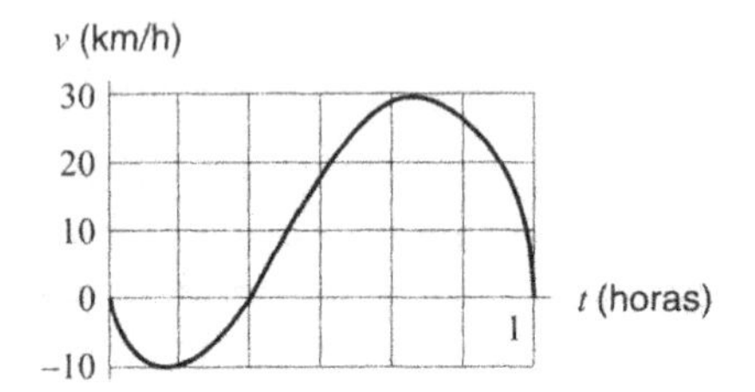

Figura 3.39

13. Uma ciclista pedala ao longo de uma estrada reta com velocidade, v, dada na Figura 3.39. Suponha que a ciclista parte a 5 km de um lago, e que velocidades positivas a afastam do lago e velocidades negativas a aproximam. Quando a ciclista está mais longe do lago e a que distância se acha então?

14. A Figura 3.40 compara a concentração no plasma sanguíneo de dois analgésicos. Compare os dois produtos em termos de nível de pico de concentração, tempo até a concentração atingir o pico de biodisponibilidade geral.

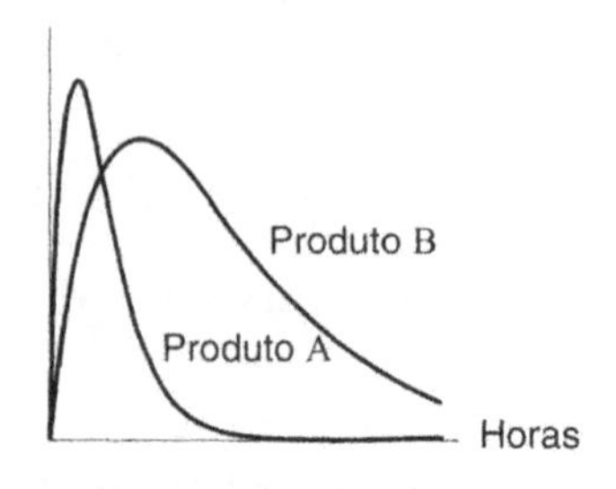

Figura 3.40

15. A Figura 3.41 mostra curvas de concentração no plasma para duas drogas usadas para diminuir uma taxa rápida de batimento cardíaco. Compare os dois produtos em termos de nível de pico de concentração, tempo até a concentração atingir o pico e biodisponibilidade geral.

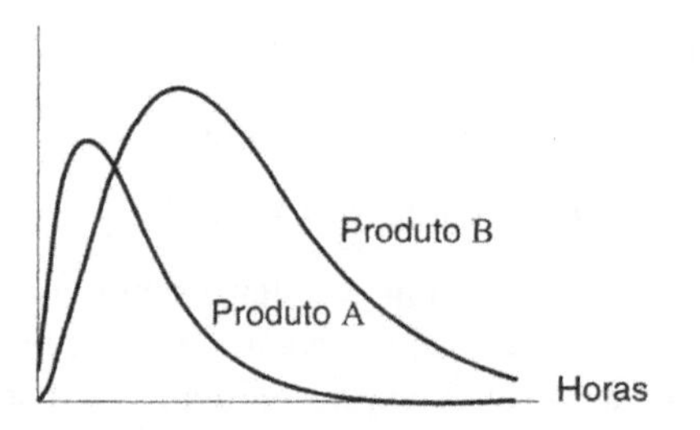

Figura 3.41

16. A Figura 3.42 mostra o gráfico da velocidade, v, de um objeto (em metros/seg).
    (a) Avalie a distância percorrida entre $t = 0$ e $t = 8$, usando uma soma à direita com $n = 4$.
    (b) Faça um esboço mostrando os retângulos correspondentes à sua avaliação para a parte (a).
    (c) Sua resposta à parte (a) é estimativa inferior ou superior da verdadeira distância percorrida? Explique.

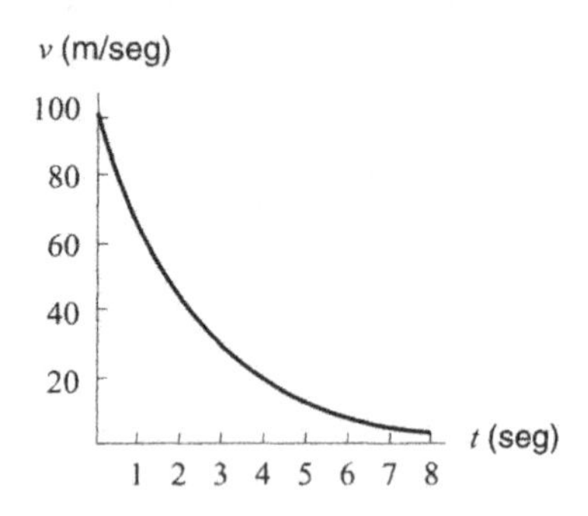

Figura 3.42

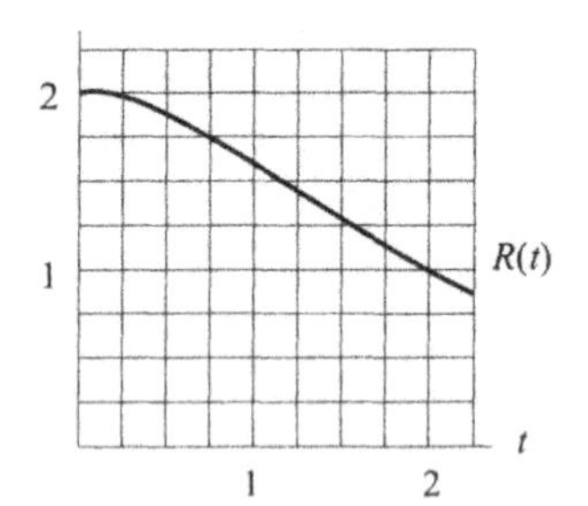

Figura 3.43

17. Água está escapando de um tanque à taxa de $R(t)$ litros/hora, onde t é medido em horas.
    (a) Escreva uma integral definida que expresse a quantidade total de água que escoa nas primeiras duas horas.
    (b) A Figura 3.43 é um gráfico de $R(t)$. Num esboço, sombreie a região cuja área representa a quantidade total de água escoada na primeiras duas horas.
    (c) Dê uma estimativa superior e uma inferior para a quantidade total de água que escoa nas primeiras duas horas.

18. Quando você salta de um avião e seu pára-quedas não se abre, sua velocidade de queda (em metros/segundos), t

segundos depois do salto, é aproximada por

$$v(t) = 49(1-(0{,}8187)^t).$$

(a) Escreva uma integral definida que represente a distância que você percorre entre o tempo $t = 0$ e $t = 5$.

(b) Faça o gráfico de $v(t)$ e represente esta distância graficamente.

(c) Use um computador ou calculadora gráfica para avaliar a distância percorrida em sua queda durante os cinco primeiros segundos.

19. (Continuação do Problema 18.) Escreva uma integral definida para representar a distância percorrida em sua queda durante os dez primeiros segundos e ache essa distância. Quanto você cai entre $t = 5$ e $t = 10$?

3.5 O TEOREMA FUNDAMENTAL DO CÁLCULO

Na Seção 3.2 vimos que a integral definida dá a variação total numa quantidade a partir da taxa de variação. Sabemos que a taxa de variação de uma quantidade $F(t)$ é dada pela derivada $F'(t)$.

Para calcular a variação total, dividimos o intervalo $a \leq t \leq b$ em n subintervalos iguais, em $t_0, t_1, t_2, \ldots, t_n$. Tomamos $t_0 = a$ e $t_n = b$, e escrevemos Δt para denotar o comprimento de cada subintervalo, de modo que

$$\Delta t = \frac{b-a}{n}$$

No primeiro subintervalo a taxa de variação de F pode ser aproximada por $F'(t_1)$, assim

$$\text{Variação de } F = \text{Taxa} \times \text{Tempo} \approx F'(t_1)\,\Delta t.$$

Analogamente, para o segundo intervalo, a taxa de variação de F pode ser aproximada por $F'(t_2)$, assim

$$\text{Variação de } F = \text{Taxa} \times \text{Tempo} \approx F'(t_2)\,\Delta t.$$

Continuando desta forma, vemos que a variação total pode ser aproximada pela soma à direita:

$$\text{Variação total de } F \approx F' \text{ entre } a \text{ e } b$$

$$\approx F'(t_1)\Delta t + F'(t_2)\Delta t + \cdots + F'(t_n)\Delta t = \sum_{i=1}^{n} F'(t_i)\,\Delta t$$

Esta aproximação se torna melhor quando n cresce. Passando ao limite, a soma se torna uma integral e temos

$$\text{Variação total de } F \text{ entre } a \text{ e } b$$

$$= \lim_{n\to\infty} \sum_{i=1}^{n} F'(t_i)\Delta t = \int_a^b F'(t)\,dt$$

De outro lado, a variação total de F entre a e b também é dada por $F(b) - F(a)$, de modo que temos o seguinte resultado:

O Teorema Fundamental do Cálculo

Se $F'(t)$ é contínua para $a \leq t \leq b$ então

$$\int_b^a F'(t)\,dt = F(b) - F(a)$$

Em palavras:

A integral definida de uma derivada dá a variação total.

O Teorema Fundamental pode ser usado quando a taxa, $F'(t)$, é conhecida e queremos achar a variação total $F(b) - F(a)$. A Seção Foco sobre a teoria na página 140 dá outra versão do Teorema Fundamental.

Exemplo 1 A Figura 3.44 mostra $F'(t)$, a taxa de variação do valor, $F(t)$, de um investimento num período de 5 meses.

(a) Quando o valor do investimento tem valor crescente e quando decrescente?

(b) O investimento aumenta ou diminui em valor durante os 5 meses?

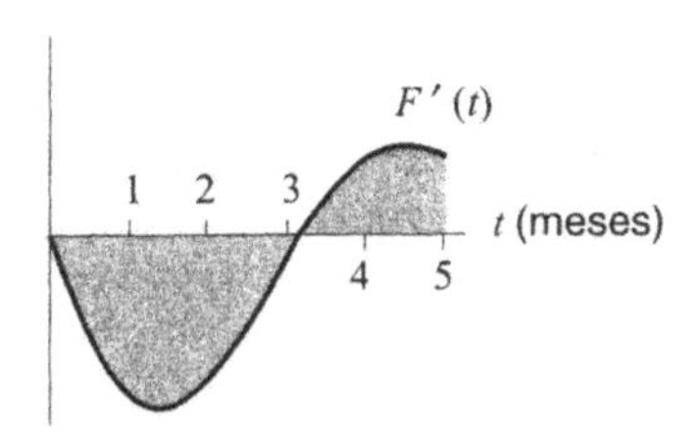

***Figura 3.44** — O investimento aumentou ou diminuiu de valor durante esses 5 meses ?*

Solução (a) O investimento diminui de valor durante os 3 primeiros meses, pois a taxa de variação foi negativa então. O valor aumentou durante os dois últimos meses.

(b) Queremos achar a variação total do valor do investimento entre $t = 0$ e $t = 5$. Como a variação total é a integral da taxa de variação, $F'(t)$, estamos procurando

$$\text{Variação total do valor} = \int_0^5 F'(t)\,dt.$$

A integral é igual à área sombreada acima do eixo-t menos a área abaixo do eixo-t. Como na Figura 3.44 a área abaixo do eixo-t é maior que a área acima do eixo, a integral é negativa. A variação total do valor do investimento durante esse tempo foi negativa e o valor diminuiu.

Custo marginal e variação do custo total

Seja $C(q)$ o custo para produzir q itens. A derivada, $C'(q)$, é o custo marginal. Como interpretamos a integral do custo marginal

$$\int_a^b C'(q)dq?$$

Como o custo marginal $C'(q)$ é a taxa de variação da função custo com relação à quantidade, pelo teorema Fundamental esta integral definida representa a variação total da função custo entre $q = a$ e $q = b$. Em outras palavras, a integral dá a quantia que custa aumentar a produção, de a unidades para b unidades.

E se $a = 0$? Lembre que o custo de produzir 0 unidade é o custo fixo. A área sob a curva do custo marginal entre 0 e q é o acréscimo total do custo entre a produção de 0 e a produção de q. Isto se chama o *custo variável total*. Somando isto ao custo fixo, representado por $C(0)$, resulta o custo total para produzir q unidades. Resumindo:

> Se $C''(q)$ é a função custo marginal
>
> $\int_a^b C'(q)dq = C(b) - C(a) =$ Custo para aumentar a produção de a unidades para b unidades
>
> $\int_0^b C'(q)dq = C(b) - C(0) =$ Custo variável total para produzir b unidades.
>
> Ainda mais, $C(0)$ é o custo fixo e
>
> Custo total para produzir b unidades =
> Custo fixo + Custo variável total

Exemplo 2 Uma curva de custo marginal é dada na Figura 3.45. Se o custo fixo for \$1.000, avalie o custo total para produzir 250 itens.

Solução O custo total de produção é Custo fixo + Custo variável. O custo variável para produzir 250 itens é representado pela área sob a curva de custo marginal. A área na Figura 3.45 entre $q - 0$ e $q = 250$ é de cerca de 20 caixas. Cada caixa tem área (2 dólares/item)(50 itens) = 100 dólares, assim

Custo variável total =

$$\int_0^{250} C'(q)\,dq \approx 20(100) = 2.000.$$

O custo total para produzir 250 itens é dado por

$$\begin{aligned}\text{Custo total} &= \text{Custo fixo} + \text{Custo variável total}\\ &\approx \$\,1.000 + \$2.000\\ &= \$3.000\end{aligned}$$

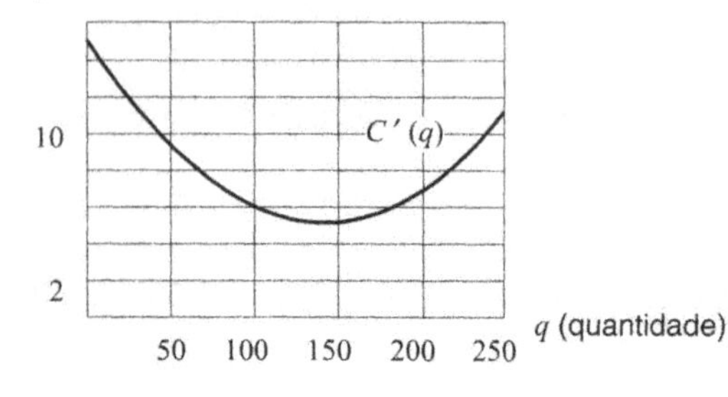

***Figura 3.45** — Curva de custo marginal*

Cálculo de integrais definidas

O Teorema Fundamental do Cálculo pode ser usado para avaliar integrais definidas. Para calcular $\int_a^b F'(x)\,dx$, se conhecermos $F(x)$, podemos calcular $F(b) - F(a)$, em vez de usar calculadora ou computador.

Exemplo 3 Calcule $\int_1^2 3x^2dx$, sabendo que se $F(x) = x^3$, então $F'(x) = 3x^2$.

Solução Usando o teorema Fundamental do Cálculo, com $F'(x) = 3x^2$ e $F(x) = x^3$,

$$\int_1^2 3x^2dx = F(2) - F(1) = 2^3 - 1^3 = 7$$

O cálculo da integral desta forma tem a vantagem de dar a resposta exata rapidamente. A desvantagem é que só funciona quando podemos achar a função $F(x)$, o que nem sempre pode ser feito. A Seção 6.6 considera este método para achar integrais com mais detalhes.

Problemas para a seção 3.5

1. Se a função custo marginal $C'(q)$ for medida em reais por tonelada e se q der a quantidade em toneladas, quais são as unidades de medida para a seguinte integral definida e o que representa ela?

$$\int_{800}^{900} C'(q)\,dq$$

2. A taxa de crescimento, em reais por ano, do valor líquido, $f(t)$, de uma companhia é dado por $f'(t) = 2000 - 12t^2$, onde t é medido em anos desde 1990. Como variará o valor líquido da companhia entre 1990 e 2000? Se a companhia vale \$40.000 em 1990, quanto valerá em 2000?

3. Uma xícara de café de 90°C é posta em uma sala a 20°C quando $t = 0$. A temperatura do café está variando a uma taxa dada por

$$f'(t) = -7(0,9)^t\ °\text{C por minuto}$$

onde t e dado em minutos. Avalie, com uma casa decimal, a temperatura do café quando $t = 10$.

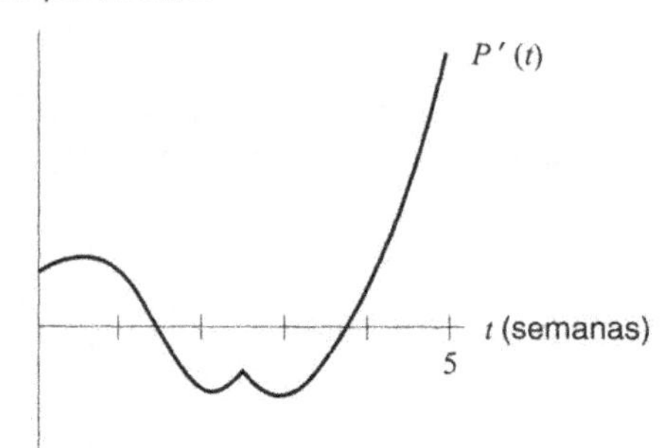

Figura 3.46

4. A Figura 3.46 mostra $P'(t)$, a taxa de variação do preço das ações de uma certa companhia.

   (a) Em que momento, durante este período de cinco semanas, as ações estiveram em seu valor mais alto?

   (b) Se $P(t)$ representa o preço das ações como função do tempo, ponha em ordem crescente as seguintes quantidades:

$$P(0), P(1), P(2), P(3), P(4), P(5)$$

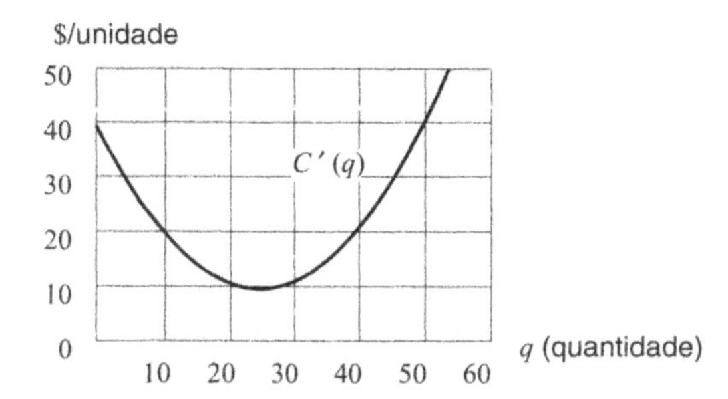

Figura 3.47

5. Uma função custo marginal $C'(q)$ é dada na Figura 3.47. Se os custos fixos são \$10.000, avalie:

   (a) O custo total para produzir 30 unidades.

   (b) O custo adicional se a companhia aumentar a produção de 30 para 40 unidades.

   (c) O valor de $C'(25)$. Interprete sua resposta em termos de custos de produção.

6. A função de custo marginal para uma certa companhia é dada por

$$C'(q) = q^2 - 16q + 70 \text{ reais/unidade},$$

onde q é a quantidade produzida. Se $C(0) = 500$, ache o custo total para produzir 20 unidades. Explique como você chegou a sua resposta. Qual é o custo fixo e qual é o custo variável total associado este tamanho de produção?

7. O custo marginal $C'(q)$ (em reais por unidade) para produzir q unidades é dado pela tabela seguinte.

   (a) Se o custo fixo é \$10.000, avalie o custo total para produzir 400 unidades.

   (b) De quanto aumentaria o custo total se a produção fosse aumentada de uma unidade, para 401 unidades?

q	0	100	200	300	400	500	600
$C'(q)$	25	20	18	22	28	35	45

8. Considere o custo de perfurar um poço de petróleo. O custo marginal depende da profundidade à qual você está perfurando; a perfuração fica mais cara para cada metro à medida que você cava mais fundo na terra. Suponha que os custos fixos são 1.000.000 riyals (o riyal é a moeda da Arábia Saudita), e os custos marginais são

$$C'(x) = 4.000 + 10x$$

em riyals/metro, onde x é a profundidade em metros. Ache o custo total para perfurar um poço de 500 metros de profundidade, na Arábia Saudita.

9. A função receita marginal para a venda de um produto é dada por $R'(q) = 200 - 12\sqrt{q}$ dólares por unidade, onde q indica o número de unidades vendidas.

   (a) Esboce um gráfico de $R'(q)$.

   (b) Avalie a receita total para a venda de 100 unidades.

   (c) Qual é a receita marginal de 100 unidades? Use este valor e sua resposta à parte (b) para avaliar a receita total da venda de 101 unidades.

10. Um fabricante de mountain bikes tem a seguinte função de custo marginal

$$C'(q) = \frac{600}{0,3q + 5}$$

onde q é a quantidade de bicicletas produzida.

   (a) Se o custo fixo da produção de bicicletas é \$2.000, ache o custo total para produzir 30 bicicletas.

   (b) Se as bicicletas forem vendidas a \$200 cada, qual é o lucro (ou perda) sobre as 30 primeiras bicicletas?

   (c) Ache o lucro marginal sobre a 31.ª bicicleta.

Para os Problemas 11–13, suponha que $F(0) = 0$ e $F'(x) = 4 - x^2$ para $0 \leq x \leq 2,5$.

11. Calcule $F(b)$ para $b = 0, 0,5, 1, 1,5, 2, 2,5$.

12. Usando um gráfico de F', decida onde F é crescente e onde é decrescente.

13. F tem um valor máximo, para $0 \leq x \leq 2,5$? Se tiver, para qual valor de x ele ocorre e, aproximadamente, qual é esse valor máximo?

14. Se $F(t) = t^2 + t$, pode-se mostrar que $F'(t) = 2t + 1$. Ache $\int_1^4 (2t+1)\,dt$ de dois modos:

   (a) Usando calculadora ou computador.

   (b) Usando o teorema Fundamental do Cálculo.

15. Se $F(t) = t^2 + 3t$, pode-se mostrar que $F'(t) = 2t + 3$. Ache $\int_1^4 (2t+3)\,dt$ de dois modos:

   (a) Usando calculadora ou computador

   (b) Usando o Teorema Fundamental do Calculo.

16. Se $F(x) = \sqrt{x}$, pode-se mostrar que $F'(x) = \dfrac{1}{2\sqrt{x}}$. Ache $\int_1^4 \dfrac{1}{2\sqrt{x}}\,dx$, de dois modos:

   (a) Usando uma calculadora ou computador.

   (b) Usando o Teorema Fundamental do Cálculo.

17. (a) Use computador ou calculadora gráfica para aproximar a integral definida $\int_1^4 3x^2\,dx$.

   (b) Use o fato de, quando $F(x) = x^3$, termos $F'(x) = 3x^2$, e o Teorema Fundamental do Cálculo para achar o valor da integral na parte (a) exatamente.

RESUMO DO CAPÍTULO

- **Integral definida como limite de somas à esquerda ou à direita**
- **Interpretações da integral definida**
  Variação total a partir da taxa de variação, mudança de posição dada a velocidade, área
- **Trabalhar com a integral definida**
  Avaliar integrais definidas a partir de gráfico, tabela de valores, ou fórmula
- **Teorema Fundamental do Cálculo**

PROBLEMAS DE REVISÃO PARA O CAPÍTULO TRÊS

1. A tabela seguinte dá as emissões, nos EUA de 1940 a 1990, de óxidos de nitrogênio[3], em milhões de toneladas por ano. Avalie o total de emissões de óxido de nitrogênio durante esse período de 50 anos.

Ano	1940	1950	1960	1970	1980	1990
NO_x (milhões de ton/ano)	6,9	9,4	13,0	18,5	20,9	19,6

2. A produção anual de carvão[4] nos EUA (em quatrilhões de unidades termais por ano) é dada na tabela seguinte. Avalie a quantidade total de carvão produzido nos EUA entre 1960 e 1990.

Ano	1960	1965	1970	1975	1980	1985	1990
Taxa de produção de carvão	10,82	13,06	14,61	14,99	18,60	19,33	22,46

Para os Problemas 3-8, use calculadora ou computador para avaliar a integral.

3. $\int_0^{10} 2^{-x}\,dx$

4. $\int_1^{5} (x^2+1)\,dx$

5. $\int_0^{1} \sqrt{1+t^2}\,dt$

6. $\int_{-1}^{1} \frac{x^2+1}{x^2-4}\,dx$

7. $\int_2^{3} \frac{-1}{(r+1)^2}\,dr$

8. $\int_1^{3} \frac{z^2+1}{z}\,dz$

9. Usando a seguinte tabela de valores para a função $f(x)$, avalie $\int_0^{25} f(x)\,dx$.

x	0	5	10	15	20	25
$f(x)$	100	82	69	60	53	49

10. Um carro acelera lisamente de 0 a 60 kmh em 10 segundos. Suponha que a velocidade do carro como função do tempo é dada na Figura 3.48. Avalie a distância percorrida pelo carro durante esses 10 segundos.

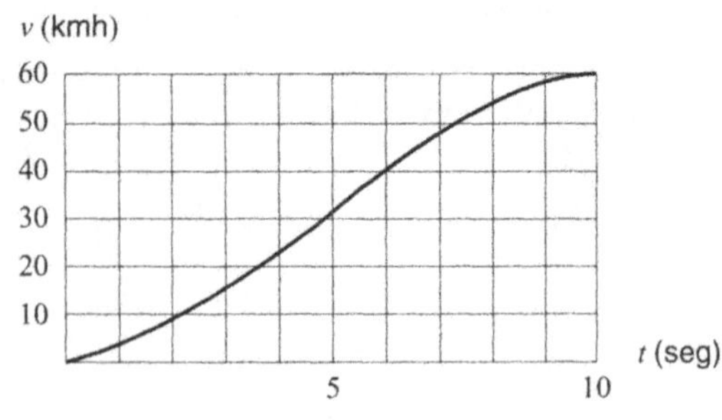

Figura 3.48

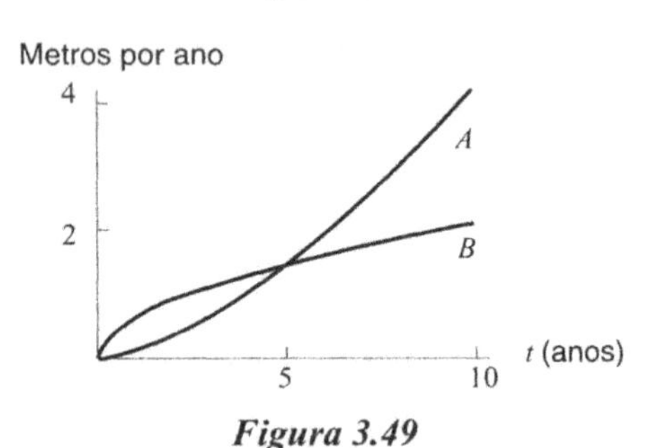

Figura 3.49

11. A taxa de crescimento da altura de duas espécie de árvores é dada na Figura 3.49, em que t é medido em anos e a taxa dada em metros por ano. Se as duas árvores são da mesma altura ao tempo $t = 0$, qual árvore é mais alta depois de 5 anos? Depois de 10 anos?

12. Suponha que a velocidade de um objeto (em m/seg) seja dada por $v(t) = 10 + 8t - t^2$, onde t está em segundos.

(a) Expresse a distância percorrida durante os 5 primeiros segundos, como integral definida e como área.

(b) Avalie a distância percorrida pelo objeto durante os primeiros 5 segundos, por meio de uma avaliação grosseira da área

(c) Calcule a distância percorrida.

13. Petróleo está vazando de um navio tanque à taxa de $10(0{,}7^t)$ litros por minuto, com t dado em minutos.

(a) Esboce um gráfico desta taxa contra o tempo e use seu gráfico para fazer uma avaliação grosseira da quantidade total de óleo que vaza entre $t = 0$ e $t = 3$. Explique.

(b) Escreva uma integral definida para a quantidade total que vazará entre $t = 0$ e $t = 3$. Use uma calculadora ou computador para achar o valor da integral.

(c) Vaza mais óleo durante o primeiro minuto (entre $t = 0$ e $t = 1$) ou no terceiro minuto (entre $t = 2$ e $t = 3$)? Justifique sua resposta graficamente.

14. Gelo se forma numa lagoa à taxa dada por

$$\frac{dy}{dt} = \frac{\sqrt{t}}{2} \text{ polegadas por hora}$$

onde y é a espessura do gelo, em polegadas, ao tempo t medido em horas desde que o gelo começou a se formar.

[3] Statistical Abstracts of the US, 1992.
[4] World Almanac, 1995

(a) Avalie a espessura do gelo depois de 8 horas.

(b) A que taxa a espessura do gelo se está formando, depois de 8 horas?

15. Em 1987, a renda média anual per capita nos EUA era de \$26.000. Suponha que essa renda média anual per capita esteja crescendo a uma taxa, dada em dólares por ano, por

$$r(t) = 480(1{,}024)^t,$$

onde t é o número de anos desde 1987. Avalie a renda anual média per capita em 1995.

16. Suponha que a função custo marginal na produção de um certo produto é $C'(q) = q^2 - 50q + 700$, para $0 \le q \le 50$. Se os custos fixos forem de \$500, ache o custo total para produzir 50 itens.

17. Suponha que $C(q)$ representa o custo total em reais para produzir uma quantidade de q unidades de um produto. Os custos fixos para a produção são \$20.000. A função custo marginal é dada por

$$C'(q) = 0{,}005q^2 - q + 56$$

(a) Num gráfico de $C'(q)$ ilustre graficamente o custo total variável para produzir 150 unidades.

(b) Avalie $C'(150)$, o custo total para produzir 150 unidades.

(c) Ache o valor de $C'(150)$ e interprete sua resposta em termos de custo de produção.

(d) Use suas respostas às partes (b) e (c) para avaliar $C(151)$.

18. Trace curvas de concentração de plasma para duas drogas A e B, se o produto A tem o maior pico de concentração, mas o produto B é absorvido mais depressa e tem maior biodisponibilidade geral.

19. À Agência de Proteção Ambiental se pediu recentemente que investigasse um derrame de iodo radioativo. Medidas mostraram que os níveis de radiação ambiente no local eram quatro vezes maiores que o máximo limite aceitável, de modo que a Agência determinou a evacuação das vizinhanças.

Sabe-se que o nível de radiação de uma fonte de iodo decresce segundo a fórmula

$$R(t) = R_0(0{,}996)^t$$

onde R é o nível de radiação (em milirems/hora) ao tempo t, R_0 é o nível inicial de radiação (em $t = 0$) e t é o tempo medido em horas.

(a) Se o máximo limite aceitável é 0,6 milirems/hora, use um gráfico de $R(t)$ para determinar quanto tempo vai levar até que se atinja um nível aceitável de radiação.

(b) Qual o total de radiação (em milirems) que terá sido emitido por esse tempo?

20. Um carro se move sobre uma reta com velocidade, em m/segundo, dada por

$$v(t) = 6 - 2t, \text{ para } t \ge 0.$$

(a) Descreva o movimento do carro em palavras.(Quando se move para a frente, para trás, e assim por diante?)

(b) Suponha que a posição do carro seja medida a partir de onde iniciou o movimento. Quando estará mais longe adiante? Para trás?

21. Os irmãos Montgolfier (Joseph e Etienne) foram pioneiros, no século dezoito, no campo de balões ar quente. Se tivessem tido os instrumentos adequados, poderiam ter deixado um registro, como o mostrado na Figura 3.50, de um de seus primeiros experimentos. O gráfico mostra sua velocidade vertical, v, com sentido positivo para cima.

(a) Em quais intervalos a aceleração foi positiva? Negativa?

(b) Qual foi a maior altitude alcançada, e a que tempo?

(c) Este particular vôo terminou no alto de uma colina. Como você pode saber isto, e qual era a altura da colina, acima do ponto de partida?

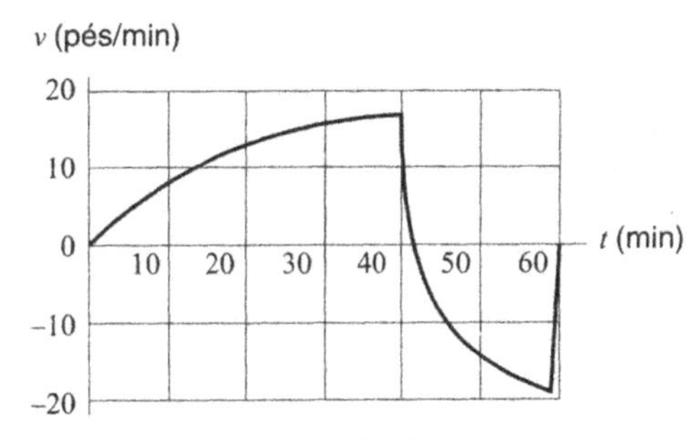

Figura 3.50

22. Um camundongo se move para cá e para lá num túnel reto, atraído por pedacinhos de queijo, alternadamente introduzidos e removidos das extremidades (esquerda e direita) do túnel. O gráfico da velocidade do camundongo, v, é dado na Figura 3.51, com a velocidade positiva correspondendo a movimento em direção à extremidade direita. Supondo que o camundongo parte (t = 0) do centro do túnel, use o gráfico para avaliar o(s) tempo(s) em que:

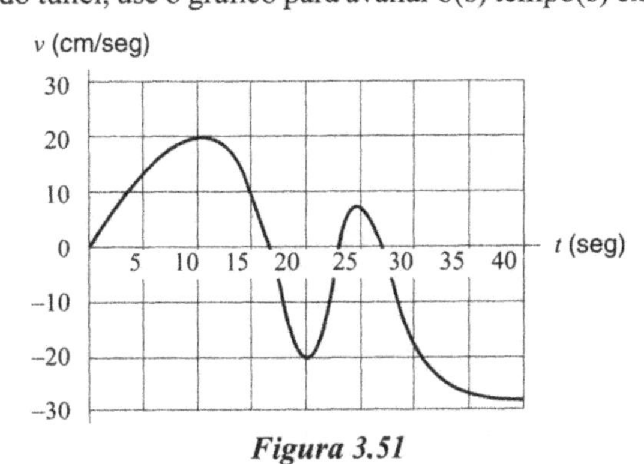

Figura 3.51

(a) O camundongo muda de direção.

(b) O camundongo se move mais rapidamente, para a direita; para a esquerda.

(c) O camundongo está mais longe, para a direita do centro; mais longe, para a esquerda.

(d) A magnitude da velocidade do camundongo está decrescendo.

(e) O camundongo está no centro do túnel.

23. Se você saltar de um avião e seu pára-quedas não se abrir, sua velocidade para baixo (em metros por segundo), t segundos depois do salto, será aproximada por

$$v(t) = 49(1 - (0{,}8187)^t).$$

(a) escreva uma expressão para a distância que você caiu em T segundos.

(b) Se você tiver saltado de 5.000 metros acima do solo, avalie, usando somas à direita e à esquerda, durante quantos segundos você cai antes de chegar ao solo.

24. O gráfico de uma função $y = f(x)$ é dado na Figura 3.52. Suponha que $f(x)$ é a taxa (em milhares de algas por hora) à qual uma população de algas está crescendo, com x dado em horas.

(a) Avalie o valor médio da taxa de crescimento da população sobre o intervalo de $x = -1$ a $x = 3$. Explique como você chegou à sua resposta.

(b) Avalie a variação total da população de algas sobre o intervalo de $x = -3$ a $x = 3$.

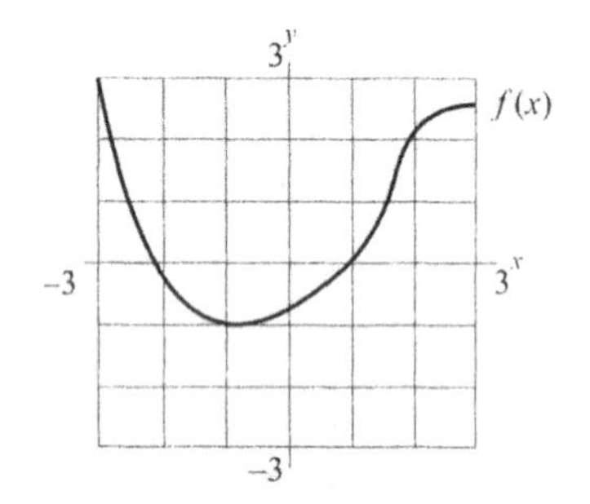

Figura 3.52

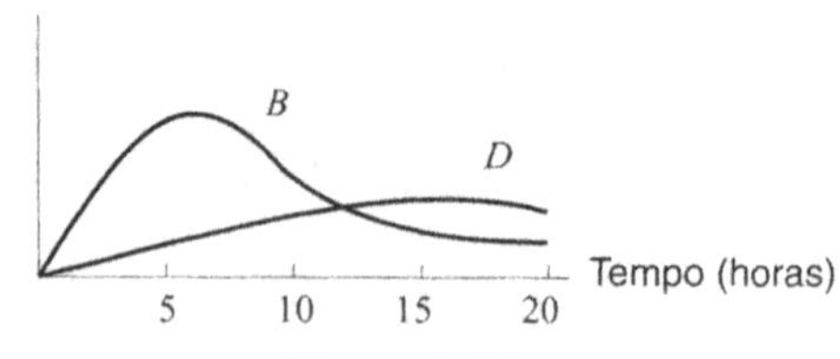

Figura 3.53

25. Considere uma população de bactérias cuja taxa de nascimento, B, é dada pela curva na Figura 3.53 como função do tempo em horas. (A taxa de nascimento é em nascimentos por hora.) A curva marcada por D dá a taxa de mortes (em mortes por hora) da mesma população.

(a) Explique o que a forma de cada um desses gráficos lhe diz sobre a população.

(b) Use os gráficos para achar o tempo em que a taxa líquida de crescimento da população está num máximo.

(c) Suponha que ao tempo $t = 0$ a população tenha tamanho N. Esboce o gráfico do número total nascido no tempo t. Também esboce o gráfico do número das que estão vivas ao tempo t. Use os gráficos dados para achar o tempo em que o tamanho da população é um máximo.

26. O reservatório Quabbin fornece a maior parte da água para Boston. O gráfico na Figura 3.54 representa o fluxo de água para dentro e para fora do reservatório Quabbin durante 1993.

(a) Esboce um possível gráfico da quantidade de água no reservatório, como função do tempo.

(b) Quando, durante o ano de 1993, a quantidade de água no reservatório foi maior/menor? Marque esses pontos no gráfico que você traçou na parte (a).

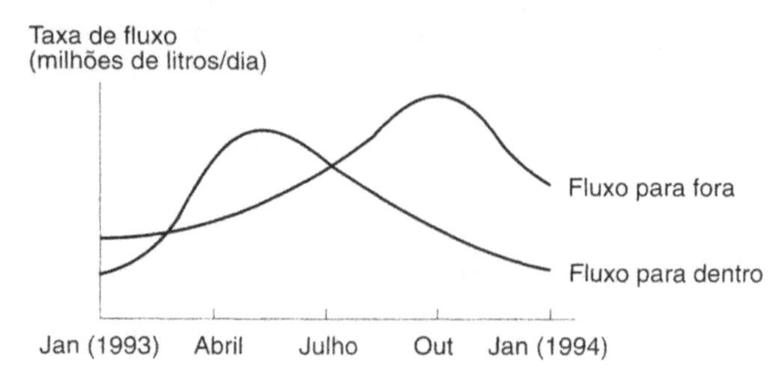

Figura 3.54

(c) Quando a quantidade de água estava crescendo mais depressa? Decrescendo mais depressa? Marque esses pontos nos dois gráficos.

(d) Em julho de 1994 a quantidade de água no reservatório era aproximadamente a mesma que em janeiro de 1993. Trace gráficos plausíveis para o fluxo para dentro e o fluxo para fora do reservatório, na primeira metade de 1994. Explique seus gráficos.

PROJETOS

1. **Dióxido de carbono na água da lagoa**

A atividade biológica numa lagoa é refletida na taxa à qual dióxido de carbono, CO_2, é acrescentado ou removido da água. Plantas tiram CO_2 da água durante o dia para o fotossíntese e põem CO_2 na água durante a noite. Animais põem CO_2 na água todo o tempo, quando respiram. Biólogos estão interessados em como varia durante o dia a taxa líquida à qual CO_2 entra na água. A Figura 3.55 mostra essa taxa como função da hora do dia.[5] A taxa é medida em milimols (mmol) de CO_2 por litro de água; o tempo é medido em horas após o amanhecer. Ao amanhecer, haviam 2.600 mmol de CO_2 por litro de água.

(a) O que se pode concluir do fato de ser a taxa negativa durante o dia e positiva durante a noite?

(b) Alguns cientistas sugeriram que as plantas respiram a uma taxa constante à noite e que fotosintetizam a uma taxa constante durante o dia. A Figura 3.55 apoia esta idéia?

[5] Dados de R.J.Beyers, *The Pattern of Photosynthesis in Laboratory Microsystems* (Mem. Ist. Ital. Idrobiol, 1965).

(c) Quando foi mais baixo o conteúdo de CO_2 na água? Até que nível caiu?

(d) Quanto CO_2 foi liberado na água durante as 12 horas de escuridão? Compare essa quantidade com a quantidade de CO_2 retirado da água durante as 12 horas de luz do dia. Como você pode decidir, olhando um gráfico, se CO_2 na água está em equilíbrio?

(e) Avalie a quantidade de CO_2 na água a intervalos de três horas durante todo o dia. Use suas estimativas para traçar um gráfico da quantidade de CO_2 durante o dia.

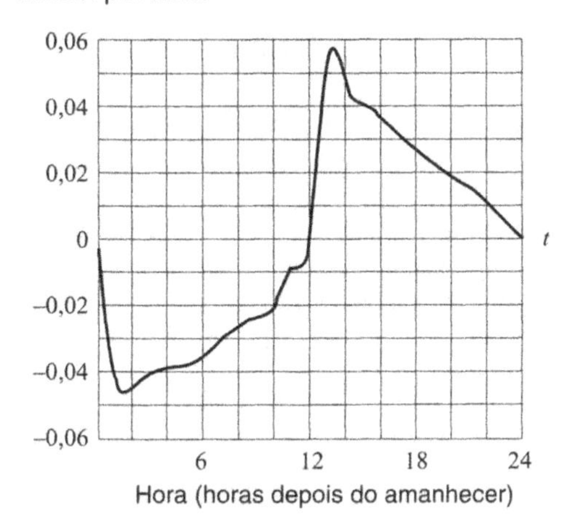

***Figura 3.55** — Taxa à qual CO_2 está entrando na lagoa*

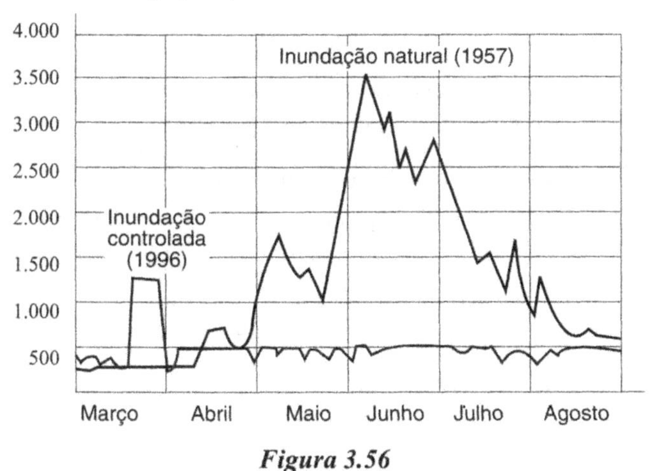

Figura 3.56

2. Inundação do Grand Canyon

A represa Glen Canyon Dam no topo do Grand Canyon impede inundações naturais. Em 1996, cientistas decidiram que uma inundação artificial era necessária para restabelecer o equilíbrio ambiental. Água foi liberada através da represa a uma taxa controlada[6] mostrada na Figura 3.56. A figura mostra também a taxa de fluxo da última inundação natural, em 1957.

(a) A qual taxa a água estava passando pela represa em 1996, antes da inundação artificial?

(b) A qual taxa a água estava passando pelo rio na estação pré-inundação de 1957?

(c) Avalie as taxas máximas de descarga para as inundações de 1996 e 1957.

(d) Quanto durou, aproximadamente, a inundação de 1996? E a de 1957?

(e) Avalie quanta água adicional passou pelo rio em 1996, como resultado da inundação.

(f) Avalie quanta água adicional passou pelo rio em 1957, como resultado da inundação.

[6] Adaptado de M. Collier, R.Webb, E.Andrews, "Experimental Floding in the Grand Canyon" Scientific American (Janeiro 1997).

FOCO NA TEORIA

TEOREMAS SOBRE INTEGRAIS DEFINIDAS

O Segundo teorema fundamental do Cálculo

O Teorema Fundamental do Cálculo nos diz que, se tivermos uma função F cuja derivada é uma função contínua, f, então a integral definida de f é dada por

$$\int_a^b f(t)\, dt = F(b) - F(a)$$

Agora, tomamos novo ponto de vista.[7] Se a é fixo e o limite superior é x, então o valor da integral é uma função de x. Definimos uma nova função, G, por

$$G(x) = \int_a^x f(t)\, dt$$

Para visualizar G, suponha que f é positiva e que $x > a$. Então $G(x)$ é a área sob o gráfico de f na Figura 3.57. Se f for contínua num intervalo contendo a, então pode-se mostrar que G é definida para todo x nesse intervalo.

Consideramos agora a derivada de G. Usando a definição de derivada,

$$G'(x) = \lim_{h \to 0} \frac{G(x+h) - G(x)}{h}$$

Suponha que f e h são positivos. Então podemos visualizar

$$G(x) = \int_a^x f(t)\, dt$$

e

$$G(x+h) = \int_a^{x+h} f(t)\, dt$$

como áreas, o que leva a representar

$$G(x+h) - G(x) = \int_x^{x+h} f(t)\, dt$$

como uma diferença de duas áreas.

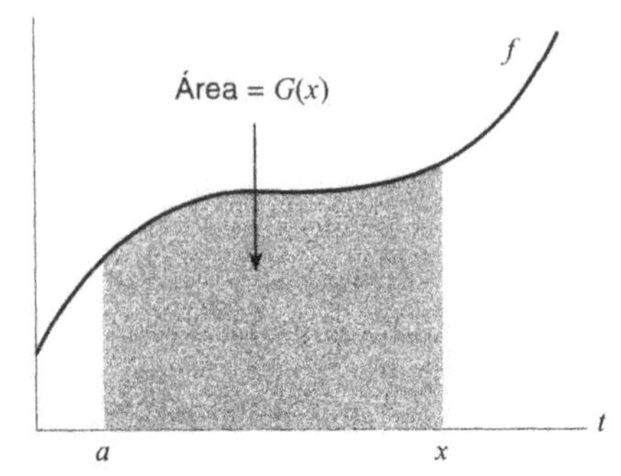

***Figura 3.57** — Representação de* G(x) *como área*

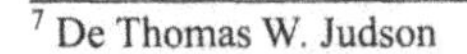

[7] De Thomas W. Judson

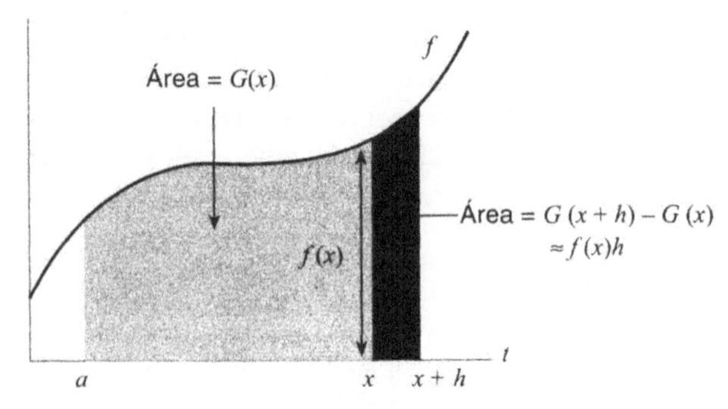

***Figura 3.58** —* G(x+h)–G(x) *é a área de uma região quase retangular*

Da Figura 3.58 vemos que, se h for pequeno, $G(x+h) - G(x)$ é, aproximadamente, a área de um retângulo de altura $f(x)$ e largura h (sombreada mais escura na Figura 3.58), portanto temos

$$G(x+h) - G(x) \approx f(x)h$$

donde

$$\frac{G(x+h) - G(x)}{h} \approx f(x)$$

O mesmo resultado vale se h for negativo, o que sugere que

$$G'(x) = \lim_{h \to 0} \frac{G(x+h) - G(x)}{h} = f(x)$$

Este resultado é uma nova forma do Teorema Fundamental do Cálculo. É usualmente enunciado como segue:

Segundo Teorema Fundamental do Cálculo

Se f for contínua num intervalo e se a for qualquer número desse intervalo, então a função G definida por

$$G(x) = \int_a^x f(t)\, dt$$

tem derivada f; isto é, $G'(x) = f(x)$.

Propriedades da integral definida

Neste capítulo usamos as seguintes propriedades, para decompor integrais definidas:

Soma e múltiplos de integrais definidas

Se a, b e c são números quaisquer e f e g são funções contínuas, então

1. $\int_a^c f(x)\, dx + \int_c^b f(x)\, dx = \int_a^b f(x)\, dx$

2. $\int_a^b (f(x) \pm g(x))\, dx = \int_a^b f(x)\, dx \pm \int_a^b g(x)\, dx$

3. $\int_a^b cf(x)\, dx = c\int_a^b f(x)\, dx$

Em palavras:

1. A integral de a até c mais a integral de c até b é a integral de a até b.
2. A integral da soma (ou diferença) de duas funções é a soma (ou diferença) de suas integrais.
3. A integral de uma constante vezes uma função é essa constante vezes a integral da função.

O melhor modo de visualizar estas propriedades é pensar nas integrais como áreas ou como limites de somas de áreas de retângulos.

Problemas sobre o Segundo Teorema Fundamental do Cálculo

Para os Problemas 1–4, ache $G'(x)$.

1. $G(x) = \int_a^x t^3 dt$
2. $G(x) = \int_a^x 3^t dt$
3. $G(x) = \int_a^x te^t dt$
4. $G(x) = \int_a^x \ln y\, dy$

5. O gráfico da derivada $f'(x)$ é mostrado na Figura 3.59. Preencha a tabela com valores para $f(x)$, dado que $f(0) = 2$.

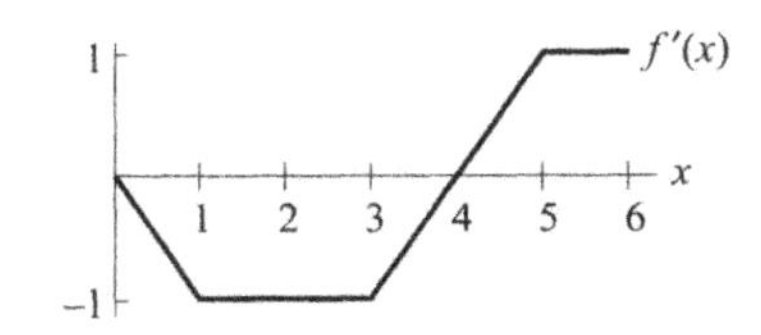

Figura 3.59 — Gráfico de f', *não de* f

x	0	1	2	3	4	5	6
$f(x)$	2						

6. Seja $F(b) = \int_0^b 2^x\, dx$.
   (a) Quanto é $F(0)$?
   (b) O valor de F cresce ou decresce quando b cresce? (Assuma $b \geq 0$).
   (c) Avalie $F(1)$, $F(2)$ e $F(3)$.
7. Faça uma tabela de valores para a função seguinte, para $x = 0$, 0,5, 1,0, 1,5 e 2,0

$$I(x) = \int_0^x \sqrt{t^4 + 1}\, dt$$

8. Assuma que $F'(t) = \operatorname{sen} t \cos t$ e $F(0) = 1$. Ache $F(b)$ para $b = 0$, 05, 1, 1,5, 2, 2,5 e 3.

Suponha que $\int_a^b f(x)\, dx = 8$, $\int_a^b (f(x))^2\, dx = 12$, $\int_a^b g(t)\, dt = 2$ e $\int_a^b (g(t))^2\, dt = 3$. Ache as integrais nos Problemas 9–12

9. $\int_a^b (f(x) + g(x))\, dx$
10. $\int_a^b ((f(x))^2 - (g(x))^2)\, dx$
11. $\int_a^b (f(x))^2 dx - (\int_a^b f(x) dx)^2$
12. $\int_a^b cf(z) dz$

ATALHOS PARA A DIFERENCIAÇÃO

Neste capítulo, calculamos as derivadas de funções dadas por fórmulas. Estas funções incluem potências, polinômios, função exponencial, logarítmica e funções periódicas. O capítulo também contém regras gerais, tais como a regra do produto e a regra da cadeia, que nos permitem derivar combinações de funções.

4.1 FÓRMULAS DE DERIVAÇÃO PARA POTÊNCIAS E POLINÔMIOS

A derivada de uma função num ponto representa uma inclinação e uma taxa de variação. No Capítulo 2 aprendemos a estimar valores da derivada de uma função dada por um gráfico ou uma tabela. Agora aprendemos como achar uma fórmula para a derivada de uma função dada por uma fórmula.

Derivada de uma função constante

O gráfico de uma função constante $f(x) = k$ é uma reta horizontal, com inclinação 0 em toda parte. Portanto, sua derivada é 0 em toda parte. (Veja a Figura 4.1)

$$\text{Se } f(x) = k, \text{ então } f'(x) = 0$$

Por exemplo, $\dfrac{d}{dx}(5) = 0.$

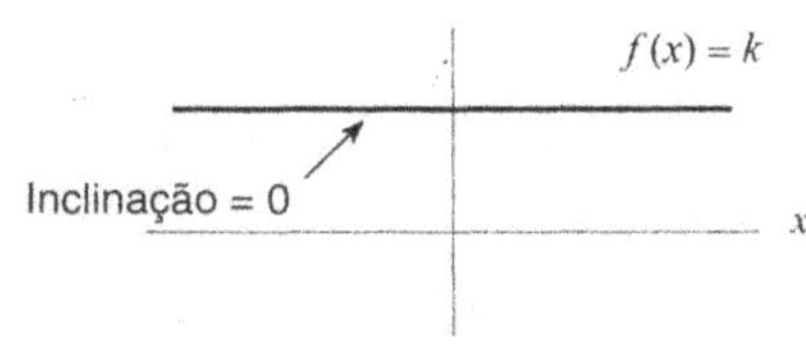

Figura 4.1 — *Uma função constante*

Derivada de uma função linear

Já sabemos que a inclinação de uma reta é constante. Isto nos diz que a derivada de uma função linear é constante.

$$\text{Se } f(x) = b + mx, \text{ então } f'(x) = \text{Inclinação} = m$$

Por exemplo, $\dfrac{d}{dx}(5 - \dfrac{3}{2}x) = -\dfrac{3}{2}.$

Derivada de uma constante vezes uma função

A Figura 4.2 mostra o gráfico de $y = f(x)$ e de três múltipos: $y = 3f(x)$, $y = {}^1/_2 f(x)$ e $y = -2f(x)$. Qual é a relação entre as derivadas dessas funções? Em outras palavras, para um particular valor de x, como se relacionam as inclinações desses gráficos?

Multiplicar por uma constante estica ou encolhe o gráfico (e o reflete sobre o eixo-x se a constante for negativa). Isto muda a inclinação da curva em cada ponto. Se o gráfico tiver sido "esticado", as "subidas" terão sido todas esticadas pelo mesmo fator, ao passo que os "percursos" permanecem os mesmos. Assim, as inclinações são todas mais íngremes pelo mesmo fator. Se o gráfico tiver sido encolhido, as inclinações terão ficado menores pelo mesmo fator. Se o gráfico tiver sido refletido sobre o eixo-x, todas as inclinações terão os

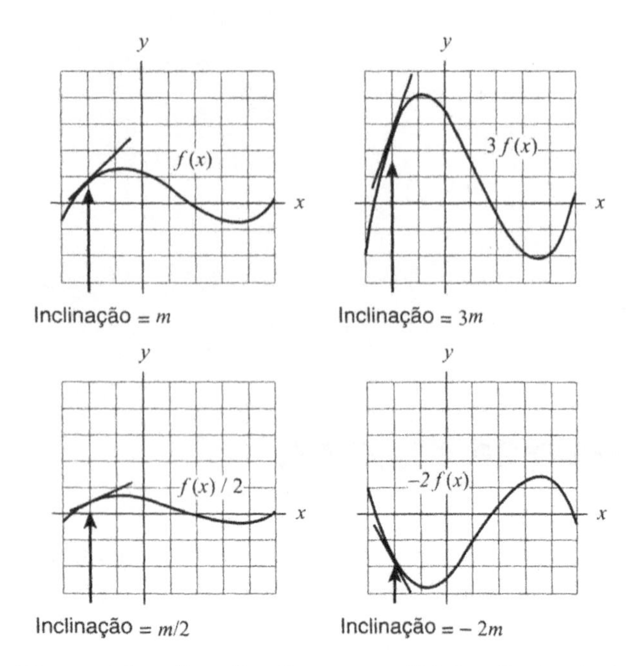

***Figura 4.2** — Uma função e seus múltiplos: Derivada de múltiplo é múltiplo da derivada*

sinais invertidos. Em outras palavras, se uma função for multiplicada por uma constante, c, também sua derivada será:

Derivada de um múltiplo por constante

Se c é uma constante,

$$\frac{d}{dx}[cf(x)] = cf'(x).$$

Derivadas de somas e diferenças

Suponha que temos duas funções, $f(x)$ e $g(x)$, com os valores listados na Tabela 4.1. Os valores da soma $f(x) + g(x)$ estão na mesma tabela

TABELA 4.1 — *Soma de funções*

x	$f(x)$	$g(x)$	$f(x) + g(x)$
0	100	0	100
1	110	0,2	110,2
2	130	0,4	130,4
3	160	0,6	160,6
4	200	0,8	200,8

Vemos que a soma dos acréscimos de $f(x)$ e dos acréscimos de $g(x)$ dá o acréscimo de $f(x) + g(x)$. Por exemplo, se x cresce de 0 a 1, $f(x)$ cresce de 10 e $g(x)$ de 0,2, ao passo que $f(x) + g(x)$ cresce de $110{,}2 - 100 = 10{,}2$. Analogamente, quando x cresce de 3 para 4, $f(x)$ cresce de 40 e $g(x)$ de 0,2, ao passo que $f(x) + g(x)$ cresce de $200{,}8 - 160{,}6 = 40{,}2$.

Deste exemplo, vemos que a taxa à qual $f(x) + g(x)$ cresce é a soma das taxas de crescimento de $f(x)$ e de $g(x)$. Raciocínio semelhante se aplica à diferença, $f(x) - g(x)$. Em termos das derivadas:

Derivada da soma e da diferença

$$\frac{d}{dx}[f(x) + g(x)] = f'(x) + g'(x)$$

e

$$\frac{d}{dx}[f(x) - g(x)] = f'(x) - g'(x)$$

Potências de x

Começamos por olhar $f(x) = x^2$ e $g(x) = x^3$. Mostramos na seção Foco na Teoria no fim deste capítulo que

$$f'(x) = \frac{d}{dx}(x^2) = 2x \quad \text{e} \quad g'(x) = \frac{d}{dx}(x^3) = 3x^2.$$

O gráficos de $f(x) = x^2$ e de $g(x) = x^3$ e suas derivadas são mostradas nas Figuras 4.3 e 4.4. Observe que $f'(x) = 2x$ tem o comportamento que esperamos. É negativa para $x < 0$ (quando f é decrescente), zero para $x = 0$ e positiva para $x > 0$ (quando f é crescente). Analogamente, $g'(x) = 3x^2$ é zero quando $x = 0$ mas positiva em todos os outros pontos, pois g é crescente em todos tais pontos. Estes exemplos são casos especiais da regra para potências:

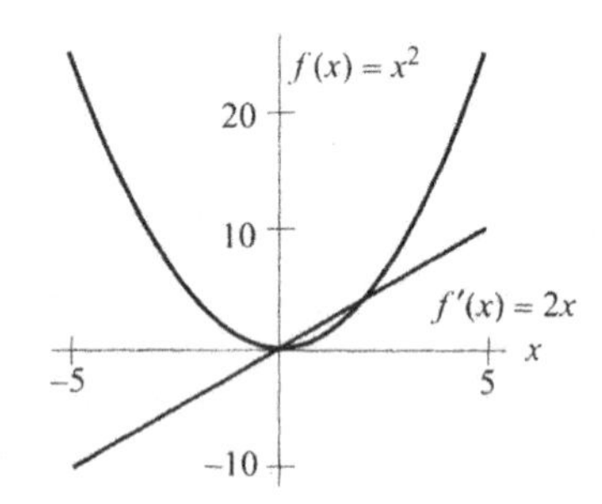

***Figura 4.3** — Gráficos de* f (x) = x² *e sua derivada* f'(x) = 2x

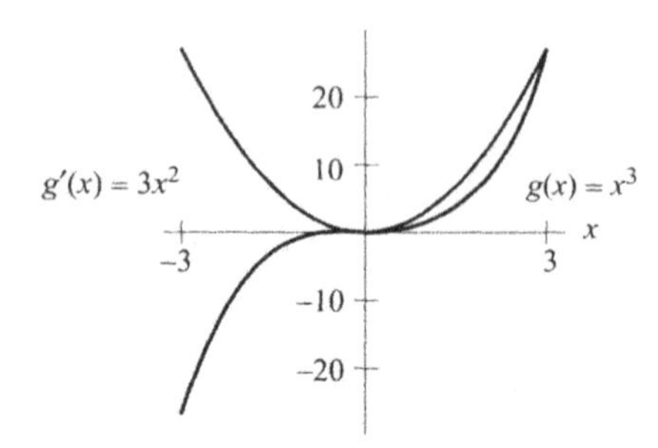

***Figura 4.4** — Gráficos de* g(x) = x³ *e sua derivada* g'(x) = 3x²

Regra das potências:

Para todo número real constante n

$$\frac{d}{dx}(x^n) = nx^{n-1}$$

Exemplo 1 Ache a derivada de
(a) $h(x) = x^8$
(b) $P(t) = t^7$

Solução (a) $h'(x) = 8x^7$ (b) $P'(t) = 7t^6$

Derivadas de polinômios

Usando as derivadas de potências, múltiplos por constantes e somas, podemos diferenciar qualquer polinômio.

Exemplo 2 Diferencie
(a) $A(t) = 3t^5$
(b) $r(p) = p^5 + p^3$
(c) $f(x) = 5x^2 - 7x^3$

Solução (a) Usando a regra do múltiplo por constante:

$$A'(t) = \frac{d}{dt}(3t^5) = 3\frac{d}{dt}(t^5) = 3\cdot 5t^4 = 15t^4$$

(b) Usando a regra da soma:

$$r'(p) = \frac{d}{dp}(p^5 + p^3) = \frac{d}{dp}(p^5) + \frac{d}{dp}(p^3) = 5p^4 + 3p^2$$

(c) Usando as duas regras ao mesmo tempo:

$$\frac{d}{dx}(5x^2 - 7x^3) = \frac{d}{dx}(5x^2) - \frac{d}{dx}(7x^3) \quad \text{Derivada da diferença}$$

$$= 5\frac{d}{dx}(x^2) - 7\frac{d}{dx}(x^3) \quad \text{Derivada de múltiplos}$$

$$= 5(2x) - 7(3x^2) = 10x - 21x^2.$$

Exemplo 3 Ache as derivadas de
(a) $5x^2 + 3x + 2$
(b) $\sqrt{3}x^7 - \dfrac{x^5}{5} + \pi$

Solução (a)

$$\frac{d}{dx}(5z^2 + 3x + 2) = 5\frac{d}{dx}(x^2) + 3\frac{d}{dx}(x) + \frac{d}{dx}(2)$$

$$= 5\cdot 2x + 3\cdot 1 + 0$$

$$= 10x + 3.$$

(Pois a derivada de uma constante, $\frac{d}{dx}(2)$ é zero)

(b)

$$\frac{d}{dx}\left(\sqrt{3}x^7 - \frac{x^5}{5} = \pi\right) = \sqrt{3}\frac{d}{dx}(x^7) - \frac{1}{5}\frac{d}{dx}(x^5) + \frac{d}{dx}(\pi)$$

$$= \sqrt{3}\cdot 7x^6 - \frac{1}{5}\cdot 5x^4 + 0$$

$$= \sqrt{3}x^6 - x^4.$$

(Como π é uma constante, $\frac{d}{dx}(\pi) = 0$)

Podemos usar a regra para potências para derivar potências com expoente fracionário ou negativo.

Exemplo 4 Use a regra para potências para derivar

(a) $\dfrac{1}{x^3}$ (b) $\sqrt{x}$ (c) $2t^{4,5}$.

Solução (a) Para $n = -3$:

$$\frac{d}{dx}\left(\frac{1}{x^3}\right) = \frac{d}{dx}(x^{-3}) = -3x^{-3-1} = -3x^{-4} = -\frac{3}{x^4}.$$

(b) Para $n = 1/2$:

$$\frac{d}{dx}\left(\sqrt{x}\right) = \frac{d}{dx}(x^{(1/2)}) = \frac{1}{2}x^{(1/2)-1} = \frac{1}{2}x^{=1/2} = \frac{1}{2\sqrt{x}}.$$

(c) Para $n = 4,5$; $\dfrac{d}{dx}(2t^{4,5}) = 2(4,5t^{4,5-1}) = 9t^{3,5}$.

Uso das fórmulas de derivação

Como a inclinação da tangente a uma curva é dada pela derivada, usamos derivação para achar a equação da reta tangente.

Exemplo 5 Ache uma equação para a reta tangente, em $x = 1$ ao gráfico de
$y = x^3 + 2x^2 - 5x + 7$
Esboce o gráfico da curva e de sua tangente nos mesmos eixos.

Solução Diferenciando vem

$$\frac{d}{dx} = 3x^2 + 2(2x) - 5(1) + 0 = 3x^2 + 4x - 5,$$

e a inclinação da reta tangente em $x = 1$ é

$$\left.\frac{dy}{dx}\right|_{x=1} = 3(1)^2 + 4(1) - 5 = 2.$$

Assim a inclinação é 2. Quando $x = 1$, $y = 1^3 + 2(1^2) - 5(1) + 7 = 5$, portanto o ponto $x = 1$, $y = 5$ pertence à reta tangente. Usando a fórmula $y - y_0 = m(x - x_0)$ para uma reta de inclinação m por (x_0, y_0) vem

$y - 5 = 2(x - 1)$
$y = 3 + 2x.$

E a equação da reta tangente é $y = 3 + 2x$. Veja a Figura 4.5.

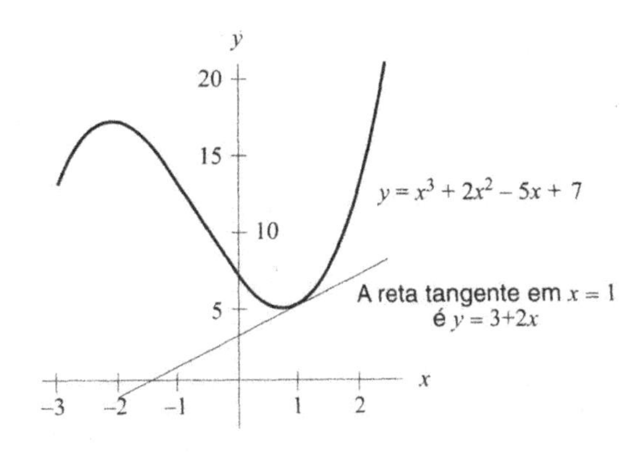

***Figura 4.5** — Achar a equação para esta reta tangente*

Exemplo 6 Ache e interprete as derivadas segundas de
(a) $f(x) = x^2$ (b) $g(x) = x^3$.

Solução (a) Derivar $f(x) = x^2$ dá $f'(x) = 2x$, assim $f''(x) = \frac{d}{dx}(2x) = 2$. Como f'' é sempre positiva, o gráfico de f é côncavo para cima, como se esperaria de uma parábola abrindo-se para cima. (Ver a Figura 4.6)
(b) Derivar $g(x) = x^3$ da $g'(x) = 3x^2$, logo $g''(x) = \frac{d}{dx}(3x^2) = 3\frac{d}{dx}(x^2) = 3 \cdot 2x = 6x$.
Isto é positivo para $x > 0$ e negativo para $x < 0$, o que significa que o gráfico de $g(x) = x^3$ é côncavo para cima se $x > 0$ e côncavo para baixo se $x < 0$. (Veja Figura 4.7)

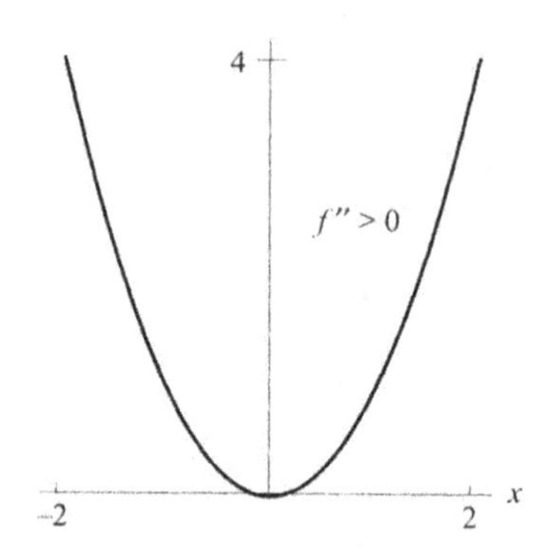

Figura 4.6 — *Gráfico de* $f(x) = x^2$ *com* $f''(x) = 2$

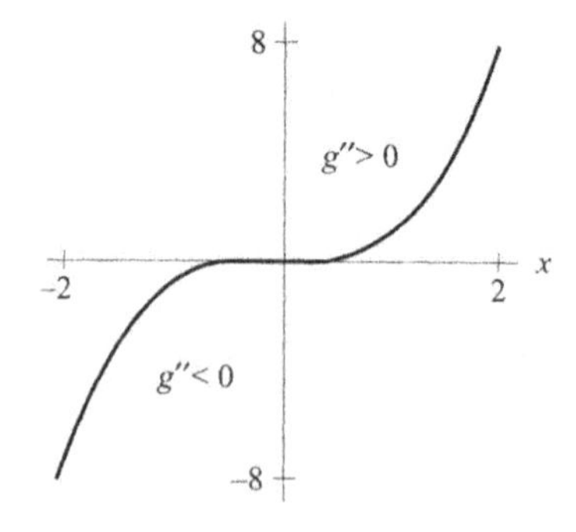

Figura 4.7 — *Gráfico de* $g(x) = x^3$ *com* $g''(x) = 6x$

Exemplo 7 Ache a velocidade de um corpo ao tempo t se sua posição, em metros, é dada como função do tempo t, em segundos, por
$s = -4{,}9t^2 + 5t + 6$.

Solução A velocidade, v, é a derivada da posição:

$$v = \frac{ds}{dt} = \frac{d}{dt}(-4{,}9t^2 + 5t + 6) = -9{,}8t + 5 \text{ m/seg}$$

Exemplo 8 A Figura 4.8 mostra o gráfico de um polinômio cúbico. Descreva, gráfica e algebricamente, o comportamento da derivada dessa cúbica.

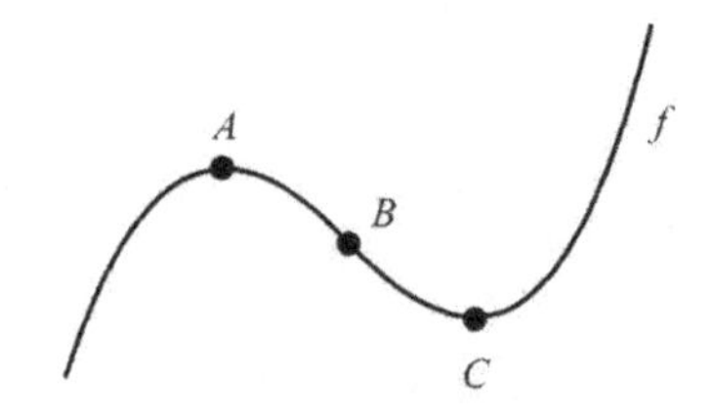

Figura 4.8 — *A cúbica do Exemplo 8*

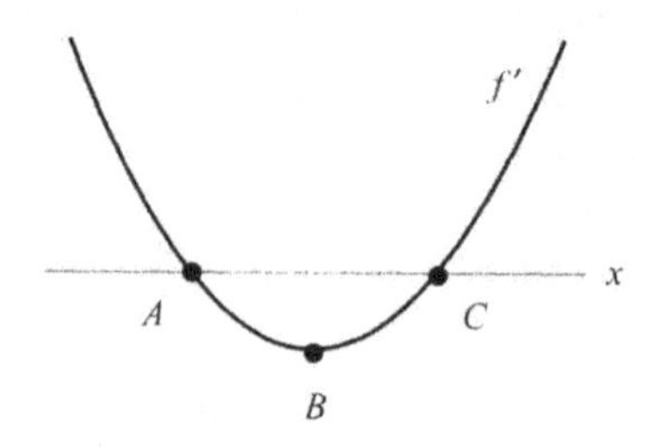

Figura 4.9 — *Derivada da cúbica do Exemplo 9*

Solução Abordagem gráfica: Suponha que nos movemos sobre a curva, da esquerda para a direita. À esquerda de A, a inclinação é positiva; começa muito positiva e descreve até a curva chegar a A, onde a inclinação é zero. Entre A e C, a inclinação é negativa. Entre A e B, a inclinação decresce (vai ficando mais negativa); é mais negativa em B; Entre B e C a inclinação é negativa mas está crescendo; em C a inclinação é zero. De C para a direita, a inclinação é positiva e crescente. O gráfico da função derivada é mostrado na Figura 4.9.
Falando algebricamente: f é uma cúbica que vai a $+\infty$ quando $x \to \infty$ de modo que
$f(x) = ax^3 + bx^2 + cx + d$
com $a > 0$. Portanto
$f'(x) = 3ax^2 + 2bx + c$,
cujo gráfico é uma parábola que se abre para cima, como na Figura 4.9.

Problemas para a Seção 4.1

Para os problemas 1–21, ache a derivada da função dada. Assuma que a, b, c e C são constantes.

1. $y = 5$
2. $y = 3x$
3. $y = 5x + 13$
4. $y = x^{12}$
5. $y = x^{-12}$
6. $y = x^{4/3}$
7. $y = 8t^3$
8. $y = 3t^4 - 2t^2$
9. $f(x) = \frac{1}{x^4}$
10. $f(q) = q^3 + 10$
11. $f(x) = Cx^2$
12. $y = x^2 + 5x + 9$
13. $y = 6x^3 + 4x^2 - 2x$
14. $y = -3x^4 - 4x^3 - 6x + 2$
15. $y = 3x^2 + 7x - 9$
16. $y = 8t^3 + 4t^2 + 12t - 3$
17. $y = 4{,}2q^2 - 0{,}5q + 11{,}27$
18. $y = ax^2 + bx + c$
19. $y = z^2 + \frac{1}{2z}$

20. $y = 3t^2 + \dfrac{12}{\sqrt{t}} - \dfrac{1}{t^2}$

21. $y = 3t^5 - 5\sqrt{t} + \dfrac{7}{t}$

22. Seja $f(x) = x^2 + 1$. Calcule as derivadas $f'(0), f'(1), f'(2)$ e $f'(-1)$, Verifique suas respostas graficamente.

23. Seja $f(t) = t^2 - 4t + 5$.
(a) Ache $f'(t)$.
(b) Ache $f'(1)$ e $f'(2)$.
(c) Use um gráfico de $f(t)$ para verificar que suas respostas à parte (b) são razoáveis. Explique.

24. Seja $f(x) = x^3 - 4x^2 + 7x - 11$. Ache $f'(0), f'(2)$ e $f'(-1)$.

25. Seja $f(x) = x^2 + 3x - 5$. Ache $f'(0), f'(3)$ e $f'(-2)$.

26. (a) Use um gráfico de $P(q) = 6q - q^2$ para decidir se cada uma das derivadas seguintes é positiva, negativa ou zero: $P'(1)$, $P'(3)$, $P'(4)$. Explique.
(b) Ache $P'(q)$ e então ache as três derivadas na parte (a)

27. Ache a taxa de variação de uma população de tamanho $P(t) = t^3 + 4t + 1$, ao tempo $t = 2$.

28. Seja $f(x) = x^3 - 2x^2 + 3x + 2$.
(a) Ache $f'(x)$.
(b) Ache $f'(-1), f'(0), f'(1)$, e $f'(2)$.
(c) Esboce um gráfico de $f(x)$. Considere a inclinação de uma reta tangente ao gráfico desta função em cada um dos pontos $x = -1$, $x = 0$, $x = 1$ e $x = 2$. Estas inclinações parecem combinar com suas respostas à parte (b)? Explique.

29. Se $f(t) = 2t^3 - 4t^2 + 3t - 1$, ache $f'(t)$ e $f''(t)$.

30. Se $f(t) = t^4 - 3t^2 + 5t$, ache $f'(t)$ e $f''(t)$.

31. (a) Ache a oitava derivada de $f(x) = x^7 + 5x^5 - 4x^3 + 6x - 7$. Pense antes! (A n-ésima derivada, $f^{(n)}(x)$ é o resultado de derivar $f(x)$ n vezes.
(b) Ache a sétima derivada de $f(x)$.

32. Ache a equação da reta tangente ao gráfico de f em $(1, 1)$, onde f é dada por $f(x) = 2x^3 - 2x^2 + 1$.

33. Ache a equação da reta tangente ao gráfico de $f(t) = 6t - t^2$ em $t = 4$. Esboce o gráfico de $f(t)$ e da reta tangente nos mesmos eixos.

34. Um industrial tem função de custo $C(q) = 1.000 + 2q^2$, em reais, onde q é quantidade produzida. Ache o custo marginal para produzir o 25º item. Interprete sua resposta em termos de custo de produção.

35. A curva de demanda para um produto é dada por $q = 300 - 3p$, onde p é o preço do produto e q é a quantidade que consumidores quererão comprar a esse preço. Lembre que o rendimento é o produto do preço pela quantidade vendida.
(a) Escreva o rendimento como função do preço.
(b) Ache o rendimento marginal quando o preço é \$10, e interprete sua resposta em termos de rendimento.
(c) Para quais preços o rendimento marginal é positivo? Para quais preços é negativo?

36. Mariscos zebra são mariscos de água doce que se agarram a qualquer coisa que possam achar. Apareceram primeiro o Rio St. Lawrence no começo da década de 1980–90. Estão subindo o rio e podem se espalhar pelos Grandes Lagos. Suponha que numa pequena baía o número de mariscos zebra ao tempo t seja dado por $Z(t) = 300t^2$, onde t é medido em meses desde que esse mariscos apareceram nesse lugar. Quantos mariscos zebra existirão na baía depois de quatro meses? A que taxa a população estará crescendo então? Dê unidades para suas respostas.

37. A produção, Y, de um pomar de macieiras (medida em barris de maçãs por acre), é uma função de quantidade de fertilizante, em quilos, usados por acre. Suponha que
$$Y = f(x) = 320 + 140x - 10x^2.$$
(a) Qual é a produção se forem usados 5 quilos de fertilizante por acre?
(b) Ache $f'(5)$. Dê unidades com sua resposta e interprete-a em termos de maçãs e fertilizante.
(c) Considerando sua resposta à parte (b), deve-se usar mais ou menos fertilizante? Explique.

38. A demanda por um produto é dada por
$$p = f(q) = 50 - 0{,}03q^2$$
(a) Ache os interceptos-q e p para esta função e interprete-os em termos da demanda por este produto.
(b) Ache $f(20)$ e dê unidades com sua resposta. Explique o que lhe diz em termos de demanda.
(c) Ache $f'(20)$ e dê unidade para sua resposta. Explique o que ela lhe diz em termos de demanda.

39. O custo para produzir q itens é dado por $C(q) = 0{,}08q^3 + 75q + 1.000$.
(a) Ache a função de custo marginal.
(b) Ache $C(50)$ e $C'(50)$. Dê unidades com suas respostas e explique o que cada uma está lhe dizendo sobre custos de produção.

40. O gráfico da equação $y = x^3 - 9x^2 - 16x + 1$ tem uma inclinação igual a 5 exatamente em dois pontos. Ache as coordenadas desses pontos.

41. Seja $f(x) = x^3 - 12x$.
(a) Use $f'(x)$ para determinar os intervalos em que $f(x)$ decresce.
(b) Use $f''(x)$ para determinar os intervalos em que o gráfico de $f(x)$ é côncavo para baixo.
(c) Em quais intervalos $f(x)$ é decrescente e seu gráfico côncavo para baixo?

42. Se a curva de demanda for uma reta, poderemos escrever $p = b + mq$, onde p é o preço do produto, q é a quantidade vendida a esse preço, b e m são constantes.
(a) Escreva a receita como função da quantidade vendida.
(b) Ache a função receita marginal.

43. Uma bola é largada do alto do edifício Empire State caindo até o chão. A altura y da bola acima do solo (em pés) é

dada com função do tempo, t, (em segundos) por

$$y = 1250 - 16t^2$$

(a) Ache a velocidade da bola no tempo t. Qual é o sinal da velocidade? Por que isto é de se esperar?

(b) Quando a bola chega ao solo e qual é sua velocidade então? Dê sua resposta em pés por segundo e em milhas por hora (1 ft/seg = 15/22 mph).

44. (a) Use a fórmula para a área de um círculo de raio r,

$$A = \pi r^2 \text{ para achar } \frac{dA}{dr}.$$

(b) O resultado da parte (a) deve ter aparência familiar. O que $\frac{dA}{dr}$ representa geometricamente? Faça uma figura.

(c) Use um quociente de diferenças para explicar a observação que você fez na parte (b).

45. Qual é a fórmula para $V(r)$, o volume de uma esfera de raio r? Ache $\frac{dV}{dr}$. Qual é o significado geométrico de $\frac{dV}{dr}$?

4.2 FUNÇÕES EXPONENCIAL E LOGARÍTMICA

A função exponencial

Que aspecto você espera que tenha o gráfico da derivada da função exponencial $f(x) = a^x$? O gráfico de uma função exponencial com $a > 1$ é mostrado na Figura 4.10. A função cresce devagar para $x < 0$ e mais depressa para $x > 0$, de modo que os valores de f' são pequenos para $x < 0$ e maiores para $x > 0$. Como a função é crescente para todos os valores de x, o gráfico da derivada deve estar acima do eixo-x. Na verdade, o gráfico de f' se parece com o gráfico da própria f. Veremos como vale esta observação para $f(x) = 2^x$ e $g(x) = 3^x$.

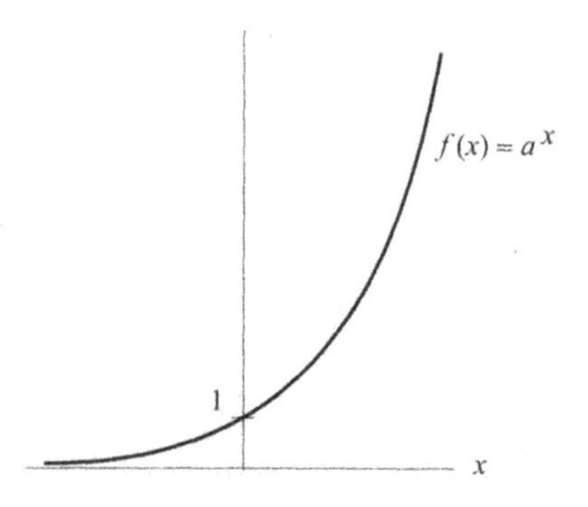

Figura 4.10 — f(x) = a^x, *com* a > 1.

As derivadas de 2^x e 3^x

Na página 85 avaliamos a derivada de $f(x) = 2^x$ em $x = 0$ $f'(0) \approx 0{,}693$.

Avaliando a derivada em outros valores de x, obtemos o gráfico da Figura 4.11. O gráfico de f' está abaixo do gráfico de f e parece proporcional a f. Como $f'(0) \approx 0{,}693 = 0{,}693 \cdot 1 = 0{,}693\, f(0)$, a constante de proporcionalidade é aproximadamente 0,693, o que sugere que

$$\frac{d}{dx}(2^x) = f'(x) \approx (0{,}693)2^x.$$

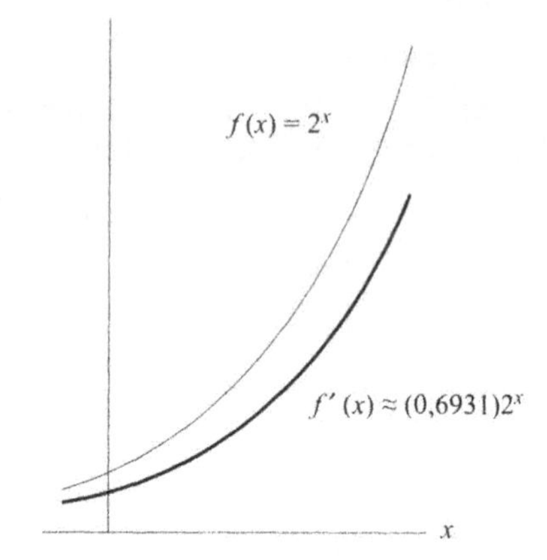

Figura 4.11 — *Gráfico de* f(x) = 2^x *e sua derivada*

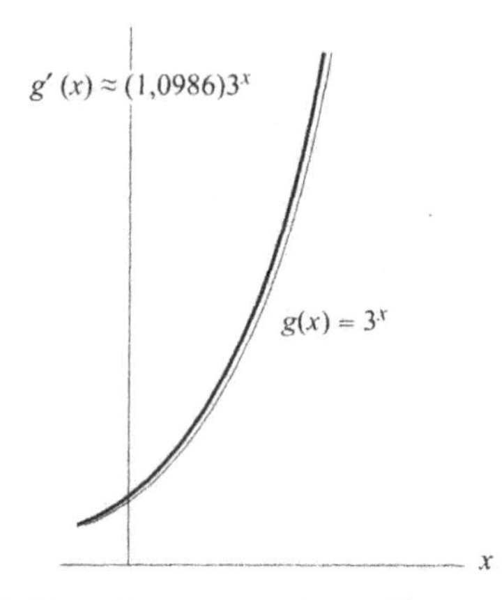

Figura 4.12 — *Gráfico de* g(x) = 3^x *e sua derivada*

Por um raciocínio semelhante, verificamos que o gráfico da derivada de $g(x) = 3^x$ está pouco acima do gráfico de g, e parece proporcional a g, com constante de proporcionalidade $g'(0) \approx 1.0986$. Veja a Figura 4.12. Assim,

$$g'(x) \approx (1{,}0986)3^x.$$

Estabelecemos a fórmula para as derivadas de a^x na seção Foco na Teoria, na página 159.

A derivada de a^x e a definição de e

O cálculo da derivada de $f(x) = a^x$, para $a > 0$ é semelhante ao de 2^x ou 3^x. A derivada é, de novo, proporcional à função original. Quando $a = 2$, a constante de proporcionalidade (0,6931) é menor que 1 e a derivada é menor que a função original. Quando $a = 3$, a constante de proporcionalidade (1,0986) é maior que 1 e a derivada é maior que a função original. Existe algum caso intermediário, em que a derivada e a função são exatamente iguais? Em outras palavras:

$$\text{Existe algum valor de } a \text{ que torne } \frac{d}{dx}(a^x) = a^x\,?$$

A resposta é sim, o valor é $a \approx 2{,}718\ldots$, o número é introduzido no Capítulo 1. Isto significa que e^x é sua própria derivada:

$$\frac{d}{dx}(e^x) = e^x.$$

Acontece que as constantes envolvidas nas derivadas de 2^x e 3^x são logaritmos naturais. Na verdade, com $0{,}6931 \approx \ln 2$ e $1{,}0986 \approx \ln 3$, nós adivinhamos, corretamente, que

$$\frac{d}{dx}(2^x) = (\ln 2)2^x \quad \text{e} \quad \frac{d}{dx}(3^x) = (\ln 3)3^x.$$

Na seção Foco sobre Teoria, no fim deste capítulo, mostramos que, de modo geral,

$$\frac{d}{dx}(a^x) = (\ln a)a^x.$$

A Figura 4.13 mostra o gráfico e a derivada de 2^x abaixo do gráfico da função, e o gráfico da derivada de 3^x acima do gráfico da função. Com $e \approx 2{,}718$, a função e^x e sua derivada são idênticas.

Como $\ln a$ é uma constante, a derivada de a^x é proporcional a a^x. Muitas quantidades têm taxas de variação que são proporcionais a elas mesmas; por exemplo, o modelo mais simples de crescimento populacional tem essa propriedade. O fato de a constante de proporcionalidade ser 1 quando $a = e$ faz de e uma base particularmente útil, para funções exponenciais.

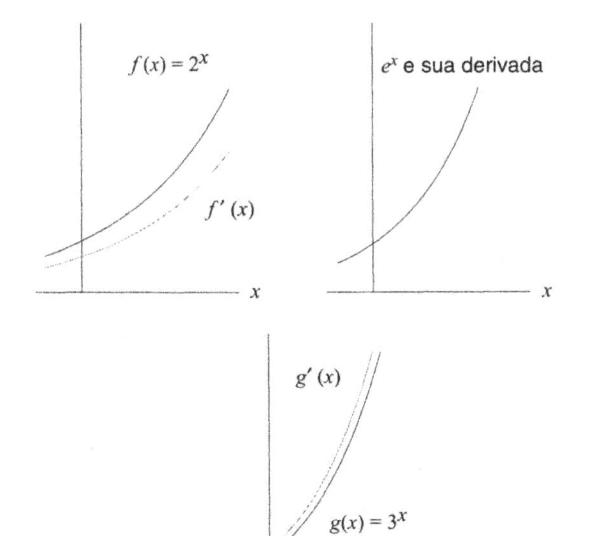

***Figura 4.13** — Gráficos das funções* 2^x, e^x *e* 3^x, *e suas derivadas*

Exemplo 1 Derive $2 \cdot 3^x + 5e^x$.

Solução Temos $\frac{d}{dx}(2 \cdot 3^x + 5e^x) = 2\frac{d}{dx}(3^x) + 5\frac{d}{dx}(e^x) =$ $2 \ln 3 \cdot 3^x + 5e^x \approx (2{,}1972)3^x + 5e^x$

A derivada de ln x

Que aspecto tem o gráfico da derivada da função logarítmica $f(x) = \ln x$? A Figura 4.14 mostra que o gráfico de $\ln x$ é crescente, de modo que esperamos que a sua derivada seja positiva. O gráfico de $f(x) = \ln x$ é côncavo para baixo, de modo que esperamos que a derivada seja decrescente. Além disso, a inclinação de $f(x) = \ln x$ é muito grande perto de $x = 0$ e muito pequena para x grande, de modo que esperamos que a derivada tenda a $+\infty$ quando x está perto de 0 e tenda de 0 para x muito grande. A Figura 4.15 mostra o gráfico da derivada de $f(x) = \ln x$. Observe que se parece com o gráfico de $y = 1/x$. Acontece que

$$\frac{d}{dx}(\ln x) = \frac{1}{x}.$$

Veremos a justificativa algébrica desta regra na seção Foco na Teoria, na página 159.

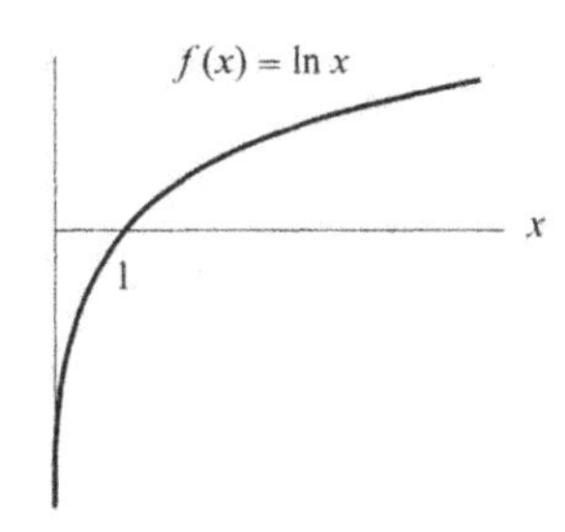

***Figura 4.14** — Um gráfico de* f(x) = lnx

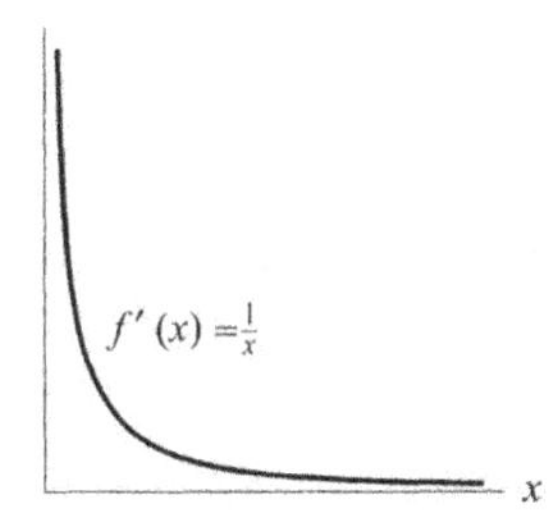

***Figura 4.15** — Gráfico da derivada de* f(x) = lnx

Exemplo 2 Derive $y = 5 \ln t + 7e^t - 4t^2 + 12$

Solução Usando a regra para soma, vem

$$\frac{d}{dx}(5\ln t + 7e^t - 4t^2 + 12) =$$

$$= 5\frac{d}{dt}(\ln t) + 7\frac{d}{dt}(e^t) - 4\frac{d}{dt}(t^2) + \frac{d}{dt}(12)$$

$$= 5\left(\frac{1}{t}\right) + 7(e^t) - 4(2t) + 0$$

$$= \frac{5}{t} + 7e^t - 8t.$$

Uso das fórmulas de derivação

Exemplo 3 No Capítulo 1, vimos que a população do México pode ser modelada por
$P = 67{,}39\,(1{,}026)$

onde P é em milhões de pessoas e t em anos após o começo de 1980. A qual taxa a população estaria crescendo no começo de 1997? Dê unidades para sua resposta.

Solução A taxa de crescimento intantânea é a derivada, de modo que estão nos pedindo para achar dP/dt quando $t = 17$. Achamos a derivada

$$\frac{dP}{dt} = \frac{d}{dt}(67,39(1,026)^t) = 67,39(\ln 1,026)(1,026)^t$$

$$\approx 67,39(0,02567)(1,026)^t$$

$$\approx 1,730(1,026)^t.$$

Tomamos $t = 17$, o que dá

$1,730(1,026)^{17} \approx 1,730(1,547) \approx 2,676.$

A população do México estava crescendo a uma taxa de cerca de 2,676 milhões de pessoas por ano, no começo de 1997. (Isto significa que a população está crescendo a uma taxa de cerca de 7.300 pessoas por dia).

Exemplo Ache a equação da reta tangente ao gráfico de $f(x) = \ln x$, no ponto que $x = 2$. Trace um gráfico de $f(x)$ e da reta tangente nos mesmo eixos.

Solução Como $f'(x) = 1/x$, a inclinação da reta tangente em $x = 2$ é $f'(2) = 1/2 = 0,5$. Quando $x = 2$, $y = \ln 2 = 0,693$, de modo que um ponto da reta tangente é (2, 0,693). Levando à equação para a reta tangente, temos

$$y - 0,693 = 0,5\,(x - 2)$$
$$y = -\,0,307 + 05x.$$

A equação para a reta tangente é $y = -\,0,307 + 0,5x$. Veja a Figura 4.16.

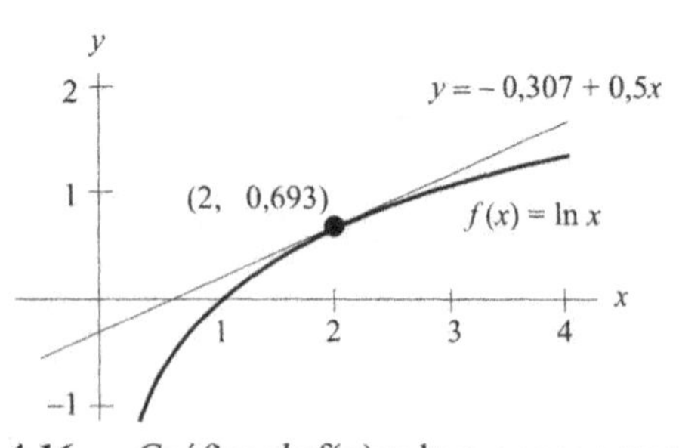

Figura 4.16 *— Gráfico de* f(x) = ln x *e uma reta tangente*

Problemas para seção 4.2

Derive as funções nos Problemas 1–21. Assuma que A, B, C são constantes.

1. $y = 5t^2 + 4e^t$
2. $f(x) = 2e^x + x^2$
3. $f(x) = 2^x + 2 \cdot 3^x$
4. $y = 4 \cdot 10^x - x^3$
5. $y = 3x - 2 \cdot 4^x$
6. $y = \dfrac{3^x}{3} + \dfrac{33}{\sqrt{x}}$
7. $f(x) = x^3 + 3^x$
8. $y = 5 \cdot 5^t + 6 \cdot 6^t$
9. $P(t) = Ce^t$
10. $D = 10 - \ln p$
11. $R = 3 \ln q$
12. $y = t^2 + 5 \ln t$
13. $y = B + Ae^t$
14. $f(x) = Ae^x - Bx^2 + C$
15. $P = 3t^3 + 2e^t$
16. $P(t) = 3.000(1,02)^t$
17. $P(t) = 12,41(0,94)^t$
18. $y = 5(2^x) - 5x + 4$
19. $R(q) = q^2 - 2 \ln q$
20. $y = x^2 + 4x - 3 \ln x$
21. $f(t) = Ae^t + B \ln t$
22. Para $f(t) = 4 - 2e^t$, ache $f'(-1)$, $f'(0)$ e $f'(1)$. Esboce um gráfico de f, e trace retas tangentes em $t = -1$, $t = 0$ e $t = 1$. Parece-lhe que as inclinações das retas combinam com as derivadas que você achou?
23. Ache a equação da reta tangente ao gráfico de $y = 3x$ em $x = 1$. Verifique seu trabalho esboçando um gráfico da função e da reta tangente sobre os mesmos eixos.
24. Para a função custo $C = 1.000 + 300 \ln q$, ache o custo e e custo marginal a um nível de produção de 500. Interprete suas respostas em termos econômicos
25. (a) Ache a inclinação do gráfico de $f(x) = 1 - e^x$ num ponto em que cruza o eixo-x.
    (b) Ache a equação da reta tangente à curva nesse ponto.
26. Com uma taxa de inflação anual de 5%, os preços são descritos por
    $$P = P_0\,(1,05)^t,$$
    onde P_0 é o preço quando $t = 0$ e t é tempo em anos. Suponha que $P_0 = 1$. Quão depressa (em centavos/ano) estão crescendo os preços quando $t = 10$?
27. Desde 1.º de janeiro de 1960, a população de Pouca Chance tem sido descrita pela fórmula
    $$P = 35.000(0,98)^t,$$
    onde P é a população da cidade t anos depois do começo de 1960. A qual taxa estava a população variando em 1.º de janeiro de 1983?
28. Certas peças de mobiliário antigo tiveram aumentos muito rápidos de preço nas décadas de 70–90. Por exemplo, o preço de uma dada cadeira de balanço é bem aproximado por
    $$V = 75(1,35)^t$$
    com V em dólares e t o número de anos desde 1975. Ache a taxa, em dólares por ano, à qual está subindo o preço.
29. O *Global 2000 Report* deu a população, P, do mundo em 1975 como sendo 4,1 bilhões, crescendo a 2% ao ano.
    (a) Dê uma fórmula para P em termos de tempo, t, medido em anos desde 1975.
    (b) Ache $\dfrac{dP}{dt}, \left.\dfrac{dP}{dt}\right|_{t=0}$, e $\left.\dfrac{dP}{dt}\right|_{t=15}$. O que representa, em termos práticos, cada uma dessas derivadas?
30. A Hungria é um dos poucos países do mundo em que a população está decrescendo, correntemente de cerca de 0,2% ao ano. Assim, se t é o tempo em anos desde 1990, a população, P, em milhões, da Hungria pode ser aproximada por
    $$P = 10,8(0,998)^t.$$
    (a) Qual população, para a Hungria no ano 2000, prevê este modelo?

(b) Quão depressa (em pessoas/ano) este modelo prevê que a população da Hungria estará decrescendo no ano 2000?

31. Usando a equação para a reta tangente ao gráfico de e^x em $x = 0$, mostre que

$$e^x \geq 1 + x$$

para todos os valores de x. Um esboço pode ajudar.

32. (a) Ache a equação da reta tangente a $y = \ln x = 1$

(b) Use-a para calcular valores aproximados para ln (1,1) e ln (2).

(c) Usando um gráfico, explique se os valores aproximados que você calculou são menores ou maiores que os verdadeiros. Valeria o mesmo resultado se você tivesse usado a reta tangente para avaliar ln (0,9) e ln (0,5)? Por quê?

33. Nesta seção, dissemos que, para $a > 0$

$$\frac{d}{dx}(a^x) = (\ln a)a^x.$$

Use esta expressão para a derivada para explicar para quais valores de a a função a^x é crescente e para quais é decrescente.

34. Ache todas as soluções da equação

$$2^x = 2x.$$

Como você sabe que achou todas as soluções?

35. Ache o valor de c na Figura 4.17, onde a reta l tangente ao gráfico de $y = 2^x$ em (0,1) corta o eixo-x.

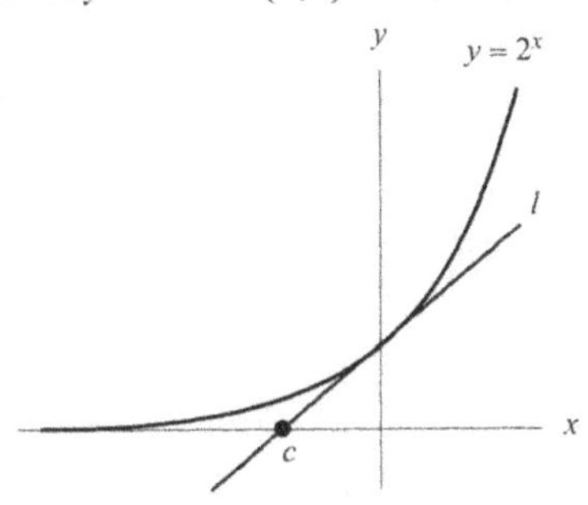

Figura 4.17

36. Ache o polinômio quadrático $g(x) = ax^2 + bx + c$ que melhor se ajusta à função $f(x) = e^x$ em $x = 0$, no sentido que

$$g(0) = f(0), \text{ e } g'(0) = f'(0), \text{ e } g''(0) = f''(0)$$

Usando computador ou calculadora, esboce gráficos de f e g sobre os mesmo eixos. O que você observa?

37. O valor de um certo automóvel comprado em 1997 pode ser aproximado pela função $V(t) = 25\ (0{,}85)^t$, onde t é o tempo, em anos, desde a data da compra, e V é o valor, em milhares de dólares.

(a) Calcule e interprete $V(4)$.

(b) Ache expressão para $V'(t)$, incluindo unidades.

(c) Calcule e interprete $V'(4)$.

(d) Use $V(t)$, $V'(t)$ e quaisquer outras considerações que lhe pareçam relevantes, para escrever um parágrafo em apoio ou em oposição, à seguinte afirmação: "De um ponto de vista monetário, é melhor conservar este veículo pelo maior tempo possível."

4.3 A REGRA DA CADEIA

Nesta seção veremos como derivar funções compostas, tais como $f(t) = \ln(3t)$ ou $g(x) = e^{-x^2}$.

A derivada de uma composição de funções

Suponha que $y = f(u)$, com $u = g(t)$ para alguma função interior g e uma função de fora f, f e g sendo diferenciáveis. Uma pequena variação de t, chamada Δt, gera uma pequena variação de u, chamada Δu. Por sua vez, Δu gera uma pequena variação de y, chamada Δy. Desde que Δt e Δu não sejam zero, podemos dizer que

$$\frac{\Delta y}{\Delta t} = \frac{\Delta y}{\Delta u} \cdot \frac{\Delta u}{\Delta t}$$

Como a derivada dy/dt é o limite do quociente $\Delta y/\Delta t$ quando Δt tende a zero, isto sugere

> **A regra da cadeia**
>
> Se $y = f(u)$ e $u = g(t)$ forem diferenciáveis, então
>
> $$\frac{dy}{dt} = \frac{dy}{du} \cdot \frac{du}{dt}$$

O exemplo seguinte mostra como interpretar a regra da cadeia em termos práticos.

Exemplo 1 Suponha que a quantidade de gasolina, G, em litros, consumida por um carro dependa da distância percorrida, s, em quilômetros, e que s dependa do tempo t, medido em horas. Se 0,05 litros de gasolina são consumidos para cada quilômetro percorrido e o carro está viajando a uma velocidade de 48 km/hora, quão depressa a gasolina está sendo consumida? Quais são as unidades para sua resposta?

Solução Achamos que a taxa de consumo será dada em litros por hora. Disseram-nos que

Taxa de gasolina consumida em relação à distância

$$= \frac{dG}{ds} = 0{,}12 \text{ litros/km}$$

Taxa distância crescendo em relação ao tempo

$$= \frac{ds}{dt} = 48 \text{ km/hora}$$

Queremos calcular a taxa à qual a gasolina é consumida, com relação ao tempo, ou seja, dG/dt. Pensamos em G como função de s, e em s como função de t. Pela regra da cadeia, sabemos que

$$\frac{dG}{dt} = \frac{dG}{ds} \cdot \frac{ds}{dt} = \left(0{,}12\frac{\text{litros}}{\text{km}}\right) \cdot \left(48\frac{\text{km}}{\text{hora}}\right)$$

$$= 5{,}8 \text{ litros/hora}$$

A gasolina está sendo consumida a uma taxa de 5,8 litros/hora.

A regra da cadeia para funções dadas por fórmulas

Para usar a regra da cadeia sobre uma função composta, primeiro reescrevemos a função usando uma nova variável, como u, para representar a função de dentro:

$$y = (t+1)^4 \text{ é o mesmo que } y = u^4 \text{ e } u = t+1.$$

Exemplo 2 Use uma nova variável para a função de dentro para expressar cada uma das seguintes como função composta:

(a) $y = \ln(3t)$ (b) $P = e^{-0,03t}$

(c) $w = 5(2r+3)^2$

Solução (a) A função de dentro é $3t$, e temos $y = \ln u$, com $u = 3t$.

(b) A função de dentro é $-0,03t$, e temos $P = e^u$, com $u = -0,03t$.

(c) A função de dentro é $2r + 3$, e temos $w = 5u^2$, com $u = 2r + 3$.

Exemplo 3 Ache a derivada das funções seguintes:

(a) $y = (4t^2 + 1)^7$ (b) $P = e^{3t}$.

Solução (a) Aqui $u = 4t^2 + 1$ é a função de dentro: $y = u^7$ é a de fora. Como $dy/du = 7u^6$ e $du/dt = 8t$, temos

$$\frac{dy}{dt} = \frac{dy}{du}\cdot\frac{du}{dt} = (7u^6)(8t) = 7(4t^2+1)^6(8t) = 56t(4t^2+1)^6.$$

(b) Sejam $u = 3t$ e $P = e^u$. Então $dP/du = e^u$ e $du/dt = 3$, donde

$$\frac{dP}{dt} = \frac{dP}{du}\cdot\frac{du}{dt} = e^u \cdot 3 = e^{3t}\cdot 3 = 3e^{3t}.$$

Das regras de derivação

$$\frac{d}{dt}(t^n) = nt^{n-1} \quad \frac{d}{dt}(e^t) = e^t \quad \frac{d}{dt}(\ln t) = \frac{1}{t},$$

temos, usando a regra da cadeia

> Se u for uma função derivável de t, então
>
> $$\frac{d}{dt}(u^n) = nu^{n-1}\frac{du}{dt}, \quad \frac{d}{dt}(e^u) = e^u\frac{du}{dt}, \quad \frac{d}{dt}(\ln u) = \frac{1}{u}\frac{du}{dt}$$

Exemplo 4 Derive (a) $(3t^3 - t)^5$ (b) $\ln(q^2 + 1)$

(c) e^{-x^2}

Solução (a) Seja $u = 3t^3 - t$, dando

$$\frac{d}{dt}(3t^3-t)^5 = \frac{d}{dt}(u^5) = 5u^4\frac{du}{dt} = 5(3t^3-t)^4(9t^2-1).$$

(b) temos $u = q^2 + 1$, dando

$$\frac{d}{dq}(\ln(q^2+1)) = \frac{d}{dq}(\ln u) = \frac{1}{u}\frac{du}{dq} = \frac{1}{q^2+1}(2q).$$

(c) Como $u = -x^2$, a derivada é

$$\frac{d}{dx}(e^{-x^2}) = \frac{d}{dx}(e^u) = e^u\frac{du}{dx} = e^{-x^2}(-2x) = -2xe^{-x^2}.$$

Como funções da forma e^{kt}, onde k é constante, são freqüentemente úteis, calculamos a derivada de e^{kt}. Temos $u = kt$, assim $du/dt = k$, sendo k constante.

> $$\frac{d}{dt}(e^{kt}) = ke^{kt}.$$

Exemplo 5 Ache a derivada de $P = 5 + 3x^2 - 7e^{-0,2x}$.

Solução A derivada é

$$\frac{dP}{dx} = 0 + 3(2x) - 7(-0,2e^{-0,2x}) = 6x + 1,4e^{-0,2x}.$$

Exemplo 6 Suponha que sejam depositados \$1.000 numa conta bancária que paga 8% de juros anuais, compostos continuamente.

(a) Ache uma fórmula $f(t)$ para o crédito, t anos depois do depósito inicial.

(b) Ache $f(10)$ e $f'(10)$ e interprete suas respostas.

Solução (a) O crédito é $f(t) = 100e^{0,08t}$.

(b) Fazendo $t = 10$ vem

$$f(10) = 1.000e^{(0,08)(10)} = 2.225,54$$

Isto significa que o crédito depois de 10 anos é \$2.225,54.

Para achar $f'(10)$, calculamos $f'(t) = 1.000(0,08e^{0,08t}) = 80e^{0,08t}$. Portanto,

$$f'(10) = 80e^{(0,08)(10)} = 178,04$$

Isto significa que, após 10 anos, o crédito está crescendo a uma taxa de \$178 por ano.

Problemas para a Seção 4.3

Ache as derivadas das funções nos Problemas 1–30

1. $f(x) = (x+1)^{99}$
2. $R = (q^2+1)^4$
3. $w = (t^2+1)^{100}$
4. $w = (t^3+1)^{100}$
5. $w = (5r-6)^3$
6. $f(t) = e^{3t}$
7. $y = e^{0,7t}$
8. $y = e^{-4t}$
9. $y = \sqrt{s^3+1}$
10. $w = e^{\sqrt{s}}$
11. $P = e^{-0,2t}$
12. $w = e^{-3t^2}$
13. $y = \ln(5t+1)$
14. $P = 50e^{-0,6t}$
15. $P = 200e^{0,12t}$
16. $y = 12 - 3x^2 + 2e^{3x}$
17. $C = 12(3q^2-5)^3$
18. $f(x) = 6e^{5x} + e^{-x^2}$
19. $y = 5e^{5t+1}$
20. $f(x) = \ln(1-x)$
21. $f(x) = \ln(t^2+1)$
22. $f(x) = \ln(1-e^{-x})$
23. $f(x) = \ln(e^x+1)$
24. $f(t) = 5\ln(5t+1)$
25. $g(t) = \ln(4t+9)$
26. $y = 5 + \ln(3t+2)$
27. $Q = 100(t^2+5)^{0,5}$
28. $y = 5x + \ln(x+2)$
29. $y = (5+e^x)^2$
30. $P = (1+\ln x)^{0,5}$
31. Ache a equação da reta tangente em $t = 0$ ao gráfico de $y = e^{-2t}$

Verifique sua resposta esboçando os gráficos de $y = e^{-2t}$ e da reta tangente, nos mesmos eixos.

32. Ache a equação da reta tangente a $y = f(x)$ em $x = 1$, onde $f(x)$ é função do Problema 18.

33. A curva de demanda para um produto é dada por

$$q = f(p) = 10.000e^{-0,25p},$$

onde q é quantidade vendida e p é o preço do produto, em reais. Ache $f(2)$ e $f'(2)$. Explique, em termos econômicos, qual é a informação que cada uma das respostas lhe dá.

34. Se q é a quantidade de um certo produto, a função custo é dada por

$$C(q) = 1.000 + 30e^{0,05q} \text{ reais}$$

Ache o custo e o custo marginal quando $q = 50$. Explique em termos econômicos qual informação cada uma dessas respostas lhe dá.

35. A população do mundo, P (em bilhões de pessoas), pode ser modelada pela função $P = f(t) = 5,3e^{0,018t}$, onde t representa anos desde 1990. Ache $f(0)$ e $f'(0)$. Ache $f(10)$ e $f'(10)$. Dê unidades com suas respostas e explique qual informação cada uma delas lhe dá sobre a população do mundo.

36. Um grama de carbono-14 radioativo decai de acordo com a fórmula

$$Q = e^{-0,000121t}$$

onde Q é o número de gramas de carbono-14 que restam depois de t anos.

(a) Ache a taxa de decaimento de carbono-14 (em gramas/ano).

(b) Esboce a taxa que você achou em (a) contra o tempo.

37. A temperatura, H, em graus Fahrenheit (°F) de uma lata de soda limonada que é posta para esfriar numa geladeira é dada, como função do tempo, t, em horas, por

$$H = 40 + 30e^{-2t}.$$

(a) Ache a taxa à qual está variando a temperatura da soda limonada (em °F/hora).

(b) Qual é o sinal de dH/dt? Por que tem esse sinal?

(c) Quando, para $t \geq 0$, é maior a magnitude de dH/dt? Em termos de lata de soda limonada, por que é assim?

38. Se você investir P dólares numa conta bancária a uma taxa de juros anual de r%, então depois de t anos você terá B dólares, onde

$$B = P\left(1 + \frac{r}{100}\right)^t.$$

(a) Ache dB/dt, supondo que P e r são constantes. Em termos de dinheiro, o que dB/dt representa?

(b) Ache dB/dr, supondo P e t constantes. Em termos de dinheiro, o que dB/dr representa?

4.4 AS REGRAS DE PRODUTO E QUOCIENTE

Esta seção mostra como achar derivadas de produtos e quocientes de funções.

A regra do produto

Suponha que desejamos calcular a derivada do produto $f(x)\,g(x)$. Começamos por olhar um exemplo. Sejam $f(x) = x$ e $g(x) = x^2$. Então

$$f(x)\,g(x) = x \cdot x^2 = x^3,$$

de modo que a derivada do produto é $3x^2$. Observe que a derivada do produto *não* é igual ao produto das derivadas, pois $f'(x) = 1$ e $g'(x) = 2x$, de modo que $f'(x)g'(x) = (1)(2x) = 2x$. De modo geral, temos a seguinte regra, que é justificada na página 159 na seção Foco na Teoria.

A regra do Produto

Se $u = f(x)$ e $v = g(x)$ são funções diferenciáveis, então

$$(fg)' = f'g + fg'.$$

A regra do produto pode ser escrita também como

$$\frac{d(uv)}{dx} = \frac{du}{dx} \cdot v + u \cdot \frac{dv}{dx}.$$

Em palavras:

A derivada de um produto é a derivada da primeira função, vezes a segunda, mais a primeira, vezes a derivada da segunda.

Verifiquemos que esta regra dá a resposta correta para $f(x) = x$ e $g(x)^2$. A derivada de $f(x)\,g(x)$ é

$$f'(x)g(x) = f(x)g'(x) = 1(x^2) + x(2x) = x^2 + 2x^2 = 3x^2.$$

Esta é a resposta esperada para a derivada de $f(x)g(x) = x \cdot x^2 = x^3$.

Exemplo 1 Derive (a) $x^2 e^{2x}$ (b) $t^3 \ln(t+1)$ (c) $(3x^2 + 5x)e^x$.

Solução (a) Usando a regra do produto, temos

$$\frac{d}{dx}(x^2e^{2x}) = \frac{d}{dx}(x^2) \cdot e^{2x} + x^2 \frac{d}{dx}(e^{2x})$$
$$= (2x)e^{2x} + x^2(2e^{2x})$$
$$= 2xe^{2x} + 2x^2e^{2x}.$$

(b) Derivando, com o uso da regra do produto, temos

$$\frac{d}{dx}(t^3 \ln(t+1)) = \frac{d}{dt}(t^3) \cdot \ln(t+1) + t^3 \frac{d}{dt}(\ln(t+1))$$
$$= (3t^2)\ln(t+1) + t^3\left(\frac{1}{t+1}\right)$$
$$= 3t^2 \ln(t+1) + \frac{t^3}{t+1}.$$

(c) A regra do produto dá

$$\frac{d}{dx}((3x^2+5x)e^x) = \left(\frac{d}{dx}(3x^2+5x)\right)e^x + (3x^2+5x)\frac{d}{dx}(e^x)$$
$$= (6x+5)e^x + (3x^2+5x)e^x$$
$$= (3x^2+11x+5)e^x.$$

Exemplo 2 Ache a derivada de $C = \dfrac{e^{2t}}{t}$.

Solução Escrevemos $C = e^{2t}t^{-1}$ e usamos a regra do produto:

$$\frac{d}{dt}(e^{2t}t^{-1}) = \frac{d}{dt}(e^{2t})\cdot t^{-1} + e^{2t}\frac{d}{dt}(t^{-1})$$
$$= (2e^{2t})\cdot t^{-1} + e^{2t}(-1)t^{-2}$$
$$= \frac{2e^{2t}}{t} - \frac{e^{2t}}{t^2}.$$

Exemplo 3 Uma curva de demanda para um produto tem a equação $p = 80e^{-0,003q}$, onde p é o preço e q é quantidade.
(a) Ache a receita como função da quantidade vendida.
(b) Ache a função de receita marginal.

Solução (a) Como Receita = Preço × Quantidade, temos $R = pq = (80e^{-0,003q})\,q = 80qe^{-0,003q}$.

(b) A função receita marginal é a derivada desta função de receita. A regra do produto dá
Receita marginal

$$= \frac{d}{dq}(80qe^{-0,003q})$$
$$= \left(\frac{d}{dq}(80q)\right)e^{-0,003q} + 80q\left(\frac{d}{dq}(e^{-0,003q})\right)$$
$$= (80)e^{-0,003q} + 80q(-0,003e^{-0,003q})$$
$$= 80e^{-0,003q} - 0,24qe^{-0,003q}.$$

A regra do quociente

Suponha que queremos derivar uma função da forma $Q(x) = f(x)/g(x)$. (É claro que temos que evitar pontos em que $g(x) = 0$.) Queremos uma fórmula para Q' em termos de f' e g'. Temos a seguinte regra, que é justificada na página 160 da seção Foco na Teoria.

A regra do quociente
Se $u = f(x)$ e $v = g(x)$ são funções diferenciáveis, então

$$\left(\frac{f}{g}\right)' = \frac{f'g - fg'}{g^2},$$

ou, equivalentemente,

$$\frac{d}{dx}\left(\frac{u}{v}\right) = \frac{\dfrac{du}{dx}\cdot v - u\cdot\dfrac{dv}{dx}}{v^2}.$$

Em palavras:
A derivada de um quociente é a derivada do numerador vezes o denominador menos o numerador vezes a derivada do denominador, tudo sobre o quadrado do denominador.

Exemplo 4 Derive (a) $\dfrac{5x^2}{x^3+1}$ (b) $\dfrac{1}{1+e^x}$ (c) $\dfrac{e^x}{x^2}$.

Solução (a) Usando a regra do quociente

$$\frac{d}{dx}\left(\frac{5x^2}{x^3+1}\right) = \frac{\left(\frac{d}{dx}(5x^2)\right)(x^3+1) - 5x^2\frac{d}{dx}(x^3+1)}{(x^3+1)^2} =$$
$$= \frac{10x(x^3+1) - 5x^2(3x^2)}{(x^3+1)^2}$$
$$= \frac{-5x^4+10x}{(x^3+1)^2}.$$

(b) Derivando com a regra do quociente

$$\frac{d}{dx}\left(\frac{1}{1+e^x}\right) = \frac{\left(\frac{d}{dx}(1)\right)(1+e^x) - 1\frac{d}{dx}(1+e^x)}{(1+e^x)^2} =$$
$$= \frac{0(1+e^x) - 1(0+e^x)}{(1+e^x)^2}$$
$$= \frac{-e^x}{(1+e^x)^2}.$$

(c) A regra do quociente dá

$$\frac{d}{dx}\left(\frac{e^x}{x^2}\right) = \frac{\left(\frac{d}{dx}(e^x)\right)x^2 - e^x\left(\frac{d}{dx}(x^2)\right)}{(x^2)^2} = \frac{e^x x^2 - e^x(2x)}{x^4}$$
$$= e^x\left(\frac{x^2-2x}{x^4}\right) = e^x\left(\frac{x-2}{x^3}\right).$$

Problemas para a seção 4.4

1. Se $f(x) = x^2(x^3+5)$, ache $f'(x)$ de dois modos: usando a regra do produto e antes efetuando a multiplicação para depois derivar. Você obtém o mesmo resultado? Deve obter?

2. Se $f(x) = (2x + 1)(3x - 2)$, ache $f'(x)$ de dois modos, usando a regra do produto e antes efetuando a multiplicação para depois derivar. Você obtém o mesmo resultado?

Para os Problemas 3-26, ache a derivada.

3. $f(x) = xe^x$
4. $f(t) = te^{-2t}$
5. $y = x \cdot 2^x$
6. $y = 5xe^{x^2}$
7. $y = t^2(3t + 1)^3$
8. $y = x \ln x$
9. $w = (t^3 + 5t)(t^2 - 7t + 2)$
10. $y = (t^2 + 3)e^t$
11. $z = (3t + 1)(5t + 2)$
12. $y = (t^3 - 7t^2 + 1)e^t$
13. $P = t^2 \ln t$
14. $f(x) = \dfrac{x^2 + 3}{x}$
15. $R = 3qe^{-q}$
16. $y = te^{-t^2}$
17. $f(z) = \sqrt{z}e^{-z}$
18. $g(p) = p \ln(2p + 1)$
19. $f(t) = te^{5-2t}$
20. $f(w) = (5w^2 + 3)e^{w^2}$
21. $f(x) = \dfrac{x}{e^x}$
22. $w = \dfrac{3z}{1 + 2z}$
23. $z = \dfrac{1 - t}{1 + t}$
24. $y = \dfrac{e^x}{1 + e^x}$
25. $w = \dfrac{3y + y^2}{5 + y}$
26. $y = \dfrac{1 + z}{\ln z}$
27. Ache a equação da reta tangente ao gráfico de $f(x) = x^2 e^{-x}$ em $x = 0$. Verifique seu trabalho fazendo o gráfico desta função e da reta tangente nos mesmos eixos.
28. A quantidade demandada de um certo produto, q, é dada em termos de p, o preço, por
$$q = 1.000e^{-0,02p}$$
   (a) Escreva a receita, R, como função do preço.
   (b) Ache a taxa de variação da receita com relação ao preço.
   (c) Ache a receita e taxa de variação da receita com relação ao preço quando o preço é \$10. Interprete suas respostas em termos econômicos.
29. Uma curva de concentração de droga é dada por $C = f(t) = 20te^{-0,04t}$, com C em mg/ml e t em minutos.
   (a) Esboce um gráfico de C contra t. $f'(15)$ é positiva ou negativa? $f'(45)$ é positiva ou negativa? Explique.
   (b) Ache $f(30)$ e $f'(30)$ analiticamente. Interprete em termos da concentração de droga no corpo.
30. Ache a equação da reta tangente ao gráfico de $P(t) = t \ln t$ em $t = 2$. Faça o gráfico da função $P(t)$ e da reta tangente $Q(t)$ sobre os mesmos eixos.
31. A quantidade vendida, q, de uma certa prancha de skate depende do preço de venda, p, em reais, então escrevemos $q = f(p)$. É dado que $f(140) = 15.000$ e que $f'(140) = -100$.
   (a) O que $f(140) = 15.000$ e $f'(140) = -100$ lhe dizem sobre as vendas das pranchas?
   (b) A receita total, R, resultante da venda das pranchas é dado por $R = pq$. Ache $\left.\dfrac{dR}{dp}\right|_{p=140}$
   (c) Qual é o sinal de $\left.\dfrac{dR}{dp}\right|_{p=140}$? Se a pranchas estão sendo vendidas a \$140, o que acontece à receita se o preço for elevado a \$ 141?
32. Seja $f(v)$ o consumo de gasolina (em litros/km) de uma carro que vai à velocidade v (em km/h). Em outras palavras, $f(v)$ lhe diz quantos litros de gasolina o carro usa para percorrer 1 quilômetro à velocidade v. Dizem-lhe que
$$f(80) = 0,05 \quad \text{e} \quad f'(80) = 0,0005$$
Explique o que isto lhe diz em termos de consumo de gasolina.

4.5 DERIVADAS DE FUNÇÕES PERIÓDICAS

Como as funções seno e cosseno são periódicas, suas derivadas devem ser periódicas também. (Por que?) Olhemos o gráfico de $f(x) = \text{sen}\, x$ na Figura 4.18 e avaliemos a função derivada graficamente.

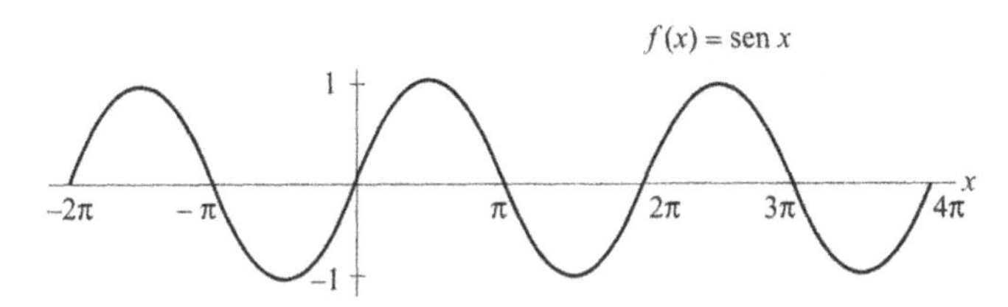

***Figura 4.18** — A função seno*

Primeiro, poderíamos nos perguntar onde a derivada é zero. (Em $x = \pm\, \pi/2, \pm\, 3\pi/2, \pm\, 5\pi/2$, etc.) Depois, perguntar onde a derivada é positiva e onde é negativa. (Positiva para $-\pi/2 < x < \pi/2$; negativa para $\pi/2 < x < 3\pi/2$, etc.) Como as maiores inclinações positivas são em $x = 0$, $x = 2\pi$, e assim por diante, e as maiores inclinações negativas em $x = \pi$, 3π, e assim por diante, obtemos algo similar ao gráfico da Figura 4.19.

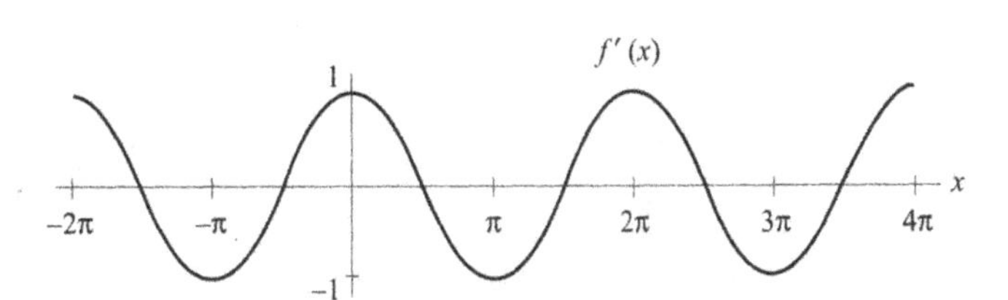

***Figura 4.19** — A derivada de* f(x) = *sen* x

O gráfico da derivada na Figura 4.19 parece estranhamente com o da função cosseno. Isto poderia levar, muito corretamente, à conjetura de ser a função cosseno a derivada de seno.

É claro que não podemos ter certeza, só pelos gráficos, que a derivada de seno é mesmo o cosseno. Mas isto é verdade.

Uma coisa que podemos fazer é verificar que a função derivada na Figura 4.19 tem amplitude 1 (como tem que ser, se for o cosseno). Isto significa que devemos nos convencer que a derivada de seno é 1 quando $x = 0$. O exemplo seguinte sugere que isto é verdade, quando x está em radianos.

Exemplo 1 Usando uma calculadora avalie a derivada de $f(x) = \text{sen}\, x$ em $x = 0$. Verifique bem que sua calculadora esteja posta em radianos.

Solução Usando um pequeno intervalo (escolhemos $\Delta x = 0{,}01$) e $f(x) = \text{sen}\, x$, com x em radianos, para calcular

$$f'(0) \approx \frac{\text{sen}(0{,}01) - \text{sen}(0)}{0{,}01 - 0} = \frac{0{,}0099998 - 0}{0{,}01} = 0{,}99998 \approx 1{,}0$$

A derivada de $f(x) = \text{sen}\, x$ em $x = 0$ é aproximadamente 1,0.

Cuidado: É importante observar que no exemplo anterior x estava em radianos; quaisquer conclusões que tirarmos sobre a derivada de sen x são válidas somente quando x está em radianos.

Exemplo 2 Partindo do gráfico da função cosseno, esboce um gráfico de sua derivada.

Solução O gráfico de $g(x) = \cos x$ está na Figura 4.20(a). Sua derivada é 0 em $x = 0, \pm\pi, \pm 2\pi$, e assim por diante; é positiva para $-\pi < x < 0$, $\pi < x < 2\pi$, e assim por diante, e é negativa para $0 < x < \pi$, $2\pi < x < 3\pi$, e assim por diante. A derivada está na Figura 4.20(b).

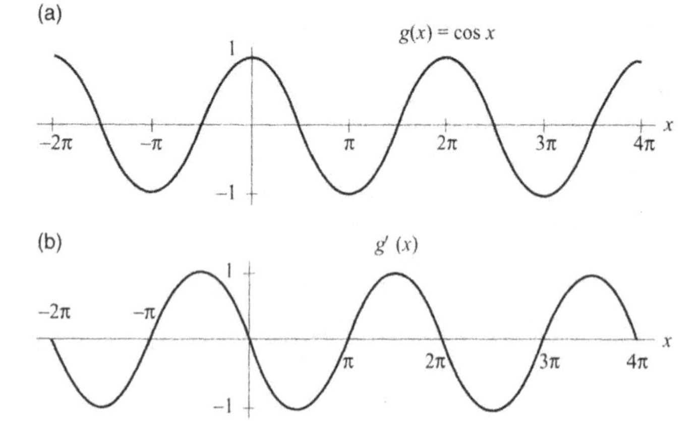

Figura 4.20 — g(x) = *cos* x *e sua derivada,* g′(x)

Como fizemos com o seno, usaremos este gráfico para fazer uma conjetura. A derivada de cosseno na Figura 4.20(b) se parece muito com o gráfico de seno, só que refletido sobre o eixo-x. Na verdade, a derivada de $\cos x$ é $-\text{sen}\, x$.

> Para x em radianos
>
> $$\frac{d}{dx}(\text{sen}\, x) = \cos x \quad \text{e} \quad \frac{d}{dx}(\cos x) = -\text{sen}\, x$$

Exemplo 3 Derive (a) 5 sen t − 8 cos t
(b) 5 − 3 sen x + x3

Solução (a) Derivando temos

$$\frac{d}{dt}(5\,\text{sen}\, t - 8\cos t) = 5\frac{d}{dt}(\text{sen}\, t) - 8\frac{d}{dt}(\cos t) =$$
$$= 5(\cos t) - 8(-\text{sen}\, t) = 5\cos t + 8\,\text{sen}\, t$$

(b)

$$\frac{d}{dx}(5 - 3\,\text{sen}\, x + x^3) = \frac{d}{dx}(5) - 3\frac{d}{dx}(\text{sen}\, x) + \frac{d}{dx}(x^3) =$$
$$= 0 - 3(\cos x) + 3x^2 = -3\cos x + 3x^2$$

A regra da cadeia nos diz como derivar funções compostas envolvendo seno e cosseno. Seja $y = \text{sen}(3t)$, então $y = \text{sen}\, u$ e $u = 3t$, de modo que

$$\frac{dy}{dt} = \frac{dy}{du}\cdot\frac{du}{dt} = \cos u\frac{du}{dt} = \cos(3t)\cdot 3 = 3\cos(3t)$$

De modo geral, temos

> Se u é função derivável de t, então
>
> $$\frac{d}{dt}(\text{sen}\, u) = \cos u\frac{du}{dt} \quad \text{e} \quad \frac{d}{dt}(\cos u) = -\text{sen}\, u\frac{du}{dt}$$

Exemplo 4 Derive (a) $\text{sen}(t^2)$ (b) $5\cos(2t)$
(c) $t\,\text{sen}\, t$

Solução (a) Temos $y = \text{sen}\, u$ com $u = t^2$, então

$$\frac{d}{dt}(\text{sen}(t^2)) = \frac{d}{dt}(\text{sen}\, u) = \cos u\frac{du}{dt} = \cos(t^2)\cdot$$
$$\cdot 2t = 2t\cos(t^2).$$

(b) Temos $y = 5\cos u$ com $u = 2t$, então

$$\frac{d}{dt}(5\cos(2t)) = \frac{d}{dt}(5\cos u) = -5\,\text{sen}\, u\frac{du}{dt} =$$
$$-5\,\text{sen}(2t)\cdot 2 = -10\,\text{sen}\,(2t)$$

(c) Usamos a regra do produto

$$\frac{d}{dt}(t\,\text{sen}\, t) = \frac{d}{dt}(t)\cdot\text{sen}\, t + t\frac{d}{dt}(\text{sen}\, t) = (1)\cdot\text{sen}\, t +$$
$$t(\cos t) = \text{sen}\, t + t\cos t.$$

Problemas para a seção 4.5

Diferencie as funções nos Problemas 1–18. Assuma que A, B e C são constantes.

1. $y = 5\,\text{sen}\, x$
2. $P = 3 + \cos t$
3. $y = t^2 + 5\cos t$
4. $y = B + A\,\text{sen}\, t$
5. $y = 5\,\text{sen}\, x - 5x + 4$
6. $R(q) = q^2 - 2\cos q$
7. $R = \text{sen}(5t)$
8. $W = 4\cos(t^2)$
9. $y = A\,\text{sen}(Bt)$
10. $y = \text{sen}(x^2)$
11. $y = 2\cos(5t)$
12. $y = 6\,\text{sen}(2t) + 3\cos(4t)$
13. $f(x) = \text{sen}(3x)$
14. $z = \cos(4\theta)$
15. $f(x) = x^2\cos x$
16. $f(x) = 2x\,\text{sen}(3x)$

17. $f(t) = \dfrac{t^2}{\cos t}$ 18. $f(\theta) = \dfrac{\text{sen } \theta}{\theta}$

19. Ache a equação da reta tangente ao gráfico de $y = \text{sen } x$ em $x = \pi$. Esboce um gráfico da função e da reta tangente sobre os mesmos eixos.

20. As vendas mensais, $S(t)$, de uma companhia, são sazonais e dadas como função do tempo, t, em meses, por

$$S(t) = 2000 + 600\text{sen}\left(\frac{\pi}{6}t\right)$$

(a) Esboce um gráfico de $S(t)$ para $t = 0$ até $t = 12$. Qual é o máximo das vendas mensais? Qual é o mínimo? Se $t = 0$ é 1º de janeiro, quando, durante o ano, as vendas são maiores?

(b) Ache $S(2)$ e $S'(2)$ e interprete em termos de vendas.

21. Um barco ancorado no mar está indo para cima e para baixo. A distância vertical, y, em pés, entre o fundo do mar e o barco é dada em função do tempo, t, em minutos, por

$$y = 15 + \text{sen}(2\pi t).$$

(a) Ache a velocidade vertical, v, do barco ao tempo t.

(b) Faça esboços toscos de y e v contra t.

22. Na página 60 da Seção 1.12, a profundidade, y, da água no porto de Boston foi dada por

$$y = 5 + 4{,}9\cos\left(\frac{\pi}{6}t\right)$$

onde t é o número de horas desde a meia noite.

(a) Ache dy/dt. O que representa dy/dt em termos de nível de água?

(b) Para $0 \le t \le 24$, quando dy/dt é zero? (A Figura 1.116 pode ajudar.) Explique o que significa (em termos do nível de água) que dy/dt seja zero.

RESUMO DO CAPÍTULO

- **Derivadas de funções elementares**
- **Potências, polinômios, funções exponenciais, logaritmos, funções periódicas.**
- **Derivadas de somas, diferenças e múltiplos por constantes**
- **Regra da cadeia**
- **Regras para produto e quociente**
- **Aproximação pela reta tangente, linearidade local**

PROBLEMAS DE REVISÃO PARA O CAPÍTULO QUATRO

Ache as derivadas, para as funções nos Problemas 1–27.

1. $f(t) = 6t^4$ **2.** $P(t) = e^{2t}$

3. $W = r^3 + 5r - 12$ **4.** $C = e^{0{,}08q}$

5. $f(x) = x^3 - 3x^2 + 5x - 12$

6. $y = 5e^{-0{,}2t}$ **7.** $s(t) = (t^2 + 4)(5t - 1)$

8. $g(t) = e^{(1+3t)^2}$ **9.** $f(x) = x^2 + 3\ln x$

10. $Q(t) = 5t + 3e^{1{,}2t}$ **11.** $g(z) = (z^2 + 5)^3$

12. $f(x) = 6(5x - 1)^3$ **13.** $f(z) = \ln(z^2 + 1)$

14. $y = xe^{3x}$ **15.** $q = 100e^{-0{,}05p}$

16. $y = x^2 \ln x$ **17.** $s(t) = t^2 + 2\ln t$

18. $P = 4t^2 + 7\text{ sen } t$ **19.** $R(t) = (\text{sen } t)^5$

20. $h(t) = \ln(e^{-t} - t)$ **21.** $f(x) = \text{sen}(2x)$

22. $y = x^2 \cos x$ **23.** $g(x) = \dfrac{25x^2}{e^x}$

24. $h(t) = \dfrac{t+4}{t-4}$ **25.** $z = \dfrac{3t+1}{5t+2}$

26. $z = \dfrac{t^2+5t+2}{t+3}$ **27.** $h(p) = \dfrac{1+p^2}{3+2p^2}$

28. Ache a equação da reta tangente ao gráfico de $f(x) = 2x^3 - 5x^2 + 3x - 5$ em $x = 1$.

29. Dadas $r(2) = 4$, $s(2) = 1$, $s(4) = 2$, $r'(2) = -1$, $s'(2) = 3$ e $s'(4) = 3$, calcule as seguintes derivadas, ou diga quais informações adicionais você precisaria ter para poder calcular a derivada.

(a) $H'(2)$ se $H(x) = r(x) + s(x)$

(b) $H'(2)$ se $H(x) = 5s(x)$

(c) $H'(2)$ se $H(x) = r(x) \cdot s(x)$

(d) $H'(2)$ se $H(x) = \sqrt{r(x)}$

30. Suponha que a distância, s, de um corpo em movimento a um ponto fixo, seja dada em função do tempo por $s = 20e^{t/2}$. Ache a velocidade, v, do corpo como função de t.

31. Suponha que a demanda por um certo produto seja dada por

$$q = 5.000e^{-0{,}08p},$$

onde p é o preço do produto e q a quantidade vendida a esse preço.

(a) Que quantidade é vendida a $10?

(b) Ache a derivada da demanda com relação ao preço, quando o preço é $10, e interprete sua resposta em termos da demanda pelo produto.

32. Suponha que a equação de demanda por um produto seja dada como no Problema 31. Ache a receita e a derivada da receita com relação ao preço, para o preço de $10. Interprete sua resposta em termos econômicos.

33. Dado um número $a > 1$, a equação

$$a^x = 1 + x$$

tem a solução $x = 0$. Há outras soluções? Como sua resposta depende do valor de a? [Sugestão: Faça os gráficos das funções nos dois lados da equação.]

34. Suponha que a profundidade da água, y, em metros, na Baia de Fundy, no Canadá , seja dada, como função do tempo, t, em horas depois da meia noite, pela função

$$y = 10 + 7{,}5\cos(0{,}507t)$$

Quão depressa a maré está subindo ou caindo (em metros/hora) em cada uma destas horas?

(a) 6:00 (b) 9:00
(c) Meio-dia (d) 18:00

35. A temperatura Y, em graus Fahrenheit, de uma batata doce num forno quente, t minutos depois de ser colocada ai, é dada por

$$Y(t) = 350(1 - 0{,}7e^{-0{,}008t}).$$

(a) Qual era a temperatura da batata doce quando foi colocada no forno?

(b) Qual é a temperatura do forno?

(c) Quando a batata chegará à temperatura de 175°F?

(d) Avalie a taxa à qual está crescendo a temperatura da batata quando $t = 20$.

36. Em quais intervalos a função $f(x) = x^4 - 4x^3$ é ao mesmo tempo decrescente e côncava para cima?

37. Dada $p(x) = x^n - x$, ache os intervalos sobre os quais p é uma função decrescente, sendo:

(a) $n = 2$ (b) $n = \frac{1}{2}$ (c) $n = -1$

38. Com ajuda de um gráfico, ache as equações de todas as retas pela origem que são tangentes à parábola

$$y = x^2 - 2x + 4.$$

Esboce as retas no gráfico.

39. Ache as equações das retas tangentes ao gráfico de $f(x) = \operatorname{sen} x$, em $x = 0$ e $x = \pi/3$. Use cada reta tangente para aproximar $\operatorname{sen}(\pi/6)$. Você esperaria que esses resultados fossem igualmente precisos, já que são tomados a distâncias iguais de $x = \pi/6$ mas em lados opostos? Se a precisão for diferente, você pode justificar a diferença?

40. Um museu decidiu vender um de seus quadros e investir o ganho. Se o quadro for vendido entre os anos 2000 e 2020 e o dinheiro da venda investido numa conta que ganha juros anuais de 5%, compostos uma vez por ano, então $B(t)$, o crédito no ano 2020, dependerá do ano t da venda, e o preço de venda $P(t)$. Se t for medido a partir do ano 2000, de modo que $0 < t < 20$, então

$$B(t) = P(t)(1{,}05)^{20-t}$$

(a) Explique porque $B(t)$ é dado por esta fórmula.

(b) Mostre que a fórmula para $B(t)$ é equivalente a

$$B(t) = (1{,}05)^{20}\,\frac{P(t)}{(1{,}05)^t}$$

(c) Ache $B'(10)$, dado que $P(10) = 15.000$ e $P'(10) = 5.000$.

41. Imagine que você faz zoom no gráfico de cada uma das funções seguintes, perto da origem:

$y = x$ $\qquad y = \sqrt{x}$

$y = x^2$ $\qquad y = x^3 + \frac{1}{2}x^2$

$y = x^3$ $\qquad y = \ln(x + 1)$

$y = \frac{1}{2}\ln(x^2 + 1)$ $\qquad y = \sqrt{2x - x^2}$

Quais delas têm o mesmo aspecto? Agrupe as funções que se tornam indistinguíveis perto da origem e dê as equações das retas com as quais elas se parecem.

42. Mostre que para toda função potência $f(x) = x^n$, temos $f'(1) = n$.

43. Dada uma função potência da forma $f(x) = ax^n$, com $f'(2) = 3$ e $f'(4) = 24$, ache n e a

44. Dados $\left\{\begin{matrix} F(2)=1 & G(4)=2 \\ F(4)=3 & G(3)=4 \\ F'(2)=5 & G'(4)=6 \\ F'(4)=7 & G'(3)=8 \end{matrix}\right\}$

ache $\left\{\begin{matrix} (a) & H(4) & \text{se } H(x)=F(G(x)) \\ (b) & H'(4) & \text{se } H(x)=F(G(x)) \\ (c) & H(4) & \text{se } H(x)=G(F(x)) \\ (d) & H'(4) & \text{se } H(x)=G(F(x)) \\ (e) & H'(4) & \text{se } H(x)=F(x)/G(x) \end{matrix}\right\}$

45. Suponha que a população de mariscos zebra numa certa área do Rio St. Lawrence é aproximada por $P(t) = 10e^{0{,}6t}$, onde t é medido em meses desde que os mariscos zebra apareceram na área. Calcule as seguintes quantidades:

(a) $P(12)$ (b) $P'(12)$

Dê unidades com suas respostas e explique o que cada quantidade nos diz, em termos de mariscos zebra.

46. Em 1990, a população do México era de cerca de 84 milhões e crescia a uma taxa de 2,6% ao ano, ao passo que a população dos EUA era de cerca de 250 milhões e crescia a 0,7% ao ano. Qual população estava crescendo mais depressa, se medirmos o crescimento em termos de pessoas/ano? Explique sua resposta.

47. Uma batata doce é posta num forno quente, mantido a uma temperatura constante de 200°C. Suponha que ao tempo $t = 30$ minutos, a temperatura T da batata é de 120° e que está crescendo a uma taxa (instantânea) de 2°/minuto. A lei de Newton do resfriamento (ou, em nosso caso, aquecimento) implica que a temperatura ao tempo t será dada por uma fórmula como

$$T(t) = 200 - ae^{-bt}.$$

Ache a e b.

PROJETOS

1. Regra prática do investigador

Investigadores estimam o momento da morte a partir da temperatura do corpo, usando a simples regra prática que diz que um cadáver esfria de 2°F durante a primeira hora depois da morte e cerca de 1°F para cada hora adicional. (A temperatura é medida usando uma pequena sonda introduzida no fígado que, sendo grande e vascular, mantém o calor do corpo por mais tempo.)

Assumindo uma temperatura ambiente de 68°F e uma temperatura para corpos vivos de 98,6°F, a temperatura $T(t)$ em °F ao tempo t em horas é dada por

$$T(t) = 68 + 30{,}6e^{-kt}$$

onde $t = 0$ é o instante em que ocorre a morte.

(a) Para qual valor de k o corpo se resfriará por 2°F na primeira hora?

(b) Usando o valor de k encontrado na parte(a), depois de quantas horas a temperatura do corpo estará decrescendo à taxa de 1°F por hora?

(c) Usando o valor de k encontrado na parte (a), mostre que 24 horas depois da morte, a regra prática do investigador dá aproximadamente a mesma temperatura que a fórmula.

2. Pressão do ar e altitude

A pressão do ar ao nível do mar é 30 polegadas de mercúrio. A uma altitude de h pés acima do nível do mar, a pressão do ar, P, em polegadas de mercúrio, é dada por

$$P = 30e^{-3{,}23\times 10^{-5}h}$$

(a) Esboce um gráfico tosco de P contra h.

(b) Ache a equação da reta tangente ao gráfico em $h = 0$.

(c) Uma regra prática usada por viajantes é que a pressão do ar cai de cerca de 1 polegada para cada 1.000 pés de aumento da altura acima do nível do mar. Escreva uma fórmula aproximada para a pressão do ar dada por esta regra prática .

(d) Qual a relação entre suas respostas às partes (b) e (c)? Explique porque a regra prática funciona.

(e) As previsões feitas pela regra prática são grandes demais ou pequenas demais? Por que?

FOCO NA TEORIA

ESTABELECER AS REGRAS DE DERIVAÇÃO

O gráfico de $f(x) = x^2$ sugere que a derivada de x^2 é $f'(x) = 2x$. Porém, como vimos na seção Foco na Teoria no Capítulo 2, para ter certeza de que esta fórmula é correta, temos que usar a definição;

$$f'(x) = \lim_{h\to 0} \frac{f(x+h) - f(x)}{h}$$

Como no Capítulo 2, primeiro simplificamos o quociente de diferenças e depois passamos ao limite quando h tende a zero.

Exemplo 1 Confirme que a derivada de $g(x) = x^3$ é $g'(x) = 3x^2$.

Solução Usando a definição, calculamos $g'(x)$:

$$g'(x) = \lim_{h\to 0} \frac{g(x+h) - g(x)}{h} = \lim_{h\to 0} \frac{(x+h)^3 - x^3}{h}$$

Efetuando as multiplicações →
$$= \lim_{h\to 0} \frac{x^3 + 3x^2h + 3xh^2 + h^3 - x^3}{h}$$

$$= \lim_{h\to 0} \frac{3x^2h + 3xh^2 + h^3}{h}$$

Dividindo por h →
$$= \lim_{h\to 0}(3x^2 + 3xh + h^2) = 3x^2,$$

↖ Olhando o que acontece quando $h \to 0$

Portanto $g'(x) = \dfrac{d}{dx}(x^3) = 3x^2$.

Exemplo 2 Mostre que se $f(x) = 2x^2 + 1$, então $f'(x) = 4x$.

Solução Usamos a definição de derivada com $f(x) = 2x^2 + 1$:

$$f'(x) = \lim_{h\to 0} \frac{f(x+h) - f(x)}{h} = \lim_{h\to 0} \frac{(2(x+h)^2 + 1) - (2x^2 + 1)}{h}$$

$$= \lim_{h\to 0} \frac{2(x^2 + 2xh + h^2) + 1 - 2x^2 - 1}{h} =$$

$$= \lim_{h\to 0} \frac{2x^2 + 4xh + 2h^2 + 1 - 2x^2 - 1}{h}$$

$$= \lim_{h\to 0} \frac{4xh + 2h^2}{h} = \lim_{h\to 0} \frac{h(4x + 2h)}{h}$$

Para achar o limite, olhemos o que acontece quando h está perto de 0 mas $\neq 0$. Dividindo por h, temos

$$f'(x) = \lim_{h\to 0} \frac{h(4x + 2h)}{h} = \lim_{h\to 0}(4x + 2h) = 4x$$

porque, quando h tende a 0, sabemos que $4x + 2h$ tende a $4x$.

Exemplo 3 Dê uma justificativa informal para afirmar que a derivada de $f(x) = e^x$ é $f'(x) = e^x$.

Solução Usando $f(x) = e^x$, temos

$$f'(x) = \lim_{h\to 0}\frac{f(x+h)-f(x)}{h} = \lim_{h\to 0}\frac{e^{x+h}-e^x}{h}$$
$$= \lim_{h\to 0}\frac{e^x e^h - e^x}{h} = \lim_{h\to 0} e^x\left(\frac{e^h-1}{h}\right)$$

Qual é o limite de $\frac{e^h-1}{h}$ quando $h\to 0$? O gráfico de $\frac{e^h-1}{h}$ na Figura 4.21 sugere que esta função se avizinha de 1 quando $h\to 0$. Na verdade, pode ser provado que o limite é igual a 1, de modo que

$$f'(x) = \lim_{h\to 0} e^x\left(\frac{e^h-1}{h}\right) = e^x\cdot 1 = e^x.$$

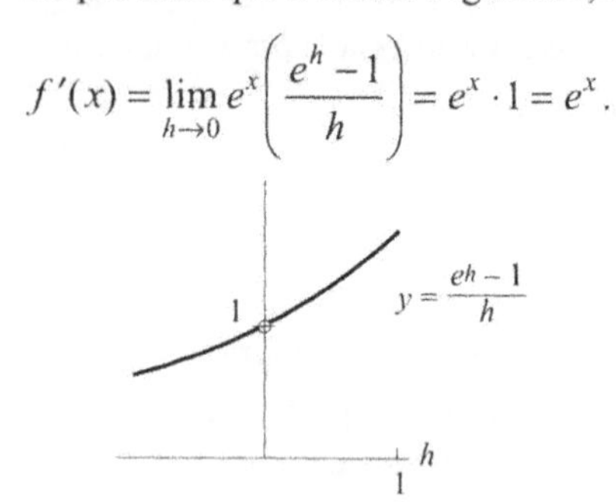

***Figura 4.21** — Qual é* $\lim_{h\to 0}\frac{e^h-1}{h}$?

Uso da regra da cadeia para obter fórmulas de derivação

Usaremos a regra da cadeia para justificar as fórmulas para as derivadas de $\ln x$ e a^x.

Derivada de ln x

Derivaremos uma identidade que envolve $\ln x$. Usando a identidade da página 42 temos $e^{\ln x} = x$. Derivando, temos

$$\frac{d}{dx}(e^{\ln x}) = \frac{d}{dx}(x) = 1.$$

No lado esquerdo, como e^x é a função de fora e $\ln x$ a função de dentro, a regra da cadeia dá

$$\frac{d}{dx}(e^{\ln x}) = e^{\ln x}\cdot\frac{d}{dx}(\ln x).$$

Portanto, como dissemos na página 149,

$$\frac{d}{dx}(\ln x) = \frac{1}{e^{\ln x}} = \frac{1}{x}.$$

Derivada de a^x

Argumentos gráficos sugerem que a derivada de a^x é proporcional a a^x. Agora mostramos que a constante de proporcionalidade é $\ln a$. Para $a > 0$, usamos a identidade da página 42.

$$\ln(a^x) = x\ln a.$$

No primeiro membro, usando $\frac{d}{dx}(\ln x) = \frac{1}{x}$ e a regra da cadeia temos

$$\frac{d}{dx}(\ln a^x) = \frac{1}{a^x}\cdot\frac{d}{dx}(a^x).$$

Como $\ln a$ é a constante, a derivada do segundo membro dá

$$\frac{d}{dx}(x\ln a) = \ln a.$$

Como os dois lados são iguais

$$\frac{1}{a^x}\frac{d}{dx}(a^x) = \ln a.$$

Resolvendo para $\frac{d}{dx}(a^x)$ obtemos o resultado da Seção 4.2. Para a > 0,

$$\frac{d}{dx}(a^x) = (\ln a)a^x.$$

A regra do produto

Suponha que queremos calcular a derivada do produto de duas funções deriváveis, $f(x)g(x)$, usando a definição de derivada. Observe que no segundo passo abaixo estamos somando e subtraindo a mesma quantidade: $f(x)g(x+h)$:

$$\frac{d[f(x)g(x)]}{dx} =$$
$$= \lim_{h\to 0}\frac{f(x+h)g(x+h)-f(x)g(x)}{h}$$
$$= \lim_{h\to 0}\frac{f(x+h)g(x+h)-f(x)g(x+h)+f(x)g(x+h)-f(x)g(x)}{h}$$
$$= \lim_{h\to 0}\left[\frac{f(x+h)-f(x)}{h}\cdot g(x+h) + f(x)\cdot\frac{g(x+h)-g(x)}{h}\right]$$

Passando ao limite quando $h\to 0$ obtém-se a regra do produto:

$$(f(x)g(x))' = f'(x)\cdot g(x) + f(x)\cdot g'(x).$$

A regra do quociente

Seja $Q(x) = f(x)/g(x)$ o quociente de funções diferenciáveis. Supondo que $Q(x)$ é diferenciável, podemos usar a regra do produto para $f(x) = Q(x)g(x)$:

$$f'(x) = Q'(x)g(x) + Q(x)g'(x).$$

Donde, substituindo Q(x) temos

$$f'(x) = Q'(x)g(x) + \frac{f(x)}{g(x)}g'(x)$$

Resolvendo para $Q'(x)$:

$$Q'(x) = \frac{f'(x) - \frac{f(x)}{g(x)}g'(x)}{g(x)}.$$

Multiplicando numerador e denominador por g(x), para simplificar, vem

$$\left(\frac{f(x)}{g(x)}\right)' = \frac{f'(x)g(x) - f(x)g'(x)}{(g(x))^2}$$

Problemas sobre o estabelecimento das fórmulas de derivação

Para os Problemas 1–7, use a definição para obter os seguintes resultados:

1. Se $f(x) = 2x + 1$, então $f'(x) = 2$.
2. Se $f(x) = 5x^2$, então $f'(x) = 10x$.
3. Se $f(x) = 2x^2 + 3$, então $f'(x) = 4x$.
4. Se $f(x) = x^2 + x$, então $f'(x) = 2x + 1$.
5. Se $f(x) = 4x^2 + 1$, então $f'(x) = 8x$.
6. Se $f(x) = x4$, então $f'(x) = 4x^3$.
   [Sugestão: $(x+h)^4 = x^4 + 4x^3h + 6x^2h^2 + 4xh^3 + h^4$.]
7. Se $f(x) = x^5$, então $f'(x) = 5x^4$.
   [Sugestão: $(x+h)^5 = x^5 + 5x^4h + 10x^3h^2 + 10x^2h^3 + 5xh^4 + h^5$.]
8. (a) Use um gráfico de $g(h) = \dfrac{2^h - 1}{h}$ para explicar porque acreditamos que $\lim\limits_{h\to 0} \dfrac{2^h - 1}{h} \approx 0{,}6931$.
   (b) Use a definição de derivada e o resultado da parte (a) para explicar porque, se $f(x) = 2^x$, acreditamos que $f'(x) \approx (0{,}6931)2^x$.

FOCO NA PRÁTICA

DERIVAÇÃO

Ache derivadas para as funções nos Problemas 1–63. Assuma que *a*, *b*, *c* e *k* são constantes.

1. $f(t) = t^2 + t^4$
2. $g(x) = 5x^4$
3. $y = 5x^3 + 7x^2 - 3x + 1$
4. $s(t) = 6t^{-2} + 3t^3 - 4t^{1/2}$
5. $f(x) = \dfrac{1}{x^2} + 5\sqrt{x} - 7$
6. $P(t) = 100e^{0,05t}$
7. $f(x) = 5e^{2x} - 2 \cdot 3^x$
8. $P(t) = 1.000(1,07)^t$
9. $D(p) = e^{p^2} + 5p^2$
10. $y = t^2e^{5t}$
11. $y = x^2\sqrt{x^2 + 1}$
12. $f(x) = \ln(x^2 + 1)$
13. $s(t) = 8\ln(2t + 1)$
14. $g(w) = w^2 \ln(w)$
15. $f(x) = 2^x + x^2 + 1$
16. $P(t) = \sqrt{t^2 + 4}$
17. $C(q) = (2q + 1)^3$
18. $g(x) = 5x(x + 3)^2$
19. $P(t) = be^{kt}$
20. $f(x) = ax^2 + bx + c$
21. $y = x^2 \ln(2x + 1)$
22. $f(t) = (e^t + 4)^3$
23. $f(x) = 5 \operatorname{sen}(2x)$
24. $W(r) = r^2 \cos r$
25. $g(t) = 3 \operatorname{sen}(5t) + 4$
26. $y = e^{3t} \operatorname{sen}(2t)$
27. $y = 2e^x + 3 \operatorname{sen} x + 5$
28. $f(t) = 3t^2 - 4t + 1$
29. $y = 17x + 24x^{1/2}$
30. $g(x) = -\frac{1}{2}(x^5 + 2x - 9)$
31. $f(x) = 5x^4 + \dfrac{1}{x^2}$
32. $y = \dfrac{e^{2x}}{x^2 + 1}$
33. $f(x) = \dfrac{x^2 + 3x + 2}{x + 1}$
34. $y = \left(\dfrac{x^2 + 2}{3}\right)^2$
35. $g(x) = \operatorname{sen}(2 - 3x)$
36. $f(z) = \dfrac{z^2 + 1}{3z}$
37. $q(r) = \dfrac{3r}{5r + 2}$
38. $y = x \ln - x + 2$
39. $j(x) = \ln(e^{ax} + b)$
40. $g(t) = \dfrac{t - 4}{t + 4}$
41. $h(w) = (w^4 - 2w)^5$
42. $h(w) = w^3 \ln(10w)$
43. $f(x) = \ln(\operatorname{sen} x + \cos x)$
44. $w(r) = \sqrt{r^4 + 1}$
45. $h(w) = -2w^{-3} + 3\sqrt{w}$
46. $h(x) = \sqrt{\dfrac{x^2 + 9}{x + 3}}$
47. $v(t) = t^2e^{-ct}$
48. $f(x) = \dfrac{x}{1 + \ln x}$
49. $g(\theta) = e^{\operatorname{sen}\theta}$
50. $p(t) = e^{4t+2}$
51. $j(x) = \dfrac{x^3}{a} + \dfrac{a}{b}x^2 - cx + k$
52. $f(z) = \dfrac{z^2 + 1}{\sqrt{z}}$
53. $h(r) = \dfrac{r^2}{2r + 1}$
54. $g(x) = 2x - \dfrac{1}{\sqrt[3]{x}} + 3^x - e$
55. $f(t) = 2te^t - \dfrac{1}{\sqrt{t}}$
56. $w = \dfrac{5 - 3z}{5 + 3z}$
57. $f(x) = \dfrac{x^3}{9}(3\ln x - 1)$
58. $g(x) = \dfrac{x^2 + \sqrt{x} + 1}{x^{3/2}}$
59. $y = (x^2 + 5)^3(3x^3 - 2)^2$
60. $f(x) = \dfrac{a^2 - x^2}{a^2 + x^2}$
61. $w(r) = \dfrac{ar^2}{b + r^3}$
62. $H(t) = (at^2 + b)e^{-ct}$
63. $g(w) = \dfrac{5}{(a^2 - w^2)^2}$

USO DA DERIVADA

Neste capítulo, a derivada é usada para estudar o comportamento de uma função. Veremos como localizar seus valores máximo e mínimo e seus pontos de inflexão, e como analisar as relações entre custos médio e marginal.

Como vimos no Capítulo 2, as derivadas de uma função e a própria função se relacionam do seguinte modo:

- Se $f' > 0$ sobre um intervalo, então f é crescente sobre esse intervalo.
- Se $f' < 0$ sobre um intervalo, então f é decrescente sobre esse intervalo.
- Se $f'' > 0$ sobre um intervalo, então o gráfico de f é côncavo para cima sobre esse intervalo.
- Se $f'' < 0$ sobre um intervalo, então o gráfico de f é côncavo para baixo sobre esse intervalo.

Agora podemos fazer maior uso destes princípios do que podíamos no Capítulo 2, porque agora temos fórmulas para as derivadas das funções elementares.

5.1 MÁXIMOS E MÍNIMOS LOCAIS

O que as derivadas nos dizem sobre uma função e seu gráfico

Quando fazemos o gráfico de uma função num computador ou calculadora, freqüentemente vemos somente parte do quadro. Informação dada pelas primeiras e segunda derivadas pode ajudar a identificar regiões em que o comportamento é interessante.

Exemplo 1 Use um computador ou calculadora para esboçar um gráfico útil da função

$$f(x) = x^3 - 9x^2 - 48x + 52.$$

Solução Como f é um polinômio cúbico, esperamos um gráfico mais ou menos com a forma de S. O gráfico desta função com $-10 \leq x \leq 10$, $-10 \leq y \leq 10$, dá as duas retas quase verticais da Figura 5.1. Sabemos que há mais do que isto, mas como saber onde achar?

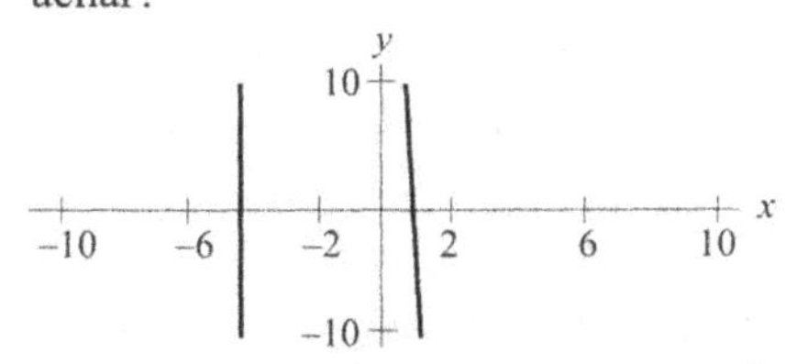

***Figura 5.1** — Gráfico pouco útil de $f(x) = x^3 - 9x^2 - 48x + 52$*

Usamos a derivada para determinar onde a função é crescente e onde é decrescente. A derivada de f é

$$f'(x) = 3x^2 - 18x - 48.$$

Para achar onde $f' > 0$ ou $f' < 0$, primeiro achamos onde $f' = 0$, isto é, onde $3x^2 - 18x - 48 = 0$. Por fatoração temos $3(x-8)(x+2) = 0$, logo $x = -2$ ou $x = 8$, e como f' é contínua, f' não pode trocar de sinal em qualquer dos intervalos $x < -2$, ou $-2 < x < 8$, ou $8 < x$. Como saber qual o sinal de f' em cada um desses intervalos? O modo mais fácil é escolher um ponto e olhar o valor de f' aí. Por exemplo, como $f'(-3) = 33 > 0$, sabemos que f' é positiva para $x < -2$, de modo que f é crescente para $x < -2$. Analogamente, como $f'(0) = -48$ e $f'(10) = 72$, concluímos que f decresce entre $x = -2$ e $x = 8$ e cresce para $x > 8$. Resumindo:

f crescente ↗	$x = -2$	f decrescente ↘	$x = 8$	f crescente ↗
$f' > 0$	$f' = 0$	$f' < 0$	$f' = 0$	$f' > 0$

Verificamos que $f(-2) = 104$ e $f(8) = -396$. Portanto, no intervalo considerado a função decresce de um alto de 104 a um baixo de -396. (Agora vemos porque não aparecia muita coisa em nosso primeiro gráfico de calculadora.) Mais um ponto de gráfico é fácil de achar: o intercepto-y, $f(0) = 52$. Com apenas estes três pontos podemos achar um gráfico muito mais útil. Colocando a janela do gráfico a $-10 \leq x \leq 20$ e $-400 \leq y \leq 400$, obtemos a Figura 5.2, que dá muito melhor visão do comportamento de $f(x)$ do que o gráfico na Figura 5.1.

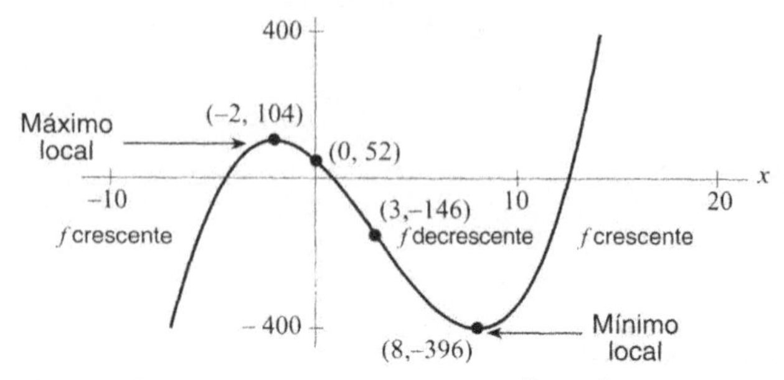

***Figura 5.2** — Gráfico útil de* $f(x) = x^3 - 9x^2 - 48x + 52$.
Observe que as escalas nos eixos-x e-y são diferentes

Máximos e mínimos locais

Freqüentemente estamos interessados em pontos tais como os chamados máximo local e mínimo local na Figura 5.2. Temos a seguinte definição:

Seja p um ponto do domínio de f:

- f tem um **mínimo local** em p se $f(p)$ é menor ou igual aos valores de f nos pontos próximos a p.
- f tem um **máximo local** em p se $f(p)$ é maior ou igual aos valores de f nos pontos próximos a p.

Usamos o adjetivo "local" porque estamos descrevendo apenas o que acontece perto de p.

Como detectamos um máximo ou mínimo local?

No exemplo precedente, os pontos $x = -2$ e $x = 8$, onde $f'(x) = 0$, desempenharam papel-chave, levando-nos a máximos e mínimos locais. Damos um nome a tais pontos:

Para qualquer função f, um ponto p no domínio de f em que $f'(p) = 0$ ou $f'(p)$ não está definida chama-se um **ponto crítico** da função. Além disso, o ponto $(p, f(p))$ do gráfico de f também se chama um ponto crítico. Um **valor crítico** de f é o valor, $f(p)$, da função num ponto crítico p.

Observe que "ponto crítico de f" pode referir-se ou a pontos no domínio de f ou a pontos no gráfico de f. Pelo contexto, você saberá qual o significado pretendido.

Geometricamente, num ponto crítico em que $f'(p) = 0$, a reta tangente ao gráfico de f em p é horizontal. Num ponto crítico em que $f'(p)$ não está definida, não há tangente horizontal ao gráfico — ou há uma tangente vertical ou não há tangente. (Por exemplo, $x = 0$ é um ponto crítico para a função valor absoluto, $f(x) = |x|$.) Porém, a maior parte das funções com as quais trabalharemos será derivável em toda parte, e portanto a maior parte de nossos pontos críticos será do tipo $f'(p) = 0$.

Os pontos críticos dividem o domínio de f em intervalos nos quais o sinal da derivada permanece o mesmo, ou positivo ou negativo. Portanto, se f estiver definida no intervalo entre dois pontos críticos sucessivos, seu gráfico não poderá mudar de direção nesse intervalo; ou está subindo, ou está descendo. Temos o seguinte resultado:

Se a função, contínua num intervalo, tiver um máximo ou mínimo local em p, então p é um ponto crítico ou uma extremidade do intervalo.

Uma função pode ter qualquer número de pontos críticos, ou nenhum. (Veja as Figuras 5.3 – 5.5.)

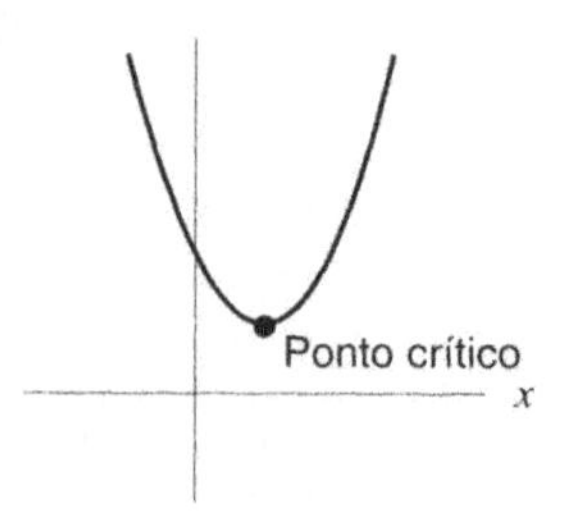

***Figura 5.3** — Uma quadrática: Um ponto crítico*

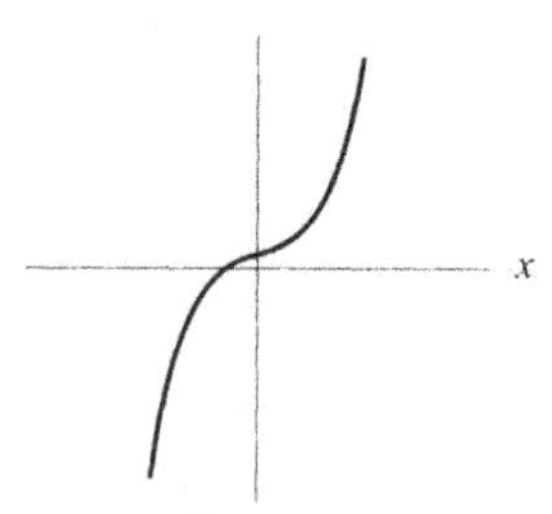

***Figura 5.4** —* $f(x) = x^3 + x + 1$: *Não há ponto crítico*

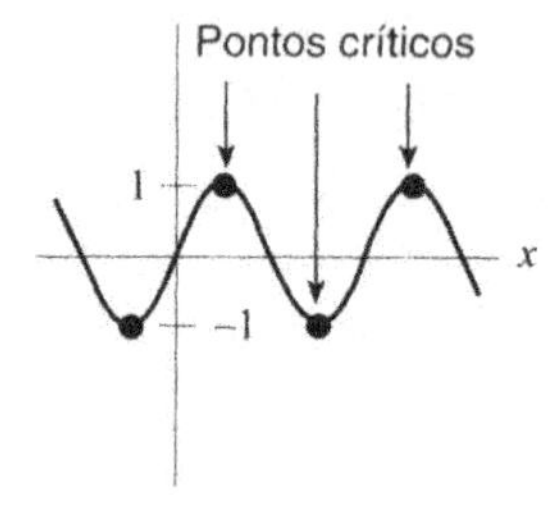

***Figura 5.5** — Muitos pontos críticos*

Testando para máximos e mínimos locais

Se f' tem sinais diferentes nos dois lados de um ponto crítico p com $f'(p) = 0$, então o gráfico muda de direção em p e se parece como algum dos da Figura 5.6. Temos então os critérios seguintes:

> **Critério para máximos e mínimos locais**
>
> Seja p um ponto crítico de uma função contínua f.
>
> - Se f muda de decrescente a crescente em p, então f tem um mínimo local em p.
> - Se f muda de crescente a decrescente em p, então f tem um máximo local em p.

Ou observe que o gráfico de f é côncavo para cima num mínimo local e côncavo para baixo num máximo local. Este resultado chama-se o Critério da Derivada Segunda.

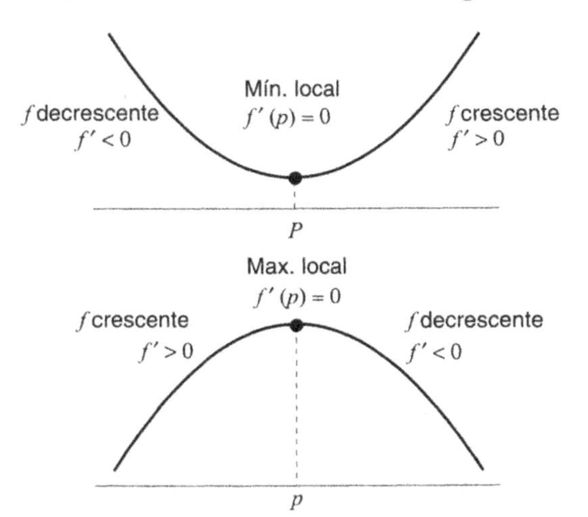

***Figura 5.6** — Mudanças de direção num ponto crítico,* p: *máximos e mínimos locais*

Exemplo 2 (a) Esboce um gráfico de uma função f com as seguintes propriedades:

- $f(x)$ tem pontos críticos em $x = 2$ e $x = 5$;
- $f'(x)$ é positiva à esquerda de 2 e positiva à direita de 5;
- $f'(x)$ é negativa entre 2 e 5.

(b) Identifique os pontos críticos como máximos ou mínimos locais, ou nenhuma dessas coisas.

Solução (a) Sabemos que $f(x)$ é crescente quanto $f'(x)$ é positiva e $f(x)$ é decrescente quanto $f'(x)$ é negativa. Assim f é crescente à esquerda de 2 e crescente à direita de 5, e é decrescente entre 2 e 5. Um esboço possível é dado na Figura 5.7.

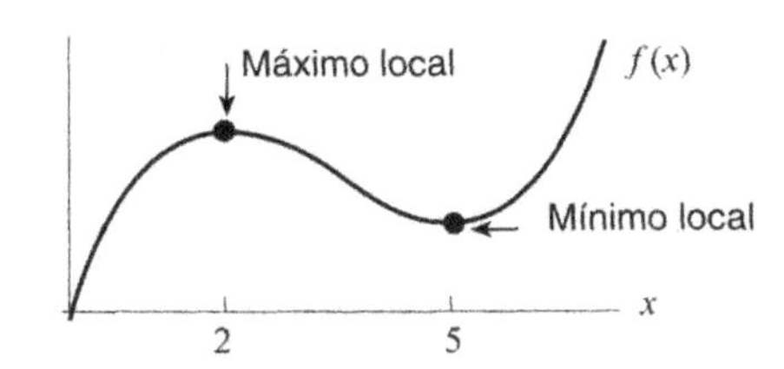

***Figura 5.7** — Uma função com pontos críticos em* x = 2 *e* x = 5

(b) Vemos que a função tem um máximo local em $x = 2$ e um mínimo local em $x = 5$.

AVISO!

Nem todo ponto crítico de uma função é um ponto de máximo ou de mínimo. Por exemplo, considere $f(x) = x^3$, cujo gráfico está na Figura 5.8. A derivada é $f'(x) = 3x^2$ de modo que $x = 0$ é ponto crítico. Mas $f'(x) = 3x^2$ é positiva dos dois lados de $x = 0$, de modo que f cresce dos dois lados de $x = 0$. Não há ponto de máximo nem de mínimo para $f(x)$ em $x = 0$.

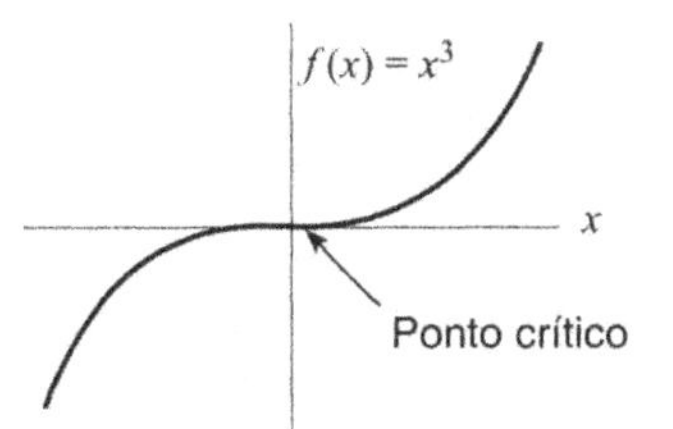

***Figura 5.8** — Um ponto crítico que não é de máximo nem de mínimo*

Exemplo 3 O valor de um investimento ao tempo t é dado por $S(t)$. A taxa de variação, $S'(t)$, do valor do investimento é mostrada na Figura 5.9.

(a) Quais são os pontos críticos da função $S(t)$?

(b) Identifique cada ponto crítico como ou um máximo local, ou um mínimo local, ou nenhuma dessas coisas.

(c) Explique o significado financeiro de cada um dos pontos críticos.

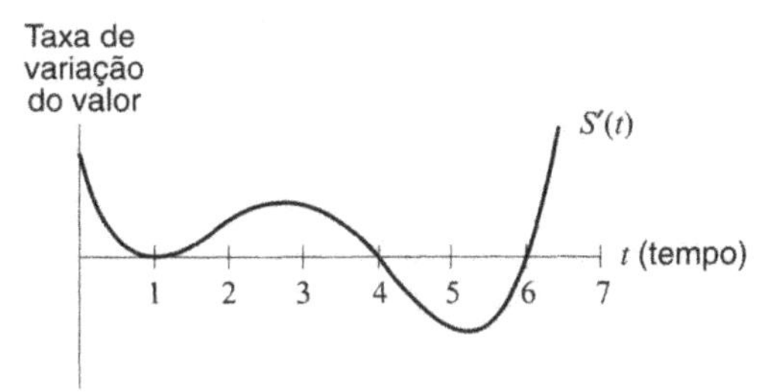

***Figura 5.9** — Gráfico de* S'(t), *a taxa de variação do valor de um investimento*

Solução (a) Os pontos críticos de S ocorrem nos tempos t em que $S'(t) = 0$. Vemos na Figura 5.9 que $S'(t) = 0$ para $t = 1, 4$ e 6, assim, os pontos críticos ocorrem em $t = 1, 4$ e 6.

(b) Na Figura 5.9 vemos que $S'(t)$ é positiva à esquerda de 1 e entre 1 e 4, que $S'(t)$ é negativa entre 4 e 6, e que $S'(t)$ é positiva à direita de 6. Portanto $S(t)$ é crescente à esquerda de 1 e entre 1 e 4 (com inclinação zero em 1), decrescente entre 4 e 6, crescente novamente à direita de 6. Um possível esboço de $S(t)$ é dado na Figura 5.10. Vemos que no ponto crítico $t = 1$, $S(t)$ não tem nem máximo nem mínimo, mas tem um máximo local em $t = 4$ e um mínimo local em $t = 6$.

(c) Ao tempo $t = 1$ o investimento deixou de crescer em valor momentaneamente, mas começou a crescer outra vez imediatamente após. Em $t = 4$, o valor teve um pico e começou a declinar. Em $t = 6$, recomeçou a crescer.

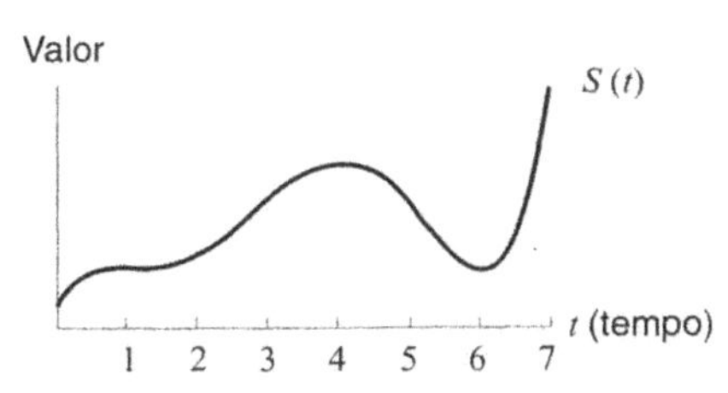

***Figura 5.10** — Possível gráfico da função que representa o valor do investimento ao tempo* t

Exemplo 4 Ache os pontos críticos da função $f(x) = x^2 + bx + c$. Qual é seu significado gráfico?

Solução Como $f'(x) = 2x + b$, o ponto crítico x satisfaz à equação $2x + b = 0$. Assim, o ponto crítico é $x = -b/2$. O gráfico de f é um parábola e o ponto crítico é seu vértice. Veja a Figura 5.11.

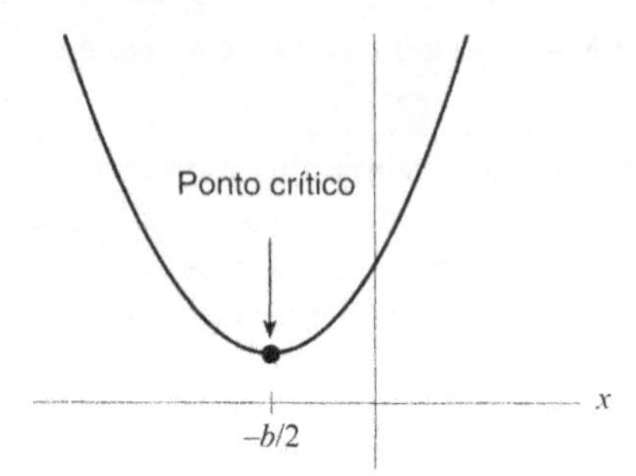

Figura 5.11 *— Ponto crítico da parábola* $f(x) = x^2 + bx + c$. (*esboçada com* b, c > 0)

Problemas para a Seção 5.1

Nos Problemas 1–4, num esboço semelhante ao gráfico dado, indique todos os pontos críticos da função f. Quantos pontos críticos existem? Identifique cada um deles como ponto de máximo local, mínimo local ou nenhuma dessas coisas.

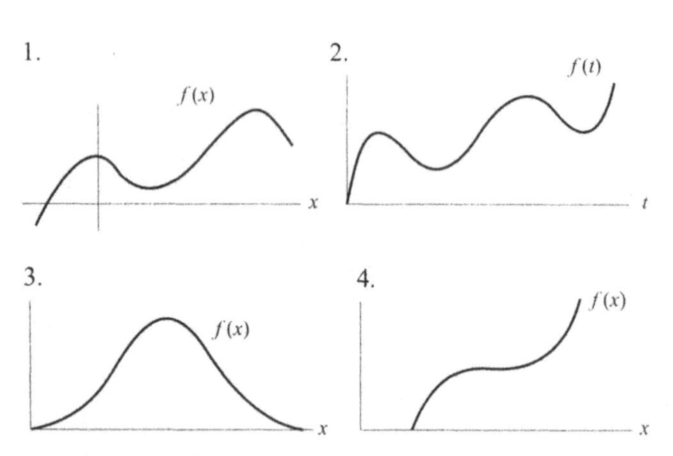

5. Esboce gráficos de duas funções contínuas f e g, cada uma das quais tenha exatamente cinco pontos críticos, os pontos A-E na Figura 5.12, e que satisfaçam às condições seguintes:

(a) $\lim_{x\to-\infty} f(x) = \infty$ e $\lim_{x\to\infty} f(x) = \infty$

(b) $\lim_{x\to-\infty} g(x) = -\infty$ e $\lim_{x\to\infty} g(x) = 0$

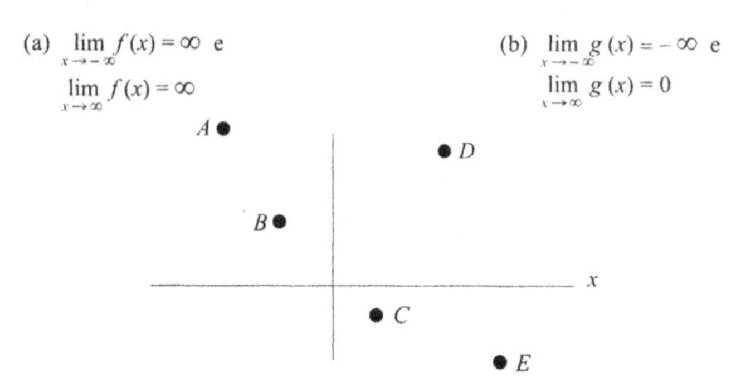

Figura 5.12

6. Durante uma doença, um pessoa teve febre. Sua temperatura subiu constantemente durante dezoito horas, depois decresceu constantemente durante vinte horas. Quando houve um ponto crítico para sua temperatura como função do tempo?

7. A 1º de julho, o preço de uma ação teve um ponto crítico. Como o preço poderia ter estado variando durante o tempo em torno de 1º de julho?

8. Suponha que a demanda de consumidores por um certo produto está variando com o tempo, e que a taxa de variação dessa demanda, $f'(t)$, seja dada pela tabela seguinte.

Tempo, t (semanas)	0	1	2	3	4	5	6	7	8	9	10
Taxa, $f'(t)$ (unidades/semana)	12	10	4	−2	−3	−1	3	7	11	15	10

(a) Quando a demanda pelo produto está crescendo? Quando está decrescendo?

(b) Avalie os tempos em que a demanda esteja a um máximo local, e tempos aos quais a demanda esteja num mínimo local.

Os problemas 9–10 mostram o gráfico de uma função derivada f'. Indique num esboço os valores de x que são pontos críticos da própria função f. Identifique cada ponto crítico como máximo local, mínimo local, ou nenhuma dessas coisas.

9.

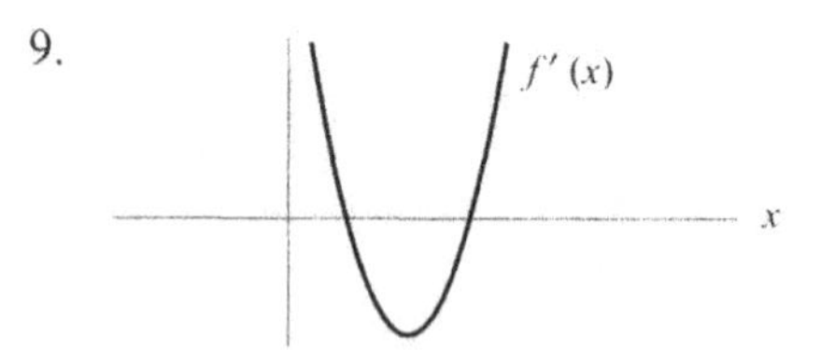

10.

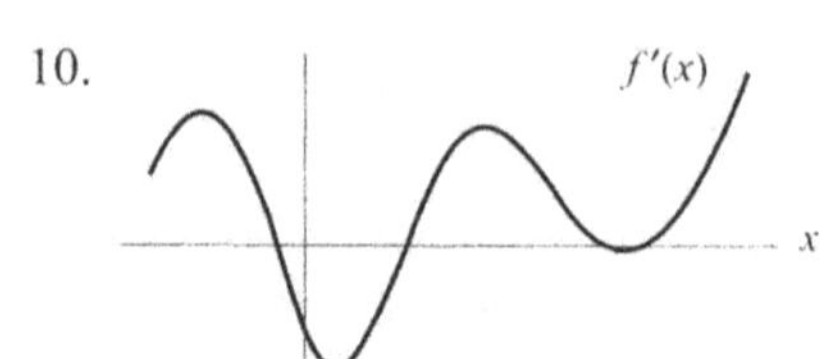

11. (a) Esboce o gráfico de uma função com dois mínimos locais e um máximo local.

(b) Esboce o gráfico de uma função com dois pontos críticos. Um deles deve ser um mínimo local e o outro não ser nem máximo nem mínimo local.

Nos Problemas 12–13, ache constantes a e b tais que o mínimo da parábola $f(x) = x^2 + ax + b$ esteja no ponto dado. [Sugestão: Comece achando o ponto crítico em termos de a.]

12. (3, 5)

13. (−2, −3)

14. Ache o valor de a de modo que a função $f(x) = xe^{ax}$ tenha um ponto crítico em $x = 3$.

15. Escolha as constantes a e b na função

$$f(x) = axe^{bx}$$

de modo que $f(\frac{1}{3}) = 1$ e que a função tenha um máximo local em $x = \frac{1}{3}$.

16. Suponha que f tenha uma derivada contínua cujos valores são dados na tabela seguinte.
    (a) Avalie as coordenadas-x dos pontos críticos de f para $0 \leq x \leq 10$.
    (b) Para cada ponto crítico, indique se é máximo local, mínimo local, ou nenhuma dessas coisas.

x	0	1	2	3	4	5	6	7	8	9	10
$f'(x)$	5	2	1	–2	–5	–3	–1	2	3	1	–1

17. Suponha que f tem uma derivada contínua. Pelos valores de $f'(\theta)$ na tabela abaixo, avalie os valores-θ com $1 \leq \theta \leq 2{,}1$ em que $f(\theta)$ tem um máximo ou mínimo local. Identifique qual é o que.

θ	f'(q)
1,0	2,4
1,1	0,3
1,2	–2,0
1,3	–3,5
1,4	–3,3
1,5	–1,7

θ	f'(q)
1,6	0,8
1,7	2,8
1,8	3,6
1,9	2,8
2,0	0,7
2,1	–1,6

18. (a) Num computador ou calculadora, faça o gráfico de $f(\theta) = \theta - \text{sen}\,\theta$. Você pode dizer se a função tem quaisquer zeros no intervalo $0 \leq \theta \leq 1$?
    (b) Ache f'. O que lhe diz o sinal de f' sobre os zeros de f no intervalo $0 \leq \theta \leq 1$?

19. Suponha que a função f tem derivada em toda parte e somente um ponto crítico, em $x = 3$. Nas partes de (a) a (d) são dadas condições adicionais. Em cada caso, decida se $x = 3$ é um máximo local, um mínimo local ou nenhuma dessas coisas. Explique seu raciocínio. Também, esboce gráficos possíveis para todos os quatro casos.
    (a) $f'(1) = 3$ e $f'(5) = -1$
    (b) $\lim_{x\to\infty} f(x) = \infty$ e $\lim_{x\to-\infty} f(x) = \infty$
    (c) $f(1) = 1, f(2) = 2, f(4) = 4, f(5) = 5$
    (d) $f'(2) = -1, f(3) = 1, \lim_{x\to\infty} f(x) = 3$

20. Quantas raízes reais tem a equação $x^5 + x + 7 = 0$? Como você sabe? [Sugestão: Quantos pontos críticos tem a função?]

5.2 PONTOS DE INFLEXÃO

Concavidade e pontos de inflexão

Um estudo dos pontos sobre o gráfico de uma função em que o sinal da inclinação muda nos levou aos pontos críticos. Agora estudaremos os pontos do gráfico em que muda a concavidade, ou de cima para baixo ou de baixo para cima.

Um ponto em que muda o sentido da concavidade do gráfico de uma função f chama-se um **ponto de inflexão** de f.

As palavras "ponto de inflexão" de f podem referir-se ou a um ponto do domínio de f ou a um ponto do gráfico de f. O contexto lhe dirá o que deve entender.

Como localizar um ponto de inflexão?

Como a concavidade do gráfico de f muda num ponto de inflexão, o sinal de f'' muda aí: é positivo de uma lado do ponto de inflexão e negativo do outro. Assim, num ponto de inflexão, f'' é zero ou não está definida. (Veja a Figura 5.13.)

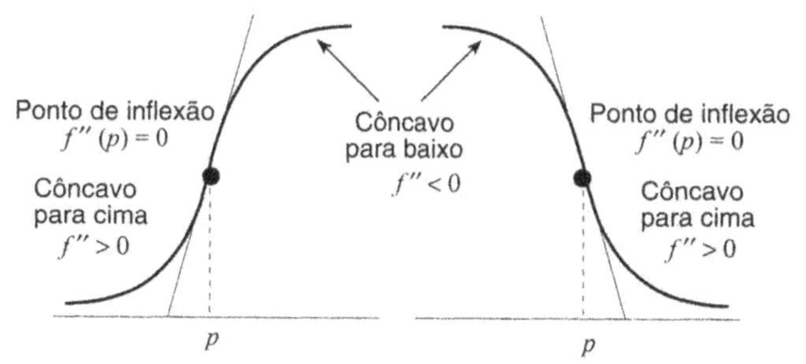

***Figura 5.13** — Mudança de concavidade (de positiva a negativa ou vice versa) no ponto* p

Exemplo 1 Ache os pontos de inflexão de $f(x) = x^3 - 9x^2 - 48x + 52$.

Solução Na Figura 5.14, parte do gráfico de f é côncava para cima e parte é côncava para baixo, de modo que a função deve ter um ponto de inflexão. Mas é difícil localizá-lo com precisão examinando o gráfico. Para achar exatamente o ponto de inflexão, calcule onde a derivada segunda é zero.[1] Como $f'(x) = 3x^2 - 18x - 48$,

$f''(x) = 6x - 18$, logo $f''(x) = 0$ quando $x = 3$.

O gráfico de f muda de concavidade em $x = 3$, de modo que $x = 3$ é um ponto de inflexão.

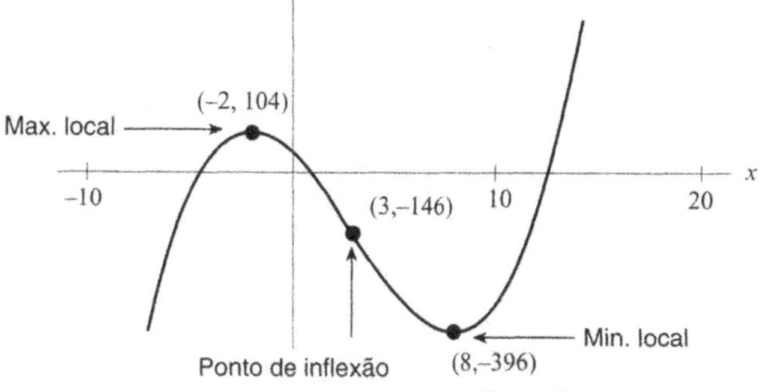

***Figura 5.14** — Gráfico de* $f(x) = x^3 - 9x^2 - 48x + 52$ *mostrando o ponto de inflexão em* $x = 3$

Exemplo 2 Esboce um gráfico de uma função f com as seguintes propriedades: f tem um ponto crítico em $x = 4$ e um ponto de inflexão em $x = 8$; o valor de

[1] Para um polinômio, a segunda derivada não pode deixar de estar definida.

f' é negativo à esquerda de 4 e positivo à direita de 4; o valor de f'' é positivo à esquerda de 8 e negativo à direita de 8.

Solução Como f' é negativa à esquerda de 4 e positiva à direita, o valor de $f(x)$ decresce à esquerda de 4 e cresce à direita. Os valores de f'' nos dizem que o gráfico de f é côncavo para cima à esquerda de 8 e para baixo à direita de 8. Um esboço possível é dado na Figura 5.15.

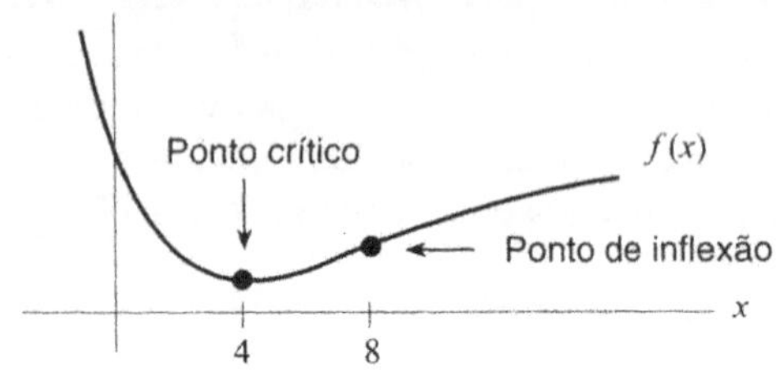

***Figura 5.15** — Uma função com um ponto crítico em* x = 4 *e um ponto de inflexão em* x = 8

Exemplo 3 A Figura 5.16 mostra uma população crescendo para uma população limite, L. Há um ponto de inflexão no gráfico, no ponto em que a população atinge $L/2$. Qual é o significado do ponto de inflexão para a população?

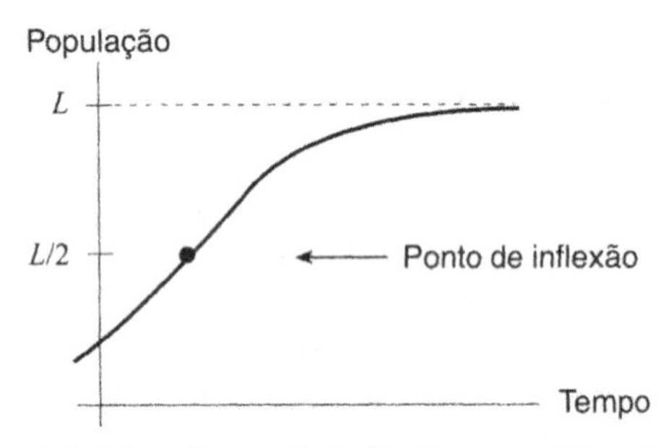

***Figura 5.16** — Ponto de inflexão no gráfico de uma população que cresce para uma população limite,* L

Solução Nos tempos antes do ponto de inflexão, a população está crescendo mais depressa a cada ano. Nos tempos após o ponto de inflexão, a população está crescendo mais devagar a cada ano. É no ponto de inflexão que a população está crescendo mais depressa.

Exemplo 4 (a) Quantos pontos críticos e quantos pontos de inflexão tem a função $f(x) = xe^{-x}$?

(b) Use derivadas para achar com exatidão os pontos críticos e os pontos de inflexão.

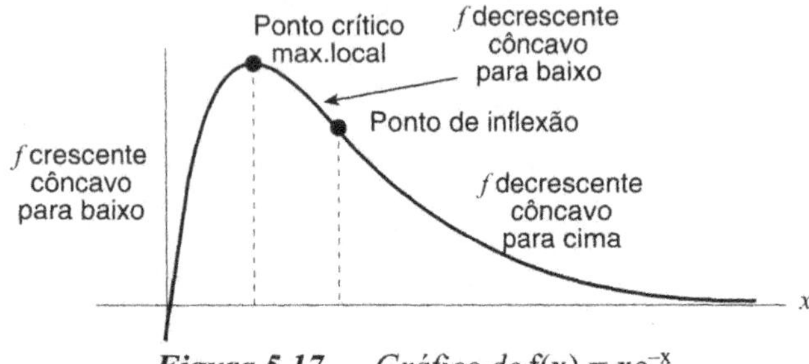

***Figura 5.17** — Gráfico de* f(x) = xe^{-x}

Solução (a) A Figura 5.17 mostra o gráfico de $f(x) = xe^{-x}$. Parece ter um ponto crítico, que é um máximo local. Existem pontos de inflexão? Como o gráfico da função é côncavo para baixo no ponto crítico e côncavo para cima para x grande, a concavidade do gráfico da função muda, de modo que deve haver um ponto de inflexão à direita do ponto crítico.

(b) Para achar o ponto crítico, procuramos o ponto em que a derivada primeira de f é zero ou não definida. A regra do produto dá

$$f'(x) = x(-e^{-x}) + (1)(e^{-x}) = (1-x)e^{-x}.$$

Temos $f'(x) = 0$ quando $x = 1$, de modo que o ponto crítico é em $x = 1$. Para achar o ponto de inflexão, procuramos onde a derivada segunda, f'', muda de sinal. Usando a regra do produto na derivada primeira, temos

$$f''(x) = (1-x)(-e^{-x}) + (-1)(e^{-x}) = (x-2)e^{-x}.$$

Temos $f''(x) = 0$ quando $x = 2$. Como $f''(x) > 0$ para $x > 2$ e $f''(x) < 0$ para $x < 2$, a concavidade muda de sinal quando $x = 2$. Portanto, o ponto de inflexão é em $x = 2$.

AVISO!

Nem todo ponto x em que $f''(x) = 0$ (ou f'' não está definida) é um ponto de inflexão (assim como nem todo ponto em que $f' = 0$ é um ponto de máximo ou de mínimo). Por exemplo, $f(x) = x^4$ tem $f''(x) = 12x^2$, de modo que $f''(0) = 0$, mas $f'' > 0$ quando $x > 0$ e quando $x < 0$, de modo que o gráfico de f é côncavo para cima dos dois lados de $x = 0$. Não há mudança na concavidade em $x = 0$. (Veja a Figura 5.18.)

***Figura 5.18** — Gráfico de* f(x) = x^4

Exemplo 5 Suponha que água está sendo despejada no vaso da Figura 5.19, a uma taxa constante, medida em litros por minuto. Faça o gráfico de $y = f(t)$, a profundidade da água contra o tempo, t. Explique a concavidade e indique os pontos de inflexão.

Solução Observe que o volume de água no vaso cresce a uma taxa constante.

No começo, o nível da água, y, sobe bem devagar porque a base do vaso é grande, por isso bastante água é necessária para fazer aumentar a profundidade da água. Mas, ao passo que o vaso se estreita, a taxa à qual o nível de água sobe aumenta. Isto significa que, de início, y está aumentando a uma taxa crescente, e o gráfico é côncavo para cima. O nível da água está no crescimento mais rápido, portanto a taxa de variação da profundidade y está no máximo, quando a água atinge o meio do vaso, onde o diâmetro é mínimo; este é um ponto de inflexão. (Veja a Figura 5.20.) Depois disso, a taxa à qual varia o nível de água começa a decrescer, de modo que o gráfico é côncavo para baixo.

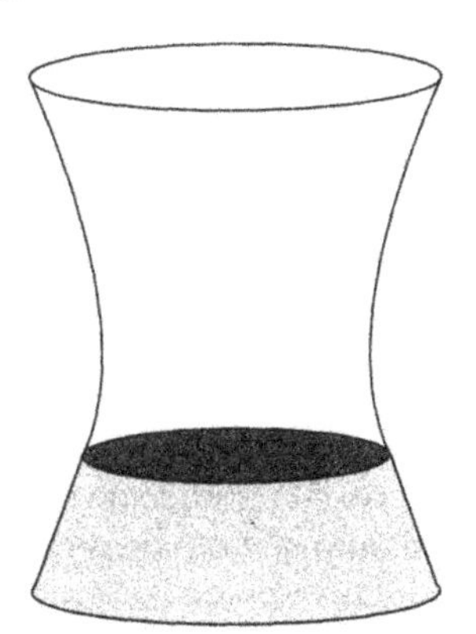

***Figura 5.19** — Um vaso*

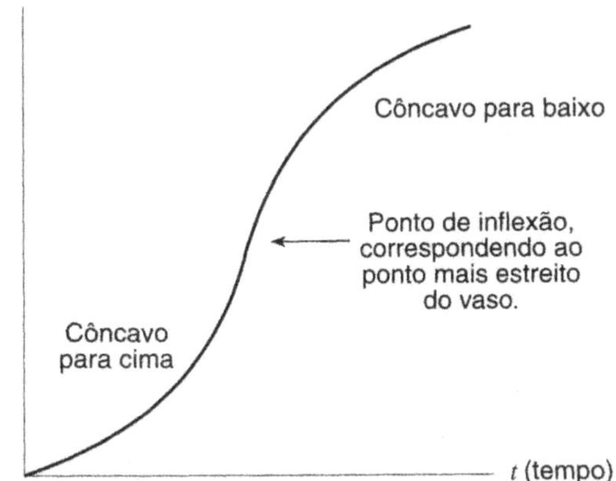

***Figura 5.20** — Gráfico de pofundidade da água no vaso,* y, *contra o tempo,* t

Exemplo 6 Como é a concavidade do gráfico de $f(x) = ax^2 + bx + c$?

Solução Temos $f'(x) = 2ax + b$ e $f''(x) = 2a$. A segunda derivada de f tem o mesmo sinal que a. Se $a > 0$, o gráfico é côncavo para cima em toda parte, uma parábola abrindo para cima. Se $a < 0$, o gráfico é côncavo para baixo em toda parte, uma parábola abrindo para baixo. (Veja a Figura 5.21.)

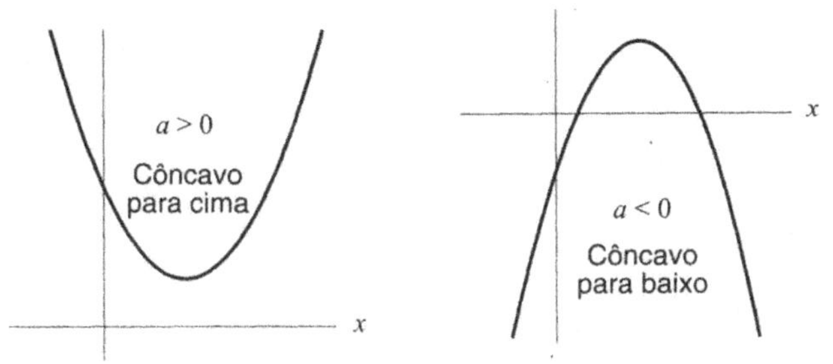

***Figura 5.21** — Concavidade de* $f(x) = ax^2 + bx + c$

Problemas para a Seção 5.2

Nos Problemas 1–4, num esboço semelhante ao gráfico dado, indique as localizações aproximadas de todos os pontos de inflexão. Quantos pontos de inflexão existem?

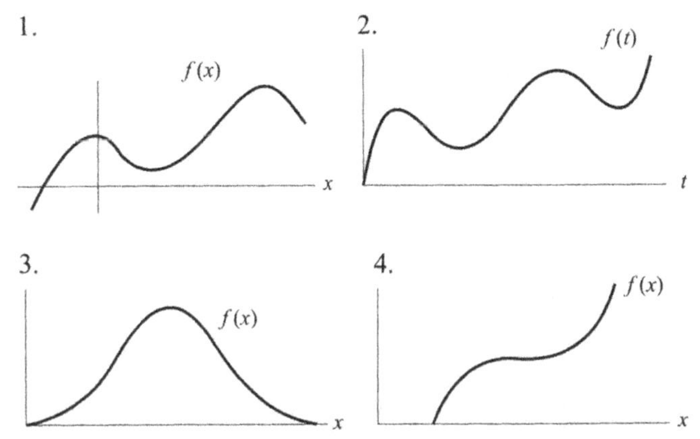

5. Ache os pontos de inflexão de $f(x) = x^4 + x^3 - 3x^2 + 2$.

Em cada um dos Problemas 6–11 use a primeira derivada para achar todos os pontos críticos e use a segunda derivada para achar todos os pontos de inflexão. Exiba seu trabalho. Use um gráfico para identificar cada ponto crítico como um máximo local, um mínimo local ou nenhuma dessas coisas.

6. $f(x) = x^2 - 5x + 3$
7. $f(x) = 2x^3 + 3x^2 - 36x + 5$
8. $f(x) = 3x^4 - 4x^3 + 6$
9. $f(x) = x^4 - 8x^2 + 5$
10. $f(x) = x^4 - 4x^3 + 10$
11. $f(x) = 3x^5 - 5x^3$
12. Esboce o gráfico de uma função com um único ponto crítico (em $x = 5$) e um único ponto de inflexão (em $x = 10$). Marque o ponto crítico e o ponto de inflexão em seu gráfico.
13. (a) Esboce o gráfico de um polinômio com dois máximos locais e dois mínimos locais.
    (b) Qual é o menor número de pontos de inflexão que esta função deve ter? Marque os pontos de inflexão.
14. Em 1774 o Capitão James Cook deixou 10 coelhos numa pequena ilha do Pacífico. A população de coelhos é aproximada por

$$P(t) = \frac{2000}{1 + e^{(5,3-0,4t)}}$$

com t medido em anos desde 1774. Usando uma calculadora ou computador:

    (a) Faça o gráfico de P. A população tende a se estabilizar?
    (b) Calcule quando o crescimento da população de coelhos foi mais rápido. Qual o tamanho da população nesse tempo?
    (c) Ache o ponto de inflexão sobre o gráfico e explique seu significado para a população de coelhos.
    (d) Quais causas naturais poderiam levar à forma do gráfico de P?
15. Um gráfico é dado na Figura 5.22. Indique num esboço

do gráfico onde aproximadamente estão os pontos de inflexão de $f(x)$ se o gráfico mostra

(a) A função $f(x)$ (b) A derivada $f'(x)$

(c) A derivada segunda $f''(x)$

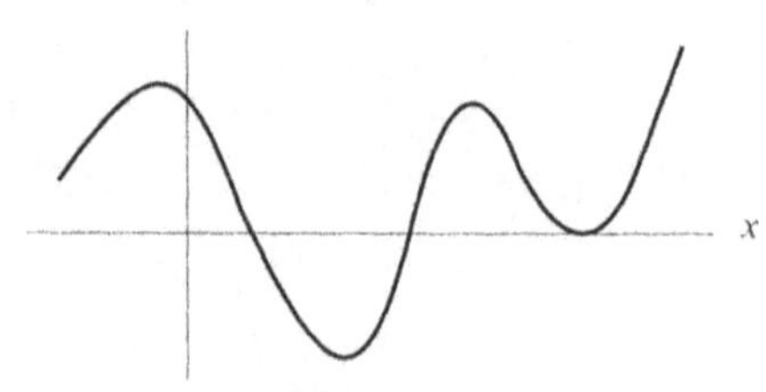

Figura 5.22

16. Esboce o gráfico de uma função que tem um ponto crítico e um ponto de inflexão no mesmo lugar.
17. Para $f(x) = x^3 - 18x^2 - 10x + 6$, ache algebricamente o ponto de inflexão. Faça o gráfico da função com uma calculadora ou computador e confirme sua resposta.
18. Durante uma inundação, o nível da água de um rio a princípio subiu cada vez mais depressa, depois subiu cada vez mais devagar, até atingir seu ponto mais alto, depois voltou ao seu nível original. Considere a profundidade da água como função do tempo.
    (a) O tempo do mais alto nível da água é um ponto crítico ou um ponto de inflexão desta função?
    (b) O tempo em que a água começou a subir mais devagar, é um ponto crítico ou um ponto de inflexão?
19. Quando eu me levantei de manhã, pus somente um casaco leve porque, embora a temperatura estivesse caindo, parecia que ela não ficaria muito mais baixa. Mas eu estava enganado. Perto de meio dia um vento frio soprou e a temperatura começou a cair cada vez mais depressa. O pior foi perto das 18 horas quando, felizmente, a temperatura começou a subir.
    (a) Quando houve um ponto crítico no gráfico da temperatura como função do tempo?
    (b) Quando houve um ponto de inflexão no gráfico da temperatura como função do tempo?
20. (a) Água corre a uma taxa constante para um recipiente cilíndrico, em posição vertical. Esboce um gráfico mostrando a profundidade da água como função do tempo.
    (b) Água corre a uma taxa constante para um recipiente cônico firmado em sua ponta. Esboce um gráfico mostrando a profundidade da água contra o tempo.
21. Se água está correndo a taxa constante (isto é, volume constante por unidade de tempo) para dentro da urna grega na Figura 5.23, esboce um gráfico da profundidade da água contra o tempo. Marque no gráfico o tempo em que a água alcança o ponto mais largo da urna.

Figura 5.23

Figura 5.24

22. Se água está correndo a uma taxa constante (isto é, volume constante por unidade de tempo) para dentro do vaso da Figura 5.24, esboce um gráfico da profundidade da água contra o tempo. Marque no gráfico o tempo em que a água atinge o canto do vaso.
23. Suponha que um polinômio f tem exatamente dois máximos locais e um mínimo local e que esses são os únicos pontos críticos de f.
    (a) Esboce um possível gráfico de f.
    (b) Qual é o máximo número de zeros que f pode ter?
    (c) Qual é o mínimo número de zeros que f pode ter?
    (d) Qual é o mínimo número de pontos de inflexão que f pode ter?
    (e) Qual e o menor grau que f pode ter?
    (f) Ache uma fórmula possível para $f(x)$.
24. Para a função f dada no gráfico da Figura 5.25;
    (a) Esboce $f'(x)$.
    (b) Onde $f'(x)$ muda de sinal?
    (c) Onde $f'(x)$ tem máximos ou mínimos locais?

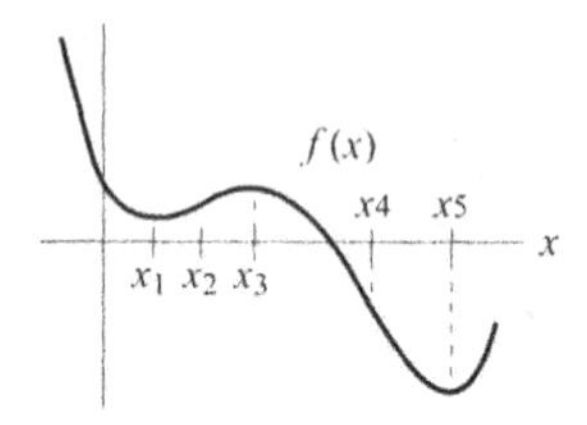

Figura 5.25

25. Usando suas respostas ao Problema 24 como guia, escreva um parágrafo curto (usando sentenças completas) descrevendo as relações entre os seguintes aspectos de uma função f:
    (a) Os máximos e mínimos locais de f.
    (b) Os pontos em que muda a concavidade do gráfico de f.
    (c) As mudanças de sinal de f'.
    (d) Os máximos e mínimos locais de f'.

Para os Problemas 26–29, esboce um possível gráfico de $y = f(x)$, usando a informação dada sobre as derivadas $y' = f'(x)$ e $y'' = f''(x)$. Suponha que as funções são definidas e contínuas, para todo x real.

26.

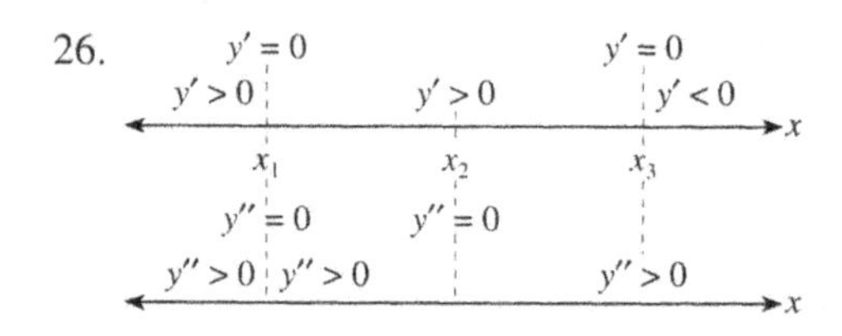

27.

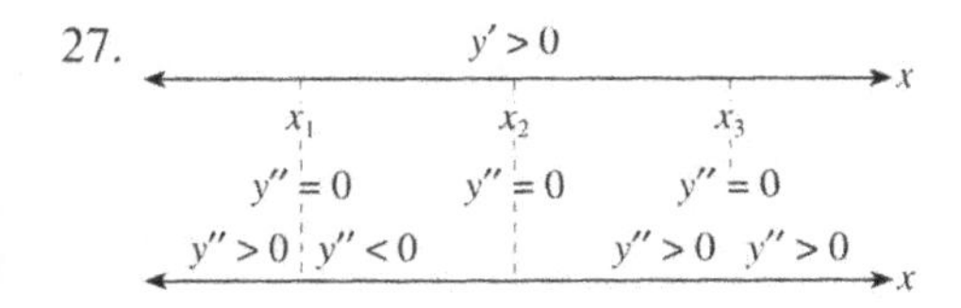

28.

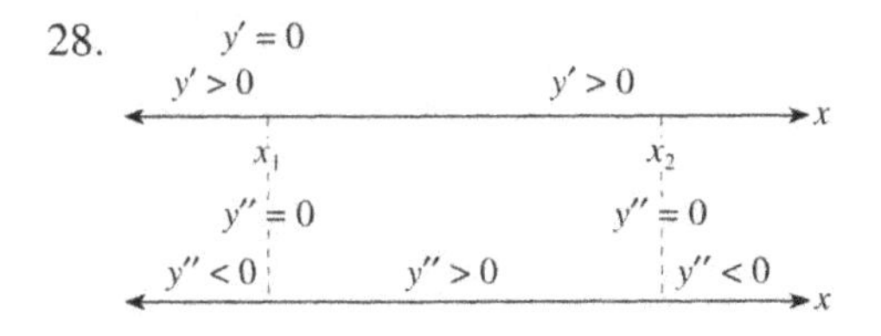

29.

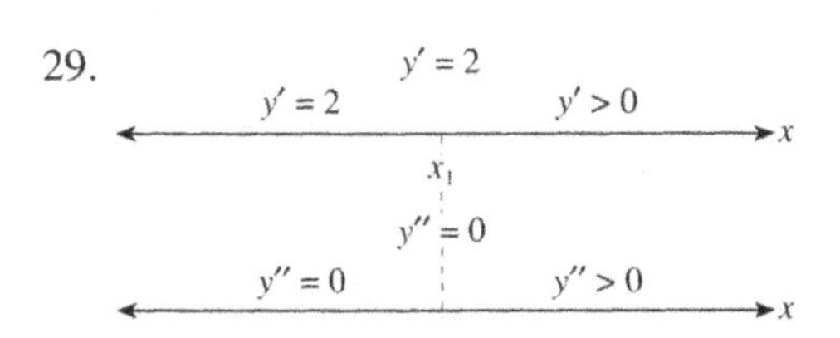

5.3 OTIMIZAÇÃO: LUCRO E RECEITA

Máximos e mínimos globais

Freqüentemente é importante achar os valores máximo e mínimo de uma quantidade. Por exemplo, uma firma tentando realizar o máximo lucro possível pode fazer isso mantendo os custos num mínimo. As técnicas para achar valores máximo e mínimo de funções constituem o campo chamado *otimização*. Máximos e mínimos locais ocorrem quando uma função toma valores maiores ou menores que nos pontos próximos. Porém, freqüentemente estamos interessados em onde uma função é maior ou menor que em todos os outros pontos.

Para uma função f:

- f tem um **mínimo global** em p se $f(p)$ é menor ou igual a todos os valores de f.
- f tem um **máximo global** em p se $f(p)$ é maior ou igual a todos os valores de f.

Como achamos máximos e mínimos globais?

Se f é uma função contínua definida num intervalo $a \leq x \leq b$ (inclusive as extremidades), a Figura 5.26 ilustra que o máximo ou mínimo global de f ocorrem ou num máximo ou mínimo local, respectivamente, ou nas extremidades $x = a$ ou $x = b$ do intervalo.

Para achar máximo e mínimo globais de uma função contínua num intervalor, incluindo as extremidades: compare os valores da função nos pontos críticos do intervalo e nas extremidades.

E se a função estiver definida no intervalo $a < x < b$, (excluindo as extremidades), ou sobre toda a reta real, que não tem extremidades? A função cujo gráfico é dado na Figura 5.27 não tem máximo global, porque não tem um valor maior que todos. O mínimo global da função coincide com um dos mínimos locais e está marcado. Uma função definida em toda a reta ou num intervalo excluindo as extremidades pode ter ou não um máximo global ou um mínimo global.

Para achar máximo e mínimo global de uma função contínua num intervalo excluindo extremidades ou sobre toda a reta real: Ache os valores da função em todos os pontos críticos e esboce um gráfico.

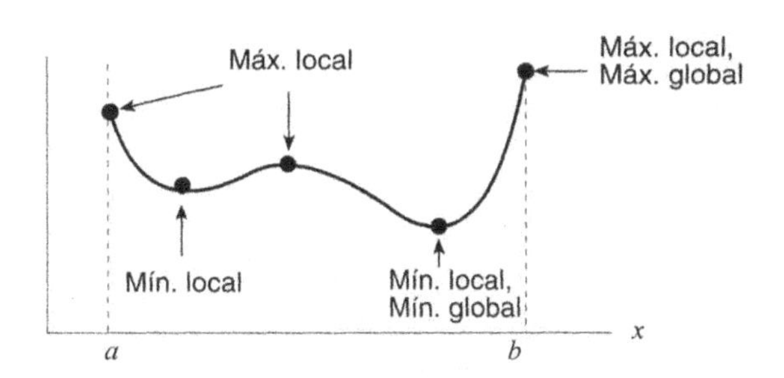

***Figura 5.26** — Máximo e mínimo globais num intervalo* $a \leq x \leq b$

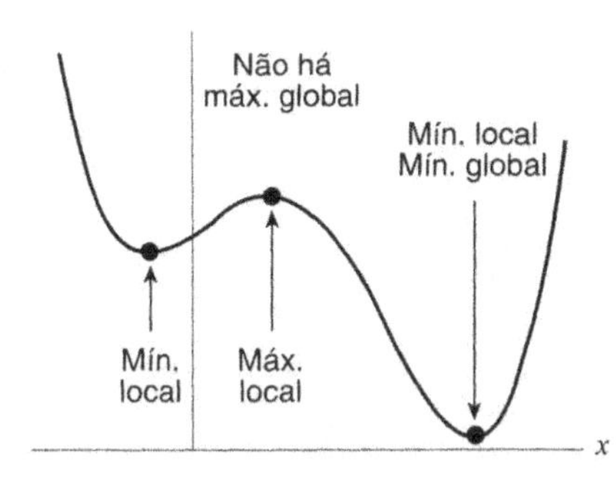

***Figura 5.27** — Máximo e mínimo globais na reta toda*

Exemplo 1 Ache máximo e mínimo globais de $f(x) = x^3 - 9x^2 - 48x + 52$ no intervalo $-5 \leq x \leq 14$.

Solução Já calculamos os pontos críticos desta função, usando

$$f'(x) = 3x^2 - 18x - 48 = 3(x + 2)(x - 8),$$

de modo que $x = -2$ e $x = 8$ são os pontos críticos. Como máximo e mínimo globais ocorrem em pontos críticos ou nas extremidades do intervalo, calculamos f nesses quatro pontos:

$$f(-5) = -58, \quad f(-2) = 104,$$
$$f(8) = -396, \quad f(14) = 360$$

Comparando esses quatro valores, vemos que o máximo global é 360 e ocorre em $x = 14$, e que o mínimo global é -396 e ocorre em $x = 8$. Veja a Figura 5.28

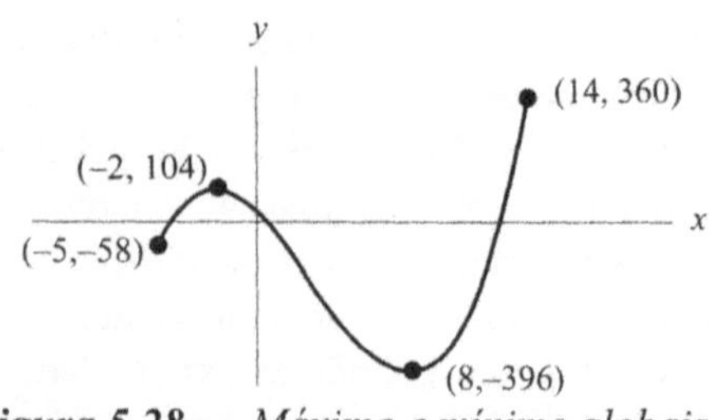

***Figura 5.28** — Máximo e mínimo globais no intervalo−5 ≤ x ≤ 14*

Maximizar lucro

Uma questão fundamental para um produtor de bens é como maximizar o lucro. Lembre que a função receita, $R(q)$, dá a receita total pela venda de uma quantidade, q, de bens, e que a função custo, $C(q)$, dá o custo total para produzir a quantidade q. O lucro, $\pi(q)$, é a diferença $\pi(q) = R(q) - C(q)$. O custo marginal, $CM = C'$, é a derivada; o rendimento marginal, $RM = R'$.

Vimos que os máximos e mínimos globais para uma função num intervalo só podem ocorrer em pontos críticos da função ou nas extremidades do intervalo. Para achar pontos críticos de π, procuramos os zeros da derivada

$$\pi'(q) = R'(q) - C'(q) = 0.$$

Assim,

$$R'(q) = C'(q),$$

isto é, as inclinações dos gráficos de $R(q)$ e $C(q)$ são iguais em q. Em linguagem da economa,

O máximo (ou mínimo) lucro pode ocorrer quando Custo marginal = Receita marginal.

Vimos primeiro este resultado graficamente, no Capítulo 2. O Exemplo 2 neste capítulo também é gráfico. O Exemplo 3 é analítico, mostrando o que podemos fazer com as fórmulas para derivadas do Capítulo 4. É claro, não é forçoso que o lucro máximo ou mínimo ocorra onde $RM = CM$; qualquer deles poderia ocorrer numa extremidade.

Exemplo 2 As curvas para a receita total e o custo total de um produto são dadas na Figura 5.29.

(a) Esboce as curvas para a receita marginal e o custo marginal sobre os mesmos eixos. Indique neste gráfico as duas quantidades em que a receita marginal é igual ao custo marginal. Qual o significado destas duas quantidades? Em qual delas o lucro é maximizado?

(b) Esboce a forma geral da função lucro p(q).

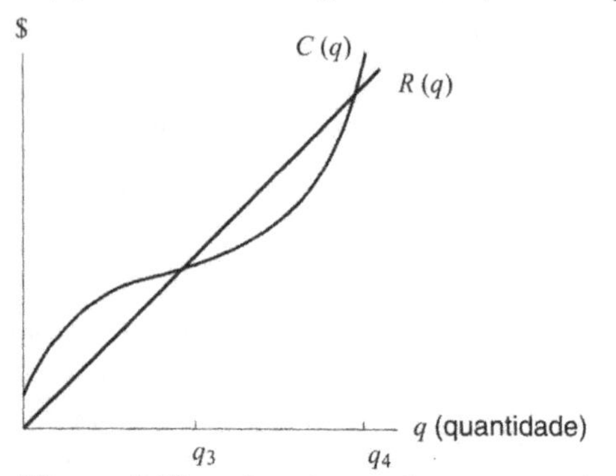

***Figura 5.29** — Receita total e custo total*

Solução (a) Os gráficos da receita total $R(q)$ e custo total $C(q)$ são dados na Figura 5.29. Para fazer o gráfico de receita e custo marginais, esboce gráficos das derivadas de $R(q)$ e $C(q)$. Como $R(q)$ é uma reta, com inclinação positiva, o gráfico da receita marginal, RM, é uma reta horizontal. (Veja a Figura 5.30.) Como $C(q)$ é sempre crescente, o custo marginal, CM, é sempre positivo. Quando q cresce, a curva de custo muda de côncava para baixo a côncava para cima, de modo que a derivada da função custo, CM, muda de decrescente a crescente. (Veja a Figura 5.30.) O mínimo local na curva de custo marginal corresponde ao ponto de inflexão de $C(q)$.

Onde o lucro é máximo? Sabemos que o lucro máximo pode ocorrer quando a receita marginal é igual ao custo marginal. Na Figura 5.30, a curva de custo marginal cruza a curva de receita marginal em dois pontos, q_1 e q_2, em que $RM = CM$. Qual deles dá lucro máximo?

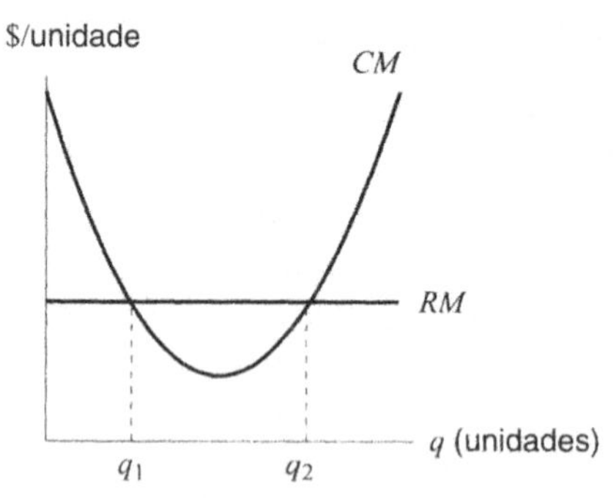

***Figura 5.30** — Rendimento marginal e custo marginal*

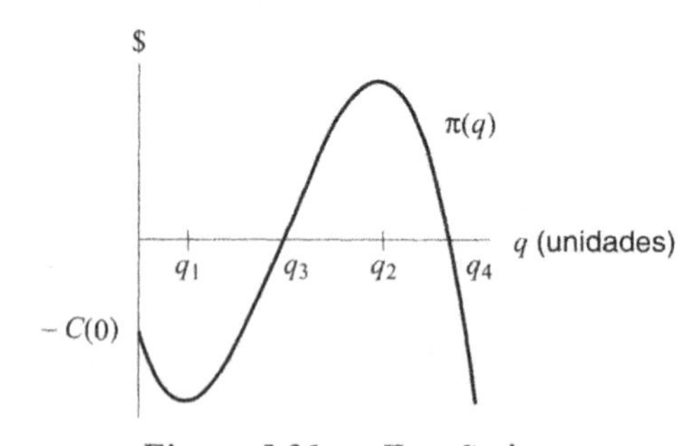

***Figura 5.31** — Função lucro*

Primeiro olhamos q_1. À esquerda q_1 temos $RM < CM$, de modo que $\pi' = RM - CM$ é negativa e a função lucro está decrescendo. À direita de q_1, temos $RM > CM$, assim π' é positiva e a função lucro é crescente. Este comportamento, decrescente depois crescente, significa que o lucro tem um mínimo em q_1. Certamente, não é o nível de produção que desejamos.

O que acontece em q_2? À esquerda de q_2 temos $RM > CM$, de modo que π' é positiva e a função lucro é crescente. À direita de q_2 temos $RM < CM$, π' é negativa e a função lucro decresce. Este comportamento, crescente depois decrescente, significa que o lucro tem um máximo em q_2. O lucro máximo global ocorre ou numa extremidade (os níveis maior e menor de produção possíveis), ou no nível de produção q_2.

Observe que os níveis de produção q_1 e q_2 correspondem aos dois pontos na Figura 5.29 em que a inclinação de $C(q)$ é igual à inclinação de $R(q)$. Um destes pontos fica à esquerda de q_3 e um à direita. O nível de produção que desejamos é q_2, quando $RM = CM$ e a receita é maior que o custo. O lucro máximo ocorre a um nível de produção de q_2 unidades.

(b) A função lucro é decrescente à esquerda de q_1, crescente entre q_1 e q_2, decrescente à direita de q_2. O lucro é zero em q_3 e q_4, quando as curvas de receita e custo se cruzam. Como $R(0) = 0$ e $C(0)$ representa os custos fixos de produção, que a Figura 5.29 mostra serem positivos, temos

$$\pi(0) = R(0) - C(0) = -C(0).$$

Portanto, o intercepto vertical da função lucro é um número negativo, igual em magnitude ao tamanho do custo fixo. O gráfico da função lucro tem a forma mostrada na Figura 5.31.

Exemplo 3 Ache a quantidade que maximiza o lucro se a receita total e o custo total forem dados por

$$R(q) = 5q - 0{,}003q^2$$
$$C(q) = 300 + 1{,}1q$$

onde q é quantidade e $0 \le q \le 1.000$ unidades. Qual nível de produção dá o lucro mínimo?

Solução Começamos por procurar os níveis de produção que dão Receita marginal = Custo marginal. Como

$$RM = R'(q) = 5 - 0{,}006q$$
$$CM = C'(q) = 1{,}1$$

$RM = CM$ leva a

$$5 - 0{,}006q = 1{,}1$$

$$q = \frac{3{,}9}{0{,}006} = 650 \text{ unidades}$$

Isto representa um máximo ou um mínimo local para o lucro π? Para decidir, olhe os níveis de produção de 649 unidades e 651 unidades. Para $q = 649$, temos $RM = \$1{,}106$ por unidade, o que é maior que o custo marginal (constante) de \$1,10 por unidade. Isto significa que produzir uma unidade a mais traz mais receita que custo, assim o lucro cresce. Quando $q = 651$, $RM = \$1{,}094$ por unidade, o que é menor que CM, de modo que não é lucrativo produzir a 651ésima unidade. Concluímos que $q = 650$ é um máximo local para a função lucro π. O lucro para a produção e venda desta quantidade é $\pi(650) = R(650) - C(650) =$ \$1.982,50 - \$1.015 = \$ 967,50.

Para verificar se temos máximo global, olhamos as extremidades. Se $q = 0$, o único custo é \$300 (o custo fixo) e não há receita, de modo que $\pi(0) =$ –\$300. No limite superior de $q = 1.000$, $R(1.000) =$ \$2.000 e $C(1.000) =$ \$1.400, e $\pi(1.000) =$ \$600. Portanto o lucro máximo é obtido quando $RM = CM$, o que ocorre no nível de produção de $q = 650$ unidades. O lucro mínimo (um prejuízo) ocorre quando $q = 0$ e não há produção alguma.

Maximizar a receita

Suponha que você tem uma companhia de ônibus municipal com horário fixo. Seus custos são os mesmos, não importa quantas pessoas usem o ônibus, de modo que seu lucro é máximo se a receita for máxima. Qual preço você deveria cobrar por passagem para maximizar a receita?

A receita é igual ao preço vezes a quantidade. Como a quantidade vendida de um bem freqüentemente depende do preço pedido, muitas vezes escrevemos a receita como função do preço. (Usamos a equação de demanda para fazer isto.) Analogamente, às vezes escrevemos a receita como função da quantidade. Em qualquer dos casos, podemos falar do preço (ou da quantidade) que maximiza a receita.

Exemplo 4 A demanda por entradas num parque de diversões é dada pela equação $p = 70 - 0{,}02q$, onde p é o preço da entrada e q é o número de pessoas que freqüentam a esse preço.

(a) Qual preço gera uma freqüência de 3.000 pessoas? Qual é a receita total a esse preço? Qual será a receita total se o preço for \$20?

(b) escreva a função receita como função da freqüência, q, ao parque de diversões.

(c) Qual freqüência maximiza a receita?

(d) Qual preço deveria ser cobrado para maximizar a receita?

(e) Qual é a receita máxima? Qual é o lucro correspondente?

Solução (a) Se $q = 3.000$, a equação de demanda dá $p = 70 - 0{,}02(3000) = 10$: Isto é, ao preço de \$10, 3.000 pessoas virão. A este preço

$$\text{Receita} = (3000 \text{ pessoas})(\$10 \text{ por pessoa}) = \$30.000.$$

Para achar a receita total ao preço de \$20, primeiro achemos a freqüência a esse preço. Fazendo $p = 20$ na equação de demanda, $p = 70 - 0{,}02q$ dá

$$20 = 70 - 0{,}02q.$$

Resolvendo para q, obtemos

$$-50 = -0{,}02q$$
$$2500 = q.$$

Isto é, ao preço de \$20, 2.500 pessoas freqüentarão e

$$\text{Receita} = (2500)(20) = \$50.000.$$

Observe que, embora a demanda se reduza, a receita é maior ao preço de \$20 que ao preço de \$10.

(b) Como Receita = Preço × Quantidade = $p \times q$ e $p = 70 - 0{,}02q$, temos

$$R(q) = (70 - 0{,}02q)q$$
$$= 70q - 0{,}02q^2.$$

(c) Para maximizar a receita, ache os pontos críticos da função receita $R(q) = 70 - 0{,}02q^2$:

$$R'(q) = 70 - 0{,}02(2q)$$
$$0 = 70 - 0{,}04q$$
$$70 = 0{,}04q$$
$$1750 = q.$$

A receita máxima é conseguida quando a freqüência ao parque é de 1.750 pessoas.

(d) Ache o preço correspondente à freqüência de 1.750 usando a equação de demanda:

$$p = 70 - 0{,}02(1750) = 70 - 35 = 35.$$

(e) Quando é pedido o preço otimal de \$35, a freqüência ao parque é de 1.750 pessoas. Então a receita máxima é $R = pq = (35)(1750) = \$61.250$. O lucro correspondente não pode ser calculado sem conhecer os custos.

Exemplo 5 Uma companhia de expedições em canoas, em águas turbulentas, sabe que ao preço de \$80 por uma excursão de meio dia eles atraem 300 fregueses. Para cada redução de \$5 no preço, eles atraem cerca de 30 fregueses adicionais. Qual preço deve a companhia cobrar para maximizar a receita?

Solução Primeiro temos que achar a equação relacionando o preço com a demanda. Se o preço, p, for \$80, o número de excursões vendidas, q, é 300. Se p for 75, então q será 330, e assim por diante. Veja a Tabela 5.1.

Observe que a demanda, q, é função linear do preço, p. A inclinação é $-30/5 = -6$, de modo que a função demanda é $q = -6p + b$, onde b é o intercepto vertical. Como $p = 80$, $q = 300$ satisfazem à equação $q = -6p + b$, temos

$$300 = -6(80) + b$$
$$300 = -480 + b$$
$$780 = b$$

A equação de demanda é $q = -6p + 780$. Como $R = p \times q$, a receita como função do preço é

$$R(p) = p(-6p + 780) = -6p^2 + 780p.$$

Vemos o máximo desta função receita na Figura 5.32. Para achá-lo analiticamente, derivamos a função receita e achamos os pontos críticos:

$$R'(q) = -12p + 780 = 0$$

$$p = \frac{780}{12} = 65$$

A receita máxima é obtida quando o preço é \$65.

TABELA 5.1 — *Demanda por excursões*

Preço, p	Número de excursões vendidas, q
80	300
75	330
70	360
65	390
...	...

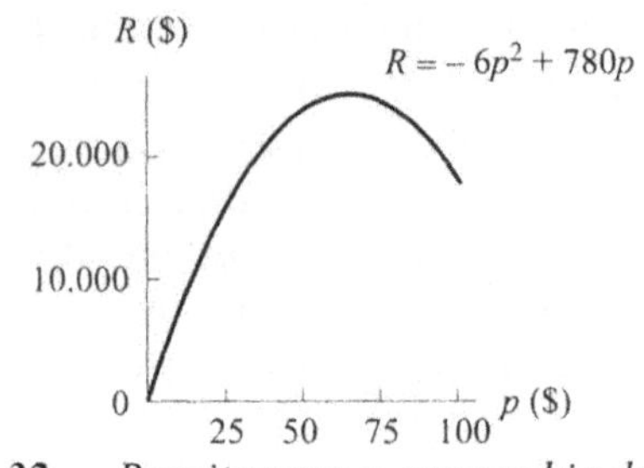

Figura 5.32 — *Receita para a companhia de excursões com função do preço*

Problemas para a seção 5.3

Para os problemas 1–2, indique todos os pontos críticos nos gráficos dados. Determine quais correspondem a mínimos ou máximos locais, mínimos ou máximos globais, ou nenhuma dessas coisas. (Observe que os gráficos são em intervalos fechados.)

1.

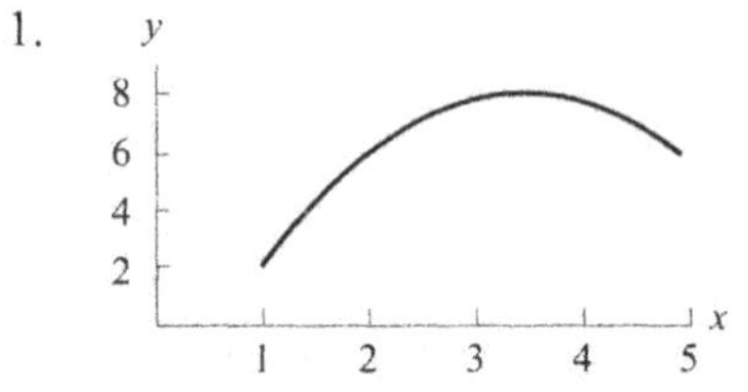

2.

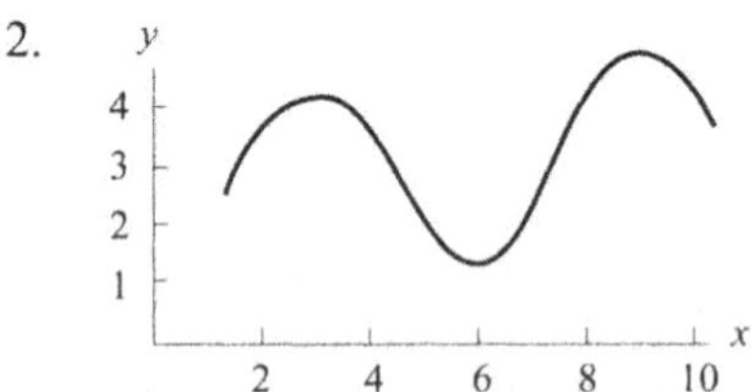

Nos Problemas 3–6, esboce o gráfico de uma função com as propriedades indicadas.

3. Tem mínimo local e global em $x = 3$ mas não tem máximo local ou global.
4. Tem mínimo local em $x = 3$, máximo local em $x = 8$, mas não tem máximo ou mínimo global.
5. Tem mínimo local e global em $x = 3$, máximo local e global em $x = 8$.
6. Não têm mínimos ou máximos, locais ou globais.

Nos Problemas 7-10, esboce o gráfico de uma função no intervalo $0 \leq x \leq 10$ com as propriedades indicadas.

7. Tem mínimo local em $x = 3$, máximo local em $x = 8$, mas máximo global e mínimo global nas extremidades do intervalo.

8. Tem máximo local e global em $x = 3$, não tem mínimo local, mínimo global em $x = 10$.
9. Tem mínimo local e global em $x = 3$, máximo local e global em $x = 8$.
10. Tem máximo global em $x = 0$, mínimo global em $x = 10$, e não tem máximo ou mínimos locais.
11. Marque o gráfico de $f(x) = x^3 - e^x$, usando calculadora gráfica ou computador para achar todos os máximos e mínimos, locais e globais, para:
    (a) $-1 \leq x \leq 4$ (b) $-3 \leq x \leq 2$
12. Para $y = f(x) = x^{10} - 10x$ e $0 \leq x \leq 2$, ache o(s) valor(es) de x tais que:
    (a) $f(x)$ tem máximo local ou mínimo local. Indique quais são máximos e quais são mínimos.
    (b) $f(x)$ tem máximo global ou mínimo global.
13. Para $f(x) = x - \ln x$, e $0{,}1 \leq x \leq 2$, ache o(s) valor(es) de x tais que:
    (a) $f(x)$ tem um máximo local ou mínimo local. Indique quais são mínimos e quais são máximos.
    (b) $f(x)$ tem máximo global ou mínimo global.
14. A Tabela 5.2 mostra valores de custo e receita para diferentes níveis de produção, q.
    (a) Aproximadamente, a qual nível de produção o lucro é maximizado? Explique seu raciocínio.
    (b) Qual é o preço do produto?
    (c) Quais são os custos fixos?

TABELA 5.2

q	0	500	1.000	1.500	2.000	2.500	3.000
$R(q)$	0	1.500	300	4.500	6.000	7.500	9.000
$C(q)$	3.000	3.800	4.200	4.500	4.800	5.500	7.400

15. A Tabela 5.3 mostra custo marginal e receita marginal em diferentes níveis de produção, q.
    (a) Use o custo marginal e a receita marginal em $q = 5.000$ para determinar se a produção deveria ser aumentada ou diminuída, a partir de 5.000. Explique
    (b) Avalie o nível de produção que maximiza o lucro. Justifique sua resposta.

TABELA 5.3

q	5.000	6.000	7.000	8.000	9.000	10.000
MR	60	58	56	55	54	53
MC	48	52	54	55	58	63

16. Se a receita for dada por $R(q) = 450q$ o custo por $C(q) = 10.000 + 3q^2$, para qual quantidade o lucro é maximizado? Qual é o lucro total a esse nível de produção?
17. O custo total para produzir q unidades de um produto é dado por $C(q) = q^3 - 60q^2 + 1200q + 1000$ para $0 \leq q \leq 50$. Se o produto for vendido a $588 por unidade, qual nível de produção maximiza o lucro? Ache o custo total, a receita total e o lucro total nesse nível de produção. Esboce um gráfico das funções de custo e receita nos mesmos eixos, e marque o nível de produção para o qual o lucro é maximizado, o custo, receita e lucro correspondentes. [Sugestão: O custo pode ir até $35.000.]
18. A Figura 5.33 mostra as funções custo e receita para um produto. Para quais níveis de produção a função lucro é positiva? Negativa? Avalie o nível produção ao qual o lucro é maximizado.

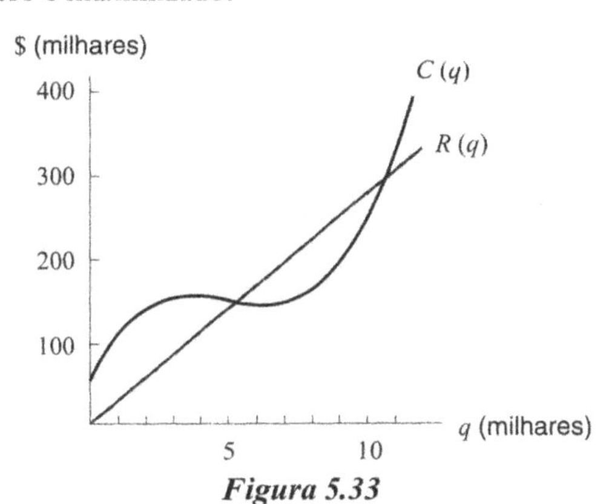

Figura 5.33

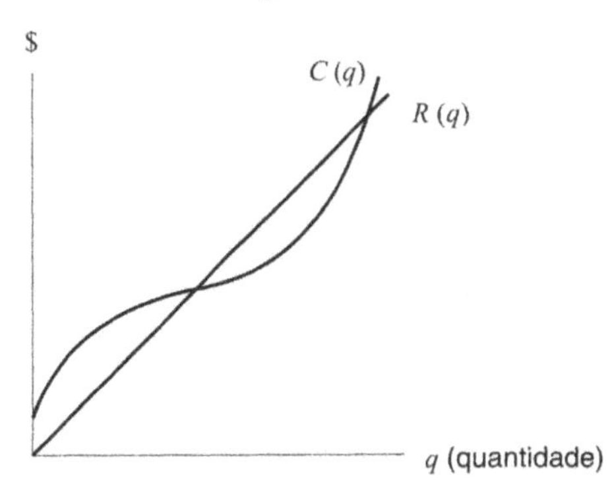

Figura 5.34

19. A Figura 5.30 mostra os pontos q_1 e q_2, em que a receita marginal é igual ao custo marginal.
    (a) No gráfico na Figura 5.34, dos correspondentes custo total e receita total, marque os pontos q_1 e q_2. Explique, em termos de inclinações, o significado desses pontos.
    (b) Explique em termos de lucro porque um é um mínimo local e outro é um máximo local.
20. A um nível de produção de 2.000 para um produto, a receita marginal é $4 por unidade e o custo marginal é $3,25 por unidade. Você espera que o lucro máximo ocorra a um nível acima ou abaixo de 2.000? Explique.
21. Suponha que o custo $C(q)$ para produzir q bens seja dado por:
$$C(q) = 0{,}01q^3 - 0{,}6q^2 + 13q.$$
    (a) Qual é o custo fixo?
    (b) Qual é o lucro máximo se cada item for vendido a $7? (Suponha que você vende tudo que produz.)
    (c) Suponha que são produzidos exatamente 34 bens. São todos vendidos quando o preço é $7 cada, mas para

cada aumento de \$1 no preço, 2 bens a menos são vendidos. O preço deveria ser aumentado, e em tal caso, de quanto?

22. Suponha que a equação de demanda para um certo produto é $p = 45 - 0{,}01q$. Escreva a receita como função de q e ache a quantidade que maximiza a receita. Qual o preço correspondente a essa quantidade? Qual a receita total a esse preço?

23. A equação de demanda para um produto é $p = b_1 - a_1q$ e a função custo é $C(q) = b_2 + a_2q$, onde p é o preço do produto e q é a quantidade vendida. (Suponha que b_1, a_1, b_2 e a_2 sejam todos positivos.) Ache em termos das demais variáveis, o valor de q, para o qual o lucro é máximo.

24. Ao preço de \$8 por entrada, um grupo de teatro musical pode vender todos os lugares no teatro, que tem uma capacidade de 1.500. Para cada \$1 adicional cobrado, a número de pessoas pagando entrada diminui por 75. Qual preço de entrada maximiza a receita?

25. Suponha que você tem um pequeno negócio de móveis independente. Seu assistente assina um contrato com um cliente, prometendo entregar até 400 cadeiras, o número exato a ser determinado mais tarde pelo cliente. o preço será de \$90 por cadeira, até 300 cadeiras, e acima de 300 o preço será reduzido por \$0,25 por cadeira (sobre toda a encomenda), para cada cadeira adicional além das 300 encomendadas. Quais são a maior e a menor receita que sua companhia pode realizar no contrato?

26. Suponha que uma companhia fabrique só um produto. A quantidade, q, desse produto, fabricada por mês, depende da quantidade de capital, K, investido (isto é, o número de máquinas que a companhia possui, o tamanho de seu edifício, e assim por diante) e da quantidade de trabalho, L, disponível a cada mês. Freqüentemente se supõe que q pode ser expresso em termos de K e L por uma *função de produção de Cobb-Douglas:*

$$q = cK^{\alpha} L^{\beta}$$

onde c, α, β são constantes positivas, com $0 < \alpha < 1$ e $0 < \beta < 1$. Neste problema veremos como o governo russo poderia usar uma função de Cobb-Douglas para estimar quantas pessoas uma indústria recentemente privatizada poderia empregar. Uma companhia em uma tal indústria terá somente uma pequena quantidade de capital disponível para ela, e precisará usá-lo todo; portanto K é fixo. Suponha que L é medido em homens-hora por mês, e cada homem-hora custa w rublos para a companhia. Suponha que a companhia não tenha outros custos além do trabalho, e que cada unidade do bem pode ser vendida a um preço fixo de p rublos. Quantos homens-hora de trabalho por mês deveria companhia usar para maximizar o lucro?

27. A função $y = t(x)$ é positiva e contínua com um máximo global no ponto (3, 3). Esboce um possível gráfico de $t(x)$ se $t'(x)$ e $t''(x)$ têm o mesmo sinal para $x < 3$, e sinais opostos para $x > 3$.

28. Suponha que o custo, para um industrial, para produzir um bem seja dado pelo gráfico de $C(q)$ na Figura 5.35. Suponha também que o industrial pode vender o produto a um preço p cada (qualquer que seja a quantidade vendida) de modo que a receita total na venda de uma quantidade q é $R(q) = pq$.

(a) A diferença $\pi(q) = R(q) - C(q)$ é o lucro total. Para qual quantidade q_0 o lucro é máximo? Marque sua resposta num esboço do gráfico.

(b) Qual é a relação entre p e $C'(q_0)$? Explique seu resultado gráfica e analiticamente. O que significa isto em termos econômicos? (Note que p é a inclinação da reta $R(q) = pq$. Note também que $\pi(q)$ tem um máximo em $q = q_0$, de modo que $\pi'(q_0) = 0$.)

(c) Faça gráficos de $C'(q)$ e p (como uma reta horizontal) sobre os mesmos eixos. Marque q_0 sobre o eixo-q.

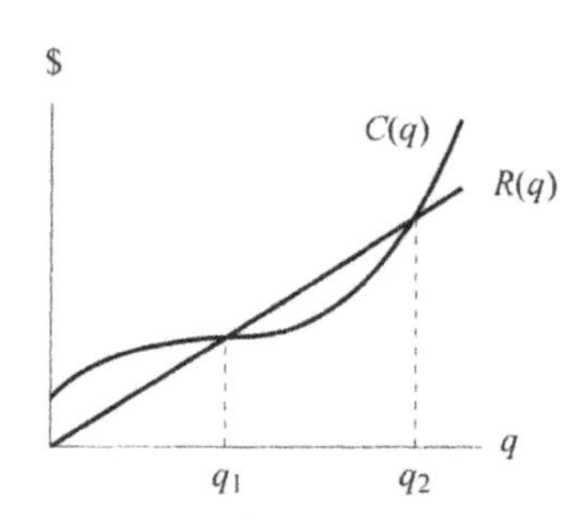

Figura 5.35

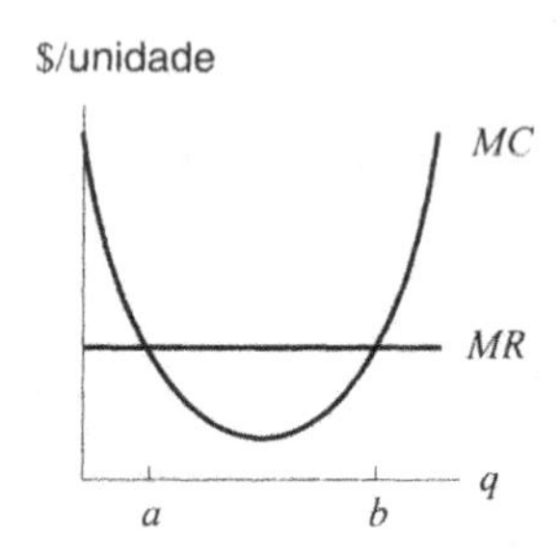

Figura 5.36

29. A receita marginal e o custo marginal para um certo item têm seus gráficos dados na Figura 5.36. As seguintes quantidades maximizam a receita para a companhia? Explique sua resposta.

(a) $q = a$ (b) $q = b$.

5.4 CUSTO MÉDIO

Uma companhia dada, numa grande indústria, em geral quer maximizar seu lucro. Mas, isoladamente, a companhia não pode afetar a demanda pelo produto que vende, porque outras companhias, fora de seu controle, também produzem e vendem o mesmo produto. O mecanismo do mercado tende a forçar a oferta do produto, para a indústria como um todo, para um nível no qual o *custo médio* de cada firma é minimizado, ainda que isto não maximize o lucro para a indústria como um todo. (É por isto que as indústrias têm um incentivo para jogar em combinação — fazendo assim, podem aumentar seu lucro.)

O que é custo médio?

O custo médio é o custo por unidade para produzir uma certa quantidade; é o custo total dividido pelo número produzido.

Se o custo para produzir uma quantidade q é $C(q)$, então o **custo médio**, $a(q)$, para produzir uma quantidade q é dado por

$$a(q) = \frac{C(q)}{q}$$

Cuidado para não confundir o custo médio (o custo por unidade para produzir uma certa quantidade) com o custo marginal (o custo para produzir a unidade seguinte).

Exemplo 1 Uma companhia de molhos tem função de custo $C(q) = 0{,}01q^3 - 0{,}6q^2 + 13q + 1.000$, onde q é o número de caixas de molho produzidas. Se forem produzidas 100 caixas, ache o custo médio por caixa.

Solução O custo total para a produção das 100 caixas é dado por

$$C(100) = 0{,}01(100^3) - 0{,}6(100^2) + 13(100) + 1000 = \$6.300.$$

Achamos o custo médio por caixa dividindo por 100 o número de caixas produzido.

$$\text{Custo médio} = \frac{6300}{100} = 63 \text{ reais/caixa}$$

Se forem produzidas 100 caixas de molho, o custo médio é \$63 por caixa.

Exemplo 2 Suponha que uma função de custo seja $C(q) = 1.000 + 20q$, onde q é o número de unidades produzidas. Ache o custo marginal para produzir a centésima unidade e o custo médio para produzir 100 unidades.

Solução Esta é uma função de custos linear com custos variáveis constantes de \$20 por unidade, de modo que o custo marginal, ou derivada, é \$20 por unidade. Isto significa que depois de produzidas 99 unidades, há um custo de \$20 para produzir a unidade seguinte. em contraste,

Custo médio para produzir 100 unidades =

$$= a(100) = \frac{C(100)}{100} = \frac{3000}{100} = 30 \text{ reais/unidade}$$

Observe que o custo médio inclui os custos fixos, espalhados pela produção toda, ao passo que o custo marginal não, de modo que o custo médio é maior que o custo marginal neste exemplo.

Como podemos visualizar o custo médio sobre uma curva de custo total?

Sabemos que o custo médio, $a(q)$, é o custo total dividido pela quantidade, de modo que $a(q) = C(q)/q$. Como podemos subtrair zero de qualquer número sem alterá-lo, podemos escrever

$$a(q) = \frac{C(q)}{q} = \frac{C(q) - 0}{q - 0}$$

Esse é o quociente de diferenças, igual à inclinação da reta que une os pontos (0, 0) e $(q, C(q))$. Veja a Figura 5.37

> Custo médio para produzir q itens =
>
> $$= \frac{C(q)}{q} =$$
>
> = Inclinação da reta unindo a origem ao ponto $(q, C(q))$ da curva de custos

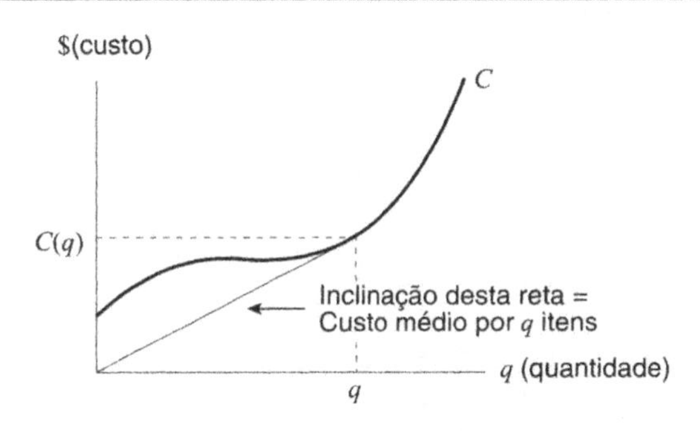

Figura 5.37 — *Custo médio é a inclinação da reta unindo a origem a um ponto da curva de custos*

Minimizar o custo médio

Exemplo 3 O gráfico de uma função de custos é dado na Figura 5.38. Marque no gráfico a quantidade que minimiza o custo médio.

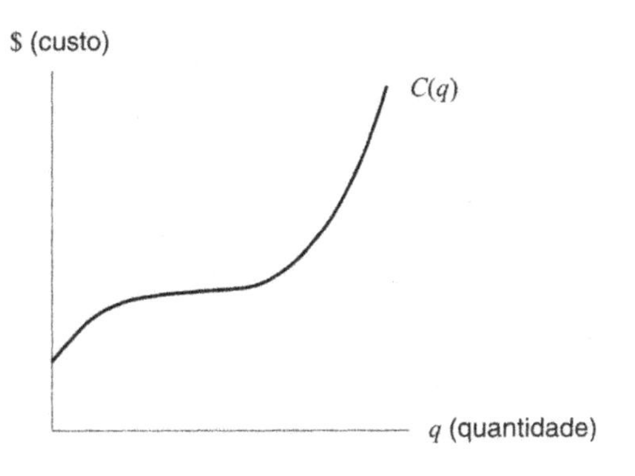

Figura 5.38 — *Uma função de custo*

Solução O custo médio é dado pela inclinação da reta da origem ao gráfico de $C(q)$ em q. Na Figura 5.39, estas retas foram traçadas para as quantidades q_1, q_2, q_3 e q_4. As inclinações destas retas são fortes para q pequeno, ficam menores quando q cresce e depois aumentam outra vez quando q continua a crescer. Assim, à medida que q cresce, o custo médio decresce e depois cresce, de modo que há um valor mínimo. Na Figura 5.39 o mínimo ocorre no ponto q_0 em que a reta da origem é tangente à curva de custos.

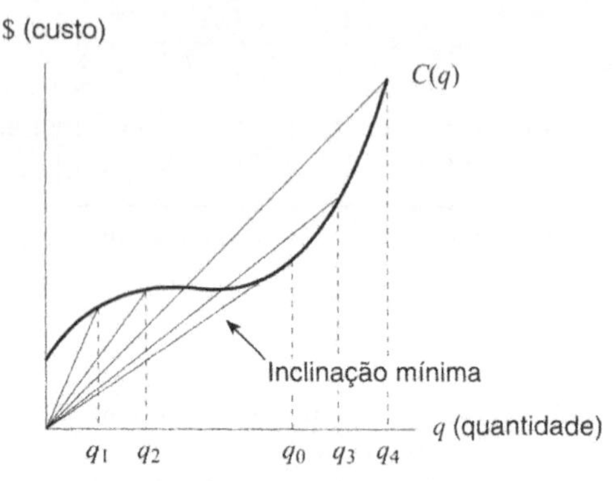

***Figura 5.39** — O custo médio mínimo ocorre no ponto q_0 em que a reta é tangente à curva*

Na Figura 5.39, observe que o custo médio é mínimo (em q_0), quando o custo médio é igual ao custo marginal. O exemplo seguinte mostra o que acontece quando custo marginal e custo médio não são iguais.

Exemplo 4 Suponha que sejam produzidos 100 itens a um custo médio de $2 por item. Ache o custo médio para a produção de 101 itens se o custo marginal na produção do 101.º item for:
(a) $1 (b) $3

Solução (a) Se 100 itens foram produzidos a um custo médio de $2 por item, o custo total para a produção dos itens é $200. Como o custo marginal para a produção 101.º item é $1, o item adicional custa $1. O custo total para produzir 101 itens é pois $201. O custo médio para produzi-los é 201/101 ou $1,99 por item. O custo médio diminuiu. Isto faz sentido: se custar menos que a média, a produção do item adicional, produzi-lo faz baixar o custo médio.

(b) Neste caso, o custo marginal para produzir o 101º item é $3. O custo total para produzir 101 itens será $203 e o custo médio será 201/101, ou $2,01 por item. O custo médio subiu. De novo, isto faz sentido: se produzir itens adicionais custar mais do que a média, o custo médio subirá quando tais itens forem produzidos.

Resumimos como segue:

Relações entre custo médio e custo marginal

- Se o custo marginal for menor que o custo médio, o custo médio diminuirá se a produção for aumentada.
- Se o custo marginal for maior que o custo médio, o custo médio aumentará se a produção for aumentada.
- O custo marginal é igual ao custo médio em pontos críticos do custo médio

Exemplo 5 Mostre analiticamente que pontos críticos do custo médio ocorrem quando o custo marginal é igual ao custo médio.

Solução Como $a(q) = C(q)/q = C(q)q^{-1}$, usamos a regra do produto para achar $a'(q)$:

$$a'(q) = C'(q)(q^{-1}) + C(q)(-q^{-2}) =$$

$$= \frac{C'(q)}{q} + \frac{-C(q)}{q^2} = \frac{qC'(q) - C(q)}{q^2}$$

Nos pontos críticos temos $a'(q) = 0$, portanto

$$\frac{qC'(q) - C(q)}{q^2} = 0$$

Portanto temos

$$qC'(q) - C(q) = 0$$

$$qC'(q) = C(q)$$

$$C'(q) = \frac{C(q)}{q}$$

Em outras palavras:

Custo marginal = Custo médio

Exemplo 6 Uma função custo total, em milhares de reais, é dada por $C(q) = q^3 - 6q^2 + 12q$, onde q é em milhares e $0 \leq q \leq 5$.
(a) Esboce um gráfico para $C(q)$. Avalie visualmente a quantidade que minimiza o custo médio.
(b) Esboce um gráfico da função do custo médio. Use-o para avaliar o custo médio mínimo.
(c) Determine analiticamente o valor exato de q que minimiza o custo médio.

Solução (a) Um gráfico de $C(q)$ é dado na Figura 5.40. O custo médio é mínimo no ponto em que a reta da origem ao ponto da curva tem inclinação mínima. Isto ocorre onde a reta é tangente à curva, o que acontece aproximadamente em $q = 3$, correspondendo a uma produção de 3.000 unidades.

(b) Como o custo médio é o custo total dividido pela quantidade, temos

$$a(q) = \frac{C(q)}{q} = \frac{q^3 - 6q^2 + 12q}{q} = q^2 - 6q + 12$$

O gráfico desta função é dado na Figura 5.41 e sugere que o custo médio mínimo ocorre aproximadamente em $q = 3$.

(c) Minimizamos o custo médio achando a quantidade para a qual Custo marginal = Custo médio. Como o custo marginal é a derivada $C'(q) = 3q^2 - 12q + 12$, temos

$$3q^2 - 12q + 12 = \frac{q^3 - 6q^2 + 12q}{q}$$
$$3q^2 - 12q + 12 = q^2 - 6q + 12$$
$$2q^2 - 6q = 0$$
$$2q(q-3) = 0$$

Há duas soluções, em $q = 0$ e $q = 3$. Como em $q = 0$ o custo médio não está definido, o ponto crítico é em $q = 3$. Da Figura 5.41 vemos que em $q = 3$ o custo médio é mínimo.

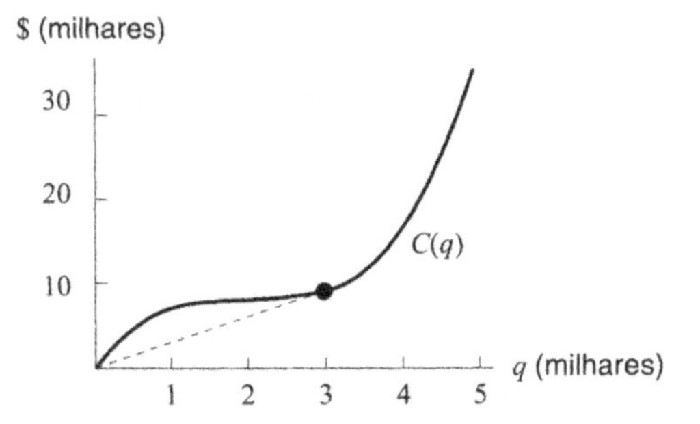

***Figura 5.40** — Gráfico da função custo, mostrando o custo médio mínimo*

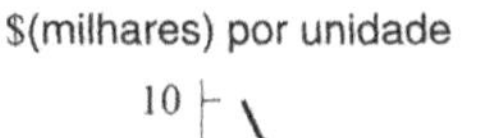

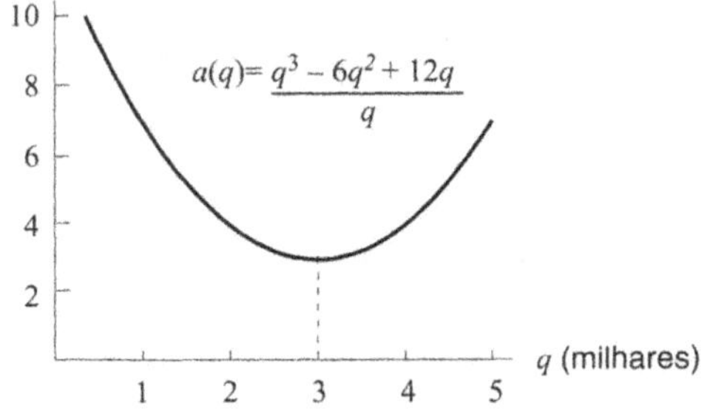

***FIgura 5.41** — Gráfico da junção custo médio, mostrando o valor mínimo*

Problemas para a seção 5.4

1. O gráfico de uma função custo é dado na Figura 5.42.
   (a) Em $q = 30$, avalie as seguintes quantidades e represente graficamente suas repostas.
   (i) Custo médio (ii) Custo marginal

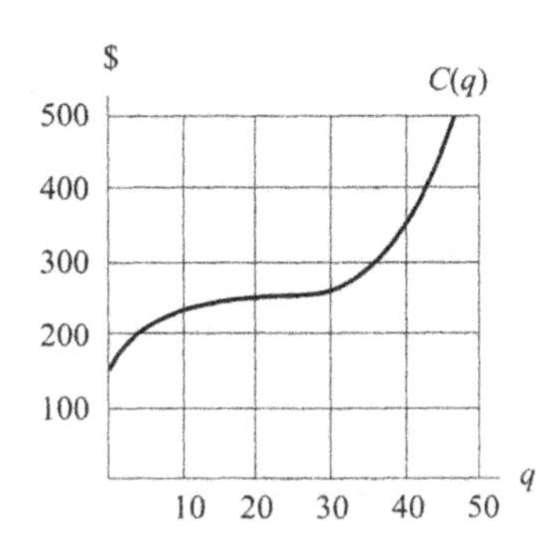

Figura 5.42

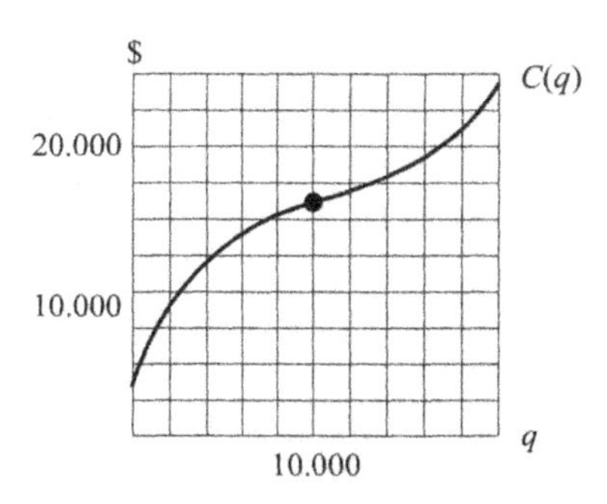

Figura 5.43

   (b) Para qual valor de q, aproximadamente, o custo médio é mínimo?
2. Uma função custo é dada na Figura 5.43. Está marcado o ponto em que $q = 10.000$.
   (a) Ache o custo médio quando o nível de produção é 10.000 unidades e interprete-o.
   (b) Represente graficamente sua resposta à parte (a)
   (c) Aproximadamente a qual nível de produção o custo médio é mínimo?
3. Uma função de custo é dada por $C(q) = 2500 + 12q$, onde q é o número de itens produzidos.
   (a) Qual é o custo marginal para produzir o 100º item? O 1.000º item?
   (b) Qual é o custo médio para produzir 100 itens? 1.000 itens?
4. Se a função custo é $C(q) = 1.000 + 20q$, ache o custo marginal para produzir a 200ésima unidade, e ache o custo médio para produzir a 200ésima unidade.
5. O custo marginal, para o nível de produção de 2.000 unidades, é $10 por unidade e o custo médio para a produção de 2.000 unidades é $15 por unidade. Se o nível de produção for aumentado a um pouco mais que 2.000, as quantidades seguintes aumentariam, ou diminuiriam, ou é impossível dizer?
   (a) Custo médio (b) Lucro
6. Esboce o gráfico de uma função de custo em que o custo médio mínimo seja $25 por unidade e seja realizado para um nível de produção de 15.000 unidades.
7. Você é gerente de uma firma que produz sapatilhas de balé que são vendidas a $20. Você está produzindo 1.200 sapatilhas por mês, a um custo médio de $2 por sapatilha e um custo marginal, a um nível de produção de 1.200, de $3 por sapatilha.
   (a) Você está ganhando ou perdendo dinheiro?
   (b) Um aumento de produção vai aumentar ou diminuir seu custo médio? Seu lucro?
   (c) Você recomendaria que a produção fosse aumentada ou reduzida?
8. Você trabalhador rural em Uganda está interessado em plantar trevo para aumentar o número de abelhas residindo na região. Há 100 abelhas naturalmente na região, e para cada acre plantado com trevo mais 20 abelhas são encontradas aí.

(a) Faça um gráfico do número total, $N(x)$, de abelhas como função de x, o número de acres dedicados ao trevo.

(b) Explique, geométrica e algebricamente, a forma do gráfico de:

(i) A taxa marginal de crescimento do número de abelhas com relação a acres de trevo, $N'(x)$

(ii) O número médio de abelhas por acre de trevo, $N(x)/x$.

9. Esboce um gráfico da função custo médio correspondendo à função custo total cujo gráfico é dado na Figura 5.44.

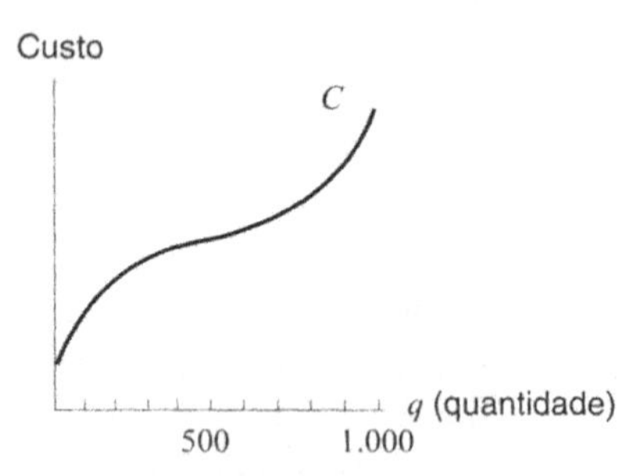

Figura 5.44

10. Seja $C(q) = 0{,}04q^3 - 3q^2 + 75q = 96$ o custo total para a produção de q itens.

(a) Ache o custo médio por item como função de q.

(b) Use calculadora gráfica ou computador para esboçar um gráfico do custo médio contra q.

(c) Para quais valores de q o custo médio por item é decrescente? Crescente?

(d) Para qual valor de q o custo médio por item é mínimo? Qual é o menor custo médio por item nesse ponto?

11. O custo total, em milhares de euros, para fabricar um produto é dado por $C(q) = q^3 - 12q^2 + 48q$, onde q é medido em milhares e $0 \leq q \leq 12$.

(a) Esboce um gráfico de $C(q)$. Avalie visualmente a quantidade que minimiza o custo.

(b) Determine analiticamente o valor exato de q para o qual o custo médio é mínimo.

12. Suponha que um firma produz uma quantidade q de algum bem e que o custo médio por item é dado por

$$a(q) = 0{,}01q^2 - 0{,}6q + 13, \text{ para } q > 0.$$

(a) Qual é o custo total, $C(q)$, para produzir q bens?

(b) Qual é o custo marginal mínimo? Qual é a interpretação prática deste resultado?

(c) A qual nível de produção o custo médio é mínimo? Qual é o menor custo médio?

(d) Calcule o custo marginal em $q = 30$. Como se relaciona com sua resposta à parte(c)? Explique essa relação, em palavras e analiticamente.

13. Duas funções custo com diferentes concavidades são dadas na Figura 5.45. Para cada uma delas, existe algum valor de q para o qual o custo médio é mínimo? Se existe, aproximadamente onde? Explique sua resposta.

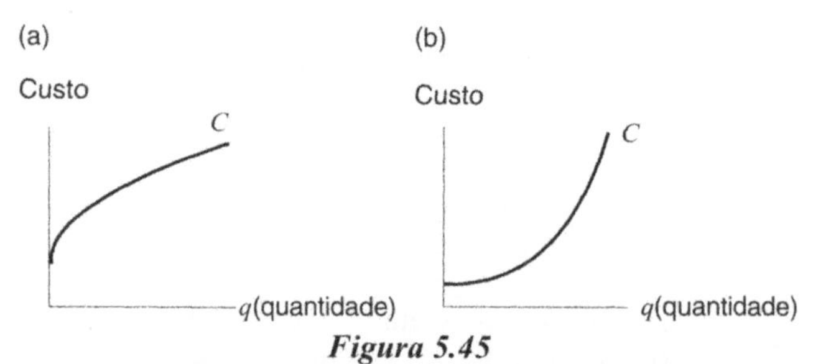

Figura 5.45

14. Um modelo razoavelmente realístico dos custos de uma firma é dado pela *curva de custos de Cobb-Douglas para períodos curtos*

$$C(q) = Kq^{1/a} + F,$$

onde a é uma constante positiva, F o custo fixo e K mede a tecnologia disponível para a firma.

(a) Mostre que C é côncava para baixo se $a > 1$.

(b) Supondo que $a < 1$, ache qual valor de q minimiza o custo médio.

15. Mostre analiticamente que, se o custo marginal for menor que o custo médio, então a derivada do custo médio com relação à quantidade satisfará $da/dq < 0$.

16. Mostre analiticamente que, se o custo marginal for maior que o custo médio, então a derivada do custo médio com relação à quantidade satisfará $da/dq > 0$.

5.5 ELASTICIDADE DA DEMANDA

O quanto a demanda é sensível a variações de preço depende do produto. Por exemplo, uma variação no preço de lâmpadas pode não afetar muito a demanda por lâmpadas, ao passo que uma variação no preço de uma particular marca de carro pode ter influência significativa na demanda por esse carro.

Queremos achar um meio de medir essa sensibilidade da demanda a variações de preço. Nossa medida deveria funcionar para produtos tão diversos quanto lâmpadas e carros. Os preços destes dois itens são tão diferentes que faz pouco sentido falar em variações absolutas do preço: Mudar o preço de uma lâmpada por \$1 é uma variação substancial, ao passo que para o preço de um carro não é. Em lugar disso, usamos a variação fracionária, ou porcentagem. Por exemplo, como um aumento de 1% no preço de (quer lâmpadas, quer carros) afeta a demanda por esse produto? Analogamente, olhamos a variação fracionária, ou percentual, na demanda e não a variação absoluta.

Seja Δp a variação no preço p de um produto e Δq a correspondente variação da quantidade q em demanda. A variação fracionária no preço é $\Delta p/p$ e a variação fracionária da demanda é $\Delta q/q$. Observe que essas variações em geral têm sinais opostos, pois um aumento nos preços em geral causa um diminuição na quantidade em demanda. Para ter um número positivo que compare as duas variações, tomamos a magnitude (ou valor absoluto) de sua razão:

Magnitude da razão de variação percentual da demanda para variação percentual do preço =

$$= \left|\frac{\Delta q / q}{\Delta p / p}\right| = \left|\frac{\Delta q}{q} \cdot \frac{p}{\Delta p}\right| = \left|\frac{p}{q} \cdot \frac{\Delta q}{\Delta p}\right|$$

Para pequenas variações de p, aproximamos $\Delta q/\Delta p$ pela derivada dq/dp. Definimos

A **elasticidade da demanda** para um produto, denotada por R, é o valor absoluto da razão da variação fracionária da demanda para a variação fracionária do preço.[2] Temos

$$E = \left|\frac{p}{q} \cdot \frac{dq}{dp}\right|$$

Mudar o preço de um item por 1% causa uma variação de E% na quantidade de bens vendida. Se $E > 1$, um aumento de um por cento no preço faz a demanda cair por mais de um por cento, e dizemos que a demanda é *elástica*. Se $0 \leq E < 1$, um aumento de 1% no preço faz com que a demanda caia por menos que um por cento, e dizemos que a demanda é *inelástica*. De modo geral, se a elasticidade é grande, então uma mudança no preço causará uma mudança grande no número de vendas.

Exemplo 1 Levantar o preço de quartos de hotel de \$75 para \$80 por noite reduz as vendas semanais de 100 quartos para 90.

(a) Qual é a elasticidade da demanda para quartos ao preço de \$75?

(b) Deve o proprietário aumentar os preços?

Solução (a) A variação percentual no preço é

$$\frac{\Delta p}{p} = \frac{5}{75} = 0,067 = 6,7\%$$

e a variação percentual na demanda é

$$\frac{\Delta q}{q} = \frac{-10}{100} = -0,1 = -10\%$$

A elasticidade da demanda é a razão

$$E = \frac{0,10}{0,067} = 1,5$$

A elasticidade é maior que 1, porque a variação percentual da demanda é maior que a variação percentual no preço.

(b) Ao preço de \$75 por quarto o rendimento semanal é

(100 quartos)(\$75 por quarto) = \$7.500.

Ao preço de \$80 por quarto o rendimento semanal é

(90 quartos)(\$80 por quarto) = \$7.200.

Um aumento de preços produz perda de receita, de modo que o preço não deve ser aumentado.

Exemplo 2 A curva de demanda para um produto é dada por $q = 1000 - 2p^2$. Ache a elasticidade em $p = 10$ e em $p = 15$, e interprete suas respostas.

Solução Primeiro achamos a derivada $dq/dp = -4p$. Ao preço de \$10, a quantidade demandada é $q = 1000 - 2(10^2) = 800$ e $dq/dp = -4(10) = -40$. A este preço, a elasticidade é

$$E = \left|\frac{p}{q} \cdot \frac{dq}{dp}\right| = \left|\frac{10}{800}(-40)\right| = 0,5$$

A demanda é inelástica ao preço de \$10: um aumento de 1% no preço produz uma redução de aproximadamente 0,5% na demanda.

Ao preço de \$15, temos $q = 550$ e $dq/dp = -60$. A elasticidade é

$$E = \left|\frac{p}{q} \cdot \frac{dq}{dp}\right| = \left|\frac{15}{550}(-60)\right| = 1,64$$

A demanda e elástica: um aumento de 1% no preço resulta em uma redução de aproximadamente 1,64% na demanda.

Elasticidade na demanda e receita máxima

No Exemplo 2, para $p = 10$, a elasticidade é 0,5%. Isto significa que se os preços forem aumentados de 1%, a partir de \$10, a demanda cairá por cerca de 0,5%. Isto nos diz que podemos levantar os preços sem prejudicar muito a demanda, portanto a receita provavelmente aumentará se aumentarmos os preços. De outro lado, para $p = 15$ a elasticidade é 1,64. Um aumento de 1% no preço a partir de \$15 causa queda na demanda de cerca de 1,64%. Ou, uma redução de 1% no preço a partir de \$15 causa aumento de cerca de 1,64% na demanda, levantar o preço provavelmente diminuirá a receita, de modo que podemos aumentar a receita abaixando o preço.

Qual é o preço que traz a maior receita? A Tabela 5.4 mostra para o produto no Exemplo 2 a demanda, q, receita, R e elasticidade, E, para vários preços. A receita $R = pq$ é o produto de duas quantidades, preço e demanda, e quando uma sobe a outra desce. A elasticidade mede a importância relativa destas duas variações em competição. Da tabela parece que a máxima receita é conseguida com o preço a cerca de \$13, e que a elasticidade a esse preço é aproximadamente 1. Para preços abaixo de \$13 temos $E < 1$, indicando que a redução na demanda causada por aumento de preço será relativamente pequena, de modo que aumentar o preço aumenta a receita. Para preços acima de \$13, temos $E > 1$, indicando que aumento na demanda causada por um diminuição do preço será relativamente grande, de modo que abaixar o preço aumenta a receita.

[2] Quando for necessário distingui-la de outras elasticidades, esta quantidade será chamada elasticidade da demanda com relação ao preço, ou elasticidade da demanda para o preço.

TABELA 5.4 — *Rendimento e elasticidade em diferentes pontos*

Preço p	10	11	12	13	14	15
Demanda q	800	758	712	662	608	550
Receita R	8.000	8.338	8.544	8.606	8.512	8.250
Elasticidade E	0,5	0,64	0,81	1,02	1,29	1,64
	Inelástica	Inelástica	Inelástica	Elástica	Elástica	Elástica

Resumimos como segue:

Relação entre elasticidade e receita

- Se $E < 1$, a demanda é inelástica e a receita aumenta se o preço for aumentado
- Se $E > 1$, a demanda é elástica e a receita aumenta se o preço for reduzido
- $E = 1$ ocorre em pontos críticos da função receita

Exemplo 3 Mostre analiticamente que os pontos críticos da receita ocorrem quando $E = 1$.

Solução Pensamos na receita como função do preço. Usando a regra do produto para derivar $R = pq$, temos

$$\frac{dR}{dp} = \frac{d(pq)}{dp} = p\frac{dq}{dp} + \frac{dp}{dp}q = p\frac{dq}{dp} + q$$

Num ponto crítico a derivada dR/dp é igual a zero, de modo que

$$p\frac{dq}{dp} + q = 0$$

$$p\frac{dq}{dp} = -q$$

$$\frac{p}{q}\frac{dq}{dp} = -1$$

$$E = 1$$

Elasticidade da demanda para diferentes produtos

Produtos diferentes em geral têm elasticidades diferentes. Se existirem substitutos próximos para um produto, ou se o produto é um luxo e não uma necessidade, uma variação de preço em geral tem efeito grande sobre a demanda, e a demanda para o produto é elástica. De outro lado, se não existirem substitutos próximos ou se o produto for algo necessário, variações no preço terão efeito relativamente pequeno sobre a demanda e a demanda será inelástica. Demanda por sal, penicilina, óculos e lâmpadas é inelástica na faixa usual de preços para tais produtos. A Tabela 5.5 lista a elasticidade da demanda com relação ao preço para produtos escolhidos.[3]

[3] David R. Kamerschen & Lloyd M. Valentine, *Intermediate Microeconomic Theory*, (South-Western Publishing Co., 1977).

TABELA 5.5 — *Elasticidade da demanda para produtos escolhidos*

Produto	Elasticidade	Produto	Elasticidade
Viagem aérea	1,10	Jóias	2,60
Automóveis	1,50	Leite	0,31
Peças de automóveis	0,50	Laranjas	0,97
Lâmpadas	0,33	Aves	0,27
Farinha	0,79	Rádios	1,50
Móveis	3,04	Artigos esportivos	1,20
Peles	2,30	Açúcar	0,44

Problemas para a Seção 5.5

1. A elasticidade de um bem é $E = 2$. Qual é o efeito sobre a demanda de:
   (a) Um aumento de 3% no preço?
   (b) Uma redução de 3% no preço?
2. A elasticidade de um bem é $E = 0,5$. Qual é o efeito sobre a demanda de:
   (a) Um aumento de 3% no preço?
   (b) Uma redução de 3% no preço?
3. Quais são as unidades da elasticidade se:
   (a) O preço p é em reais e a quantidade q é em toneladas?
   (b) Se p é em yen e q em litros?
   (c) O que você pode concluir, de modo geral?
4. Qual é a elasticidade para jóias na Tabela 5.5? Explique o que este número lhe diz quanto ao efeito de aumentos de preços sobre a demanda por jóias. A demanda por jóias é elástica ou inelástica ? É isto que você espera? Explique.
5. Qual é a elasticidade para o leite na Tabela 5.5? Explique o que lhe diz este número quanto ao efeito de aumento de preços sobre a demanda por leite. A demanda por leite é elástica ou inelástica? É isso o que você espera? Explique.
6. Você esperaria que a demanda por televisores de alta definição fosse elástica ou inelástica? Explique.
7. Há muitas marcas de detergente para roupas. Você esperaria que a elasticidade da demanda por qualquer marca particular fosse alta ou baixa? Explique seu raciocínio.
8. Numa cidade, há só uma companhia oferecendo serviço telefônico local. Você esperaria que a elasticidade para a demanda por serviços telefônicos fosse alta ou baixa? Explique seu raciocínio.
9. Foi calculado que a elasticidade da demanda por escravos no sul dos EUA, antes da guerra civil, era de 0,86 (bastante alta) nas cidades e de 0,05 (muito baixa) no campo.[4]
   (a) Por que seria isto?
   (b) De onde você pensa que viriam os mais fortes defensores da escravidão, do campo ou da cidade?
10. Suponha que a equação de demanda por batatas doces seja dada por $q = 5.000 - 10p^2$. Onde q é em quilos de batatas doces e p é o preço de um quilo delas.

[4] Donald McCloskey, *The Applied Theory of Price*, p. 134, (New York: Macmillan, 1982).

(a) Se o preço corrente de batatas doces é de \$2 por quilo, quantos quilos serão vendidas?

(b) A demanda a \$2 é elástica ou inelástica? Seria mais preciso dizer que "As pessoas querem batatas doces e as comprarão, não importa qual seja o preço" ou "Batatas doces são um luxo e as pessoas deixarão de comprá-las se o preço ficar muito alto?

11. Suponha que a demanda por batatas doces é como a dada no Problema 10.

(a) A um preço de \$2 por quilo, qual é a receita total para o fazendeiro?

(b) Escreva a receita como função do preço, depois ache o preço que dê máxima receita.

(c) Qual a quantidade vendida ao preço que você achou na parte (b) e qual a receita total?

(d) Mostre que $E = 1$ para o preço que você achou na parte (b).

12. A função demanda para um certo produto é $q = 2.000 - 5p$ onde q é em unidades vendidas ao preço p. Ache a elasticidade se o preço for \$20 e interprete sua resposta em termos da demanda pelo produto.

13. Organizações escolares levantam dinheiro vendendo balas porta a porta. A tabela mostra p, o preço das balas, e q, a quantidade vendida a esse preço.

p	\$1,00	\$1,25	\$1,50	\$1,75	\$2,00	\$2,25	\$2,50
q	2.765	2.440	1.980	1.660	1.175	800	430

(a) Avalie a elasticidade da demanda ao preço de \$1,00. A este preço, a demanda é elástica ou inelástica?

(b) Avalie a elasticidade para cada um dos preços mostrados. O que você observa? Dê uma explicação para o que ocorre.

(c) A qual preço, aproximadamente, a elasticidade é igual a 1?

(d) Ache a receita total para cada um dos preços dados. Confirme que a receita parece ser máxima aproximadamente ao preço para o qual $E = 1$, achado na parte (c).

14. Ache o preço exato que maximiza as receitas pelas vendas do produto no Exemplo 2.

15. (a) Se a equação de demanda for $pq = k$ para uma constante positiva k, calcule a elasticidade da demanda.

(b) Explique a resposta à parte (a) em termos da função receita.

16. Mostre que uma equação de demanda $q = k/p^r$, onde r é uma constante positiva, dá elasticidade constante $E = r$.

17. Se $E = 2$ para todos os preços p, como você pode maximizar a receita?

18. Se $E = 0,5$ para todos os preços p, como você pode maximizar a receita?

19. Mostre analiticamente que se a elasticidade da demanda satisfaz $E > 1$, então a derivada da receita com relação ao preço satisfaz $dR/dp < 0$.

20. Mostre analiticamente que se a elasticidade da demanda satisfaz $E < 1$, então a derivada da receita com relação ao preço satisfaz $dR/dp > 0$.

21. A elasticidade de *preço-cruzado* da demanda por frango com relação ao preço da carne é definida por $E_{cruz} = | p/q \cdot dq/dp |$ onde q é a quantidade de frango demandada como função do preço p da *carne*. O que E_{cruz} lhe diz quanto à sensibilidade da quantidade de frango comprada a variações no preço da carne?

22. A elasticidade por *renda* da demanda de um produto é definida por $E_{renda} = | I/q \cdot dq/dI |$ onde q é a quantidade demandada como função da renda I do consumidor. O que E_{renda} lhe diz sobre a sensitividade da quantidade de produto comprada à variação na renda do consumidor?

23. Uma função demanda linear é dada na Figura 5.46. Economistas calculam a elasticidade da demanda E para qualquer quantidade q_0 usando a fórmula

$$E = d_1/d_2,$$

onde d_1 e d_2 são as distâncias verticais mostradas na Figura 5.46.

(a) Explique porque esta fórmula funciona

(b) Determine os preços, p, em que

(i) $E > 1$ (ii) $E < 1$ (iii) $E = 1$

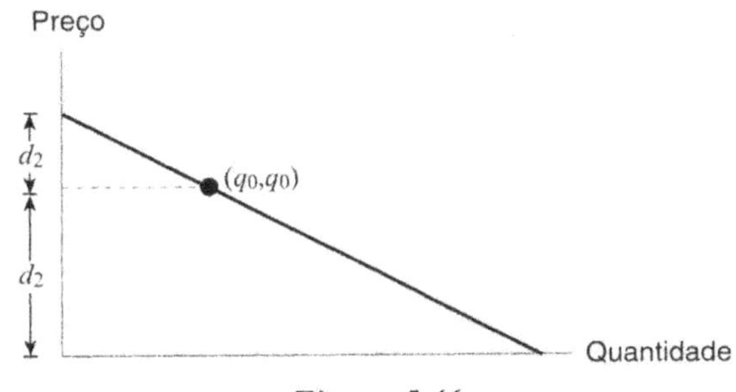

Figura 5.46

5.6 CRESCIMENTO LOGÍSTICO

Em 1923 dezoito ursos coala foram levados à Ilha Koala, perto da costa da Austrália.[5] Os ursos se deram muito bem na ilha e sua população chegou a cerca de 5.000 em 1997. É razoável supor que a população continue a crescer exponencialmente? Como só há uma quantidade finita de espaço na ilha, a população não pode crescer sem limites, para sempre. Em vez disso, a expectativa é que existiria uma população máxima que a ilha pode sustentar. Um *modelo logístico* ou *de crescimento inibido* pode modelar crescimento populacional com limitação superior.

Modelar a população dos EUA

Foi no fim do século dezoito que projeções sobre populações começaram a tornar-se importantes para filósofos

[5] *Watertown Daily Times*, 18 de abril de 1997.

políticos. Ao passo que crescia a preocupação com a escassez de recursos, o mesmo acontecia com o interesse por projeções precisas sobre populações. Nos EUA, a população é registrada a cada dez anos por um censo. O primeiro tal censo foi feito em 1790. A Tabela 5.6 contém os dados dos censos de 1790 a 1990.

TABELA 5.6 — *População dos EUA, em milhões, 1790–1990*

Ano	População	Ano	População
1790	3,9	1900	76,0
1800	5,3	1910	92,0
1810	7,2	1920	105,7
1820	9,6	1930	122,8
1830	12,9	1940	131,7
1840	17,1	1950	150,7
1850	23,2	1960	179,3
1860	31,4	1970	203,3
1870	38,6	1980	226,5
1880	50,2	1990	248,7
1890	62,9		

A Figura 5.47 sugere que a população cresceu exponencialmente durante os anos de 1790 - 1860. Mas, depois de 1860, a taxa de crescimento começou a diminuir. Ver a Figura 5.48.

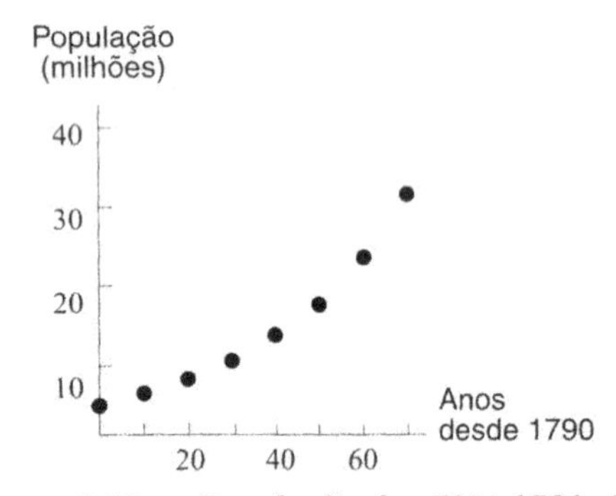

Figura 5.47 — População dos EUA 1790–1860

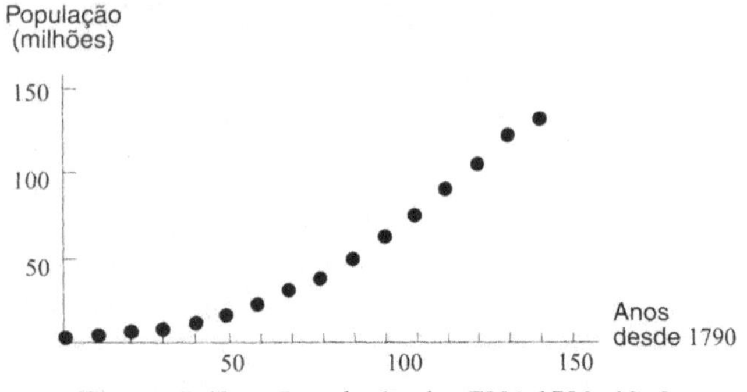

Figura 5.48 — População dos EUA 1790–1940

Os anos de 1790 – 1860: um modelo exponencial

Começamos modelando a população dos EUA, para os anos 1790 – 1860 usando uma função exponencial. Se t é o número de anos desde 1790 e P é a população em milhões, a regressão exponencial dá a função exponencial de melhor ajuste como sendo aproximadamente

$$P = 3{,}9(1{,}03)^t$$

de modo que entre 1790 e 1860 a população dos EUA crescia a uma taxa de aproximadamente 3% ao ano.

A função $P = 3{,}9(1{,}03)^t$ está traçada na Figura 5.49, junto aos dados. Ela se ajusta notavelmente bem a eles. Naturalmente, como usamos os dados de todo o período de 70 anos, deveríamos esperar boa concordância durante esse período. O que é surpreendente é que se tivéssemos usado apenas as populações em 1790 e 1860 para achar nossa função exponencial, as predições ainda seriam bastante precisas. É espantoso que uma pessoa em 1800 pudesse prever a população 60 anos depois com tanta precisão, especialmente levando em conta guerras, recessões, epidemias, acréscimo de novo território e imigração, que tiveram lugar entre 1800 e 1860.

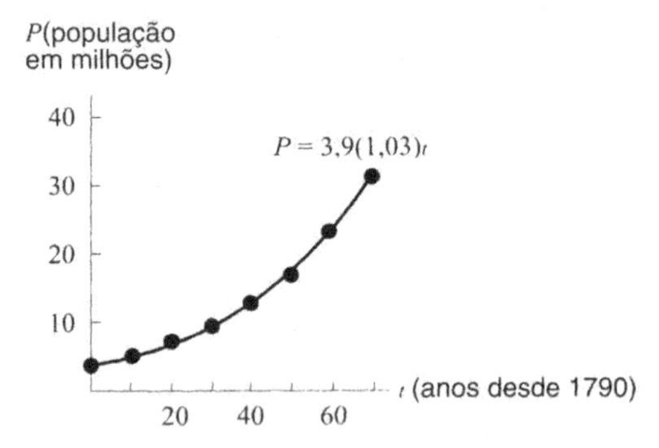

Figura 5.49 — Um modelo exponencial e a população dos EUA, 1790–1860

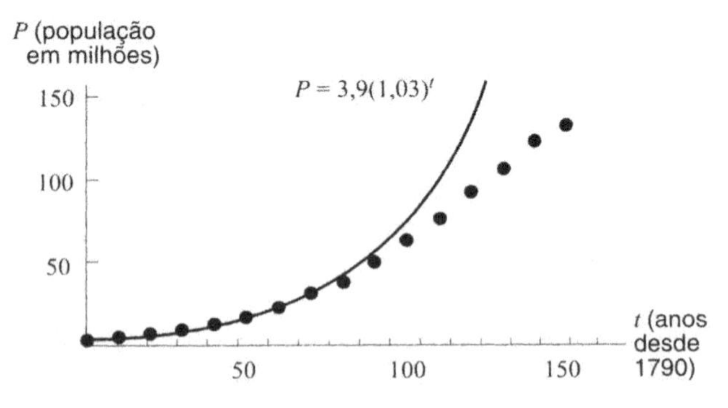

Figura 5.50 — Um modelo exponencial e a população dos EUA, 1790–1940. O ajuste não é bom, após 1860

Os anos de 1790 –1940: um modelo logístico

Como é o ajuste da função exponencial à população dos EUA, para depois de 1860? A Figura 5.50 mostra um gráfico da população dos EUA de 1790 e 1940, com a função exponencial $P = 3{,}9(1{,}03)^t$. A função exponencial, que se ajustava aos dados tão bem até 1860 já não o faz a partir de 1860. Precisamos encontrar outro processo para modelar estes dados.

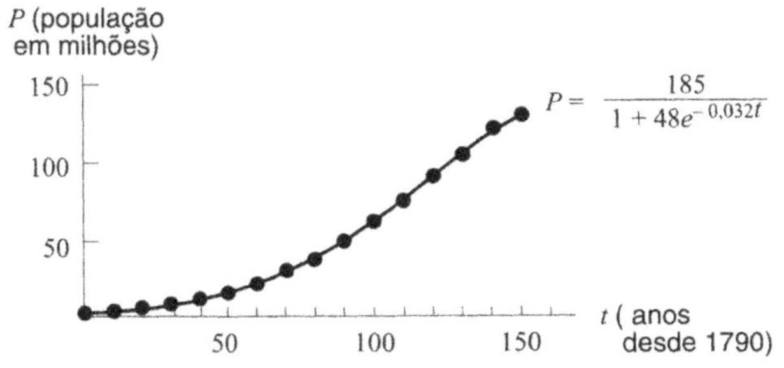

Figura 5.51 — Um modelo logístico para a população dos EUA, 1790–1940

O gráfico da função definida pelos dados na Figura 5.48 é côncava para cima para pequenos valores de t, mas depois parece ficar côncava para baixo e parece tender a tornar-se horizontal. Esta espécie de crescimento é modelado por uma *função logística*. Se t é em anos desde 1790, a regressão logística dá o modelo

$$P = \frac{185}{1+48e^{-0,032t}}$$

O gráfico desta função é dado na Figura 5.51 e parece ajustar-se bem à população até 1940.

A função logística

Uma função logística, como a quem foi usada para modelar a população dos EUA, é sempre crescente. Seu gráfico é côncavo para cima no começo, depois torna-se côncavo para baixo e se aproxima de uma assíntota horizontal. Como vimos no modelo para a população dos EUA, uma função logística é aproximadamente exponencial para pequenos[6] valores de t. Uma função logística pode ser usada também para modelar as vendas de um produto novo e disseminação de um vírus.

Uma **função logística** tem a forma

$$P = f(t) = \frac{L}{1+Ce^{-kt}}$$

onde L, C e k são constantes positivas.

A função logística geral tem três parâmetros: L, C e k. No Exemplo 1, investigamos o efeito de dois desses parâmetros sobre o gráfico; o Problema 18 na página 190 considera o terceiro.

Exemplo 1 Considere a função logística $P = \frac{L}{1+100e^{-kt}}$

(a) Seja $k = 1$. Faça o gráfico de P para vários valores de L. Explique o efeito do parâmetro L

(b) Agora, ponha $L = 1$. Faça o gráfico de P para vários valores de k. Explique o efeito do parâmetro k.

Solução (a) Veja a Figura 5.52. Observe que o gráfico se nivela ao valor L. O parâmetro L determina a assíntota horizontal e a limitação superior para P.

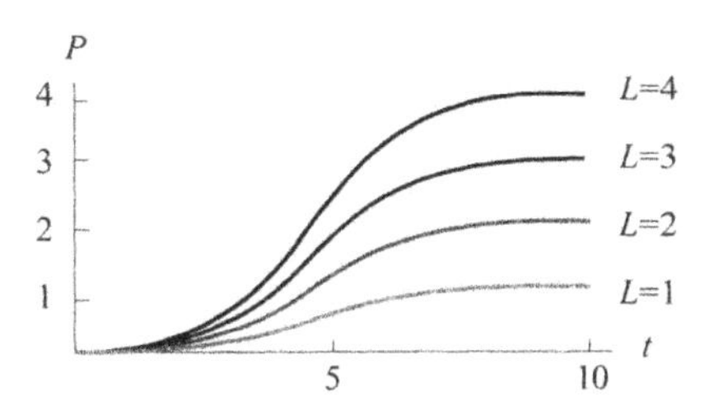

Figura 5.52 — Gráfico de $P = \frac{L}{1+100e^{-t}}$ *para vários valores de* L

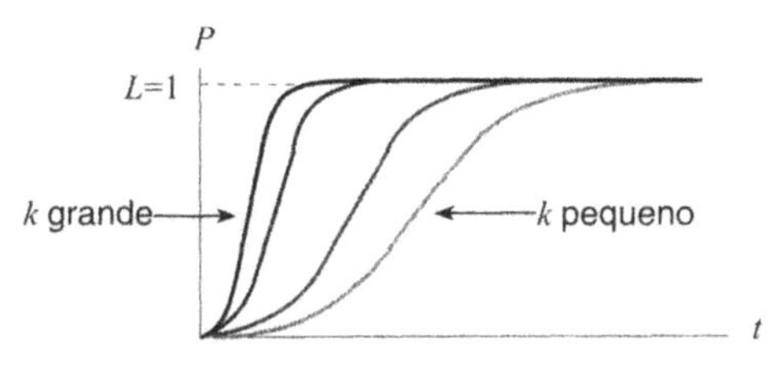

Figura 5.53 — Gráfico de $P = \frac{1}{1+100e^{-kt}}$ *com vários valores de* k

(b) Veja a Figura 5.53. Observe que quando k cresce, a curva se aproxima da assíntota mais rapidamente. O parâmetro k afeta a inclinação da curva.

A capacidade de sustentar e o ponto de retornos em queda

O Exemplo 1 sugere que o parâmetro L da função logística é a limitação superior para P se

$$P = \frac{L}{1+Ce^{-kt}}$$

Este valor L é chamado a *capacidade de sustento* ou de *suporte* e representa a maior população que um ambiente pode suportar.

Um modo de avaliar essa capacidade é achar o ponto de inflexão. Sabemos que o gráfico de um curva logística é côncavo para cima a princípio e depois côncavo para baixo. No ponto de inflexão, onde muda a concavidade, a inclinação é máxima. À esquerda desse ponto, o gráfico é côncavo para cima e a taxa de crescimento é crescente. À direita do ponto de inflexão o gráfico é côncavo para baixo e a taxa de crescimento vai decrescendo. O ponto de inflexão é chamado o *ponto de retornos em queda*. O Problema 19, na página 190, mostra que este ponto se dá quando $P = L/2$. Veja a Figura 5.54. Às vezes, companhias ficam de olho para esta mudança nas vendas de um novo produto e a usam para avaliar o máximo das vendas potenciais.

> Propriedades da função logística $P = \frac{L}{1+Ce^{-kt}}$
>
> • O valor limitante L representa a capacidade de sustento ou limitação superior para P.

[6] Quão pequeno é suficientemente pequeno depende dos valores de C e k.

- O ponto de retornos em queda é o ponto de inflexão, onde P está crescendo mais rapidamente. Ocorre onde $P = L/2$.
- A função logística é aproximadamente exponencial para pequenos valores de t, com taxa de crescimento k.

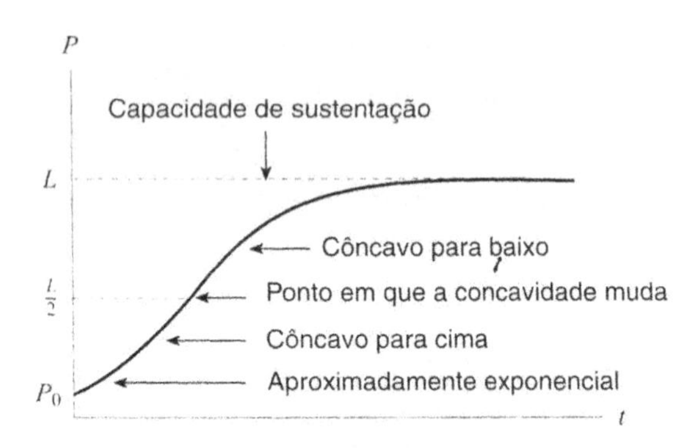

***Figura 5.54** — Crescimento logístico*

Os anos de 1790 –1990: outro olhar à população dos EUA

Usamos uma função logística para modelar a população dos EUA entre 1790 e 1940. Este modelo ainda se ajusta tão bem à população dos EUA desde 1940? Agora olhamos dados da população de 1790 a 1990.

Exemplo 2 Se t indica anos desde 1790 e P é em milhões, usamos a seguinte função logística para modelar a população dos EUA entre 1790 e 1940:

$$P = \frac{185}{1 + 48e^{-0,032t}}$$

De acordo com esta função, qual é a população máxima para os EUA? Esta previsão é precisa? Quão bem este modelo logístico se ajusta ao crescimento da população nos EUA desde 1940?

TABELA 5.7 — *População prevista versus verdadeira, nos EUA, em milhões, 1940 –1990 (modelo logístico)*

Ano	1940	1950	1960	1970	1980	1990
Verdadeira	131,7	150,7	179,3	203,3	226,5	248,7
Prevista	132,6	143,6	151,1	160,7	166,7	171,3

Solução A Tabela 5.7 mostra a população real dos EUA entre 1940 e 1990 bem como os valores previstos usando este modelo logístico. Segundo a fórmula para a função logística, a limitação superior para a população é $L = 185$ milhões. Mas a Tabela 5.7 mostra que a real população dos EUA estava acima deste número por volta de 1970. O ajuste entre a função logística e a população verdadeira não é bom após 1940.

Apesar da II Guerra Mundial, que indubitavelmente reduziu o crescimento da população entre 1942 e 1945, na segunda metade da década de 1940 -50 a população dos EUA teve grande crescimento. A década seguinte viu um crescimento populacional de 28 milhões, deixando nosso modelo logístico no chão. Este crescimento populacional é chamado de "baby boom."

Mais uma vez chegamos a um ponto em que nosso modelo já não é útil. Isto não deve levá-lo a pensar que não se pode achar um modelo matemático razoável, mas indica que nenhum modelo é perfeito e que, quando um modelo falha, temos que procurar um melhor. Assim como abandonamos o modelo exponencial em favor do modelo logístico para a população dos EUA, poderíamos olhar mais para longe.

Predições de vendas

As vendas totais de um novo produto freqüentemente seguem um modelo logístico. Por exemplo, quando aparece no mercado um novo disco compacto (CD), as vendas começam crescendo rapidamente, à medida que se espalha a notícia sobre o CD. Eventualmente, a maioria das pessoas que querem o CD já o terão comprado e as vendas se tornam mais lentas. O gráfico das vendas totais contra o tempo é côncavo para cima no início e depois côncavo para baixo, com a limitação superior L igual ao máximo das vendas potenciais.

Exemplo 3 A Tabela 5.8 mostra as vendas totais (em milhares) de um novo CD desde sua introdução.
(a) Ache o ponto em que muda a concavidade nesta função. Use-o para avaliar o máximo das vendas potenciais, L.
(b) Usando regressão logística, ajuste uma função logística a estes dados. Qual valor máximo para as vendas potenciais prediz esta função?

TABELA 5.8 — *Vendas totais de um novo CD desde sua introdução*

t(meses)	0	1	2	3	4	5	6	7
P(vendas totais em milhares)	0,5	2	8	33	95	258	403	496

Solução (a) A taxa de variação das vendas totais cresce até $t = 5$ e decresce depois de $t = 5$, de modo que o ponto de inflexão é aproximadamente em $t = 5$, quando $P = 258$. Assim $L/2 = 258$ e $L = 516$. O máximo das vendas potenciais para este disco é estimado como 516.000.
(b) A regressão logística dá a seguinte função;

$$P = \frac{532}{1 + 869e^{-1,33t}}$$

O máximo para as vendas potenciais previstas por esta função é $L = 532$, ou cerca de 530.000 CDs. Veja a Figura 5.55

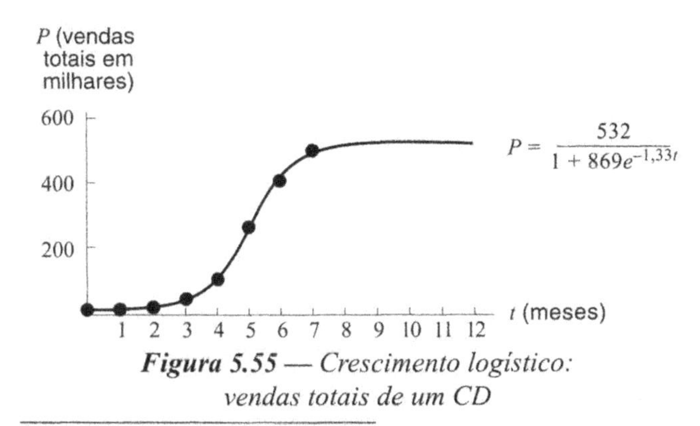

Figura 5.55 — Crescimento logístico: vendas totais de um CD

Exemplo 4 Toca-discos para CDs apareceram em 1982, e as vendas têm crescido constantemente desde então. Vendas totais cumulativas mundiais [7] são mostradas na Figura 5.56. Parece que as vendas chegaram a um ponto de retornos em queda? O que isto lhe diz sobre o máximo das vendas potenciais?

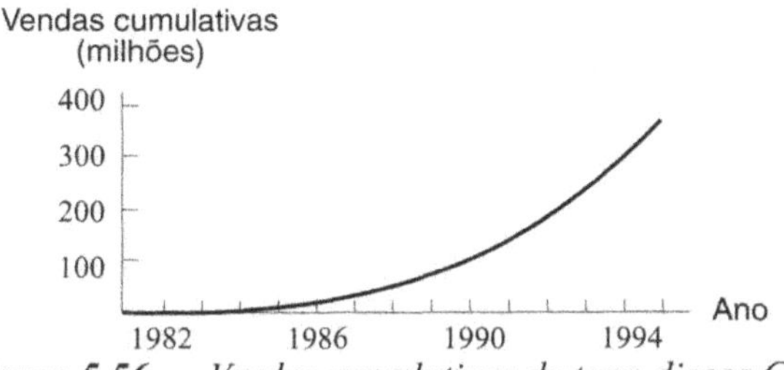

Figura 5.56 — Vendas cumulativas de toca-discos CD

Solução Parece que o gráfico na Figura 5.56 é côncavo para cima em toda parte, portanto o ponto de retorno em queda ainda não foi atingido. Como a concavidade ainda não mudou, o ponto $L/2$ deve estar acima do valor de 1995, que é de cerca de 365 milhões. Isto significa que o máximo previsto de vendas potenciais de toca disco CD é superior a $2 \times 365 = 730$ milhões de CDs.

Curvas de resposta a dosagens

Uma *curva de resposta à dosagem* marca a intensidade da resposta fisiológica a uma droga, como função da dose administrada. Aumentando a dosagem, a intensidade da resposta aumenta, de modo que uma função de resposta a dosagem é crescente. A intensidade da resposta em geral e posta em escala como porcentagem da resposta máxima. A curva não pode ir acima da resposta máxima (ou 100%), de modo que a curva tende a uma assíntota horizontal. Curvas de resposta à dosagem em geral são côncavas para cima para doses baixas e côncavas para baixo para doses altas. Uma curva de resposta a dosagem pode ser modelada por uma função logística, a variável independente sendo a dose de droga, não o tempo.

Uma curva de resposta a dosagem mostra a quantidade de droga necessária para produzir o efeito desejado, bem como o máximo efeito atingível e a dose necessária para atingí-lo.

[7] Adaptado de Alam E, Bell, "Next-generation Compact Discs", *Scientific American* (July 1996) p. 45.

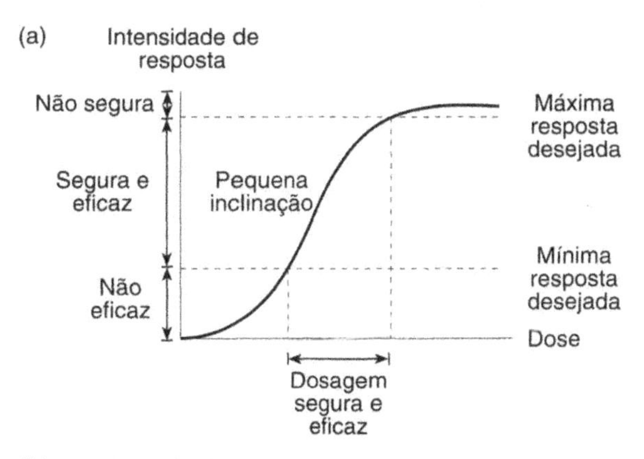

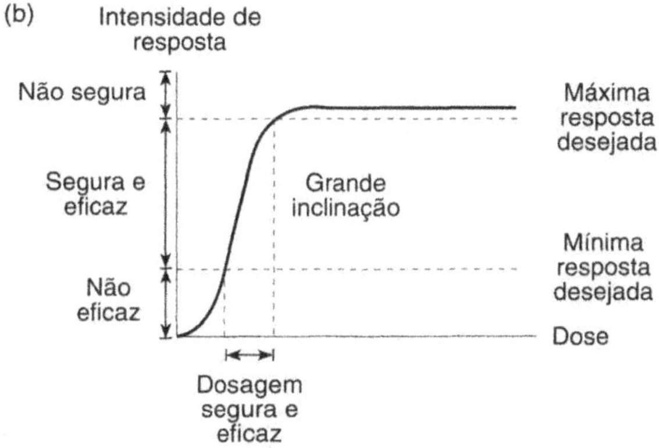

Figura 5.57 — O que nos diz a inclinação da curva de resposta a dosagem?

A inclinação da curva de resposta a dosagem dá informação sobre a margem de segurança terapêutica da droga.

Drogas devem ser administradas numa dosagem suficientemente grande para serem eficazes mas não tanto que sejam perigosas. A Figura 5.57 mostra duas curvas diferentes de resposta à dosagem: uma com pequena inclinação e outra com grande inclinação. Na Figura 5.57 (a), há um largo intervalo de dosagens para as quais a droga é ao mesmo tempo eficaz e segura. Na Figura 5.57 (b), em que a inclinação da curva é forte, o intervalo de dosagens para as quais a droga é ao mesmo tempo eficaz e segura é pequeno. Se a inclinação da curva é forte, um pequeno engano na dosagem pode ter resultados perigosos. É difícil a administração de uma tal droga.

Exemplo 5 A Figura 5.58 mostra curvas de resposta à dosagem para três drogas diferentes usadas para o mesmo fim. Discuta as vantagens e desvantagens das três drogas.

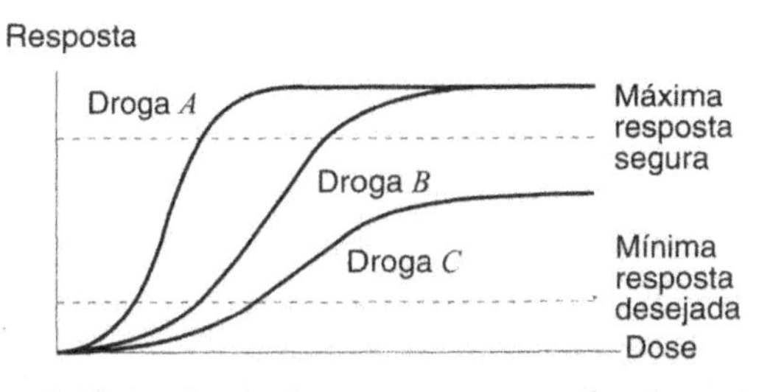

Figura 5.58 — Quais são as vantagens e desvantagens de cada uma destas drogas?

Solução As drogas A e B exibem a mesma resposta máxima, ao passo que a resposta máxima da droga C é significativamente menor; porém, todas as três atingem a resposta mínima desejada. A potência das drogas B e C (medida pela dose necessária para atingir o efeito desejado) é significativamente menor que a da droga A. (Mas a potência é uma característica relativamente sem importância de uma droga, pois uma droga menos potente pode simplesmente ser dada em doses maiores.) A droga A tem inclinação mais forte que qualquer das outras duas. Mas as drogas A e B podem ultrapassar a resposta segura máxima. Assim, a droga C pode ser preferida, apesar de seu efeito máximo menor, porque é de administração mais segura.

Problemas para a Seção 5.6

1. Faça $t = 0, 10, 20, \ldots, 70$ na função exponencial usada nesta seção para modelar a população dos EUA de 1790 – 1860. Compare os valores previstos com os verdadeiros

2. Nesta seção, uma função logística foi usada para modelar a população dos EUA. Use esta função para prever a população dos EUA em cada um dos anos de censo de 1790 – 1940. Compare os valores previstos com os verdadeiros.

3. Um boato se espalha num grupo de 400 pessoas. O número, $N(t)$, de pessoas que ouviram o boato pelo tempo t, em horas desde que o boato começou a se espelhar, pode ser aproximado por uma função da forma

$$N(t) = \frac{400}{1 + 399e^{-0,4t}}$$

 (a) Ache $N(0)$ e interprete-o.
 (b) Quantas pessoas terão ouvido o boato após 2 horas? Após 10 horas?
 (c) Esboce um gráfico de $N(t)$.
 (d) Quanto tempo, aproximadamente, levará até que metade das pessoas tenham ouvido o boato? Praticamente todos?
 (e) Aproximadamente, quando o boato está se espalhando mais depressa?

4. Se t é em anos desde 1990, um modelo para a população, P, do mundo, em bilhões, é

$$P = \frac{40}{1 + 11e^{-0,08t}}$$

 (a) O que este modelo prediz, quanto à população máxima sustentável para o mundo?
 (b) Esboce um gráfico de P contra t.
 (c) De acordo com este modelo, quando a população da terra chegará a 20 bilhões? 39,9 bilhões?

5. A tabela seguinte dá a porcentagem, P, de famílias[8] com televisão que têm também um videocassete (VCR).

Ano	Porcentagem tendo VCR	Ano	Porcentagem tendo VCR
1978	0,3	1985	20,8
1979	0,5	1986	36,0
1980	1,1	1987	48,7
1981	1,8	1988	58,0
1982	3,1	1989	64,6
1983	5,5	1990	71,9
1984	10,6	1991	71,9

 (a) Explique porque um modelo logístico é razoável, para uso neste dados.
 (b) Avalie o ponto de retornos em queda. Qual valor limitante L este ponto prediz? Este valor parece ser preciso, dadas as porcentagens para 1990 e 1991?
 (c) Se t é em anos desde 1978, verifica-se que a função logística que melhor se ajusta a estes dados é

$$P = \frac{75}{1 + 317e^{-0,67t}}$$

 Qual valor limitante prediz esta função?
 (d) Explique, em termos de porcentagens das famílias o que esta função está dizendo a você. Você acha que sua resposta à parte (c) é uma previsão correta? Qual você acha que será finalmente, a porcentagem de famílias com televisão que também possuam um VCR?

6. Escreva um parágrafo explicando porque as vendas de um novo produto freqüentemente seguem uma curva logística. Explique porque é útil para a companhia ficar de olho no ponto de retornos em queda.

7. Um novo jogo é posto no mercado e tem vendas totais como mostra a tabela seguinte.

Meses desde que o jogo foi introduzido	0	2	4	6	8	10	12	14
Vendas totais (milhares)	0	2,3	5,5	9,6	18,2	31,8	42,0	50,8

 (a) Marque estes dados e marque o ponto de retornos em queda.
 (b) Prediga as vendas totais possíveis para este jogo, usando o ponto de retornos em queda.

8. A comunidade índia de maias Tojolobal, no sul do México, dispõe de uma quantidade de terra fixa.[9] A proporção, P, de terra em uso para cultura t anos depois de 1935 é modelada pela função logística

$$P = \frac{1}{1 + 3e^{-0,0275t}}$$

[8] *Statitical Abstract of the United States*, 1992.

[9] Adaptado de J.S.Thomas e M.C. Robbins, "The Limits of Growth in a Tojolobal Maya Ejido", *Geoscience and Man* 26, p. 9-10. (Baton Rouge: Geoscience Publications, 1988).

(a) Qual proporção da terra estava em uso para cultivo em 1935?

(b) Qual é a previsão a longo prazo para este modelo?

(c) Quando estava a metade da terra em uso para cultivo?

(d) Quando cresce mais rapidamente a proporção de terra usada para cultivo?

9. Uma curva representando o número total, P, de pessoas infectadas com um vírus muitas vezes tem a forma de uma curva logística $P = \frac{L}{1 + Ce^{-kt}}$ com o tempo t em semanas. Suponha que inicialmente 10 pessoas tenham o vírus e que nos primeiras estágios o número de pessoas infectadas cresce de modo aproximadamente exponencial, com taxa contínua de crescimento de 1,78. Estima-se que, a longo prazo, cerca de 5.000 pessoas serão infectadas.

(a) Como tomaríamos os parâmetros k e L?

(b) Use que, quando $t = 0$, temos $P = 10$ para achar C.

(c) Agora que você avaliou L, k e C, qual é a função logística que você usa para modelar os dados? Esboce um gráfico dessa função.

(d) Avalie o tempo até que a taxa à qual as pessoas estão sendo infectadas comece a decrescer. Qual é o valor de P nesse ponto?

10. (a) Trace uma curva logística. Marque a capacidade de sustento L e o ponto de retornos em queda, t_0.

(b) Trace a derivada da curva logística. Marque o ponto t_0 no eixo horizontal.

(c) Suponha que uma companhia acompanhe a taxa de vendas (por exemplo, vendas por semana) em vez das vendas totais. Explique como a companhia pode saber, sobre um gráfico de taxa de vendas, quando é atingido o ponto de retorno em queda.

11. Suponha que uma curva de resposta a dosagem seja dada por $R = f(x)$, onde R é porcentagem da resposta máxima e x é a dose da droga em mg. Suponha que a curva tem a forma geral mostrada nos gráficos na Figura 5.57, da página 187, que o ponto de inflexão para a curva é em (15,50), e que $f'(15) = 11$.

(a) Explique o que $f'(15)$ lhe diz em termos da dose e da resposta para esta droga.

(b) $f'(10)$ é maior ou menor que 11? $f'(20)$ é maior ou menor que 11? Explique.

12. A Figura 5.59 mostra a capacidade mundial de geração de energia elétrica por usinas nucleares, entre 1960 e 1993. Os dados parecem seguir uma curva logística.[10]

(a) Qual é a concavidade da curva entre 1960 e 1975? O que isto lhe diz sobre a taxa de aumento da potência nuclear nesse período?

(b) Aproximadamente quando muda a concavidade? Quantos gigawatts de potência nuclear estão sendo gerados a esse tempo? Qual valor limite isto prediz para a capacidade geradora de usinas nucleares no mundo? Sua resposta se ajusta ao que você vê no gráfico?

(c) Assumindo que um modelo logístico se ajuste a esses dados, o que ele prediz quanto à capacidade geradora de usinas nucleares depois de 1993? O modelo prediz que a potência nuclear crescerá, cairá ou ficará aproximadamente a mesma?

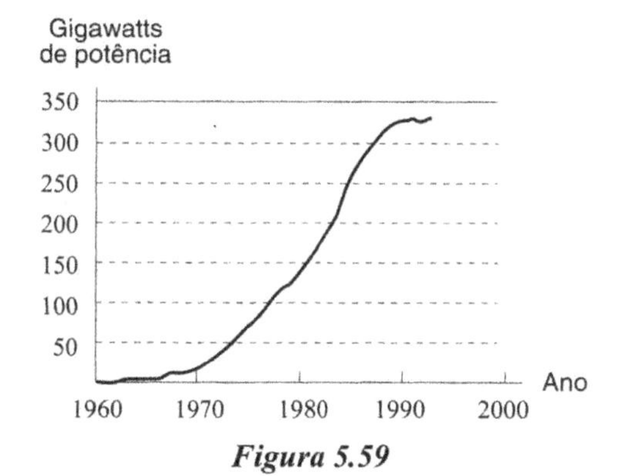

Figura 5.59

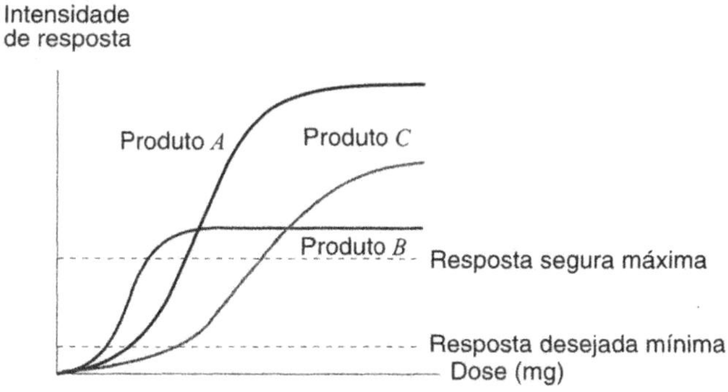

Figura 5.60

13. Curvas de resposta a dosagens para três produtos diferentes são dadas na Figura 5.60.

(a) Para a resposta desejada, qual droga exige a maior dose? A menor dose?

(b) Qual droga tem a maior resposta máxima? A menor?

(c) Qual droga é de administração mais segura? Explique.

14. Se R denota porcentagem da resposta máxima e x é dose em mg, a curva de resposta a dosagem para uma droga é dada por

$$R = \frac{100}{1 + 100e^{-0,1x}}$$

(a) Esboce uma gráfico desta função.

(b) Qual dose corresponde a uma resposta de 50% do máximo? Este é o ponto de inflexão, em que a resposta está crescendo mais depressa.

(c) Para esta droga, a resposta mínima desejada é 20% e a resposta segura máxima é 70%. Qual intervalo de dosagens é ao mesmo tempo seguro e eficaz para esta droga?

[10] Lester R. Brown, et al., *Vital Signs 1994*, p. 53, (New York: W.W.Norton and Co., 1994).

15. Explique porque é mais seguro usar uma droga para a qual a derivada da curva de resposta à dosagem é menor.

Há duas espécies de curvas de resposta a dosagens. Um tipo, discutido nesta seção, grafa a intensidade de resposta contra a dose da droga. Agora consideramos uma curva de resposta a dosagem em que a porcentagem de indivíduos mostrando uma resposta específica é registrada contra a dose da droga. Nos problemas 16–17, a curva à esquerda mostra a porcentagem de indivíduos que mostram a resposta desejada à dose dada, e a curva à direita mostra a porcentagem de indivíduos para as quais a dose dada é letal.

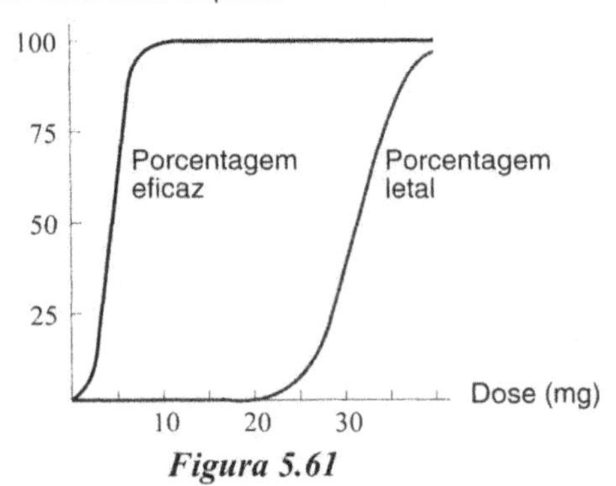

Figura 5.61

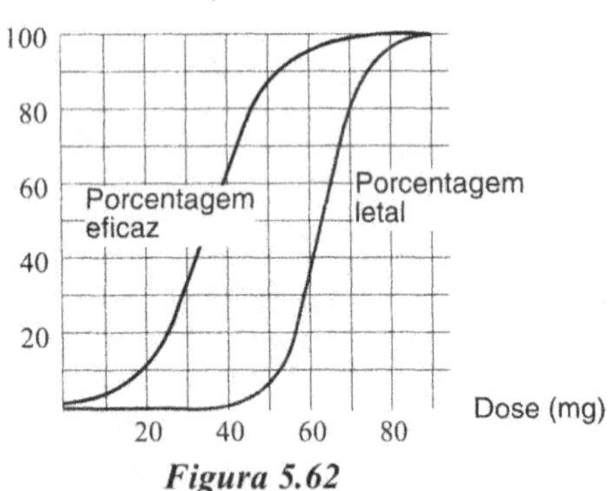

Figura 5.62

16. Na Figura 5.61, qual intervalo de dosagens parece ser ao mesmo tempo seguro e eficaz para 99% de todos os pacientes?
17. Na Figura 5.62, discuta os possíveis resultados e em qual porcentagem de pacientes se tem cada resultado, quando são administradas 50 mg da droga.
18. Investigue o efeito do parâmetro C na curva logística $P = \dfrac{10}{1+Ce^{-t}}$ Tome vários valores para C e explique, com gráficos e com palavras, o efeito de C sobre o gráfico.
19. Considere a população P que satisfaz à *equação logística*

$$\frac{dP}{dt} = kP\left(1 - \frac{P}{L}\right)$$

(a) Use a regra da cadeia para achar d^2P/dt^2.

(b) Mostre que o ponto de retornos em queda, em que $d^2P/dt^2 = 0$ ocorre quando $P = L/2$.

5.7 A FUNÇÃO IMPULSO E A CONCENTRAÇÃO DE DROGAS

Nicotina no sangue

Quando uma pessoa fuma um cigarro, a nicotina do cigarro penetra em seu corpo através dos pulmões, é absorvida no sangue e se espalha pelo corpo. A maior parte dos cigarros contém entre 0,5 e 2,0 mg de nicotina; aproximadamente 20% (entre 0,1 e 0,4 mg) é de fato inalada e absorvida pela corrente sanguínea. À medida que a nicotina deixa o sangue, o fumante sente a necessidade de outro cigarro. A meia-vida da nicotina na corrente sanguínea é de cerca de duas horas. Considera-se que a dose letal é de cerca de 60 mg.

O nível de nicotina no sangue sobe quando a pessoa fuma e vai se extinguido quando ela pára de fumar. A Tabela 5.9 mostra a concentração de nicotina no sangue (em mg/ml) durante e após o uso do cigarro. (O ato de fumar ocorreu durante os dez primeiros minutos e os dados experimentais mostrados representam valores médios para dez pessoas.)[11]

Os pontos da tabela 5.9 estão marcados na Figura 5.63. Funções com este comportamento são chamadas *funções de impulso*. Têm equações da forma $y = ate^{-bt}$, onde a e b são constantes positivas.

TABELA 5.9 — *Concentrações de nicotina no sangue, durante e depois do uso de cigarros*

t(minutos)	C (ng/ml)	t(minutos)	C (ng/ml)
0	4	45	9
5	12	60	8
10	17	75	7,5
15	14	90	7
20	13	105	6,5
25	12	120	6
30	11		

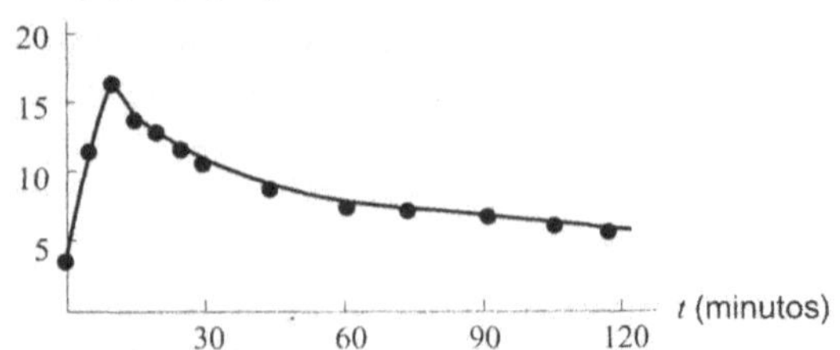

Figura 5.63 — *Concentrações de nicotina no sangue durante e depois do uso de cigarros*

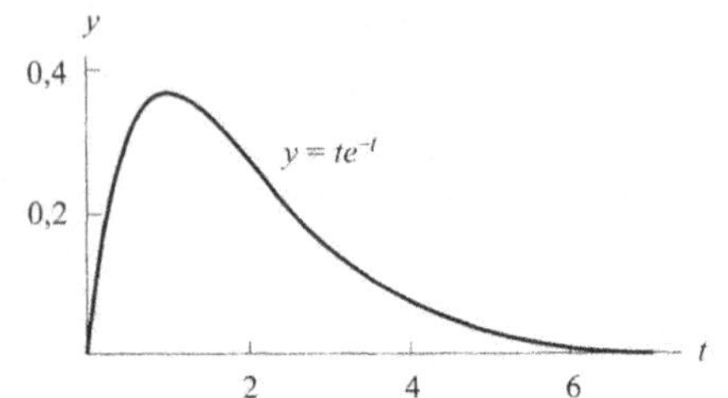

Figura 5.64 — *Um membro da família* $y = ate^{-bt}$ *com* $a = 1$ *e* $b = 1$

[11] Benowitz, Porched, Skeiner, Jacob, "Nicotine Absorption and Cardiovascular Effects with Smokeless Tobacco Use"Comparison with Cigarettes and Nicotine Gum,"(*Clinical Pharmacology and Therapeutics 44* (1988): 24.

A família das funções $y = ate^{-bt}$

Que efeito têm os parâmetros a e b sobre a forma do gráfico de $y = ate^{bt}$? Comece por considerar o gráfico com $a = 1$ e $b = 1$. Veja a Figura 5.64. Agora olhamos o efeito do parâmetro b sobre o gráfico de $y = ate^{-bt}$, o parâmetro a é considerado no Problema 1 da página 193.

O efeito do parâmetro b sobre $y = te^{-bt}$

Gráficos de $y = te^{-bt}$ para diferentes valores positivos de b são mostrados na Figura 5.65. A forma geral da curva não muda quando b muda, mas à medida que b decresce, a curva sobe durante um período de tempo mais longo e chega a um maior valor.

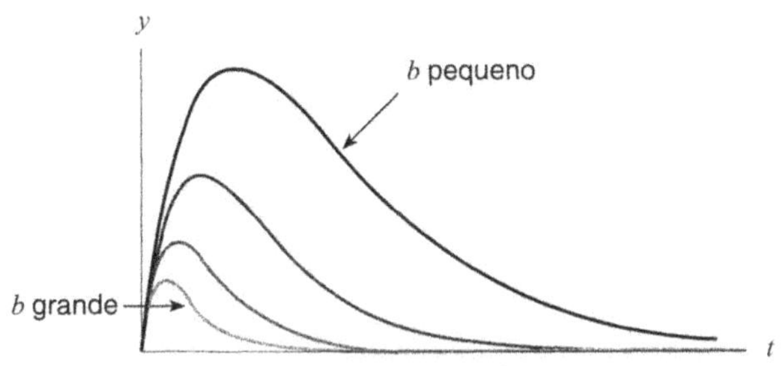

Figura 5.65 — *Gráfico de* $y = te^{-bt}$, *com* b *variando*

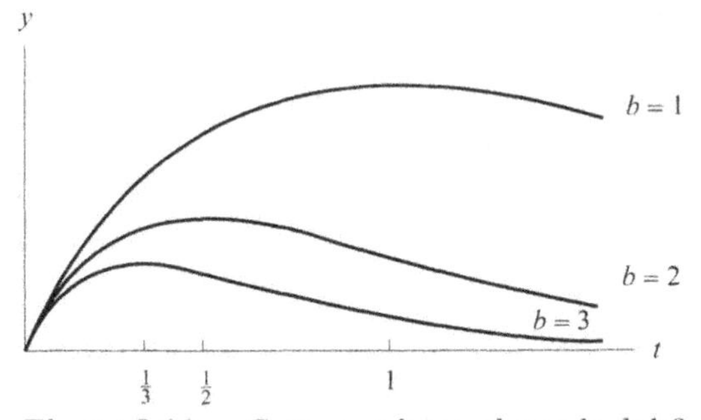

Figura 5.66 — *Como o máximo depende de* b?

Vemos na Figura 5.66 que, quando $b = 1$, o máximo ocorre aproximadamente em $t = 1$. Quando $b = 2$, ocorre aproximadamente em $t = 1/2$ e, em $b = 3$, aproximadamente em $t = 1/3$. O próximo exemplo mostra que o máximo da função $y = te^{-bt}$ ocorre em $t = 1/b$.

Exemplo 1 Para $b > 0$, mostre que o valor máximo de $y = te^{-bt}$ ocorre em $t = 1/b$ e aumenta quando b diminui.

Solução O máximo ocorre num ponto crítico em que $dy/dt - 0$. Ou seja, derivando.

$$\frac{dy}{dt} = 1 \cdot e^{-bt} + t(-be^{-bt}) = e^{-bt} - bte^{-bt} = e^{-bt}(1 - bt)$$

Então $dy/dt = 0$ onde

$$1 - bt = 0$$

$$t = \frac{1}{b}$$

Fazendo $t = 1/b$ vemos que no ponto de máximo

$$y = \frac{1}{b}e^{-b(1/b)} = \frac{e^{-1}}{b}$$

Assim, para $b > 0$, quando b cresce o valor máximo de y decresce e vice-versa.

A **função impulso** $y = ate^{-bt}$ cresce rapidamente e depois decresce para zero, com um máximo em $t = 1/b$.

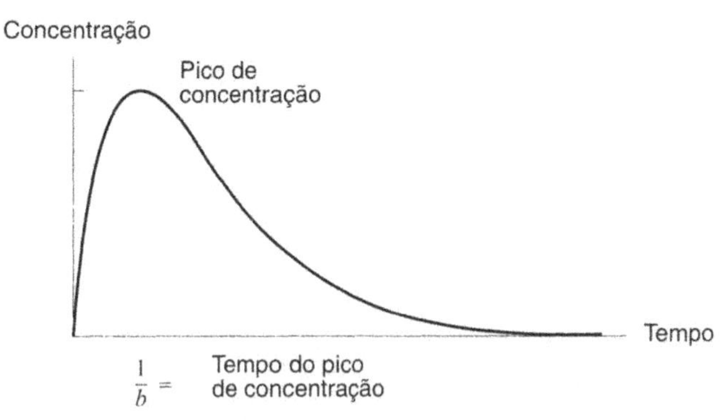

Figura 5.67 — *Curva mostrando a concentração de droga como função do tempo*

Curvas de concentração de drogas

Quando a concentração, C, de uma droga no corpo é marcada contra o tempo t desde que a droga foi administrada, a curva em geral tem a forma mostrada na Figura 5.67. Esta é chamada uma *curva de concentração de droga*, e é modelada usando uma função da forma $C = ate^{-bt}$.

Duas coisas que consideramos numa curva de concentração de droga são: a concentração pico (o máximo de concentração da droga no corpo) e o tempo necessário até que o pico de concentração seja atingido. Veja a Figura 5.67.

Fatores que afetam a absorção de droga

Interações entre drogas e a idade do paciente podem afetar a curva de concentração da droga. Nos Problemas 6 e 9 vemos que a ingestão de comida pode também afetar a absorção de uma droga e que (talvez o fato mais surpreendente) as curvas de concentração de droga podem variar acentuadamente entre diferentes versões comerciais da mesma droga.

Exemplo 2 A Figura 5.68 mostra as curvas de concentração de droga para paracetamol (acetaminofen) isolado e para paracetamol tomado em conjunção com propanteline. A Figura 5.69 mostra curvas de concentração para pacientes conhecidos por absorver lentamente a droga, para paracetamol isolado e para paracetamol em conjunção com metoclopramide. Discuta os efeitos da droga adicional sobre a concentração pico e sobre o tempo até que seja atingida a concentração pico.[12]

Solução A Figura 5.68 mostra que são necessárias cerca de 1,5 hora para que o paracetamol atinja sua concentração pico, e que a concentração máxima

[12] Graeme S. Avery, ed. *Drug Treatment : Principle and Practice of Clinical Pharmacology and Therapeutics*, (Sydney: Adis Press, 1976).

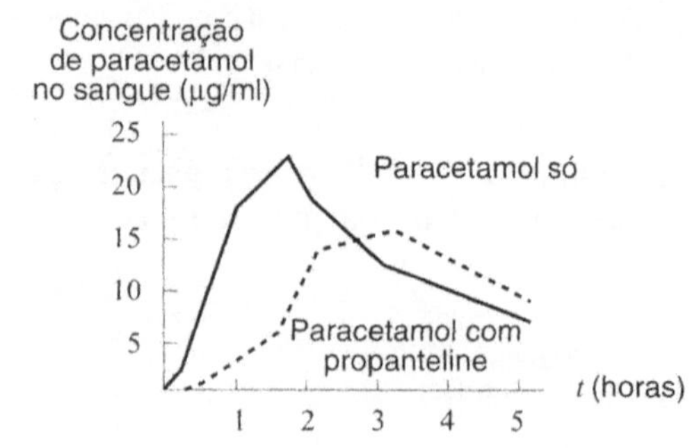

***Figura 5.68** — Curvas de concentração de droga para paracetamol, pacientes normais*

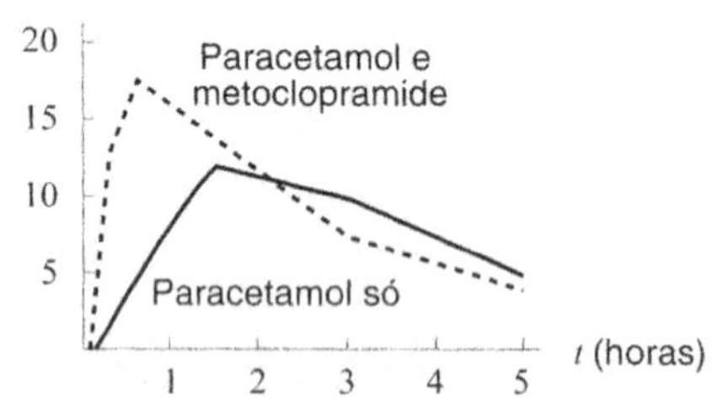

***Figura 5.69** — Curvas de concentração de droga para paracetamol, pacientes com absorção lenta*

atingida é de cerca de 23 μg de paracetamol por ml de sangue. Porém, se for administrada propateline junto com o paracetamol, é necessário muito mais tempo até que o pico seja atingido (cerca de três horas, ou aproximadamente do dobro do tempo) e o pico é muito inferior, cerca de 16 μg/ml.

A Figura 5.69 mostra curvas de concentração de droga para pacientes com taxa de absorção lenta. Comparando as curvas de paracetamol na Figura 5.68 e na Figura 5.69, vê-se que nestes pacientes o tempo para atingir o pico não muda (é ainda de cerca de 1,5 horas), mas a concentração máxima é mais baixa. A droga metoclopramide aumenta a taxa de absorção. Quando, junto com paracetamol, é administrada metoclopramide, a concentração pico é atingida mais depressa e é mais alta.

Exemplo 3 A Figura 5.70 mostra curvas de concentração de droga para ampicilina anidra para recém-nascidos e adultos.[13] Discuta as diferenças entre recém-nascidos e adultos na absorção desta droga.

Solução Recém-nascidos em geral não são tão eficientes quanto adultos na eliminação de drogas do corpo. Veja a Figura 5.70. O nível da droga no corpo começa a declinar após duas horas no adulto mas só depois de seis horas num recém-nascido. Além disso, a concentração no sangue chega a um nível mais alto no recém-nascido do que num adulto. Gráficos como este explicam porque os médicos modificam a dose para drogas dadas a mulheres grávidas e mulheres que amamentam.

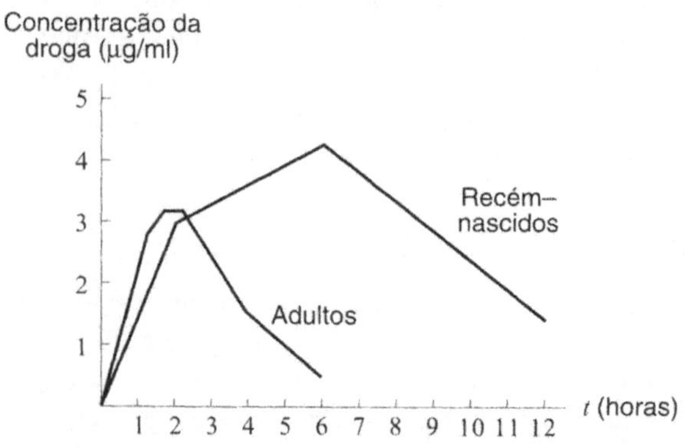

***Figura 5.70** — Curvas de concentrações de droga para ampicilina anidra comparando adultos e recém-nascidos*

Concentração eficaz mínima

A concentração eficaz mínima de uma droga é a concentração no sangue necessária para alcançar uma resposta farmacológica. O tempo ao qual esta concentração é atingida chama-se início da efetividade; a terminação ocorre quando a concentração da droga cai abaixo deste nível. Veja a Figura 5.71.

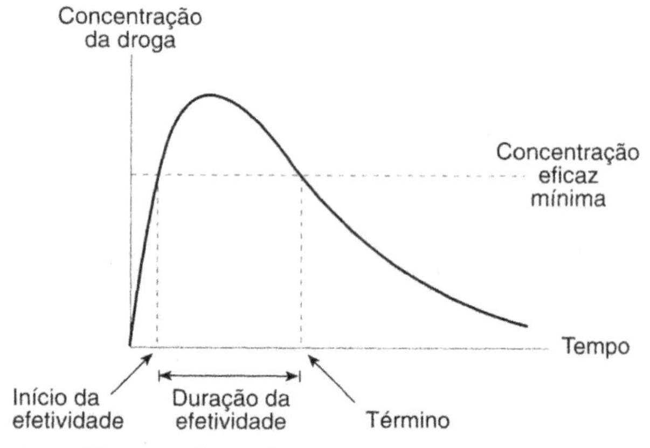

***Figura 5.71** — Quando uma droga é eficaz*

Exemplo 4 Depo-Provera foi aprovado para uso nos EUA em 1992 como contraceptivo. A Figura 5.72 mostra a curva de concentração da droga para uma dose de 150 mg dada intramuscularmente.[14] A mínima concentração eficaz é de cerca de 4 ng/ml. Quão freqüentemente deve ser administrada a droga?

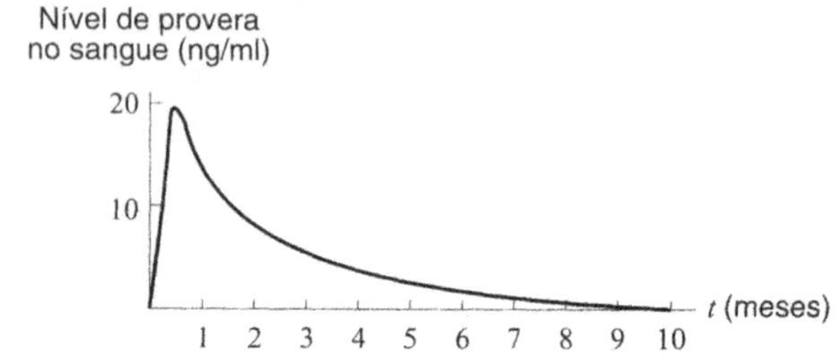

***Figura 5.72** — Curva de concentração de droga para Depo-Provera*

[13] *Pediatrics*, 1973, 512, 578

[14] Robert M. Julien, *A primer of Drug Action*, (W. H. Freeman and Co, 1995).

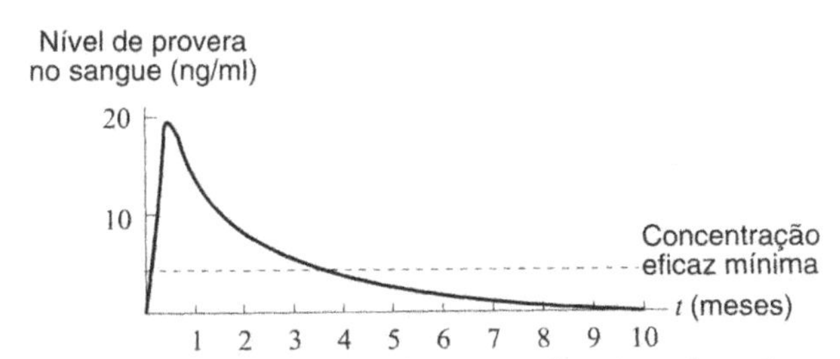

***Figura 5.73** — Quando deve ser administrada a dose seguinte?*

Solução A concentração mínima eficaz, na curva de concentração da droga, está marcada como uma horizontal pontilhada a 4ng/ml. Ver a Figura 5.73. Vemos que a droga se torna efetiva quase imediatamente e deixa de ser eficaz depois de cerca de quatro meses. Assim, doses devem ser administradas aproximadamente a cada quatro meses.

Embora o intervalo para dosagem seja de quatro meses, observe que são necessários dez meses após a interrupção das injeções para que o Depo-Provera seja totalmente eliminada do corpo. A fertilidade durante esse período é imprevisível.

Problemas para a Seção 5.7

1. Investigue o efeito do parâmetro a sobre a função $C = ate^{-bt}$. Faça $b = 1$, e esboce o gráfico desta função para diferentes valores positivos de a. Explique o que você observar.

2. Se o tempo, t, é em horas e a concentração, C, é em ng/ml, a curva de concentração de droga para uma certa droga é dada por

$$C = 12{,}4te^{-0{,}2t}.$$

   (a) Esboce um gráfico desta curva.

   (b) Quantas horas são necessárias para que a droga atinja seu pico de concentração? Qual é a concentração a esse tempo?

   (c) Se a concentração eficaz mínima é 10 ng/ml, durante qual período de tempo a droga é eficaz?

   (d) Podem surgir complicações sempre que o nível da droga esteja acima de 4ng/ml. Quanto tempo o paciente deve esperar antes de estar a salvo de complicações?

3. A curva de concentração de droga para uma certa droga é dada por $C = 17{,}2te^{-0{,}4t}$ng/ml, onde t é em horas. A concentração eficaz mínima é 10 ng/ml. Esboce o gráfico desta curva.

   (a) Se a segunda dose da droga deve ser administrada quando a primeira deixa de ser eficaz, quando deve ser dada a segunda dose?

   (b) Se você quer que o desencadeamento da efetividade da segunda dose coincida com a terminação da efetividade da primeira, quando deve ser dada a segunda dose?

4. A Figura 5.63 mostra a concentração de nicotina no sangue durante e depois que se fuma um cigarro. A Figura 5.74 mostra a concentração de nicotina no sangue durante e depois do uso de tabaco de mascar ou goma com nicotina. (Foi mascada durante os 30 primeiros minutos e os dados experimentais mostrados representam valores médios para dez pacientes.)[15] Compare as três curvas de concentração de nicotina para cigarros, fumo de mascar e goma de nicotina) em termos de concentração pico, tempo até que o pico seja atingido e a taxa à qual a nicotina é eliminada da corrente sanguínea.

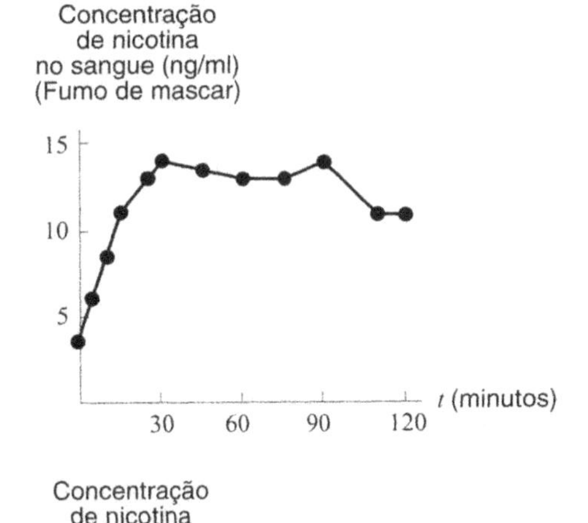

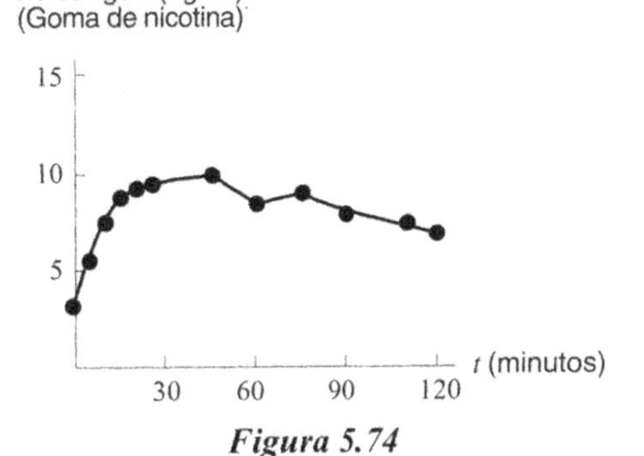

Figura 5.74

5. Bitartarato hidrocondone é um supressor da tosse usualmente administrado numa dose oral de 10 mg. O pico de concentração da droga no sangue ocorre 1,3 horas depois da ingestão e o pico de concentração é de 23,6 ng/ml. Após 1,3 horas, a meia-vida para a eliminação da droga é de 3,8 horas. Trace a curva de concentração de droga para o bitartarato de hidrocodone.

6. A Figura 5.75 mostra curvas de concentração da droga depois da administração oral de 0,5 mg de quatro produtos de digoxina. Todas os tabletes satisfizeram os atuais padrões de potência, tempo de desintegração e taxa de dissolução.[16]

   (a) Discuta diferenças e semelhanças entre o pico de concentração e o tempo para atingí-lo.

[15] Benowitz, Porchet, Skeiner, Jacob, "Nicotinal Absorption and Cardiovascular Effects with Smokeless Tobacco Use: Comparison with Cigarettes and Nicotine Gum." *Clinical Pharmacology and Therapeutics* 44 (1988):24.

[16] Graeme S. Avery, ed. *Drug Treatment: Principles and Practice of Clinical Pharmacology and Therapeutics*, (Sydney, Adis Press, 1976).

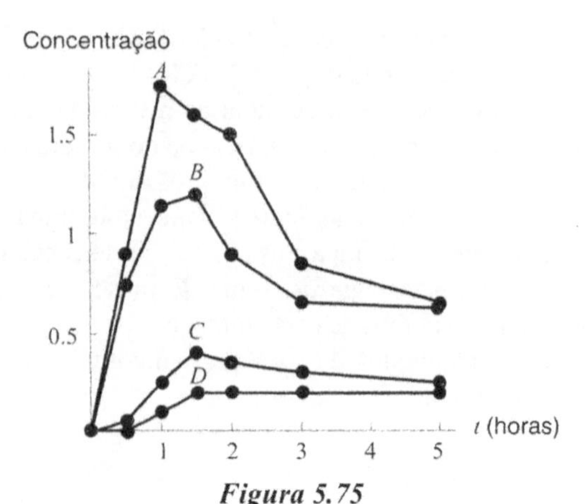

Figura 5.75

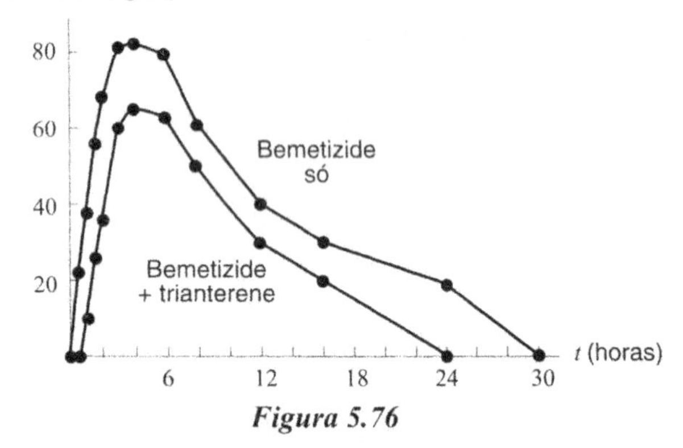

Figura 5.76

(b) Dê possíveis valores para a concentração eficaz mínima e a concentração segura máxima que fariam do Produto C ou do Produto D a droga preferida.

(c) Dê possíveis valores para a concentração eficaz mínima e a concentração eficaz mínima e a concentração segura máxima que fariam do Produto A a droga preferida.

7. A Figura 5.76 mostra a concentração de bemetizide (um diurético) no sangue depois de dose oral única de 25 mg isolada ou de 25 mg de bemetizide e 50 mg de triamterene em combinação. [17] Se a mínima concentração eficaz num paciente é 40 ng/ml, compare o efeito de combinar benetizide com triamterene sobre o pico de concentração, tempo para atingir o pico, tempo até o início da efetividade e duração da efetividade. Sob quais circunstâncias poderia ser sensato usar a triamterene com a bemetizide?

8. Seja $C = ate^{-bt}$ uma curva de concentração de droga.
   (a) Discuta o efeito, sobre o pico de concentração e o tempo para atingir tal pico, que resulta de variar o parâmetro a mantendo fixo b.
   (b) Discuta o efeito, sobre o pico de concentração e o tempo para atingí-lo, que resulta de variar o parâmetro b mantendo a fixo.
   (c) Suponha que $a = b$, de modo que $C = ate^{-at}$. Discuta o efeito sobre o pico de concentração e o tempo para atingí-lo que resulta de variar a.

9. A Figura 5.77 mostra os níveis de plasma num voluntário saudável depois de uma única dose oral de spironolactone dada sobre um estômago em jejum e junto com um desjejum padrão. (Spironolactone é um agente diurético que é parcialmente convertido em canrenone no corpo.)[18] Discuta o efeito do alimento sobre o pico de concentração e o tempo para atingí-lo. O efeito do alimento é mais forte durante as primeiras 8 horas, ou depois de 8 horas?

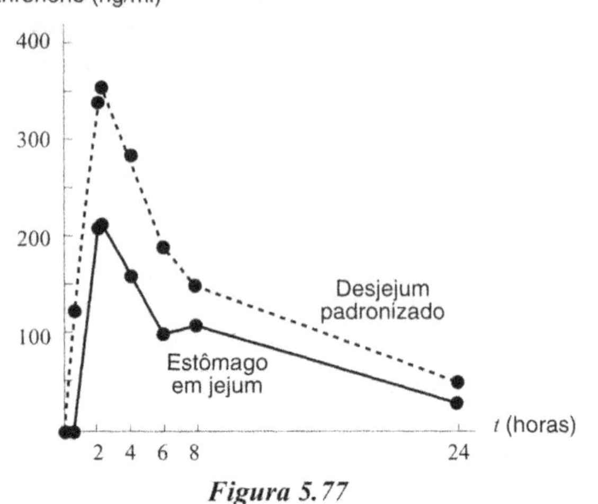

Figura 5.77

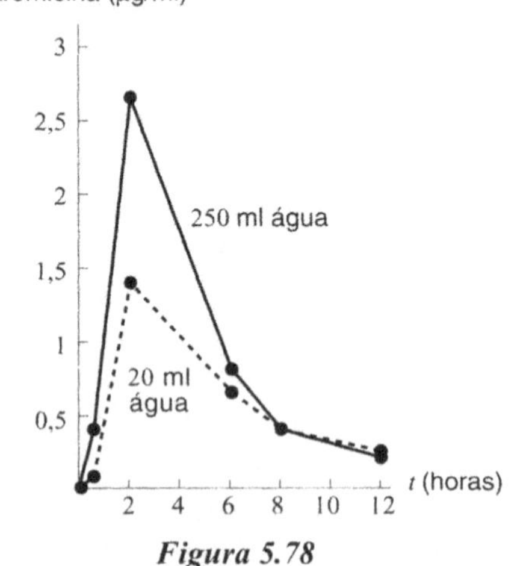

Figura 5.78

10. Absorção de formas diferentes do antibiótico eritromicina pode ser aumentada, diminuída, atrasada ou não ser afetada por alimento. A Figura 5.78 mostra os níveis de concentração de eritromicina em voluntários saudáveis, em jejum, que receberam em doses orais tabletes únicos de 500 mg de eritromicina, juntamente com volumes de água grandes (250 ml) ou pequenos (20 ml).[19] Discuta o efeito da água sobre a concentração de eritromicina no sangue. Como são afetados o pico de concentração e o tempo para atingí-lo? Quando desaparece o efeito do volume de água?

[17] Welling & Tse, *Pharmacokinetics of Cardiovascular, Central Nervous System, and Antimicrobial Drugs*, (The Royal Society of Chemistry, 1985).
[18] Welling & Tse, *Pharmacokinetics of Cardiovascular, Central Nervous System, and Antimicrobial Drugs*, (The Royal Society of Chemistry, 1985).

[19] J. W. Bridges and L. F. Chasseaud, Progress in Drug Metabolism, (New York: John Wiley and Sons, 1980).

11. A Figura 5.79 mostra um gráfico da porcentagem de droga dissolvida contra o tempo para quatro produtos de tetraciclina A, B, C e D. A Figura 5.80 mostra as curvas de concentração de droga para os mesmos quatro produtos.[20] Discuta o efeito da taxa de dissolução sobre o pico de concentração e o tempo para atingí-lo.

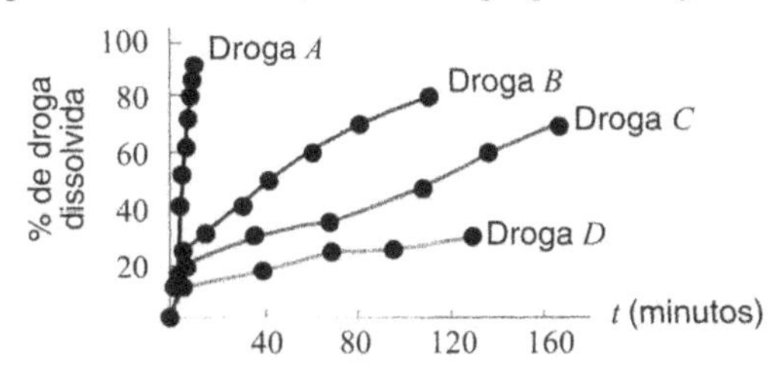

Figura 5.79 — Comportamento quanto a dissolução para quatro produtos de tetraciclina

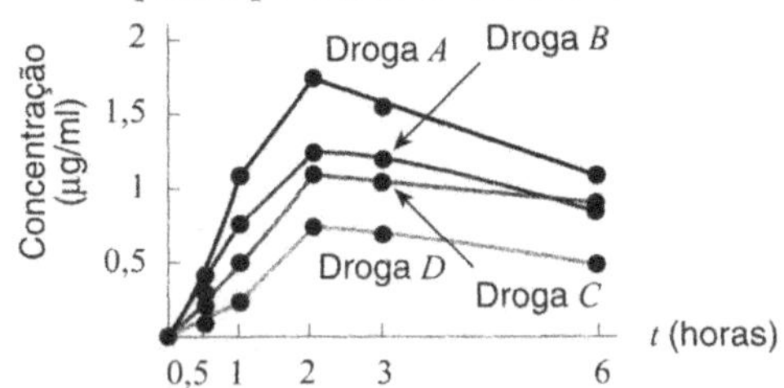

Figura 5.80 — Curvas de concentração de drogas de quatro produtos de tetraciclina

RESUMO DO CAPÍTULO

- **Uso da primeira derivada**

  Pontos críticos, máximos e mínimos locais

- **Uso da derivada segunda**

  Pontos de inflexão, concavidade

- **Otimização**

  Máximos e mínimos globais, maximizar lucros, maximizar receita

- **Custo médio**

  Minimizar o custo médio

- **Elasticidade**
- **Famílias de funções**

  Parâmetros. A função impulso, curvas de concentração de drogas. A função logística, capacidade de suporte, ponto de retornos em queda.

PROBLEMAS DE REVISÃO PARA O CAPÍTULO CINCO

Para os Problemas 1–2, indique todos os pontos críticos nos gráficos dados. Quais correspondem a mínimos locais, máximos locais, máximos globais, mínimos globais, ou nenhuma dessas coisas? (Note que os gráficos são em intervalos fechados.)

[20] J. W. Bridges and L. F. Chasseaud, Progress in Drug Metabolism, (New York: John Wiley and Sons, 1980).

1.

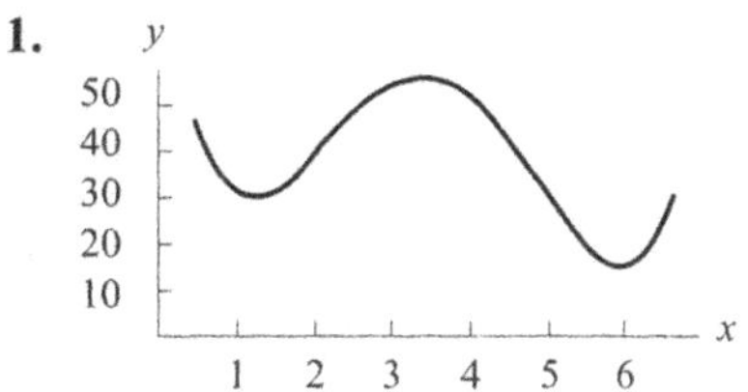

2.

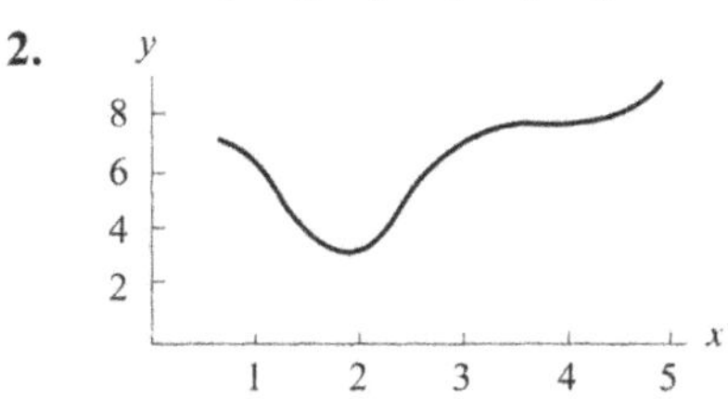

3. Uma laranja é lançada direto para cima com uma velocidade inicial de 50 pés/seg. A laranja está 5 pés acima do solo quando é lançada. Sua altura ao tempo t é dada por

$$y = 16t^2 + 50t + 5.$$

A que altura chega antes de voltar ao solo?

Para cada uma das funções nos Problemas 4–8, faça o seguinte:

(a) Ache f' e f''.

(b) Ache os pontos críticos de f.

(c) Ache quaisquer pontos de inflexão de f.

(d) Avalie f em seus pontos críticos e nas extremidades do intervalo dado. Identifique máximos e mínimos locais e globais de f no intervalo.

(e) Esboce um gráfico de f. Indique claramente onde f é crescente, decrescente e a concavidade de seu gráfico.

4. $f(x) = x^3 - 3x^2$ $\quad (-1 \leq x \leq 3)$

5. $f(x) = x + \text{sen}\, x$ $\quad (0 \leq x \leq 2\pi)$

6. $f(x) = e^{-x}\, \text{sen}\, x$ $\quad (0 \leq x \leq 2\pi)$

7. $f(x) = 2x^3 - 9x^2 + 12x + 1$ $\quad (-0{,}5 \leq x \leq 3)$

8. $f(x) = x^3 - 3x^2 - 9x + 15$ $\quad (-5 \leq x \leq 4)$

Para os gráficos de f' nos Problemas 9-12 decida:

(a) Sobre quais intervalos f é crescente? Decrescente?

(b) f tem máximos ou mínimos? Se sim, quais e onde?

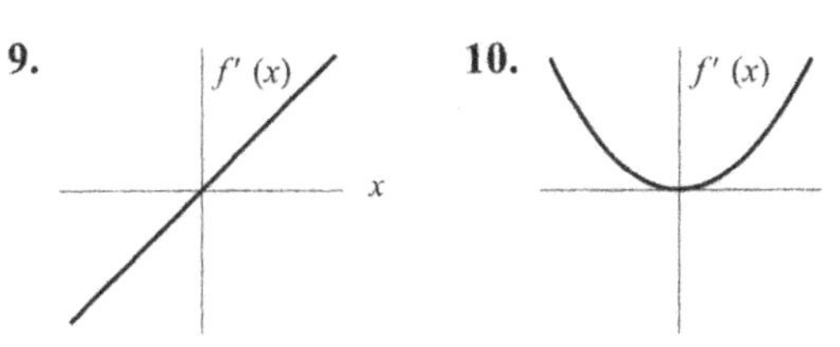

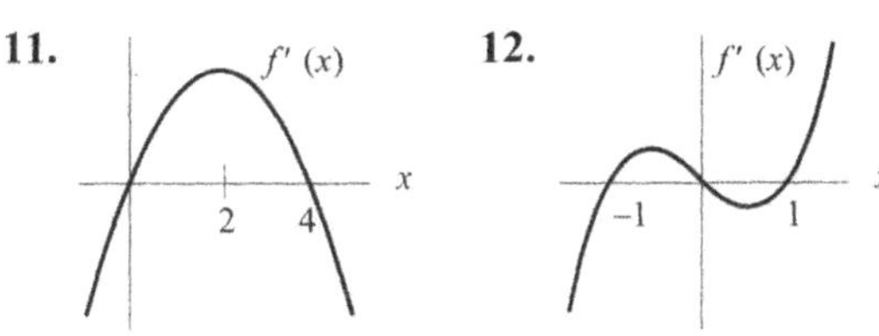

13. Receita marginal e custo marginal em diferentes níveis de produção são dados na tabela seguinte. Avalie os níveis de produção que poderiam maximizar lucro. Justifique sua resposta.

q	1.000	2.000	3.000	4.000	5.000	6.000
RM	78	76	74	72	70	68
CM	100	80	70	65	75	90

14. A derivada de uma função $f(t)$ é dada por $f'(t) = t^3 - 6t^2 + 8t$ para $0 \leq t \leq 5$. Esboce um gráfico desta função derivada e descreva como muda a função f no período de $t = 0$ a $t = 5$. Onde é crescente e onde é decrescente? Onde $f(t)$ tem seu máximo e onde tem seu mínimo?

15. Para $f(x) = \text{sen}(x^2)$ entre $x = 0$ e $x = 3$, ache as coordenadas de todos os interceptos, pontos críticos e pontos de inflexão com duas casas decimais.

16. Esboce vários membros da família $y = x^3 - ax^2$ sobre os mesmos eixos. Discuta o efeito do parâmetro a sobre o gráfico. Ache todos os pontos críticos desta função.

17. A Figura 5.81 mostra funções de custo e receita para um produto.

(a) Avalie o nível de produção que maximize o lucro.

(b) Esboce gráficos do custo marginal para este produto nos mesmos eixos de coordenadas. Marque sobre o gráfico o nível de produção que maximiza lucros.

18. A Figura 5.82 mostra gráficos de custo marginal e receita marginal. Avalie os níveis de produção que poderiam maximizar lucros. Explique seu raciocínio.

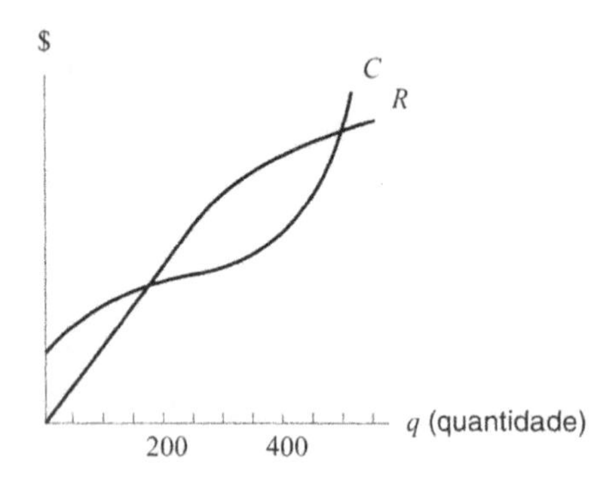

Figura 5.81

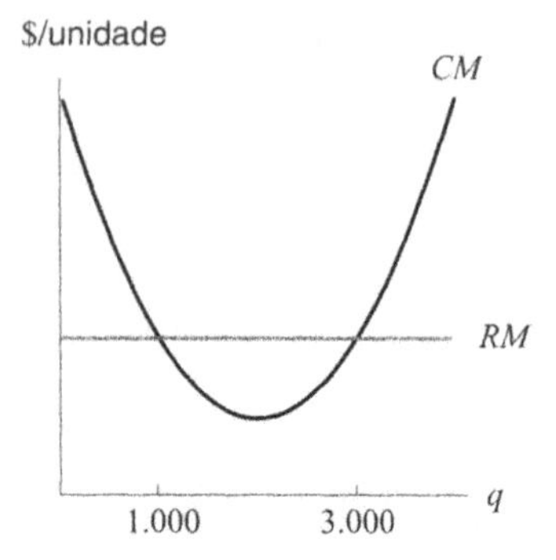

Figura 5.82

19. Seja $C(q)$ o custo total para produzir uma quantidade q de um certo bem. O custo médio é $a(q) = C(q)/q$.

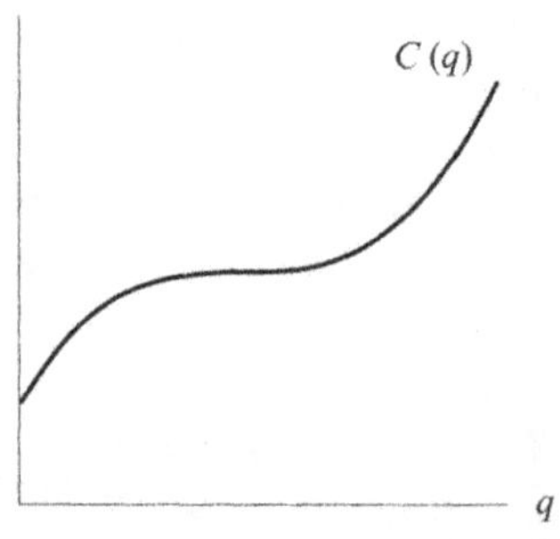

Figura 5.83

(a) Interprete $a(q)$ graficamente como inclinação de uma reta na Figura 5.83.

(b) Ache sobre o gráfico a quantidade q_0 para a qual $a(q)$ é mínimo.

(c) Qual é a relação entre $a(q_0)$ e o custo marginal $C'(q_0)$? Explique seu resultado graficamente. O que significa, em termos econômicos, este resultado?

(d) Faça o gráfico de $C'(q)$ e $a(q)$ sobre os mesmos eixos. Marque q_0 sobre o eixo-q.

20. Uma companhia de sorvetes calcula que a um preço de \$4 a demanda seja de 4.000 unidades. Para cada redução de \$0,25 no preço, a demanda cresce de 200 unidades. Ache o preço e quantidade vendidos que maximizem receitas.

21. O método de administração de uma droga pode ter influência forte sobre a curva de concentração da droga. A Figura 5.84 mostra curvas de concentração para penicilina segundo vários caminhos de administração. Três miligramas por quilo de peso do corpo foram dissolvidas em água e administradas por via intravenal (IV), intramuscular (IM), subcutânea (SC) e oralmente (PO). A mesma quantidade de penicilina dissolvida em óleo foi administrada por via intramuscular (P-IM). A concentração de efeito mínimo (CEM) está marcada no gráfico.[21]

(a) Qual método tem o maior pico de concentração mais depressa?

(b) Qual método tem o maior pico de concentração?

(c) Qual método se esgota mais depressa? Mais devagar?

(d) Qual método tem a maior duração efetiva? A mais curta?

(e) Quando a penicilina é administrada oralmente, por aproximadamente quanto tempo é eficaz?

22. O gráfico na Figura 5.85 mostra o custo, C, para produzir uma quantidade, q, de um bem e a receita R da venda da quantidade q. Marque os seguintes pontos sobre o gráfico;

(a) O ponto F que representa os custos fixos.

(b) O ponto B que representa o ponto crítico do nível de produção.

(c) O ponto M que representa o nível de produção ao qual o custo marginal é mínimo.

[21] J. W. Bridges and L. F. Chasseaud, *Progress in Drug Metabolism.* (New York: John Wiley and Sons, 1980).

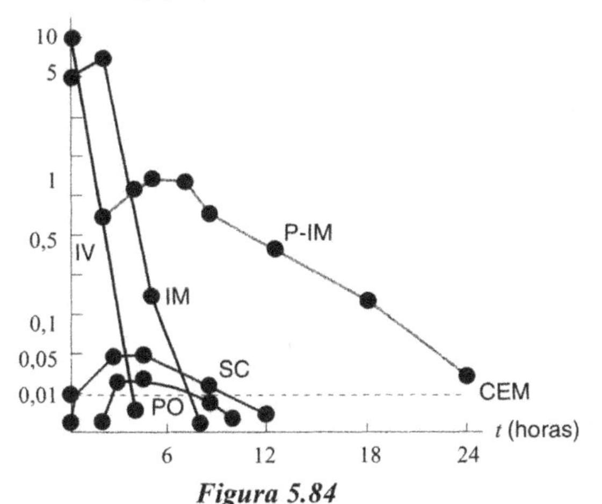

Figura 5.84

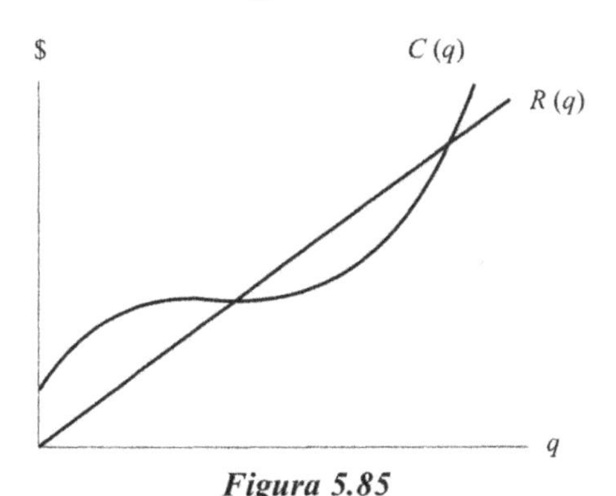

Figura 5.85

(d) O ponto A que representa o nível de produção ao qual o custo médio $a(q) = C(q)/q$ é mínimo.

(e) O ponto P que representa o nível de produção ao qual o lucro é máximo.

23. Quando pássaros põem ovos eles o fazem em grupos de vários de cada vez. Quando os ovos se abrem, cada grupo dá origem a um ninhada de filhotes. Queremos determinar o tamanho do grupo que maximiza o número de pássaros, por ninhada que chega á idade adulta. Se o grupo é pequeno, há poucos filhotes na ninhada; se é grande há tantos filhotes a nutrir que a maior parte morre de fome. O número de filhotes sobreviventes por ninhada, como função do tamanho do grupo, é dado pela curva de benefícios na Figura 5.86.[22]

(a) Avalie o tamanho do grupo que maximiza o número de sobreviventes por ninhada.

(b) Suponha de haja também um custo biológico sobre ninhadas maiores: a taxa de sobrevivência de fêmeas é reduzida por grandes grupos. Esse custo é representado pela reta pontilhada na Figura 5.86. Se levarmos em conta o custo, assumindo que o tamanho ótimo do grupo na verdade maximiza a distância vertical entre as curvas, qual é o novo tamanho ótimo do grupo?

[22] Dados de C.M. Perrins e D. Lack, relatados por J.R.Krebs e N.B. Davies em *An Introduction to Behavioural Ecology* (Oxford:Blackwell, 1987).

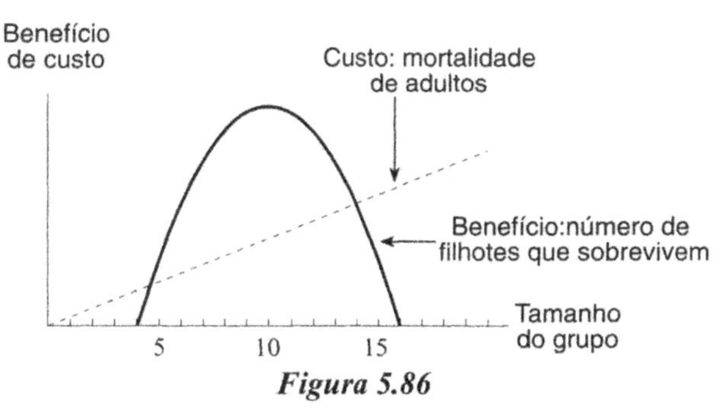

Figura 5.86

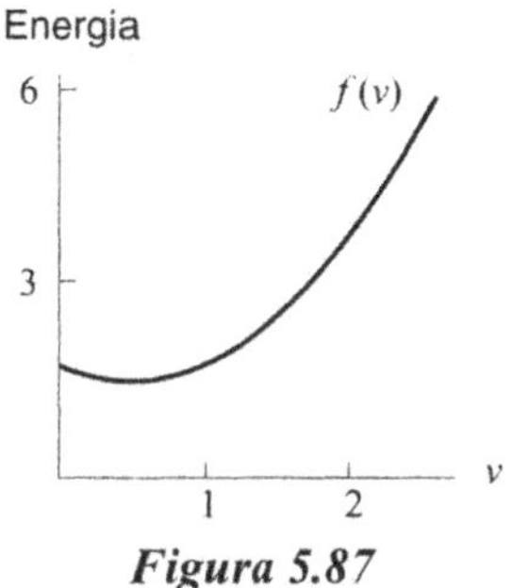

Figura 5.87

24. Seja $f(v)$ a quantidade de energia gasta por um pássaro em vôo, medida em joules por segundo (um joule é uma unidade de energia), como função da velocidade v (em metros/seg). Ver a Figura 5.87.

(a) Sugira uma razão para a forma do gráfico (em termos de como voam os pássaros).

Seja agora $a(v)$ a quantidade de energia consumida pelo mesmo pássaro, medida em *joules por metro*.

(b) Qual a relação entre $f(v)$ e $a(v)$?

(c) Quando $a(v)$ é mínima?

(d) O pássaro deveria minimizar $f(v)$ ou $a(v)$, quando está voando? Por quê?

25. Se p é o preço e E a elasticidade da demanda para um bem, mostre analiticamente que

$$\text{Receita marginal} = p\,(1-1/E).$$

26. Suponha que o custo seja proporcional à quantidade, $C(q) = kq$, Mostre que o lucro máximo obtido por uma firma se dá quando

$$\frac{\text{Lucro}}{\text{Receita}} = \frac{1}{E}$$

Sugestão: Combine o resultado do Problema 25 com o fato de o lucro ser maximizado quando $RM = CM$.

27. A elasticidade do custo com relação á quantidade é definida por $E_{C,q} = q/C \cdot dC/dq$.

(a) O que lhe diz esta elasticidade sobre a sensitividade do custo em relação à quantidade produzida?

(b) Mostre que $E_{C,q}$ é igual à razão Custo marginal/ Custo médio

28. Uma companhia recentemente adquiriu uma lavanderia e uma fábrica adjacente. Durante anos, a lavanderia se esforçou para impedir que a fumaça da fábrica sujasse o ar utilizado por suas secadoras de roupas. Agora que a mesma companhia é proprietária tanto da lavanderia quanto da fábrica, ela poderia instalar filtros nas chaminés da fábrica para reduzir diretamente a emissão de fumaça, em vez de apenas proteger a lavanderia contra a fumaça. O custo de filtros para a fábrica e o custo de proteção à lavanderia contra a fumaça dependem do número de filtros usados, como mostra a tabela 5.10.

TABELA 5.10

Número de filtros	Custo total dos filtros	Custo total para proteger a lavanderia da fumaça
0	\$0	\$127
1	\$5	\$63
2	\$11	\$31
3	\$18	\$15
4	\$ 26	\$6
5	\$35	\$3
6	\$45	\$0
7	\$56	\$0

(a) Faça uma tabela que mostre, para cada possível número de filtros, (0 a 7), o custo marginal do filtro, o custo médio dos filtros e a economia marginal para proteger a lavanderia da fumaça.

(b) Como a companhia quer minimizar o custo total para ambos os seus negócios, o que deveria ela fazer? Use a tabela na parte (a) para explicar sua resposta.

(c) O que deveria fazer a companhia se, além do custo dos filtros, estes precisarem ser montados num suporte que custa \$100?

(d) O que deve fazer a companhia se o suporte custar \$50?

29. Água flui a uma taxa constante no lado esquerdo do recipiente em forma de W mostrado na Figura 5.88. Esboce um gráfico da altura, H, da água no lado esquerdo do recipiente como função do tempo, t. Suponha que de início o recipiente esteja vazio.

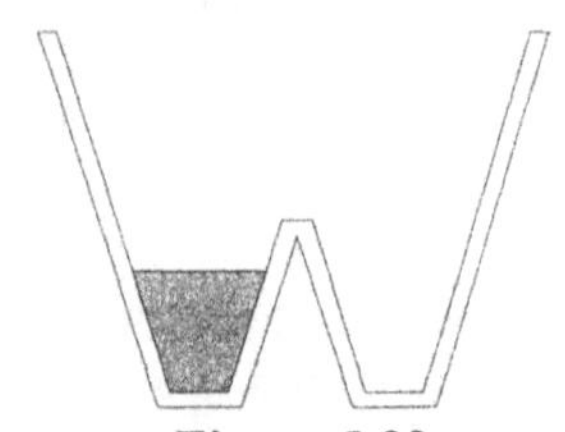

Figura 5.88

30. Considere o vaso da Figura 5.89. Suponha que seja enchido de água a uma taxa constante (isto é, volume por unidade de tempo constante).

(a) Faça o gráfico de $y = f(t)$, a profundidade da água, contra o tempo t. Mostre no seu gráfico os pontos em que muda a concavidade.

(b) A qual profundidade $y = f(t)$ está crescendo mais depressa? Mais devagar? Avalie a razão entre as taxas de crescimento nessas duas profundidades.

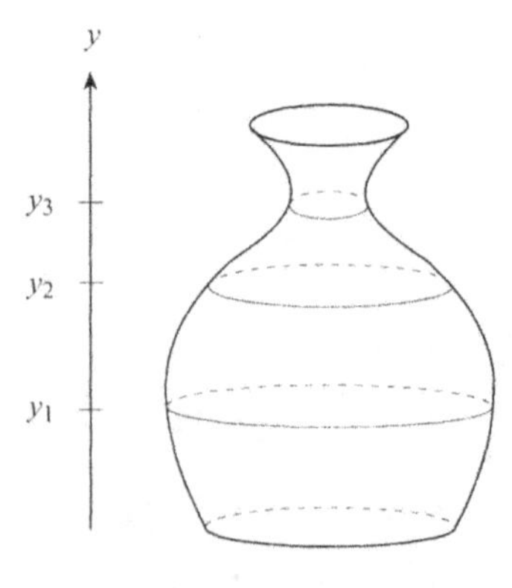

Figura 5.89

31. Uma função demanda linear é dada pela reta L_2 na Figura 5.90. Uma segunda reta, L_1, é construída usando os segmentos pontilhados. Economistas calculam a elasticidade E da demanda para qualquer quantidade q_0 pela fórmula

$$E = m_1/m_2$$

onde m_1 e m_2 são as inclinações das retas indicadas na Figura 5.90. Explique porque esta fórmula funciona.

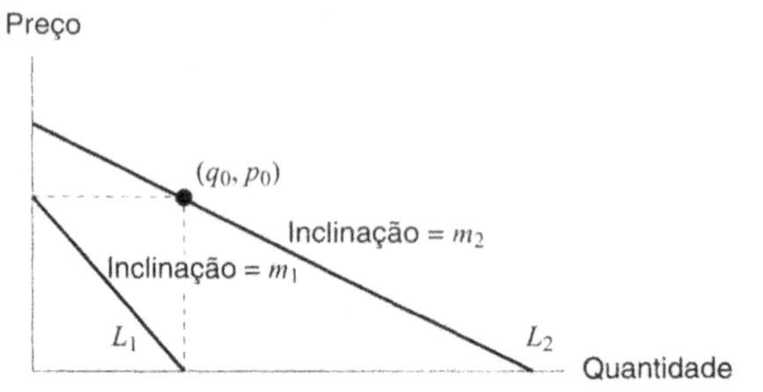

***Figura 5.90** — Nota: retas pontilhadas são paralelas aos eixos*

32. Suponha que lhe é dado o gráfico do custo médio $a(q)$ na Figura 5.91.

(a) Mostre que se

$$a(q) = b + mq$$

então

$$C'(q) = b + 2\,mq.$$

(b) Esboce um gráfico do custo marginal $C'(q)$.

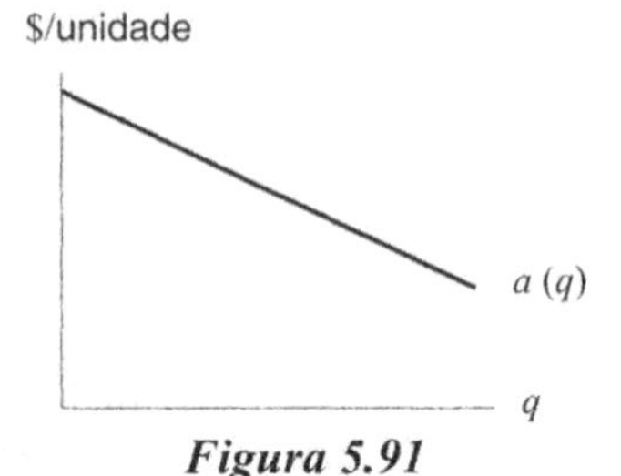

Figura 5.91

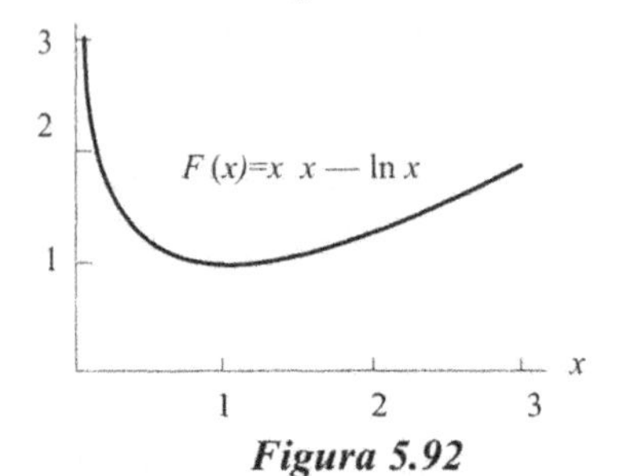

Figura 5.92

33. Para quais valores de a e b a função $f(x) = a(x - b \ln x)$ terá um mínimo no ponto (2,5)? Veja a Figura 5.92 para um gráfico de $f(x)$ com $a = 1$ e $b = 1$.

34. Uma função $y = g(x)$ tem uma derivada que é dada na Figura 5.93 para $-2 \leq x \leq 2$.

(a) escreva algumas frases descrevendo o comportamento de $g(x)$ nesse intervalo.

(b) O gráfico de $g(x)$ tem pontos de inflexão? Se tiver, dê aproximadamente as coordenadas-x de tais pontos. Explique seu raciocínio.

(c) Quais são os máximos e mínimos globais de g em $[-2,2]$?

(d) Se $g(-2) = 5$, o que você sabe sobre $g(0)$ e $g(2)$? Explique.

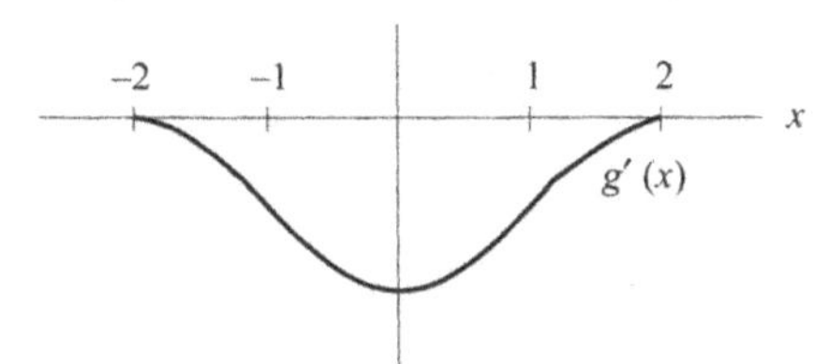

Figura 5.93

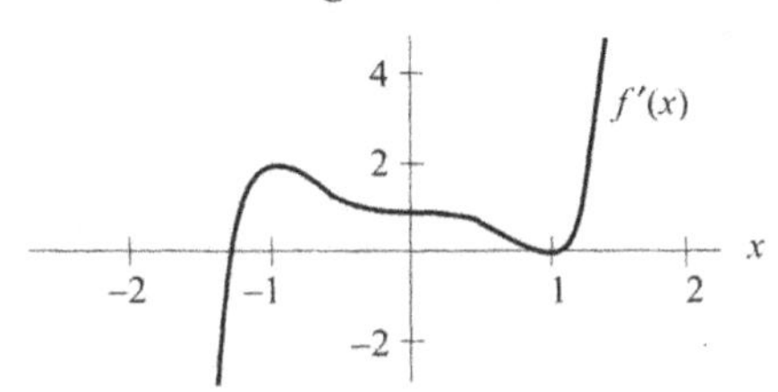

Figura 5.94

35. Sobre o gráfico da função derivada f' na Figura 5.94, indique os valores de x que são pontos críticos da própria função f. São máximos locais, mínimos locais ou nenhuma dessas coisas?

36. A taxa de vendas, em número de vendas por mês, de um dispositivo antifurto de carro são dadas na tabela seguinte.

(a) Quando é atingido o ponto de retornos em queda?

(b) Quais são as vendas totais nesse ponto?

(c) Use sua resposta à parte (b) para avaliar as vendas totais potenciais do dispositivo.

Meses	1	2	3	4	5	6
Vendas por mês	140	520	680	750	700	550

37. A concentração, $C(t)$ em ng/ml, de uma certa droga na corrente sanguínea de um paciente foi modelada por

$$C(t) = 20te^{-0,03t},$$

onde t é em minutos desde a administração da droga.

(a) Quanto tempo demora para que a droga atinja sua concentração pico? Qual é a concentração pico?

(b) Qual é a concentração da droga no corpo depois de 15 minutos? Depois de uma hora?

(c) Se a concentração mínima eficaz é de 10 ng/ml, quando deve ser administrada a dose seguinte?

38. Cada um dos gráficos na Figura 5.95 abaixo pertence a uma das seguintes famílias de funções. Em cada caso, identifique a qual delas é mais provável que a função pertença:

uma função exponencial

uma função logarítimica

um polinômio (De qual grau? O primeiro coeficiente é positivo ou negativo?)

uma função periódica

uma função logística

uma função impulso

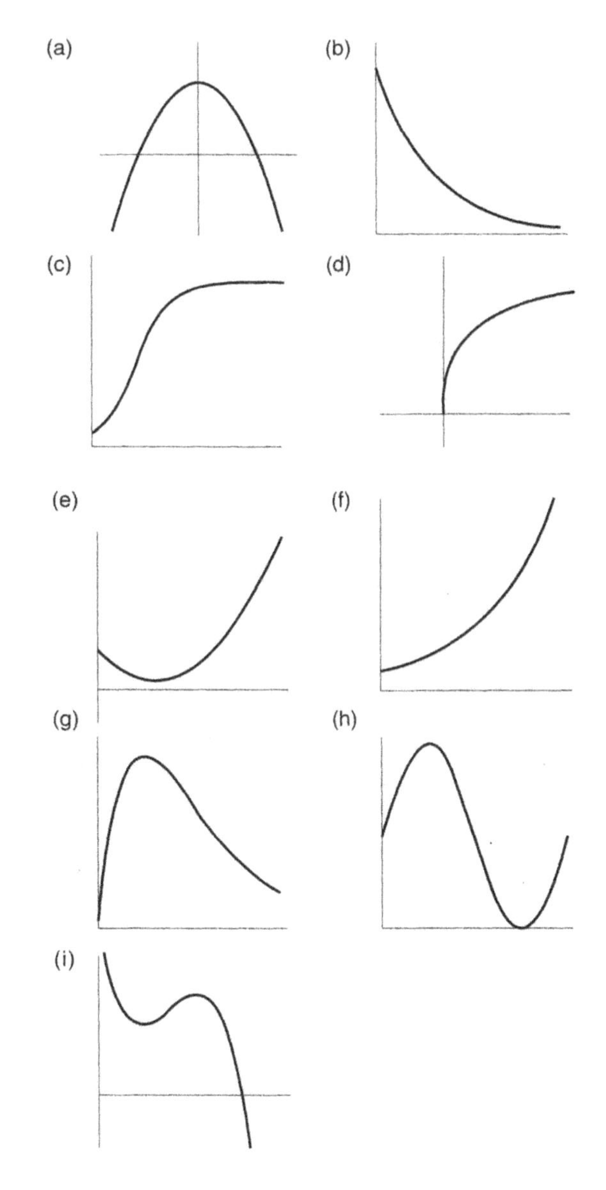

Figura 5.95

PROJETOS

1. Custos médio e marginal

Suponha que $C(q)$ é o custo total para a produção de uma quantidade q. O custo médio $a(q)$ é dado na Figura 5.96. A regra seguinte é usada por economistas para determinar o custo marginal $C'(q_0)$ para qualquer q_0:

- Construir a tangente t_1 a $a(q)$ em q_0
- Seja t_2 a reta com o mesmo intercepto vertical que t_1 mas com duas vezes a inclinação de t_1.

Então $C'(q_0)$ é a distância vertical mostrada na Figura 5.96. Explique porque esta regra funciona.

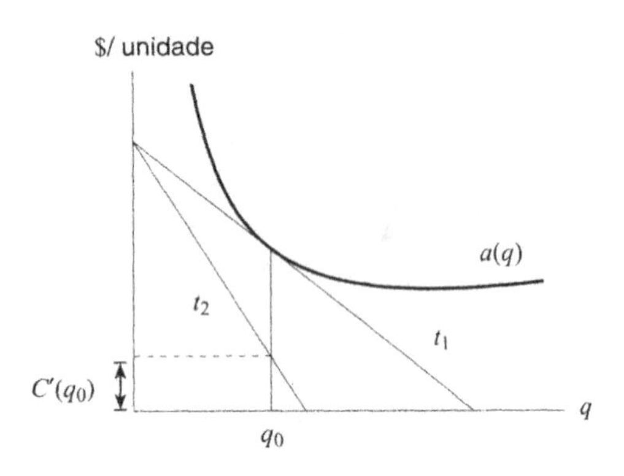

Figura 5.96

2. Curva de alimentação de um pardal

Um pássaro como o pardal alimenta seus filhotes com minhocas. Para apanhar as minhocas, o pássaro voa sobre um lugar onde elas se encontrem, pega várias delas no seu bico e voa de volta ao ninho. A curva de carga na Figura 5.97 mostra como as minhocas (a carga) que o

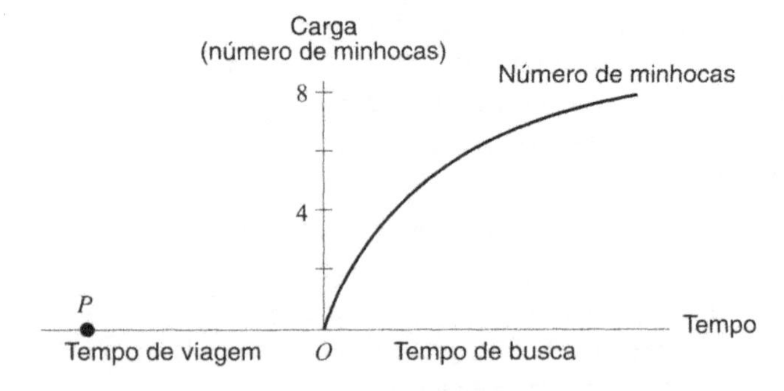

***Figura 5.97** — Curva de carga de um pássaro*

pássaro recolhe dependem do tempo que ele levou procurando-as.[23] A curva é côncava para baixo porque o pássaro pode recolher minhocas mais facilmente quando seu bico está vazio; quando seu bico está parcialmente cheio, o pássaro se torna muito menos eficiente. O tempo de viagem (do ninho ao sítio e de volta) é representado pela distância PO na Figura 5.97. Suponha que o pássaro queira maximizar a taxa à qual ele traz minhocas ao ninho, onde

$$\text{Taxa de minhocas chegando ao ninho} = \frac{\text{Carga}}{\text{Tempo de viagem} + \text{Tempo de busca}}$$

(a) Trace uma reta na Figura 5.97 cuja inclinação seja essa taxa.

(b) Usando o gráfico, avalie a carga que maximiza esta taxa.

(c) Se aumentar o tempo de viagem, a carga ótima aumenta ou diminui? Por quê?

[23] Alex Kacelnik (1984). Relatado por J.R.Krebs e N.B. Davis, *An Introduction Behavioural Ecology* (Osford:Blackwell, 1987).

USO DA INTEGRAL

No Capítulo 3 definimos a integral definida como um limite de somas de Riemann à esquerda ou à direita. Começamos por resumir o que aprendemos sobre a integral definida.

Cálculo da integral definida

- Se $f(x)$ é dada por uma tabela de valores, então podemos estimar $\int_a^b f(x)dx$ usando uma soma à direita ou à esquerda, ou (para melhor precisão), a média de somas à direita e à esquerda.
- Se $f(x)$ é dada por um gráfico, então estimamos $\int_a^b f(x)dx$ avaliando a área entre o gráfico de f e o eixo-x (as áreas abaixo do eixo-x sendo contadas negativamente), entre a e b.
- Se $f(x)$ é dada por uma fórmula, então podemos usar uma calculadora ou um computador para avaliar $\int_a^b f(x)dx$.

Interpretação da integral definida

- A integral $\int_a^b f(x)dx$ representa a área entre o gráfico de f e o eixo-x (com áreas abaixo do eixo-x contadas negativamente), entre a e b.
- Se $f(x)$ representa a taxa de variação de uma quantidade, então a $\int_a^b f(x)dx$ dá a variação total da quantidade entre a e b.
- Se $f(x) = F'(x)$, então o Teorema Fundamental do Cálculo nos diz que

$$\int_a^b f(x)dx = F(b) - F(a).$$

Neste capítulo veremos outras propriedades e aplicações da integral definida.

6.1 VALOR MÉDIO

Nesta seção veremos como interpretar a integral definida como valor médio de uma função.

A integral definida como média

Sabemos como achar a média de n números: somando-os e dividindo a soma por n. Mas como achar o valor médio de uma função variando continuamente? Consideremos um exemplo. Suponha que $f(t)$ é a temperatura ao tempo t, medido em horas desde a meia-noite, e que queremos calcular a temperatura média sobre um período de 24 horas. Um modo de começar seria tomar a média das temperaturas em n tempos igualmente espaçados, $t_1, t_2, \ldots, t_n$ durante o dia:

$$\text{Temperatura média} \approx \frac{f(t_1)+f(t_2)+\cdots+f(t_n)}{n}$$

Quanto maior for n, melhor será a aproximação. Podemos reescrever esta expressão como uma soma de Riemann sobre o intervalo $0 \leq t \leq 24$ se usarmos o fato de ser $\Delta t = 24/n$, de modo que $n = 24/\Delta t$;

$$\begin{aligned}\text{Temperatura média} &\approx \frac{f(t_1)+f(t_2)+\cdots+f(t_n)}{24/\Delta t}\\ &= \frac{f(t_1)\Delta t+f(t_2)\Delta t+\cdots+f(t_n)\Delta t}{24}\\ &= \frac{1}{24}\sum_{i=1}^{n} f(t_i)\Delta t\end{aligned}$$

Quando $n \to \infty$, a soma de Riemann tende à integral e a aproximação fica melhor. Esperamos que

$$\begin{aligned}\text{Temperatura média} &= \lim_{n\to\infty}\frac{1}{24}\sum_{i=1}^{n} f(t_i)\Delta t\\ &= \frac{1}{24}\int_0^{24} f(t)dt.\end{aligned}$$

Achamos um modo de expressar a temperatura média sobre um intervalo em termos de uma integral. Generalizando para qualquer função f, se $a < b$, temos

$$\text{Valor médio de } f \text{ de } a \text{ a } b = \frac{1}{b-a}\int_a^b f(t)dx.$$

Como visualizar a média num gráfico

A definição do valor médio nos diz que

$$(\text{Valor médio de } f) \cdot (b-a) = \int_a^b f(t)dx.$$

Interpretemos a integral como área sob o gráfico de f. Então o valor médio de f é a altura de um retângulo cuja base é $(b-a)$ e cuja área é igual à área entre o gráfico de f e o eixo-x. (Veja a Figura 6.1.)

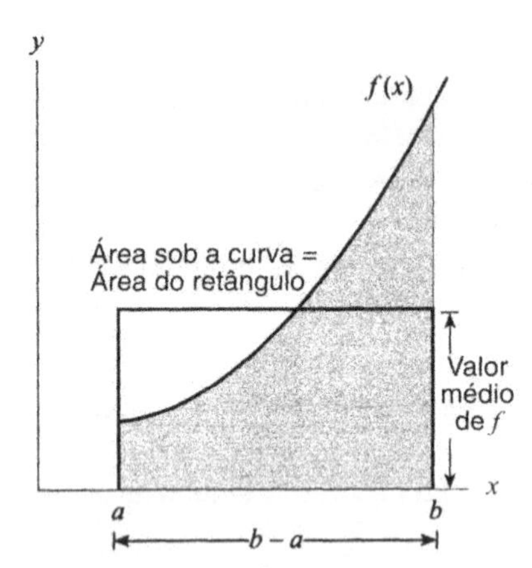

***Figura 6.1** — Área e valor médio*

Exemplo 1 Suponha que $C(t)$ represente o custo diário para aquecer sua casa, medido em dólares por dia, onde t é o tempo medido em dias e $t = 0$ corresponde a 1º de janeiro de 1999. Interprete $\int_0^{90} C(t)dt$ e $\frac{1}{90-0}\int_0^{90} C(t)dt$.

Solução As unidades para a integral $\int_0^{90} C(t)dt$ são (dólares/dias) × (dias) = dólares. A integral representa o custo total para aquecer sua casa durante os primeiros 90 dias de 1999, ou seja, os meses de janeiro, fevereiro e março. (Quem sabe é melhor pensar em refrigerar.) A segunda expressão representa o custo médio por dia para aquecer sua casa durante os primeiros 90 dias de 1999. É medido em (1/dias)× (dólares) = (dólares)/dia, as mesmas unidades que $C(t)$.

Exemplo 2 Na página 32 vimos que a população do México podia ser modelada pela função

$$P = f(t) = 67{,}38(1{,}026)^t,$$

onde P é em milhões de pessoas e t é em anos desde 1980. Use esta função para predizer a população média do México entre os anos 2000 e 2020.

Solução Queremos o valor médio de $f(t)$ entre $t = 20$ e $t = 40$. Usando uma calculadora, achamos

População média =

$$= \frac{1}{40-20}\int_{20}^{40} f(t)dt \approx \frac{1}{20}(2942{,}66) = 147{,}1.$$

A população média prevista do México, entre 2000 e 2020, é de aproximadamente 147 milhões de pessoas.

Exemplo 3 (a) Para a função $f(x)$ cujo gráfico é dado na Figura 6.2, avalie $\int_0^5 f(x)dx$.

(b) Ache o valor médio de $f(x)$ no intervalo de $x = 0$ a $x = 5$. Verifique sua resposta graficamente.

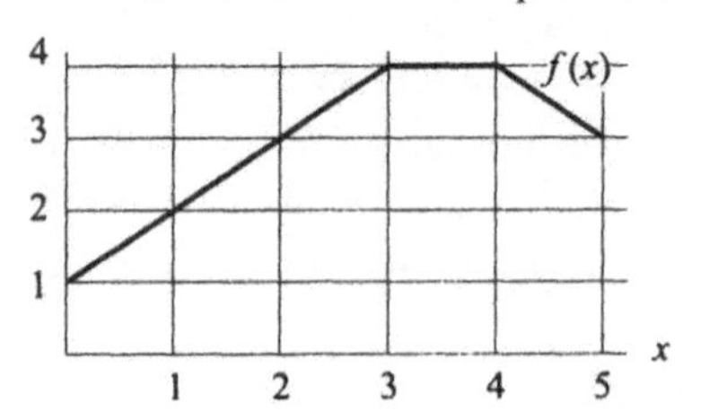

***Figura 6.2** — Avalie $\int_0^5 f(t)dx$.*

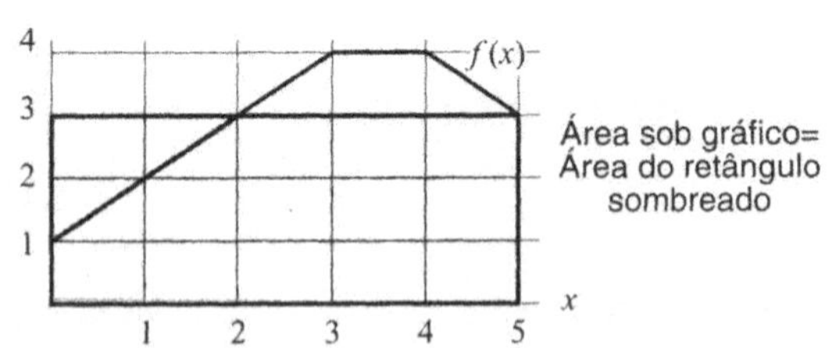

***Figura 6.3** — O valor médio de f(x) é 3*

Solução (a) Como $f(x) \geq 0$, a integral é a área da região sob o gráfico de $f(x)$ entre $x = 0$ e $x = 5$. A Figura 6.2 mostra que a região consiste em 13 caixas completas e 4 meias caixas, cada caixa tendo área 1, para uma área total de 15, de modo que

$$\int_0^5 f(x)dx = 15.$$

(b) O valor médio de $f(x)$ no intervalo de 0 a 5 é dado por

$$\text{Valor médio} = \frac{1}{5-0}\int_0^5 f(x)dx = \frac{1}{5}(15) = 3.$$

Para verificar a resposta graficamente, trace uma reta horizontal em $y = 3$ no gráfico de $f(x)$. (Veja a Figura 6.3.) Agora observe que, entre $x = 0$ e $x = 5$, a área sob o gráfico de $f(x)$ é igual à área de um retângulo de altura 3.

Problemas para a seção 6.1

1. Qual é o valor médio, sobre o intervalo $1 \leq x \leq 6$, da função f na Figura 6.4?
2. Usando o gráfico de f na Figura 6.5, avalie

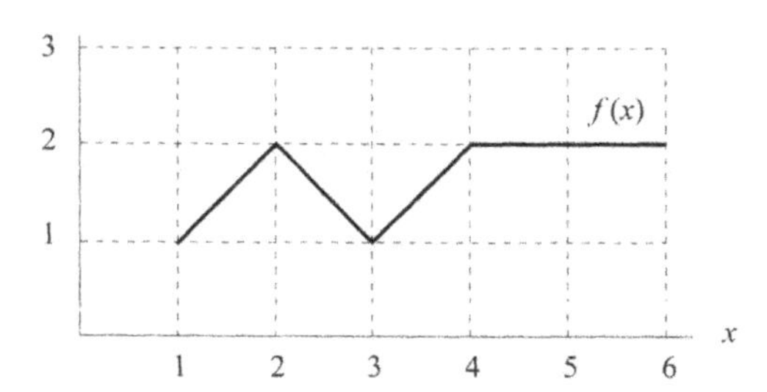

Figura 6.4

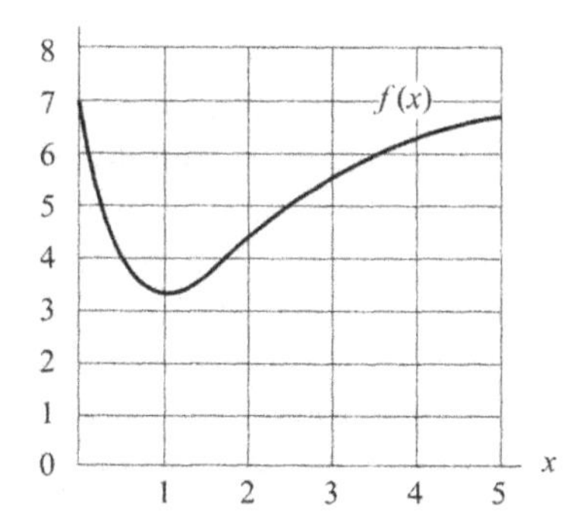

Figura 6.5

(a) A integral $\int_0^5 f(x)dx$.

(b) O valor médio de f entre $x = 0$ e $x = 5$, por avaliação visual da altura média.

(c) O valor médio de f entre $x = 0$ e $x = 5$, usando sua resposta à parte (a) e a fórmula para valor médio. (Suas respostas às partes (b) e (c) deveriam ser aproximadamente iguais.)

3. Ache o valor médio de $g(t) = 1 + t$ sobre o intervalo $[0,2]$.
4. Ache o valor médio de $g(t) = 2^t$ sobre o intervalo $[0,10]$.
5. Ache o valor médio de $g(t) = e^t$ sobre o intervalo $0 \leq t \leq 10$.
6. (a) Qual é o valor médio de $f(x) = \sqrt{1 - x^2}$ sobre o intervalo $0 \leq x \leq 1$?

   (b) Como você pode dizer se este valor médio é maior ou menor que 0,5, sem fazer cálculos?

Gráficos de funções são mostrados nos Problemas 7-8. Em cada caso, dê uma estimativa a olho do valor médio da função entre $x = 0$ e $x = 7$. Explique como você chegou à sua resposta.

7.

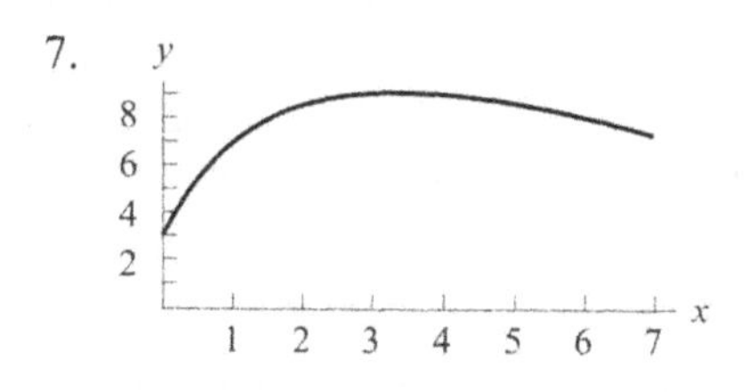

8.

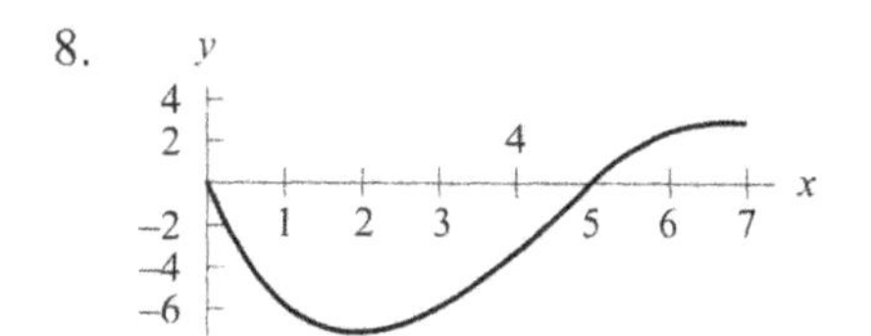

9. Para t medido em dias desde 1.º de junho, a quantidade $I(t)$ de um item em um depósito é dada por

$$I(t) = 5.000(0,9)^t$$

   (a) Ache a quantidade média no depósito durante os 90 dias depois de 1.º de junho.

   (b) Faça o gráfico de $I(t)$ e ilustre graficamente a quantidade média.

10. Um posto de gasolina encomenda 100 caixas de óleo para motor a cada 6 meses. A quantidade de óleo num período de 6 meses pode ser modelada por

$$f(t) = 100e^{-0,5t} \text{ caixas de óleo ao tempo } t,$$

onde t é medido em meses desde a chegada da encomenda.

   (a) Quantas caixas há no início do período de 6 meses? Quantas restam ao fim do período de 6 meses?

   (b) Ache o número médio de caixas em depósito sobre o período de 6 meses.

11. O valor, V, de uma lâmpada Tiffany, que valia \$225 em 1965, aumenta de 15% ao ano. Seu valor t anos depois de 1965 é dado por

$$V = 225(1,15)^t.$$

Ache o valor médio da lâmpada sobre o período 1965-2000.

12. A quantidade de uma certa substância radioativa ao tempo t é dada por

$$Q = 4(0,96)^t \text{ gramas.}$$

   (a) Ache $Q(10)$ e $Q(20)$.

   (b) Ache a média de $Q(10)$ e $Q(20)$.

   (c) Ache o valor médio de Q sobre o intervalo $10 \leq t \leq 20$.

   (d) Use o gráfico de Q para explicar os tamanhos relativos de suas respostas às partes (b) e (c).

13. Suponha que a população P (em milhões) do México seja dada por

$$P = 67,38(1,026)^t,$$

onde t é o número de anos desde 1980.

   (a) Qual é a população média do México entre 1980 e 1990?

   (b) Qual a média da população do México em 1980 e a população em 1990?

   (c) Explique, em termos da concavidade do gráfico de P (veja a Figura 1.66) porque sua resposta à parte (b) é maior ou menor que sua resposta à parte (a).

14. A função f na Figura 6.6 é simétrica em relação ao eixo-y. Escreva uma expressão, envolvendo uma ou mais integrais definidas, que represente:

   (a) O valor médio de f para $0 \leq x \leq 5$

   (b) O valor médio de $|f|$ para $0 \leq x \leq 5$

15. A função f na Figura 6.6 é simétrica em relação ao eixo-y. Considere o valor médio de f sobre os seguintes intervalos:

    (I) $0 \leq x \leq 1$ (II) $0 \leq x \leq 2$
    (III) $0 \leq x \leq 5$ (IV) $-2 \leq x \leq 2$

    (a) Para qual intervalo o valor médio de f é menor?
    (b) Para qual intervalo o valor médio de f é maior?
    (c) Para qual par de intervalos os valores médios são iguais?

16. Dado o gráfico de f na Figura 6.7, coloque os números seguintes em ordem do menor para o maior:

    (a) $f'(1)$
    (b) O valor médio de f sobre $0 \leq x \leq 4$
    (c) $\int_0^1 f(x)dx$

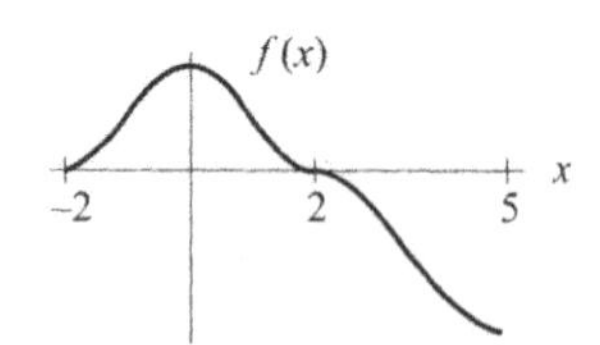

Figura 6.6

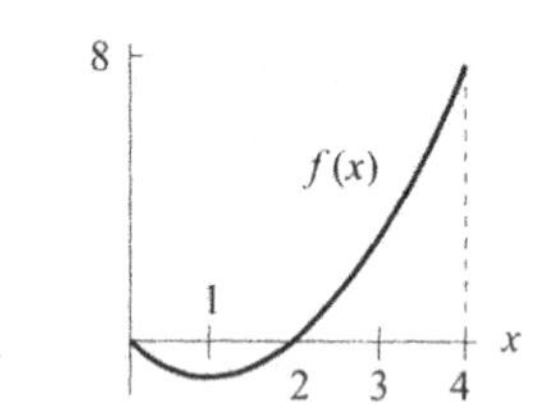

Figura 6.7

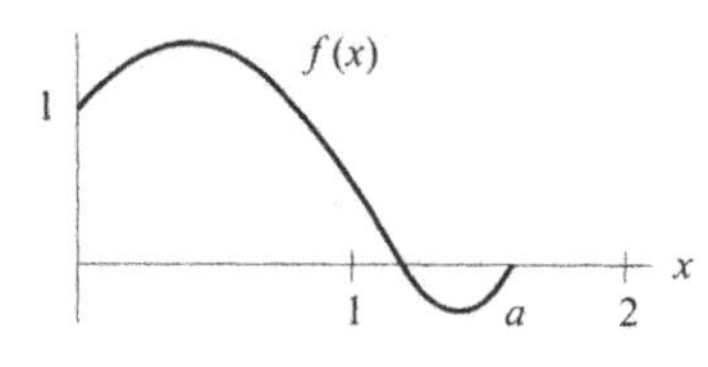

Figura 6.8

17. O gráfico de uma função f é dado na Figura 6.8. Ordene, do menor para o maior,

    (a) $f'(1)$
    (b) O valor médio de $f(x)$, $0 \leq x \leq a$.
    (c) O valor médio da taxa de variação de $f(x)$, para $0 \leq x \leq a$.
    (d) $\int_0^a f(x)dx$.

6.2 EXCEDENTE PARA CONSUMIDOR E PRODUTOR

Curvas de oferta e demanda

Como vimos no Capítulo 1, num mercado livre, a quantidade de um certo item, produzida e vendida, pode ser descrita pela curvas de oferta e demanda do item. A *curva de oferta* mostra qual a quantidade do item os produtores fornecerão a diferentes níveis de preço. O comportamento do consumidor é refletido na *curva de demanda*, que mostra a quantidade de bens comprados a vários preços. Veja a Figura 6.9.

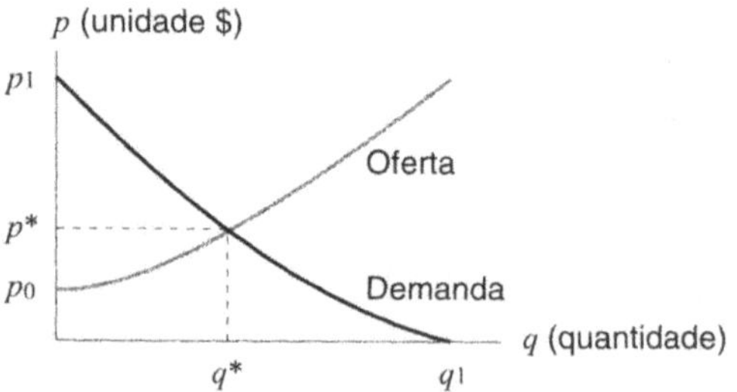

***Figura 6.9** — Curvas de oferta e demanda*

Supõe-se que o mercado se fixará no *preço de equilíbrio* p^* e na *quantidade de equilíbrio* q^*, onde os gráficos se cruzam. Isto significa que no ponto de equilíbrio a oferta é igual à demanda. Uma quantidade q^* do item será produzida e vendida a um preço de p^* cada.

Excedente para consumidor e produtor

Observe que no ponto de equilíbrio um certo número de consumidores comprou o item a um preço mais baixo do que estariam dispostos a pagar. (Por exemplo, alguns consumidores estariam dispostos a pagar preços ate p_1.) Analogamente, há alguns fornecedores que estariam dispostos a produzir o item a um preço mais baixo (na verdade, até ao preço p_0). Definimos as seguintes expressões:

> O **excedente do consumidor** mede o ganho do consumidor com a negociação. É a quantidade total ganha pelos consumidores ao comprarem o item ao preço corrente, em vez do preço que estariam dispostos a pagar.
>
> O **excedente do produtor** mede o ganho dos produtores pela negociação. É a quantia total ganha pelos produtores ao venderem ao preço corrente, em vez do preço que estariam dispostos a aceitar.
>
> Na ausência de controles de preços, assume-se que o preço corrente é o preço de equilíbrio.

Tanto consumidores quanto produtores estão mais ricos por terem negociado. O excedente do consumidor, como o do produtor, medem o quanto estão mais ricos.

Suponha que todos os consumidores comprem o bem ao preço máximo que estão dispostos a pagar. Divida o intervalo de 0 a q^* em subintervalos de comprimento Δq. A Figura 6.10 mostra que uma quantidade Δq de itens é vendida a um preço de aproximadamente p_1, outros Δq são vendidos a um preço um pouco menor, de cerca de p_2, os Δq seguintes por um preço de cerca de p_3, e assim por diante. Assim, o gasto total dos consumidores é de cerca de

$$p_1\Delta q + p_2\Delta q + p_3\Delta q + \ldots = \sum p_i\Delta q.$$

Se a curva de demanda for dada pela função $p = f(q)$, e

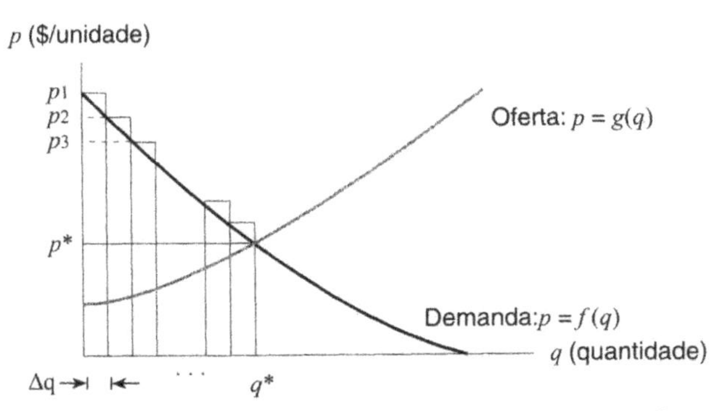

***Figura 6.10** — Cálculo do excedente do consumidor*

se todos os consumidores dispostos a pagar mais que p^* pagarem tanto quanto estão dispostos a pagar[1], então, quando $\Delta q \to 0$ teríamos

$$\text{Despesa do consumidor} = \left(\int_0^{q^*} f(q)dq\right) =$$

=Área entre a curva de demanda de 0 a p^*

Agora, se todos os bens forem vendidos ao preço de equilíbrio, a real despesa dos consumidores é apenas $p^* q^*$, que é a área do retângulo entre o eixo-q e a reta $p = p^*$ de $q = 0$ a $q = q^*$. Veja a Figura 6.11. Assim

$$\text{Excedente de consumidor ao preço } p^* = \left(\int_0^{q^*} f(q)dq\right) - p^*q^* =$$

Área entre a curva de demanda e a reta horizontal em p^*

Analogamente, se a curva de oferta for dada por $p = g(q)$, o excedente do produtor será representado na Figura 6.12 e definido como segue. (Ver os Problemas 8 e 9.)

$$\text{Excedente do produtor ao preço } p^* = p^*q^* - \left(\int_0^{q^*} g(q)dq\right) =$$

= Área entre a curva de oferta e a reta horizontal em p^*.

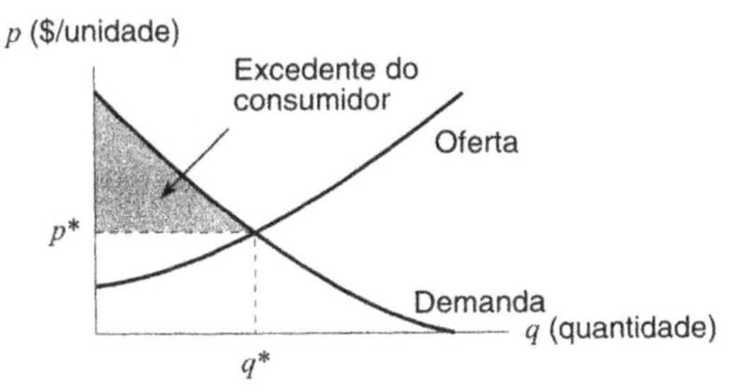

***Figura 6.11** — Excedente do consumidor*

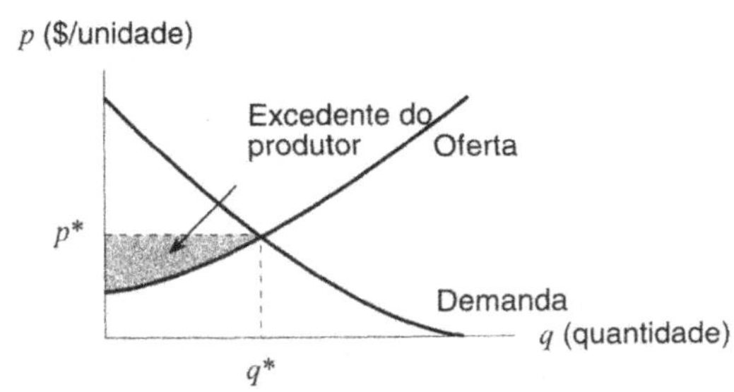

***Figura 6.12** — Excedente do produtor*

[1] Note que aqui p é escrito como função de q.

Exemplo 1 Suponha que a curva de demanda para um produto seja dada por $q = 120.000 - 500p$ e que a curva de oferta seja dada por $q = 1000p$ para $0 \leq q \leq 120.000$.

(a) A um preço de \$100, qual a quantidade de consumidores dispostos a comprar e qual quantidade os produtores estão dispostos a fornecer? O mercado empurrará os preços para cima ou para baixo?

(b) Ache o preço de equilíbrio e a quantidade de equilíbrio. Sua resposta à parte (a) apóia a observação de forças do mercado tenderem a empurrar os preços para perto do preço de equilíbrio?

(c) Se o preço for igual ao preço de equilíbrio, calcule e interprete os excedentes do consumidor e do produtor.

Solução (a) A quantidade em demanda ao preço de \$100 é $q = 120.000 - 500(100) = 70.000$ unidades. A quantidade oferecida ao preço de \$100 é $q = 1.000(100) = 100.000$ unidades. Ao preço de \$100 a oferta é maior que a demanda, assim alguns bens não são vendidos e esperamos que o mercado empurre os preços para baixo.

(b) As curvas de oferta e demanda são mostradas na Figura 6.13. O preço de equilíbrio é de cerca de $p^* = \$80$ e a quantidade de equilíbrio é de cerca de $q^* = 80.000$ unidades. A \$100, o mercado empurrará os preços para baixo, em direção ao preço de equilíbrio de \$80. Isto está de acordo com a conclusão na parte (a), que dizia que os preços cairão.

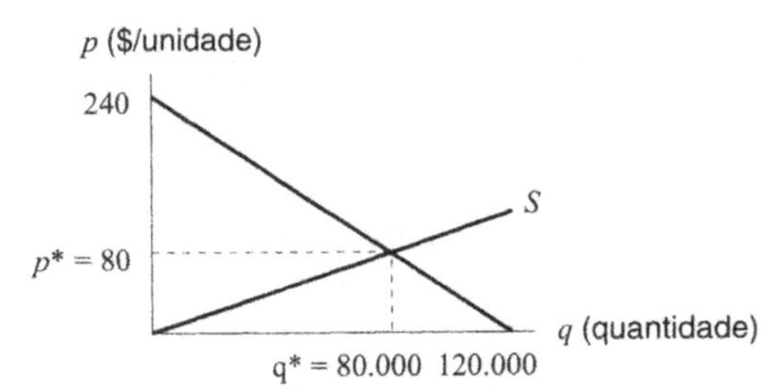

***Figura 6.13** — Curvas de oferta e demanda para um produto*

(c) O excedente do consumidor é a área sob a curva de demanda e acima da reta $p = 80$. (Veja a Figura 6.14.) Temos

Excedente do consumidor = Área do triângulo =

$$= \frac{1}{2} \text{ Base} \cdot \text{Altura} \approx \frac{1}{2}\ 80.000 \cdot 160 = \$6.400.000$$

Isto nos diz que os consumidores ganham \$6.400.000 comprando os bens ao preço de equilíbrio em vez do preço que estariam dispostos a pagar.

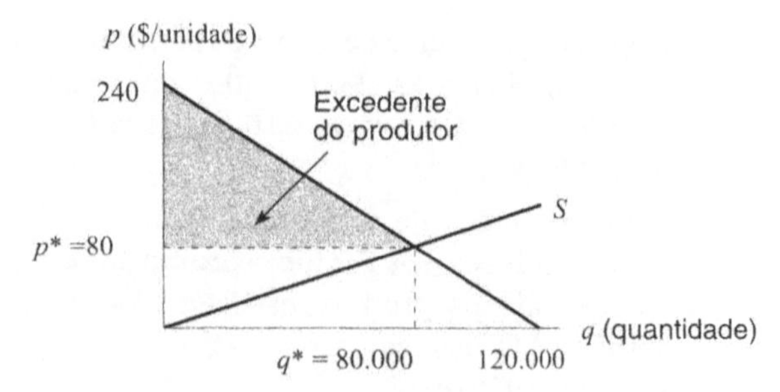

***Figura 6.14** — Excedente do consumidor*

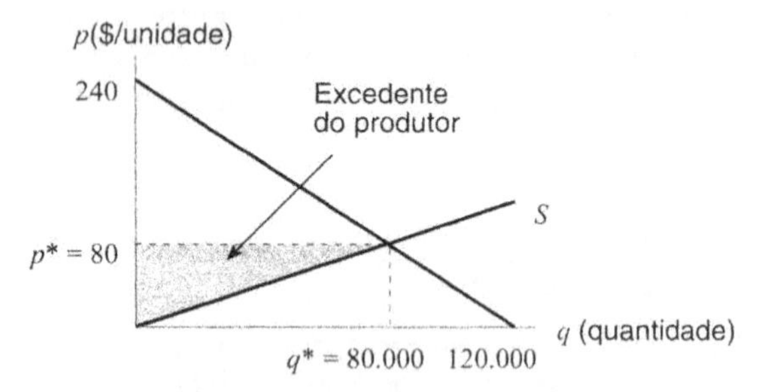

***Figura 6.15** — Excedente do produtor*

O excedente do produtor é a área acima da curva de oferta e abaixo da reta $p = 80$. (Veja a Figura 6.15.) Temos

Excedente do produtor = Área do triângulo =

$$= \frac{1}{2} \text{ Base} \cdot \text{Altura} \approx \frac{1}{2} 80.000 \cdot 80 = \$3.200.000$$

Assim, os produtores ganham $3.200.000 fornecendo bens ao preço de equilíbrio em vez do preço ao qual estariam dispostos a fornecer os bens.

Controles de salários e preços

Num mercado livre, o preço de um produto em geral se desloca para o preço de equilíbrio, a menos que forças externas conservem o preço artificialmente alto ou artificialmente baixo. O controle de aluguéis, por exemplo, mantém preços abaixo do valor de mercado, ao passo que preços impostos por cartéis ou pela lei de salário mínimo elevam preços para mais que o valor de mercado. O que acontece com os excedentes para consumidor e produtor com preços não-em-equilíbrio?

Exemplo 2 A indústria de laticínios tem preços ditados por cartel: o governo colocou os preços do leite artificialmente altos. Que efeito tem, forçar o preço para cima do preço de equilíbrio, ao nível de p^+, sobre:

(a) Excedente do consumidor?

(b) Excedente do produtor?

(c) Ganhos totais do negócio (isto é, Excedente do consumidor + Excedente do produtor?

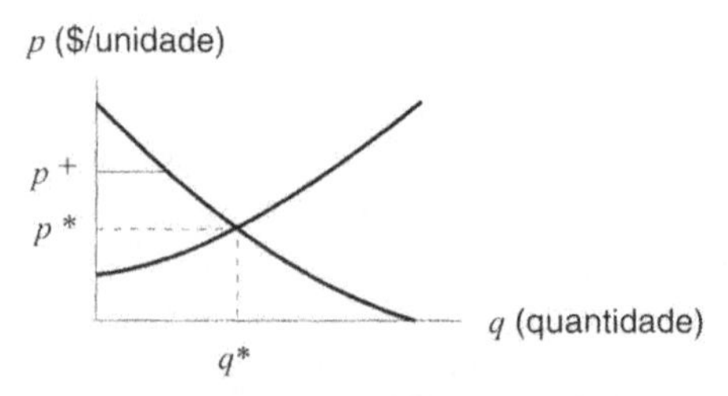

***Figura 6.16** — Qual o efeito do preço p^+ artificialmente alto, sobre excedentes do consumidor e do produtor? (q* e p* são os valores de equilíbrio)*

Solução (a) Um gráfico de possíveis curvas de oferta e demanda para a indústria de laticínios é dado na Figura 6.16. Suponha que o preço seja fixado em p^+, acima do preço de equilíbrio. O excedente do consumidor é a diferença entre a quantia que os consumidores pagam (p^+) e a quantia que estariam dispostos a pagar (dada na curva de demanda). É a área sombreada na Figura 6.17. Este excedente do consumidor é inferior ao excedente do consumidor ao preço de equilíbrio, mostrado na Figura 6.18.

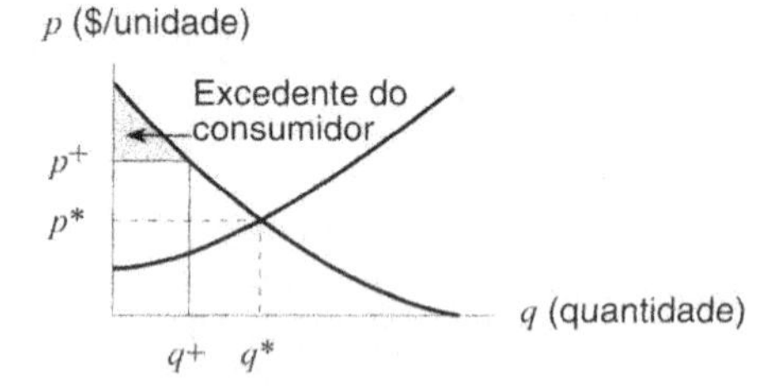

***Figura 6.17** — Excedente do consumidor: Preço artificial*

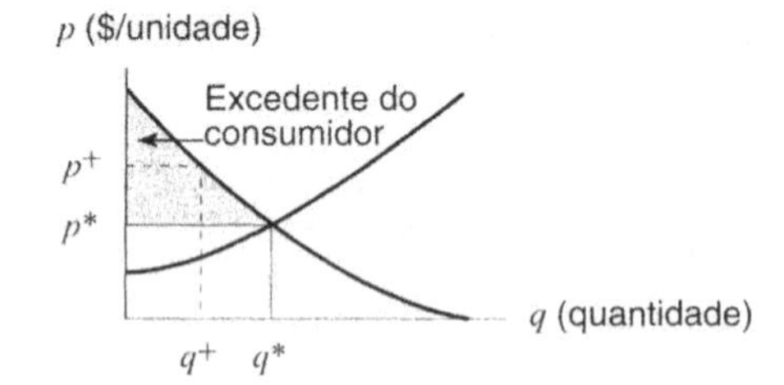

***Figura 6.18** — Excedente do consumidor: Preço de equilíbrio*

(b) Ao preço p^+, a quantidade vendida, q^+, é menor do que seria ao preço de equilíbrio, o excedente do produtor é a área entre p^+ e a curva de oferta para esta demanda reduzida. Esta área é sombreada na Figura 6.19. Compare este excedente do produtor (ao preço artificialmente alto) com o excedente do produtor na Figura 6.20 (ao preço de equilíbrio). Neste caso, o excedente do produtor parece ser maior ao preço artificial que ao preço de equilíbrio. (Porém, curvas de oferta e demanda diferentes poderiam levar a um resposta diferente.)

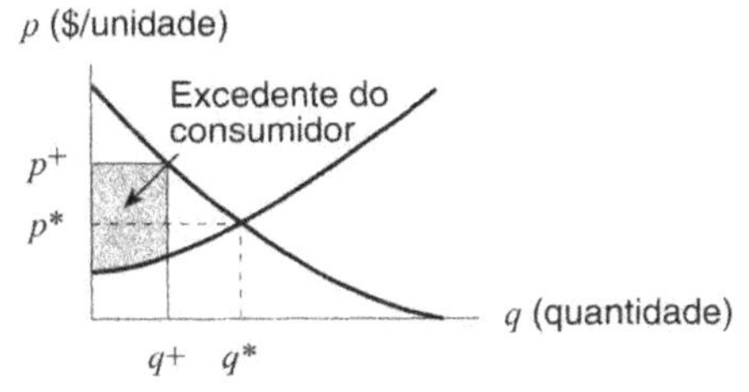

***Figura 6.19** — Excedente do Produtor: Preço artificial*

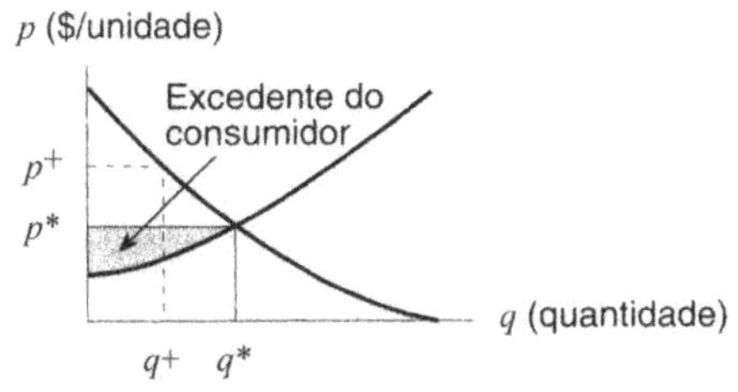

p ($/unidade)

Excedente do consumidor

p^+

p^*

q (quantidade)

q^+ q^*

***Figura 6.20** — Excedente do produtor: Preço de equilíbrio*

(c) O ganho total do negócio (Excedente do consumidor + Excedente do produtor) ao preço p^+ é a área sombreada na Figura 6.21. O ganho total ao preço de equilíbrio p^* é a área sombreada na Figura 6.22. Sob condições de preço artificial, o ganho total diminui. O efeito financeiro total do preço artificialmente alto sobre produtores e consumidores juntos é negativo.

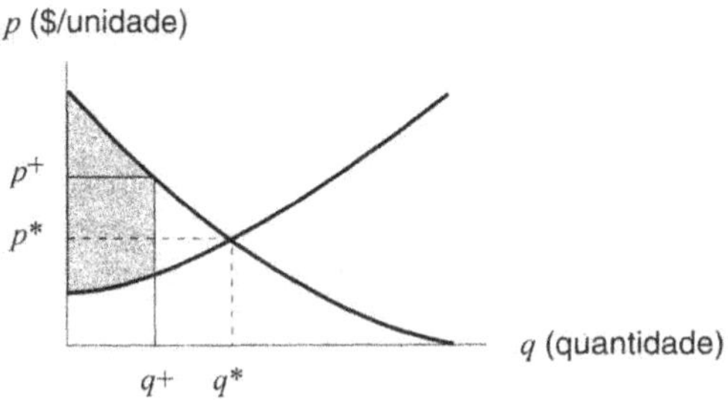

***Figura 6.21** — Ganho total do negócio: Preço artificial*

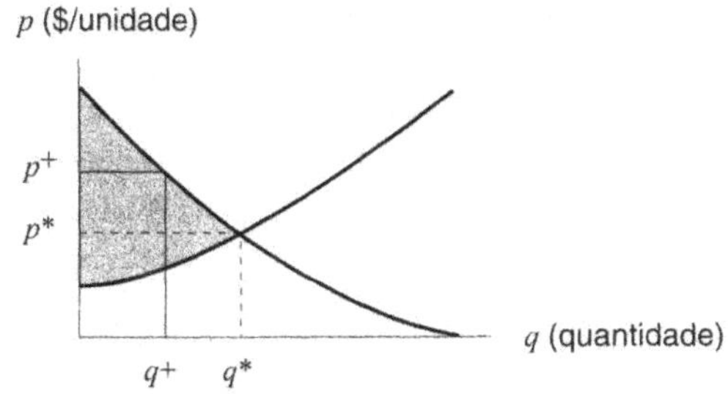

p ($/unidade)

p^+

p^*

q (quantidade)

q^+ q^*

***Figura 6.22** — Ganho total do negócio: Preço de equilíbrio*

Problemas para a Seção 6.2

1. As curvas de oferta e demanda para um produto são mostradas na Figura 6.23.
   (a) Avalie o preço e a quantidade de equilíbrio.
   (b) Avalie os excedentes de consumidor e produtor. Sombreie cada um deles numa cópia da Figura 6.23.
   (c) Quais são os ganhos totais de negócios com este produto?

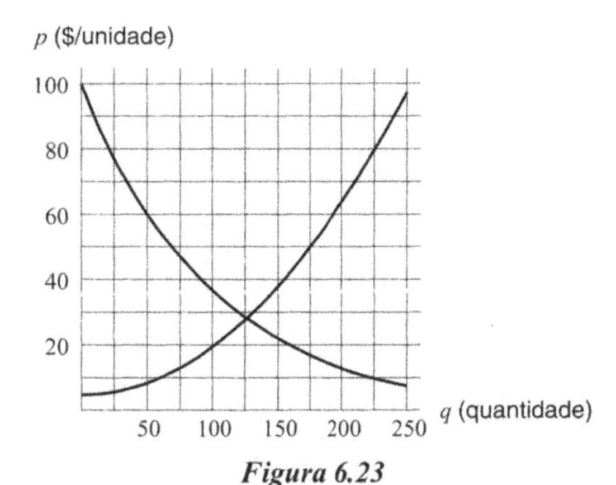

Figura 6.23

2. Considere as curvas de oferta e demanda na Figura 6.23. Suponha que um preço de \$40 seja artificialmente imposto.
   (a) Ao preço de \$40, avalie o excedente do consumidor, o excedente do produtor e os ganhos totais do negócio.
   (b) Compare suas respostas neste problema com suas respostas no Problema 1. Discuta o efeito de controle de preços sobre o excedente do consumidor, o excedente do produtor e ganhos totais do negócio neste caso.

3. A curva de demanda para um produto é dada por $p = f(q) = 20e^{-0,002q}$ e a curva de oferta é dada por $p = g(q) = 0,02q + 1$ para $0 \leq q \leq 1.000$, onde q é a quantidade e p o preço em \$/unidade.
   (a) Se a quantidade for 300, qual será maior ou menor, o preço de oferta ou o preço de demanda? Isto tenderá a empurrar para cima ou para baixo a quantidade produzida? Para mais perto da quantidade de equilíbrio ou para mais longe?
   (b) Esboce as curvas de oferta e demanda. Ache preço e quantidade de equilíbrio.
   (c) Usando preço e quantidade de equilíbrio, calcule e interprete os excedentes de consumidor e de produtor.

4. A curva de demanda de um produto é dada por $p = f(q) = 100e^{-0,008q}$ e a curva de oferta por $p = g(q) = 4\sqrt{q} + 10$, para $0 \leq q \leq 500$, onde p é em reais por unidade.
   (a) A um preço de \$50, qual quantidade os consumidores estão dispostos a comprar e qual quantidade os produtores estão dispostos a oferecer? O mercado empurrará os preços para baixo ou para cima?
   (b) Ache preço e quantidade de equilíbrio. Sua resposta à parte (a) apóia a observação de forças de mercado tenderem a empurrar os preços para perto do preço de equilíbrio?
   (c) Se o preço for igual ao preço de equilíbrio, calcule e interprete os excedentes de consumidor e produtor.

5. Em maio de 1991, *Car And Driver* descreveu um Jaguar vendido por $980.000 dólares. A esse preço só 50 foram vendidos. Estima-se que 350 poderiam ser vendidos se o preço tivesse sido $560.000. Supondo que a curva de demanda é uma reta, e que $560.000 e 350 são os preço e a quantidade de equilíbrio, ache excedente de consumidor ao preço de equilíbrio.
6. Esboce possíveis curvas de oferta e demanda em que o excedente do consumidor ao preço de equilíbrio é
   (a) Maior que o excedente do produtor
   (b) Menor que o excedente do produtor.
7. Mostre graficamente que o ganho total máximo de negócio é sempre ao preço de equilíbrio. Faça isto mostrando que se forças externas mantêm o preço artificialmente alto ou baixo, o ganho total do negócio (excedente do consumidor + excedente do produtor) é menor que ao preço de equilíbrio.
8. Usando somas de Riemann, explique o significado econômico de $\int_0^{q^*} S(q)dq$ para produtores. ($S(q)$ = demanda).
9. Usando somas de Riemann, dê uma interpretação do excedente do produtor

$$\int_0^{q^*} (p^* - S(q))dq$$

   análoga à interpretação do excedente do consumidor.
10. Com referência às Figuras 6.11. e 6.12, ache as regiões com as seguintes áreas:
   (a) p^*q^*
   (b) $\int_0^{q^*} D(q)dq$
   (c) $\int_0^{q^*} S(q)dq$
   (d) $\left(\int_0^{q^*} D(q)dq\right) - p^*q^*$
   (e) $p^*q^* - \int_0^{q^*} S(q)dq$
   (f) $\int_0^{q^*} (D(q) - S(q))dq$
11. Controles de aluguéis sobre apartamentos são exemplo de controle de preços sobre um bem. Conservam o preço do bem artificialmente baixo (abaixo do preço de equilíbrio). Esboce um gráfico de curvas de oferta e demanda e marque nele um preço p^- abaixo do preço de equilíbrio. Que efeito tem forçar o preço para baixo, para p^-, sobre:
   (a) O excedente do produtor?
   (b) O excedente do consumidor?
   (c) O ganho total do negócio (excedente do consumidor + excedente do produtor)?

6.3 VALORES PRESENTE E FUTURO

No Capítulo 1 introduzimos os valores presente e futuro de um único pagamento. Nesta seção veremos como calcular os valores presente e futuro de um fluxo contínuo de pagamentos.

Fluxo de renda

Quando consideramos pagamentos feitos a ou por um indivíduo, em geral pensamos em pagamentos discretos, isto é, pagamentos feitos em momentos específicos. Mas podemos pensar em pagamentos feitos por uma companhia como sendo contínuos. As receitas ganhas por uma grande corporação, por exemplo, essencialmente vêm todo o tempo, portanto podem ser representadas por um fluxo de renda. Como a taxa à qual a receita é ganha pode variar com o tempo, o fluxo de renda é descrito por

$$S(t) \text{ reais/ano.}$$

Note que $S(t)$ é uma taxa à qual pagamentos são feitos (suas unidades são reais por ano, por exemplo), e note também que a taxa varia com o tempo, t, em geral medido em anos a partir do presente.

Valores presente e futuro de um fluxo de renda

Assim como podemos achar os valores presente e futuro de um único pagamento, também podemos achar os valores presente e futuro de um fluxo de pagamentos. Como antes, o valor futuro representa a quantia total que você teria em uma data futura se depositasse a renda do fluxo numa conta bancária à medida que você a recebesse e a deixasse ganhar juros até essa data futura.

Quando estamos trabalhando com um fluxo contínuo de receitas, assumimos que os juros são compostos continuamente. A razão para isto é que as aproximações que faremos (de somas por integrais) serão muito mais simples se pagamentos e juros forem ambos contínuos. Lembre que se a taxa de juros for r, o valor presente, P, de um depósito, B, feito t anos no futuro é

$$P = Be^{-rt}.$$

Suponha que queiramos calcular o valor presente do fluxo de renda descrito por uma taxa de $S(t)$ reais por ano, e que estamos interessados no período de agora até M anos no futuro. Para usarmos o que sabemos sobre depósitos únicos para calcular valores presentes de um fluxo de renda, primeiro temos que dividir o fluxo em muitos pequenos depósitos, cada um feito aproximadamente num instante. Dividimos o intervalo $0 \le t \le M$ em subintervalos, cada um de comprimento Δt:

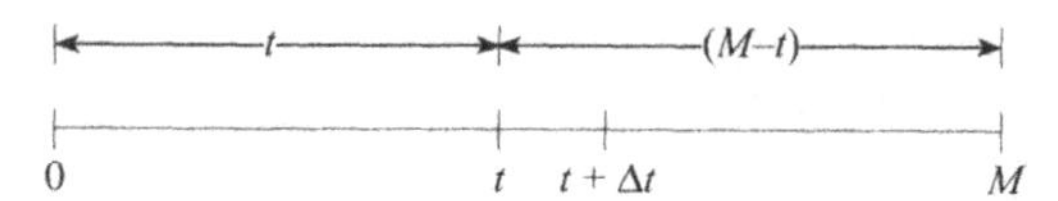

Supondo que Δt seja pequeno, a taxa, $S(t)$, á qual são feitos depósitos não variará muito dentro de um subintervalo. Assim, entre t e $t + \Delta t$:

$$\begin{aligned}\text{Quantia paga} &\approx \text{Taxa de depósitos} \times \text{Tempo}\\ &\approx (S(t) \text{ reais/ano})(\Delta t \text{ anos})\\ &= S(t)\,\Delta t \text{ reais.}\end{aligned}$$

Medido a partir do presente, o depósito de $S(t)\Delta t$ é feito t anos no futuro. Assim, supondo uma taxa de juros contínua r,

$$\begin{array}{c}\text{Valor presente de dinheiro depositado} \\ \text{no intervalo de } t \text{ a } t+\Delta t\text{:}\end{array} = S(t)\,\Delta t e^{-rt}.$$

Somando para todos os subintervalos temos

$$\text{Valor presente total} \approx \sum S(t)e^{-rt}\,\Delta t \text{ reais.}$$

No limite, quando $\Delta t \to 0$, obtemos a seguinte integral

$$\text{Valor presente} = \int_0^M S(t)e^{-rt}\,dt.$$

Como na seção 1.9, o valor M anos no futuro é dado por

$$\text{Valor futuro} = \text{Valor presente} \cdot e^{rM}.$$

Exemplo 1 Ache os valores presente e futuro de um fluxo de renda constante de \$1.000 por ano, sobre um período de 20 anos, assumindo uma taxa de juros de 6%, composta continuamente.

Solução Usando $S(t) = 1.000$ e $r = 0{,}06$, temos

$$\text{Valor presente} = \int_0^{20} 1.000\,e^{-0{,}06t}dt \approx \$11.646{,}76.$$

Podemos achar o valor futuro, B, a partir do valor presente, P, usando $B = Pe^{rt}$, de modo que

$$\text{Valor futuro} = 11.646{,}76e^{0{,}06(20)} = \$38.668{,}62.$$

Observe que como dinheiro foi depositado a uma taxa de \$1.000 por ano durante 20 anos, a quantia total depositada foi de \$20.000. O valor futuro é \$38.668,62, portanto o dinheiro quase dobrou, por causa dos juros.

Exemplo 2 Suponha que você quer ter \$50.000 dentro de 8 anos, numa conta bancária que paga 2% de juros, compostos continuamente.

(a) Se você fizer um único depósito agora, quanto você deveria depositar?

(b) Se você depositar dinheiro continuamente através do período de 8 anos, a qual taxa você deveria depositá-lo?

Solução (a) Se você depositar de uma vez \$$P$, então P será o valor presente de \$50.000. Assim, usando $B = Pe^{rt}$, com $B = 50.000$, $r = 0{,}02$ e $t = 8$:

$$50.000 = Pe^{0{,}02(8)}$$

$$P = \frac{50.000}{e^{0{,}02(8)}} \approx 42.607{,}20$$

Você teria que depositar \$42.607,20 na conta agora, para ter \$50.000 ao fim de 8 anos.

(b) Supondo que você deposita dinheiro a uma taxa constante de \$$S$ por ano, então

$$\text{Valor presente dos depósitos} = \int_0^8 S\,e^{-0{,}02t}dt$$

Como S é constante, podemos tirá-lo para fora do sinal de integral:

$$\text{Valor presente dos depósitos} = S\int_0^8 e^{-0{,}02t}dt \approx S(7{,}39).$$

Mas o valor presente dos depósitos contínuos deve ser o mesmo que o valor presente do depósito único, isto é, \$42.607,20. Portanto

$$42.607{,}20 \approx S(7{,}39)$$
$$S \approx \$5.763{,}33.$$

Para seu objetivo de ter \$50.000, você precisaria depositar dinheiro a uma taxa contínua de \$5.763,33 por ano, ou cerca de \$480 por mês.

Problemas para a Seção 6.3

1. Trace um gráfico, com o tempo em anos sobre o eixo horizontal, de como apareceria o fluxo de renda para uma companhia que vende toldos protetores contra o sol no nordeste dos EUA.
2. Ache os valores presente e futuro de um fluxo de renda constante de \$3.000 por ano num período de 15 anos, assumindo uma taxa de juros de 6% anuais, compostos continuamente.
3. Uma certa ação tem a garantia de pagar $(100 + 10t)$ dólares por ano, por 10 anos, onde t é o número de anos a partir do presente. Ache o valor presente deste fluxo de renda, dada um taxa de juros de 5%, compostos continuamente.
4. Um pequeno negócio espera um fluxo de renda de \$5.000 por ano, por um período de quatro anos.
   (a) Ache o valor presente do negócio, se a taxa anual de juros, compostos continuamente, for de
   (i) 3% (ii) 10%
   (b) Em cada caso, ache o valor do negócio ao fim do período de quatro anos.
5. (a) Ache os valores presente e futuro de um fluxo de renda de \$6.000 por ano num período de 10 anos, se a taxa de juros, compostos continuamente, for de 5%.
   (b) Quanto do valor futuro vem do fluxo de renda? Quanto do juro?
6. A qual taxa constante, contínua, deve ser depositado dinheiro numa conta se a conta deve conter \$20.000 em 5 anos? A conta ganha juros de 6%, compostos continuamente.
7. (a) Uma conta bancária ganha 10% de juros compostos continuamente. A qual taxa constante, contínua, um pai deve depositar dinheiro em tal conta para economizar \$100.000 em 10 anos para as despesas de um filho na universidade?
   (b) Se o pai decide, em vez disso, depositar uma soma global hoje para atingir o objetivo de 100.000 em 10 anos, quanto ele deve depositar agora?
8. Suponha que as vendas da Versão 6.0 de um pacote de software comecem altas e decresçam exponencialmente.

Ao tempo t, em anos, as vendas são de $s(t) = 50e^{-t}$ milhares de dólares por ano. Depois de dois anos, a versão 7.0 do software é lançada e substitui a Versão 6.0. Suponha que toda a receita das vendas do software seja imediatamente investida em papéis do governo que pagam juros à taxa de 6% composta continuamente. Calcule o valor presente total de vendas da versão 6.0 sobre o período de dois anos.

9. A Intel Corporation[2] é um importante produtor de circuitos integrados. Em 1995, a Intel gerou lucros a uma taxa contínua de 7.035 milhões de dólares por ano. Assuma que os lucros continuem à mesma taxa e que a taxa de juros é de 8,5% compostos continuamente.
   (a) Qual é o valor presente do lucro de Intel num período de 1 ano?
   (b) Qual é o valor ao fim de um ano dos lucros de Intel sobre o período de um ano?
10. A Harley-Davidson Inc. fabrica motos. Durante 1996 e 1997, a taxa de vendas foi de aproximadamente $1.431e^{0.134t}$ milhões de dólares por ano, onde t é o tempo em anos desde 1º de janeiro de 1996. Suponha que esta taxa de vendas seja válida até 1º de janeiro de 2003 (o 100º aniversário da companhia). Usando um taxa de juros de 7,5% ao ano, compostos anualmente, ache o valor de 1º de janeiro de 1996 das vendas da Harley-Davidson sobre o período de tempo de 1º de janeiro de 1996 até 1º de janeiro de 2003.
11. A Hershey Foods Inc. é o maior produtor de chocolate nos EUA. Durante 1995 e 1996 gerou um lucro líquido a uma taxa aproximada de $28{,}5t + 265{,}75$ milhões de dólares por ano, onde t é o tempo em anos desde 1º de janeiro de 1995. Suponha que esta taxa continue pelo ano 2000 e que a taxa de juros seja de 2% ao ano, compostos continuamente. Ache o valor, em 1º de janeiro do ano 2000 dos lucros líquidos de Hershey pelo período de tempo de 1º de janeiro de 1995 até 1º de janeiro de 2000.
12. A McDonald Corporation licencia e opera uma cadeia de 21.022 lojas pelo mundo. Nos últimos anos, a McDonald vem gerando receita a taxas contínuas entre 10.600 e 12.600 milhões de dólares por ano. Suponha que a taxa de renda da McDonald permaneça nesta faixa. Use a taxa de juros de 9% ao ano compostos continuamente. Preencha os espaços em branco:
    (a) O valor presente da receita da McDonald sobre um período de tempo de cinco anos fica entre ______e ________milhões de dólares.
    (b) O valor presente da receita de McDonald sobre um período de vinte e cinco anos fica entre ______e ________milhões de dólares.
13. Sua companhia pensa em comprar nova maquinaria de produção. Você quer saber quanto tempo será necessário para que a maquinaria se pague. Isto é, você quer saber o intervalo de tempo para o qual o valor presente do lucro gerado pelas novas máquinas igualará o custo das máquinas. Suponha que a nova maquinaria custe $130.000 e ganhe lucros à taxa contínua de $80.000 por ano. Use uma taxa de juros de 8,5% ao ano composta continuamente. Ache o período de tempo necessário para que o valor presente do lucro seja igual ao custo da maquinaria.
14. Uma máquina recentemente instalada ganha receitas para a companhia a uma taxa contínua de $60.000t + 45.000$ dólares por ano durante os seis primeiros meses de operação e, depois dos primeiros seis meses, à taxa contínua de $75.000 dólares por ano. O custo da máquina é $150.00, a taxa de juros é de 7% ao ano, compostos continuamente, e t é em anos desde que a máquina foi instalada.
    (a) Ache o valor presente da renda ganha pela máquina durante o primeiro ano de operação.
    (b) Ache quanto tempo será necessário para que a máquina se pague, isto é, quanto tempo até que o valor presente da receita seja igual ao custo da máquina?
15. O valor de vinho bom cresce com a idade. Assim, se você é um negociante de vinhos, você tem o problema de decidir se vende seu vinho agora, a um preço de $P a garrafa, ou vendê-lo mais tarde a um preço mais alto. Suponha que você sabe que a quantia que um apreciador de vinhos está disposto a pagar por uma garrafa deste vinho t anos a partir de agora é $P(1+20)\sqrt{t})$. Supondo composição contínua e uma taxa de juros provavelmente de 5% ao ano, qual é a melhor ocasião para vender seu vinho?
16. Uma companhia de petróleo descobriu uma reserva de petróleo de 100 milhões de barris. Suponha que para o tempo $t > 0$, em anos, o plano de extração da companhia seja uma função decrescente linear do tempo como segue:

$$g(t) = a - bt,$$

onde $g(t)$ é a taxa de extração em milhões de barris por ano ao tempo t, $b = 0{,}1$ e $a = 10$.
    (a) Quanto tempo levará para que toda a reserva seja exaurida?
    (b) O preço do petróleo é constante, a $20 o barril, o custo de extração por barril é $10 e a taxa de juros do mercado é 10% ao ano, compostos continuamente. Qual é o valor presente do lucro da companhia?

6.4 CRESCIMENTO POPULACIONAL

Taxa de crescimento populacional

No Capítulo 3 vimos como calcular a variação numa população, P, usando sua derivada, dP/dt e o Teorema Fundamental do Cálculo.

Mas freqüentemente taxas de crescimento populacional não são dadas em termos da derivada dP/dt. Por exemplo,

[2] Os Problemas 9-12 são baseados em *Value Line Investment Survey*

poderíamos vir a saber que em 1990 a população, P, da Nicarágua estava crescendo a uma taxa de 3,4% ao ano. Os 3,4% são *taxa relativa de variação* da população, mas não é a derivada. Se t é em anos, a derivada dP/dt tem unidades de pessoas por ano; a taxa de crescimento relativa tem unidades de porcentagem ao ano. A derivada às vezes é chamada a *taxa absoluta de crescimento* para distingui-la da taxa relativa, ou percentual, de crescimento. A taxa de crescimento relativa é a taxa absoluta de crescimento dividida pela população, de modo que temos a seguinte definição:

Suponha que P seja uma função de t,

Taxa (absoluta) de variação de P com relação a $t =$

$$= \frac{dP}{dt} \text{ e}$$

Taxa relativa de variação de P com relação a $t =$

$$= \frac{1}{P} \cdot \frac{dP}{dt}$$

Para uma quantidade crescendo linearmente, a taxa absoluta de crescimento é constante. Para uma quantidade crescendo exponencialmente, a taxa relativa é constante, mas a taxa absoluta de variação cresce quando a população cresce.

Exemplo 1 Em 1996, a população, P, da Mongólia era de 2,5 milhões e crescia a uma taxa contínua de 1,4% ao ano.

(a) Ache a taxa (absoluta) de crescimento da população da Mongólia em 1996 e em 2000.

(b) Usando sua resposta à parte (a), confirme que a taxa relativa de crescimento da população da Mongólia é de 1,4% em 1996 e em 2000.

Solução (a) Assumimos que a população da Mongólia continua a crescer a 1,4% ao ano. Como se trata de taxa contínua, usamos base e. Se t é em anos desde 1996, temos

$$P = 2{,}5e^{0{,}014t}.$$

Em 1996, quando $t = 0$,

$$\text{Taxa absoluta de crescimento} = \left.\frac{dP}{dt}\right|_{t=0} = 2{,}5(0{,}014)e^{0{,}014(0)} =$$

$= 0{,}035$ milhões pessoas/ano

$= 35.000$ pessoas/ano

Em 2000, quando $t = 4$,

$$\text{Taxa absoluta de crescimento} = \left.\frac{dP}{dt}\right|_{t=4} = 2{,}5(0{,}014)e^{0{,}014(4)} =$$

$= 0{,}037$ milhões pessoas/ano

$= 37.000$ pessoas/ano

A taxa absoluta de crescimento aumentou de 1996 para 2000 porque há mais pessoas tendo filhos.

(b) Em 1996, a população é de 2,5 milhões, então

$$\text{Taxa relativa de crescimento} = \frac{1}{P} \cdot \left.\frac{dP}{dt}\right|_{t=0} = \frac{0{,}035}{2{,}5} =$$

$= 0{,}014 = 1{,}4\%$ ao ano

Em 2000, quando $t = 4$, a população é $2{,}5e^{0{,}014(4)} =$ 2,64 milhões de pessoas e então

$$\text{Taxa relativa de crescimento} = \frac{1}{P} \cdot \left.\frac{dP}{dt}\right|_{t=4} = \frac{0{,}037}{2{,}64} = 0{,}014 =$$

$= 1{,}4\%$ ao ano

Cálculo de variações de populações a partir de taxa absoluta de crescimento

Se nos é dada a taxa absoluta de crescimento, $P'(t)$, de uma população, $P(t)$, o Teorema Fundamental do Cálculo nos diz que a variação da população é dada pela integral definida.

$$P(b) - P(a) = \int_a^b P'(t)dt.$$

Exemplo 2 A população de Tóquio cresceu a uma taxa mostrada na Figura 6.24. Avalie a variação na população entre 1970 e 1990.

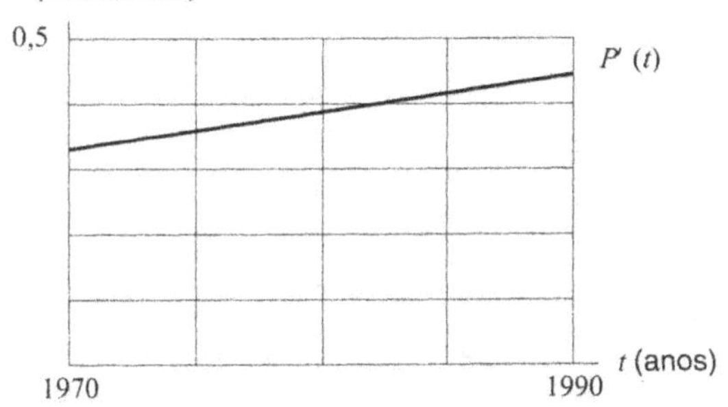

***Figura 6.24** — Taxa absoluta de crescimento da população de Tóquio*

Solução Como $P'(t)$ é positiva, a integral da taxa de crescimento é a área sob a curva. A área entre 1970 e 1990 é de cerca de 15,3 caixas, cada uma da quais tem área $0{,}1(5) = 0{,}5$ milhões de pessoas. Portanto

$$\text{Variação da população} = \int_{1970}^{1990} P'(t)dt \approx 15{,}3(0{,}5)$$

$\approx 7{,}65$ milhões de pessoas

A população de Tóquio cresceu por cerca de 8 milhões de pessoas, entre 1970 e 1990.

Cálculo da variação na população usando taxa de crescimento relativa

Como podemos achar a variação numa população, partindo da taxa relativa de crescimento? A resposta é que não podemos fazê-lo sem mais informação. Mas podemos achar a variação percentual na população.

Se a população for $P(t)$, onde t é em anos, então a taxa relativa de crescimento será o quociente $P'(t)/P(t)$. Como.

$$\frac{d}{dt}(\ln P(t)) = \frac{P'(t)}{P(t)} = \text{Taxa relativa de crescimento}$$

temos

> A taxa relativa de crescimento de P é a taxa de variação de $\ln(P)$.
>
> A integral da taxa relativa de crescimento dá a variação total de $\ln(P)$.

Exemplo 3 A taxa relativa de crescimento $P'(t)/P(t)$ de uma população $P(t)$ num período de 50 anos é dada na Figura 6.25. O que podemos dizer sobre a variação de população durante o período?

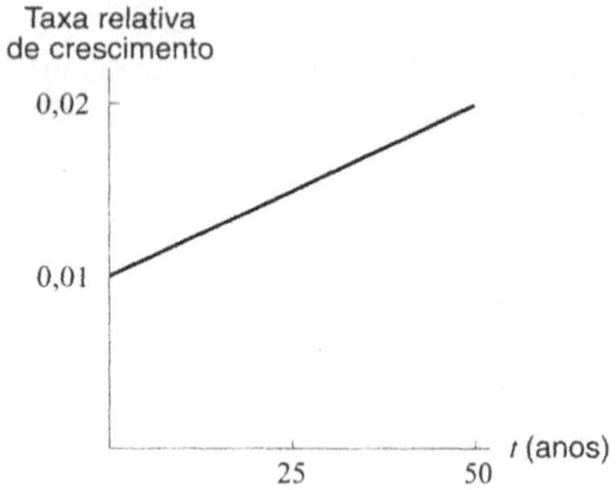

***Figura 6.25** — A taxa relativa de crescimento de população*

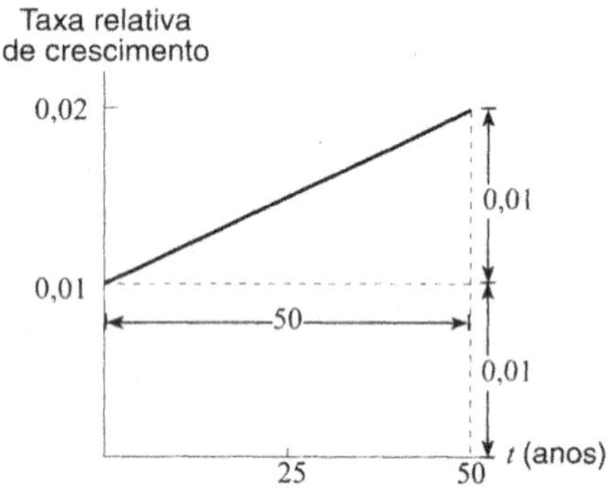

***Figura 6.26** — Cálculo da variação de uma população a partir da taxa relativa de crescimento*

Solução A variação de $\ln P(t)$ é a integral do crescimento relativo de P, de modo que

$$\ln P(50) - \ln P(0) = \int_0^{50} \frac{P'(t)}{P(t)}\, dt.$$

Esta integral é igual à área sob o gráfico de $P'(t)/P(t)$ entre $t = 0$ e $t = 50$. Veja a Figura 6.26. A área de um retângulo e de um triângulo dá

$$\text{Área} = 50(0{,}01) + \frac{1}{2} \cdot 50(0{,}01) = 0{,}75.$$

portanto

$$\ln P(50) - \ln P(0) = 0{,}75$$

$$\ln\left(\frac{P(50)}{P(0)}\right) = 0{,}75$$

$$\frac{P(50)}{P(0)} = e^{0{,}75} = 2{,}1$$

A população mais que dobrou durante os 50 anos, crescendo por um fator de cerca de 2,1 ou 110%. Não podemos determinar a quantidade absoluta pela qual a população cresceu, a menos que saibamos o tamanho da população inicial.

Quando aumenta a taxa relativa de crescimento de uma população? Se tudo o mais ficar constante, a taxa relativa de crescimento crescerá, se, indiferentemente, crescer a taxa relativa de natalidade ou diminuir a taxa relativa de mortalidade. Mesmo que decresça a taxa relativa de natalidade, ainda poderemos ver aumento na taxa relativa de crescimento se a taxa relativa de mortalidade decrescer mais depressa. É o caso da população do mundo hoje. A diferença entre taxa de natalidade e taxa de mortalidade é uma variável importante.

Exemplo 4 A Figura 6.27 mostra taxas relativas de natalidade e mortalidade para países desenvolvidos e em desenvolvimento.[3]

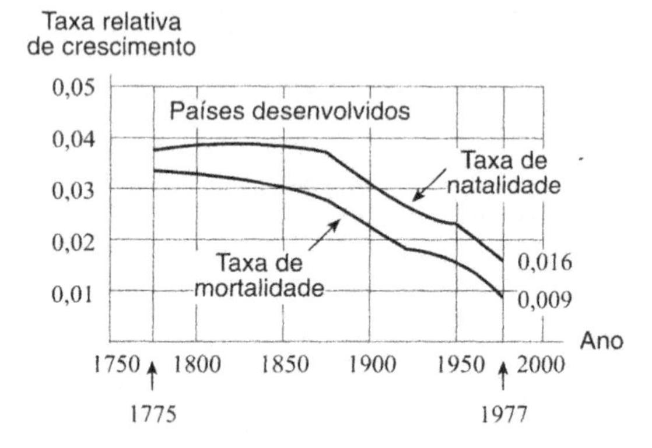

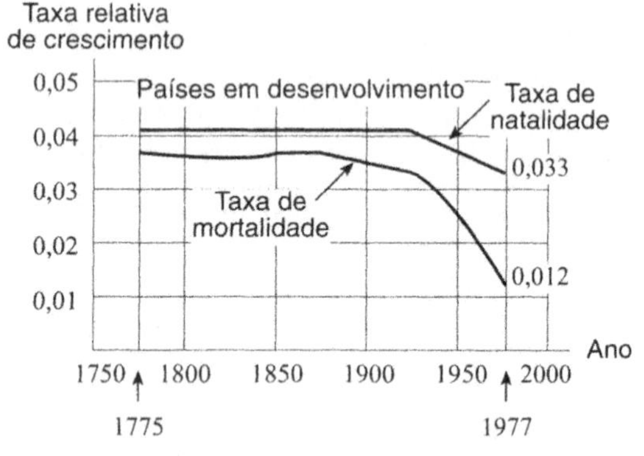

***Figura 6.27** — Taxas de natalidade e mortalidade em países desenvolvidos e em desenvolvimento, 1775—1977*

(a) Qual é a maior, a taxa de natalidade ou a taxa de mortalidade? O que isto lhe diz? As taxas de natalidade estão crescendo ou decrescendo? As taxas de mortalidade estão crescendo ou decrescendo? O que está mudando mais depressa, a taxa de natalidade ou a taxa de mortalidade? O que isto lhe diz sobre como estão variando as populações?

(b) Por qual porcentagem cresceu a população dos países em desenvolvimento durante o século de 1800-1900?

(c)) Por qual porcentagem cresceu a população dos países em desenvolvimento durante os 27 anos de 1950-1977?

[3] *Food and Population; A Global Concern*, Elaine Murphy, Washington, DC: Population Reference Bureau, Inc., 1984, p.2.

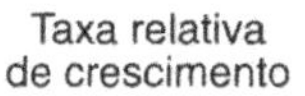

Solução (a) Em países desenvolvidos, a taxa de natalidade é maior que a taxa de mortalidade, de modo que a população cresce. A taxa de natalidade e a taxa de mortalidade decrescem ambas, e a aproximadamente a mesma taxa, de modo que a população dos países desenvolvidos cresce a uma taxa relativa constante.

Em países em desenvolvimento, a taxa de natalidade é maior que a taxa de mortalidade e ambas vêm decrescendo desde cerca de 1925. Em anos recentes, a taxa de mortalidade vem decrescendo mais depressa que a taxa de natalidade, de modo que a taxa relativa de crescimento vem aumentando. Isto tem acontecido apesar do fato de a taxa de natalidade ter decrescido significativamente desde 1925. O declínio na taxa de mortalidade tem contribuído fortemente para o recente crescimento populacional em países em desenvolvimento.

(b) A taxa relativa de crescimento da população é a diferença entre as taxas relativas de natalidade e mortalidade, portanto é representada na Figura 6.27 pela distância vertical entre a curva da taxa de natalidade e a curva da taxa de mortalidade. A área da região entre as duas curvas de 1800 e 1900, mostrada na Figura 6.28, dá a variação de $P(t)$. A região é aproximadamente um retângulo de altura 0,005 e largura 100, assim a área é 0,5. Temos

$$\ln P(1900) - \ln P(1800) = \int_{1800}^{1900} \frac{P'(t)}{P(t)}\,dt = 0,5$$

$$\ln\left(\frac{P(1900}{P(1800}\right) = 0,5$$

$$\frac{P(1900)}{P(1800)} = e^{0,5} = 1,65$$

Durante o século dezenove a população dos países em desenvolvimento aumentou por um fator de cerca de 1,65, ou seja, 65%.

(c) A região sombreada entre as curvas de taxa de natalidade e taxa de mortalidade, de 1950 e 1977, na Figura 6.28 consiste em aproximadamente 1,5 retângulos, cada um dos quais tem área (0,01)(27) = 0,27. A área desta região é aproximadamente de (1,5)(0,27) = 0,405. Temos

$$\ln P(1977) - \ln P(1950) = \int_{1950}^{1977} \frac{P'(t)}{P(t)}\,dt = 0,405$$

e assim

$$\frac{P(1977)}{P(1950)} = e^{0,405} = 1,50$$

A população dos países em desenvolvimento cresceu por um fator de cerca de 1,5 ou 50% entre 1950 e 1977.

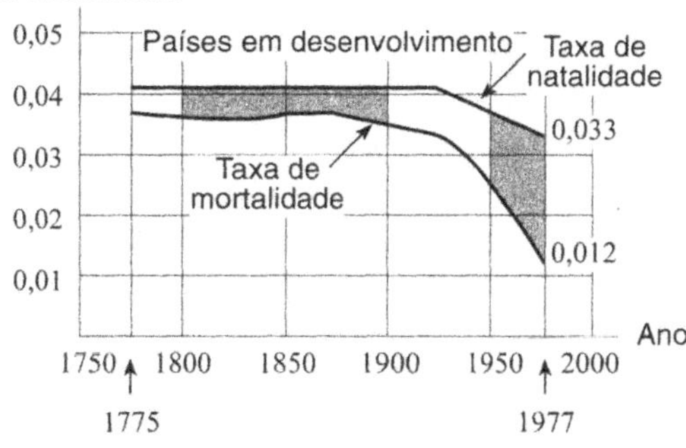

Figura 6.28 — *Taxa de crescimento relativa da população = Taxa de mortalidade de natalidade – Taxa relativa de mortalidade*

Problemas para a Seção 6.4

1. A Tabela 6.1 mostra o número cumulativo de casos de AIDS no mundo[4], entre 1980 e 1993.

(a) Ache o aumento absoluto no número de casos de AIDS entre 1988 e 1989, e entre 1992 e 1993.

(b) Ache o crescimento relativo no número de casos de AIDS entre 1988 e 1989, e entre 1992 e 1993.

TABELA 6.1 — *Casos cumulativos de AIDS no mundo, em milhares*

Ano	AIDS casos	Ano	AIDS casos
1980	0	1987	493
1981	1	1988	813
1982	7	1989	1275
1983	21	1990	1892
1984	65	1991	2701
1985	143	1992	3657
1986	279	1993	4820

2. O artigo "Job Scene: What is Hot, What is Not in the Next 10 Years" ("Cenário de emprego, o que é quente e o que não é, nos próximos 10 anos") que apareceu no *Chicago Tribune* em julho de 1996, continha o que citamos em seguida, sobre mudanças previstas nos empregos entre 1995 e 2005:

- Projeta-se que empregos aumentarão de 127 milhões, para 144,7 milhões — só **14** por cento. A taxa de crescimento foi de **24** por cento de 1983 a 1994.
- Empregos em serviços e negócios de varejo, ao que se espera, crescerão por **16,2** milhões. Serviços de negócios, saúde e educação responderão por **9,1** milhões de novos empregos.
- A manufatura perderá **1,3** milhões de empregos, continuando seu declínio.
- Empregos para quem tenha grau de mestre terão o maior crescimento, **28** por cento.

[4] Lester R. Brown et al., *Vital Signs 1994* (New York: W. W. Norton and Company, 1994), p. 103.

(a) O primeiro número em negrito é 14. É uma variação absoluta, uma variação relativa, uma taxa absoluta de variação ou uma taxa relativa de variação? Use a informação dada para achar cada uma das outras três medidas de variação, correspondendo a 14.

(b) Identifique cada um dos números em negrito como uma variação absoluta, uma variação relativa, uma taxa absoluta de variação ou uma taxa relativa de variação.

3. Uma cidade tem uma população de 1.000. Em cada um dos casos seguintes, preencha a tabela supondo que a população da cidade cresce por (a) 50 pessoas por ano (b) 5% por ano

Ano	0	1	2	3	4	...	10
População	1.000					...	

4. O tamanho de uma população de bactérias é 4.000. Ache um fórmula para o tamanho, P, da população t horas mais tarde, se a população estiver decrescendo por (a) 100 bactérias por hora (b) 5% a hora. Em qual caso a população de bactérias chega a 0 mais depressa?

5. Taxas de natalidade e mortalidade freqüentemente são relatadas como nascimentos ou mortes por mil membros da população. Qual é a taxa relativa de crescimento de uma população com uma taxa de natalidade de 30 nascimentos por 1.000 e uma taxa de mortalidade de 20 mortes por 1.000?

6. A população, P, em milhões, da Nicarágua era de 3,6 milhões em 1990 e crescia a uma taxa de 3,4% ao ano.

(a) Escreva uma fórmula para P como função de t, onde t é em anos desde 1990.

(b) Use sua fórmula para achar a taxa média de variação (ou taxa de crescimento absoluta) na Nicarágua entre 1990 e 1991, e entre 1991 e 1992. Explique porque suas respostas são diferentes.

(c) Use sua resposta à parte (b) para confirmar que a taxa relativa de variação (ou taxa relativa de crescimento) em ambos os intervalos de tempo foi de 3,4%.

7. Uma população tem o tamanho 100 ao tempo $t = 0$, onde t é medido em anos.

(a) Se a população tiver uma taxa absoluta de crescimento constante de 10 pessoas por ano, ache uma fórmula para o tamanho da população ao tempo t.

(b) Se a população tiver uma taxa relativa de crescimento constante, de 10% ao ano, ache uma fórmula para o tamanho da população ao tempo t.

(c) Faça gráficos das duas funções nos mesmos eixos.

8. O número de crimes de roubo a casas[5] nos EUA vem decrescendo desde 1986. Se $P(t)$ é o número de roubos relatados como função do ano t, a taxa relativa de variação $P'(t)/P(t)$ é dada na Tabela 6.2.

TABELA 6.2

Ano	Taxa relativa	Ano	Taxa relativa
1987	−0,002	1992	−0,060
1988	−0,006	1993	−0,051
1989	−0,016	1994	−0,045
1990	−0,031	1995	−0,046
1991	−0,015	1996	−0,037

(a) Avalie a integral da taxa relativa de variação $\int_{1987}^{1996} \frac{P'(t)}{P(t)}\, dt$.

(b) Qual porcentagem representou a variação do número de roubos durante o período 1987–1996?

Nos Problemas 9–12, é dado um gráfico da taxa relativa de crescimento de uma população. Aproximadamente, qual a porcentagem de variação da população no período de 10 anos?

9. Taxa relativa de crescimento

10. Taxa relativa de crescimento

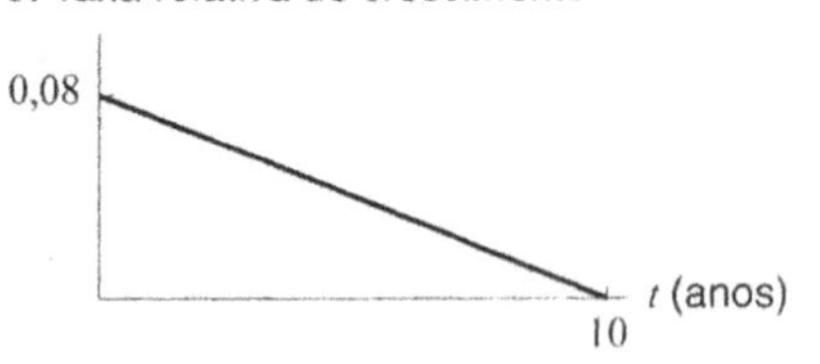

11. Taxa relativa de crescimento

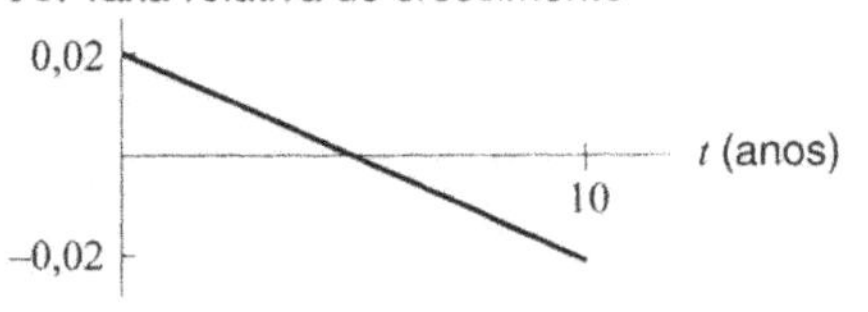

12. Taxa relativa de crescimento

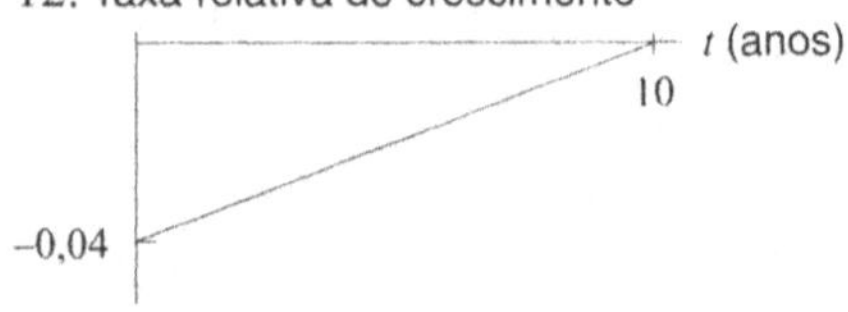

Nos Problemas 13–15, a taxa relativa de crescimento de uma função f é mostrada como função do tempo, t, para $0 \leq t \leq 10$. Dê os intervalos sobre os quais f é crescente e sobre os quais f é decrescente.

13.

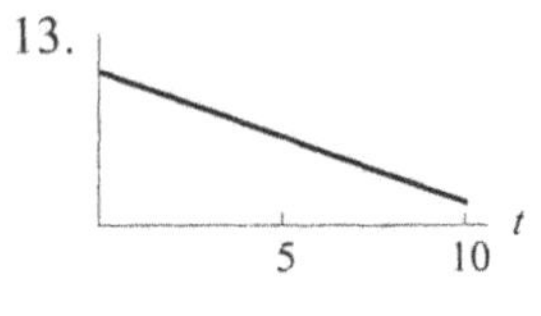

14.

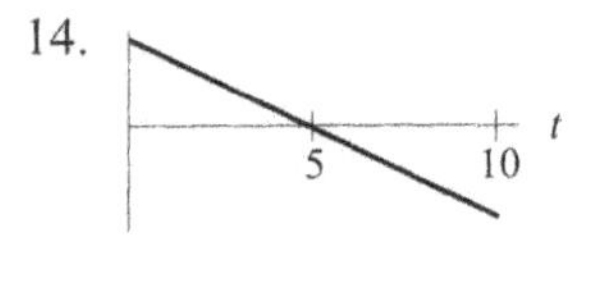

15.

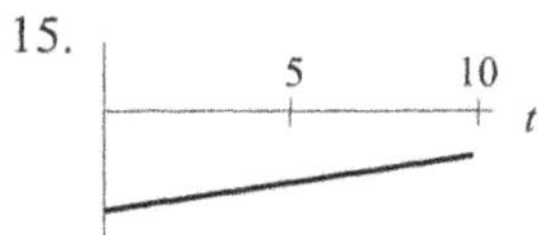

[5] Dados adaptados de FBI, *Uniform Crime Reports*, 1996 e *The World Almanac*, 1998, p. 958

16. Na linguagem comum, crescimento exponencial significa crescimento muito rápido. Neste problema, você verá que qualquer função que cresça exponencialmente, eventualmente crescerá mais depressa que qualquer função potência.
    (a) Mostre que a taxa relativa de crescimento da função $f(x) = x^n$, para $n > 0$ fixo e para $x > 0$, decresce quando x cresce.
    (b) Assuma $k > 0$ fixo. Explique porque, para x grande, a taxa relativa de crescimento da função $g(x) = e^{kx}$ é maior que a taxa relativa de crescimento de $f(x)$.

6.5 ANTIDERIVADAS

O que é uma antiderivada?

Se a derivada de $F(x)$ é $f(x)$, isto é se $F'(x) = f(x)$, então dizemos que $F(x)$ é uma *antiderivada*, ou uma *primitiva*, de $f(x)$. Você pode achar uma antiderivada de $f(x) = 2x$? Lembre que a derivada de x^2 é $2x$, portanto

x^2 é uma antiderivada de $2x$.

Você consegue pensar em outra função cuja derivada seja $2x$? Que tal $x^2 + 1$? Ou $x^2 + 17$? Ou $x^2 + C$, onde C é qualquer constante? Como, para qualquer constante C,

$$\frac{d}{dx}(x^2 + C) = 2x + 0 = 2x,$$

qualquer função da forma $x^2 + C$ é uma primitiva de $2x$. Pode-se mostrar que todas as antiderivadas de $2x$ são desta forma, e então dizemos que

$x^2 + C$ é a família das antiderivadas de $2x$.

Uma vez que conheçamos uma antiderivada $F(x)$ para uma função num intervalo, então todas as outras antiderivadas são da forma $F(x) + C$.

Integral indefinida

Introduzimos uma notação para a família das antiderivadas, que se parece com a integral definida sem seus limites. Se todas as antiderivadas de $f(x)$ forem da forma $F(x) + C$, chamamos $\int f(x)dx$ a integral indefinida de $f(x)$ e escrevemos

$$\int f(x)dx = F(x) + C.$$

É importante entender a diferença entre

$$\int_a^b f(x)dx \quad \text{e} \quad \int f(x)dx.$$

O primeiro símbolo é um número, o segundo é uma família de funções. Por ser semelhante a notação, o termo "integração" freqüentemente é usado para o processo de achar antiderivadas, assim como para o de achar integrais definidas. Em geral, o contexto deixa claro o que se deve entender.

Achar fórmulas para antiderivadas

Achar primitivas de funções é como tomar raízes quadradas de números: se tomarmos um número ao acaso, tal como 7 ou 493, poderemos ter dificuldade para dizer qual é sua raiz quadrada sem uma calculadora. Mas se acontecer de tomarmos um número como 25 ou 64, que sabemos ser um quadrado perfeito, então poderemos achar exatamente sua raiz quadrada. Analogamente, se tomarmos uma função que reconhecermos ser uma derivada, então poderemos achar sua antiderivada facilmente.

Por exemplo, observar que $2x$ é a derivada de x^2 nos diz que x^2 é uma antiderivada de $2x$. Se dividirmos por 2, então adivinharemos que

$$\text{Uma antiderivada de } x \text{ é } \frac{x^2}{2}$$

Para verificar esta afirmação, tome a derivada de $x^2/2$.

$$\frac{d}{dx}\left(\frac{x^2}{2}\right) = \frac{1}{2} \cdot \frac{d}{dx}x^2 = \frac{1}{2} \cdot 2x = x.$$

E como seria uma antiderivada de x^2? A derivada de x^3 e $3x^2$, portanto a derivada de $x^3/3$ é $3x^2/3 = x^2$. Assim,

$$\text{Uma antiderivada de } x^2 \text{ é } \frac{x^3}{3}$$

Você percebe o esquema? Tem o seguinte aspecto

$$\text{Uma antiderivada de } x^n \text{ é } \frac{x^{n+1}}{n+1}.$$

(Supomos que $n \neq -1$, ou teríamos $x^0/0$, que não faz sentido.) É fácil verificar esta fórmula por derivação:

$$\frac{d}{dx}\left(\frac{x^{n+1}}{n+1}\right) = \frac{(n+1)x^n}{n+1} = x^n.$$

Assim, em notação de integral indefinida, vemos que

$$\int x^n dx = \frac{x^{n+1}}{n+1} + C, \quad n \neq -1.$$

Você pode pensar numa antiderivada da função $f(x) = 5$? Sabemos que a derivada de $5x$ é 5, de modo que $F(x) = 5x$ é uma antiderivada de $f(x) = 5$. De modo geral, se k é uma constante, a derivada de kx é k, de modo que

Uma antiderivada de k é kx.

Usando a notação de integral indefinida3

> Se k é uma constante
>
> $$\int k\, dx = kx + C.$$

Exemplo 1 Ache $\int (3x + x^2)dx$.

Solução Sabemos que $x^2/2$ é uma antiderivada de x e que

$x^3/3$ é uma antiderivada de x^2, portanto esperamos que

$$\int (3x+x^2)dx = 3\left(\frac{x^2}{2}\right)+\frac{x^3}{3}+C.$$

De novo, verifique suas antiderivadas por diferenciação — é fácil. Aqui

$$\frac{d}{dx}\left(\frac{3}{2}x^2+\frac{x^3}{3}+C\right)=\frac{3}{2}\cdot 2x+\frac{3x^2}{2}=3x+x^2.$$

O exemplo precedente ilustra que as regras de derivação para somas e multiplicação por constantes funcionam ao contrário também:

Propriedades das Antiderivadas: Somas e Múltiplos por Constantes

Em notação de integral indefinida

1. $\int [f(x)\pm g(x)]dx = \int f(x)dx \pm \int g(x)dx$
2. $\int cf(x)dx = c\int f(x)dx$

Em palavras:

1. Uma antiderivada da soma (ou diferença) de duas funções é a soma (ou diferença) de suas antiderivadas.
2. Uma antiderivada de uma constante vezes uma função é a constante vezes uma antiderivada da função.

Exemplo 2 Ache antiderivadas:

(a) x^5 (b) t^8
(c) $12x^3$ (d) q^3-6q^2

Solução (a) $\int x^5dx = \frac{x^6}{6}+C$

(b) $\int t^8dt = \frac{t^9}{9}+C$

(c) $\int 12x^3dx = 12\left(\frac{x^4}{4}\right)+C = 3x^4+C$

(d) $\int (q^3-6q^2)dq = \frac{q^4}{4}-6\left(\frac{q^3}{3}\right)+C=\frac{q^4}{4}-2q^3+C$

Para conferir, derive a antiderivada: você deve obter a função de partida.

Qual é uma antiderivada de x^n quando $n=-1$? Em outras palavras, qual é uma antiderivada de $1/x$? Felizmente, conhecemos uma função cuja derivada é $1/x$, ou seja, o logaritmo natural. Assim, como

$$\frac{d}{dx}(\ln x)=\frac{1}{x},$$

sabemos que

$$\int \frac{1}{x}dx = \ln x + C, \quad \text{para } x>0.$$

Se $x<0$, então $\ln x$ não é definido, de modo que não pode ser antiderivada de $1/x$. Neste caso, podemos tentar $\ln(-x)$:

$$\frac{d}{dx}\ln(-x)=(-1)\frac{1}{-x}=\frac{1}{x}$$

assim

$$\int \frac{1}{x}dx = \ln(-x)+C, \quad \text{para } x<0.$$

Isto significa que $\ln x$ é antiderivada de $1/x$ se $x>0$ e $\ln(-x)$ é antiderivada de $1/x$ para $x<0$. Como $|x|=x$ se $x>0$ e $|x|=-x$ se $x<0$ podemos fundir as duas fórmulas em uma:

$$\text{Uma antiderivada de } \frac{1}{x} \text{ é } \ln|x|$$

em qualquer intervalo que não contenha o 0. Portanto

$$\int \frac{1}{x}dx = \ln|x|+C$$

Como a função exponencial é sua própria derivada, é também sua antiderivada:

$$\int e^x dx = e^x + C$$

E o que dizer de e^{kx}? Sabemos que a derivada de e^{kx} é ke^{kx}, portanto, para $k\neq 0$ temos

$$\int e^x dx = \frac{1}{k}e^{kx}+C$$

Exemplo 3 Ache primitivas:

(a) $8x^3+\frac{1}{x}$ (b) $12e^{0,2t}$

Solução (a)

$$\int 8x^3+\frac{1}{x}dx = 8\left(\frac{x^4}{4}\right)+\ln|x|+C = 2x^4+\ln|x|+C$$

(b)

$$\int 12e^{0,2t}dt = 12\left(\frac{1}{0,2}e^{0,2t}\right)+C = 60e^{0,2t}+C$$

Derive suas respostas para conferir seu trabalho.

Antiderivada de funções periódicas

As antiderivadas de seno e cosseno são fáceis de adivinhar. Como

$$\frac{d}{dx}\text{sen}\,x=\cos x \quad \text{e} \quad \frac{d}{dx}\cos x = -\text{sen}\,x$$

vem

$$\int \cos x = \text{sen}\,x + C \quad \text{e} \quad \int \text{sen}\,x dx = -\cos x + C$$

Exemplo 4 Ache $\int(\text{sen}\, x + 3\cos x)dx$

Solução Separamos a antiderivada em dois termos:

$$\int(\text{sen}\, x + 3\cos x)dx = \int \text{sen}\, x\, dx + 3\int \cos x\, dx = -\cos x + 3\,\text{sen}\, x + C$$

Verifique por derivação:

$$\frac{d}{dx}(-\cos x + 3\,\text{sen}\, x + C) = \text{sen}\, x + 3\cos x.$$

Problemas para a seção 6.5

Para cada uma das funções nos Problemas 1-24, ache a antiderivada.

1. $f(x) = 5$
2. $f(x)= 5x$
3. $f(x)= x^2$
4. $g(t)= t^2 + t$
5. $f(x)= x^4$
6. $g(t)= t^7 + t^3$
7. $f(q)= 5q^2$
8. $g(x)= 6x^3 + 4$
9. $g(z)= \sqrt{z}$
10. $h(z)= \frac{1}{z}$
11. $r(t)= \frac{1}{t^2}$
12. $g(z) = \frac{1}{z^3}$
13. $h(t) = 3t^2 + 7t + 1$
14. $k(x) = 10 + 8x^3$
15. $p(x) = x^2 - 6x + 17$
16. $g(t) = e^{-3t}$
17. $f(x) = 3x^2 + 5$
18. $f(x) = 6x^2 - 8x + 3$
19. $f(t) = 2t^2 + 3t^3 + 4t^4$
20. $p(t) = t^3 - \frac{t^2}{2} - t$
21. $q(y) = y^4 + \frac{1}{y}$
22. $f(x) = 5x - \sqrt{x}$
23. $h(t) = \cos t$
24. $g(t) = \text{sen}\, t$

Para os Problemas 25–33, ache uma antiderivada $F(x)$ com $F'(x) = f(x)$ e $F(0) = 0$. Há uma só solução possível em cada caso?

25. $f(x) = 3$
26. $f(x) = 2x$
27. $f(x) = -7x$
28. $f(x) = \frac{1}{4}x$
29. $f(x) = x^2$
30. $f(x) = \sqrt{x}$
31. $f(x) = 2 + 4x + 5x^2$
32. $f(x) = \text{sen}\, x$
33. $f(x) = e^x$

Ache as integrais indefinidas nos problemas 34-48.

34. $\int 3x\, dx$
35. $\int(4t+7)dt$
36. $\int(8t+3)dt$
37. $\int 6x^2 dx$
38. $\int t^{12} dt$
39. $\int(x^3 - x)dx$
40. $\int(x^2-1)dx$
41. $\int(x^3 - 4x + 8)dx$
42. $\int 5e^z dz$
43. $\int e^{2t} dt$
44. $\int\left(x + \frac{1}{\sqrt{x}}\right)dx$
45. $\int\left(x^2 + \frac{1}{x}\right)dx$
46. $\int e^{-3t} dt$
47. $\int \cos\theta\, d\theta$
48. $\int \text{sen}\, t\, dt$

6.6 USO DAS ANTIDERIVADAS PARA ACHAR INTEGRAIS DEFINIDAS

Na seção anterior calculamos primitivas. Nesta, veremos como usá-las para calcular exatamente integrais definidas. O cálculo se baseia no Teorema Fundamental do Cálculo:

Teorema Fundamental do Cálculo

Se F', a derivada de F, é contínua, então

$$\int_a^b F'(x)dx = F(b) - F(a),$$

Até agora, calculamos aproximações da integral definida usando somas à direita e à esquerda. O Teorema Fundamental nos dá um outro método para calcular integrais definidas, o qual foi introduzido no final da Seção 3.5. Para achar $\int_a^b F'(x)dx$, primeiro tentamos achar F, depois calculamos $F(b) - F(a)$. Este método para calcular integrais definidas tem uma boa vantagem sobre o uso de somas à direita e à esquerda: dá rapidamente a resposta exata. Mas o método só funciona quando conseguimos achar a antiderivada $F(x)$.

Exemplo 1 Calcule $\int_1^3 2x\, dx$ numericamente e usando o Teorema Fundamental.

Solução Usando somas à direita e à esquerda, podemos aproximar a integral com a precisão que quisermos. Com $n = 100$, por exemplo, a soma à esquerda é 7,96 e a soma à direita é 8,04. Usando $n = 500$, ficamos sabendo que

$$7{,}992 < \int_1^3 2x\, dx < 8{,}008.$$

De outro lado, o Teorema Fundamental nos permite calcular exatamente a integral. Tomamos $F'(x) = 2x$, de modo que $F(x) = x^2$ e obtemos

$$\int_1^3 2x\, dx = F(3) - F(1) = 3^2 - 1^2 = 8.$$

Observe que no exemplo 1 usamos a antiderivada x^2, mas $x^2 + C$ funciona igualmente bem, para qualquer constante C, porque a constante é cancelada quando subtraímos $F(a)$ de $F(b)$. Por exemplo, se usarmos $x^2 + C$ teremos a mesma resposta:

$$\int_1^3 2x\, dx = F(3) - F(1) = (3^2 + C) - (1^2 + C) = 8.$$

É útil introduzir uma abreviação para $F(b) - F(a)$: escrevemos isto como

$$F(x)\Big|_a^b$$

Por exemplo

$$\int_1^3 2x\,dx = x^2\Big|_1^3 = 3^2 - 1^2 = 8.$$

Exemplo 2 Use o Teorema Fundamental do Cálculo para achar

$$\int_0^2 t^3 dt.$$

Solução Como $F'(t) = t^3$, tomamos $F(t) = t^4/4$ e

$$\int_0^2 t^3 dt = F(t)\Big|_0^2 = F(2) - F(0) = \frac{2^4}{4} - \frac{0^4}{4} = \frac{16}{4} - 0 = 4.$$

Exemplo 3 Use o Teorema Fundamental para calcular as seguintes integrais definidas:

(a) $\int_0^2 6x^2 dx$ (b) $\int_1^2 (8x+5)dx$

(c) $\int_1^2 8e^{2t} dt$

Solução (a) Como $F'(x) = 6x^2$, tomamos $F(x) = 6(x^3/3) = 2x^3$. Assim

$$\int_0^2 6x^2 dx = 6\left(\frac{x^3}{3}\right)\Bigg|_0^2 = 2x^3\Big|_0^2 = 2(2^3) - 2(0^3) = 2\cdot 8 - 0 = 16.$$

(b) Como $F'(x) = 8x + 5$, tomamos $F(x) = 4x^2 + 5x$, o que dá

$$\int_1^2 (8x+5)dx = (4x^2+5x)\Big|_1^2 = (4(2^2)+5(2)) - (4(1^2)+5(1))$$
$$= (16+10) - (4+5)$$
$$= 17.$$

(a) Como $F'(t) = 8e^{2t}$, tomamos $F(t) = (8e^{2t})/2 = 4e^{2t}$, e

$$\int_0^1 8e^{2t} dt = 8\left(\frac{1}{2}e^{2t}\right)\Bigg|_0^1 = 4e^{2t}\Big|_0^1 = 4e^2 - 4e^0 \approx 29{,}5562 - 4 =$$
$$= 25{,}5562.$$

Exemplo 4 Escreva uma integral definida que represente a área sob o gráfico de $f(t) = e^{0,5t}$, entre $t = 0$ e $t = 4$. Use o Teorema Fundamental para calcular a área.

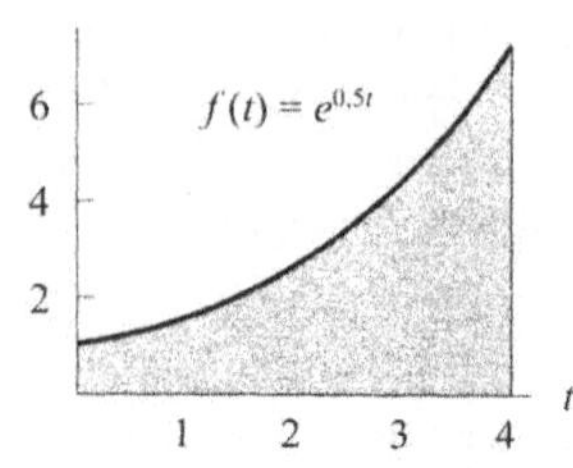

***Figura 6.29** — Calcular a área sombreada usando o Teorema Fundamental*

Solução O gráfico da função é dado na Figura 6.29. Temos Área =

$$\int_0^4 e^{0,5t} dt = 2e^{0,5t}\Big|_0^4 = 2e^{0,5(4)} - 2e^{0,5(0)} = 2e^2 - 2 \approx 12{,}778.$$

Integrais impróprias

Até agora, em nossa discussão da integral definida $\int_a^b f(x)dx$, assumimos sempre que o intervalo $a \le x \le b$ é de comprimento finito e que o integrado f é contínuo. Uma *integral imprópria* é uma integral definida em que um (ou ambos) dos limites de integração é infinito ou o integrando é não limitado. Um exemplo de integral imprópria é

$$\int_1^\infty \frac{1}{x^2} dx$$

Esta integral representa a área sob o gráfico de $1/x^2$ desde $x = 1$, até infinitamente longe para a direita. (Veja a Figura 6.30.)

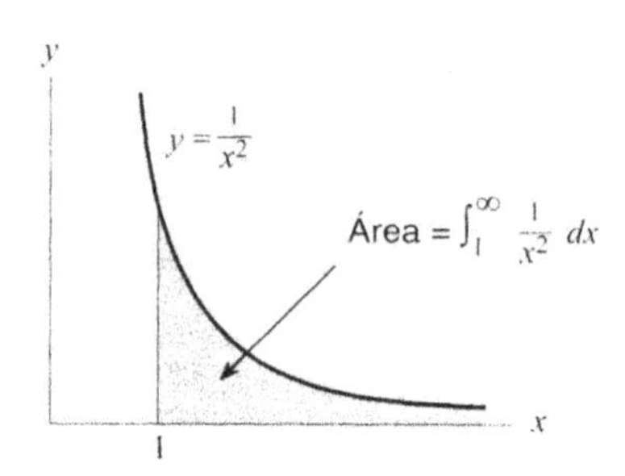

***Figura 6.30** — Representação da integral imprópria como área*

Avaliamos esta área tomando o limite superior de integração cada vez maior. Vemos que

$$\int_1^{10} \frac{1}{x^2} dx = 0{,}9 \quad \int_1^{100} \frac{1}{x^2} dx = 0{,}99 \quad \int_1^{1.000} \frac{1}{x^2} dx = 0{,}999$$

e assim por diante. Estes cálculos sugerem que quando o limite superior de integração tende a infinito, a área tende a 1. Dizemos que a integral imprópria $\int_1^\infty \frac{1}{x^2} dx$ *converge* a 1. Para mostrar que a integral converge exatamente a 1 (e não a 1,0001 digamos), temos que usar o Teorema Fundamental do Cálculo. (Veja o problema 26.) Pode parecer estranho que a região sombreada na Figura 6.30 (que tem comprimento infinito) possa ter área finita. Esta área é finita porque os valores da função $1/x^2$ encolhem a zero tão depressa quando $x \to \infty$. Em outros exemplos (em que o integrando não encolhe a zero tão depressa), a área representada por uma integral imprópria pode não ser finita. Em tal caso, dizemos que a integral imprópria *diverge*. (Veja o Problema 27.)

Problemas para a seção 6.6

Calcule as integrais definidas nos problemas 1–15 exatamente, usando o Teorema Fundamental do Cálculo.

1. $\int_0^3 t^3 dt$
2. $\int_0^5 3x^2 dx$
3. $\int_1^3 6x^2 dx$
4. $\int_1^2 5t^3 dt$

5. $\int_0^1 (y^2 + y^4)dy$

6. $\int_4^9 \sqrt{x}\, dx$

7. $\int_1^2 \frac{1}{x} dx$

8. $\int_0^2 \left(\frac{x^3}{3} + 2x \right) dx$

9. $\int_{-3}^{-1} \frac{2}{r^3} dr$

10. $\int_0^1 2e^x dx$

11. $\int_0^1 e^{-0,2t} dt$

12. $\int_0^2 (x^2 + 1)dx$

13. $\int_0^1 \text{sen}\, \theta\, d\theta$

14. $\int_{-1}^1 \cos t\, dt$

15. $\int_0^{\pi/4} (\text{sen}\, t + \cos t)dt$

16. Confira sua resposta ao Problema 1 fazendo uma avaliação por soma de Riemann da área sob o gráfico de $f(t) = t^3$ entre $t = 0$ e $t = 3$.

17. Confira sua resposta ao Problema 11 esboçando um gráfico de $f(t) = e^{-0,2t}$ em papel para gráficos e avaliando a área sob a curva entre $t = 0$ e $t = 1$.

18. Escreva a integral definida que represente a área sob o gráfico de $f(x) = 6x^2 + 1$ entre $x = 0$ e $x = 2$. Use o teorema Fundamental do Cálculo para avaliar a integral.

19. Use o Teorema Fundamental do Cálculo e a Seção 6.1 para achar o valor médio de $f(x) = e^{0,5x}$ entre $x = 0$ e $x = 3$. Mostre o valor médio sobre um gráfico de $f(x)$.

20. Ache a área exata da região limitada pelo eixo-x e pelo gráfico de $y = x^3 - x$.

21. Suponha que a taxa à qual o petróleo do mundo está sendo consumido possa ser modelada por

$$r = 32e^{0,05t},$$

onde r é em bilhões de barris por ano, t é em anos e $t = 0$ é 1.º de janeiro de 1990.

(a) Escreva uma integral definida que meça a quantidade total de petróleo sendo usada entre o início de 1990 e o início de 1995.

(b) Use o Teorema Fundamental do Cálculo para calcular a integral. Dê unidades para sua resposta.

22. (a) Esboce $f(x) = e^{-x^2}$ e sombreie a área representada pela integral imprópria $\int_{-\infty}^{\infty} e^{-x^2} dx$

(b) Calcule $\int_{-a}^{a} e^{-x^2} dx$ para $a = 1$, $a = 2$, $a = 3$ e $a = 5$.

(c) A integral imprópria $\int_{-\infty}^{\infty} e^{-x^2} dx$ converge a um valor finito. Use suas resposta à parte (b) para estimar esse valor.

23. Esboce os gráficos de $y = \frac{1}{x^2}$ e $= \frac{1}{x^3}$ sobre os mesmos eixos de coordenadas. Qual você pensa que é maior $\int_1^{\infty} \frac{1}{x^2} dx$ ou $\int_1^{\infty} \frac{1}{x^3} dx$? Por quê?

24. (a) Faça um esboço mostrando a área representada pela integral imprópria $\int_0^{\infty} xe^{-x} dx$.

(b) Calcule $\int_0^b xe^{-x} dx$ para $b = 5, 10, 20$.

(c) A integral imprópria na parte (a) converge. Use suas respostas à parte (b) para estimar seu valor.

25. (a) Calcule $\int_0^b xe^{-x/10} dx$ para $b = 10, 50, 100, 200$.

(b) Supondo que a integral converge, estime o valor $\int_0^{\infty} xe^{-x/10} dx$.

26. Neste problema você usará o Teorema Fundamental para mostrar que a integral imprópria

$$\int_1^{\infty} \frac{1}{x^2} dx$$

converge a 1.

(a) Use o Teorema Fundamental para achar $\int_1^b \frac{1}{x^2} dx$. Sua resposta conterá b.

(b) Agora tome o limite para $b \to \infty$. O que isto lhe diz sobre a integral imprópria?

27. Considere a integral imprópria

$$\int_1^{\infty} \frac{1}{\sqrt{x}} dx$$

(a) Use uma calculadora ou computador para achar $\int_1^b \frac{1}{\sqrt{x}} dx$ para $b = 100$, 1.000, 10.000.

O que você observa?

(b) Ache $\int_1^b \frac{1}{\sqrt{x}} dx$ usando o teorema Fundamental. Sua resposta conterá b.

(c) Agora tome o limite quando $b \to \infty$. O que lhe diz isto sobre a integral imprópria?

28. A taxa r, à qual pessoas adoecem durante uma epidemia de gripe pode ser aproximada por

$$r = 1.000te^{-0,5t}$$

onde r é medida em pessoas/dia e t é medido em dias desde o início da epidemia.

(a) Escreva uma integral imprópria representando o número total de pessoas que adoecem.

(b) Use um gráfico de r para representar a integral imprópria da parte (a) com área.

29. Uma ilha tem uma capacidade de suporte de 1 milhão de coelhos. (Isto significa que não mais que 1 milhão de coelhos podem ser suportados pela ilha.) A população de coelhos é dois no tempo $t = 1$ dia e cresce a uma taxa dada por $r(t)$ coelhos/dia até que a capacidade de suporte seja atingida. Para cada uma das seguintes fórmulas para $r(t)$, essa capacidade é atingida algum dia? Explique sua resposta.

(a) $r(t) = 1/t^2$ (b) $r(t) = t$ (c) $r(t) = 1\sqrt{t}$

6.7 USO DA INTEGRAL DEFINIDA PARA ANALISAR ANTIDERIVADAS

Já usamos o Teorema Fundamental para calcular a variação total $F(b)-F(a)$ quando conhecemos a taxa F'. Agora vamos usá-lo para aproximar valores de F quando a taxa F' e o valor de $F(a)$ são conhecidos.

Exemplo 1 Suponha que $F'(t)=(1{,}8)^t$ e que $F(0)=2$. Ache o valor de $F(b)$ para $b=0;\ 0{,}1;\ 0{,}2, \ldots, 1{,}0$.

Solução Aplique o Teorema Fundamental com $F'(t)=(1{,}8)^t$ e $a=0$ para obter valores de $F(b)$. Como

$$F(b)-F(0)=\int_0^b F'(t)dt=\int_0^b (1{,}8)^t\,dt$$

e $F(0)=2$, temos

$$F(b)=2+\int_0^b (1{,}8)^t\,dt.$$

Use uma calculadora ou computador para estimar o valor da integral definida $\int_0^b (1{,}8)^t\,dt$ para cada valor de b. Por exemplo, quando $b=0{,}1$, achamos $\int_0^{0.1}(1{,}8)^t\,dt=0{,}103$. Assim, $F(0{,}1)=2{,}103$. Continuando deste modo obtemos os valores da Tabela 6.3.

TABELA 6.3 — *Valores aproximados para F*

b	$F(b)$
0	2
0,1	2,103
0,2	2,212
0,3	2,328
0,4	2,451
0,5	2,581

b	$F(b)$
0,6	2,719
0,7	2,866
0,8	3,021
0,9	3,186
1,0	3,361

Observe pela tabela que a função $F(b)$ é crescente entre $b=0$ e $b=1$. Isto poderia ser previsto, pelo fato de $(1{,}8)^t$, a derivada de $F(t)$, ser positiva para t entre 0 e 1.

Exemplo 2 O gráfico da derivada F' de uma função F é mostrado na Figura 6.31. Dado que $F(20)=150$, avalie o valor máximo atingido por F.

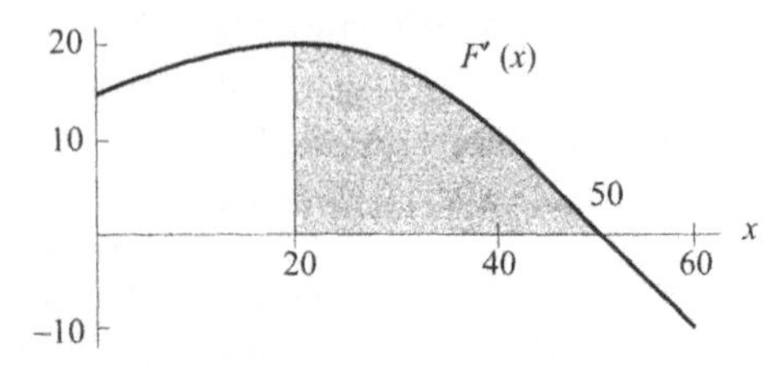

***Figura 6.31** — Gráfico da derivada* F′ *de uma função* F

Solução Comecemos por obter uma idéia geral sobre o comportamento de F. Sabemos que $F(x)$ cresce para $x<50$, porque a derivada de F é positiva para $x<50$. Analogamente, $F(x)$ decresce para $x>50$ porque $F'(x)$ é negativa para $x>50$. Portanto, o gráfico de F sobe até o ponto em que $x=50$ e depois começa a cair. Assim, o ponto mais alto no gráfico de F é em $x=50$ e o máximo valor atingido por F é $F(50)$. Como $F(20)=150$, usamos o teorema Fundamental para avaliar $F(50)$:

$$F(50)-F(20)=\int_{20}^{50}F'(x)dx$$

dá

$$F(50)=F(20)+\int_{20}^{50}F'(x)dx=150+\int_{20}^{50}F'(x)dx.$$

A integral definida é a área sombreada sob o gráfico de F', a qual é aproximadamente igual à área de um retângulo de altura 10 e largura 30. Portanto, a área sombreada vale cerca de 300 e o maior valor atingido por F é $F(50)\approx 150+300=450$.

Exemplo 3 O gráfico da derivada F' de uma função F é dado na Figura 6.32. Suponha que $F(0)=0$. Dos quatro números $F(1)$, $F(2)$, $F(3)$ e $F(4)$, qual é o maior? Qual é o menor? Quantos destes quatro números são negativos?

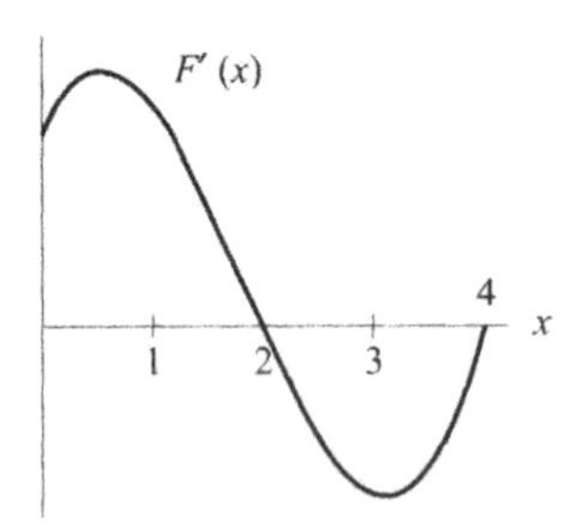

***Figura 6.32** — Um gráfico da derivada* F′

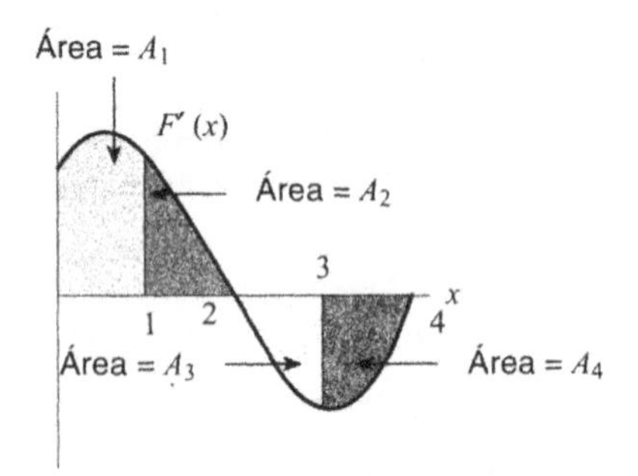

***Figura 6.33** — Uso de áreas para aproximar valores de uma antiderivada*

Solução Para todo número b, o Teorema Fundamental nos diz que

$$\int_a^b F'(x)dx=F(b)-F(0)=F(b)-0=F(b).$$

Portanto, os valores de $F(1)$, $F(2)$, $F(3)$ e $F(4)$ são valores de integrais definidas. A integral definida é igual à área sob o gráfico e acima do eixo-x, menos a área das regiões acima do gráfico e abaixo do eixo-x. Sejam A_1, A_2, A_3, A_4 as áreas mostradas na Figura 6.33. A região entre $x=0$ e $x=1$ está acima do eixo-x, de modo que $F(1)$ é positivo e temos

$$F(1) = \int_0^1 F'(x)dx = A_1.$$

A região entre $x = 0$ e $x = 2$ também está toda acima do eixo-x, de modo que $F(2)$ é positiva e temos

$$F(2) = \int_0^2 F'(x)dx = A_1 + A_2.$$

Vemos que $F(2) > F(1)$. A região entre $x = 0$ e $x = 3$ inclui partes acima do eixo-x e partes abaixo. Temos

$$F(3) = \int_0^3 F'(x)dx = (A_1 + A_2) - A_3.$$

Como a área A_3 é aproximadamente igual à área A_2, temos $F(3) \approx F(1)$. Finalmente, vemos que

$$F(4) = \int_0^3 F'(x)dx = (A_1 + A_2) - (A_3 + A_4).$$

Como a área $A_1 + A_2$ parece ser maior que a área $A_3 + A_4$, vemos que $F(4)$ é positivo, mas menor que os outros.

O maior valor é $F(2)$ e o menor é $F(4)$. Nenhum desses números é negativo.

Fazer o gráfico de uma função dado o gráfico de sua derivada

Suponha que temos o gráfico de f' e queremos esboçar o gráfico de f. Sabemos que quando f' é positiva, f é crescente e quando f' é negativa, f é decrescente. Em outras palavras, quando o gráfico de f' está acima do eixo-x, f é crescente e quando o gráfico de f' está abaixo do eixo-x, f é decrescente. Se quisermos saber exatamente de quanto f cresce ou decresce, computaremos a área entre o eixo-x e o gráfico de f'.

Exemplo 4 A Figura 6.34 mostra o gráfico da derivada $f'(x)$ de uma função $f(x)$ e os valores de algumas áreas. Se $f(0) = 10$, esboce uma gráfico da função f. Dê as coordenadas dos máximos e mínimos locais.

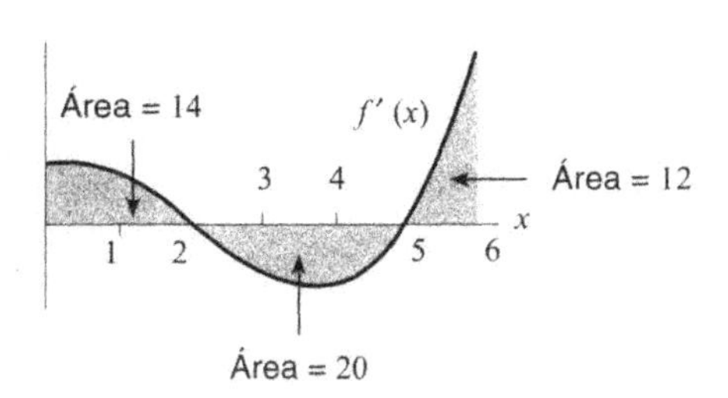

***Figura 6.34** — O gráfico de uma derivada* f'

Solução A Figura 6.34 mostra que a derivada f' é positiva entre 0 e 2, negativa entre 2 e 5, positiva entre 5 e 6. Portanto, a função f é crescente entre 0 e 2, decrescente entre 2 e 5, crescente entre 5 e 6. (Veja Figura 6.35.) Há um máximo local em $x = 2$ e um mínimo local em $x = 5$.

Observe que podemos esboçar a forma geral do gráfico de f sem conhecer quaisquer áreas. As áreas são usadas para tornar mais preciso o gráfico. Dizem-nos que $f(0) = 10$, então marcamos o ponto (0,10) sobre o gráfico de f na Figura 6.36. O Teorema Fundamental e a Figura 6.34 mostram que

$$f(2) - f(0) = \int_0^2 f'(x)dx = 14.$$

Portanto, a variação total de f entre $x = 0$ e $x = 2$ é 14. Como $f(0) = 10$, temos

$$f(2) - 10 + 14 = 24.$$

O ponto (2,24) está sobre o gráfico de $f(x)$. Veja a Figura 6.36.

A Figura 6.34 mostra que a área entre $x = 2$ e $x = 5$ é 20. Como esta área jaz inteiramente abaixo do eixo-x, o Teorema Fundamental dá

$$f(5) - f(2) = \int_2^5 f'(x)dx = -20.$$

A variação total de f entre $x = 2$ e $x = 5$ é -20. Como $f(2) = 24$, temos

$$f(5) = 24 - 20 = 4.$$

Assim, o ponto (5, 4) pertence ao gráfico. Finalmente, entre $x = 5$ e $x = 6$, a variação total de $f(x)$ é um aumento de 12 unidades, de modo que $f(6) = 4 + 12 = 16$. Portanto o ponto (6, 16) está sobre o gráfico.

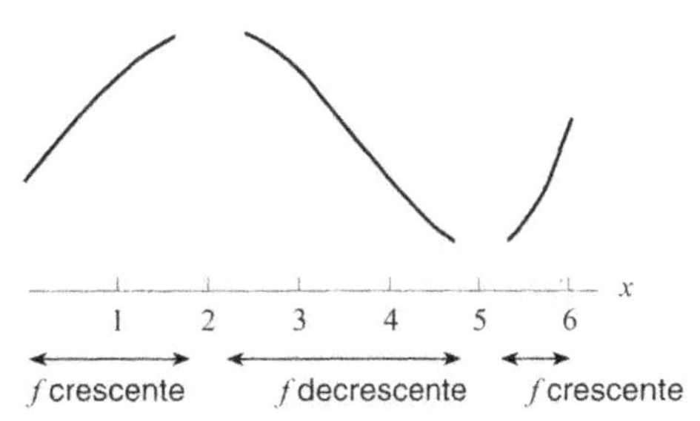

***Figura 6.35** — A forma de* f

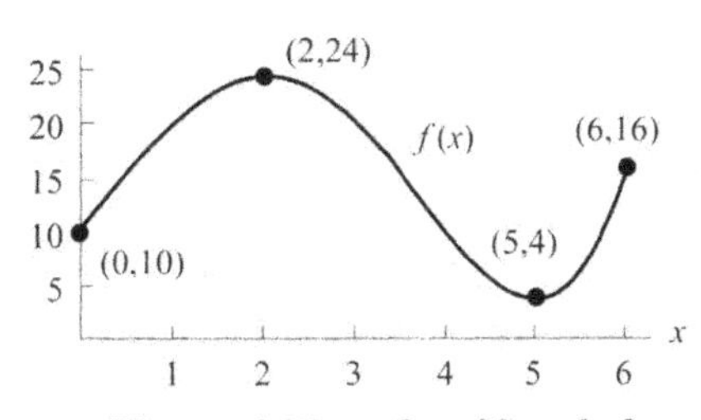

***Figura 6.36** — O gráfico de* f

Vimos então nesta seção como antiderivadas podem ser analisadas usando o Teorema Fundamental do Cálculo na forma

$$F(b) = F(0) + \int_0^b F'(t)dt.$$

Na Seção 6.9 veremos como podem ser construídas antiderivadas usando o Segundo Teorema Fundamental introduzido na página 140. Esta versão do teorema diz que se f é uma função contínua num intervalo e se a é qualquer número nesse intervalo, então a função F definida por

$$F(x) = \int_a^x f(t)dt.$$

é uma primitiva de f; isto é $F' = f$.

Problemas para a Seção 6.7

1. A Figura 6.37 mostra o gráfico de f. Se $F' = f$ e $F(0) = 0$, ache $F(b)$ para $b = 1, 2, 3, 4, 5, 6$.

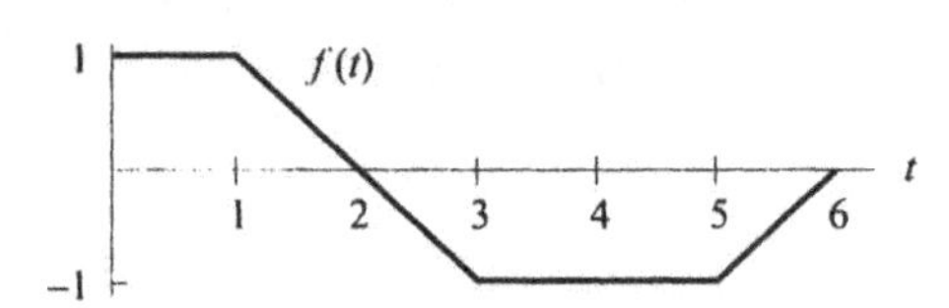

Figura 6.37

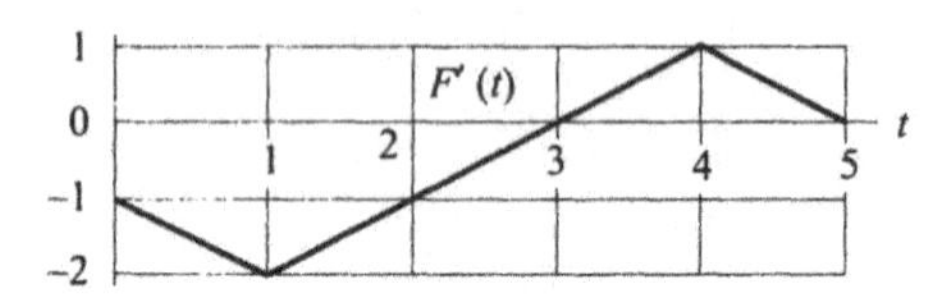

Figura 6.38

2. O gráfico da derivada $F'(t)$ é dado na Figura 6.38. Dado que $F(0) = 5$, calcule $F(t)$ para $t = 1, 2, 3, 4, 5$.
3. O gráfico da derivada g' de g é dado na Figura 6.39. Se $g(0) = 0$, esboce um gráfico de g. Dê as coordenadas-(x, y) de todos os máximos e mínimos locais.

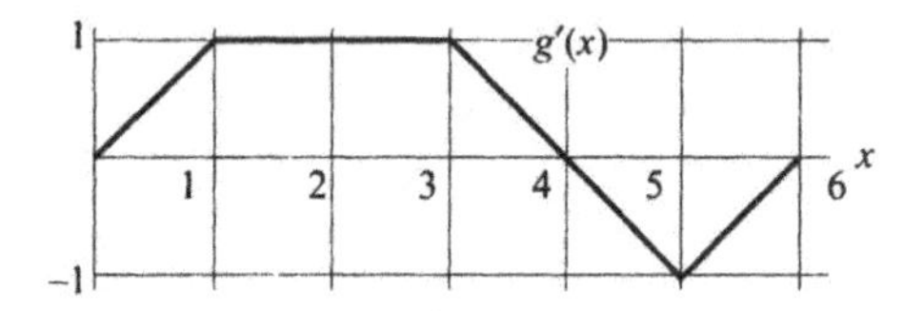

Figura 6.39

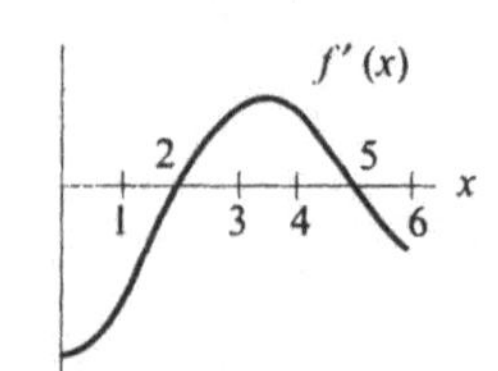

Figura 6.40

4. O gráfico da derivada f' de uma função f é dado na Figura 6.40.
   (a) Onde f é crescente e onde é decrescente? Quais são as coordenadas-x dos máximos e mínimos locais de f?
   (b) Dê um esboço (tosco) possível para f. (Você precisa de uma escala no eixo-y.)
5. O gráfico da derivada F' de F é dado na Figura 6.41, com algumas áreas assinaladas. Se $F(0) = 14$, esboce um gráfico de F. Dê coordenadas-(x,y) de todos os máximos e mínimos locais.

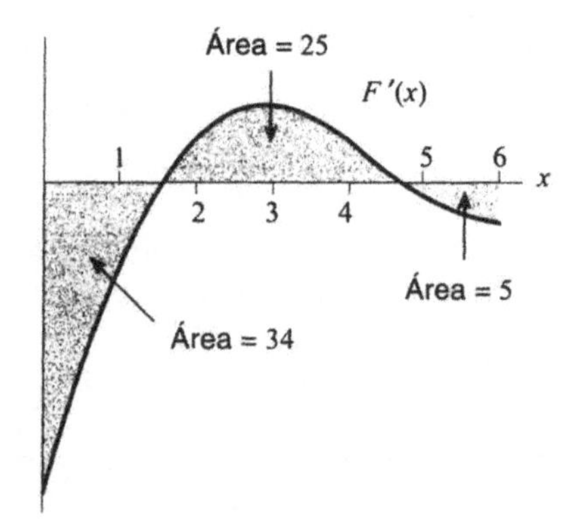

Figura 6.41

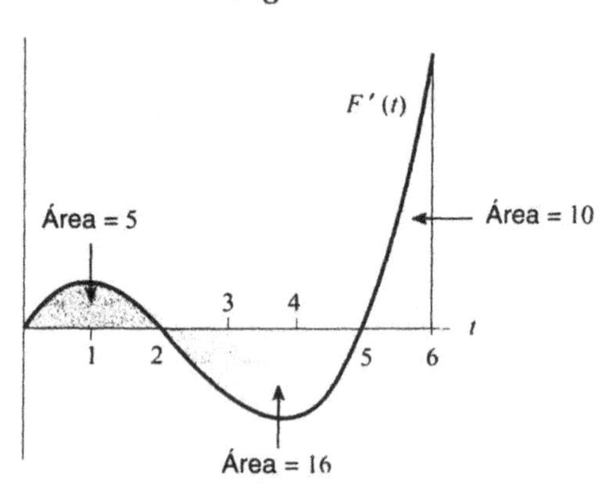

Figura 6.42

6. A derivada $F'(t)$ tem o gráfico dado na Figura 6.42, com algumas áreas assinaladas. Se $F(0) = 3$, ache os valores $F(3)$, $F(5)$, $F(6)$. Esboce um gráfico de $F(t)$.

Para os Problemas 7 – 8 é dado o gráfico de $f'(x)$. Esboce um possível gráfico para $f(x)$. Marque os pontos $x_1, \ldots, x_4$ sobre seu gráfico e indique os máximos locais, mínimos locais e pontos de inflexão.

7.

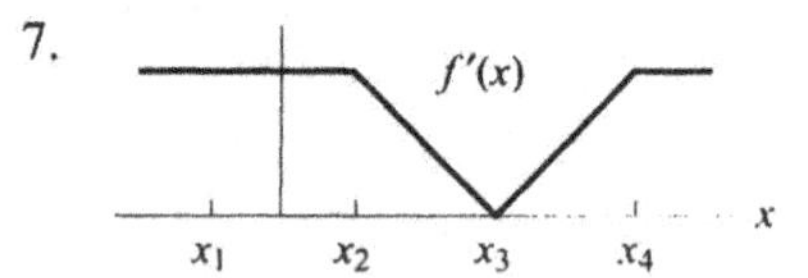

8.

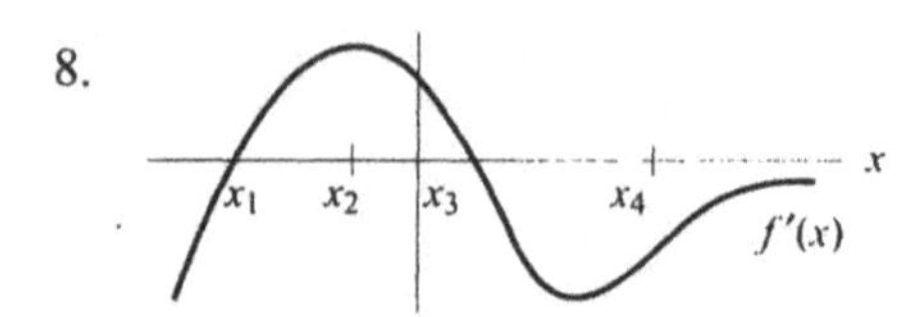

Os Problemas 9 – 10 se referem ao gráfico de f' na Figura 6.43.

9. Qual é maior, $f(0)$ ou $f(1)$?
10. Liste em ordem crescente:

$$\frac{f(4) - f(2)}{2}, \quad f(3) - f(2), \quad f(4) - f(3)$$

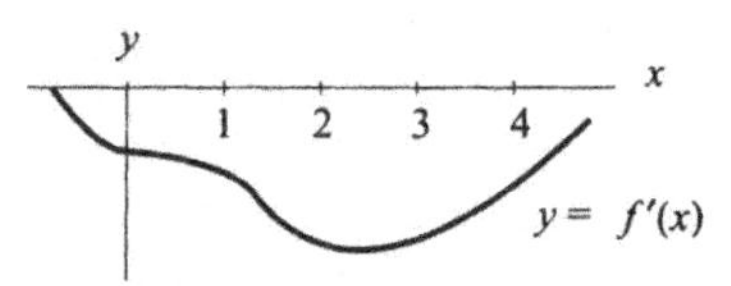

***Figura 6.43** — Note: Este é o gráfico de* f', *não* f

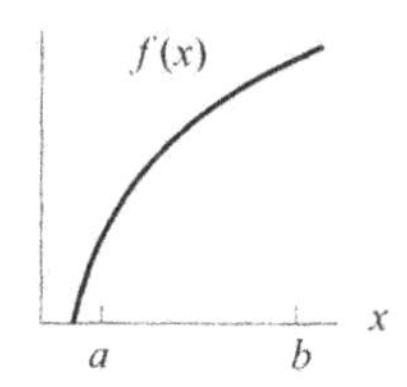

Figura 6.44

Para os Problemas 11–14, marque, numa cópia do gráfico de f na Figura 6.44, as seguintes quantidades:

11. Um comprimento representando $f(b) - f(a)$.

12. Uma inclinação representando $\dfrac{f(b) - f(a)}{b - a}$

13. Uma área representando $F(b) - F(a)$, onde $F' = f$.

14. Um comprimento aproximado (sem precisão)

$$\frac{F(b) - F(a)}{b - a}, \text{ onde } F' = f.$$

6.8 FUNÇÕES DENSIDADE

Pode ser importante, na tomada de decisões, entender a distribuição de várias quantidades pela população. Por exemplo, a distribuição de renda dá informação útil sobre a estrutura econômica de uma sociedade. Nesta seção olharemos a distribuição de idades nos EUA. Para alocar fundos para ensino, saúde e previdência, o governo precisa saber quantas pessoas existem em cada grupo etário. Veremos como representar tal informação por uma função densidade.

Distribuição de idades nos EUA

TABELA 6.4 — *Distribuição de idades nos EUA em 1995.*

Grupo etário	Porcentagem da população total
0—20-	
20 — 40	29%
40 — 60	24%
60 — 80	13%
80 — 100	3%

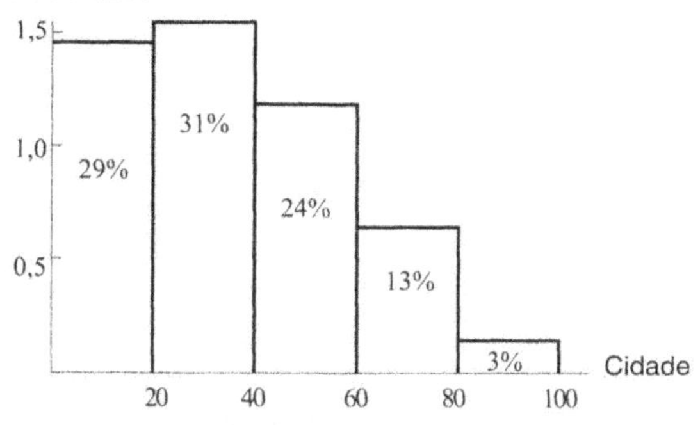

Figura 6.45 — *Como se distribuíam as idades nos EUA em 1995*

Suponha que temos os dados na Tabela 6.4, mostrando como se distribuíam as idades nos EUA em 1995. Para representar graficamente esta informação, usamos um tipo de *histograma*[6], colocando uma barra vertical sobre cada grupo etário de tal modo que a área de cada barra represente a porcentagem da população nesse grupo. A área total de todos os retângulos é 100% = 1. Só consideramos pessoas com menos de 100 anos.[7] Para o grupo na faixa etária 0 - 20, a base do retângulo é 20, e queremos que a área seja 29%, portanto a altura deve ser 29%/20 = 1,45%. Tratamos idades como se fossem continuamente distribuídas. A categoria 0 - 20, por exemplo, contém pessoas com apenas um dia menos que 20 anos completos. Observe que o eixo vertical é medido em porcentagem/ano. (Veja a Figura 6.45.)

Exemplo 1 Avalie qual era, em 1995, a porcentagem da população dos EUA:

(a) Entre 20 e 60 anos?
(b) Menos de 10 anos?
(c) Entre 75 e 80 anos?
(d) Entre 80 e 85 anos?

Solução (a) Somamos as porcentagens, assim 31% + 24% = 55%.

(b) Para achar a porcentagem dos de menos de 10 anos, poderíamos supor, por exemplo, que a população se distribui uniformemente sobre o grupo de 0 — 20. (Isto significa que estamos supondo que bebês nasceram a uma taxa razoavelmente constante durante os últimos 20 anos, o que é provavelmente razoável.) Se fizermos esta hipótese, então poderemos dizer que a população de menos de 10 anos era cerca de metade da do grupo de 0 — 20, isto é, 14,5%. Observe que obteremos o mesmo resultado calculando a área do retângulo de 0 até 10. (Veja a Figura 6.46.)

(c) Para achar a população entre 75 e 80 anos, como 13% dos habitantes dos EUA em 1995 estavam no grupo 60 – 80, poderíamos aplicar o mesmo raciocínio e dizer que 1/4 (13%) = 3,25% da população estaria neste grupo de idades. Este resultado está representado como uma área na Figura 6.46. A hipótese quanto à população estar uniformemente distribuída não é boa aqui: certamente havia mais pessoas entre as idades de 60 a 65 que entre 75 a 80. Assim, a avaliação de 3,25% é certamente demasiado alta.

(a) Usando de novo a hipótese (defeituosa) de distribuição uniforme de idades em cada grupo, diríamos que a porcentagem entre 80 e 85 anos seria 1/4 (3%) = 0,75%. (Veja a Figura 6.46.) A avaliação é também pouco confiável — certamente há mais pessoas no grupo de 80 – 85 que, digamos, no grupo 95 — 100, portanto a avaliação de 0,75% é baixa.

[6] Há outros tipos de histograma, que têm a freqüência no eixo vertical.
[7] Na verdade, 0,02% da população tem mais de 100 anos, mas isto é pequeno demais para ser visível no histograma.

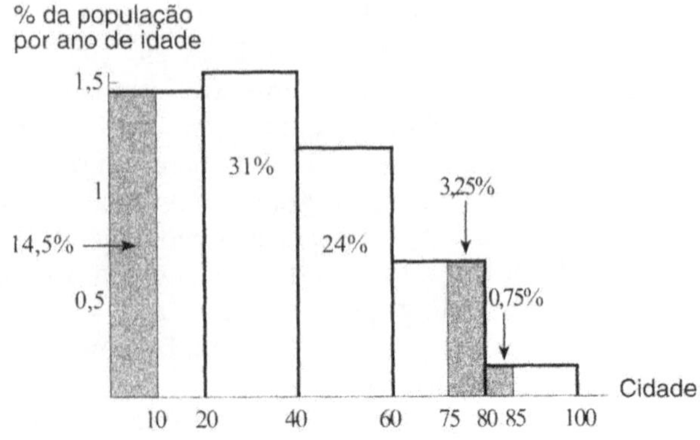

Figura 6.46 — Idades nos EUA em 1995 — vários subgrupos (para o Exemplo 1)

Alisar o histograma

Obteríamos estimativas melhores se tivéssemos grupos etários menores (cada grupo na Figura 6.45 cobre 20 anos, o que é bastante grande) ou se o histograma fosse mais liso. Suponha que temos os dados mais detalhados da Tabela 6.5, que levam ao novo histograma na Figura 6.47.

Quando obtemos informação mais detalhada, a silhueta superior do histograma se torna mais lisa, mas a área de qualquer das barras ainda representa a porcentagem da população nesse grupo de idades. Imagine, no limite, substituir a silhueta superior do histograma por uma curva lisa, de tal modo que a área sob a curva acima de um grupo etário seja a mesma que a área do retângulo correspondente. A área total sob a curva ainda será 100% = 1. (Veja a Figura 6.47.)

TABELA 6.5 — *Idades nos EUA em 1995 (mais detalhada)*

Grupo etário	Porcentagem da população total
0 — 10	15%
10 — 20	14%
20 — 30	14%
30 — 40	17%
40 — 50	14%
50 — 60	10%
60 — 70	8%
70 — 80	5%
80 — 90	2%
90 — 100	1%

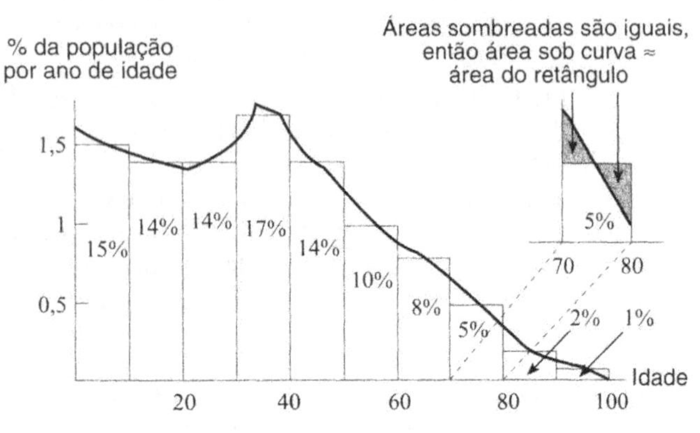

Figura 6.47 — Histograma de idades alisado

A função densidade de idades

Se t for idade em anos, definimos $p(t)$, a função densidade de idades, como sendo uma função que "alisa" o histograma de idades. Esta função tem a propriedade

$$\begin{array}{c}\text{A fração da população}\\ \text{entre as idades } a \text{ e } b\end{array} = \begin{array}{c}\text{Área sob o}\\ \text{gráfico de } p\\ \text{entre } a \text{ e } b\end{array} = \int_a^b p(t)dt.$$

Se a e b são a menor e a maior das idades possíveis (digamos, $a = 0$ e $b = 100$), de modo que as idades de toda a população estejam entre a e b, então

$$\int_a^b p(t)\,dt = \int_0^{100} p(t)\,dt = 1.$$

O que nos diz a função densidade de idade p? Observe que não falamos do significado da própria $p(t)$, *somente* da integral $\int_a^b p(t)dt$. Olhemos isto um pouco mais detalhadamente. Suponha, por exemplo, que $p(10) = 0{,}015 = 1{,}5\%$ por ano. Isto não está nos dizendo que 1,5% da população tem exatamente 10 anos de idade (onde 10 anos significa 10, não $10^1/_2$, nem $10^1/_4$, nem 10,1). Mas $p(10) = 0{,}015$ nos diz, isto sim, que para um pequeno intervalo Δt em torno de 10, a fração da população com idades nesse intervalo é aproximadamente $p(10)\,\Delta t = 0{,}015\Delta t$ .Observe também que as unidades de $p(t)$ são % por ano, de modo que $p(t)$ deve ser multiplicado por anos para dar uma porcentagem da população.

A função densidade

Suponha que estamos interessados em como uma certa característica, x, se distribui por uma população. Por exemplo, poderia ser altura ou idade, se a população é de pessoas, ou poderia ser wattagem se a população for de lâmpadas. Então definimos uma função densidade geral com as seguintes propriedades:

A função, $p(x)$, é um **função densidade** se

$$\begin{array}{c}\text{A fração da população}\\ \text{para a qual } x\\ \text{está entre } a \text{ e } b\end{array} = \begin{array}{c}\text{Área sob o}\\ \text{gráfico de } p\\ \text{entre } a \text{ e } b\end{array} = \int_a^b p(x)\,dx$$

$$\int_{-\infty}^{\infty} p(x)\,dx = 1 \quad \text{e} \quad p(x) \geq 0 \text{ para todo } x.$$

A função densidade deve ser não negativa se sua integral sempre dá uma fração da população. A fração da população com x entre $-\infty$ e ∞ é 1 porque a população toda tem a característica x entre $-\infty$ e ∞. A função p que foi usada para alisar o histograma de idade satisfaz a esta definição de função densidade. Observe que não atribuímos significado diretamente ao valor $p(x)$, em vez disso interpretamos $p(x)\Delta x$ como a fração da população com a característica dentro de um pequeno intervalo de comprimento Δx em torno de x.

Exemplo 2 A Figura 6.48 dá a função densidade para a quantidade de tempo gasta esperando no consultório de um médico.

(a) Qual é a mais longa espera que se possa ter?

(b) Aproximadamente, qual fração dos pacientes espera entre 1 e 2 horas?

(c) Aproximadamente, qual fração dos pacientes espera menos de 1 hora?

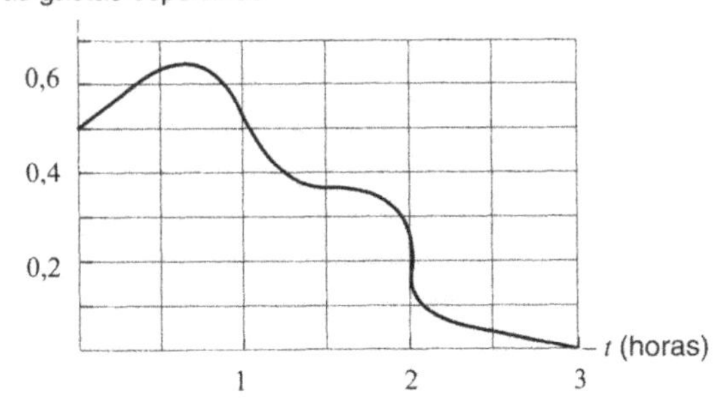

Figura 6.48 *— Distribuição de tempo de espera no consultório de um médico*

Solução (a) A função densidade é zero para todo $t > 3$, de modo que ninguém espera mais de 3 horas. A espera mais longa para uma pessoa é de 3 horas.

(b) A fração dos pacientes que esperam entre 1 e 2 horas é igual à área sob a curva densidade entre $t = 1$ e $t = 2$. Podemos estimar esta área contando caixas. Há cerca de 7,5 caixas nessa região, cada um de área $(0{,}5)(0{,}1) = 0{,}05$. A área é aproximadamente $(7{,}5)(0{,}05) = 0{,}375$. Assim, cerca de 37,5% dos pacientes esperam entre 1 e 2 horas.

(c) Esta fração é igual à área, sob a função densidade para $t < 1$. Há cerca de 12 caixas nesta área, e cada uma tem área 0,05 como na parte (b), de modo que nossa estimativa para a área é $(12)(0{,}05) = 0{,}60$. Portanto, cerca de 60% dos pacientes vêem o médico em menos de uma hora.

Problemas para a Seção 6.8

Nos Problemas 1–3, dado que $p(x)$ é uma função densidade, ache o valor de a.

1.

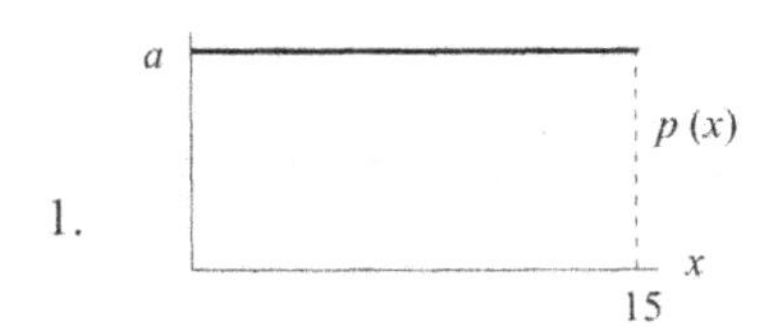

2.

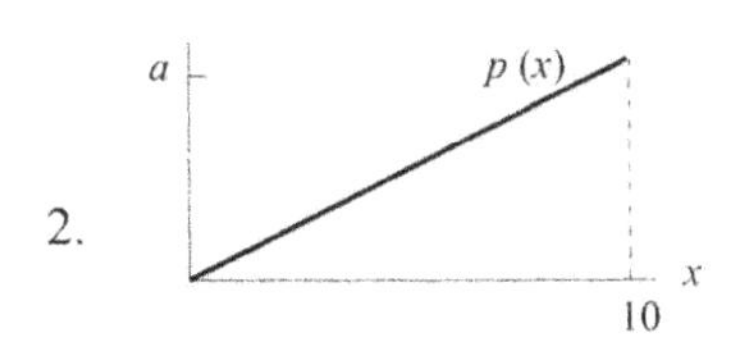

3.

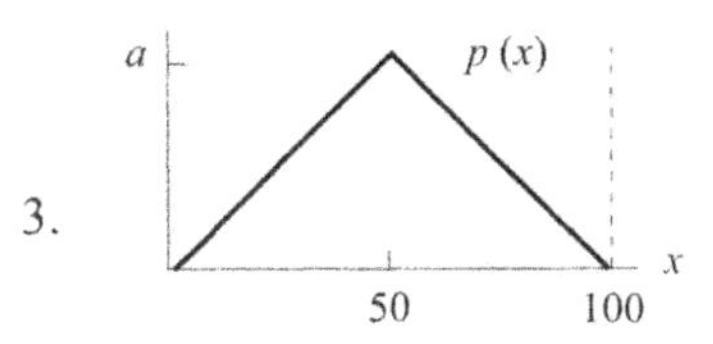

Nos Problemas 4–7, calcule o valor de c, sendo p uma função densidade.

4.

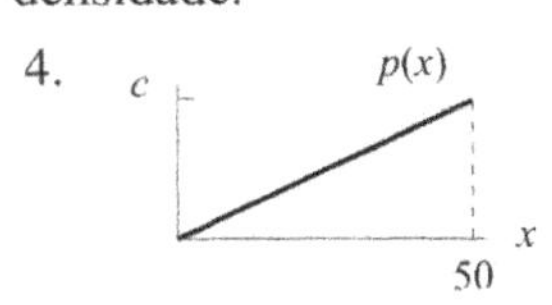

5.

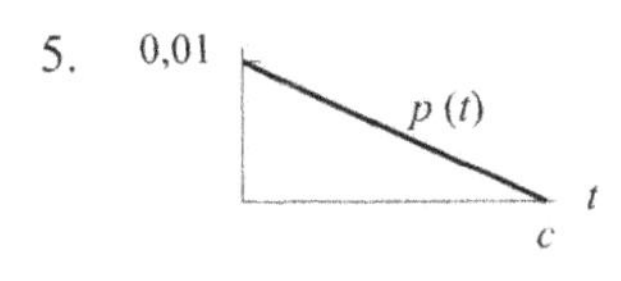

6.

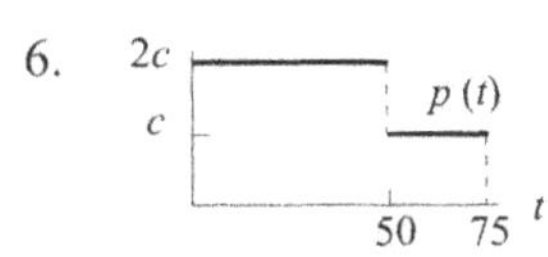

7.

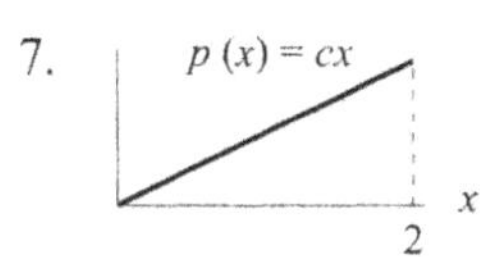

Nos Problemas 8–10 a distribuição de alturas de árvores, x, em metros, é representada pela função densidade $p(x)$. Em cada caso, calcule a fração de árvores que são (a) de altura menor que 5 metros (b) de altura maior que 6 metros (c) de altura entre 3 e 5 metros.

8.

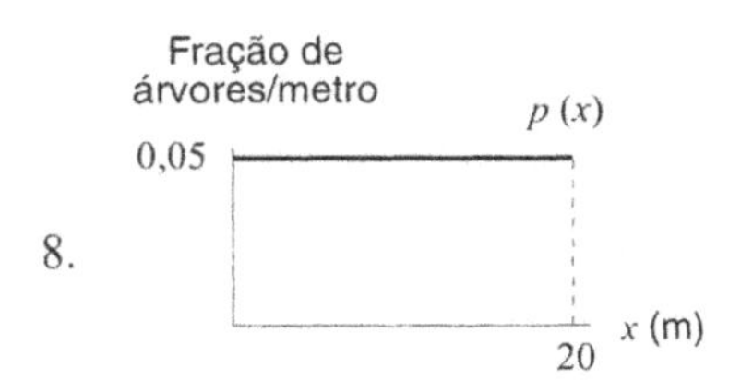

9.

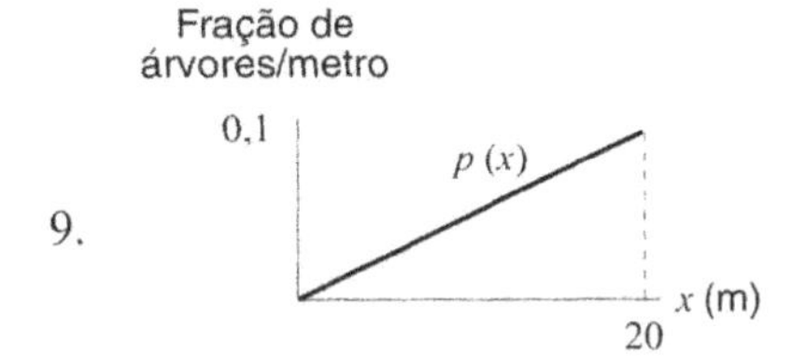

10.

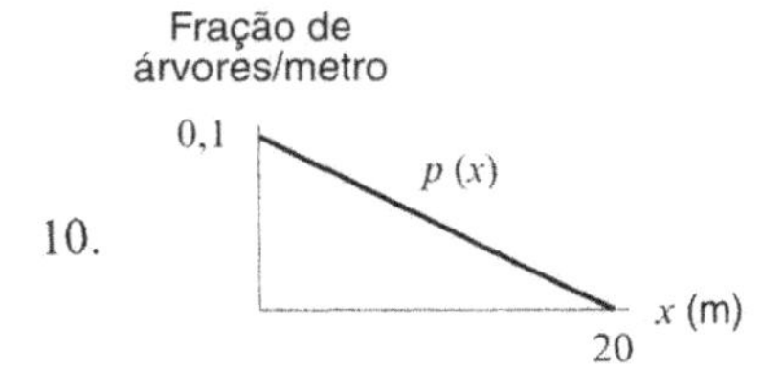

Nos Problemas 11–13, esboce gráficos de uma possível função densidade, representando a colheita produzida (em quilos) de um campo sob as circunstâncias dadas.

11. Todas as produções, de 0 a 100 kg são igualmente prováveis; o campo nunca produz mais de 100 kg.

12. Altas produções são mais prováveis que baixas. A produção máxima é 200 kg.

13. Uma seca torna produções baixas mais comuns, e não há produção maior que 30 kg.

14. Suponha que $p(x)$ seja a função densidade para a altura dos homens nos EUA, em polegadas. Qual é o significado da afirmação $p(68) = 0{,}2$?

15. A função densidade $p(t)$ para a duração do estado larval, em dias, para uma certa espécie de insetos é dada na Figura

6.49. Que fração desses insetos fica em estado larval entre 10 e 12 dias? Durante menos de 8 dias? Mais de doze dias? Em qual intervalo de um dia é mais provável que caia a duração do estado larval?

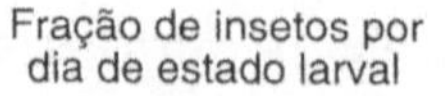

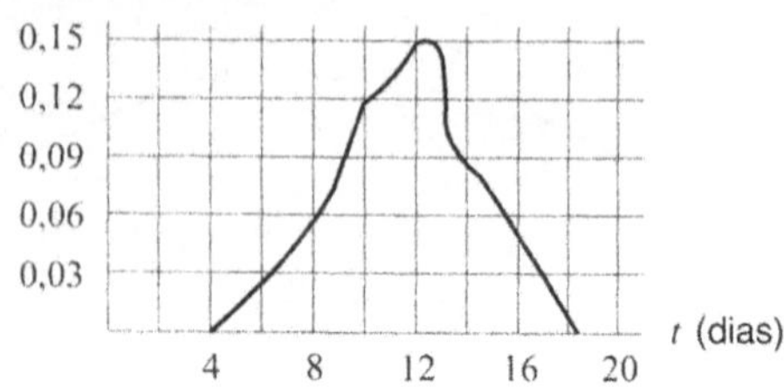

Figura 6.49

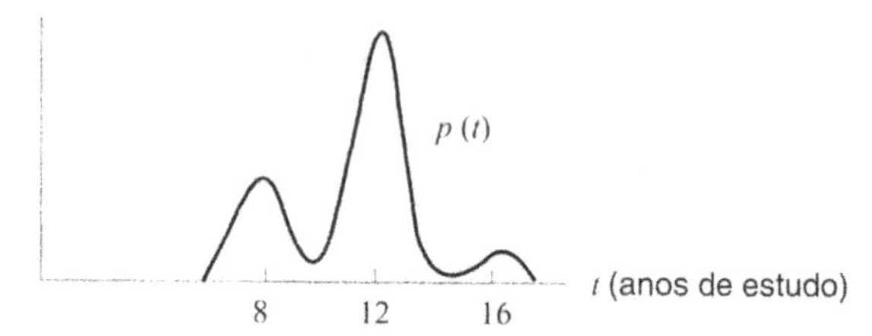

Figura 6.50

16. O gráfico na Figura 6.50 mostra a distribuição do número de anos de estudo completados por adultos numa população. O que lhe diz a forma do gráfico? Avalie a porcentagem de adultos que completaram menos de 10 anos de estudo.

17. Um grande número de pessoas passou por um teste padronizado, recebendo notas descritas pela função densidade p no gráfico na Figura 6.51. Essa função densidade implica que a maior parte das pessoas recebe uma nota próxima de 50? Explique porque ou porque não.

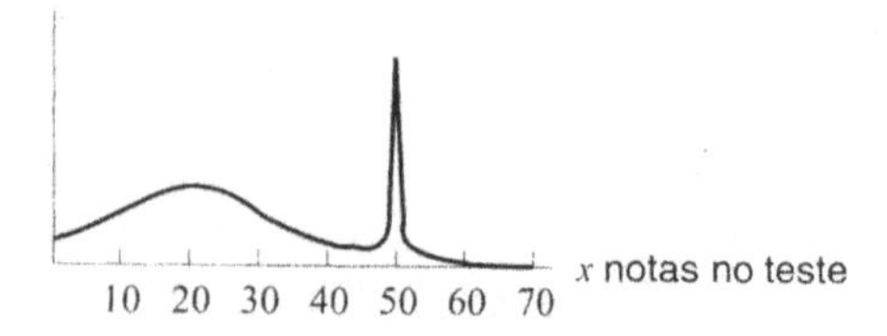

Figura 6.51

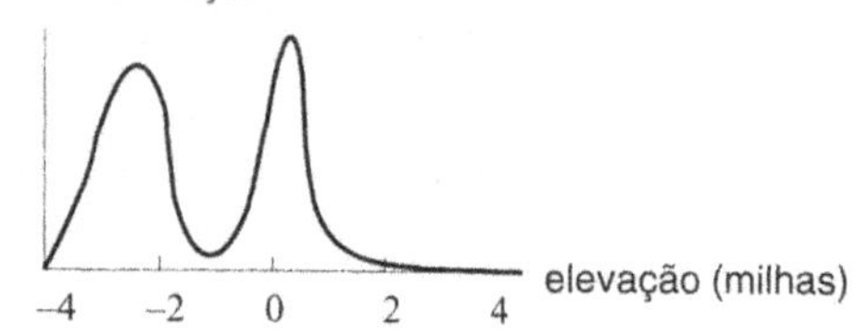

Figura 6.52

18. A Figura 6.52[8] mostra a distribuição de elevação, em milhas, sobre a superfície da terra. Elevação positiva denota terras acima do nível do mar; elevação negativa mostra terras abaixo do nível do mar (isto é, fundo de oceanos).
    (a) Descreva em palavras a elevação da maior parte da superfície da terra.
    (b) Aproximadamente, qual fração da superfície da terra está abaixo do nível do mar?

19. O período de vida de um inseto não supera um ano. Se t é o tempo, em meses, a função densidade, $p(t)$, para a duração da vida de um inseto é mostrada na Figura 6.53
    (a) Mais insetos morrem no primeiro mês de sua vida ou no duodécimo?.
    (b) Qual fração dos insetos vive não mais que seis meses?
    (c) Qual fração dos insetos vive mais que 9 meses?

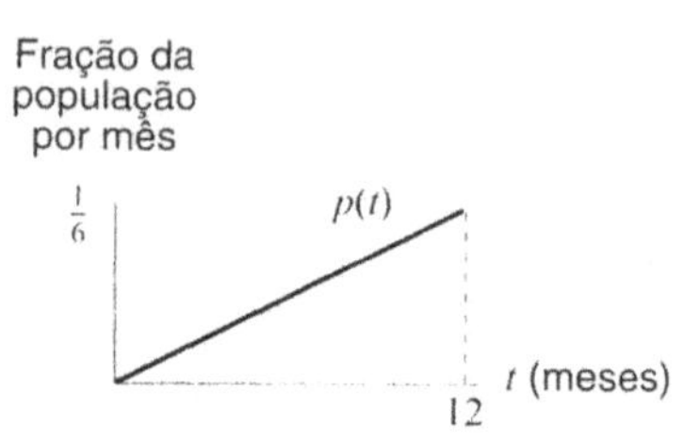

Figura 6.53

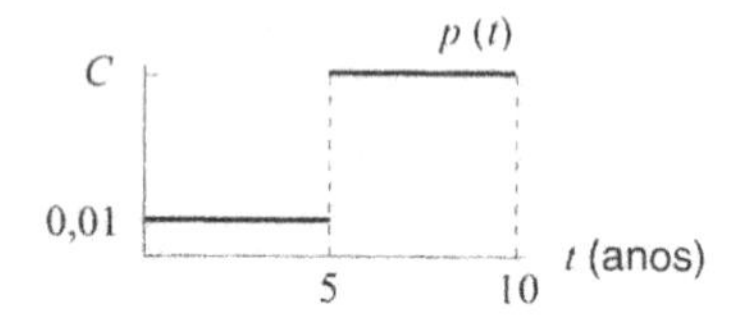

Figura 6.54

20. Uma dada máquina dura até 10 anos. Se t é dado em anos, a função densidade $p(t)$ para a duração da máquina é dada na Figura 6.54.
    (a) Qual é o valor de C?
    (b) É mais provável a máquina quebrar em seu primeiro ano ou em seu décimo ano? No primeiro ou no segundo ano?
    (c) Qual fração das máquinas dura até 2 anos? Entre 5 e 7 anos? Entre 3 e 6 anos?

6.9 FUNÇÕES DE DISTRIBUIÇÃO CUMULATIVA E PROBABILIDADE

A Seção 6.8 introduziu funções densidade que descrevem como uma característica numérica é distribuída numa população. Nesta seção estudamos outro modo de apresentar a mesma informação.

[8] Adaptado de *Statistics*, de Freedman, Pisani, Purves e Adikhari (New York: Norton).

Função de distribuição cumulativa para idades

Um outro modo de mostrar como se distribuem as idades nos EUA é usando a *função de distribuição cumulativa $P(t)$*, definida por

$$P(t) = \frac{\text{Fração da população}}{\text{de idade menor que } t} = \int_0^t p(x)dx$$

Assim, P é a primitiva de p com $P(0) = 0$, de modo que $P(t)$ é a área sob a curva densidade entre 0 e t.

Observe que a função de distribuição cumulativa é não negativa e crescente (ou, pelo menos, não decrescente), pois o número de pessoas com idade menor que t cresce quando t cresce. Outro modo de ver isto é observar que $P' = p$, e p é positiva (ou não negativa). Assim a distribuição cumulativa de idades é uma função que começa com $P(0) = 0$ e cresce quando t cresce. Temos $P(t) = 0$ para $t < 0$, porque, para $t < 0$, não há quem tenha idade menor que t. O valor limitante de P, quando $t \to \infty$, é 1 porque quando t é muito grande (100 digamos), todos têm menos que t anos, assim a fração das pessoas com idade menor que t tende a 1.

Queremos achar a função de distribuição cumulativa para a função densidade de idade mostrada na Figura 6.47. Vemos que $P(10) = 0{,}15$, pois a Figura 6.47 mostra que 15% da população está entre 0 e 10 anos. Também

$$P(20) = \frac{\text{Fração da população}}{\text{entre 0 e 20 anos}} = 0{,}15 + 0{,}14 = 0{,}29$$

e analogamente

$$P(30) = 0{,}15 + 0{,}14 + 0{,}14 = 0{,}43.$$

Continuando assim obtemos os valores de $P(t)$ na Tabela 6.6. Estes valores foram usados para fazer o gráfico de $P(t)$ na primeira parte da Figura 6.55.

Função de distribuição cumulativa

Uma **função de distribuição cumulativa,** $P(t)$, de uma função densidade p, é definida por

$$P(t) = \int_{-\infty}^t p(x)dx = \frac{\text{Fração da população tendo}}{\text{valores de } x \text{ menores que } t}$$

Assim, P é uma antiderivada de p, isto é, $P' = p$.

Toda distribuição cumulativa tem as seguintes propriedade s :

- P é c rescente (ou não decrescente).
- $\lim_{t\to\infty} P(t) = 1$ e $\lim_{t\to-\infty} P(t) = 0$.
- $\begin{matrix}\text{Fração da população}\\ \text{tendo valores de } x\\ \text{entre } a \text{ e } b\end{matrix} = \int_a^b p(x)dx = P(b) - P(a).$

TABELA 6.6 — *Função de distribuição cumulativa, $P(t)$, dando a fração da população dos EUA com idade menor que t anos.*

t	$P(t)$	t	$P(t)$
0	0	60	0,84
10	0,15	70	0,92
20	0,29	80	0,97
30	0,43	90	0,99
40	0,60	100	1,00
50	0,74		

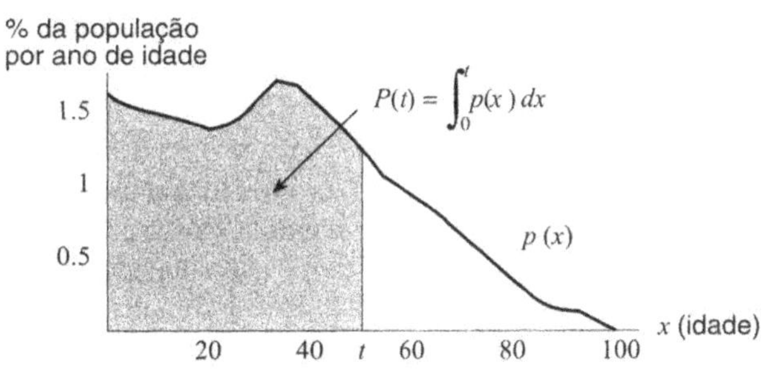

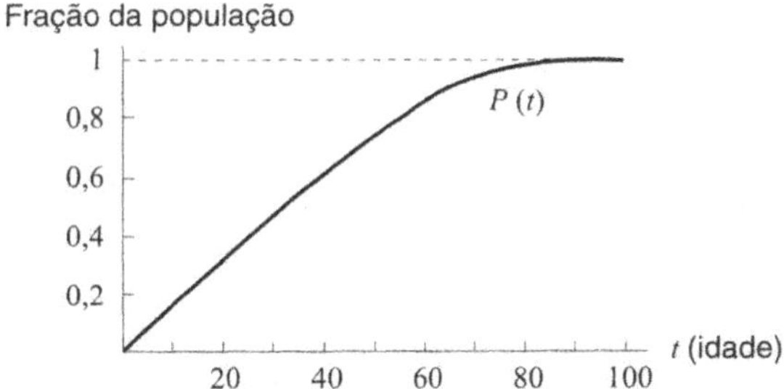

Figura 6.55 — *Gráfico de* p(x), *a função densidade de idade, e sua relação com* P(t), *a função de distribuição cumulativa de idades*

Exemplo 1 O tempo para realizar uma verificação de manutenção de rotina em uma dada máquina tem uma função de distribuição cumulativa $P(t)$, que dá a fração das verificações de manutenção completadas em tempo menor ou igual a t minutos. Valores de $P(t)$ são dados na Tabela 6.7.

TABELA 6.7 — *Função de distribuição cumulativa para tempo de executar verificações de manutenção*

t (minutos)	0	5	10	15	20	25	30
$P(t)$ (fração completada)	0	0,03	0,08	0,21	0,38	0,80	0,98

(a) Qual fração das verificações de manutenção são completadas em 15 minutos ou menos?

(b) Qual fração das verificações de manutenção levam mais de 30 minutos?

(c) Qual fração leva entre 10 e 15 minutos?

(d) Trace um histograma mostrando como se distribuem os tempos para verificação de manutenção.

(e) Em qual dos intervalos de 5 minutos dados é mais provável que caia a duração de uma verificação de manutenção?

(f) Dê um esboço tosco da função densidade.

(g) Esboce um gráfico da função de distribuição cumulativa.

Solução (a) A fração das verificações de manutenção completadas em 15 minutos é $P(15) = 0{,}21$, ou 21%.

(b) Como $P(30) = 0{,}98$, vemos que 98% das verificações de manutenção levam 30 minutos ou menos. Portanto, só 2% levam mais de 30 minutos.

(c) Como 8% levam 10 minutos ou menos e 21% levam 15 minutos ou menos, a fração das que levam entre 10 e 15 minutos é $0{,}21 - 0{,}08 = 0{,}13$ ou 13%.

(d) Começamos por fazer uma tabela mostrando como se distribuem os tempos. A Tabela 6.7 mostra que a fração das verificações completadas ente 0 e 5 minutos é 0,03, a fração das completadas entre 5 e 10 minutos é 0,05 e assim por diante. Veja a Tabela 6.8.

TABELA 6.8 — *Distribuição dos tempos para conduzir verificações de manutenção*

t (minutos)	0–5	5–10	10–15	15–20	20–25	25–30	> 30
Fração completada	0,03	0,05	0,13	0,17	0,42	0,18	0,02

O histograma na Figura 6.56 é feito de modo que a área de cada barra é a fração das verificações completadas no período de tempo correspondente. Por exemplo, a primeira barra tem área 0,03 e largura 5 minutos, de modo que sua altura é $0{,}03/5 = 0{,}006$.

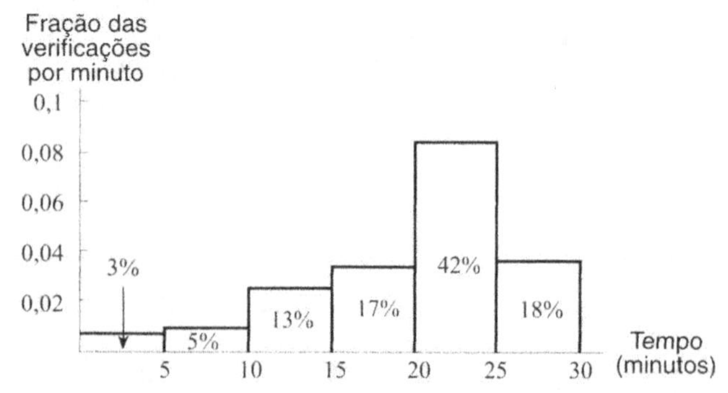

Figura 6.56 — *Histograma de tempo para verificações de manutenção*

(e) Pela Figura 6.56 vemos que mais verificações levam entre 20 a 25 minutos para completar, portanto este é o intervalo de tempo mais provável.

(f) A função densidade $p(t)$ é uma versão alisada do histograma na Figura 6.56. Um esboço razoável é dado na Figura 6.57.

(g) Um gráfico de $P(t)$ é dado na Figura 6.58. Como $P(t)$ é uma função de distribuição cumulativa, $P(t)$ se avizinha de 1 quando t fica grande, mas nunca é maior que 1.

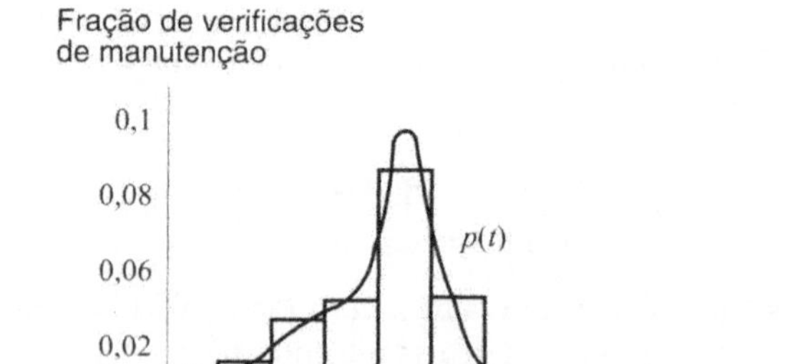

Figura 6.57 — *Função densidade para o tempo para executar verificações de manutenção*

Figura 6.58 — *Função de distribuição cumulativa para o tempo para executar verificações de manutenção*

Probabilidade

Suponha que queremos tomar ao acaso um elemento da população dos EUA. Qual é a probabilidade de tomarmos uma pessoa com idade, digamos, entre 70 e 80 anos? Vimos na Tabela 6.5 que 5% da população está neste grupo de idades. Dizemos que a probabilidade, ou chance, da pessoa estar entre 70 e 80 anos é 0,05. Usando qualquer função, $p(t)$, de densidade de idades, definimos probabilidades como segue:

$$\begin{array}{c}\text{Probabilidade de}\\ \text{uma pessoa estar entre}\\ \text{as idades de } a \text{ e } b\end{array} = \begin{array}{c}\text{Fração da}\\ \text{população entre}\\ \text{as idades } a \text{ e } b\end{array} = \int_a^b p(t)dt.$$

Como a função de distribuição cumulativa dá a fração da população com idade menor que t, também podemos usar a distribuição cumulativa para calcular a probabilidade de uma pessoa, escolhida ao acaso, estar numa dada faixa de idades.

$$\begin{array}{c}\text{Probabilidade de}\\ \text{uma pessoa ter menos}\\ \text{que a idade } t\end{array} = \begin{array}{c}\text{Fração da}\\ \text{população mais}\\ \text{jovem que } t\end{array} = P(t) = \int_0^t p(x)dx.$$

No exemplo seguinte, usamos ambas as funções, densidade e de distribuição cumulativa, para descrever a mesma situação.

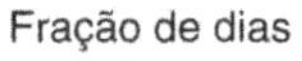

Exemplo 2 Suponha que você quer analisar a indústria de pesca numa pequena cidade. Cada dia, os barcos trazem ao menos 2 toneladas de peixe, mas nunca mais de 8 toneladas.

(a) Usando a função densidade que descreve a pesca diária na Figura 6.59, ache e faça o gráfico da função de distribuição cumulativa correspondente e explique seu significado.

(b) Qual a probabilidade da pesca estar entre 5 e 7 toneladas?

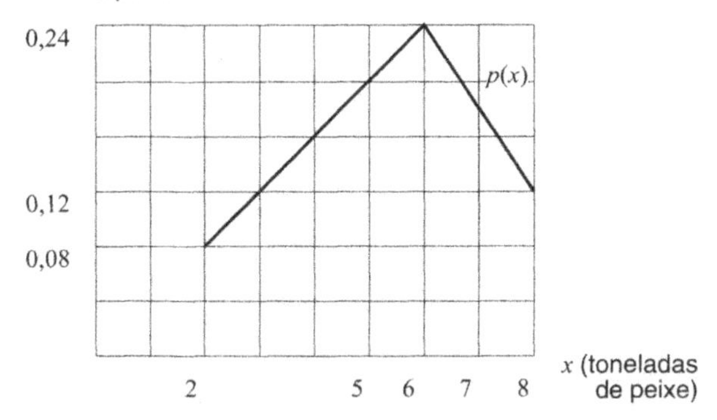

***Figura 6.59** — Função densidade da pesca diária*

Solução (a) A função de distribuição cumulativa $P(t)$ é igual à fração de dias em que a pesca é menor que t toneladas. Como ela nunca é menor que 2 toneladas, temos $P(t) = 0$ para $t \leq 2$. Como nunca é maior que 8 toneladas, temos $P(t) = 1$ para $t \geq 8$. Para t no intervalo $2 < t < 8$, devemos avaliar a integral

$$P(t) = \int_{-\infty}^{t} p(x)dx = \int_{2}^{t} p(x)dx$$

Esta integral é igual à área sob o gráfico de $p(x)$ entre $x = 2$ e $x = t$. Pode ser calculada contando quadrados no quadriculado na Figura 6.59; cada quadrado tem área 0,04. Por exemplo,

$$P(3) = \int_{2}^{3} p(x)dx \approx$$

$\approx$ Área de 2,5 quadrados $= 2{,}5(0{,}04) = 0{,}10$

A Tabela 6.9 contém valores de $P(t)$; o gráfico é mostrado na Figura 6.60.

TABELA 6.9 — *Estimativas de P(t) da pesca diária*

t(toneladas de peixe)	fração de dias de pescaria
2	0
3	0,10
4	0,24
5	0,42
6	0,64
7	0,85
8	1

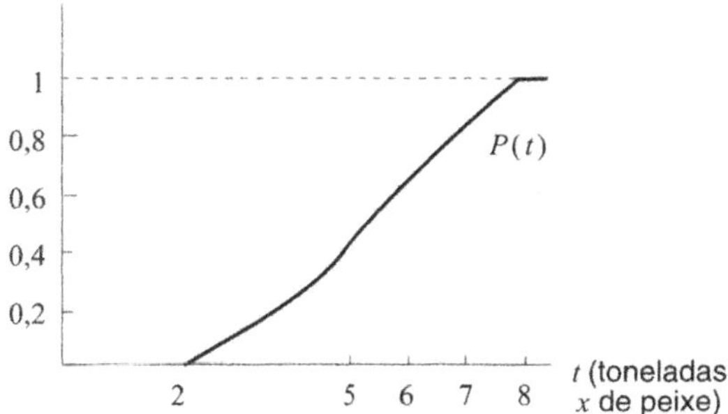

***Figura 6.60** — Distribuição cumulativa, P(t), da pesca diária*

(b) A probabilidade da pesca estar entre 5 e 7 toneladas pode ser achada, usando seja a função densidade p ou a função de distribuição cumulativa P. Usando a função densidade esta probabilidade é representada pela área sombreada na Figura 6.61, que é de cerca de 10,75 quadrados, assim

Probabilidade da pesca estar entre 5 e 7 toneladas =

$$= \int_{5}^{7} p(x)dx \approx \text{Área de 10,75 quadrados} = 10{,}75(0{,}04) = 0{,}43$$

A probabilidade também pode ser achada a partir da função de distribuição, como segue:

$$\text{Probabilidade da pesca entre 5 e 7 toneladas} = P(7) - P(5) = 0{,}85 - 0{,}42 = 0{,}43.$$

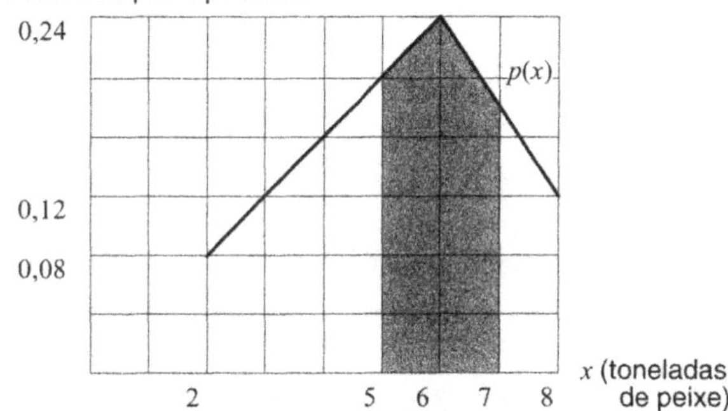

***Figura 6.61** — A área sombreada representa a probabilidade de pesca entre 5 e 7 toneladas*

Problemas para a Seção 6.9

1. Considere os dados sobre pesca no Exemplo 2. Mostre que a área sob a função densidade na Figura 6.59 é 1. Por que se deve esperar isto?

2. (a) Preencha a tabela de valores para a função de distribuição cumulativa $P(t)$ para o tempo de espera no consultório médico, usando a função densidade no Exemplo 3 na Seção 6.8.

t(horas)	0	1	2	3	4
$P(t)$(fração de pessoas esperando)					

(b) Esboce o gráfico da função de distribuição cumulativa da parte (a).

3. Num experimento agrícola, é medida a quantidade de grão de um campo de um tamanho dado. A produção pode ser qualquer coisa entre 0 kg e 50 kg. Para cada uma das situações seguintes, escolha o gráfico que melhor representa (i) A função densidade de probabilidade (ii) A função de distribuição cumulativa.
   (a) Produções baixas são mais prováveis que altas.
   (b) Todas as produções são igualmente prováveis.
   (c) Produções altas são mais prováveis que baixas.

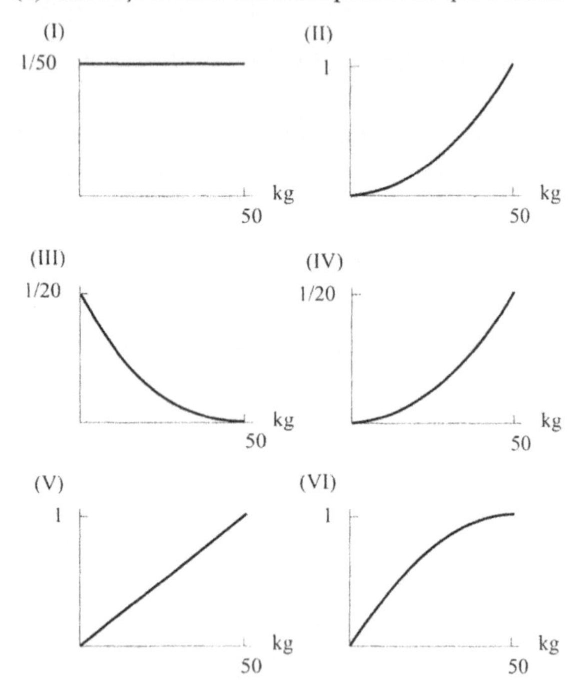

Nos Problemas 4–6, esboce gráficos de uma função densidade e de uma função de distribuição cumulativa que poderiam representar a distribuição de renda de uma população com as características dadas.

4. Uma classe média grande.
5. Classes média e superior pequenas e muitas pessoas pobres.
6. Pequena classe média, muitas pessoas pobres e muitas pessoas ricas.
7. Suponha que $F(x)$ é a função de distribuição cumulativa para alturas (metros) de árvores numa floresta.
   (a) Explique, em termos de árvores, a afirmação $F(7) = 0{,}6$.
   (b) Qual é maior, $F(6)$ ou $F(7)$? Justifique sua resposta em termos de árvores.
8. Considere um grupo de pessoas que receberam tratamento para uma doença como câncer. Seja t o *tempo de sobrevida*, o número de anos que a pessoa vive depois de receber tratamento. A função densidade que dá a distribuição de t é $p(t) = Ce^{-Ct}$ para alguma constante positiva C. Qual é o significado prático da função de distribuição cumulativa $P(t) = \int_0^t p(x)dx$?
9. Seja $P(t)$ a porcentagem da quantidade de um certo item que foi vendida ao tempo t, onde t é dado em dias e o dia 1 é 1.º de janeiro. O gráfico de $P(t)$ é dado na Figura 6.62.
   (a) Quando foi vendido o primeiro item? Quando foi vendido o último item?
   (b) No dia 1º de maio (dia 121), qual porcentagem da quantidade inicial foi vendida?
   (c) Aproximadamente qual porcentagem do total foi vendida durante maio e junho (dias 121–181)?
   (d) Qual porcentagem do total inicial restava passado meio ano (no dia 181)?
   (e) Avalie quando os itens foram postos em liquidação e vendidos muito depressa.

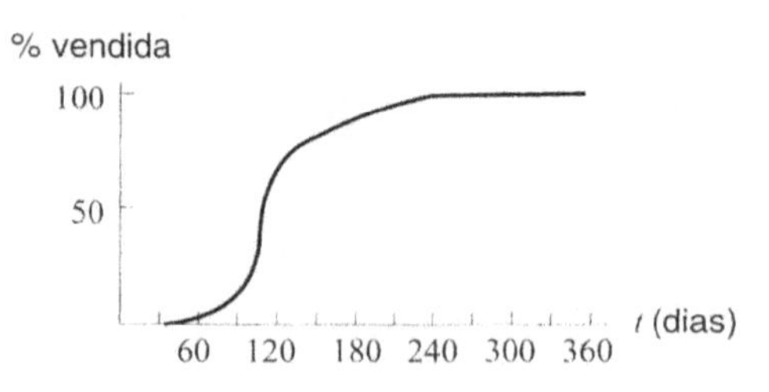

Figura 6.62

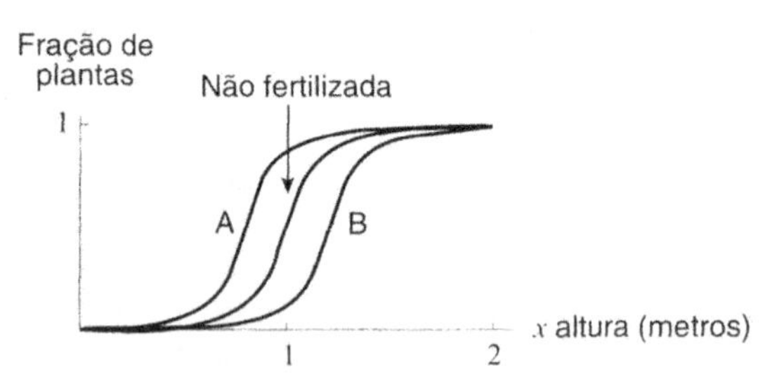

Figura 6.63

10. Faça um esboço tosco da função densidade para a função de distribuição cumulativa dada na Figura 6.62.
11. É feito um experimento para determinar o efeito de dois novos fertilizantes A e B sobre o crescimento de uma variedade de ervilhas. As funções de distribuição cumulativa das alturas das ervilhas maduras sem tratamento e tratadas com A e com B têm seus gráficas dados na Figura 6.63.
    (a) Em torno de qual altura estão as plantas não fertilizadas, em maioria?
    (b) Explique em palavras o efeito dos fertilizantes A e B sobre a altura de plantas maduras.
12. A Figura 6.64 mostra uma função densidade e a correspondente função de distribuição cumulativa.[9]

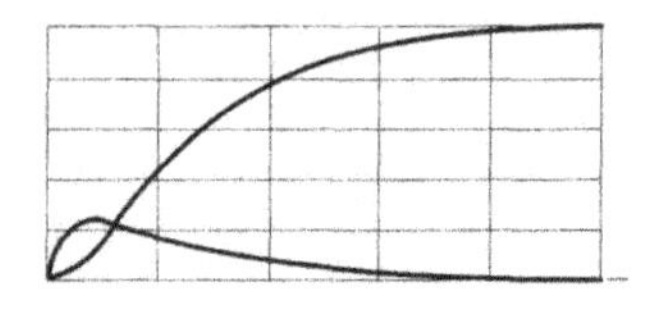

Figura 6.64

[9] Adaptada de *Calculus*, de David A. Smith e Lawrence C. Moore (Lexington: D.C. Heath, 1994).

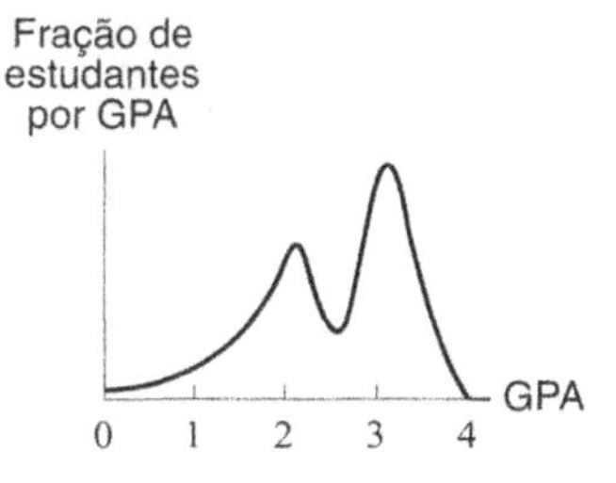

Figura 6.65

(a) Qual curva representa a função densidade e qual a distribuição cumulativa? Dê uma razão para sua escolha.

(b) Ponha valores razoáveis nos pontos marcados em cada eixo.

13. Foi feito um levantamento das médias (GPA) dos estudantes na Universidade da Califórnia. (o GPA varia de 0 a 4, onde 2 é nota para passar.) A distribuição de GPAs é dada na Figura 6.65.[10]

(a) Aproximadamente, qual porcentagem dos estudantes passa?

(b) Aproximadamente qual fração dos estudantes tem notas "honor" (GPA acima de 3)?

(c) Porque você acha que há um pico em torno de 2?

(d) Esboce um gráfico da função de distribuição cumulativa.

14. Depois de medir a duração de muitas chamadas telefônicas, a companhia de telefones descobriu que seus dados eram bem aproximados pela função densidade $p(x) = 0{,}4e^{-0{,}4x}$, onde x é a duração de uma chamada, em minutos.

(a) Que porcentagem de chamadas dura entre 1 e 2 minutos ?

(b) Que porcentagem de chamadas dura 1 minuto ou menos?

(c) Que porcentagem de chamadas dura 3 minutos ou mais?

(d) Ache a função de distribuição cumulativa.

15 Uma pessoa que viaja regularmente no ônibus das 9:00 de Oakland a San Francisco relata que o ônibus está quase sempre alguns minutos atrasado mas raramente mais que cinco minutos atrasado. Além disso, nos dizem que o ônibus nunca está mais de dois minutos adiantado, embora em raríssimas ocasiões esteja um pouco adiantado.

(a) Esboce uma possível função densidade, $p(t)$, onde t é o número de minutos de atraso do ônibus. Sombreie a região sob o gráfico entre $t = 2$ e $t = 4$ minutos. Explique o que representa essa região.

(b) Agora esboce a função de distribuição cumulativa $P(t)$ para esta situação. Qual(is) medida(s) nesse gráfico correspondem à área sombreada? O(s) ponto(s) de inflexão em seus gráfico de P correspondem a que, no gráfico de p? Como pode você interpretar os pontos de inflexão no gráfico de P, sem fazer referência ao gráfico de p?

16. Suponha que a função densidade para raios r (mm) de pingos de chuva esféricos durante uma tempestade seja constante sobre o intervalo $0 < r < 5$ e zero fora do intervalo.

(a) Ache a função densidade $f(r)$ para os raios.

(b) Ache a função de distribuição cumulativa $F(r)$ para os raios.

17. Na parte sul da Suíça, a maior parte da chuva cai na primavera e outono; verões e invernos são relativamente secos. Esboce gráficos possíveis, para a função densidade e a função de distribuição cumulativa, da distribuição de chuva no correr de um ano. Ponha a data no eixo horizontal e a fração da quantidade de chuva do ano no eixo vertical.

18. Grandes diferenças na absorção têm sido relatadas para diferentes versões comerciais da mesma droga. Um estudo comparou três versões comerciais da mesma droga. Comparou três versões comerciais de cápsulas de teofilina, de liberação a tempo medido.[11] Uma solução de teofilina foi incluída no estudo para comparação. Os resultados estão na Figura 6.66. Para cada uma, a função cujo gráfico é dado é parte de uma função $P(t)$ de distribuição cumulativa, que representa a fração da droga absorvida ao tempo t. Qual curva representa a solução? Compare as taxas de absorção das quatro versões da droga.

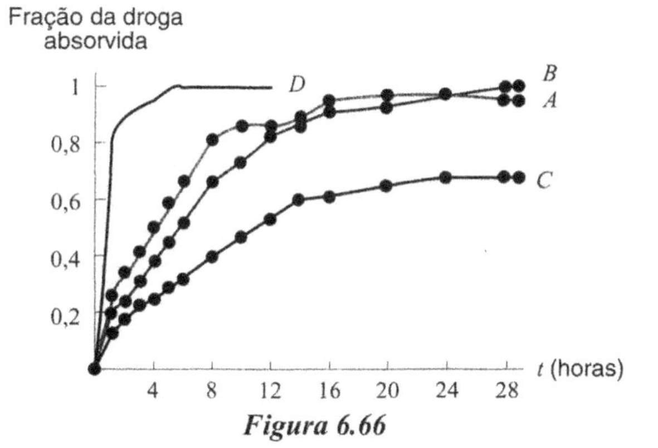

Figura 6.66

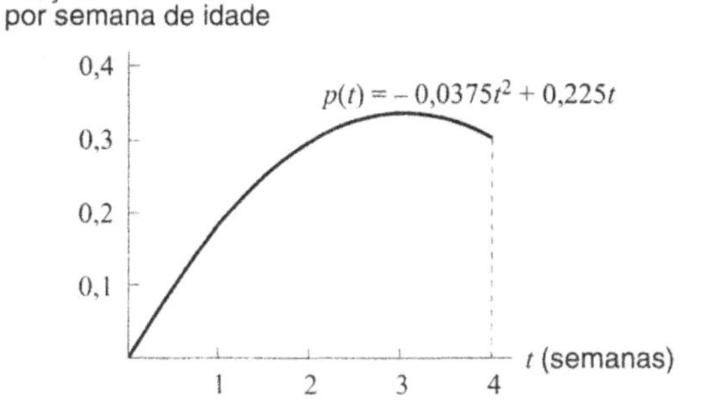

Figura 6.67

[10] Adaptado de *Statistics*, por Freedamn, Pisani, Purves e Adikhari (New York: Norton, 1991).

[11] *Progress in Drug Metatolism*, Bridges and Chasseaud (eds.), Wiley, 1980.

Para os Problemas 19–20, seja $p(t) = -0{,}375t^2 + 0{,}225t$ a função densidade de uma marca de banana para a vida em prateleira, com t em semanas e $0 \leq t \leq 4$. O gráfico desta função é dado na Figura 6.67.

19. Ache a probabilidade de uma banana durar

(a) Entre 1 e 2 semanas

(b) Mais de 3 semanas

(c) Mais de quatro semanas

20. (a) Esboce a função de distribuição cumulativa para a vida de bananas em prateleira.[Sugestão: O domínio de sua função deveria ser todos os números reais, inclusive à esquerda de zero e à direita de $t = 4$.]

(b) Use a função de distribuição cumulativa para avaliar a probabilidade de uma banana durar entre 1 e 2 semanas. Compare sua resposta com a que deu ao Problema 19 (a).

6.10 A MEDIANA E A MÉDIA

Freqüentemente é útil poder dar um valor "médio" para uma distribuição. Duas medidas comumente usadas são a *mediana* e a *média*.

A mediana

A **mediana** de uma quantidade x distribuída por uma população é um valor T tal que metade da população tem valores de x menores que (ou iguais a) T, e metade da população tem valores de x maiores que (ou iguais a) T. Assim, se p é a função densidade, uma mediana T satisfaz

$$\int_{-\infty}^{T} p(x)dx = 0{,}5,$$

Em outras palavras, metade da área sob o gráfico de p está à esquerda de T. Equivalentemente, se P é a função de distribuição cumulativa,

$$P(T) = 0{,}5.$$

Exemplo 1 Seja de t dias o tempo que um par de jeans fica numa loja antes de ser vendido. A função densidade de t tem o gráfico dado na Figura 6.68 e é dada por

$$p(t) = 0{,}04 - 0{,}0008t.$$

(a) Qual é o máximo tempo que um par de jeans fica sem ser vendido?

(b) Você esperaria que o tempo mediano até a venda fosse menor que, igual a ou maior que 25 dias?

(c) Ache o tempo mediano necessário para a venda de um par de jeans.

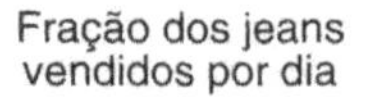

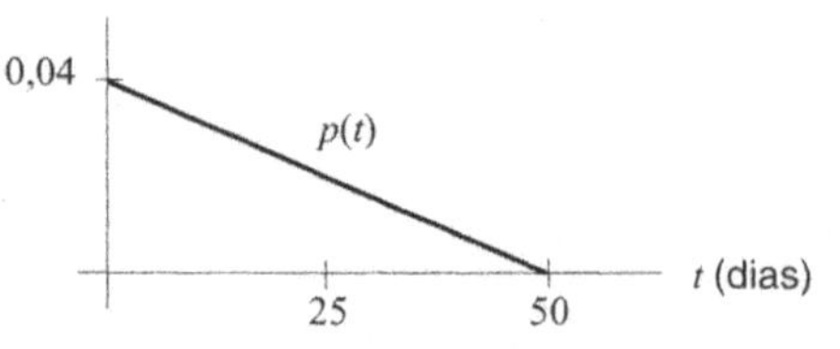

***Figura 6.68** — Função densidade para o tempo até a venda de um par de jeans*

Solução (a) A função densidade é 0 para todo $t > 50$, de modo que todos os jeans são vendidos dentro de 50 dias.

(b) A área sob o gráfico da função densidade no intervalo $0 \leq t \leq 25$ é maior que a área sob o gráfico no intervalo $25 \leq t \leq 50$. Portanto mais da metade dos jeans é vendida antes do 25º dia na loja. O tempo mediano até a venda é menor que 25 dias.

(c) Seja P a função de distribuição cumulativa. Queremos achar o valor de T tal que

$$P(T) = \int_{-\infty}^{T} p(t)dt = \int_{0}^{T} p(t)dt = 0{,}5$$

Usando uma calculadora para calcular as integrais, obtemos os valores de P na Tabela 6.10.

TABELA 6.10 — *Distribuição cumulativa para o tempo de venda*

T (dias)	0	5	10	15	20	25
$P(T)$(fração dos jeans vendida por dia T)	0	0,19	0,36	0,51	0,64	0,75

Como metade dos jeans é vendida dentro de 15 dias, o tempo mediano de venda é de cerca de 15 dias. Veja as Figuras 6.69 e 6.79. Também poderíamos usar o Teorema Fundamental do Cálculo para achar exatamente a mediana. Veja o Problema 2.

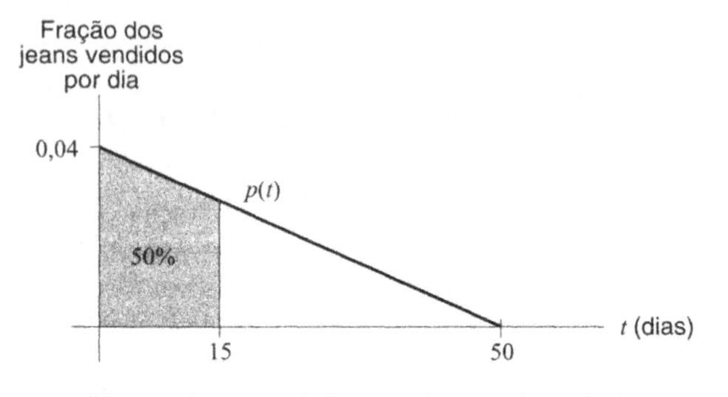

***Figura 6.69** — Mediana e função densidade*

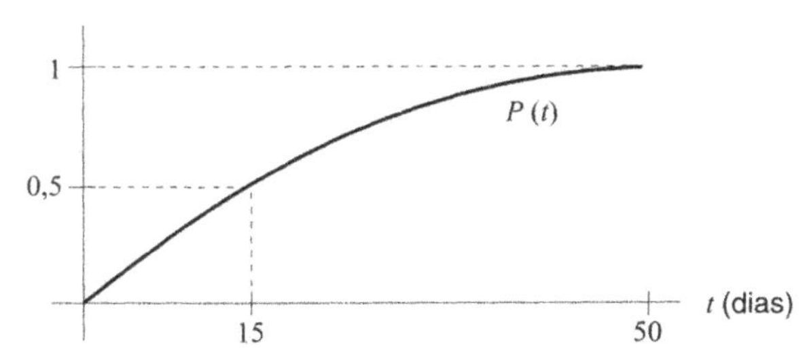

***Figura 6.70** — Mediana e função de distribuição cumulativa*

A média

Outro valor comumente usado é a média. Para achar a média de N números, tomamos a soma deles e dividimos a soma por N. Por exemplo, a média dos números 1, 2, 7 e 10 é $(1 + 2 + 7 + 10)/4 = 5$. A idade média de toda a população de um país é portanto definida como

$$\text{Idade média} = \frac{\Sigma \text{ idades de todas as pessoas no país}}{\text{Número total de pessoas no país}}$$

Calcular a soma de todas as idades diretamente seria uma tarefa enorme; aproximamos o número por uma integral. Consideramos as pessoas cuja idade está entre t e $t + \Delta t$. Quantas são elas?

A fração da população com idade entre t e $t + \Delta t$ é a área sob o gráfico de p entre esses pontos, que é aproximada pela área do retângulo, $p(t)\Delta t$. (Veja a Figura 6.71.) Se a população total é N pessoas, então

$$\begin{matrix}\text{Número de pessoas com idade} \\ \text{entre } t \text{ e } t + \Delta t\end{matrix} \approx p(t)\Delta t\, N.$$

A idade de cada uma dessas pessoas é aproximadamente t, portanto

$$\begin{matrix}\text{Soma das idades das pessoas} \\ \text{com idades entre } t \text{ e } t + \Delta t\end{matrix} \approx tp(t)\Delta t\, N.$$

Portanto, somando e pondo N em evidência vem

$$\begin{matrix}\text{Soma das idades de} \\ \text{todas as pessoas}\end{matrix} \approx (\Sigma\, tp(t)\Delta t)\, N.$$

No limite, quando Δt tende a 0, a soma se torna a integral. Supondo que ninguém tem mais de 100 anos

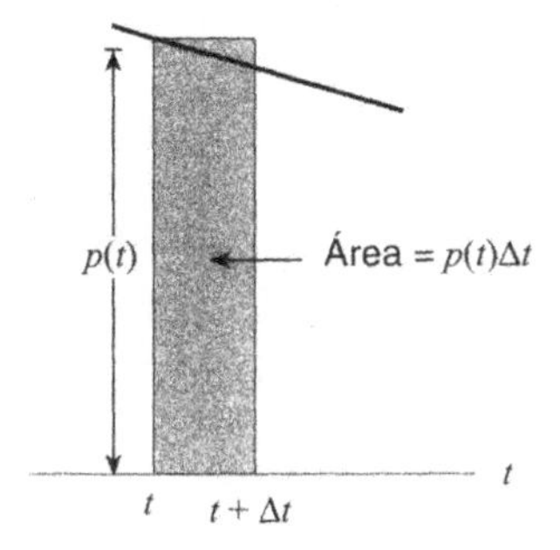

***Figura 6.71** — A área sombreada é a percentagem da população com idade entre* t e t = Δt

$$\text{Soma das idades de todas as pessoas} = \left(\int_0^{100} tp(t)dt\right)N.$$

Como N é a população total

$$\text{Idade média} = \frac{\begin{matrix}\text{Soma das idades de} \\ \text{toda a população}\end{matrix}}{N} = \int_0^{100} tp(t)dt$$

Podemos usar o mesmo argumento com qualquer[12] função densidade $p(x)$.

Se uma quantidade tem função densidade $p(x)$

$$\textbf{Valor médio} \text{ da quantidade} = \int_{-\infty}^{\infty} xp(x)dx$$

Pode-se mostrar que a média fornece o ponto em que, se a região sob o gráfico fosse feita de papelão, ela se equilibraria.

Exemplo 2 Ache o tempo médio para vendas de jeans, usando a função densidade do Exemplo 1.

Solução A fórmula para p é $p(t) = 0{,}04 - 0{,}0008t$. Calculamos

Tempo médio =

$$= \int_0^{50} tp(t)dt = \int_0^{50} t(0{,}04 - 0{,}0008t)dt = 16{,}67 \text{ dias}$$

Esta média é representada pelo ponto de equilíbrio na Figura 6.72. Observe que a média é diferente da mediana calculada no exemplo 1.

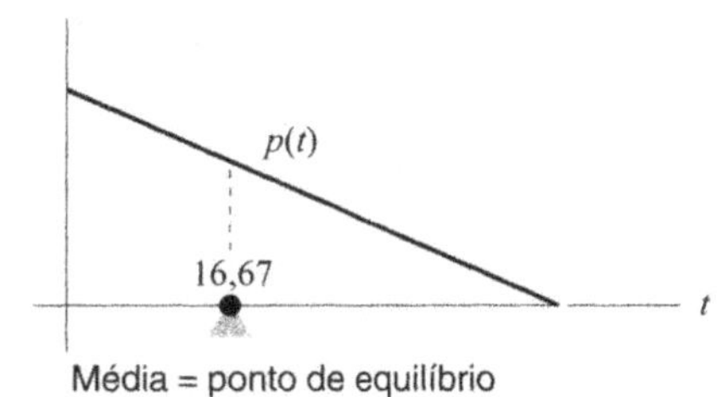

***Figura 6.72** — Tempo médio de venda para jeans*

Problemas para a Seção 6.10

1. Avalie a pesca diária mediana para os dados de pescaria no exemplo 2 da página 228.
2. Ache a mediana da função densidade $p(t) = 0{,}04 - 0{,}0008t$ para $t \geq 0$, usando o Teorema Fundamental do Cálculo.
3. A Figura 6.73 contém o gráfico de uma função de distribuição cumulativa.
   (a) Use a função de distribuição cumulativa para avaliar a mediana.
   (b) Descreva a função densidade: para quais valores de t é positiva? Crescente? Decrescente? Identifique todos os máximos e mínimos.

[12] Desde que todas as integrais impróprias relevantes convirjam

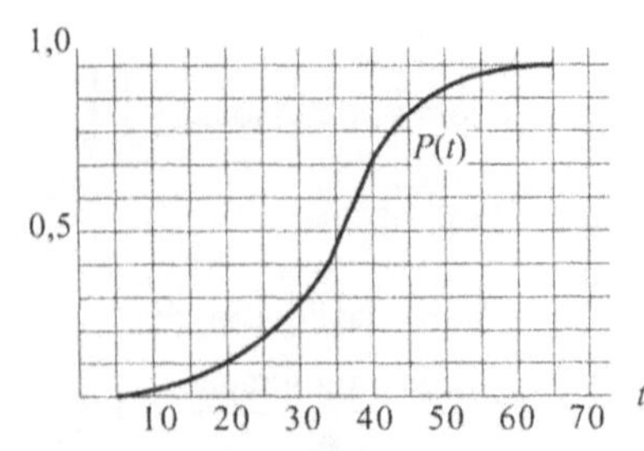

Figura 6.73

Para os Problemas 4–5, seja $p(t) = -0{,}0375t^2 + 0{,}225t$ para a vida na prateleira de um tipo de bananas que dura até 4 semanas. O tempo, t, é medido em semanas e $0 \leq t \leq 4$.

4. Ache a vida mediana em prateleira de uma banana, usando a função densidade dada. Verifique sua resposta marcando a mediana num gráfico de $p(t)$ semelhante à Figura 6.68. Parece que metade da área está à direita da mediana e metade está à esquerda?

5. Ache a média da vida em prateleira de uma banana usando a função densidade dada. Verifique sua resposta marcando a média num gráfico de $p(t)$ semelhante ao da Figura 6.72. Parece que a média é o lugar em que a função densidade teria equilíbrio?

6. Seja $p(t) = 0{,}1e^{-0{,}1t}$ a função densidade para o tempo de espera numa parada de metrô,
   (a) Esboce um gráfico desta função. Use o gráfico para avaliar visualmente a mediana e a média.
   (b) Calcule a mediana e a média. Marque ambas no gráfico de $p(t)$.
   (c) Interprete mediana e média em termos de tempo de espera.

7. Em 1950 foi feita uma experiência de observação dos intervalos de tempo entre carros sucessivos na Arroyo Seco Freeway. Os dados[13] mostram que, se x é o tempo em segundos e $0 \leq x \leq 40$, a função densidade destes intervalos de tempo é aproximadamente

$$p(x) = 0{,}122e^{-0{,}122x}$$

   Ache o intervalo de tempo mediano e o médio. Interprete em termos de carros na estrada.

8. Suponha que x mede o tempo (em horas) que um estudante leva para completar um exame. Suponha que todos os estudantes terminem dentro de 2 horas e que a função densidade para x é dada por

$$p(x) = \begin{cases} x^3/4 & \text{se } 0 < x < 2 \\ 0 & \text{caso contrário} \end{cases}$$

   (a) Qual a proporção de estudantes que levam entre 1,5 e 2 horas para completar o exame?
   (b) Qual a média de tempo para o estudante completar o exame?
   (c) Compute a mediana desta distribuição.

[13] Relatada por Daniel Furlough e Frank Barnes.

9. Seja $P(x)$ a função de distribuição cumulativa para a distribuição de renda nos EUA em 1973 (renda medida em milhares de dólares). Alguns valores de $P(x)$ estão na tabela seguinte:

Renda x(milhares)	1	4,4	7,8	12,6	20	50
$P(x)$ (%)	1	10	25	50	75	99

   (a) Qual fração da população ganhou entre \$20.000 e \$50.000?
   (b) Qual foi a renda mediana?
   (c) Esboce uma função densidade para esta distribuição. Onde, aproximadamente, sua função densidade tem um máximo? Qual é o significado deste ponto, em termos de distribuição de renda? Como pode você reconhecer este ponto no gráfico de função densidade e no gráfico da distribuição cumulativa?

RESUMO DO CAPÍTULO

- **Aplicações da integral definida**

  Valor médio. Excedentes do consumidor e do produtor, controles de preços e salários. Valores presente e futuro, fluxo de renda. Taxas de crescimento populacional, taxas de crescimento absoluta e relativa.

- **Antiderivadas**

  Cálculo de antiderivadas. Uso de antiderivadas para calcular integrais definidas analiticamente. Uso de integrais definidas para calcular antiderivadas numérica e graficamente. Integrais impróprias.

- **Distribuições de probabilidade**

  Função densidade, função de distribuição cumulativa, média e mediana.

PROBLEMAS DE REVISÃO PARA O CAPÍTULO SEIS

1. Ache o valor médio da função $f(x) = 5 + 4x - x^2$ entre $x = 0$ e $x = 3$.

2. O gráfico de f é dado na Figura 6.74:
   (a) Quanto é $\int_0^6 f(x)dx$?
   (b) Qual é o valor médio de f no intervalo de $x = 0$ a $x = 6$?

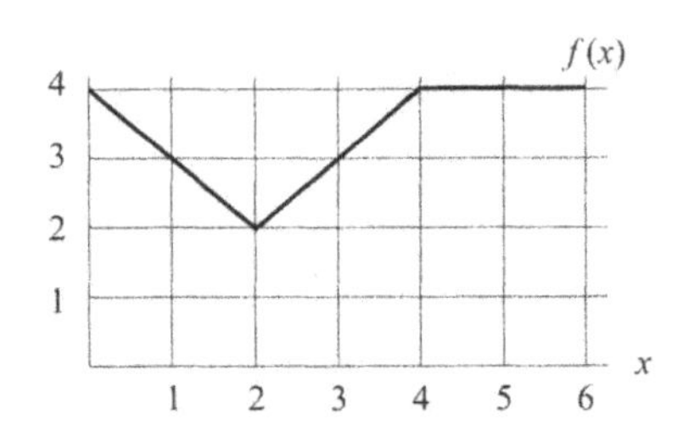

Figura 6.74

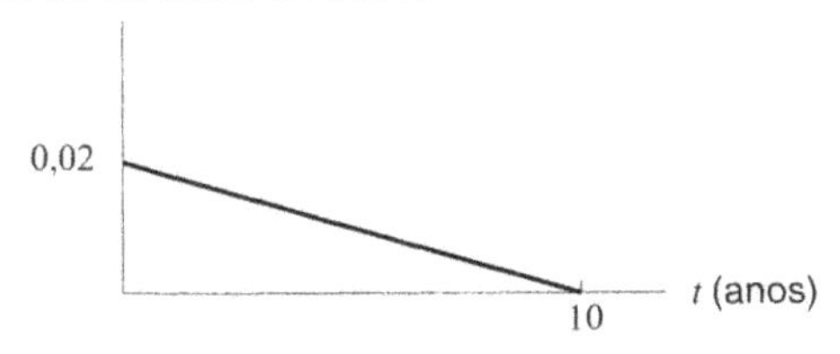

Figura 6.75

3. A taxa relativa de crescimento de uma população é dada na Figura 6.75. Por qual porcentagem, aproximadamente, varia a população sobre o período de 10 anos?

4. A taxa de vendas (em vendas por mês) de uma companhia é dada, para t em meses desde 1º de janeiro, por

$$r(t) = t^4 - 20t^3 + 118t^2 - 180t + 200.$$

(a) Esboce um gráfico da taxa de vendas por mês durante o primeiro ano ($t = 0$ a $t = 12$). O que parece, que mais vendas foram feitas na primeira metade do ano ou na segunda?

(b) Avalie as vendas totais da companhia durante os primeiros 6 meses do ano e durante os últimos 6 meses.

(c) De quanto foram as vendas totais no ano?

(d) Qual foi a venda média por mês para a companhia, durante o ano?

5. Os gráficos das curvas de demanda e oferta para um certo produto são dados na Figura 6.76. A partir desses gráficos avalie o preço e quantidade de equilíbrio, e os excedentes do consumidor e do produtor. Sobre esboços semelhantes à Figura 6.76, sombreie áreas correspondentes aos excedentes do consumidor e do produtor.

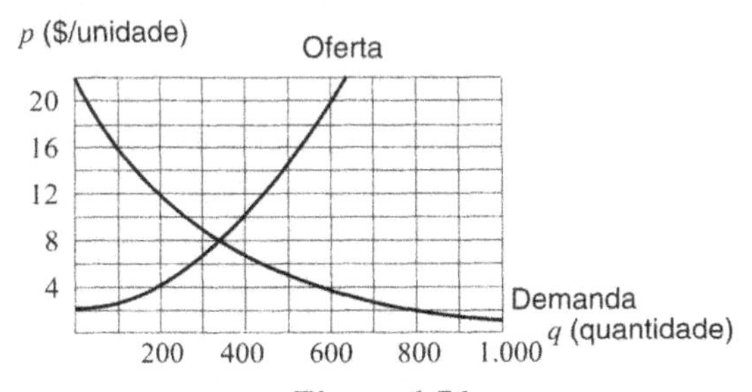

Figura 6.76

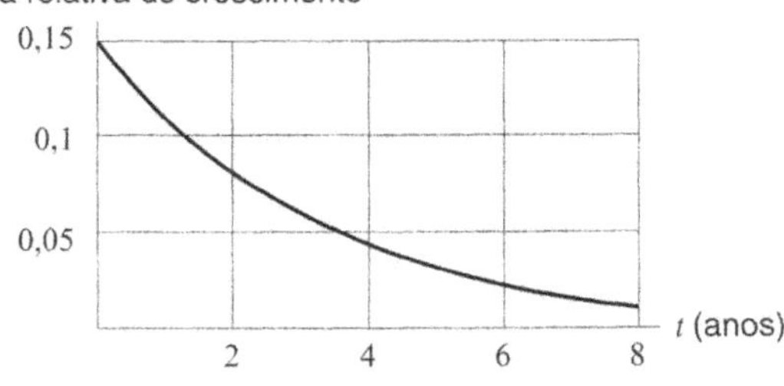

Figura 6.77

6. Um gráfico da taxa de crescimento relativa de uma população $P(t)$ é dado na Figura 6.77. Por qual porcentagem varia a população sobre o período de 8 anos? Se a população, ao tempo $t = 0$, era de 10.000, qual é a população 8 anos depois?

7. Espera-se que uma companhia ganhe \$50.000 por ano, a taxa contínua, por 8 anos. Você pode investir os ganhos a uma taxa de juros de 7%, compostos continuamente. Você tem a possibilidade de comprar a companhia agora por \$350.000. Você deveria comprá-la? Justifique sua resposta.

8. Ache os valores presente e futuro de um fluxo de renda de \$12.000 ao ano por 20 anos. Assuma uma taxa de juros de 6%, compostos continuamente.

9. Suponha que sua companhia precise de \$500.000 dentro de dois anos para renovações e que possa ganhar 9% de juros sobre investimentos.

(a) Qual é o valor presente das renovações?

(b) Se sua companhia depositar dinheiro continuamente a uma taxa constante durante o período de dois anos, a qual taxa deve o dinheiro ser depositado para que você tenha os \$500.000 quando necessitar deles?

Ache primitivas para as funções nos Problemas 10–18. Verifique por derivação.

10. $f(x) = x + x^5 + x^{-5}$ **11.** $f(z) = e^z + 3$

12. $p(r) = 2\pi r$ **13.** $g(x) = \dfrac{1}{x} + \dfrac{1}{x^2} + \dfrac{1}{x^3}$

14. $f(x) = x^6 - \dfrac{1}{7x^6}$ **15.** $p(y) = \dfrac{1}{y} + y + 1$

16. $g(t) = 5 + \cos t$ **17.** $g(\theta) = \text{sen}\,\theta - 2\cos\theta$

18. $g(x) = (x + 1)^3$

Ache as integrais indefinidas no Problemas 19-30.

19. $\int 9x^2 dx$ **20.** $\int (5x+7)dx$

21. $\int (t^2 - 6t + 5)dt$ **22.** $\int (x+1)^2 dx$

23. $\int (e^x + 5)^2 dx$ **24.** $\int e^{-0,05t} dt$

25. $\int \left(\dfrac{3}{t} - \dfrac{2}{t^2}\right)dt$ **26.** $\int \left(\dfrac{x+1}{x}\right)dx$

27. $\int \left(8x^3 + \dfrac{1}{x}\right)dx$ **28.** $\int (3\cos x - 7\,\text{sen}\,x)dx$

29. $\int \left(x + \dfrac{2}{x} + \pi\,\text{sen}\,x\right)dx$ **30.** $\int (2e^x - 8\cos x)dx$

Ache as integrais definidas nos problemas 31-36 usando o Teorema Fundamental.

31. $\int_0^2 (3t^2 + 4t + 3)dt$ **32.** $\int_0^1 (6q^2 + 4)dq$

33. $\int_0^3 e^{0,05t} dt$ **34.** $\int_1^2 \dfrac{1}{2t} dt$

35. $\int_1^2 \dfrac{1}{t^2} dt$ **36.** $\int_2^5 (x^3 - \pi x^2)dx$

Nos Problemas 37–38, esboce o gráfico de uma função densidade que poderia representar a distribuição dada.

37. A idade em que morre uma pessoa numa sociedade com alto índice de mortalidade infantil e em que os adultos usualmente morrem entre as idades de 40 a 60 anos.

38. As alturas dos alunos de uma escola primária.

39. Em 1990 os humanos geraram $1{,}4 \times 10^{20}$ joules de energia pela combustão de petróleo. Estima-se que todo o petróleo do mundo geraria aproximadamente 10^{22} joules. Assumindo que o uso de energia gerada por petróleo cresça por 2% ao ano, quanto tempo levará para que todos os recursos em petróleo sejam consumidos?

40. Durante a maior parte deste século, o consumo de eletricidade nos EUA tem crescido exponencialmente à taxa contínua de 7% ao ano. Supondo que a tendência se mantenha e que a energia consumida em 1900 foi de 1,4 milhões de megawatt-horas (um megawatt-hora é uma medida de energia elétrica).

(a) Escreva uma expressão para o consumo anual de eletricidade como função do tempo, t, medido em anos desde 1900.

(b) Ache o consumo anual médio de eletricidade neste século.

(c) Durante qual ano o consumo de eletricidade esteve mais perto da média do século?

(d) Sem fazer o cálculo para a parte (c), você poderia prever em qual metade do século sua resposta cairia?

41. Decida se a integral imprópria $\int_0^{\infty} e^{-2t}\,dt$ converge, e se converge, para qual valor, pelo método seguinte:

(a) Use calculadora ou computador para calcular $\int_0^b e^{-2t}\,dt$ para $b = 3, 5, 7, 10$. O que você observa? Dê um palpite quanto à convergência da integral imprópria.

(b) Ache $\int_0^b e^{-2t}\,dt$, usando o Teorema Fundamental. Sua resposta conterá b.

(c) Tome um limite para $b \to \infty$. Sua resposta confirma seu palpite?

42. Um carro se move com velocidade, v, ao tempo t em horas, dada por

$$v(t) = \frac{60}{50^t} \text{ milhas/hora}$$

(a) O carro pára em algum tempo?

(b) Escreva uma integral que represente a distância total percorrida para $t \geq 0$.

(c) Você acha que o carro percorrerá uma distância finita para $t \geq 0$? Se sim, avalie essa distância.

43. Uma comissão do Congresso investiga um fornecedor para o setor de defesa. Quando os projetos do fornecedor se completam, quase sempre há excesso de custos. Os dados na Tabela 6.11 foram apresentados à comissão.

(a) Marque os dados num plano, com C no eixo horizontal. Isto é uma função densidade ou uma função de distribuição cumulativa? Esboce uma curva por esses prontos.

(b) Se você acha que desenhou uma função densidade na parte (a), esboce a correspondente função de distribuição cumulativa em outro par de eixos. Se você pensa que esboçou uma função de distribuição cumulativa na parte (a), esboce a correspondente função densidade.

(c) Baseado na tabela, qual probabilidade há de haver excesso de custos de 50% ou mais? Entre 20% e 50%? Perto de qual porcentagem é mais provável que caia o excesso de custos?

TABELA 6.11 — *Dados do fornecedor para defesa, mostrando a fração dos excessos que são no máximo C*

Custo do excesso (C)	Fração no máximo C	Custo do excesso (C)	Fração no máximo C
−20%	0,01	10%	0,32
−15%	0,03	20%	0,50
−10%	0,08	30%	0,80
−5%	0,13	40%	0,94
0%	0,19	50%	0,99

44. A probabilidade de um transistor falhar entre $t = a$ meses e $t = b$ meses é dada por $c\int_a^b e^{-ct}\,dt$, para alguma constante c

(a) Se a probabilidade de falha dentro dos seis primeiros meses for de 10%, qual será o valor de c?

(b) Dado o valor de c na parte (a), qual é a probabilidade de falhar o transistor dentro dos segundos seis meses?

45. Caminhando pela rua em que você mora você acidentalmente deixa cair uma luva. Você não sabe onde a deixou cair. Suponha que a densidade de probabilidade de você tê-la deixado cair a x km de sua casa (ao longo da rua) seja

$$p(x) = 2e^{-2x} \quad \text{para} \quad x \geq 0.$$

(a) Qual é a probabilidade de você a ter deixado cair a 1 km ou menos de sua casa?

(b) A qual distância y de sua casa a probabilidade de você a ter deixado cair a y km ou menos de sua casa é igual 0,95?

46. Qual das seguinte funções faz mais sentido como modelo para a densidade de probabilidade que representa o tempo (em minutos, começando com $t = 0$) para o próximo freguês entrar numa loja?

(a) $p(t) = \begin{cases} \cos t & 0 \leq t \leq 2\pi \\ e^{t-2\pi} & t \geq 2\pi \end{cases}$

(b) $p(t) = 3e^{-3t}$ para $t \geq 0$

(c) $p(t) = e^{-3t}$ para $t \geq 0$

(d) $p(t) = 1/4$ para $0 \leq t \leq 4$

47. Em 1980, a Alemanha Ocidental fez um empréstimo de 20 bilhões de marcos alemães à União Soviética, para serem usados para a construção de um duto de gás natural ligando a Sibéria à Rússia Ocidental, e continuando até a Alemanha Ocidental (Urengoi-Uschgorod-Berlim).

Suponha que o negócio fosse como segue: em 1985, completado o duto, a União Soviética forneceria gás natural à Alemanha Ocidental, a uma taxa constante, por todos os tempos futuros. Assumindo um preço constante do gás natural, de 0,10 marco alemão por metro cúbico, e assumindo que a Alemanha Ocidental espera um juro anual de 10% sobre seu investimento (compostos continuamente) a que taxa medida em bilhões de metros cúbicos por ano a União Soviética deve entregar o gás? Tenha em mente que a entrega de gás não podia começar antes que o duto estivesse pronto. Assim, a Alemanha Ocidental não teve retorno de seu investimento até passados cinco anos. (Nota: Um negócio mais complexo, deste tipo, foi realmente feito entre os dois países.)

PROJETOS

1. **Distribuição de recursos**

Freqüentemente é uma importante questão política ou econômica saber se um recurso é distribuído uniformemente entre os elementos de uma população. Como podemos medir isto? Como decidir se uma distribuição de riqueza neste país está ficando mais ou menos eqüitativa, com o passar do tempo? Como medir qual país tem a distribuição de renda mais eqüitativa? Este problema descreve um modo de efetuar tais medidas. Suponha que um recurso esteja uniformemente distribuído. Então quaisquer 20% da população terão 20% do recurso. Analogamente, quaisquer 30% terão 30% do recurso e assim por diante. Mas, se o recurso não estiver uniformemente distribuído, os p% mais pobres da população (em termos deste recurso), não terão sua parte dos bens. Suponha que $F(x)$ represente a fração dos recursos que cabe à fração x mais pobre da população. Então, $F(0,4) = 0,1$ significa que os 40% mais pobres possuem 10% do recurso.

(a) O que seria F se o recurso fosse uniformemente distribuído?

(b) O que deve ser verdade para toda tal função F? Quanto devem valer $F(0)$ e $F(1)$? F é crescente ou decrescente? O gráfico de F é côncavo para cima ou para baixo?

(c) O índice Gini de desigualdade, G, é um modo de medir quão uniformemente o recurso é distribuído. É definido por

$$G = 2\int_0^1 [x - F(x)]dx$$

Mostre graficamente o que G representa

(d) Representações gráficas do índice de Gini para dois países são dadas nas Figuras 6.78 e 6.79. Qual país tem a distribuição mais eqüitativa da riqueza? Discuta a distribuição de riqueza em cada um dos dois países.

(e) Qual é o maior valor possível para o índice G de desigualdade? Qual é o mínimo valor possível? Esboce gráficos em cada caso. Qual é a distribuição de recursos em cada caso?

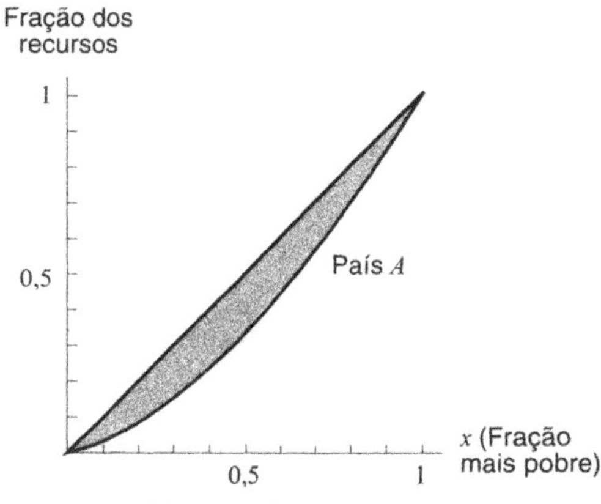

Figura 6.78— País A

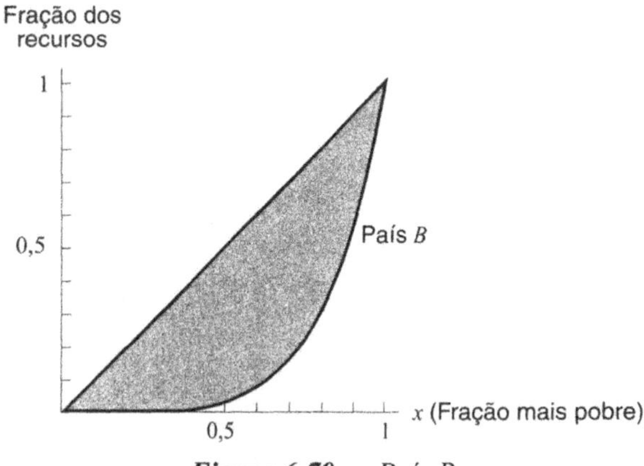

Figura 6.79 — País B

2. **Produção de um pomar de macieiras**

A Figura 6.80 é um gráfico da produção anual, $y(t)$ (em barris por ano) de um pomar, t anos depois de plantado. As árvores levam 10 anos para se estabelecerem, mas pelos 20 anos seguintes dão uma produção substancial. Porém depois de 30 anos, a idade e doenças começam a influir e a produção anual cai.[14]

(a) Represente num esboço da Figura 6.80 a produção total, $Y(T)$, até o tempo T. Escreva uma expressão para $Y(T)$ em termos de $y(t)$.

(b) Esboce um gráfico de $Y(T)$ contra T.

(c) Escreva uma expressão para a produção média anual, $a(T)$, até o tempo T.

(d) A questão importante é: Quando deve o pomar ser cortado e replantado? Suponha que você quer maximizar sua receita média por ano, e que os preços das frutas fiquem constantes, de modo que você consegue isto maximizando sua produção anual média.

(i) Qual condição sobre $Y(T)$ maximiza a produção média anual?

(ii) Qual condição sobre $y(T)$ maximiza a produção média anual? Avalie o valor de T que fornece a produção anual média máxima.

[14] De Peter D. Taylor, *Calculus: The Analysis of Functions*, (Toronto: Wall & Emerson, Inc., 1992).

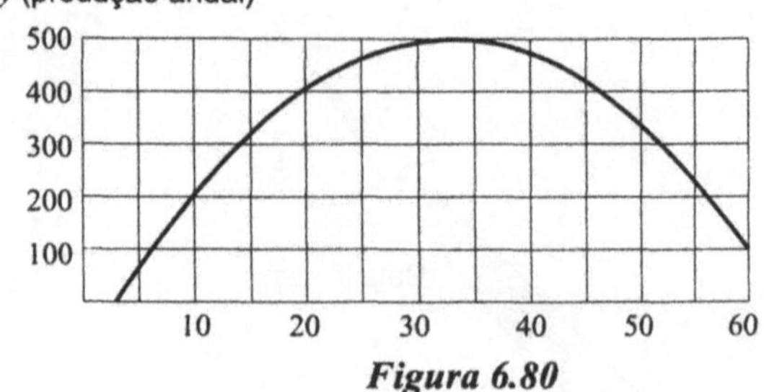

Figura 6.80

FOCO NA PRÁTICA

INTEGRAÇÃO

Para os Problemas 1–30, calcule as integrais. Suponha que a, b, A, B, P_0 e k são constantes.

1. $\int (t^3 + 6t^2)dt$
2. $\int (u^4 + 5)du$
3. $\int \left(x^2 + \frac{1}{x^2}\right)dx$
4. $\int e^{3r}dr$
5. $\int 3\sqrt{w}dw$
6. $\int (ax^2 + b)dx$
7. $\int (t^2 + 5t + 1)dt$
8. $\int 100e^{-0,5t}dt$
9. $\int (w^4 + 12w^3 + 6w^2 - 10)dw$
10. $\int \left(p^2 + \frac{5}{p}\right)dp$
11. $\int \frac{dq}{\sqrt{q}}$
12. $\int 3 \text{ sen } \theta \, d\theta$
13. $\int \left(\frac{4}{x} + \frac{5}{x^2}\right)dx$
14. $\int P_0 e^{kt} dt$
15. $\int (q^3 + 8q + 15)dq$
16. $\int 1.000e^{0,075t} dt$
17. $\int (5 \text{ sen } x + 3\cos x)dx$
18. $\int (10 + 5 \text{ sen } x)dx$
19. $\int \pi r^2 h \, dr$
20. $\int \left(q + \frac{1}{q^3}\right)dq$
21. $\int 15p^2q^4dp$
22. $\int 15p^2q^4dq$
23. $\int (3x^2 + 6e^{2x})dx$
24. $\int \frac{5}{w}dw$
25. $\int 5e^{2q}dq$
26. $\int \left(p^3 + \frac{1}{p}\right)dp$
27. $\int (Ax^3 + Bx)dx$
28. $\int (6\sqrt{x} + 15)dx$
29. $\int (x^2 + 8 + e^x)dx$
30. $\int 25^{-0,04q} dq$

7

FUNÇÕES DE VÁRIAS VARIÁVEIS

Muitas quantidades dependem de mais de uma variável: a quantidade de alimento produzido depende da quantidade de chuva e da quantidade de fertilizante usada; a taxa de uma reação química depende da temperatura e da pressão do ambiente em que ela se processa; a quantidade de carne comprada depende do preço da carne e da renda do comprador; a taxa de material caído numa erupção vulcânica depende da distância ao vulcão e do tempo desde a erupção.

Neste capítulo vemos como estender o conceito de derivada a funções de duas ou mais variáveis.

7.1 COMPREENDER FUNÇÕES DE DUAS VARIÁVEIS

Para evitar vôos com aviões meio vazios, linhas aéreas vendem algumas passagens ao preço integral e algumas com desconto. Para uma dada rota, a receita, R, da linha aérea, ganha num determinado período de tempo, é determinada pelo número de bilhetes vendidos a preço integral, x, e pelo número y de passagens vendidas com desconto. Dizemos que R é uma função de x e de y, e escrevemos

$$R = f(x, y).$$

Esta notação é semelhante à notação de função de uma variável. A variável R é a variável dependente, x e y são as variáveis independentes. A letra f significa a *função* ou regra que dá o valor de R correspondente a valores dados de x e y. A coleção de todas as possíveis entradas (x, y) chama-se o *domínio* de f.

Uma função de duas variáveis pode ser representada numericamente por uma tabela de valores, algebricamente por uma fórmula ou pictorialmente por um diagrama de contornos. Nesta seção daremos exemplos numéricos e algébricos; diagramas de contorno serão introduzidos na Seção 7.2.

Funções dadas numericamente

A receita, R, (em dólares) de uma particular rota aérea é mostrada na Tabela 7.1 como função do número de bilhetes a preço integral e o número de bilhetes com descontos vendidos.

TABELA 7.1 — *Receita da venda de passagens como função de x e y.*

Número de bilhetes com desconto, y	Número de bilhetes a preço integral, x			
	100	200	300	400
200	75.000	110.000	145.000	180.000
400	115.000	150.000	185.000	220.000
600	155.000	190.000	225.000	260.000
800	195.000	230.000	265.000	300.000
1.000	235.000	270.000	305.000	340.000

Os valores de x são mostrados na linha do topo, os valores de y na coluna à esquerda, e os correspondentes valores de $f(x, y)$ são dados na tabela. Por exemplo, para achar o valor de $f(300, 600)$, olhamos, na coluna correspondente a $x = 300$, a linha com $y = 600$, onde achamos o número 225.000. Assim

$$F(300, 600) = 225.000.$$

Isto significa que a receita, para 300 bilhetes a preço integral e 600 com desconto, é \$225.000.

Observe como isto difere da tabela de valores de uma função de uma variável, em que basta uma linha ou uma coluna para listar os valores da função. Aqui muitas linhas e colunas são necessárias porque a função tem um valor para cada par de valores das variáveis independentes.

Funções dadas algebricamente

A função dada na Tabela 7.1 pode ser representada por uma fórmula. Olhando as linhas, vemos que 100 bilhetes adicionais a preço integral elevam a receita em \$35.000, de modo que cada passagem sem desconto custa \$350. Analogamente, olhando uma coluna vemos que 200 bilhetes adicionais com desconto aumentam a receita por \$40.000, de modo que cada bilhete com desconto custa \$200. Portanto a função receita é dada por

$$R = 350x + 200y.$$

Exemplo 1 Dê uma fórmula para a função $M = f(B, t)$, onde M é a quantia no banco t anos depois de um investimento inicial de B dólares, se os juros de 5% ao ano são compostos

(a) Anualmente (b) Continuamente

Solução (a) Composição anual significa que M cresce por um fator de 1,05 ao ano, assim,

$$M = f(B, t) = B(1{,}05)^t$$

(b) Composição contínua significa que M cresce segundo a função e^{kt}, com $k = 0{,}05$; assim,

$$M = f(B, t) = Be^{0{,}05t}.$$

Exemplo 2 Uma companhia de aluguel de carros cobra \$40 por dia e 15 centavos por quilômetro rodado por seus carros.

(a) Escreva uma fórmula para o custo, C, para alugar um carro com função do número de dias, d, e do número q de quilômetros percorridos.

(b) Se $C = f(d, q)$, ache $f(5, 300)$ e interprete.

Solução (a) O custo total para alugar um carro é 40 vezes o número de dias mais 0,15 vezes o número de quilômetros, assim

$$C = 40d + 0{,}15q.$$

(b) Temos

$$\begin{aligned} f(5, 300) &= 40(5) + 0{,}15(300) \\ &= 200 + 45 \\ &= 245. \end{aligned}$$

Vemos que $f(5, 300) = 245$. Isto nos diz que, se alugarmos um carro por 5 dias e percorremos com ele 300 quilômetros, pagaremos \$245.

Estratégia para investigar funções de duas variáveis: variar uma variável de cada vez

Podemos ficar sabendo muito sobre uma função de duas variáveis deixando variar uma das variáveis enquanto mantemos a outra fixa. Isto dá uma função de uma variável, chamada uma *seção* da função original.

Concentração de uma droga no sangue

Quando uma droga é injetada em tecido muscular, ela se difunde para a corrente sanguínea. A concentração de droga no sangue cresce até chegar a um máximo, depois decresce. A concentração C (em mg por litro) da droga no sangue é função de duas variáveis, x, a quantidade (em mg) de droga ministrada na injeção, e t, o tempo (em horas) desde que a injeção foi aplicada. Dizem-nos que

$$C = f(x, t) = te^{-t(5-x)} \text{ para } 0 \le x \le 4, \text{ e } t \ge 0.$$

Exemplo 3 Em termos de concentração de droga no sangue, explique o significado das seções

(a) $f(4, t)$ (b) $f(x, 1)$

Solução (a) Fixar x em 4 significa que estamos considerando uma injeção de 4 mg da droga; deixar t variar significa que estamos observando o efeito dessa dose com o passar do tempo. Assim, a função $f(4, t)$ descreve a concentração da droga no sangue, resultando de uma injeção de 4 mg, como função do tempo. A Figura 7.1 mostra o gráfico de $f(4, t) = te^{-t}$. Observe que a concentração no sangue eventualmente se avizinha de zero.

(b) Manter t fixo em 1 significa que estamos focalizando a atenção no sangue 1 hora depois da injeção; deixar x variar significa que estamos considerando o efeito de diferentes doses nesse instante. Assim, a função $f(x, 1)$ dá a concentração da droga no sangue, 1 hora depois da injeção, como função da quantidade injetada. A Figura 7.2 mostra o gráfico de $f(x, 1) = e^{-(5-x)} = e^{x-5}$. Observe que $f(x, 1)$ é função crescente de x. Isto faz sentido: se administrarmos mais droga, a concentração na corrente sanguínea será maior.

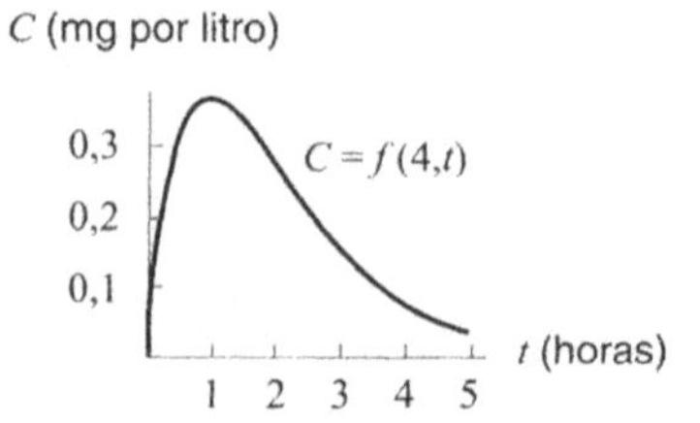

Figura 7.1 — *A função* f(4,t) *mostra a concentração no sangue resultante de uma injeção de 4 mg*

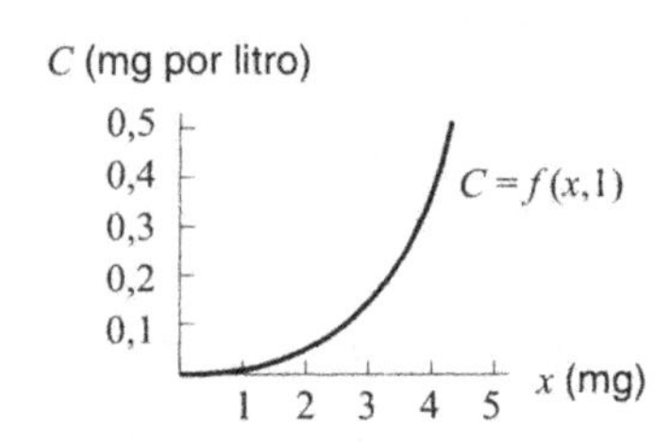

Figura 7.2 — *A função* f(x,1) *mostra a concentração no sangue 1 hora após a injeção*

Exemplo 4 Continue com $C = f(x, t) = te^{-t(5-x)}$. Faça o gráfico de seções $f(a, t)$ para $a = 1, 2, 3$ e 4 sobre os mesmos eixos. Descreva como o gráfico varia para valores maiores de a e explique o que significa isto em termos de concentração da droga no sangue.

Solução A função de uma variável $f(a, t)$ representa o efeito de uma injeção de a mg ao tempo t. A Figura 7.3 mostra os gráficos das quatro funções $f(1, t) = te^{-4t}$, $f(2, t) = te^{-3t}$, $f(3, t) = te^{-2t}$, $f(4, t) = te^{-t}$ correspondendo a injeções de 1, 2, 3 e 4 mg da droga. A forma geral do gráfico é a mesma em cada caso: a concentração no sangue é zero ao tempo da injeção $t = 0$, depois cresce a um máximo e então decresce para zero de novo. Vemos que se for administrada uma dose maior da droga, o pico do gráfico ocorre mais tarde e é maior. Isto faz sentido, pois uma dose maior da droga levará mais tempo para se difundir completamente pela corrente sanguínea e produzirá uma concentração maior quando isto ocorrer.

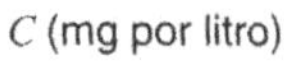

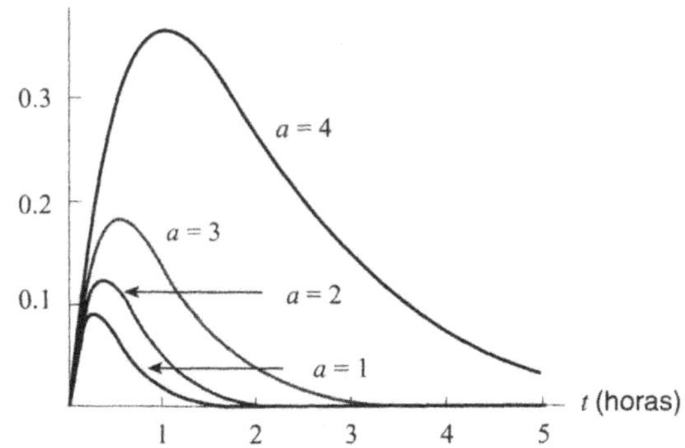

Figura 7.3 — *Concentração* C = f(a,t) *da droga resultante de uma injeção de* a *mg*

Problemas para a Seção 7.1

Para os Problemas 1–5, olhe a tabela 7.2 que mostra[1] o consumo semanal de carne, C, (em quilos) de uma família média, como função de p, o preço de carne (em \$/kg) e I, a renda da família (em \$1.000).

TABELA 7.2 — *Quantidade de carne comprada (1kg/família/semana)*

I	p			
	3,00	3,50	4,00	4,50
20	2,65	2,59	2,51	2,43
40	4,14	4,05	3,94	3,88
60	5,11	5,00	4,97	4,84
80	5,35	5,29	5,19	5,07
100	5,79	5,77	5,60	5,53

[1] Adaptado de Richard G. Lipsey, *An Introduction to Positive Economics 3rd Ed.*, Weidengeld and Nicolson, Londres, 1971.

1. Dê tabelas para consumo de carne como função de p, com I fixo em $I = 20$ e $I = 100$. Dê tabelas para o consumo de carne como função de I, com p fixo em $p = 3{,}00$ e $p = 4{,}00$. Comente o que você vê nas tabelas.
2. Como varia o consumo de carne como função da renda da família se o preço da carne for mantido constante?
3. Faça uma tabela mostrando a quantia em dinheiro, M, que a família média gasta em carne (em \$/família/semana) como função do preço da carne e da renda familiar.
4. Faça uma tabela da fração, P, da renda familiar gasta em carne por semana como função do preço e da renda.
5. Expresse P, a fração da renda familiar gasta em carne, por semana, em termos da função original $f(I, p)$ que dava o consumo como função de p e I.
6. Esboce o gráfico da função conta bancária, f, no Exemplo 1 (a), mantendo B fixo em três valores diferentes e fazendo variar somente t. Então esboce o gráfico de f, mantendo t fixo em três valores diferentes e fazendo somente B variar. Explique o que você vê.
7. Considere uma função que dá o número, n, de carros novos vendidos num ano como função do preço c de carros novos e do preço médio da gasolina, g.
   (a) Se c for mantido constante, n é função crescente ou decrescente de g? Por quê?
   (b) Se g for constante, n é uma função crescente ou decrescente de c? Por quê?
8. As vendas totais de um produto, S, podem ser expressas como função do preço p cobrado pelo produto e da quantia, a, gasta em propaganda, assim $S = f(p, a)$. Você espera que f seja função crescente ou decrescente de p? E de a? Por quê?
9. Valores para uma função $f(x, y)$ são dados na tabela 7.3. f é função crescente ou decrescente de x? E de y?

TABELA 7.3 — *Valores de uma função f (x, y)*

x	y					
	0	1	2	3	4	5
0	102	107	114	123	135	150
20	96	101	108	117	129	144
40	90	95	102	111	123	138
60	85	90	97	106	118	133
80	81	86	93	102	114	129

Os Problemas 10–11 se referem ao custo de alugar um carro de uma companhia que cobra \$40 por dia e 15 centavos por quilômetro. O custo, C, é dado como função do número de dias, d, e número de quilômetros, q, por

$$C = f(d, q) = 40d + 0{,}15q.$$

10. Faça uma tabela de valores para C, usando $d = 1, 2, 3, 4$ e $q = 100, 200, 300, 400$. Você deve ter 16 valores em sua tabela.
11. (a) Ache $f(3, 200)$ e interprete.
   (b) Explique o significado de $f(3, q)$ em termos de cus-

tos do aluguel do carro. Esboce um gráfico desta função, com C como função de m.

(c) Explique o significado de $f(d, 100)$ em termos do custo do aluguel do carro. Esboce um gráfico desta função, com C como função de d.

12. Você está planejando uma longa viagem de carro e seu gasto principal será com gasolina.

(a) Faça uma tabela mostrando como varia o gasto diário com combustível como função do preço da gasolina (em dólares por galão) e do número de galões que você compra a cada dia.

(b) Se seu carro faz 30 milhas para cada galão de gasolina, faça uma tabela mostrando como seu gasto diário com combustível varia como função da distância percorrida por dia e do preço da gasolina.

13. A *temperatura ajustada para o efeito do vento* é uma temperatura que diz a você o quanto é sentido o frio, como resultado da combinação de vento e temperatura. A Tabela 7.4 mostra a temperatura ajustada para o efeito do vento como função da velocidade do vento e da temperatura.

TABELA 7.4 — *Temperatura ajustada para o efeito do vento (°F)*

Velocidade do vento (mph)	Temperatura (°F)							
	35	30	25	20	15	10	5	0
5	33	27	21	16	12	7	0	−5
10	22	16	10	3	−3	−9	−15	−22
15	16	9	2	−5	−11	−18	−25	−31
20	12	4	−3	−10	−17	−24	−31	−39
25	8	1	−7	−15	−33	−29	−36	−44

(a) Se a temperatura é 0 °F e a velocidade do vento é 15 mph, quanto frio é sentido?

(b) Se a temperatura é 35 °F, qual velocidade de vento faz com que seja sentida como se fosse 22 °F?

(c) Se a temperatura é 25 °F, qual velocidade do vento faz com que seja sentida como se fosse 20 °F?

(d) Se o vento sopra a 15 mph, qual temperatura é sentida como se fosse 0 °F?

14. Usando a Tabela 7.4, faça tabelas da temperatura, ajustada para o efeito do vento, como função da velocidade do vento, para temperaturas de 20 °F e 0 °F.

15. Usando a Tabela 7.4, faça tabelas da temperatura ajustada para o efeito do vento como função da temperatura, para velocidades do vento de 5 mph e 20 mph.

16. A Tabela 7.5 mostra o índice de calor como função da temperatura e da umidade. O índice de calor é uma temperatura que lhe diz quão quente parece como resultado da combinação dos dois fatores. É provável que seja sentida a exaustão pelo calor quando o índice de calor atinge 105 °F.

TABELA 7.5 — *Índice de calor (°F).*

Umidade (%)	Temperatura (°F)									
	70	75	80	85	90	95	100	105	110	115
0	64	69	73	78	83	87	91	95	99	103
10	65	70	75	80	85	90	95	100	105	111
20	66	72	77	82	87	93	99	105	112	120
30	67	73	78	84	90	96	104	113	123	135
40	68	74	79	86	93	101	110	123	137	151
50	69	75	81	88	96	107	120	135	150	
60	70	76	82	90	100	114	132	149		

(a) Se a temperatura é de 80 °F e a umidade 50%, quanto calor é sentido?

(b) A qual umidade 90 °F é sentido como 90 °F?

(c) Faça uma tabela mostrando a temperatura aproximada à qual a exaustão por calor se torna um perigo, como função da umidade.

(d) Explique porque às vezes o índice de calor está acima da temperatura real e às vezes abaixo.

17. Usando a Tabela 7.5, faça um gráfico do índice de calor como função da umidade, com a temperatura fixa a 70 °F e a 100 °F. Explique os aspectos de cada gráfico e a diferença entre eles em termos de senso comum.

Os Problemas 18–21 investigam como a demanda por café depende do preço do café e do preço do chá. Suponha que a demanda por café, Q, em milhares de quilos por semana, dependa do preço do café, c, e do preço do chá, t, ambos dados em dólares por quilo, de acordo com a fórmula

$$Q = f(c, t) = 100\frac{t}{c}$$

18. (a) Se o preço do chá é $1 por quilo, a curva de demanda por café é dada por $Q = f(c, 1) = 100/c$. Esboce um gráfico da curva de demanda, com Q como função de c, para $0 \leq c \leq 6$.

(b) Sobre os mesmos eixos, esboce curvas de demanda para café com $t = 1, 2, 3, 4, 5$ e assinale cada curva com o correspondente valor de t. O que você observa? Como muda a curva de demanda por café quando aumenta o preço do chá? Explique, em termos da demanda por café, porque isto é razoável.

19. Q é função crescente ou decrescente de c? E de t? Explique porque isto ocorre, em termos da demanda por café.

20. Faça uma tabela mostrando o valor de Q quando $t = 1, 2, 3, 4$ e $c = 1, 2, 3, 4$. (Você deve ter 16 valores de Q na tabela.) Use sua tabela para conferir suas respostas ao Problema 19.

21. Podemos também pensar na demanda por chá como função do preço do café e do preço do chá. Dê uma possível fórmula para a demanda por chá como função de c e t.

Os Problemas 22–25 dizem respeito a uma corda de violão vibrante. Suponha que você puxe uma corda de violão e a observe vibrar. Instantâneos da corda a intervalos de milissegundos são mostrados na Figura 7.4.

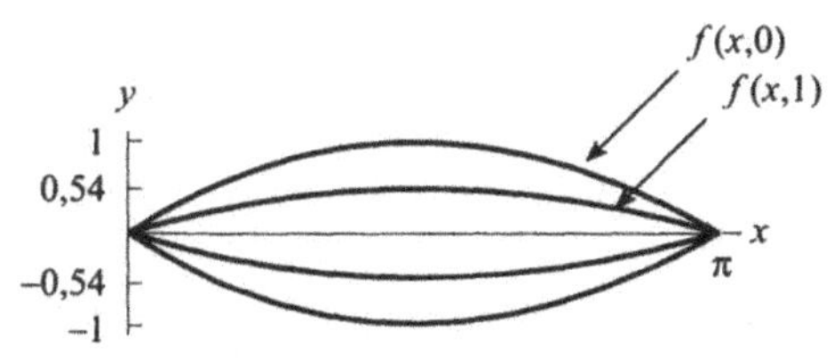

***Figura 7.4** — Uma corda de violão vibrante:* f(x, t) = *cos* t *sen* x *para quatro valores de* t

Pense na corda bem esticada ao longo do eixo-x, de $x = 0$ e $x = \pi$. Cada ponto da corda tem um valor-x, $0 \le x \le \pi$. Quando a corda vibra, cada ponto da corda se move, indo e vindo, de cada lado do eixo-x. Seja $y = f(x, t)$ o deslocamento ao tempo t do ponto da corda localizado a x unidades da extremidade esquerda. Então uma possível fórmula para $y = f(x, t)$ é

$$y = f(x, t) = \cos t \operatorname{sen} x,\ 0 \le x \le \pi,\ t \text{ em milissegundos.}$$

22. (a) Esboce gráficos de y contra x para valores fixos de t, $t = 0, \pi/4, \pi/2, 3\pi/4, \pi$.
    (b) Use seus gráficos para explicar porque esta função poderia representar uma corda vibrante.
23. Explique o que as funções $f(x, 0)$ e $f(x, 1)$ representam, em termos da corda vibrante.
24. Explique o que as funções $f(0, t)$ e $f(1, t)$ representam, em termos da corda vibrante.
25. Descreva o movimento da corda de violão cujos deslocamentos são dados pelas seguintes:
    (a) $y = g(x, t) = \cos 2t \operatorname{sen} x$
    (b) $y = h(x, t) = \cos t \operatorname{sen} 2x$
26. Pode-se limpar a neblina num aeroporto aquecendo o ar. A quantidade de calor exigida, $H(T, w)$ (em calorias por metro cúbico de neblina) depende da temperatura do ar, T (em °C) e da água na neblina, w (em gramas por metro cúbico de neblina). A Figura 7.5 mostra vários gráficos de H contra T com w fixo.
    (a) Avalie $H(20, 0{,}3)$ e explique qual informação dá.
    (b) Faça uma tabela de valores para $H(T, w)$. Use $T = 0, 10, 20, 30, 40$ e $w = 0{,}1, 0{,}2, 0{,}3, 0{,}4$.

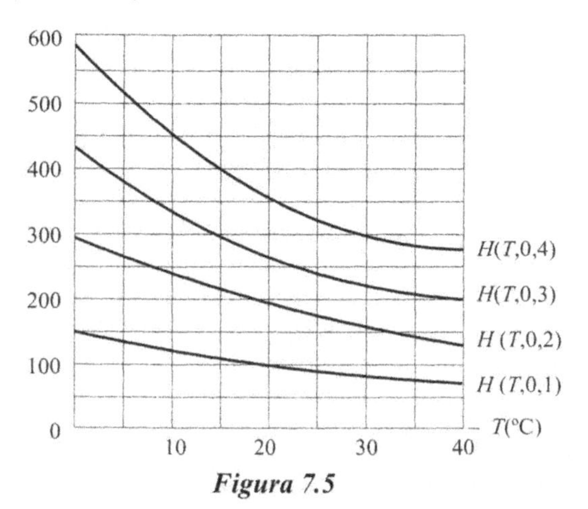

Figura 7.5

7.2 DIAGRAMAS DE CONTORNO

Como podemos visualizar uma função de duas variáveis? Freqüentemente, funções de duas variáveis são representadas por diagramas de contorno.

Mapas de tempo

A Figura 7.6 mostra um mapa do tempo tirado de um jornal. Mostra a temperatura máxima prevista, T, em graus Fahrenheit (°F), através dos EUA, naquele dia. As curvas no mapa, chamadas *isotermas*, separam o país em zonas, conforme T esteja na altura dos 60s, 70s, 80s, 90s ou 100s. (*Iso* significa mesmo e *termo* significa calor.) Observe que a isoterma que separa a zona dos 80s da dos 90s liga todos os pontos em que se prevê que a temperatura máxima seja exatamente 90 °F.

Se a função $T = f(x, y)$ dá a temperatura máxima prevista (em °F) neste dia particular como função da latitude x e da longitude y, então as isotermas são gráficos das equações

$$f(x, y) = c$$

onde c é uma constante. De modo geral, tais curvas são chamadas *contornos* e um gráfico mostrando contornos selecionados de uma função chama-se um diagrama de contornos.

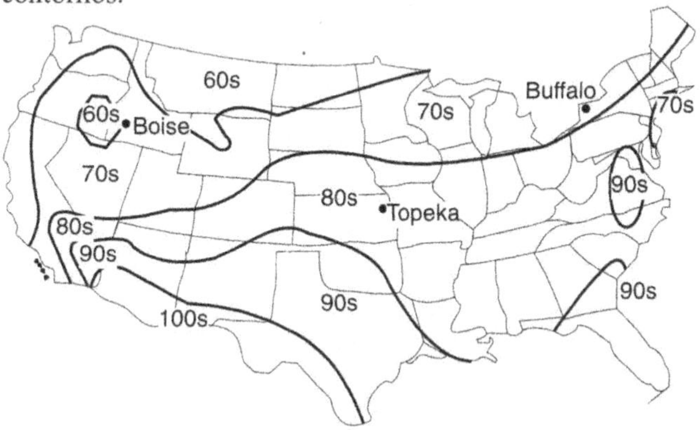

***Figura 7.6** — Mapa do tempo mostrando as temperaturas máximas previstas,* T, *num dia de verão (em °F)*

Exemplo 1 Avalie o valor previsto de T em Boise, Idaho; Topeka, Kansas; e Buffalo, New York.

Solução Boise e Buffalo estão na região dos 70s, Topeka na dos 80s. Assim, a temperatura prevista em Boise e Buffalo está entre 70 e 80, ao passo que a prevista em Topeka está entre 80 e 90. Na verdade, podemos dizer mais. Embora Boise e Buffalo estejam ambas nos 70s, Boise está bem perto da isoterma $T = 70$, ao passo que Buffalo está bem perto da isoterma $T = 80$. Assim, avaliamos que a temperatura está nos 70s inferiores em Boise e nos superiores em Buffalo. Topeka está mais ou menos a meio caminho entre a isoterma $T = 80$ e a isoterma $T = 90$. Assim, adivinhamos que a temperatura em Topeka estará pelo meio dos 80s. Na verdade, naquele dia a temperatura máxima foi de 71 °F em Boise, 79 °F em Buffalo e 86 °F em Topeka.

Mapas topográficos

Outro exemplo comum de diagrama de contorno é um mapa topográfico como o mostrado na Figura 7.7. Aqui, os contornos separam regiões de elevação menor de regiões de elevação maior e dão um quadro geral da natureza do terreno. Tais mapas freqüentemente são coloridos em verde nas elevações menores e marrom, vermelho ou mesmo branco nas maiores.

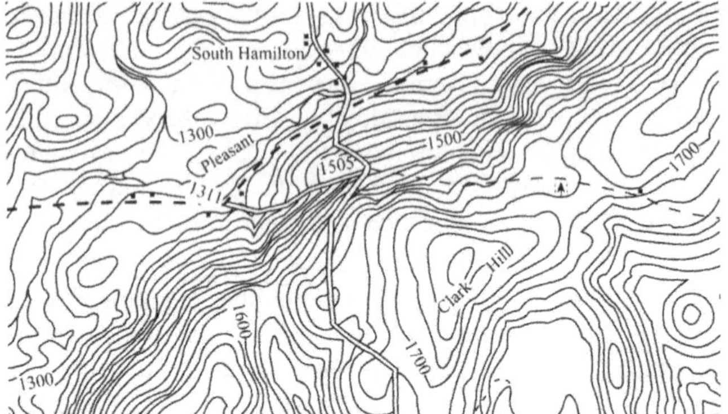

Figura 7.7 — Um mapa topográfico mostrando a região em volta de South Hamilton, NY

Exemplo 2 Explique porque o mapa topográfico mostrado na Figura 7.8 corresponde ao terreno mostrado na Figura 7.9.

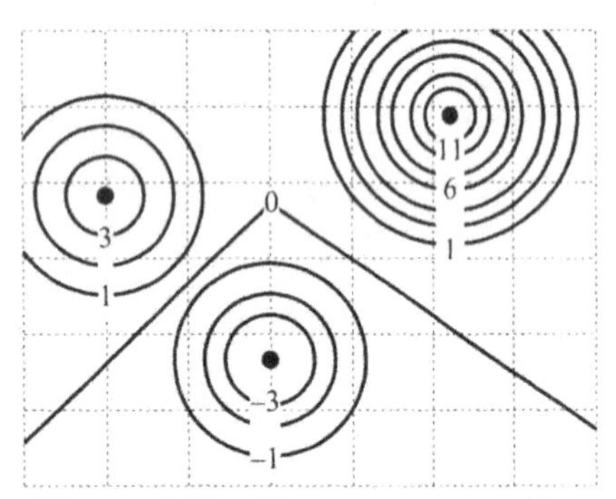

***Figura 7.8** — Um mapa topográfico*

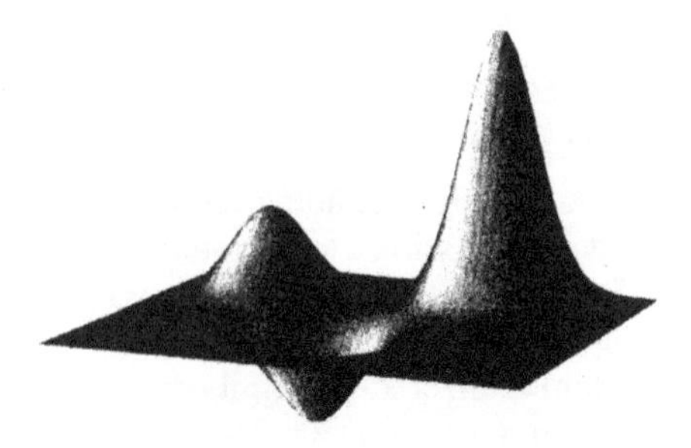

***Figura 7.9** — Terreno correspondendo ao mapa topográfico na Figura 7.8*

Solução Vemos do mapa topográfico na Figura 7.8 que há duas colinas, uma com altura de cerca de 12,, outra com altura de cerca de 4. A maior parte do terreno está perto da altura 0, e há um vale com altura de cerca de −4. Isto se ajusta ao terreno na Figura 7.9 pois há duas colinas (uma mais alta que a outra) e um vale.

Os contornos num mapa topográfico destacam o contorno ou forma do terreno. Porque cada ponto ao longo de uma linha de contorno tem a mesma elevação, contornos chamam-se também *curvas de nível* ou *conjuntos de nível*. Quanto mais próximas umas das outras estão as curvas de nível, mais íngreme é o terreno: quanto mais espaçadas os contornos, mais plano é o terreno (desde que, é claro, a elevação entre contornos varie por uma quantidade constante). Certos aspectos têm características distintas. Um pico de montanha tipicamente é rodeado por contornos como os da Figura 7.10.

Uma passagem numa cadeia de montanhas tem contornos paralelos indicando elevações de ambos os lados do vale (Veja Figura 7.11).

Um vale longo tem contornos paralelos indicando as elevações crescentes de ambos os lados do vale (veja a Figura 7.12), uma longa cadeia de montanhas tem o mesmo tipo de contornos, só que as elevações decrescem de ambos os lados da cadeia. Observe que os números de elevação nos contornos são tão importantes quanto as próprias curvas.

Há certas coisas que contornos não podem fazer. Dois contornos correspondendo a diferentes elevações não podem cruzar-se como na Figura 7.13. Se o fizessem, o ponto de interseção das duas curvas teria duas elevações diferentes, o que é impossível (assumindo que não há partes do terreno em avanço por cima de outras). Em geral, traçamos contornos para valores igualmente espaçados da função.

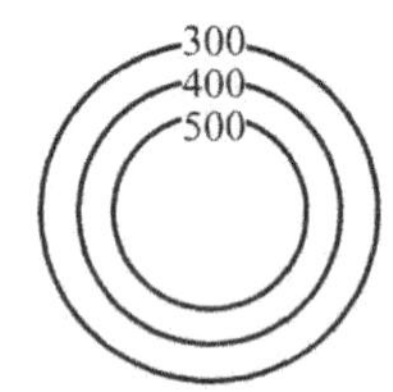

***Figura 7.10** — Pico de montanha*

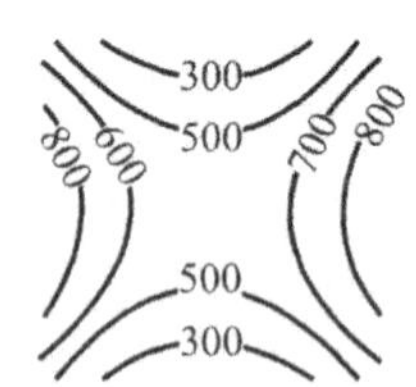

***Figura 7.11** — Passagem entre duas montanhas*

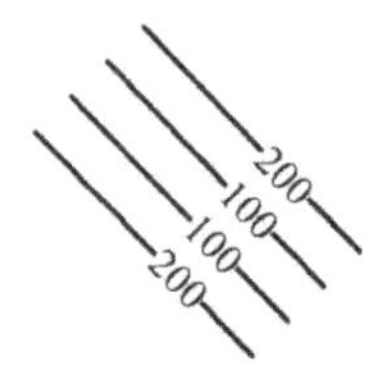

***Figura 7.12** — Vale longo*

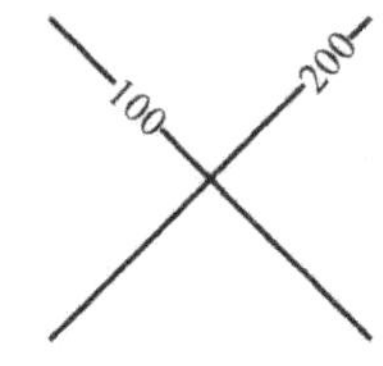

***Figura 7.13** — Linhas de contorno impossíveis*

Uso de diagramas de contorno

Considere o efeito de diferentes condições de temperatura sobre a produção de milho. O que aconteceria se a temperatura média aumentasse (devido ao aquecimento global, por exemplo) ou se a quantidade de chuva diminuísse (devido a uma seca)? Um modo de avaliar o efeito dessas mudanças climáticas é usar a Figura 7.14. Este mapa é um diagrama de contornos dando a produção de milho $C = f(R, T)$ nos EUA como função da total de chuva, R, em polegadas, e da temperatura média, T, em graus Fahrenheit, durante a estação de crescimento.[2] Suponha que agora $R = 15$ polegadas e $T = 76$ °F. A produção é medida como porcentagem da produção presente; assim, o contorno passando por $R = 15$, $T = 76$ tem $C = 100$, isto é, $C = f(15, 76) = 100$.

Exemplo 3 Use a Figura 7.14 para avaliar $f(18, 78)$ e $f(12, 76)$ e explique as respostas em termos de produção.

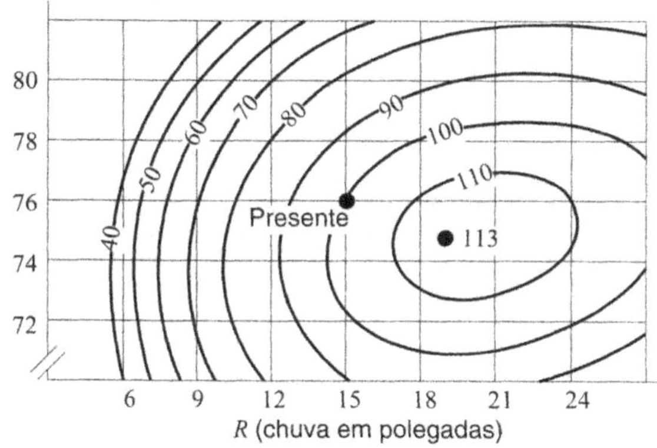

***Figura 7.14** — Produção de milho, C, como função de chuva e temperatura*

Solução O ponto com R-coordenada 18 e T-coordenada 78 está sobre o contorno com valor $C = 100$, portanto $f(18, 78) = 100$. Isto significa que se a quantidade de chuva anual fosse de 18 polegadas e a temperatura 78 °F, o país produziria mais ou menos a mesma quantidade de milho que no presente, embora estivesse com mais chuva e mais quente que agora. O ponto com R-coordenada 12 e T-coordenada 76 está mais ou menos a meio caminho entre os contornos $C = 80$ e $C = 90$, de modo que $f(12, 76) \approx 85$. Isto significa que se a quantidade de chuva caísse a 12 polegadas e a temperatura permanecesse a 76 °F, então a produção de milho cairia a cerca de 85% da de agora.

Exemplo 4 Descreva como a produção de milho muda em função da quantidade de chuva, se a temperatura permanecer fixa ao valor atual na Figura 7.14. Descreva como a produção de milho varia como função da temperatura, se a quantidade de chuva permanecer constante no valor atual. Dê explicações de senso comum para suas respostas.

Solução Para ver o que acontece com a produção de milho se a temperatura permanecer fixa em 76 °F, mas a quantidade de chuva variar, olhe ao longo da reta horizontal $T = 76$. Partindo do presente e indo para a esquerda ao longo da reta $T = 76$, os valores sobre os contornos decrescem. Em outras palavras, se houver uma seca, a produção de milho cairá. Inversamente, se a quantidade de chuva crescer, isto é, se nos movermos do presente para a direita ao longo da reta $T = 76$, a produção de milho crescerá atingindo um máximo de mais de 110% quando $R = 21$ e depois decrescerá (chuva demais inunda os campos). Se, em vez disso, a chuva permanecer ao nível de agora e a temperatura crescer, vamos nos mover para cima ao longo da reta vertical $R = 15$. Em tais circunstâncias, a produção de milho cai; uma elevação de 2° causa uma queda de 10% na produção. Isto faz sentido porque temperaturas mais quentes levam a maior evaporação e portanto a condições mais secas, mesmo com quantidade de chuva constante a 15 polegadas. Analogamente, um decréscimo na temperatura leva a um muito leve crescimento na produção, chegando a um máximo de cerca de 102% quando $T = 74$, seguido de decréscimo (milho não cresce se faz muito frio).

Exemplo 5 Antibióticos podem ser tóxicos em grandes doses. Se devem ser dadas doses repetidas de uma antibiótico, a taxa à qual o remédio é expelido através dos rins deve ser monitorada por um médico. Uma medida da função renal é a taxa de filtração glomerular, ou GFR, que mede a quantidade de material que atravessa a membrana externa (ou glomerular) do rim, em milímetros por minuto. Um GFR normal é de cerca de 125 ml/min. A Figura 7.15 dá um diagrama de contorno da porcentagem, P, de uma dose de mezlocilina (um antibiótico) excretada, como função do GFR do paciente e do tempo, t, em horas, desde que a dose foi administrada.[3]

(a) Num paciente com GFR de 50, aproximadamente quanto tempo levará até que 30% da dose seja excretada?

(b) Num paciente com um GFR de 60, aproximadamente qual porcentagem da dose foi excretada depois de 5 horas?

(c) Explique como podemos dizer, pelo gráfico, que, para um paciente com um GFR fixo, a quantidade excretada varia muito pouco depois de 12 horas.

(d) A quantidade excretada é função crescente ou decrescente do tempo? Explique porque isto faz sentido.

[2] Adaptado de S. Beaty e R. Healy, *The Future of American Agriculture*, Scientific American, vol. 248, No. 2. Fevereiro de 1983.

[3] Peter G. Welling e Francis L. S. Tse, *Pharmacokinetics of Cardiovascular, Central Nervous System, and Antimicrobial Drugs*, The Royal Society of Chemistry, 1985, p. 316.

(e) A porcentagem excretada é uma função crescente ou decrescente do GFR? Explique o que isto significa para um médico que dá antibióticos a um paciente com doença dos rins.

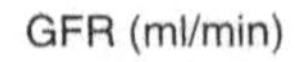

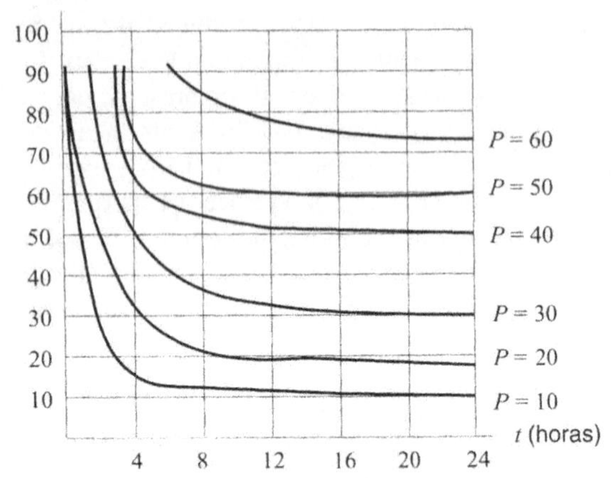

***Figura 7.15** — Excreção de mezlocilina como função do tempo e da severidade da doença de rins*

Solução (a) O contorno $P = 30$ cruza a reta horizontal GFR $= 50$ a aproximadamente $t = 4$ Num tal paciente, são necessárias cerca de 4 horas para que 30% da dose seja excretada.

(b) Quando GFR $= 60$ e $t = 5$ estamos aproximadamente no contorno 40. Quarenta por cento da dose foram excretados após 5 horas.

(c) As curvas de contorno de P são aproximadamente retas horizontais para $t \geq 12$. Se olharmos a horizontal para qualquer GFR fixado, veremos que o valor de P muda muito pouco para $t \geq 12$. Isto significa que a porcentagem excretada muda muito pouco então.

(d) Se fixarmos o GFR e aumentarmos t, veremos que aumentam os valores de P. A porcentagem excretada é função crescente do tempo. Isto faz sentido porque, com o passar do tempo, maior quantidade da droga passará pelo sistema do paciente.

(e) Se fixarmos o tempo e aumentarmos o GFR ao longo de uma reta vertical, os valores de P aumentarão. A porcentagem excretada é função crescente do GFR. Vemos que em pacientes mais doentes, com GFRs mais baixos, menos da dose é excretado. É por isso que os médicos tomam cuidado para não administrar doses freqüentes de antibióticos a pacientes com doenças de rim.

Diagramas de contorno e Tabelas

A Tabela 7.5 mostra o índice de calor como função da temperatura e umidade. O índice de calor é uma temperatura que lhe diz quanto calor é sentido como resultado da combinação das duas coisas. Podemos também exibir esta função usando um diagrama de contornos. Escalas para as duas variáveis independentes (temperatura e umidade) vão sobre os eixos. Os índices de calor mostrados vão de 64 a 151, de modo que traçaremos contornos a valores de 70, 80, 90, 100, 110, 120, 130, 140 e 150. Como podemos saber onde passa o contorno para 70? A Tabela 7.5 mostra que, quando a umidade é 0%, um índice de calor de 70 ocorre entre 75 °F e 80 °F, de modo que o contorno passará aproximadamente pelo ponto (76, 0). Também passa pelo ponto (75, 10). Continuando assim, podemos aproximar o contorno de 70. Veja a Figura 7.16. Você pode construir todos os contornos na Figura 7.17 de modo semelhante.

TABELA 7.5 — *Índice de calor (°F)*

Umidade (%)	Temperatura (°F)									
	70	75	80	85	90	95	100	105	110	115
0	64	69	73	78	83	87	91	95	99	103
10	65	70	75	80	85	90	95	100	105	111
20	66	72	77	82	87	93	99	105	112	120
30	67	73	78	84	90	96	104	113	123	135
40	67	74	79	86	93	101	110	123	137	151
50	69	75	81	88	96	107	120	135	150	
60	70	76	82	90	100	114	132	149		

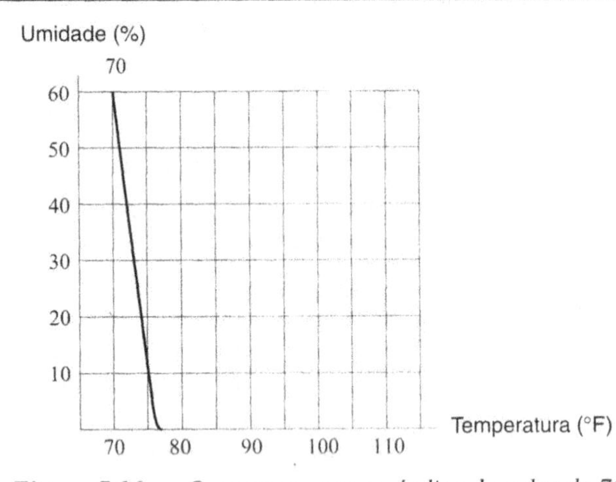

***Figura 7.16** — O contorno para o índice de calor de 70*

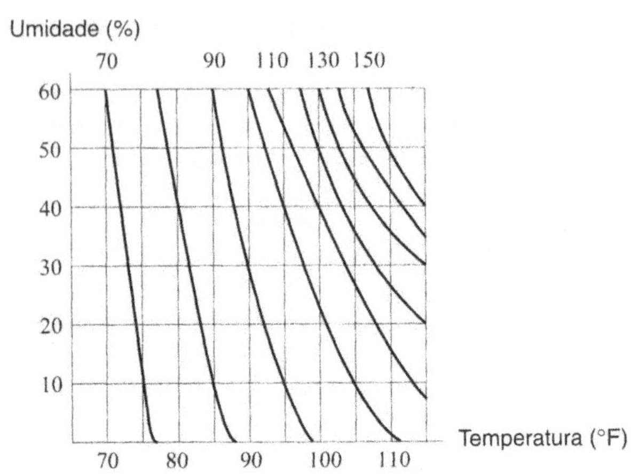

***Figura 7.17** — Diagrama de contornos para o índice de calor*

Exemplo 6 É provável que ocorra exaustão pelo calor quando o índice de calor é de 105 ou mais. Sobre o diagrama de contornos na Figura 7.17, sombreie a região em que é provável que ocorra a exaustão pelo calor.

Solução A área sombreada na Figura 7.18 mostra os valores de temperatura e umidade em que o índice de calor supera 105.

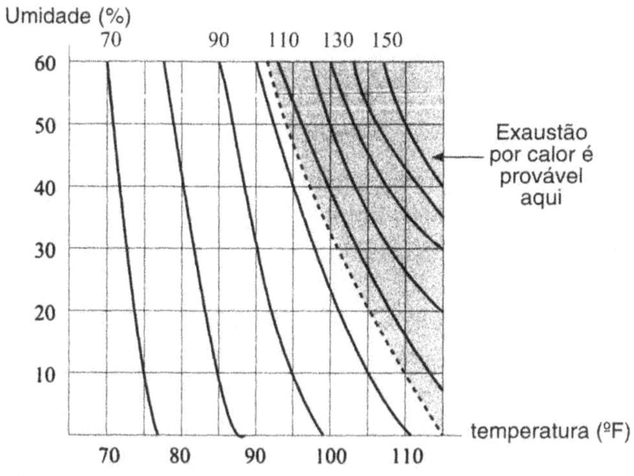

Figura 7.18 *— Região sombreada mostrando condições sob as quais é provavel a exaustão pelo calor*

Achar contornos algebricamente

Equações algébricas para os contornos de uma função f são fáceis de achar se tivermos uma fórmula para $f(x, y)$. Um contorno consiste em todos os (x, y) em que $f(x, y)$ tem um valor constante, c. Sua equação é

$$f(x, y) = c.$$

Exemplo 7 Trace um diagrama de contornos para a função de receita da linha aérea $R = 350x + 200y$, Inclua contornos para $R = 4.000, 8.000, 12.000, 16.000$.

Solução O contorno para $R = 4.000$ é dado por

$$350x + 200y = 4000$$

Esta é a equação de uma reta com interceptos $x = 4.000/350 = 11{,}43$ e $y = 4.000/200 = 20$. (veja a Figura 7.19.) O contorno para $R = 8.000$ é dado por

$$350x + 200y = 8000$$

Esta é a equação de uma reta paralela, com interceptos x = 8000/350 = 22,86 e y = 8000/200 = 40. Os contornos para $R = 12.000$ e $R = 16.000$ são retas paralelas traçadas analogamente. (Veja e Figura 7.19.)

Problemas para a Seção 7.2

1. Dê o intervalo para temperaturas máximas diárias para
   (a) Pennsylvania (b) North Dakota
   (c) California

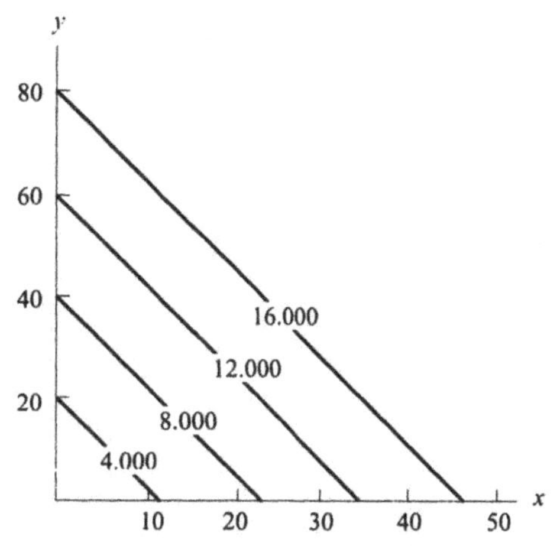

Figura 7.19 *— Um diagrama de contornos para* R = 350x + 200y

2. Esboce um gráfico possível para a temperatura máxima prevista T sobre uma reta norte-sul passando por Topeka.
3. Esboce possíveis gráficos da temperatura máxima prevista sobre uma reta norte-sul e uma leste-oeste, passando por Boise.
4. Trace um diagrama de contornos para a função $C = 40d + 0{,}15$ m. Inclua contornos para $C = 50, 100, 150, 200$.
5. A Figura 7.20 mostra um diagrama de contornos para a função $z = f(x, y)$. z é uma função crescente ou decrescente de x? Função crescente ou decrescente de y?

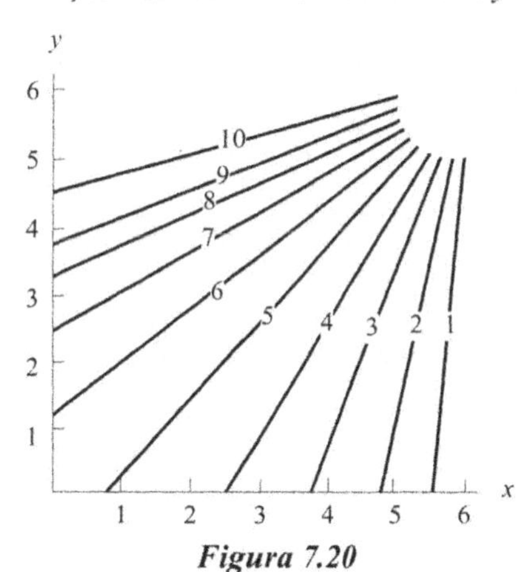

Figura 7.20

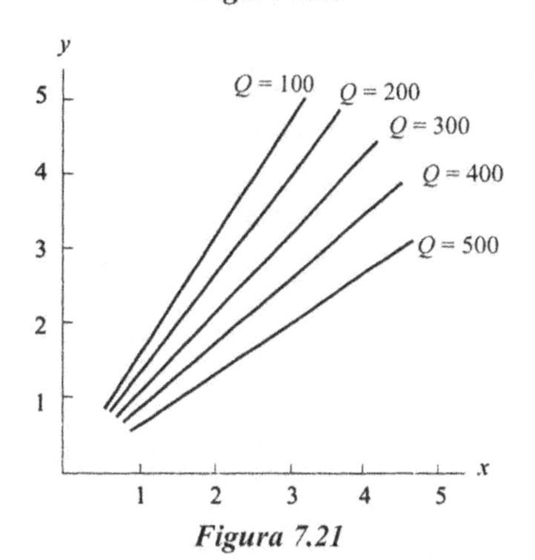

Figura 7.21

6. A demanda por suco de laranja é função do seu preço e do preço do suco de maçã. Um possível diagrama de contornos para esta função demanda é dado na Figura 7.21. Qual eixo corresponde ao preço do suco de laranja? Qual eixo corresponde ao preço do suco de maçã? Explique.

7. A venda total de um produto é uma função do preço do produto e da quantia gasta em propaganda. Um diagrama de contornos para o número de vendas é dado na Figura 7.22. Qual eixo corresponde à quantia gasta com propaganda? Explique.

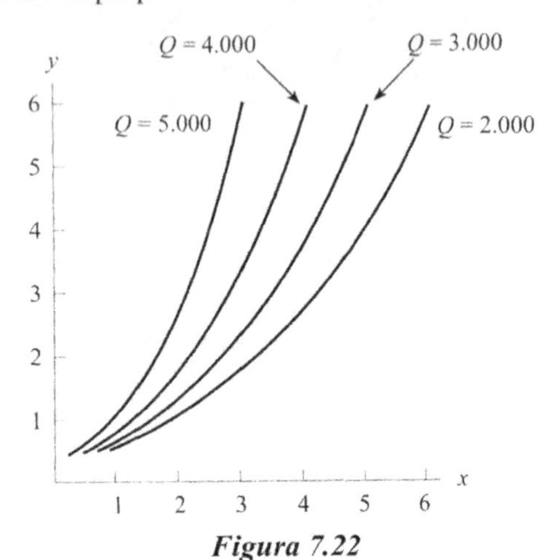

Figura 7.22

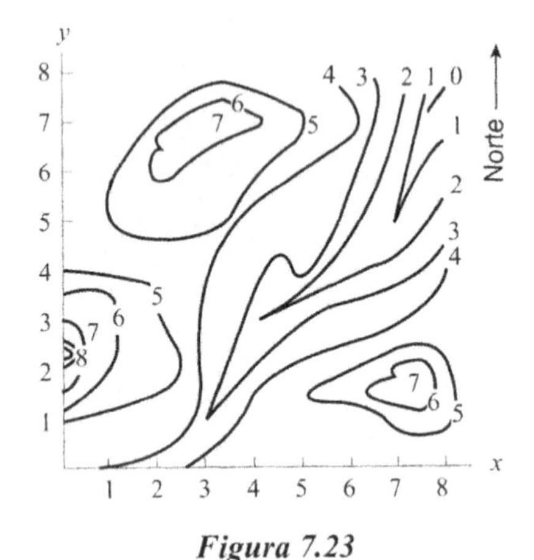

Figura 7.23

8. Um mapa topográfico é dado na Figura 7.23. Quantas colinas existem? Avalie as coordenadas x e y dos topos das colinas. Qual colina é mais alta? Há um rio correndo pelo vale; em que direção flui?

9. A Tabela 7.4 na página 242 mostra o fator vento-frio como função da velocidade do vento e da temperatura. Trace um possível diagrama de contornos para esta função. Inclua contornos com o fator a 20°, 0° e −20°.

10. A concentração, C, de uma droga no sangue pode ser dada por $C = f(x, t) = te^{-t(5-x)}$, onde x é a quantidade de droga injetada (em mg) e t é o número de horas desde a injeção. O diagrama de contornos de $f(x, t)$ é dado na Figura 7.24. Explique o diagrama, variando uma das variáveis de cada vez: descreva f como função de x com t mantido fixo, depois descreva f como função de t, com x mantido fixo.

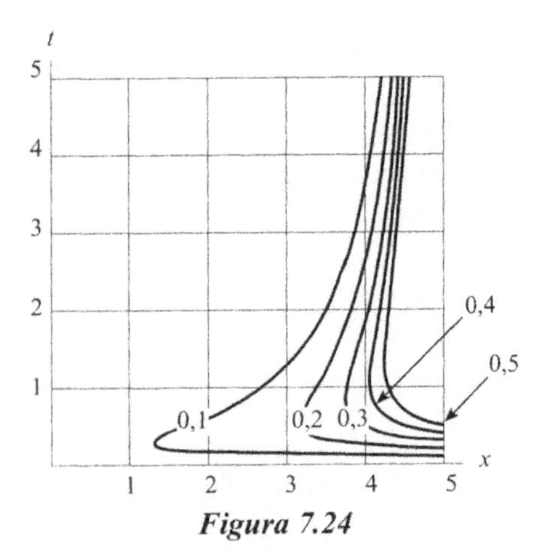

Figura 7.24

11. Suponha que o diagrama de contornos na Figura 7.25 mostre sua felicidade como função de amor e dinheiro.
   (a) Descreva em palavras sua felicidade como função de:
      (i) Dinheiro, com amor fixado
      (ii) Amor, com dinheiro fixado.
   (b) Trace os gráficos de duas seções diferentes com amor fixado e de duas seções diferentes com dinheiro fixado.

12. A Figura 7.26 é um diagrama de contornos do pagamento mensal de um empréstimo sobre carro, de 5 anos, como função da taxa de juros e da quantia que você tomar

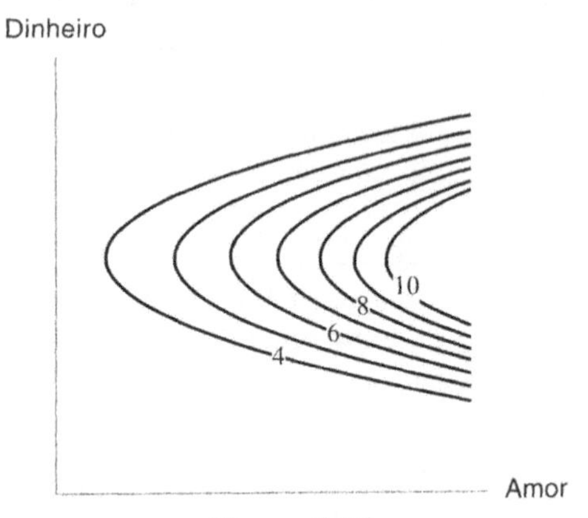

Figura 7.25

emprestada. Suponha que a taxa de juros seja de 13% e que você decida tomar emprestado $6.000.
   (a) Qual será seu pagamento mensal?
   (b) Se a taxa de juros cair a 11%, quanto mais você pode tomar emprestado sem aumentar seu pagamento mensal?
   (c) Faça uma tabela de quanto você pode tomar, sem aumentar seu pagamento, como função da taxa de juros.

13. A Figura 7.27 mostra a densidade da população de raposas P (em raposas por quilômetro quadrado) para o sul da Inglaterra. Trace dois gráficos diferentes da população de raposas como função de quilômetros para norte, com quilômetros para leste fixados em dois valores diferentes,

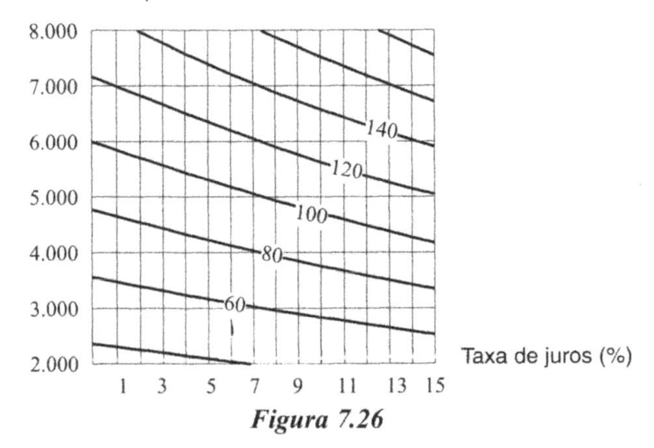

Figura 7.26

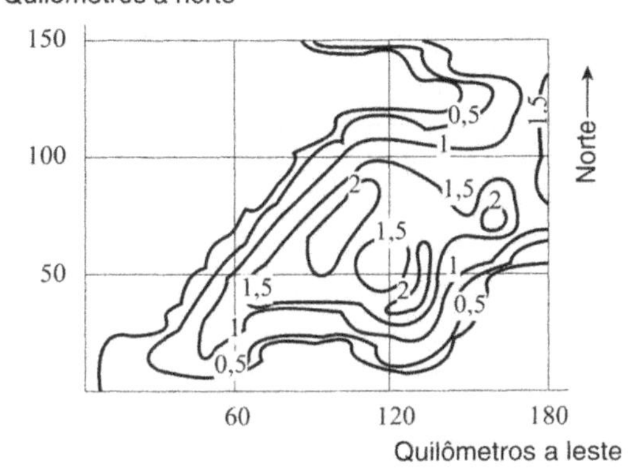

Figura 7.27

e trace dois gráficos diferentes da população de raposas como função de quilômetros para leste, com quilômetros para norte fixados em dois valores diferentes.

Para as funções nos Problemas 14–19, esboce um diagrama de contornos com pelo menos quatro contornos marcados. Descreva em palavras os contornos e como são espaçados.

14. $f(x, y) = x + y$
15. $f(x, y) = x + y + 1$
16. $f(x, y) = 3x + 3y$
17. $f(x, y) = -x - y$
18. $f(x, y) = 2x - y$
19. $f(x, y) = y - x^2$

20. Cada um dos diagramas de contorno na Figura 7.28 mostra uma densidade de população numa certa região de uma cidade. Escolha o diagrama de contornos que melhor corresponda a cada uma das seguintes situações. Muitas associações diferentes são possíveis. Escolha uma razoável e justifique sua escolha.
    (a) O contorno médio é uma estrada.
    (b) O contorno médio é um canal de esgoto aberto.
    (c) O contorno médio é uma estrada de ferro.

21. Uma cidade numa ilha tem um grande parque central. Trace um possível diagrama de contornos mostrando a intensidade de luz à noite como função da posição. Marque seus contornos com valores entre 0 e 1, onde 0 representa escuridão total e 1 representa o máximo da iluminação artificial.

22. O mapa na Figura 7.29 é da tese de último ano de graduação do Professor Robert Cook, Diretor do Arnold

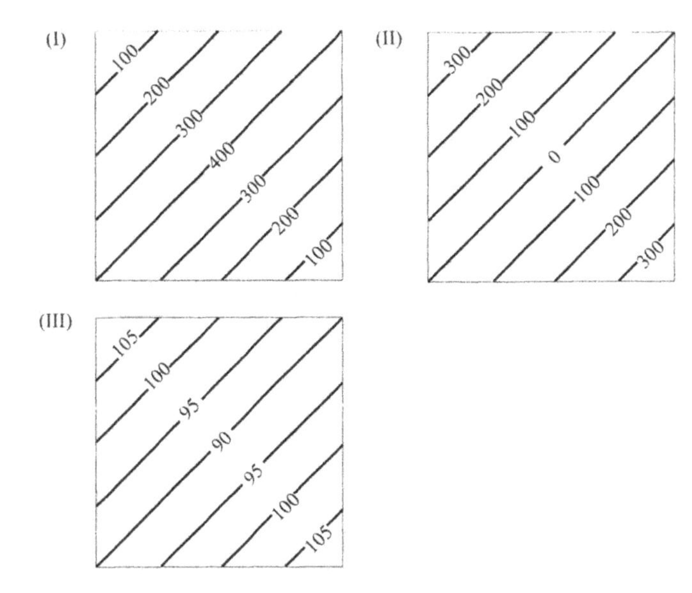

Figura 7.28

Arboretum de Harvard. Mostra contornos de uma função dando densidades de espécies de pássaros em reprodução em cada ponto dos EUA, Canadá e México.

Usando o mapa na Figura 7.29, decida quais das seguintes afirmações são verdadeiras ou falsas.

(a) Indo do sul para o norte através do Canadá, a densidade de espécies aumenta.

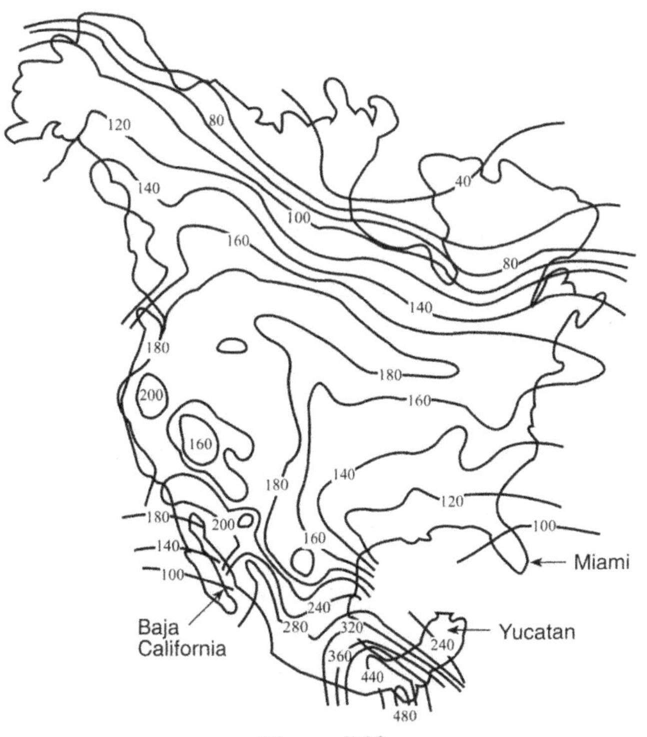

Figura 7.29

(b) De modo geral, penínsulas (por exemplo, Flórida, Baja California, ou Yucatan) têm densidades de espécies menores que as áreas circundantes.

(c) A densidade de espécies na área em torno de Miami é de mais de 100.

(d) A maior taxa de variação na densidade de espécies

com a distância se encontra no México. Se você pensar que isto é verdade, marque o ponto e a direção que dão a máxima taxa de variação e explique porque você escolheu esses pontos e direção.

23. Cada um dos diagramas de contorno na Figura 7.30 mostra densidade de população numa certa região. Escolha o diagrama que melhor corresponda a cada uma das situações seguintes. Muitas associações diferentes são possíveis. Escolha uma razoável e justifique sua escolha.

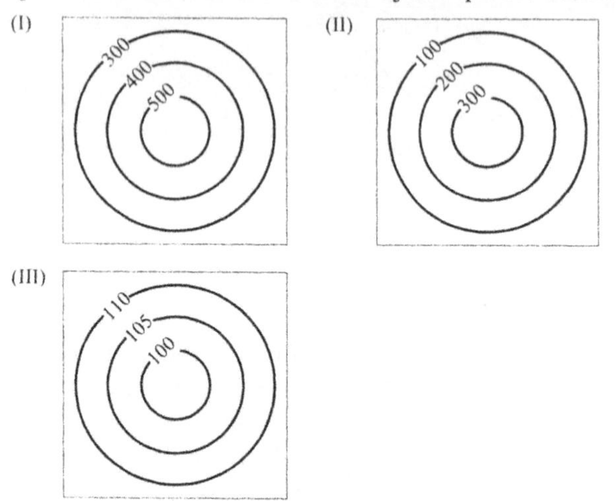

Figura 7.30

(a) O centro do diagrama é uma cidade.
(b) O centro do diagrama é um lago.
(c) O centro do diagrama é uma usina de força.

24. A Figura 7.31 mostra os contornos da temperatura H numa sala, perto de uma janela recentemente aberta. Marque os três contornos com valores razoáveis de H se a casa está nos seguintes lugares:

(a) Minnesota no inverno (os invernos lá são duros)
(b) San Francisco no inverno (os invernos lá são pouco rigorosos)
(c) Houston no verão (os verões lá são quentes)
(d) Oregon no verão (os verões lá são agradáveis).

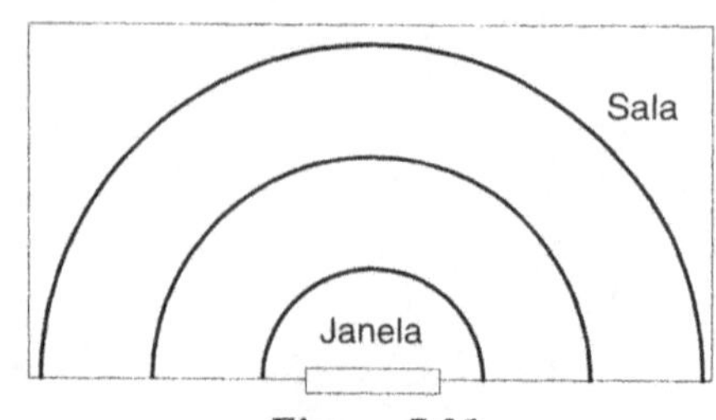

Figura 7.31

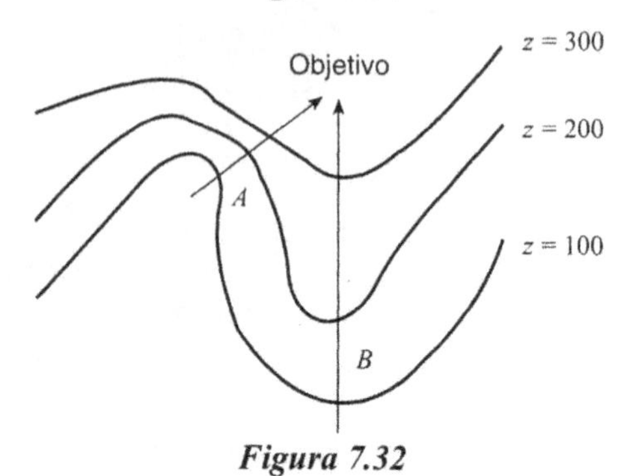

Figura 7.32

25. A Figura 7.32 mostra o mapa de contornos de uma colina com dois caminhos, A e B.

(a) Em qual dos caminhos, A e B, a subida será mais íngreme?
(b) Em qual dos caminhos, A e B, você teria provavelmente uma vista melhor da paisagem em volta? (Supondo que árvores não bloqueiem a vista.)
(c) Ao longo de qual caminho é mais provável que haja um curso de água?

26. Associe as seguintes descrições, do sucesso de uma companhia, com os diagramas de contorno de sucesso como função de dinheiro e trabalho, na Figura 7.33.

(a) Nosso sucesso é medido em dólares, pura e simplesmente. Mais trabalho duro não fará mal, mas também não ajudará.
(b) Não importa quanto dinheiro ou trabalho duro ponhamos na companhia, nós simplesmente não podemos fazê-la prosperar.
(c) Embora não sejamos sempre totalmente bem sucedidos, parece que não importa a quantidade de dinheiro investido. Enquanto pusermos trabalho duro na companhia, nosso sucesso aumentará.
(d) O sucesso da companhia se baseia tanto em trabalho duro quanto em investimento.

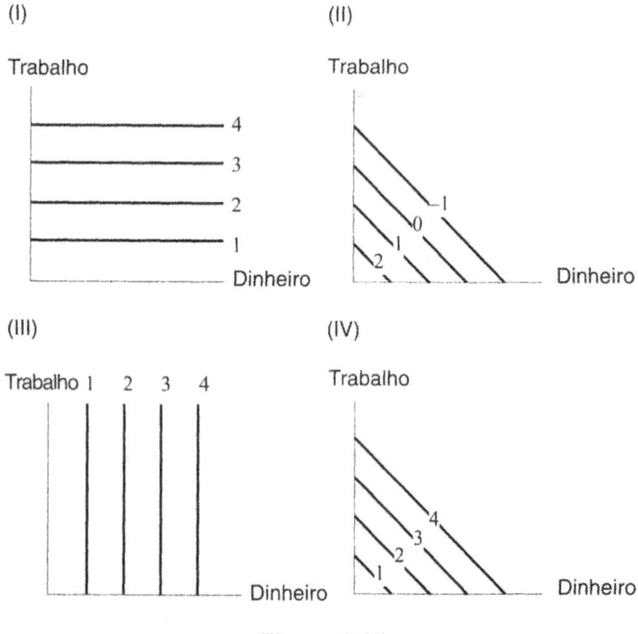

Figura 7.33

27. Você gosta de pizza e você gosta de colas. Os diagramas de contorno na Figura 7.34 mostram sua felicidade como função do número de pizzas e do número de colas que você tenha. Qual diagrama representa sua felicidade se:

(a) Não existe algo como pizzas demais ou colas demais?
(b) Há algo como pizzas demais ou colas demais?
(c) Há algo como colas demais, mas não como pizzas demais?

28. Associe as Tabelas (a)–(d) com os diagramas de contorno (I)–(IV) da Figura 7.35

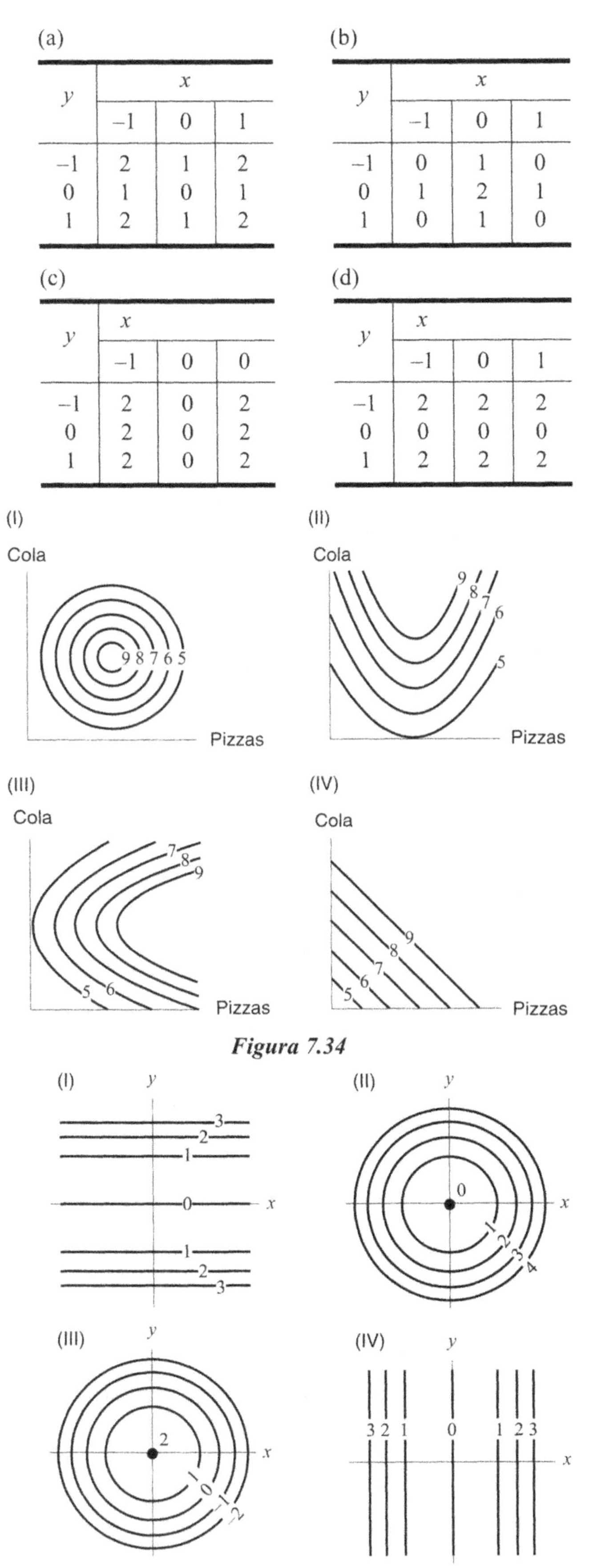

(a)

y \ x	−1	0	1
−1	2	1	2
0	1	0	1
1	2	1	2

(b)

y \ x	−1	0	1
−1	0	1	0
0	1	2	1
1	0	1	0

(c)

y \ x	−1	0	0
−1	2	0	2
0	2	0	2
1	2	0	2

(d)

y \ x	−1	0	1
−1	2	2	2
0	0	0	0
1	2	2	2

Figura 7.34

Figura 7.35

29. Suponha que você está numa sala de 10 m de comprimento com um aquecedor numa extremidade. De manhã, a temperatura da sala é 18 °C. Você liga o aquecedor, que rapidamente aquece a sala a 30 °C. Seja $H(x, t)$ a temperatura a x metros do aquecedor, t minutos depois de ser ligado o aquecedor. A Figura 7.36 mostra o diagrama de contornos para H. Como está H, a 3 m do aquecedor, 5 minutos depois deste ter sido ligado? 10 minutos depois de ter sido ligado?

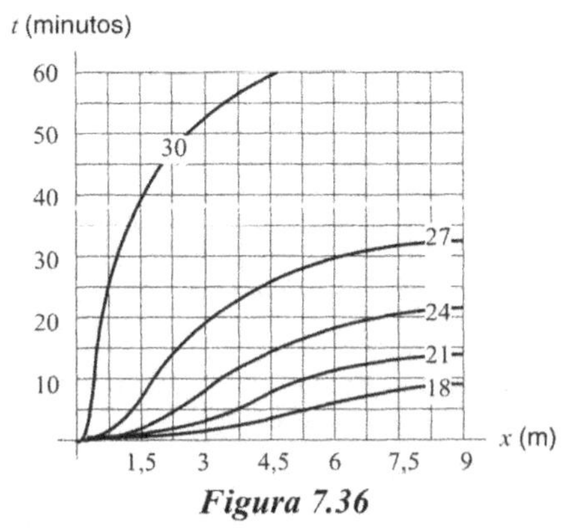

Figura 7.36

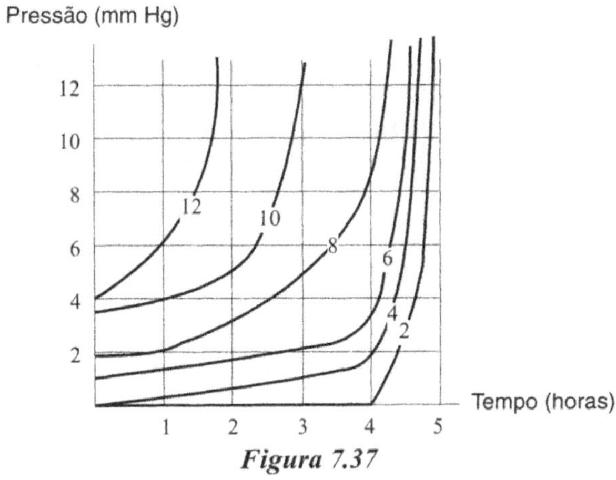

Figura 7.37

30. Usando o diagrama de contornos da Figura 7.36, esboce os gráficos das funções de uma variável, $H(x, 5)$ e $H(x, 20)$. Interprete os dois gráficos em termos práticos e explique as diferenças entre eles.

31. A Figura 7.37 mostra saída cardíaca (em litros por minuto), em pacientes sofrendo de choque, como função da pressão do sangue nas veias centrais (em mm Hg) e do tempo em horas desde que se deu o choque.[4]
    (a) Num paciente com pressão sanguínea de 4 mm Hg, qual é a saída cardíaca quando o paciente acaba de entrar em choque? Avalie a saída cardíaca três horas depois. Quanto tempo se terá passado quando a saída cardíaca estiver reduzida a 50% do valor inicial?
    (b) Em pacientes sofrendo de choque, a saída cardíaca é função crescente ou decrescente da pressão sanguínea?
    (c) A saída cardíaca é função crescente ou decrescente do tempo, t, onde t representa o tempo decorrido desde que o paciente entrou em choque?
    (d) Se a pressão do sangue é de 3 mm Hg, explique como

[4] Arthur C. Guyton e John E. Hall, *Testbook of Medical Physuilogy*, Nona Edição, p. 288 (Philadelphia: W. B. Saunders, 1996).

a saída cardíaca varia com função do tempo. Em particular, varia rapidamente ou lentamente durante as duas primeiras horas após o choque? Durante horas de 2 a 4? Durante a última hora do estudo? Explique porque esta informação poderia ser útil para um médico tratando de um paciente por choque.

32. Nos Problemas 18–21 da Seção 7.1, olhamos a seguinte função de demanda por café, Q, em milhares de quilos por semana, como função do preço, c, do café e do preço, t, do chá:

$$Q = f(c, t) = 100\frac{t}{c}$$

(a) Trace um diagrama de contornos para esta função. Inclua contornos com $Q = 25$, $Q = 50$, $Q = 100$ e $Q = 200$.

(b) Pelo diagrama de contornos, decida se Q é função crescente ou decrescente de c. É função crescente ou decrescente de t?

(c) A demanda se diz *elástica* se pequenos aumentos no preço de um produto causam variações relativamente grandes na demanda pelo produto. Se o preço do chá for fixado em $t = 1$, a demanda pelo café é mais elástica para os preços baixos ou para os preços altos? Explique suas respostas usando o diagrama de contornos.

7.3 DERIVADAS PARCIAIS

No cálculo de uma variável, sabemos como a derivada mede a taxa de variação de uma função. Começamos revendo a idéia.

Taxa de variação na receita de companhia aérea

Na Seção 7.1 vimos uma função de duas variáveis que dá a receita, R, de uma companhia aérea como função do número de bilhetes de preço integral, x, e do número, y, de bilhetes com descontos, vendidos.

$$R = f(x, y) = 350x + 200y.$$

Se fixarmos o número de bilhetes com desconto em $y = 10$, teremos uma função de uma variável

$$R = f(x, 10) = g(x) = 350x + 2.000.$$

A taxa de variação da receita com relação a x é dada pela derivada em uma variável

$$g'(x) = 350.$$

Isto nos diz que, se y estiver fixo em 10, então a receita cresce por $350 para cada bilhete adicional vendido a preço integral. Chamamos $g'(x)$ a *derivada parcial de* R *com relação a* x *no ponto* $(x, 10)$. Se $R = f(x, y)$, escrevemos

$$\frac{\partial R}{\partial x} = f_x(x, 10) = g'(x) = 350.$$

Exemplo 1 Ache a taxa de variação da receita, R, quando y aumenta, com x fixo em $x = 20$.

Solução Substituindo x por 20 em $R = 350x + 200y$ temos a função de uma variável.

$$R = h(y) = 350(20) + 200y = 7000 + 200y$$

A taxa de variação de R quando y aumenta com x fixo é

$$\frac{\partial R}{\partial y} = f_y(20, y) = h'(y) = 200.$$

Chamamos $\partial R/\partial y = f_y(20, y)$ a derivada parcial de R com relação a y no ponto $(20, y)$. O fato de ambas as derivadas parciais de R serem positivas corresponde ao fato de ser a receita crescente quando mais bilhetes, de qualquer tipo, são vendidos.

Definição de derivada parcial

Para qualquer função $f(x, y)$ estudamos a influência de x e y separadamente sobre o valor $f(x, y)$, conservando uma fixa e fazendo variar a outra. O método do exemplo anterior nos permite calcular as taxas de variação de $f(x, y)$ com relação a x e a y. Para todos os pontos (a, b) para os quais exista o limite, damos as seguintes definições;

Derivadas parciais de f com relação a x e a y

A *derivada parcial de f com relação a x* em (a, b) é a derivada de f com y constante:

$f_x(a, b) =$
= Taxa de variação de f com y fixo em b, no ponto (a,b) =

$$= \lim_{h\to 0}\frac{f(a+h, b) - (f(a, b)}{h}$$

A *derivada parcial de f com relação a y* em (a, b) é a derivada de f com x constante:

$f_y(a, b) =$
= Taxa de variação de f com x fixo em a, no ponto (a,b) =

$$= \lim_{h\to 0}\frac{f(a, b+h) - (f(a, b)}{h}$$

Se pensarmos em a e b como variáveis, $a = x$ e $b = y$, teremos as **funções derivadas parciais** $f_x(x, y)$ e $f_y(x, y)$.

Assim como para as derivadas ordinárias, existe uma notação alternativa:

Notação alternativa para derivadas parciais

Se $z = f(x, y)$ podemos escrever

$$f_x(x, y) = \frac{\partial z}{\partial x} \quad \text{e} \quad f_y(x, y) = \frac{\partial z}{\partial y}$$

$$f_x(a, b) = \left.\frac{\partial z}{\partial x}\right|_{(a,b)} \quad \text{e} \quad f_y(a, b) = \left.\frac{\partial z}{\partial y}\right|_{(a,b)}$$

[5] James E. Gibson, *Formaldehyde Toxicity*, p. 125, (Hemisphere Publishing Company, McGraw Hill, 1983).

Usamos o símbolo ∂ para distinguir derivadas parciais de derivadas ordinárias. Se as variáveis independentes tiverem nomes diferentes de x e y, ajustaremos a notação de acordo. Por exemplo, as derivadas parciais de $f(u, v)$ são denotadas por f_u e f_v.

Avaliação de derivadas parciais a partir de uma tabela

Exemplo 2 Uma experiência[5] feita com ratos para medir a toxidez do formaldeído produziu os dados mostrados na Tabela 7.7. Os valores na tabela mostram a porcentagem, P, de ratos que sobreviveram a uma exposição com concentração c (em partes por milhão) depois de t meses, de modo que $P = f(t, c)$. Usando a Tabela 7.7, avalie $f_t(18, 6)$ e $f_c(18, 6)$. Interprete suas respostas em termos da toxidez do formaldeído.

TABELA 7.7 — *Porcentagem, P, de ratos que sobreviveram após exposição a vapor de formaldeído.*

Conc. c (ppm)	Tempo t/meses						
	0	2	4	6	8	10	12
0	100	100	100	100	100	100	100
2	100	100	100	100	100	100	100
6	100	100	100	99	99	98	96
15	100	100	100	99	99	99	99

Conc. c (ppm)	Tempo t/meses						
	14	16	18	20	22	24	
0	100	100	100	99	97	95	
2	100	99	98	97	95	92	
6	96	95	93	90	86	80	
15	96	93	82	70	58	36	

Solução Para $f_t(18, 6)$, fixamos c em 6 ppm e achamos a taxa de variação da porcentagem de sobreviventes, P, com relação a t. Temos

$$f_t(18,6) \approx \frac{\Delta P}{\Delta t} \frac{f(20,6) - f(18,6)}{20-18} = \frac{90-93}{20-18} \approx$$
$$\approx -1{,}5\% \text{ por mês}$$

Esta é a taxa de variação da porcentagem de sobreviventes, P, *na direção do tempo t* no ponto (18, 6). O fato de ser negativa significa que P é decrescente quando lemos através da linha $c = 6$ da tabela na direção de t crescente (isto é, horizontalmente, da esquerda para a direita, na Tabela 7.7). Para $f_c(18, 6)$, fixamos t em 18 e calculamos a taxa de variação de P quando nos movemos na direção de c crescente (isto é, verticalmente de alto a baixo na Tabela 7.7.) Temos

$$f_c(18,6) \approx \frac{\Delta P}{\Delta c} = \frac{f(18,15) - f(18,6)}{15-6} = \frac{82-93}{15-6} =$$
$$= -1{,}22\% \text{ por ppm}$$

A taxa de variação de P quando c cresce é de cerca de −1,22% por ppm. Isto significa que quando a concentração aumenta por 1 ppm a partir de 6 ppm, a porcentagem dos que sobrevivem por 18 meses cai por cerca de 1,22% por unidade de aumento de ppm. A derivada parcial é negativa porque menos ratos sobrevivem por este tempo quando a concentração de formaldeído cresce. (Isto é, P vai para baixo quando c vai para cima.)

Uso de derivadas parciais para avaliar valores da função

Exemplo 3 Use a Tabela 7.7 e as derivadas parciais para avaliar a porcentagem de ratos que sobrevivem se expostos a formaldeído com concentração de

(a) 6 ppm por 18,5 meses

(b) 18 ppm por 24 meses

(c) 9 ppm por 20,5 meses

Solução (a) Como $t = 18{,}5$ e $c = 6$, queremos calcular $P = f(18{,}5, 6)$. A Tabela 7.7 nos diz que $f(18, 6) = 93\%$ e acabamos de calcular

$$\left.\frac{\partial P}{\partial t}\right|_{(18,6)} = f_t(18,6) = -1{,}5\% \text{ por mês}$$

Esta derivada parcial nos diz que após 18 meses de exposição ao formaldeído, a uma concentração de 6 ppm, P decresce por 1,5% para cada mês adicional de exposição. Portanto, depois de 0,5 mês adicional, temos

$$P \approx 93 - 1{,}5(0{,}5) = 92{,}25\%.$$

(b) Agora queremos calcular $f(24, 18)$. A entrada na tabela mais próxima a isto é $f(24, 15) = 36$. Mantemos t fixo em 24 e aumentamos c de 15 para 18. Avaliamos a taxa de variação de P quando c varia; é $\partial P/\partial c$. vemos pela Tabela 7.7 que

$$\left.\frac{\partial P}{\partial c}\right|_{(24.15)} \approx \frac{\Delta P}{\Delta c} = \frac{36-80}{15-6} = -4{,}89\% \text{ por ppm.}$$

A porcentagem que sobrevive por 24 meses cai de 36% por cerca de 4,89% para cada aumento de uma unidade na concentração, acima de 15 ppm. Temos

$$f(24,18) \approx 36 - 4{,}89(3) = 21{,}33\%.$$

Estimamos que apenas cerca de 21% dos ratos sobreviverá por 24 meses se expostos a formaldeído na concentração de 18 ppm. Como este número é uma extrapolação a partir dos dados disponíveis, deveríamos usá-lo com cuidado.

(c) Para avaliar $f(20{,}5, 9)$, usamos a entrada mais próxima $f(20, 6) = 90$. Quando vamos de (20, 6) para (20,5, 9), a porcentagem, P, muda tanto pela variação de t quanto pela de c. Avaliamos duas derivadas parciais em $t = 20$, $c = 6$:

$$\left.\frac{\partial P}{\partial t}\right|_{(20,6)} \approx \frac{\Delta P}{\Delta c} = \frac{86-90}{22-20} = -2\% \text{ por mês}$$

$$\left.\frac{\partial P}{\partial c}\right|_{(20,6)} \approx \frac{\Delta P}{\Delta c} = \frac{70-90}{15-6} = -2{,}22\% \text{ por mês}$$

A variação de P devida à variação $\Delta t = 0{,}5$ mês e $\Delta c = 3$ ppm é

$$\begin{aligned}\Delta P &\approx \text{Variação devida a } \Delta t + \text{Variação devida a } \Delta c\\ &= -2(0{,}5) - 2{,}22(3)\\ &= -7{,}66\end{aligned}$$

Assim, para $t = 20{,}5$ e $c = 9$ temos

$$f(20{,}5, 9) \approx f(20, 6) - 7{,}66 = 82{,}34\%.$$

No Exemplo 3 parte (c), avaliamos variações na função usando a relação entre ΔP, Δt e Δc. A forma geral desta relação chama-se *linearidade local*:

$$\text{Variação de } f \approx \begin{matrix}\text{Taxa de}\\ \text{variação na}\\ \text{direção } x\end{matrix} \cdot \Delta x + \begin{matrix}\text{Taxa de}\\ \text{variação na}\\ \text{direção - } y\end{matrix} \cdot \Delta y$$

$$\Delta f \approx f_x \cdot \Delta x + f_y \cdot \Delta y$$

Avaliação de derivadas parciais a partir de diagrama de contornos

Se nos movermos paralelamente a um dos eixos num diagrama de contornos, a derivada parcial dará a taxa de variação do valor da função sobre os contornos. Por exemplo, se os valores sobre os contornos crescem na direção da variação positiva, então a derivada parcial tem que ser positiva.

Exemplo 4 A Figura 7.38 mostra o diagrama de contornos para a temperatura $H(x, t)$(em °C) numa sala como função da distância x (em metros) de um aquecedor e o tempo t (em minutos) desde que o aquecedor foi ligado. Quais são os sinais de $H_x(3,20)$ e $H_t(3,20)$? Avalie estas derivadas parciais e explique as respostas em termos práticos.

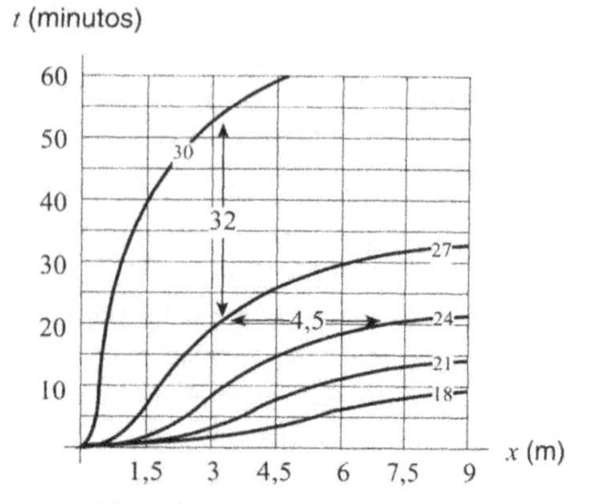

Figura 7.38 — *Temperatura numa sala aquecida*

Solução O ponto (3, 20) está sobre o contorno $H = 27$. Quando x cresce, movemo-nos em direção ao contorno $H = 24$, de modo que H está decrescendo e H_x (3, 20) é negativa. Isto faz sentido porque quando nos movemos para mais longe do aquecedor, a temperatura cai. De outro lado, quando t cresce, nós nos movemos para o contorno $H = 30$, assim H está crescendo e H_t (3, 20) é positiva. Também isto faz sentido, porque diz que com o passar do tempo a sala se aquece.

Para avaliar as derivadas parciais, usemos um quociente de diferenças. Olhando o diagrama de contornos, vemos que há um ponto no contorno $H = 24$ a cerca de 14 unidades à direita de (3, 20). Portanto, H decresce de 3 quando x cresce de 4,5, e a taxa de variação de H com relação a x é de cerca de $\Delta H/\Delta x = -3/4{,}5 \approx -0{,}66$. Assim,

$$H_x(3, 20) \approx -0{,}66 \text{ °C/m}.$$

Isto significa que perto do ponto a 3 metros do aquecedor, depois de 20 minutos, a temperatura cai por cerca de 2/3 de um grau para cada metro de que nos distanciamos do aquecedor.

Para avaliar $H(3, 20)$, olhamos de novo o diagrama de contornos e observamos que o contorno $H = 30$ está a cerca de 32 unidades diretamente acima do ponto (3, 20). Assim, H cresce de 3 quando t cresce de 32. Logo

$$H_t(3,20) \approx \frac{\Delta H}{\Delta t} = \frac{3}{32} \approx 0{,}1\text{°C/min}.$$

Isto significa que depois de 20 minutos a temperatura está subindo de cerca de 1/10 de grau a cada minuto, no ponto a 3 metros do aquecedor.

Uso de unidades para interpretar derivadas parciais

As unidades das variáveis independentes e dependentes muitas vezes podem ser úteis para explicar o significado de uma derivada parcial.

Exemplo 5 Suponha que seu peso w em quilos seja uma função do número c de calorias que você consome diariamente e do número n de minutos de exercícios diários que você pratica. Usando as unidades de w, c e n, interprete em termos do dia a dia as afirmações

$$\left.\frac{\partial w}{\partial c}\right|_{(2000,15)} = 0{,}01 \quad \text{e} \quad \left.\frac{\partial w}{\partial n}\right|_{(2000,15)} = -0{,}025$$

Solução As unidades de $\partial w/\partial c$ são quilos por caloria. A afirmação

$$\left.\frac{\partial w}{\partial c}\right|_{(2000,15)} = 0{,}01$$

significa que se você estiver agora consumindo 2.000 calorias por dia e fazendo exercícios diariamente por 15 minutos, você pesará 0,01 quilos a mais para cada caloria extra que você consuma diariamente, ou cerca de 1 quilo para cada 100 calorias extra por dia. As unidades de $\partial w/\partial n$ são quilos por minuto. A afirmação

$$\left.\frac{\partial w}{\partial n}\right|_{(2000,15)} = -0,012$$

significa que para o mesmo consumo de calorias e número de minutos de exercício, você pesará 0,012 quilos a menos para cada minuto extra de exercícios praticados diariamente, ou cerca de 1/2 quilo a menos para cada 40 minutos por dia. Assim se você comer 100 calorias a mais por dia e se exercitar cerca de 80 minutos mais por dia, seu peso deveria ficar aproximadamente constante.

Problemas para a Seção 7.3

1. A demanda por café, Q, em quilos por semana, é função do preço do café, c, em reais por quilo, e do preço do chá, t, em reais por quilo, de modo que $Q = f(c, t)$.
   (a) Você espera que f_c seja positiva ou negativa? E f_t? Explique.
   (b) Interprete, em termos da demanda por café, cada uma das seguintes afirmações:
   $f(3, 2) = 780 \qquad f_c(3, 2) = -60 \qquad f_t(3, 2) = 20$
2. Uma droga é injetada numa veia de um paciente. A função $c = f(x, t)$ representa a concentração da droga a uma distância de x mm na direção do fluxo sangüíneo, medida a partir do ponto da injeção e ao tempo t segundos depois da injeção. Quais são as unidades das seguintes derivadas parciais? Quais são suas interpretações práticas? Quais sinais você espera que tenham?
   (a) $\partial c/\partial x$ (b) $\partial c/\partial t$
3. O pagamento mensal de uma hipoteca, P, para uma casa, é uma função de três variáveis
   $$P = f(A, r, N),$$
   onde A é a quantia do empréstimo, r é a taxa de juros e N é o número de anos até que a hipoteca seja liquidada.
   (a) $f(92.000, 14, 30) = 1.090,08$. O que lhe diz isto em termos financeiros?
   (b) $\left.\frac{\partial p}{\partial r}\right|_{(92000,14,30)} = 72,82$. Qual o significado financeiros do número 72,82?
   (c) Você espera que $\partial P/\partial A$ seja positiva ou negativa? Por quê?
   (d) Você espera que $\partial P/\partial N$ seja positiva ou negativa? Por quê?
4. Suponha que você tomou emprestado \$$A$ a uma taxa de juros de r% (ao mês) e que você paga em t meses fazendo pagamentos mensais de \$$P$, determinados pela função $P = g(A, r, t)$. Em termos financeiros, o que lhe dizem as seguintes declarações?
   (a) $g(8.000, 1, 24) = 376,59$
   (b) $\left.\frac{\partial g}{\partial A}\right|_{(8.000,1,24)} = 0,047$
   (c) $\left.\frac{\partial g}{\partial r}\right|_{(8.000,1,24)} = 44,83$
5. Suponha que P é seu pagamento mensal pelo carro e que $P = f(P_0, t, r)$ onde \$$P_0$ é a quantia que você tomou emprestada, t é o número de meses que você levará para pagar o empréstimo e r% é a taxa de juros. Quais são as unidades, os significados financeiros e os sinais de $\partial P/\partial t$ e $\partial P/\partial r$?
6. A Tabela 7.8 dá os valores de uma função positiva $f(x, y)$

TABELA 7.8

	$x = 0$	$x = 10$	$x = 20$	$x = 30$
$y = 0$	89	80	74	71
$y = 2$	93	85	80	76
$y = 4$	98	91	85	81
$y = 6$	104	98	92	88
$y = 8$	112	105	99	94

   (a) f_x é positiva ou negativa? f_y é positiva ou negativa? Dê razões.
   (b) Avalie $f_x(10, 6)$ e $f_y(10, 6)$.
   (c) Use derivadas parciais para avaliar $f(30, 9)$ e $f(34, 8)$. Explique seu raciocínio.
7. Usando o diagrama de contornos para $z = f(x, y)$ dado na Figura 7.39, decida se cada uma das seguintes derivadas parciais é positiva, negativa ou zero.
   (a) $f_x(4, 1)$ (b) $f_y(4, 1)$
   (c) $f_x(5, 2)$ (d) $f_y(5, 2)$

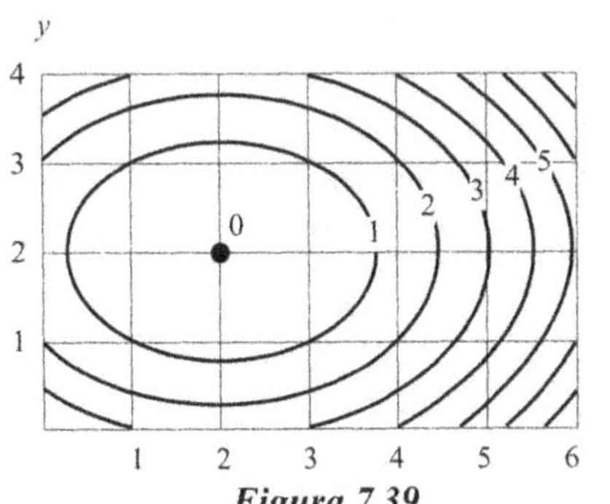

Figura 7.39

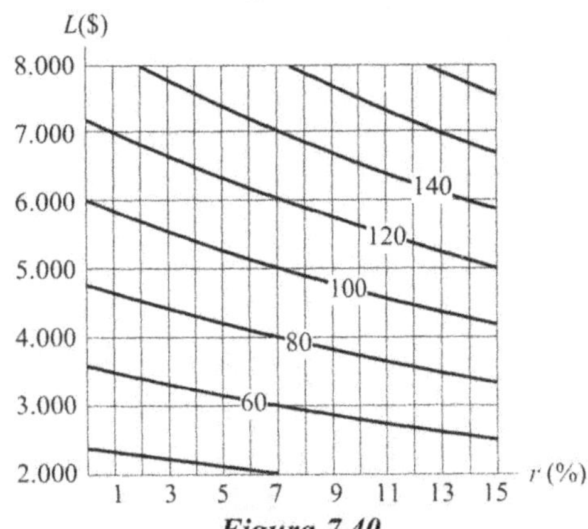

Figura 7.40

8. De acordo com o diagrama de contornos para $z = f(x, y)$ dado na Figura 7.39, qual é maior, $f_x(3, 1)$ ou $f_x(5, 2)$? Explique.
9. Avalie $f_x(3, 2)$ e $f_y(3, 2)$, usando quocientes de diferenças, para a função dada por

$$f(x, y) = \frac{x^2}{y+1}$$

[Sugestão: um quociente de diferenças é uma expressão da forma $(f(a+h, b) - f(a, b))/h$.]
10. A Figura 7.40 mostra um diagrama de contornos para o pagamento mensal P como função da taxa de juros, r%, e da quantia, L, de um empréstimo por 5 anos. Avalie $\partial P/\partial r$ e $\partial P/\partial L$ no ponto em que $r = 8$ e $L = 5.000$. Dê unidades e significado financeiro de sua resposta.
11. A Tabela 7.2 dá a quantidade de carne, C, comprada como função da renda familiar, I, e do preço da carne, p. Assim, $C = f(I, p)$.
    (a) Ache $f_p(80, 8)$ e interprete em termos de consumo de carne.
    (b) Ache $f_I(80, 8)$ e interprete em termos de consumo de carne.
    (c) Use derivadas parciais para avaliar a quantidade de carne comprada por uma família com renda familiar de \$110.000, se o preço da carne for \$8,00 por quilo. Explique seu raciocínio.
12. A Figura 7.14 dá um diagrama de contornos para a produção de milho como função da quantidade de chuva, R, em centímetros e da temperatura, T, em graus centígrados. A produção de milho é medida como porcentagem da produção presente e $C = f(R,T)$. Avalie as seguintes quantidades. Dê unidades com suas respostas e interprete-as em termos de produção de milho.
    (a) $f_R(30, 24)$ (b) $f_T(40, 24)$
13. Suponha que para uma função $f(x, y)$ se tenha $f(100, 20) = 2.750$, $f_x(100, 20) = 4$ e $f_y(100, 20) = 7$. Avalie $f(105, 21)$. Justifique sua resposta.
14. Suponha que para uma função $f(r, s)$ se tenha $f(50, 100) = 5{,}67$, $f_r(50, 100) = 0{,}60$ e $f_s(50, 100) = -0{,}15$. Estime $f(52, 108)$. Justifique sua resposta.

Para os Problemas 15–17 veja a Tabela 7.4 que dá a temperatura ajustada para o fator vento, C, em °F, como função $f(w, T)$ da velocidade do vento w, em mph, e da temperatura, T, em °F. A temperatura ajustada para o fator vento diz a você quão frio parece estar, como resultado da combinação de vento e temperatura.

15. Avalie $f_w(10, 25)$. O que significa sua resposta, em termos práticos?
16. Avalie $f_T(5, 20)$. O que significa sua resposta, em termos práticos?
17. Pela Tabela 7.4 você pode ver que quando a temperatura é de 20 °F, a temperatura ajustada pelo fator vento cai em média por cerca de 2,6 °F para cada aumento de 1 mph na velocidade do vento, de 5 mph a 10 mph. Sobre qual derivada parcial isto lhe está dizendo algo?

Para os Problemas 18–19 veja a Tabela 7.6, que dá a índice de calor, I, em °F, como uma função $f(H, T)$ da umidade relativa, H, e da temperatura T, em °F. O índice de calor é uma temperatura que lhe diz quão quente lhe parece, como resultado da combinação de umidade e temperatura.

18. Avalie $\partial I/\partial H$ e $\partial I/\partial T$ para condições de temperatura típicas de Tucson no verão ($H = 10$, $T = 100$). O que significam suas respostas em termos práticos para os habitantes de Tucson?
19. Responda às perguntas no Problema 18 para Boston no verão ($H = 50$, $T = 80$).
20. A receita de uma companhia aérea, R, é função do número x de bilhetes vendidos a preço integral e do número y de bilhetes vendidos com desconto. Baseie suas respostas às seguintes perguntas sobre os valores desta função $R = f(x, y)$ dados na Tabela 7.9.
    (a) Avalie $f(200, 400)$ e interprete sua resposta.
    (b) $f_x(200, 400)$ é positiva ou negativa? $f_y(200, 400)$ é positiva ou negativa? Explique.
    (c) Avalie cada derivada parcial na parte (b). Dê unidades para suas respostas e interprete-as em termos de receita da companhia.

TABELA 7.9 — *Receita da venda de bilhetes*

Número de bilhetes com desconto y	Número de bilhetes a preço integral, x			
	100	200	300	400
200	75.000	110.000	145.000	180.000
400	115.000	150.000	185.000	220.000
600	155.000	190.000	225.000	260.000
800	195.000	230.000	265.000	300.000
1.000	235.000	270.000	305.000	340.000

21. No Problema 20 a receita é \$150.000 quando são vendidos 200 bilhetes a preço integral e 400 como desconto; isto é $f(200, 400) = 150.000$. Use este fato e as derivadas parciais $f_x(200, 400) = 350$ e $f_y(200, 400) = 200$ para avaliar a receita quando
    (a) $x = 201$ e $y = 400$
    (b) $x = 200$ e $y = 405$
    (c) $x = 203$ e $y = 406$
22. A Tabela 7.7 dá a porcentagem P, de ratos que sobrevivem como função do tempo, t em meses e da concentração de formaldeído, c, em ppm, de modo que $P = f(t, c)$. Use derivadas parciais para avaliar a porcentagem que sobrevive 26 meses quando a concentração é 15. Explique seu raciocínio.
23. Suponha que x é o preço médio de um carro novo e que y é o preço médio de um litro de gasolina. Então q_1, o

número de carros novos comprados em um ano depende de x e de y, assim $q_1 = f(x, y)$. Analogamente, se q_2 é a quantidade de gasolina comprada em um ano, então $q_2 = g(x, y)$.

(a) O que você espera quanto aos sinais de $\partial q_1/\partial x$ e de $\partial q_2/\partial y$? Explique.

(b) O que você espera quanto aos sinais de $\partial q_1/\partial y$ e de $\partial q_2/\partial x$? Explique.

24. Avalie $z_x(1, 0)$ e $z_x(0, 1)$ e $z_y(0, 1)$ pelo diagrama de contornos para $z(x, y)$ na Figura 7.41.

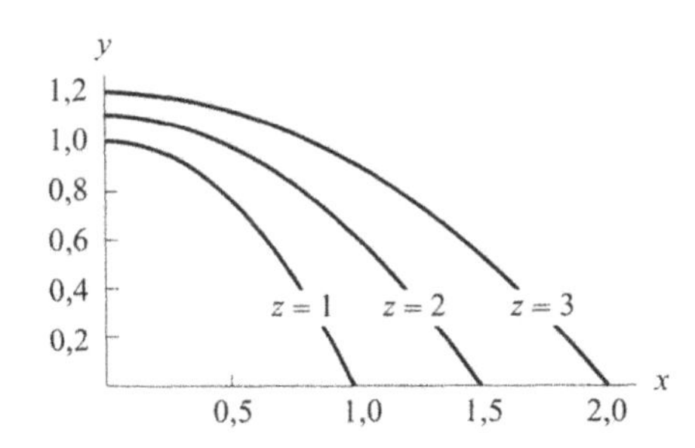

Figura 7.41

25. A Figura 7.42 dá um diagrama de contornos para o número n de raposas por quilômetro quadrado no sudoeste da Inglaterra. Avalie $\partial n/\partial x$ e $\partial n/\partial y$ nos pontos marcados A, B, C, onde x é em quilômetros leste e y em quilômetros norte.

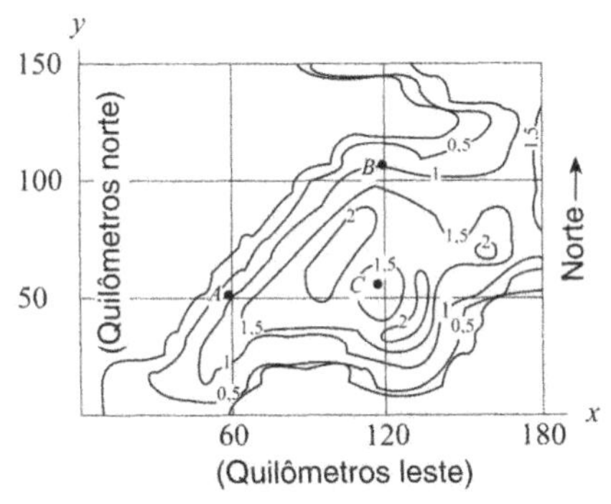

Figura 7.42

26. Use o diagrama no Problema 26, página 243, para avaliar $H_T(T, w)$ para $T = 10, 20, 30$ e $w = 0{,}1$, 02, 03. Qual o significado prático destas derivadas?

27. Repita o Problema 26 para $H_w(T, w)$ em $T = 10, 20$ e 30 e $w = 0{,}1$, 02 e 0,3. Qual é o significado prático destas derivadas?

7.4 CALCULAR DERIVADAS PARCIAIS ALGEBRICAMENTE

A derivada parcial $f_x(x, y)$ é a derivada ordinária da função $f(x, y)$ com relação a x com y fixo, e a derivada parcial $f_y(x, y)$ é a derivada ordinária de $f(x, y)$ com relação a y com x fixo. Assim, podemos usar todas as técnicas para derivação do cálculo de uma variável para achar derivadas parciais.

Exemplo 1 Seja $f(x, y) = x^2 + 5y^2$. Ache $f_x(3, 2)$ e $f_y(3, 2)$ algebricamente.

Solução Usamos o fato de $f_x(3, 2)$ ser a derivada de $f(x, 2)$ em $x = 3$. Para achar f_x, fixamos y em 2:

$$f(x, 2) = x^2 + 5(2^2) = x^2 + 20.$$

Derivando com relação a x temos

$$f_x(x, 2) = 2x \quad \text{e} \quad f_x(3, 2) = 2(3) = 6.$$

Analogamente, $f_y(3, 2)$ é a derivada de $f(3, y)$ em $y = 2$. Para achar f_y fixamos x em 3:

$$f(3, y) = 3^2 + 5y^2 = 9 + 5y^2.$$

Derivando com relação a y temos

$$f_y(3, y) = 10y \quad \text{e} \quad f_y(3, 2) = 10(2) = 20.$$

Exemplo 2 Seja $f(x, y) = x^2 + 5y^2$ como no Exemplo 1. Ache f_x e f_y como funções de x e y.

Solução Para achar f_x tratamos y como se fosse uma constante. Assim $5y^2$ é uma constante e a derivada com relação a x deste termo é 0. Temos

$$f_x(x, y) = 2x + 0 = 2x.$$

Para achar f_y tratamos x como uma constante e então a derivada de x^2 com relação a y é zero. Temos

$$f_y(x, y) = 0 + 10y = 10y.$$

Exemplo 3 Ache as duas derivadas parciais de cada uma das funções seguintes:

(a) $f(x, y) = 3x + e^{-5y}$ (b) $f(x, y) = x^2y$

(c) $f(u, v) = u^2e^{2v}$

Solução (a) Para achar f_x tratamos y como constante de modo que o termo e^{-5y} é uma constante e sua derivada é zero. Analogamente, para achar f_y tratamos x como uma constante. Temos

$$f_x(x, y) = 3 + 0 = 3 \quad \text{e} \quad f_y(x, y) = 0 + (-5)e^{-5y} = -5e^{-5y}.$$

(b) Para achar f_x, tratamos y como constante, portanto a função é tratada como uma constante vezes x^2. A derivada de uma constante vezes x^2 é a constante vezes $2x$, portanto temos

$$f_x(x, y) = (2x)y = 2xy \quad \text{Analogamente } f_y(x, y) = (x^2)(1) = x^2.$$

(c) Para achar f_u tratamos v como constante, e para achar f_v tratamos u como constante. Temos

$$f_u(u, v) = (2u)(e^{2v}) = 2ue^{2v} \quad \text{e} \quad f_v(u, v) = u^2(2e^{2v}) = 2u^2e^{2v}.$$

Exemplo 4 A concentração de bactérias, C, no sangue (em milhões de bactérias/ml), em seguida à injeção de um antibiótico, é uma função da dose x (em gm) injetada e do tempo t (em horas) desde a injeção. Suponha que nos dizem que $C = f(x, t) = te^{-xt}$. Calcule as seguintes quantidades e explique o que significa cada uma em termos práticos:

(a) $f_x(1, 2)$ (b) $f_t(1, 2)$.

Solução (a) Para achar f_x tratamos t como uma constante e derivamos com relação a t, o que dá

$$f_x(x, t) = -t^2e^{-xt}.$$

Fazendo $x = 1$, $t = 2$ vem

$$f_x(1, 2) = -4e^{-2} \approx -0{,}54.$$

Para ver o que significa $f_x(1, 2)$, pense na função $f(x, 2)$, da qual é a derivada. O gráfico de $f(x, 2)$ na Figura 7.43 dá a concentração de bactérias, como função da dose, duas horas após a injeção. A derivada $f_x(1, 2)$ é a inclinação do gráfico no ponto $x = 1$: é negativa porque uma dose maior reduz a população de bactérias. Mais precisamente, a derivada parcial $f_x(1, 2)$ dá a taxa de variação da concentração de bactérias com relação à dose injetada, ou seja, um decréscimo na concentração de bactérias de 0,54 milhões por grama de antibiótico adicional injetado.

(b) Para achar f_t, considere x como uma constante e derive usando a regra do produto:

$$f_t(x, t) = 1 \cdot e^{-xt} - xte^{-xt}.$$

Fazendo $x = 1$, $t = 2$ vem

$$f_t(1, 2) = e^{-2} - 2e^{-2} \approx -0{,}14.$$

Para ver o que significa $f_t(1, 2)$, pense na função $f(1, t)$ da qual é a derivada. O gráfico de $f(1, t)$ na Figura 7.44 dá a concentração de bactérias ao tempo t se a dose de antibiótico for de 1 gm. A derivada $f_t(1, 2)$ é a inclinação do gráfico no ponto $t = 2$; é negativa, porque depois de 2 horas a concentração de bactérias está decrescendo. Mais precisamente, a derivada parcial $f_t(1, 2)$ dá a taxa à qual está variando a concentração de bactérias com relação ao tempo, ou seja, um decréscimo de 0,14 milhões/ml por hora.

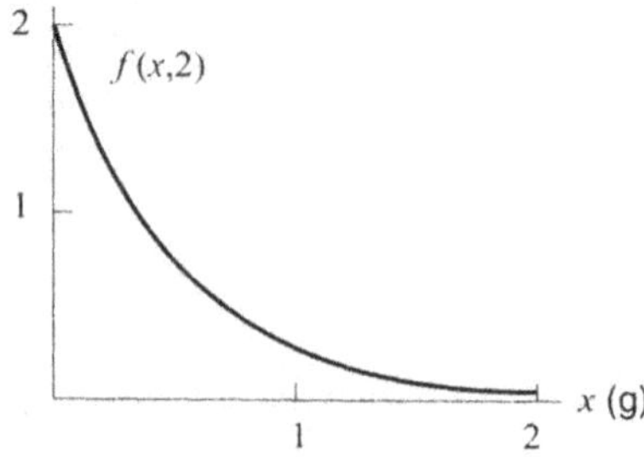

Figura 7.43 *— Concentração de bactérias após 2 horas como função da quantidade de antibiótico injetada*

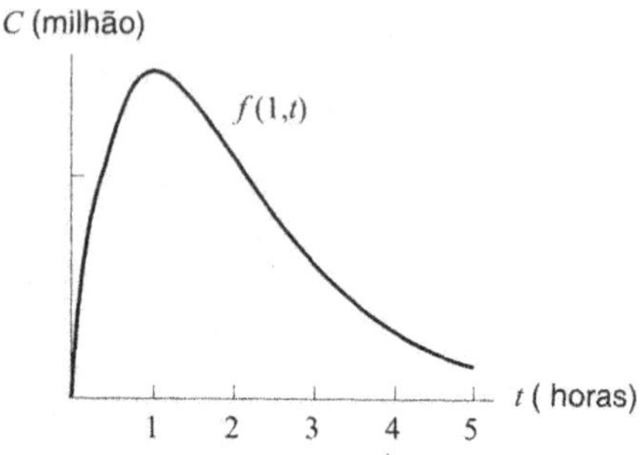

Figura 7.44 *— Concentração de bactérias como função do tempo se 1 unidade de antibiótico for injetada*

Funções de produção de Cobb-Douglas

Suponha que você está dirigindo um pequeno negócio de impressão, e decida expandir porque você tem mais encomendas do que pode atender. Como você deveria expandir? Você deveria começar um turno à noite e empregar mais gente? Você deveria comprar computadores mais caros mas mais rápidos, que permitiriam à força de trabalho atual satisfazer às encomendas? Ou você deveria fazer uma combinação das duas coisas?

Evidentemente, o modo de tomar uma decisão na prática envolve muitas outras considerações — tais como, você poderia encontrar empregados para o turno da noite convenientemente treinados, ou existem computadores mais rápidos disponíveis. No entanto, você poderia modelar a quantidade, P, de trabalho produzido por seu negócio como uma função de duas variáveis: seu número total, N, de trabalhadores, e o valor total, V, de seu equipamento.

Como você esperaria que se comportasse tal função? De modo geral, ter mais equipamento e mais trabalhadores lhe permite produzir mais. Mas aumentar o equipamento sem aumentar o número de empregados aumentará um pouco a produção, mas não além de um certo ponto. (Se o equipamento já estiver sem uso, ter mais dele não ajudará.) Analogamente, aumentar o número de trabalhadores sem aumentar o equipamento aumentará a produção mas não além do ponto em que o equipamento está totalmente aproveitado, pois novos trabalhadores não teriam equipamento disponível para eles.

Exemplo 5 Explique porque o diagrama de contornos na Figura 7.45 não modela o comportamento esperado para a função de produção, ao passo que o da Figura 7.46 sim.

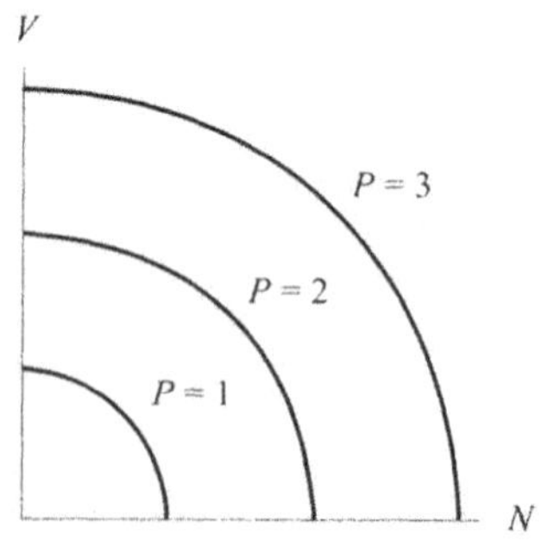

Figura 7.45 *— Contornos incorretos para a produção da impressora*

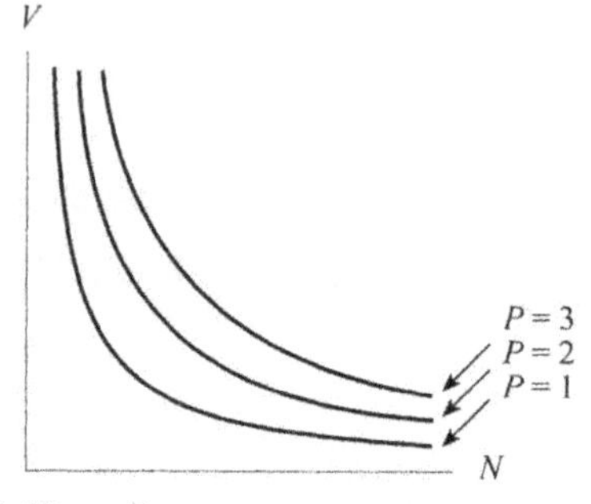

Figura 7.46 *— Contornos corretos para a produção da impressora*

Solução A produção P deveria ser uma função crescente de N e uma função crescente de V. Vemos que ambos os diagramas de contornos (na Figura 7.45 e na Figura 7.46) satisfazem a esta condição. Qual dos diagramas tem a produção crescendo do modo correto? Primeiro, olhe o diagrama de contornos na Figura 7.45. Fixar V em um valor particular e fazer N crescer significa ir para a direita sobre o diagrama. Ao fazer isto, cruzamos contornos com valores de P cada vez maiores, o que significa que a produção cresce indefinidamente. De outro lado, na Figura 7.46, quando nos movemos para a direita eventualmente estaremos nos movendo quase paralelamente aos contornos, cruzando-os cada vez menos freqüentemente. Portanto, a produção cresce cada vez mais devagar quando N cresce enquanto V é mantido fixo. Analogamente, se mantivermos N fixo e deixarmos V crescer, o diagrama na figura 7.45 mostra a produção crescendo a uma taxa constante, ao passo que a Figura 7.46 mostra a produção crescendo, mas a taxa decrescente. Assim, a Figura 7.46 se ajusta melhor ao comportamento esperado para a função de produção.

O modelo de Cobb-Douglas

Em 1928, Cobb e Douglas usaram uma fórmula simples para modelar a produção de toda a economia dos EUA no primeiro quarto deste século. Usando estimativas do governo para P, a produção total anual entre 1899 e 1922, para K, o investimento de capital total para o mesmo período, e para L, a força de trabalho total, viram que P era bem aproximado pela função

$$P = 1{,}01L^{0{,}75}K^{0{,}25}.$$

Verificou-se que a função modelava a produção nos EUA de modo surpreendentemente preciso, tanto para o período em que se baseou quanto por algum tempo depois. O diagrama de contornos desta função é semelhante ao da Figura 7.46. De modo geral, a produção freqüentemente é modelada por uma função da forma seguinte

Função de produção de Cobb-Douglas

$$P = f(N, V) = cN^{\alpha}V^{\beta}$$

onde P é a quantidade total produzida e c, α, β são constantes positivas com $0 < \alpha < 1$ e $0 < \beta < 1$.

Exemplo 6 Consideremos um pequeno negócio de impressão em que N é o número de empregados, V o valor do equipamento (em unidades de \$25.000) e P é a produção medida em milhares de páginas por dia. Suponha que a função de produção para esta companhia seja dada por

$$P = f(N, V) = 2N^{0{,}6}V^{0{,}4}.$$

(a) Se esta companhia tem uma força de trabalho de 100 empregados e tem um valor de 200 unidades de equipamento, qual é a produção da companhia?

(b) Ache $f_N(100, 200)$ e $f_V(100, 200)$. Interprete suas respostas em termos de produção.

Solução (a) temos $N = 100$ e $V = 200$, então

$$\text{Produção} = 2(100)^{0{,}6}(200)^{0{,}4} = 263{,}9 \text{ milhares de páginas por dia}$$

(b) Para achar f_N tratamos V como uma constante e derivamos com relação a N:

$$f_N(N, V) = 2(0{,}6)N^{-0{,}4}V^{0{,}4}.$$

Fazendo $N = 100$, $V = 200$ temos

$$f_N(100, 200) = 1{,}2(100^{-0{,}4})(200^{0{,}4}) \approx 1{,}583 \text{ mil páginas/empregado}$$

Isto nos diz que se tivermos 200 unidades de equipamento e aumentarmos o número de empregados de 1, de 100 para 101, a produção crescerá por cerca de 1,58 unidades, ou 1.580 páginas por dia.

Analogamente, para achar $f_V(100, 200)$, tratamos N como constante e derivamos com relação a V:

$$f_V(N, V) = 2(0{,}4)N^{0{,}6}V^{-0{,}6}.$$

Para $N = 100$, $V = 200$ isto dá

$$f_V(N, V) = 0{,}8(100^{0{,}6})(200^{-0{,}6}) \approx 0{,}53 \text{ milhares de páginas/unidade de equipamento}$$

Isto nos diz que se tivermos 100 empregados e aumentarmos o valor do equipamento por 1 unidade (\$25.000) de 200 unidades para 201 unidades, a produção aumentará por cerca de 0,53 unidades, ou seja, 530 páginas por dia.

Derivadas parciais de segunda ordem

Como as derivadas parciais de uma função são funções elas mesmas, usualmente podemos derivá-las, obtendo *derivadas parciais de segunda ordem*. A função $z = f(x, y)$ tem duas derivadas parciais de primeira ordem, f_x e f_y, e quatro derivadas parciais de segunda ordem.

As **derivadas parciais de segunda ordem de $z = f(x, y)$**

$$\frac{\partial^2 z}{\partial x^2} = f_{xx} = (f_x)_x, \qquad \frac{\partial^2 z}{\partial x \partial y} = f_{yx} = (f_y)_x,$$

$$\frac{\partial^2 z}{\partial y \partial x} = f_{xy} = (f_x)_y, \qquad \frac{\partial^2 z}{\partial y^2} = f_{yy} = (f_y)_y.$$

É usual omitir os parênteses e escrever f_{xy} em vez de $(f_x)_y$ e $\dfrac{\partial^2 z}{\partial y \partial x}$ em vez $\dfrac{\partial}{\partial x}\left(\dfrac{\partial z}{\partial x}\right)$.

Exemplo 7 Use os valores de $f(x, y)$ na Tabela 7.10 para estimar $f_{xy}(1, 2)$ e $f_{yx}(1, 2)$.

TABELA 7.10 — *Valores de $f(x, y)$*

	x		
y	0,9	1,0	1,1
1,8	4,72	5,83	7,06
2,0	6,48	8,00	9,60
2,2	8,62	10,65	12,88

Solução Como $f_{xy} = (f_x)_y$, primeiro avaliamos f_x:

$$f_x(1,2) \approx \frac{f(1,1,2) - f(1,2)}{0,1} = \frac{9,60 - 8,00}{0,1} = 16,0,$$

$$f_x(1,2,2) \approx \frac{f(1,1,2,2) - f(1,2,2)}{0,1} = \frac{12,88 - 10,65}{0,1} = 22,3.$$

Assim

$$f_{xy}(1,2) \approx \frac{f(1,1,2) - f(1,2)}{0,1} = \frac{22,3 - 16,0}{0,2} = 31,5.$$

Analogamente

$$f_{xy}(1,2) \approx \frac{f_y(1,1,2) - f_y(1,2)}{0,1} \approx$$

$$\approx \frac{1}{0,1}\left(\frac{f(1,1,2,2) - f(1,1,2)}{0,2} - \frac{f(1,2,2) - f(1,2)}{0,2}\right)$$

$$= \frac{1}{0,1}\left(\frac{12,88 - 9,60}{0,2} - \frac{10,65 - 8,00}{0,2}\right) = 31,5.$$

Observe que neste exemplo, $f_{xy} = f_{yx}$ no ponto (1, 2).

Exemplo 8 Calcule as quatro derivadas parciais de segunda ordem de $f(x, y) = xy^2 + 3x^2e^y$.

Solução De $f_x(x, y) = y^2 + 6xe^y$ obtemos

$$f_{xx}(x, y) = \frac{\partial}{\partial x}(y^2 + 6xe^y) = 6e^y \text{ e}$$

$$f_{xy}(x, y) = \frac{\partial}{\partial y}(y^2 + 6xe^y) = 2y + 6xe^y$$

de $f_y(x, y) = 2xy + 3x^2e^y$ obtemos

$$f_{xy}(x, y) = \frac{\partial}{\partial x}(2xy + 3x^2e^y) = 2y + 6xe^y \text{ e}$$

$$f_{yy}(x, y) = \frac{\partial}{\partial y}(2xy + 3x^2e^y) = 2x + 3x^2e^y$$

Observe que $f_{xy} = f_{yx}$ neste exemplo.

As derivadas parciais mistas são iguais

Não foi por acidente que as avaliações de $f_{xy}(1, 2)$ e $f_{yx}(1, 2)$ deram resultado igual no exemplo 7, porque os mesmos valores da função são usados para calcular cada uma. O fato de $f_{xy} = f_{yx}$ no Exemplo 8 corrobora o seguinte resultado geral:

> Se f_{xy} e f_{yx} forem contínuas em (a, b), então
> $$f_{xy}(a, b) = f_{yx}(a, b).$$

A maioria das funções que encontraremos não apenas têm contínuas f_{xy} e f_{yx} mas todas as suas derivadas parciais de ordem superior (como f_{xxy} ou f_{xyyy}) serão contínuas. Dizemos que tais funções são *lisas*.

Problemas para a Seção 7.4

1. Se $f(x, y) = x^3 + 3y^2$, ache as três quantidades $f(1, 2)$, $f_x(1, 2)$ e $f_y(1, 2)$.
2. Se $f(u, v) = 5uv^2$, ache as três quantidades $f(3, 1)$, $f_u(3, 1)$ e $f_v(3, 1)$.

Ache as derivadas parciais indicadas nos Problemas 3–14. Suponha as variáveis restritas a um domínio em que a função esteja definida.

3. f_x e f_y se $f(x, y) = x^2 + 2xy + y^3$
4. $\dfrac{\partial z}{\partial x}$ se $z = x^2e^y$
5. f_x e f_y se $f(x, y) = 2x^2 + 3y^2$
6. $\dfrac{\partial Q}{\partial p}$ se $Q = 5a^2p - 3ap^3$
7. $\dfrac{\partial P}{\partial r}$ se $P = 100e^{rt}$
8. f_t se $f(t, a) = 5a^2t^3$
9. f_x e f_y se $f(x, y) = 100x^2y$
10. f_x e f_y se $f(x, y) = 10x^2e^{3y}$
11. z_x se $z = x^2y + 2x^5y$
12. f_u e f_v se $f(u, v) = u^2 + 5uv + v^2$
13. $\dfrac{\partial A}{\partial h}$ se $A = \frac{1}{2}(a + b)h$
14. $\dfrac{\partial}{\partial m}\left(\dfrac{1}{2}mv^2\right)$
15. A quantia em dinheiro, $\$B$, numa conta bancária rendendo juros a uma taxa contínua, r, depende da quantia depositada, $\$P$, e do tempo t que ela permaneceu no banco, onde
$$B = Pe^{rt}.$$
Ache $\partial B/\partial t$, $\partial B/\partial r$ e $\partial B/\partial P$ e interprete cada uma em termos financeiros.
16. O custo para alugar um carro de uma certa companhia é de \$40 por dia mais \$0,15 por milha, portanto temos
$$C = 40d + 0,15\,m.$$
Ache $\partial C/\partial d$ e $\partial C/\partial m$. Dê unidades e explique porque suas respostas fazem sentido.
17. Uma indústria produz dois itens em quantidades q_1 e q_2 respectivamente. Os custos totais de produção são dados por
$$\text{Custo} = f(q_1, q_2) = 16 + 1,2q_1 + 1,5q_2 + 0,2q_1q_2.$$
Ache $f(500, 1000)$, $f_{q1}(500, 1000)$ e $f_{q2}(500, 1000)$. Dê unidades com sua resposta e interprete cada uma de suas respostas em termos de custos de produção.
18. Considere a função $f(x, y) = x^2 + y^2$.
    (a) Estime $f_x(2, 1)$ e $f_y(2, 1)$ usando o diagrama de contornos para f na Figura 7.47.
    (b) Estime $f_x(2, 1)$ e $f_y(2, 1)$ de uma tabela de valores para f com $x = 1,9, 2, 2,1$ e $y = 0,9, 1, 1,1$.
    (c) Compare suas estimativas nas partes (a) e (b) com os valores exatos de $f_x(2, 1)$ e $f_y(2, 1)$ achados algebricamente.

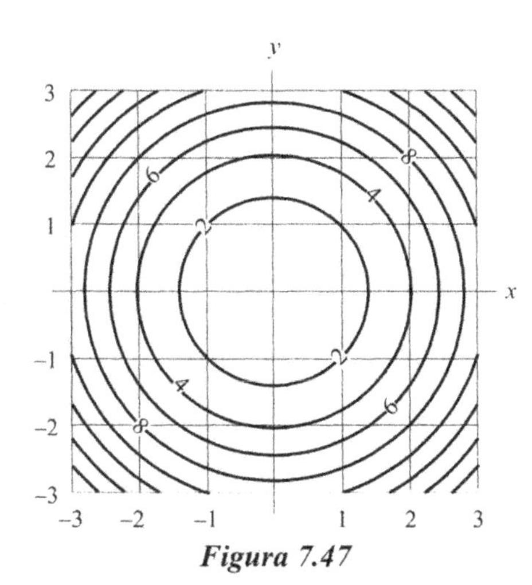

Figura 7.47

19. Suponha que você está num estádio em que a assistência está fazendo a onda. Este é um ritual em que membros da audiência se levantam e sentam de tal modo que criam uma onda que se move ao redor do estádio. Normalmente, uma única onda percorre toda a volta do estádio, mas suporemos que há uma seqüência contínua de ondas. Seja $h(x, t) = 5 + \cos(0{,}5x - t)$ a função que descreve esta onda. O valor de h dá a altura (em pés) da cabeça do espectador no assento x ao tempo t segundos. Calcule $h_x(2, 5)$ e $h_t(2, 5)$ e interprete cada uma em termos da onda.

20. A produção, P, de uma companhia é dada em toneladas e é uma função do número de empregados, N, e do valor, V, do equipamento, em unidades de \$25.000. A função de produção para a companhia é

$$P = f(N, V) = 5N^{0,75}V^{0,25}.$$

A companhia correntemente emprega 80 pessoas, e tem equipamento valendo \$750.000. Que são N e V? Ache os valores de f, f_N e f_V para esses valores de N e V. Dê unidades para sua resposta e explique o que significa cada uma em termos da produção.

21. Suponha que a função de produção de Cobb-Douglas para um produto seja dada por

$$Q = 25K^{0,75}L^{0,25},$$

onde Q é a quantidade produzida para um investimento de capital de K dólares e investimento de trabalho de L.

(a) Ache Q_K e Q_L.

(b) Ache os valores de Q, Q_K e Q_L dado que $K = 60$ e $L = 100$.

(c) Interprete cada um dos valores que você achou na parte (b) em termos de produção.

22. Suponha que $P = 2N^{0,6}V^{0,4}$ num pequeno negócio de impressão, onde N é o número de trabalhadores, V o valor do equipamento e P é a produção, em milhares de páginas por dia.

(a) Se esta companhia tem uma força de trabalho de 300 empregados e equipamento no valor de 200 unidades, qual é a produção da companhia?

(b) Se a força de trabalho for dobrada (para 600 trabalhadores), como varia a produção?

(c) Se a companhia comprar equipamento suficiente para dobrar o valor (para 400 unidades), como varia a produção?

(d) Se N e V forem ambos dobrados, dos valores na parte (a), como varia a produção?

23. Suponha que a quantidade, Q, de um certo item produzido dependa do número de unidades de trabalho, L, e do capital, K, segundo a função $Q = 900L^{1/2}K^{2/3}$.

(a) Se $L = 70$ e $K = 50$, qual quantidade é produzida?

(b) Ache Q sendo $L = 140$ e $K = 100$. De modo geral, ache o efeito sobre Q de dobrar L e K, ambos.

24. A Figura 7.48 dá diagramas de contorno para diferentes funções de produção de Cobb-Douglas $F(L, K)$. Associe cada diagrama de contornos com a afirmação correta.

(a) Triplicar cada entrada triplica a saída

(b) Quadruplicar cada entrada dobra a saída

(c) Dobrar cada entrada quase triplica a saída.

Para os Problemas 25-36 calcule todas as quatro derivadas parciais de segunda ordem e confirme que as mistas são iguais.

25. $f(x, y) = x^2y$

26. $f(x, y) = x^2 + 2xy + y^2$

27. $f(x, y) = xe^y$

28. $f(x, y) = \dfrac{2x}{y}, y \neq 0$

29. $f = 5 + x^2y^2$

30. $f = e^{xy}$

31. $Q = 5p_1^2 p_2^{-1},\ p_2 \neq 0$

32. $V = \pi r^2 h$

33. $P = 2KL^2$

34. $B = 5xe^{-2t}$

35. $f(x, t) = t^3 - 4x^2t$

36. $f = 100e^{rt}$

37. Existe uma função f que tenha as seguintes derivadas parciais? Se existe, qual é? Existem outras?

$$f_x(x, y) = 4x^3y^2 - 3y^4, \qquad f_y(x, y) = 2x^4y - 12xy^3.$$

(I)

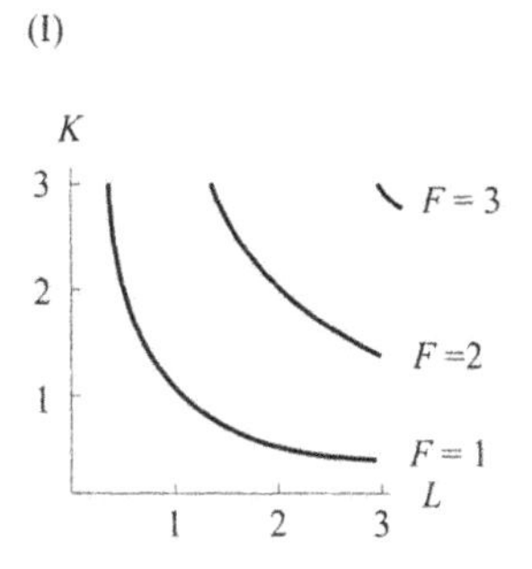

(II)

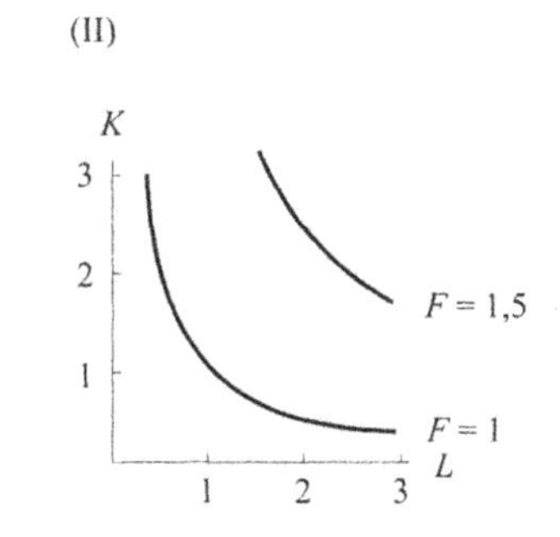

(III)

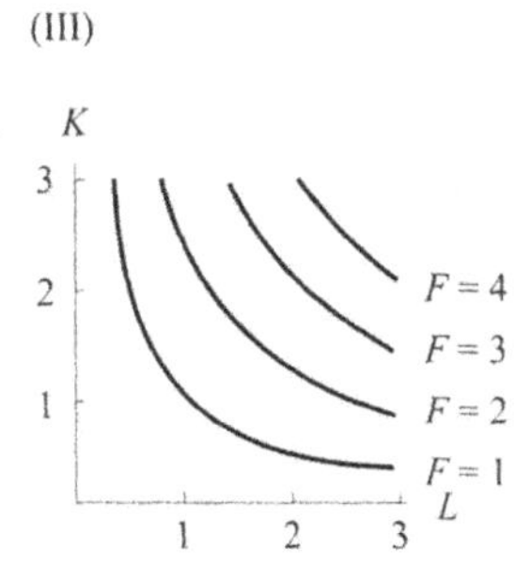

Figura 7.48

7.5 PONTOS CRÍTICOS E OTIMIZAÇÃO

Otimizar uma função significa achar o maior e o menor valor da função. Se a função representa lucro, podemos querer achar condições que maximizem o lucro. De outro lado, se a função representa custo, podemos querer achar condições que minimizem o custo. No Capítulo 5 vimos como otimizar funções de uma variável investigando pontos críticos. Nesta seção veremos como estender as noções de pontos críticos e de extremos locais de uma função de mais de uma variável.

Máximos e mínimos locais e globais para funções de duas variáveis

Funções de várias variáveis, como as de uma variável, podem ter *extremos locais e globais*, (isto é, máximos e mínimos locais e globais.) Uma função tem um extremo local num ponto em que toma o maior ou o menor valor numa pequena região em volta do ponto. Extremos globais são o maior e o menor valor para toda parte. Para uma função definida num domínio R, dizemos:

- f tem um **máximo local** em P_0 se $f(P_0) \geq f(P)$ para todos os pontos P próximos de P_0
- f tem um **mínimo local** em P_0 se $f(P_0) \leq f(P)$ para todos os pontos P próximos de P_0
- f tem um **máximo global** em P_0 se $f(P_0) \geq f(P)$ para todos os pontos P de R
- f tem um **mínimo global** em P_0 se $f(P_0) \leq f(P)$ para todos os pontos P de R

Exemplo 1 A Tabela 7.11 dá uma tabela de valores para uma função $f(x, y)$. Avalie a localização e o valor de quaisquer máximos ou mínimos globais para $0 \leq x \leq 1$ e $0 \leq y \leq 20$.

TABELA 7.11 — *Onde estão os pontos de extremo desta função $f(x, y)$?*

y	x					
	0	0,2	0,4	0,6	0,8	1,0
0	80	84	82	76	71	65
5	86	90	88	73	77	71
10	91	95	93	88	82	76
15	87	91	89	84	78	72
20	82	86	84	79	73	67

Solução O máximo valor global da função parece ser 95, no ponto (0,2, 10). Como a tabela só dá certos valores, não podemos ter certeza de que este é exatamente o máximo. (A função poderia ter um valor maior em, por exemplo, (0,3, 11).) O mínimo valor global desta função para os pontos dados é 65 no ponto (1, 0).

Exemplo 2 A Figura 7.49 dá um diagrama de contornos para uma função $f(x, y)$. Avalie a localização e valor de quaisquer máximos e mínimos. Alguns destes são globais no quadrado mostrado?

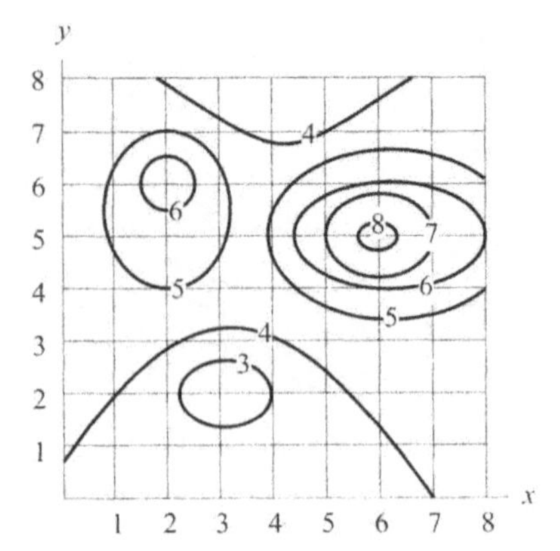

Figura 7.49 — *Onde estão os pontos de extremo, locais ou globais para esta função?*

Solução Há um máximo local, de mais de 8, perto do ponto (6, 5), um máximo local, de mais que 6, perto do ponto (2, 6) e um mínimo local de menos que 3 perto do ponto (3, 2). O valor acima de 8 é o máximo global e o valor abaixo de 3 é o mínimo global no domínio dado.

No Exemplo 1 e no Exemplo 2 podemos avaliar a localização e valor dos pontos de extremo, mas não temos informação suficiente para achá-los exatamente. Isto em geral é verdade quando nos é dada uma tabela de valores ou um diagrama de contornos. Para achar exatamente extremos locais ou globais, em geral precisamos ter uma fórmula para a função.

Achar analiticamente um máximo ou mínimo local

No cálculo de uma variável, os extremos locais de uma função ocorrem em pontos em que a derivada é zero ou não definida. Como se generaliza isto para o caso de funções de duas ou mais variáveis? Suponha que uma função $f(x, y)$ tenha um máximo local num ponto (x_0, y_0) que não esteja na fronteira do domínio de f. Se a derivada parcial $f_x(x_0, y_0)$ fosse definida e positiva, então poderíamos aumentar o valor de f aumentando x. Se $f_x(x_0, y_0) < 0$, então poderíamos aumentar f diminuindo x. Como f tem uma máximo local em (x_0, y_0), não pode haver direção em que f cresça, de modo que devemos ter $f_x(x_0, y_0) = 0$. Analogamente, se $f_y(x_0, y_0)$ estiver definida então $f_y(x_0, y_0) = 0$. O caso em que $f(x, y)$ tem um mínimo local é semelhante. Assim, chegamos à seguinte conclusão:

> Se uma função $f(x, y)$ tem um máximo ou um mínimo local num ponto (x_0, y_0), que não esteja na fronteira de seu domínio, então, ou
>
> $$f_x(x_0, y_0) = 0 \quad \text{e} \quad f_y(x_0, y_0) = 0$$
>
> ou uma derivada parcial (ao menos) não está definida

no ponto (x_0, y_0). Pontos em que ou cada uma das derivadas parciais é zero ou uma delas ao menos não está definida chamam-se ***pontos críticos***.

Como no caso de uma única variável, o fato de (x_0, y_0) ser um ponto crítico para f não garante que f tenha um máximo ou um mínimo aí.

Como achamos pontos críticos?

Para achar pontos críticos de uma função f, procuramos os pontos em que ambas as derivadas parciais de f são zero ou alguma não está definida.

Exemplo 3 Ache e analise os pontos críticos de $f(x, y) = x^2 - 2x + y^2 - 4y + 5$.

Solução Para achar os pontos críticos, fazemos ambas as derivadas parciais iguais a zero:

$$f_x(x, y) = 2x - 2 = 0$$
$$f_y(x, y) = 2y - 4 = 0$$

Resolvendo estas equações encontramos $x = 1$ e $y = 2$. Portanto, f tem um só ponto crítico, ou seja, $(1, 2)$. Qual é o comportamento de f perto de $(1, 2)$? Os valores de f na Tabela 7.12 sugerem que a função tem um valor mínimo local 0 no ponto $(1, 2)$.

TABELA 7.12 — *Valores de $f(x, y)$ perto do ponto (1, 2)*

	x				
y	0,8	0,9	1,0	1,1	1,2
1,8	0,08	0,05	0,04	0,05	0,08
1,9	0,05	0,02	0,01	0,02	0,05
2,0	0,04	0,01	0,00	0,01	0,04
2,1	0,05	0,02	0,01	0,02	0,05
2,2	0,08	0,05	0,04	0,05	0,08

Exemplo 4 Uma companhia manufatureira produz dois produtos que são vendidos em mercados separados. Os economistas da companhia analisam os dois mercados e determinam que as quantidades q_1 e q_2 demandadas pelos consumidores e os preços, p_1 e p_2 de cada item são relacionados pelas equações

$$p_1 = 600 - 0{,}3q_1 \quad \text{e} \quad p_2 = 500 - 0{,}2q_2$$

Assim, se o preço para qualquer dos dois índices cresce, a demanda por ele decresce. O custo total de produção da companhia é dado por

$$C = 16 + 1{,}2q_1 + 1{,}5q_2 + 0{,}2q_1q_2.$$

Se a companhia quiser maximizar seus lucros totais, quanto deveria produzir de cada produto? Qual é o lucro máximo[6]?

Solução A receita total R é a soma das receitas, p_1q_1 e p_1q_2 de cada mercado. Substituindo p_1 e p_2 temos

$$\begin{aligned} R &= p_1q_1 \; p_2q_2 \\ &= (600 - 0{,}3\,q_1)q_1 + (500 - 0{,}2\,q_2)q_2 \\ &= 600q_1 - 0{,}3q^2{}_1 + 500q_2 - 0{,}2\,q^2{}_2. \end{aligned}$$

Assim o lucro total π é dado por

$$\begin{aligned} \pi &= R - C \\ &= 600q_1 - 0{,}3q^2{}_1 + 500q_2 - 0{,}2\,q^2{}_2 - \\ &\quad - (16 + 1{,}2q_1 + 1{,}5q_2 + 0{,}2q_1q_2) \\ &= -16 + 598{,}8q_1 - 0{,}3q^2{}_1 + 498{,}5q_2 - \\ &\quad - 0{,}2\,q^2{}_2 - 0{,}2q_1q_2. \end{aligned}$$

Para maximizar π, calculamos as derivadas parciais:

$$\frac{\partial \pi}{\partial q_1} = 598{,}8 - 0{,}6q_1 - 0{,}2q_2$$

$$\frac{\partial \pi}{\partial q_2} = 498{,}5 - 0{,}4q_2 - 0{,}2q_1$$

Como são definidas em toda parte, os únicos pontos críticos de π são aqueles em que suas derivadas parciais são zero. Portanto resolvemos as equações para q_1 e q_2,

$$598{,}8 - 0{,}6q_1 - 0{,}2q_2 = 0,$$
$$498{,}5 - 0{,}4q_2 - 0{,}2q_1 = 0,$$

que dão

$$q_1 = 699{,}1 \approx 699 \quad \text{e} \quad q_2 = 896{,}7 \approx 897.$$

Para ver se isto é um máximo, olhamos uma tabela do lucro π em torno deste ponto. A Tabela 7.13 sugere que o lucro é máximo em (699, 897). Assim, a companhia deveria produzir 699 unidades do primeiro produto, com o preço de \$390,30 por unidade, e 897 unidades do segundo produto, ao preço de \$320,60 por unidade. O lucro máximo é então $\pi(699, 897) = \$432.797$.

TABELA 7.13 — *Este lucro tem um máximo em (699, 897)?*

Quantidade, q_2	Quantidade, q_1		
	698	699	700
896	432.796,4	432.796,9	432.796,8
897	432.796,7	432.797,0	432.796,7
898	432.796,6	432.796,7	432.796,2

[6] Adaptado de M. Rosser, *Basic Mathematics for Economists*, p. 316, (New York: Routledge, 1993).

[7] Uma explicação deste critério pode ser achada, por exemplo, em Cálculo de várias variáveis de W. McCallum e outros (S.Paulo, Ed. E. Blücher, 1997).

Um ponto crítico é um máximo ou um mínimo?

Freqüentemente podemos ver se um ponto crítico é um máximo local, ou um mínimo local, ou nenhuma dessas coisas, olhando uma tabela ou diagrama de contornos. O seguinte método analítico pode também ser útil para distinguir máximos e mínimos.[7] É análogo ao Critério da Segunda Derivada, no Capítulo 5.

> **Critério das segundas derivadas para funções de duas variáveis**
>
> Suponha que (x_0, y_0) é um ponto crítico em que $f_x(x_0, y_0) = f_y(x_0, y_0) = 0$. Seja
>
> $$D = f_{xx}(x_0, y_0) f_{yy}(x_0, y_0) - f_{xy}(x_0, y_0)^2.$$
>
> - Se $D > 0$ e $f_{xx}(x_0, y_0) > 0$, então f tem um mínimo local em (x_0, y_0).
> - Se $D > 0$ e $f_{xx}(x_0, y_0) < 0$, então f tem um máximo local em (x_0, y_0).
> - Se $D < 0$, então f não tem nem máximo local nem mínimo local em (x_0, y_0).
> - Se $D = 0$, o critério nada diz.

Exemplo 5 Use o critério das derivadas segundas para confirmar que o ponto crítico $q_1 = 699{,}1$, $q_2 = 896{,}7$ dá um máximo local para a função lucro π do Exemplo 4.

Solução Para ver se é ou não, calculamos as derivadas parciais de segunda ordem:

$$\frac{\partial^2 \pi}{\partial q_1^2} = -0{,}6, \quad \frac{\partial^2 \pi}{\partial q_2^2} = -0{,}4, \quad \frac{\partial^2 \pi}{\partial q_1 \partial q_2} = -0{,}2.$$

Como

$$D = \frac{\partial^2 \pi}{\partial q_1^2}\frac{\partial^2 \pi}{\partial q_2^2} - \left(\frac{\partial^2 \pi}{\partial q_1 \partial q_2}\right)^2 = = (-0{,}6)(-0{,}4) - (-0{,}2)^2 = 0{,}2 > 0,$$

o critério implica que achamos um ponto de máximo local.

Problemas para a Seção 7.5.

1. Olhando o mapa do tempo na Figura 7.6, ache as temperaturas máxima e mínima diárias nos estados de Missisipi, Alabama, Pensylvania, New York, California, Arizona e Massachusetts.
2. Olhando a Tabela 7.14 que mostra a exposição a raios ultravioletas como função da latitude e do ano, ache a latitude e o ano que dão a pior exposição a UV entre 1970 e 2010.

Para cada função nos Problemas 3–6, ache todos os pontos críticos e decida se cada ponto é um máximo local, um mínimo local ou nenhuma dessas coisas:

3. $f(x, y) = x^2 + y^2 + 6x - 10y + 8$
4. $f(x, y) = x^2 + 4x + y^2$
5. $f(x, y) = x^2 + xy + 3y$

TABELA 7.14 — *Exposição a ultravioleta*

Latitude	Ano 1970	1975	1980	1985	1990	1995	2000	2005	2010
90	0,00	0,00	0,00	0,00	0,00	0,00	0,00	0,00	0,00
80	0,00	0,00	0,00	0,00	0,00	3,03	5,79	6,37	6,52
70	0,00	0,00	0,00	0,00	0,00	0,02	3,14	6,80	8,21
60	0,01	0,01	0,01	0,01	0,01	0,01	0,12	1,78	3,41
50	0,08	0,08	0,08	0,08	0,08	0,08	0,08	0,08	0,33
40	0,25	0,25	0,25	0,25	0,25	0,25	0,25	0,25	0,25
30	0,49	0,49	0,49	0,49	0,49	0,49	0,49	0,49	0,49
20	0,74	0,74	0,74	0,74	0,74	0,74	0,74	0,74	0,74
10	0,93	0,93	0,93	0,93	0,93	0,93	0,93	0,93	0,93
0	1,00	1,00	1,00	1,00	1,00	1,00	1,00	1,00	1,00
−10	0,93	0,93	0,93	0,93	0,93	0,93	0,93	0,93	0,93
−20	0,74	0,74	0,74	0,74	0,74	0,74	0,74	0,74	0,74
−30	0,49	0,49	0,49	0,49	0,49	0,49	0,49	0,49	0,49
−40	0,25	0,25	0,25	0,25	0,25	0,25	0,25	0,25	0,25
−50	0,08	0,08	0,08	0,08	0,08	0,08	2,41	5,68	7,27
−60	0,01	0,01	0,01	0,01	0,01	1,41	7,64	10,82	11,97
−70	0,00	0,00	0,00	0,00	0,08	6,36	10,36	11,46	11,80
−80	0,00	0,00	0,00	0,00	3,92	6,32	6,71	6,80	6,82
−90	0,00	0,00	0,00	0,00	0,00	0,00	0,00	0,00	0,00

6. $f(x, y) = y^3 - 3xy + 6x$
7. A Figura 7.50 mostra um diagrama de contornos para uma função $f(x, y)$. Liste as coordenadas x e y e os valores da função em cada ponto de máximo local ou mínimo local, e identifique o que são. Algum desses extremos locais é um extremo global para a região mostrada? Se sim, quais?

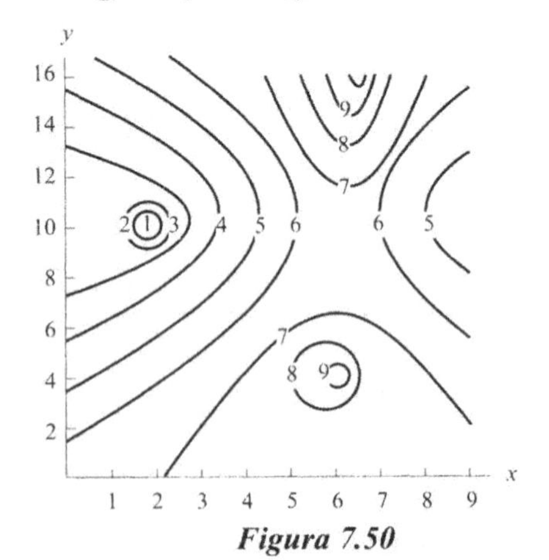

Figura 7.50

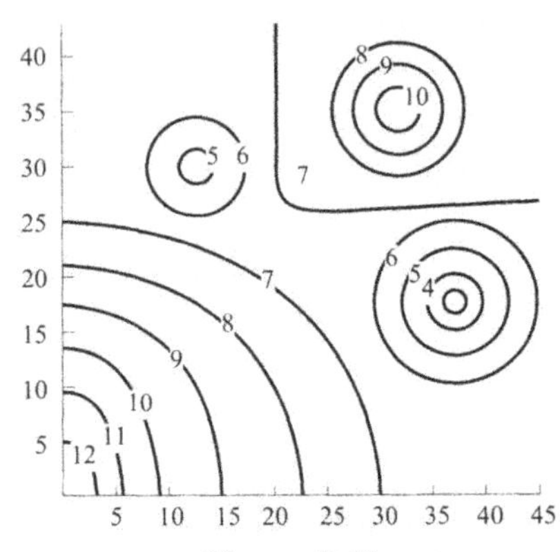

Figura 7.51

8. A Figura 7.51 mostra um diagrama de contornos de uma função $f(x, y)$. Liste x, y e o valor da função em qualquer máximo local ou mínimo local e identifique o que são. Algum deles é também extremo global na região mostrada? Se sim, quais?
9. Suponha que $f(x, y) = A - (x^2 + Bx + y^2 + Cy)$. Quais valores de A, B e C dão a $f(x, y)$ um valor máximo local de 15 no ponto $(-2, 1)$?
10. Uma companhia vende dois produtos, que são substitutos parciais um para o outro, como chá e café. Se o preço de um produto sobe, então a demanda para o outro sobe. As quantidades demandadas, q_1 e q_2, são dadas como funções dos preços p_1 e p_2 por

$$q_1 = 517 - 3{,}5p_1 + 0{,}8p_2 \quad \text{e} \quad q_2 = 770 - 4{,}4p_2 + 1{,}4p_l.$$

(a) Escreva a receita total como função de p_1 e p_2.
(b) Quais preços deveria a companhia cobrar para maximizar a receita total?[8]

11. Uma companhia opera duas fábricas que produzem o mesmo item e cujas funções de custo total são

$$C_1 = 8{,}5 + 0{,}03q^2{}_1 \qquad \text{e} \qquad C_2 = 5{,}2 + 0{,}04q^2{}_2,$$

onde q_1 e q_2 são as quantidades produzidas em cada fábrica. A quantidade total demandada, $q = q_1 + q_2$, se relaciona com o preço p por

$$p = 60 - 0{,}04q.$$

Quanto deveria produzir cada fábrica para maximizar o lucro da companhia?[9]

12. Suponha que dois produtos são manufaturados em quantidades q_1 e q_2 e vendidos aos preços p_1 e p_2 respectivamente, e que o custo de produzi-los é dado por

$$C = 2q^2{}_1 + 2q^2{}_2 + 10.$$

(a) Achе o máximo lucro que pode ser obtido, supondo fixos os preços.
(b) Ache a taxa de variação do lucro máximo quando p_1 cresce.

7.6 OTIMIZAÇÃO CONDICIONADA

Muitos problemas de otimização são condicionados por circunstâncias externas. Por exemplo, uma cidade que deseja construir um sistema de transporte público só tem uma quantidade limitada de dinheiro de impostos que pode gastar no projeto. Qualquer nação que tente manter seu equilíbrio comercial deve gastar menos com importações do que ganha com exportações. Nesta seção, veremos como achar um valor ótimo sob tais condicionamentos.

[8] Adaptado de M. Rosser, *Basic Mathematics for Economists*, p. 318, (New York: Routledge, 1993).

[9] Adaptado de M. Rosser, *Basic Mathematics for Economists*, p. 318, (New York: Routledge, 1993).

Um problema de otimização condicionada

Suponha que desejamos maximizar a produção de uma firma sob uma condição orçamentária. Suponha que a produção, f, é função de duas variáveis, x e y, que são quantidades de duas matérias-primas, e

$$f(x, y) = x^{2/3}y^{1/3}.$$

Se x e y são comprados aos preços p_1 e p_2 por unidade, qual é a produção f máxima que se pode obter com um orçamento c?

Para maximizar f sem levar em conta o orçamento, simplesmente aumentamos x e y tanto quanto pudermos. Mas o orçamento nos impedirá de aumentar x e y para além de um certo ponto. Exatamente como nos restringe o orçamento? Suponha que x e y custem cada um \$100 por unidade e suponha que o orçamento total é \$378.000. A quantia gasta com x e y, juntos é dada por $g(x, y) = 100x + 100y$, e como não podemos gastar mais do que o orçamento permite, devemos ter:

$$g(x, y) = 100x + 100y \leq 378.000.$$

O objetivo é maximizar a função

$$f(x, y) = x^{2/3}y^{1/3}.$$

Como esperamos esgotar o orçamento, temos

$$100x + 100y = 378.000.$$

Exemplo 1 Uma companhia tem função de produção $f(x, y) = x^{2/3}y^{1/3}$ e condição de orçamento $100x + 100y = 378.000$.

(a) Se \$100.000 forem gastos com x, quanto pode ser gasto com y? Qual é a produção neste caso?

(b) Se \$200.000 forem gastos com x, quanto pode ser gasto com y? Qual é a produção neste caso?

(c) Qual das duas opções acima é melhor escolha para a companhia? Você acha que esta é a melhor de todas as opções possíveis?

Solução (a) Se a companhia gasta \$100.000 com x então restam-lhe \$278.000 para gastar com y. Neste caso temos $100x = 100.000$, assim $x = 1.000$ e $100y = 278.000$ de modo que $y = 2.780$. Portanto

$$\text{Produção} = f(1.000, 2.780) = (1.000)^{2/3}(2.780)^{1/3} = \\ = 1.406 \text{ unidades}$$

(b) Se a companhia gastar \$200.000 com x, terá \$178.000 para gastar com y. Portanto $x = 2.000$ e $y = 1.780$ e

$$\text{Produção} = f(2.000, 1.780) = (2.000)^{2/3}(1.780)^{1/3} = \\ = 1.924 \text{ unidades.}$$

(c) Destas duas opções, (b) é melhor pois neste caso a produção é maior. Provavelmente não é a otimal, pois há muitas outras combinações de x e y que não verificamos.

Abordagem gráfica: maximizar a produção sujeita a condição orçamentária

Como podemos achar o valor máximo da produção? Queremos maximizar a *função objetivo*

$$f(x, y) = x^{2/3}y^{1/3}$$

sujeita a $x \geq 0$ e $y \geq 0$ e à condição orçamentária

$$g(x, y) = 100x + 100y = 378.000$$

A condição é representada pela reta na Figura 7.52. Qualquer ponto sobre ou abaixo da reta representa um par de valores de x e y que podemos pagar. Um ponto sobre a reta exaure completamente o orçamento, ao passo que um ponto abaixo da reta representa valores de x e y que não esgotam o orçamento. Qualquer ponto acima da reta representa um par de valores que supera o orçamento.

A Figura 7.52 mostra também os contornos da função de produção f. Como queremos maximizar f, queremos achar o ponto que jaz sobre o contorno com o maior valor possível de f e que cai dentro do orçamento. O ponto que procuramos deve estar sobre a condição orçamentária porque claramente deveríamos gastar todo o dinheiro disponível. A observação crucial é esta: O máximo ocorre no ponto P em que a condição de orçamento é tangente a um contorno. (Veja a Figura 7.52.) A razão é que, se estivermos sobre a reta de restrição e à esquerda de P, mover-nos para a direita aumentará f, se estivermos sobre a reta e à direita de P, mover-nos para a esquerda aumentará f. Assim, o valor máximo de f sobre a restrição orçamentária ocorrerá no ponto P.

De modo geral, desde que f e g sejam lisas, temos o seguinte resultado:

> Se $f(x, y)$ tiver um máximo global ou um mínimo global com a condição $g(x, y) = c$, este ocorrerá num ponto em que o gráfico da condição seja tangente a um contorno de f, ou numa extremidade da condição.[10]

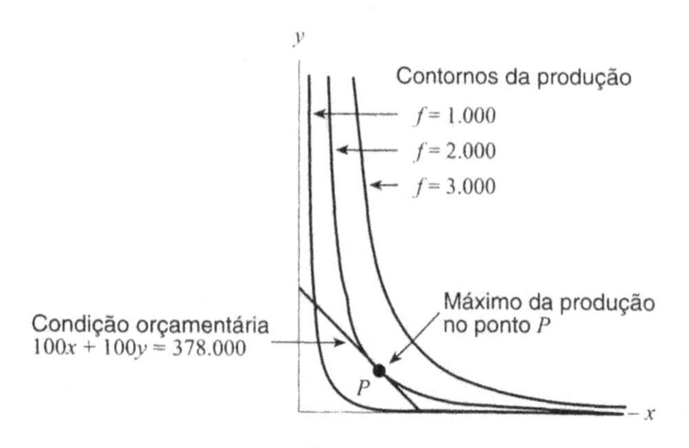

***Figura 7.52** — Condição orçamentária e contornos da produção*

[10] Se a condição tiver extremidades.

Abordagem analítica: o método dos multiplicadores de Lagrange

Suponha que desejamos otimizar $f(x, y)$ sujeita à condição $g(x, y) = c$. Damos a seguinte definição:

> Suponha que P_0 é um ponto satisfazendo à condição $g(x, y) = c$.
>
> - f tem um **máximo local** em P_0 **sujeito à condição** se $f(P_0) \geq f(P)$ para todos os pontos P próximos de P_0 e satisfazendo à condição.
> - f tem um **máximo global** em P_0 **sujeito à condição** se $f(P_0) \geq f(P)$ para todos os pontos P que satisfazem à condição.
>
> Mínimos locais e globais são definidos analogamente.

Pode-se mostrar[11] que a condição é tangente a um contorno de f no ponto que satisfaz às equações dadas pelo seguinte método.

> **Método dos multiplicadores de Lagrange:** Para otimizar $f(x, y)$ sujeita à condição $g(x, y) = c$, resolva o seguinte sistema de três equações
>
> $$f_x(x, y) = \lambda\, g_x(x, y),$$
> $$f_y(x, y) = \lambda\, g_y(x, y),$$
> $$g(x, y) = c,$$
>
> para as três incógnitas x, y e λ; o número λ chama-se o *multiplicador de Lagrange*. Se f tiver um máximo ou mínimo global condicionado, então ele ocorrerá em uma das soluções (x_0, y_0) deste sistema ou numa extremidade da condição.

Exemplo 2 Maximize $f(x, y) = x^{2/3}y^{1/3}$ sujeita a $100x + 100y = 378.000$.

Solução A derivação dá

$$f_x(x, y) = \frac{2}{3}x^{-1/3}y^{1/3} \quad \text{e} \quad f_y(x, y) = \frac{1}{3}x^{2/3}y^{-2/3}$$

e

$$g_x(x, y) = 100 \quad \text{e} \quad g_y(x, y) = 100$$

levando às equações

$$\frac{2}{3}x^{-1/3}y^{1/3} = \lambda(100)$$

$$\frac{1}{3}x^{2/3}y^{-2/3} = \lambda(100)$$

$$100x + 100y = 378.000.$$

As duas primeiras equações mostram que devemos ter

$$\frac{2}{3}x^{-1/3}y^{1/3} = \frac{1}{3}x^{2/3}y^{-2/3}$$

[11] Veja W. McCallum, e outros: *Cálculo de várias variáveis.* (S.Paulo: Ed. E.Blücher, 1997)

Usando o fato que $x^{-1/3} = 1/x^{1/3}$ podemos reescrever isto como

$$\frac{2y^{1/3}}{3x^{1/3}} = \frac{x^{2/3}}{3y^{2/3}}$$

Multiplicando tudo pelos denominadores vem

$$2y^{1/3}(3y^{2/3}) = x^{2/3}(3x^{1/3}).$$

E simplificando, usando que $y^{1/3} \cdot y^{2/3} = y^1$, segue

$$6y = 3x$$
$$2y = x$$

Como devemos também satisfazer à condição $100x + 100y = 378.000$, de $x = 2y$ vem

$$100(2y) + 100y = 378.000$$
$$300y = 378.000$$
$$y = 1.260.$$

Como $x = 2y$, temos $x = 2.520$. O valor ótimo ocorre em $x = 2.520$ e $y = 1.260$. Para estes valores,

$$f(1.520, 1.260) = (2.520)^{2/3}(1.260)^{1/3} \approx 2.000, 1.$$

As extremidades da condição são os pontos (3780, 0) e (0, 3780). Como

$$f(3.780, 0) = f(0, 3.780) = 0,$$

vemos que o valor máximo de f é aproximadamente 2.000 e que ocorre em $x = 2.520$ e $y = 1.260$.

Significado de λ

No exemplo anterior, nunca achamos o valor de λ (nem precisamos dele). Mas λ tem uma interpretação prática. No problema de produção maximizamos

$$f(x, y) = x^{2/3}y^{1/3}$$

com a condição

$$g(x, y) = 100x + 100y = 378.000$$

Já resolvemos as equações

$$\frac{2}{3}x^{-1/3}y^{1/3} = 100\lambda$$

$$\frac{1}{3}x^{2/3}y^{-2/3} = 100\lambda$$

$$100x + 100y = 378.000$$

para obter $x = 2.520$, $y = 1.260$. Continuando para achar λ obtemos

$$\lambda \approx 0,0053.$$

Suponha que fazemos um outro cálculo, aparentemente sem relação com este. Suponha que nosso orçamento é aumentado por \$1.000, de \$378.000 para \$379.000. A nova condição é

$$100x + 100y = 379.000$$

A solução correspondente é em $x = 2.527$, $y = 1.263$ e o novo valor máximo (em vez de $f = 2.000, 1$) é

$$f = (2527)^{2/3}(1263)^{1/3} \approx 2.005, 4.$$

Os \$1.000 adicionais na condição aumentaram o nível de produção f por 5,3 unidades. Observe que a produção aumentou por 5, 3/1.000 = 0,0053 por \$1, que é nosso valor para λ. O valor de λ representa a produção extra obtida aumentado o orçamento por \$1.

Resolvendo para λ qualquer das equações $f_x = \lambda g_x$ ou $f_y = \lambda g_y$, temos a sugestão de ser o multiplicador de Lagrange dado pela razão das variações

$$\lambda \approx \frac{\Delta f}{\Delta g} = \frac{\text{Variação do valor ótimo de } f}{\text{Variação de } g}$$

Estes resultados sugerem as seguintes interpretações:

> O valor de λ é aproximadamente o aumento do valor ótimo de f quando o valor da condição é aumentado de 1 unidade.
>
> O valor de λ representa a taxa de variação do valor ótimo de f quando aumenta a condição.

Exemplo 3 A quantidade de bens produzidos segundo a função $f(x, y) = x^{2/3}y^{1/3}$ é maximizada sob a condição orçamentária $100x + 100y = 378.000$. Suponha que o orçamento é aumentado para permitir uma pequena produção extra. Qual preço deve ser pedido pelo produto para que compense o aumento do orçamento?

Solução Sabemos que λ = 0,0053. Portanto, um aumento de \$1 no orçamento aumenta a produção por cerca de 0,0053 unidade. Para que o aumento do orçamento seja proveitoso, os bens produzidos a mais devem ser vendidos por mais de \$1. Se o preço for p, devemos ter $0,0053 > 1$. Isto é, $p > 1/0,0053 \approx \$189$.

Exemplo 4 A quantidade Q de um produto manufaturado por uma companhia é dada por

$$Q = xy,$$

onde x e y são quantidades de matérias-primas usadas. Suponha que x custe \$20 por unidade, y custe \$10 por unidade e que o orçamento é \$10.000.

(a) Quantas unidades de x e y devem ser compradas para maximizar a produção?

(b) Quantas unidades são produzidas ao valor máximo?

(c) Ache o valor de λ e interprete-o.

Solução (a) Maximizamos $f(x, y) = xy$ sujeita à condição $g(x, y) = 20x + 10y = 10.000$ e $x \geq 0$, $y \geq 0$. Temos as seguintes derivadas parciais:

$$f_x = y, \quad f_y = x \quad \text{e} \quad g_x = 20, \quad g_y = 10.$$

O método dos multiplicadores de Lagrange dá as seguintes equações:

$$y = 20\lambda$$
$$x = 10\lambda$$
$$20x + 10y = 10.000$$

Substituindo x e y na terceira equação pelos valores dados na duas primeiras tem-se

$$20(10\lambda) + 10(20\lambda) = 10.000$$
$$400\lambda = 10.000$$
$$\lambda = 25$$

Substituindo λ por 25 nas duas primeiras equações vem $x = 250$ e $y = 500$. A companhia deve comprar 250 unidades de x e 500 unidades de y.

(b) As extremidades da condição são os pontos (500, 0) e (0, 1000). Como $f(500, 0) = f(0, 1000) = 0$, o valor máximo da função de produção é

$$f(250, 500) = (250)(500) = 125.000 \text{ unidades}$$

(c) Temos $\lambda = 25$. Isto nos diz que se o orçamento for aumentado de \$1, devemos esperar um aumento de produção de cerca de 25 unidades. Se o orçamento aumentar por \$1.000, a produção máxima aumentará de cerca de 25.000, para um total de aproximadamente 150.000.

A função lagrangiana

Problemas de otimização condicionada freqüentemente são resolvidos usando uma função lagrangiana,

$$\mathfrak{L}(x, y, \lambda) = f(x, y) - \lambda(g(x, y) - c).$$

Para ver porque a lagrangiana é útil, calcule as derivadas parciais de $\mathfrak{L}$.

$$\frac{\partial \mathfrak{L}}{\partial x} = \frac{\partial f}{\partial x} - \lambda \frac{\partial g}{\partial x},$$
$$\frac{\partial \mathfrak{L}}{\partial y} = \frac{\partial f}{\partial y} - \lambda \frac{\partial g}{\partial y},$$
$$\frac{\partial \mathfrak{L}}{\partial \lambda} = -(g(x, y) - c)$$

Observe que se (x_0, y_0) for um ponto crítico de $f(x, y)$ sujeito à condição $g(x, y) = c$ e λ_0 for o correspondente multiplicador de Lagrange, então no ponto (x_0, y_0, λ_0) teremos

$$\frac{\partial \mathfrak{L}}{\partial x} = 0 \quad \text{e} \quad \frac{\partial \mathfrak{L}}{\partial y} = 0 \quad \text{e} \quad \frac{\partial \mathfrak{L}}{\partial \lambda} = 0$$

Em outras palavras, (x_0, y_0, λ_0) é um ponto crítico para o problema de otimização, sem condições, da lagrangiana, $\mathfrak{L}(x, y, \lambda)$.

Podemos pois atacar problemas de otimização condicionada em dois passos. Primeiro, escrever a função lagrangiana $\mathfrak{L}$. Segundo, achar os pontos críticos de $\mathfrak{L}$.

Problemas para a Seção 7.6

Nos Problemas 1–6, use multiplicadores de Lagrange para achar valores máximo e mínimo de $f(x, y)$ sujeita às condições dadas.

1. $f(x, y) = xy,\ 5x + 2y = 100$
2. $f(x, y) = x^2 + 3y^2 + 100,\ 8x + 6y = 88$
3. $f(x, y) = x^2 + 4xy,\ x + y = 100$
4. $f(x, y) = 5xy,\ x + 3y = 24$
5. $f(x, y) = x + y,\ x^2 + y^2 = 1$
6. $f(x, y) = 3x - 2y,\ x^2 + 2y^2 = 44$
7. A Figura 7.53 mostra um diagrama de contornos para a função $f(x, y)$ e a condição $g(x, y) = c$. Aproximadamente, quais valores de x e y maximizam $f(x, y)$ sujeita à condição? Qual é aproximadamente o valor de f neste ponto de máximo?
8. Suponha que a quantidade Q de um certo produto dependa da quantidade de trabalho, L, e de capital, K, usados, de acordo com a função

$$Q = 900L^{1/2}K^{2/3}.$$

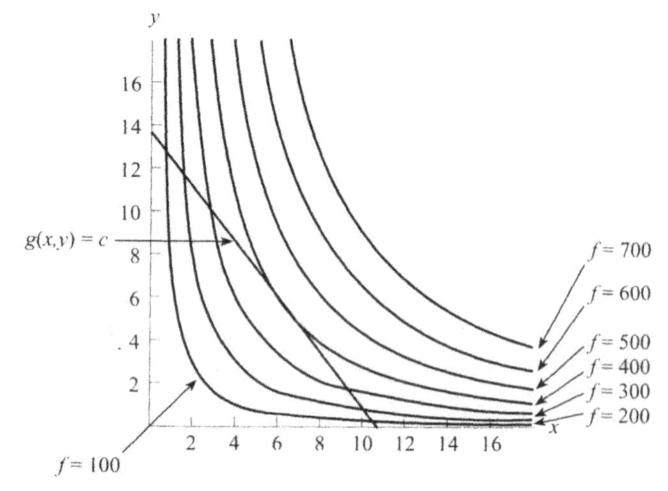

Figura 7.53

Suponha que o trabalho custe \$100 por unidade e o capital \$200 por unidade. Qual combinação de trabalho e capital deveria ser usada para produzir 36.000 unidades dos bens a custo mínimo? Qual é esse custo mínimo?

9. A quantidade, Q, de um produto manufaturado por uma companhia é dada por

$$Q = aK^{0,6}L^{0,4},$$

onde a é uma constante positiva, K é a quantidade de capital e L é a quantidade de trabalho usados. O custo do capital é \$20 por unidade, o trabalho custa \$10 por unidade e a companhia quer que os custos combinados de capital e trabalho não superem \$150. Suponha que lhe pediram para ser consultor da companhia e que você fica sabendo que são usadas 5 unidades para cada, de capital e trabalho.

(a) O que você aconselha? A companhia deve usar mais ou menos trabalho? Mais ou menos capital? Em tal caso, por quanto?

(b) Escreva um resumo de uma frase que possa ser usada para vender seu conselho à diretoria.

10. Considere uma firma que manufatura um bem em duas

fábricas diferentes. O custo total para a manufatura depende das quantidades, q_1 e q_2, produzidas por cada fábrica, e é expresso pela função de custo conjunto, $C = f(q_1, q_2)$. Suponha que a função de custo conjunto seja aproximada por

$$f(q_1, q_2) = 2q^2_1 + q_1q_2 + q^2_2 + 500$$

e que o objetivo da companhia seja produzir 200 unidades, ao mesmo tempo minimizando os custos de produção. Quantas unidades deveriam ser fornecidas por cada fábrica?

11. A função de produção para uma companhia é dada por

$$P = 24K^{0,6}L^{0,4},$$

onde P é a quantidade produzida pela companhia, L a quantia gasta com trabalho e K o valor do equipamento, ou capital. A quantia total gasta com L e K juntos não podem superar \$1.000. Se o objetivo for o de maximizar a produção, quanto deveria ser gasto com trabalho e quanto com capital?

(a) Escreva as equações para resolver este problema usando multiplicadores de Lagrange.

(b) Quais são os valores ótimos de L e K?

(c) Quantas unidades são produzidas, a este nível de produção?

(d) Ache o valor de λ e interprete-o.

12. O diretor de uma clinica de saúde de bairro tem um orçamento anual de \$600.000. Como deve ser alocado este orçamento para maximizar o número, V, de visitas de pacientes, que é uma função do número de médicos, D, e do número de enfermeiras, N, e dado por

$$V = 1.000D^{0,6}N^{0,3}.$$

Médicos têm um salário anual de \$40.000 e as enfermeiras ganham \$10.000.

(a) Monte o problema do diretor, de otimização condicionada.

(b) Resolva o problema formulado na parte (a).

(c) Ache o valor do multiplicador de Lagrange e interprete seu significado neste problema.

13. Suponha que a quantidade, q, de um produto manufaturado dependa do número, W, de trabalhadores e da quantidade, K, de capital investido, e é representado pela função de Cobb-Douglas

$$q = 6W^{3/4}K^{1/4}.$$

Além disso, o trabalho custa \$10 por unidade e o capital custa \$20 por unidade; o orçamento é \$3.000.

(a) Qual é o número ótimo de trabalhadores e o número ótimo de unidades de capital?

(b) Recalcule os valores ótimos de W e K, o orçamento sendo aumentado por \$1. Verifique que aumentar o orçamento por \$1 permite a produção de λ unidades extras do produto, onde λ é o multiplicador de Lagrange.

14. Uma companhia tem a função de produção $P(x, y)$, que dá o número de unidades que podem ser produzidas para valores dados de x e y; a função custo $C(x, y)$ dá o custo para a produção para os valores dados de x e y; a função custo $C(x, y)$ dá o custo para a produção para valores dados de x e y.

(a) Se a companhia quer maximizar a produção a um custo de \$50.000, qual é a função objetivo f? Qual é a equação de condição? Qual é o significado de l nesta situação?

(b) Se, em vez disso, a companhia quer minimizar os custos num nível de produção fixo de 2.000 unidades, qual é a função objetivo? Qual é a equação de condição? Qual o significado de λ nesta situação?

15. Suponha que $f(x, y)$ seja uma função custo, e que o custo mínimo para uma produção de 50 seja dado por $f(33, 87) = 1.200$, com $\lambda = 15$. Avalie o custo se a quota de produção for:

(a) Aumentada a 51 (b) Abaixada a 49

16. Uma companhia manufatura x unidades de um item e y unidades de outro. O custo total, C, para produzir estes itens é aproximado pela função

$$C = 5x^2 + 2xy + 3y^2 + 800$$

(a) Se a quota de produção para o número total de itens (os dois tipos combinados) é 39, ache o mínimo custo de produção.

(b) Avalie o custo adicional ou economia se a quota de produção for elevada a 40 ou abaixada a 38.

37. Cada pessoa procura equilibrar seu tempo entre lazer e trabalho. A questão é que se você trabalhar menos sua renda cai. Por isso, cada pessoa tem *curvas de indiferença* que ligam o número de horas de lazer, l, e a renda, s. Se por exemplo você olha com indiferença 0 horas de lazer com renda de \$1.125 por semana de uma lado, e 10 horas de lazer com renda de \$750 por semana de outro lado, então os pontos $l = 0$, $s = 1.125$, e $l = 10$, $s = 750$ estarão ambos na mesma curva de indiferença. A Tabela 7.15 dá informação sobre três curvas de indiferença, I, II e III.

TABELA 7.15

Renda semanal			Horas de lazer semanais		
I	II	III	I	II	II
1.125	1.250	1.375	0	20	40
750	875	1.000	10	30	50
500	625	750	20	40	60
375	500	625	30	50	70
250	375	500	50	70	90

(a) Esboce as três curvas de indiferença em papel para gráficos.

(b) Suponha que você tem disponíveis 100 horas por semana para trabalho e lazer juntos, e que você ganha \$10/hora. Escreva uma equação em termos de l e s que represente esta condição.

(c) Sobre o mesmo papel para gráficos, esboce um gráfico desta condição.

(b) Avalie pelo gráfico qual combinação de horas de lazer e renda você escolheria sob tais circunstâncias. Dê o correspondente número de horas por semana que você deveria trabalhar. Explique como você fez esta estimativa.

18. Uma grande fábrica de automóveis emprega correntemente 1.500 trabalhadores e tem capital investido igual a 4 milhões de dólares por mês. A função de produção para esta fábrica é

$$Q = x^{0,4}y^{0,6}$$

onde Q é o número de carros produzidos por mês, x é o número de trabalhadores e y é o investimento de capital. O salário de cada trabalhador é \$2.100 por mês e cada unidade de capital custa \$1.000 por mês.

(a) Quantos carros está a fábrica produzindo por mês atualmente?

(b) Devido a uma economia lenta, a fábrica decide reduzir a produção a 2.000 carros por mês. A fábrica quer minimizar o custo para produzir estes 2.000 carros. Quantos operários deverão ser despedidos? Por qual quantia o investimento mensal deve ser reduzido?

(c) Dê o valor do multiplicador de Lagrange, λ, e interprete-o em termos da fábrica de carros

RESUMO DO CAPÍTULO

- **Funções de duas variáveis**

  Representadas por tabelas, gráficos, fórmulas, seções (uma variável fixada), contornos (valor da função fixado).

- **Derivadas parciais**

  Definição por quociente de diferenças, interpretação usando unidades, avaliação a partir de um diagrama de contornos ou uma tabela, computar a partir de uma fórmula, derivadas parciais de segunda ordem.

- **Otimização**

  Pontos críticos, máximos e mínimos locais.

- **Otimização condicionada**

  Interpretação geométrica do método do multiplicador de Lagrange, resolução algébrica de problemas de multiplicador de Lagrange, interpretação de λ.

PROBLEMAS DE REVISÃO PARA O CAPÍTULO SETE

1. A Tabela 7.14 na página 294, mostra as predições, de um modelo simples, sobre como pode variar a exposição média a ultravioletas (UV) com o ano e a latitude.

(a) Faça o gráfico da exposição a UV contra a latitude para os anos 1970, 1990 e 2000.

(b) Faça uma tabela mostrando qual latitude tem a exposição mais severa a UV, como função do ano.

(c) O que você observa em sua resposta à parte (a) e (b). Qual a explicação possível para este fenômeno?

2. Um industrial vende dois produtos, um ao preço de \$3.000 a unidade e o outro ao preço de \$12.000 a unidade. Uma quantidade q_1 do primeiro produto e q_2 do segundo são vendidas a um custo total de \$4.000 para o industrial.

(a) Expresse o lucro, π, do industrial como função de q_1 e q_2.

(b) Esboce um diagrama de contornos para o lucro π como função de q_1 e q_2. Inclua contornos para $\pi = 10.000$, $\pi = 20.000$ e $\pi = 30.000$ e a curva crítica $\pi = 0$.

3. A Figura 7.54 mostra diagramas de contorno da temperatura em graus centígrados numa sala em três tempos diferentes. Descreva o fluxo de calor na sala. O que pode estar causando isto?

Nos Problemas 4–5 suponha que o material caído, V, (em quilos por quilômetro quadrado) de uma explosão vulcânica dependa da distância d ao vulcão e do tempo t (em horas) desde a explosão:

$$V = f(d, t) = (\sqrt{t})e^{-d}.$$

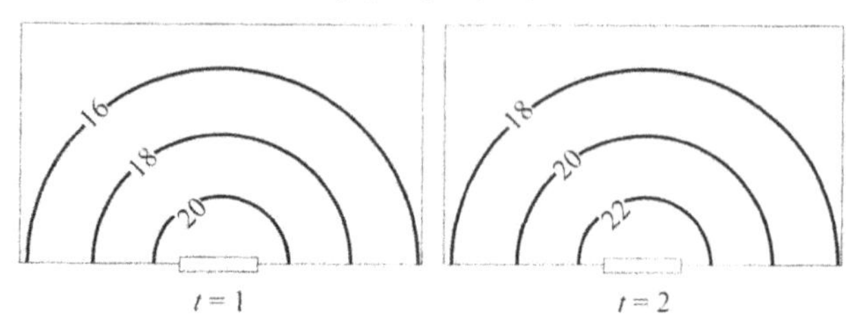

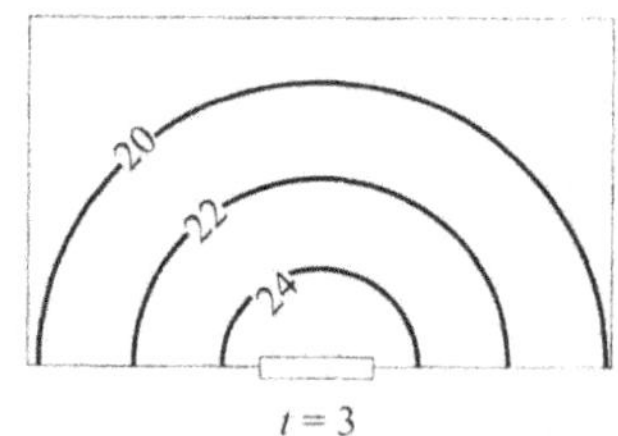

Figura 7.54

4. Sobre os mesmos eixos, faça o gráfico de seções de f com $t = 1$ e $t = 2$. Descreva a forma de cada gráfico. Como varia a queda de material quando varia a distância ao vulcão? Olhe a relação entre os gráficos: como está a queda variando com o tempo? Explique porque suas respostas fazem sentido em termos de vulcões.

5. Sobre os mesmos eixos, faça o gráfico de seções de f com $d = 0$, $d = 1$ e $d = 2$. Descreva a forma de cada gráfico. Variando o tempo desde a explosão, como varia a queda de material? Olhe a relação entre os gráficos: como a queda está variando com o tempo? Explique porque suas respostas fazem sentido em termos de vulcões.

6. Esboce um diagrama de contornos para $z = y - \text{sen}\, x$. Inclua ao menos quatro contornos, marcados. Descreva os contornos em palavras, e como estão espaçados.

Para cada uma das funções nos Problemas 7–8, faça um mapa de contornos na região $-2 < x < 2$ e $-2 < y < 2$. Em cada caso, qual é a equação e a forma das linhas de contorno?

7. $z = 3x - 5y + 1$

8. $z = 2x^2 + y^2$

9. Você é um antropólogo observando um ritual nativo. Dezesseis pessoas se colocam, de costas para você, sobre um banco; todos menos os três na extrema esquerda estão sentados. A primeira pessoa na ponta esquerda está de pé, com as mãos para os lados, a segunda está de pé com as mãos levantadas e a terceira está de pé com as mãos para os lados. A um sinal não percebido, a primeira senta-se, e todos os outros copiam o que o vizinho à esquerda estava fazendo um segundo antes. A cada segundo, este comportamento é repetido, até que todos esteja de novo sentados.

(a) Faça gráficos em vários tempos diferentes mostrando como a altura depende da distância ao longo do banco.

(b) Faça um gráfico da localização das mãos levantadas como função do tempo.

(c) Qual ritual nos EUA se parece mais com o que você observou?

10. A córnea é a superfície de frente do olho. Especialistas da córnea usam um TMS, Sistema de Modelagem Topográfica, para produzir um "mapa" da curvatura da superfície do olho. Um computador analisa a luz refletida no olho e traça curvas de nível unindo pontos de curvatura constante. As regiões entre essas curvas são coloridas com cores diferentes.

Os dois primeiros desenhos na Figura 7.55 são seções de olhos com curvatura constante, a menor sendo de cerca de 38 unidades e a maior de cerca de 50 unidades. Para contraste, o terceiro olho tem curvatura variável.

(a) Descreva em palavras como aparece o mapa TMS de um olho de curvatura constante.

(b) Trace o mapa TMS de um olho com a seção da Figura 7.56. Suponha que o olho é circular quando visto de frente, e a seção é a mesma em qualquer direção. Ponha marcas numéricas razoáveis em suas curvas de nível.

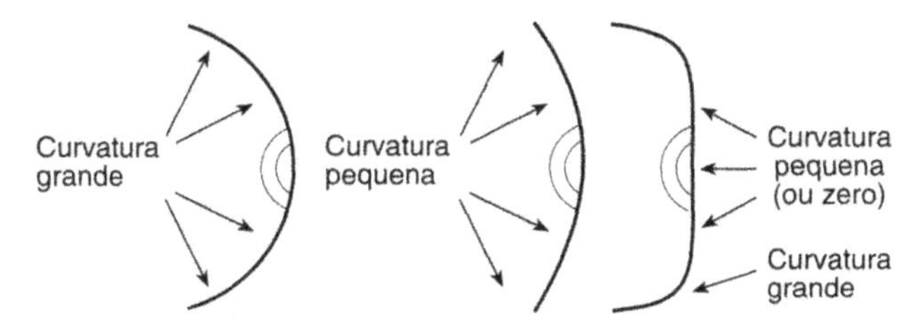

Figura 7.55 — Desenhos de olhos com curvaturas diferentes

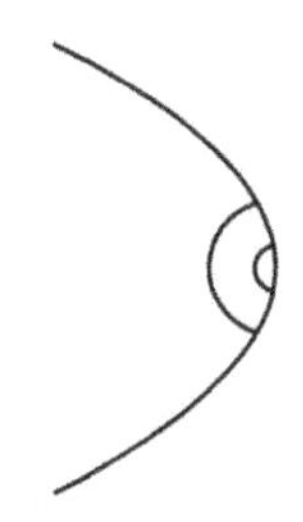

Figura 7.56

Para os Problemas 11–16, ache as derivadas parciais indicadas. Suponha que as variáveis são restritas a um domínio no qual a função está definida.

11. f_x e f_y se $f(x, y) = x^2 + xy + y^2$

12. P_a e P_b se $P = a^2 - 2ab^2$

13. $\dfrac{\partial Q}{\partial p_1}$ e $\dfrac{\partial Q}{\partial p_2}$ se $Q = 50p_1p_2 - p_2^2$

14. $\dfrac{\partial f}{\partial x}$ e $\dfrac{\partial f}{\partial t}$ se $f = 5xe^{-2t}$

15. $\dfrac{\partial P}{\partial K}$ e $\dfrac{\partial P}{\partial L}$ se $P = 10K^{0,7}L^{0,3}$

16. f_x e f_y se $f(x, y) = \sqrt{x^2 + y^2}$

17. A Figura 7.57 mostra o diagrama de contornos para a função corda vibrante da página 243:

$$f(x, t) = \cos t \operatorname{sen} x,\ 0 \le x \le \pi$$

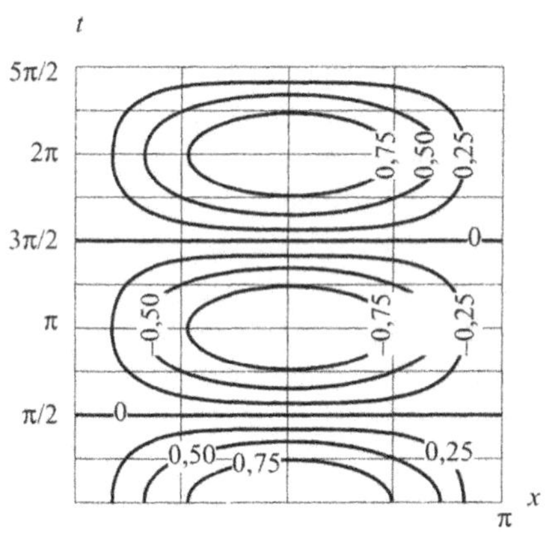

Figura 7.57

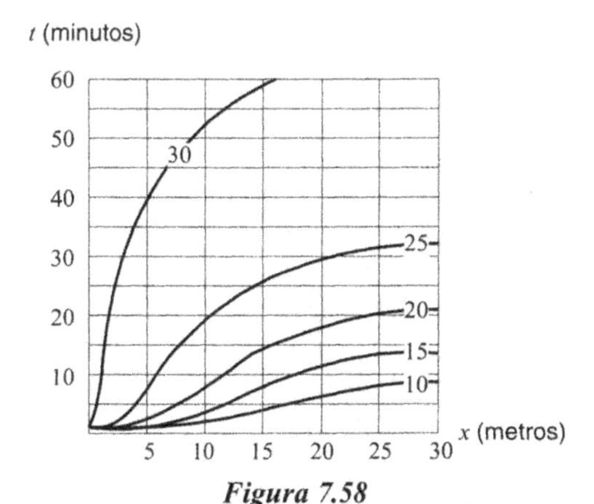

Figura 7.58

Usando o diagrama, descreva em palavras as seções de f com t fixo e as seções de f com x fixo. Explique o que você vê em termos do comportamento da corda.

18. A Figura 7.58 mostra um diagrama de contornos para a temperatura T (em °C) ao longo de uma parede de uma sala aquecida, como função da distância x ao longo da parede e do tempo t em minutos. Avalie $\partial T/\partial x$ e $\partial T/\partial t$ nos pontos dados. Dê unidades para suas respostas e diga o que significam.

(a) $x = 15, t = 20$ (b) $x = 5, t = 12$

19. A quantidade de carne, Q, em quilos, que uma certa comunidade compra durante uma semana é uma função $Q = f(b, c)$ dos preços da carne, b, e galinha, c, durante a semana. Você espera que $\partial Q/\partial b$ seja positiva ou negativa? E $\partial Q/\partial c$?

20. Suponha que o custo para produzir uma unidade de um certo produto seja dado por

$$C = a + bx + ky,$$

onde x é a quantidade de trabalho usada (em homens hora) e y a quantidade de matéria-prima usada (por peso), e a, b e k são constantes. O que significa $\partial c/\partial x = b$? Qual a interpretação prática de b?

21. Pessoas viajando diariamente para uma cidade escolhem entre ir de ônibus ou de trem. O número de pessoas que escolhem cada método depende em parte do preço de cada um. Seja $f(P_1, P_2)$ o número de pessoas que tomam o ônibus, P_1 sendo o preço da passagem de ônibus e P_2 o do trem. O que você pode dizer sobre os sinais de $\partial f/\partial P_1$ e $\partial f/\partial P_2$? Explique suas respostas.

22. Uma companhia de refrigerantes está interessada em ver como a demanda por seus produtos é afetada pelos preços. A companhia acredita que a quantidade vendida, q, de seus refrigerantes depende de p_1, o preço médio dos refrigerantes da companhia, p_2, o preço médio de refrigerantes competidores e p_3, a quantia média que a companhia gasta em propaganda. Suponha também que

$$q = C - 8 \cdot 10^6 p_1 + 4 \cdot 10^6 p_2 + 2p_3.$$

(a) O que representa a constante C em termos de vendas de refrigerantes?

(b) Ache a demanda marginal para refrigerantes com relação a variações em p_1, p_2, p_3. Explique porque os sinais e magnitudes de suas respostas são razoáveis. [Nota: A demanda marginal é a taxa de variação da quantidade demandada com o preço.]

23. Suponha que x é o preço de uma marca de gasolina e y é o preço de uma competidora. Então q_1, a quantidade da primeira marca vendida num período de tempo fixo, depende tanto de x quanto de y, assim $q_1 = f(x, y)$. Analogamente, se q_2 é a quantidade da segunda marca vendida durante o mesmo período, $q_2 = g(x, y)$. Que sinais você espera que tenham as seguintes quantidades? Explique. (a) $\partial q_1/\partial x$ e $\partial q_2/\partial y$ (b) $\partial q_1/\partial y$ e $\partial q_2/\partial x$.

24. Na década de 1940–50, viu-se que a quantidade, q, de cerveja vendida na Inglaterra dependia de I (a renda pessoal agregada, ajustada para impostos e inflação), p_1 (o preço médio da cerveja) e p_2 (o preço médio de todos os outros bens e serviços). Você esperaria que $\partial q/\partial I$, $\partial q/\partial p_1$, $\partial q/\partial p_2$ fossem positivas ou negativas? Dê razões para suas respostas.

25. Ache todos os pontos críticos de $f(x, y) = x^2 + 3y^2 - 4x + 6y + 10$.

26. Ache todos os pontos críticos de $f(x, y) = x^3 - 3x + y^2$. Faça uma tabela de valores para determinar se cada ponto crítico é um mínimo local, um máximo local, ou nenhuma dessas coisas.

27. A quantidade de um produto demandada pelos consumidores é uma função de seu preço. A quantidade de um produto demandado pode também depender do preço de outros produtos. Por exemplo, a demanda por chá é afetada pelo preço do café; a demanda por carros é afetada pelo preço da gasolina. Suponha que as quantidades demandadas q_1 e q_2 de dois produtos dependam de seus respectivos preços, p_1 e p_2, como segue:

$$q_1 = 150 - 2p_1 - p_2$$
$$q_2 = 200 - p_1 - 3p_2.$$

(a) O que lhe diz o fato de serem os coeficientes de p_1 e p_2 negativos? Dê um exemplo de dois produtos que poderiam ser afetados desta maneira.

(b) Suponha que um industrial venda os dois produtos. Como deveria ele estabelecer preços para ter a maior receita possível? Qual é a máxima receita possível?

28. Mostre que a função de Cobb-Douglas

$$Q = bK^{\alpha}L^{1-\alpha} \text{ onde } 0 < \alpha < 1$$

satisfaz à equação

$$K\frac{\partial Q}{\partial K} + L\frac{\partial Q}{\partial L} = Q$$

29. A Figura 7.59 mostra os contornos da temperatura ao longo de uma parede de uma sala aquecida, durante um dia de inverno, com o tempo indicado como num relógio de 24 horas. A sala tem um aquecedor localizado no canto mais à esquerda desta parede e uma janela na parede. O aquecedor é controlado por um termostato a cerca de 60 cm da janela.

(a) Onde está a janela?

(b) Quando é aberta a janela?

(c) Quando o aquecedor está ligado?

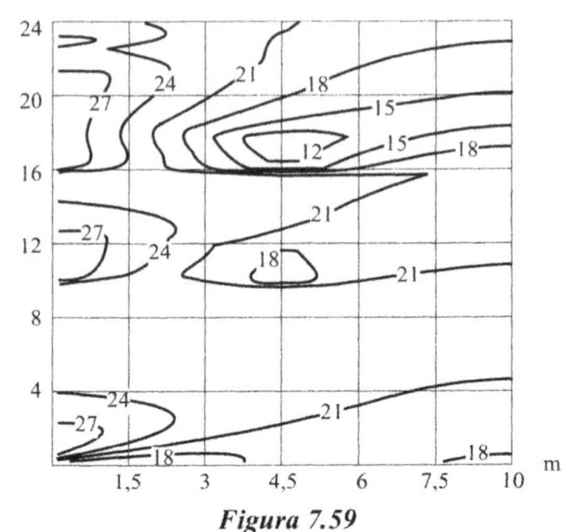

Figura 7.59

(d) Faça gráficos da temperatura ao longo da parede da sala, às 6 h, 11 h, 15 h e 17 h.

(e) Trace um gráfico da temperatura como função do tempo junto ao aquecedor, junto à janela e a meio caminho entre eles.

(f) A temperatura junto à janela às 17 h é mais baixa que às 11 h. Porque você acha que isto aconteceu?

(g) A qual temperatura você acha que está fixado o termostato? Como você sabe?

(h) Onde está o termostato?

30. A função de produção de Cobb-Douglas para um certo produto é dada por

$$P = 5L^{0,8}K^{0,2}$$

onde P é a quantidade produzida, L é o tamanho da força de trabalho e K é a quantidade total de equipamento. Suponha que cada unidade de trabalho custa \$300, cada unidade de equipamento custa \$100 e o orçamento total é \$15.000.

(a) Faça uma tabela de diferentes valores possíveis para L e K que esgotem o orçamento. Ache o nível de produção, P, para cada um.

(b) Use o método dos multiplicadores de Lagrange para achar o modo ótimo de gastar o orçamento.

PROJETOS

1. **Saída cardíaca depois de um ataque do coração**

A saída cardíaca, representada por c, é o volume de sangue fluindo através do coração de uma pessoa, por unidade de tempo. A resistência vascular sistêmica (SVR), representada por s, e a resistência ao fluxo do sangue através de veias e artérias. Seja p a pressão sanguínea de uma pessoa. Então p é função de c e s, assim, $p = f(c, s)$.

(a) O que representa $\partial p/\partial c$?

Suponha agora que $p = kcs$, onde k é uma constante.

(b) Esboce as curvas de nível de p. O que representam? Marque seus eixos.

(c) Para uma pessoa com coração fraco, é desejável que o coração bombeie contra menos resistência, enquanto a pressão é mantida a mesma. A uma tal pessoa poderia ser dada a droga Nitroglicerina para baixar o SVR e a droga Dopamina para aumentar a saída cardíaca. Represente isto num gráfico mostrando curvas de nível. Ponha um ponto A no gráfico representando o estado da pessoa antes de serem dadas drogas e um ponto B para depois.

(d) Logo depois de um ataque cardíaco, a saída cardíaca de um paciente cai, fazendo cair a pressão. Um erro comum feito por residentes médicos é fazer a pressão do paciente voltar ao normal usando drogas para aumentar a SVR em vez de aumentar a saída cardíaca. Sobre um gráfico das curvas de nível de p, ponha um ponto D representando o paciente antes do ataque cardíaco, um ponto E representando o paciente logo depois do ataque cardíaco e um terceiro ponto F representando o paciente depois que o residente lhe deu drogas para aumentar o SVR.

2. **Otimizar preços relativos para adultos e crianças**

Alguns itens são vendidos a preços diferentes para grupos diferentes de pessoas. Por exemplo, há às vezes descontos para idosos ou para crianças. A razão é que tais grupos podem ser mais sensíveis ao preço, assim um desconto terá maior impacto sobre suas decisões de compra. O vendedor enfrenta um problema de otimização. Que tamanho de desconto oferecer, para maximizar lucros?

Um teatro pode vender q_c entradas para crianças e q_a entradas para adultos, aos preços p_c e p_a, de acordo com as seguinte funções de demanda:

$$q_c = rp_c^{-4} \quad \text{e} \quad q_a = sp_a^{-2}$$

e tem custos operacionais proporcionais ao número total de entradas vendidas. Qual deveria ser o preço relativo para entradas de crianças e de adultos?

FOCO NA TEORIA

DERIVAR UMA FÓRMULA PARA UMA RETA DE REGRESSÃO

Suponha que queremos achar a reta de "melhor ajuste" para alguns dados experimentais. Na Seção Foco em Modelagem usamos um computador ou calculadora para achar a fórmula para tal reta. Nesta seção, derivamos essa fórmula.

Decidimos qual reta se ajusta melhor aos dados usando o seguinte critério. Os dados são marcados no plano. A distância de uma reta aos pontos dados é medida soando os quadrados das distâncias verticais de cada ponto à reta. Quanto menor esta soma de quadrados, melhor a reta se ajusta aos dados. A reta com soma mínima de quadrados de distâncias chama-se a *reta de mínimos quadrados*, ou *reta de regressão*. Se os dados forem quase lineares, a reta de mínimos quadrados terá um bom ajuste; de outra forma, talvez não. (Veja a Figura 7.60.)

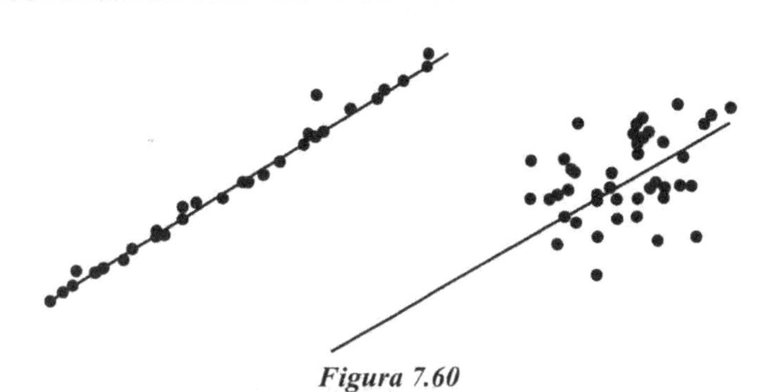

Figura 7.60

Exemplo 1 Ache uma reta de mínimos quadrados para os seguintes pontos dados: (1, 1), (2, 1) e (3, 3).

Solução Suponha que a reta tem equação $y = b + mx$. Se

acharmos b e m, teremos achado a reta. Assim, para este problema, b e m são as duas variáveis.

Queremos minimizar a função $f(b, m)$ que dá a soma de três quadrados de distâncias verticais dos pontos à reta na Figura 7.61.

A distância vertical do ponto (1, 1) à reta é a diferença entre as coordenadas-y, $1 - (b + m)$; analogamente com os outros pontos. Assim, a soma dos quadrados é

$$f(b, m) = (1 - (b + m))^2 + (1 - (b + 2m))^2 + (3 - (b + 3m))^2.$$

Para minimizá-la, procuramos os pontos críticos.

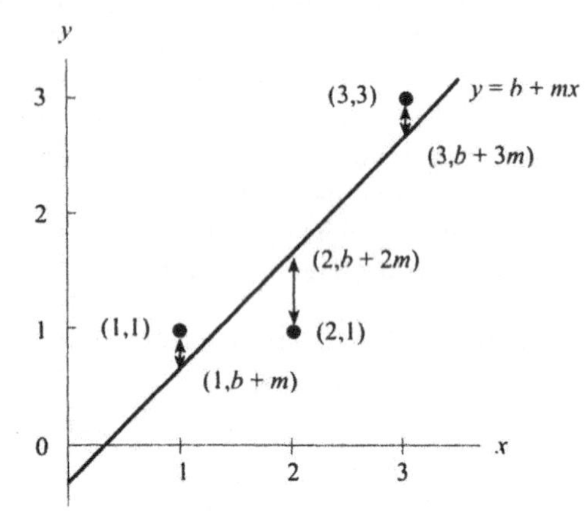

***Figura 7.61** — A reta de quadrados mínimos minimiza a soma dos quadrados destas distâncias verticais*

Primeiro derivamos f com relação a b:

$$\begin{aligned} f_b(b, m) &= -2(1 - (b + m)) - 2(1 - (b + 2m)) - 2(3 - (b + 3m)) \\ &= -2 + 2b + 2m - 2 + 2b + 4m - 6 + 2b + 6m \\ &= -10 + 6b + 12m. \end{aligned}$$

Agora derivamos com relação a m:

$$\begin{aligned} f_m(b, m) &= 2(1 - (b + m))(-1) + 2(1 - (b + 2m))(-2) + 2(3 - (b + 3m))(-3) \\ &= -2 + 2b + 2m - 4 + 4b + 8m - 18 + 6b + 18m \\ &= -24 + 12b + 28m. \end{aligned}$$

As equações $f_b = 0$ e $f_m = 0$ dão um sistema de duas equações lineares em duas incógnitas

$$\begin{aligned} -10 + 6b + 12m &= 0 \\ -24 + 12b + 28m &= 0 \end{aligned}$$

A solução deste par de equações é o ponto crítico $b = -1/3$ e $m = 1$. Como

$$D = f_{bb}f_{mm} - (f_{mb})^2 = (6)(28) - 12^2 = 24 \text{ e } f_{bb} = 6 > 0,$$

achamos um mínimo local. Este mínimo local é também o mínimo global de f. Assim, a reta de mínimos quadrados é

$$y = x - \frac{1}{3}$$

Como verificação, observe que a reta $y = x$ passa pelos pontos (1, 1) e (3, 3). É razoável que a introdução do ponto (2, 1) desloque o intercepto-y para baixo, de 0 a $-1/3$.

Derivação de fórmulas para a reta de regressão

Usamos o método do Exemplo 1 para obter as fórmulas para a reta de quadrados mínimos $y = b + mx$ gerada por pontos dados $(x_1, y_1), (x_2, y_2), \ldots, (x_n, y_n)$. Observe que estamos procurando a inclinação e o intercepto-y, de modo que pensamos em b e m como as variáveis.

Para cada ponto dado (x_i, y_i), o correspondente ponto da reta diretamente acima ou diretamente abaixo dele tem y-coordenada $b + mx_i$. Assim, o quadrado da distância vertical do ponto à reta é $(y_i - (b + mx_i))^2$. Veja a Figura 7.62.)

Achamos a soma dos quadrados das n distâncias dos pontos à reta e pensamos na soma como uma função de m e b:

$$f(b, m) = \sum_{i=1}^{n} (y_i - (b + mx_i))^2$$

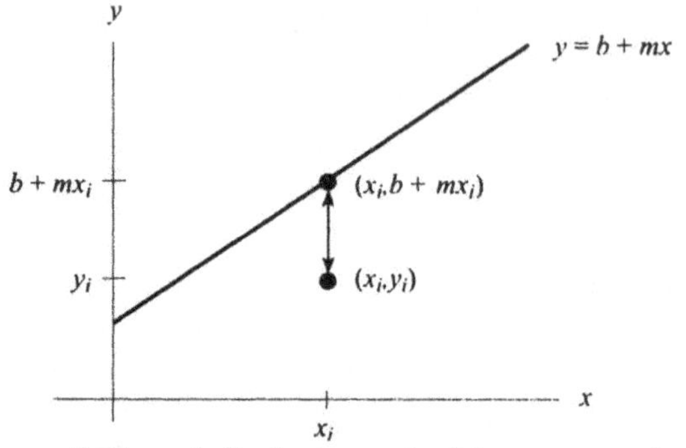

***Figura 7.62** — A distância vertical de um ponto à reta*

Para minimizar esta função, primeiro temos que achar as duas derivadas parciais, f_b e f_m. Usamos a regra da cadeia e as propriedades de somas:

$$\begin{aligned} f_b(b, m) &= \frac{\partial}{\partial b}\left(\sum_{i=1}^{n}(y_i - (b + mx_i))^2\right) = \sum_{i=1}^{n}\frac{\partial}{\partial b}(y_i - (b + mx_i))^2 \\ &= \sum_{i=1}^{n} 2(y_i - (b + mx_i)) \cdot \frac{\partial}{\partial b}(y_i - (b + mx_i)) \\ &= \sum_{i=1}^{n} 2(y_i - (b + mx_i)) \cdot (-1) \\ &= -2\sum_{i=1}^{n}(y_i - (b + mx_i)) \end{aligned}$$

$$\begin{aligned} f_m(b, m) &= \frac{\partial}{\partial m}\left(\sum_{i=1}^{n}(y_i - (b + mx_i))^2\right) = \sum_{i=1}^{n}\frac{\partial}{\partial m}(y_i - (b + mx_i))^2 \\ &= \sum_{i=1}^{n} 2(y_i - (b + mx_i)) \cdot \frac{\partial}{\partial m}(y_i - (b + mx_i)) \\ &= \sum_{i=1}^{n} 2(y_i - (b + mx_i)) \cdot (-x_1) \\ &= -2\sum_{i=1}^{n}(y_i - (b + mx_i)) \cdot x_i \end{aligned}$$

Agora igualamos a zero as derivadas parciais e resolvemos para m e b. Isto é mais fácil do que parece: simplificamos a aparência das equações substituindo temporariamente as somas por outros símbolos: escreva SY no lugar de $\sum y_i$, SX no lugar de $\sum x_i$, SXY no lugar de $\sum x_i y_i$ e SXX no lugar de $\sum x_i^2$. Lembre que x_i e y_i são todos constantes. Obtemos um par de equações simultâneas para m e b; resolvendo para m e b obtemos fórmulas em termos de SX, SY, SXY e SXX. Separamos $f_b(b,m)$ em três somas como segue:

$$f_b(b,m) = -2\left(\sum_{i=1}^{n} y_i - b\sum_{i=1}^{n} 1 - m\sum_{i=1}^{n} x_i\right)$$

Analogamente, podemos separar $f_m(b, m)$, depois de efetuar a multiplicação por x_i em cada parcela:

$$f_m(b,m) = -2\left(\sum_{i=1}^{n} y_i x_i - b\sum_{i=1}^{n} x_i - m\sum_{i=1}^{n} x_i^2\right)$$

Reescrevendo as somas como foi sugerido e pondo $\frac{\partial f}{\partial b}$ e $\frac{\partial f}{\partial m}$ iguais a zero, temos

$$0 = SY - bn - mSX$$
$$0 = SYX - bSX - mSXX$$

Resolvendo este par de equações obtemos o resultado:

$$b = ((SXX) \cdot (SY) - (SX) \cdot (SYX))/(n(SXX) - (SX)^2)$$
$$m = (n(SYX) - (SX) \cdot (SY))/(n(SXX) - (SX)^2)$$

Escrevendo estas expressões com notação de somatória chegamos ao seguinte resultado:

A reta de mínimos quadrados para pontos dados $(x_1\, y_1), (x_2, y_2), \ldots, x_n, y_n)$ é a reta $y = b + mx$ onde

$$b = \left(\sum_{i=1}^{n} x_i^2 \sum_{i=1}^{n} y_i - \sum_{i=1}^{n} x_i \sum_{i=1}^{n} y_i x_i\right) \Bigg/ \left(\sum_{i=1}^{n} x_i^2 - \left(\sum_{i=1}^{n} x_i\right)^2\right)$$

$$m = \left(n\sum_{i=1}^{n} y_i x_i - \sum_{i=1}^{n} x_i \sum_{i=1}^{n} y_i\right) \Bigg/ \left(n\sum_{i=1}^{n} x_i^2 - \left(\sum_{i=1}^{n} x_i\right)^2\right)$$

Exemplo 2 Use estas fórmulas para obter a reta de melhor ajuste para os pontos (1, 5), (2, 4), (4, 3).

Solução Calculamos as somas necessárias para as fórmulas:

$$\sum_{i=1}^{3} x_i = 1 + 2 + 4 + = 7$$

$$\sum_{i=1}^{3} y_i = 5 + 4 + 3 = 12$$

$$\sum_{i=1}^{3} x_i^2 = 1^2 + 2^2 + 4^2 = 1 + 4 + 16 = 21$$

$$\sum_{i=1}^{3} y_i x_i = (5)(1) + (4)(2) + (3)(4) = 5 + 8 + 12 = 25$$

Como $n = 3$, temos;

$$b = \left(\sum_{i=1}^{3} x_i^2 \sum_{i=1}^{3} y_i - \sum_{i=1}^{3} x_i \sum_{i=1}^{3} y_i x_i\right) \Bigg/ \left(3\sum_{i=1}^{3} x_i^2 - \left(\sum_{i=1}^{3} x_i\right)^2\right)$$
$$= \left((21)(12) - (7)(25)\right)/\left(3(21) - (7^2)\right)$$
$$= 77/14 = 5,5$$

e

$$m = \left(3\sum_{i=1}^{3} y_i x_i - \sum_{i=1}^{3} x_i \sum_{i=1}^{3} y_i\right) \Bigg/ \left(3\sum_{i=1}^{3} x_i^2 - \left(\sum_{i=1}^{3} x_i\right)^2\right)$$
$$= \left(3(25) - (7)(12)\right)/\left(3(21) - (7^2)\right)$$
$$= 9/14 = -0,64$$

A reta de mínimos quadrados para estes três pontos é

$$y = 5,5 - 0,64x.$$

Para verificar esta equação, trace a reta e marque os três pontos.

Muitas calculadoras têm fórmulas para a reta dos mínimos quadrados embutidas, de modo que quando você entra os dados, saem os valores de b e m. Ao mesmo tempo, você obtém o *coeficiente de correlação*, que mede de quão perto os pontos dados realmente chegam a se ajustar à reta de quadrados mínimos.

Problemas sobre derivar a fórmula para as retas de regressão.

Nos Problemas 1–2 use o método do exemplo 1 para achar a reta de mínimos quadrados. Verifique seu trabalho fazendo gráfico dos pontos com a reta.

1. (–1, 2), (0, –1), (1, 1).
2. (0, 2), (1, 4), (2, 5)

Nos Problemas 3–5 aplique as fórmulas para b e m aos pontos dados para verificar que você obtém o mesmo resultado que no problema ou exemplo especificado. Mostre seu trabalho.

3. (–1, 2), (0, –1), (1, 1). Veja o Problema 1
4. (0, 2), (1, 4), (2, 5) Veja o Problema 2
5. (1, 1), (2, 1), (3, 3). Veja o Exemplo 1
6. As vezes você não espera que seus dados sejam lineares, mas você pode transformá-los de tal modo que pareçam mais lineares. Por exemplo, suponha que você espere que seus pontos dados (x, y) se ajustem a uma equação exponencial, digamos

$$y = Ce^{ax}$$

onde a e C são constantes. Tomando logaritmos naturais de ambos os lados, vem

$$\ln y = ax + \ln C$$

Assim $\ln y$ é função linear de x. Para achar a e C, podemos usar quadrados mínimos para o gráfico de $\ln y$ contra x.

A população dos EUA era de cerca de 180 milhões em 1960, cresceu a 206 milhões em 1970 e a 226 milhões em 1980. Assumindo que a população estava crescendo exponencialmente, use o método de mínimos quadrados para avaliar a população em 1990.

7. Os dados na Tabela 7.16 mostram o custo de um selo de primeira classe nos EUA nos últimos 70 anos.

TABELA 7.16 — *Custo de selo de primeira classe*

Ano	1920	1932	1958	1963	1968	1971	1974
Selo	0,02	0,03	0,04	0,05	0,06	0,08	0,10
Ano	1975	1978	1981	1985	1988	1991	1995
Selo	0,13	0,15	0,20	0,22	0,25	0,29	0,32

(a) Ache a reta de melhor ajuste para os dados. Usando esta reta, prediga o custo do selo no ano 2010.

(b) Marque os dados. Parecem lineares?

(c) Marque o ano contra o logaritmo natural do preço. Isto parece linear? Se for linear, o que lhe diz isto sobre o preço do selo como função do tempo? Ache a reta de melhor ajuste por estes dados, e use sua resposta para de novo predizer o preço de um selo em 2010.

8. Uma regra prática biológica diz que se a área A de uma ilha aumenta por um fator 10, o número de espécies animais vivendo nela, N, dobra. A Tabela 7.17 mostra a área (em quilômetros quadrados) de várias ilhas nas Índias Ocidentais e o número de espécies vivendo em cada uma. Suponha que N é uma função potência de A. Usando a regra prática, ache

(a) N como função de A

(b) $\ln N$ como função de $\ln A$

(c) Usando os dados, faça tabela de $\ln N$ contra $\ln A$ e ache a reta de melhor ajuste. Sua resposta combina com a regra prática?

TABELA 7.17 — *Número de espécies em várias ilhas*

Ilha	Área (km^2)	Número
Redonda	3	5
Saba	20	9
Montserrat	192	15
Porto Rico	8.858	75
Jamaica	10.854	70
Hispaniola(Haiti & Rep.Dominicana)	75.571	130
Cuba	113.715	125

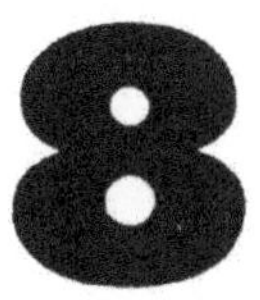

EQUAÇÕES DIFERENCIAIS

A derivada foi introduzida no Capítulo 2 como taxa de variação de uma função. Neste capítulo, partimos de uma equação envolvendo a derivada de uma função desconhecida e vemos o que ela nos diz sobre a função. Uma tal equação se chama *equação diferencial*.

Se soubermos algo sobre a taxa de variação de uma quantidade, poderemos usar uma equação diferencial para criar um modelo matemático da situação. Usaremos equações diferenciais para modelar dinheiro num banco, poluição nos Grandes Lagos, a quantidade de droga no corpo e o valor líquido de uma companhia.

8.1 O QUE É UMA EQUAÇÃO DIFERENCIAL?

Às vezes não conhecemos uma função-chave, mas temos informação sobre sua taxa de variação. Então talvez possamos escrever um novo tipo de equação, chamada uma *equação diferencial*, em que a incógnita não é um número mas uma função.

Colheita marinha

Começamos por investigar o efeito da pesca sobre uma população de peixes. Suponha que, se deixada em paz, uma população de peixes cresça a uma taxa contínua de 20% ao ano. Suponha também que peixes estejam sendo colhidos (apanhados) por pescadores a uma taxa constante de 10 milhões de peixes por ano. Como varia a população de peixes com o tempo?

Observe que nos foi dada informação sobre a taxa de variação, ou derivada, da população de peixes. Combinada com a informação sobre a população inicial, poderemos usar isto para predizer a população no futuro.

Estabelecer uma equação diferencial para modelar a população de peixes

Para predizer variações na população, P, de peixes, em milhões, escrevemos uma equação diferencial que relaciona P e sua derivada dP/dt, onde t é o tempo em anos. Sabemos que

Taxa de variação da população de peixes	=	Taxa de crescimento devido à reprodução	−	Taxa de peixes removidos por colheita

Se deixados em paz, a população de peixes cresce a uma taxa contínua de 20% ao ano, portanto temos

Taxa de crescimento devido à reprodução =
= 20%. (população atual)
= $0{,}20P$ milhões de peixes/ano

Além disso

Taxa de peixes removidos por colheita =
= 10 milhões peixes/ano

Como a taxa de variação da população de peixes é dP/dt, temos

$$\frac{dP}{dt} = 0{,}20P - 10$$

Esta é uma equação diferencial que modela a variação da população de peixes. A quantidade desconhecida na equação é a função que dá P em termos de t. Usamos a equação para predizer a população a qualquer tempo no futuro.

Resolver a equação diferencial numericamente

Suponha que, ao tempo $t = 0$, a população de peixes seja de 60 milhões. Podemos substituir P por 60 na equação diferencial para calcular a derivada dP/dt:

Ao tempo $t = 0$

$$\frac{dP}{dt} = 0,20P - 10 = 0,20(60) - 10 = 12 - 10 = 2$$

Como ao tempo $t = 0$ a população de peixes está mudando à taxa de 2 milhões de peixes ao ano, no fim do primeiro ano a população terá aumentado por cerca de 2 milhões. Assim,

Ao tempo $t = 1$, estimamos $P = 60 + 2 = 62$

Usamos este novo valor de P para estimar dP/dt durante o segundo ano:

$$\text{Ao tempo } t = 1, \frac{dP}{dt} = 0,20P - 10 = 12,4 - 10 = 2,4$$

Durante o segundo ano, a população de peixes cresceu por cerca de 2,4 milhões de peixes, então:

A $t = 2$, estimamos $P = 62 + 2,4 = 64,4$.

Usamos este valor de P para avaliar a taxa de variação durante o terceiro ano, e assim por diante. Continuando desta forma, calculamos os valores aproximados de P na Tabela 8.1. Esta tabela dá valores, aproximados, de P em tempos futuros.

TABELA 8.1 — *Valores aproximados da população de peixes, como função do tempo*

t(anos)	0	1	2	3	4	5	...
P(milhões)	60	62	64,4	67,28	70,74	74,89	...

Uma fórmula para a solução da equação diferencial

Uma função $P = f(t)$ que satisfaz à equação diferencial

$$\frac{dP}{dt} = 0,20P - 10$$

chama-se uma *solução* da equação diferencial. A Tabela 8.1 mostra valores numéricos aproximados de uma solução. Às vezes (nem sempre) é possível achar uma fórmula para a solução. Neste caso particular existe uma fórmula: é

$$P = 50 + Ce^{0,20t},$$

onde C é qualquer constante. Verificamos que é uma solução da equação diferencial colocando-a separadamente no primeiro e no segundo membros da equação. Achamos

$$\text{Primeiro membro } = \frac{dP}{dt} = 0,20Ce^{0,20t}$$

$$\begin{aligned}\text{Segundo membro } &= 0,20P - 10 = 0,20(50 + Ce^{0,20t}) - 10\\ &= 10 + 0,20Ce^{0,20t} - 10\\ &= 0,20Ce^{0,20t}.\end{aligned}$$

Como obtermos a mesma expressão de ambos os lados, dizemos que $P = 50 + Ce^{0,20t}$ é uma solução desta equação diferencial. Qualquer escolha de C funcionará, de modo que as soluções formam uma família de funções, com parâmetro C. Na Figura 8.1 são dados os gráficos de vários membros da família de soluções,

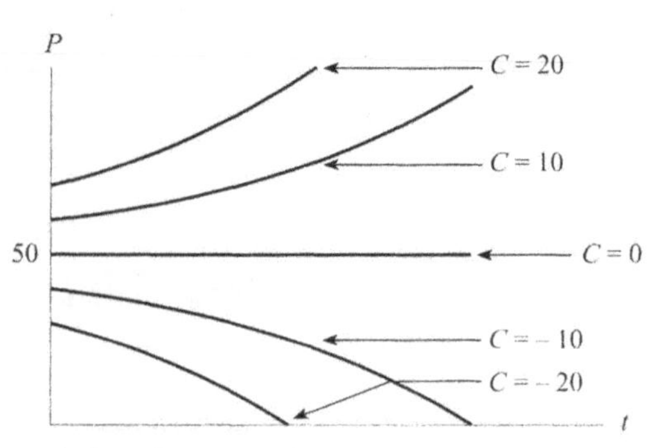

Figura 8.1 — *Curvas solução para* dP/dt = 0,20P − 10. *Elementos da família* P = 50 + $Ce^{0,20t}$

Achar a constante arbitrária: condições iniciais

Para achar um valor para a constante C — em outras palavras, para escolher uma única solução dentro da família de soluções — precisamos de uma informação a mais, que em geral será a população inicial. Neste caso, foi dito que $P = 60$ quando $t = 0$, portanto, levando isto em

$$P = 50 + Ce^{0,20t}$$

vem

$$\begin{aligned}60 &= 50 + Ce^{0,20(0)}\\ 60 &= 50 + C(1)\\ C &= 10.\end{aligned}$$

A função $P = 50 + 10e^{0,20t}$ satisfaz à equação diferencial e à condição de ser $P = 60$ quando $t = 0$.

Soluções gerais e soluções particulares

Para a equação diferencial $dP/dt = 0,20P - 10$, pode-se mostrar que toda solução é da forma $P = 50 + Ce^{0,20t}$, para algum valor de C. Dizemos que a *solução geral* da equação diferencial $dP/dt = 0,20P - 10$ é a família de funções $P = 50 + Ce^{0,20t}$. A solução $P = 50 + 10e^{0,20t}$ que satisfaz à equação diferencial juntamente com a condição inicial (que $P = 60$ quando $t = 0$) chama-se uma *solução particular*. A equação diferencial junto com a condição inicial formam o que se chama um *problema de valor inicial*.

Exemplo 1 (a) Verifique que $P = Ce^{2t}$ é uma solução da equação diferencial

$$\frac{dP}{dt} = 2P$$

(b) Ache a solução particular que satisfaz à condição inicial $P = 100$ quando $t = 0$.

Solução (a) Como $P = Ce^{2t}$, com C uma constante, achamos expressões para ambos os membros:

Primeiro membro $\frac{dP}{dt} = Ce^{2t}(2) = 2Ce^{2t}$

Segundo membro $= 2P = 2Ce^{2t}$.

Como as duas expressões são iguais, $P = Ce^{2t}$ é uma solução da equação diferencial.

(b) Fazemos $P = 100$ e $t = 0$ na solução geral $P = Ce^{2t}$ e resolvemos para C:

$$100 = Ce^{2(0)}$$
$$100 = C(1)$$
$$100 = C$$

A solução particular para este problema de valor inicial é $P = 100e^{2t}$.

Exemplo 2 Decida se $y = e^{-2x}$ é ou não solução da equação diferencial $y' - 2y = 0$.

Solução Note que $y' = dy/dx$. Derivar $y = e^{-2x}$ dá $y' = -2e^{-2x}$. Levando à equação vem

$$y' - 2y = -2e^{-2x} - 2e^{-2x} = -4e^{-2x} \neq 0,$$

assim $y = e^{-2x}$ não é solução da equação diferencial.

Exemplo 3 (a) Quais condições devem ser impostas às constantes C e k para que $y = Ce^{kt}$ seja solução da equação diferencial

$$\frac{dy}{dt} = 0,5y?$$

(b) Quais condições adicionais devem ser impostas a C e k para que $y = Ce^{kt}$ satisfaça também à condição inicial $y = 10$ quando $t = 0$?

Solução (a) Se $y = Ce^{kt}$, então $dy/dt = Cke^{kt}$. Levando à equação $dy/dt = -0,5y$ temos

$$Cke^{kt} = -0,5(Ce^{kt})$$

e

$$k = -0,5.$$

Portanto, $y = Ce^{-0,5t}$ é solução da equação diferencial. Nenhuma condição é imposta a C por enquanto; pode ainda tomar qualquer valor.

(b) Como $k = -0,5$, temos $y = Ce^{-0,5t}$. Fazendo $y = 10$ quando $t = 0$ dá

$$10 = Ce^{0}$$

logo

$$10 = C.$$

Assim $y = 10e^{-0,5t}$ é uma solução da equação diferencial juntamente com a condição inicial.

Problemas para a Seção 8.1

1. Verifique que $y = t^4$ é uma solução da equação diferencial

$$\frac{dy}{dt} = 4ty.$$

2. $y = x^3$ é uma solução da equação diferencial $xy' - 3y = 0$? Justifique sua resposta.

3. Decida se cada uma das seguintes é ou não uma solução da equação diferencial $xy' - 2y = 0$.

   (a) $y = x^2$ (b) $y = x^3$.

4. Se a população inicial de peixes é 70 milhões, use a equação diferencial $dP/dt = 0,2P - 10$ para avaliar a população de peixes após 1, 2, 3 anos.

5. Preencha os valores que faltam na Tabela 8.2, dado que $dy/dt = 0,5y$. Assuma que a taxa de crescimento, dada por dy/dt, é aproximadamente constante sobre cada intervalo de tempo unitário

TABELA 8.2

t	0	1	2	3	4
y	8				

TABELA 8.3

t	0	1	2	3	4
y	8				

6. Preencha os valores que faltam na Tabela 8.3, dado que $dy/dt = 0,5t$. Assuma que a taxa de crescimento, dada por dy/dt, é aproximadamente constante sobre cada intervalo de tempo unitário.

7. Para uma certa quantidade y, suponha que $dy/dt = -0,20y$. Preencha os valores de y na tabela 8.4. Assuma que a taxa de crescimento dada por dy/dt é aproximadamente constante em cada intervalo de tempo unitário.

TABELA 8.4

t	0	1	2	3	4
y	125				

TABELA 8.5

t	0	1	2	3	4
y	8				

8. Preencha os valores que faltam na Tabela 8.5, dado que $dy/dt = 4 - y$. Suponha que a taxa de crescimento, dada por dy/dt, é aproximadamente constante sobre cada intervalo de tempo unitário.

9. Associe os gráficos na Figura 8.2 às descrições abaixo

   (a) A temperatura de um copo de água gelada deixada sobre a mesa da cozinha.

   (b) A quantidade de dinheiro numa conta bancária, pagando juros, em que foram depositados $50.

   (c) A velocidade de um carro desacelerando constantemente.

   (d) A temperatura de um pedaço de aço aquecido numa fornalha e deixado de fora a resfriar.

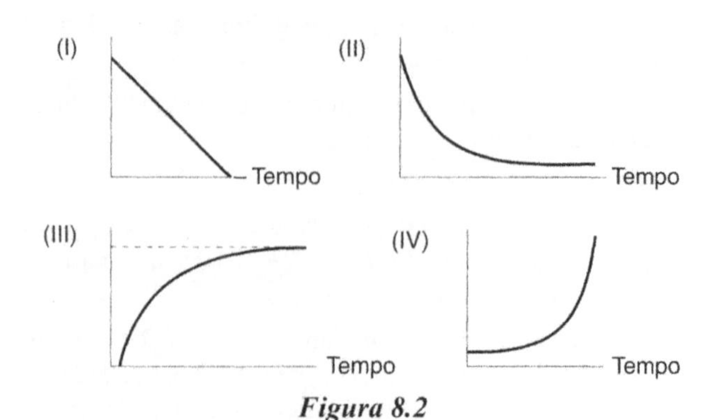

Figura 8.2

10. Os gráficos na Figura 8.3 representam a temperatura H(°C) de quatro ovos como função do tempo, t, medido em minutos. Associe três dos gráficos às descrições abaixo. Escreva uma descrição análoga para o quarto gráfico, incluindo interpretação de quaisquer interceptos e assíntotas.

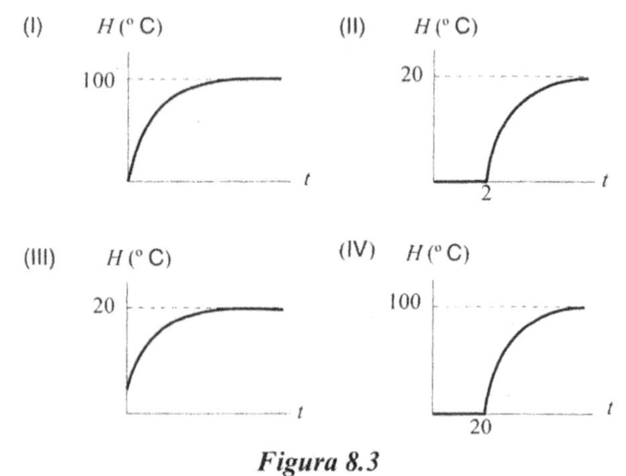

Figura 8.3

(a) Um ovo é tirado da geladeira (pouco acima de 0 °C) e colocado em água fervente.

(b) Vinte minutos depois que o ovo da parte (a) foi tirado da geladeira e colocado em água fervente, o mesmo é feito com outro ovo.

(c) Um ovo é tirado da geladeira ao mesmo tempo que o ovo da parte (a) é deixado sobre a mesa da cozinha.

11. Mostre que, para qualquer constante P_0, a função $P = P_0e^t$ satisfaz à equação diferencial

$$\frac{dP}{dt} = P$$

12. Suponha que você sabe que $Q = Ce^{kt}$ satisfaz à equação diferencial

$$\frac{dQ}{dt} = 0,03Q$$

O que lhe diz isto (se é que diz algo) sobre os valores de C e k?

13. Ache os valores de k para os quais $y = x^2 + k$ é uma solução da equação diferencial $2y - xy' = 10$.

14. Existe algum valor de n que torne $y = x^n$ uma solução da equação $13x \dfrac{dy}{dt} = y$? Se sim, qual é ele?

15. Ache a solução geral da equação diferencial

$$\frac{dy}{dt} = 2t$$

16. Escolha quais das funções abaixo são soluções de quais equações diferenciais. (Nota: funções podem ser soluções de mais de uma equação diferencial ou de nenhuma; uma equação pode ter mais de uma solução.)

(a) $\dfrac{dy}{dx} = -2y$ (I) $y = 2 \operatorname{sen} x$

(b) $\dfrac{dy}{dx} = 2y$ (II) $y = \operatorname{sen} 2x$

(c) $\dfrac{d^2y}{dx^2} = 4y$ (III) $y = e^{2x}$

(d) $\dfrac{d^2y}{dx^2} = -4y$ (IV) $y = e^{-2x}$

17. Associe soluções e equações diferenciais. (Nota: cada equação pode ter mais de uma solução, ou nenhuma.)

(a) $\dfrac{dy}{dx} = \dfrac{y}{x}$ (I) $y = x^3$

(b) $\dfrac{dy}{dx} = 3\dfrac{y}{x}$ (II) $y = 3x$

(c) $\dfrac{dy}{dx} = 3x$ (III) $y = e^{3x}$

(d) $\dfrac{dy}{dx} = y$ (IV) $y = 3e^x$

(e) $\dfrac{dy}{dx} = 3y$ (V) $y = x$

8.2 CAMPOS DE DIREÇÕES

Nesta seção tratamos de como visualizar uma equação diferencial e suas soluções. Comecemos com a equação

$$\frac{dy}{dx} = y$$

Qualquer solução desta equação diferencial tem a propriedade que, em cada ponto do plano, a inclinação de seu gráfico é igual à sua coordenada-y. (É isto que a equação $dy/dx = y$ está nos dizendo!) Isto significa que se a solução passa pelo ponto (0,1), sua inclinação aí é 1; se passa por um ponto com $y = 4$, sua inclinação aí é 4. Uma solução passando por (0,2) tem inclinação 2 aí; num ponto em que $y = 8$, a inclinação da solução é 8. (Veja a Figura 8.4.)

Na Figura 8.5 um pequeno segmento é traçado nos pontos marcados mostrando a inclinação da curva solução. Como $dy/dx = y$, a inclinação no ponto (1, 2) é 2 (a coordenada-y), assim traçamos um segmento de reta com inclinação 2.

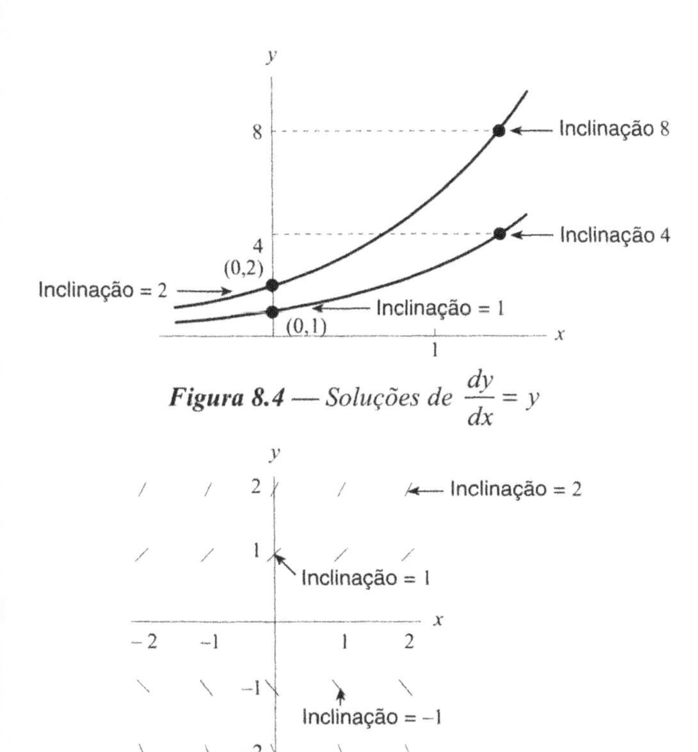

***Figura 8.4** — Soluções de* $\dfrac{dy}{dx} = y$

***Figura 8.5** — Visualizar a inclinação de* y, *se* dy/dx = y

Traçamos um segmento no ponto (0, −1) com inclinação −1, e assim por diante. Se traçarmos muitos segmentos assim, teremos um *campo de inclinações* ou de *direções* para a equação $dy/dx = y$, mostrado na Figura 8.6. Acima do eixo-x, as inclinações são positivas (porque y é positivo) e as inclinações aumentam quando nos movemos para cima (pois y cresce). Abaixo do eixo-x, as inclinações são negativas e ficam cada vez mais negativas quando nos movemos para baixo. Observe que ao longo de qualquer reta horizontal, as inclinações são constantes, pois y é constante. No campo de direções você pode ver o fantasma da curva solução espreitando. Parta de qualquer ponto do plano e mova-se de modo que as retas de inclinação sejam tangentes ao seu caminho; você traçará uma das curvas solução. Tente traçar algumas curvas solução sobre a Figura 8.6, algumas acima

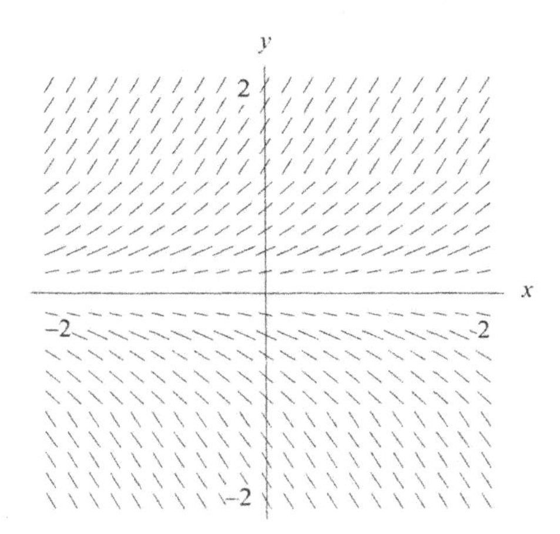

***Figura 8.6** — Campo de direção para* dy/dx = y

do eixo-x, outras abaixo. As curvas que você traçar deverão ter a forma de curvas exponenciais. Fazendo $y = Ce^x$ na equação diferencial você pode verificar que cada curva da família de exponenciais $y = Ce^x$ é uma solução desta equação diferencial.

Na maioria dos problemas, estamos interessados em obter curvas solução a partir do campo de direções. Pense neste como em um conjunto de sinais de estrada, apontando a direção que você deve seguir em cada ponto. Imagine partir em qualquer ponto do plano: olhe o campo de inclinações nesse ponto e comece a mover-se através do plano na direção apontada pelo campo de direções, e você desenhará uma curva solução. Observe que a curva solução não é necessariamente o gráfico de uma função e, mesmo que seja, talvez você não tenha uma fórmula para a função. Geometricamente, resolver uma equação diferencial significa achar uma família de curvas solução.

Exemplo 1 A Figura 8.7 mostra o campo de direções da equação diferencial $\dfrac{dy}{dx} = 2x$

(a) O que você observa sobre o campo?

(b) Compare as curvas solução esboçadas no campo de inclinações na Figura 8.8 com a fórmula $y = x^2 + C$ para as soluções desta equação diferencial.

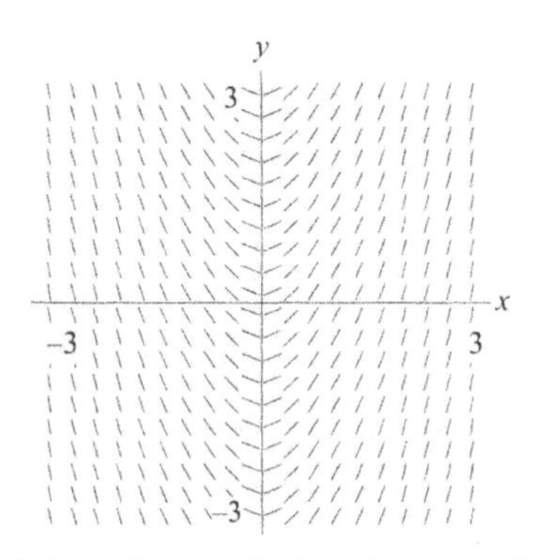

***Figura 8.7** — Campo de direções para* dy/dx =2x

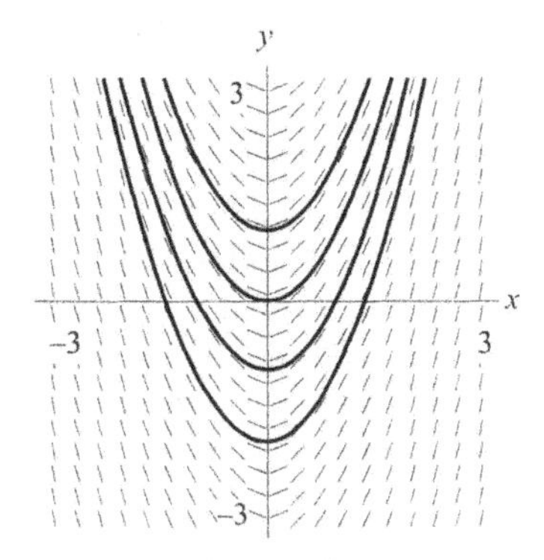

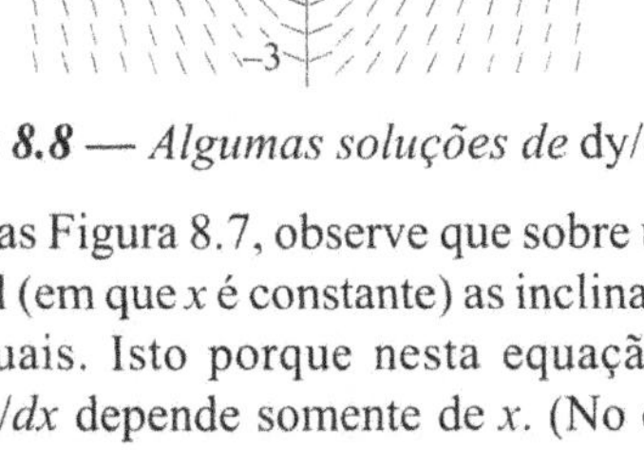

***Figura 8.8** — Algumas soluções de* dy/dx = 2x

Solução (a) Nas Figura 8.7, observe que sobre uma reta vertical (em que x é constante) as inclinações são todas iguais. Isto porque nesta equação diferencial, dy/dx depende somente de x. (No exemplo anterior, $dy/dx = y$, as inclinações dependiam só de y.)

(b) As curvas solução na Figura 8.8 parecem

parábolas. É fácil verificar por substituição que

$$y = x^2 + C \text{ é uma solução de } \frac{dy}{dx} = 2x$$

de modo que as parábolas $y = x^2 + C$ são curvas solução.

Olhemos outro exemplo, onde não temos uma fórmula para a solução da equação diferencial.

Exemplo 2 Usando o campo de inclinações, adivinhe a equação das curvas solução da equação diferencial

$$\frac{dy}{dx} = -\frac{x}{y}$$

Solução O campo de direções é mostrado na Figura 8.9. Observe que sobre o eixo-y, onde x é zero, a inclinação é zero. Sobre o eixo-x onde y é 0, os segmentos de reta são verticais e a inclinação não está definida. Na origem a inclinação não é definida e não há segmento de reta.

Que jeito têm as curvas solução desta equação diferencial? O campo de inclinações sugere que são círculos centrados na origem. Adivinhamos que a solução geral desta equação diferencial é

$$x^2 + y^2 = r^2.$$

Pode-se mostrar que esta é, de fato, a solução geral da equação diferencial.

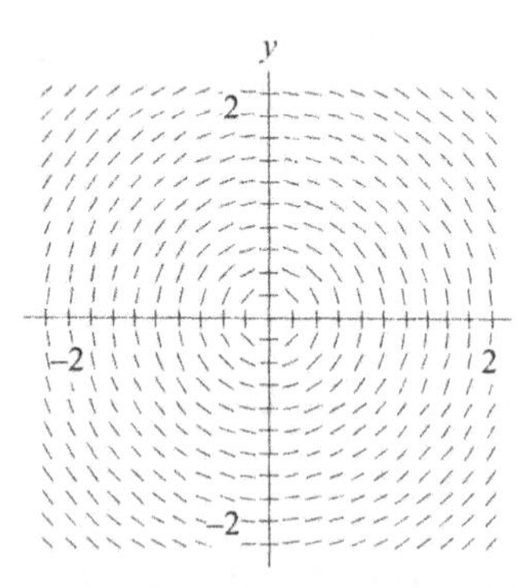

Figura 8.9 — *Campo de direções para* dy/dx = −x/y

O exemplo anterior mostra que as soluções de equações diferenciais podem, às vezes, ser expressas por funções implícitas. Funções implícitas são aquelas que não foram "resolvidas" para y; em outras palavras, a variável dependente não é expressa como função explícita de x.

Exemplo 3 Os campos de direções para $\frac{dy}{dx} = 2 - y$ e para

$$\frac{dy}{dx} = \frac{t}{y}$$

são mostrados na Figura 8.10.

(a) Qual campo de direções corresponde a qual equação diferencial?

(b) Esboce curvas solução sobre cada campo de direções com condições iniciais

(i) $y = 1$ quando $t = 0$

(ii) $y = 3$ quando $t = 0$

(iii) $y = 0$ quando $t = 1$

(c) Para cada curva solução, você pode dizer alguma coisa sobre o comportamento a longo prazo de y? Em particular, quando $t \to \infty$, o que acontece com o valor de y?

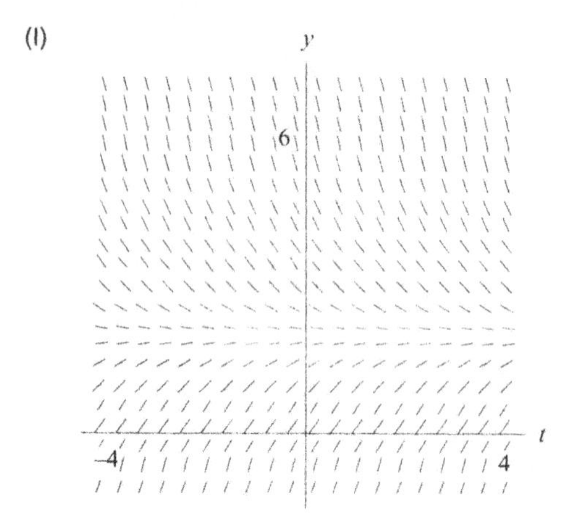

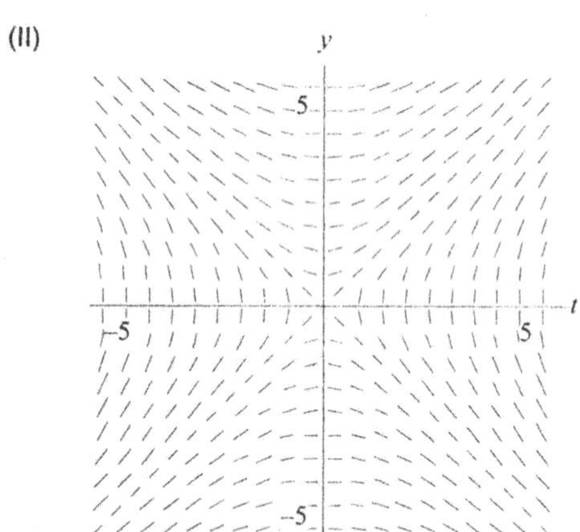

Figura 8.10 — *Campos de inclinação para* dy/dt = 2 − y *e para* dy/dt = t/y. *Qual é qual?*

Solução (a) Considere as inclinações em diferentes pontos para as duas equações diferenciais. Em particular, olhe a reta $y = 2$ na Figura 8.10. A equação $dy/dt = 2 - y$ tem inclinação 0 ao longo desta reta, ao passo que a reta $dy/dt = t/2$ tem inclinação $t/2$. Como o campo de inclinações (I) parece horizontal em $y = 2$, o campo (I) corresponde à equação diferencial $dy/dt = 2 - y$ e o campo (II) corresponde a $dy/dt = t/y$.

(b) As condições iniciais (i) e (ii) dão o valor de y quanto $t = 0$, isto é, o intercepto-y. Para traçar a curva solução satisfazendo à condição (i), trace a curva solução com intercepto-y igual a 1. Para (ii), trace a curva solução com intercepto-y igual a 3. Para (iii), a solução passa pelo ponto (1, 0), portanto trace a curva solução por esse ponto. Veja as Figuras 8.11 e 8.12.

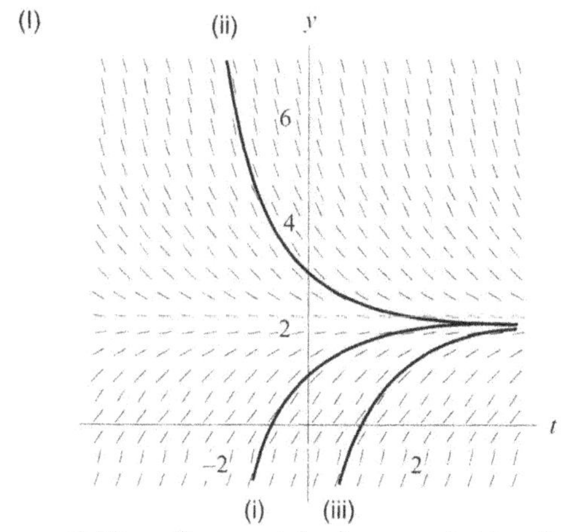

Figura 8.11 — *Curvas solução para* dy/dt = 2 – y

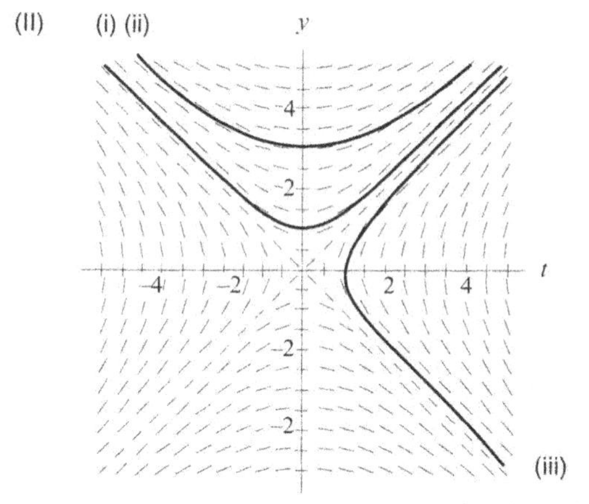

Figura 8.12 — *Curvas solução para* dy/dt = t/y

(c) Para $dy/dt = 2 - y$, todas as soluções têm $y = 2$ como assíntota horizontal, assim $y \to 2$ quando $t \to \infty$. Para $dy/dt = t/y$ com condições iniciais (0, 1) e (0, 3), vemos que $y \to \infty$ quando $t \to \infty$. A solução de $dy/dt = t/y$ passando por (1, 0) representa uma função implícita. O gráfico tem assíntotas que parecem ser retas diagonais. De fato, são $y = t$ e $y = -t$, de modo que $y \to \pm\infty$ quando $t \to \infty$.

Existência e unicidade de soluções

Como equações diferenciais são usadas para modelar muitas situações reais, a questão de saber se existe uma solução e se é única pode ter grande importância prática. Se soubermos como está mudando a velocidade de um satélite, poderemos saber sua velocidade para todo o tempo futuro? Se conhecermos a população inicial de uma cidade e soubermos como ela está mudando, poderemos prever a população no futuro? O senso comum diz que sim: sabendo o valor inicial de uma quantidade e sabendo exatamente como está variando, deveríamos ser capazes de perceber o valor futuro da quantidade.

Na linguagem das equações diferenciais, um problema de valor inicial (isto é, uma equação diferencial e uma condição inicial), representando uma situação real, quase sempre tem uma única solução. Um modo de ver isto é olhar o campo de direções. Imagine partir de um ponto que representa a condição inicial. Por este ponto haverá em geral um segmento de reta apontando a direção que deve seguir a curva solução. Seguindo os segmentos de reta no campo de direções, traçamos a curva solução. Vários exemplos, com diferentes pontos de partida, são mostrados na Figura 8.13. De modo geral, em cada ponto há um segmento de reta e portanto uma única direção a ser seguida pela curva. Assim a curva solução existe e é única, desde que seja dado o ponto inicial.

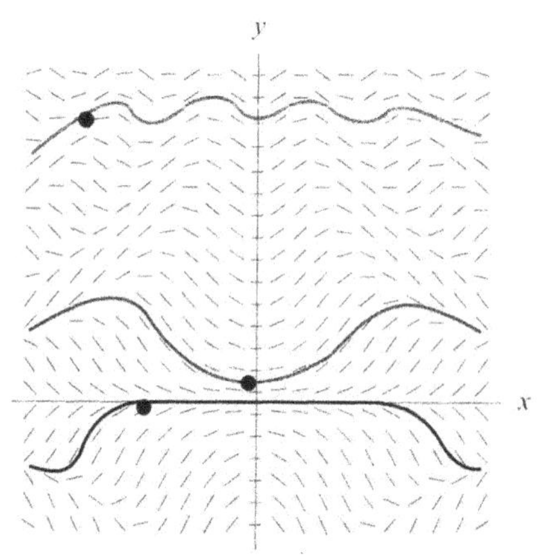

Figura 8.13 — *Há uma única curva solução por cada ponto do plano, para este campo de inclinações (marcas representam condições iniciais)*

Pode-se mostrar que, se o campo de inclinações é contínuo quando nos movemos de um ponto a outro no plano, podemos ter certeza de existir curva solução em volta de cada ponto. Garantir que por cada ponto passa uma só curva solução exige uma condição um pouco mais forte.

Problemas para a Seção 8.2

1. O campo de inclinações para a equação $y' = x + y$ é mostrado na Figura 8.14.
   (a) Esboce as soluções que passam pelos pontos
   (i) (0, 0) (ii) (–3, 1) (iii) (–1, 0)
   (b) Pelo seu esboço, adivinhe a equação da solução passando por (–1, 0).
   (c) Verifique sua solução para a parte (b) substituindo y por ela na equação diferencial.

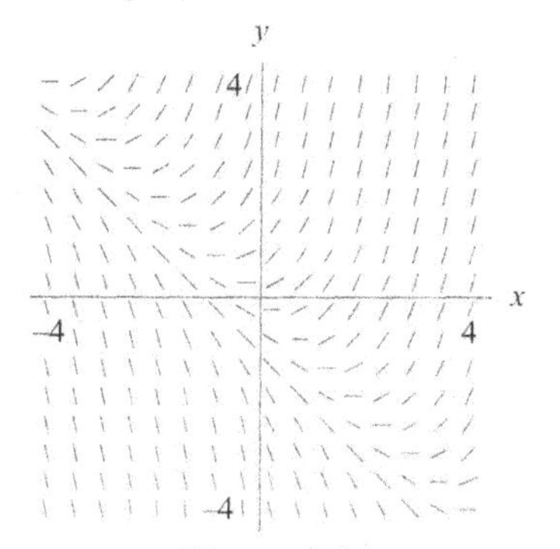

Figura 8.14

2. (a) Esboce o campo de inclinações para a equação $y' = x - y$ na Figura 8.15, nos pontos indicados.

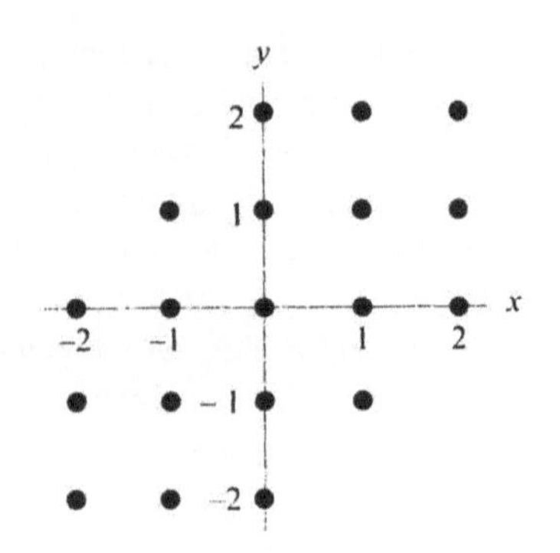

Figura 8.15

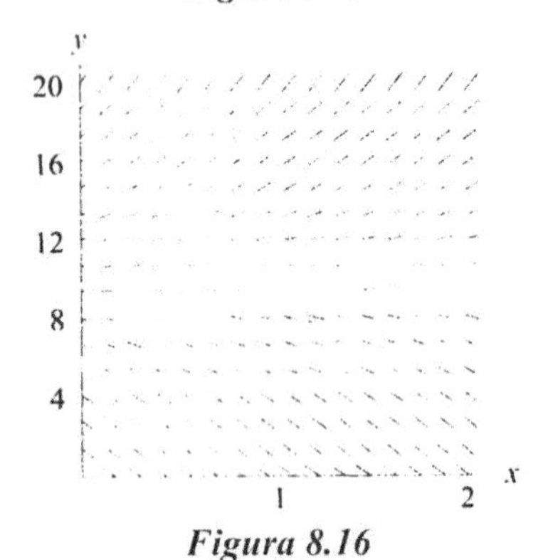

Figura 8.16

(b) Verifique que $y = x - 1$ é a solução da equação diferencial passando pelo ponto (1, 0).

3. Um campo de inclinações para a equação diferencial $dy/dx = y - 10$ é dado na Figura 8.16.

   (a) Trace uma curva solução numa cópia do campo de inclinações, representando a solução que satisfaz a cada uma das seguintes condições iniciais:

   (i) $y = 8$ quando $x = 0$

   (ii) $y = 12$ quando $x = 0$

   (iii) $y = 10$ quando $x = 0$

   (b) Como $dy/dx = y - 10$, quando $y = 10$ temos $dy/dx = 10 - 10 = 0$. Explique porque isto se ajusta à sua resposta à parte (iii).

4. Considere o campo de direções para a equação diferencial $dy/dx = xy$.

   (a) Qual é a inclinação do segmento de reta no ponto (2, 1)? No ponto (0, 2)? No ponto (–1, 1)? No ponto (2, –2)?

   (b) Esboce uma parte do campo de inclinações para esta equação diferencial, traçando segmentos com as inclinações adequadas nos quatro pontos dados na parte (a).

5. A Figura 8.17 mostra esboços de dois campos de inclinações. Esboce três curvas soluções para cada um deles.

6. Associe os campos de inclinações na Figura 8.18 com suas equações diferenciais:

   (a) $y' = 1 + y^2$ (b) $y' = x$

   (c) $y' = \text{sen}\, x$ (d) $y' = y$

   (e) $y' = x - y$ (f) $y' = 4 - y$

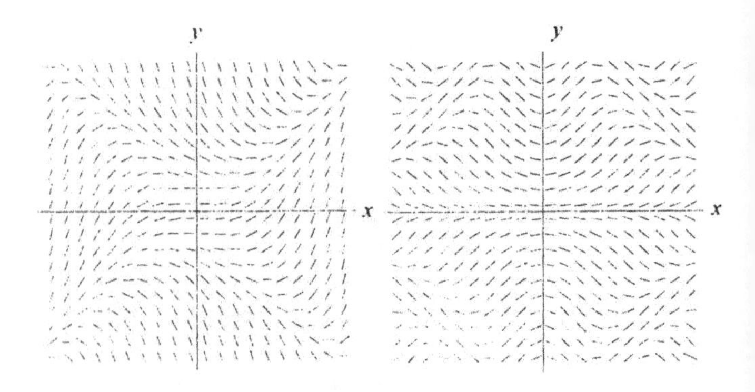

Figura 8.17

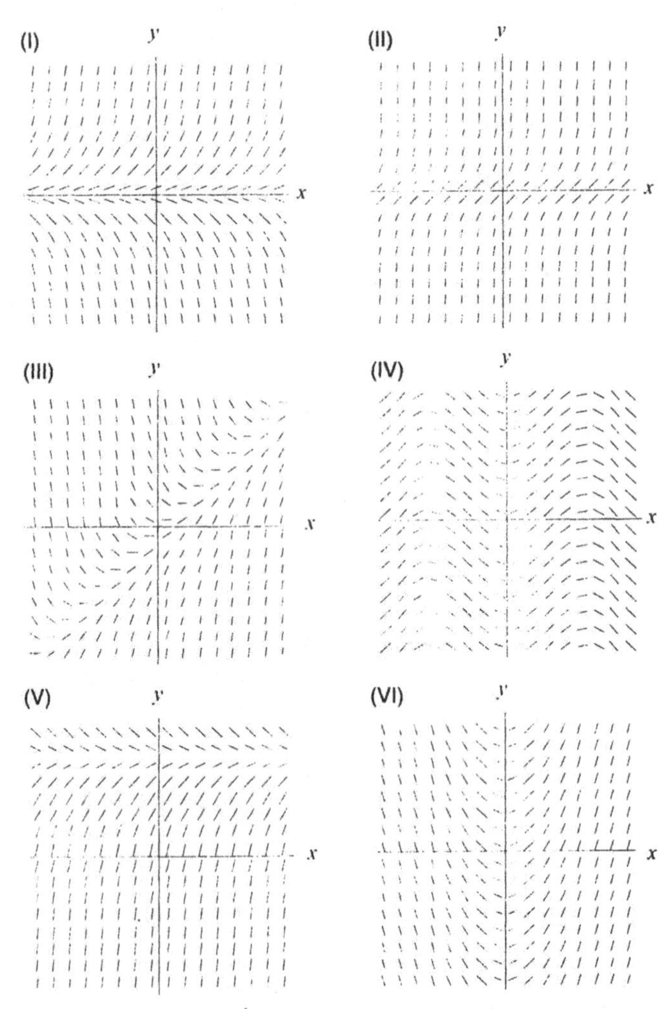

***Figura 8.18** — É dado o gráfico de cada campo de inclinações para* $-5 \leq x \leq 5$, $-5 \leq y \leq 5$.

Para os Problemas 7–12, considere uma curva solução para cada um dos campos de direções no Problema 6. Escreva uma ou duas frases, descrevendo qualitativamente o comportamento a longo prazo de y. Por exemplo, quando x cresce, $y \to \infty$ ou y permanece finito? Você pode ter comportamentos no limite diferentes para diferentes pontos de partida. Em cada caso, sua resposta deve discutir como o comportamento no limite depende do ponto inicial.

7. Campo de inclinações (I)
8. Campo de inclinações (II)

9. Campo de inclinações (III)
10. Campo de inclinações (IV)
11. Campo de inclinações (V)
12. Campo de inclinações (VI)
13. A equação de Gompertz, que modela o crescimento de tumores em animais, é $y' = -ay \ln(y/b)$, onde a e b são constantes positivas. Escreva um parágrafo descrevendo as semelhanças e/ou as diferenças entre soluções desta equação diferencial com $a = 1$ e $b = 2$ e soluções da equação $y' = y(2 - y)$. Use os campos de inclinações das Figuras 8.19 e 8.20.

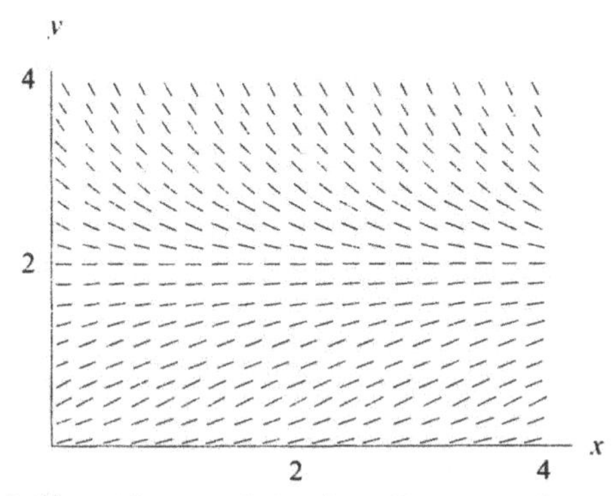

***Figura 8.19** — Campo de inclinações para* $y' = -y\ln(y/2)$

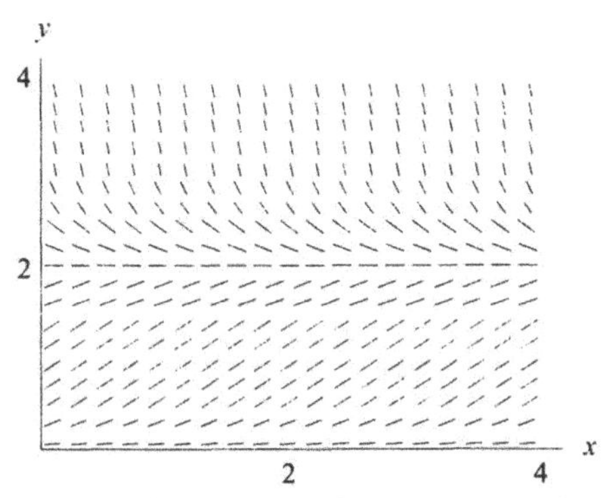

***Figura 8.20** — Campo de inclinações para* $y' = y(2 - y)$

14 A Figura 8.21 mostra o campo de inclinações para a equação $y' = (\text{sen } x)(\text{sen } y)$.
   (a) Esboce as soluções que passam pelos pontos
   (i) $(0, -2)$ (ii) $(0, \pi)$
   (b) Qual é a equação da solução que passa por $(0, n\pi)$, onde n é qualquer inteiro?

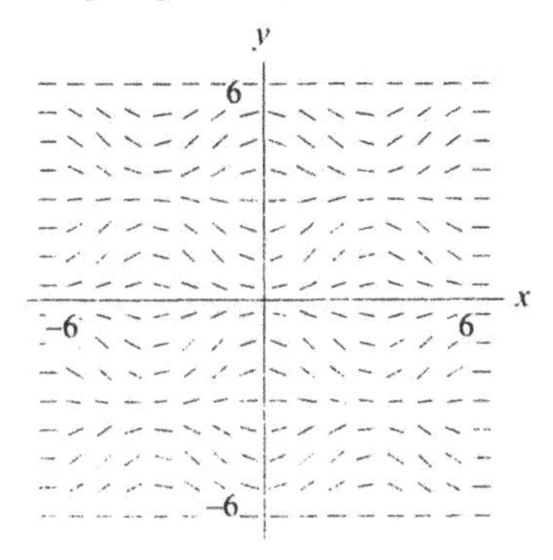

***Figura 8.21** — Campo de inclinações para* $y' = (\text{sen } x)(\text{sen } y)$

8.3 — CRESCIMENTO E DECAIMENTO EXPONENCIAIS

Qual é uma solução da equação diferencial

$$\frac{dy}{dx} = y?$$

Uma solução é uma função que é sua própria derivada. A função $y = e^x$ tem esta propriedade, portanto $y = e^x$ é uma solução. Na verdade, qualquer múltiplo de e^x também tem a propriedade. A família de funções $y = Ce^x$ é a solução geral desta equação diferencial. Se k é uma constante, a equação diferencial

$$\frac{dy}{dx} = ky$$

é semelhante. A equação diferencial diz que a taxa de variação de y é proporcional a y. A constante k é chamada a *constante de proporcionalidade*. Pondo $y = Ce^{kx}$ na equação diferencial, você pode verificar que $y = Ce^{kx}$ é uma solução. Temos o seguinte resultado:

> A solução geral da equação $\frac{dy}{dx} = ky$ é
>
> $y = Ce^{kx}$ para qualquer constante C
>
> - Isto representa crescimento exponencial para $k > 0$ e decaimento exponencial para $k < 0$
> - A constante C é o valor de y quando x é 0

Gráficos de curvas solução para alguns $k > 0$ são dados na Figura 8.22. Para $k < 0$, os gráficos são refletidos sobre o eixo-y. Veja a Figura 8.23.

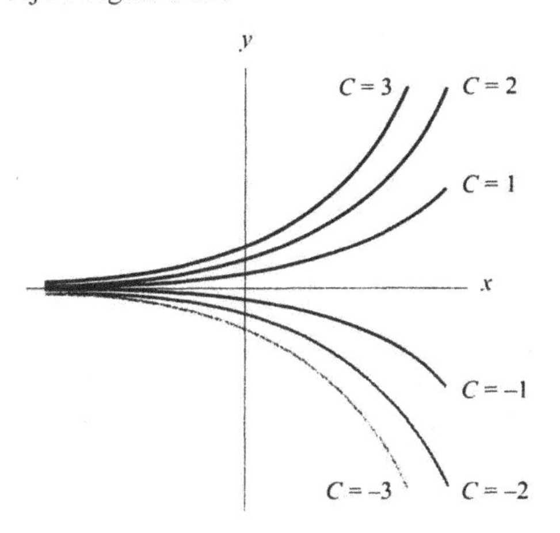

***Figura 8.22** — Gráficos de* $y = Ce^{kx}$*, que são soluções de* $dy/dx = ky$*, para algum* k *fixo* > 0

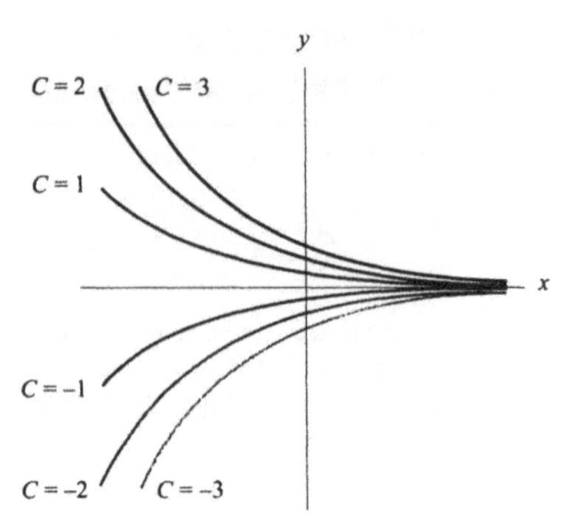

Figura 8.23 — *Gráficos de* y = Ce^{kx}, *que são soluções de* dy/dx = ky, *para algum* k < 0

Exemplo 1 (a) Ache a solução geral de cada uma das seguintes equações diferenciais:

(i) $\frac{dy}{dt} = 0,05y$ (ii) $\frac{dP}{dt} = -0,03P$

(iii) $\frac{dw}{dz} = 2z$ (iv) $\frac{dw}{dz} = 2w$

(b) Para a equação (i) ache a solução particular que satisfaz $y = 50$ quando $t = 0$.

Solução (a) As equações diferenciais dadas em (i), (ii) e (iv) são todas exemplos de crescimento ou decaimento exponencial, pois cada uma é da forma

Derivada = Constante × Variável dependente

Observe que a equação (iii) não é desta forma. O exemplo 1 na página mostrou que a solução (iii) é $w = z^2 + C$. As soluções gerais são

(i) $y = Ce^{0,05t}$ (ii) $P = Ce^{-0,3t}$

(iii) $w = z^2 + C$ (iv) $w = Ce^{2z}$.

(b) A solução geral de (i) é $y = Ce^{0,05t}$. Substituindo esta função em $y = 50$ e $t = 0$ tem-se

$$50 = Ce^{0,05(0)}$$
$$50 = C \cdot 1.$$

Assim $C = 50$ e a solução particular para este valor inicial é $y = 50e^{0,05t}$.

Crescimento populacional

Considere a população P de uma região em que não há imigração ou emigração. A taxa à qual a população está crescendo freqüentemente é proporcional ao tamanho da população. Isto significa que populações maiores crescem mais depressa, como esperamos, pois há mais gente para ter filhos. Se a população tiver uma taxa de crescimento contínua de 2% por unidade de tempo, então, como já sabemos,

Taxa de crescimento da população = 2% da população corrente

assim

$$\frac{dP}{dt} = 0,02P$$

Esta equação é da forma $dP/dt = kP$ para $k = 0,02$ e tem a solução geral $P = Ce^{0,02t}$. Se a população inicial ao tempo $t = 0$ for P_0, então $P_0 = Ce^{0,02(0)} = C$. Portanto $C = P_0$ e temos

$$P = P_0e^{0,02t}.$$

Juros compostos continuamente

No Capítulo 1 introduzimos composição contínua como caso limite, em que os juros são somados mais e mais freqüentemente. Aqui abordamos a composição contínua sob um ponto de vista diferente. Imaginamos juros sendo calculados a uma taxa proporcional ao crédito no momento. Assim, quanto maior o crédito mais depressa juros são ganhos e mais depressa cresce o crédito.

Exemplo 2 Uma conta bancária ganha juros continuamente a uma taxa de 5% do crédito corrente, por ano. Suponha que o depósito inicial foi de \$1.000 e que não foram feitos outros depósitos ou retiradas.

(a) Escreva a equação diferencial satisfeita pelo crédito na conta.

(b) Resolva a equação diferencial e faça um gráfico da solução.

Solução (a) Estamos procurando B, o crédito na conta como função de t, tempo em anos. Juros estão sendo somados continuamente à conta, à taxa de 5% do crédito no momento, portanto

Taxa à qual o crédito está crescendo = 5% do crédito corrente.

Assim, a equação diferencial que descreve o processo é

$$\frac{dB}{dt} = 0,05B$$

Observe que ela não envolve os \$1.000, a condição inicial, porque o depósito inicial não afeta o processo pelo qual juros são ganhos.

(b) Como $B_0 = 1.000$ é o valor inicial dos \$1.000, a solução desta equação diferencial é

$$B = B_0e^{0,05t} = 1.000e^{0,05t}$$

O gráfico desta função é dado na Figura 8.24.

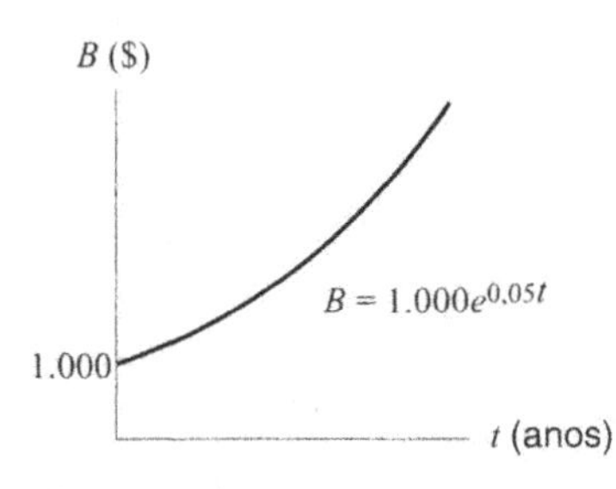

Figura 8.24 — *Crédito no banco contra o tempo*

Você pode se perguntar como podemos representar uma quantia de dinheiro por uma equação diferencial, pois dinheiro só pode tomar valores discretos (você não pode ter frações de um centavo). Na verdade, a equação diferencial é somente uma aproximação, mas para quantias grandes é uma aproximação bastante boa.

Poluição nos Grandes Lagos

Na década do 1960–70, a poluição nos Grandes Lagos tornou-se uma preocupação pública. Estabeleceremos um modelo para quanto tempo levaria até que os lagos se livrassem da poluição, supondo que não fossem jogados mais poluentes no lago.

Seja Q a quantidade total de poluentes num lago de volume V ao tempo t. Suponha que água limpa está fluindo para o lago a uma taxa constante r e que água escorre para fora à mesma taxa. Suponha que o poluente esteja uniformemente distribuído pelo lago e que a água limpa que entra no lago se mistura imediatamente com o resto da água.

Como varia Q com o tempo? Primeiro, observe que como poluentes estão saindo do lago mas não estão entrando, Q decresce e a água que deixa o lago se torna menos poluída, de modo que a taxa à qual saem poluentes diminui. Isto nos diz que Q é decrescente e côncava para cima. Além disso, os poluentes nunca serão totalmente removidos do lago, ainda que a quantidade que resta se torne arbitrariamente pequena. Em outras palavras, Q é assintótica ao eixo-t. (Veja a Figura 8.25)

Estabelecimento de uma equação diferencial para a poluição

Para entender como varia Q com o tempo, escrevemos uma equação diferencial para Q. Sabemos que

$$\begin{array}{c}\text{Taxa de} \\ \text{variação de } Q\end{array} = -\left(\begin{array}{c}\text{Taxa à qual saem} \\ \text{poluentes no escoamento}\end{array}\right)$$

O sinal negativo representando o fato de Q estar decrescendo. Ao tempo t a concentração de poluentes é Q/V e água contendo essa concentração está saindo à taxa r. Assim

$$\begin{array}{c}\text{Taxa à qual} \\ \text{poluentes} \\ \text{se escoam}\end{array} = \begin{array}{c}\text{Taxa do} \\ \text{escoamento}\end{array} \times \text{Concentração} = r \cdot \frac{Q}{V}$$

Portanto a equação diferencial é

$$\frac{dQ}{dt} = -\frac{r}{V}Q$$

e sua solução é

$$Q = Q_0 e^{-rt/V}$$

A Tabela 8.6 contém valores de r e V para quatro dos Grandes Lagos.[1] Usamos estes dados para calcular quanto tempo levará até que certas frações da poluição sejam removidas.

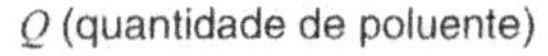

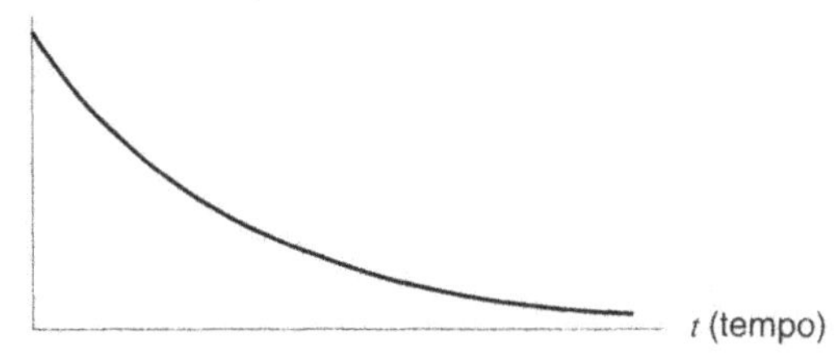

***Figura 8.25** — Poluentes no lago versus tempo*

TABELA 8.6 — *Volume e escoamento nos Grandes Lagos*

	V (milhares de km^3)	r(km^3/ano)
Superior	12,2	65,2
Michigan	4,9	158
Erie	0,46	175
Ontario	1,6	209

Exemplo 3 Quanto tempo levará até que 90% da poluição seja removida do Lago Erie? Para que 99% seja removida?

Solução Para o Lago Erie, $r/V = 175/460 = 0{,}38$, de modo que ao tempo t temos

$$Q = Q_0 e^{-0{,}38t}.$$

Quando 90% da poluição tiver sido removida, 10% restam, de modo que $Q = 0{,}1Q_0$. Substituindo, vem

$$0{,}1Q_0 = Q_0 e^{-0{,}38t}$$

Cancelando Q_0 e resolvendo para t, vem

$$t = \frac{-\ln(0{,}1)}{0{,}38} \approx 6 \text{ anos}$$

Analogamente, quando 99% da poluição tiver sido removida, $Q = 0{,}01Q_0$, de modo que resolvemos

$$0{,}01Q_0 = Q_0 e^{-0{,}38t},$$

o que dá

$$\frac{-\ln(0{,}1)}{0{,}38} \approx 12 \text{ anos}$$

A quantidade de uma droga no corpo

O modelo de decaimento exponencial que descreve poluentes deixando os Grandes Lagos funciona para quaisquer contaminantes, fluindo para dentro ou para fora de um sistema fluido com mistura completa. Outro exemplo é a quantidade de droga no corpo de um paciente. Depois de cessar a administração da droga, a taxa à qual a droga deixa o corpo é proporcional à quantidade da droga que permanece no corpo. Se Q representar a quantidade da droga remanescente,

$$\frac{dQ}{dt} = -kQ$$

O sinal negativo indica que a quantidade da droga no

[1] Dados de William E. Bouce e Richard C. DiPrima, *Elementary Differential Equations* (New York: Wiley, 1977).

corpo está decrescendo. A solução da equação diferencial é $Q = Q_0e^{-kt}$, a quantidade decresce exponencialmente. A constante k depende da droga e Q_0 é a quantidade da droga no corpo ao tempo zero. As vezes os médicos dão informação sobre a taxa relativa de decaimento mencionando uma *meia vida*, que é o tempo necessário para Q decrescer por um fator de 1/2.

Exemplo 4 Ácido valpróico é uma droga usada para controlar epilepsia; sua meia-vida no corpo humano é de cerca de 15 horas.

(a) Use a meia-vida para achar a constante k na equação diferencial $dQ/dt = -kQ$.

(b) A qual tempo restarão 10% da droga?

Solução (a) Como a meia-vida é de 15 horas, sabemos que a quantidade restante $Q = 0{,}5Q_0$ quando $t = 15$. Levando à solução da equação diferencial, $Q = Q_0e^{-kt}$ e resolvendo para k:

$$Q = Q_0e^{-kt}$$
$$0{,}5Q_0 = Q_0e^{-k(15)}$$
$$0{,}5 = e^{-15k} \quad \text{(Dividir cancelando } Q_0\text{)}$$
$$\ln 0{,}5 = -15k \quad \text{(Tomar logaritmo natural de ambos os lados)}$$
$$k = \frac{-\ln 0{,}5}{15} \approx 0{,}0462 \quad \text{(Resolver para } k\text{)}$$

(b) Para achar o tempo até que restem 10% da dose original, escrevemos $0{,}10Q_0$ para a quantidade restante, Q, e resolvemos para o tempo t.

$$0{,}10Q_0 = Q_0e^{-0{,}0462t}$$
$$0{,}10 = e^{-0{,}0462t}$$
$$\ln 0{,}10 = 0{,}0462t$$
$$t = \frac{\ln 0{,}10}{0{,}0642} \approx 49{,}84$$

Ao tempo $t = 49{,}84$ ou cerca de 50 horas, restarão 10% da droga no corpo.

Problemas para a Seção 8.3

Ache as soluções das equações diferenciais nos Problemas 1–6, sujeitas à condição inicial dada.

1. $\dfrac{dP}{dt} = 0{,}02P,\ P(0) = 20$
2. $\dfrac{dQ}{dt} = \dfrac{Q}{5},\ Q = 50$ quando $t = 0$
3. $\dfrac{dm}{dt} = 3m,\ m = 5$ quando $t = 1$
4. $\dfrac{dI}{dx} = 0{,}2I,\ I = 6$ onde $x = -1$
5. $\dfrac{dy}{dx} = \dfrac{y}{3}0,\ y(0) = 10$
6. $\dfrac{1}{z}\dfrac{dz}{dt} = 5,\ z(1) = 5$

Nos Problemas 7–12, diga se a solução geral da equação diferencial é uma função exponencial.

7. $\dfrac{dy}{dt} = t^2$
8. $\dfrac{dW}{dx} = 5W$
9. $\dfrac{dB}{dx} = 5x$
10. $\dfrac{dR}{dt} = kR$
11. $\dfrac{dP}{dt} = kt$
12. $\dfrac{dQ}{dt} - \dfrac{Q}{k} = 0$
13. Suponha que um depósito é feito numa conta bancária que paga uma taxa de juros anual de 7% compostos continua-mente. Não são feitos outros depósitos ou retiradas na conta.
    (a) Escreva uma equação diferencial satisfeita por B, o crédito na conta depois de t anos.
    (b) Resolva a equação diferencial.
    (c) Se o depósito inicial foi de \$5.000, dê uma solução particular satisfazendo a esta condição.
    (d) Quanto dinheiro há na conta após 10 anos?
14. O dinheiro numa conta bancária cresce continuamente a uma taxa anual de r (quando a taxa de juros é 5%, $r = 0{,}05$, por exemplo). Suponha que são postos \$1.000 na conta em 1970.
    (a) Escreva uma equação diferencial satisfeita por M, a quantidade de dinheiro na conta no tempo t, medido em anos desde 1970.
    (b) Resolva a equação.
    (c) Esboce a solução até o ano 2000 para taxas de juros de 5% e de 10%.
15. (a) Se $B = f(t)$ é o crédito ao tempo t numa conta bancária que ganha juros a uma taxa de r%, compostos continuamente, qual é a equação diferencial que descreve a taxa à qual varia o crédito? Qual é a constante de proporcionalidade, em termos de r?
    (b) Qual é a solução desta equação diferencial?
    (c) Esboce o gráfico de $B = f(t)$ para uma conta que começa com \$1.000 e ganha juros às taxas seguintes;
    (i) 4% (ii) 10% (iii) 15%
16. Usando o modelo no texto e dos dados da Tabela 8.6, ache quanto tempo levaria para que 90% da poluição fosse removida do Lago Michigan e do Lago Ontario, supondo que novos poluentes não são acrescentados. Explique como você pode dizer qual lago levará mais tempo para ser purificado só olhando os dados na tabela.
17. Use o modelo no texto e os dados da Tabela 8.6 na página 287 para determinar qual dos Grandes Lagos exegirá mais tempo e qual exigirá menos tempo para que 80% da poluição seja removida, supondo que não sejam acrescentados novos poluentes. Ache a razão entre esses dois tempos.
18. Bitartarato de hidrocodone é usado para suprimir a tosse. Depois que a droga foi completamente absorvida, a quantidade da droga no corpo decresce a uma taxa proporcional à quantidade que resta no corpo. A meia vida do bitartarato de hidrocondone no corpo é de 3,8 horas e a dose é 10 mg.
    (a) Escreva uma equação diferencial para a quantidade,

Q, da droga no corpo ao tempo t em horas desde que a droga foi completamente absorvida.

(b) Resolva a equação dada na parte (a)

(c) Use a meia vida para achar a constante de proporcionalidade, k.

(d) Quanto da dose de 10 mg resta no corpo após 12 horas?

19. Warfarin é uma droga usada como anticoagulante. Depois da administração da droga ser interrompida, a quantidade que resta no corpo do paciente decresce a uma taxa proporcional à quantidade restante. A meia-vida do warfarin no corpo é 37 horas.

(a) Esboce um gráfico tosco da quantidade, Q, de warfarin no corpo de um paciente como função do tempo, t, desde que foi cessada a administração da droga. Marque as 37 horas em seu gráfico.

(b) Escreva uma equação diferencial satisfeita por Q.

(c) Quantos dias leva para que o nível da droga no sangue seja reduzida a 25% do nível original?

20. A quantidade de terra arável (terra usada para o plantio) em uso aumenta à medida que cresce a população do mundo. Suponha que $A(t)$ representa o número total de hectares de terra arável em uso no ano t.

(a) Explique porque é plausível que $A(t)$ satisfaça à equação $A'(t) = kA(t)$. Quais hipóteses você está fazendo sobre a população do mundo e sua relação com a quantidade de terra arável usada?

(b) Em 1950 cerca de $1 \cdot 10^9$ hectares de terra arável estavam em uso; em 1980, o número era $2 \cdot 10^9$. Se, ao que se pensa, a quantidade total de terra arável é $3{,}2 \cdot 10^9$ hectares, quando este modelo prediz que seja exaurida? (Ponha $t = 0$ em 1950).

21. Em algumas reações químicas, a taxa à qual a quantidade de uma substância varia com o tempo é proporcional à quantidade presente. Por exemplo, isso acontece quando δ-glucono-lactone muda para ácido glucônico .

(a) Escreva uma equação diferencial para y, a quantidade da substância original presente ao tempo t.

(b) Se 100 gramas de δ-glucono-lactone são reduzidas a 54,9 gramas em uma hora, quantas gramas restarão depois de 10 horas?

22. O carbono radioativo (carbono-14) decai a uma taxa de aproximadamente 1 parte em 10.000 por ano. Escreva e resolva uma equação diferencial para a quantidade de carbono-14 como função do tempo. Esboce um gráfico da solução.

23. O isótopo radioativo carbono-14 está presente em pequenas quantidades em todas as formas de vida, e é constantemente readquirido até que o organismo morre, depois do que ele decai a carbono-12 estável, a uma taxa proporcional à quantidade de carbono-14 presente, com meia-vida de 5.730 anos. Seja $C(t)$ a quantidade de carbono-14 presente ao tempo t.

(a) Ache o valor da constante k na equação diferencial $C' = -kC$.

(b) Em 1988 três grupos de cientistas acharam que a Mortalha de Turim, da qual se dizia ser o pano para o enterro de Jesus, continha 91% da quantidade de carbono-14 contida em tecido recentemente feito, do mesmo material[2]. Segundo esses dados, qual a idade da Mortalha de Turim?

8.4 APLICAÇÕES À MODELAGEM

Na última seção consideramos várias situações modeladas pela equação diferencial

$$\frac{dy}{dx} = ky$$

Nesta seção, consideramos situações em que a taxa de variação de y é uma função linear de y da forma

$$\frac{dy}{dx} = k(y - A), \text{ onde } k \text{ e } A \text{ são constantes}$$

Lei de Newton, de aquecimento e resfriamento

A Lei de Newton diz que a temperatura de um objeto quente decresce a uma taxa proporcional à diferença entre sua temperatura e a dos objetos em torno dele. Analogamente, um objeto frio se aquece a uma taxa proporcional à diferença de temperatura entre o objeto e o que o rodeia.

Por exemplo, uma xícara de café quente largada sobre uma mesa esfria a uma taxa proporcional à diferença de temperaturas entre o café e o ar em volta. Ao passo que o café esfria, a taxa à qual ele esfria vai diminuindo, porque diminui a diferença de temperatura entre o café e o ar em volta. A longo prazo, a taxa de resfriamento tende a zero e a temperatura do café se aproxima da temperatura ambiente. A Figura 8.26 mostra a temperatura de duas xícaras de café contra o tempo, uma partindo de uma temperatura mais alta que a outra, mas ambas tendendo à temperatura ambiente, a longo prazo.

Seja H a temperatura ao tempo t de uma xícara de café numa sala a 20 °C. A Lei de Newton diz que a taxa de variação da temperatura é proporcional à diferença de temperatura entre o café e a sala.

Taxa de variação da temperatura =
= Constante × Diferença de temperatura

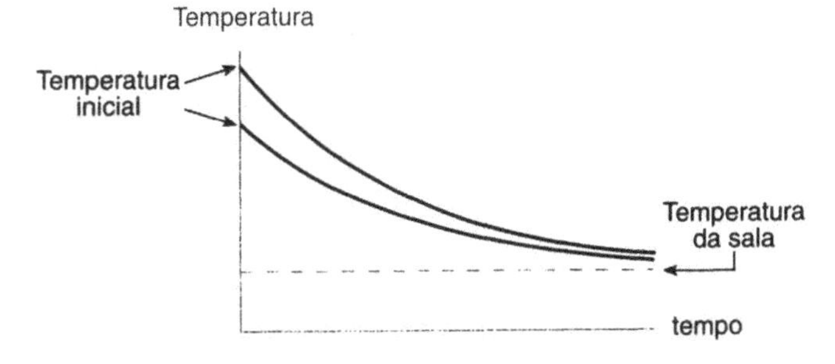

Figura 8.26 — A temperatura do café contra o tempo

[2] *The New York Times*, 18 de outubro de 1988.

A taxa de variação da temperatura é dH/dt. A diferença de temperatura entre o café e a sala é $(H-20)$, portanto

$$\frac{dH}{dt} = \text{Constante} \cdot (H-20)$$

E quanto ao sinal da constante? Se o café começa mais quente que a sala, isto é, $H - 20 > 0$, então a temperatura do café decresce, isto é, $dH/dt < 0$ a constante deve ser negativa:

$$\frac{dH}{dt} = -k(H-20) \qquad k>0$$

O que podemos aprender com esta equação diferencial? Suponha que tomamos $k = 1$. O campo de inclinações para esta equação diferencial na Figura 8.27 mostra várias curvas solução. Observe que, como esperamos, a temperatura do café se avizinha da temperatura da sala. Uma das curvas solução representa café que inicialmente está à temperatura de 55 °C. Esta curva solução deve lembrar-lhe o decaimento exponencial. De fato, é uma função de decaimento exponencial, deslocada de 20 unidades. A solução geral da equação diferencial é

$$H = 20 + Ce^{-t}$$

onde C é uma constante arbitrária.

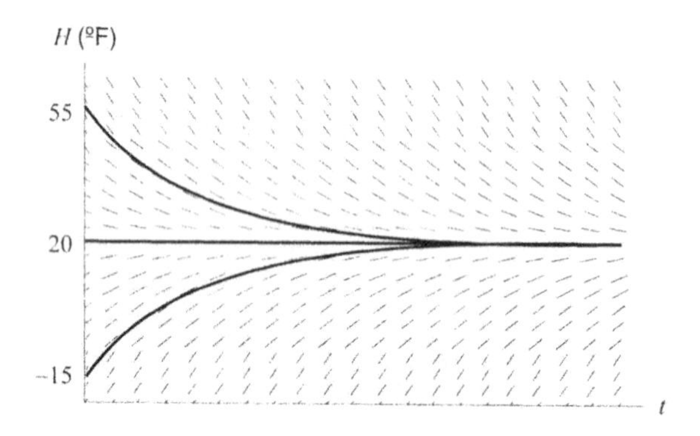

Figura 8.27 — *Campo de inclinações para* dH/dt = −(H−20)

Suponha que o café, de início, esteja à temperatura de 55 °C. Qual é a solução particular para este problema de valor inicial? Usamos o fato de $H = 55$ quando $t = 0$, e resolvemos para C:

$$55 = 20 + C(e^0)$$
$$55 = 20 + C$$

Assim $C = 35$ e a solução particular é

$$H = 20 + 35e^{-t}.$$

Resolução da equação $dy/dt = k(y - A)$

A temperatura do café no exemplo anterior satisfaz à uma equação diferencial da forma

$$\frac{dy}{dt} = k(y-A)$$

Vamos achar a solução geral desta equação. Como A é constante, $dA/dt = 0$ e temos

$$\frac{d(y-A)}{dt} = \frac{dy}{dt} - \frac{dA}{dt} = \frac{dy}{dt} - 0 = k(y-A)$$

Assim, $y - A$ satisfaz a uma equação diferencial exponencial e deve ser da forma

$$y - A = Ce^{kt}$$

> A solução geral da equação diferencial
>
> $$\frac{dy}{dt} = k(y-A)$$
>
> é
>
> $$y = A + Ce^{kt},$$
>
> onde C é uma constante arbitrária

Aviso: Observe que, para equações diferenciais desta forma, a constante arbitrária C *não* é o valor inicial da variável, e sim o valor inicial de $y - A$. (No exemplo do café, $H = 55$ inicialmente, de modo que $C = 55 - 20 = 35$.)

Exemplo 1 Resolva cada uma das equações diferenciais seguintes:

(a) $\frac{dy}{dt} = 0,02(y-50)$

(b) $\frac{dP}{dt} = 5(P-10)$, se $P = 8$ quando $t = 0$

(c) $\frac{dy}{dt} = 3y - 300$

(d) $\frac{dW}{dt} = 500 - 0,1W$

Solução (a) A solução é $y = 50 + Ce^{0,02t}$

(b) A solução é $P = 10 + Ce^{5t}$; Use a condição inicial e resolva para C.

$$8 = 10 + C(e^0)$$
$$8 = 10 + C$$

Então $C = -2$ e a solução particular é $P = 10 - 2e^{5t}$.

(c) Primeiro rescreva o segundo membro da equação na forma $k(y - A)$, pondo em evidência um fator 3:

$$\frac{dy}{dt} = 3(y-100)$$

A solução geral desta equação diferencial é $y = 100 + Ce^{3t}$.

(d) Começamos pondo em evidência o coeficiente de W:

$$\frac{dW}{dt} = 500 - 0,1W = -0,1\left(W - \frac{500}{0,1}\right) = -0,1(W - 5000)$$

A solução geral desta equação diferencial é $W = 5.000 + Ce^{-0,1t}$.

Exemplo 2 O corpo de uma vítima de assassinato é achada, ao meio-dia, numa sala com temperatura constante de 20 °C; duas horas depois a temperatura do corpo é de 33 °C.

(a) Ache a temperatura H do corpo como função

de t, o tempo em horas desde que foi encontrado.

(b) Esboce um gráfico de H contra t.

(c) O que acontece com a temperatura a longo prazo? Mostre isto no gráfico e algébricamente.

(d) À hora do assassinato, o corpo da vítima tinha a temperatura normal, 37 °C. Quando ocorreu o crime?

Solução (a) a Lei de Newton de Resfriamento diz que

Taxa de variação da temperatura =
=Constante × Diferença de temperatura

Como a diferença de temperaturas é $H - 20$, temos, para algumas constante k,

$$\frac{dH}{dt} = -k(H - 20)$$

A solução geral é

$$H = 20 + Ce^{-kt}$$

Para determinar C usamos o fato de ser $H = 35$ quando $t = 0$:

$$35 = 20 + Ce^{0}$$
$$35 = 20 + C$$

Então $C = 15$ e temos

$$H = 20 + 15e^{-kt}.$$

Para achar k, usamos o fato de ser $H = 33$ quando $t = 2$:

$$33 = 20 + 15e^{-k(2)}$$

Isolamos a exponencial e resolvemos para k:

$$13 = 15e^{-2k}$$
$$\frac{13}{15} = e^{-2k}$$
$$\ln\left(\frac{13}{15}\right) \approx -0,143 = -2k$$
$$k \approx \frac{0,143}{2} = 0,072$$

Portanto a temperatura H do corpo como função do tempo t é dada por

$$H = 20 + 15e^{-0,072t}.$$

(b) O intercepto vertical do gráfico de $H = 20 + 15e^{-0,072t}$ é $H = 35$, a temperatura inicial. A temperatura decai exponencialmente, com uma assíntota horizontal de $H = 20$. (Veja a Figura 8.28.)

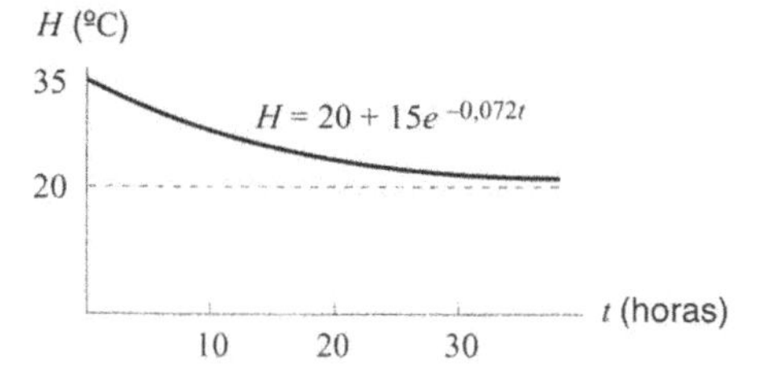

***Figura 8.28** — Temperatura de cadáver*

(c) A "longo prazo" significa quando $t \to \infty$. O gráfico mostra que, quando $t \to \infty$, $H \to 20$. Algebricamente, como $e^{-0,072t} \to 0$ quando $t \to \infty$,

$$H = 20 + \underbrace{15e^{-0,072t}}_{\text{vai a 0 quando } t\to\infty} \to 20 \text{ quando } t \to \infty$$

(d) Queremos saber quando a temperatura foi de 37 °C. Fazendo $H = 37$ e resolvendo para t:

$$37 = 20 + 15e^{-0,072t}$$
$$\frac{17}{15} = e^{-0,072t}$$

Tomando logaritmos naturais de ambos os lados

$$\ln\left(\frac{17}{15}\right) \approx -0,125 = -0,072t$$

assim

$$t \approx -\frac{0,125}{0,072} = -1,74 \text{ hora}$$

O crime ocorreu cerca 1,74 hora antes do meio-dia, isto é, às 10h15 aproximadamente.

Solução de equilíbrio

A Figura 8.29 mostra a temperatura de vários objetos numa sala a 20 °C. Um inicialmente está mais quente que 20 °C e se resfria, na direção de 20 °C; outro inicialmente está mais frio e se aquece na direção de 20 °C. Todas essas curvas são soluções da equação diferencial

$$\frac{dH}{dt} = -k(H - 20)$$

para algum $k > 0$ fixo, e todas as soluções têm a forma

$$H = 20 + Ce^{-kt}$$

para algum C. Observe que $H \to 20$ quando $t \to \infty$ para todas as soluções, porque $e^{-kt} \to 0$ quando $t \to \infty$. Em outras palavras, a longo prazo a temperatura do objeto sempre tende a 20 °C, a temperatura da sala, não importa qual seja sua temperatura inicial.

No caso especial em que $C = 0$, temos a *solução de equilíbrio*

$$H = 20$$

para todo t. Isto significa que se o objeto de início está a 20 °C, então permanecerá a 20 °C para todo tempo. Observe que uma tal solução pode ser achada diretamente da equação diferencial resolvendo $dH/dt = 0$;

$$\frac{dH}{dt} = -k(H - 20) = 0$$

o que dá $H = 20$. Qualquer que seja a temperatura inicial, H fica mais e mais próximo de 20 quando $t \to \infty$. Por isso, $H = 20$ chama-se um equilíbrio estável[3] para H.

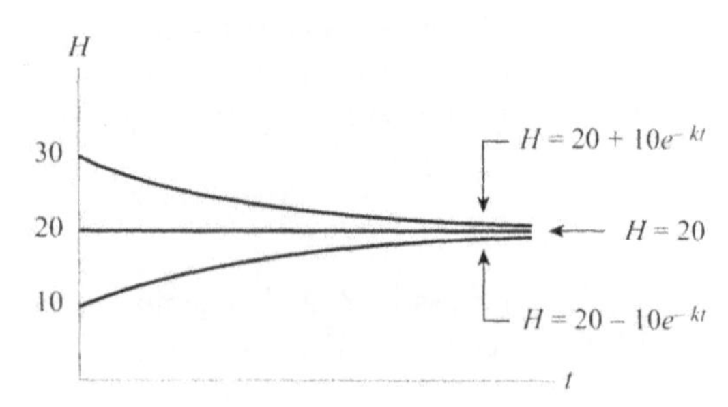

Figura 8.29 — H = 20 *é equilíbrio estável* (k > 0)

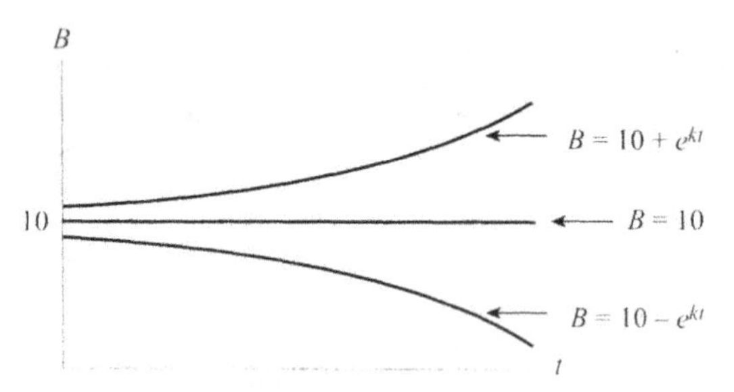

Figura 8.30 — B = 10 *é equilíbrio instável* (k > 0)

Uma situação diferente é apresentada na Figura 8.30, que mostra soluções da equação diferencial

$$\frac{dB}{dt} = k(B - 10)$$

para algum $k > 0$ fixo. Resolver $dB/dt = 0$ dá o equilíbrio $B = 10$, que é *instável* porque se B partir de perto de 10, vai afastar-se quando $t \to \infty$.

- Uma **solução de equilíbrio** é constante para todos os valores da variável independente. Soluções de equilíbrio podem ser identificadas igualando a zero a derivada da função.
- Uma solução de equilíbrio é **estável**, se uma pequena variação na condição inicial dá uma solução que tende ao equilíbrio quando a variável independente tende a infinito positivo.
- Uma solução de equilíbrio é **instável**, se uma pequena variação condição inicial dá uma curva solução que se afasta do equilíbrio quando a variável independente tende a infinito positivo.

De modo geral, uma equação diferencial pode ter mais de uma solução de equilíbrio ou não ter nenhuma.

O valor líquido de uma companhia

Na seção precedente vimos um exemplo em que dinheiro numa conta bancária estava rendendo juros (Exemplo 2, página 286). Considere uma companhia cuja receita é proporcional ao seu valor líquido (como juros num banco) mas que deve fazer pagamentos de salários. A questão é, sob quais condições a companhia ganha dinheiro, sob quais condições vai à falência?

O senso comum diz que se os pagamentos de salários ultrapassarem a receita, eventualmente a companhia estará em dificuldades, ao passo que se as receitas ultrapassarem os pagamentos a companhia deveria ir bem. Para tornar isto mais preciso, faremos várias hipóteses. Assumimos que a receita é ganha continuamente e que os pagamentos são feitos continuamente. (Na prática isto não é assim, mas para uma companhia grande isto é uma boa aproximação.) Também assumimos que os únicos fatores que afetam o valor líquido são as receitas e pagamentos de salários.

Exemplo 3 Suponha que as receitas de uma companhia sejam realizadas a uma taxa contínua de 5% de seu valor líquido. Ao mesmo tempo, as obrigações com pagamento de salários são pagas a uma taxa constante de 200 milhões por ano.

(a) Escreva uma equação diferencial que governe o valor líquido da companhia, W milhões de dólares.

(b) Resolva a equação diferencial, assumindo o valor líquido inicial de W_0 milhões de dólares.

(c) Esboce a solução para $W_0 = 3.000, 4.000, 5.000$.

Solução Primeiro, vejamos o que se pode saber sem escrever uma equação diferencial. Por exemplo, podemos perguntar se há algum valor líquido inicial W_0 que conserve o valor líquido exatamente constante. Se existe um tal equilíbrio, a taxa à qual receita é ganha deve equilibrar exatamente os pagamentos feitos, assim

Taxa à qual são ganhas receitas =
= Taxas à qual são feitos pagamento de salários

Se o valor líquido é uma constante W_0, a receita deve ser ganha a uma taxa constante de $0{,}05W_0$ por ano, de modo que devemos ter

$$0{,}05W_0 = 200 \text{ dando } W_0 = 4.000$$

Portanto se o valor líquido partir de \$4.000 milhões, receita e pagamentos serão iguais e o valor líquido permanecerá constante. Portanto, \$4.000 milhões dá uma solução de equilíbrio.

Mas suponha que o valor líquido inicial esteja acima de \$4.000 milhões. Então a receita será maior que a despesa de salários e o valor líquido da companhia crescerá cada vez mais depressa. De outro lado, se o valor líquido inicial estiver abaixo de \$4.000 milhões, a receita não será suficiente para cobrir os pagamentos e o valor líquido da companhia diminuirá. Isto reduzirá a receita, fazendo com que o valor líquido decresça ainda mais depressa. Portanto o valor líquido eventualmente irá a zero e a companhia à falência.

(a) Agora estabelecemos uma equação diferencial para o valor líquido, usando o fato que

Taxa à qual cresce o valor líquido	=	Taxa à qual receita é ganha	−	Taxa à qual são feitos pagamentos

[3] Em nível mais avançado, este comportamento se diz de *estabilidade assintótica*.

Em milhões de dólares por ano, a receita é ganha à taxa de $0{,}05W$ e pagamentos feitos à taxa de 200 por ano, de modo que

$$\frac{dW}{dt} = 0{,}05W - 200$$

onde t é em anos. Observe que o valor líquido inicial não entra na equação diferencial. A solução de equilíbrio, $W = 4.000$ é obtida fazendo $dW/dt = 0$.

(b) Ponha em evidência 0,05 para obter

$$\frac{dW}{dt} = 0{,}05(W - 4000)$$

A solução geral é

$$W = 4.000 + Ce^{0.05t}$$

Para achar C usamos a condição inicial que diz que $W = W_0$ quando $t = 0$.

$$W_0 = 4.000 + Ce^0$$
$$W_0 - 4.000 = C$$

Levando este valor de C para $W = 4.000 + Ce^{0.05t}$ vem

$$W = 4.000 + (W_0 - 4.000)e^{0.05t}$$

(c) Se $W_0 = 4.000$, então $W = 4.000$, a solução de equilíbrio

Se $W_0 = 5.000$, então $W = 4.000 + 1.000e^{0.05t}$

Se $W_0 = 3.000$, então $W = 4.000 - 1.000e^{0.05t}$. Resolver $W = 0$ dá $t \approx 27{,}7$, assim esta solução significa que a companhia irá à falência em seu vigésimo oitavo ano.

Os gráficos destas funções estão na Figura 8.31. Observe que se o valor líquido começar com W_0 perto de, mas não igual a, \$4.000, então W se afasta cada vez mais. Assim, $W = 4.000$ é um equilíbrio instável.

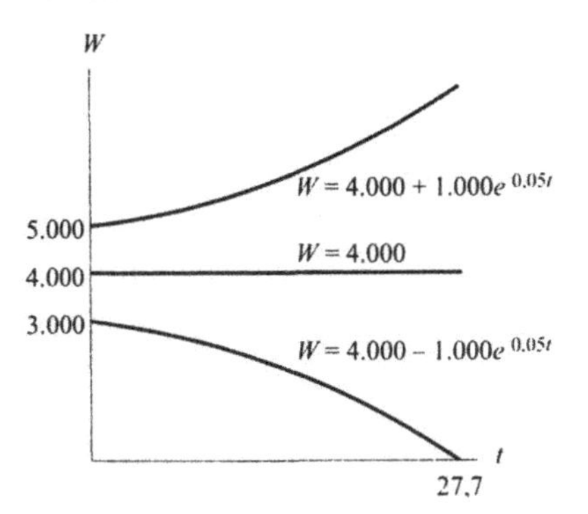

Figura 8.31 — *Soluções de* dW/dt = 0,05W – 200

O modelo logístico

Suponha que uma população tem uma taxa relativa de crescimento constante, isto é

$$\frac{1}{P}\frac{dP}{dt} = k \quad \text{e} \quad \frac{dP}{dt} = kP$$

Então a população cresce exponencialmente

$$P = Ce^{kt}.$$

Pequenas populações freqüentemente crescem exponencialmente, mas quando ficam maiores muitas vezes seu crescimento é limitado. Uma equação diferencial que representa crescimento limitado é a *equação logística*

$$\frac{1}{P}\frac{dP}{dt} = k\left(1 - \frac{P}{L}\right)$$

A constante L é chamada a *capacidade de suporte* e representa a maior população que o ambiente pode suportar. Esta equação pode ser rescrita como

$$\frac{dP}{dt} = kP\left(1 - \frac{P}{L}\right)$$

Esta é a equação diferencial logística geral, proposta em primeiro lugar para modelar crescimento de populações pelo matemático belga P.F. Verhulst, na década de 1830–40. Sua solução é a função logística introduzida na Seção 5.5.

Resolver a equação logística

A Figura 8.32 mostra o campo de inclinações e a característica curva solução *sigmóide*, ou em forma de *S*, para o modelo logístico. Observe que para cada valor fixado para P, isto é, ao longo de cada reta horizontal, as inclinações são todas iguais, por que dP/dt depende só de P e não de t. As inclinações são pequenas perto de $P = 0$ e perto de $P = L$: as maiores inclinações são perto de $L/2$. Para $P > L$ as inclinações são negativas, o que significa que se a população estiver acima da capacidade de suporte, ela decrescerá.

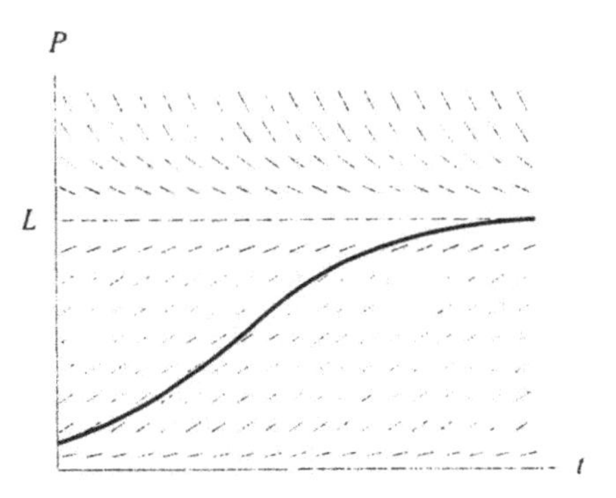

Figura 8.32 — *Campo de inclinações para* dP/dt = kp (1 – P/L)

Se $P = 0$ ou $P = L$, há uma solução de equilíbrio (não muito interessante se $P = 0$). A Figura 8.33 mostra que $P = 0$ é um equilíbrio instável, porque soluções que partem perto do 0 se afastam. Mas $P = L$ é um equilíbrio estável.

Para achar uma fórmula para a solução da equação logística, primeiro supomos $P \neq 0$ para todo t e mostramos que a quantidade $(L - P)/P$ satisfaz à equação diferencial $dy/dt = -ky$. Derivando, usando a regra da cadeia, temos

$$\frac{d}{dt}\left(\frac{L-P}{P}\right) = \frac{d}{dt}\left(\frac{L}{P} - 1\right) = -\frac{L}{P^2}\frac{dP}{dt}$$

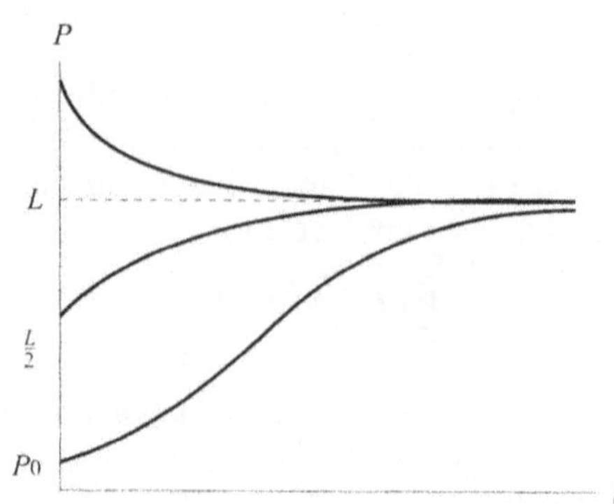

Figura 8.33 — Soluções para a equação logística

Como P satisfaz à equação logística, sabemos que $dP/dt = kP(1 - P/L)$, assim

$$\frac{d}{dt}\left(\frac{L-P}{P}\right) = -\frac{L}{P^2} \cdot kP\left(1 - \frac{P}{L}\right) = -k\left(\frac{L-P}{P}\right)$$

Portanto $(L - P)/P$ satisfaz à equação $dy/dt = -ky$ cuja solução é $y = Ce^{-kt}$, C constante arbitrária. Segue

$$\frac{L-P}{P} = Ce^{-kt}$$

Resolvendo para P temos

$$P = \frac{L}{1 + Ce^{-kt}}$$

Agora considere o caso em que $P = 0$. Se $P = 0$ para algum valor de t, então P é a solução de equilíbrio $P = 0$ para todo t. Observe que esta solução não pode ser obtida da fórmula $P = L/(1 + Ce^{-kt})$ para valor algum de C.

Problemas para a Seção 8.4

Ache as soluções das equações diferenciais nos Problemas 1–8, sujeitas às condições iniciais.

1. $\dfrac{dH}{dt} = 3(H - 75)$, $H = 0$ quando $t = 0$
2. $\dfrac{dy}{dt} = 0{,}5(y - 200)$, $y = 50$ quando $t = 0$
3. $\dfrac{dP}{dt} = P + 4$, $P = 100$ quando $t = 0$
4. $\dfrac{dB}{dt} = 4B - 100$, $B = 20$ quando $t = 0$
5. $\dfrac{dQ}{dt} = 0{,}3Q - 120$, $Q = 50$ quando $t = 0$
6. $\dfrac{dm}{dt} = 0{,}1\text{m} + 200$, $m(0) = 1.000$
7. $\dfrac{dB}{dt} + 2B = 50$, $B(1) = 100$
8. $\dfrac{dB}{dt} + 0{,}1B - 10 = 0$ $B(2) = 3$
9. Verifique que $y = A + Ce^{kt}$ é uma solução da equação diferencial

$$\frac{dy}{dt} = k(y - A)$$

10. Uma teoria sobre quão depressa um empregado pode aprender uma nova tarefa diz que, quanto mais o empregado já sabe sobre a tarefa, mais devagar ele aprende. Suponha que a taxa à qual uma pessoa aprende seja igual à porcentagem da tarefa que ela ainda não aprendeu. Se y é a porcentagem aprendida ao tempo t, a porcentagem ainda não aprendida nesse tempo é $100 - y$, de modo que podemos modelar essa situação com a equação diferencial

$$\frac{dy}{dt} = 100 - y$$

   (a) Ache a solução geral desta equação diferencial.
   (b) Esboce várias soluções.
   (c) Ache a solução particular se o empregado começa a aprender ao tempo $t = 0$ (de modo que $y = 0$ quando $t = 0$).

11. O campo de direções para uma equação diferencial é dado na Figura 8.34. Avalie todas as soluções de equilíbrio para esta equação diferencial e, para cada uma, indique se é estável ou não.

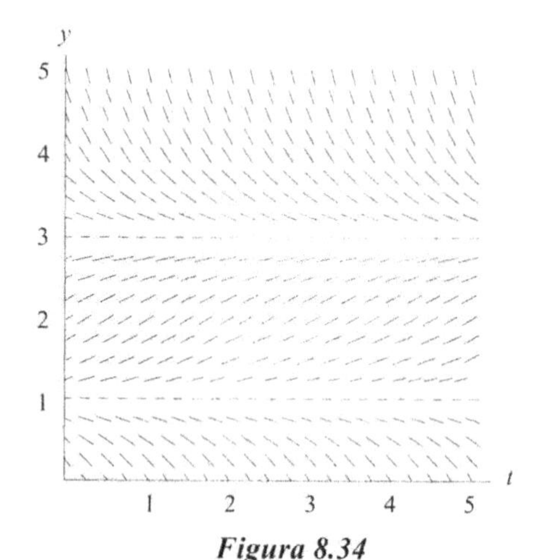

Figura 8.34

12. (a) Ache a solução de equilíbrio para a equação diferencial

$$\frac{dy}{dt} = 0{,}5y - 250$$

   (b) Ache a solução geral desta equação.
   (c) Esboce os gráficos de várias soluções com diferentes valores iniciais para y.
   (d) A solução de equilíbrio é estável ou instável?

13. (a) Quais são as soluções de equilíbrio para a equação diferencial

$$\frac{dy}{dt} = 0{,}2(y - 3)(y + 2)?$$

   (b) Use uma calculadora gráfica ou computador para

esboçar um campo de direções para esta equação diferencial. Use este campo para decidir, de cada solução de equilíbrio, se é estável ou instável.

14. Uma batata doce é colocada num forno a 200 °C e se aquece de acordo com a equação diferencial

$$\frac{dH}{dt} = -k(H - 200), \text{ onde } k \text{ é positiva}$$

(a) Se a batata está a 20 °C quando posta no forno, resolva a equação diferencial.

(b) Ache k usando o fato de, depois de 30 minutos, a temperatura da batata doce ser de 120 °C.

15. Escreva uma equação diferencial cuja solução seja a temperatura, como função do tempo, de uma garrafa de suco de laranja retirada de uma geladeira a 8 °C e deixada numa sala a 20 °C. Resolva a equação e esboce um gráfico aproximado da solução.

16. Uma conta bancária que ganha juros de 10% compostos continuamente tem um crédito inicial de zero. Dinheiro é depositado na conta a uma taxa constante de $1.000 por ano.

(a) Escreva uma equação diferencial que descreva a taxa de variação do crédito $B = f(t)$.

(b) Resolva a equação para achar o crédito como função do tempo. Não deixe de resolver para quaisquer constantes em sua equação.

17. Um detetive acha uma vítima de assassinato às 9 horas. A temperatura do corpo está a 32,5 °C. Uma hora depois, a temperatura está a 31,9 °C. A temperatura da sala foi mantida constante, a 20 °C.

(a) Assumindo que a temperatura, T, do corpo, obedece à Lei de Newton, escreva uma equação diferencial para T.

(b) Resolva a equação e calcule a hora do assassinato.

18. Suponha que às 13 h de uma tarde de inverno há uma queda de energia elétrica em sua casa em Wisconsin e seu aquecedor não funciona sem eletricidade. Quando a energia falhou, a temperatura era de 20 °C em sua casa. Às 22 h sua casa está a 15 °C e você observa que fora a temperatura está a −11 °C.

(a) Supondo que a temperatura, T, em sua casa obedeça à Lei de Newton de resfriamento, escreva a equação diferencial satisfeita por T.

(b) Resolva a equação diferencial para avaliar a temperatura na casa quando você se levantar às 7 horas da manhã seguinte. Você deveria se preocupar com a possibilidade de os encanamentos de água congelarem?

(c) Quais hipóteses você fez na parte (a) quanto à temperatura fora? Dada esta hipótese (provavelmente incorreta) você gostaria de revisar sua avaliação, para cima ou para baixo? Por quê?

19. Um fumante em cadeia fuma cinco cigarros por hora. De cada cigarro, 0,4 mg de nicotina são absorvidas na corrente sanguínea da pessoa. A nicotina deixa o corpo a uma taxa proporcional à quantidade presente, com constante de proporcionalidade −0,346.

(a) Escreva uma equação diferencial para o nível de nicotina no corpo, N, em mg, como função do tempo, t, em horas.

(b) Resolva a equação diferencial da parte (a). Suponha que inicialmente não há nicotina no sangue.

(c) A pessoa acorda às 7 da manhã e começa a fumar. Quanta nicotina há no seu sangue quando ela vai dormir às 23 horas?

20. Uma conta bancária ganha 7% de juros anuais compostos continuamente. Você deposita $10.000 na conta e retira dinheiro da conta à taxa de $1.000 por ano.

(a) Escreva uma equação diferencial para o crédito, B, na conta após t anos.

(b) Qual é a solução de equilíbrio para a equação diferencial? (Esta é a quantia que deve ser depositada agora para que o crédito permaneça o mesmo com os anos.)

(c) Ache a solução da equação diferencial.

(d) Quanto há na conta depois de 5 anos?

(e) Esboce um gráfico da solução e descreva o que acontece com o crédito a longo prazo.

21. Como você sabe, terminado um curso os estudantes começam a esquecer o material que aprenderam. Um modelo (chamado o modelo de Ebbinghaus) assume que a taxa à qual um estudante esquece material é proporcional à diferença entre o material que ele lembra correntemente e alguma constante positiva a.

(a) Seja $y = f(t)$ a fração do material original lembrada t semanas depois de terminado o curso. Escreva uma equação diferencial para y. Sua equação conterá duas constantes: a constante a é menor que y para todo t.

(b) Resolva a equação diferencial.

(c) Descreva o significado prático (em termos da quantidade lembrada) das constantes na solução $y = f(t)$.

22. Morfina é uma droga que alivia a dor. Use o fato de ser a meia-vida da morfina no corpo de 2 horas para mostrar que a magnitude da constante de proporcionalidade para a taxa à qual a morfina deixa o corpo é $k = 0,347$.

23. Suponha que morfina seja administrada a um paciente por via intravenosa a uma taxa de 2,5 mg por hora.

(a) Use o Problema 22 para escrever uma equação diferencial para a quantidade, Q, de morfina no sangue depois de t horas.

(b) Use a equação diferencial para achar a solução de equilíbrio. (Esta é a quantia de morfina no corpo a longo prazo, depois que o sistema se estabilizou.)

24. A droga teofilina é dada a um paciente, por via intravenosa, à taxa de 43,2 mg/hora para aliviar asma aguda. A taxa à qual a droga deixa o corpo é proporcional à quantidade aí presente, com constante de proporcio-

nalidade 0,082. Suponha que inicialmente o corpo do paciente não contenha droga alguma.

(a) Descreva em palavras como você espera que varie a quantidade de teofilina no paciente com o tempo.

(b) Escreva uma equação diferencial satisfeita pela quantidade, $Q(t)$, de teofilina no sangue.

(c) Resolva a equação diferencial e faça um gráfico da solução. O que acontece com a concentração a longo prazo?

25. Um modelo para a população, P, de carpas num lago completamente estanque é dado pela equação logística.

$$\frac{dP}{dt} = 0,25P(1 - 0,0004P)$$

(a) Quais são as soluções de equilíbrio para a equação diferencial?

(b) Reescreva a equação na forma $\dfrac{dP}{dt} = kP\left(1 - \dfrac{P}{L}\right)$. O que é k? O que é L?

(c) Usando uma função logística, ache uma fórmula para a população de carpas como função do tempo. Qual é a população de equilíbrio, a longo prazo, de carpas no lago?

8.5 MODELO PARA A INTERAÇÃO DE DUAS POPULAÇÕES

Até agora, usamos uma equação diferencial para modelar o crescimento de uma única quantidade. Agora olhamos o crescimento de duas populações interagindo, uma situação que exige um sistema de duas equações diferenciais. Exemplos incluem: duas espécies competindo por alimento, uma espécie sendo predadora de outra, ou duas espécies ajudando-se mutuamente (simbiose).

Um modelo presa — predador: pardais e minhocas

Modelamos um sistema presa — predador usando o que chamamos equações de Lotka-Volterra. Olhemos um caso[4] simplificado e idealizado em que pardais são predadores e minhocas a presa. Suponha que existam r milhares de pardais e w milhões de minhocas. Se não existissem pardais, as minhocas se multiplicariam exponencialmente de acordo com a equação

$$\frac{dq}{dt} = aw \quad \text{onde } a \text{ é uma constante positiva}$$

Se não existissem minhocas, os pardais não teriam alimento e sua população decresceria de acordo com a equação[5]

$$\frac{dr}{dt} = -br \quad \text{onde } b \text{ é uma constante positiva}$$

Agora imagine o efeito das duas populações uma sobre a outra. Claramente, a presença de pardais é ruim para as minhocas, assim

$$\frac{dw}{dt} = aw - \text{Efeito dos pardais sobre as minhocas}$$

De outro lado, os pardais se dão melhor com minhocas presentes e

$$\frac{dr}{dt} = -br + \text{Efeito das minhocas sobre os pardais}$$

Como exatamente as duas populações interagem? Suponhamos que o efeito de uma população sobre a outra seja proporcional ao nível de "encontros". (Um encontro se dá quando um pardal come uma minhoca.) O número de encontros é, provavelmente, proporcional ao produto das populações porque se uma população fosse mantida fixa, o número de encontros deveria ser proporcional à outra. Então assumimos

$$\frac{dw}{dt} = aw - cwr \quad \text{e} \quad \frac{dr}{dt} = -br + kwr$$

onde c e k são constantes positivas. Para analizar este sistema de equações olhemos o exemplo específico com

$$\frac{dw}{dt} = w - wr \quad \text{e} \quad \frac{dr}{dt} = -r + wr$$

O plano de fases

Para ver o crescimento das populações, queremos gráficos de r e w contra t. Porém, é mais fácil obter um gráfico de r contra w primeiro. Se marcamos um ponto (w, r) representando o número de minhocas e pardais a qualquer momento, então, quando as populações mudam, o ponto se move. O plano-wr sobre o qual o ponto se move se chama *plano de fases* e o caminho do ponto chama-se *trajetória de fases*.

Para achar a trajetória de fases, precisamos de uma equação diferencial ligando w e r diretamente. Temos duas equações diferenciais.

$$\frac{dw}{dt} = w - wr \quad \text{e} \quad \frac{dr}{dt} = -r + wr$$

Pensando em r como função de w e w como função de t, a regra da cadeia dá

$$\frac{dr}{dt} = \frac{dr}{dw} \cdot \frac{dw}{dt}$$

Isto nos diz que

$$\frac{dr}{dw} = \frac{dr/dt}{dw/dt}$$

de modo que temos

$$\frac{dr}{dw} = \frac{-r + wr}{w - wr}$$

[4] Baseado em trabalho de Thomas A. McMahon.

[5] Esta hipótese, irrealisticamente, prevê que a população de pardais decairá exponencialmente, e não se extinguirá em tempo finito.

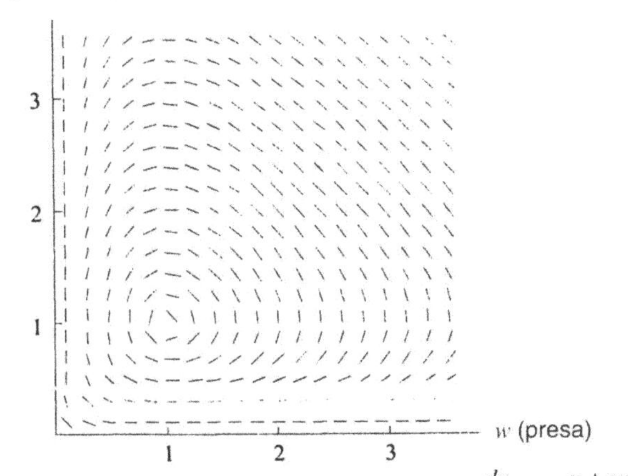

***Figura 8.35** — Campo de inclinações para* $\dfrac{dr}{dw} = \dfrac{-r + wr}{w - wr}$

A Figura 8.35 mostra o campo de direções desta equação diferencial no plano de fases.

O campo de inclinações e os pontos de equilíbrio

Adquirimos uma idéia do aspecto das soluções desta equação a partir do campo de inclinações. No ponto (1, 1) não foi traçada inclinação porque dr/dw não é definida aí, as taxas de variação de ambas as populações com relação ao tempo são zero:

$$\frac{dw}{dt} = 1 - (1)(1) = 0, \quad \text{e} \quad \frac{dr}{dt} = -1 + (1)(1) = 0$$

Em termos de pardais e minhocas, isto significa que se em algum momento $w = 1$ e $r = 1$ (isto é, há 1 milhão de minhocas e 1 mil pardais) então w e r ficam constantes para sempre. O ponto $w = 1$, $r = 1$ é pois uma solução de equilíbrio. O campo de inclinações sugere que não há outros pontos de equilíbrio, excetuada a origem. Verificamos isto resolvendo.

$$\frac{dw}{dt} = w - wr = 0, \quad \text{e} \quad \frac{dr}{dt} = -r + rw = 0$$

o que dá apenas $w = 0$, $r = 0$ e $w = 1$, $r = 1$ como soluções.

Trajetórias no plano-wr de fases

Olhemos as trajetórias no plano de fases. Um ponto numa curva representa um par de populações (w, r) existindo ao mesmo tempo t (embora t não apareça no gráfico). Pouco tempo depois, o par de populações é representado por um ponto próximo. Com o passar do tempo, o ponto descreve uma trajetória. A direção é marcada sobre a curva por uma flecha. (Veja a Figura 8.36.)

Como decidimos para onde ir sobre a trajetória? Olhe o par original de equações diferenciais. Elas envolvem o tempo e portanto nos dizem como w e r variam com o tempo. Imagine por exemplo que estamos no ponto P_0 da Figura 8.37, em que $w = 2{,}2$ e $r = 1$; então

$$\frac{dr}{dt} = -r + rw = -1 + (2,2)(1) = 1,2 > 0$$

Portanto r é crescente, e o ponto se move em sentido antihorário de P a Q em torno da curva fechada na Figura 8.36

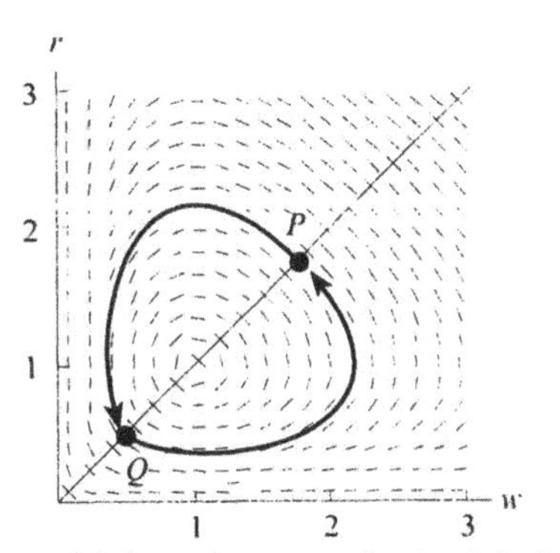

***Figura 8.36** — A curva solução é fechada*

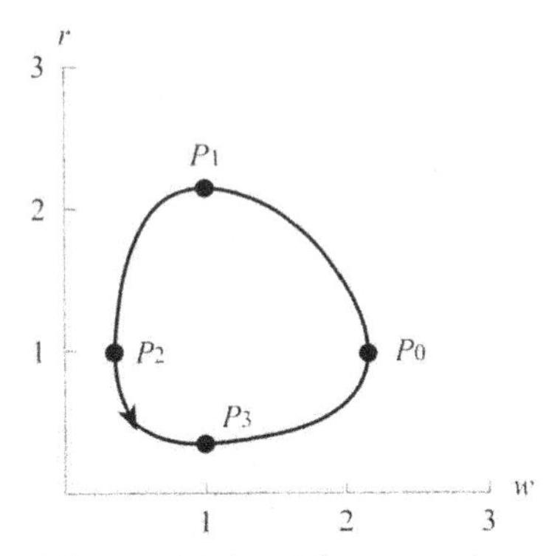

***Figura 8.37** — Uma trajetória*

Exemplo 1 Suponha que ao tempo $t = 0$ existam 2,2 milhões de minhocas e 1 mil pardais. Descreva como as populações de pardais e minhocas variam com o tempo.

Solução A trajetória pelo ponto P_0 em que $w = 2{,}2$ e $r = 1$ é mostrada no campo de direções na Figura 8.36 e isoladamente na Figura 8.37.

Inicialmente, há muitas minhocas de modo que a população de pardais se dá bem. A população de pardais está crescendo e a de minhocas decrescendo até existirem cerca de 2,2 mil pardais e 1 milhão de minhocas (o ponto P_1 na Figura 8.37.) Neste ponto há muito poucas minhocas para sustentar a população de pardais: esta começa a declinar e a de minhocas também está caindo. A população de pardais cai drasticamente até existirem cerca de mil pardais e 0,4 milhão de minhocas (o ponto P_2 na Figura 8.37.) Com tão poucos pardais, a população de minhocas começa a recompor-se, mas a população de pardais ainda está decrescendo. A população de minhocas cresce até que existam cerca de 0,4 mil pardais e 1 milhão de minhocas (P_3 na Figura 8.37). Agora há muitas minhocas para a pequena população de pardais, de modo que ambas as populações crescem. As populações voltam aos valores de partida (a trajetória forma uma curva fechada) e o ciclo recomeça.

O problema 13 mostra o modo de calcular como variam as populações com o tempo. Usamos esta informação para fazer o gráfico de cada população contra o tempo, como na Figura 8.38. O fato de a trajetória ser uma curva fechada significa que ambas as populações oscilam periodicamente. Ambas têm o mesmo período e as minhocas (presa) estão no seu máximo um quarto de ciclo antes dos pardais.

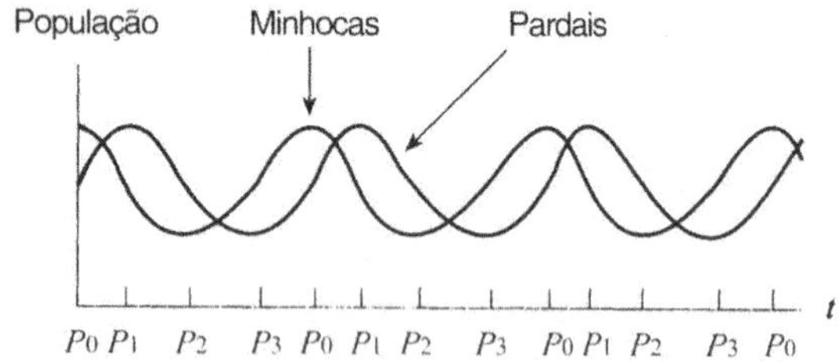

Figura 8.38 *— Populações de pardais (em milhares) e minhocas (em milhões) contra o tempo*

Linces e lebres

Um sistema presa — predador para o qual existem dados de longo prazo é o do lince canadense e da lebre. Ambos os animais eram de interesse para os caçadores de peles e os registros da Hudson Bay Companhy lançam alguma luz sobre suas populações através de boa parte do século passado. Estes registros mostram que ambas as populações oscilavam para cima e para baixo, com bastante regularidade, com um período de cerca de dez anos. Além disso, os valores máximos das duas populações não ocorriam ao mesmo tempo, a lebre estava um quarto de ciclo à frente do lince. É exatamente o comportamento previsto pela equações de Lotka-Volterra.

Outras formas de interação entre espécies

Os métodos desta seção podem ser usados para modelar outros tipos de interação entre populações de duas espécies x e y, tais como competição e simbiose.

Exemplo 2 Os seguintes sistemas de equações diferenciais podem ser usados para modelar a interação entre duas populações x e y. Descreva as interações

(a) $\dfrac{dx}{dt} = 0,2x - 0,5xy$ $\quad \dfrac{dy}{dt} = 0,6y - 0,8xy$

(b) $\dfrac{dx}{dt} = -2x + 5xy$ $\quad \dfrac{dy}{dt} = -y + 0,2xy$

(c) $\dfrac{dx}{dt} = 0,5x$ $\quad \dfrac{dy}{dt} = -1,6y - 2xy$

(d) $\dfrac{dx}{dt} = 0,3x - 1,2xy$ $\quad \dfrac{dy}{dt} = -0,7y + 2,5xy$

Solução (a) Se ignorarmos os termos com xy, teremos $dx/dt = 0,2x$ e $dy/dt = 0,6y$, de modo que as duas populações crescem exponencialmente. Como os termos de interação são negativos, cada espécie inibe o crescimento da outra, como quando veados e alces competem por comida.

(b) Se ignorarmos os termos de interação, as populações de ambas as espécies decaem exponencialmente. Porém, os termos de interação são positivos, o que significa que cada espécie ajuda a outra, de modo que a relação é simbiótica. Um exemplo é a polinização de plantas por insetos.

(c) Ignorando a interação, x cresce e y diminui. Os termos de interação mostram que y prejudica x ao passo que x beneficia y. Este é um modelo presa-predador no qual y é o predador e x é a presa.

(d) Sem a interação, x cresce e y diminui. Os termos de interação mostram que y prejudica x ao passo que x beneficia y. Este é um modelo presa — predador no qual y é o predador e x é a presa.

Problemas para a Seção 8.5

Para os Problemas 1–4, suponha que x e y são populações de duas espécies diferentes. Descreva em palavras como cada população varia com o tempo.

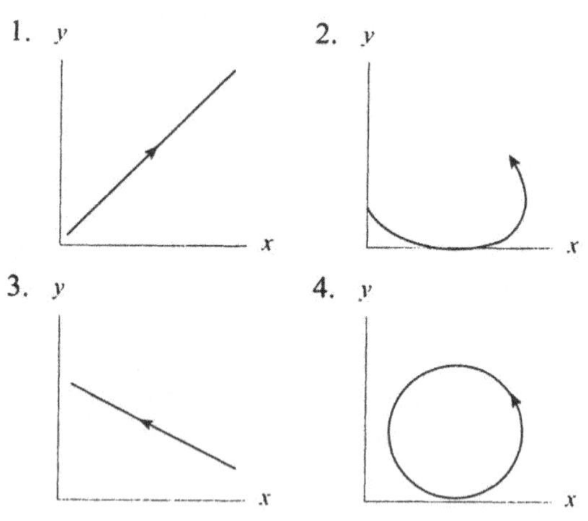

Para os Problemas 5–13 seja w o número de minhocas (em milhões) e r o número de pardais (em milhares) vivendo numa ilha. Suponha que w e r satisfaçam às equações diferenciais.

$$\frac{dw}{dt} = w - wr$$

$$\frac{dr}{dt} = -r + wr$$

5. Explique porque isto seria um modo razoável de modelar a interação entre as duas populações. Porque os sinais foram escolhidos dessa forma?
6. Resolva essas equações nos dois casos especiais em que não há pardais e em que não há minhocas vivendo na ilha.
7. Descreva e explique a simetria que você observa no campo de inclinações. Que conseqüências tem a simetria para as curvas solução?

8. Suponha $w = 2$ e $r = 2$ quando $t = 0$. Os números de pardais e minhocas crescem ou decrescem, a princípio? O que acontece a longo prazo?
9. Para o caso discutido no Problema 8, avalie os valores máximo e mínimo da população de pardais. Quantas minhocas existem ao tempo que a população de pardais atinge seu máximo?
10. Sobre os mesmos eixos, faça os gráficos de w e r contra o tempo. Use os valores iniciais de 1,5 para w e 1 para r. Você pode fazer isto sem unidades para t.
11. As pessoas na ilha gostam tanto de pardais que decidem importar 200 pardais de fora, para aumentar a população inicial a 2,2 quando $t = 0$. Isto faz sentido? Porque ou porque não?
12. Suponha que $w = 3$ e $r = 1$ quando $t = 0$. Os números de pardais e minhocas crescem ou decrescem inicialmente? O que acontece a longo prazo?
13. Ao tempo $t = 0$ há 2,2 milhões de minhocas e 1 mil pardais.
    (a) Use as equações diferenciais para calcular as derivadas dw/dt e dr/dt ao tempo $t = 0$.
    (b) Use valores iniciais e sua resposta à parte (a) para estimar o número de pardais e minhocas ao tempo $t = 0{,}1$.
    (c) Usando o método da parte (a) e da parte (b), estime o número de pardais e o de minhocas aos tempos $t = 0{,}2$ e $t = 0{,}3$.
14. (a) Suponha que há 3 milhões de minhocas e 2 mil pardais. Localize o ponto correspondente a esta situação no campo de inclinações dado na Figura 8.39. Trace a trajetória por esse ponto.
    (b) Em qual direção se move o ponto ao longo dessa trajetória? Ponha uma flecha sobre a trajetória e justifique sua resposta usando as equações diferenciais para dw/dt e dr/dt dadas nesta seção.
    (c) A qual tamanho chega a população de pardais? Qual o tamanho da população de minhocas quando a de pardais está no seu máximo?
    (d) A qual tamanho chega a população de minhocas? Qual o tamanho da população de pardais quando a de minhocas está no seu máximo?

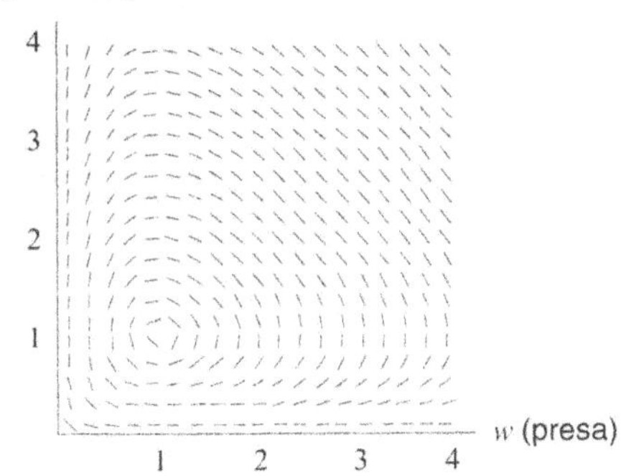

Figura 8.39

15. Repita o Problema 14, se inicialmente há 0,5 milhões de minhocas e 3 mil pardais.

Crie um sistema de equações diferenciais para modelar as situações dos Problemas 16–18. Você pode supor que todas as constantes de proporcionalidade são 1.

16. Dois negócios estão em competição um com o outro. Ambos iriam bem sem o outro, mas cada um deles prejudica o outro. Os valores dos dois negócios são dados por x e y.
17. A variável x representa o tamanho de uma população de pulgas e a variável y representa o tamanho de uma população de cachorros. As pulgas não poderiam viver sem os cachorros—precisam deles para sobreviver. Mas a população de cachorros não é afetada pelas pulgas, dá-se bem com ou sem elas.
18. As concentrações de dois produtos químicos como funções do tempo são denotadas por x e y respectivamente. Cada um, sozinho, decai a uma taxa proporcional à sua concentração. Quando reunidos, interagem para formar uma terceira substância. Ao passo que é criada esta terceira substância, as concentrações das duas populações iniciais diminuem.

As equações diferenciais para os Problemas 19–21 descrevem as taxas de crescimento de duas populações x e y (ambas medidas em milhares) de espécies A e B, respectivamente. Para cada problema:

(a) Descreva em palavras o que acontece com a população de cada espécie na ausência da outra.
(b) Descreva em palavras como as espécies interagem uma com a outra. Dê razões pelas quais as espécies poderiam comportar-se como descrevem as equações. Sugira espécies que poderia interagir como descrevem as equações.

19. $\dfrac{dx}{dt} = 0{,}01x - 0{,}05xy$, $\quad \dfrac{dy}{dt} = -0{,}2y + 0{,}08xy$

20. $\dfrac{dx}{dt} = 0{,}01x - 0{,}05xy$, $\quad \dfrac{dy}{dt} = 0{,}2y - 0{,}08xy$

21. $\dfrac{dx}{dt} = 0{,}2x$, $\quad \dfrac{dy}{dt} = 0{,}4xy - 0{,}1y$

22. Este problema se refere aos quatro sistemas de equações diferenciais dados no exemplo 2. Suponha que $x = 2$ e $y = 2$. Para cada sistema, de (a),(b), (c) e (d), determine se a população x cresce ou decresce e se a população y cresce ou decresce, quando $x = 2$ e $y = 2$. Justifique suas respostas.
23. Para cada um dos quatro sistemas diferenciais no exemplo 2, escreva uma equação diferencial envolvendo dy/dx. Use um computador ou calculadora para traçar o campo de inclinações, para $x, y > 0$. Então trace a trajetória passando pelo ponto $x = 3, y = 1$.

8.6 MODELO PARA A DISSEMINAÇÃO DE UMA DOENÇA

Equações diferenciais podem ser usadas para predizer quando o surgimento de uma doença se torna tão severo que se chama *epidêmica*,[6] e para decidir qual nível de vacinação é necessário para prevenir uma epidemia. Consideremos um exemplo específico.

Gripe num internato inglês

Em janeiro de 1978, 763 estudantes voltaram de suas férias de inverno para um internato de meninos. Uma semana depois, um menino desenvolveu gripe, seguido imediatamente por mais dois. Pelo fim do mês, quase metade dos meninos estava doente. A maior parte da escola tinha sido infectada quando a epidemia terminou, em meados de fevereiro.[7]

Poder prever quantas pessoas ficarão doentes, e quando, é um passo importante na direção de controle de uma epidemia. Esta é uma das responsabilidades do Communicable Desease Surveillance Centre da Inglaterra e do Center for Desease Control and Prevention, dos EUA.

O modelo *S-I-R*

Aplicamos um dos modelos mais comumente usados para uma epidemia, chamado modelo *S-I-R*, ao exemplo da epidemia de gripe do internato. Imagine a população da escola dividida em três grupos:

S = número de suscetíveis, os que ainda não estão doentes mas poderiam ficar doentes

I = número dos infectados, os que corretamente estão doentes

R = número de recuperados, ou removidos, os que já estiveram doentes e já não podem infectar outros nem serem infectados

Neste modelo, o número de suscetíveis decresce com o tempo, à medida que pessoas são infectadas. Assumimos que a taxa de pessoas infectadas é proporcional ao número de contatos entre suscetíveis e infectados. A expectativa é que o número de contatos entre os dois grupos seja proporcional a S e I, ambos. (Se S dobrar, a expectativa é que dobre o número de contatos; analogamente, se I dobrar, a expectativa é que dobre o número de contatos. Assim, assumimos que para alguma constante $a > 0$,

$$\frac{dS}{dt} = -\left(\begin{matrix}\text{Taxa suscetíveis}\\ \text{ficam doentes}\end{matrix}\right) = -aSI$$

(O sinal negativo é porque S é decrescente.)

[6] Exatamente quando uma doença deve ser chamada de epidemia nem sempre é claro. A classe médica em geral classifica uma doença como epidêmica quando a freqüência é maior do que usualmente é esperado - deixando aberta a questão do que usualmente é esperado. Veja, por exemplo, *Epidemiology in Medicine*, por C. H. Hennekens e J. Buring (Boston:Little, Brown, 1987).

[7] Dados do Communicable Desease Surveillance Centre (UK); relatado em "Influenza in a Boarding School," *British Medical Journal*, 4 de Março 1978, e por J. D. Murray in *Mathematical Biology* (New York: Springer Verlag, 1990)

O número de infectados está mudando de dois modos: novos doentes são acrescentados ao grupo infectado e outros são removidos. Os novos doentes são exatamente aqueles que estão deixando o grupo dos suscetíveis, assim são acrescidos à taxas de aSI (agora com sinal positivo). Pessoas deixam o grupo infectado ou porque se recuperam (ou morrem), ou porque são fisicamente removidos do resto do grupo e já não podem infectar outros. Assumimos que pessoas são removidas a uma taxa proporcional ao número de doentes, ou bI, onde b é uma constante positiva. Assim

$$\frac{dI}{dt} = \begin{matrix}\text{Taxa suscetíveis}\\ \text{ficam doentes}\end{matrix} - \begin{matrix}\text{Taxa infectados}\\ \text{são removidos}\end{matrix} = aSI - bI$$

Assumindo que os que se recuperaram da doença já não são suscetíveis, o grupo recuperado cresce à taxa de bI e assim

$$\frac{dR}{dt} = bI$$

Estamos supondo que ter tido gripe dá imunidade a uma pessoa, isto é, que a pessoa não pode contrair gripe de novo. (Isto é verdade para uma dada variedade de gripe, ao menos a curto prazo.)

Ao analisar a gripe podemos usar o fato de a população total $S + I + R$ não estar variando. (A população total, o número total de alunos na escola, não variou durante a epidemia; veja o Problema 1 na página 302. Assim, uma vez conhecidos S e I podemos calcular R. Restringimos pois nossa atenção às duas equações

$$\frac{dS}{dt} = -aSI$$

$$\frac{dI}{dt} = aSI - bI$$

As constantes *a* e *b*

A constante a mede quanto a doença é infecciosa — isto é, quão depressa é transmitida dos infectados aos suscetíveis. No caso de gripe, sabemos pelos relatos médicos que a epidemia começou com um doente, dois outros ficando doentes mais ou menos um dia depois. Assim, quando $I = 1$ e $S = 762$, temos $dS/dt \approx -2$, o que nos permite aproximar a sem precisão[8]:

$$a = -\frac{dS/dt}{SI} = \frac{2}{(762)(1)} = 0,0026$$

A constante b representa a taxa à qual pessoas infectadas são removidas da população infectada. Neste caso da gripe, os rapazes eram em geral levados à enfermaria dentro de um ou dois dias de adoecerem. Assumindo que cada dia metade da população infectada era removida, tomamos $b \approx 0,5$. Assim, nossas equações são:

$$\frac{dS}{dt} = -0,0026SI$$

$$\frac{dI}{dt} = 0,0026SI - 0,5I$$

[8] Os valores de a e b são próximos aos obtidos por J.D. Murray em *Mathematical Biology* (New York: Springer Verlag, 1990).

No plano de fases

Como na Seção 8.5, olhamos trajetórias no plano de fases. Pensando em I como função de S, e S como função de t, usamos a regra da cadeia para obter

$$\frac{dI}{dt} = \frac{dI}{dS} \cdot \frac{dS}{dt},$$

que dá

$$\frac{dI}{dS} = \frac{dI / dt}{dS / dt}$$

Substituindo dI/dt e dS/dt

$$\frac{dI}{dS} = \frac{0,0026SI - 0,5I}{-0,0026SI}$$

Supondo que I não seja zero, esta equação se simplifica a aproximadamente

$$\frac{dI}{dS} = -1 + \frac{192}{S}$$

O campo de inclinações para esta equação diferencial é mostrado na Figura 8.40. A trajetória com condições iniciais $S_0 = 762$, $I_0 = 1$, é mostrada na Figura 8.41. O tempo é representado por uma flecha mostrando a direção em que se move um ponto sobre a trajetória. A doença começa no ponto $S_0 = 762$, $I_0 = 1$. A princípio, mais pessoas são infectadas e diminuem os suscetíveis. Em outras palavras, S decresce e I cresce. Mais tarde, I decresce e S continua a decrescer.

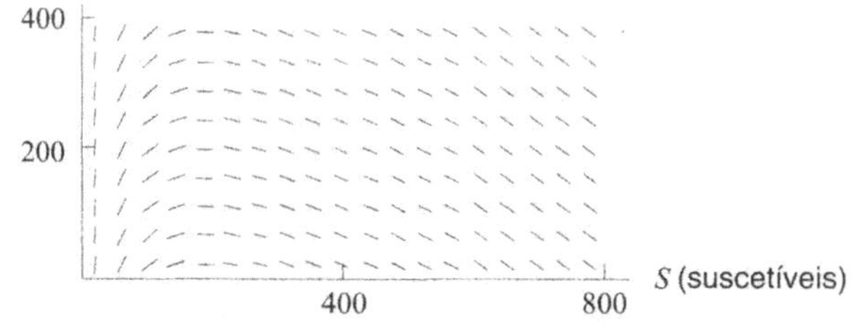

Figura 8.40 — *Campo de inclinações para* dI/dS = – 1 + 192/S

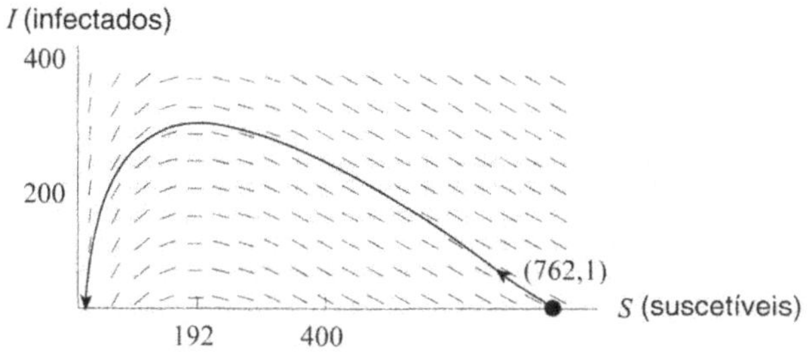

Figura 8.41 — *Trajetória para* $S_0 = 762$, $I_0 = 1$

O que nos diz o plano de fases-SI?

Para saber como progride a doença, olhe a forma da curva na Figura 8.41. O valor de I primeiro cresce, depois decresce a zero. O valor pico para I ocorre quando $S \approx 200$. Podemos determinar exatamente quando ocorre o pico resolvendo

$$\frac{dI}{dS} = -1 + \frac{192}{S} = 0$$

que dá

$$S = 192.$$

Observe que o valor pico para I sempre ocorre para o mesmo valor de S, ou seja, $S = 192$. O gráfico mostra que se uma trajetória começar com $S_0 > 192$, então I primeiro cresce e depois decresce a zero. De outro lado, se $S_0 < 192$, não há pico e I decresce logo.

> Para este exemplo, o valor $S_0 = 192$ chama-se o *valor limiar*. Se S_0 estiver próximo ou abaixo de 192, não há epidemia. Se S_0 for significativamente maior que 192, ocorre uma epidemia.[9]

O diagrama de fases torna claro que o valor máximo de I é de cerca de 300, que é o máximo número de infectados em qualquer momento dado. Além disso, o ponto em que a trajetória cruza o eixo-S representa o momento em que a epidemia passou (pois $I = 0$). Assim, o S-intercepto mostra quantos estudantes nunca pegam a gripe, portanto quantos ficaram doentes.

Quantas pessoas deveriam ser vacinadas?

Enfrentando uma epidemia de gripe ou com uma de sarampo, como ocorreu em vários campi de universidades nos EUA na década de 1980–90, muitas instituições consideram um programa de vacinação. Quantos estudantes devem ser vacinados para controlar a epidemia? Para responder a isto, podemos pensar em vacina como na remoção de pessoas da categoria S (sem aumentar I), o que eqüivale a deslocar o ponto inicial da trajetória para a esquerda, paralelamente ao eixo-S. Para evitar a epidemia, o valor inicial S_0 deveria estar próximo ou abaixo do valor limiar. Portanto, para o internato, todos os estudantes menos 192 teriam que ser vacinados para evitar uma epidemia.

Gráficos de S e I contra t

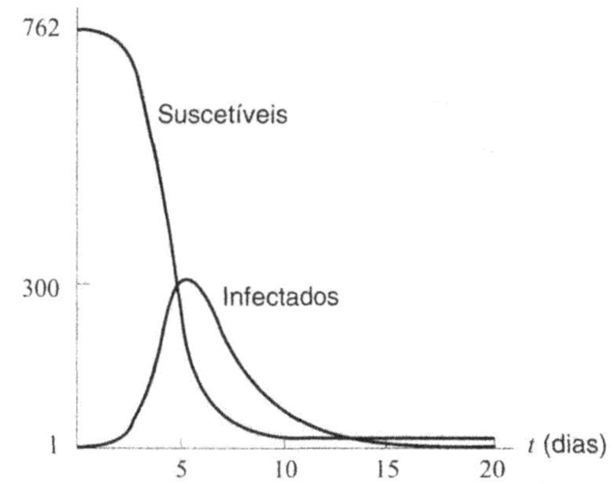

Figura 8.42 — *Progresso da gripe ao longo do tempo*

[9] Estamos usando aqui a definição de epidemia de J. D. Murray, como uma situação em que o número de infectados cresce, a partir do valor inicial I_0. Veja *Mathematical Biology* (New York: Springer Verlag, 1990).

Sobre a trajetória na Figura 8.41, o número de pessoas suscetíveis diminui durante toda a epidemia. Isto faz sentido, pois pessoas estão adoecendo e depois sarando, e assim já não são suscetíveis à infecção. A trajetória mostra também que o número de pessoas infectadas cresce e depois decresce. Gráficos de S e I contra o tempo são dados na Figura 8.42.

Para obter a escala no eixo do tempo, teríamos que usar métodos numéricos. Verificou-se que o número de infectados teve um pico depois de cerca de 6 dias e depois caiu. A epidemia percorreu seu caminho em cerca de 20 dias.

Problemas para a Seção 8.6

1. Mostre que se S, I e R satisfizerem às equações diferenciais na página 300 a população total $S+I+R$ será uma constante.
2. Seja I o número de pessoas infectadas e S o número de pessoas suscetíveis numa epidemia de uma doença. Explique porque é razoável modelar a interação entre os dois grupos pelas equações diferenciais.

$$\frac{dS}{dt} = -aSI$$

$$\frac{dI}{dt} = aSI - bI \quad \text{onde } a, b \text{ são constantes positivas}$$

Porque os sinais foram escolhidos assim? Porque a constante a é a mesma para as duas equações?

3. Explique como você pode dizer, a partir do gráfico da trajetória mostrado na Figura 8.41 que a maior parte das pessoas no internato inglês eventualmente adoeceram?
4. (a) Numa escola de 150 estudantes, um deles tem gripe inicialmente. O que é I_0? O que é S_0?

   (b) Vimos nesta seção que

$$\frac{dI}{dt} = 0,0026SI - 0,5I$$

Use esta equação e os valores de I_0 e S_0 da parte (a) para determinar se o número de pessoas infectadas inicialmente cresce ou decresce. Justifique sua resposta. O que lhe diz isto quanto à disseminação da doença?

5. Repita o Problema 4 para uma escola com 350 estudantes.
6. (a) Numa cópia do campo de inclinações para dI/dS dado na Figura 8.40, trace a trajetória pelo ponto em que $I = 1$ e $S = 400$.

   (b) Quantas pessoas suscetíveis existem quando I está no seu máximo?
7. Use a Figura 8.42 para estimar o número máximo de infectados. O que ele representa? Quando ocorre?
8. Compare as doenças modeladas por cada uma das seguinte equações diferenciais com o modelo da gripe nesta seção. Associe cada conjunto de equações diferenciais com uma das afirmações seguintes. Escreva um sistema de equações diferenciais correspondendo a cada uma das afirmações sem associado.

(I) $\dfrac{dS}{dt} = -0,04SI$, $\dfrac{dI}{dr} = 0,04SI - 0,2I$

(II) $\dfrac{dS}{dt} = -0,002SI$, $\dfrac{dI}{dr} = 0,002SI - 0,3I$

(III) $\dfrac{dS}{dt} = -0,03SI$, $\dfrac{dI}{dr} = 0,03SI$

(a) Mais infecciosa; infectados removidos mais devagar

(b) Mais infecciosa; infectados removidos mais depressa

(c) Menos infecciosa; infectados removidos mais devagar

(d) Menos infecciosa; infectados removidos mais depressa

(e) Infectados nunca removidos

9. Para as equações denotadas (I) no Problema 8, qual é o valor limiar de S?
10. Para as equações denotadas por (II) no Problema 8, suponha que $S_0 = 100$. A doença se espalha inicialmente?

SUMÁRIO DO CAPÍTULO

- **Terminologia de equações diferenciais**

  Família de soluções, solução particular, condições iniciais, soluções de equilíbrio estável/instável
- **Campo de inclinações**

  Visualizar a solução de uma equação diferencial
- **Resolver analiticamente equações diferenciais**

  Soluções de $dy/dt = ky$, $dy/dt = k(y - A)$, o modelo logístico
- **Modelagem com equações diferenciais**

  Crescimento e decaimento, poluição num lago, quantidade de droga no corpo, lei de Newton de aquecimento e resfriamento, valor líquido de uma companhia
- **Sistema de equações diferenciais**

  Interação entre duas espécies ou negócios, modelo presa-predador, disseminação de doença

PROBLEMAS DE REVISÃO PARA O CAPÍTULO OITO

1. (a) Determine se cada uma das três funções seguintes é solução da equação diferencial

$$x\frac{dy}{dx} = 3y$$

(i) $y = Cx^2$ (ii) $y = Cx^3$
(iii) $y = x^3 + C$

(b) Para qualquer das funções que seja solução, ache C se $y = 40$ quando $x = 2$.

2. Para uma certa quantidade y, suponha que $dy/dt = \sqrt{y}$. Preencha o valor de y na tabela seguinte. Você pode supor que a taxa de crescimento dada por dy/dt é aproximadamente constante sobre cada intervalo unitário de tempo e que o valor inicial de y é 100, como diz a tabela.

t	0	1	2	3	4
y	100				

3. Campos de inclinação para $\frac{dy}{dx} = 1 + x$ e $\frac{dy}{dx} = 1 + y$ são dados nas Figuras 8.43 e 8.44.

(a) Qual campo de inclinações corresponde a qual equação diferencial?

(b) Sobre cada campo de inclinações trace a curva solução pela origem.

(c) Para cada campo de inclinações, liste todas as soluções de equilíbrio e indique, de cada uma, se é estável ou instável.

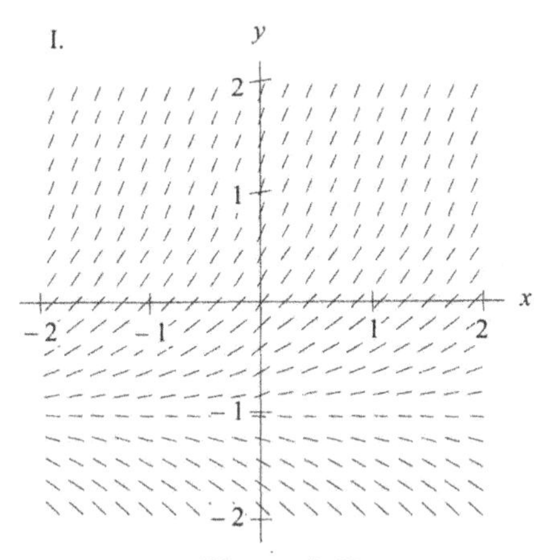

Figura 8.43

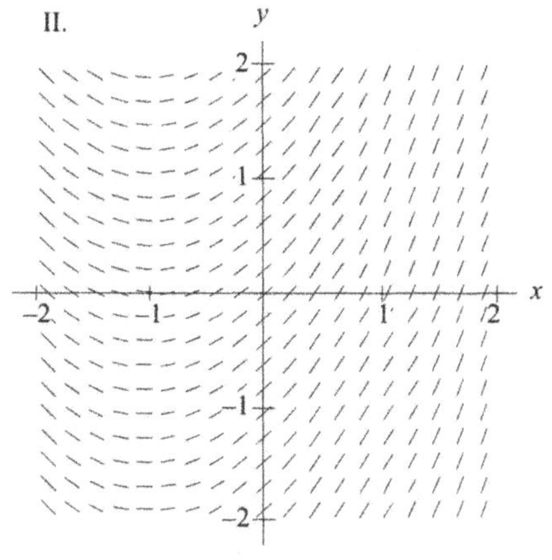

Figura 8.44

Resolva a equação diferencial nos Problemas 4–12

4. $\frac{dy}{dt} = 5t$

5. $\frac{dy}{dt} = 5y$

6. $\frac{dP}{dt} = 0,03P$

7. $\frac{dP}{dt} = t$

8. $\frac{1}{Q}\frac{dQ}{dt} = 2$

9. $\frac{dy}{dx} = 0,2y - 8$

10. $\frac{dP}{dt} = 10 - 2P$

11. $\frac{dH}{dt} = 0,5H + 10$

12. $\frac{dy}{dt} = 100 - y$

Para os Problemas 13–16, resolva as equações diferenciais com as condições iniciais dadas e esboce um gráfico de suas soluções.

13. $\frac{dP}{dt} = 0,08P$, $P = 5.000$ quando $t = 0$

14. $\frac{dy}{dt} = -0,2y$. $y = 25$ quando $t = 0$

15. $\frac{dP}{dt} = 0,08P - 50$, $P(0) = 10$

16. $\frac{dH}{dt} = 100 - 0,5H$, $H(0) = 40$

17. (a) Ache todas as soluções de equilíbrio para a equação diferencial

$$\frac{dy}{dx} = 0,5y(y-4)(2+y)$$

(b) Use calculadora ou computador para traçar um campo de direções para esta equação diferencial e use-o para determinar, para cada solução de equilíbrio, se é estável ou instável.

18. Trace o campo de inclinações para a equação diferencial do Problema 10 e esboce três curvas solução diferentes sobre o campo de inclinações.

19. Um depósito de \$5.000 é feito numa conta bancária que paga 1,5% de juros anuais, compostos continuamente.

(a) Escreva uma equação diferencial para o crédito, B, na conta, como função do tempo t, em anos.

(b) Resolva a equação diferencial.

(c) Quanto dinheiro estará na conta dentro de 10 anos?

20. Se um corpo à temperatura T é colocado num ambiente a uma temperatura diferente, então ou ele ganha ou perde calor, de modo a adquirir a temperatura do ambiente, de acordo com a equação diferencial $dT/dt = -k(T - A)$, onde A é a temperatura ambiente. Aqui k é uma constante positiva que depende da natureza física do corpo.

(a) Porque k é positiva?

(b) Suponha que as unidades em que é medido o tempo sejam mudadas, digamos de dias para horas, ou de horas para minutos. Como k vai mudar?

(c) Suponha que o corpo em questão seja uma xícara de café quente. k será maior ou menor, conforme a própria xícara seja de plástico ou de porcelana fina?

(d) Suponha que o café sai de uma máquina de café a 170 graus, a temperatura ambiente é de 70 e a constante k é 0,14 quando o tempo é medido em minutos. Quanto tempo você tem que esperar até beber seu café se você não puder suportá-lo acima de 120 graus? Quão logo você tem que tomá-lo, se você detesta café abaixo de 90 graus?

21. Uma companhia ganha 2% ao mês sobre seus bens, e suas despesas são pagas continuamente a uma taxa de \$80.000 por mês.

(a) Escreva uma equação diferencial para o valor V da companhia como função do tempo, t, em meses.

(b) Qual é a solução de equilíbrio para a equação diferencial? Qual o significado deste valor para a companhia?

(c) Resolva a equação diferencial encontrada na parte (a)

(d) Se a companhia tem bens no valor de \$3 milhões ao tempo $t = 0$, quanto valerão um ano depois?

22. Suponha que a taxa à qual uma droga deixa a corrente sanguínea e passa para a urina seja proporcional à quantidade da droga no sangue no momento. Se uma dose Q_0 for injetada diretamente no sangue, só 20% restam no sangue depois de 3 horas.

(a) Escreva e resolva uma equação diferencial para a quantidade, Q, da droga presente no sangue ao tempo t, medido em horas.

(b) Quanto da droga está no corpo do paciente depois de 6 horas, se forem dadas 100 mg inicialmente?

23. Uma droga é administrada por via intravenosa a uma taxa constante de r mg/hora e é excretada a uma taxa proporcional à quantidade presente, com constante de proporcionalidade $\alpha > 0$.

(a) Resolva uma equação diferencial para a quantidade Q, em miligramas, da droga no corpo ao tempo t horas. Sua resposta deve conter r e α. Esboce um gráfico de Q contra t. Quanto é Q_∞, o limite a longo prazo de Q?

(b) Que efeito tem dobrar r sobre Q_∞? Que efeito tem dobrar r sobre o tempo para alcançar a metade do valor limite $^1/_2\, Q_\infty$?

(c) Que efeito tem dobrar α sobre Q_∞? Sobre o tempo para alcançar $^1/_2\, Q_\infty$?

24. Uma conta bancária ganha 5% anuais de juros compostos continuamente. Você quer fazer pagamentos, saindo dessa conta, a uma taxa de \$12.000 ao ano (em fluxo de dinheiro contínuo) por 20 anos.

(a) Escreva uma equação diferencial descrevendo o crédito, $B = f(t)$, onde t é em anos.

(b) Ache a solução $B = f(t)$ da equação diferencial dado um crédito inicial de B_0.

(c) Qual deveria ser o crédito inicial para que a conta chegue a zero depois de exatamente 20 anos?

25. Suponha que \$1.000 são postos numa conta bancária e ganham juros continuamente à taxa de i por ano, e, além disso, são feitos, continuamente, pagamentos sobre a conta a uma taxa de \$100 por ano. Esboce a quantidade de dinheiro na conta como função do tempo, se a taxa de juros for

(a) 5% (b) 10% (c) 15%

Em cada caso, primeiro ache uma expressão para a quantidade de dinheiro na conta ao tempo t (em anos).

26. Uma conta bancária ganha 10% de juros anuais, compostos continuamente. Dinheiro é depositado na conta, em fluxo contínuo, a uma taxa de \$1.200 ao ano.

(a) Escreva a equação diferencial que descreve a taxa à qual o crédito $B = f(t)$ varia.

(b) Resolva a equação diferencial, dado o crédito inicial $B_0 = 0$.

(c) Ache o crédito depois de 5 anos.

27. Folhas mortas se acumulam no chão numa floresta, a uma taxa de 3 gramas por centímetro quadrado por ano. Ao mesmo tempo, essas folhas se decompõem a uma taxa contínua de 75% ao ano. Escreva uma equação diferencial para a quantidade total de folhas mortas (por centímetro quadrado) ao tempo t. Esboce uma solução mostrando que a quantidade total de folhas mortas tende a um nível de equilíbrio. Qual é esse nível?

28. De acordo com um simples modelo fisiológico, um adulto atlético precisa de 40 calorias por dia por quilo de peso corporal para manter seu peso. Se ele consumir mais ou menos calorias que as exigidas para manter seu peso, este variará a uma taxa proporcional à diferença entre o número de calorias consumidas e o número necessário para manter o peso corrente; a constante de proporcionalidade é de 1/7.000 quilos por caloria. Suponha que uma pessoa tenha um consumo constante de I calorias por dia. Seja $W(t)$ o peso da pessoa em quilos ao tempo t (medido em dias).

(a) Qual equação diferencial tem $W(t)$ como solução?

(b) Resolva essa equação.

(c) Trace um gráfico de $W(t)$, se a pessoa começar pesando 180 quilos e consumir 3.000 calorias por dia. Marque claramente seus eixos e quaisquer interceptos e assíntotas.

29. Um certo bem correntemente é vendido a um preço de $\$p$ por unidade. Sobre um período de tempo, forças do mercado farão com que esse preço tenda ao preço de equilíbrio, que chamaremos $\$p_0$, no qual a oferta equilibra exatamente a demanda. A taxa à qual o preço varia é descrita pelo modelo Evans de Ajuste de Preços, que diz que a taxa de variação no real preço de mercado ($\$p$) é proporcional à diferença entre o preço de mercado e o preço de equilíbrio.

(a) Escreva uma equação diferencial para p como função de t.

(b) Resolva para p.

(c) Esboce soluções para vários preços iniciais, tanto acima quanto abaixo do preço de equilíbrio.

(d) O que acontece com p quando $t \to \infty$?

30. O seguinte sistema de equações diferenciais representa a interação entre duas espécies. Os tamanhos das duas populações são dados por x e y, respectivamente.

$$\frac{dx}{dt} = -3x + 2xy$$

$$\frac{dy}{dt} = -y + 5xy$$

(a) Descreva como as espécies interagem. Como se daria cada espécie, na ausência da outra? Elas se ajudam ou se prejudicam mutuamente?

(b) Se $x = 2$ e $y = 1$, x cresce ou decresce? y cresce ou decresce? Justifique suas respostas.

(c) Escreva uma equação diferencial envolvendo dy/dx.

(d) Use computador ou calculadora para traçar o campo de direções correspondendo à equação diferencial encontrada na parte (c).

(e) Trace a trajetória que parte do ponto $x = 2$, $y = 1$ sobre seu campo de direções e descreva como variam as populações quando cresce o tempo.

31. Duas companhias, A e B, estão competindo uma com a outra. Ponha x representando o valor líquido (em milhões de dólares) da Companhia A e y o equivalente para a Companhia B. Quatro trajetórias são dadas na Figura 8.45. Para cada trajetória: Descreva as condições iniciais. Descreva o que acontece de início. As companhias ganham ou perdem dinheiro no início? O que acontece a longo prazo?

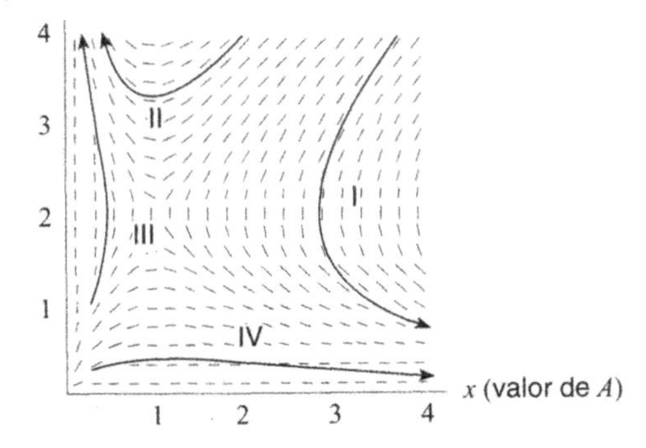

Figura 8.45

32. Ao analisar uma sociedade, os sociólogos freqüentemente estão interessados em como se distribui a renda pela sociedade. A lei de Pareto afirma que cada sociedade tem uma constante, k, tal que a renda média de todas as pessoas mais ricas que você é k vezes a sua renda ($k > 1$). Se $p(x)$ é o número de pessoas na sociedade com renda x ou mais, definimos $\Delta p = p(x + \Delta x) - p(x)$ para Δx pequenos.

(a) Explique porque o número de pessoas com rendas entre x e $x + \Delta x$ é representado por $-\Delta p$. Então mostre que a quantia total de dinheiro ganha por pessoas com rendas entre x e $x + \Delta x$ é aproximado por $-x\Delta p$.

(b) Use a lei de Pareto para mostrar que a quantia total de dinheiro ganha por pessoas com rendas x ou maior é $kxp(x)$. Então mostre que a quantidade total de dinheiro ganho por pessoas com renda entre x e $x + \Delta x$ é aproximada por $-kp\Delta x - kx\Delta p$.

(c) Usando suas respostas às parte (a) e (b), mostre que p satisfaz à equação diferencial

$$(1 - k)\, xp' = kp.$$

(d) Esboce campos de inclinação para esta equação diferencial com $k = 1,1$, $k = 1,2$, $k = 2$ e $k = 10$. Como o valor de k altera a forma do gráfico?

PROJETOS

1. **Colheitas e crescimento logístico**

Neste projeto examinamos os efeitos de colheita numa população que está crescendo logisticamente. Colheita poderia ser, por exemplo, pescaria ou corte de árvores. Uma questão importante é saber que nível de colheita leva a uma *produção sustentável*. Em outras palavras, quanto pode ser colhido sem que a população seja esvaziada a longo prazo?

(a) Quando não há pesca, suponha que uma população de peixes seja governada pela equação diferencial

$$\frac{dN}{dt} 2N - 0{,}01N^2$$

onde N é o número de peixes ao tempo t em anos. Esboce um gráfico de dN/dt contra N. Marque em seu gráfico os valores de equilíbrio de N.

Observe em seu gráfico que se N estiver entre 0 e 200, então dN/dt é positiva e N crescerá. Se N for maior que 200, então dN/dt será negativa e N decrescerá. Verifique isto esboçando um campo de inclinações para esta equação diferencial. Use o campo de inclinações para esboçar soluções mostrando N contra t para vários valores iniciais. Descreva o que você vê.

(b) Suponha agora que peixes sejam removidos por pescadores a uma taxa contínua de 75 peixes/ano. Seja P o número de peixes ao tempo t, com colheita. Explique porque P satisfaz à equação diferencial

$$\frac{dP}{dt} = 2P - 0{,}01P^2 - 75$$

(c) Esboce dP/dt contra P. Ache e marque interceptos.

(d) Esboce o campo de inclinações para a equação diferencial para P.

(e) Lembre que se dP/dt for positiva para alguns valores de P então P crescerá para esses valores, e se dP/dt for negativa para certos valores de P então P decrescerá para esses valores. Mas o valor de P nunca passa por um valor de equilíbrio. Use esta informação e o gráfico da parte (c) para responder as seguintes perguntas:

(i) Quais são os valores de equilíbrio de P?

(ii) Para quais valores iniciais de P será P crescente? A qual valor o valor de P se estabilizará?

(iii) Para quais valores iniciais de P será P decrescente? (Sua resposta pode depender do valor de partida.)

(f) Use o campo de inclinações na parte (d) para esboçar gráficos de P contra t, com os valores iniciais:

(i) $P(0) = 40$ (ii) $P(0) = 50$
(iii) $P(0) = 60$ (iv) $P(0) = 150$
(v) $P(0) = 170$

(g) Usando os gráficos que traçou, decida quais são os valores de equilíbrio da população, e se são ou não estáveis.

(h) Agora olhamos o efeito de diferentes níveis de pesca sobre a população de peixes. Se a pesca se dá a uma taxa contínua de H peixes/ano, a população P satisfaz à equação diferencial

$$\frac{dP}{dt} = 2P - 0{,}01P^2 - H$$

(i) Para cada um dos valores $H = 75$, 100, 200 faça um gráfico de dP/dt contra P.

(ii) Para qual dos três valores de H que você considerou na parte (i) existe uma condição inicial para a qual a população de peixes não se extinga eventualmente?

(iii) Olhando sua resposta à parte (ii), decida para quais valores de H existe uma condição inicial para P tal que a população não se extinga eventualmente.

(iv) Recomende uma política para garantir a sobrevivência a longo prazo da população de peixes.

2. **Genética populacional**

Genética populacional é o estudo de características hereditárias numa população. Suponha que estamos estudando uma característica específica, que tem duas possibilidades, uma dominante outra recessiva.[10] Seja b o gene responsável pela característica recessiva (como olhos azuis) e B o responsável pela característica dominante (como olhos castanhos). Cada membro da população tem um par desses genes — ou BB (indivíduos dominantes), ou bb (indivíduos recessivos) ou Bb (indivíduos híbridos). A *freqüência de gene* do gene b é o número total de genes b na população dividido pelo número total de todos os genes (b e B) que controlam esse aspecto. A freqüência do gene é essencialmente constante quando não há mutações ou influências externas sobre a população. Neste projeto consideramos o efeito de mutações sobre a freqüência do gene.

Denotemos por q a freqüência do gene b. Então q está entre 0 e 1 (pois é uma fração de um total) e, como b e B são os únicos genes influenciando esta característica, a freqüência de B é $1-q$. Seja t o tempo medido em gerações. Suponha que a toda geração uma fração k_1 dos b genes tenha mutação tornando-se B genes, e uma fração k_2 dos B genes tenha mutação para b genes,

(a) Explique porque a freqüência de gene q satisfaz à equação diferencial

$$\frac{dq}{dt} = -k_1 q + k_2(1-q)$$

(b) Se $k_1 = 0{,}0001$ e $k_2 = 0{,}0004$, simplifique a equação para q e resolva-a. Suponha que o valor inicial seja q_0. Esboce as soluções com $q_0 = 0{,}1$ e $q_0 = 0{,}9$. Qual é o valor de equilíbrio de q? Explique como você pode dizer que a freqüência fica mais próxima do valor de equilíbrio com o passar de gerações. Além disso, explique como você pode dizer que o valor de equilíbrio é completamente determinado pelas taxas relativas de mutação.

(c) Repita a parte (b) com $k_1 = 0{,}00003$ e $k_2 = 0{,}00001$.

---

[10] Adaptado de C. C. Li, *Population Genetics* (Chicago:University of Chicago Press, 1950.

APÊNDICE

Os projetos seguintes exigem o uso de uma folha de análise. Todos podem ser feitos usando as idéias do Capítulo 1. Além disso, o Projeto 8 (Verhulst: O Modelo Logístico)e o Projeto 9 (A Difusão de Informação) dão outra perspectiva sobre o material dos Capítulos 5 e 8.

PROJETOS COM FOLHAS DE ANÁLISE

1 MALTHUS: A POPULAÇÃO SUPERA A OFERTA DE ALIMENTO

Neste projeto, comparamos crescimentos exponencial e linear. Vemos o eventual domínio das funções exponenciais sobre funções lineares.

Vários modelos têm sido usados para fazer projeções de um tal modelo feito por Thomas Malthus no começo do século XIX. Malthus acreditava que ao passo que a população humana crescia exponencialmente, seus meios de subsistência cresciam linearmente. A sombria conclusão que Malthus extraiu desta observação foi que a população da Terra inevitavelmente superaria seus meios de subsistência, o que resultaria em oferta insuficiente de alimento. (Malthus foi adiante, para notar que este estado de coisas só poderia ser evitado por guerra, fome, moléstias epidêmicas, restrições sexuais amplamente disseminadas ou outras limitações drásticas sobre o crescimento populacional.)

A tabela na página seguinte mostra parte da folha de análise mostrando um tal cenário.[1] A população de partida é de 1 milhão, ao passo que o alimento disponível dá para 2 milhões de pessoas. A população cresce a uma taxa anual de 3% ao ano e a produção de alimento cresce de 100.000 por ano. Estas taxas de crescimento de população e alimento estão em espaços do lado direito da folha. A quarta coluna contém a razão do alimento disponível por pessoa na população. A folha indica a razão de segurança — enquanto a razão de alimento-para-população estiver acima deste número de 1,5, a quinta coluna marca "Sim"; sempre que a razão cair abaixo deste nível a quinta coluna dirá "Não" (como faz pelo fim do 21.º século).

Vemos que a princípio há bastante alimento — a razão de alimento-para-população é 2, o que significa que há duas vezes mais alimento do que o necessário para alimentar a população. Durante os primeiros anos a razão aumenta, mas a um certo ponto começa a decrescer e eventualmente cai abaixo de um.

1. Monte sua folha de análise de modo semelhante ao mostrado na tabela, estendendo-a até o ano 2100. Virtualmente cada espaço deve conter uma fórmula — as exceções sendo seis espaços contendo "1999", "1.000.000", "2.000.000", "3%", "100.000" e "1,5".
2. (a) Aproximadamente em que ano é máxima a razão de alimento para população?
   (b) Em qual ano esta razão atinge 1?
3. Há pelo menos dois modos de melhorar a situação corrente: podemos reduzir a taxa de crescimento da população ou aumentar a oferta de alimento.
   (a) A quanto deveria ser abaixada a taxa de crescimento da população para que a razão de alimento-para-população não atinja 1 até o ano 2100? (Mantenha a oferta de alimento crescendo de 100.000 por ano.)
   (b) A quanto deveria ser aumentada a taxa de oferta de alimento para obter o mesmo resultado, isto é, a razão

[1] De Graeme Bird

Ano	População	Oferta de alimento	Razão	Acima da razão de segurança?	
1999	1.000.000	2.000.000	2,00	Sim	Taxa anual cresc. pop. 3%
2000	1.030.000	2.100.000	2,04	Sim	
2001	1.060.900	2.200.000	2,07	Sim	
2002	1.092.727	2.300.000	2,10	Sim	Taxa anual cresc.alim. 100.000
2003	1.125.509	2.400.000	2,13	Sim	
2004	1.159.274	2.500.000	2,16	Sim	
2005	1.194.052	2.600.00	2,18	Sim	Razão de segurança 1,5
2006	1.229.874	2.700.000	2,20	Sim	
2007	1.266.770	2.800.000	2,21	Sim	
2008	1.304.773	2.900.000	2,22	Sim	
⋮	⋮	⋮	⋮	⋮	
2098	18.658.866	11.900.000	0,64	Não	
2099	19.218.632	12.000.000	0,62	Não	
2100	19.795.191	12.100.000	0,61	Não	

não atingir 1 até o ano 2100? (Mantenha a taxa de crescimento populacional nos 3% originais.)

4. Usando o cenário original, crie cada uma das seguintes folhas (linhas e colunas). Garanta que as folhas cheguem até o ano 2100, de modo que seja evidente o ponto em que a população supere a oferta de alimento.
   (a) Mostrando população e alimento, com anos no eixo horizontal.
   (b) Mostrando só a razão, com anos no eixo horizontal.

2 DÉBITO DE CARTÃO DE CRÉDITO

Suponha que você tem um cartão de crédito sobre o qual você deve \$2.000 e que a companhia do cartão cobre uma taxa de juros de 1,5%. Suponha também que a companhia exija um pagamento mensal mínimo de 2,5% de seu débito corrente. (Este esquema de pagamento é semelhante aos usados por muitas companhias de cartão de crédito, mas veja a Questão 8.)

Nota: Para as Questões 1–2 você não precisará de uma folha de análise, embora precise de calculadora.

1. Se a taxa de juros mensal é de 1,5%, qual é o resultado efetivo anual?
2. Como regra, o pagamento mensal mínimo exigido sempre superará os juros acrescentados num dado mês. (Por exemplo, aqui o pagamento mensal mínimo de 2,5% supera a carga de juros mensal, de 1,5%.) Explique cuidadosamente porque isto deve ser assim. O que aconteceria ao débito no cartão se o mínimo exigido fosse inferior aos juros acrescentados?

Suponha agora que você decide pagar seu débito de \$2.000 no cartão de crédito fazendo somente o pagamento mínimo exigido a cada mês. Você deve supor que você não faz mais débitos sobre o cartão, já que você está tentando pagá-lo.

3. Como 2,5% de \$2.000 é \$50, seu primeiro pagamento mensal será de \$50. Antes que você faça quaisquer cálculos da folha de análise, tente adivinhar quanto tempo será necessário para trazer seu débito de \$2.000 a menos de \$50, supondo que você faça somente o pagamento mínimo exigido a cada mês. Um palpite informal é aceitável, mas você deve usar senso comum e deve explicar o raciocínio que usar.
4. Com o tempo, seus pagamentos mensais, que começaram a \$50, diminuirão. Explique porque isto acontece. O fato de seus pagamentos mensais diminuírem afeta a resposta que você deu à Questão 3?
5. Embora você só deva \$2.000 à companhia do cartão de crédito, você acabará pagando bem mais que \$2.000, por causa da cobrança de juros. Adivinhe o melhor que puder (antes de fazer cálculos específicos) quanto a mais, a grosso modo, você acabará pagando à companhia por sua dívida inicial de \$2.000.

Estabeleça uma folha de análise que mostre a seguinte informação: o número de meses que se passaram desde que você começou a pagar sua dívida, seu débito corrente no cartão, juros devidos nesse mês e o pagamento mínimo que você fará. Você pode querer usar uma coluna diferente para cada uma dessas quantidades. Cada quantidade será calculada por um fórmula. O exemplo seguinte deve ajudá-lo a estabelecer essa folha de análise e a perceber quais fórmulas usar.

Exemplo: Este exemplo ajudará você a perceber quais fórmulas você deve entrar para calcular seu débito mensal. Lembre que o débito inicial era de \$2.000, os juros mensais cobrados são de 1,5% e o pagamento mínimo exigido é de 2,5%. assim, no inicio do mês 1, seu débito é de \$2.000, pois você nada pagou ainda. No fim do mês 1, os juros que você deve são de 1,5% do débito de \$2.000, ou \$30. Da mesma forma, seu pagamento mínimo será de 2,5% do débito de \$2.000, ou \$50. Portanto no início do mês 2, seu novo débito será o antigo de \$2.000, mais $30, menos o pagamento de $50, ou $1.980. Observe que os números do mês 2 dependem dos números do mês 1; analogamente, os números do mês 3 dependerão dos números do mês 2, e assim por diante. Seguindo este procedimento, você deve perceber de quais fórmulas você necessita em cada coluna de sua folha para calcular a cada novo mês o débito a partir do débito do mês anterior.

Uma vez estabelecida sua folha de trabalho, responda às seguintes questões.

6. O quanto seu palpite na Questão 3 foi bom? Usando sua folha de análise, descubra exatamente quanto dinheiro você deve pagar à companhia de crédito para que seu débito se reduza a menos de $50. Como se compara esse número com o débito original de $2.000?
7. Quão bom foi seu palpite na Questão 5? Usando uma folha de análise, calcule exatamente quanto dinheiro você deve pagar à companhia de cartão de crédito para trazer seu débito a menos de $50. Como se compara este número com a dívida original de $2.000?
8. Use sua folha de análise para descobrir quanto tempo levaria para reduzir a $0 seu débito. Ou você não pode dizer? Algum dia você terá pago exatamente seu débito? [Sugestão; eventualmente, os pagamentos mínimos mensais, bem como os juros cobrados, se tornam não realísticos. De que forma são irrealísticos? Como as companhias, na vida real, em geral evitam este problema?]
9. Agora tentemos experiências com os números e vejamos o que acontece. Em cada um dos casos seguintes, faz-se alguma variação nos números originais. Faça as mudanças adequadas em sua folha quando responder a cada pergunta.
   (a) Se a cada mês você pagar apenas $1 mais que o mínimo exigido, quanto tempo seria necessário para reduzir sua dívida a menos de $50 e quanto mais você acabaria pagando a seus credores no total? Quanto você economizaria usando este esquema de pagamento em vez do da Questão 5? Assuma em cada caso que logo que sua dívida seja menor que $50, você o pagará de uma vez.
   (b) Seu primeiro pagamento mensal é de $50. Se você pagasse $50 a cada mês, em vez do pagamento mínimo exigido, quanto tempo levará para a dívida chegar abaixo de $50? Quanto você economizaria usando este esquema de pagamento em vez do da Questão 5? Em cada caso, assuma que logo que sua dívida caia abaixo de $50, você a pagará de uma vez.
   (c) Recentemente muitas companhias de cartões de crédito fizeram ofertas semelhantes à seguinte: se você transferir sua dívida de uma companhia competidora para o cartão dela, elas lhe cobrarão um juro menor. Suponha que você ache uma companhia de cartões de crédito disposta a esta transação e que sua taxa mensal de juros seja de 1%, não 1,5%. Sem mudar qualquer das hipóteses iniciais, quanto tempo será necessário para reduzir sua dívida a menos que $50 e quanto você pagará no total a sus credores? Quanto você economizará, comparando com o que você pagaria à companhia original? Em cada caso assuma que assim que sua dívida fique menor que $50 você a pagará de uma vez.
10. Comparando o esquema usado nas Questões 3–5 com cada um dos esquemas na Questão 9, a quais conclusões você chega quanto a pagar de todo sua dívida no cartão de crédito?

3 ESCOLHA DE UM EMPRÉSTIMO BANCÁRIO

Suponha que um banco local ofereça os seguintes pacotes de empréstimos. Use uma folha de análise para ajudá-lo a escolher a melhor opção. Os pacotes são os seguintes:

- Um empréstimo de $2.000, a uma taxa anual de 9%, pagáveis em 24 prestações mensais.
- Um empréstimo de $2.000, a uma taxa anual de 10%, pagáveis em 36 prestações mensais.
- Um empréstimo de $3.000, a uma taxa anual de 9,25%, pagáveis em 52 prestações bissemanais.

Juros são compostos com a mesma freqüência que são feitos pagamentos. Observe que o primeiro e o último empréstimo tem períodos de pagamento de 2 anos, o do meio de três anos.

1. Usando folhas de análise, decida qual dos empréstimos acima é mais barato em termos de pagamento total ao banco. (Veja a sugestão a seguir.)
2. Usando folhas de análise, decida qual dos empréstimos acima é mais fácil de suportar em termos de pagamento mensal mínimo. (Veja a sugestão a seguir.)

Sugestão: A parte difícil das Questões 1 e 2 é o cálculo de seus pagamentos mensais (bissemanais). Há fórmulas que dão o pagamento baseadas no período e quantia do empréstimo e juros cobrados, mas em vez de usá-las usaremos uma folha de análise. A idéia é que você pode adivinhar esclarecidamente qual deveria ser seu pagamento e usar folha de análise para verificar sua resposta. Olhando a folha, você pode decidir se você adivinhou alto de mais ou baixo de mais e assim melhorar sua adivinhação original. É surpreendente o quão depressa você pode encontrar o pagamento mensal exigido, até a última fração, por este método de adivinhação e verificação.

Por exemplo, considere o primeiro empréstimo, o de $2.000 por dois anos a 9%. Monte uma folha de análise com o débito inicial de $2.000, juros para o primeiro mês, que são de $((9\%/12) \cdot \$2.000 = \$15$ e adivinhe qual será o próximo pagamento mensal. Há muitos modos de adivinhar o pagamento mensal. Um é dizer que se você tomasse emprestados $2.000 a 9% por 2 anos, você deveria cerca de $\$2.000\ (1{,}09)^2 = \$2.376$. (Não se preocupe com a composição mensal - isto é só uma aproximação.) Pagar esta quantia em 24 pagamentos mensais iguais exigiria $2.376/24 = $99. Assim, adivinhamos um pagamento mensal de $100. Usando este palpite, o débito no segundo mês será

($2.000) + ($15 juros para o mês 1) –
– (pagamento de $100) = $ 1.915

Assim, os juros do próximo mês serão de (9%/12) · $1.915 e o pagamento do próximo mês deveria ser o mesmo que o do primeiro mês, ou $100. Continue esse processo até que tenham sido feitos pagamentos por 24 meses (2 anos). Você verá que débito final é negativo, isto é, você pagou ao banco mais do que você realmente devia. Isto significa que $100 é um pagamento alto demais para liquidar sua dívida de $2.000. (Nós poderíamos ter previsto isto quando fizemos a estimativa acima. Você percebe por quê?) Então, como $100 é demais, você poderia adivinhar que um pagamento mensal de $80 estaria correto. Se você pensar assim, verá que ao fim de 24 meses você ainda deverá alguma coisa ao banco. Isto lhe dirá que $80 é muito baixo como pagamento mensal, e que o pagamento real está em algum lugar entre $80 e $100. O procedimento pode ser repetido até que o pagamento mensal exato seja atingido.

4 COMPARAÇÃO DE HIPOTÉCAS SOBRE CASA

Para este projeto, vá antes a qualquer banco e peça uma folha de fatos sobre suas mais recentes taxas para empréstimos hipotecários.

Em particular, obtenha suas taxas para um empréstimo por trinta anos, para 15 anos, para 30 anos bi-semanais, e um de 20 anos (se existente). A quantia do empréstimo que você está considerando é $100.000. (Nota: só considere empréstimos com *zero pontos*. Alguns empréstimos incluem pontos. Um ponto é um pagamento adicional ao emprestador, ao tempo do empréstimo, igual a 1% da quantia emprestada. Tipicamente, você pode obter taxas de juros mais baixas pagando um ou dois pontos, mas, por simplicidade, vamos só considerar empréstimos a zero pontos.)

A fórmula seguinte pode ser usada para determinar seu pagamento, x:

$$x = \frac{\mathrm{P}r^n(r-1)}{r^n - 1}$$

onde P é a quantia emprestada — neste caso $100.000 — e n é o número de pagamentos. Para um empréstimo de trinta anos, com pagamentos mensais, $n = 360$; para um de trinta anos, bi-semanal, $n = 780$ (há 26 pagamentos por ano). Finalmente, r é a taxa de juros por período *mais* 1. Na Questão 4 você deduzirá a fórmula acima, usando a fórmula seguinte para a soma de uma progressão geométrica:

$$1 + r + r^2 + \cdots + r^{n-2} + r^{n-1} = \frac{r^n - 1}{r - 1}$$

1. Usando a informação dada, assim como a folha de fatos que você obteve do banco, determine qual empréstimo (30 anos, 30 anos bissemanais, 20 anos ou 15 anos) seria melhor se você tiver a intenção de morar na casa pelo menos por todo o tempo do empréstimo. Assumiremos que a melhor hipoteca é aquela que acaba tendo o menor custo geral. (A situação na vida real pode ser bem mais complicada, quando são consideradas questões como pontos e impostos.) Embora seja possível resolver este problema sem uma folha de análise, você poderia querer montar uma de qualquer forma.

2. Bancos em geral exigem que os pagamentos mensais não superem uma dada fração do rendimento mensal do solicitante. Por esta razão, é em geral mais fácil obter empréstimos com pagamentos mensais menores. Assim, pode acontecer que o "melhor empréstimo" — aquele que você achou na Questão 1 — não seja o "mais fácil" de obter. Tendo isto em mente, qual dos empréstimos em sua folha de fatos tem o menor pagamento mensal? O maior?

3. Suponha que dentro de cinco anos você planeje vender sua casa e que você pense que poderia vendê-la por $145.000. Neste caso, qual empréstimo você deve tomar? [Sugestão: o objetivo aqui é maximizar o lucro. Calcule quanto dinheiro você pagou ao banco depois de cinco anos e de quanto será a dívida restante por então. Quando você vender sua casa, toda a dívida restante será paga ao banco imediatamente, de modo que seu lucro será (Preço de venda da casa) – (Pagamento do empréstimo ao banco) – (Quantia paga ao banco durante os cinco primeiros anos).]

4. Deduza a fórmula que estivemos usando para calcular o pagamento mensal. [Sugestão: seja x o pagamento mensal; monte uma progressão geométrica em termos de x e r que dê seu débito depois de n meses. Este será igual a 0 quando você tiver liquidado seu empréstimo; use este fato para resolver para x. Você terá que simplificar a expressão resultante (somando uma progressão geométrica) para obter a fórmula dada na introdução.

5 VALOR PRESENTE DE GANHOS NA LOTERIA

Em 24 de fevereiro de 1993, uma quinta-feira, Bruce Hegarty, EUA, de Dennis Port, MA, recebeu a primeira prestação do prêmio de $26.680.940, garantido a ele por vencer o bilhete Quick Pick na loteria estadual Mass Millions. O sr. Hegarty deveria receber mais 19 tais prestações numa base anual. Cada cheque escrito pela Comissão Lotérica é para 1 vigésimo do prêmio total, ou $1.334.047. (Mas, na verdade, o sr. Hegarty receberá somente $893.811, 49 por cheque, tirados impostos estaduais e federais.) A questão é, porque a Comissão Lotérica não paga todo o prêmio de uma vez, em lugar de fazê-lo esperar vinte anos?

1. Calcule o valor presente do dinheiro pago pela Comissão Lotérica, supondo taxas anuais de desconto de 5%, 10% e 15%. Em cada caso, qual porcentagem o valor presente representa do valor de face do prêmio, $26.680.940?
2. Qual taxa de desconto resultaria num valor presente de pagamentos valendo só metade do valor de face do prêmio?
3. Faça o gráfico do valor presente de pagamentos contra a taxa de desconto, indo desde a taxa de 0% até 15%. Descreva o gráfico. O que ele lhe diz sobre porque a Comissão Lotérica não paga o dinheiro do prêmio logo?

6 COMPARAÇÃO DE INVESTIMENTOS

Considere os dois seguintes projetos possíveis de investimentos. O projeto A é construído em um ano, a um custo inicial de \$10.000. Então rende o seguinte fluxo decrescente de lucros num período de cinco anos: \$5.000, \$4.000, \$3.000, \$2.000, \$1.000. O projeto B é construído em dois anos. Os custos iniciais são \$10.000 no primeiro ano, \$5.000 no segundo ano. Então rende lucros anuais de \$6.000 pelos quatro anos seguintes. Qual desses investimentos é preferível?

1. Calcule os valores presentes de ambos os projetos supondo uma taxa de juros de 4%. Qual projeto parece preferível? [*Sugestão*: Trate os gastos como negativos e a renda como positiva.]
2. Agora calcule os valores presentes de ambos os projetos assumindo uma taxa de juros de 16%. Qual projeto parece preferível agora?
3. Descreva em sentenças completas porque um dos projetos de investimento é favorecido por uma taxa de juros baixa, ao passo que o outro é favorecido por uma taxa alta.
4. A taxa de juros à qual o valor presente de um projeto fica sendo zero chama-se a *taxa de retorno interna*. Qual é a taxa de retorno interna do projeto A? Do projeto B? [*Sugestão*: Responda a esta pergunta adivinhando diferentes taxas de juros até encontrar uma que traga a \$0 o valor presente.]
5. Faça um gráfico do valor presente dos dois investimentos contra taxas de juros variando de 0% a 30%. Quais aspectos deste gráfico correspondem às taxas de retorno internas dos dois projetos?

7 INVESTIMENTO PARA O FUTURO: PAGAMENTO DE ANUIDADES DE ESCOLA SUPERIOR

Pais de dois adolescentes, de idade 13 e 17, depositam uma soma numa conta ganhando juros à taxa de 7% ao ano compostos anualmente. O depósito será usado para uma série de oito pagamentos anuais à escola superior, de \$10.000 cada um. Pagamentos sobre a conta começarão um ano depois do depósito inicial.

1. Use uma folha de análise para modelar a conta de poupança que os pais abriram. No fim de cada ano, a conta ganha 7% de juros, e haverá então uma retirada de \$10.000. O objetivo é determinar qual deve ser o depósito inicial se a conta deve conter o dinheiro estritamente necessário para fazer os oito pagamentos anuais de \$10.000. Faça isto adivinhando diferentes valores e vendo qual valor inicial o deixará com exatamente nada em nove anos depois.
2. Tendo respondido à Questão 1, use uma folha de análise para calcular o valor presente de oito pagamentos anuais de \$10.000 cada um começando dentro de um ano, a uma taxa de juros de 7%.
3. Compare sua resposta à Questão 1 com sua resposta à Questão 2. É isto uma coincidência? Discuta.
4. Suponha que os pais só têm \$50.000 para depositar na conta de poupança. Qual taxa de juros anual deve ganhar a conta se os oito pagamentos de \$10.000 devem ser feitos? [*Sugestão*: Calcule o valor presente dos pagamentos a várias taxas de juros.]

8 VERHULST: O MODELO LOGÍSTICO

A taxa relativa de crescimento de uma população, P, num intervalo de tempo, Δt, é dada por

$$\text{Taxa de crescimento relativa} = \frac{1}{P}\cdot\frac{\Delta P}{\Delta t}.$$

No crescimento exponencial, a taxa relativa de crescimento é constante. Embora o crescimento exponencial seja freqüentemente usado para modelar populações, este modelo prediz que uma população crescerá sem limite, o que não é realístico. Por volta de 1830 um matemático belga, P. F. Verhulst, sugeriu um modelo diferente. Conjeturou que a taxa de crescimento relativa de uma população decresce linearmente a zero quando a população cresce. O modelo de Verhulst prediz que o tamanho de uma população eventualmente se estabiliza a um valor chamado a *capacidade de suporte*.

Para ver como funciona o modelo logístico de Verhulst, considere uma hipotética população de coelhos. Suponha que um par de coelhos capazes de reprodução seja introduzido numa pequena ilha onde inicialmente não há coelhos. No início, a população de coelhos dobra a cada mês. Isto significa que inicialmente a taxa relativa de crescimento é de 100% ao mês. Eventualmente, porém, ao passo que cresce a população, a taxa relativa de crescimento cai a 0% ao mês. Suponha que a taxa de crescimento caia a 0 quando a população está a 10.000 coelhos. (Assim, 10.000 coelhos constituem o que chamaríamos de capacidade de suporte de coelhos da ilha.) Usando folhas de análise, vamos modelar a população de coelhos contra o tempo.

1. Seja P a população e r a taxa relativa de crescimento por mês. Verhulst assumiu que a taxa relativa de crescimento decresce linearmente ao passo que a população cresce. Isto significa que r vai de 100% a 0% quando P vai de 0 coelhos até a capacidade de suporte de 10.000 coelhos. Explique porque a fórmula seguinte para r corresponde às hipóteses de Verhulst: $r = 0{,}0001(10.000 - P)$.
2. Use uma folha de análise para modelar a população mensal de coelhos na ilha durante os primeiros dois anos (24 meses). Faça o gráfico da população de coelhos contra o tempo. Descreva o comportamento da população de coelhos. [*Sugestão*: Comece com dois coelhos, e calcule a taxa de crescimento usando a fórmula na Questão 1. Então, para cada mês, atualize a população de coelhos bem como a taxa relativa de crescimento.]
3. Trace um gráfico comparando seu modelo logístico da população de coelhos com uma população crescendo

exponencialmente, a uma taxa de crescimento relativo constante de 100%. Os dois modelos devem começar com dois coelhos. Descreva semelhanças e diferenças entre os dois gráficos. Quais vantagens tem o modelo logístico sobre o exponencial? (Você deve tomar cuidado ao estabelecer os parâmetros dos gráficos; de outro modo, você verá somente a população exponencial, que sobe tão rapidamente que a logística ficará completamente invisível.

4. A chave do modelo logístico é que a taxa de crescimento relativo vai decrescendo linearmente quando a população cresce. Mas isto não significa que a taxa de crescimento relativo esteja decrescendo linearmente com o tempo. Faça uma tabela da taxa relativa de crescimento contra o tempo para os dois primeiros anos. Descreva o comportamento da taxa relativa de crescimento contra o tempo.

5. (a) Hipóteses diferentes sobre a população crescente de coelhos levarão a diferentes curvas logísticas. Na Questão 1, assumimos que a taxa relativa de crescimento era de 100% inicialmente, caindo a 0% quando a população atingisse 10.000. Isto levou a uma fórmula relacionando a taxa, r, de crescimento relativa com a população corrente, P, ou seja $r = 0{,}0001\ (10.000 - P)$. Agora suponha que a taxa relativa de crescimento inicial fosse só de 10% (em vez de 100%). Qual nova fórmula, ligando r a P, esta hipótese modificada implica? (Suponha que a capacidade de suporte é ainda 10.000. Isto significa que $r = 10\%$ quando $P = 0$, e r decresce a 0% quando P cresce a 10.000.)

   (b) Usando sua nova fórmula para a taxa relativa de crescimento, r, vejamos como diferentes populações iniciais de coelhos levam a diferentes curvas logísticas. Modele os seguintes cenários, sobre um período de 5 anos (60 meses): uma população começando com 100 coelhos, uma população começando com 5.000 coelhos, uma população começando com 12.500 coelhos e uma população começando com 17.500 coelhos. Coloque todos os seus dados sobre os mesmos eixos. O que acontece com a população de coelhos quando ela começa acima da capacidade de suporte de coelhos da ilha? Porque isto faz sentido?

9 A DISSEMINAÇÃO DE INFORMAÇÃO: UMA COMPARAÇÃO ENTRE DOIS MODELOS

Neste projeto, dois modelos diferentes — um deles logístico — é usado para modelar a disseminação de informação.

Considere a disseminação de informação através de uma população — um fenômeno de particular interesse para os que estabelecem políticas. (Por exemplo, vários ministérios de agricultura usam modelos matemáticos para entender a disseminação de inovações técnicas ou de novos tipos de sementes pelos seus países.) Seguem dois modelos para fins de comparação. Nos dois casos, assuma que a população é 10.000 e que inicialmente só 100 pessoas têm a informação. Seja N o número de pessoas que têm a informação.

Modelo 1: Se a informação for espalhada pelos meios de massa (TV, radio, jornais), acredita-se que a taxa absoluta, $\Delta N/\Delta t$, à qual se espalha a informação, seja proporcional ao número de pessoas que não têm a informação a esse tempo. Assuma que se o período unitário de tempo for de um dia, então a constante de proporcionalidade será de 10%. Por exemplo, no primeiro dia o número de pessoas que não têm a informação é 10.000 – 100 = 9.900. Como 10% de 9.900 é 990, a taxa de disseminação da informação é de 990 no primeiro dia. Isto significa que no segundo dia, o número de pessoas não informadas é 8.910 e a taxa de disseminação é 10% de 8.910, ou 891 pessoas por dia, e assim por diante.

Modelo 2: Se, ao contrário, a informação foi disseminada da boca para o ouvido, acredita-se que a taxa absoluta de disseminação seja proporcional ao produto do número de pessoas que sabem pelo número das que não sabem. Suponha que, se a unidade de tempo for de um dia, então a constante de proporcionalidade será de 0,002%. Por exemplo, no primeiro dia o produto do número das pessoas que sabem pelo das que não sabem é $100 \cdot 9.900 = 990.000$. Como 0,002% de 990.000 é cerca de 20, a taxa de disseminação da informação é de cerca de 20 pessoas por dia, no primeiro dia. Isto significa que no segundo dia, o produto do número de pessoas que sabem pelo das que não sabem é $120 \cdot 9.880 = 1.188.600$, dando uma taxa de 0,002% de 1.888.600, ou cerca de 24 pessoas por dia, e assim por diante.

1. Usando folhas de análise, compare a disseminação de informação pela população usando os dois modelos. Faça um gráfico comparando, contra o tempo, as predições dos dois modelos para o número de pessoas que têm a informação. Descreva as semelhanças e diferenças entre os dois modelos. De que modo o primeiro modelo parece apropriado, dada a presença dos meios de massa? De que modo o segundo modelo parece apropriado, dada a ausência de meios de massa?

2. Qual dos dois modelos é logístico? Como você pode saber? Que tipo de crescimento exibe o outro modelo? Como você pode saber?

3. Por definição, uma população exibe crescimento logístico se sua taxa relativa de crescimento for função linear decrescente da população corrente. Note que ao passo que um dos dois modelos é de fato logístico, nenhum dos dois foi definido em termos das taxas relativas de crescimento; na verdade, ambos foram definidos em termos de taxas de crescimento absoluto. Explique porque o Modelo 2 leva a crescimento logístico.

4. Pode ter ocorrido a você que as soluções que temos achado com nossas folhas de análises são apenas aproximações. Discuta porque isto acontece. [*Sugestão*: Há algo mais acontecendo aqui do que arredondamento de erros.]

RESPOSTAS A PROBLEMAS DE NÚMERO ÍMPAR

Seção 1.1

1 1,64 milhões ton/ano

3 (a) \$5.413 milhões
(b) \$2.706,5 milhões por ano

5 (a) 3.443,5 \$bil
(b) 264,88 \$bil/ano

7 (a) Maior em 1990; 2.700 maior que em 1960
(b) 90 bilhões de dólares por ano

9 (a) Negativa
(b) Positiva
(c) Negativa
(d) Negativa

11 1.241 milhares pessoas/ano
789,9 milhares pessoas/ano
1.285 milhares pessoas/ano

13 (a) –0,94 milhão esperma por mililitro por ano
(b) O ano 2039

Seção 1.2

1 (I) Nenhum
(II) (b)
(III) (c)
(IV) (a)

7 (b) 4 horas
(c) 0,4
(e) – 0,087 mg/h
(f) Negativa

11 (a) 8; 7
(b) 10

13 (a) –2
(b) 10
(c) 3
(d) 3

15 (a) 2,3 m/seg e (b) 5,9 m/seg.
(c) 118 m

17 8

Seção 1.3

1 (a) (V)
(b) (IV)
(c) (I)
(d) (VI)
(e) (II)
(f) (III)

3 Inclinação = –5/2
Intercepto vertical = 4

5 $y - c = m(x - a)$

7 Inclinação = – 2/5
$y = -(2/5)x + 3$
(respostas podem variar)

9 (a) $y = -2x + 27$
(b) $s = 2t + 32$

11 $y = 14x - 45$
(a) $q = -(1/3)p + 8$
(b) $p = -3q + 24$

15 $Q = -1,24t + 19,72$ (resposta pode variar)

17 (a) C e D; B e C
(b) A e B; C e D

21 –3

23 (a) Inclinação = 1,8
(b) °F = 1,8(°C) + 32
(c) 68 °F
(d) – 40°

Seção 1.4

1 (a) $R(n) = 7 + 1,5n$
(b) $R(2) = \$10$ e $R(8) = \$19$

3 Custo fixo é \$5.000
Custo variável é \$4 por item
$C(q) = 4q + 5.000$

5 (a) Custo de produção de 500 unidades é \$11.000
A companhia obtém \$6.000 se vender 500 unidades
Não tem lucro
Custo de produção de 5.000 unidades é \$56.000
Companhia faz \$60.000 se vender 5.000 unidades
Tem lucro
(b) Ponto crítico é 3.000 unidades e \$36.000

7 (a) $C(q) = 5.000 + 30q$
$R(q) = 50q$
(b) \$30/unidade, \$50/unidade
(d) 250 cadeiras e \$12.500

9 (a) $C(q) = 650.000 + 20q$
$R(q) = 70q$;
$\pi(q) = 50q - 650,000$
(b) \$20/par, \$70/par, \$50/par
(c) Mais de 13.000 pares

11 (a) Quando mais de cerca de 335 itens são produzidos e vendidos
(b) Cerca de \$650

15 (a) Primeira lista de preços:
$C_1(q) = 100 + 0,03q$
Segunda lista de preços:
$C_2(q) = 200 + 0,02q$
(b) Primeira lista de preços:
(c) 10.000

17 (a) $V(t) = -2.000t + 50.000$
(c) (0 anos, \$50.000) e (25 anos, \$0)

19 (a) $25.000r + 100m = 500.000$
(b) $m = 5.000 - 250r$
(c) $r = 20 - 1/250\,m$

21 (a) 20; 50
(b) \$13; \$25

23 (a) Primeira: curva de demanda
Segunda: curva de oferta
(b) Aproximadamente 14
(c) Aproximadamente 24
(d) Mais baixo
(e) Qualquer preço menor ou igual a \$143
(f) Qualquer preço maior ou igual a \$110

25 (a) $p = \$10$; $q = 3.000$
(b) Fornecedores produzem 3.5000 unidades;
consumidores compram 2.500
(c) Fornecedores produzem 2.500 unidades;
consumidores compram 3.500

27 $N = -30p + 1.250$

29 (a) $k = p_1 s + p_2 l$
(s = litros de soda, l = litros de óleo)
(b) Interceptos: $(l, s) = (0, k/p_1)$, $(k/p_2, 0)$
(c) Interceptos:
$(0{,}2k/p_1)$, $(2k/p_2, 0)$
(d) Interceptos:
$(0, k/p_1)$, $(k/2p_2, 0)$

31 (a) $p = \$29,41$
$q = 38,23$ unidades
(b) Produtor paga \$0,59
Consumidor paga \$0,88
Imposto total \$1,47

33 (a) Aproximadamente 360 bolas
(b) Aproximadamente 120 bolas

Seção 1.5

3 $K = cv^2$

5 $v = d/t$

7 (a) 4
(b) 1/27

9 $y = 5x^{1/2}$

11 Não é função potência

13 $y = 9x^{10}$

15 Não é função potência

17 $y = 8x^{-1}$

19 Não é função potência

21 $y = x^4$ vai a infinito positivo nos dois casos

23 $f(x) = x^3$

25 1
10
100
1.000
$y = x^4$ tem a maior taxa média de variação

27 $N = k/L^2$; pequeno

29 Massa de sangue = 0,05(massa de corpo); 3,5 quilos

31 Sim; $k \approx 0,0087$

33 (a) Proporcional
(b) Não proporcional
35 44,25 pés e 708 pés
37 x^3
39 Decrescente
Côncava para cima
41 0

Seção 1.6

1 (a) 100, crescimento, 7%
(b) 5,3, crescimento, 5,4%
(c) 3.500, decaimento, 7%
(d) 12, decaimento, –12%
7 (a) $g(x)$
(b) $h(x)$
(c) $f(x)$
11 $f(x) = 4{,}30(1{,}4)^x$
13 (a) Nenhum
(b) Exponencial:
$s(t) = 30{,}12(0{,}6)^t$
(c) Linear:
$g(u) = -1{,}5u + 27$
15 (a) $P(t) = 200(1{,}05)^t$
(c) 326
(d) ≈ 15 anos
17 (a) $P(t) = (0{,}975)^t$
(c) ≈ 27 anos
(d) ≈ 8%
19 (a) 4 anos
(b) 4 anos
21 (a) $P = 2{,}5t + 50$
(b) $P = 50(1{,}035)^t$
(c) Exponencial
23 Mais plano: $y = 100x^2$
Mais íngreme: $y = 3^x$
Outro: $y = x^5$
25 (a) $P(t) = 5{,}6(1{,}012)^t$
(b) 0,069 bilhões de pessoas/ano
(c) 0,086 bilhões de pessoas/ano

Seção 1.7

1 $P = (1{,}0833)^t$; $Q = (0{,}741)^t$
3 (a) D
(b) C
(c) B
5 (a) \$1.534,69
(b) \$1.552,71
7 (a) (I)
(b) (IV)
(c) (II) e (IV)
(d) (II) e (III)
9 A: continua
B: anual
\$20
11 (a) Faz \$11,84
(b) Perde \$9,19
13 (b) V_0 representa a velocidade terminal ou máxima velocidade que o pingo da chuva pode atingir ao cair

Seção 1.8

1 Esta função na verdade é $y = x$
3 $t = (\ln 7)/(\ln 5) \approx 1{,}209$
5 $t = (\ln 2)/(\ln 1{,}02) \approx 35{,}003$
7 $t = (\ln 4)/(\ln 1{,}5) \approx 3{,}419$
9 $t = (\ln a)/(\ln b)$
11 $t = \ln 2{,}5 \approx 0{,}9163$
13 $t = 2(\ln 5 - \ln 3) \approx 1{,}0217$
15 $t = (\ln 2)/\ 0{,}3 \approx 2{,}3105$
17 $t = \ln 8 - \ln 5 \approx 0{,}47$
19 $P = 10(2{,}5018)^t$; crescimento
21 $P = 79(0{,}0821)^t$; decaimento
23 $P = 2{,}91(1{,}733)^t$; crescimento
25 $P = P_0e^{0{,}693t}$
27 $P = 174e^{-0{,}1054t}$
29 15,4 anos
31 (a) $P(0{,}5) \approx 779$;
$P(1) \approx 607$
(b) 223
(c) Aproximadamente 4,6
33 Aproximadamente 6,39 anos
35 Cerca de 1,166%
37 Cerca de 6,58 anos
39 (a) (i) Cerca de 3,17 bilhões de dólares
(ii) Cerca de 5,62 trilhões de dólares
(b) 1803
41 $k = 0{,}037$; 108 milhões de toneladas
43 (a) 81%
(b) 32,9 horas

Seção 1.9

1 Cerca de 10,24 anos
3 (a) $A = 10{,}32e^{-0{,}057762t}$
(b) Cerca de 40,41 dias
5 Cerca de 14,21 anos
7 $P = 500e^{0{,}55t}$,
7.821
9 38,5 horas
11 79%,
20%
13 (a) 15.678,7 anos
(b) 5.728,5 anos
15 Prestações
17 (a) Opção 2
(b) Não
19 (a) \$ 116.224,95
(b) Sim
21 Sim

Seção 1.10

5 (a) $y = 2x^2 + 1$
(b) $y = 2(x^2 + 1)$
(d) Não
13 $f(g(1)) \approx 0{,}4$
15 $f(f(1)) \approx -0{,}9$
19 (a) $y = 2^u$, $u = 3x - 1$
(b) $P = \sqrt{u}$, $u = 5t^2 + 10$
(c) $w = 2 \ln u$, $u = 3r + 4$
21 (a) 9; (b) 20
(c) 25; (d) 11
23 (a) $f(g(t)) = f(1/(t+1)) = (1/(t+1) + 7)^2$
(b) $g(f(t)) = g((t+7)^2) = 1/((t+7)^2 + 1)$
(c) $f(t^2) = (t^2 + 7)^2$
(d) $g(t-1) = 1/((t-1)+1) = 1/t$

Seção 1.11

1 (I) Grau ≥ 3, negativo
(II) Grau ≥ 4, positivo
(III) Grau ≥ 4, negativo
(IV) Grau ≥ 5, negativo
(V) Grau ≥ 5, positivo
3 (a) Grau 3: coeficiente principal positivo
(c) Quando $x \to -\infty, f(x) \to -\infty$
Quando $x \to \infty, f(x) \to \infty$
(d) Dois pontos de virada
5 (a) Grau 3; negativo
(c) Quando $x \to -\infty, f(x) \to \infty$
Quando $x \to \infty, f(x) \to -\infty$
(d) 2 pontos de virada
7 (a) Grau 4; positivo
(c) Quando $x \to -\infty, f(x) \to \infty$
Quando $x \to \infty, f(x) \to \infty$
(d) 1 ponto de virada
9 (a) Grau 7; positivo
(c) Quando $x \to -\infty, f(x) \to -\infty$
Quando $x \to \infty, f(x) \to \infty$
(d) 2 pontos de virada
11 (b) 65 centavos por libra; \$4.000 lucro máximo
(c) Para preços aproximadamente entre 2 centavos e \$1,28
13 (a) $C = 115.000 - 700p$
$R = 3.000p - 20p^2$
(d) Quando cobra entre \$40 e \$145
(e) Cerca de \$92
15 (a) $R(P) = kP(L - P)$
$(k > 0)$

Seção 1.12

3 (a) Período = 12 meses
Amplitude = 4.500 casos
(b) 2.000 casos e 2.000 casos
5 Amplitude = 3
Período = 2π
7 Amplitude = 3
Período = π
9 Amplitude = 4
Período = 4π
11 $f(x) = 5 \cos(x/3)$

13 $f(x) = -4$ sen $(2x)$
15 $f(x) = -8 \cos (x/10)$
17 $f(x) = 5$ sen $((\pi/3)x)$
19 $f(x) = 3 + 3$ sen $((\pi/4)x)$
23 (a) 5 sen $(2x + 1)$
(b) 10 sen $x + 1$
(c) $4x + 3$
25 (a) 5;
(b) 8;
(c) $f(x) = 5 \cos((\pi/4)x)$
27 (a) Profundidade média da água
(b) $A = 7{,}5$
(c) $B = 0{,}507$
(d) O tempo da maré alta
29 (b) Máximo: 2.º trimestre; Mínimo: 4.º trimestre
(c) Período = 4 trimestres ou 1 ano; amplitude = 5 milhões de bonés

Capítulo 1 Revisão

1 (a) Preço \$12, vende 60
(b) Decrescente
7 Uma possibilidade é $f(x) = -x^3$
9 (a) Decrescente: 2 de março a 5 de março
Crescente: 5 de março a 9 de março
(b) Março 5 a 6, e março 6 a 7
Março 7 a 8, e março 8 a 9
11 $Q(m) = T + L + Pm$
T = combustível para levantar vôo
L = combustível para aterrissagem
P = combustível por milha no ar
m = comprimento da viagem (milhas)
13 $F(t)$ é côncava para baixo, $G(t)$ é linear e $H(t)$ é côncava para cima
17 (b) Côncava para baixo
19 (a) $g(x)$
(b) $f(x)$
(c) $h(x)$
21 Bom ajuste: $a \approx 42{,}45$
23 $x > 3$ e $x < 2{,}48$
25 (b) 2020; 2095
(c) Aproximadamente 3,40 bilhões
29 Cerca de 11,6 anos
31 $y_1 = 3.000/x$
$y_2 = 2x^2$
$y_3 = 0{,}25x$
33 (a) $p = \$35$
(b) Entre \$2 e \$68
35 (a) $P = 1000 + 50t$
(b) $P = 1000(1{,}05)^t$
37 \$10.976,23
39 13.300 anos
41 Empréstimo
43 Chega ao chão a $t = 4$ seg
Máxima altura a $t = 2$ seg
Máxima altura = 64 pés
45 (a) Desloca o gráfico uma unidade para a esquerda
(b) p deve ser função constante isto é, seu gráfico uma reta horizontal
47 (a) $p(x) = ax^2 + c$
(a, c constantes)
(b) $p(x) = bx$
(b é uma constante)
49 (a) $R = k - aG$
51 (a) $R = (0{,}05)P - Y$
53 $y = 7$ sen $(\pi t/5)$
55 Profundidade = $d = 7 + 1{,}5$ sen $(\pi t/3)$

Modelagem: Ajuste a dados

1 (a) Sim
(b) $G = 83{,}65t + 1623$
(c) Para 1985: 3714
Para 2020: 6642
3 (a) $S = 0{,}080v + 1{,}77$
(b) Sim
(c) A $v = 18$ pés/seg, $S = 3{,}21$
A $v = 10$ pés/seg, $S = 2{,}57$
$v = 18$ dá melhor estimativa
5 (a) 0,0026 = 0,26%
(b) Para 1900, 272,27
Para 1980, 335,1
7 (b) Exponencial
(c) $N = 2{,}45t + 19{,}7$,
166,7 milhões
(e) $N = 28{,}7(1{,}036)^t$,
239,6 milhões
(f) 3,6%
9 (b) $Y = -0{,}021x + 1{,}23$ sucesso decresce 21% jardas
(c) $Y = 2{,}17(0{,}954)^x$, 20,6%
(d) Linear
11 Coeficiente principal > 0
13 (b) Crescente, côncava para baixo
(c) $y \approx 1.885 + 249 \ln x$
(e) Cerca de $7{,}6 \times 10^6$ hectares

Modelagem: Composição

3 4,88%
5 (a) (i) 5,126978...%
(ii) 5,127096...%
(iii) 5.127108...%
(b) 5,127%
(c) $e^{0,05} = 1{,}05127109\ldots$
7 (a) 6,18%
(b) 11,55 anos
(c) $t = (\ln 2)/r$
9 (a) V, (b) III, (c) IV, (d) I, (e) II
11 (a) 13.900 cruzados
(b) 24,52%

Seção 2.1

5 (a) 8 pés/seg
(b) 6 pés/seg
9 $v_{avg} = 2{,}704$ m/seg
$v(0{,}2) \approx 1{,}5$ m/seg
11 16 milhões pessoas/ano
16,4 milhões pessoas/ano
13 (a) 36 pés
(b) 34 pés/seg
(c) 18 pés/seg
(d) 75 pés, 0 pés/seg
(e) $t \approx 1{,}6$ seg

Seção 2.2

1 (a) Positivo
(b) Negativo
3 $P'(0) = 10$
5 $f'(2) = 10$
7 (a) Positivo
(b) $f'(2) \approx 3{,}5$, $f'(9) \approx 6$
9 (a) Positiva em A, B e D
Negativa em C e F
Zero em E
(b) Máxima em D
Mínima em F
11 (a) $f(4)$
(b) $f(2) - f(1)$
(c) $(f(2) - f(1))/(2 - 1)$
(d) $f'(1)$
13 (a) As inclinações das duas retas tangentes em $x = a$ são iguais para todo a
(b) Um deslocamento vertical não muda a inclinação
15 $g'(2) = g'(-2) = 80{,}1$
17 0,5

Seção 2.3

11 $f'(1) = 3$
$f'(3) = 27$
$f'(5) = 75$
$f'(x) = 3x^2$
13 $f'(2) = 4$
$f'(3) = 9$
$f'(4) = 16$
O esquema parece ser:
$f'(x) = x^2$.
17 (a) x_3
(b) x_4
(c) x_5
(d) x_3
19 (a) 5, 5, 5
(b) $f'(2) = 5$
(c) $g'(a) = m$

Seção 2.4

1 (a) Positivo
(b) °F/mín
3 Pés/milha; negativa
5 Dólares/por cento; positivo
7 Dólares/ano

9 (a) Investir os \$1.000 a 5% renderia \$1.649 depois de 10 anos
(b) Dólares/por cento

11 (a) 20 minutos, 0,36 mg, – 0,002 mg/minuto
(b) $f(21) \approx 0{,}358$
$f(30) \approx 0{,}34$

13 (a) $f(0) = 80; f'(0) = 0{,}50$
(b) $f(10) = 85$.

15 kmpl/kmph

17 (a) $f'(a)$ é sempre positiva
(c) $f'(100) = 2$: mais
$f'(100) = 0{,}5$: menos

19 Número de pessoas 65,5-66,5 polegadas
Unidades: pessoas por polegada
$P'(x)$ nunca é negativa

Seção 2.5

1 (a) Crescente: côncava para cima
(b) Decrescente; côncava para baixo

5 Derivada
Pos. $0 < t < 0{,}4$, $1{,}7 < t < 3{,}4$
Neg. $0{,}4 < t < 1{,}7$, $3{,}4 < t < 4$
Segunda Derivada:
Pos. $1 < t < 2{,}6$
Neg. $0 < t < 1$, $2{,}6 < t < 4$

7 $s'(t)$: negativa
$s''(t)$: positiva

9 (b) dN/dt é positiva.
d^2N/dt^2 é negativa

11 (a) $dP/dt > 0$, $d^2P/dt^2 > 0$
(b) $dP/dt < 0$, $d^2P/dt^2 > 0$
(mas dP/dt está perto de zero.)

13 (a) $f'(0{,}6) \approx 0{,}5$
$f'(0{,}5) \approx 2$
(b) $f''(0{,}6) \approx -7{,}5$
(c) Máximo: perto de $x = 0{,}8$
Mínimo: perto de $x = 0{,}3$

15 (a) 1986: $dP/dt \approx -2{,}77$
1989: $dP/dt \approx -2{,}03$
1992: $dP/dt \approx -1{,}50$
1995: $dP/dt \approx -0{,}57$
(b) Positiva

17 (a) B e E
(b) A e D

Seção 2.6

1 $C(1,001) \approx \$5.025$,
$C(999) \approx \$4.975$,
$C(1.100) \approx \$7500$

3 Cerca de \$0,42 (respostas podem variar)

5 A $q = 5$;
A $q = 40$

9 (a) $q = 400$
(b) \$5 por unidade
(c) \$700.

11 $q = 4.000$

13 (a) \$9
(b) – \$3
(c) $C'(78) = R'(78)$

Capítulo 2 Revisão

1 (a) Quatro
(b) Crescente em $x = 0$ e $x = 2$; Decrescente em $x = 4$
(c) $2 \le x \le 3$
(d) $x = 2$

13 1,0, 0,3, –0,5, –1

15 (a) 6 quilos, 5 reais
(b) Positiva
(c) 6 quilos, 0,4 \$/quilo

17 (a) Ambas negativas
(b) $f'(2) \approx -4, f'(8) \approx -21$

19 (a) $f'(6{,}75) \approx -4{,}2$
$f'(7{,}0) \approx -3{,}4$
$f'(8{,}5) \approx -1{,}8$
(b) $f''(7) \approx 3{,}2$.
(c) $y = -3{,}4x + 32$
(d) $f(6{,}8) \approx 8{,}88$

21 (a) \$1
(b) Não
(c) 400 itens

23 (b) $9{,}6 < x < 39{,}3$
(c) π decresce quando $x < 29{,}4$; cresce quando $x > 29{,}4$
(d) π'decresce quando $x < 18{,}9$; cresce quando $x > 18{,}9$
(e) $x \approx 18{,}9$

25 (a) 0,25
(b) $y = 0{,}25x + 1$
(c) $k = 1/8$
(d) (–2, 0,5)

Teoria: Limites, Derivadas

3 1
5 27
7 2,7
9 Sim
11 Não; sim
13 Sim
15 Sim
17 Não
19 Não contínua
21 Não contínua
23 Não contínua

Seção 3.1

3 117,5 m

5 (a) Avaliação inferior = 8,4 km
Avaliação superior = 9,2 km
(b) Avaliação inferior = 18,4 km
Avaliação superior = 23,2 km

7 (a) 2,575 milhões pessoas
(b) 2,740 milhões pessoas; diferem por 165 milhões

9 Entre 140 e 150 metros

11 (a) A cerca de 420 kg
(b) 336 e 504 kg

Seção 3.2

1 (a) 72; 328
(b) 120; 248
(c) 148; 212

3 $n = 2$: SE = 3
$n = 2$: SD = 7
$n = 4$: SE = 3,75
$n = 4$: SD = 5,75

5 (b) 0,25
7 (b) 1,8205
9 41,7
11 448,0
13 2,9
15 1,30
17 Cerca de 1,772
19 16,1, $n = 5$, $\Delta t = 0{,}2$
21 1096

Seção 3.3

1 Cerca de 11,0
3 Cerca de 60
5 Cerca de 20
7 Cerca de 192

9 (a) Cerca de 16,5
(b) Cerca de –3,5

11 Positiva
13 Positiva
15 Cerca de 10,67
17 4,5

19 (b) 3,084
(c) 2,250

21 Cerca de 3,34

25 (a) 0
(b) 0

27 (a) –2
(b) $-A/2$

5 2

29 (a) $\int_0^5 f(x)\,dx - {}^1/_2 \int_{-2}^2 f(x)\,dx$
(b) $\int_{-2}^5 f(x)\,dx - 2\int_{-2}^0 f(x)\,dx$
(c) ${}^1/_2(\int_{-2}^5 f(x)\,dx - \int_2^5 f(x)\,dx)$

Seção 3.4

1 Milhas
3 Dólares
5 \$485,80

7 A tem mais depois dos 6 primeiros meses B tem mais no fim do ano. A aproximadamente 9 meses eles venderam a mesma quantidade. A fez aproximadamente 170 vendas no fim do ano. B fez aproximadamente 250 vendas no fim do ano

9 (a) $\int_0^3 (40t - 10t^2)dt$
(c) 90 milhas

11 (b) 7 anos
(d) 69,3 metros cúbicos

13 $t = 1$
27 2/3 km

15 O produto B tem pico de concentração meia
O produto A tem pico mais cedo
O produto B tem maior biodisponibilidade geral
O produto A deve ser usado
2

17 (a) $\int_0^2 R(t)\,dt$
(c) Avaliação inferior: 2,81
Avaliação superior: 3,38

19 $\int_0^{10} 49\,(1-(0{,}8187)^t)\,dt$
≈ 278; 188 metros

Seção 3.5

1 Reais: custo de aumento de produção 800 para 900 toneladas
3 46,7 °C.
5 (a) $10.550
(b) $150
(c) $C'(25) = 10$
7 (a) $18.650
(b) $C'(400) = 28$
9 (b) $12.000
(c) Receita marginal é $80/unidade
Receita total é $12.080
11 $F(0) = 0$, $F(0{,}5) = 1{,}958$,
$F(1) = 3{,}667$,
$F(1{,}5) = 4{,}875$,
$F(2) = 5{,}333$,
$F(2{,}5) = 4{,}792$
13 Máximo em
$x = 2$ e $F(2) = 5{,}333$.
15 24
17 63

Capítulo 3 Revisão

1 750,5 milhões de toneladas métricas
3 1,44
5 1,15
7 –0,083
9 1.692,5
11 A árvore B é mais alta depois de 5 anos.
A árvore A é mais alta depois de 10 anos.
13 (b) Cerca de 18,42
(c) Mais óleo vaza durante o primeiro minuto
15 $30.228
17 (b) $22.775
(c) $C'(150) = 18{,}5$
(d) $C(151) \approx \$22.793{,}50$
19 (a) 345 horas
(b) 449 milirems
21 (a) Positiva: $0 \le t < 40$ e logo antes de $t = 60$;
negativa: de $t = 40$ até logo antes de $t = 60$
(b) Cerca de 500 pés de $t = 42$ segundos
(c) Área total sob a curva é positiva
Cerca de 280 pés

23 (a) $\int_0^T 49(1-(0{,}8187)^t)\,dt$ (metros)
(b) $T \approx 107$ segundos
25 (b) $t = 6$ horas
(c) $t = 11$ hrs

Teoria: Teoremas de Integração

1 x^3
3 xe^x
9 10
11 –52

Seção 4.1

1 0
3 5
5 $-12x^{-13}$
7 $24t^2$
9 $-4x^{-5}$
11 $2Cx$
13 $18x^2 + 8x - 2$
15 $6x + 7$
17 $8{,}4q - 0{,}5$
19 $2z - 1/2\,z^{-2}$
21 $15t^4 = 5/2\,t^{-1/2} - 7t^{-2}$
23 (a) $2t - 4$
(b) $f'(1) = -2$, $f'(2) = 0$
25 $f'(0) = 3$, $f'(3) = 9$, e $f'(-2) = -1$
27 $P'(2) = 16$
29 $f'(t) = 6t^2 - 8t + 3$
$f''(t) = 12t - 8$
31 (a) 0
(b) 5040
33 $y = -2t + 16$
35 (a) $R(p) = 300p - 3p^2$
(b) $240
(c) Positiva para $p < 50$, negativa para $p > 50$
37 (a) 770 barris por acre
(b) 40 barris por acre por quilo de fertilizante
(c) Use mais fertilizante
39 (a) $dC/dq = 0{,}24q^2 + 75$
(b) $C(50) = \$14.750$; $C'(50) = \$675$ por item
41 (a) $-2 < x < 2$
(b) $x < 0$
(c) $-2 < x < 0$
43 (a) $v(t) = -32t$
$v \le 0$ porque a altura é decrescente
(b) $t \approx 8{,}84$ segundos
$v = -282{,}88$ pés/seg $\approx -192{,}87$ mph
45 $V(r) = 4\pi r^3/3$
$dV/dr = 4\pi r^2$ = área de uma esfera

Seção 4.2

1 $10t + 4e^t$
3 $(\ln 2)2^x + 2(\ln 3)3^x$
5 $3 - 2(\ln 4)4^x$
7 $3x^2 + 3^x \ln 3$
9 Ce^t
11 $3/q$
13 Ae^t
15 $9t^2 + 2e^t$
17 $12{,}41\,(\ln 0{,}94)(0{,}94)^t$
19 $2q - 2/q$
21 $Ae^t + B/t$
23 $y = 3{,}3x - 0{,}3$
25 (a) $f'(0) = -1$
(b) $y = -x$
27 $\approx -444{,}3$ pessoas/ano
29 (a) $P = 4{,}1(1{,}02)^t$
(b) $\frac{dP}{dt} = 4{,}1\,(1{,}02)^t\,(\ln 1{,}02)$
$\left.\frac{dP}{dt}\right|_{t=0} \approx 0{,}0812$
$\left.\frac{dP}{dt}\right|_{t=15} \approx 0{,}1093$
33 Crescente para $a > 1$,
decrescente para $a < 1$
35 $c = -1/\ln 2$
37 (a) $13.050
(b) $V'(t) = -4{,}063(0{,}85)^t$; milhares de reais/ano
(c) $V'(4) = -\$2.121$ por ano

Seção 4.3

1 $99(x+1)^{98}$
3 $200t(t^2+1)^{99}$
3 $15(5r-6)^2$
7 $0{,}7e^{0.7t}$
9 $3s^2/2\,\sqrt{s^3+1}$
11 $-0{,}2e^{-0{,}2t}$
13 $5/(5t+1)$
15 $24e^{0{,}12t}$
17 $216q(3q^2-5)^2$
19 $25e^{5t+1}$
21 $2t/(t^2+1)$
23 $(e^x)/(e^x+1)$
25 $4/(4t+9)$
27 $100t(t^2+5)^{-0{,}5}$
29 $2(5+e^x)e^x$
31 $y = -2t + 1$
33 $f(2) \approx 6.065$, $f'(2) \approx -1.516$
37 (a) $dH/dt = -60e^{-2t}$
(b) $dh/dt < 0$
(c) Em $t = 0$

Seção 4.4

1 $5x^4 + 10x$
3 $e^x(x+1)$
4 $2^x(1 + x\ln 2)$
7 $2t(3t+1)^3 + 9t^2(3t+1)^2$
9 $(3t^2+5)(t^2-7t+2) + (t^3+5t)(2t-7)$
11 $30t + 11$
13 $t + 2t\ln t$
15 $-3qe^{-q} + 3e^{-q}$

17 $(e^{-z})/(2\sqrt{z}) - \sqrt{z}e^{-z}$
19 $e^{5-2t}(1-2t)$
21 $(1-x)/e^x$
23 $-2/(1+t)^2$
25 $(15+10y+y^2)/(5+y)^2$
27 $y = 0$
29 (a) $f'(15) > 0, f'(45) < 0$
(b) $f(30) \approx 181$ mg/ml, $f'(30) \approx -1{,}2$ mg/ml/mín
31 (a) $f(140) = 15.000$
Se custa $140 por prancha então são vendidas 15.000
$f'(140) = -100$:
Todo aumento de $1 a partir de $140 diminuirá as vendas totais por 100 pranchas
(b) $\left.\frac{dR}{dp}\right|_{p=140} = 1.000$
(c) Positiva
Aumente por $1.000

Seção 4.5

1 $5\cos x$
3 $2t - 5\,\text{sen}\,t$
5 $5\cos x - 5$
7 $5\cos(5t)$
9 $AB\cos(Bt)$
11 $-10\,\text{sen}\,(5t)$
13 $3\cos(3x)$
15 $2x\cos x - x^2\,\text{sen}\,x$
17 $(2t\cos t + t^2\,\text{sen}\,t)/(\cos t)^2$
19 $y = -x + \pi$
21 (a) $v(t) = 2\pi\cos(2\pi t)$

Capítulo 4 Revisão

1 $24t^3$
3 $3r^2 + 5$
5 $3x^2 - 6x + 5$
7 $15t^2 - 2t + 20$
9 $2x + 3/x$
11 $6z(z^2+5)^2$
13 $(2z)/(z^2+1)$
15 $-5e^{-0{,}05p}$
17 $2t + 2/t$
19 $5(\text{sen}\,t)^4(\cos t)$
21 $2\cos(2x)$
23 $(50x - 25x^2)/(e^x)$
25 $1/(5t+2)^2$
27 $2p/(3+2p^2)^2$
29 (a) 2
(b) 15
(c) 11
(d) $-1/4$
31 (a) Cerca de 2.247 unidades
(b) $q'(10) \approx -180$
35 (a) $Y(0) = 105°$
(b) 350°
(c) Após cerca de 42 minutos
(d) Cerca de 0,93 graus/minuto

37 (a) $x < 1/2$
(b) $x > 1/4$
(c) $x < 0$ ou $x > 0$
39 Em $x = 0$:
$y = x$, sen $(\pi/6) \approx 0{,}524$
Em $x = \pi/3$:
$y = x/2 + (3\sqrt{3} - \pi)/6$,
$\text{sen}(\pi/6) \approx 0{,}604$
41 $y = x$ e $y = \ln(x+1)$ parecem mesmo (com a reta $y = x$)
$y = \sqrt{x}$ e $y + \sqrt{2x - x^2}$ parecem com a reta $x = 0$;
$y = x^2$, $y = x^3 + 1/2\,x^2$, $y = x^3$ e $y = 1/2\ln(x^2+1)$ todas parecem com a reta $y = 0$
43 $n = 4$, $a = 3/32$
45 (a) 13.394 moluscos zebra
(b) 8.037 moluscos zebra/mês
47 $b = 1/40$ e $a = 169{,}36$

Prática: Derivação

1 $2t + 4t^3$
3 $15x^2 + 14x - 3$
5 $-2/x + 5/(2\sqrt{x})$
7 $10e^{2x} = 2 \cdot 3^x(\ln 3)$
9 $2pe^{p^2} + 10p$
11 $2x\sqrt{x^2+1} + x^3/\sqrt{x^2+1}$
13 $16/(2t+1)$
15 $2^x(\ln 2) + 2x$
17 $6(2p+1)^2$
19 bke^{kt}
21 $2x\ln(2x+1) + 2x^2/(2x+1)$
23 $10\cos(2x)$
25 $15\cos(5t)$
27 $2e^x + 3\cos x$
29 $17 + 12x^{-1/2}$
31 $20x^3 - 2/x^3$
33 $1, x \neq -1$
35 $-3\cos(2 - 3x)$
37 $6/(5r+2)^2$
39 $ae^{ax}/(e^{ax} + b)$
41 $5(w^4 - 2w)^4(4w^3 - 2)$
43 $(\cos x - \text{sen}\,x)/(\text{sen}\,x + \cos x)$
45 $6/w^4 + 3/(2\sqrt{w})$
47 $(2t = ct^2)e^{-ct}$
49 $(\cos\theta)e^{\text{sen}\,\theta}$
51 $3x^2/a + 2ax/b - c$
53 $2r((r+1)/(2r+1)^2$
55 $2e^t + 2te^t + 1/(2t^{3/2})$
57 $x^2\ln x$
59 $6x(x^2+5)^2(3x^3-2)$
$(6x^3 + 15x - 2)$
61 $(2abr - ar^4)/(b + r^3)^2$
63 $20w/(a^2 - w^2)^3$

Seção 5.1

1 3
3 1
7 Máximo local, mínimo ou nenhum
Preço relativamente constante por volta de 1º de julho
13 $a = 4, b = 1$
15 $a = 3e, b = -3$
17 Máx. local para algum θ:
$1{,}1 < \theta < 1{,}2$ e
$2{,}0 < \theta < 2{,}1$
Mín. local para algum θ
$1{,}5 < \theta < 1{,}6$
19 (a) Máx. local
(b) Mín. local
(c) Nenhuma dessas coisas
(d) Mín. local

Seção 5.2

1 2
3 2
5 $x = -1, 1/2$
7 Pontos críticos:
$x = -3$ e $x = 2$
Pontos de inflexão: $x = -1/2$
9 Pontos críticos:
$x = 0$ e $x = \pm 2$
Pontos de inflexão: $x = \pm 2/\sqrt{3}$
11 Pontos críticos:
$x = -1$ (máximo local)
$x = 0$ (não é um extremo)
$x = 1$ (mínimo local)
Pontos de inflexão
$x = 0$ e $x = \pm 1/\sqrt{2}$
13 (b) 3
19 (a) 6pm
(b) Meio dia: outro entre meio dia e 18 h
23 (b) No máximo quatro zeros
(c) Talvez nenhum zero
(d) Dois pontos de inflexão
(e) Grau quatro
(f) $-\frac{2}{15}(x+1)(x-1)(x-3)(x-5)$

Seção 5.3

11 (a) $f(0{,}91)$ é mínimo global
$f(3{,}73)$ é máximo global
(b) $f(-3)$ é mínimo global
$f(2)$ é máximo global
13 (a) $f(1)$ mínimo local
$f(0{,}1) f(2)$ máximo global
(b) $f(0{,}1)$ máximo global
$f(1)$ mínimo global
15 (a) Aumentar produção
(b) $q = 8.000$
17 Máximo lucro de $8.248 a $q = 34$
21 (a) $0
(b) $96,56
(c) Aumento do preço por $5
23 $q = (-a_2 + b_1)/(2a_1)$

25 Receita máxima = \$27.225
Mínimo = \$0

29 (a) Não
(b) Sim

Seção 5.4

1 (a) (i) \$8,67 por unidade
(ii) \$3,50 por unidade
(b) 35 unidades

3 (a) \$12 por ambos
(b) $a(100) = \$37$
$a(1.000) = \$14{,}50$

5 (a) Decresce
(b) Não se pode dizer

7 (a) Faz dinheiro
(b) Aumente; aumente
(c) Aumente

11 Custo médio é minimizado a $q = 6$.

13 (a) Não
(b) Sim

Seção 5.5

1 (a) 6% decresce
(b) 6% cresce

7 Alto

13 (a) $E \approx 0{,}470$, inelástico
(c) $P = 1{,}25$ e $1{,}50$

Seção 5.6

3 (a) 1
(b) $N(2) \approx 2$; $N(10) \approx 48$
(d) Cerca de 15 horas;
32 horas
(e) Quando 200 pessoas tiverem ouvido rumor

5 (b) 36%
(c) 75%

7 (b) 68.000

9 (a) 5.000
(b) 499
(c) $P(t) = 5.000/(1 + 499e^{-1{,}78t})$
(d) Cerca de 3,5 semanas; 2.500

11 (b) $f'(10) < 11$
$f'(20) < 11$

13 (a) C: o maior
B: o menor
(b) A: o maior
B: o menor
(c) C: o mais seguro

17 Eficaz para 85%,
letal para 6%

19 (a) $k(1 - 2P/L) \cdot dP/dt$

Seção 5.7

3 (a) Após cerca de 5,7 horas
(b) Após cerca de 4,9 horas

Capítulo 5 Revisão

3 44,1 pés

5 (a) $f'(x) = 1 + \cos x$,
$f''(x) = -\operatorname{sen} x$.
(b) $x = \pi$
(c) $x = 0, \pi, 2\pi$
(d) Mínimo global: $x = 0$
Máximo global: $x = 2\pi$

7 (a) $f'(x) = 6x^2 - 18x + 12$,
$f''(x) = 12x - 18$.
(b) $x = 1, 2$
(c) $x = 3/2$
(d) Mínimo local: $x = 2$
Máximo local: $x = 1$
Mínimo global: $x = -0{,}5$
Máximo global: $x = 3$

9 (a) Crescente para $x > 0$
Decrescente para $x < 0$
(b) Mín. local e global: $f(0)$

11 (a) Crescente para $0 < x < 4$
Decrescente para $x < 0$ e $x > 4$
(b) Máx. local: $f(4)$
Mín. local: $f(0)$

13 $q = 1.000$ ou $q = 4.500$

15 Interceptos: (0, 0),(1,77, 0), (2,51, 0)
Pontos críticos: (0, 0), (1,25, 1), (2,17, –1), (2,80, 1)
Pontos de inflexão: (0,81, 0,61), (1,81, –0,13),(2,52, 0,07)

17 (a) $q = 350$

19 (a) Inclinação da reta da origem ao gráfico
(b) Onde $a(q)$ é tangente ao gráfico
(c) $C'(q_0) = a(q_0)$

21 (a) IV Mais rápido, P-IM mais lento
(b) IV Maior,PO menor
(c) IV Mais rápido, P-IM mais lento
(d) P-IM Mais longo, IV mais curto
(d) Cerca de 5 horas

23 (a) 10
(b) 9

33 $b = 2$, $a = 5/(2 - 2 \ln 2) \approx 8{,}147$

37 (a) Cerca de 33,3 minutos, cerca de 245 ng/ml
(b) Cerca de 191 ng/ml; cerca de 198 ng/ml
(c) Em 3 horas

Seção 6.1

1 1,7

3 2

5 2.202,55

7 8

9 (a) 527,25

11 \$6.080

13 (a) ≈ 76,8 milhões
(b) = 77,24 milhões

15 (a) III
(b) I
(c) II e IV

17 $(a) < (c) < (b) < (d)$

Seção 6.2

1 (a) Preço de equilíbrio é \$30
Quantidade de equilíbrio é 125 unidades
(b) \$3.500
\$2.000
(c) \$5.500

3 (a) $f(q) \approx \$11$
$g(q) \approx \$7$
(b) $p^* \approx \$9$
$q^* \approx 400$
(c) \$1.907
(d) \$1.600

5 \$85.750.000

11 (a) Menos
(b) Não se pode dizer
(c) Menos

Seção 6.3

3 \$1.147,75

5 (a) $P = \$47.216{,}32$
$F = \$77.846{,}55$
(b) \$60.000; \$17.846,55

7 (a) \$5.820 por ano
(b) \$36.787,94

9 (a) \$6.744 milhões
(b) \$7.343 milhões

11 \$1.766 milhões

13 Cerca de 1,75 anos

15 Em 10 anos

Seção 6.4

1 (a) 1988 – 1989: 462
1992 – 1993: 1.163
(b) 1988 – 1989: 56,8%
1992 – 1993: 31,8%

5 0,01

7 (a) $P = 100 + 10t$
(b) $P = 100(1{,}10)^t$

9 22% aumento

11 Nenhuma variação

13 Crescente $0 \le t \le 10$

15 Decrescente $0 \le t \le 10$

Seção 6.5

1 $5x$

3 $x^3/3$

5 $x^5/5$

7 $5q^3/3$

9 $2z^{3/2}/3$

11 $-1/t$

13 $t^3 + (7t^2/2) + t$

15 $(x^3/3) - 3x^2 + 17x$
17 $x^3 + 5x$
19 $2t^3/3 + 3t^4/4 + 4t^5/5$
21 $y^5/5 + \ln |y|$
23 sen t
25 $F(x) = 3x$ (única possibilidade)
27 $F(x) = 7x^2/2$ (única possibilidade)
29 $F(x) = x^3/3$ (única possibilidade)
31 $F(x) = 2x + 2x^2 + 5/3\, x^3$
(única possibilidade)
33 $e^x - 1$ (única possibilidade)
35 $2t^2 + 7t + C$
37 $2x^3 + C$
39 $(x^4/4) - (x^2/2) + C$
41 $(x^4/4) + 2x^2 + 8x + C$
43 $(e^{2t}/2) + C$
45 $(x^3/3) + \ln |x| + C$
47 $\text{sen}\,\theta + C$

Seção 6.6

1 81/4
3 52
5 8/15
7 ln 2
9 $-8/9 \approx -0{,}889$
11 $5 - 5e^{-0,2} \approx 0{,}906$
13 $1 - \cos 1 \approx 0{,}460$
15 1
17 0,91
19 2,32
21 (a) $\int_0^5 (32e^{0,05t})\, dt$
(b) Cerca de 182 bilhões barrís
23 $\int_1^\infty (1/x^2)dx$
25 (a) 26,42, 95,96, 99,95, 100
(b) 100
27 (a) 18, 61,2, 198
(b) $2\sqrt{b} - 2$
(c) Não converge
29 (a) Não
(b) Sim
(c) Sim

Seção 6.7

1 $F(0) = 0$
$F(1) = 1$
$F(2) = 1{,}5$
$F(3) = 1$
$F(4) = 0$
$F(5) = -1$
$F(6) = -1{,}5$
3 Máximo em (4, 3)
5 Mín.: (1,5, – 20), máx.: (4,67, 5)
9 $f(1) < f(0)$

Seção 6.8

1 1/15
3 1/50
5 200
7 0,5
9 (a) 0,0625
(b) 0,91
(c) 0,0525
15 10–12: 27%
< 8: 12%
> 12: 45%
12 – 13 dias
19 (a) Décimo segundo
(b) 1/4
(c) 7/16

Seção 6.9

3 (a) (i) (III), (ii) (VI)
(b) (i) (I), (ii) (V)
(c) (i) (IV), (ii) (II)
7 (b) $F(7) > F(6)$
9 (a) Primeiro: 30 janeiro
Último: 28 agosto
(b) 65%
(c) 25%
(d) 10%
(e) 10 abril – 30 abril
11 (a) 0,9 m–1,1 m
13 (a) 2/3
(b) 1/3
(c) Possivelmente porque muitos estudantes se esforçam somente para passar
19 (a) 25%
(b) 32,5%
(c) 0

Seção 6.10

1 5,35 tons
3 (a) 36
(b) Positivo: $5 < t < 65$
Crescente: $5 < t < 35$
Decrescente $35 < t < 65$
Máximo: $t = 35$
5 2,4 semanas
7 Mediana: 5,68 segundos
Média: 8,20 segundos
9 (a) 6/25 = 24%
(b) $12.600
(c) ≈ $8.000

Capítulo 6 Revisão

1 8
3 11%
5 Preço de equilíbrio ≈ $8 por unidade
Quantidade de equilíbrio ≈ 345 unidades
Excedente do consumidor ≈ $2.000
Excedente do produtor ≈ $1.400
7 Não, valor presente = $306.279
9 (a) $417.635,11
(b) $228.174,64
11 $F(z) = e^z + 3z + C$
13 $\ln |x| - 1/x - 1/(2x^2) + C$
15 $P(y) = \ln |y| + y^2/2 + y + C$
17 $G(\theta) = -\cos\theta - 2\,\text{sen}\,\theta + C$
19 $3x^3 + C$
21 $t^3/3 - 3t^2 + 5t + C$
23 $e^x + 5x + C$
25 $3 \ln |t| + 2/t + C$
27 $2x^4 + \ln |x| + C$
29 $(x^2/2) + 2 \ln |x| - \pi \cos x + C$
31 22
33 $20(e^{0,15} - 1)$
35 1/2
39 Cerca de 45 anos
41 (a) 0,4988, 0,49998, 0,4999996, 0,499999998
(b) $(1 - e^{-2b})/2$
(c) Converge a 0,5
43 (a) Distribuição cumulativa
(c) Mais de 50%: 1%
Entre 20% e 50%: 49%
Mais provável: $C = 28\%$
45 (a) $-e^{-2} + 1 \approx 0{,}865$
(b) $-(\ln 0{,}05)/2 \approx 1{,}5$ km
47 33 bilhões m^3/ano

Prática: Integração

1 $t^4/4 + 2t^3 + C$
3 $x^3/3 - 1/x + C$
5 $2w^{3/2} + C$
7 $t^3/3 + 5t^2/2 + t + C$
9 $w^5/5 - 3w^4 + 2w^3 - 10w + C$
11 $2q^{1/2} + C$
13 $4 \ln |x| - 5/x + C$
15 $q^4/4 + 4q^2 + 15q + C$
17 $-5 \cos x + 3\,\text{sen}\, x + C$
19 $\pi h r^3/3 + C$
21 $5p^3q^4 + C$
23 $x^3 + 3e^{2x} + C$
25 $2{,}5e^{2q} + C$
27 $Ax^4/4 + Bx^2/2 + C$
29 $x^3/3 + 8x + e^x + C$

Seção 7.1

5 $P = 0{,}052pf(I, p)/I$
7 (a) Decrescente
(b) Decrescente
3 Função decrescente de x
Função crescente de y
11 (a) $150
13 (a) – 31 °F
(b) 10 mph
(c) Cerca de 5,5 mph
(d) Cerca de 23,5 °F
19 c: decrescente
t: crescente
21 $D = 100(c/t)$

Seção 7.2

1 (a) 80–90 °F
(b) 60–72 °F
(c) 60–100 °F

5 Função decrescente de x
Função crescente de y

7 eixo-x: preço
eixo-y: propaganda

11 (i) Cresce, depois decresce
(ii) Decresce

25 (a) A
(b) B
(c) A

27 (a) (IV)
(b) (I)
(c) (III)

29 72 °F, 76 °F

31 (a) 12 L/mín; 7,5 L/mín; 4,2 horas
(b) Crescente
(c) Decrescente
(d) Decresce devagar a princípio, rapidamente depois de $t = 4$

Seção 7.3

1 (a) f_c é negativa
f_t é positiva

3 (c) Positiva
(d) Negativa

5 $\partial P/\partial t$:
reais/mês. Taxa de variação de pagamentos com tempo negativa
$\partial P/\partial r$: reais/ponto percentual
Taxa de variação de pagamentos com taxa de juros positiva

7 (a) Positiva
(b) Negativa
(c) Positiva
(d) Zero

9 $f_x(3, 2) \approx 2$
$f_y(3, 2) \approx -1$

11 (a) –0,24
(b) 0,0205
(c) 6,215 quilos

13 2777

15 $f_w(10, 25) \approx -1,6$

17 $f_w(5, 20) \approx -2,6$

19 $\partial I/\partial H: |_{(50,\,80)} \approx 0,1$
$\partial I/\partial T: |_{(50,\,80)} \approx 1,4$

21 (a) 150.350
(b) 151.000
(c) 152.250

23 (a) Ambas negativas
(b) Ambas negativas

25 (A) 0,06 – 0,06
(B) 0, – 0,05
(C) 0, 0

Seção 7.4

1 13; 3; 12

3 $f_x = 2x + 2y$
$f_y = 2x + 3y^2$

5 $4x$; $6y$

7 $100te^{rt}$

9 $200xy$; $100x^2$

11 $2xy + 10x^4y$

13 $(a + b)/2$

15 Pre^{rt}; Pte^{rt}; e^{rt}

17 \$102.116
\$201,20 por unidade
\$101,50 por unidade

19 $h_x(2, 5) = -0,13$ m/ass.
$h_t(2, 5) = 0,25$ m/seg

21 (a) $Q_K = 18,75\,K^{-0,25}L^{0,25}$,
$Q_L = 6,25\,K^{0,75}L^{-0,75}$
(b) $Q = 1.704,33$
$Q_K = 21,3$
$Q_L = 4,26$

23 (a) $Q = 102,197$
(b) $Q = 229.425$; $Q \to 2^{7/6} \cdot Q$

25 $f_{xx} = 2y, f_{xy} = 2x$,
$f_{yy} = 0, f_{yx} = 2x$

27 $f_{xx} = 0, f_{xy} = e^y$,
$f_{yy} = xe^y, f_{yx} = e^y$

29 $f_{xx} = 2y^2, f_{xy} = 4xy$,
$f_{yy} = 2x^2, f_{yx} = 4xy$

31 $Q_{p_1p_1} = 10p_2^{-1}$,
$Q_{p_2p_2} = 10p_1^2p_2^{-3}$,
$Q_{p_1p_2} = Q_{p_2p_1} = -10p_1p_2^{-2}$

33 $P_{KK} = 0$, $P_{LL} = 4K$,
$P_{KL} = P_{LK} = 4L$

35 $f_{xx} = -8t, f_{tt} = 6t$,
$f_{xt} = f_{tx} = -8x$

37 $f(x, y) = x^4y^2 - 3xy^4 + C$

Seção 7.5

1 Mississipi:
87 – 88 (máx), 83 – 87 (mín)
Alabama:
88 – 89 (máx), 83 – 87 (mín)
Pennsylvania:
89 – 90 (máx), 80 (mín)
New York:
81 – 84 (máx), 74 – 76 (mín)
California:
100 – 101 (máx), 65 – 68 (mín)
Arizona:
102 – 107 (máx), 85 – 87 (mín)
Massachusetts:
81 – 84 (máx), 70 (mín)

3 (–3, 5), mínimo

5 (–3, 6), nenhuma dessas coisas

7 $f(2, 10) \approx 0,5$ mín local e global
$f(6, 4) \approx 9,5$ máx local
$f(6,5, 16) \approx 10$ máx local e global
$f(9, 10) \approx 4$ mín local

9 $A = 10, B = 4, C = -2$

11 $q_1 = 300, q_2 = 225$.

Seção 7.6

1 $f(10, 25) = 250$

3 $f(66,7, 33,3) = 13.333$

5 Mín. $= -\sqrt{2}$, máx. $= \sqrt{2}$

7 $x = 6$; $y = 6$; $f(6, 6) = 400$

9 (a) Reduza K por 1/2 unidade, aumente L por 1 unidade.

11 (b) $L = \$400$; $K = \$600$
(c) 12.244 unidades
(d) 12,24 unidades/\$

13 (a) $W = 225$
$K = 37,5$
(b) $W = 225,075$
$K = 37,513$
$\lambda = 0,29$

15 (a) 1215
(b) 1185

17 (b) $s = 1.000 - 10l$

Capítulo 7 Revisão

7 Retas com inclinação 3/5

11 $f_x = 2x + y, f_y = 2y + x$

13 $\dfrac{\partial Q}{\partial p_1} = 50\,p_2$,
$\dfrac{\partial Q}{\partial p_2} = 50\,p_1 - 2p_2$

15 $\dfrac{\partial P}{\partial K} = 7\,K^{-0,3}L^{0,3}$,
$\dfrac{\partial P}{\partial L} = 3K^{0,7}L^{-0,7}$

19 $\partial Q/\partial b < 0$
$\partial Q/\partial c > 0$

21 $\partial f/\partial P_1 < 0$
$\partial f/\partial P_2 > 0$

23 (a) Ambas negativas
(b) Ambas negativas

25 (2, –1)

27 (b) $p_1 = p_2 = 25$
Receita máx é 4.375

29 (a) 5 m ao longo da parede
(b) 10 h – 12 h e 16 h – 18 h
(c) 24 h – 2h
10 h – 13 h e 16 h – 21 h
(f) Temperatura externa mais fria às 17 h
(g) 21 °C
(h) 4,3 m ao longo da janela

Teoria: Quadrados mínimos

1 $y = 2/3 - (1/2)x$

3 $y = 2/3 - (1/2)x$

5 $y = x - 1/3$

7 (a) $y = 0,0066(x - 1920) - 0,2135$
\$0,38.
(b) Parece linear após 1972
(c) Linear após 1960
$\ln y = 0,04(x - 1920) - 4,2911$
\$0,50

Seção 8.1

3 (a) Sim
(b) Não

5 12, 18, 27, 40,5

7 $y = 100, 80, 64, 51{,}2$

9 (a) (III)
(b) (IV)
(c) (I)
(d) (II)

13 $k = 5$

15 $y = t^2 + C$

17 (a) (II), (V)
(b) (I)
(c) Não há soluções
(d) (IV)
(e) (III)

Seção 8.2

1 (b) $y = -x - 1$

7 Para pontos de partida $y > 0$:
$y \to \infty$ quando $x \to \infty$
Para pontos de partida $y = 0$:
$y = 0$ para todo x
Para pontos de partida $y < 0$:
$y \to -\infty$ quando $x \to \infty$

9 Quando $x \to \infty$, $y \to \infty$

11 $y \to 4$ quando $x \to \infty$

Seção 8.3

1 $P = 20e^{0{,}02t}$

3 $m = 5e^{3t-3}$

5 $y = 10e^{-x/3}$

7 Não exponencial

9 Não exponencial

11 Não exponencial

13 (a) $dB/dt = 0{,}07B$
(b) $B = B_0e^{0{,}07t}$
(c) $B = 5.000e^{0{,}07t}$
(d) $B(10) \approx \$10.068{,}75$

15 (a) $dB/dt = r/100\ B$
Constante $= r/100$
(b) $B = Ae^{\frac{r}{100}t}$

17 Mais longo:Lago Superior
Mais curto: Lago Erie
A razão é de cerca de 75

19 (b) $dQ/dt = -0{,}0187Q$
(c) 3 dias

21 (a) $dy/dt = ky$
(b) 0,2486 gramas

23 (a) $k \approx 0{,}000121$
(b) 779,4 anos

Seção 8.4

1 $H = 75 - 75e^{3t}$

3 $P = 104e^t - 4$

5 $Q = 400 - 350e^{0{,}3t}$

7 $B = 25 + 75e^{2-2t}$

11 $y = 3$ é solução estável
$y = 1$ é solução instável

13 (a) $y = 3$ e $y = -2$
(b) $y = 3$ é instável
$y = -2$ é estável

15 $dS/dt = -k(S - 65)$, $k > 0$
$S = 65 - 25e^{-kt}$

17 (a) $dT/dt = -k(T - 68)$
(b) $T = 68 + 22{,}3e^{-0{,}06t}$;
3:45 horas

19 (a) $dN/dt = 2{,}0 - 0{,}346N$
(b) $N = 5{,}78 - 5{,}78e^{-0{,}346t}$
(c) 5,76 mg

21 (a) $dy/dt = -k(y - a)$
(b) $y = (1 - a)e^{-kt} + a$
(c) a: fração lembrada a longo prazo
k: taxa material é esquecido

23 (a) $dQ/dt = -0{,}347Q + 2{,}5$
(b) 7,205 mg

25 (a) $P = 0$, $P = 2.500$
(b) $k = 0{,}25$, $L = 2500$
(c) $P = \dfrac{2500}{1 + Ce^{-0{,}25t}}, 2500.$

Seção 8.5

1 x e y crescem, aprox. mesma taxa

3 x decresce depressa, y cresce mais devagar

7 Simétrica em relação à reta $r = w$; soluções curvas fechadas

9 Pardais:
Máx. ≈ 2.500
Mín. ≈ 500
Quando pardais estão no máx, a população de minhocas é de cerca de 1 milhão

13 (a) $dw/dt = 0$
$dr/dt = 1{,}2$
(b) $w \approx 2{,}2$, $r \approx 1{,}1$
(c) Em $t = 0{,}2$;
$w \approx 2{,}2$, $r \approx 1{,}3$
Em $t = 0{,}3$
$w \approx 2{,}1$, $r \approx 1{,}4$

15 (b) Abaixo à esquerda
(c) $r = 3{,}3$, $w = 1$
(d) $w = 3{,}3$, $r = 1$

17 $dx/dt = -x + xy$,
$dy/dt = y$

19 (a) $x \to \infty$ exponencialmente
$y \to 0$ exponencialmente
(b) Predador-presa

21 (a) $x \to \infty$ exponencialmente
$y \to 0$ exponencialmente
(b) y é ajudado pela presença de x

Seção 8.6

5 (a) $I_0 = 1$, $S_0 = 349$
(b) Cresce; dissemina

7 Cerca de 300 rapazes
$t \approx 6$ dias

9 5

Capítulo 8 Revisão

1 (a) $y = Cx^3$
(b) $C = 5$

3 (a) I é $y' = 1 + y$;
II é $y' = 1 + x$
(b) I: $y' = -1$, instável
II: Nenhum

5 $y = Ce^{5t}$

7 $P = (1/2)t^2 + C$

9 $y = Ce^{0{,}2x} + 40$

11 $H = Ce^{0{,}5t} - 20$

13 $P = 5.000e^{0{,}08t}$

15 $P = 625 - 615e^{0{,}08t}$

17 (a) $y = 0$, $y = 4$ e $y = -2$
(b) $y = 0$ é estável
$y = -2$ e $y = 4$ é instável

19 (a) $dB/dt = 0{,}015B$
(b) $B = 5.000e^{0{,}015t}$
(c) \$5.809,17

21 (a) $dV/dt = 0{,}02V - 80.000$
(b) $V = \$4.000.000$
(c) $V = 4.000.000 + Ce^{0{,}02t}$
(d) \$2.728.751

23 (a) $Q = (r/\alpha)(1 - e^{-\alpha t})$
$Q_\infty = r/\alpha$
(b) Dobrar r, dobrar Q_∞;
Alterar r não altera tempo que leva para chegar a $(1/2)Q_\infty$
(c) Tanto Q_∞ quanto tempo para chegar a $(1/2)Q_0$ são reduzidos à metade se α é dobrado

27 $dD/dt = -0{,}75(D - 4)$
Equilíbrio = 4 g/cm²

29 (a) $dp/dt = -k(p - p_0)$
(b) $p = p_0 + (l - p_0)e^{-kt}$
(d) Quando $t \to \infty$, $p \to p_0$

31 (I) A é OK, B falência
(II) A falência, B OK
(III) A falência, B OK
(IV) A OK, B falência

GRÁFICOS DE FAMÍLIAS DE FUNÇÕES

Função linear: $y = b + mx$

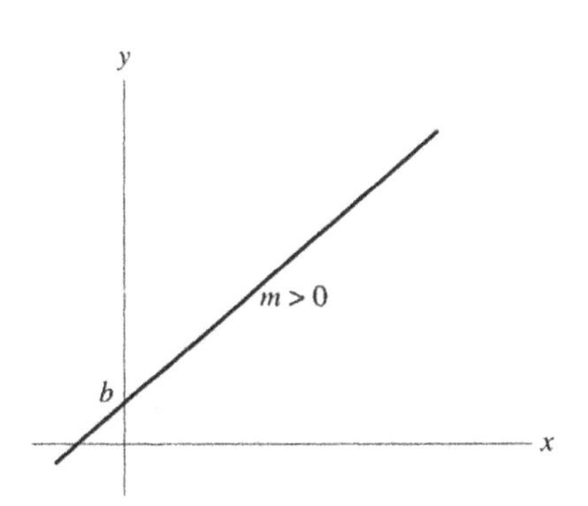

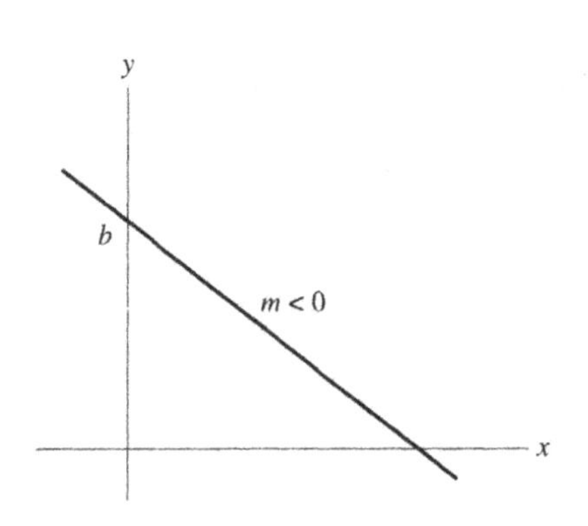

Função potência: $y = x^p$

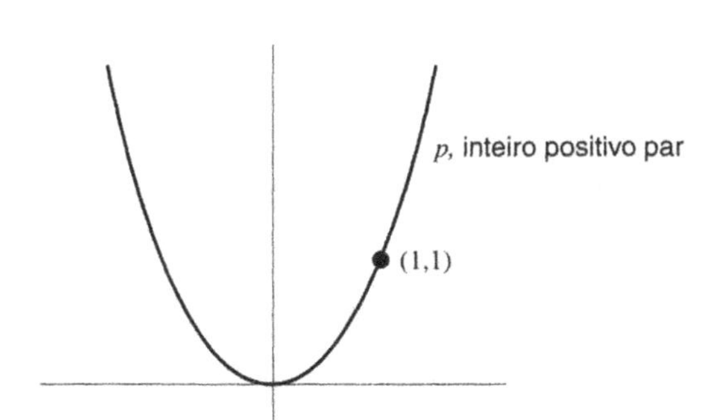

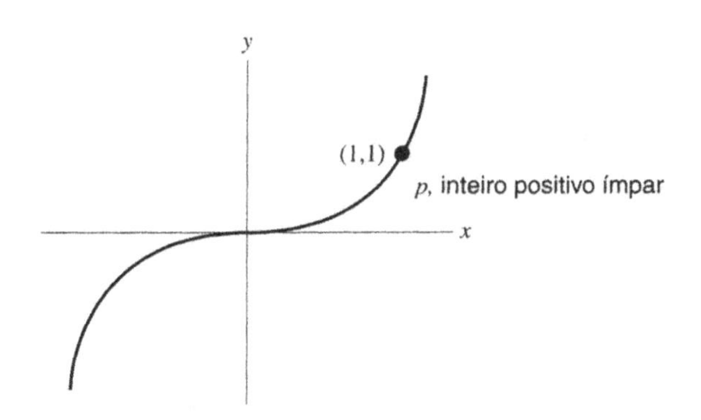

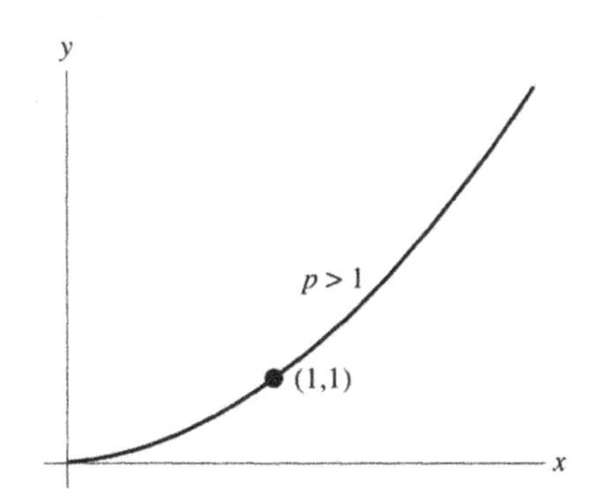

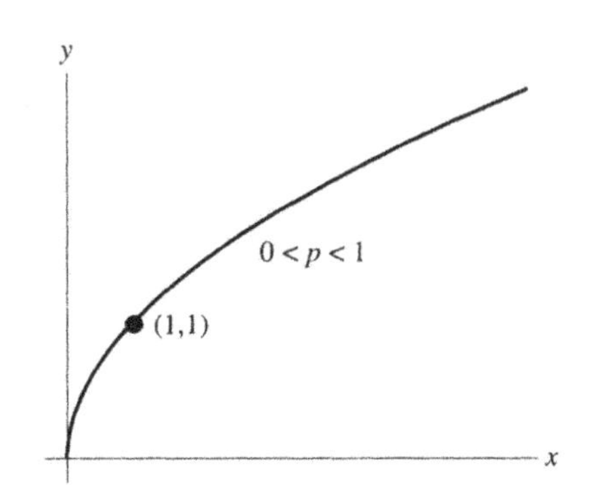

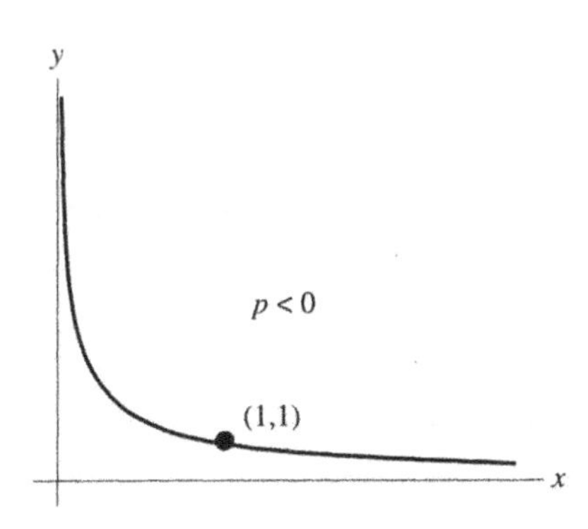

Função exponencial: $y = P_0 a^x$

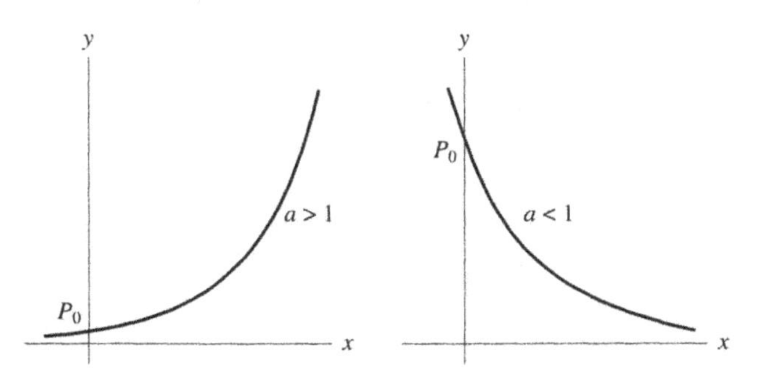

Função logaritmo: $y = \ln x$

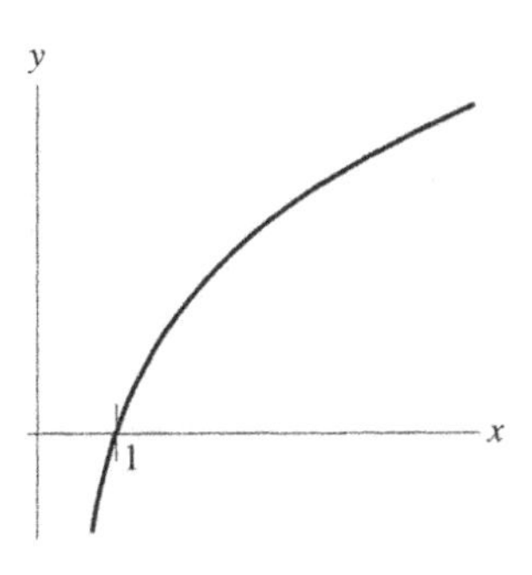

Funções periódicas:

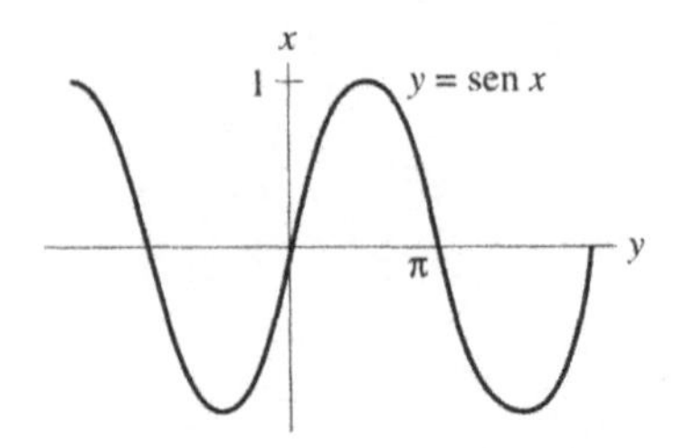

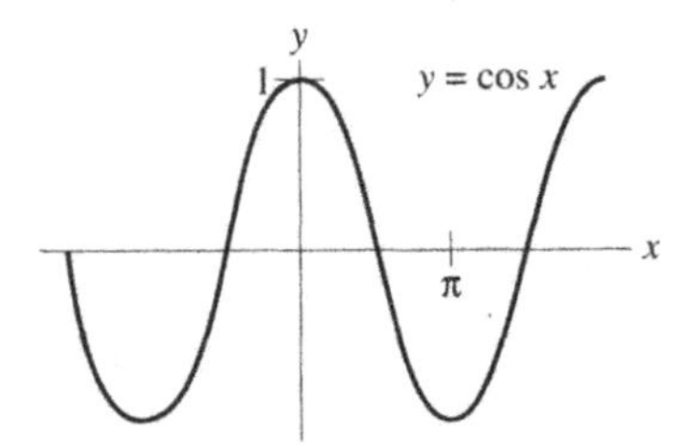

Função logística: $y = \dfrac{L}{1 + Ce^{-kx}}$

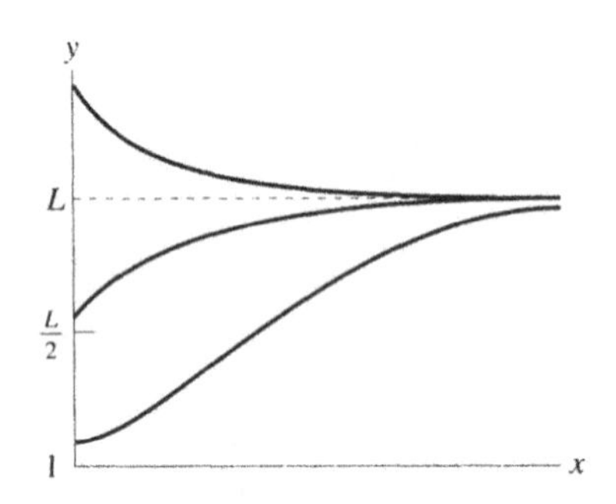

Função impulso: $y = axe^{-bx}$

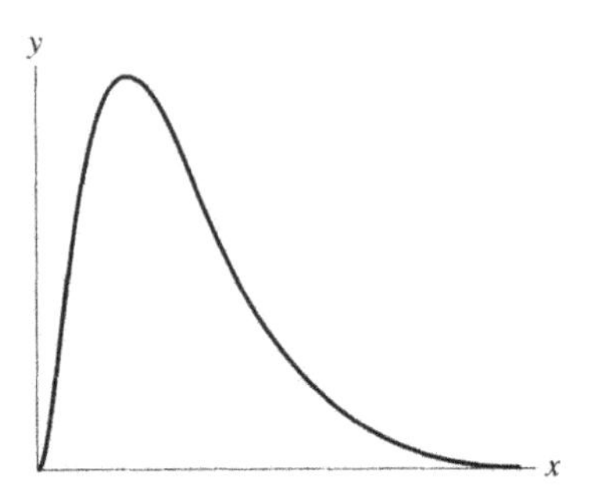

SUMÁRIO DE FÓRMULAS: ÁLGEBRA

Retas

Inclinação da reta passando por (x_1, y_1) e (x_2, y_2)

$$m = \frac{y_2 - y_1}{x_2 - x_1}$$

Equação ponto-inclinação da reta por (x_1, y_1) com inclinação m:

$$y - y_1 = m(x - x_1)$$

Equação inclinação-intercepto da reta com inclinação m e y-intercepto b:

$$y = b + mx$$

Regras de expoentes

$$a^x a^t = x^{x+t}$$

$$\frac{a^x}{a^t a^{x-t}}$$

$$(a^x)^t = a^{xt}$$

Definição de logaritmo natural

$y = \ln x$ significa $e^y = x$; por exemplo: $\ln 1 = 0$, porque $e^0 = 1$

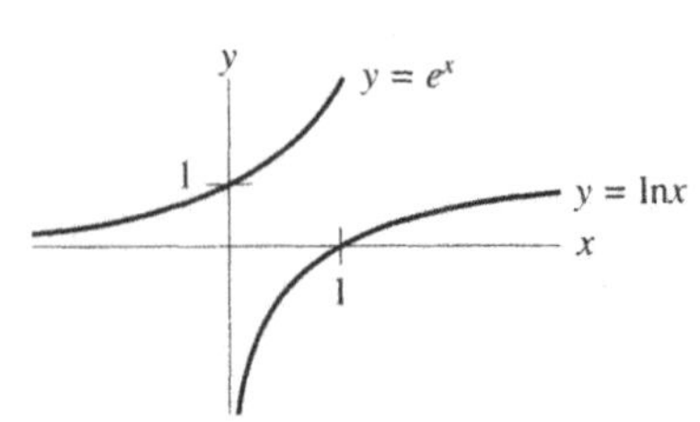

Regras para logaritmos naturais

$$\ln(AB) = \ln A + \ln B$$

$$\ln\left(\frac{A}{B}\right) = \ln A - \ln B$$

$$\ln A^p = p \ln A$$

Identidades

$$\ln e^x = x$$

$$e^{\ln x} = x$$

SUMÁRIO DE FÓRMULAS: CÁLCULO

Fórmulas de derivação

1. $(f(x) \pm g(x))' = f'(x) \pm g'(x)$

2. $(kf(x))' = kf'(x)$

3. $(f(x)g(x))' = f(x)g'(x) + g(x)f'(x)$

4. $\left(\dfrac{f(x)}{g(x)}\right)' = \dfrac{g(x)f'(x) - f(x)g'(x)}{(g(x))^2}$

5. $(f(g(x)))' = f'(g(x)) \cdot g'(x)$

6. $\dfrac{d}{dx}(x^n) = nx^{n-1}$

7. $\dfrac{d}{dx}(e^x) = e^x$

8. $\dfrac{d}{dx}(a^x) = a^x \ln a \quad (a > 0)$

9. $\dfrac{d}{dx}(\ln x) = \dfrac{1}{x}$

10. $\dfrac{d}{dx}(\text{sen}\, x) = \cos x$

11. $\dfrac{d}{dx}(\cos x) = -\text{sen}\, x$

Fórmulas de integração

1. $\int x^n dx = \dfrac{1}{n+1} x^{n+1} + C, \quad n \neq -1$

2. $\int \dfrac{1}{x} dx = \ln |x| + C$

3. $\int e^x dx = e^x C$

4. $\int e^{kx} dx = \dfrac{1}{k} e^{kx} + C$

5. $\int \text{sen}\, x \, dx = -\cos x + C$

6. $\int \cos x \, xd = \text{sen}\, x + C$

ÍNDICE ALFABÉTICO

Δ, notação delta, 1
Δt, 119
$\int$, 215
$\int_b^a$, 121
S-I-R. modelo, 300
d/*dx*, notação, 92
$f'(x)$, notação, 88
Σ, notação sigma, 120

A
Aceleração, 93
AIDS, casos de, 213
Altura, de nota musical, 32
Amplitude, 57
Antiderivada, 215
  achar fórmula para, 215
  de $1/x$, 216
  de $\cos x$, 216
  de e^x, 216
  de $\operatorname{sen} x$, 216
  de x^n, 215
  propriedades da, 216
Anuidade escolar, 311
Ar, pressão do, 159
Área
  e integral definida, 124
  entre duas curvas, 126
Assíntota, 27

B
Baía de Fundy, 158
Base
  de exponencial, 31, 33
  de logaritmo natural, 41
Biodisponibilidade, 130

C
Cadeia, regra da, 156
  fórmulas de derivação e, 160
Calculadoras
  grau vs. radiano, 58
  janelas para, 163
Câncer, taxas, 63, 64
Carbono-14, 46
Carga, curva de, 199
Cartel, preço de, 206
Catalisador, 67
Clorofluorcarbonos (CFCs), 47
Cobb-Douglas, função de produção de, 176, 258
  curva de custo a curto prazo, 180
  diagrama de contornos de, 258
  e multiplicadores de Lagrange, 273
Colheita, 305
Composição de funções, 52
Composto, juro, 39, 48, 68, 74
  composição contínua, 75, 286
  composto contínuamente, 39, 75, 76
Côncava para baixo, 28, 97
Côncava para cima, 28, 97
Concavidade, 28
  e ponto de inflexão, 167
  e segunda derivada, 97
Condição, 265
Condicionada, otimização, 265
  lagrangiana, função, 268
Conjunto, função de custo, 268
Constante, função
  derivada de, 89
Constante de proporcionalidade, 25, 285
Construção, Teorema de, para antiderivadas, 221
Consumidor, excedente de, 204
Contínua, taxa de crescimento, 40
Contínua, variável, 5, 10
Continuidade, 110
  definição de, 111
  numericamente, 111
  sobre um intervalo, 111
Contorno, curva de, 244
Contornos, diagrama de,
  da função de Cobb-Douglas, 258
  derivada parcial e, 253
  fórmula algébrica e, 247
  leitura, 243
Convergência de integral imprópria, 218
Correlação, coeficiente de, 275
Cosseno, função, 58
  derivada da, 155
Crédito, cartão de, 308
Crescente, função, 9, 13
  derivada de, 89, 97, 161
Crescimento, fator de, 34
Crescimento, taxa de, 34
  absoluta vs. relativa, 211
  anual, porcentagem, 40
  contínua, 40
  instantânea, 40
  porcento, 34
  relativo, 34, 311, 312
Crítico, ponto, 18
Crítico, ponto, 164
  como achar, 164. 262
  critério da segunda derivada para, 263
  valor crítico, 164
Cúbico, polinômio, 54
Cumulativa, função de distribuição, 226
  função densidade e, 227
  propriedades da, 227
Curva
  demanda, 18, 204
  inclinação num ponto de, 81
  nível, 244
  oferta, 18, 204
Custo
  fixo, 16, 100
  marginal, 93, 101, 172, 199
    definição de, 101
  médio, 176, 177, 199
    definição de, 177
    minimizar, 177
  total, 16
    do custo marginal, 133
    e a integral definida, 134
  variável, 16, 134
Custo, função, 16, 100
  gráfico da, 100

B
Decaimento, fator de, 34
Decaimento, taxa de, 34
Decrescente, função, 11, 13
  derivada de, 88, 97, 163
Definida, integral, 115, 119
  a partir de gráfico, 123
  a partir de tabela de valores, 122
  como área, 124, 125, 201
  como variação total, 201
  de taxa, 133
  definição de, 121
  e custo total, 133
  e excedente de consumidor, 204
  e excedente do produtor, 204
  e o Teorema Fundamental do Cálculo,133
  e valor médio, 201
  notação para, 128
  unidades de, 128
Delta, Δ, notação, 1
Demanda, 18, 204
  curva de, 18, 204
  elasticidade de, 180
    definição, 181
Densidade, função, 223, 224
  cumulativa, função distribuição e, 226
  probabilidade e, 228
  propriedades de, 224
Dependente, variável, 5, 239
Depreciação, função de, 18
Derivada
  como função, 88
    avaliar graficamente, 88
    avaliar numericamente, 89
    definição de, 88
    fórmulas para, 90
  e "zooming", 86
  a partir de tabela de valores, 86
  achar usando definição, 111
  avaliar graficamente, 86, 88
  avaliar numericamente, 86, 89
  da função cosseno, 156
  da função seno, 156
  de a^x, 148, 160
  de e^x, 148, 160
  de função composta, 151
  de função constante, 143
  de função exponencial, 148, 160
  de função linear, 143
  de função periódica, 155
  de função potência, 144, 145
  de $\ln x$, 149, 160

de logaritmo natural, 149, 160
de múltiplo por constante, 144
de polinômio, 145
de produto de funções, 153
de soma e diferenças de funções, 144
definição de, 84, 109, 159
inclinação de curva, 84
inclinação de reta tangente, 84
interpretação gráfica, 86, 89
máximo/mínimos locais, 164
critério para, 164
n-ésima, 147
notação de Leibniz para, 92
num ponto, 147
ponto crítico, 164
produto, regra do, 153
quociente, regra do, 154
regra da cadeia, 151
segunda, *ver* segunda derivada, 97
unidades de, 93
visualizar, 84
Derivada, função, 88
Derivável, 109
Diferença, quociente de, 2, 7
derivada parcial e, 251
notação delta e, 1
notação funcional e, 7
taxa instantânea de variação e, 80
taxa média de variação e, 2, 7
Diferencial, equação, 277
condições iniciais, 278
e funções implícitas, 282
equilíbrio, solução de, 292
existência de soluções, 283
família de curvas de solução, 281
inclinação, campos de, e, 280
Lei de Newton, de aquecimento e resfriamento, 289
presa–predador, modelo, 296
separação de variáveis, 285
S-I-R, modelo, 300
solução geral, 278
solução particular, 278
unicidade de solução, 283
valor líquido de uma companhia, 292
Diferenciável, 109
Direita, soma à, 120
Discreta, variável, 5, 10
Distância
a partir da velocidade, 115
visualizar em gráfico de velocidade, 117
Distribuição, função, 223
cumulativa, 226
probabilidade e, 228
Divergência de integral imprópria, 218
Doença, 300
disseminação de AIDS, 213
e modelo *S-I-R*, 300
Dominância, 34
Domínio, 5, 239
Dose, curva de resposta a, 187
Droga, curva de concentração, 130, 191
Duplicação, tempo de, 32, 46
regra de setenta, 48

E

Economia de escala, 100
Efetiva, produção anual, 75
Elasticidade, 180
de demanda, 180
definição, 181
Empréstimo, 309
Entrada, 5
Espécies de pássaros, densidade de, 249
Estável, equilíbrio
equação diferencial e, 292
Epidemia, 300
e modelo *S-I-R*, 300
Esquerda, soma pela, 120
Esquerda/direita, regra, 121
Equilíbrio preço/quantidade, 19, 204
Equilíbrio, ponto de, 19
Equilíbrio, solução de
de equação diferencial, 292
estável, 292
instável, 292
Excedente
do consumidor, 204
do produtor, 204
Explicita, função, 20
Expoentes
definição de zero, negativo, fracionários, 28
regras de manipulação, 28
Exponencial, crescimento, 31, 33, 38
anual, 44
contínuo, 44
crescimento, fator de, 31
duplicação, tempo para, 46
linear e, 307
taxa
anual, 44
contínua, 38
contínua vs. anual, 44
Exponencial, decaimento, 33, 38
decaimento radioativo, 47
meia-vida, 47
Exponencial, função, 31, 33
a^t vs. e^{kt}, 44
base de, 33
como solução de equação diferencial, 281
comparada a função potência, 34
concavidade, 32
derivada de, 148, 160
domínio, 33
fórmula para, 33, 34
Exponencial, regressão, 70
Extrapolação, 10, 70
perigo de, 70, 95

F

Família de funções, 12
como solução de equações diferenciais, 281
exponencial, 34
linear, 12
Fase, plano de, 296
trajetórias, 297
Final, comportamento, 28
Fixo, custo, 16, 100
Fluxo de renda, 208
Função, 5
Cobb-Douglas, *ver* Cobb-Douglas função de produção de, 259
compostas de, 52
conjunto, custo, 268
constante
derivada de, 89
crescente, 9, 13, 89
derivada de, 97
custo, 16, 100
decrescente, 11, 13
derivada de, 89, 97
densidade, *ver* densidade, função, 224
depreciação, 18
derivada
num ponto, 84
deslocamento, 50
distribuição, 223
distribuição cumulativa, *ver* cumulativa, função de distribuição ,
economia, aplicações a, 16
entrada, 5
estiramento, 51, 54
explícita, 20
exponencial, 31, 33
gráfico de, 5
implícita, 20, 282
impulso, 190
lagrangiana, 268
linear, 9
linearidade local e, 81
logística, 183
lucro, 18
periódica, 57
polinomial
gráfico de, 54
potência, 25
proporcional, 25
receita, 17, 100
representações de, 5
saída, 5
somas de, 52
taxa média de variação, 7
variação, 7
Fundamental, Teorema do Cálculo, 133, 201
Segundo, 140, 221
Futuro, valor, 48, 208
composição contínua, 47
de fluxo de receita, 208
fórmula para, 48

G

Galilei, Galileo (1564-1642), 29
Ganhos dos produtores, 204
Geométrica, progressão, 310
Gini, índice de desigualdade de, 237
Global, extremo, 261
Gomperz, equação de, 285
Gráfico
janela inadequada, 164
Grau de polinômio, 54

H

Hiperinflação, 67, 77

Hipoteca, 310
Histograma, 223
Horizontal, reta, 10

I
Implícita, função, 20, 282
como solução de equação diferencial, 282
Imposto
específico, 19
vendas, 19
Imprópria, integral, 218
convergência/divergência de, 218
Impulso, função, 190
Inclinação
de curva, 81
de reta, 10
Inclinações, campo de, 281
Indefinida, integral, 215
achar fórmula para, 215
propriedades de, 216
Independente, variável, 239
Inflexão, ponto de
definição de, 167
Informação,
disseminação de, 312
Instantânea
taxa de variação, 80, 251
velocidade, 79, 80
Instantâneo, crescimento, taxa de, 40
Instável, equilíbrio
equação diferencial e, 292
Integral
definida, *ver* definida, integral, 119
definida vs. indefinida, 215
imprópria, *ver* imprópria, integral, 218
indefinida, *ver* indefinida, integral, 215
Integração
limites de, 121
métodos numéricos
esquerda/direita, regra, 121
Riemann, somas de, 121
Integrando, 121
Intercepto, 6, 10
horizontal, 6
vertical, 6, 10
Interna, taxa de retorno, 311
Interpolação, 70
Intervalo, notação de, 5
Inversamente proporcional, 25
Isoterma, 243
Isótopos, 66

J
Juros, 292
compostos, 39, 48, 74
fórmula para, 75
continuamente compostos, 39, 75, 76,286
número *e*, 76
produto efetivo anual, 75
taxa de porcentagem anual, 75
taxa nominal, 75

L
Lagrange, multiplicador de, 266
Lagrangiana, função, 268
Leibniz, G. W.(1646-1716), 92
Limite
ao infinito, 121
integral definida e, 121
no infinito, 28
noção intuitiva de, 80
significado de, 110
Limites de integração, 121
Linear, aproximação, 94, 253
Linear, função, 9, 10
derivada de, 143
inclinação de, 10
intercepto de, 10
Linear, regressão, 69
mínimos quadrados, 70
Local, extremo, 261
Local, linearidade, 94, 253
Locais, máximos/mínimos, 164
critério para, 164
derivada parcial e, 262
Logaritmo, 41
base *e*, 42
derivada de, 149, 160
natural, 42
propriedades do, 42
Logística, equação, 190, 293
solução qualitativa de, 293
Logística, função, 183
capacidade de sustentação, 57, 185
crescimento populacional e, 98, 293
definição de, 185
exponencial e, 311–312
ponto de retornos em queda, 185
Logística, regressão, 185
Logístico, modelo, 311, 312
Loteria, 310
Lotka-Volterra, equações de, 296
Lucro (receita), 17
maximizar, 102, 172, 173
Lucro (receita), função de, 17

M
Malthus, Thomas, 307
Marginal
análise, 18, 101
custo, 18, 93, 101, 172, 178
ver custo marginal, 178
lucro, 18, 102
receita, 18, 101, 172
Máximos/mínimos
globais, 261
em (a, b), 172
em $[a, b]$, 171
locais, 164, 172, 261
critério da primeira derivada, 263
critério da segunda derivada, 165, 263
Média, 233
interpretação gráfica de, 233
Média, taxa variação, 1, 6
Mediana, 232
função de distribuição cumulativa, 233
função densidade, 233
Médio, custo, 176, 178
custo marginal e, 178
definição, 177
minimizar, 178
Médio, valor de uma função, 202
. visualizar sobre gráfico, 202
Meia-vida, 33, 46
Método dos multiplicadores de Lagrange, 266
Mínimos quadrados, reta, 70
Modelo,
matemático, 69
Multiplicador
Lagrange, 398

N
Natural, logaritmo, 41
derivada de, 149, 160
gráfico de, 42
propriedades de, 42
resolver equações e, 42
Newton, Isaac (1642-1727), 109
Lei do resfriamento (aquecimento), 289
Nível
conjuntos de, 244
curva de, 244
Nominal, taxa, 75
Numéricos, métodos,
para derivadas, 89
para integrais, 121

O
Objetivo, função, 265
Oferta, 204
Oferta, curva de, 18, 204
Orçamento, vínculo, 20, 265
Otimização, 171
condicionada, 265
funções de várias variáveis, 261

P
Parâmetro, 12, 59, 185, 191
Parcial, derivada
cálculo
graficamente, 253
numericamente, 255
diagrama de contorno e, 253
máximos/mínimos locais, 262
notação alternativa, 252
taxa de variação e, 252
Pareto, lei de, 305
Periódica, função, 57
amplitude, 57
parâmetro, 59
período, 57
Percurso, 10
Período de pêndulo, 25
Período, 57
Plutônio, 66
Polinômio, 54
coeficiente principal, 54, 56
comportamento final, 56
cúbico, 54
derivada de, 145
grau, 54
quadrático, 54
termo principal, 54
Ponto de retornos em queda, 185
Porcentagem anual, taxa de crescimento, 40

Porcentagem anual, taxa, 75
Porcentual, taxa de crescimento, 34
População, crescimento de, 183
exponencial, 31
logístico, modelo, 98, 293
População dos EUA
baby boom, 186
exponencial, modelo 184
logístico, modelo, 185, 186
Potência, função, 25
comparada a função exponencial, 34
comportamento a longo prazo de, 28
concavidade de, 146
derivada de, 144, 145
impar, 26
par, 26
potências zero ou negativas, 27
Preço, controle, 206
Presa-predador, modelo, 296
valores de equilíbrio, 297
Presente, valor, 48, 208, 310, 311
continuamente composto, 48
de fluxo de renda, 208
fórmula para, 48
Pressão
ar, 159
Primitiva, 215
Principal, termo, 54
Probabilidade
função densidade e, 228
função distribuição e, 228
histograma, 223
Produção, função de, 177
Produto
anual efetivo, 75
Produto, regra do, 153
fórmulas de derivação e, 161
Produtor, excedente de, 204
como integral definida, 205
Progressão
geométrica, 310
Proporcional, 25
inversamente, 25

Q
Quabbin, Reservatório, 138,
Quociente, regra do, 154

R
Receita,
marginal, 101, 172
definição de, 101
maximizar, 173
total, 17
Receita, função, 17, 100
gráfico de, 100
Regra de setenta, 48
Regressão
exponencial, 71
linear, 69
logarítmica, 70
logística, 185
mínimos quadrados, 70
quadrática, 70, 71
Regressão, reta de, 69, 273
Relativa, taxa de crescimento, 34, 211, 311, 312
Reta
ajustando fórmula a dados, 69
contorno, 244
equação de, 10
mínimos quadrados, regressão, 70, 273
regressão, 70, 273
Riemann, soma de, 121
e excedente de consumidor, 205
e excedente de produtor, 205

S
Saída, 5
Salário, controle de, 206
Saúde, custo de tratamento, 36, 73, 94
Segunda derivada, 97
e concavidade, 97
interpretação da, 97
Segunda derivada, critério da, 165, 263
Segundo Teorema Fundamental do Cálculo, 140, 221
Seno, função, 58
derivada da, 156
Sigma, Σ, notação, 120
Soma
à direita, 120
à esquerda, 120
Riemann, 121
Somatória, notação, 120
Subida, 10
Suporte, capacidade de, 57, 98, 185, 293, 311
Sustentável, produção, 305

T
Tangente, reta, 84
achar equação de, 85
como aproximação de função, 86
Taxa absoluta de crescimento, 211
Taxa de variação, 1, 252
a partir de tabela de valores, 82
instantânea, 80, 251
e inclinação, 81
média, 1
visualizar, 81
Tempo, mapa do, 243
Terminal, velocidade, 96
Topográfico, mapas, 244
Total, custo, 16
a partir do custo marginal, 133
e integral definida, 133
Total, receita, 17
Total, utilidade, 99
Total, variação, 1
a partir da taxa de variação, 117, 133
Trajetórias, 297

U
Unidades
de derivadas, 92
de integral definida, 128
UV, exposição a, 270

V
Valores, conjunto de, 5
Variação, 1, 6
taxa de, *ver* taxa de variação, 1
total, 1
visualizar num gráfico, 12
Variável
contínua, 5
dependente, 5, 239
discreta, 5
discreta vs. contínua, 10
independente, 5, 239
Variável, custo, 16, 134
Velocidade
escalar vs. velocidade, 3
Velocidade
instantânea, 79, 80
média, 3
terminal, 96
vs. velocidade escalar, 3
Vendas, imposto, 19
Vento, fator, 242
Verhulst, P. F., 311

Z
Zebra, mariscos, 147, 158
Zeno, 109